# Das Versuchs- und Meßwesen auf dem Gebiet des Kraftfahrzeugs

Von

Dr.-Ing. W. Kamm
o. Professor am Lehrstuhl für Kraftfahrwesen und Fahrzeugmotoren und Leiter des Forschungsinstituts für Kraftfahrwesen und Fahrzeugmotoren an der Technischen Hochschule Stuttgart

und

Dr.-Ing. C. Schmid
Leitender Ingenieur und Stellvertreter des Institutsleiters am Forschungsinstitut für Kraftfahrwesen und Fahrzeugmotoren an der Technischen Hochschule Stuttgart

Mit 646 Textabbildungen

Berlin
Verlag von Julius Springer
1938

Softcover reprint of the hardcover 1st edition 1938

ISBN 978-3-642-51259-9 ISBN 978-3-642-51378-7 (eBook)

DOI 10.1007/978-3-642-51378-7

# Vorwort.

Im Vorwort zu dem im gleichen Verlag erschienenen Werk „Das Kraftfahrzeug“ vom August 1935 wurde das Erscheinen des vorliegenden Buches über das Meßwesen auf dem Gebiet der Kraftfahrzeuge in Aussicht gestellt. Der Entschluß zur Herausgabe ist bei der Bearbeitung des Buches „Das Kraftfahrzeug“ entstanden, weil die Behandlung des Abschnittes über Versuche an Fahrzeugen und Motoren bei hinreichender Berücksichtigung der vorliegenden Erfahrungen einen zu großen Umfang angenommen hätte.

Das Bedürfnis, die bei den Verfassern und bei dem Forschungsinstitut für Kraftfahrwesen an der Technischen Hochschule Stuttgart vorliegenden weitreichenden Erfahrungen auf dem Versuchsgebiet und die daraus gewonnenen Erkenntnisse über andere auf dem Fachgebiet angewandte Meßverfahren und über die Meßmöglichkeiten in vollständigerer Form der Fachwelt zur Kenntnis zu bringen, blieb bestehen.

Wohl auf wenigen Gebieten der technischen Arbeit sind die Änderungen und Fortschritte so lebhaft wie im Versuchswesen, weil viele der mit der Herstellung technischer Erzeugnisse zusammenhängenden Rücksichten auf Beibehaltung von Konstruktionen und Anlagen hier zum Wegfall kommen und eine rasche Fortentwicklung der Versuchsverfahren eine der Grundlagen für die Schaffung neuer Erkenntnisse und für die Erzielung weitreichender technischer Fortschritte darstellt. Es ist deshalb schwer, den richtigen Zeitpunkt für die Herausgabe eines solchen Werkes zu bestimmen.

Auch im vorliegenden Fall mußte der Zeitpunkt des Abschlusses der Arbeiten wiederholt verschoben werden, damit wichtigere Ergebnisse, die die Versuchsarbeit gerade lieferte, noch mit aufgenommen werden konnten, und es bedurfte des Entschlusses zur Vornahme eines in gewissem Grad willkürlichen Trennungsstriches, da auch weiterhin Fortschritte in der Erkenntnis über die Versuchsverfahren und Versuchseinrichtungen sich laufend einstellen. Die Verfasser glauben dennoch, mit dem vorliegenden Stoff der Fachwelt einen wertvollen Erfahrungsschatz übermitteln zu können, der geeignet ist, die Neuerarbeitung schon vorliegender Erfahrungen zu vermeiden und als Anregung zur weiteren Entwicklung des Versuchswesens an den Stätten des weiten Kraftfahrzeuggebiets beizutragen.

Das Werk behandelt den Gegenstand in zwei Hauptabschnitten. Der erste erstreckt sich auf die Prüfung der Motoren, der zweite auf die Untersuchung der Fahrzeuge. Im ersten Teil entspricht die Reihenfolge etwa der des Energieumsatzes, womit trotz der Mannigfaltigkeit des Meßwesens und der Randgebiete eine bestimmte Richtung eingehalten werden konnte. Im zweiten Teil folgt den Meßverfahren für die Feststellung der Fahrleistungen aus den verfügbaren Leistungen und den Fahrwiderständen die Untersuchung der aus dem Federungsverhalten, der Straßenlage, der Richtungshaltung und anderen Einflüssen sich ergebenden Fahreigenschaften.

Auch diesem Werk wird der Wunsch der Verfasser mitgegeben, daß ihnen aus dem Kreise der Fachgenossen sachliche Stellungnahmen und Anregungen zu Verbesserungen und Ergänzungen zugehen, damit sie die etwa notwendig werdende Herausgabe einer weiteren Auflage als Gelegenheit benützen können, den Wert des Werkes in der Hand des Versuchsingenieurs und Konstrukteurs zu erhöhen.

Die Verfasser danken an dieser Stelle den Herren Dipl.-Ing. Bruno Eckert, Otto Hoffmeister, Dr.-Ing. Otto Wiedmaier für aufopfernde Mitarbeit am Gelingen des Werkes, sowie den Herren Dipl.-Ing. Erwin Dörr, Dr.-Ing. Alfred Kimmel, Dipl.-Ing. Erich Nöldeke, Ewald Sawatzki, Paul Schmid, sowie dem Lehramtsreferendar Waldemar Schick für die Durchsicht einzelner Abschnitte und für Vorschläge.

Stuttgart, im Oktober 1937.

**W. Kamm. C. Schmid.**

# Inhaltsverzeichnis.

## Messung der Fahrleistungen und Fahreigenschaften von Kraftfahrzeugen.

## Zweck der Arbeiten.

Die Prüfung der Kraftfahrzeuge mit den Mitteln des Versuchs und der Messungen dient, soweit sie hier behandelt ist, der Feststellung der Fahrleistungen und Fahreigenschaften zum Zweck der Schaffung von Erkenntnissen zur Verbesserung von Mängeln und zur schrittweisen Weiterentwicklung in der Richtung auf die stets sich erhöhenden Gestaltungsziele.

Die dazu nötigen Versuche werden am Motorenprüfstand, am Kraftwagenprüfstand, am Kraftwagen auf der Straße, am Fahrzeugmodell im Windkanal, sowie am fahrenden Wagenmodell auf fester und auf rollender Bahn durchgeführt.

# Untersuchungen an Fahrzeugmotoren.

Die Messungen an Fahrzeugmotoren bilden die Grundlage für die Motorenentwicklung sowie für die Beurteilung der Fahrleistungen eines Fahrzeugs.

Die Untersuchungen erstrecken sich auf Feststellung der Verteilung der mit dem Kraftstoff zugeführten Energie durch Ermittlung der Leistungsschaulinien, des Brennstoffverbrauchs und der durch die Kühlmittel abgeführten Wärmemenge, ferner auf die weiteren Messungen zur Feststellung der Leistungsverhältnisse unter den verschiedenen Betriebsbedingungen, sowie der mechanischen und thermischen Beanspruchungen und auf Feststellungen über das Betriebsverhalten.

**Energieverteilung.** Die Ermittlung der Energieverteilung stützt sich im wesentlichen auf folgende Messungen:

Feststellung des Wärmeinhaltes und der für die Verarbeitung wesentlichen Eigenschaften des Kraftstoffes,

Messung des Kraftstoffverbrauches,

Ermittlung der Ansaugluftmenge,

Feststellung der indizierten Leistung ($N_i$),

Ermittlung der an der Motorseite der Kupplung abgegebenen Leistung ($N_e$),

Feststellung der Reibungsleistung ($N_r$) und der Leistung für die Strömungswiderstände in den Rohrleitungen ($N_s$),

Messung der Kühlungswärme, Ermittlung der Strahlungs- und Restwärme,

Erfassung der Abgasenergie und Messung der Zusammensetzung der Abgase.

Für die Aufteilung der mit dem Brennstoff bei einer bestimmten Leistung dem Motor zugeführten Energie gelten die in Abb. 1 dargestellten mittleren Werte.

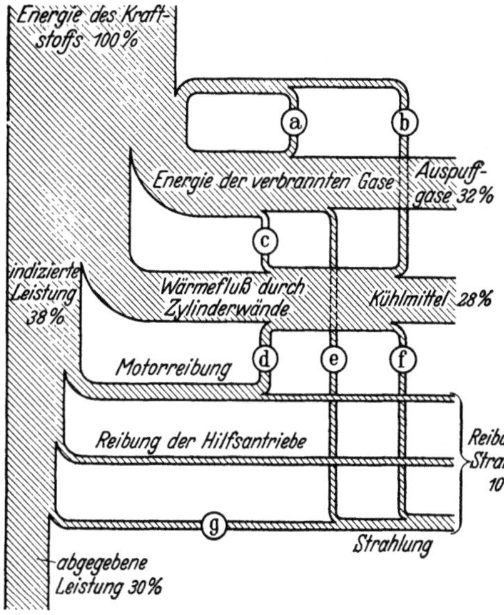


Abb. 1. Aufteilung der Brennstoffenergie im Verbrennungsmotor.

a Energie aus zurückgebliebenen Gasen (Spülgasen) und Gemischerwärmung durch Auspuffgase; b Gemischerwärmung durch Zylinderwände; c Wärmeübergang von den Auspuffgasen an das Kühlmittel; d Reibungswärme, die durch das Kühlmittel abgeführt wird; e Strahlung der Auspuffleitung; f Strahlung des Kühlmittelmantels und der Kühlmittelleitungen; g Strahlung der nicht besonders gekühlten Motorwände, z. B. des Kurbelgehäuses.

**Wirkungsgrade.** Für 4-Takt- und 2-Takt-Motoren. Der Ermittlung der erreichten Wirkungsgrade kann folgende Einteilung zugrunde gelegt werden:

Mechanischer Wirkungsgrad. Als Verhältnis zwischen der an der Kupplung verwertbaren und der von den Verbrennungsgasen im Motor erzeugten Leistung, das die mechanischen Verluste im Motortriebwerk ($1 - \eta_m$) kennzeichnet, ist

$$\eta_m = \frac{N_e}{N_i} = \frac{N_e}{N_e + N_r + \Sigma N_H}.$$

$N_e$ = von dem Motor an die Kupplung abgegebene (effektive) Leistung, PS,
$N_i$ = indizierte (von den Verbrennungsgasen an die Kolben abgegebene) Leistung, PS (s. oben),
$N_r$ = Leistung der mechanischen Reibung des Motortriebwerkes, PS,
$N_H$ = Leistung der Hilfseinrichtungen, PS.

Wirkungsgrad der abgegebenen Leistung. Als Verhältnis der in Leistung verwerteten Energie zur aufgewandten Energie ist

$$\eta_e = \frac{N_e \cdot C}{B_h \cdot H_u}.$$

$N_e$ = abgegebene Leistung, PS,
$C$ = Wärmewert der Arbeit für die Leistungs- und Zeiteinheit, $C = 632$ kcal/PS h,
$B_h$ = Gesamtkraftstoffverbrauch in der Zeiteinheit, kg/h,
$H_u$ = unterer Heizwert des Brennstoffes, kcal/kg.

Wirkungsgrad der indizierten Leistung. Als Verhältnis der von den Verbrennungsgasen an die Motorkolben übertragenen Energie zur aufgewandten Brennstoffenergie ist

$$\eta_t = \frac{N_i \cdot C}{B_h \cdot H_u}.$$

(Bezeichnungen wie oben.)

Wirkungsgrad der vollkommenen Maschine. Als Verhältnis der Energie, die in einer mit verlustloser Verbrennung arbeitenden Maschine auf die Kolben übertragen würde, zur aufgewandten Brennstoffenergie ist

$$\eta_{t\,v} = \frac{N_v \cdot C}{B_h \cdot H_u}.$$

$N_v$ = Leistung der vollkommenen (idealen) Maschine, PS.
(Die übrigen Bezeichnungen wie oben.)

Indizierter Wirkungsgrad. Als Gütegrad der Verbrennung, d. h. das Verhältnis zwischen der tatsächlich von den Gasen an die Kolben abgegebenen Energie und der Energie, die in einer Maschine mit verlustloser Verbrennung an die Kolben abgegeben werden würde, ist

$$\eta_i = \frac{\eta_t}{\eta_{t\,v}} = \frac{N_i}{N_v}.$$

(Bezeichnungen wie oben.)

Lieferungsgrad. Als Verhältnis zwischen dem in der Zeiteinheit angesaugten Luftgewicht und dem Luftgewicht, das dem in der Zeiteinheit von den Kolben bestrichenen Saughubraum entspricht, ist

$$\eta_l = \frac{G_{\text{tats}}}{G_{\text{theor}}}.$$

$G_{\text{tats}}$ = von der Maschine angesaugtes Luftgewicht, kg/s. Bei Zweitaktmotoren ist $G_{\text{tats}}$ das wirklich im Zylinder verbleibende Luftgewicht,
$G_{\text{theor}}$ = theoretisch angesaugtes Luftgewicht, kg/s, wenn der Hubraum der Zylinder ($V_H$) bei jedem Saughub mit Luft vom Umgebungszustand gefüllt wird. Bei Zweitaktmotoren ist der nach Abschluß der Auslaßschlitze verbleibende Hubraum als Füllungsraum einzusetzen.

Volumetrischer Wirkungsgrad. Als Verhältnis zwischen dem angesaugten Gemischvolumen zu der Größe des Saughubraums ist je Saughub eines Zylinders

$$\eta_v = \frac{V_a}{V_b}.$$

$V_a$ = Volumen des je Hub angesaugten Gemisches oder der Füllungsluft im Zylinder bei Umgebungsdruck, l,
$V_a$ ist aus dem Indikatordiagramm zu ermitteln,
$V_b$ = Hubraum, l (nur bei Viertaktmotoren).

Luftüberschußzahl. Als Verhältnis zwischen der dem Motor zugeführten und der für vollkommene Verbrennung theoretisch nötigen Luftmenge ist

$$\lambda = \frac{L_{\text{tats}}}{L_{\text{min}}}.$$

$L_{\text{tats}}$ = die zur Verbrennung der Gewichtseinheit Kraftstoff tatsächlich aufgewandte Luftmenge, kg/kg,
$L_{\text{min}}$ = die zur vollkommenen Verbrennung der Gewichtseinheit Kraftstoff erforderliche Mindestluftmenge, kg/kg.

Spülwirkungsgrad. Als Anteil der Frischluft an der gesamten Zylinderfüllung ist

$$\eta_s = \frac{L_z}{L_z + R_z}.$$

$L_z$ = das bei jedem Ladehub im Zylinder verbleibende Luftvolumen (l), bezogen auf Normalzustand,
$R_z$ = das beim Spülvorgang je Ladehub im Zylinder verbleibende Restgasvolumen (l), bezogen auf Normalzustand.

Verhältnismäßiger Luftaufwand. Als Verhältnis zwischen der verbrauchten Spülluftmenge und der dem Gesamtraum des Zylinders entsprechenden Luftmenge ist

$$\psi = \frac{G_s}{G_{H+V}},$$

hierbei ist

$G_s$ = von der Spülluftpumpe in der Zeiteinheit gefördertes Luftgewicht, kg/s,
$G_{H+V}$ = theoretisches sekundliches Füllungsgewicht (kg/s) unter der Annahme, daß der Hubraum und der Verdichtungsraum des Zylinders bei jedem Arbeitshub mit Luft vom Umgebungszustand gefüllt werden.

Verhältnismäßiger Ladeverlust. Der als Ladeverlust zu wertende Mehraufwand an Spülluft ist gekennzeichnet durch das Verhältnis

$$\zeta = \frac{G_s - G_{H+V}}{G_{H+V}}.$$

(Bezeichnungen wie oben.)

# 1. Kraftstoffprüfung.

## A. Untersuchung auf allgemeine Eigenschaften und auf Mischungsbestandteile.

Die Feststellung der Eigenschaften der Kraftstoffe bildet die Grundlage für die Beurteilung der Motorleistung und des Verlaufs der Verbrennung. Sie erstreckt sich auf folgende Verfahren.

**Geruchsprüfung.** Ein Brennstoff soll möglichst keinen strengen, beißenden Geruch haben, sondern rein und aromatisch riechen. Riechen am Flaschenhals genügt nicht, da man dann nur die leicht flüchtigen Bestandteile durch den Geruch feststellen kann. Man bringt für die Geruchsprüfung einige Tropfen des Kraftstoffes auf den Teller der einen Hand, verreibt mit einem Finger der anderen Hand den Kraftstoff und riecht in kurzen Abständen, je nach dem Fortschreiten der Verdunstung. Bei einiger Übung lernt man es, die verschiedenen Bestandteile des Brennstoffes herauszuriechen. Man kann so folgende Gerüche unterscheiden: Benzingeruch, Crack-Benzingeruch, Benzolgeruch, Alkoholgeruch, Petroleumgeruch, Gas-, Öl- und Teergeruch, Äthergeruch, zum Teil vermag man in den einzelnen Gruppen noch weiter zu unterscheiden.

**Flammprobe.** Man verwendet für die Flammprobe ein Porzellantiegelchen oder Uhrglas und schüttet in dieses etwa 1—2 cm³ von dem zu untersuchenden Kraftstoff. Diesen zündet man an, wobei man zum leichten Auslöschen ein Stück Pappe bereithält. Man beobachtet:

a) Der Kraftstoff läßt sich mit einem Streichholz nicht anzünden. Es handelt sich um einen Kraftstoff, der für Vergasermotoren ungeeignet ist (Petroleum, Gasöl, Treiböl).

b) Es entsteht eine kleine, huschende Flamme, die aber sofort wieder erlischt. Es handelt sich um einen hochsiedenden Kraftstoff, dem aber, gegebenenfalls zu Täuschungszwecken, etwas Äther, Leichtbenzin usw. zugesetzt ist. Auch dieser Kraftstoff ist unbrauchbar für Vergasermotoren.

c) Der Kraftstoff brennt mit voller Flamme. Nur solche Brennstoffe kommen für Vergasermotoren in Frage. Hier sind wieder verschiedene Fälle möglich:

Der Kraftstoff verbrennt mit bläulich bis schwach leuchtender Flamme, es handelt sich um Alkohol; oder die Flamme ist gelb und rußt nicht oder nur wenig, der Brennstoff ist gutes Benzin, Benzin-Alkoholgemisch oder Benzol-Alkoholgemisch, oder die Flamme brennt rötlich und rußt stark, es handelt sich um Benzol (sehr stark rußend), Benzol-Benzingemisch (stark rußend), Crack-Benzin (schwach rußend).

**Fettprobe.** Der Brennstoff soll fettfrei sein. Auf reines, weißes Papier werden einige Tropfen Brennstoff geschüttet, die man verdunsten läßt. Zeigt sich nach dem Verdunsten kein Fettrand, so ist der Brennstoff fettfrei.

**Reagenspapierprobe.** Verwendet wird reines Reagenspapier. Sowohl der Brennstoff als auch das Reagenspapier verfärben sich und zeigen im allgemeinen die Brennstoffart. Benzin bleibt weiß, das Reagenspapier bleibt dabei unverändert. Benzol wird weinrot, das Reagenspapier wird dabei hellrot. Benzin-Benzol wird rosa, das Reagenspapier bekommt dabei eine Mittelfarbe zwischen weiß und weinrot. Alkohol wird tiefrot, das Reagenspapier bleibt dabei fast weiß.

**Probe auf Säuren und Alkalien.** Benetzt man ein Stück blaues Lackmuspapier mit Brennstoff und färbt sich dieses rot, so enthält der Brennstoff Säure. Wird rotes Lackmuspapier mit Brennstoff angefeuchtet und wird blau, so enthält der Brennstoff Alkalien. Behalten beide Papiere ihre ursprüngliche Farbe, so ist der Brennstoff säuren- und alkalienfrei.

**Bestimmung des verhältigen Gewichtes.** Sie ist möglich durch Wägen unter Anwendung des Gesetzes der Flüssigkeitsverdrängung. Ein Körper von bestimmtem Gewicht wird in die zu messende Flüssigkeit eingetaucht und erfährt dadurch einen Auftrieb, dessen Größe aus dem

Gewichtsunterschied mit Hilfe der Moor-Westphalschen Waage (s. Abb. 2) in nicht eingetauchtem und in eingetauchtem Zustand festzustellen ist. Da das Volumen des Tauchkörpers bei bestimmter Temperatur ebenfalls bekannt ist, läßt sich aus dem Gewichtsunterschied und Volumen das verhältige Gewicht der Flüssigkeit ermitteln. Der bestimmte Wert ist jedoch nur bei der Temperatur genau, bei der das Volumen des Körpers geeicht wurde.

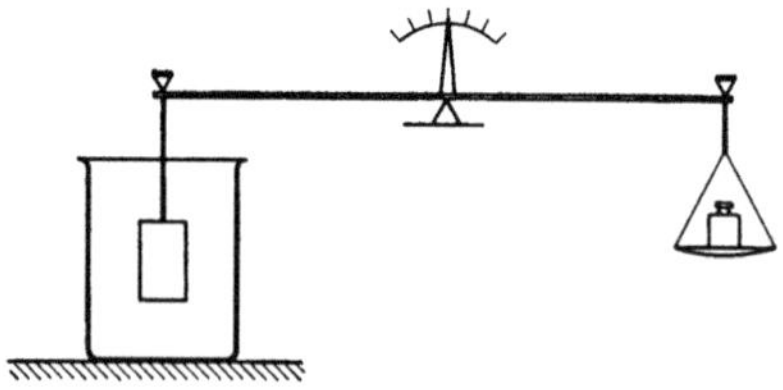

Abb. 2. Moor-Westphalsche Waage.

Zur Vereinfachung des Wiegevorganges verwendet man Gewichtsaräometer (s. Abb. 3). Ein unten beschwerter und dadurch stabil schwimmender, spindelförmiger Körper trägt mit einer leichten Säule eine Gewichtsschale. Auf dieser werden Gewichte aufgesetzt, bis die Spindel zu einer an der Säule vorhandenen Nullmarke einsinkt. Dabei ist darauf zu achten, daß die Temperatur der Flüssigkeit mit der Eichtemperatur der Spindel übereinstimmt.

Das Gewicht des Meßkörpers (bei einer bekannten Temperatur) in der Luft sei $G_L$ kg, das Volumen des Meßkörpers $V$ m³, das Gewicht des Meßkörpers in der Flüssigkeit $G_F$ kg, dann ist das verhältige Gewicht

$$\gamma = \frac{G_L - G_F}{V} \text{ kg/m}^3.$$

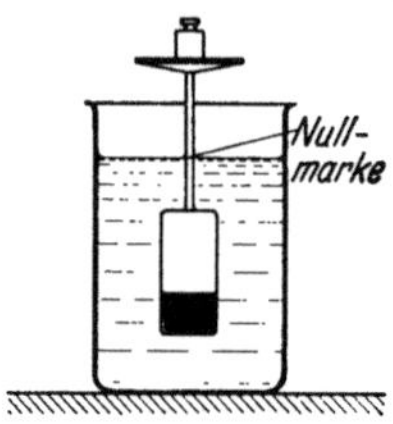


Abb. 3.
Gewichtsaräometer.

Ist das Volumen des Meßkörpers nicht bekannt, so läßt es sich dadurch bestimmen, daß man seinen Gewichtsverlust in einer Flüssigkeit von bekanntem verhältigen Gewicht, z. B. Wasser, feststellt:

Ist wieder

$G_L$ Gewicht des Körpers in Luft,
$G_W$ Gewicht des Körpers in Wasser,
$G_F$ Gewicht des Körpers in Flüssigkeit,

so ergibt sich das verhältige Gewicht als reine Verhältniszahl zwischen den Flüssigkeitsgewichten zu

$$\gamma' = \frac{G_L - G_F}{G_L - G_W}.$$

Weit einfacher im Gebrauch ist das Sinkaräometer (s. Abb. 4). Die aus Glas bestehende Schwimmspindel ist zur Sicherung der senkrechten Lage unten beschwert. Die Eintauchtiefe

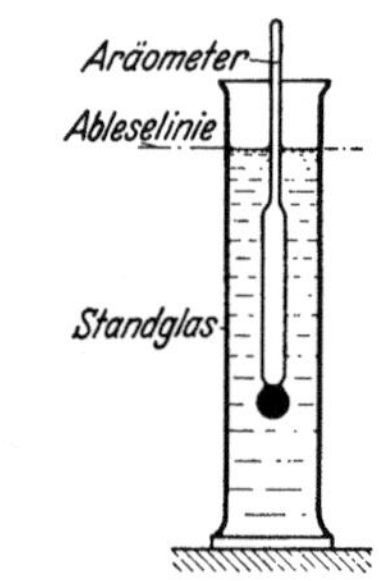


Abb. 4.
Sinkaräometer.

Zahlentafel 1.

| Für verhältiges Gewicht | Änderung für je 1° Temperaturunterschied | Für verhältiges Gewicht | Änderung für je 1° Temperaturunterschied |
|---|---|---|---|
| 0,700—0,720 | 0,000820 | 0,860—0,865 | 0,000700 |
| 0,720—0,740 | 0,000810 | 0,865—0,870 | 0,000692 |
| 0,740—0,760 | 0,000800 | 0,870—0,875 | 0,000685 |
| 0,760—0,780 | 0,000790 | 0,875—0,880 | 0,000677 |
| 0,780—0,800 | 0,000780 | 0,880—0,885 | 0,000670 |
| 0,800—0,810 | 0,000770 | 0,885—0,890 | 0,000660 |
| 0,810—0,820 | 0,000760 | 0,890—0,895 | 0,000650 |
| 0,820—0,830 | 0,000750 | 0,895—0,900 | 0,000640 |
| 0,830—0,840 | 0,000740 | 0,900—0,905 | 0,000630 |
| 0,840—0,850 | 0,000720 | 0,905—0,910 | 0,000620 |
| 0,850—0,860 | 0,000710 | 0,910—0,920 | 0,000600 |

ist ein Maß für das verhältige Gewicht der Flüssigkeit bei bestimmter Temperatur. Die am Aräometerhals aufgebrachte Leiter (Skala) zeigt also das verhältige Brennstoffgewicht bei der am Aräometer aufgeschriebenen Temperatur.

Für Umrechnung auf die normale Bezugstemperatur von 15° C dient obenstehende Zahlentafel nach Mendeljef.

Infolge der Oberflächenspannung zieht sich der Brennstoff an der Spindel und am Standglas hoch. Abgelesen wird die Stelle, an welcher der waagerechte Spiegel der Kraftstoffprobe die Leiter schneidet, wobei man die Schnittlinie mit den Augen schätzt.

Als gebräuchliche Richtzahlen für Brennstoffgewichte können gelten:

Für Motorenbenzin . . . . . 0,720—0,760 bei 15° C,
für Motorenbenzol . . . . . 0,870—0,880 bei 15° C.

**Prüfung des Brennstoffes auf Vorhandensein von Alkohol.** Ein gereinigtes Glas wird mit Kraftstoff gefüllt. Reines Wasser wird tropfenweise zugegossen. Ein Alkoholgemisch liegt vor, wenn die zugesetzten Wassertropfen aufgelöst werden und dabei keine Trübung des Gemisches eintritt, und wenn beim Zusatz größerer Wassermengen der Kraftstoff sich zuerst milchig trübt und dann eine Trennung in zwei Schichten eintritt.

Es liegt kein Alkoholgemisch vor, wenn das eingebrachte Wasser sofort untersinkt und sich beim Umschütteln nicht auflöst.

Im üblichen Betrieb hat sich folgendes einfache Verfahren für die Feststellung eines Alkoholgemisches bewährt: Auf weißes Papier wird ein Strich mit Tintenstift gezogen. Verläuft beim Aufgießen des Brennstoffes dieser Strich, so liegt ein Alkoholgemisch vor. Bei Benzin, Benzol oder bei Benzin-Benzolgemisch tritt kein Verlaufen des Striches ein.

**Feststellung des Alkoholanteiles im Gemisch.** In einen Schüttelzylinder von 25 cm³ Inhalt gibt man 15 cm³ Wasser und 10 cm³ Gemisch. Nach Durchschütteln und Abstehen zeigt sich eine klare Trennungslinie zwischen der Wasser-Alkohollösung, deren Menge um die aus dem Gemisch ausgeschiedene Alkoholmenge, die sich im Wasser gelöst hat, größer ist als die Wassermenge, und zwischen dem Benzin, Benzol oder Benzin-Benzolgemisch (Abb. 5). Nach der Abbildung beträgt der Alkoholanteil 2 von 10 cm³, also 20 vH des Brennstoffgemisches. Liegt die Trennungslinie bei 15 cm³, so ist kein Alkohol im Kraftstoff gewesen.

Will man bei einem Alkoholgemisch die Siedekurve für das Gemisch und das darin enthaltene Benzin bzw. Benzin-Benzolgemisch getrennt ermitteln, so wird in ähnlicher Weise in einem großen Standglas der Alkohol durch Wasser ausgewaschen, der leichte Brennstoff oben abgeschüttet und dieser allein untersucht.

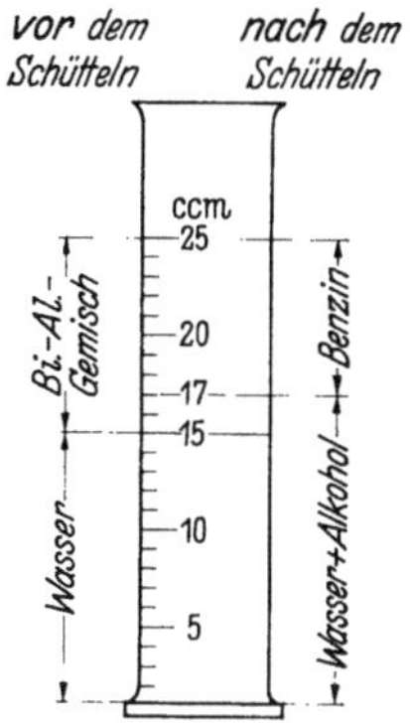


Abb. 5. Schüttelzylinder.

**Bestimmung des Gehaltes an Aromaten durch die Dimethylsulfatprobe.** Durch Dimethylsulfat werden die aromatischen Bestandteile vom übrigen Brennstoff getrennt. Die Ausführung des Versuches geht in gleicher Weise wie bei der Alkoholprobe vor sich. In einen Schüttelzylinder von 25 cm³ Inhalt gibt man 15 cm³ Dimethylsulfat und 10 cm³ des zu untersuchenden Kraftstoffes, schüttelt einigemal um und läßt absetzen. Die Berechnung des Anteiles an Aromaten ergibt sich wie oben, da die Aromaten sich im Dimethylsulfat auflösen.

Benzol besteht nur aus Aromaten. In Benzin sind geringe Anteile an Aromaten enthalten. Man kann also bei einem Benzin-Benzolgemisch den Benzolanteil nur annähernd feststellen.

Zweckmäßig ist es, die Dimethylsulfatprobe auch bei Lieferung von unvermischtem Benzin durchzuführen, da ein Benzin im allgemeinen um so höher zu bewerten ist, je mehr Aromate darin vorhanden sind.

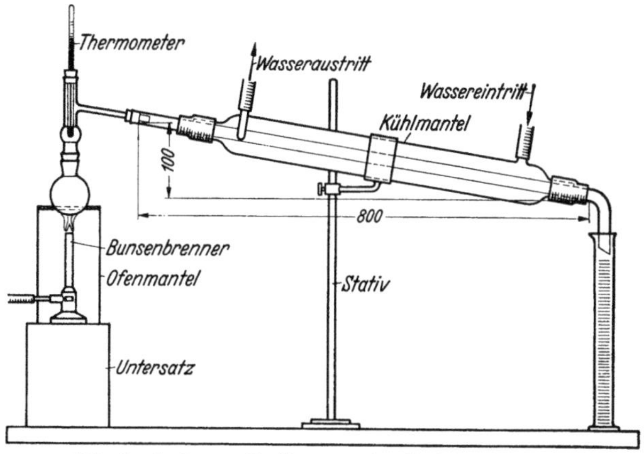


Abb. 6. Gerät zur Bestimmung der Siedekennlinien.

Dimethylsulfat ist sehr giftig, deshalb ist größte Vorsicht am Platze. (Nicht einatmen!).

**Prüfung auf Schwefelgehalt.** Ob kupferangreifender Schwefel, d. h. Korrosionsneigung vorhanden ist, wird in der polierten Kupferschale bestimmt. Die Schale darf beim Verdampfen von Benzin nicht schwarz oder grau werden. Als weitere Korrosionsprobe wird die Einwirkung des Kraftstoffes auf ein mit Aluminiumnieten versehenes Kupferblech bestimmt.

**Feststellung der Siedekennlinie und der Siedekennziffer.** Der für den Vergaserbetrieb und für die Niederschlagserscheinungen im Saugrohr wesentliche, für das Anlassen des Motors wichtige Verdampfungsverlauf wird mit Einrichtungen nach Abb. 6 bestimmt und in der Siedelinie dargestellt.

100 cm³ des zu untersuchenden Brennstoffes werden in einem Glas- oder Kupferkolben allmählich erhitzt. Die Abmessungen üblicher Kolbenarten, sowie die Lage der Thermometerkugel sind aus den Abb. 7 und 8 ersichtlich. Die entstehenden Kraftstoffdämpfe werden in einer wassergekühlten Röhre niedergeschlagen. Der Brennstoff tropft in ein 100 cm³-Meßgefäß. Die Temperaturen in dem Hals des Verdampfungsgefäßes werden aufgeschrieben, wenn gerade

5, 10, 15. 20 ... bis 95 cm³ destilliert sind. Das Thermometer muß so angebracht sein, daß sich die Quecksilberkugel in der Mitte des Kolbenhalses bzw. der kugelförmigen Erweiterung des Siedeaufsatzes befindet, und so, daß der Stopfen das Ablesen des Siedebeginns nicht behindert.

Die erhaltenen Zahlen werden in einer Schaulinie (s. Abb. 9) aufgetragen. Als Siedebeginn bezeichnet man die Temperatur, bei welcher der erste Tropfen in das Meßgefäß tropft. Die Heizung ist so einzustellen, daß möglichst je Sekunde 2 Tropfen destillieren.

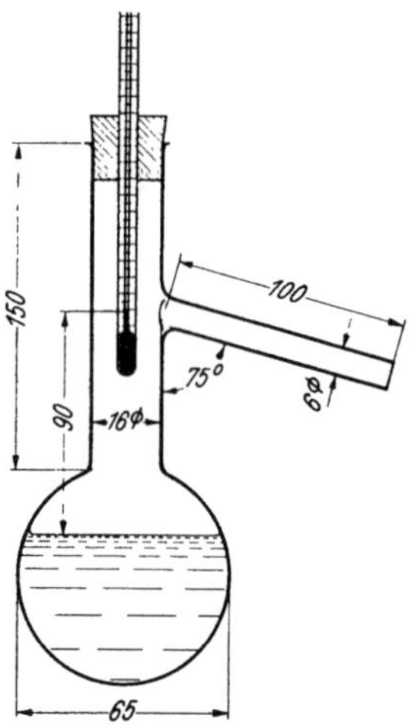


Abb. 7. Kolben nach Engler-Ubbelohde zur Benzindestillation (*213*).

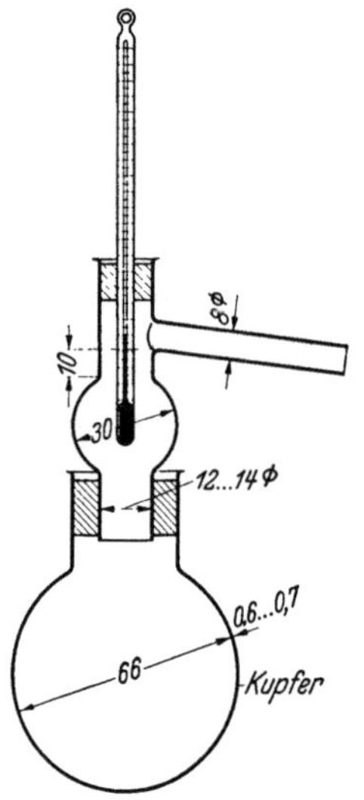


Abb. 8. Kolben nach Krämer und Spilker zur Benzoldestillation.

Das Bedürfnis nach größerer Einfachheit hat dazu geführt, daß bisweilen die „Siedekennziffer" verwandt wird, welche die Flüchtigkeit eines Brennstoffes kurz angeben soll. Die „Kennziffer" erhält man, wenn man aus der Siedekennlinie die Temperaturen für 5, 15, 25 ... bis 95 cm³ zusammenstellt und die Summe durch 10 teilt. Mit der Einführung der Alkoholgemische verliert jedoch die Kennziffer ihre bisherige Bedeutung. Dies ist aus Abb. 9 zu entnehmen, aus der sich die Siedekennziffer für das untersuchte Benzin mit 112, für das Benzol mit 99 ergibt, für den Alkohol aber die Temperatur 78° als nahezu einheitliche Siedetemperatur angegeben werden kann. Bei Benzin-Alkoholgemischen mit zum Teil sprunghaftem Verlauf der Siedekennlinie ist die Kennziffer zu nichtssagend.

Gemische mit Alkohol werden auf ihr Siedeverhalten in der Weise untersucht, daß zunächst das Gemisch geprüft wird. Dann wird aus diesem der Alkohol ausgewaschen und das Benzin für sich geprüft. Der Wert eines Benzin-Alkoholgemisches wird von der Art des beigemischten Benzins maßgeblich beeinflußt.

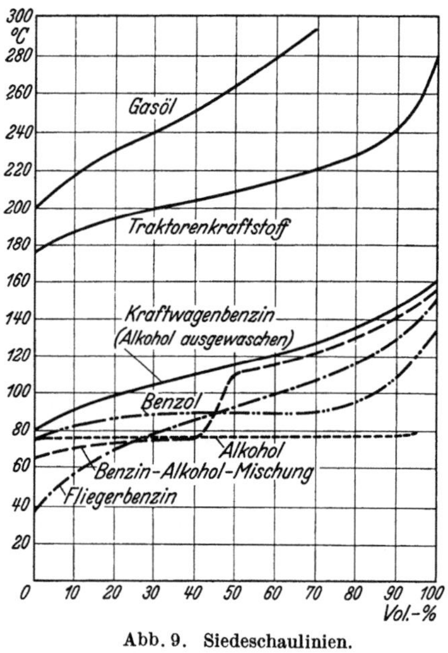


Abb. 9. Siedeschaulinien.

Enthält ein Brennstoff zuviel leichtflüchtige Bestandteile, so sind die Verdunstungsverluste groß. Sind dagegen viel schwerflüchtige, hoch siedende Anteile vorhanden (große Siedeschwänze), so besteht die Gefahr, daß das Benzin Niederschläge im Zylinder bildet, die zu Ölverdünnung im Motor führen können.

Nach Ehlers wird von einem Kraftwagenbenzin verlangt, daß der Siedebeginn zwischen 30 und 60° C liegt, und 95 Vol.-vH bis höchstens 200° C verdampfen. Die Siedekennziffer soll zwischen 112 und 125 liegen. Der Schwefelgehalt soll 0,1 vH nicht überschreiten.

Harzige Bestandteile, die auf die Ansaugventile wirken, darf das Benzin nicht hinterlassen. Der Anteil an aromatischen Kohlenwasserstoffen sollte im Hinblick auf die Klopffestigkeit mindestens 12 vH betragen.

**Verharzungsneigung** ist vor allem bei Verwendung schlecht raffinierten Benzols oder Crack-Benzins zu erwarten. Sie kann durch Verdampfen des Kraftstoffes im Wasserbad und nachheriges Trocknen der Abdampfschale bestimmt werden. Diese Prüfart sollte jedoch durch motorische Untersuchungen bei verschiedenen Betriebsbedingungen (Vorwärmung, Gemischzusammensetzung) ergänzt werden.

**Flammpunkt und Brennpunktwerte.** Der „Flammpunkt" eines Kraftstoffes ist die Temperatur, bei der über einer unendlich großen Brennstofffläche bei unendlich kleinem Wärmeanstieg ein explosives Gasgemisch entsteht. Bei Annäherung einer Zündflamme wird das Gemisch zum ersten Male kurz aufflammen, ohne daß der Brennstoff weiter brennt. Zur Ermittlung des Flammpunktes werden sog. Flammpunktsprüfer (Abb. 10 u. 11) benützt, in denen eine bestimmte Brennstoffmenge erwärmt und die Temperatur aufgenommen wird, bei der die aufsteigenden Gase mittels Zündflamme zur Entflammung kommen. Hierzu dienen geschlossene oder offene Gefäße. Bei geschlossenen Gefäßen sammelt sich das Gasgemisch unter einer Verschlußhaube. Nur für den Augenblick der Prüfung wird der Tiegel etwas geöffnet. Da die Bedienung der Geräte eine bestimmte Übung erfordert, ist für allgemeine Zwecke die Prüfung im offenen Tiegel ausreichend.

Aus Abb. 11 ist der geschlossene Flammpunktsprüfer nach Pensky-Martens ersichtlich. Im Vergleich zum offenen Flammpunktsprüfer werden hier niedere, aber genauere Werte erzielt. Die Probe wird in das Gefäß $E$ bis zur Marke $M$ eingefüllt. Nach Einsetzen des Tiegels erhitzt man so, daß die Temperatur anfangs um 6—10°/min, bei Annäherung an den Flammpunkt um 4—6°/min steigt. Zwischen $E$ und dem Eisenkörper $H$ befindet sich eine Luftschicht. Der Messingmantel $L$ wird durch Asbestpappe vor zu starker Wärmeabgabe geschützt. Den Rührer $J$ bewegt man nach Erreichung höherer Temperatur beständig und taucht das Zündflämmchen $Z$ durch Drehen des Griffes $G$ von 2 zu 2° und später, wenn das Zündflämmchen größer erscheint, von Grad zu Grad etwa 2 s lang unter Aussetzen des Rührens in den Dampfraum des Gefäßes $E$, bis deutliches Aufflammen der Dämpfe eintritt. Während des Versuches erlischt manchmal das Zündflämmchen, weshalb neben $Z$ ein Sicherheitsflämmchen $S$ angebracht ist. Das Aufflammen wird am besten durch die zweite, nicht zur Durchführung der Zündflamme dienende Öffnung im Deckel beobachtet.

Bei weiterer Temperatursteigerung im offenen Tiegel erreicht man, daß die aufsteigenden Gase mit gleichmäßiger Flamme von selbst weiterbrennen. Diese Temperatur wird „Brennpunkt" genannt. Der Brennpunkt liegt meistens 30—40° höher als der Flammpunkt.

Abb. 10. Flammpunktsprüfer mit offenem Tiegel nach Marcusson (*209*).

Abb. 10 zeigt einen offenen Flammpunktsprüfer. Der den Brennstoff enthaltende Tiegel sitzt in einem Sandbad. Ein schwenkbares Gaszuführungsrohr dient zur Entflammung des Brennstoff-Luftgemisches. Bei der Versuchsdurchführung wird das Sandbad mittels Bunsenbrenners so erhitzt, daß die Temperatursteigerung im Tiegel 3—5° C je min beträgt. In der Nähe des voraussichtlichen Flammpunktes wird die auf 10 mm Länge eingestellte Gasflamme etwa 2 s in 2 mm Abstand über den Tiegel gebracht. Der Flammpunkt im offenen Tiegel ist dann die Temperatur, bei der die Brennstoffgase zur Entflammung kommen.

Ein besonders geeignetes Gerät für diese Prüfungen ist der Jentzschsche Flammpunktsprüfer, der in gleicher Weise aufgebaut ist wie der Zündwertprüfer, der auf S. 13 beschrieben ist (s. Abb. 17). In die Zündlöcher des Zündwertprüfers werden kleine Tiegel mit Kraftstoff eingestellt. Ein schwenkbares Gasrohr, das zusätzlich angebracht ist, gestattet die augenblickliche Zubringung der Entzündungsflamme ähnlich wie beim Gerät nach Abb. 10.

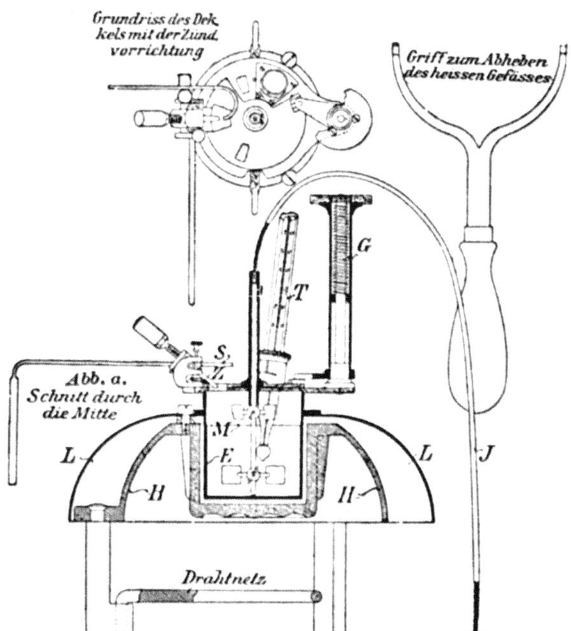


Abb. 11. Flammpunktsprüfer nach Pensky-Martens (*208*). $E$ Gefäß, $G$ Drehgriff, $H$ Eisenkörper, $J$ Rührer, $L$ Messingmantel, $M$ Markenlinie, $S$ Sicherheitsflämmchen, $T$ Thermometer, $Z$ Zündflämmchen.

**Der Selbstzündungspunkt.** Wird beim Flamm- und Brennpunktprüfer die Heizung weiter gesteigert, so entzündet sich das Gemisch von selbst. Der zugehörige Wärmegrad entspricht dem Selbstzündungspunkt. Beim Jentzsch-Zündwertprüfer wird zur Nachahmung der im Motor durch die Verdichtung erzeugten Luftkonzentration dem Kraftstoff Sauerstoff zugeführt. Nachstehende Zahlentafel 2 zeigt Flammpunkte und Selbstzündungstemperaturen einiger Kraftstoffe:

Zahlentafel 2. Flammpunkte und Selbstzündungstemperaturen einiger Kraftstoffe.

| | Benzin | Benzol | Alkohol | Gasöl |
|---|---|---|---|---|
| Flammpunkt | —25° C | —10° C | — | mind. 55° C |
| Selbstzündtemperatur (im Luftstrom) | 475—530 | 730 | 380[1] | 350° C |

# B. Heizwertmessung.

Der Heizwert eines Gemisches kann, wenn seine chemische Zusammensetzung bekannt ist, aus der Verbrennungswärme der Einzelbestandteile nach der Mischungsregel errechnet werden. Die Verbrennungswärmen der Bestandteile sind sehr genau bekannt, einige sind in Zahlentafel 3 mit aufgeführt.

Zahlentafel 3. Verbrennungswärme[2] einiger Kraftstoffe.

| Stoff | Oberer Heizwert | | Unterer Heizwert | |
|---|---|---|---|---|
| | kcal | | kcal | |
| | je m³ | je kg | je m³ | je kg |
| Wasserstoff | 3080 | 34400 | 2600 | 27400 |
| Kohlenoxyd | 3050 | 2440 | — | — |
| Methan | 9450 | 13250 | 8490 | 11900 |
| Acetylen | 13900 | 11970 | 13420 | 11550 |
| Leuchtgas | 4500—5500 | — | 4000—5000 | — |
| Technisches Benzin | — | 10400 | — | 9530 |
| Markenbenzin mit 10 vH Alkohol | — | — | — | 9900 |
| Benzol | — | 10026 | — | 9610 |
| Gemisch (Benzin-Benzol-Alkohol) | — | — | — | 9600 |
| Äthylalkohol (etwa 99,5 vH) | — | 7110 | — | 6410 |
| Gasöl | — | — | — | 10100 |

## I. Heizwerte von Grundstoffen und Kraftstoffen.

In Fällen einfacher Zusammensetzung ist die rechnerische Bestimmung vorteilhaft. Wenn verschiedene Kohlenwasserstoffe, deren Anteile den Heizwert der Mischung stark beeinflussen, in dem Kraftstoff vorhanden sind, ist die unmittelbare Heizwertbestimmung vorzuziehen.

Die unmittelbare kalorimetrische Heizwertmessung besteht darin, daß die chemische Energie des Brennstoffes möglichst vollständig in thermische umgesetzt wird. Die beim Verbrennen des Kraftstoffes freiwerdende Wärme wird von einem Wärmeträger (Wasser) aufgenommen. Aus der Menge des Heizstoffes und des Wärmeträgers und dessen verhältiger Wärme und Temperaturerhöhung läßt sich die Verbrennungswärmemenge des Kraftstoffes errechnen. Die Einflüsse der Wärmeverluste durch Leitung, Konvektion und Strahlung, z. B. Abgasverluste, müssen so klein und so gleichbleibend wie nur möglich gestaltet werden, damit das Kalorimeter absolut eichbar ist.

Bei Gasen unterliegt die Mengenmessung dem Einfluß von Druck und Temperatur. Bei Handkalorimetern wird dies rechnerisch berücksichtigt, bei selbsttätigen Kalorimetern sind Heizwert-Berichtigungseinrichtungen vorhanden.

Bei wasserstoffhaltigen Brennstoffen ist zwischen dem „oberen Heizwert“ und „unteren Heizwert“ zu unterscheiden. Ersterer ergibt sich bei völliger Kondensation des gebildeten Wasserdampfes im Verlauf der nach der Verbrennung eintretenden Abkühlung, letzterer wird gemessen, wenn das gebildete Wasser das Kalorimeter als Dampf verläßt.

Für die Verbrennung im Motor hat nur der untere Heizwert Bedeutung. Der obere Heizwert schließt den Wärmeinhalt des bei der Verbrennung wasserstoffhaltiger Gase freiwerdenden Wasserdampfes ein, entsprechend 575 kcal je kg Wasser bezogen auf 20° C. Dieser Wasserdampf wird aber im Motor nicht mit zur Arbeitsleistung herangezogen, sondern entweicht als hochüberhitzter Dampf im Auspuff. Dennoch rechnet man meistens mit dem oberen Heizwert.

Der untere Heizwert wird dann mittelbar bestimmt, indem die in einer gewissen Zeit ausfallende Kondenswassermenge nach Gewicht oder in einem Gaszähler die in der gleichen Zeit für die Kalorimeterflamme verbrauchte Brennstoffmenge gemessen wird.

Wollte man den unteren Heizwert unmittelbar messen, so müßte das Abgas das Kalorimetergerät mit Temperaturen verlassen, die höher liegen, als sein Taupunkt, das Gerät müßte auf den Taupunkt des Abgases vorgewärmt werden, was mit erheblichen Abwärmeverlusten und daher mit großen Meßfehlern verbunden wäre.

[1] Im Sauerstoffstrom. [2] Bezogen auf 0° C und 760 mm Hg.

## II. Einzelbestimmungen im Bombenkalorimeter.

**Verbrennungsbombe.** Für die übliche Handhabung genügen die im Laboratorium gebräuchlichen Explosionsbüretten nicht, weil sie den auftretenden Beanspruchungen nicht standhalten. Man benützt Stahlbomben. Von den beiden Möglichkeiten der Ausdehnungs- oder Temperaturmessung am Wärmeträger wird die letztere zur Bestimmung der übergegangenen Wärme angewandt. Damit die Wärmeverluste klein bleiben, wird der Außenmantel sorgfältig isoliert.

Die Abb. 12 und 13 zeigen ein derartiges Bombenkalorimeter. Der Bombenkörper *a*, dessen Kopf abnehmbar ist, ist aus vollem Stahl gedreht. Zum Zweck der Verbesserung der Wärmeüberleitung auf das Kühlmittel sind die Außenwände poliert. Zum Schutz der Innenwände vor korrodierender Wirkung der verbrennenden Gase sind diese vergoldet. Ein Chromnickelstahl- oder Platintiegel *b* dient zur Aufnahme des Brennstoffes. Die Entzündung erfolgt

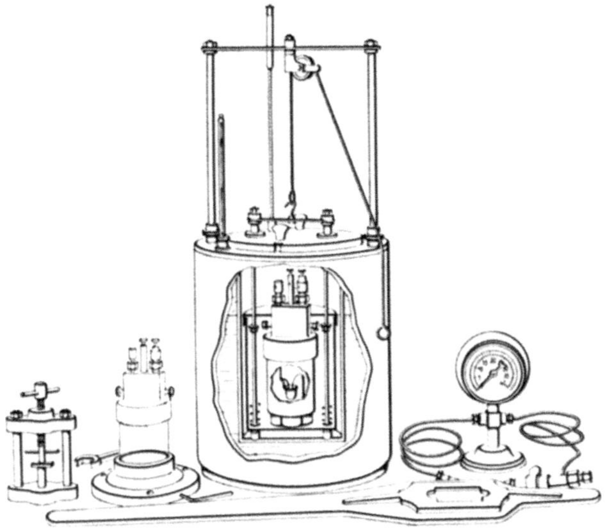

Abb. 12. Bombenkalorimeter von Griffin (*228*).

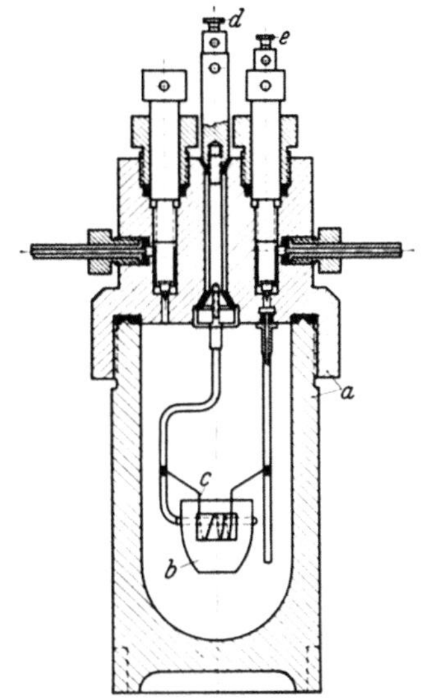


Abb. 13. Kalorimeterbombe nach Griffin (*229*). *a* Bombenkörper; *b* Platintiegel; *c* Platinglühdraht; *d*, *e* Klemmen.

durch einen Platinglühdraht *c*, der mit den Klemmen *d* und *e* verbunden ist. Der Bombenkörper selbst wird in den Wärmeträgerhalter (s. Abb. 12) eingehängt. Dieses Gefäß ist zur Verringerung der Wärmestrahlung doppelwandig ausgeführt, außerdem sind seine Innenwände poliert.

Die Temperaturzunahme des Wärmeträgers wird durch zwei Beckmann-Thermometer (*115*) festgestellt, von denen das erste eine Ablesegenauigkeit von $^1/_{10}°$ C, das zweite eine solche von $^1/_{100}°$ C aufweist.

Bei der Auswertung des Versuches ist es notwendig, neben der Wärmeaufnahmefähigkeit des Wärmeträgers (Wasser) die der Bombe selbst, der Thermometer und des übrigen Zubehörs zu berücksichtigen. Die entsprechenden Angaben werden bei der Lieferung des Gerätes beigefügt.

**Versuchsbeispiel:**

Kühlwasserinhalt $W = 2500$ g.
Gewicht des verbrannten Brennstoffes $G_{br} = 0{,}732$ g.
Die Wärmeaufnahmefähigkeit der Bombe mit Zubehör entspricht der einer Kühlwassermenge von 749 g.

Nebenstehende Versuchswerte wurden aufgenommen.

| Zeit min | Temp. °C | Zeit min | Temp. °C |
|---|---|---|---|
| 10,2 | 0,540 | 10,13 | 3,015 |
| 10,4 | 0,545 | 10,15 | 3,015 |
| 10,6 | Zündung | 10,16 | 3,015 |
| 10,7 | 1,24 | 10,17 | 3,011 |
| 10,8 | 2,22 | 10,18 | 3,007 |
| 10,9 | 2,75 | 10,20 | 3,003 |
| 10,10 | 2,93 | 10,22 | 2,997 |
| 10,11 | 2,98 | 10,24 | 2,994 |
| 10,12 | 3,01 | | |

Damit war die Temperatur vor der Zündung . . . . . . . . . . . . . . . . 0,545° C
Die Höchsttemperatur nach der Zündung . . . . . . . . . . . . . . . . . 3,015° C
Mit Rücksicht auf Strahlungsverluste, wird diese nach Angabe berichtigt auf 3,043° C
Dementsprechend ist die Temperaturerhöhung . . . . . . . . . . . . . 2,498° C

Die Temperaturerhöhung je g Brennstoff ist . . . . . . . . . . . $\frac{2{,}498}{0{,}732} = 3{,}415°$ C

Das Gesamtkühlmittelgewicht ist . . . . . . . . . . . . . . $2500 + 749 = 3{,}249$ g
Damit ist der Wärmeinhalt des Brennstoffes $Q$ . . . . . . $= 3249 \cdot 3{,}415 = 11{,}09$ cal/g
$= 11090$ kcal/kg

## III. Die fortlaufende Bestimmung.

Unter der Fülle von Kalorimetereinrichtungen für fortlaufende Bestimmung, bei denen an Stelle von einzeln abgemessenen Gas- oder Flüssigkeitsmengen die fortlaufende Zuführung von Brennstoff und Kühlmittel tritt, sei das Junkers-Kalorimeter als gebräuchlichstes herausgegriffen.

**Junkers-Kalorimeter.** Bei dem Junkers-Kalorimeter für die Heizwertbestimmung von flüssigem Brennstoff wird die Wärmemenge des zur Verbrennung gelangenden, laufend zugeführten Brennstoffes praktisch restlos an den ebenfalls ununterbrochen fließenden Wasserstrom abgeführt. Der Heizwert ergibt sich aus der Menge und aus der Temperaturerhöhung des Wassers, welches während der Verbrennung einer bestimmten Brennstoffmenge durch das Gerät geflossen ist, auf dem Wege der unmittelbaren Messung in kcal/kg. Die Menge des flüssigen Brennstoffs wird durch Gewichtsbestimmung mit einer Genauigkeitswaage festgestellt (bei Gasen durch volumetrische Messung). Der Brennstoff wird in einer Lampe unter Anwendung von Preßluft nach Anheizung des eigentlichen Brenners vergast und unter dem Kalorimetergefäß verbrannt.

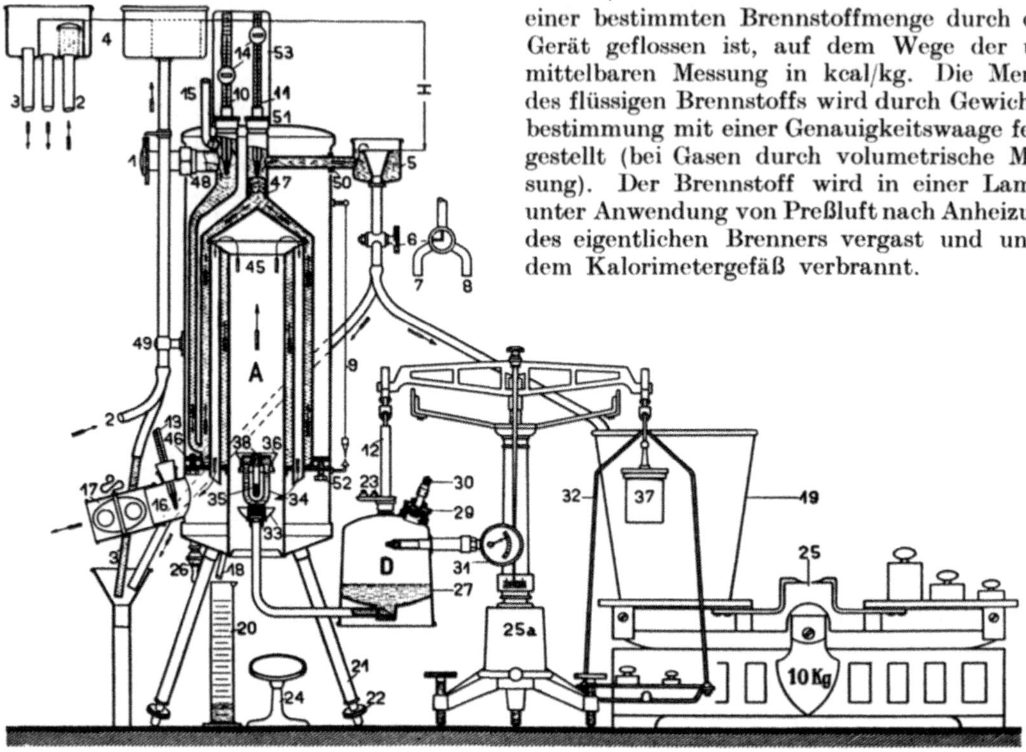


Abb. 14. Junkers-Kalorimeter zur Untersuchung flüssiger Brennstoffe (*267*).

*1* Wasserregelhahn, *2* Kaltwasseranschluß, *3* Abwasseranschluß, Überlauf, *4* Wasserüberlaufvorrichtung, *5* Warmwasserauslauf, *6* Schalthahn, *7* Stutzen für Meßwasser, *8* Stutzen für Abwasser, *9* Senklot, *10* Thermometer, kalt, $^1/_{10}$°, *11* Thermometer, warm, $^1/_{10}$°, *12* Gehänge für die Vergasungslampe, *13* Thermometer, Abgase $^1/_1$°, *14* Ableselupe, *15* Entlüftungsrohr, *16* Stutzen zum Abgasthermometer, *17* Drosselklappe, *18* Stutzen für Kondensator, *19* Meßgefäß, 7 l, 2,3 l, *20* Meßglas für Kondensator, 0,1 l, *21* Standfüße, *22* Stellschrauben, *23* Belastungsschale, *24* Spiegel, *25* Tafelwaage mit Gewichten, *25a* Genauwaage, *26* Entleerungshahn, *27* Vergasungslampe, *29* Verschlußschraube, *30* Sicherheitsventil, *31* Druckmesser, *32* Bügel mit Waagschale, *33* Anheizschale, *34* Brenner, *35* Brennerfüße, *36* Brennerkranz, *37* Brennergegengewicht, *38* Brennerschraube, *45* Röhrenheizkörper, *46* Flanschschrauben, *47* Wassermischer, *48* Verschraubung am Hahn *1*, *49* Schraube an seitlicher Spreize, *50* Verschraubung am Auslauf *5*, *51* Thermometerverschraubung, *52* Druckschrauben am Flanschring, *53* Lichtblech.

*A* Verbrennungsraum des Kalorimeters; *D* Luftraum der Vergasungslampe; *H* Wasser-Überdruckhöhe.

Die Schnittzeichnung (Abb. 14) zeigt die Zusammenstellung der für Handmessung gebräuchlichen Einrichtung zur Wärmeinhaltsbestimmung von flüssigen Brennstoffen.

Abb. 15 zeigt die Anordnung der Meßeinrichtung zur Wärmeinhaltsbestimmung von Gasen. Hier ist die Brennstoffwaage durch einen Gasmesser ersetzt.

Über das Vorgehen bei der Heizwertbestimmung geben die Hersteller eingehende Anweisungen.

**Berechnung des Heizwertes.** Mit der Kalorimetermessung erhält man den o b e r e n H e i z w e r t des Brennstoffes, d. h. den Heizwert, welcher sich ergibt, wenn die Abgase etwa auf die Eintrittstemperatur des Brennstoffes bzw. der Verbrennungsluft abgekühlt werden, so daß der in den Verbrennungsgasen enthaltende Wasserdampf vollständig kondensiert wird und die Niederschlagswärme des Wasserdampfes mit im Heizwert enthalten ist. Zur Bestimmung des unteren Heizwertes fängt man das im Kondenswasserstutzen abtropfende Wasser mit dem Meßgefäß auf.

**Oberer Heizwert $H_o$.** Der obere Heizwert ergibt sich aus der Größe: Wassermenge × Temperaturunterschied durch Brennstoffmenge, also

$$H_o = \frac{W \cdot \Delta t \cdot 1000}{G_{Br}} \text{ kcal/kg}.$$

$W$ ist die Menge des in der Meßzeit aufgefangenen Kühlwassers in kg.

$\Delta t = T_a - T_e$ ist der Unterschied der Thermometerablesungen am Wasserausgang und -eingang des Kalorimeters.

$G_{Br}$ ist die in der Meßzeit verbrannte Brennstoffmenge in g.

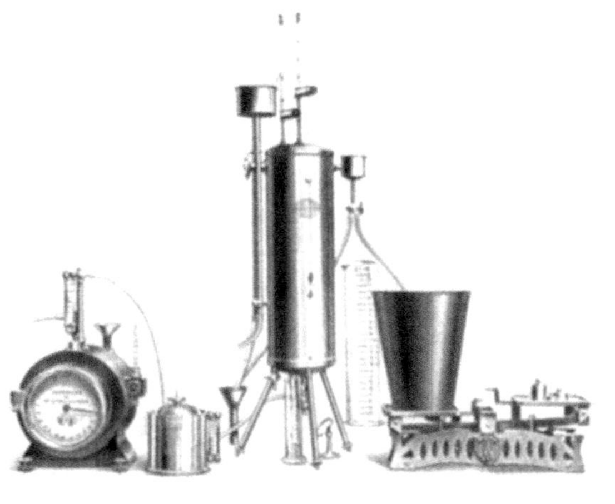

Abb. 15. Junkers-Kalorimeter zur Bestimmung des Heizwertes von Gasen (*267*).

**Verdampfungswärme des Kondenswassers.** Die Verdampfungswärme $c$ ergibt sich aus

$$c = \frac{0{,}6 \cdot K \cdot 1000}{G} \text{ kcal/kg}.$$

$c$ ist die Verdampfungswärme des bei der Verbrennung von 1 kg Brennstoff erhaltenen Kondenswassers in kcal.

0,6 ist die Verdampfungswärme von 1 g des Kondenswassers in kcal.

$K$ ist die Menge des aufgefangenen Kondenswassers in g bei Verbrennung von $G$ g Brennstoff.

Mit der üblichen Bestimmung des Kondenswassers für 10 g Brennstoff, also $G = 10$ g, ist

$$c = \frac{0{,}6 \cdot K \cdot 1000}{10} = 60 \cdot K.$$

**Unterer Heizwert $H_u$.** Der untere Heizwert ist der um die Verdampfungswärme verminderte obere Heizwert, also $H_u = H_o - c$. Für $H_o$ wird der Mittelwert mehrerer Einzelbestimmungen eingesetzt.

**Beispiel.** Folgende Werte seien für einen Zeitabschnitt, der durch den Durchgang der Brennstoffwaage durch die Nullage vor und nach dem Auflegen von 10 g Gewicht bestimmt ist, ermittelt worden:

Kühlwassermenge . . . . . . . $W = 10{,}5$ kg
Temperaturunterschied . . . . . $\Delta t = t_a - t_e = 18{,}7 - 8{,}7 = 10°$ C
Brennstoffmenge (Benzin) . . . . $G = 10$ g
Kondenswasser . . . . . . . . $K = 12{,}7$ g,

dann ist der obere Heizwert

$$H_0 = \frac{W \cdot \Delta t \cdot 1000}{G} = \frac{10{,}5 \cdot 10 \cdot 1000}{10} = 10500 \text{ kcal/kg}.$$

Die Verdampfungswärme des Kondenswassers ist.

$$c = \frac{0{,}6 \cdot 12{,}7 \cdot 1000}{10} = 60 \cdot 12{,}7 = 762 \text{ kcal/kg}.$$

Der untere Heizwert ist

$$H_u = H_0 - c = 10500 - 762 = 9738 \text{ kcal/kg}.$$

Abb. 16. Selbsttätiges Junkers-Kalorimeter mit elektrischer Anzeige und Aufschreibung (*191*).
*1* Reduziervorrichtung, *2* Gasmesser, *3* Kopplung von Wasser- und Gasmesser mittels Kette, *4* nasser Druckregler, *5* Brenner, *6* Kalorimeter, *7* trockener Membranvorregler, *8* elektrisches Schreibgerät, *9* Trommelwassermesser.

**Fehler bei Wärmebestimmungen.** Die Genauigkeit der Messung ist zunächst durch die Güte der Geräte bestimmt. Hierbei spielen neben der Genauigkeit der Temperatur- und Mengenmessung die Strahlungs- und Leitungsverluste der Geräte eine Rolle. Durch guten Wärmeschutz können diese Fehler unter 1 vH gebracht werden.

Wesentlich kann jedoch der Einfluß der Abgase werden. Da die Temperaturerhöhung des Kühlmittels nicht so klein gehalten werden kann, daß die Kühlwasseraustrittstemperatur nicht über der Eintrittstemperatur der Verbrennungsluft liegt, ist die Austrittstemperatur der Gase immer größer als ihre Eintrittstemperatur (im allgemeinen um 5° C). Mit den Gasen wird also eine gewisse, nicht in das Kühlmittel aufgenommene und daher nicht gemessene Wärmemenge abgeführt, d. h. es stellt sich ein bestimmter Verlust ein, der vom Brennstoff-Luftverhältnis und vom Wassergehalt des Brennstoffes abhängig ist.

**Fortlaufend arbeitendes selbsttätiges Kalorimeter.** Bei dem selbsttätig arbeitenden Kalorimeter von Junkers (Abb. 16) ist die Wirkungsweise die gleiche wie bei dem beschriebenen Handkalorimeter. Das Verhältnis Wassermenge zu Gasmenge wird dadurch gleich gehalten, daß Wassermesser und Gasmesser zwangsläufig gekuppelt sind, d. h. einer in einer bestimmten Zeit verbrannten Gasmenge entspricht stets eine bestimmte durchströmende Wassermenge. Der Heizwert ist dann nur noch abhängig von der Größe des Temperaturunterschiedes zwischen warmem und kaltem Wasser. Dieser Temperaturunterschied wird als Spannungsdifferenz des im Kalorimeter eingebauten Thermoelementes in Form einer Heizwertkurve im Eichschreibgerät niedergeschrieben.

Zur Vermeidung von Betriebsstörungen ist eine Wasser- und Gasmangelsicherung mittels zwangsläufig wirkender Abschlüsse eingebaut, die auch Klingel- oder sonstige Anzeigeanlagen in Tätigkeit setzen. Das Gerät ist für Laboratoriumsmessung weniger geeignet und bedürfte für flüssige Brennstoffe einer entsprechenden Weiterentwicklung. Es zeigt jedoch, wie mit einfachen Mitteln auch selbsttätige Messungen erreicht werden können.

## C. Messung der Klopffestigkeit der Brennstoffe.

Eine der wichtigsten Eigenschaften der Kraftstoffe ist ihre Klopffestigkeit. Sie beruht bei Zündermotoren und bei Dieselmotoren auf gänzlich verschiedenen Voraussetzungen, derart, daß man nur bei Zündermotorkraftstoffen von Klopffestigkeit, bei Dieselkraftstoffen dagegen von Zündwilligkeit sprechen sollte.

Die Erforschung und meßtechnische Erfassung der Klopfvorgänge ist durch die elektrischen Meßverfahren gefördert worden, z. B. durch die Schnaufferschen Messungen mit der Kondensatormeßdose (*361, 380*), durch die Piezo-Quarzmeßgeräte (*279, 280, 281*), durch das Schnauffersche Ionisationsverfahren (*363*) [s. S. 73]. Die letztere Art der Beobachtung des Klopfens dient jedoch mehr als Laboratoriumsverfahren der Aufklärung über die Verbrennungsvorgänge.

Sie hat zunächst bestätigt, daß im Zylinder des Zündermotors bei genügend hoher Verdichtung und Begünstigung durch längliche Brennraumformen im Verlauf der mit einer Geschwindigkeit von 20—25 m/s fortschreitenden Verbrennung eine Verdichtung des von der Flamme noch nicht erreichten Gasrestes bis auf die Druckzündungstemperatur erfolgt, so daß der gesamte Gasrest mit sehr hoher Brenngeschwindigkeit in Selbstzündung entflammt wird, womit eine schlagartige Druck- und eine hohe Temperatursteigerung verbunden ist.

Der harte Gang der Brennstoffe im schnellaufenden Dieselmotor, der von vornherein mit Druckzündung arbeitet, ist darauf zurückzuführen, daß der mit Strahlzerstäubung eingeführte Brennstoff eine gewisse Zeit benötigt, bis er mit Luft verbrennungsfertig gemischt und erwärmt ist („Zündverzug"), dann aber im Augenblick des Einsetzens der Zündung infolge der Zerstäubungseigenart des Strahles schon eine so große Brennstoffmenge zündfertig vorhanden ist, daß auch hier die Drucksteigerung schlagartig erfolgt.

Die Wertung auf Klopffestigkeit durch analytische Verfahren hat bisher im wesentlichen versagt, obwohl erwartet wurde, daß eine Bestimmung der Anteile an Aromaten, Naphthenen, Paraffinen und ungesättigten Verbindungen ungefähre Werte für die zu erwartende Klopffestigkeit bringen würde.

Beiträge in dieser Richtung haben Mücklich und Conrad (*317*), Jentzsch (*224*), sowie Heinze und Marder (*196*) geliefert. Mücklich und Conrad gehen davon aus, daß die aromatischen und die Naphthenanteile zur Klopffestigkeit, die Paraffine zur Klopffreudigkeit beitragen, ferner, daß die Klopffestigkeit im allgemeinen mit der Ostwaldschen Siedekennziffer (*323*), die das mittlere Siedeverhalten angibt, abnimmt. Das Verhältnis zwischen klopffesten Anteilen (Aromaten und Naphthenen) und der Siedekennziffer wird als „Gütezahl" dargestellt. Vergleichende Untersuchungen mit dem weiter unten beschriebenen motorischen Prüfverfahren (CFR-Verfahren) haben aber ergeben, daß die Abweichungen, insbesondere beim Vergleich von Kraftstoffen verschiedenen Ursprungs und verschiedener Herstellungsweise, praktisch untragbar sind.

Auch ist das Verfahren bei Kraftstoffen mit Gegenklopfzusätzen (z. B. Bleibenzin) überhaupt nicht anwendbar, weil der Anteil an Aromaten und Naphthenen sich bei Zufügung des sehr wirksamen Zusatzes nicht ändert.

### I. Zündwertprüfer nach Jentzsch.

Jentzsch stellt fest, daß bei Zuführung bestimmter Sauerstoffmengen zu einem flüssigen Kraftstoff bereits unterhalb der dem Brennstoff eigenen Selbstzündungstemperatur eine Zündung eintritt. Ist $T_0$ die obere Zündungstemperatur, bei der ohne Sauerstoffzufuhr eben noch Selbstzündung eintritt, $T_u$ die unterste Selbstzündungstemperatur bei reichlicher Sauerstoffzufuhr und $A$ die dabei eben noch ausreichende Anzahl der Sauerstoffblasen je min, so ergibt sich der Kennzündwert nach Jentzsch zu

$$Z = \frac{T_0 - T_u}{A + 1}.$$

Er gibt den Bereich der Klopffestigkeit bei Benzinen und die Zündwilligkeit bei Dieselkraftstoffen häufig wieder. Bei Zusatz von Gegenklopfmitteln erhält man meistens keine befriedigenden Ergebnisse. Der Zündverzug nach Jentzsch ist die Zeitspanne zwischen der Eingabe eines Brennstofftropfens in den nachstehend beschriebenen Zündwertprüfer und seiner Entzündung.

Die Anwesenheit von Sauerstoff soll nach Jentzsch in gleichem Sinn wirken wie die im Zylinder durch die Verdichtung eintretende Sauerstoffkonzentration.

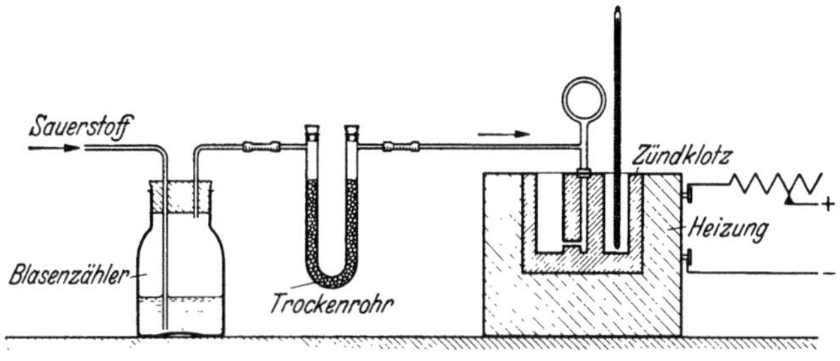


Abb. 17. Zündwertprüfer nach Jentzsch (*210*, *225*).

Abb. 17 zeigt den grundsätzlichen Aufbau des Zündwertprüfers nach Jentzsch. Aus einer Sauerstoffflasche gelangt über ein Druckminderungsventil reiner Sauerstoff durch einen Blasenzähler und ein Trockenrohr in die mittlere Bohrung des Zündklotzes. Letzterer kann elektrisch oder durch Gas erhitzt werden. Von der mittleren Bohrung gelangt der Sauerstoff durch Kanäle in gleichmäßig um die Mitte angeordnete Zündlöcher, die oben offen sind, also nicht unter Druck stehen. In eines dieser Zündlöcher ist ein Thermoelement eingebaut. Die Kraftstoffeinführung in die Zündlöcher erfolgt tropfenweise. Die Blasengröße wird im Blasenzähler so geregelt, daß 60 Blasen einer Menge von 5 cm³ Sauerstoff entsprechen.

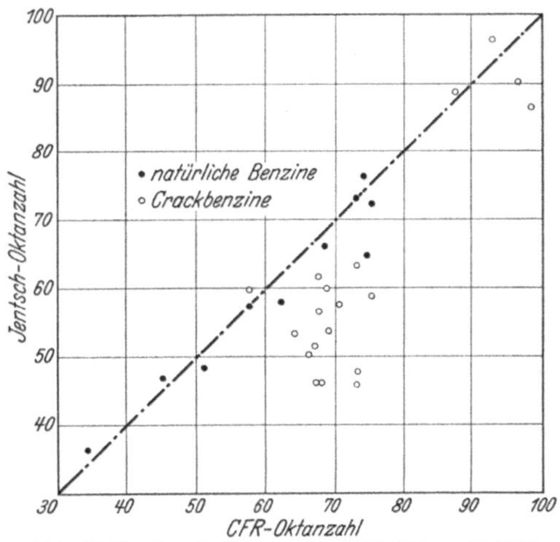


Abb. 18. Jentzsch-Oktanzahl u. CFR-Oktanzahl (*175*).

Gießmann (*172*) hat die Versuchsergebnisse im Schaubild zusammengestellt (Abb. 18) mit dem Ergebnis, daß bei natürlichen Benzinen eine gewisse Annäherung zwischen Jentzsch- und CFR-Oktanzahl vorliegt, daß aber andere Kraftstoffe (Crack-Benzine) so weitgehende Abweichungen liefern, daß von einer hinreichenden Übereinstimmung nicht gesprochen werden kann.

## II. Verfahren von Heinze und Marder.

Ein weiteres Laboratoriumsverfahren zur Bestimmung der Klopffestigkeit ist von Heinze und Marder (*196*) ausgearbeitet worden.

Es konnte gezeigt werden, daß die Kenntnis gewisser physikalischer Eigenschaften und ihrer Beziehungen zueinander allgemeine Grundsätze zur Prüfung von Kraftstoffen aufzustellen gestattet. Zwischen dem Parachor

$$p = \frac{1}{d} \cdot \delta^{1/4},$$

wo $p$ = spez. Parachor
$d$ = Dichte (g/cm³)
u. $\delta$ = Oberflächenspannung (mg/mm)

und der Klopffestigkeit von Benzinen wurden Beziehungen aufgestellt. Der Parachor erwies sich für Benzine derselben Siedekennziffer als gesetzmäßig verhältig ihrer Klopfneigung (Abb. 19). So wie diese zunimmt, steigt der Parachor von den Aromaten über die Naphthene und ungesättigten Kohlenwasserstoffe zu den Paraffinen.

Zur Bestimmung der Oktanzahl eines Kraftstoffes sind die Dichte, die Siedekennziffer und die Oberflächenspannung zu messen. Die Ermittlung der Siedekennziffer geschieht in der üblichen Weise (s. S. 6) unter Berücksichtigung der Thermometerkorrektion, die der Oberflächenspannung nach der Steigröhrenmethode im Präzisionskapillarimeter nach Cassel (*127*) [Abb. 42].

Für Parachormessungen zur Oktanzahlbestimmung ist es nicht notwendig, die Dichte und die Oberflächenspannung bei einer bestimmten Temperatur zu messen, da der Parachor praktisch temperaturunabhängig ist; wichtig ist jedoch, Dichte und Oberflächenspannung bei der gleichen Temperatur, z. B. der Raumtemperatur, zu ermitteln.

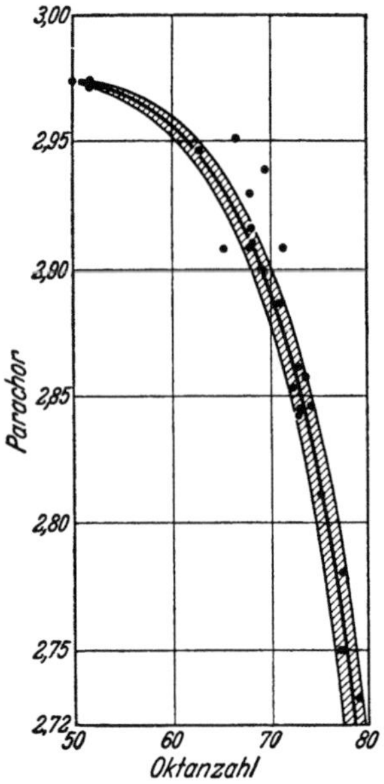

Abb. 19. Die Parachorabhängigkeit der Oktanzahl für die Siedekennziffer 110. • Motorisch ermittelte Oktanzahlen. [Nach Heinze und Marder (*197*).]

Mit Hilfe des errechneten Parachors liest man beispielsweise die für die Siedekennziffer 110° gültige Oktanzahl aus Abb. 19 ab.

Die wirkliche Oktanzahl des Benzins erhält man darauf nach der folgenden Gleichung:

$$OZ = OZ_{110} + (110 - KZ) \cdot 0{,}3$$

$OZ_{110}$ = aus Abb. 19 entnommene Oktanzahl für die Siedekennziffer 110,
$KZ$ = Siedekennziffer des in seiner Eignung zu bestimmenden Kraftstoffes.

Die Entwicklung zuverlässiger Laboratoriumsverfahren für die Beurteilung der Klopffestigkeit der Brennstoffe wäre von großer Bedeutung. Da, wie sich aus vorstehendem ergibt, diese Möglichkeit aber noch nicht hinreichend vorliegt, ist man gezwungen, die mit Erfolg entwickelten motorischen Prüfarten, die zu bedeutenden Fortschritten in der Verbesserung klopffester Brennstoffe geführt haben, anzuwenden.

## III. Grundlagen der motorischen Prüfung.

Ricardo (*339*) hat zunächst als Maßstab für die Härte des Ganges einer Maschine die Drucksteigerung im Zylinder je Grad Kurbelwinkel angegeben. Hierfür nennt er die Zahlen 2,0 bis 2,5 kg/cm² für 1° Kurbelwinkel als oberste Grenze für gut gearbeitete Maschinen, die eben noch weich gehen. Über diesen Werten gehen die Maschinen hart. Janeway (*223*) führt an Stelle der Druckanstiegsgeschwindigkeit die Druckanstiegsbeschleunigung als Maßstab für die Härte des Ganges ein. Während die Druckanstiegsgeschwindigkeiten beim Übergang von der weich gehenden zur hart gehenden Maschine im Verhältnis 2:1 zunehmen, ist das Verhältnis der Druckanstiegsbeschleunigungswerte etwa 6:1, also bedeutend größer.

Zum Zweck der motorischen Prüfung hat Ricardo den „E 35"-Einzylindermotor (Hubraum 2,1 l) mit während des Betriebes veränderlichem Verdichtungsraum gebaut. Drehzahl, Zündung, Kühlwassertemperatur, Vorwärmung und Vergasereinstellung werden für den Vergleichsversuch gleich gehalten. Die an der Motorkupplung abgegebene Leistung wird durch einen Pendelgenerator aufgenommen.

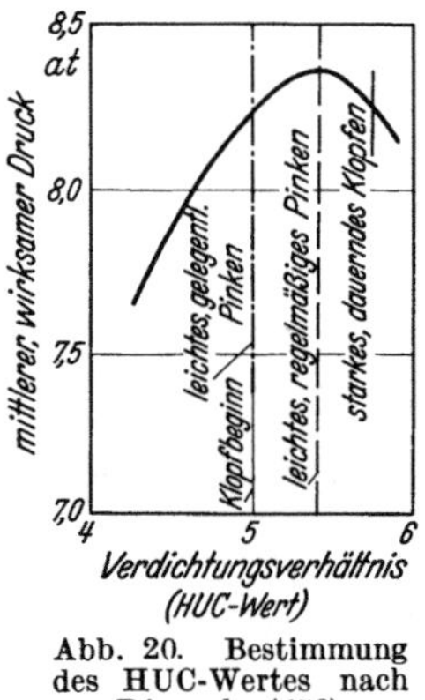

Abb. 20. Bestimmung des HUC-Wertes nach Ricardo (*173*).

Bei der Prüfung des Kraftstoffes wurde die Verdichtung der Maschine so lange erhöht, bis bei fester Drehzahl der höchste mittlere Druck erreicht war. Das diesem Druck zugeordnete Verdichtungsverhältnis diente als Maßstab für die Klopffestigkeit (HUC-Wert, highest useful compression ratio, s. Abb. 20). Die so ermittelte Zahl ist durch Vergleich mit einem Normalkraftstoff auf einen, für Normalluftdruck und -temperatur geltenden Vergleichswert zu bringen (absoluter HUC-Wert).

Beim Vergleich der Ergebnisse aus verschiedenen Motoren gleicher Bauart traten jedoch zum Teil starke Abweichungen auf. Deshalb hat Ricardo das sog. „Vergleichsverfahren" eingeführt, bei dem der zu untersuchende Kraftstoff mit einem aus zwei bekannten Kohlenwasserstoffen gemischten Brennstoff verglichen wird, der in der Mischung so lange verändert wird, bis er das gleiche Klopfverhalten zeigt wie der zu prüfende Kraftstoff. Das Mischungsverhältnis, bezeichnet nach dem Anteil des klopffesten Bestandteiles in Hundertteilen, gilt dann als Maß der Klopffestigkeit. Wesentlich ist dabei, daß der zur Mischung verwendete klopffreudige Bestandteil eine schlechtere Klopffestigkeit aufweist als der schlechteste zu untersuchende Kraftstoff und daß als klopffester Bestandteil ein solcher von besonders hoher Klopffestigkeit verwendet wird. Diese Bezugskraftstoffe sollen außerdem allerorts gleiche chemische und physikalische Eigenschaften aufweisen.

Als Mischungsbestandteile wurden früher ein von Aromaten freies (also klopffreudiges) Benzin und das sehr klopffeste Toluol verwandt, heute benützt man Heptan als klopffreudigen und Iso-Oktan als klopffesten Bestandteil oder billigere, gleichwertige Kohlenwasserstoffe. Dementsprechend ist zunächst der Begriff „Toluolwert", dann die „Oktanzahl" als Maßstab für die Klopffestigkeit eingeführt worden. Ein Brennstoff erreicht also beispielsweise die Oktanzahl 80, wenn er in seiner Klopffestigkeit einem Gemisch aus 80 vH Iso-Oktan und 20 vH Heptan entspricht. Iso-Oktan erreicht nicht die Klopffestigkeit des Toluols. Toluol bzw. Benzol läßt aber in seiner Klopffestigkeit bei hohen Temperaturen, also insbesondere im luftgekühlten Motor, nach.

Für einen wassergekühlten Motor ergaben sich nach Versuchen des Benzolverbandes die in Abb. 21 dargestellten, an der Klopfgrenze erreichbaren Verdichtungsverhältnisse bei Benzol- und Iso-Oktangemischen. Die Klopffestigkeit des Heptan-Iso-Oktangemisches, die hier bis zum Verdichtungsverhältnis 1:6,5 ausreicht, findet mit der Mischung Iso-Oktan-Benzol in diesem Fall eine Fortsetzung bis zum Verdichtungsverhältnis 1:10.

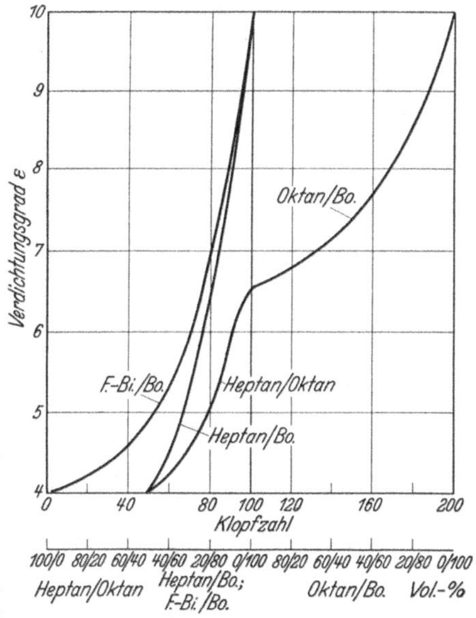


Abb. 21. Vergleich verschiedener Klopfwertmaßstäbe (77).

Außer durch Verdichtungsänderung kann auch durch Änderung der Belastung die Klopfwirkung eines Kraftstoffes beeinflußt werden, weiterhin haben Versuche ergeben, daß mit steigender Vorzündung bei gleich bleibender Verdichtung und halber Belastung ein verhältiges Ansteigen der mittleren Temperatur und der Klopferscheinung, gemessen am angebauten Klopfmesser, erfolgte. Die Zündungsstellung kann zur Veränderung der Klopfneigung in gewissen Grenzen benützt werden.

**Die Prüfgeräte.** Die Erfassung der Klopfgrenze, d. h. des Beginnens des Klopfens, kann durch das Gehör erfolgen. Zur Messung der mittleren Klopfstärke werden jedoch Klopfanzeigegeräte verwendet. Der Springstab wurde besonders viel angewandt (s. S. 19). Seine durch das Klopfen hervorgerufene Bewegung wirkt auf elektrische Kontakte, die auf ein elektrolytisches oder sonstiges Strommeßgerät arbeiten, so daß die Klopfstärke in Mittelwerten, etwa in Mengen des entwickelten Knallgases (z. B. 0,5 cm³/min),

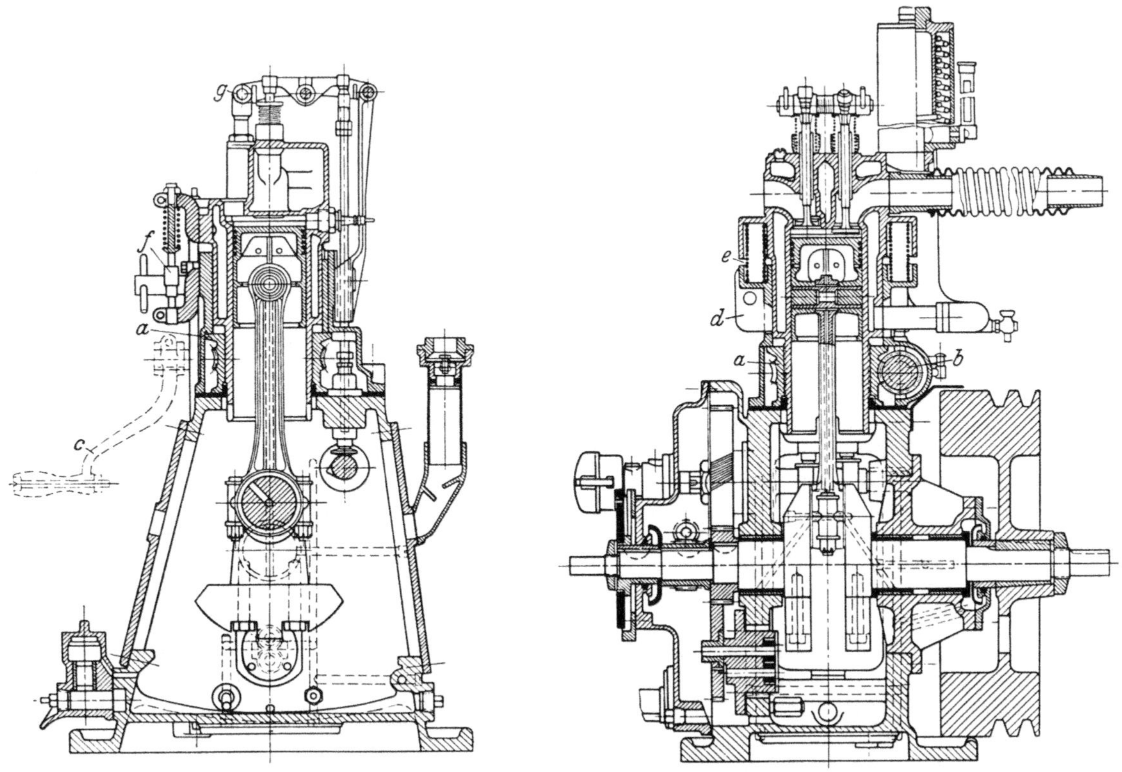


Abb. 22. Schnitt der CFR-Maschine (*174*, *128*).
*a* Schneckenrad; *b* Schnecke; *c* Handkurbel; *d* Klemmuffe; *e* Federn; *f* Feinmeßschraube; *g* Bügel.

mit einer gewissen Annäherung angegeben werden kann. Ein anderes Anzeigegerät ist das „Knockmeter“, ein Millivoltmeter, das die Temperatur eines vom erzeugten Strom durchflossenen Heizdrahtes mit Hilfe eines Thermoelementes angibt.

Zur Ausschaltung der sehr verschiedenartigen Einflüsse des Motors selbst ist man zur Benützung einheitlicher Maschinen geschritten.

Der Delco-Motor (400 cm³ Hubraum) arbeitet mit Belastungsänderungen zur Beeinflussung der Klopfneigung. Zur Leistungsaufnahme dient ein auf ein Drehstromnetz arbeitender Synchrongenerator. Da die Netzfrequenz gleich bleibt, wird die Drehzahl selbsttätig gleich gehalten. Durch Anwendung von Verdampfungskühlung bleibt auch die Kühlwassertemperatur mit 100° C gleich.

Beim Armstrong-Motor (370 cm³) (s. a. S. 165) wird die Verdichtung durch einen im Zylinderkopf gegen den Brennraum hin bewegten Zapfen verändert.

Neben dem Armstrong-Motor und der Ricardo-Maschine (s. a. S. 163) entstand als weiterer Motor mit veränderlicher Verdichtung die CFR-Maschine des Corporative Fuel Research Committee, die heute allgemein für Klopfversuche verwandt wird (s. Abbildung 22).

Wie beim Ricardo-Motor besitzt der Zylinderschaft unten ein Gewinde, auf das eine Mutter *a* aufgesetzt ist. Der Umfang der Mutter ist als Schneckenrad ausgebildet, in das eine Schnecke *b* eingreift. Durch Betätigung der Schnecke mittels Handkurbel *c* kann der Zylinder auf- und abbewegt und damit die Größe des Verdichtungsraumes verändert werden. Nach erfolgter Verstellung wird der Zylinderschaft mittels Klemmuffe *d* festgehalten und das Gewinde entlastet. Zur Aufhebung des toten Ganges des Zylinderblocks bei der Verstellung dienen die Federn *e*. Das Verdichtungsmaß bzw. die Stellung des Zylinderblocks wird mittels Feinmeßschraube *f* aufgenommen. Der Bügel *g* dient zum Ausgleich des Spieles an den Ventilen bei Verstellung des Zylinders. Abb. 23 zeigt die Ansaugleitung mit elektrischem Vorwärmer und Thermometer, ferner die Kühlschlange des Kondensators für das Kühlmittel der Verdampfungskühlung.

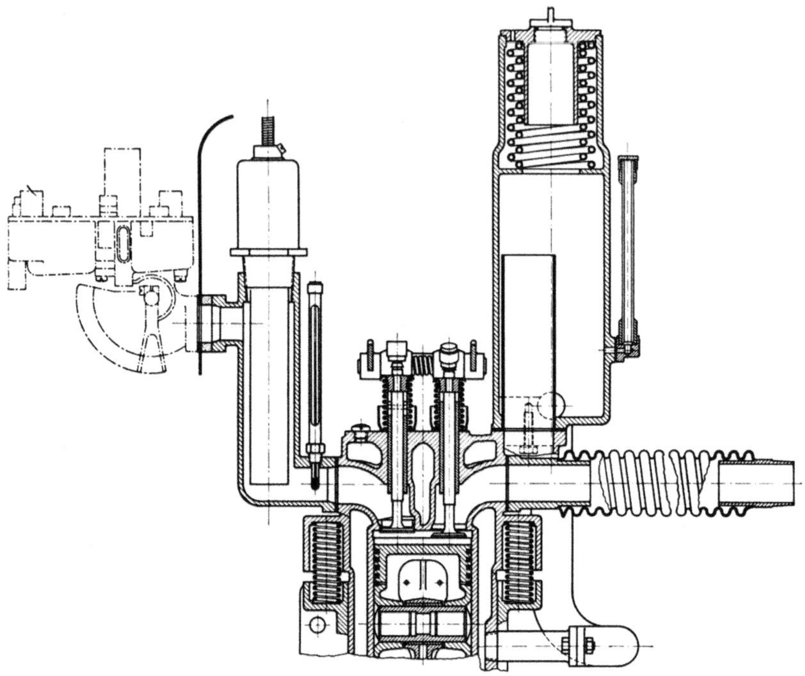

Abb. 23. Schnitt durch CFR-Zylinderkopf mit Zusatzgeräten (*128*).

Der Vergaser des Motors besitzt 2 Schwimmergehäuse. Durch einen Umschalthahn kann von einem Kraftstoff auf den anderen übergegangen werden. Eine Zusatzluft-Drosselklappe gestattet die Einstellung auf dasjenige Brennstoff-Luftgemisch, bei dem stärkstes Klopfen auftritt, was bei Feststellung der Klopfeigenschaften von Wichtigkeit ist.

Der Motor, dessen Bohrung 82,6 und Hub 184,3 mm (610 cm³) beträgt, wurde zunächst mit einer Drehzahl von 600 U/min betrieben (Research-Verfahren). Die Kühlwassertemperatur ist 100° C. Das Verdichtungsverhältnis kann zwischen 1:4 bis 1:12 verändert werden.

Der Vergleich der Ergebnisse zeigte, daß die nach dem Verfahren im Klopfmotor des Laboratoriums festgestellten Werte mit denen aus Fahrversuchen auf der Straße nicht übereinstimmen. Die Versuchsbedingungen wurden deshalb verschärft, womit sich das sog. CFR-Motorverfahren ergab, bei der die Drehzahl auf 900 U/min und die Ansaugtemperatur auf 149° C (360° F) gesteigert wurde. In England wurde diese Prüfart als zu streng befunden und ein abgeändertes CFR-Motorverfahren angewandt, bei dem unter sonst gleichen Bedingungen die Ansaugtemperatur auf 127° C festgelegt wurde. Die beim CFR-Motorverfahren sich ergebenden Oktanzahlen liegen den Straßenklopfwerten am nächsten. Das Verfahren kann deshalb für Automobilkraftstoffe bevorzugt werden. In Deutschland werden die Flugmotorenkraftstoffe nach dem Motorenverfahren mit der Ansaugtemperatur von 149° C und die Automobilkraftstoffe im allgemeinen noch nach dem Research-Verfahren geprüft.

Die Versuchsbedingungen der verschiedenen Verfahren sind in Zahlentafel 4 zusammengestellt.

Schaubild Abb. 24 zeigt den Zusammenhang zwischen Oktanzahlen und Benzolwerten einiger in Deutschland geprüfter motorischer Verfahren, die im wesentlichen dem CFR-Motorverfahren entsprechen.

Die Vorwärmetemperaturen einzelner Verfahren liegen weit über den üblichen Betriebsgrenzen. Dagegen sind die Drehzahlen mit höchstens 900 U/min niedriger als die meistens vorliegenden Drehzahlen von Fahrzeugmotoren. Eine Steigerung der Drehzahl über 900 U/min ist jedoch wegen der Trägheit des Sprungstabindikators nicht möglich.

Zahlentafel 4.
Die Versuchsbedingungen der verschiedenen Prüfverfahren.

| | U/min | Kühlwasser-Temp. °C | Vorwärmung °C | Verdichtungsverhältnis |
|---|---|---|---|---|
| Delco-Motor | 600 | 100 | keine | bis 7,5 |
| | 900 | 130 | „ | durch Unterlegen von Platten |
| Armstrong a) | 750 | 150 | „ | 4—8 |
| Armstrong b) | 900 | 150 | „ | 3,7—8 |
| Ricardo E 35 | 1500 | 60 (150) | „ | 4—12 |
| CFR-Research-Verfahren | 600 | 100 | „ | 4—12 |
| CFR-Motorverfahren | 900 | 100 | 149 | 4—12 |
| Abgeändertes CFR-Motorverfahren | 900 | 100 | 127 | 4—12 |

Aus diesem Grund ist es bei Weiterentwicklung der Klopfprüfverfahren notwendig, ein trägheitsfreies Anzeigegerät zu verwenden, womit dann die Prüfdrehzahl auf die üblichen Maschinendrehzahlen erhöht und auch die Gemischvorwärmung auf übliche Werte gebracht werden kann.

**Das Straßenverfahren.** Von der Society of Automotive Engineering sind Vereinbarungen für Straßenklopfversuche (*195*) getroffen worden, die allgemeinere Anwendung finden.

Das stärkste Klopfen soll, ohne Rücksicht darauf, ob dieses bei gleichen oder verschiedenen Geschwindigkeiten für die Probe und für den Bezugsbrennstoff auftritt, der Beobachtung zugrunde gelegt werden.

Das stärkste Klopfen ist durch einen Beschleunigungsversuch festzustellen, der von 25 bis 80 km/h Geschwindigkeit bei geöffneter Drosselklappe durchgeführt wird. Als Straßenklopfwert gilt dann der Klopfwert eines Bezugsbrennstoffes (z. B. Heptan/Iso-Oktan), der im gleichen Fahrversuch das gleiche stärkste Klopfen aufweist wie die Probe. Die Klopfstärke wird dabei durch das Gehör festgestellt.

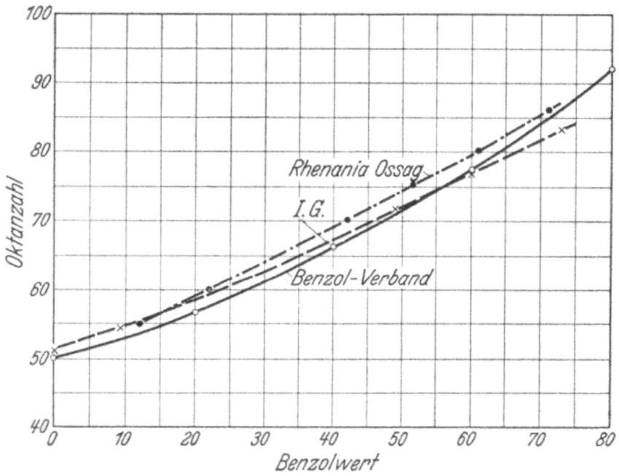


Abb. 24. Zusammenhang zwischen Oktanzahlen und Benzolwerten einiger in Deutschland geprüfter motorischer Verfahren. [Nach Philippovich-Seeber (*328*).]

# D. Prüfung des motorischen Verhaltens von Dieselölen.

Während beim Vergasermotor zur Vermeidung von Brennstoffklopfen Brennstoffe mit hoher Druck- und Temperaturfestigkeit gegen Selbstzündung erwünscht sind, verlangt das Dieselverfahren zur Erreichung kleinen Zündverzugs Brennstoffe mit niedriger Zündtemperatur und rascher Brenngeschwindigkeit, also hoher Zündwilligkeit.

Ist die Zündwilligkeit groß, der Zündverzug also klein, so gelangt der Brennstoff in kleinerer Menge schon kurz nach dem ersten Einspritzen zur Entzündung. Die Verbrennung der größeren Einspritzmenge erfolgt dann nach Maßgabe des weiteren Einspritzvorgangs.

Versuche, die Zündwilligkeit von Dieselölen unter Umgehung motorischer Prüfungen zu bestimmen, liegen von Fischer und Becker (*164*) mit der Aufstellung eines „Dieselindex" und von Moore und Kaye (*315*) mit Feststellungen über eine „Zähigkeitsschwerkraftkonstante" vor. Die Beurteilung mit Hilfe dieser Verfahren liefert jedoch meistens unzureichende Übereinstimmung, weshalb auch hier die motorische Prüfung als den praktischen Verhältnissen am nächsten kommend noch unumgänglich ist.

Die bisher benützten motorischen Verfahren sind, obwohl sie im einzelnen schon gut stimmende Werte liefern, als Versuche unter Zugrundelegung bestimmter Annahmen für die Betriebsbedingungen aufzufassen. Arbeiten von Versuchsgemeinschaften in Deutschland und

Amerika sind im Gang, die Einflüsse aller Vorbedingungen zu klären und damit eine endgültige, vereinbarungsgemäß festgelegte zuverlässige Prüfart zu schaffen. Die bisher benützten Verfahren sind im wesentlichen folgende:

Das erste, von Pope und Murdock bei der Waukesha Motor Co. vorgeschlagene Verfahren verwendet einen abgeänderten CFR-Motor zur Bestimmung des „kritischen Verdichtungsverhältnisses", bei dem eben noch Zündung eintritt. Der Motor wird durch einen als Motor geschalteten Generator mit 600 U/min angetrieben, die Temperatur der Ansaugluft auf 30° C und die der Zylindermäntel auf 100° C gleich gehalten. Unter schrittweiser Steigerung der Verdichtung bis zum kritischen Verdichtungsverhältnis erfolgt bei diesen Betriebsbedingungen die Brennstoffeinspritzung jeweils 3 Sekunden lang, bis eine Zündung eintritt.

Dieses Verfahren hat den Nachteil, daß während der 3 Sekunden der Brennstoff „gekocht" wird, was Kohlenablagerung an der Düsennadel und am Kolben zur Folge hat. Außerdem kann während der 3 s-Periode eine Reaktion eintreten, die schlechteres Zünden des Kraftstoffes gegenüber den Verhältnissen beim Frischeinspritzen bewirkt, wodurch das „kritische Druckverhältnis" gefälscht wird. Nach Rendel (*333*) betrugen die Abweichungen bis + 1,27 und — 0,96 des Solldruckverhältnisses, also etwa 30 vH.

Die normale Ausführung des Zylinderkopfes der CFR-Maschine genügte nicht, um eine einwandfreie, gleichmäßige Verbrennung zu erreichen. Deshalb wurde nach Vorschlägen von Boerlage und Broeze (*119*) ein besonderer Kopf gebaut, der in Abb. 25 wiedergegeben ist.

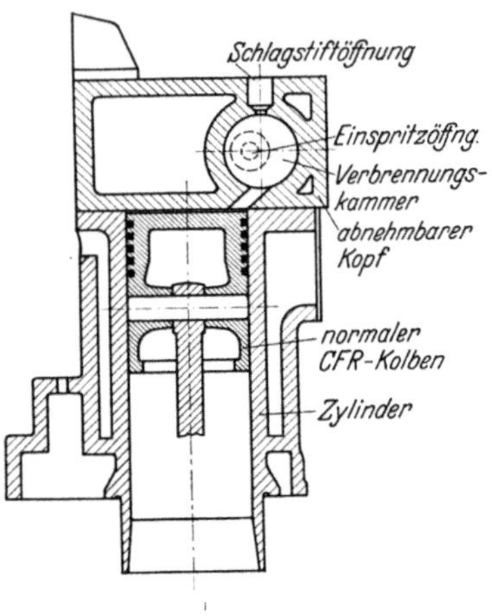


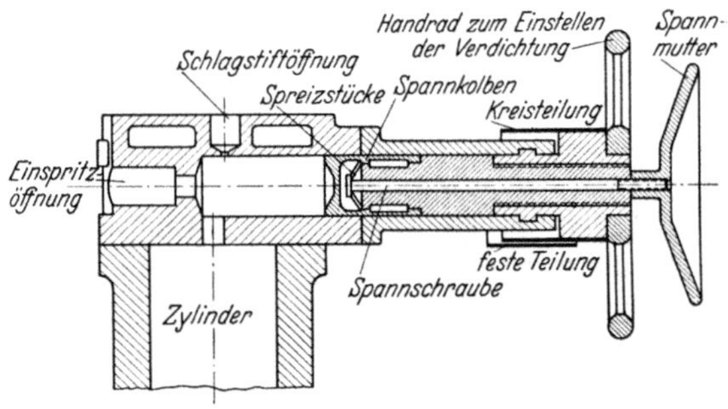


Abb. 25. Prüfmotor für Dieselkraftstoff.

Der Zylinder ist von üblicher Form, der Kolben aus der CFR-Maschine übernommen. Die Höhe des Totraumes über dem Zylinder beträgt $^1/_2$ mm, so daß praktisch die gesamte Ansaugluft in der waagrecht liegenden, zylindrischen Verbrennungskammer verdichtet wird. Um möglichst starke Durchwirbelung zu erhalten, mündet der Verbindungskanal zwischen Zylinderraum und Vorkammer tangential in die Wirbelkammer ein. Die Einspritzung erfolgt in Richtung der Wirbelkammerachse, die Düse sitzt jedoch nicht achsgleich, sondern etwas seitlich, so daß der Einspritzstrahl den wirbelnden Luftstrom durchqueren muß. An dem der Düse gegenüberliegenden Ende der Wirbelkammer ist ein mittels Spindel verstellbarer Verdichtungskolben eingesetzt. Das Maß des Verdichtungsverhältnisses kann an der Lage und Stellung der Spindel abgelesen werden. Damit Gasverluste, die durch den Verstellkolben entstehen könnten, unterbleiben, ist der Kolbenkopf mit einer Ausdehnvorrichtung versehen. Beim Drehen der Spannmutter wird der dehnbare Kolbenteil durch Spreitzwirkung gegen die Wirbelkammerwand gepreßt. Der Motor wird unter folgenden Arbeitsbedingungen (*379*) betrieben:

| | |
|---|---|
| Drehzahl | 900 U/min |
| Kühlwassertemperatur | 96° + 102° C |
| Kühlflüssigkeit | dest. Wasser |
| Schmieröl | SAE rN. 30 |
| Öldruck | 1,4 + 1,75 kg/cm² |
| Ventilspiel, Einlaß | 0,20 mm kalt |
| „ Auslaß | 0,25 mm kalt |
| Einlaß öffnet | 10° vor ob. Totpunkt |
| Einspritzdruck (Öffnungsdruck) | 105 kg/cm² |
| Brennstoffmenge | 12 cm³/min |
| Ansauglufttemperatur | 65° C |

Die Maschine gestattet die Anwendung sowohl des Verfahrens der Bestimmung des genannten „kritischen Verdichtungsverhältnisse", als auch des Verfahrens der „Zündverzögerungsmessung" nach Boerlage und Broeze.

Zahlentafel 5. Cetanwerte nach dem Verfahren des kritischen Verdichtungsverhältnisses. Werte in vH des Shell-Bezugskraftstoffes (*334*).

| Versuchsstätte | Brennstoffe | | | | | | | | |
|---|---|---|---|---|---|---|---|---|---|
| | *R* | *S* | *T* | *U* | *V* | *W* | *X* | *Y* | *Z* |
| 1 | 43 | 39 | 53 | 50 | 55 | 67 | 74 | 88 | 93 |
| 2 | 39 | 39 | 57 | 49 | 53 | 68 | 75 | 83 | 95 |
| 3 | 47 | 44 | 62 | 56 | 59 | 70 | 64 | 86 | 91 |
| 4 | 41 | 42 | 52 | 57 | 59 | 67 | 61 | 74 | 94 |
| 5 | 38 | 43 | 51 | 49 | 52 | 62 | 65 | 78 | 84 |
| 6 | 44 | 40 | 54 | 52 | 53 | 67 | 69 | 86 | 95 |
| 7 | 31 | 39 | 52 | 50 | 52 | 61 | 62 | 85 | 91 |
| 8 | 43 | 41 | 54 | 45 | 50 | 59 | 72 | 73 | 86 |
| Mittelwert . . . . . . | 41 | 41 | 54 | 51 | 54 | 65 | 68 | 82 | 91 |
| Mittlere Abweichung . | 3,5 | 1,6 | 2,4 | 3,0 | 2,6 | 3,4 | 4,8 | 4,9 | 3,1 |
| Größte Abweichung. | + 6<br>— 10 | + 3<br>— 2 | + 8<br>— 3 | + 6<br>— 6 | + 5<br>— 4 | + 5<br>— 6 | + 7<br>— 7 | + 6<br>— 9 | + 4<br>— 7 |

bei einer Brennstoffmenge von 18 cm³ in der Minute; bei einem Einspritzdruck von 88 kg/cm².

Beim Prüfen nach dem „kritischen Verdichtungsverhältnis" mit dieser Maschine wurde zur Vermeidung des Verkokens des Kolbens und der Einspritzdüse eine selbsttätige Vorrichtung verwendet, bei der mittels eines Zweiwegventils der Einspritzdüse auf je 60 U des Motors 2 Einspritzungen zugeleitet wurden, was bei 900 U/min 30 Einspritzungen je min ergibt. Hierbei wird wie früher das Verdichtungsverhältnis solange erhöht, bis der Motor zu zünden beginnt und der Fremdantrieb durch den Generator überflüssig wird.

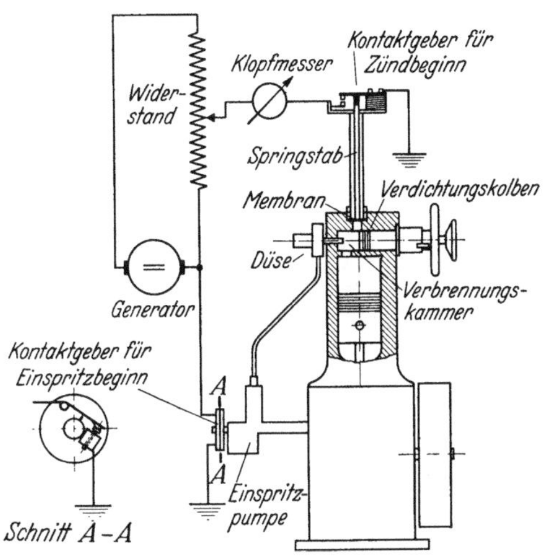


Abb. 26. Messung des Zündverzuges (*348*). Ausführun mit Nockenkontakt an der Pumpenwelle und mit Springstab.

Die an verschiedenen Versuchsstätten mit verschiedenen Brennstoffen erreichten Vergleichswerte sind in Zahlentafel 5 zusammengestellt. Sie werden, entsprechend den Oktanwerten bei den Otto-Motorenkraftstoffen, bei den Diesel-Motorenkraftstoffen als Cetanwerte angegeben (s. S. 22). Die von den Brennstoffen *R* bis *Z* aufgenommenen Versuchswerte liegen im Hinblick auf die geringe Feinheit des Verfahrens verhältnismäßig gut beieinander. Die größte Abweichung wurde beim Kraftstoff *R* festgestellt mit + 6 und — 10 vH. Der Shell-Bezugsbrennstoff *Z* zeigt die Abweichung + 4 und — 7 vH.

Das Verfahren der Zündverzögerungsmessung wird noch nicht nach einheitlichen Richtlinien angewandt.

Zur Feststellung des tatsächlichen „Zündverzugs" ist es notwendig, den Beginn oder einen bestimmten Grad der Zündung so genau als möglich zu bestimmen.

Als Anzeige für den wirksamen Zündbeginn wird bis jetzt allgemein die Drucksteigerung benützt. Zur Anzeige dieser Drucksteigerung dient zum Teil der beim CFR-Klopfmotor verwendete Springstab mit dem Unterschied, daß der Kontakt beim Hochspringen des Stabes nicht mehr den Stromkreis schließt, sondern unterbricht (s. Abb. 26). Der zu unterbrechende Stromfluß wird durch einen auf der Kraftstoffpumpenwelle sitzenden Nocken eingeleitet. Der Gesamtstromfluß vom Zeitpunkt an, an dem die Einspritzung beginnt, bis zum Augenblick, an dem der Springstab den Strom unterbricht, ist ein Maß für die Zündverzögerung. Die mittlere Stromstärke wird durch ein Amperemeter, ähnlich wie bei dem CFR-Verfahren angezeigt. Auf diese Weise kann man einen Vergleichskraftstoff finden, der dieselbe Stromstärke, also die gleiche Zündverzögerung aufweist wie der zu untersuchende Kraftstoff.

Die mit der Einrichtung festgestellten Vergleichswerte streuen stark. Als Störungen sind insbesondere zu nennen: Luftblasen in der Druckleitung und schlechte Einstellung des Springstabes.

Um die Kontaktgabe an der Einspritzpumpe zu überprüfen, wurde noch eine Kontaktvorrichtung an der Düsennadel angebracht und die beiden angezeigten Zeitpunkte mittels eines Neonröhrenindikators verglichen.

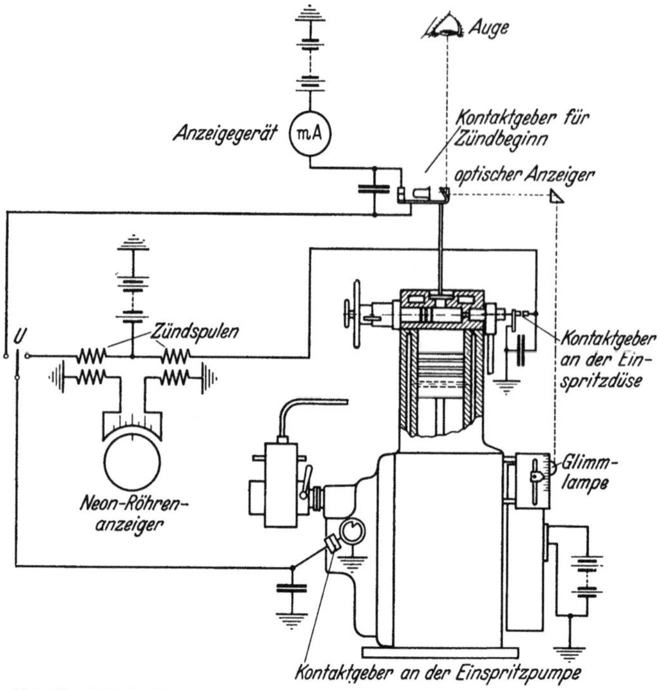


Abb. 27. Schaltbild von Rendel zur Ermittlung des Zündverzuges (*335*).

Die Kontaktspiele an Düse und Springstab sind genau festgelegt. Die Düsenkontakte dürfen ein Spiel von 0,10 mm und die des Springstabes ein Spiel von 0,12 mm aufweisen. Vor Einstellung des Springstabes ist die Beachtung genauer Vorschriften und die Prüfung mittels einer optischen Vorrichtung nötig.

Mit Hilfe des optischen Anzeigegerätes kann man den genauen Zeitpunkt des Ausschlages, also des Durchdrückens der Springstabmembran feststellen. Auf der Schwungscheibe ist eine Glimmlampe angebracht, deren Lichtstrahl über Prismen zu einem Ablenkprisma auf der Kontaktfeder des Springstabes geleitet wird (s. Abb. 27). Das Auge erblickt durch dieses Ablenkprisma die umlaufende Glimmlampe als leuchtende Linie. Sobald sich die Springstabmembran unter dem Zünddruck durchdrückt, erfolgt ein Auslenken dieser Linie. Der Einsatzpunkt der Auslenkung wird auf einer nach Kurbelwinkel geeichten Zahlenleiter abgelesen, die über dem Schwungrad angebracht ist. Ein Gleitzeiger erleichtert die Bestimmung des Ausschlagpunktes.

Der Hauptnachteil der Membran mit Springstab liegt in dessen Massenträgheit und darin, daß bei jeder Verdichtungseinstellung das Spiel des Stabes neu eingestellt werden muß, was darin begründet ist, daß als Beginn des Zündens die Drucksteigerung gewählt wird. Hierbei läßt sich der tatsächliche Zündbeginn schwer bestimmen, denn dieser entspricht dem Kurbelwinkel, bei dem der Zylinderdruck den Wert zu überschreiten beginnt, der herrschen würde, wenn keine Zündung eintreten würde. Deshalb ist schon versucht worden, die Membran und das Springstabspiel so auszulegen, daß der Unterbrecherkontakt in dem Augenblick in Tätigkeit tritt, in dem der Verbrennungsdruck den Verdichtungsdruck um etwa 5 kg/cm² überschreitet. Dies setzt jedoch eine willkürlich angenommene Spanne für die Drucksteigerung voraus.

Weiterhin sind auch die elektrischen Kontakte mit ihrer der Größenordnung nach nicht vernachlässigbaren Ansprechzeit Quellen der Ungenauigkeit. Juhasz (*265*) schlägt deshalb einen 2-Zylinder-Versuchsmotor vor, dessen Kolben gleichsinnig bewegt werden bei Gleichheit der Verdichtungsverhältnisse und aller anderen Versuchsbedingungen. In einen Zylinder wird Kraftstoff eingespritzt, in den anderen nicht. Eine zwischen den beiden Verdichtungsräumen eingeschaltete Membran zeigt elektrisch den Augenblick an, bei dem der Druck im Einspritzzylinder den Druck in dem nicht zur Zündung gebrachten Zylinder überschreitet. Auch diese Prüfart hat Nachteile, so die erwähnte Schwierigkeit der Druckunterschiedsbestimmung und die der Einhaltung gleicher Versuchsbedingungen für beide Zylinder hinsichtlich der Temperatur beim Verdichten.

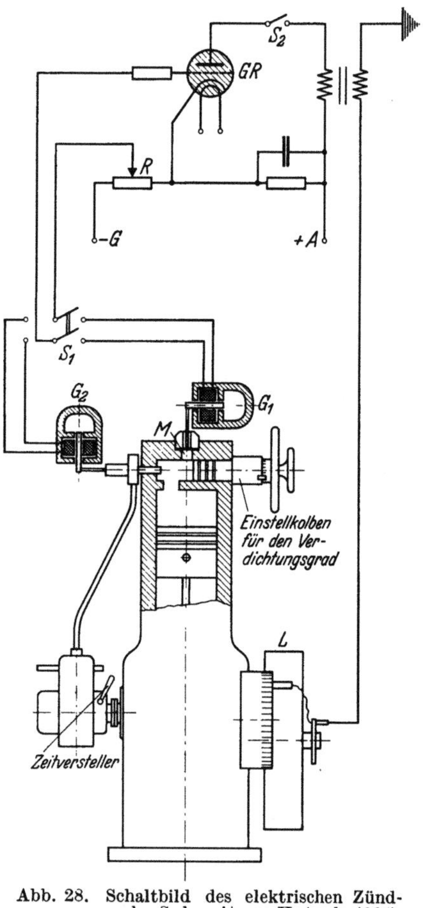


Abb. 28. Schaltbild des elektrischen Zündverzuges nach Schweitzer-Hetzel (*367*). $+A$ Anodenbatterie; $-G$ Gittervorspannung; $GR$ Stromtor; $G_1$ elektromagnetischer Geber; $G_2$ elektromagnetischer Geber zur Bestimmung des Einspritzbeginns; $L$ Glimmlampe; $R$ Regler für Gittervorspannung; $S_1$ Umschalter; $S_2$ Schalter zum Löschen des Stromtores.

Zur Ausschaltung der großen Massenträgheit der Springstäbe hat Schweitzer (*336*) die in Abb. 28 gezeigte Schaltung verwendet.

An Stelle des Springstabes wird in Verbindung mit der Membran und einem Stoßstab ein elektromagnetisches System $G_1$, ähnlich wie bei Lautsprechern benützt. Die erzeugte Spannungsspitze wird dem Gitter des Stromtores $GR$ zugeführt. Das Stromtor (Thyratron) ist eine gasgefüllte Verstärkerröhre (Ionenröhre), die im Normalzustand nichtleitend ist und nach Eintreffen eines Spannungsstoßes auf das Gitter plötzlich dauernd stromdurchlässig wird, so lange bis die Anodenspannung unterbrochen wird. Der Stromeinsatz des Stromtores läßt eine Neonlampe $L$ aufblitzen, die im Sekundärkreis eines Umspanners liegt. Die Glimmlampe sitzt am Schwungrad, womit die Zeit der Zündung an der angebrachten Gradeinteilung abgelesen werden kann. Mit Hilfe des Widerstandes $R$ kann die Gittervorspannung so geregelt werden, daß das Stromtor und damit die Glimmlampe $L$ nicht schon beim Verdichtungsdruck, sondern erst bei der weiteren raschen Drucksteigerung im Augenblick der Zündung anspricht. Zur Feststellung des Einspritzbeginns ist auf der Düsennadel ein Gebergerät $G_2$ angebaut. Der Umschalter $S_1$ gestattet wahlweise Steuerung der Glimmlampe durch $G_1$ oder $G_2$. Das Stromtor $GR$ wird nach jeder Zündung durch Betätigen des Schalters $S_2$ gelöscht.

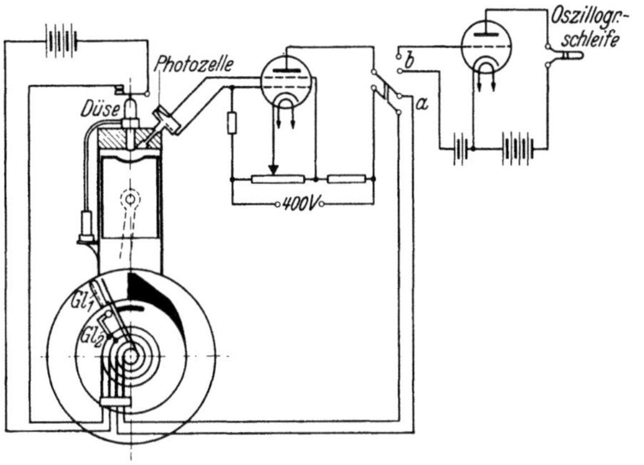


Abb. 29. Messung des Zündverzuges mittels Fotozelle nach Rose, Wilson und Benedict (*346*).

*a* Anschluß zur Glimmlampe $Gl_1$; *b* Verstärkereingang; $Gl_1$ Glimmlampe zur Anzeige des Verbrennungsdiagramms; $Gl_2$ Glimmlampe zur Anzeige des Spritzbeginns.

Ein weiteres Verfahren zur Messung des Zündverzuges beschreiben Rose, Wilson und Benedict (*345*) (s. Abb. 29). Sie erfassen den Verbrennungsvorgang mittels einer ultrarotempfindlichen Photozelle unter Anwendung eines Quarzfensters. Die Photoströme werden verstärkt und gelangen bei Stellung *a* des Umschalters über Schleifringe zu einer auf dem Schwungrad sitzenden Glimmröhre $Gl_1$, die als Amplitudenzeiger wirkt. Während des Verbrennungsvorganges erscheint dann auf dem Schwungrad eine Art Indikatordiagramm, das jedoch die Strahlung des Verbrennungsraumes angibt. In der Stellung *b* des Umschalters kann dieses Diagramm auch im Schleifenoszillographen aufgenommen werden. Während der Öffnung der Düsennadel wird ein Kontakt geschlossen, wodurch eine zweite, auf der Schwungscheibe sitzende, kleine Glimmlampe $Gl_2$ aufleuchtet. Die Zündverzögerung kann dann am Schwungrad abgelesen werden als Winkelunterschied zwischen den Einsatzpunkten beider Glimmlampen.

Bird und Bauer (*117*) bestimmen den Einsetzpunkt der Verbrennung mit Hilfe einer Ionisationssonde (s. Abb. 30). Wenn die Flamme die Sonde $S$ erreicht hat, wird die Sondenstrecke leitend. Das Gitter des seither gesperrten Stromtores $T$ wird positiv, und das Stromtor zündet. Der Anodenstrom des Stromtores bringt die Glimmlampe $Gl$, welche auf dem Schwungrad sitzt, zum Aufleuchten. Nach 2 Umdrehungen der Kurbelwelle wird zunächst wieder Kraftstoff eingespritzt und hierbei der Düsennadelkontakt $K_1$ geschlossen. Der Ladungsstoß des Kondensators $C$ bringt das Stromtor und damit auch die Glimmlampe zum Erlöschen; beim Einsatz der Verbrennung werden beide wieder gezündet. Der Zündverzug kann als dunkle Strecke im leuchtenden Kreis der umlaufenden Glimmlampe abgelesen werden.

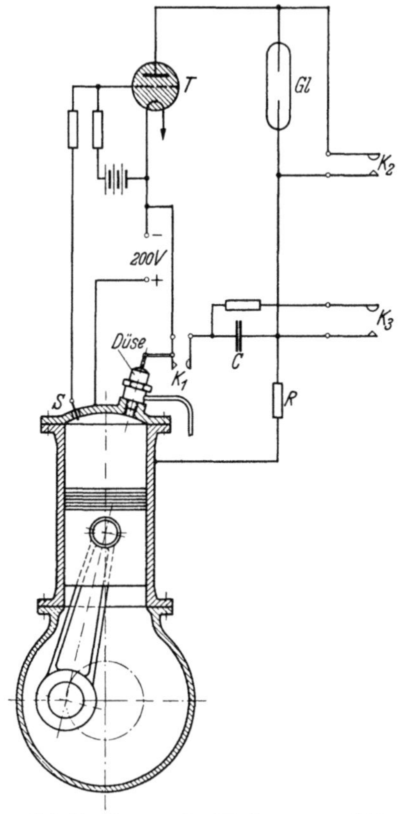


Abb. 30. Messung des Zündverzuges mittels Ionisationssonde nach Bird und Bauer (*98*).

*C* Löschkondensator; *Gl* Glimmlampe; $K_1$, $K_2$, $K_3$ Steuerkontakte; *R* Widerstand; *S* Ionisationssonde.

Während des Auslaß- und Ansaugtaktes darf die Glimmlampe nicht leuchten, da sonst die dunkle Meßstrecke schlecht erkennbar wird. Diese vorübergehende Löschung erfolgt durch den Kontakt *K* 2, der durch die Nockenwelle betätigt wird, während der Kontakt *K* 3 zur Entladung des Kondensators *C* dient.

Die beschriebene Maschine trägt nur einer einzigen Brennraumausbildung Rechnung. Um Zahlenwerte zu erhalten, die mit dem Fahrbetrieb übereinstimmen, erscheint es notwendig, Versuchsmaschinen zu bauen, die eine wahlweise Anpassung an die üblichen Brennraumausbildungen der unmittelbaren Einspritzung, der Vorkammer und des Luftspeichers ermöglichen oder zum mindesten diese Einflüsse zur Herbeiführung eines allgemein gültigen vereinfachten Verfahrens zu klären. Arbeiten hierüber sind im Gange.

**Vergleichskraftstoffe.** Der Vergleich der Zündwilligkeit eines Kraftstoffes erfolgt wie der der Klopffestigkeit beim CFR-Verfahren. Der zu untersuchende Kraftstoff wird mit einem gleichwertigen Bezugskraftstoff verglichen. Beim Vergleich ist jedoch darauf zu achten, daß bei Einhalten der motorischen Betriebsbedingungen die Einspritzzeit und das Verdichtungsverhältnis auf den Zündverzug von Einfluß sind.

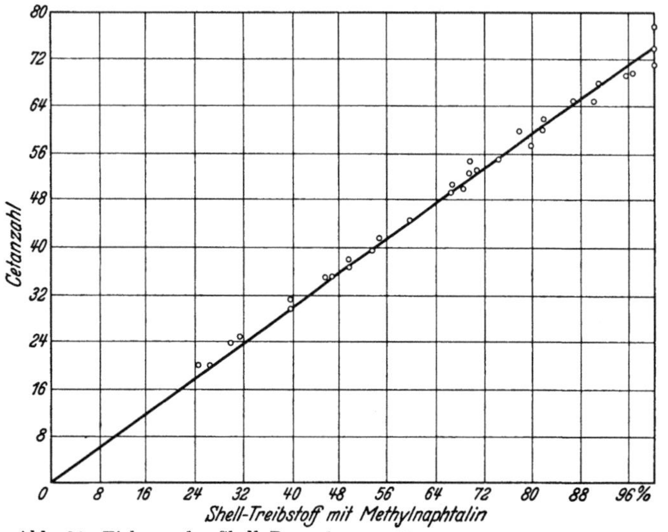


Abb. 31. Eichung des Shell-Bezugsbrennstoffes mit Methylnaphthalin im Vergleich mit Mischungen von Cetan- und Alpha-Methylnaphtalin (*336*).

Dementsprechend kann die Durchführung des Versuchs nach folgenden 3 Bedingungen erfolgen.

1. Das Verdichtungsverhältnis und der Einspritzzeitpunkt wird konstant gehalten und dann der Zündpunkt in Grad Kurbelwinkel bestimmt.

2. Bei konstantem Verdichtungsverhältnis wird der Einspritzzeitpunkt (15—25° v. o. T.) so geändert, daß der Zündpunkt stets in der gleichen Kurbelwellenstellung (1° v. o. T.) liegt.

3. Der Einspritzzeitpunkt wird unverändert, z. B. 18° vor o. T. belassen und die Verdichtung erhöht, bis die Zündung zum Totpunkt erfolgt, denn dort ist der Beginn der Drucksteigerung am klarsten zu erkennen. Dieses Verfahren des festen Zündpunktes ist den anderen vorzuziehen.

Als Bezugsbrennstoffe wurden zunächst Ceten als zündfreudiger und Alpha-Methylnaphthalin als zündträger Kohlenwasserstoff benützt. Ceten ist aber ein ungesättigter Kohlenwasserstoff und neigt dazu, beim Lagern Wasser aufzunehmen, ist also nicht beständig, was zu unterschiedlichen Verbrennungseigenschaften führt. Deshalb wurde an Stelle von Ceten Cetan verwendet.

Zahlentafel 6. Ergebnisse nach der Verzugsmethode. Cetanzahlen.

| Versuchsstelle | Brennstoffe | | | | | | | | |
|---|---|---|---|---|---|---|---|---|---|
| | *R* | *S* | *T* | *U* | *V* | *W* | *X* | *Y* | *Z* |
| 1 | 32 | 31 | 38,5 | 40 | 38 | 51 | 48 | 61,5 | 68 |
| 2 | 26 | 31 | 38 | 32 | 40 | 52,5 | 50,5 | 58,5 | 67 |
| 3 | 25 | 29 | 35 | 36,5 | 35,5 | 51 | 53 | 58,5 | 69,5 |
| 4 | 30,5 | 31 | 39,5 | 40,5 | 37 | 52,4 | 54 | 63 | 69 |
| 5 | 28 | 30,5 | 38,5 | 37 | 35 | 50 | 47,5 | 60 | 69 |
| 6 | 31 | 30,5 | 39,5 | 38,5 | 38,5 | 51 | 52 | 62 | 69 |
| 7 | 30,5 | 32 | 42 | 39,5 | 37 | 49 | 55 | 62 | 69 |
| 8 | 29,5 | 31 | 40 | 39,5 | 37,5 | 53 | 49 | 62 | 69 |
| 9 | 29,5 | 29,5 | 41,5 | 35,5 | 36,5 | 52,5 | 51 | 61 | 70,5 |
| 10 | 30,5 | 31 | 41,5 | 38,5 | 40 | 52 | 49 | 61,5 | 67 |
| 11 | 31 | 30,5 | 41,5 | 37 | 37 | 52,5 | 50,5 | 61 | 67 |
| 12 | 32 | 29 | 42 | 36,5 | 35,5 | 52 | 55 | 58,5 | 69 |
| 13 | 29,5 | 31 | 38,5 | 38,5 | 38,5 | 51,5 | 49,5 | 63,5 | 69,5 |
| Mittelwert . . . . . | 29,6 | 30,5 | 39,7 | 37,7 | 37,4 | 51,6 | 51,1 | 61,1 | 68,7 |
| Mittlere Abweichung . | 1,6 | 0,7 | 1,6 | 1,8 | 1,3 | 0,9 | 2,0 | 1,3 | 0,8 |
| Größte Abweichung. | + 2,4 | + 1,5 | + 2,3 | + 2,8 | + 2,6 | + 1,4 | + 3,9 | + 2,4 | + 1,8 |
| | — 4,6 | — 1,5 | — 4,7 | — 5,7 | — 2,4 | — 2,6 | — 3,6 | — 2,6 | — 1,7 |

Cetan ist eigenbeständig, seine Zündfreudigkeit liegt höher als die des Cetens. Sein Preis ist jedoch mit etwa RM. 30.— je Liter sehr hoch.

Zahlentafel 6 zeigt an verschiedenen Versuchsstätten aufgenommene Vergleichsergebnisse der Brennstoffe *R* bis *Z*. Als Vergleichskraftstoff wurde reines Cetan und Alpha-Methylnaphthalin verwandt. Die geringe Streuung der Cetanwerte konnte dadurch erreicht werden, daß ein Versuchsingenieur der Waukesha Comp. sämtliche Versuchsstätten einheitlich einrichtete, insbesondere das Spiel am Springstab überall gleich einstellte.

Im Hinblick auf die hohen Kosten von Cetan wird auch ein Shell-Ersatzstoff, der als Rohöl vorkommt, und an Stelle von Alpha-Methylnaphthalin handelsübliches Methylnaphthalin verwendet. Die in Abb. 31 aufgeführten Werte zeigen, daß eine gute Übereinstimmung zwischen den Ergebnissen der teuern und billigen Kraftstoffe vorliegt und daß deshalb die billigen Kraftstoffe zunächst unbedenklich verwendet werden können.

## E. Prüfung von Mineralschmierölen.

Trotz der guten Schmierfähigkeit der pflanzlichen Schmieröle (Rizinusöle) bei hohen Betriebstemperaturen wird von deren Verwendung wegen ihres hohen Preises und wegen der bei ihnen auftretenden Verklebungen im Verbrennungsraum und an den Ventilen immer mehr abgesehen.

Die Entwicklung der Mineralöle hat zu Eigenschaften geführt, die denen der pflanzlichen Öle ähnlich sind.

### I. Physikalische Untersuchungen.

Die betriebswichtigen Eigenschaften der Schmieröle sind: Zähigkeit und Schmierfähigkeit, Stockpunkt, Flamm- und Brennpunkt, Verkokungstemperatur. Säurehaltige Schmierstoffe greifen das Metall an. Teer- und harzhaltige Stoffe schmieren schlecht und führen zu Verstopfungen derÖlleitungen. Durch die hohen Temperaturen, denen das Schmieröl zum Teil ausgesetzt ist, können sich unter Umständen Säuren, Harze, Ölkohle und asphaltartige Stoffe bilden, d. h. das Öl „altert". Als Handelswert wichtig ist das verhältige (spezifische) Gewicht.

Das **verhältige Gewicht** wird bestimmt durch Senkwaagen, Aräometer (s. S. 4) und Pyknometer. Letztere werden bei kleinen Ölmengen, dickflüssigen Ölen und für genaue Bestimmungen (Fehler 0,0001—0,0004) benützt.

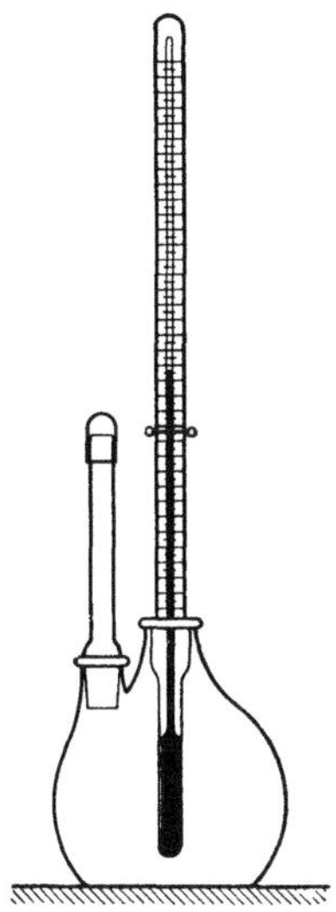

Abb. 32. Pyknometer (*224*).

Das Pyknometer (Abb. 32) ist ein Normalmeßkolben von beispielsweise 10 cm³ mit einer Eichmarke für Wasser von 15° oder 20° C. Am Hals des Gefäßes ist eine Haarröhre mit eingeschliffenem Thermometer angegossen. Das Gefäß wird bis zur Eichmarke mit dem zu prüfenden Stoff gefüllt und auf einer Genauigkeitswaage gewogen. Das Gesamtgewicht betrage z. B. 28 g. Wiegt das leere Gefäß z. B. 20 g, so würde das Gesamtgewicht bei Wasserfüllung 30 g betragen. Dementsprechend ergibt sich das verhältige Gewicht der Prüfflüssigkeit zu $\frac{28-20}{30-20} = 0{,}8$.

Soll aus dem bei der Temperatur $t_1$ festgestellten verhältigen Gewicht $\gamma_1$ das zur Normaltemperatur 15° C gehörende $\gamma_2$ ermittelt werden, so rechnet man nach der Beziehung (*224*)

$$\gamma_2 = \gamma_1 + \alpha\,(t_1 - 15),$$

wobei $\alpha$ für Erd- und Schmieröl zwischen 0 und 15° C mit 0,00063 und zwischen 15 und 50° C mit 0,00064 einzusetzen ist. Für Benzine betragen die entsprechenden $\alpha$-Werte 0,00071 und 0,00072.

**Zähigkeit** (Viskosität). Die Zähigkeit ist ein Maß für die innere Reibung einer Flüssigkeit oder eines Gases. Sie ist durch folgende Bestimmungen gekennzeichnet:

1. Dynamische Zähigkeit ($\eta$) ist die Kraft in Gramm, die nötig ist, um eine Flüssigkeitsschicht von 1 cm² über eine gleich große im Abstand 1 cm mit der Geschwindigkeit 1 cm/s zu verschieben. Die Einheit ist 1 Poise (P) = g/cm/s.

2. Kinematische Zähigkeit ($\nu$) ist das Verhältnis zwischen dynamischer Zähigkeit und verhältigem Gewicht. Die Einheit ist ein Stokes $\left(\nu = \frac{\eta}{\gamma} = \frac{\text{g/cm/s}}{\text{g/cm}^3} = \frac{\text{cm}^2}{\text{s}}\right)$.

3. Zähigkeit im Verhältnis zu Wasser (dimensionslose Zahl). Die Einheit ist ein Engler-Grad als das Verhältnis $\frac{\text{Ausflußzeit von 200 cm}^3\text{ Öl}}{\text{Ausflußzeit von 200 cm}^3\text{ Wasser}}$. Die Öltemperatur wird als Meßtemperatur in Stufen gewählt. Die Wassertemperatur ist 20° C.

4. Der Umkehrwert der dynamischen Zähigkeit ist $\varphi = \frac{1}{\eta}$ wie in USA. üblich.

5. Die Zähigkeit wird in Redwood (*332*) (R) (in England üblich) oder in Sayboldt (*359*) (S) (in USA. üblich) angegeben. Diese Zahlen stellen unmittelbar die Ausflußzeiten des Prüfstoffes in Sekunden bei Einhaltung bestimmter Bedingungen dar.

Am gebräuchlichsten zur Bestimmung der einfachen Zähigkeit sind die Viskosimeter nach Engler und Vogel-Ossag.

Der Ölbehälter *A* des Engler-Viskosimeters (Abb. 33) wird bis zur Standmarke mit Öl gefüllt (240 cm³). Eine elektrische Vorrichtung heizt dann das Wasserbad *W*, bis die Temperatur des Öles gleich der des Wasserbades ist. Dann wird die Ausflußöffnung freigegeben. Mittels Stoppuhr wird die Zeit für den Ausfluß von 200 cm³ Öl aus dem Behälter in das Meßglas *M* bestimmt.

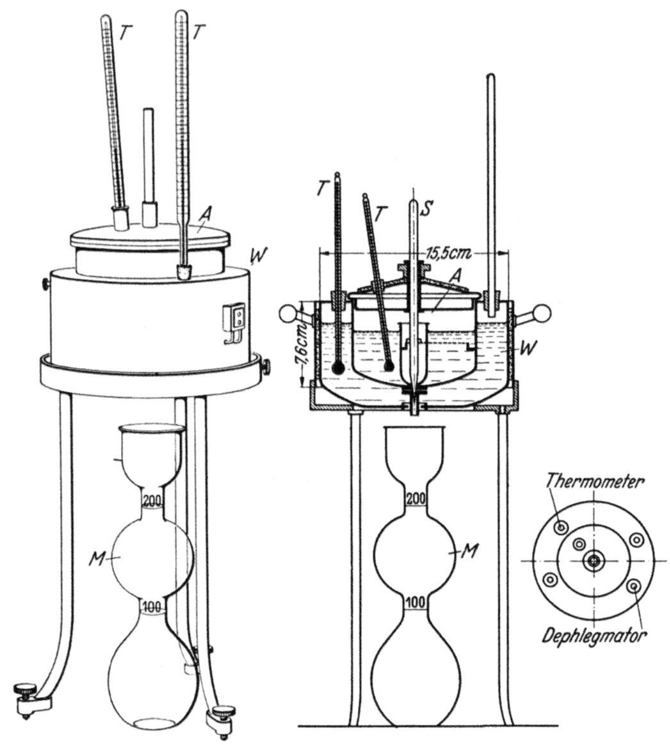


Abb. 33. Engler-Viskosimeter (*202*).
*A* Ölbehälter; *M* Meßkolben; *S* Verschlußstift; *T* Thermometer; *W* Wasserbad, geheizt durch Ringbrenner oder elektrische Heizung.

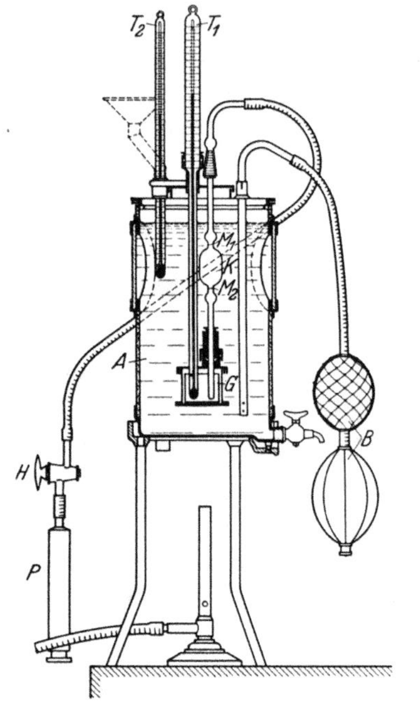


Abb. 34. Vogel-Ossag-Viskosimeter (*201*).
$T_1$ Prüfgefäßthermometer; $T_2$ Badegefäßthermometer; *A* Thermostat; *G* Aufnahmegefäß; *B* Gummiball; $M_1$ und $M_2$ Marken; *H* Dreiwegehahn; *P* Pumpe; *K* Meßkugel.

Die Geräte werden von der Physikalisch-Technischen Reichsanstalt mit Wasser als Bezugsflüssigkeit geprüft und die Auslaufzeit von 200 cm³ bei 20° C auf einem Prüfschein vermerkt.

Als Maß der Zähigkeit gilt, wie oben erwähnt, das Verhältnis zwischen der Ausflußzeit des Öles (200 cm³) zu der des Wassers (200 cm³) mit der Bezeichnung „Engler-Grad". Betrug beispielsweise die Ausflußzeit eines Öles 180 s und ist die Ausflußzeit von Wasser mit 50 s angegeben, so beträgt die Zähigkeit des Prüföles $\frac{180}{50} = 3{,}6$ Engler-Grade. Als Prüftemperaturen werden im allgemeinen 20, 50, 80 und 100° C gewählt. Bei höherer Temperatur wird das Bad mit dünnem Öl gefüllt. Zur Vermeidung eines Verstopfens des Ausflußrohres muß der Prüfstoff beim Einfüllen in das Prüfgefäß durch ein Drahtsieb fließen. Die Meßgenauigkeit ist bei kleinen Viskositäten mit kurzer Versuchsdauer ± 1%, bei großen Viskositäten mit langer Versuchsdauer ± 3%.

Häufig stehen für die Untersuchungen nur kleinere Ölmengen zur Verfügung.

Für diesen Fall hat Ubbelohde (*383*, *360*) das „Zehntelgefäß" gebaut, das in das Englersche Gerät eingeschraubt werden kann und 25 cm³ Öl zur Füllung benötigt. In diesem Fall beträgt der Eichwert, d. h. die Ausflußzeit von 20 cm³ Wasser bei 20° C etwa 5 s. Die Durchführung der Messung ist schwierig, was sich insbesondere beim Vergleich dünner Öle zeigt. Deshalb haben Ostwald und Träule ein Kapillarviskosimeter mit langsamen Ausfluß gebaut, das jedoch für leichte Zugänglichkeit im Versuchsbetrieb weniger geeignet ist.

Vogel hat mit der Rhenania Ossag das Ostwaldsche Kapillarviskosimeter zu einem Gerät für allgemeineren Gebrauch umgebaut (Vogel-Ossag, Abb. 34). Das Öl wird aus dem Gefäß $G$ mittels der Pumpe $P$ in die Meßkugel $K$ gesaugt. Man beläßt es hier kurze Zeit, bis es die Versuchstemperatur angenommen hat und läßt es unter seinem Eigengewicht ausfließen, indem man über den Hahn $H$ Luft zuläßt. Die Ausflußzeit wird mit der Stoppuhr aufgenommen. Sie ist mit der auf der Kapillare eingeätzten Kennzahl $K$ zu multiplizieren, die so gewählt ist, daß das Ergebnis das 100fache der kinematischen Zähigkeit darstellt, also

$$\nu_k = \frac{100 \cdot \eta}{\gamma} = 100\,\nu,$$

wobei, wie oben angeführt, $\eta$ die absolute (dynamische) Zähigkeit und $\gamma$ das verhältige Gewicht der Flüssigkeit bei den Meßtemperaturen ist. Man braucht demnach den ermittelten Wert der kinematischen Zähigkeit nur mit dem verhältigen Gewicht des Öles zu multiplizieren, um die absolute (dynamische) Zähigkeit in „Centipoisen" zu erhalten. Der Wert $\nu_k$ kann auf Grund einer von Vogel aufgestellten Beziehung (*388*) auf „Engler-Grade" umgerechnet werden. Die sich ergebenden Zahlen sind in der Gebrauchsanweisung des Gerätes aufgeführt.

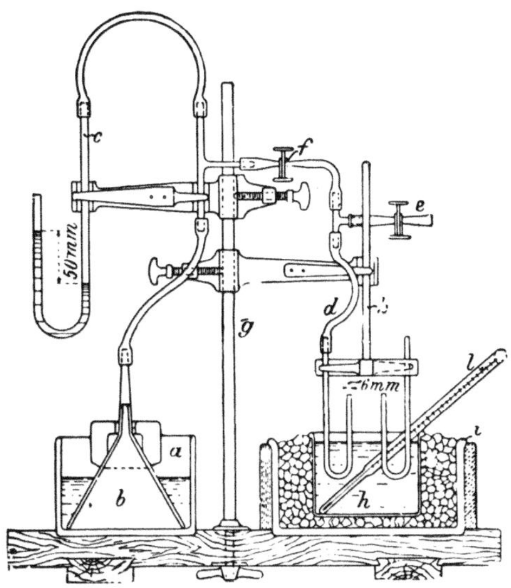


Abb. 35. U-Rohr-Kälteprüfer der Deutschen Reichsbahn (*204*).
*a* Wassergefäß; *b* Trichter; *c* Wassermanometer; *d* Gummischlauch; *e*, *f* Quetschhahn; *g* Stativ; *h* Salzlösung; *i* Kältemischung; *k* Stativklammer; *l* Thermometer.

Dem Gerät sind in der Regel 3 Kapillaren beigegeben, die je nach Zähigkeit Verwendung finden. Man wählt diejenige Kapillare, die eine Ausflußzeit von nicht über 20 min, keinesfalls aber unter 20 s ergibt. Beträgt die Ausflußzeit weniger als 20 s, so tritt Turbulenz ein, welche die Zähigkeit scheinbar vergrößert und damit ein falsches Ergebnis liefert.

Um gleichmäßige Temperatur des Wasserbades zu erhalten, wird mittels des Gummiballs $B$ Luft in das Bad eingedrückt, wodurch eine Wirbelung wie mit einem Rührwerk erzielt wird.

**Bestimmung des Fließvermögens in der Kälte.** Das Verfahren zur Bestimmung des Fließvermögens eines Öles stellt eine Art Viskositätsbestimmung (Abb. 35) für sehr zähflüssige Öle dar.

Die Öle werden mittels Pipetten (Abb. 36) in U-förmige Proberöhrchen (Abb. 37) durch den längeren Schenkel bis zu der in jedem Schenkel in 25 mm Höhe befindlichen 0-Marke eingefüllt. Der oben durch die Schlauchklemme $f$ und das Wassermanometer $c$ abgeschlossene, durch ein Bleigewicht beschwerte Trichter $b$ wird auf das Wasser im Gefäß $a$ gesetzt. Hierdurch entsteht ein Druck, der durch das Manometer gemessen wird und genau auf 50 mm Wassersäule, durch Zugießen von Wasser in $a$ oder Lüften des Quetschhahnes $f$, einzustellen ist.

Die Ölproben werden nun 1 Stunde lang abgekühlt und die Schläuche auf die U-Röhren aufgesetzt, wobei jeweils der Quetschhahn $e$ zu schließen ist. Nun läßt man den Druck 1 min lang auf die Öle einwirken, indem man den Hahn $f$ lüftet und stellt dann durch rasches Öffnen des Quetschhahnes $e$ den gewöhnlichen Luftdruck her. Die an der Skala des U-Rohres beobachtete Aufstiegsgeschwindigkeit gilt als Maß des Fließvermögens. Nach den Anforderungen der Reichsbahn soll der Anstieg mindestens 10 mm in 1 min betragen, damit das Öl an der Schmierstelle genügend zufließt.

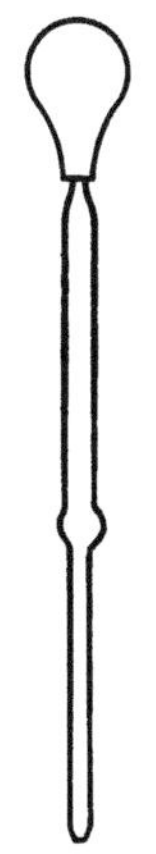

Abb. 36. Einfüllpipette zum U-Rohr-Kälteprüfer (*205*).

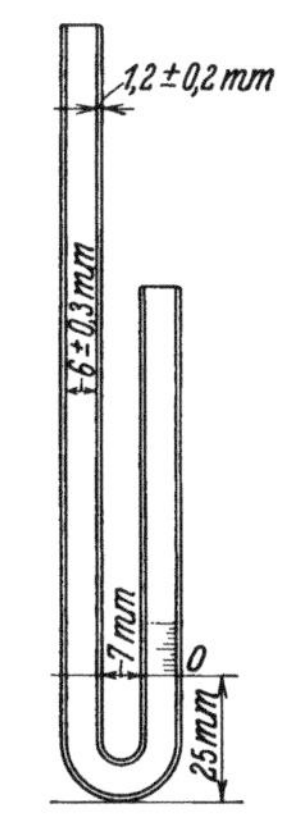


Abb. 37. U-Rohr zum Reichsbahn-Kälteprüfer (*206*).

Auf diese Weise können auch Ausscheidungen von Paraffinkristallen und sonstige Trübungen im Öl beobachtet werden.

**Stockpunktsbestimmung.** Als Stock- und Erstarrungspunkt gilt der Wärmegrad, bei dem das Öl erstarrt, also unter Einfluß der eigenen Schwere nicht mehr fließt. Bei einfachen Messungen wird ein Standglas mit dem zu untersuchenden Öl auf $^1/_4$ bis $^1/_3$ gefüllt. Das Standglas wird mittels eines Korks abgeschlossen, durch den ein Thermometer eingeführt ist, dessen Kugel etwa in der Mitte der Prüfflüssigkeit liegen muß. Das Standglas wird in eine Kältemischung gestellt. Als Stockpunkt gilt die Temperatur, bei der beim Neigen des Meßglases sich keine sofort sichtbare Bewegung des Öles mehr zeigt bzw. am Thermometerschaft keine Wulstbildung mehr vorliegt.

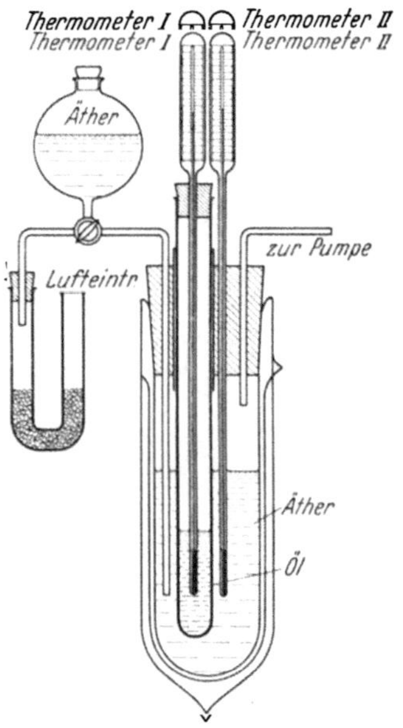


Abb. 38. Gerät zur Stockpunktsbestimmung (Reagensverfahren) nach Stelling (*207*).

Das Verfahren ist durch die Anordnung von Stelling (*200*) wesentlich vereinfacht worden. An Stelle des Standglases wird ein Reagensglas verwendet. Letzteres ist in ein Ätherverdampfungsgefäß (Abb. 38) eingesetzt, wodurch die gewünschte Temperatursenkung sehr rasch erreicht werden kann. Zur Ausschaltung der Wärmeleitung nach außen ist das Verdampfungsgefäß doppelwandig. Die erreichbaren Temperaturen gehen bis —40° C. Die Probe wird so lange unterkühlt, bis die Temperatur des Prüföles gleich der des Verdampfungsgefäßes ist.

Die Flamm- und Brennpunktsbestimmung erfolgt in gleicher Weise wie bei Leichtkraftstoffen (s. S. 6).

**Bestimmung der Verkokungsneigung.** Die Verkokung wird in dem Conradson-Gerät nach Abb. 39 und im Kelly-Gerät (Ramsbottom-Verfahren) nach Abb. 40 durchgeführt.

*Conradson-Verfahren* (Abb. 39). Der Tiegel *a* wird mit 2 Glasperlen, die einen etwa auftretenden Siedeverzug verhindern, genau gewogen, mit genau 10 g des zu prüfenden Öles beschickt und in die Mitte des Tiegels *b* eingesetzt. Dieser wird dann in den mit Sand beschickten, größeren Eisentiegel *c* gestellt. Die Deckel beider Eisentiegel werden aufgelegt und zwar so, daß der äußerste Tiegel nur lose verschlossen ist und die entstehenden Öldämpfe frei abziehen können. Der Eisentiegel wird dann zentrisch in den Blechkasten *f* eingesetzt, damit die Wärme gleichmäßig verteilt wird.

Nach diesen Vorbereitungen beginnt die eigentliche Verkokung. Die Flamme des Brenners ist so einzustellen, daß die entstehenden Öldämpfe sich nach 10 min entzünden, wobei die Flamme nicht über den Bügel *h* hinausreichen darf. Sobald diese Flamme erlischt, wird der Boden des Eisentiegels 7 min lang auf Kirschrotglut erhitzt. Der gesamte Vorgang nimmt etwa $^1/_2$ h in Anspruch.

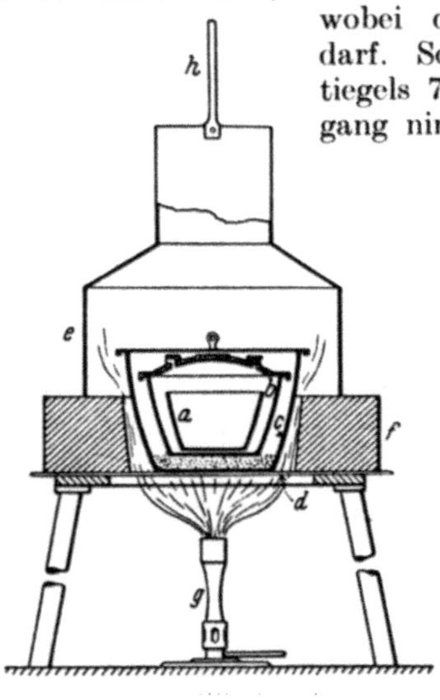


Abb. 39. Conradson-Gerät zur Bestimmung des Verkokungsrückstandes (*214*).
*a* Porzellantiegel; *b,c* Eisentiegel; *d* Stahldreieck; *e* Blechkasten; *f* Blechkasten oder Asbestblock; *g* Brenner; *h* Drahtbügel.

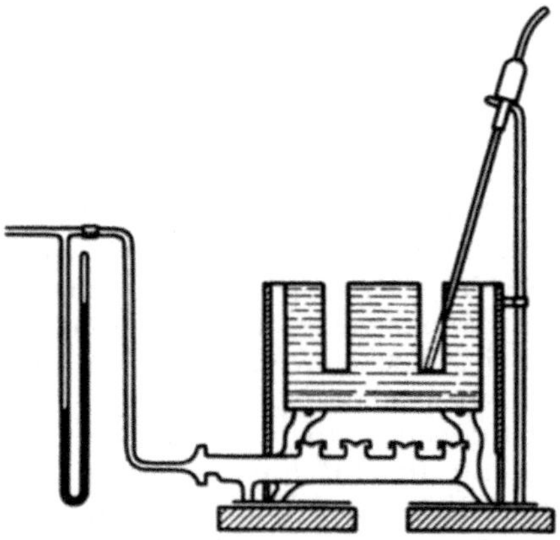

Abb. 40. Verkokungsgerät zur Bestimmung des Verkokungsrückstandes nach Kelly (Ramsbottom-Verfahren) (*215*).

Das Gerät läßt man nun abkühlen und bringt den Porzellantiegel nach etwa 15 min mit einer angewärmten Tiegelzange in ein luftleeres Gefäß. Nach dem Erkalten wird der Rückstand gewogen, wobei eine Fehlergrenze von 10% zulässig ist.

*Ramsbottom-Verfahren* (Abb. 40). Nach Kelly sind die nach Conradson bestimmten Verkokungszahlen unbefriedigend. Er empfiehlt daher das neuere Verfahren nach Ramsbottom, bei welchem die Erhitzung des Öles in einem auf genau 550° C gehaltenen Bleibade vorgenommen wird. Die Öle werden in Glasampullen eingefüllt, die in vorgeschriebene Eisen- oder Stahlhülsen hineinpassen.

Die mit 3,75—4,25 g Öl beschickten Ampullen setzt man in die im Metallbade befindlichen Hülsen. Nach etwa 30—40 s entzünden sich die entwickelten Dämpfe und nach 6—7 min erlischt die Flamme wieder. Im Verlauf von weiteren 6—9 min tritt kein Rauch mehr auf. Die Ampulle läßt man noch 10 min im Metallbade; nach dem Erkalten wird der Rückstand gewogen. Die Fehlergrenze beträgt hier nur noch wenige Hundertteile, im Höchstfalle 4,6 vH.

**Bestimmung der Brechungszahl.** Die Brechungszahl $n$ eines Stoffes stellt das Verhältnis der Lichtgeschwindigkeit im Vakuum zu der in dem zu untersuchenden Stoffe dar. Die Brechungszahl ändert sich sowohl mit der Temperatur als auch mit der Wellenlänge des Lichtes; es müssen deshalb beide Größen angegeben werden.

Die Bestimmung von $n$ dient bei reinen Kohlenwasserstoffen zur raschen Reinheitsprüfung und bei Mineralschmierölen zum Nachweis von Harzöl, Benzin, Benzol, Terpentinöl usw.

Die Brechungszahl wird im Refraktometer von Abbe (Abb. 41) bestimmt. Nachdem das Gerät auf die gewünschte Temperatur eingestellt ist, bringt man einige Tropfen Öl auf die Fläche des oberen festen Prismas $O_p$ und klappt das bewegliche untere Prisma $U_p$ herauf. Dann bewegt man die Triebschraube $T$, bis die untere Hälfte des Gesichtsfeldes bis zum Schnittpunkt des Fadenkreuzes dunkel erscheint. Die manchmal auftretenden farbigen Ränder verschwinden durch Drehen an Schraube $M$.

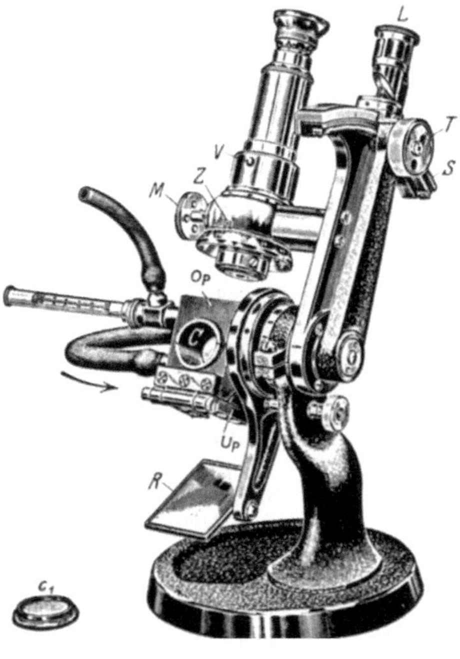


Abb. 41. Refraktometer von Abbe (*211*).
*C* Fenster; $C_1$ Verschlußdeckel; *L* Lupe; *M* Kompensatortriebschraube; *R* Spiegel; *S* Teilkreis; *T* Triebschraube; *V* Vierkant; *Z* Marke.

Am Teilkreis $S$ kann mit Hilfe der Lupe $L$ die Brechungszahl unmittelbar abgelesen werden.

**Bestimmung der Oberflächenspannung.** Die Oberflächenspannung ist die Kraft, welche die freie Oberfläche einer Flüssigkeit, die sich bei Benetzung einer Gefäßwand, z. B. eines Rohres, hohl krümmt, soweit wie möglich zu verkleinern strebt. Als Maß dieser Kraft dient das Gewicht der Flüssigkeitsmenge, die infolge Wandanziehung und der Oberflächenspannung in einem vollkommen benetzten engen Rohr entgegen der Schwerkraft aufsteigt; die in mg/mm gemessene Kapillarzahl $\gamma$ gibt an, wieviel mg Flüssigkeit von 1 mm der Berührungslinie ihrer Oberfläche mit einer senkrechten Wand getragen werden. Im absoluten Maßsystem hat $\gamma$ die Dimension dyn/cm, wobei 1 mg/mm = 9,81 dyn/cm ist. Es gilt dann:

$$\gamma = \frac{h \cdot r \cdot d}{2 \cdot \cos \alpha} \text{ mg/mm},$$

wobei $h$ = Steighöhe, $r$ = Rohrhalbmesser, $d$ = verhältiges Gewicht und $\alpha$ den Randwinkel zwischen Flüssigkeit und Rohrwand bedeutet.

Zur Oberflächenspannungsbestimmung eignet sich das Kapillarimeter nach H. Cassel (Abb. 42).

Das zu untersuchende Öl befindet sich im Düsengefäß $Dg$, welches mit einem Heizmantel $H$ umgeben ist. Im Innern des Standgefäßes $Ng$ wird ein Überdruck erzeugt, der am Steigrohr $M$ abzulesen ist. Das Ventil $V$ verhindert ein Zurücktreten der eingepumpten Luft, welche nur an der Düse $D$ unter Bläschenbildung entweichen kann. Der maximale Druck, der mit der Spritze $S$ eingestellt wird, ist derjenige Druck, bei welchem das letzte Luftbläschen aus der Düsenöffnung entweicht. Der abgelesene Druck am Wassermanometer, vermindert um den über der Düse $D$ befindlichen Druck, ist gleich dem durch die Oberflächenspannung des Öles bedingten Kapillardruck des aus der Düse heraustretenden Bläschens.

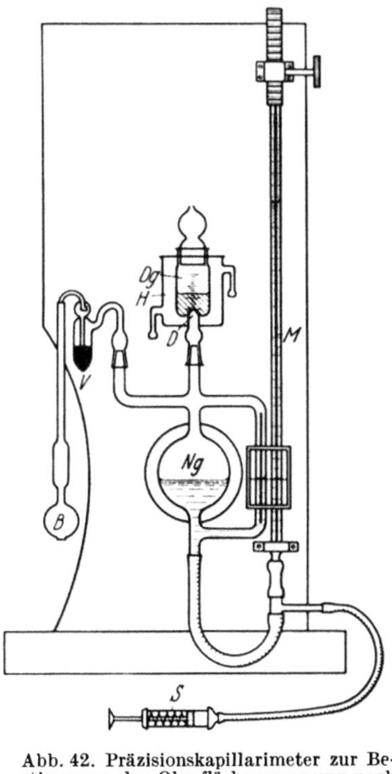


Abb. 42. Präzisionskapillarimeter zur Bestimmung der Oberflächenspannung nach Cassel (*203*).
*B* Gummiball; *D* Düse; *Dg* Düsengefäß; *H* Heizmantel; *M* Steigrohr; *Ng* Standgefäß; *S* Spritze; *V* Hg-Ventil.

Dieser Kapillardruck ist der Oberflächenspannung unmittelbar und dem Durchmesser der Düsenöffnung umgekehrt verhältig.

Die Oberflächenspannung des Wassers muß als bekannt vorausgesetzt werden, damit die Eichziffer ermittelt werden kann. Findet man z. B. für Wasser eine Steighöhe von 233 mm bei 12° C, so ist bei der Oberflächenspannung 72,70 dyn/cm das Verhältnis 72,70/233 als Eichzahl für alle kommenden Messungen festzuhalten. Durch Vervielfachung der jeweils abgelesenen reduzierten Manometerhöhe mit der Eichzahl ergibt sich die Oberflächenspannung.

## II. Chemische Untersuchungen.

Die chemischen Prüfungen sind vor allen Dingen für die gebrauchten Öle von großer Wichtigkeit. Sie erstrecken sich in der Hauptsache auf folgende Untersuchungen.

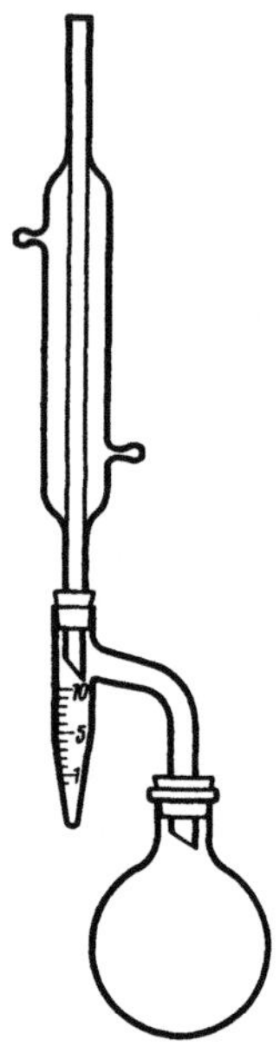

Abb. 43. Gerät zur Bestimmung des Wassergehaltes (*212*).

**Gehalt an Asche.** Die Veraschung des Schmieröles wird in einem elektrisch geheizten Muffelofen vorgenommen. Der Aschegehalt ist bei Ölen, soweit er nicht von ölunlöslichen anorganischen Fremdstoffen herrührt, ein Maßstab für den Gehalt an Seifen und sulfosauren Salzen, die eine unerwünschte Rückstandsbildung in Motorzylindern hervorrufen können.

Etwa 40 g Öl werden in einem Porzellantiegel in dem oben erwähnten Muffelofen vorsichtig abgeschwelt, bis nur noch kohlige Teile zugegen sind. Hierauf feuchtet man die Kohle mit aschefreier Wasserstoffperoxydlösung an und bringt den Tiegel durch Erhöhung der Temperatur auf starke Rotglut. Der so erhaltene Rückstand wird nach dem Erkalten des Tiegels bestimmt.

Gute Frischschmieröle dürfen keine Rückstandsbildung ergeben.

**Asphalt und feste Fremdstoffe.** Ungefähr 10 g des zu untersuchenden Schmieröles werden mit dem 40fachen Volumen Normalbenzin versetzt und etwa 12 h stehen gelassen, sodann durch einen Glasfiltertiegel filtriert. Der dabei entstandene Rückstand wird bei 105° C getrocknet.

Die festen Fremdstoffe (anorganische Bestandteile) sind in Benzol unlöslich, Asphalt dagegen löslich. Auf diese Weise können Asphalt und feste Fremdstoffe voneinander getrennt werden.

**Gehalt an Wasser.** Von den zahlreichen Ausführungsformen des zuerst von Marcusson (*309*) ausgearbeiteten Verfahrens ist am zweckmäßigsten diejenige von Dean und Stark.

100—200 cm³ des zu untersuchenden Öles werden mit der gleichen Menge mit Wasser gesättigten Xylols in dem Rundkolben (Abb. 43) gemischt und die Mischung unter Erhitzen mit einer Bunsenflamme (oder Ölbad) destilliert. Den Kolbeninhalt läßt man derart sieden, daß 2—5 Tropfen pro s in den unten verjüngten Zylinder fallen und erhitzt so lange, bis alles Wasser sich am Boden des Zylinders gesammelt hat. Hierzu ist in der Regel $^1/_2$ h erforderlich. Der Wassergehalt kann dann sofort in Hundertteilen abgelesen werden.

**Verseifungszahl.** Die Verseifungszahl ist diejenige Zahl, die angibt, wieviel mg Kalilauge notwendig sind, um die in 1 g des Öles enthaltenen freien und esterartig gebundenen Säuren zu neutralisieren.

2—10 g Öl, je nach dem vermuteten Fettgehalt, werden in 25 cm³ Benzol in einem Erlenmeyer-Kolben gelöst, und mit 25 cm³ 0,5-n[1] alkoholischer Kalilauge unter Rückfluß gekocht. Daneben wird als Blindversuch in einem gleichen Kolben die gleiche Laugenmenge ohne Öl erhitzt. Nach vollständiger Verseifung wird der Laugenüberschuß mit 0,5-n Salzsäure in der Wärme neutralisiert. War die Einwaage $e$ g, der Salzsäureverbrauch für die Blindprobe $a$ cm³, für die Hauptprobe $b$ cm³, so wird die Verseifungszahl: VZ. $= 28{,}055\,(a-b):e$.

**Neutralisationszahl.** Die Neutralisationszahl gibt die Menge Kalilauge an, die notwendig ist, um die anorganischen und organischen Säuren zu neutralisieren.

Die Bestimmung der Neutralisationszahl erfolgt durch Titration mit alkoholischer Kalilauge. 2—10 g Öl, je nach dem Säuregehalt, löst man in einem Erlenmeyer-Kolben in der 5—10-fachen Menge eines Gemisches von Benzol-Alkohol (2:1), dessen Säuregehalt man durch einen Blindversuch ermittelt und bei der eigentlichen Bestimmung berücksichtigt.

Verbrauchen $a$ g Öl $b$ cm³ 0,1-n Lauge (nach Abzug der verbrauchten Lauge des Blindversuchs für das Lösungsmittel), so beträgt die Neutralisationszahl: NZ. $= 5{,}611 \cdot b:a$.

**Säurezahl.** Die Säurezahl ist die Menge Kalilauge, die notwendig ist, um vorhandene organische Säuren zu neutralisieren.

[1] n = normal.

Zur Bestimmung der Säurezahl muß man etwa anwesende Mineralsäuren durch Ausschütteln des Öles mit Wasser entfernen. Im übrigen verfährt man genau so wie bei der Bestimmung der Neutralisationszahl.

Da in Ölen meistens keine Mineralsäuren vorhanden sind, ist die Säurezahl gleich der Neutralisationszahl.

Zur Prüfung von Schmierölen sind bereits DVM-Normen über die physikalisch-chemischen Eigenschaften vorhanden, die stets vor Bestimmung der Eigenschaften zu berücksichtigen sind.

## 2. Messung des Betriebsstoffverbrauchs der Motoren.

### A. Brennstoffverbrauch.

Der absolute Kraftstoffverbrauch $B_h$ wird in kg/h als Meßwert festgestellt. Zur Ermöglichung einer Verbrauchsbeurteilung und eines unmittelbaren Vergleichs des Verbrauchs verschieden großer Motoren wird aus ihm der auf die Leistung bezogene Kraftstoffverbrauch, also der verhältige Verbrauch $b$ berechnet. Dieser wird in kg/PSh oder in g/PSh angegeben. Je nach der Leistung, die als Bezugsgröße verwendet wird, unterscheidet man den auf die Kupplungsleistung (nutzbare Leistung) der Maschine bezogenen Verbrauch $b_e = \frac{B_h}{N_e}$, den auf die indizierte Leistung bezogenen Verbrauch $b_i = \frac{B_h}{N_i}$ und den auf die indizierte Leistung der verlustlosen Maschine bezogenen Verbrauch $b_v = \frac{B_h}{N_v}$.

Der absolute und der verhältige Kraftstoffverbrauch wird im allgemeinen in einer Kennlinie zusammen mit der Leistungskennlinie des Motors über der Motordrehzahl in einem Schaubild aufgetragen.

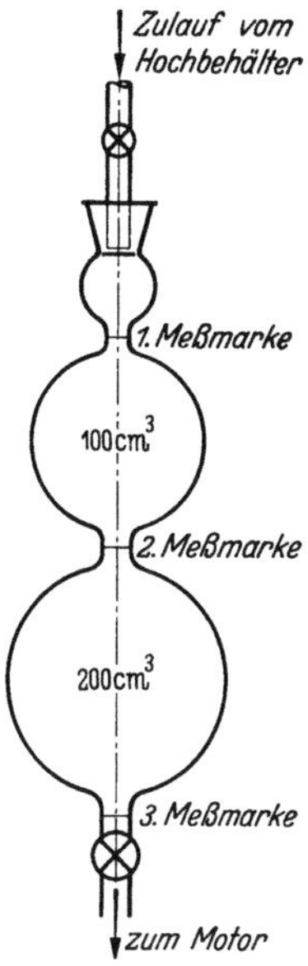

Abb. 44. Offenes Brennstoffmeßgerät.

### I. Messung nach Volumen.

Die Messung des Kraftstoffverbrauchs in der Zeiteinheit kann nach Volumen oder nach Gewicht erfolgen. Bei der Messung nach Volumen wird mittels Stoppuhr die Zeit festgestellt, die der in einem Meßgefäß sinkende Brennstoffspiegel zum Durchlaufen zweier an einem Meßglas angebrachter Marken benötigt. Die verbrauchte Brennstoffmenge wird so in cm³/h festgestellt, nach dem verhältigen Gewicht mit Hilfe eines Aräometers auf Gewicht umgerechnet und nach Bestimmung der Motorleistung auf die Leistungseinheit bezogen (g/PSh).

Man verwendet offene Meßgefäße nach Abb. 44 und, wenn das Gefälle vom Meßglas zum Motor klein ist, geschlossene Gefäße, etwa nach der Bauart Seppeler nach Abb. 45.

Die Gefäße, die aus Glas oder aus Metall mit Standglas bestehen, haben Zylinder- oder kugelförmige Erweiterungen, deren Inhalte zwischen je 2 Marken geeicht sind. Zur Anpassung der Geräte an den Brennstoffverbrauch des Motors werden häufig mehrere hintereinander liegende Meßgläser vorgesehen, so daß jedes einzelne oder die Summe von mehreren Meßstelleninhalten gewählt werden kann.

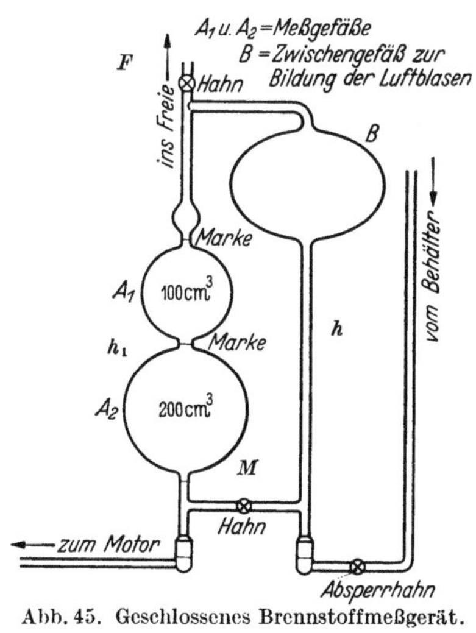

Abb. 45. Geschlossenes Brennstoffmeßgerät.

Das offene Meßgefäß nach Abb. 44 ist an einer mit der Betriebsleitung gleichlaufenden Meßleitung vom Fallbehälter zum Motor mit offenem Einlauf angeordnet. Die Speisung des Motors aus dem Meßglas erfolgt nach entsprechender Umstellung des Schalthahns.

Nachteile der offenen Meßgläser liegen darin, daß bei Umschaltung auf Entnahme aus dem Meßgefäß die Höhe der über der Vergaserdüse liegenden Flüssigkeitssäule sich ändert, wodurch das Meßergebnis beeinflußt werden kann, und darin, daß das Meßglas beim Füllen überlaufen kann. Auch reicht, wie oben angedeutet, die Fallhöhe zwischen Benzinspiegel und Motor zur Überwindung der Strömungswiderstände bisweilen nicht aus.

Zur Vermeidung des Überlaufens können am Kopf der Meßgefäße, wie bei der in Abb. 46 gezeigten Brennstoffverbrauchsmeßanlage, Steigrohre angesetzt werden, die im Ruhezustand einen Ausgleich der Brennstoffspiegel im Meßgefäß und im Fallbehälter gestatten. Die Füllung erfolgt in diesem Fall von unten über die Rohrschalter.

Das geschlossene Gefäß nach Seppeler (*369*) Abb. 45 ist in die Brennstoffmeßleitung zwischen Hoch- oder Druckbehälter und Motor unter Einfügung einer Luftblase so eingeschaltet, daß im Meßzustand ein Druckausgleich mit der Außenluft nicht erfolgen kann. Durch Öffnen des entlüftenden Hahns $F$ steigt der Flüssigkeitsspiegel in den beiden kommunizierenden Röhren $h$ und $h_1$. Kurz nach Eintritt des Brennstoffspiegels in das Gefäß $B$ wird der Füllhahn $F$ geschlossen, womit die beiden Flüssigkeitssäulen durch ein Luftpolster miteinander verbunden sind. Das Gerät ist so meßbereit. Durch Schließen des Meßhahns $M$ wird der unmittelbare Durchfluß vom Hochbehälter zum Motor abgestellt. Der Motor entnimmt seinen Kraftstoff aus den Meßgefäßen $A_1$ und $A_2$. Bei sinkendem Spiegel auf der Meßgefäßseite steigt der Flüssigkeitsspiegel im Vorratsgefäß $B$ entsprechend dem verbrauchten Volumen. Die zum Durchgang des Meßspiegels zwischen den Meßmarken erforderliche Zeit wird mit Handstoppuhr gemessen. Wird nach Abschluß der Messung das Öffnen des Meßhahns $M$ vergessen, so läuft der Brennstoff im Vorratsgefäß $B$ über, so daß der Zufluß zum Motor nicht unterbrochen wird. Nach Öffnen des Meßhahns gleicht sich der Flüssigkeitsspiegel in den beiden Röhren wieder aus.

Zur Ausschaltung der mit der Handstoppuhr entstehenden Fehler wird die Messung auch selbsttätig gestaltet.

**Selbsttätige Messung.** Zu diesem Zweck sind an den Eichmarken des Meßgefäßes elektrische Schaltvorrichtungen angebaut, die beim Durchgang des Brennstoffspiegels eine elektrisch betätigte Stoppuhr einschalten und wieder stillsetzen.

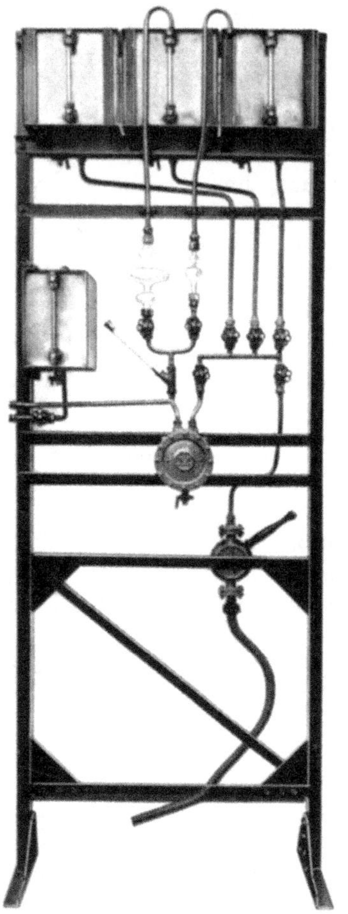

Abb. 46. Ortsbewegliche offene Brennstoffverbrauchsmeßeinrichtung mit Treibstoffbehältern (DVL).

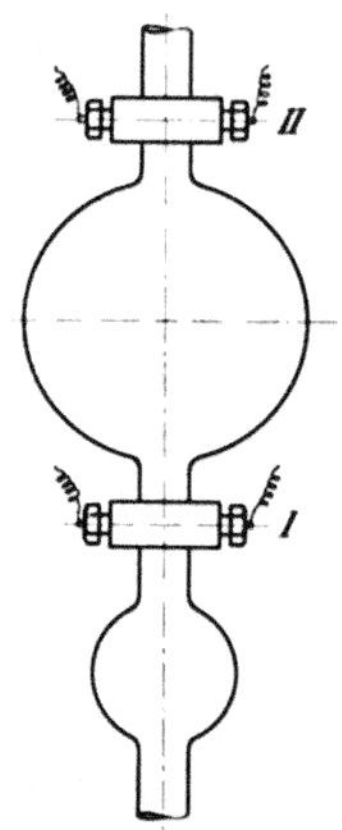


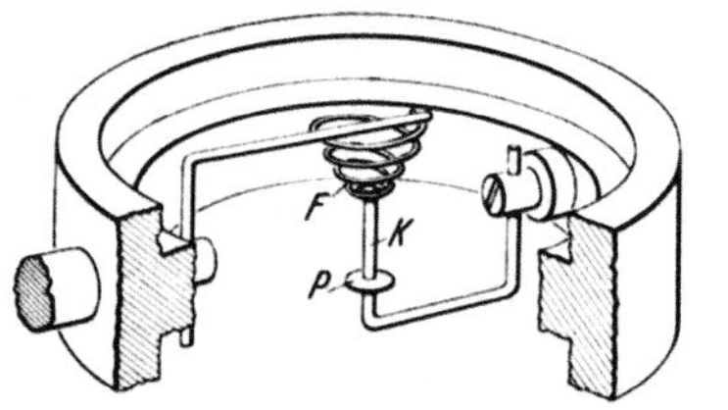


Abb. 47. Brennstoffmeßgerät mit Kontaktgeber in der Flüssigkeit. $F$ Spiralfeder; $K$ Kontaktstift; $P$ Platte.

Die Abb. 47, 49 und 51 stellen drei verschiedene Ausführungen dar. Bei dem Gerät nach Abb. 47 liegt ein Kontaktgeber in der Flüssigkeit. In der Höhe der Meßgerätmarken befindet sich eine kleine Spiralfeder $F$, die durch die Oberflächenspannung des Brennstoffspiegels von diesem mitgenommen wird. Sie schließt über den Kontaktstift $K$ und die Platte $P$ einen Stromkreis. Der Stift $K$ ist so lang, daß die Schließstelle bei $P$ innerhalb der Flüssigkeit liegt, so daß keine Zündgefahr besteht. Die Abb. 48 zeigt das Gerät in seiner Ausführung. Bei dem Gerät nach Abb. 49 liegt die Schaltvorrichtung außerhalb der Flüssigkeit. Die Kontaktgebung geschieht in diesem Fall auf elektromagnetischem Wege. Ein leichter Hohlkörper mit Eisenplättchen schwimmt in der Flüssigkeit. An den Stellen der Eichmarken sitzt je ein das Glasrohr umschließender, mit Wechselstrom gespeister Doppelmagnet. Beim Absinken des Flüssigkeitsspiegels und damit des Schwimmers tritt letzterer in das Kraftfeld des Magneten ein, wodurch sich der Kraftfluß zwischen den beiden Polschuhen ändert. Die Änderung des Kraftflusses hat eine Stromänderung zur Folge, die dazu benützt wird, über ein Glimmlampenrelais den Ein- und Ausschaltvorgang der elektrischen Stoppuhr durchzuführen. Abb. 50 zeigt die Zusatzeinrichtung mit elektrischer Stoppuhr.

Bei der in Abb. 51 gezeigten Anordnung wird ein Bündel paralleler Lichtstrahlen an dem Meniskus der Flüssigkeitsoberfläche so gebrochen, daß bei geeigneter Anordnung der Strahlrichtung sämtliche Strahlen abgelenkt werden. Eine Photozelle, die in den Strahlengang gebracht wird, wird also im Augenblick des Durchgangs des Flüssigkeitsspiegels durch eine Meßstelle verdunkelt und steuert dadurch eine Stoppuhr.

Sind ferner die von Hand betätigten Umschalthähne durch elektrisch gesteuerte Ventile ersetzt, so ist bei dieser Anordnung nur noch erforderlich, den Meßvorgang durch Betätigung einer Drucktaste einzuleiten und am Schluß der Messung das Ergebnis auf der Stoppuhr abzulesen.

Abb. 48. Volumetrisches Brennstoffmeßgerät mit im Inneren liegenden Kontakten.

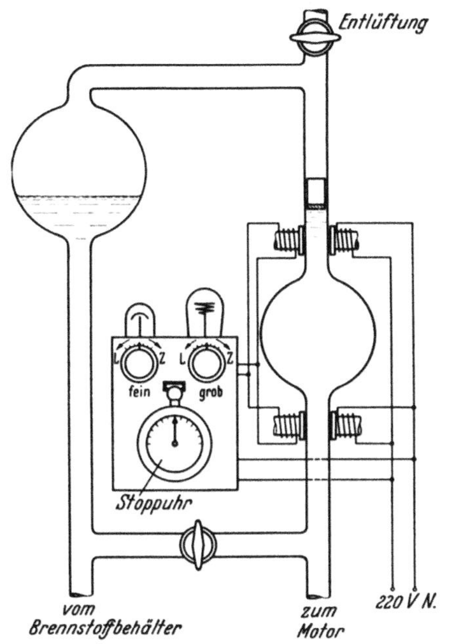


Abb. 49. Brennstoffmeßgerät mit elektrisch-magnetischem Kontaktgeber des Brennstoffdurchganges durch die Eichmarken.

**Meßfehler.** Beim Entleeren eines Meßgefäßes von bestimmtem Inhalt bleibt ein Teil des Brennstoffes infolge seiner Haftfähigkeit innerhalb der Durchflußzeit des Spiegels von der ersten zur zweiten Meßmarke an den Wandungen hängen. Ermittlungen haben ergeben, daß Fehler bis zu 1 vH dadurch vorkommen.

Abb. 50. Glimmlampenschaltgerät mit elektrisch betätigter Stoppuhr zum elektrisch-magnetischen Brennstoffmesser.

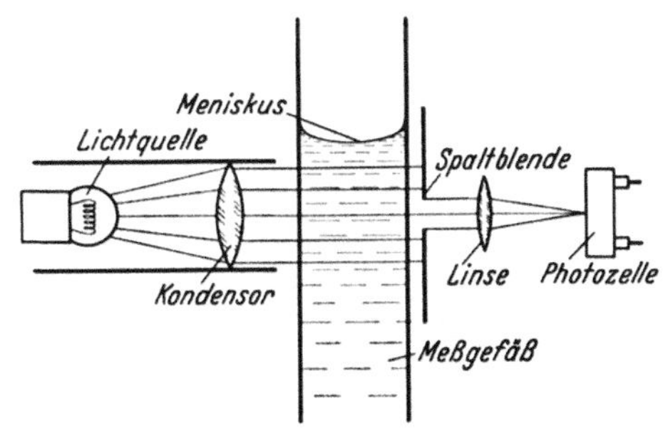


Abb. 51. Schematische Darstellung der Lichtsteuerung durch den Brennstoffspiegel nach Reinsch (337).

Weiterhin ergaben sich Fehler durch den persönlichen Einfluß des Versuchsingenieurs beim Beobachten des Durchgangs des Flüssigkeitsspiegels durch die Meßmarken, beim Betätigen der Stoppuhr (Reaktionszeit) und beim Ablesen derselben. Die größten Reaktionszeiten wurden mit $\pm 0{,}15$ s festgestellt. Damit kann bei der Beobachtung der zwei Meßstellen ein größter Fehler von $\pm 0{,}3$ s vorliegen. Die Gangart der Stoppuhr und die Zifferblatteilung bei $^1/_5$ s Schwingdauer der Unruhe beträgt 0,2 s, damit kann der Fehler an der Stoppuhr 0,1 s werden. Der Gesamtfehler beträgt also 0,4 s, bei einer üblichen Meßdauer von 30 s etwa 3 vH.

Damit ergibt sich für die Mengen- und Zeitmessung, also für die Verbrauchsmessung, eine Fehlermöglichkeit von 2—3 vH.

Der Brennstoffverbrauch der Motoren wird im allgemeinen nach Gewicht gewertet. Der volumetrisch ermittelte Verbrauch wird deshalb, wie oben erwähnt, auf Gewicht umgerechnet. Bei der üblichen Aräometermessung für das verhältige Gewicht ergeben sich Meßfehler von 0,5—1 vH. Damit steigt für die Feststellung des gewichtsmäßigen Brennstoffverbrauchs auf volumetrische Art der größte Gesamtfehler auf bis zu 4 vH. Deshalb wird trotz erheblicher Schwierigkeiten, wie weiter unten ausgeführt, immer wieder versucht, den Brennstoffverbrauch unmittelbar nach Gewicht zu erfassen. Zunächst hat man versucht, auch die volumetrische Messung einfacher zu gestalten durch Anwendung der Durchflußmesser.

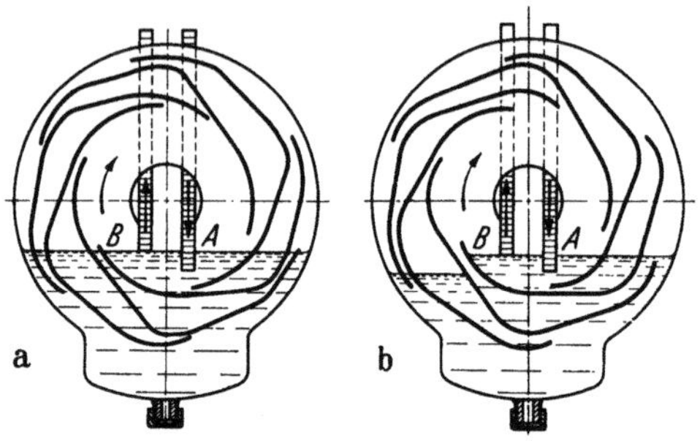


Abb. 52. Gegendrucktrommelzähler von Siemens & Halske.
*A* Zuflußleitung; *B* Entlüftungskanal.

**Durchflußkraftstoffmesser.** Abb. 52a und b zeigt einen Gegendrucktrommelzähler von Siemens & Halske. Er eignet sich besonders zur Überwachung des Brennstoffverbrauchs bei Dauerläufen. Für genaue Ermittlungen kann er den Stichprobenmesser nicht ersetzen. Er ist besonders geeignet für Betriebsstoffe, die sehr zäh sind, z. B. für Öle. Außerdem mißt er auch noch kleine Mengen, die bei kleinem Verbrauch der Versuchsmaschine durch einen üblichen Zähler ungemessen hindurchlaufen.

Das Meßorgan des Gegendrucktrommelzählers ist eine Kammertrommel von 200 mm Dmr. aus Neusilber mit waagerechter Achse. Die 6 Kammern von je 200 cm³ Inhalt (1 Trommelumdrehung = 1 l) füllen sich von einem zentral gelegenen Verteilungsraum aus und entleeren sich durch Kanäle am Umfang in den Unterteil des Messergehäuses. In den Verteilungsraum münden unterhalb der Achse 2 Kanäle. Durch den weiten Kanal *A* (Abb. 52a) mit der tieferliegenden Mündung tritt die Flüssigkeit in den Zähler ein. Der engere Kanal *B* steht mit der Außenluft oberhalb des Vorratsbehälters in Verbindung. Er dient zur Entlüftung des Zählers und damit zur Erhaltung eines gleichbleibenden Flüssigkeitsstandes in der Meßtrommel. Beim Inbetriebsetzen des Zählers entweicht die im Zähler befindliche überschüssige Luft durch den Entlüftungskanal *B*, bis die Flüssigkeit, die durch den Kanal *A* zufließt, seine Mündung erreicht hat oder je nach dem statischen Druck in der Leitung *A* unter Verdichtung der Luftfüllung des Zählergehäuses etwas darüber gestiegen ist. Bei geschlossenem Regelventil oder bei Stillstand des Motors — entsprechend dem dargestellten Zustand — hört der Zulauf der Flüssigkeit auf. Wird das Regelventil zur Entnahme von Flüssigkeit geöffnet oder beginnt der Motor zu arbeiten, so fällt, infolge des Abfließens der Flüssigkeit, der Spiegel im Gehäuse außerhalb der Meßtrommel (Abb. 52b). Durch die dabei entstehende einseitige Belastung der Meßtrommel dreht sich diese und die Kammern füllen und entleeren sich nacheinander.

Die während des Betriebes von der Flüssigkeit mitgeführten oder durch Vergasung im Zähler entstandenen Gasmengen werden durch den Entlüftungskanal abgeleitet, so daß das Luftpolster nie über einen bestimmten Druck kommen kann. Findet umgekehrt eine Absorption der eingeschlossenen Luft durch den durchfließenden Brennstoff statt, so würde der Flüssigkeitsspiegel über das zulässige Maß ansteigen und auf diese Weise Fehlmessungen bewirken. Dies wird verhindert durch eine in den Zuflußkanal eingebaute und von einem Schwimmer betätigte Drosselklappe. Steigt die Flüssigkeit im Innern der Trommel, so hebt sich der Schwimmer und sperrt den Zufluß. Da aber ein Abfluß stattfindet, so wird durch den Kanal *B* Luft angesaugt und das Luftpolster vergrößert sich selbsttätig. Der Schwimmer sinkt darauf und der Zufluß wird freigegeben.

## II. Messung nach Gewicht.

Grundsätzlich kann die gewichtsmäßige Verbrauchsmessung in derselben Weise erfolgen wie beim Junkers-Kalorimeter (s. S. 10). Der Meßbehälter steht auf einer Tafelwaage. Das darin befindliche Brennstoffgewicht wird abgewogen, dann der Zuflußhahn vom Hochbehälter abgesperrt. Ein Gewichtsteil, z. B. 50 g, wird von der Waage abgenommen und dann die Zeit ermittelt, bis der Behälter so weit leer geworden ist, daß die Waage durch den Nullpunkt geht.

Auf diesem Grundsatz beruht die selbsttätige Wiegeeinrichtung nach Abb. 53, die im Meßvorgang dem volumetrischen Verfahren mit geschlossenem Gefäß entspricht. Auf dem Tisch einer Neigungswaage steht der Waagenbehälter *a*. Über diesem ist ein zweiter Behälter *b* feststehend angeordnet und durch einen biegsamen Schlauch *c* mit dem Waagenbehälter verbunden. Beide Behälter sind an eine Benzinleitung *L*, die von dem Lagerbehälter zum Motor führt, angeschlossen. Zwischen den Verbindungsleitungen *d* und *f*, von denen die erstere leicht biegsam ist, ist in der Leitung *L* ein Schnellschlußrohrschalter *H* angeordnet. Der Waagenbehälter *a* ist mit Benzin nahezu gefüllt. Über dem Benzinspiegel, in Schlauch *c* und im Behälter *b* befindet sich Luft von geringem Druck, der der Flüssigkeitssäule in der Leitung *L* das Gleichgewicht hält. Ist der Schalter *H* geöffnet, so fließt der Brennstoff vom Lagerbehälter unmittelbar zum Motor. Wird *H* geschlossen, so wird der Motor aus dem Waagenbehälter gespeist. Der Benzinspiegel im Waagenbehälter sinkt, der freiwerdende Raum wird von der nachdrängenden Luftblase eingenommen und in den oberen Behälter *b* strömt Benzin nach. Bevor *b* bis zum Überlauf *e* gefüllt ist, wird Schalter *H* geöffnet und der Anfangszustand in den beiden Behältern stellt sich wieder her, d. h. Behälter *a* füllt sich, Behälter *b* entleert sich. Wird *H* versehentlich zu spät geöffnet, dann fließt der Brennstoff durch die Leitung *c* nach dem Waagenbehälter, wodurch ein Stehenbleiben des Motors vermieden wird. Die Behältergrößen sind so gewählt, daß der obere Behälter überläuft, bevor der Waagenbehälter leer ist.

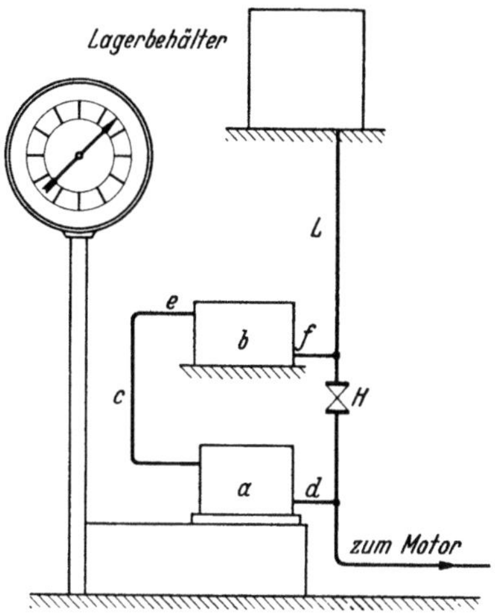


Abb. 53. Gewichtsmäßige Bestimmung des Brennstoffverbrauchs.
*a* Waagenbehälter; *b* Behälter; *c* biegsamer Schlauch; *d*, *f* Verbindungsleitungen; *e* Überlauf; *H* Schnellschlußrohrschalter; *L* Benzinleitung.

Während des Absinkens des Brennstoffspiegels im Behälter *a* wird die Messung durch Stoppen eines bestimmten Zeigerausschlags der Waage gemessen. Dies kann auch selbsttätig dadurch erfolgen, daß die Waage einen Zeiger erhält, der durch Elektromagnete beim Schließen eines Stromkreises von der Zeigerwelle der Waage mitgenommen und beim Öffnen des Stromkreises von der Zeigerwelle gelöst wird und ohne Verschleppung stehenbleibt, oder durch Betätigen elektrischer Schalteinrichtungen für die Stoppuhr durch den Zeiger selbst.

Bei Anwendung all dieser elektrischen Schalteinrichtungen für die Verbrauchsmessung leichtflüchtiger Brennstoffe ist schlagwettersichere Abdichtung aller Stellen, an denen Trennfunken entstehen, Voraussetzung.

## B. Schmierölverbrauch.

Die Messung der Schmierölmenge, die fast ausschließlich mit Waagen nach Abb. 54 vorgenommen wird, hat zwei Aufgaben zu erfüllen, die Messung des Ölverbrauchs, die sich über längere Zeit erstreckt, und die Messung des Ölumlaufs in der Zeiteinheit.

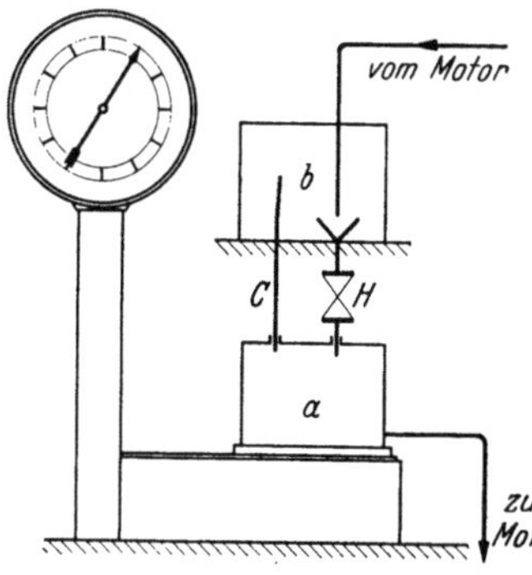


Abb. 54. Gewichtsmäßige Bestimmung der Schmierölumlaufmenge.
*a*, *b* Ölbehälter; *c* Leitung; *H* Hahn.

Der Ölverbrauch wird durch Ablesen des Waagengewichts zu Anfang und zu Ende eines Motorlaufs von bestimmter Dauer festgestellt. Die Ölpumpe des Motors entnimmt dem Ölbehälter mehr Öl, als der Motor verbraucht. Der Ölüberschuß (Umlauföl) gelangt zum Ölbehälter zurück. Da der Ölinhalt des Motors selbst im Verlauf längeren gleichmäßigen Betriebs gleichbleibt, ist der Unterschied im Waagengewicht zu Anfang und Ende des Laufs mit dem Verbrauch gleichbedeutend. Bei Motoren, die keinen äußeren Ölumlauf besitzen, wird der Verbrauch dadurch festgestellt, daß entweder vor dem Lauf das einzufüllende und nach dem Lauf das abgelassene abgekühlte Öl gewogen oder der Ölinhalt nach einer Standmarke durch abgewogene oder abgemessene Frischölmengen genau ergänzt wird.

Die Ölumlaufmenge kann zugleich mit der Verbrauchsmessung mit der Behälteranordnung nach Abb. 54 bestimmt werden.

Auf der Waage steht der Behälter *a*, darüber ein zweiter feststehender Behälter *b*. Die Ölpumpe drückt das überschüssige Öl zurück in den Behälter *b*. Ist der Hahn *H* geöffnet, dann gelangt das Öl, da die Druckleitung über einem Trichter mündet, sofort wieder zurück in den Behälter *a*. In dieser Stellung wird mit der Abnahme der Ölmenge im Waagenbehälter der Verbrauch über eine längere Zeit gemessen. Wird der Hahn *H* jedoch geschlossen, dann bleibt das Öl im oberen Behälter, füllt diesen an und fließt durch das Überlaufrohr *c* nach *a* zurück, wenn der Hahn *H* nicht rechtzeitig geöffnet wird. Auf diese Weise wird mit der Abnahme der Ölmenge im Waagenbehälter der Ölumlauf in einer bestimmten kurzen Meßzeit gemessen.

# 3. Messung der Ansaugluftmenge.

Zur Beurteilung der Verbrennungsvorgänge im Motor muß außer dem verbrauchten Brennstoff die angesaugte Luftmenge gemessen werden.

Bei der Bestimmung von Durchflußmengen bei Gasen mittels der nachstehend aufgeführten Stau- und Drosselgeräte, Schwimmermesser und Tauchglocken ist das Vorhandensein einer möglichst gleichmäßigen Strömung Grundbedingung.

Die Luft strömt dem Motor, insbesondere bei einzylindrigen Maschinen, nicht gleichmäßig zu. Die auftretende Pulsation kann [nach Messungen am Motor (*312*)] Fehler bis zu 30 vH zur Folge haben.

Bis heute sind Geräte, die diese Fehler ausschalten, nicht bekannt. Man ist vielmehr darauf angewiesen, besondere Maßnahmen im Versuchsaufbau zur Verkleinerung der Fehler zu wählen und die noch mögliche Fehlergröße abzuschätzen.

Die wichtigsten Meßeinrichtungen, wie sie für gleichmäßige Strömung benützt werden, sind folgende.

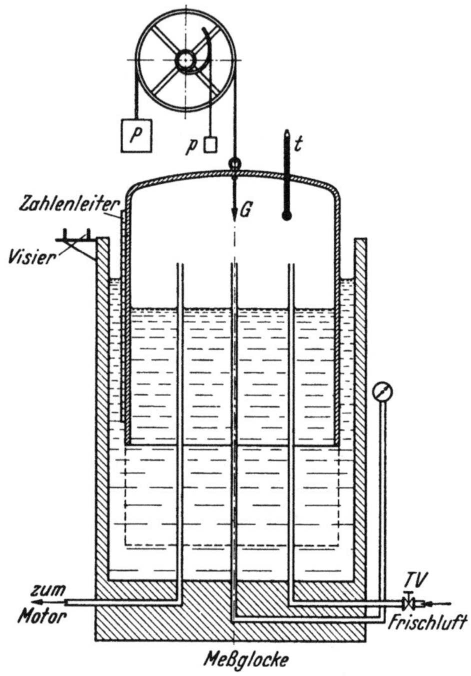


Abb. 55. Meßglocke.
*G* Gegengewicht; *P* Übergewicht; *p* Zusatzgewicht; *t* Thermometer.

## I. Volumetrische Messung.

Bei der Volumenmessung kann mit Unterbrechung oder fortlaufend gearbeitet werden. Im ersteren Fall entnimmt der Motor die angesaugte Luftmenge einer Tauchglocke (Abb. 55). Der Absinkweg der Glocke ist bei gleichbleibendem Durchmesser ein Maß für die entnommene Luftmenge. Am Umfang angebrachte Meßmarken gestatten das Ablesen des Wegs. Bei Meßbetrieb ist der an der Meßglocke angebrachte Rohrschalter *TV* geschlossen. Die Ansaugluft wird dann der Tauchglocke entnommen, die sich verhältnisgleich der abgesaugten Menge senkt. Die in der Zeiteinheit benötigte Luftmenge wird durch Beobachtung der Meßmarken unter Zuhilfenahme einer Stoppuhr festgestellt. Nach Beendigung des Meßvorgangs wird der Rohrschalter *TV* geöffnet, so daß die Luft frei durch die Glocke strömen kann.

Zwischen der Glocke und dem Gegengewicht besteht ein Gewichtsausgleich derart, daß die Reibungswiderstände in den Seilrollen und Glockenführungsrollen durch ein entsprechendes kleines Übergewicht der Glocke ausgeglichen sind, zum Teil auch derart, daß die Strömungswiderstände in den Leitungen bis zum Motor durch einen entsprechenden Überdruck in der Glocke zusätzlich ausgeglichen werden; dann muß nach Beendigung der Messung die Glocke wieder hochgezogen werden, damit sie sich mit Luft füllt.

Bei Durchführung von Messungen, die hohe Genauigkeit erfordern (z. B. auch Eichung von Durchflußgeräten, Staurändern, Düsen) muß der Druck der Luft unter der Glocke unabhängig von ihrer Eintauchtiefe sein, d. h. zwischen dem Übergewicht *G* der Glocke einerseits und dem Druck nach oben, vermehrt um den Auftrieb aus der Eintauchtiefe des Glockenrands andererseits, muß bei jeder Tauchtiefe Gleichgewicht bestehen. Dies wird durch Anbau eines an einem veränderlichen Hebelarm angreifenden Zusatzgewichtes *p* erreicht. Die gesetzmäßigen Zusammenhänge des Einflusses der Eintauchtiefe sind von Gramberg (*177*) erläutert.

Die Einrichtung kann zu selbsttätiger Wirkung ausgebaut werden. Eines der Gegengewichte wird unter entsprechender Vergrößerung der anderen Gegengewichte durch einen Wasserbehälter ersetzt, der durch mechanisch gesteuerte Ventile gefüllt und entleert wird. Geht die Glocke nach unten, so wird beim Hochgehen des Behälters kurz vor Erreichung der Endstellung ein Membranventil geöffnet, durch das Wasser dem Behälter zufließt. Wenn der Wasserbehälter annähernd voll ist, zieht er infolge eintretenden Übergewichtes die Glocke hoch. Gleichzeitig wird der Rohrschalter *TV* geöffnet. Damit füllt sich die Glocke mit Luft. Wenn der Wasserbehälter genügend tief gesunken ist, wird ein im Boden des Behälters eingebautes Membranventil aufgestoßen. Nach Auslaufen des Wassers erhält die Glocke wieder das Übergewicht und beginnt nach gleichzeitigem Schließen des Rohrschalters entsprechend dem Luftbedarf des Motors abzusinken.

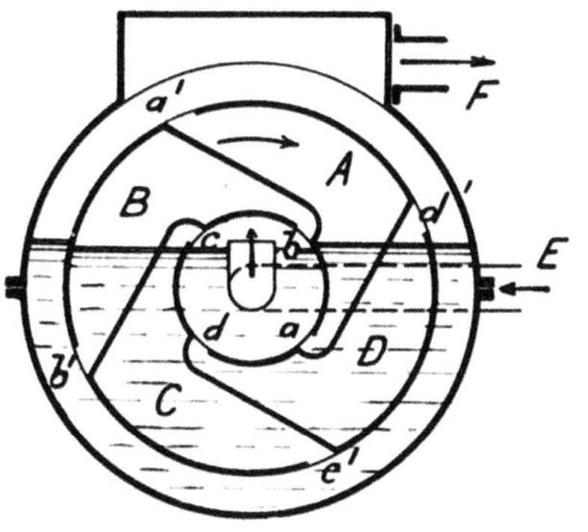


Abb. 56.
Schema eines nassen Gasmessers (*185*).
*E* Wassereintritt; *F* Wasseraustritt; *A, B, C, D* Meßkammern; *a', b', c', d'* Überlaufschlitze; *a, b, c, d* Eintrittsschlitze.

Der fortlaufenden Volumenmessung dienen die Trommelmesser und Drehkolbengasmesser. Beim Trommelmesser (nasser Gasmesser) sind in einem Trommelgehäuse (Abb. 56) 4 Kammern *A*, *B*, *C*, *D* mit zweckentsprechend geformten Trennwänden untergebracht. Die untere Hälfte der Trommel ist mit Wasser gefüllt, so daß die Schlitze *a, b, c, d* bzw. *a', b', c', d'* beim Drehen der Trommel nacheinander frei werden. Das Gas tritt an der Trommelachse in die innere Ringkammer ein und gelangt beim Austauchen der Steuerschlitze *a, b, c, d* in die Kammern *A, B, C, D* und von dort durch die Schlitze *a', b', c'* und *d'* über den Sammelraum zur Abflußleitung *F*. Der für die Drehung der Trommel erforderliche Druck beträgt 2—3 mm WS. An die Trommelachse ist ein Zählwerk angeschlossen, dessen Zahlenangaben ein Maß für den Volumendurchfluß darstellen.

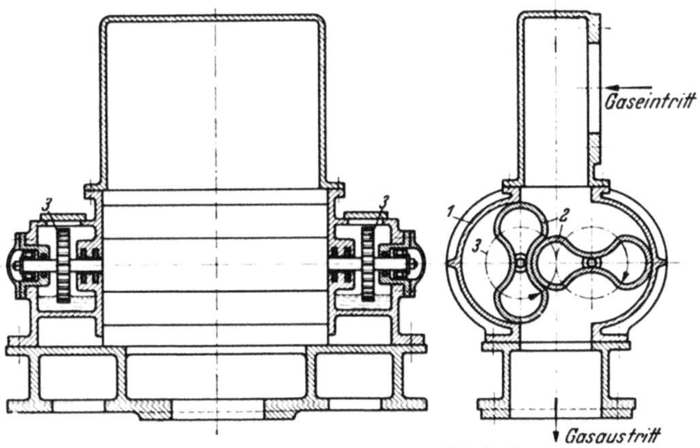


Abb. 57. Drehkolbengasmesser von Pintsch.
*1* Gehäuse; *2* Drehkolben; *3* Rädergetriebe.

Der Hochdruck-Drehkolbengasmesser von Pintsch (Abb. 57) (trockener Gasmesser) ist wegen seiner geringen Abmessungen, seiner Eichfähigkeit und der Unabhängigkeit der Messung vom Zustande des Gases zur Messung großer Luftmengen auch unter Überdruck geeignet.

Der Messer besteht aus dem Gehäuse (*1*), den Drehkolben (*2*), den Rädergetrieben (*3*), dem Zählwerk und dem Zählwerksgetriebe. Der Meßraum wird durch die Wandungen des Gehäuses und der Drehkolben begrenzt. Die Luft tritt durch die eine der beiden Gehäuseöffnungen in den Kolbenraum ein, setzt die Drehkolben in Bewegung und verläßt mit einem gewissen Druckverlust den Messer durch die andere Gehäuseöffnung. Die beiden Kolben sind durch die Rädergetriebe 3 zwangsläufig gesteuert. Das angebaute Zählwerk gibt die durch den Messer strömende Gasmenge nach Eichung unmittelbar an. Der Druckverlust beträgt 5—10 mm WS.

Abb. 58. Drehkolbengasmesser mit einer stündlichen Leistung von 9000 m³. Der rechtsstehende, viel größere Trommelgasmesser leistet 2000 m³/h.

Der bauliche Vorteil des schnellaufenden Drehkolbengasmessers gegenüber einem Trommelmesser ist aus Abb. 58 ersichtlich.

## II. Durchflußmessung.

Die Durchflußmessung erfolgt mit Staugeräten in Verbindung mit hydrostatischen Meßgeräten.

Der Motor entnimmt seinen Luftbedarf einer Meßleitung, in die für Fälle geringer Strömungsgeschwindigkeit Drosselgeräte eingebaut sind, die den für die Meßgeräte erforderlichen Druckunterschied herstellen. Beim Durchgang durch die Drosselstelle wird die strömende Luft beschleunigt. Damit nimmt der Anteil des dynamischen Druckes zu, der des statischen Druckes nimmt, da der Gesamtdruck gleich bleibt, ab. Der statische Druckabfall wächst angenähert mit dem Quadrat der Durchflußmenge. Dieser Wirkdruck wird in U-Röhren oder entsprechenden Feinmeßgeräten gemessen (Abb. 59).

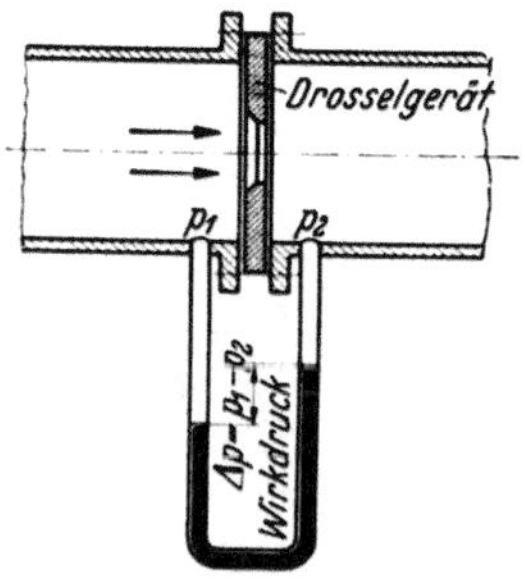


Abb. 59. Anordnung des Drosselgerätes und des Wirkdruckmessers in einer Rohrleitung.

Als Drosselgeräte für die Herstellung des Wirkdrucks werden Blenden, Düsen, Venturi-Einsätze, Venturi-Rohre oder Prandtlsche Staurohre benützt.

Die Blende DIN 1930 ist eine Scheibe mit mittiger Bohrung (Abb. 60). Sie wird in eine Meßleitung eingesetzt, deren Länge gleich dem 5—10fachen lichten Leitungsdurchmesser sein muß, damit die Strömung hinreichend gleichmäßig durch das Staugerät gelangt. Die Entnahme des Wirkdruckes geschieht nahe vor und hinter der Blende, wobei für einfachere Messungen je eine seitliche Druckentnahmebohrung genügt. Für genauere Messungen ist die Ausführung mit eingedrehter Ringkammer und Druckentnahme aus den Ringkammern erforderlich (Abb. 61). Die in der Abbildung angegebenen Abmessungsverhältnisse sind für die Meßgenauigkeit wichtig. Über das Durchmesserverhältnis $\frac{d}{D}$ sind weiter unten nähere Ausführungen gemacht.

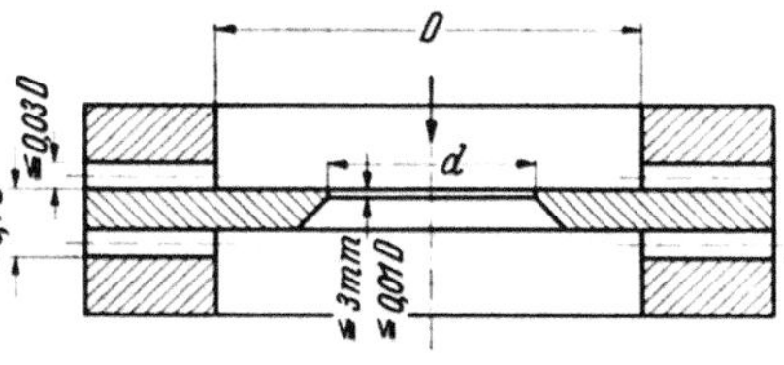


Abb. 60. Blende DIN 1930 [nach Ruppel (63)].
*d* Durchmesser des Blendendurchflusses; *D* Leitungsdurchmesser.

Die Düse DIN 1930 (Abb. 62) zeigt an ihrem Einlauf gut abgerundete Führung. Die Abweichungen der Durchflußzahlen (Abb. 66) sind bei der Düse kleiner (± 0,5%) als beim Stauring, ferner sind diese von der wechselnden Rauhigkeitswirkung verschiedener Rohrdurchmesser unabhängig. Aus diesem Grund ist die Düse für genauere Messungen und Abnahmeversuche besonders geeignet.

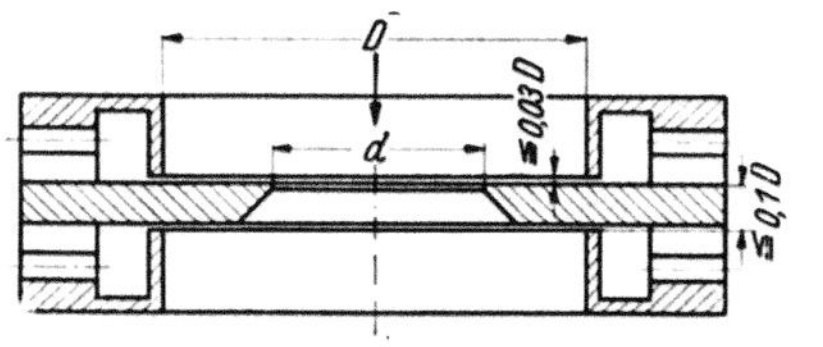


Abb. 61. Blende mit eingedrehten Ringkammern und Druckentnahme aus den Ringkammern (388).
*d* Durchmesser des Blendendurchflusses; *D* Leitungsdurchmesser.

Das Venturi-Rohr (Abb. 63) hat hinter dem engsten Querschnitt, in welchem der niedere Druck entnommen wird, ein in den normalen Rohrdurchmesser übergehendes schlankes Erweiterungsstück. Hierdurch wird die Rückgewinnung der Geschwindigkeitsenergie in Druckenergie, die stets unter Verlusten vor sich geht, verbessert. Damit die Ablösung der Strömung vermieden wird, darf die im Durchmesser gemessene Erweiterung das Maß 1:10 nicht überschreiten. Dadurch sind erhebliche Baulängen bedingt. Um diese zu vermeiden, begnügt man sich auch mit abgekürzten Venturi-Rohren, den Venturi-Einsätzen (Abb. 64), wobei auf einen Teil des Druckrückgewinnes verzichtet wird.

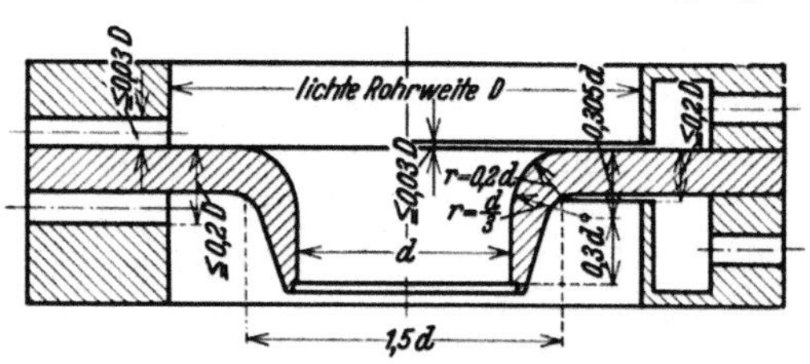


Abb. 62. Deutsche Normdüse 1930 [nach Ruppel (62)].

**Durchflußgleichungen.** Der Wirkdruck $\Delta p = p_1 - p_2$ als Druckunterschied vor und hinter dem Drosselgerät dient zur Steigerung der Geschwindigkeit an der Drosselstelle. Demnach gilt (*318*)

$$\Delta p = p_1 - p_2 = \frac{\gamma}{2g}(w_2 - w_1)^2 \text{ kg/m}^2.$$

Hierbei ist $p_1$ und $p_2$ der absolute statische Druck vor bzw. hinter der Drosselstelle (kg/m²),
$w_1$ und $w_2$ die Geschwindigkeit am freien und gedrosselten Querschnitt (m/s),
$\gamma$ das gleichbleibend angenommene verhältige Gewicht (kg/m³),
$g$ die Erdbeschleunigung (m/s²).

Unter Berücksichtigung des in gleichen Zeiten gleichbleibenden Durchflusses $Q$ erhält man

$$Q = w_1 \cdot F_1 = w_2 \cdot F_2.$$

Unter Einführung der Zahl $m$ für das Querschnittöffnungsverhältnis $m = \frac{F_2}{F_1}$ ergibt sich der theoretische Volumendurchfluß zu

$$Q = \frac{1}{\sqrt{1-m^2}} \cdot F_2 \sqrt{\frac{2g}{\gamma}\,\Delta p} \quad \mathrm{m^3/s}.$$

**Der wahre Volumendurchfluß.** Durch die Trägheitskräfte kann bei scharfkantigen Blenden der Kernstrahl hinter der Düsenaustrittskante eine Einschnürung auf den Querschnitt $F_0$ erhalten (Abb. 65), so daß der engste Querschnitt, auf den sich der gemessene Druckunterschied bezieht, nicht mit dem Blendenquerschnitt übereinstimmt. Außerdem sind infolge der inneren Reibung aus der Zähigkeit und der Reibung an den Wänden die Geschwindigkeiten über dem Querschnitt ungleich verteilt.

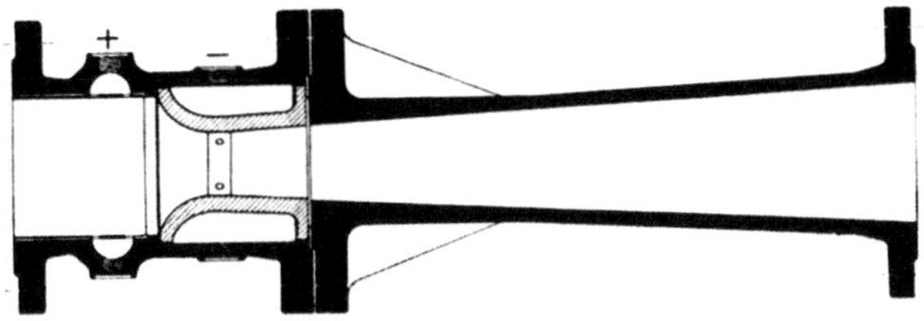

Abb. 63. Venturi-Rohr (*183*).

Man trägt den Einflüssen der Reibungs- und Trägheitswirkungen dadurch Rechnung (*6*), daß man einen erfahrungsmäßig ermittelten Beiwert $\Omega$ einführt und dann den wahren Volumendurchfluß erhält mit

$$Q = \frac{\Omega}{\sqrt{1-m^2}} \cdot F_2 \cdot \sqrt{\frac{2g}{\gamma}(p_1 - p_2)} \quad \mathrm{m^3/s}.$$

Der Gewichtsdurchfluß ist dann, da $G = Q \cdot \gamma$ ist,

$$G = \frac{\Omega}{\sqrt{1-m^2}} \cdot F_2 \cdot \sqrt{2g \cdot (p_1 - p_2) \cdot \gamma} \quad \mathrm{kg/s}.$$

An Stelle von

$$\frac{\Omega}{\sqrt{1-m^2}}$$

setzt man die Durchflußzahl $\alpha$. Diese bzw. $\Omega$ sollten bei praktischen Messungen mit ein und demselben Drosselgerät möglichst gleich sein.

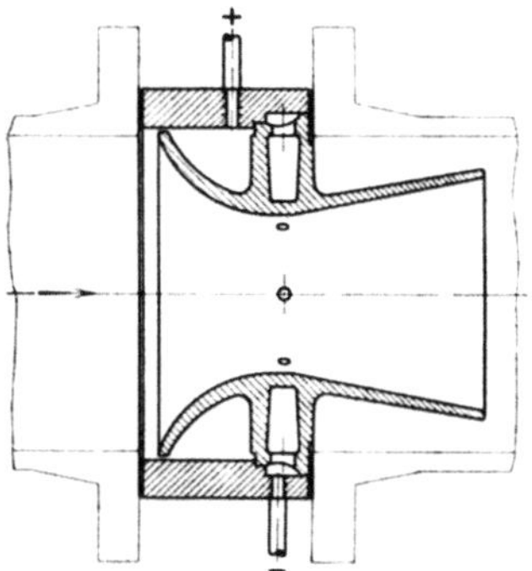

Abb. 64. Venturi-Einsatz (*184*).

Die beiden Werte hängen vom Öffnungsverhältnis $m$ des Drosselgerätes ab. $\Omega$ hängt ferner von den Reibungs- und Trägheitskräften, d. h. von der Reynoldsschen Zahl ab, die versuchsmäßig zu ermitteln ist. Unter Berücksichtigung der geometrischen Ähnlichkeit erhält man, wenn

$w_2$ die Luftgeschwindigkeit, bezogen auf die Durchflußöffnung $d$ (m/s),
$d$ der Durchmesser des Blendendurchflusses (m),
$\nu$ die kinematische Zähigkeit ($\mathrm{m^2 \cdot s^{-1}}$) ist,

die Reynoldssche Zahl (*396*) zu

$$R = \frac{w_2 \cdot d}{\nu}.$$

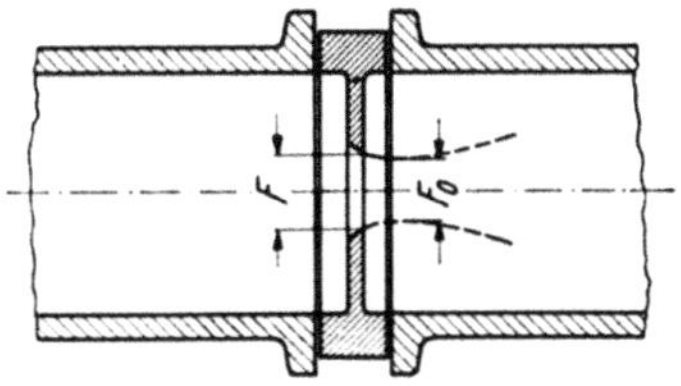

Abb. 65. Einschnüren der Strömung hinter der Blende.

Als Mittelwert für die kinematische Zähigkeit der Luft gilt $\nu = {}^1/_7 \cdot 10^{-4}\ \mathrm{m^2/s}$.

Die Reynoldssche Zahl $R$ bedeutet das Verhältnis der Trägheitskräfte zu den Zähigkeitskräften.

Die Zahl $R$ besagt ferner, daß für ein gleichbleibendes Durchmesserverhältnis

$$m = \frac{F_2}{F_1} = \left(\frac{d}{D}\right)^2$$

dieselbe Durchflußzahl $\alpha$ gilt, wenn für ein und dasselbe Medium $d \cdot w$ gleichbleibend ist.

Versuche (222) hierüber haben gezeigt, daß die Durchflußzahlen in weiten Grenzen von der Reynoldsschen Zahl unabhängig sind, und daß erst bei kleinen Werten von $R$ eine starke Änderung von $\alpha$ vorliegt, also bei kleinen Geschwindigkeiten, kleinen Rohrdurchmessern oder Flüssigkeiten großer Zähigkeit. Aus diesem Grund bedarf es bei Versuchen mit kleinem $R$ stets einer Nachprüfung von $\alpha$, damit nicht im „kritischen" Gebiet gemessen wird.

In Abb. 66 sind die Durchflußzahlen der Normdüsen und Normblenden über dem Öffnungsverhältnis

$$m = \left(\frac{d}{D}\right)^2$$

aufgetragen. Die Werte gelten, solange man die Zusammendrückbarkeit und den Einfluß von Zähigkeit und Trägheitskräften vernachlässigen kann, also vor allem im überkritischen Gebiet.

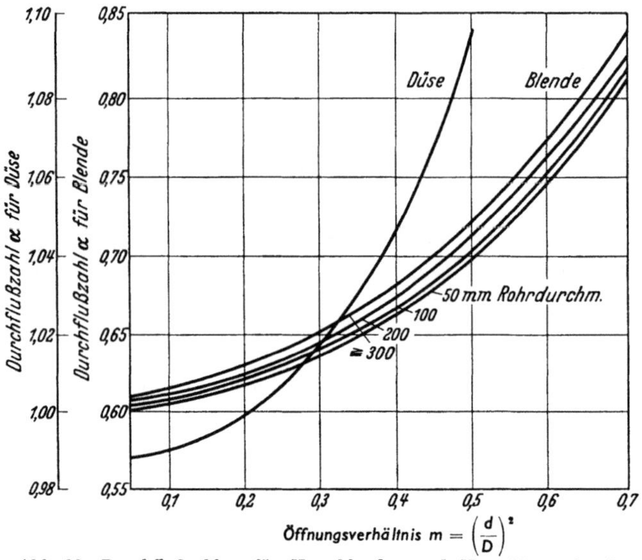


Abb. 66. Durchflußzahlen für Normblenden und Normdüsen [nach Ruppel (64)].

Für die Normblende liegt die (kritische) Grenze bei $R = 0{,}25 \cdot 10^6 \cdot m$, bei der Düse entsprechend ihrer günstigeren Wirkung etwas höher.

**Volumenrechnung.** Zur Umrechnung eines Luft- oder Gasvolumens von einem Meßzustand auf einen anderen benützt man nachstehende Beziehung.

Beträgt der Volumendurchfluß $Q_0$ beim Absolutdruck $p_0$ und der Absoluttemperatur $T_0$ und sucht man das Volumen $Q_n$ in einem Zustand $p_n$ und $T_n$, dann ist

$$\frac{Q_n}{Q_0} = \frac{p_0 \cdot T_n}{p_n \cdot T_0}.$$

Die Gleichung gilt auch für feuchte Gase, wenn der in ihnen enthaltene Wasserdampf als vollkommenes Gas behandelt werden kann. Wünscht man jedoch nur den trockenen Gasanteil im Normalzustand $p_n$ $T_n$ zu erhalten, so ist

$$Q_{n_{tr}} = Q_0 \frac{(p_0 - p_{\alpha 0})}{(p_n - p_{\alpha n})},$$

worin $p_{\alpha 0}$ und $p_{\alpha n}$ die Teildrücke des Wasserdampfes in den Zuständen 0 und $n$ sind. Eine Änderung des verhältigen Gewichtes durch eine andere Gaszusammensetzung hat auf diese Umrechnung keinen Einfluß. Wird die Luftmenge aus dem Rohrquerschnitt und der Geschwindigkeit bestimmt, so bedient man sich des Staurohrs nach Abb. 67.

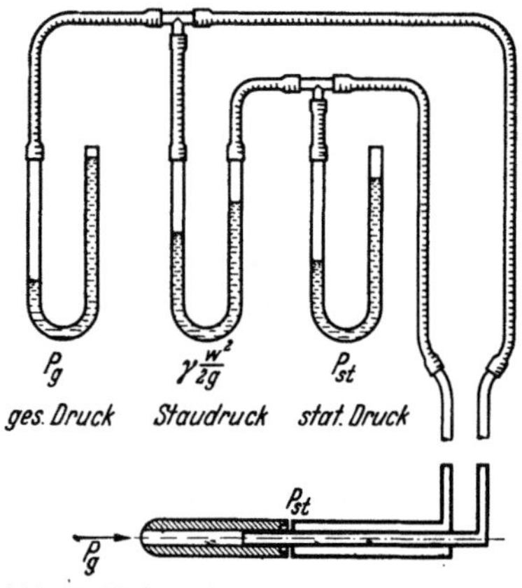


Abb. 67. Meßanordnung beim Prandtlschen Staurohr.

**Das Prandtlsche Staurohr.** Auf den halbkugeligen Düsenkopf wirkt vorne der Gesamtdruck, der sich aus dem statischen Druck der strömenden Luft und dem dynamischen oder Staudruck zusammensetzt, während auf den Ringspalt des Düsenmantels der statische Druck allein wirkt.

Der statische Druck ist der innere Druck eines strömenden Gases, also der Druck, den ein im Gas mit gleicher Geschwindigkeit mitbewegtes Meßgerät anzeigen würde. Der Staudruck ist die über den statischen Druck hinausgehende größte Drucksteigerung, die in einem strömenden Gas vor dem Mittelpunkt eines Hindernisses, also an der Stelle, wo Teile des Gases durch den Stau zur Ruhe gekommen sind, auftritt und mit dem Druck gleichbleibend ist, der zur Beschleunigung des Gases aus dem Ruhezustand auf die betreffende Geschwindigkeit erforderlich ist.

Demnach gilt für den Staudruck

$$h = \frac{w^2 \cdot \gamma}{2 \cdot g} = w^2 \frac{\varrho}{2},$$

wenn $\varrho = \frac{\gamma}{g}$ die Luftdichte ist.

Die sekundliche Durchflußmenge ist

$$Q = \alpha \cdot F \sqrt{\frac{2\,g\,h}{\gamma}} \quad \mathrm{m^3/s},$$

wenn die Geschwindigkeit über dem Querschnitt $F$ gleich ist.

Wenn man nach Abb. 67 die am Staurohr auftretenden Drücke auf die Schenkel eines U-Manometers überträgt, so gelangt der Unterschied beider, also der gesuchte Staudruck $(p_1 - p_2)$ unmittelbar zur Anzeige. Demnach ist der Beiwert des Prandtlschen Staurohrs

$$\alpha = 1{,}00.$$

Zur Feststellung der mittleren Geschwindigkeit $w$ wird der gesamte Querschnitt in eine Anzahl flächengleicher Stücke zerlegt und in deren Mitten durch entsprechendes Ansetzen des Staurohres die Geschwindigkeit ermittelt.

Das algebraische Mittel aus den Messungen stellt die mittlere Geschwindigkeit über dem Querschnitt dar. Der endgültige Einbau des Staurohrs erfolgt dann an einer Stelle, an der diese mittlere Geschwindigkeit herrscht.

Für Fälle, in denen dieses Vorgehen, z. B. bei engen Leitungen, Schwierigkeiten bereitet, empfiehlt sich axialer Einbau in die Rohrleitungsmitte. Für diesen Fall gilt die ungefähre Beziehung

$$Q = 0{,}84 \cdot \alpha F \sqrt{\frac{2\,g\,h}{\gamma}} \quad \mathrm{m^3/s}.$$

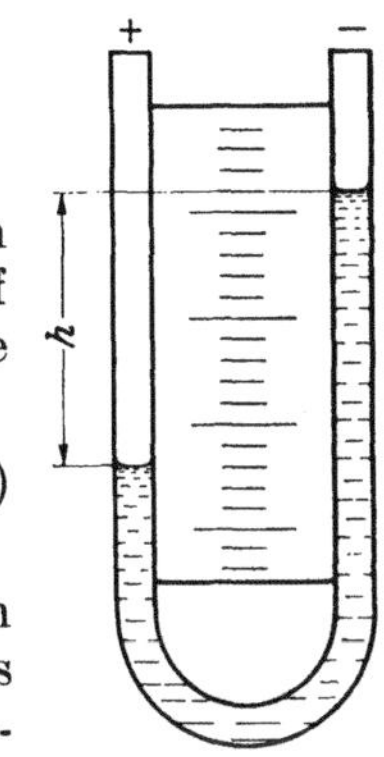

Abb. 68. U-Rohr [nach Ruppel (65)].

**Messung des Wirkdruckes.** Die Messung von Gas- oder Luftdrucken nimmt nicht nur für die vorbeschriebenen Zwecke, sondern allgemein auf dem Gebiet der Untersuchung von Fahrzeugen und Motoren eine wichtige Stellung ein.

Die zur Messung des Wirkdruckes verwendeten Druckmesser (Manometer) beruhen im wesentlichen auf folgenden Grundverfahren:

Der Druck wirkt auf Flüssigkeitssäulen, deren Höhe unmittelbar abgelesen wird (Flüssigkeitsmanometer), oder der Wirkdruck steuert mittels Schwimmers oder Membrane auf mechanischem oder elektrischem Weg Zeiger- oder Schreibeinrichtungen (Zeigergeräte), oder es wird dem zu messenden Druck ein auf gleiche Höhe einstellbarer und meßbarer Gegendruck entgegengestellt (Gegendruckgeräte).

*Flüssigkeitsmanometer.* Das U-Rohr (Abb. 68) ist das einfachste Flüssigkeitsmanometer.

Die beiden Enden werden mit den beiden Druckräumen, deren Druckunterschied zu messen ist, verbunden. Die Druckhöhe $h \cdot \gamma$ zwischen den beiden Flüssigkeitsspiegeln hält mit dem zu messenden Druckunterschied, unter Vernachlässigung des Gewichtes der über dem kurzen Schenkel stehenden Luftsäule von der Höhe $h$, das Gleichgewicht. Demnach ist

$$\Delta\, p = \gamma \cdot h,$$

worin $\Delta\, p$ = Druckunterschied (kg/m²),
$\gamma$ = verhältiges Gewicht der Flüssigkeit (g/cm³),
$h$ = Höhenunterschied am U-Rohr (mm).
$\Delta\, p$ wird vielfach in mm Wassersäule angegeben (1 kg/m² = 1 mm Wassersäule).

Als Sperrflüssigkeit wird meistens Quecksilber, Wasser oder Alkohol, je nach der Größe der zu messenden Druckunterschiede und nach der verlangten Meß- und Ablesegenauigkeit, verwandt.

Die Verhältnisgewichte einiger Sperrflüssigkeiten bei 20° C sind:

| | | | |
|---|---|---|---|
| Toluol | 0,864 gr/cm³ | Äthylenbromid ($C_2H_4Br_2$) | 2,174 gr/cm³ |
| Reiner Alkohol | 0,791 gr/cm³ | Bromoform ($C_4Br_3$) (giftig) | 2,903 gr/cm³ |
| Wasser | 0,998 gr/cm³ | Quecksilber | 13,499 gr/cm³ |

Bei Durchführung von Messungen ist die Änderung des verhältigen Gewichtes mit der Temperatur zu berücksichtigen. Bei besonders hoher Meßgenauigkeit muß auch die Längenveränderung der Zahlenleiter mit der Temperatur berücksichtigt werden. Außerdem ist in diesem Fall das Vorhandensein eines Läufers mit Spiegel zur Vermeidung von Ablesefehlern zweckdienlich.

An Stelle der Spiegelablesung wird auch häufig eine Tauchspitze verwendet, die mittels Gewinde zur Berührung mit der Wölbung des Flüssigkeitsspiegels (Meniskus) gebracht wird.

Bei fest angebrachter Leiter müssen beide Flüssigkeitshöhen des U-Rohres über der Nullmarke abgelesen und voneinander abgezogen werden. Aus diesem Grund wird häufig die Leiter beweglich angeordnet, so daß der Nullpunkt zur Messung mit dem Flüssigkeitsstand des einen Schenkels in gleiche Höhe gebracht werden kann.

Eine andere Möglichkeit der Nulleinstellung ergibt sich, wenn die beiden Schenkel unten durch einen Schlauch oder eine Gummiblase verbunden werden. Durch teilweises Zusammenquetschen des Schlauches mittels Stellschrauben (Abb. 69) kann die Flüssigkeitshöhe des einen Schenkels nach Wunsch auf den Nullpunkt eingestellt werden.

Von der Möglichkeit der Erhöhung der Meßgenauigkeit durch Anwendung zweier Flüssigkeiten von wenig verschiedenem Verhältnisgewicht (z. B. Wasser und Toluol) wird, mit Rücksicht auf Umständlichkeit, Empfindlichkeit beim Auffüllen und Abgleichen der beiden Schenkel, bei Messungen an Fahrzeugmotoren nicht Gebrauch gemacht.

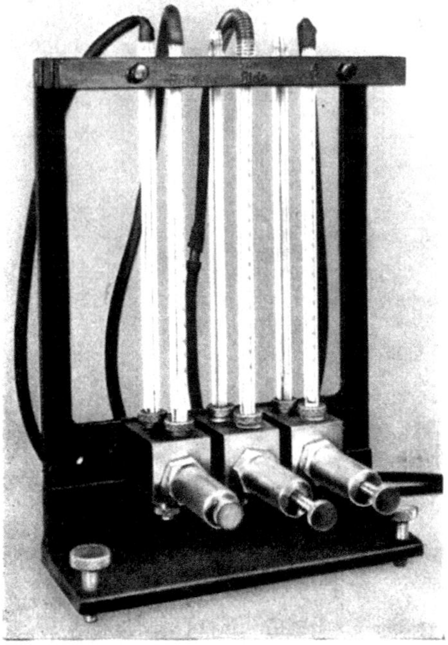

Abb. 69. Einstellung des Nullpunktes durch Zusammenquetschung des Schlauches mittels Stellschrauben (nach FKFS).

Weit einfacher erzielt man hohe Meßgenauigkeit durch Schrägstellen des Meßrohres unter einem Winkel $\alpha$ nach Abb. 70 u. 71. Dann entspricht in Abb. 70 der früheren Druckhöhe $h$ eine Leiterlänge $l = \frac{h}{\operatorname{tg}\alpha}$ und in Abb. 71 der früheren Druckhöhe $h_1$ eine Leiterlänge $l = \frac{h}{\sin\alpha}$. Die Ablesegenauigkeit ist zunächst vom Neigungswinkel $\alpha$ abhängig. Wird jedoch mit der Neigung 1:10 der Wert $\operatorname{tg}\alpha = 0{,}1$ und $\sin\alpha = 0{,}1$ unterschritten, so zeigen sich Meßfehler, die von der Formungenauigkeit des Rohres und unter Umständen vom Haften des Wassers im Rohr herrühren. Letzteres läßt sich durch Zusatz von wenig Kalilauge beheben, wobei darauf zu achten ist, daß die zugegebene Menge keine wesentliche Änderung des verhältigen Gewichts des Wassers hervorruft.

Alkohol oder Toluol als Sperrflüssigkeit ergibt noch höhere Empfindlichkeit. Alkohol hat jedoch den Nachteil, daß er Wasser aus der Luft aufnimmt und damit sein Gewicht ändert. Der Vorteil von Alkohol und Toluol als Sperrflüssigkeit liegt in deren größerer Kapillarkraft. Dadurch kann sich im geneigten Rohr der Meniskus symmetrisch zur Rohrachse ausbilden. Ein Rohrdurchmesser von mindestens 3 mm ist jedoch notwendig.

Wenn nach Abb. 71 die schrägen Steigrohre in ein Gefäß mit großem Querschnitt münden, wird der Vorteil hoher Empfindlichkeit mit dem des festen Nullpunktes vereinigt. Der feste Nullpunkt ergibt sich aus folgendem.

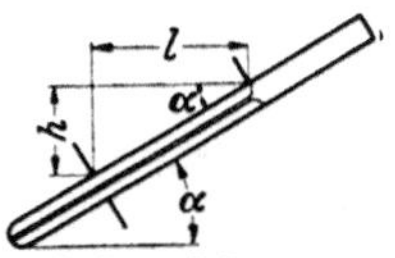


Abb. 70. Schräggestelltes Meßrohr zur Erhöhung der Meßgenauigkeit.
*h* Druckhöhe;
*l* Leiterlänge;
*α* Neigungswinkel.

Sind die beiden Oberflächen $F_1$ und $F_2$, so ist der gesamte Spiegelunterschied

$$h = h_1 + h_2,$$

wobei $h_1 = l \cdot \sin\alpha$ durch das Ansteigen der Flüssigkeit im engen Rohr gegeben ist, und $h_2 = l \cdot \frac{F_1}{F_2}$ durch das dem Flüssigkeitsfaden von der Länge $l$ entsprechende Absinken des Spiegels im weiten Gefäß. Es ist also

$$h = l \cdot \left(\sin\alpha + \frac{F_1}{F_2}\right) \quad \text{(entsprechend Abb. 71).}$$

Wählt man das Querschnittsverhältnis $\frac{F_1}{F_2}$ etwa mit $\frac{1}{1000}$ bis $\frac{1}{2000}$, so kann dies gegenüber $\sin\alpha$, beispielsweise $\sin 30° = 0{,}5$, und damit auch $h_2$ gegenüber $h_1$, vernachlässigt werden.

Da die Höhe der Flüssigkeitssäulen bei den Feindruckmessern mit geneigten Rohren nicht ausreicht, hat Prandtl (*330*) ein besonderes Gerät entwickelt, das in Abb. 72 gezeigt ist.

Mit dem zylindrisch ausgebildeten Hauptgefäß, das mit Alkohol gefüllt wird, ist ein senkrecht stehendes Glasrohr verbunden. Das Glasrohr ist durch einen ebenfalls senkrecht stehenden Maßstab gehalten, auf dem eine Einstellvorrichtung mittels Zahntrieb verschiebbar ist.

Das Ablesen der Flüssigkeitshöhe erfolgt mit Hilfe eines Hohlspiegels $S$, der ein dem Meniskus umgekehrt entsprechendes Bild abgibt. Bei der Einstellung wird der Meniskus mit seinem gespiegelten Bild zur Berührung gebracht, was mittels der Beobachtungslupe $L$ mit hoher Genauigkeit möglich ist. Die Höhe des Meniskus über dem Nullpunkt wird an der Millimeterteilung mittels einer zweiten Lupe abgelesen. Die Ablesegenauigkeit ist $^1/_{20}$ mm, der Gesamtbereich 350 mm. Bei stark schwankenden Drücken können durch Drehen des Hahnes $H$ zwischen Glasrohr und Hauptgefäß Dämpfungen in Form von Kapillarröhren von 1 mm l.W. und verschiedener Länge stufenweise eingeschaltet werden. Da als Meßflüssigkeit Alkohol verwendet wird, muß dessen verhältiges Gewicht zeitweise bestimmt werden.

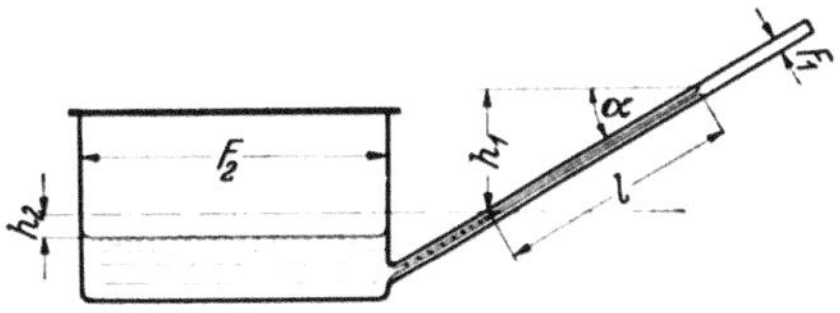


Abb. 71. Schrägrohrmanometer (*181*).
$F_1$ Fläche des Schrägrohrs; $F_2$ Oberfläche des Behälters; $h_1$ Flüssigkeitshöhe im Schrägrohr; $h_2$ verminderte Flüssigkeitshöhe im Behälter; $l$ Leiterlänge; $\alpha$ Steigungswinkel des Schrägrohrs.

*Projektionsmanometer mit Wasserfüllung nach Betz* (*116*). Um eine gewisse Temperaturunabhängigkeit zu erzielen, wird beim Projektionsmanometer nach Betz Wasser als Sperrflüssigkeit verwandt.

In das Gefäß $G$ (s. Abb. 73) ist das Steigrohr $S$ zentrisch eingesetzt. Dieses Gefäß und das Steigrohr werden an die zu messenden Drücke angeschlossen. Bei einem Überdruck im Gefäß $G$ gegenüber dem Steigrohr steigt die Flüssigkeit im Rohr $S$ so weit, bis der Spiegelunterschied die Druckdifferenz ausgleicht. Der weite Steigrohrdurchmesser von 40 mm bringt es mit sich, daß die Kapillarkräfte die Höhe des Flüssigkeitsspiegels nicht sehr beeinflussen. Trotz schlechter Kapillareigenschaften läßt sich deshalb Wasser

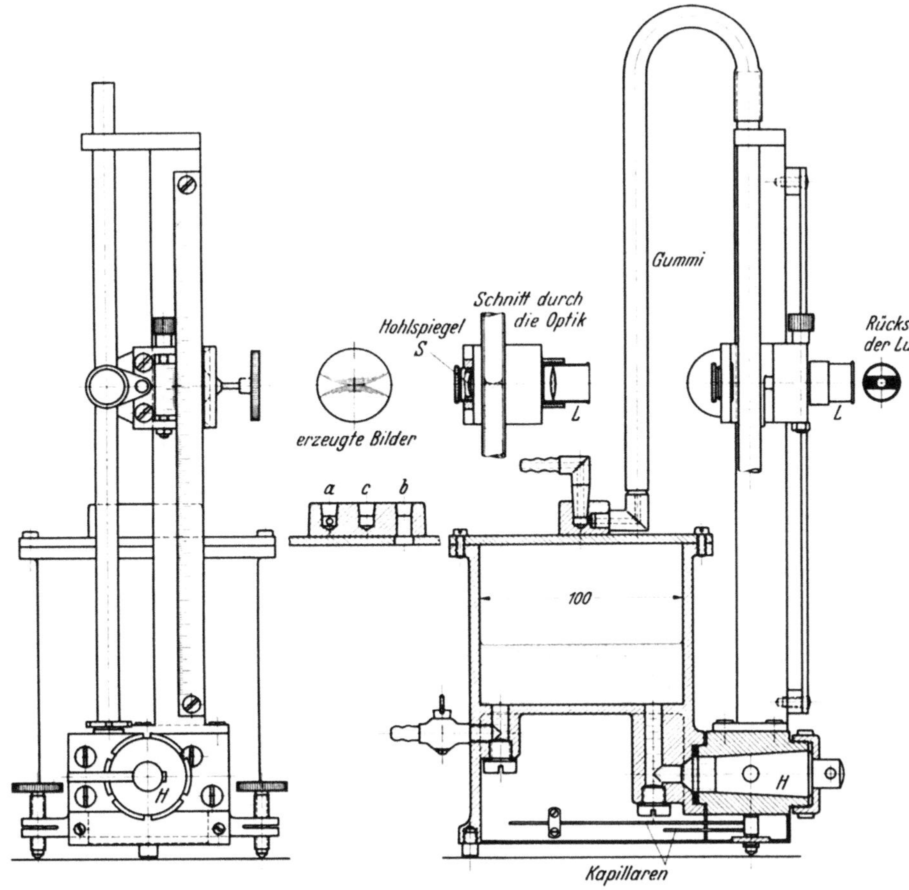


Abb. 72. Steilrohrmanometer nach Prandtl (*331*).
*a*, *b*, *c* Regelstellungen; $H$ Schalthahn; $L$ Beobachtungslupe; $S$ Hohlspiegel.

als Sperrflüssigkeit verwenden, wodurch dann eine Temperaturkorrektur für die Dichte vermieden wird. Die Messung der Höhe des Wasserspiegels im Steigrohr geschieht mit Hilfe des Schwimmers $Q$, an dem eine Glasleiter hängt. Eine Projektionseinrichtung mit einer Glühbirne als Lichtquelle wirft den entsprechenden Leiterausschnitt in 20facher Vergrößerung auf die Mattscheibe $M$, wodurch eine hinreichende Genauigkeit erzielt wird.

Damit Schwimmer und Leiter in der Achse des Rohres bleiben, ist die Glasleiter durch einen Halter $H$ geführt, in dem sie mit geringem Spiel gleitet. Diese Führung ist nahe der optischen Achse angeordnet, so daß bei geringen Schrägstellungen des Instrumentes der zur Projektion gebrachte Teil der Leiter seine genaue Einstellung zu dem optischen System beibehält.

Das am Gefäß $G$ angebrachte Rohr $R$ dient zur Aufnahme der Glasleiter. Zum Nachstellen des Nullpunktes kann man aus dem Vorratsbehälter $B$ Wasser in das Gefäß $G$ nachfüllen oder umgekehrt aus $G$ in den Behälter $B$ zurückpumpen. Der Anschluß der Schläuche an das Gerät erfolgt durch eingeschliffene Metallstöpsel.

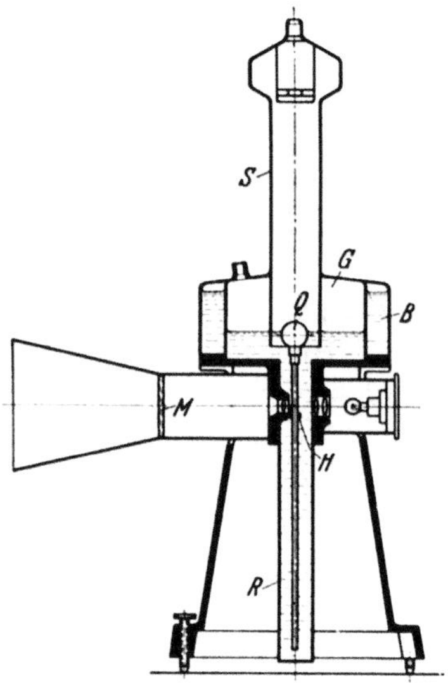


Abb. 73. Projektionsmanometer mit Wasserfüllung nach **Betz** (*116*).
$B$ Vorratsbehälter; $G$ Gefäß; $H$ Halter; $M$ Mattscheibe; $Q$ Schwimmer; $R$ Rohr an Gefäß $G$ angebracht; $S$ Steigrohr.

*Zeigerdruckmesser.* Unter den Zeigerdruckmeßgeräten sind der Federdruckmesser, das Schwimmermanometer und die Ringwaage die gebräuchlichsten.

Beim *Federdruckmeßgerät* steht dem Wirkdruck aus $p_1$ und $p_2$ der Druck einer Drahtfeder oder bei niederem Druckunterschied der einer Membranfeder gegenüber (Abb. 74). Der Federweg bzw. die Durchbiegung der Membran wird durch Übersetzungshebel auf einen Drehzeiger, der eine Leiter überstreicht, übertragen.

Für Fälle, in denen die Gegenseite des Meßglieds unter Atmosphärendruck steht, müssen zur Ablesung des Druckunterschieds von $p_1$ und $p_2$ zwei Anzeigegeräte verwendet und die sich ergebenden Beträge voneinander abgezogen werden.

Das *Schwimmermanometer* besteht nach Abb. 75 aus zwei ineinander gestellten Rohren, deren obere Enden zur Aufnahme des Schwimmers erweitert sind. Das Gerät muß so gebaut sein, daß man Änderungen der aufzuwendenden Verstellkräfte vernachlässigen kann, so daß die Eintauchtiefe des Schwimmers gleich bleibt. Der zu messende Druck wirkt in gleicher Weise wie beim Flüssigkeitsmanometer auf die Flüssigkeitssäulen in den Manometerschenkeln, wodurch die Schwimmerhöhe bestimmt ist (Abb. 76).

Die Übertragung der Schwimmerstellung auf die Zeigerwelle geschieht unmittelbar nach Abb. 75 mittels Zahnstange und Ritzel oder mittelbar nach Abb. 76 unter Zwischenschalten einer magnetischen Kupplung, die dazu dient, die Übertragung reibungsfrei zu gestalten.

Das verhältige Gewicht der Sperrflüssigkeit geht zweifach in die Messung ein, nämlich in den Unterschied des Flüssigkeitsspiegels und in die Eintauchtiefe des Schwimmers. Aus

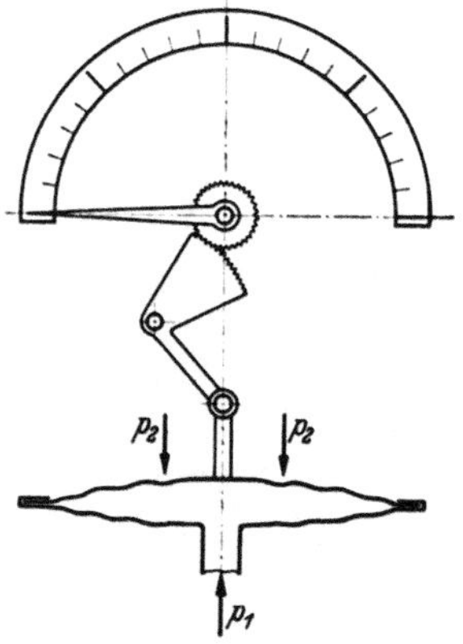


Abb. 74. Membranzug- und -druckmesser (S & H).

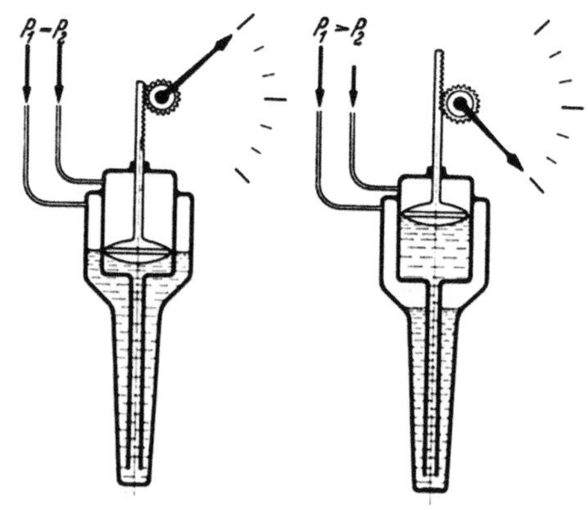


Abb. 75. Schwimmermanometer mit unmittelbarer Anzeigeübertragung durch Zahnstange (S & H).

diesen Gründen können die Schwimmerdruckmesser nur als Betriebsüberwachungsgeräte benützt werden.

Damit die Zahlenfelder in solchen Fällen nach sekundlicher Durchflußmenge eingeteilt werden können, sind die Schenkel des U-Rohres kegelig gehalten.

Die *Ringwaage* (s. Abb. 77 u. 78) besteht aus einem kreisrund gebogenen Rohr, dessen Mittelpunktsachse auf Schneiden gelagert ist. Das Rohr ist in seiner unteren Hälfte mit einer Sperrflüssigkeit gefüllt, auf die von beiden Seiten her der Druck wirkt. Dazu hat das Rohr oben eine Trennwand und Anschlüsse für weiche Gummischläuche.

Bei dem Druckunterschied $\Delta p$ wird die Flüssigkeit auf der einen Seite nach unten gedrückt, auf die Trennwand von der Fläche $f$ wirkt der Druck $\Delta p \cdot f$. Dieser ergibt mit dem mittleren Halbmesser $R$ des Ringrohres ein Moment $R \cdot \Delta p \cdot f$. Diesem Moment wirkt das durch das Anheben des Schwerpunkts $S$ der Ringwaage bedingte Gegenmoment $S \cdot a \cdot \sin\alpha$ entgegen, d. h. es ist

$$S \cdot a \cdot \sin\alpha = R \cdot \Delta p \cdot f,$$

und

$$\sin\alpha = \frac{R \cdot \Delta p \cdot f}{S \cdot a}.$$

Die im Ringrohr liegende Sperrflüssigkeit kann in bezug auf die Drehachse kein zusätzliches Drehmoment abgeben, weil der hydrostatische Druck der Flüssigkeit immer auf allen Flächen senkrecht steht und weil damit die Resultierende der Druckkräfte stets durch die Drehachse geht. Hierüber sind oft irrtümliche Auffassungen vorhanden.

Die verhältigen Gewichte der Sperrflüssigkeit und ihre Mengen sind ohne Einfluß auf die Messung. Es hängt jedoch von ihnen ab, wieweit $\Delta p$ gesteigert werden kann, bis der zu messende Druck durchschlägt. Der Grenzfall ist gegeben, wenn der Höhenunterschied der Flüssigkeit die Größe des Halbmessers des Ringrohres erreicht, wenn also

$$h = \frac{\Delta p}{\gamma} = R$$

ist. Auf diese Weise ist bei gegebener Druckhöhe und Druckflüssigkeit der Durchmesser des Ringrohres bestimmt.

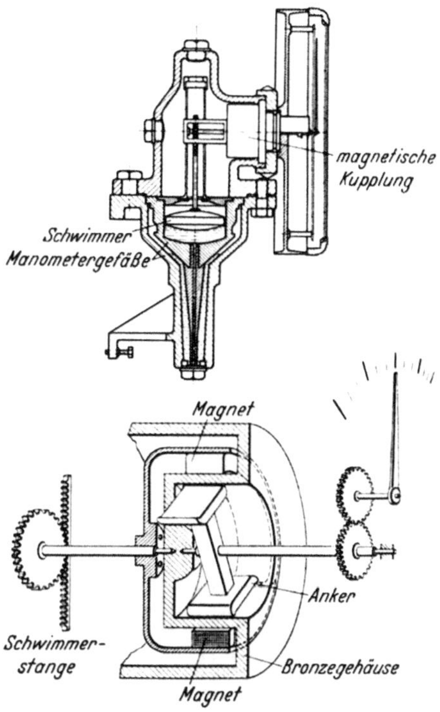


Abb. 76. Schwimmermanometer mit mittelbarer Anzeigeübertragung durch Zwischenschalten einer magnetischen Kupplung (S & H).

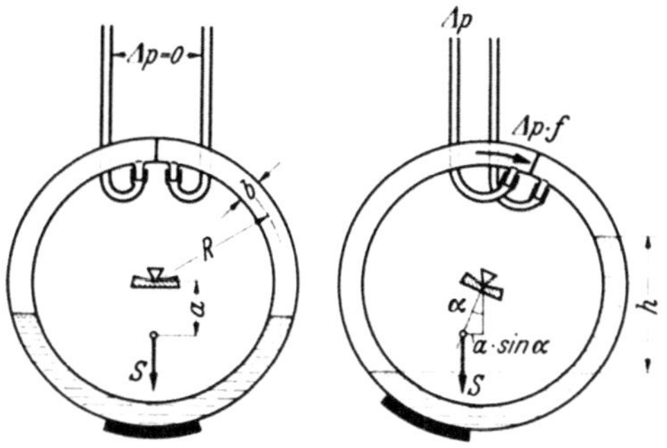


Abb. 77. Abb. 78.
Abb. 77 und 78. Ringwaage in Ausgangsstellung und abgelenkt (*182*).

Der Hauptvorteil der Ringwaage gegenüber einem Flüssigkeitsmanometer besteht darin, daß sie mit großen Volumenverschiebungen und deshalb mit hoher Energieumsetzung arbeitet. Dadurch und durch die eigenartige Arbeitsweise mit ihrer Unabhängigkeit vom verhältigen Gewicht der Flüssigkeit ist die Meßgenauigkeit groß.

Da sich das Verdrehungsmaß mit dem Sinus des Winkels ändert, muß zur Vereinfachung der Zahlenleiter eine Umformung vorgenommen werden, die durch eine gesetzmäßige Änderung des Gegendrehmoments in Abhängigkeit vom Drehwinkel oder durch Beeinflussung der Bewegung mittels Kurvenscheibe eine gleichmäßige Leitereinteilung ermöglicht.

Bei Durchflußmessungen wird der Drehwinkel der Trommel als Maß für den Durchfluß benützt. Da aber der Durchfluß in quadratischer Beziehung zum Wirkdruck steht, werden bei kleinem Durchfluß die Wirkdruckänderungen immer kleiner, so daß im unteren Meßbereich nur kleine Verstellkräfte zur Verfügung stehen. Deshalb muß die Lagerung der Trommel auf Schneiden erfolgen.

Bei den Ringwaagen von Siemens & Halske wird die quadratische Beziehung zwischen Durchfluß und Wirkdruck durch eine Kurvenscheibe über einen Ellipsenlenker in eine einfach verhältige Anzeige umgewandelt (Abb. 79).

*Gegendruckgeräte*. Bei den Gegendruckgeräten wird dem Wirkdruck eine Gegenkraft entgegengestellt, die beim Askania-Minimeter (Abb. 80) so groß ist, daß das Manometer selbst immer in der Nullage steht und die Gegenkraft ein Maß für den Wirkdruck ist. Man kann die Gegenkraft von Hand oder selbsttätig durch einen Hilfsmotor einstellen, wobei immer so lange verstellt wird, bis der Meßspiegel der Flüssigkeit genau im Nullpunkt, der durch eine Meßspitze dargestellt ist, steht.

Durch Anwendung eines Nonius nach Art der Mikrometerschrauben können die Gegendrücke auf $^1/_{100}$ mm WS eingestellt und damit die Wirkdrücke mit dieser Genauigkeit aufgenommen werden.

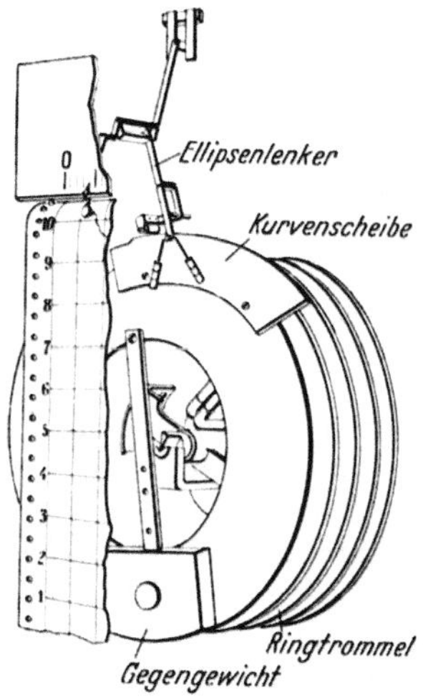


Abb. 79. Ringwaage mit Kurvenscheiben und Ellipsenlenker zur Übertragung der Bewegungen der Ringwaage auf gleichmäßig eingeteilte Leiter (S & H).

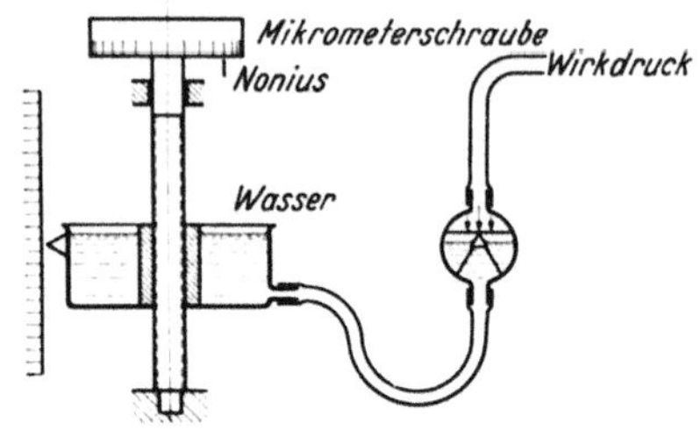


Abb. 80. Gegendruckmesser (Askania-Werke).

Abb. 81 zeigt das Gerät in Schnitt und Ansicht. Zum genauen und bequemen Ablesen wird eine Linse mit drehbarem Eckspiegel verwendet.

*Tauchglocke.* Während beim Schwimmermanometer der am Schwimmer wirkende Auftrieb lediglich die Reibung im Anzeigegerät zu überwinden hat, wird bei den Tauchglocken der durch die Eintauchtiefe bedingte Auftrieb als Maß für den Wirkdruck verwendet. Nach Abb. 82 wird dazu der höhere Druck in das Innere der Tauchglocke eingeführt, während der niederere Druck in dem Raum oberhalb der Glocke zur Wirkung kommt. Die

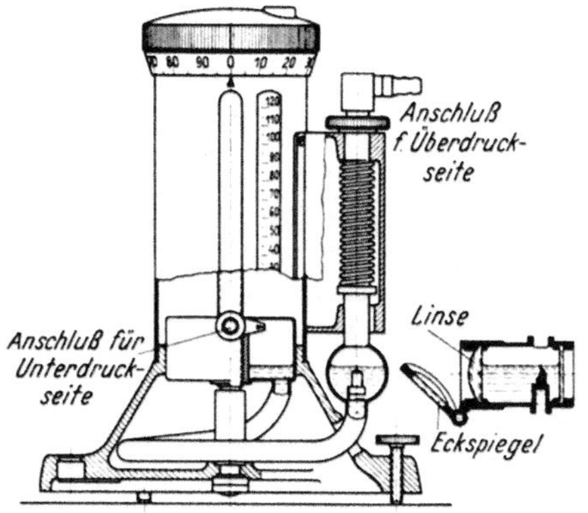


Abb. 81a.

Abb. 81b.

Abb. 81a und b. Wassersäulenminimeter der Askania-Werke.

beiden Druckräume sind durch die Wände der Glocke bzw. die Sperrflüssigkeit gegenseitig abgegrenzt.

Man unterscheidet zweierlei Tauchglockenarten. Bei der ersten besitzt die Glocke einen besonderen Tauchkörper, wodurch der Auftrieb um so mehr verkleinert wird, je weiter die Glocke außen eintaucht. Diese Geräteart wird verhältnismäßig wenig verwendet.

Die sog. „Volumen-Tauchglocke" ist in laufender Anwendung. Bei ihr sind die Wände der Tauchglocke so dünn ausgeführt, daß sie praktisch als volumenlos angesehen werden können. Die Sperrflüssigkeit hat also nur noch die beiden Druckräume voneinander zu trennen, wobei es gleichgültig ist, welche Menge an Sperrflüssigkeit im Gerät enthalten ist und welches ihr Verhältnisgewicht ist. Der Auftriebskraft wird eine Federkraft oder ein Gegengewicht am veränderlichen Hebelarm, beispielsweise einer Laufgewichtswaage, entgegengestellt. Das Maß der Federwaage bzw. das Gewicht der Laufgewichtswaage entspricht dem Wirkdruck.

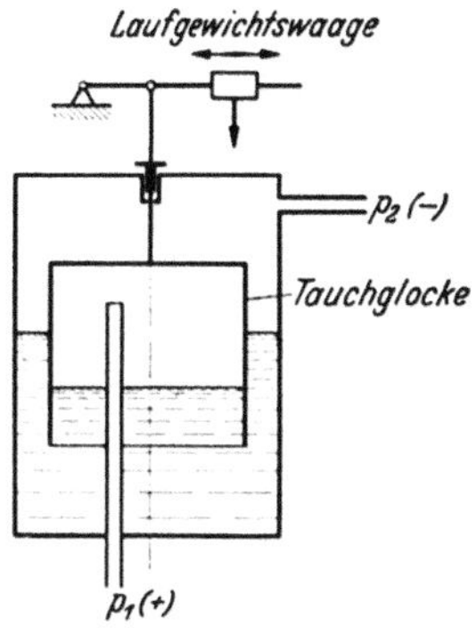

Abb. 82. Tauchglockendruckmesser.

## III. Durchflußmengenmessung bei pulsierender Strömung.

Die Durchflußmessung pulsierender Strömungen läßt sich mittels Düsen, Venturi-Rohren, Stauscheiben und Staurändern allein nicht genügend genau durchführen. Die Anzeige dieser Geräte ist dem Quadrat der vorbeiströmenden Gasmenge verhältig. Der Mittelwert aus der Wurzel eines Quadrates entspricht aber nicht dem tatsächlichen Mittelwert, der durch Integration gefunden wird. Verwendet man zur Ausschaltung dieses Fehlers Meßgeräte, die nahezu dämpfungsfrei arbeiten, so ist die genaue Ablesemöglichkeit schwierig. Man versucht deshalb die pulsierende Strömung in eine stationäre überzuführen und benützt dazu als Zwischenglied einen Windkessel oder Ausgleicher, der die periodische Strömung, die beispielsweise durch das Ansaugen eines Verbrennungsmotors entstehen kann, glättet. Es ist nicht leicht, festzustellen, wann eine pulsierende Strömung ausgeglichen ist. Die richtige Bestimmung des Ausgleichervolumens ist deshalb wichtig.

Der Mittelwert aus der zum Ausgleicher strömenden Gasmenge $Q_1$ und der abströmenden Gasmenge $Q_2$ sei $Q_0$. Die Abweichungen von $Q_0$ seien $q_1$ bzw. $q_2$ (s. Abb. 83). Wird das Verhältnis des abgelesenen Differenzdrucks $\Delta h$ zum richtigen Differenzdruck $h_0$ als Fehlermaßstab für die Druckmessung an der Meßdüse benützt, so gilt nach Lutz (*306*) für das Fehlerglied bei der Mengenmessung vor dem Ausgleicher

$$x_1 = \frac{\Delta h}{h_0} = \frac{1}{t_0} \int_0^{t_0} \frac{q_1^2}{Q_0^2}\, dt .$$

Das Integral stellt, wie auch Abb. 83 zeigt, die Fläche einer Schwingung dar (also die Ansaugmenge je Kolbenhub während der Periode von der Dauer $t_0$). Das Fehlerglied der Strömung nach dem Ausgleicher ist

$$x_2 = \frac{1}{t_0} \int_0^{t_0} \frac{q_2^2}{Q_0^2}\, dt .$$

In den meisten Fällen ist nun die Strömungscharakteristik der Maschine bekannt. Man bestimmt dann graphisch das Fehlerglied $x$ über eine Periode der Schwingung — also von 0 bis $t_0$, läßt, gemäß DIN 1952 einen Fehler bei der Differenzdruckmessung von etwa 1% zu, was einem Mengenmeßfehler von 0,5% entspricht und kann nach der Meßtafel Abb. 84 das Verhältnis $\frac{\mathfrak{P}}{\mathfrak{V}}$, also das Verhältnis zwischen Ausgleicherdruck und Ausgleichervolumen bestimmen. Demnach ergibt sich bei Viertaktmaschinen:

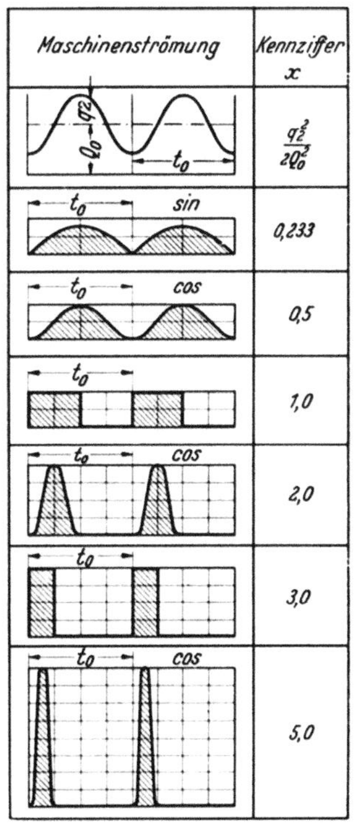

Abb. 83. Durchgerechnete Beispiele Grenzwerte von $\frac{\mathfrak{P}}{\mathfrak{V}}$. [Nach Lutz (*307*).]

| | $\frac{\mathfrak{P}}{\mathfrak{V}}$ | | $\frac{\mathfrak{P}}{\mathfrak{V}}$ |
|---|---|---|---|
| 1-Zylindermotor . . . . | 0,59—0,65 | 4-Zylindermotor . . . | 1,3—1,9 |
| 2- ,, . . . . | 0,74—0,96 | 6- ,, . . . | 2,1—2,45. |

Hierbei ist $\mathfrak{P} = \frac{p_B}{p_0 - p_B}$, $\mathfrak{V} = \frac{V_b}{Q_0 \cdot t_0}$.

$p_0$ = Druck vor der Meßdüse,
$p_B$ = Druck im Behälter,
$V_B$ = Volumen des Behälters,
$Q_0 \cdot t_0$ = während einer Periode ($t_0$) von der Maschine entnommene Menge.

Auch bei einer periodischen Strömung, die symmetrisch verläuft, bei der sich also das Plus- und Minusfeld aufheben würde, können durch falsche Mittelwertsbildung Fehler entstehen.

Es ist also in jedem Fall notwendig, die Kennziffer $x$ als das Fehlerglied der ungedämpften Maschinenströmung zwischen Ausgleicherbehälter und Motor bei pulsierender Gasmengenmessung zu ermitteln.

Abb. 85 zeigt die grundsätzliche Anordnung der Meßleitung und des Druckausgleichbehälters.

**Beispiel 1.** 4-Zylinder-Viertaktmotor, Hubraum 2 l, volumetrischer Wirkungsgrad $\eta_{\text{vol}} = 0{,}75$, zulässiger Differenzdruck zwischen Außenluft und Behälter 10 mm WS. Gesucht: Ausgleichergröße. $\mathfrak{P}$ ist das Verhält-

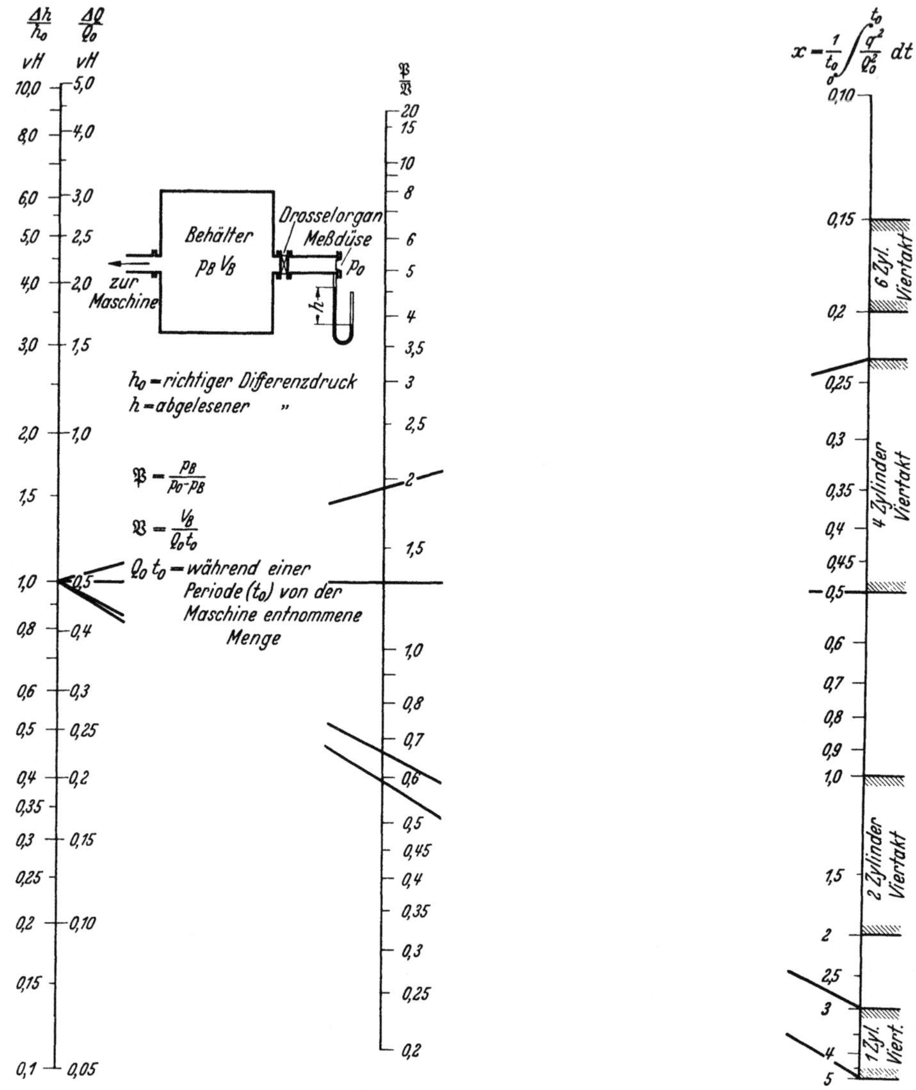


Abb. 84. Leitertafel zur Bestimmung des Verhältnisses $\frac{\mathfrak{P}}{\mathfrak{V}}$ nach Lutz u. Benz (221).

nis des absoluten Drucks im Ausgleicher zum Druckunterschied zwischen Außenluft und Behälter, für das Rechnungsbeispiel

$$\mathfrak{P} = \frac{10000 - 10}{10} = 999\,.$$

Für den 4-Zylinder-Viertaktmotor (mittlere Leiter) ist nach dem Rechenblatt $\frac{\mathfrak{P}}{\mathfrak{V}}$ im Mittel etwa 1,5,

$$\text{also } \mathfrak{V} > \frac{\mathfrak{P}}{1{,}5} = \frac{999}{1{,}5}, \text{ also größer als } 665\,.$$

Das Ausgleichervolumen müßte also mindestens

$$\mathfrak{V} \cdot \eta_{\text{vol}} \cdot Q_0\, t_0 = 665 \cdot 0{,}75 \cdot 0{,}002 = 1{,}00 \text{ m}^3$$

sein.

**Beispiel 2.** Für den gleichen Motor sei das Ausgleichervolumen zu 0,3 m³ gegeben. Wie groß müßte der Unterdruck im Ausgleicher sein, damit ein maximaler Meßfehler von 1% entsteht?

Es wird:

$$\mathfrak{V} = \frac{0,3}{0,75 \cdot 0,002} = 200.$$

Nach Abb. 84 ist $x$ für Viertakt-Vierzylindermotor 0,5 bis 0,23, das ergibt nach derselben Abbildung ein $\frac{\mathfrak{P}}{\mathfrak{V}}$ von rund 1,5, also muß $\mathfrak{P}$ kleiner sein als $1,5\,\mathfrak{V} = 1,5 \cdot 200 = 300$. Nach derselben Überlegung wie bei Beispiel 1 ist nun:

$$\mathfrak{P} = \frac{10000 - p}{p} = 300.$$

$p$ ergibt sich daraus zu 33,5 mm WS, als notwendigen Ausgleicherunterdruck bei einem angenommenen Außendruck von 1 ata = 10000 mm WS.

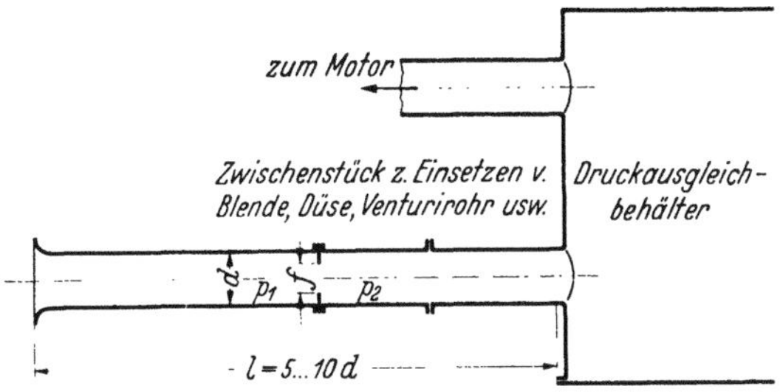


Abb. 85. Anordnung der Meßleitung und des Druckausgleichbehälters (221).
$d$ Rohrdurchmesser; $f$ Blendendurchmesser; $p_1$ Druck vor der Blende; $p_2$ Druck nach der Blende; $l$ Meßrohrlänge.

## IV. Die Bestimmung des Feuchtigkeitsgehaltes der Ansaugluft.

Die Aufnahmefähigkeit der Luft für Wasserdampf ist abhängig von Temperatur und Druck. Nach dem Feuchtigkeitsgehalt unterscheidet man, mit den Bezeichnungen

$p$ = Gesamtdruck der feuchten Luft, $p_d$ = Teildruck des Wasserdampfes,
$p_l$ = Teildruck der Luft allein, $p_s$ = Sättigungsdruck,

1. trockene Luft, ohne Dampfgehalt ($p_l = p$),
2. ungesättigte Luft. Ein gewisser Anteil an überhitztem Wasserdampf ist vorhanden. Die Luft ist aber noch weiter aufnahmefähig für Wasserdampf ($p_d$ kleiner als $p_s$),
3. gesättigte Luft: Die Luft ist an der Grenze der Aufnahmefähigkeit für Wasserdampf ($p_d = p_s$),
4. übersättigte Luft: Der Taupunkt ist, bei sinkender Temperatur, überschritten ($p_d$ größer als $p_s$). Der Dampf beginnt zu kondensieren.

Feuchte Luft ist ein Gemisch aus reiner Luft und Wasserdampf. Das verhältige Gewicht der feuchten Luft bei gleichbleibender Temperatur $t$ ist gleich der Summe aus dem verhältigen Gewicht $\gamma_l$ der reinen Luft vom Druck $p_l$ und dem verhältigen Gewicht $\gamma_d$ des enthaltenen Wasserdampfes vom Druck $p_d$ bei der Temperatur $t$. Einer bestimmten Lufttemperatur entspricht ein bestimmter Sättigungsdruck und ein bestimmtes verhältiges Sättigungsgewicht $\gamma_s$, als Gewicht des in 1 m³ gesättigter Luft enthaltenen, eben noch trockenen Wasserdampfes. Den Anteil des in 1 m³ enthaltenen Wasserdampfgewichts $\gamma_d$ bezeichnet man als absolute Feuchtigkeit.

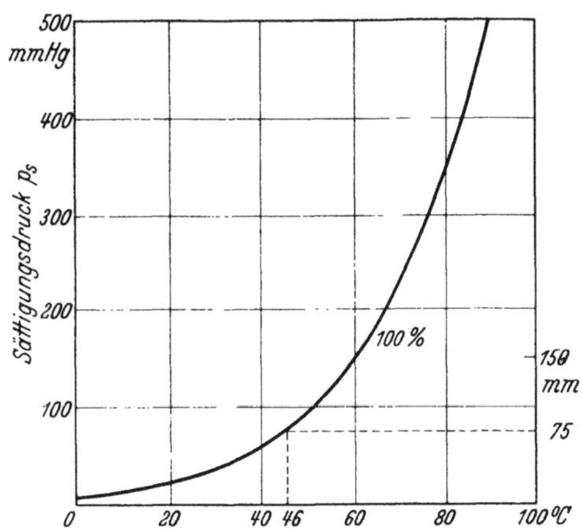


Abb. 86. Dampfdruckkurve des gesättigten Wasserdampfes.

Nach dem Daltonschen Gesetz ist:

$$p = p_d + p_l.$$

Bei gesättigter Luft ist $p_d = p_s$ und $\gamma_d = \gamma_s$. Der Sättigungsdruck $p_s$ steigt mit der Temperatur nach Abb. 86.

Unter der relativen Feuchtigkeit $\varphi$ versteht man das Verhältnis der wirklichen absoluten Feuchtigkeit zur absoluten Feuchtigkeit der gesättigten Luft

$$\varphi = \frac{\gamma_d}{\gamma_s}.$$

Bei trockener Luft ist $\gamma_d = 0$, also $\varphi = 0$.
Bei gesättigter Luft wird $\gamma_d = \gamma_s$ und $\varphi = 1$.
Damit sind die Grenzen der relativen Feuchtigkeit festgelegt.

Nach der Gasgleichung $\frac{p}{\gamma} = R\,T$ folgt auch, wenn die Temperatur $T$ unveränderlich, also $\frac{p}{\gamma} = R\,T = \text{const}$ ist,

$$\varphi = \frac{\gamma_d}{\gamma_s} = \frac{p_d}{p_s}.$$

Darin ist $p_s$ aus der Dampftabelle oder aus der Dampfdruckkurve (Abb. 86) für die jeweilige Temperatur $T$ zu bestimmen, $p_d$ wird mit Hilfe des Psychrometers festgestellt.

Damit ist die Dichte des in der ungesättigten Luft enthaltenen Wasserdampfes:

$$\gamma_d = \frac{p_d}{p_s} \cdot \gamma_s = \varphi \cdot \gamma_s \,.$$

Der Druck der reinen Luft ist nach Dalton:

$$p_l = p - p_d \,.$$

Nach der Gasgleichung gilt für zwei verschiedene Temperaturen und Drücke:

$$\frac{\gamma_1}{\gamma_2} = \frac{p_1 \cdot T_2}{p_2 \cdot T_1} \,.$$

Ist 1,293 kg/m³ das verhältige Gewicht der trockenen Luft bei 0° C und 760 mm QS, dann ist das verhältige Gewicht der reinen Luft beim Druck $p$ und der Temperatur $t$

$$\gamma_l = 1{,}293 \, \frac{p - p_d}{760} \cdot \frac{273}{273 + t} \,.$$

Das verhältige Gewicht der feuchten Luft $\gamma$ ist

$$\gamma = \gamma_d + \gamma_l \,.$$

Mit den Werten von $\gamma_d$ und $\gamma_l$ wird

$$\gamma = \varphi \cdot \gamma_s + 1{,}293 \cdot \frac{p - p_d}{760} \cdot \frac{273}{T}$$

oder

$$\gamma = \varphi \cdot \gamma_s + 0{,}465 \cdot \frac{p - \varphi \cdot p_s}{T} \,.$$

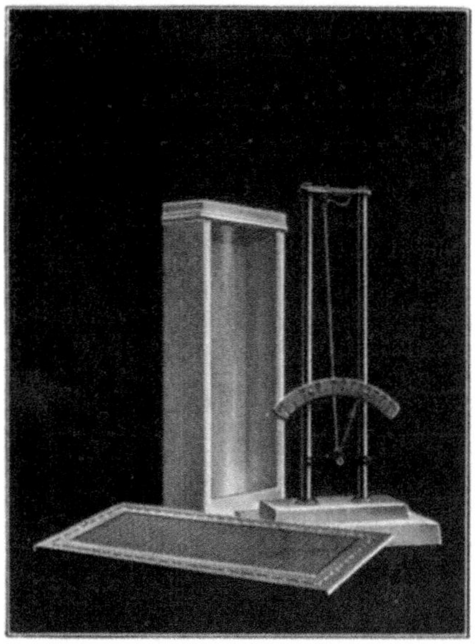

Abb. 87. Haarhygrometer von Lambrecht (*120*).

Da Wasserdampf bei einer bestimmten Temperatur und einem gegebenem Druck ein kleineres verhältiges Gewicht hat als Luft, so ist das verhältige Gewicht feuchter Luft kleiner als das von trockener Luft.

Zur Verfolgung der Zustandsänderungen feuchter Luft eignet sich sehr gut das $i$-$x$-Diagramm von Mollier (*314*).

Für die Messung der Feuchtigkeit stehen das Taupunktverfahren, das Haarhygrometer und die psychrometrische Bestimmung zur Verfügung.

**Das Taupunktverfahren.** Das Gas wird in einem Ätherverdampfgefäß auf den Taupunkt abgekühlt. Der Taupunkt wird mittels Thermometer dadurch bestimmt, daß der Augenblick des entstehenden Taubeschlages und sein Verschwinden auf einer spiegelnden Metallfläche beobachtet wird.

**Das Haarhygrometer** (Abb. 87). Die Messung erfolgt mit Hilfe der Längendehnung eines Haares. Das entfettete Haar erfährt durch Abnahme der Luftfeuchtigkeit um 100 vH eine Kürzung um annähernd 2,5 vH. Das Haar ist an einem Ende nachstellbar gefaßt und am anderen Ende mit dem Zeigerwerk verbunden. Die Hygrometerleiter ist von 0—100 vH relative Feuchtigkeit eingeteilt. Das Haarhygrometer ist temperaturunabhängig, da die Wärmeausdehnungszahl des Haares verschwindend klein ist.

Ein Nachteil ist die Längung des Haares schon bei geringen Zugspannungen oder unter dem Einfluß längerer Zeit. Wird das Haar in sehr feuchte Luft gebracht, so geht der Fehler wieder zurück. Deshalb ist ein Auffrischen in Abständen von 8 Tagen erforderlich.

**Die psychrometrische Feuchtigkeitsbestimmung.** Die Grundlage ist folgender Vorgang: Strömt Luft an einem mittels Wattebausch feucht gehaltenen Thermometer vorbei, so wird infolge der eintretenden Verdunstung dem Wattebausch Verdunstungswärme entzogen und durch Abkühlung des Bausches und der Luft eine Abkühlung des Thermometers hervorgerufen. Die verdunstete Wassermenge und damit die Stärke der Abkühlung wird durch die Wasseraufnahmefähigkeit der Luft, also durch deren Trockenheit bzw. Feuchtigkeit bestimmt. Die Grenze ist durch die Dampfdruckkurve des gesättigten Wasserdampfes bestimmt.

Aus der gemessenen Temperaturerniedrigung gegenüber der an einem zweiten trockenen Thermometer gemessenen Temperatur der Luft (psychrometrische Differenz) kann unter Zuhilfenahme einer Ablesekurve der Wasserdampfgehalt bzw. die Luftfeuchtigkeit in Hundertteilen bestimmt werden.

Wenn die Frischluftzufuhr nicht ausreichend ist, ist es möglich, daß die psychrometrische Differenz nicht ihren theoretischen Höchstwert $\Delta T$ erreicht. Wenn $T_{\text{trocken}} - T_{\text{feucht}}$ der ablesbare, zustande gekommene Unterschied ist, so ergibt sich die Gütezahl des Psychrometers zu

$$a = \frac{T_{tr} - T_f}{\Delta T} .$$

Renault hat 1853 die Beziehung zwischen der Temperatur der Luft $T_{tr}$, der Temperatur des feuchten Thermometers $T_f$, dem Dampfdruck am feuchten Thermometer $p_f$ und dem zu ermittelnden Wasserdampfdruck $p_d$ aufgestellt zu

$$p_d = p_f - \frac{B \cdot 760 \cdot c_p}{760 \cdot \gamma \cdot \lambda} \cdot \Delta T \text{ mm Hg} .$$

Hierin bedeuten:

$B$ = Barometerstand, mm Hg, $\gamma$ = verhältiges Gewicht,
$\lambda$ = Verdampfungswärme, $c_p$ = verhältige Wärme.

Die Sprungsche Psychrometerkonstante (*179*, *120*)

$$C = \frac{760 \cdot c_p}{\gamma \cdot \lambda} = \frac{760 \cdot 0{,}241}{0{,}622 \cdot \lambda} = \frac{294{,}5}{\lambda}$$

beträgt im Mittel über Wasser zwischen 0° und 40° C Lufttemperatur

$$C_W = 0{,}508 ,$$

über Eis von 0 bis — 20°

$$C_E = 0{,}44 .$$

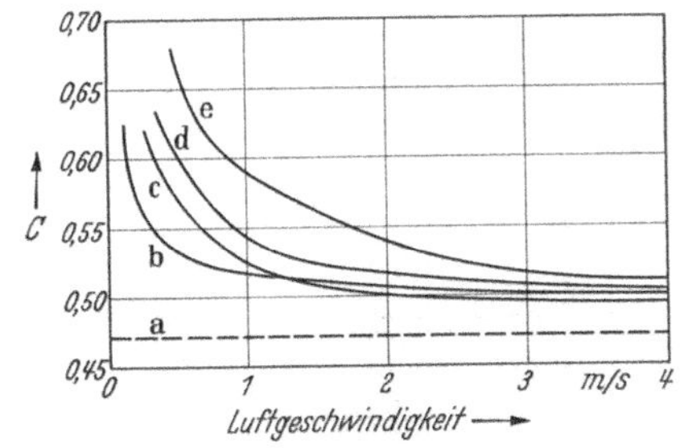


Abb. 88. Die Psychrometerkonstante $C$ verschiedener Bauweisen in Abhängigkeit von der Luftgeschwindigkeit.
a theoretische Konstante; b, c, d, e Schaulinien für verschiedene Gerätebauarten (*66*).

Diese Konstante gilt jedoch nicht für jedes Psychrometer beliebiger Bauart, vielmehr wird sie für jedes Gerät zu bestimmen sein.

Von Wichtigkeit ist ferner, wie oben erwähnt, genügende Belüftung des feuchten Thermometers, da die in der Zeiteinheit an diesem verdampfte Wassermenge von der umgebenden Luftmenge abhängig ist. Abb. 88 zeigt den Einfluß der Windgeschwindigkeit auf die Anzeigegenauigkeit.

Für ein richtig hergestelltes Psychrometer mit Quecksilberthermometern ergibt sich nach Sprung folgender Dampfdruck:

$$p_d = p_f - 0{,}5 \cdot \frac{B}{760} \cdot (T_{tr} - T_f) \text{ mm Hg} .$$

Die verhältnismäßige Feuchtigkeit $\varphi$ in Hundertteilen ist nach S. 47 mit der Konstanten $C$:

$$\frac{\varphi}{100} = \frac{p_d}{p_s} = \frac{p_f - \frac{B}{760} \cdot C \cdot (T_{tr} - T_f)}{p_s} .$$

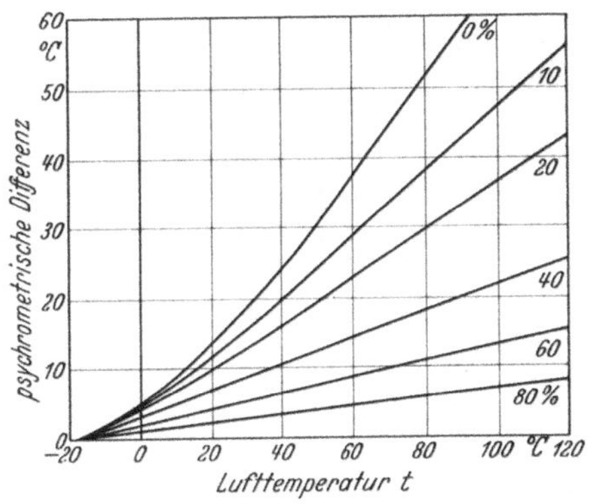


Abb. 89. Kurven gleicher relativer Feuchtigkeit in Abhängigkeit von der Lufttemperatur $t$ und der psychrometrischen Differenz $T_{tr} - T_f$. [Nach Grüss (*66*).]

Dabei bedeutet $p_s$ den der Temperatur $T_{tr}$ am trockenen Thermometer entsprechenden Sättigungsdampfdruck. Die Gleichung zeigt, daß die psychrometrische Differenz die relative Feuchtigkeit nicht eindeutig bestimmt, daß sie vielmehr von den Dampfdrücken stark und in geringem Maße vom Druck $B$ des Gases abhängig ist. Die Gleichung ist in Abb. 89 in Linien gleicher relativer Feuchtigkeit dargestellt.

Bei Messungen unter 0° C setzt am Wattebausch Eisbildung ein. Das Wasser am Bausch kann zunächst unterkühlt sein, ohne daß schon unmittelbar Eisbildung vorliegt. Solange ändert sich gegenüber dem Meßzustand über 0 nichts. Wenn aber volle Vereisung eingetreten ist, muß der Sättigungsdruck $p_{fE}$ von Dampf über Eis und die Verdampfungswärme $\lambda_E$ des Eises bei den verschiedenen Temperaturen eingesetzt werden. Dann lautet die Sprungsche Formel:

$$p_d = p_{fE} - \frac{B}{760} \cdot C_E \cdot (T_{tr} - T_f) .$$

Abb. 90 zeigt ein einfach aufgebautes Psychrometer. In einem mit Glaswolle ausgefüllten Holzkasten ist ein für die Aufnahme von 2 Thermometern und für die Zu- und Abführung der zu messenden Luft dienender U-förmiger Einsatz aus Metallröhren eingebaut. Das trockene Thermometer sitzt auf der Eingangsseite des Luftraumes, das feuchte Thermometer hat einen strumpfartigen Überzug (Mullbausch), der aus dem darunterliegenden Wassersack Flüssigkeit aufsaugt und auf diese Weise das Thermometer befeuchtet. Nach Möglichkeit soll destilliertes

Wasser verwendet werden, damit sich die im Leitungswasser befindliche Salzlösung nicht im Mullbausch absondert, auch ist der Druck des Wasserdampfes, von dem ja die Verdunstung abhängt, über Salzlösungen niedriger als über reinem Wasser. Damit der Verdunstungsumsatz am feuchten Thermometer gegenüber der ausgleichenden Wirkung der Wärmeleitung groß ist, muß die Luftströmung möglichst wirbelnd sein und die Strömungsgeschwindigkeit, wie erwähnt, über 2 m/s betragen.

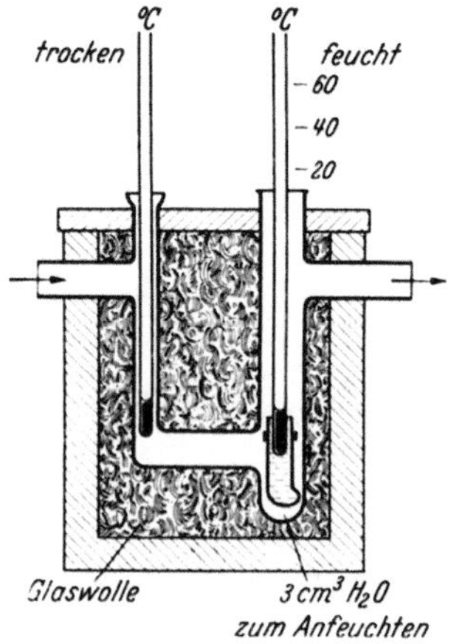


Abb. 90. Psychrometer mit 2 Quecksilberthermometern. [Nach Guthmann] (*70*).

Da die angesaugte Luft viel Staub enthält, der sich im Mullbausch reichlich absetzen kann und dadurch die Verdunstungsmöglichkeit ändert, soll der Mullbausch oder Saugstrumpf von Zeit zu Zeit ausgewechselt werden.

Wie aus dem Gang der Rechnung ersichtlich, ist aus dem ermittelten Temperaturunterschied unter Benützung obiger Formel zuerst $p_d$ und dann die verhältnismäßige Feuchtigkeit $p_d/p_s$ zu rechnen, da die im Rechnungsgang enthaltenen Dampfdrücke (*180*) $p_f$ und $p_s$ von der Temperatur $T$ der Luft selbst abhängig sind.

Unter Verwendung von elektrischen Widerstandsthermometern kann die Lufttemperatur $T$ bestimmt und ihr Einfluß auf die psychrometrische Differenz bei gleichbleibender relativer Feuchtigkeit ausgeschaltet werden, wenn man den Schnittpunkt der Schaulinien in Abb. 89 mit der Abszissenachse praktisch zusammenfallen läßt.

Dann lassen sich alle Schaulinien gleichbleibender verhältnismäßiger Feuchtigkeit durch die Gleichung ausdrücken

$$\frac{\varphi}{100} = C \frac{T_{tr} - T_f}{A + T_{tr} - B\,T_{tr}^2}.$$

$A$, $B$ und $C$ sind Konstanten,
$T_{tr}$ die Temperatur des trockenen Widerstandsthermometers,
$T_f$ die Temperatur des feuchten Widerstandsthermometers.

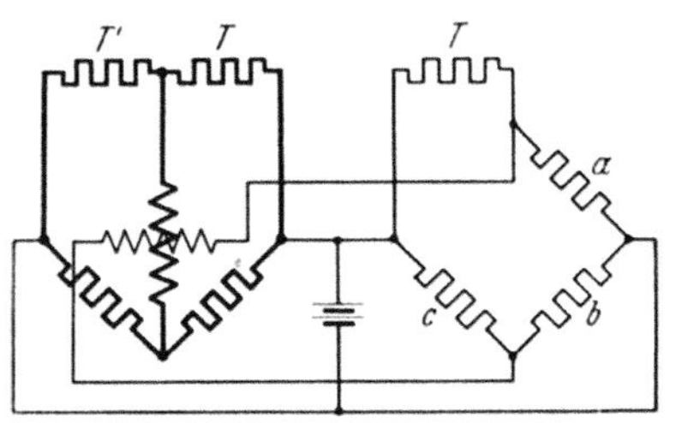


Abb. 91. Schaltschema des Feuchtigkeitsmessers zur Bestimmung der relativen Feuchtigkeit (S & H) (*68*). $T$ trockenes Thermometer; $T'$ befeuchtetes Thermometer.

Bei Verwendung eines Brückenkreuzspulgerätes, bei dem das Verhältnis der durch die Spulen fließenden Ströme gemessen wird und die Spulen in einer Wheatstoneschen Brücke liegen, erhält die Hauptspule den dem Temperaturunterschied $T_{tr} - T_f$ entsprechenden Strom und

Abb. 92. Feuchtigkeitsmesser mit angebautem Motor (S & H) (*67*).

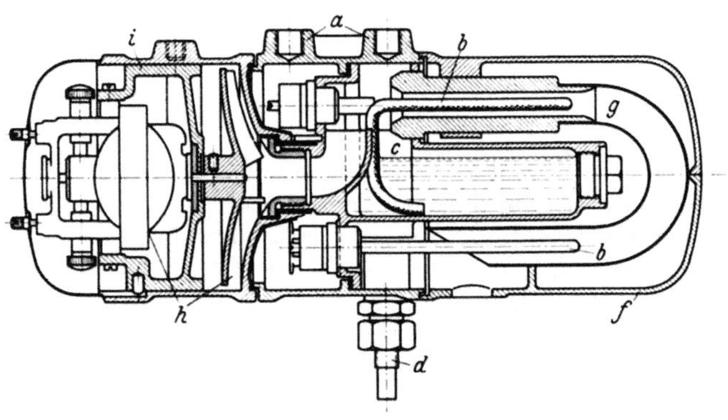


Abb. 93. Schnittbild des Gebers zum Feuchtigkeitsmesser (S & H) (*69*).
*a* Augen für Befestigung; *b* Thermometer, befeuchtet und trocken; *c* Wasservorratsbehälter; *d* Wasserzufluß; *f* Gehäusekappe; *g* Luftführungsrohr; *h* Lüftermotor mit Lüfterrad; *i* Lüftergehäuse.

die Richtspule den der Größe $A + T_{tr} - B\,T_{tr}^2$ entsprechenden Strom. Mittels eines zweiten Luftthermometers wird durch geeignete Wahl der Widerstände in den Brückenästen $a$, $b$ und $c$ (Abb. 91) erreicht, daß bei der Temperatur, bei der sich die Kurven gleicher verhältiger Feuchtigkeit in der Abszissenachse schneiden, in dem Mittelzweig der Brücke kein Strom fließt, und daß der Strom einen Gang mit der Temperatur erhält, der dem Verlauf der Linien gleicher relativer Feuchtigkeit geradlinig verhältig ist.

Auf diese Weise ist eine Bestimmung der verhältigen Feuchtigkeit noch bis $-5°$ C möglich. Im gesamten Bereich von 100 vH relativer Feuchtigkeit beträgt die Genauigkeit $\pm$ 3 vH.

Ein derartiges Gerät ist von Siemens & Halske entwickelt worden (Abb. 91—93). Die 3 Widerstandsthermometer *b* sind in einem mit Strahlungsschutz versehenen Gehäuse *f* untergebracht. Die zu messende Luft tritt an der Unterseite des Gehäuses ein, streicht an den beiden trockenen Thermometern vorbei und gelangt über das Führungsrohr *g* an das feuchte Thermometer. Die Befeuchtung erfolgt über einen Saugstrumpf, der in einen Wasservorratsbehälter *c* eintaucht. Zur Gleichhaltung des Wasserstandes ist ein Überlaufrohr vorgesehen. Bei Temperaturen unter 0° C muß dafür gesorgt werden, daß die Flüssigkeit nicht einfriert. Hierzu hat sich besonders eine Lösung von Formaldehyd mit Wasser als geeignet erwiesen. Die Luftförderung des Gerätes geschieht mittels des Schleudergebläses und des Antriebsmotors *h*.

In Fällen, in denen der absolute Feuchtigkeitsgehalt (gr $H_2O/m^3$) der Verbrennungsluft festgestellt werden soll, werden grundsätzlich dieselben Meßverfahren verwendet, wie bei der Messung der relativen Feuchtigkeit. Es muß nur dafür gesorgt werden, daß die zu messende Luft auf Normaltemperatur gebracht wird. Dann sind die auf Normaltemperatur bezogenen Ergebnisse der relativen Feuchtigkeitsmessung den absoluten, ebenfalls auf Normaltemperatur bezogenen Werten gleich. Die auf Normaldruck bezogenen abgelesenen Werte müssen auf die tatsächlichen Druckverhältnisse umgerechnet werden.

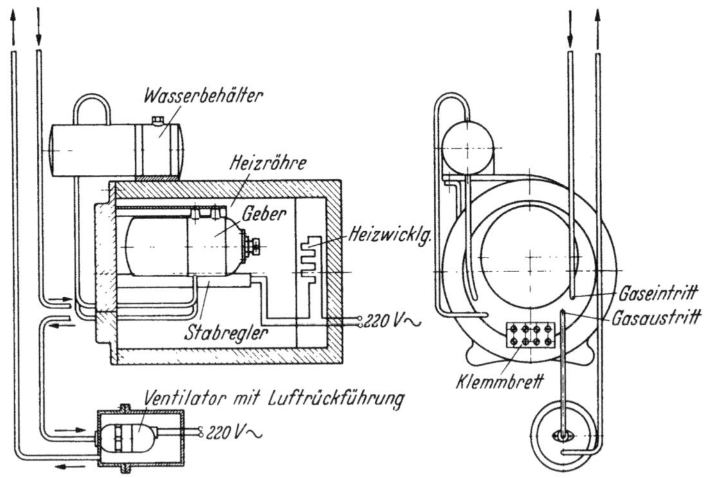


Abb. 94. Feuchter Thermostat zur Ermittlung der absoluten Luftfeuchtigkeit (S & H).

Das Ausführungsbeispiel einer Einrichtung für die absolute Bestimmung zeigt Abb. 94. Der Geber ist in einer elektrisch beheizten Röhre untergebracht. Durch einen Temperaturregler kann die Lufttemperatur auf Normaltemperatur (20° ± 2°) gehalten werden. Die zu prüfende Luft wird beispielsweise der Rohrleitung zum Vergaser entnommen, auf 20° erwärmt, durch das Gerät geleitet, und, da in der Saugleitung Über- oder Unterdruck herrschen kann, in diese wieder zurückgeleitet.

Bei höheren Unterdrücken (über 200 mm WS) muß zwischen die Motorsaugleitung und dem Gerät eine Vakuumpumpe geschaltet werden, die das Prüfgas aus der Leitung saugt und auf Normaldruck bringt. Ist in der Leitung Überdruck vorhanden, so ist der Geber unter Einschaltung einer Drosselung anzuschließen. Zur Messung des Druckes in der Heizröhre muß ein Manometer angebracht werden, mit Hilfe dessen unter Umständen auch der Normaldruck einzustellen ist.

# 4. Geräte zur Beobachtung des Verbrennungsverlaufs.

Durch die Klopferscheinungen im Vergasermotor und durch die Zündverzugsvorgänge im schnellaufenden Dieselmotor sind der Forschung und dem der Entwicklung dienenden Versuchswesen Aufgaben erwachsen, für deren Lösung die Geräte zur Beobachtung des Verbrennungsverlaufs zu besonderer Bedeutung gelangen. Die Versuchsverfahren bedienen sich der Aufnahme der schnell wechselnden Drücke im Zylinder, der Sichtbarmachung der Flammenfront, der mittelbaren Abtastung der Flammengrenzen und der Temperaturmessungen.

## A. Indiziervorrichtungen.

Die Geräte zur Aufnahme der Drücke im Zylinder werden unter der Bezeichnung Indiziervorrichtungen zusammengefaßt, da sie eine Weiterbildung der Druckindiziereinrichtungen für die Verhältnisse des Schnellaufs darstellen. Ihre Aufgabe ist die Aufzeichnung des Druckverlaufs über dem Kolbenweg zur Ermittlung der Arbeitsfläche und damit der indizierten Leistung, oder, was an Bedeutung zugenommen hat, die Aufzeichnung des Druckverlaufs über der Zeit zur Ermöglichung von Schlüssen auf die Verbrennungsvorgänge selbst.

Den Indikatoren üblicher Bauart mit Kolben, die über ein Hebelwerk ein Schreibgestänge betätigen, das die Druckänderungen vergrößert auf eine Trommel zeichnet, ist durch ihre

Massenwirkung eine nicht weit genug in das Gebiet des Schnellaufs sich erstreckende Grenze gesetzt, jenseits derer rasche Druckänderungen nur noch stark verzerrt aufgezeichnet werden.

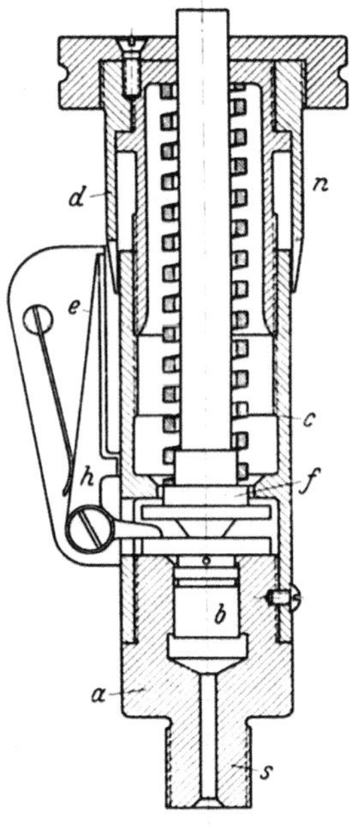


Abb. 95. Okill-Druckmesser (*232*). *a* Körper; *b* Kolben; *c* Feder; *d* Mikrometerteilung; *e* Zahlenteilung; *f* Druckstift; *h* Kniehebel; *n* Mikrometerschraube; *s* Einschraubstück.

Die Fülle der entwickelten Indikatoren und Druckmesser zeigt, daß der Bedarf an einwandfrei arbeitenden Geräten groß ist, daß aber auch Schwierigkeiten für deren Entwicklung vorliegen. Die Schwierigkeit der Massenwirkung wurde häufig durch Zwischenlösungen umgangen.

An Geräten sind im wesentlichen vorhanden:

Höchstdruckmesser. Sie dienen dazu, die auftretenden Spitzendrücke anzuzeigen, damit daraus auf das Klopfverhalten geschlossen werden kann.

Stroboskopische Indikatoren, auch Punktindikatoren genannt. Deren Wirkungsweise beruht darauf, daß aus dem Druckverlauf des Arbeitsvorganges durch Anwendung besonderer Hilfseinrichtungen einzelne Punkte herausgegriffen werden. Der rasche Druckverlauf wird dadurch vom Indikator ferngehalten und der ungünstige Einfluß der Massenwirkung weitgehend verringert. Auf diese Weise kann jedoch der Druckverlauf während eines einzelnen Arbeitsspiels nicht gemessen werden. Der erhaltene Aufschrieb setzt sich punktweise aus einer großen Zahl aufeinanderfolgender Kreisprozesse zusammen. Die Aufzeichnung stellt deshalb einen Mittelwert dar, aus dem die indizierte Arbeit oder Leistung abgenommen werden kann. Da der Verbrennungsverlauf der aufeinanderfolgenden Kreisprozesse in vielen Fällen trotz aller Maßnahmen zur Aufrechterhaltung des Beharrungszustands der Maschine stark streut, kann auf den Verlauf des einzelnen Verbrennungsvorgangs nicht eindeutig genug geschlossen werden.

Hochfrequenzindikatoren. Diese gestatten das Aufnehmen des Druckverlaufs des einzelnen Arbeitsspiels. Sie wurden entwickelt als

Mikroindikatoren, bei denen unter Vermeidung der Massen der Übersetzungsgestänge der Schreibstift unmittelbar vom Indikatorkolben gesteuert wird;

Optische Indikatoren, bei denen der Stiel des Kolbens einen Kippspiegel trägt, dessen Ausschlag einen Lichtstrahl ablenkt, der auf lichtempfindlichem Papier schreibt;

Elektrische Indikatoren, bei denen die Bewegungen oder auch nur die Belastungen des Kolbens elektrische Geber steuern, die die Änderung des Drucks über Oszillographen oder Kathodenstrahlröhren zur Aufzeichnung bringen.

## I. Die Höchstdruckmesser.

Abb. 96. Weiterentwickelte Ausführung des Okill-Druckmessers (*233*).

Die Höchstdruckmesser beruhen im allgemeinen darauf, daß zur Ermittlung der bei der Verbrennung auftretenden Höchstdrücke in den Indikatoren bekannte und regelbare Gegendrücke eingestellt werden, deren Überschreiten durch den Gasdruck auf mechanischem oder elektrischem Wege angezeigt wird.

Die einfachste Ausführungsform ist der „Okill“-Druckmesser (*226*), (Abb. 95), dessen Körper mit einem Zündkerzengewinde in eine Kerzenbohrung am Zylinder eingeschraubt wird. Der gut eingeschliffene Kolben *b* ist auf der unteren Seite den Verbrennungsdrücken ausgesetzt, von oben her steht er über den Druckstift *f* unter der Spannung einer Schraubenfeder. Ein Anschlagrand am Kolben verhindert das Durchdrücken nach unten. Die Spannung der Feder wird mittels Mikrometerschraube *n* eingestellt, deren Teilung nach kg/cm² geeicht ist. Beim Überschreiten des eingestellten Federdrucks durch den Druck der Verbrennungsgase wird der Kolben nach oben bewegt. Die beginnende Bewegung des Kolbens *b* wird durch den Kniehebel *h* an der Zahlenteilung *e* angezeigt. Die Höchstdrücke in einem Motorzylinder schwanken, da die einzelnen Arbeitstakte nicht gleich verlaufen. Der größte und der kleinste Wert der Verbrennungshöchstdrücke lassen sich jedoch einfach dadurch feststellen, daß, wenn das Ansprechen des Kniehebels nur vereinzelt einsetzt, Größtwerte erreicht werden und wenn das Ansprechen des Kniehebels im gleichmäßigen Takt erfolgt, die Kleinstwerte angezeigt werden. Ein Zählwerk ist angebaut, das die Anzahl der Überschreitungen des eingestellten Druckes, etwa je min, aufzunehmen gestattet. Die ermittelte Zahl der Drucküberschreitungen je Zeiteinheit kann als Wertungszahl benützt werden.

Die weiter entwickelte Ausführung des Okill-Druckmessers nach Abb. 96, besitzt Wasserkühlung des Teils *a* (s. Abb. 95). Weiterhin ist am Kniehebel *h* eine elektrische Schließvorrichtung angebaut, die eine Glimmlampeneinrichtung zum Ansprechen bringt, so daß die Beobachtung bequemer ist. Die im Okill-Druckmesser bewegten Massen sind noch sehr groß, so daß besonders bei spitzen Diagrammen, also sehr raschen Druckanstiegen, das einwandfreie Ansprechen der Anzeigevorrichtung beeinträchtigt ist.

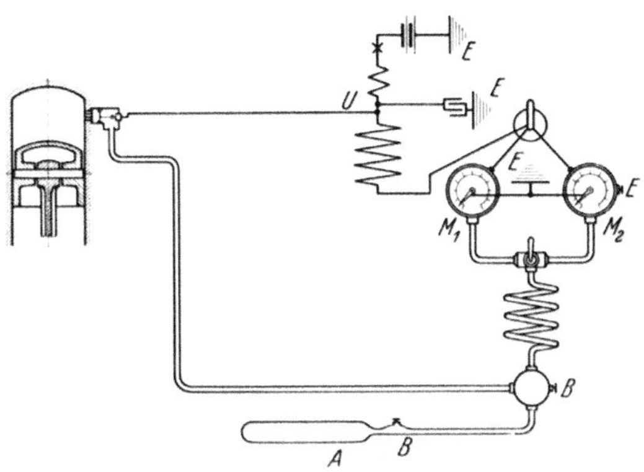

Abb. 97. Farnboro-Höchstdruckmesser (*234*).
*A* Druckflasche; *B* Druckminderventil; *E* Erde (Maschinengestell); $M_1$, $M_2$ Manometer; *U* Umspanner.

Beim Farnboro-Höchstdruckmesser (*226*) (Abb. 97) wird die Massenwirkung der bewegten Teile weiter verkleinert. Er besitzt als Geber an Stelle des Kolbens eine in axialer Richtung frei bewegliche, leichte Kreisscheibe. Der Gegendruck wird mittels Druckluft hervorgerufen, die einer Druckflasche *A* entnommen ist. Der Druck selbst ist unter Zuhilfenahme der Druckminderventile *B* und der Manometer $M_1$, $M_2$ einstellbar. $M_1$ dient zur Aufnahme von Niederdruckwerten (Ansaugverhältnisse), $M_2$ zur Aufnahme von Verbrennungsdrücken.

Beim Überschreiten des eingestellten Druckes durch den Verbrennungsdruck wird die Kreisscheibe des Gebers nach Art eines Kolbens nach außen gedrückt und schließt dadurch einen elektrischen Stromkreis, in dem sich die Erstwicklung (Primärwicklung) eines Umspanners (Transformators) *U* befindet. Im Augenblick des Stromschlusses oder der Stromöffnung entsteht in der Zweitwicklung (Sekundärwicklung) des Umspanners ein hochgespannter Stromstoß. Die weitere Stromführung geht über die beiden Manometer $M_1$ und $M_2$. Am Umfang der Kreisteilung ist ein Metallring angebracht, der gegenüber den übrigen Bauteilen des Manometers überschlagsicher isoliert ist. Die Zeigerachse des Manometers ist, wie die übrigen Gegenseiten der Stromführungen, an Erde gelegt. Die Spitze des Zeigers dreht sich mit geringem Abstand an dem isolierten Metallkreisring vorbei. Beim Entstehen des Hochspannungsstoßes springt zwischen Zeigerspitze und Metallkreisring ein Funke über. Legt man nun in den Metallkreisring einen mit einer Druckteilung versehenen Papierstreifen ein, so wird dieser durch den Funken beim jeweiligen Überschreiten des am Manometer eingestellten Druckes durchschlagen und damit gezeichnet.

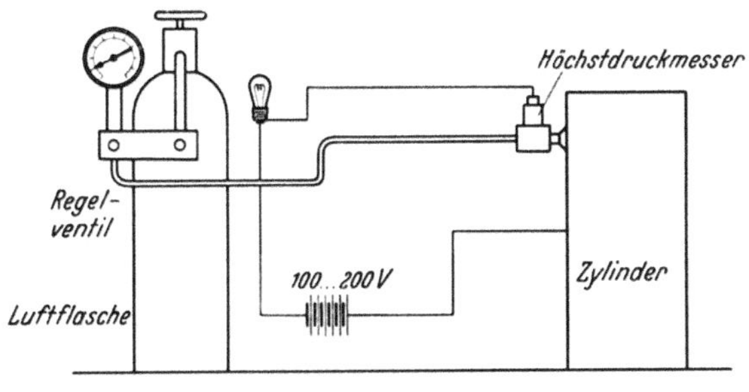

Abb. 98. Schaltung des Höchstdruckmessers der DVL (*158*).

Beim DVL-Höchstdruckmesser (*384*) (Abb. 98) wird das Überschreiten des eingestellten Gegendruckes durch Aufleuchten einer Glimmlampe angezeigt. Der von der Glimmlampe aufgenommene Strom benötigt nur wenige Milliampere, so daß der Kontaktschluß im Geber fast ohne Funkenbildung erfolgt und dadurch ein Hängenbleiben an der Kontaktstelle vermieden wird. An Stelle der frei längsbeweglichen Kreisscheibe verwendet dieses Gerät eine Membran, die sich beim Überschreiten des Einstelldruckes um wenige hundertel Millimeter durchbiegt und dadurch den Stromkreis schließt. Durch Verwendung der Membran ist die bewegte Masse weiter verringert und die Ansprechempfindlichkeit gesteigert. Durch die geringe Länge des Verbindungskanals zwischen Zylinder und Kolben werden Drosselwirkungen vermieden. Als Werkstoff für die Membran wird Berylliumbronzeblech von 0,1 mm Stärke für einen Druck bis 50 ata verwendet. Die erzielte Meßgenauigkeit beträgt $\pm 1$ kg/cm$^2$.

Bei der Durchführung von Klopfmessungen (s. S. 12ff.) wurde der Springstab (*372*) entwickelt (Abb. 99). Ein unter Federspannung auf einer Membran stehender Leichtmetallstab schließt, unter dem Druckstoß der Verbrennungsgase auf die Membran hochspringend, bei jedem Klopfen einen Stromkreis. Bei geschlossenem Stromkreis wird durch elektrolytische Wirkung in einer Säurelösung Wasserstoffgas entwickelt. Das in einer gewissen Zeit erzeugte Volumen des entwickelten Gases ist verhältig der Zeit, während der der Stromkreis geschlossen war, also der Zahl der Klopfstöße. Die entwickelte Gasmenge liefert damit ein Maß für die Häufigkeit des Klopfauftretens. Die Eigenart des Geräts macht es mehr zu einem Anzeige-, als zu einem Meßgerät.

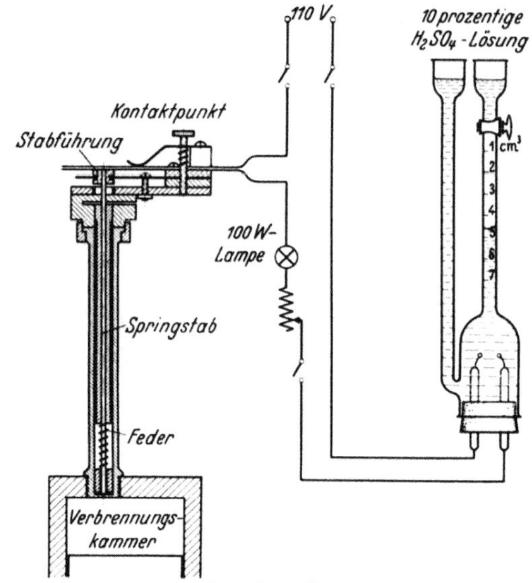


Abb. 99. Midgeley-Springstab (*235*).

## II. Stroboskopische Indikatoren.

Unter den stroboskopischen Indikatoren ist der Juhasz-Indikator (*266*) (Lehmann und Michels) besonders bekannt, bei dem ein für langsam laufende Maschinen üblicher Indikator mit einem Gerät verbunden ist, das den raschen Druckwechsel des Arbeitszylinders vom langsam bewegten Indikator fernhält. Die Messung erfolgt punktweise. Das Gerät (Abb. 100) besteht im wesentlichen aus einer Steuer- und Phasenverstelleinrichtung. Die Steuerung enthält zwei Schieber *a* und *b*, die über Pleuelstangen von den Wellenkröpfungen *c* angetrieben werden. Die Welle läuft mit der Motorkurbelwelle. Die beiden Schieber *a* und *b* sind mit einem Schlitz *d* versehen, der den Druckdurchgang vom Motor zum Indikator ermöglicht. Der Schlitz fluchtet nur in einer einzigen Kurbelwellenstellung, sperrt also in allen anderen Stellungen den Druck vom Indikator ab.

Der Antrieb der Kurbel erfolgt über ein Umlaufgetriebe. Der Wellenstumpf *W* wird gelenkig mit der Kurbelwelle des Motors verbunden. Durch Verdrehen des Zwischenräderträgers *G*

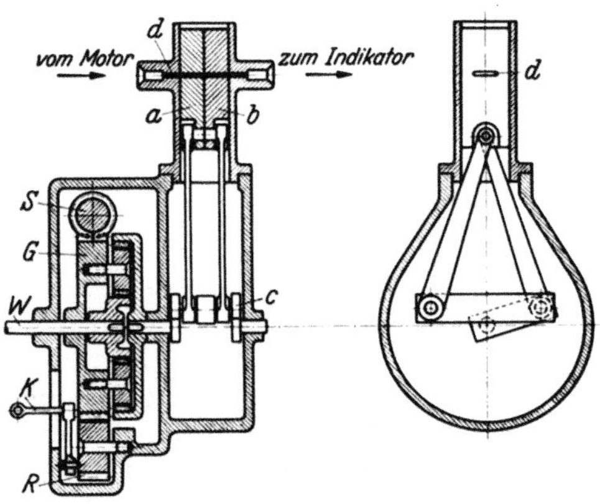


Abb. 100. Phasenverstellvorrichtung des Juhasz-Indikators. *a*, *b* Schieber; *c* Wellenkröpfungen; *d* Schlitz; *G* Zwischenräderträger; *K* Kurbel; *R* Rad; *S* Schnecke; *W* Wellenstumpf.

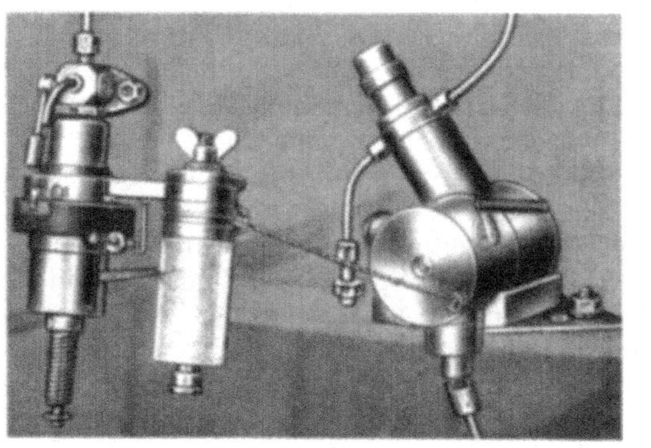

Abb. 101. Juhasz-Indikator mit Steuer- und Phasenverstelleinrichtung (*238*).

über die Schnecke *S* erfolgt die Phasenverschiebung der Öffnung des Schlitzes *d* in den Schiebern. Die zwangsläufige Drehung der Indikatortrommel, gleichlaufend mit der Phasenverstellung, wird vom Rad *R* und der Kurbel *K* übernommen.

Schwierigkeiten der genauen Aufzeichnung liegen bei solchen Bauarten in der Notwendigkeit, daß der immer nur einzeln aus dem Arbeitsvorgang herausgegriffene Punkt druckgetreu wiedergegeben wird. Der Indikator darf jeweils nur eine ganz kurze Zeit unter Druck stehen; damit der Indikatorzeiger in der knappen Zeit um die jeweilige Druckänderung verschoben wird, bedarf es daher eines großen Öffnungsquerschnittes zwischen Maschine und Indikator. Mit der Größe des Querschnittes wächst aber die Öffnungs- und Schließzeit. Abb. 101 zeigt die betriebsfertige Juhasz-Indiziereinrichtung.

Eine im wesentlichen gleich arbeitende Einrichtung wird im Wright-Field in Dayton (*319*) verwandt. An Stelle der Schiebersteuerung ist ein Druckentnahmeventil vorgesehen (Abb. 102). Dieses wird durch einen Nocken gesteuert, wodurch die Öffnungs- und Schließzeit sehr klein und der Ventilöffnungsquerschnitt groß genug gewählt werden kann. Das Getriebe (Abb. 103) ist so ausgebildet, daß eine Phasenverschiebung, die von Hand bedient wird, möglich ist. Dadurch kann der Zeitpunkt der Druckentnahme und der Stellung der Indikator trommel über den ganzen Arbeitsvorgang verschoben werden.

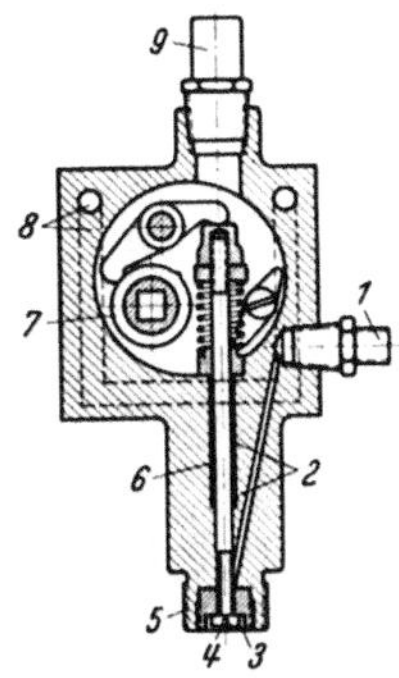

Abb. 102. Druckentnahmeventil des Wright-Field zum Juhasz-Indikator (*96*).
*1* Druckrohranschluß; *2* Packung; *3* Ventilsitz; *4* Ventil; *5* Gewinde; *6* Bohrung; *7* Nocken; *8* Wasserdurchlaß; *9* Fettbüchse.

Beim Farnboro-Indikator (*403*) (Abb. 104) wird wie beim Farnboro-Höchstdruckmesser (s. S. 53) als Geber ein leichter Schwimmkolben benützt (in der Abbildung vergrößert gezeichnet), der bei Überschreiten des mittels Regelschalters eingestellten Druckes aus der Preßluftflasche durch den Druck im Zylinder einen Stromkreis schließt, in dem die Erstwicklung eines Umspanners liegt. Der eingestellte Preßluftdruck wirkt auch auf den Kolben des Schreibgerätes. Der Gegendruck an diesem Kolben wird durch auswechselbare, geeichte Federn erzeugt. Der Zeiger des Schreibgerätes bewegt sich damit verhältnisgleich dem eingestellten Druck nach einem Druckmaßstab, der durch die Feder bestimmt ist. Über eine Lenkvorrichtung wird die kreisbogenförmige Bewegung des Zeigerendes in eine geradlinige verwandelt, so daß sich der Schreibstift auf einer Mantellinie des den Papierstreifen tragenden Schreibzylinders bewegt. Die Trommelachse ist mit einer bestimmten gegenseitigen Stellung über eine Kegelkupplung mit der Kurbelwelle kuppelbar. In dem Zweitkreis des Umspanners liegt einerseits die Schreibtrommel und andererseits der Druckzeiger. Beim Schließen und Öffnen des Erstkreises springt

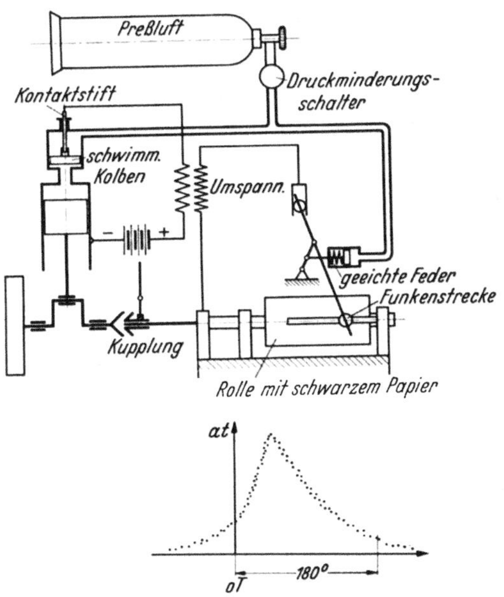

Abb. 104. Farnboro-Indikator mit dazugehörendem Aufschrieb.

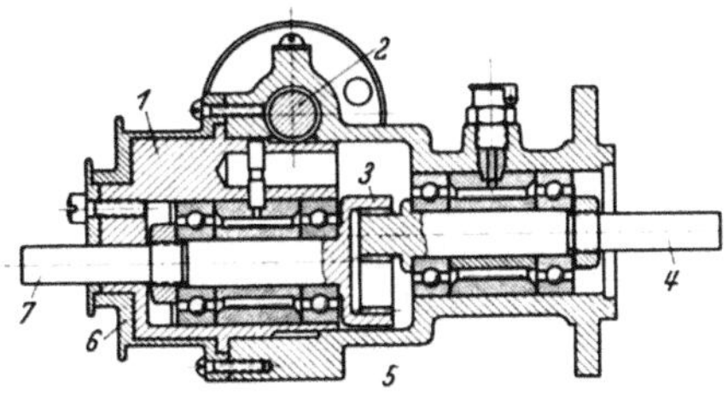

Abb. 103. Schnitt durch den Indikatorantrieb (Wrigth-Field) (*96*).
*1* Exzenter; *2* auf Handrad befestigte Schraube; *3* Innenverzahnung für Ritzelwelle; *4* Maschinen-Antriebswelle; *5* Getriebe; *6* Seilrolle; *7* Indikator-Antriebswelle.

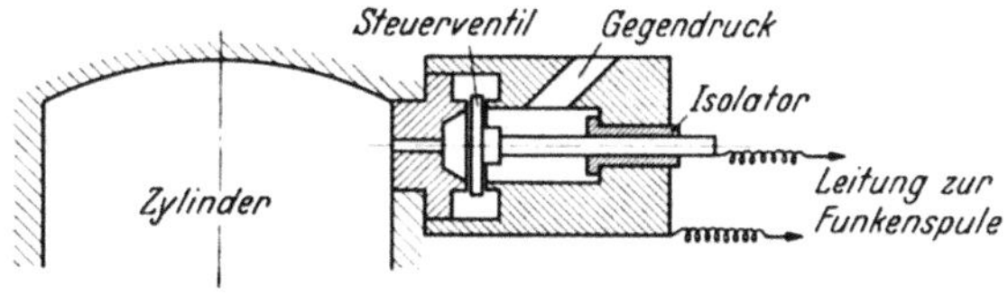

Abb. 105. Schnitt durch den Geber des Farnboro-Indikators (*247*).

zwischen Schreibtrommel und Zeigerstift ein Hochspannungsfunke über, der das Papier auf der Trommel durchschlägt. Es entstehen Aufschriebe, wie sie Abb. 104 zeigt.

Nachteilig ist die noch merkliche Massenwirkung des schwimmenden Kolbens, die bei hohen Spitzendrücken die Genauigkeit der Anzeige beeinträchtigt. Abb. 105 zeigt einen Schnitt durch den Geber des Indikators, Abb. 106 eine Ansicht der Meßeinrichtung.

Der DVL-Glimmlampenindikator arbeitet grundsätzlich gleich wie der DVL-Höchstdruckmesser (s. S. 53). Beim Überschreiten des mittels Preßluft und Regelschalters eingestellten Gegendruckes durch den Verbrennungsdruck im Zylinder wird wie dort ein Stromkreis geschlossen, der eine Glimmlampe solange aufleuchten läßt, bis der eingestellte Druck durch den Zylinderdruck wieder unterschritten wird. Der Lichtstrahl der Glimmlampe wird durch eine Linse gesammelt und auf einen Spiegel übertragen. Der Spiegel sitzt an Stelle des Zeigers auf der Achse eines geeichten Manometers, das dem gleichen Gegendruck wie das Gebergerät ausgesetzt wird. Entsprechend dem wirkenden Druck wird der Lichtstrahl auf einem lichtempfindlichen Papier abgelenkt. Das Papier ist auf eine Trommel, die mit der Kurbelwelle des Motors umläuft, aufgelegt. Die Aufzeichnung besteht aus schwarzen Streifen, deren Länge und Begrenzung den Blinkzeiten der Glimmlampe verhältig sind. Die Abstände der Streifen entsprechen dem Fortschreiten des eingestellten Gegendruckes. Die Aufzeichnungseinrichtung ist in einem lichtdichten Kasten untergebracht.

Abb. 106. Farnboro-Indikator (*246*).

*A* Kupplungshebel; *B* Bremshebel; *C* Knebel zum Festziehen des Papiers; *D* Akkumulatoren; *E* Funkenspitze; *H* Hahn für Schwachfederdiagramme; *J* Schalter; *K* Druckluftregelventil; *L* Kontakttellerventil; *M* Hauptzugfedern; *N* Umschalthahn für Saug- und Druckleitung; *O* Handpumpe.

Die Aufnahme gestattet, ähnlich wie beim Farnboro-Indikator, die Feststellung der mittleren indizierten Leistung, nicht aber das Erkennen des Druckverlaufs im einzelnen Arbeitsvorgang.

Die DVL hat den Glimmlampenindikator (*121*) zur Anwendung an Mehrzylindermotoren weiter entwickelt (Abbildung 107). Glimmlampen $L$ mit punktförmiger Lichtquelle und hoher Flächenhelligkeit werfen mittels der Spiegel $S$ und der Objektive $O$ je einen Lichtpunkt auf das lichtempfindliche Papier einer Registriertrommel $T$, die durch eine Gleichlaufeinrichtung $G_1$, $G_2$ mit Kurbelwellendrehzahl angetrieben wird. Die Glimmlampen werden durch die Höchstdruckmesser $H$ so lange eingeschaltet, wie der Druck im Zylinder den durch das Regelventil $V$ einstellbaren Gegendruck übersteigt und zeichnen während dieser Zeit je einen Strich auf die umlaufende Trommel. Der Lichtpunkt wird auf der Trommel mittels des Drehspiegels durch eine Bourdon-Röhre $R$ verhältnisgleich dem eingestellten Gegendruck verschoben, wodurch die Höhe des vorhandenen Gegendruckes im Diagramm festgelegt ist. Bei jeder Umdrehung der Kurbelwelle wird also ein Strich gezeichnet, dessen Abstand von der Abszissenachse verhältig dem jeweils eingestellten Gegendruck ist und dessen Länge angibt, während welcher Zeit der Kurbelumdrehung der Druck im Motor größer als der Gegendruck war.

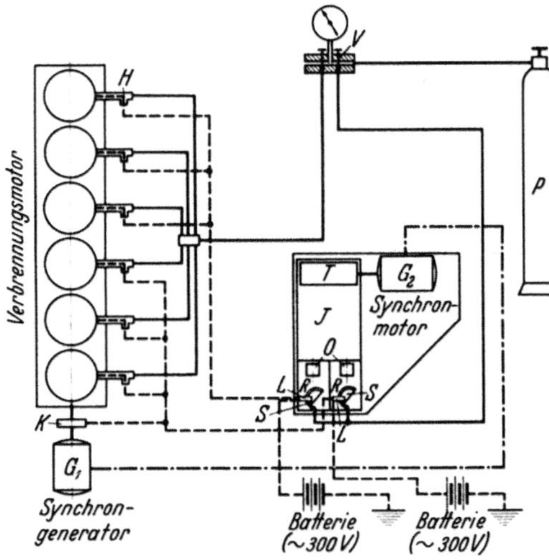


Abb. 107.
DVL - Mehrzylinder - Glimmlampenindikator (*302*).

$G_1$, $G_2$ Gleichlaufeinrichtung; *H* Höchstdruckmesser; *J* Indikatorkasten; *K* Kontaktscheibe; *L* Glimmlampen; *O* Objektive; *P* Druckflasche; *R* Bourdon-Röhren; *S* Spiegel; *T* Registriertrommel; *V* Regelventil.

Wird der Gegendruck im Bereich der im Motor auftretenden Drücke von Umdrehung zu Umdrehung um ein Geringes geändert, so entsteht eine aus aneinander gelegten Strichen zusammengesetzte Fläche, deren Umgrenzung den Mittelwert aus einer Anzahl von Zeitdruckschrieben darstellt. Die Kennzeichnung der aufgeschriebenen Drücke geschieht auf einfache Weise durch Eichlinien, die durch Betätigung einer Drucktaste in das Schaubild eingezeichnet werden.

Damit die Überschneidungen der einzelnen Diagrammflächen möglichst gering bleiben, sind im Indikatorkasten $J$ zwei gleiche optische Sätze nebeneinander angeordnet, so daß auf der Trommel zwei Reihen von Schaulinien aufgezeichnet werden; die einzelnen Zylinder sind dabei nach der Zündfolge auf die beiden Sätze zu verteilen.

Die Festlegung und Aufzeichnung der einzelnen Totpunkte und der Kurbelstellungen von 10 zu 10° erfolgen mit Hilfe der Kontaktscheibe $K$, die auf eine der Lichtquellen $L$

geschaltet ist. Um etwaige durch das Gleichlaufgerät entstehende Fehler zu vermeiden, ist diese Scheibe unmittelbar auf der Kurbelwelle des Verbrennungsmotors angeordnet.

Sämtliche Bedienungsvorrichtungen sind in einem Schaltkasten zusammengefaßt. In diesem sind auch Kontrollampen eingebaut, damit das Arbeiten der Druckmesser und der Totpunktgebung beobachtet werden kann. Damit ist die Möglichkeit geschaffen, die auftretenden Höchstdrücke jedes einzelnen Zylinders während des Betriebes auch ohne Schaubildaufnahme unmittelbar festzustellen.

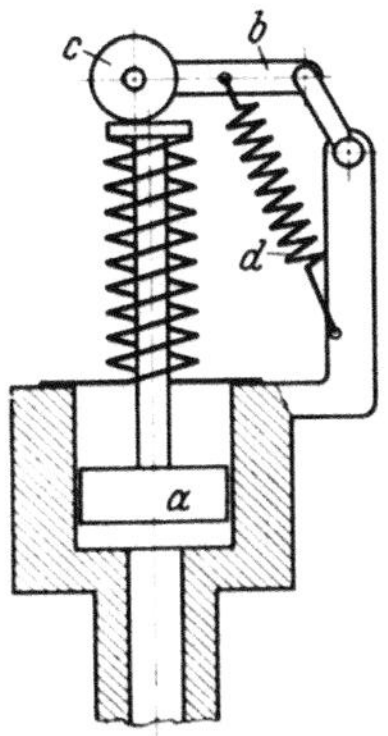


Abb. 108. Mikroindikator von Mader (32). *a* Kolben; *b* Schreibhebel; *c* Schreibstift; *d* Feder.

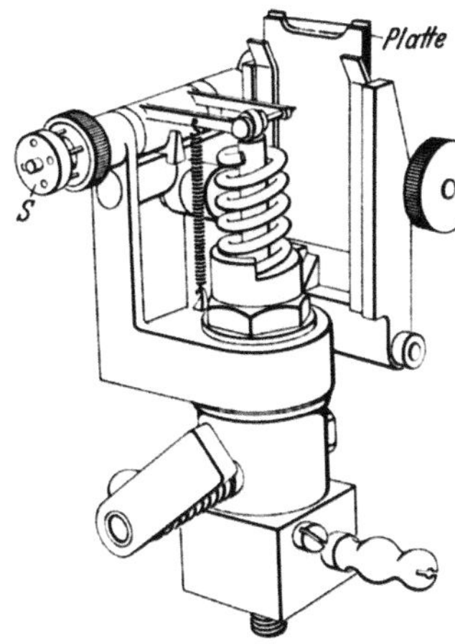


Abb. 109. Mader-Mikroindikator (236).

## III. Hochfrequenzindikatoren.

### a) Mikroindikatoren.

Von den Hochfrequenzindikatoren, die die Aufnahme eines einzelnen Arbeitsvorganges gestatten, sind folgende Mikroindikatoren, optische Indikatoren und elektrische Indikatoren zu nennen.

Der Mikroindikator von Mader (*308*) vermeidet jegliches Hebelübersetzungsgestänge. Der Schreibstift *c* ist unmittelbar mit dem Kolben *a* verbunden (Abb. 108). Die Feder *d* soll einen dauernden Kraftschluß zwischen Kolbenstange und Schreibhebel *b* herstellen, damit spielfreies Arbeiten zwischen Kolbenstange und Schreibstift gewährleistet ist. Der Schreibstift ist als Nadel ausgebildet, die auf einer berußten Platte schreibt. Die Glasplatte (Abb. 109) wird vom Kreuzkopf der Maschine oder einem gleichwertigen Antrieb bewegt. Da die Aufzeichnung nur wenige Millimeter hoch ist, wird sie unter dem Mikroskop beobachtet und, falls notwendig, im Mikrolichtbild vergrößert.

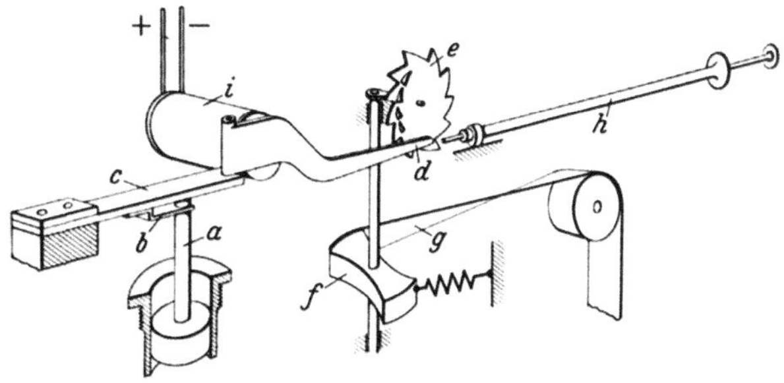


Abb. 110. Cambridge-Indikator von Collins (33). *a* Kolben; *b* Zwischenfeder; *c* Hebel; *d* Schreibhebel; *e* Zellhornscheibe; *f* Segment; *g* Stahlband; *h* Druckstift; *i* Magnet.

Beim Collinsschen Mikroindikator (*130*) (Abb. 110) wirkt der Kolben *a* auf den Hebel *c*, der als Meßfeder ausgebildet ist und den Schreibhebel *d* trägt. *b* ist eine Zwischenfeder, die den Kraftschluß zwischen Hebel und Kolben zu bilden hat. Der Schreibstift auf *d* ritzt durch die Bewegung des Schreibhebels die Drucklinie auf einer Zellhornscheibe *e* ein, die über das Segment *f* mittels des Stahlbands *g* gleichlaufend mit dem Kolben hin- und herbewegt wird. Mit Hilfe des Druckstiftes *h* wird die Zellhornscheibe nach Fertigung eines Aufschriebs um einen Zahn weitergedreht, so daß eine Reihe von Aufnahmen hintereinander gemacht werden kann. Der Magnet *i* drückt den Schreibstift nur während eines Arbeitsvorganges an die Zellhornscheibe, so daß die Schriebe nicht übereinandergeritzt werden. Die große Masse des Schreibhebels mit dem Magnet verursacht eine niedrige Lage der Eigenschwingungszahl, so daß das Gerät, dessen Gesamtaufbau Abb. 111 zeigt, in der Anwendung bei hohen Drehzahlen begrenzt ist.

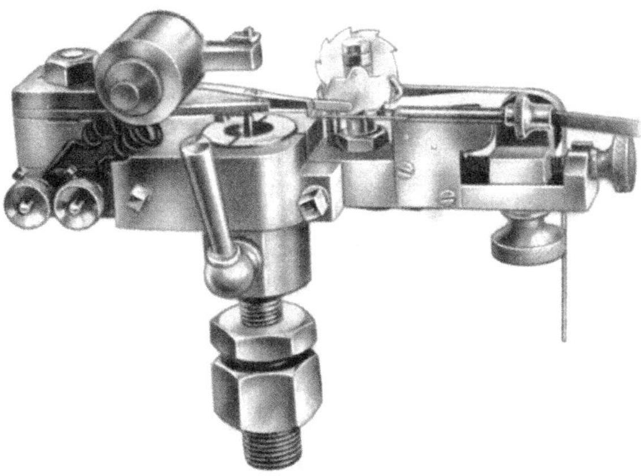

Abb. 111. Cambridge-Indikator von Collins (237).

Beim DVL-Ritzindikator wirkt der Verbrennungsdruck auf den Hilfskolben *K* (Abb. 112) welcher die Kolbenkraft über den Stab *St* auf die Plattenfeder *P* überträgt. Die Federmembran

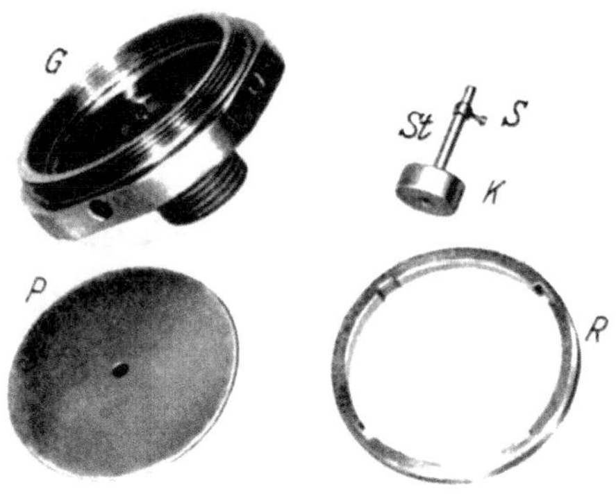


Abb. 112. DVL-Ritzindikator (auseinandergenommen). *G* Gehäuse; *K* Hilfskolben; *P* Plattenfeder; *R* Gewindering; *S* Diamantstift; *St* Stab.

Abb. 113. DVL-Ritzindikator.

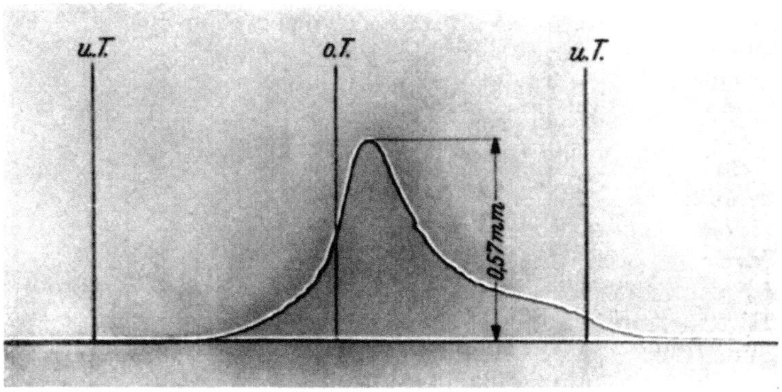


Abb. 114. Vergrößert wiedergegebenes Ritzdruckzeitdiagramm.

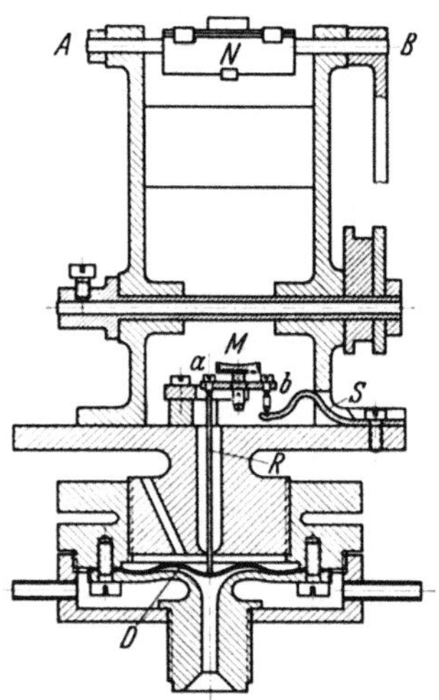


Abb. 115. Watson-Indikator (*239*). *A*—*B* durch Exzenter gesteuerte Achse des Planspiegels *N*; *a*—*b* Bügel; *D* Membrane; *M* Hohlspiegel; *R* Stahlstab; *S* Feder.

Abb. 116. Watson-Indikator (*240*.) *A*—*B* durch Exzenter gesteuerte Achse des Planspiegels *N*; *M* Hohlspiegel.

wird mit Hilfe des Gewinderinges *R* in dem Gehäuse *G* eingespannt. Am Stabende wird ein Diamantstift befestigt, der auf ein in einem Führungsschlitten gehaltenes Glasplättchen schreibt.

Der Antrieb des Schlittens und damit des Glasplättchens erfolgt über Zahnräder durch ein Uhrwerk, so daß die Aufzeichnung des Druckverlaufs nach der Zeit erfolgt. Die hierbei notwendige gleichmäßige Ablaufgeschwindigkeit wird durch einen Windflügel im Uhrwerk geregelt.

Damit der zeitliche Druckverlauf mit der Kolbenstellung in Verbindung gebracht werden kann, ist ein Totpunktschreibstift eingebaut, der mittels eines Elektromagneten angezogen wird. Der Stromstoß für den Magneten wird durch einen Schleifkontaktschalter, der auf der Kurbel- oder Nockenwelle sitzt, gegeben. Abb. 113 zeigt den zusammengebauten Indikator bei abgenommener Schutzkappe.

Die Eigenschwingungszahl beträgt bei der Federmembran, die zur Aufnahme von Hochdrucklinien (40 at) geeignet ist, 16600 Hz und bei einer Federmembran für Niederdruckaufnahmen (3 at) 2220 Hz. Die Ritzdrucklinien, deren Ausschlag zwischen 0,3 und 0,6 mm liegt, werden unter dem Mikroskop betrachtet oder im Mikrolichtbild vergrößert. Abb. 114 zeigt die vergrößerte Hochdruckaufnahme aus einem Einzylindermotor bei 1500 U/min.

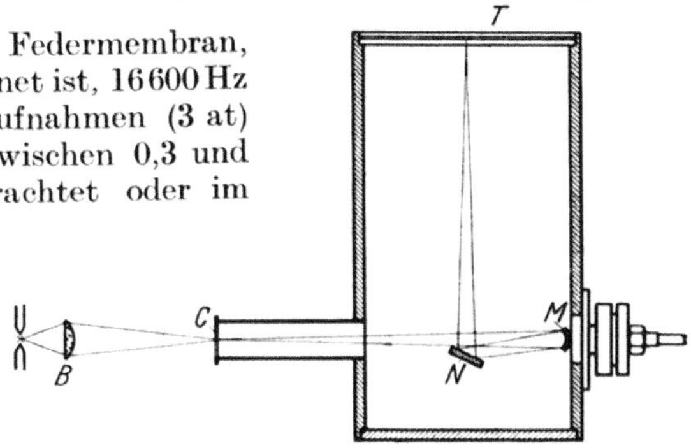


Abb. 117. Strahlenverlauf beim Watson-Indikator (*241*). *B* Sammellinse; *C* Blende; *M* Hohlspiegel; *N* Planspiegel; *T* Mattscheibe.

### b) Optische Indikatoren.

Optische Indikatoren sind in größerer Zahl entwickelt worden. Folgende haben sich, soweit bekannt, an rasch laufenden Maschinen bei über 1500 U/min bewährt.

Bei dem Indikator von Watson (*390*) (Abb. 115) wirkt der Verbrennungsdruck auf die federnde Membran *D*. Deren Durchbiegung wird über einen Stahlstab *R* auf den bei *a* und *b* in Spitzen gelagerten Bügel übertragen, der den Hohlspiegel *M* trägt. Die Feder *S* soll dazu dienen, die vom Motor kommenden Erschütterungen vom Auflagerpunkt *b* fernzuhalten, damit der Spiegel keine zusätzlichen Bewegungen macht. Der auf der Achse *A*—*B* gelagerte, ebene Spiegel *N* macht Kippschwingungen entsprechend dem Hin- und Hergang des Kolbens. Die Achse *A B* wird durch einen Exzenter gesteuert (Abb. 116), der nach dem im Motor vorhandenen Verhältnis von Pleuellänge zu Hub eingestellt werden kann. Der auf den Spiegel *M* geworfene Lichtstrahl wird durch die Bewegung der Membran abgelenkt und durch den Spiegel *N* aufgefangen. Der Spiegel *N* überträgt dem Strahl die hin- und hergehende Bewegung des Maschinenkolbens. Die Gesamtbewegung des Lichtstrahls wird durch die Mattscheibe *T* aufgefangen (Abb. 117). Da die beiden Drehachsen der Spiegel *M* und *N* senkrecht zueinander stehen, erscheint auf der Mattscheibe das Druckvolumenschaubild in rechtwinkeligen Koordinaten. Sammellinse *B* und Blende *C* sorgen für richtiges Einfallen des Lichtstrahls auf den Spiegel *M*.

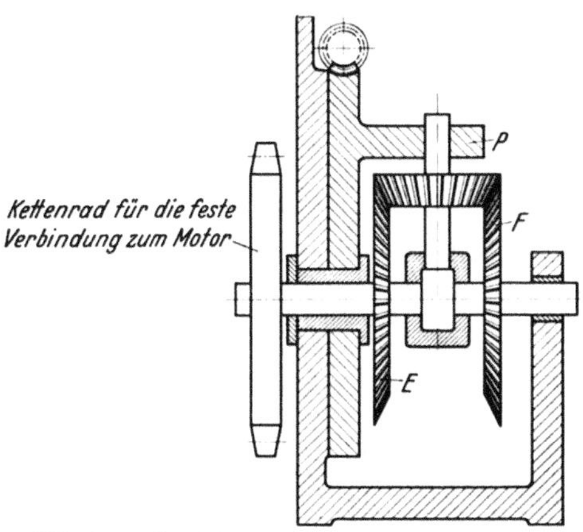


Abb. 118. Getriebe des Watson-Indikators (*242*). *E* 1. Planetenrad; *F* 2. Planetenrad; *P* Planetenarm.

Das in Abb. 118 gezeigte Getriebe dient als Zusatzgerät. Durch Verdrehung des Planetenarmes *P* mittels Mikrometerschraube kann die Welle des Rades *F* gegenüber der des Rades *E* bis zu 180° gedreht werden. Die Welle des Rades *F* ist unmittelbar mit der Exzenterwelle des Spiegels *N* gekuppelt. Das Kettenrad auf der Welle von *E* ist mit der Kurbelwelle des Motors durch eine Kette starr verbunden. Dadurch kann die Stellung des den Spiegel *N* beeinflussenden Exzenters nach dem Kurbelversetzungswinkel eines zu prüfenden Mehrzylindermotors eingestellt werden. Die *p*—*v*-Schaulinien sämtlicher Zylinder können damit aufgenommen werden, ohne daß der Betrieb unterbrochen werden muß.

Die Arbeitsweise des Burstall-Indikators (*123*) (Abb. 119) ist grundsätzlich die gleiche wie die des Watson-Indikators. Er besitzt zwei Spiegel, wovon der eine *c* durch den Gasdruck im Zylinder, der zweite *d* nach dem Maschinenhub bewegt wird. Der eingeschliffene Kolben *a* wird von einer Stabfeder *b* in einer kugeligen Pfanne gehalten. Die Stabfeder trägt an ihrem vorderen Ende den Hohlspiegel *c*, der den von der Glühlampe *g* über Blende *h* und Sammellinse *i* kommenden Lichtstrahl ablenkend auf den Spiegel *d* wirft. Dieser ist auf einer Achse *e* gelagert, die über *f* angetrieben das Bewegungsspiel des Maschinenkolbens mitmacht. Von *d* geht der Lichtstrahl auf die Mattscheibe *l*.

Der von der General Motors Co. gebaute Midgeley-Indikator (*313*) (Abb. 120) arbeitet nach ähnlichem Grundsatz. Der geschliffene Kolben wird durch eine Feder abgestützt. Seine Bewegung wird über einen langen Stahlstab auf einen Zwischenhebel geleitet, an dem auf einer Seite der Spiegel angebracht ist. Ein Polygonspiegel, der bei Aufnahme von Zeitdrucklinien umläuft, übernimmt das Auseinanderziehen des Diagramms. Bei Wegdruckaufnahmen pendelt der Spiegel hin und her. Zur Erzielung des Gleichlaufes zwischen Polygonspiegel und Kurbelwelle dient ein Synchronmotor, dessen Aufbau und Wirkungsweise aus Abb. 121 und 122 ersichtlich ist.

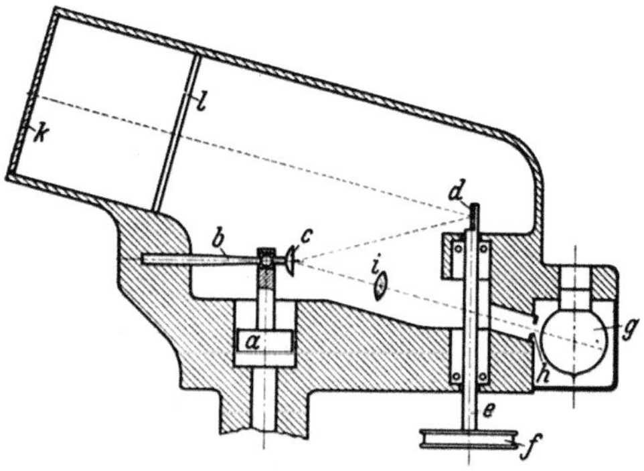


**Abb. 119. Optischer Indikator von Burstall (*34*).**
*a* Kolben; *b* Stabfeder; *c* Hohlspiegel; *d* Spiegel; *e* Achse; *f* Antriebrolle; *g* Glühlampe; *h* Blende; *i* Sammellinse; *k* Gehäuse; *l* Mattscheibe.

Der optische Indikator von Maihak (Abbildung 123 u. 124) entspricht im wesentlichen der Bau- und Wirkungsweise des Burstall-Indikators. Fortschritte liegen in der gedrängten Bauart und Unempfindlichkeit gegen Erschütterungen. Abbildung 125 zeigt die Ansicht des Gerätes mit

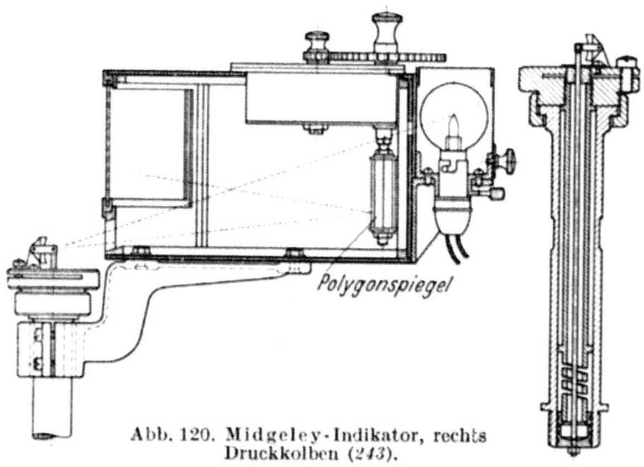


Abb. 120. Midgeley-Indikator, rechts Druckkolben (*243*).

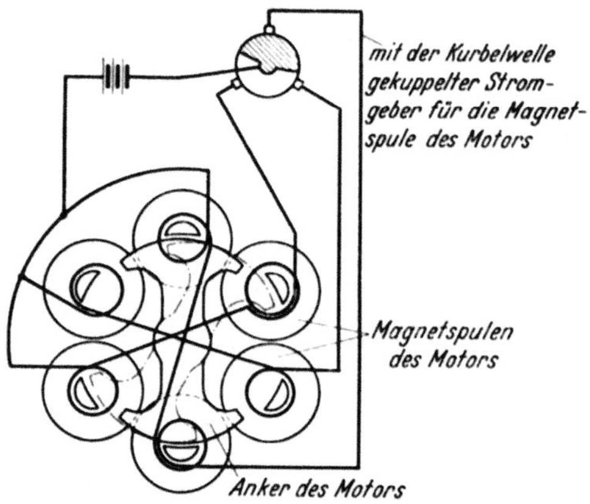


Abb. 121.
Schaltbild des Midgeley-Gleichlaufantriebes (*244*).

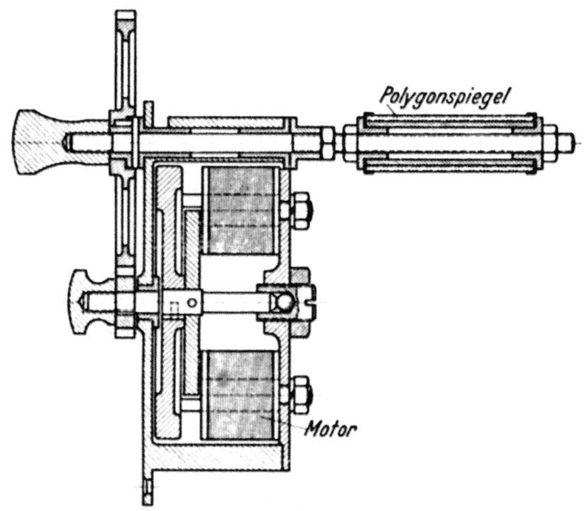


Abb. 122. Midgeley-Gleichlaufantrieb (*245*).

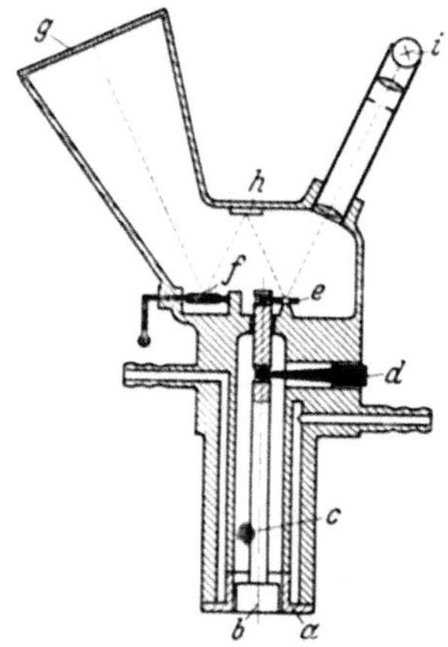


Abb. 123. Optischer Indikator von Maihak (*35*).
*a* Zylinder; *b* Kolben; *c* Kolbenstange; *d* Stabfeder; *e* Druckspiegel; *f* Wegspiegel; *g* Mattscheibe; *h* fester Spiegel; *i* Lichtquelle.

eingebautem Zeitverschluß. Der Indikator ist für Aufnahmen bis zu 4000 U/min geprüft.

### c) Elektrische Indikatoren.

Durch Einführung der elektrischen Indikatoren, bei denen der in besonderen Gebergeräten erzeugte Meßstrom durch Elektronenröhren bis zu dem für die Aufzeichnung erforderlichen Maß verstärkt wird, sind die Massenwirkungen so weit eingeschränkt worden, daß es im praktischen Prüfbetrieb möglich ist, Aufzeichnungen des Druckverlaufs im Zylinder während eines Arbeitsvorganges durchzuführen, die gestatten, die Verbrennungsvorgänge im einzelnen

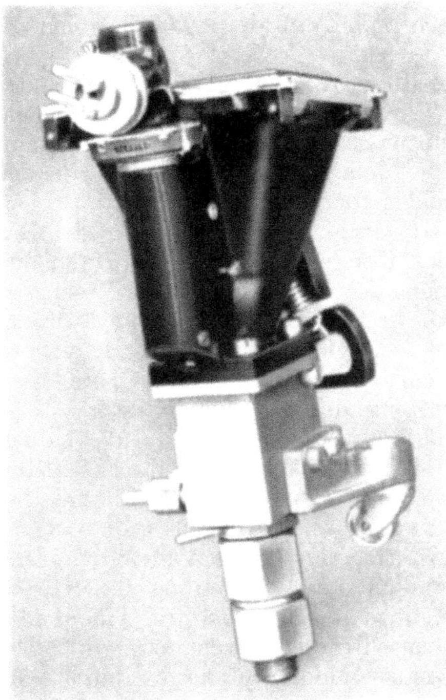

Abb. 124. Optischer Indikator von **Maihak**.

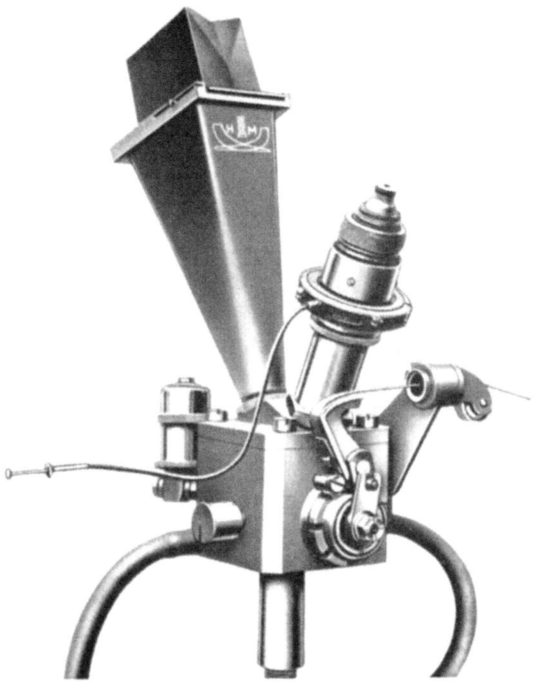

Abb. 125. Optischer Indikator von **Maihak**.

zu beobachten. Die Geräte erfordern aber sorgfältige Vorbereitung und Durchführung der Untersuchungen, da die Meßeinrichtungen empfindlich sind.

**Das kapazitive Meßverfahren.** Eine Kondensatormeßdose zum Indizieren der Verbrennungsdrücke wurde von Schnauffer (*361*) angewendet. Abb. 126 zeigt die Meßdose im Schnitt. Der Gasdruck wirkt auf die Hilfsmembran *F*, die dazu dient, die Feuergase vom Kondensator

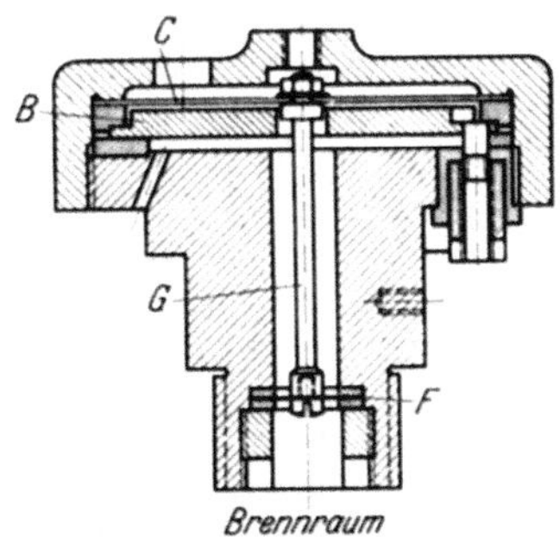


Abb. 126. Kondensatormeßdose nach Schnauffer (*411*). *B* Kondensatorplatte; *C* Kondensatormembranfeder; *F* Hilfsmembran; *G* Stab.

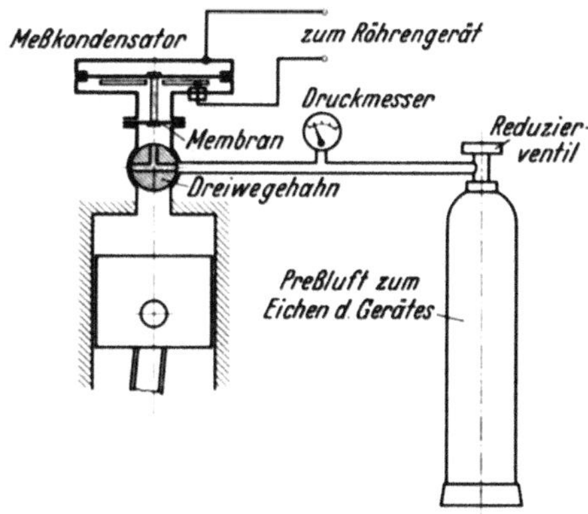


Abb. 127. Schnauffer-Indikator.

fernzuhalten. Durch die Lage der Hilfsmembran nahe am Gasraum wird auch die verzerrende Wirkung langer enger Kanäle auf die Druckverlaufsanzeige und ihr Einfluß auf den Totraum bei kleinen Zylindern vermieden. Mittels eines Stabes *G* aus Invarstahl wird der Druck auf die Kondensatormembranfeder *C* übertragen. Der Abstand der Kondensatorplatte *B* von dieser beträgt 0,1 mm. Die größte Durchbiegung bei einem Einspanndurchmesser von 35 mm ist 0,08 mm in Richtung von der festen Kondensatorplatte *B* weg. Durch diese Bewegungsrichtung werden Kurzschlüsse bei überraschend hohen Gasdrücken vermieden.

Die Eichung erfolgt zur Vermeidung von Fehlern infolge Temperaturänderung unmittelbar nach jeder Messung mittels Preßluft und geeichten Vergleichsmanometers (Abb. 127).

Als günstige Abmessungen haben sich ergeben für die Hauptmembran aus Federbandstahl 0,3—1,5 mm Stärke, für die Hilfsmembran von 12 mm Dmr. Stahl von 0,05—0,1 mm Stärke und geglühte Messingfolie. Diese Ausführung ergibt eine Eigenschwingungszahl von 2000 bis 10000 Hz, je nach Stärke der Membranfeder. Sie genügt den Anforderungen bei schnelllaufenden Maschinen.

Abb. 128 zeigt das Schaltbild der Meßanordnung. Die Röhre $R_1$ stellt einen Röhrensender mit dem Schwingungskreis $L_1 C_1$ dar. Dieser Sender wirkt durch einige Windungen einer Spule $Sp$ auf einen abstimmbaren Kreis $L_2 C_2$ ein. Parallel zu dem Kondensator $C_2$ liegt der Geberkondensator $C_x$, dessen Aufbau oben beschrieben wurde. Verändert man die Kapazität des Kondensators $C_2$, so durchläuft die Spannung des Kreises $L_2 C_2$ eine Resonanzkurve. Diese Hochfrequenzspannung wird in der Röhre $R_2$ gleichgerichtet und erzeugt den Anodenstrom $J_a$ (Abb. 129). Nun wird die Einstellung des Drehkondensators $C_2$ so gewählt, daß der Arbeitspunkt auf der halben Höhe der Resonanzkurve an ihrer steilsten Stelle, etwa bei Punkt $A$, liegt, damit bei kleinen Kapazitätsänderungen große Spannungs- bzw. Stromänderungen auftreten. Eine Änderung der Kapazität des Geberkondensators $C_x$ verändert die Abstimmung des Kreises $L_2 C_2$, bewirkt eine Spannungsänderung in diesem Schwingungskreis und dadurch eine Änderung des Anodenstromes $J_a$, die mittels der Oszillographenschleife aufgezeichnet wird. Die Gleichstromvorbelastung der Schleife bei nichtschwingender Membran kann durch eine Kompensationsschaltung $K$ aufgehoben werden.

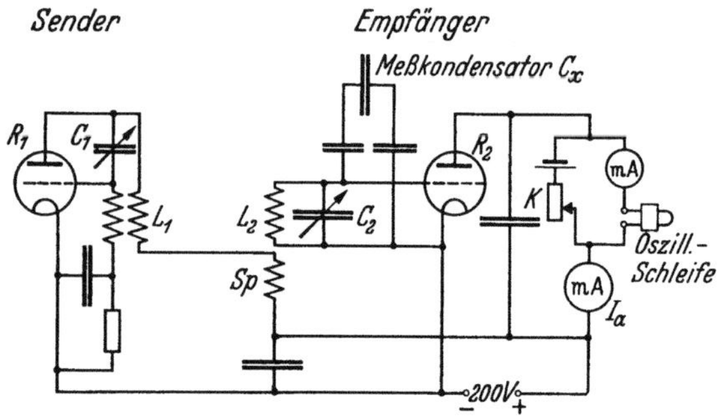


Abb. 128. Schaltbild des kapazitiven Meßverfahrens (*149*). $C_1 L_1$ Senderschwingkreis; $C_2 L_2$ Empfangskreis; $Ia$ Anodenstrom; $K$ Kompensation; $R_1$ Schwingröhre; $R_2$ Gleichrichter.

Bedingung für die einwandfreie Aufzeichnung der Druckvorgänge ist der geradlinige Zusammenhang zwischen Gitterwechselspannung und Anodenstrom in der Röhre $R_2$ und das Arbeiten auf einem geradlinigen Stück der Resonanzkurve.

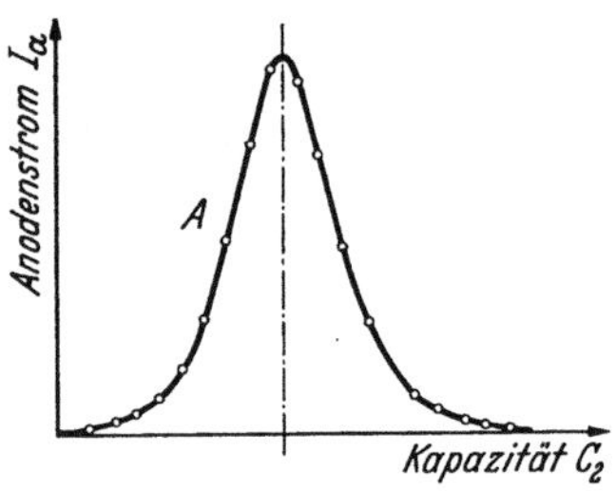


Abb. 129. Resonanzkurve (*150*).

**Das piezoelektrische Meßverfahren** (*281*) beruht darauf, daß gewisse Kristalle, z. B. Quarz, Turmalin, Seignettesalz, die Eigenschaft haben, bei mechanischer Beanspruchung in einer bestimmten Richtung, die durch die Kristallstruktur gegeben ist, elektrische Ladungen zu bilden. Bei der Anwendung auf den Indikator werden die durch den Verbrennungsdruck entstehenden Ladungen mittels hochisolierter Kabel einem zweistufigen Gleichstromverstärker zugeführt, der die durch die Druckschwankungen hervorgerufenen Ladeschwankungen in Stromänderungen umwandelt, die dann durch einen Oszillographen oder eine Braunsche Röhre aufgezeichnet werden.

Ein besonderer Vorteil der piezoelektrischen Messung liegt darin, daß die Kristalle außerordentlich hohe Elastizitätszahlen aufweisen ($10^6$ kg/cm$^2$) und daß sich deshalb bei auftretenden Kräften nur kleine Federwege ergeben und dementsprechend vernachlässigbar kleine Massenwirkungen vorliegen.

Wegen seiner guten mechanischen Eigenschaften und seiner Beständigkeit wird Quarz vorgezogen. Ein Quarzkristall (Bergkristall) ist in Abb. 130 u. 131 gezeigt; er besitzt eine optische Achse in seiner Längsrichtung, drei elektrische Achsen, die die Winkel zwischen den Seitenflächen halbieren, und drei neutrale Achsen, die senkrecht auf den Seitenflächen stehen. Wirkt eine mechanische Kraft in Richtung der elektrischen Achsen, so entstehen in ihrer Richtung elektrische Ladungen. Man schneidet daher aus dem Kristall runde Platten so heraus, daß ihre Drehachse mit einer elektrischen Achse zusammenfällt (Abb. 131).

Wirkt auf eine solche piezoelektrische Scheibe in Richtung der elektrischen Achse die Kraft $K$, so entsteht auf den Druckflächen die elektrische Ladung $Q$, wobei $Q = \delta K$ ist. Der Faktor $\delta$ wird piezoelektrischer Modul genannt, er beträgt bei Quarz $21 \cdot 10^{-18} \cdot \left[\frac{\text{Cb}}{\text{Dyn}}\right]$.

Bei einem Druck von 1 kg auf einen piezoelektrischen Quarzkristall beliebiger Abmessungen entsteht also die Ladung $Q = \delta K = 21 \cdot 10^{-18} \cdot \frac{1}{0{,}981} \cdot 10^6 = 21{,}4 \cdot 10^{-12}\,\text{Cb}$, $(1\,\text{Cb} = 1\,\text{As} = 1\,\text{V} \cdot \text{F})$, die sich über die Halterung und das Verbindungskabel bis zum Gitter der ersten Röhre ausbreitet und die Spannung $U = \frac{Q}{C}$ hervorruft. Wenn die Kapazität $C$ einer Quarzkammer mit Verbindungskabel etwa $150 \cdot 10^{-12}$ F beträgt, kann für 1 kg Druck eine Spannung von 0,14 V erwartet werden. Werden mehrere Quarze hintereinander gelegt und durch denselben Druck belastet, so kann bei richtiger Abnahme auch die mehrfache Ladung entnommen werden. Diese Spannung könnte mit empfindlichen Elektrometern an sich gemessen werden.

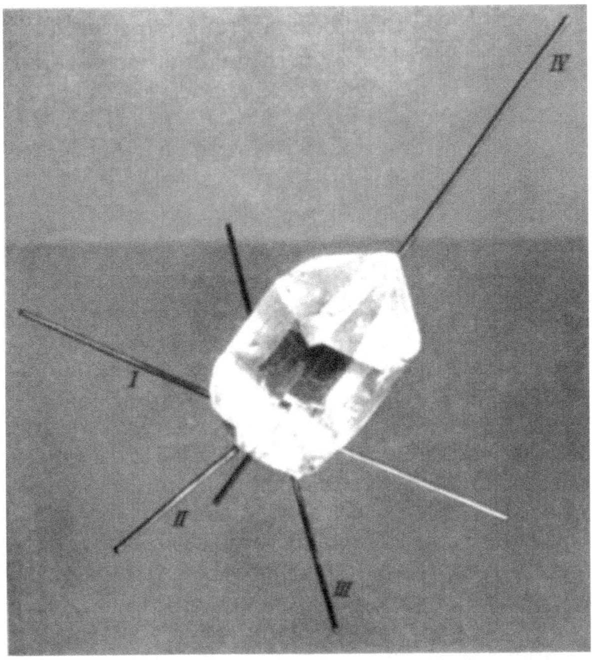


Abb. 130. Anordnung der Achsen eines Quarzkristalles. *I, II, III* elektrische Achsen, *IV* optische Achse.

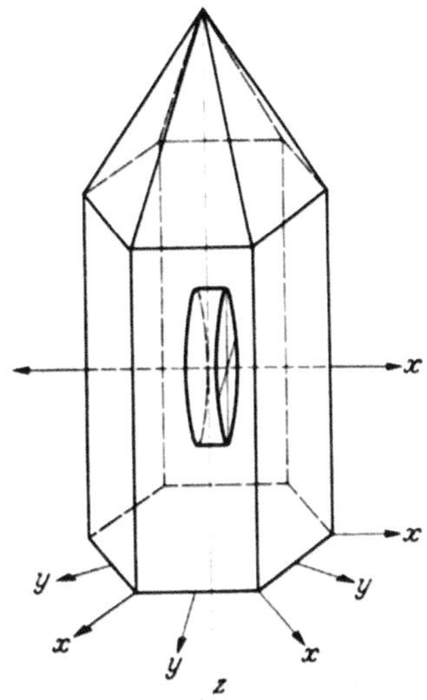


Abb. 131. Quarzkristall mit richtig herausgeschnittener piezoelektrischer Platte (FKFS). *x* Elektrische Achse; *y* Neutrale Achse; *z* optische Achse.

Zur Aufzeichnung des Vorganges im Oszillographen oder mit Braunscher Röhre muß ein Röhrenvoltmeter (Abb. 132) an den Piezogeber angeschlossen werden, wobei auf ausgezeichnete Isolierung von Quarzgeber, Zuleitung und Gitter zu achten ist, denn die Ladung $Q$ sucht sich über den Isolationswiderstand $R$ auszugleichen. Tritt plötzlich eine zeitlich konstant bleibende Kraft $K$ auf, so entsteht die Spannung $U$, die langsam abklingt nach der Gleichung $U_t = U_0 \cdot e^{-\frac{t}{T}}$, wobei die Zeitkonstante $T = RC$ (s) ist (Abb. 133).

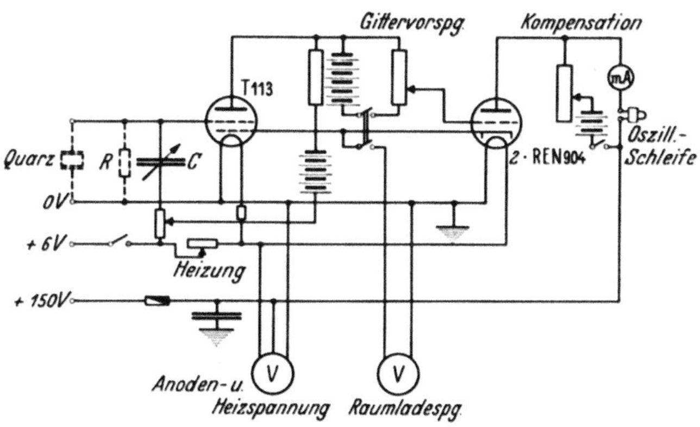


Abb. 132. Schaltbild eines Röhrenvoltmeters.

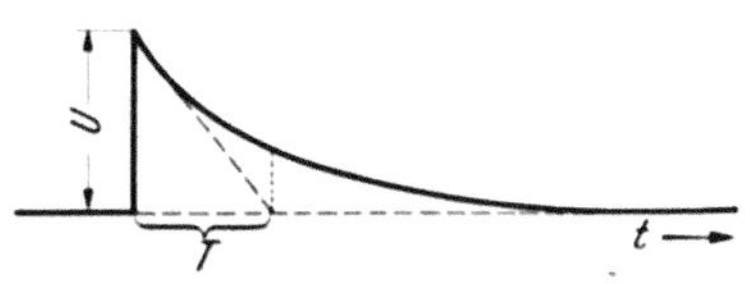


Abb. 133. Abklingen der Gitteraufladung.

Für eine Zeitkonstante $T = 10$ s muß bei der oben angegebenen Kapazität der Isolationswiderstand $R = \frac{10}{150 \cdot 10^{-12}} = 66 \cdot 10^9\ \Omega$ sein. Wird die Kapazität $C$ durch einen zusätzlichen Drehkondensator vergrößert, so wird nach obigen Formeln die Spannung geringer und die Zeitkonstante höher.

Abb. 134 zeigt die Aufzeichnung eines rechteckigen Druckverlaufs bei idealer ($a$), schlechter ($b$) und sehr niederer ($c$) Gitterisolation. Im Falle $b$ beginnt die Spannung sofort nach ihrem Auftreten wieder nach der oben angegebenen $e$-Funktion abzuklingen; nach Entlastung erscheint durch den Ladungsverlust eine umgekehrte Spannung. Im letzteren Falle fließt die entstandene Ladung sofort wieder ab und am Gitterableitungswiderstand $R$ entsteht durch den Strom $J = \frac{dQ}{dt}$ die Spannung $U = R \cdot \delta \cdot \frac{dQ}{dt} = R\delta \frac{dK}{dt}$, es wird also nur die zeitliche Änderung der Kraft und nicht die Kraft selbst aufgezeichnet.

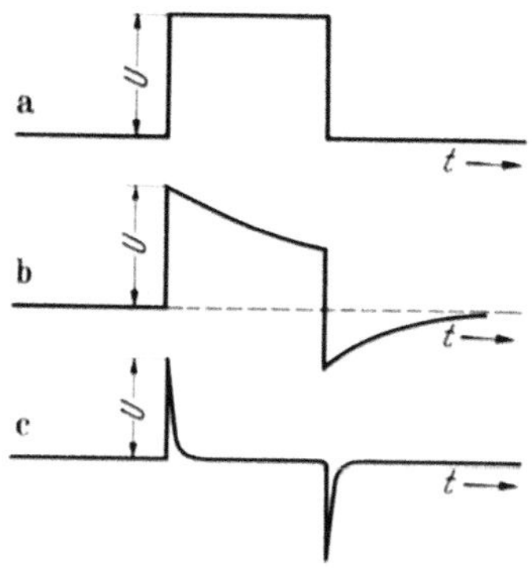


Abb. 134. Rechteckiger Druckverlauf a bei idealer, b bei schlechter, c bei sehr niederer Gitterisolation.

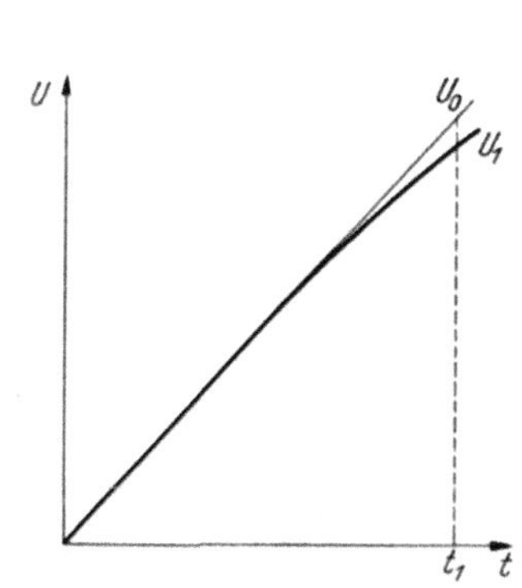


Abb. 135. Fehler durch Isolationsverluste bei der Aufzeichnung von Druckspitzen.

Ist, bei Annahme eines geradlinigen Druckanstieges (Abb. 135), $U_0$ die bei idealer und $U_1$ die bei normaler Isolation zur Zeit $t_1$ erreichte Spannung, so wird

$$\frac{U_1}{U_0} = \frac{T}{t_1} \cdot \left(1 - e^{-\frac{t_1}{T}}\right).$$

Da bei bester Isolation der Widerstand $R = 10^{12}\,\Omega$ und die Zeitkonstante $T = 300$ s erreicht werden kann, wird $U_1$ um 0,007 vH kleiner als $U_0$. Demnach ist diese Zeitkonstante für die Aufnahme von normalen Indikatordiagrammen mehr als ausreichend. Jedoch ist bei allen Messungen mittels Piezoquarz auf hervorragende Isolation von Quarzgeber, Verbindungskabel, Drehkondensator und Gitter der Verstärkerröhre zu achten und jede Feuchtigkeit fernzuhalten.

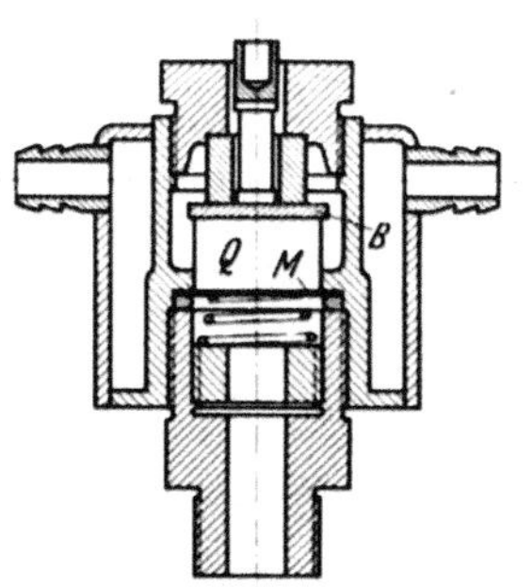


Abb. 136. Quarzindikator des FKFS (alte Ausführung). $B$ hochisolierte Platte; $M$ Metallmembran; $Q$ Quarzkörper.

Die Abb. 136 und 137 zeigen zwei verschiedene Gebergeräte des FKFS-Quarzindikators, deren Vergleich einen Einblick in die Entwicklungserfahrungen vermittelt. Bei dem Geber nach Abb. 136 wirkt der Gasdruck über eine kurze Zuleitung auf eine 0,1 mm starke Metallmembran $M$, die den Quarzkörper $Q$ vor dem unmittelbaren Zutritt der Verbrennungsgase schützt. Auf der gegenüberliegenden negativen Seite des Quarzes nimmt eine hoch isolierte Platte $B$ den Druck auf. Bei dieser Bauart ändert sich infolge des unmittelbaren Aufliegens der Membran auf dem Quarz die Empfindlichkeit durch die Erwärmung. Messungen von Andreeff haben ergeben, daß mit zunehmender Temperatur (bis 500° C) die piezoelektrische Wirkung um 12% abnimmt.

Bei dem Geber nach Abb. 137 liegt zwischen der Membran $M$ und den Quarzen $Q$ ein Metallkolben $K$, der den Quarz vor schädlicher Erwärmung schützt. Die Membran liegt ganz am Ende des bis an die Grenzen des Verbrennungsraumes vorgetriebenen Einschraubpunktes, so daß beim Indizieren Fehler durch schädlichen Raum vermieden sind.

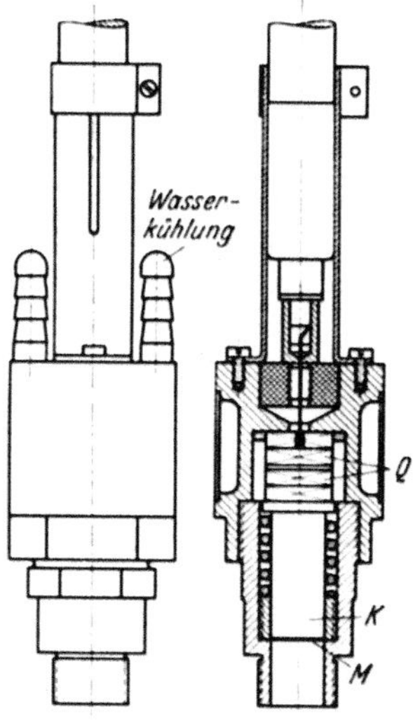


Abb. 137. Quarzgeber des FKFS. $K$ Metallkolben; $M$ Membran; $Q$ Quarze.

Damit sich die Masse des Kolbens nicht nachteilig auswirkt, ist durch eine Vorspannfeder dafür gesorgt, daß dieser kein axiales Spiel hat. Wird der Geber an einem unter starken Erschütterungen stehenden Motor verwandt, so muß der Übertragungskolben durch Hohlbohren oder ähnliche Mittel sehr leicht gemacht werden, damit seine Massenwirkungen vernachlässigbar klein bleiben.

Abb. 138 zeigt die Ansicht des FKFS-Indikators. Zum Schutz der Bernsteinisolation und des Quarzes vor Überhitzung ist der Geber mit einem Wasserkühlmantel versehen; bei geringerer Wärmebeanspruchung ist die Wasserkühlung oft auch entbehrlich. Abb. 139 u. 140 zeigt Geber, die von der DVL entwickelt und gebaut wurden (4).

Bei gut sitzendem Übertragerkolben kann auf die Abschlußmembran verzichtet werden.

Die Aufnahme des Druckverlaufs erfolgt mit einem Schleifenoszillographen oder einer Braunschen Röhre. Mit Rücksicht auf die für den Betrieb der Schleife notwendige Stromstärke und für die Braunsche Röhre erforderliche Spannung muß, wie oben kurz erwähnt, zwischen Geber und Aufnahmegerät ein Verstärker eingeschaltet sein, der zweistufig als Röhrenvoltmeter ausgebildet wird. Dabei sind besondere Maßnahmen zu treffen, damit Verluste der Meßladung vermieden werden.

Die hohen Anforderungen an die Isolation werden von den üblichen Verstärkerröhren nicht erfüllt, und zwar wegen der unzureichenden Isolation der Gitterausführung am Röhrensockel

Abb. 138. Quarzgeber des FKFS.

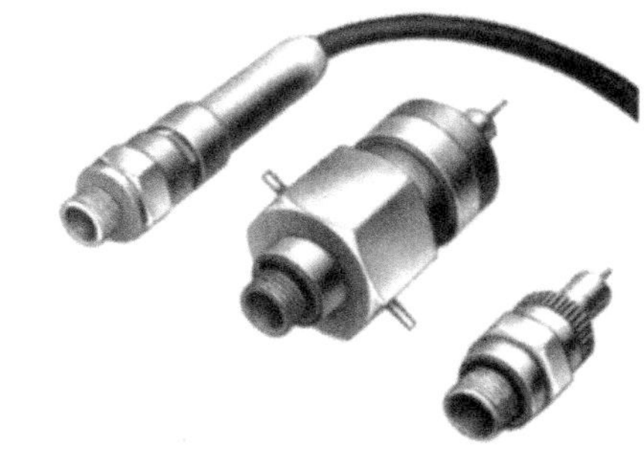

Abb. 139. Ausführung von DVL-Druckgebern für Kolbenmaschinen (*36*).
Links: Geber für hohe Belastung bei geringer Empfindlichkeit. Mitte: Geber für hohe Belastung bei hoher Empfindlichkeit (mit Wasserkühlung). Rechts: Geber für kleine Belastung bei hoher Empfindlichkeit.

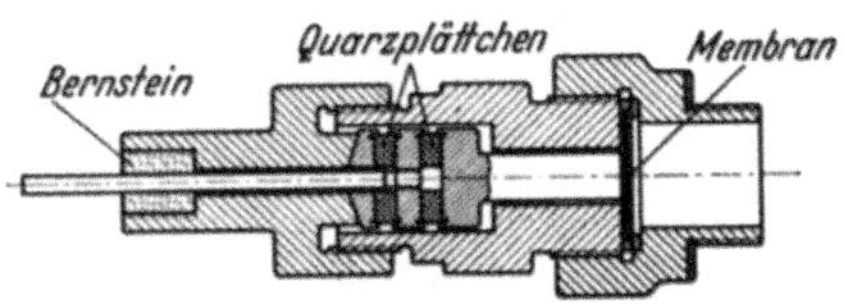


Abb. 140.
Schnitt durch den Quarzgeber der DVL (*37*).

oder an der Röhrenkappe, ferner wegen des möglichen Beschlagens der Glaswände durch die Luftfeuchtigkeit, sowie wegen der Ionisierungsvorgänge im Innern der Röhre infolge der Gasreste und der hohen erforderlichen Anodenspannungen.

Für den vorliegenden Zweck geeignete Röhren mit besonders hoch isolierter Gitterausführung zeigt Abbildung 141a. Bei der älteren Ausführung a sitzt die Schraubenklemme auf einer Kappe aus Bernstein, dessen Oberfläche im Gegensatz zu Glas sich nicht mit Wasser beschlägt. Kriechströme, die von der über dem Anodenblech sichtbaren Einschmelzstelle über die innere Wand des Ansatzrohres nach außen gehen, werden durch Trocknen des Ansatzrohres durch die Wirkung des im Gerätekasten untergebrachten Chlorkalziums unmöglich gemacht. Bei der neueren Ausführung (Abb. 141b, Elektrometerröhre T 113 der AEG) wurde auf die Bernsteinisolierung verzichtet und dafür eine besondere Glassorte verwendet, die ebenfalls nicht durch eine Wasserhaut benetzt werden kann. Beide Röhren sind für die Anwendung geringer Anodenspannung als Doppelgitterröhren ausgeführt. Ebenso wie beim Gitter ist auch beim Quarzgeber, beim Verbindungskabel und beim Drehkondensator auf ausgezeichnete Isolierung zu achten.

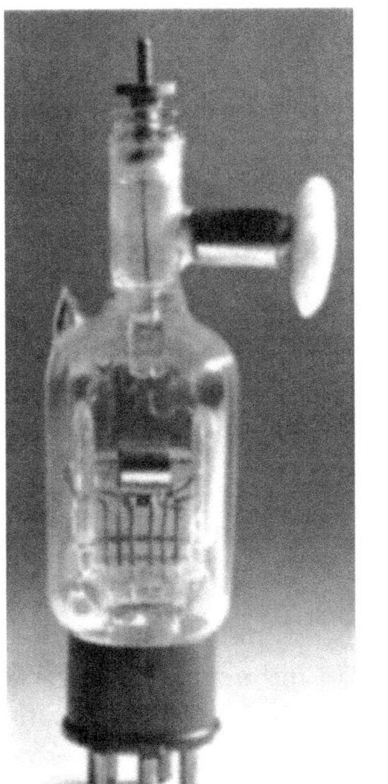

Abb. 141 a.

Abb. 141 b.

Abb. 141 a und b. Doppelgitterröhren mit hochisolierter Gitterausführung (AEG).

Abb. 142.
Röhrenvoltmeter für Batteriebetrieb (FKFS).

Die Schaltung eines batteriebetriebenen FKFS-Gleichstromverstärkers zeigt Abb. 132, während Abb. 142 dessen Ansicht zeigt. In der Endstufe werden zwei parallel geschaltete Röhren REN 904 verwendet, wobei der für das Indikatordiagramm ausnutzbare Anodenstrombereich etwa 12 mA beträgt. Die Empfindlichkeit des Verstärkers beträgt etwa 5 mA Anodenstrom je 1 V Spannung am Gitter der Eingangsröhre. [Die Spannung kann aus dem Druck auf die Quarze, der Anzahl der Quarze und der Gesamtkapazität berechnet werden (s. S. 62 u. 63).]

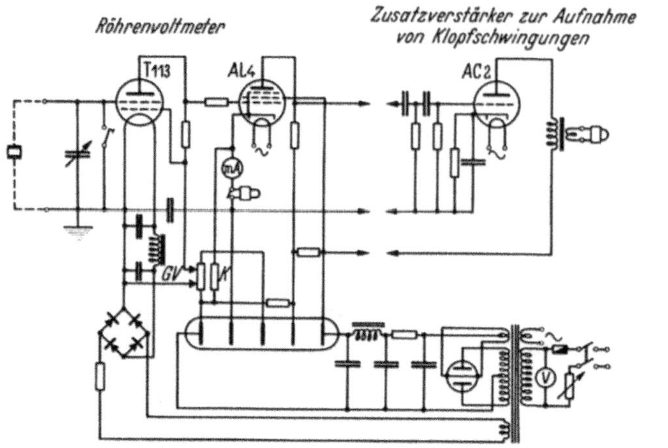


Abb. 143. Schaltung des FKFS-Indikatorverstärkers für Wechselstromnetzanschluß mit Zusatzeinrichtung zur Aufnahme hochfrequenter Klopfschwingungen.

Abb. 143 zeigt die Schaltung eines FKFS-Verstärkers für Wechselstromnetzanschluß, und Abb. 144 dessen Ansicht. Bei diesem Verstärker beträgt der nutzbare Anodenstrom etwa 35 mA, so daß Schleifen Muster 4 mit 3300 Hz Eigenfrequenz noch mit über 90 mm Ausschlag ausgesteuert werden können. Die Empfindlichkeit beträgt 10 mA/V. Abb. 145 zeigt einige Eichkurven, die bei verschiedener Stellung des Drehkondensators aufgenommen sind.

Dieser Verstärker kann noch mit einer zusätzlichen Verstärkerstufe versehen werden, die die hohen Frequenzen, die im Indikatordiagramm enthalten sein können (Klopfschwingungen) weiter verstärkt und mittels einer besonderen Schleife im Oszillogramm aufzeichnet.

Die Eichung der Indiziereinrichtung wird am besten mit der ganzen Anordnung vorgenommen, also durch Feststellung des Zusammenhanges zwischen Gasdruck und Oszillographenausschlag. Die statische Eichung durch Auflegen von Gewichten bringt unbefriedigende Ergebnisse, da die im Quarzgeber entstandenen Ladungen sofort wieder abfließen. Es müssen sich also die zur Eichung dienenden Druckbelastungen innerhalb kurzer Zeit abspielen.

Abb. 144. Röhrenverstärker Bauart FKFS.

Man kann nun punktweise eichen, indem der zunächst unbelastete Geber mit gewissen Drücken nacheinander plötzlich belastet wird. Der auftretende sprunghafte Ausschlag der Oszillographenschleife wird hierbei beobachtet, oder besser aufgezeichnet.

Die FKFS-Eichvorrichtung (Abb. 146) besteht aus einer Druckkammer, die aus einer Stickstofflasche gefüllt wird. Der in der Kammer durch einen Auslaßhahnen einstellbare Druck wird am Manometer abgelesen. Neben der Hauptkammer befindet sich eine im Verhältnis zu dieser sehr kleine Meßkammer, an der der Geber angeschlossen wird. Hauptkammer und Meßkammer sind durch ein Schnellschlußventil getrennt; letztere hat noch einen Auslaßhahnen.

Bei der Eichung wird nach Füllen der Hauptkammer aus der Stickstofflasche auf den Eichdruck, z. B. 15 atm, das Schnellschlußventil geöffnet. Der eingestellte Druck teilt sich der Meßdruckkammer wegen des großen Volumverhältnisses praktisch in voller Höhe mit, so daß der dabei sich ergebende Lichtzeigerausschlag im Oszillographen als Eichung festgelegt werden kann. In der gleichen Weise wird mit einer Reihe von Meßdrücken durchgeeicht. Aus den Werten von Druck und Schleifenausschlag läßt sich die Eichkurve zeichnen (Abb. 145) und der Druckmaßstab in die Indikatoraufnahmen einzeichnen (Abb. 147 u. 148). Diese Aufnahmen zeigen, wie bei Anwendung des Mehrschleifenoszillographen gleichzeitig mehrere Meßwerte aufgezeichnet werden können.

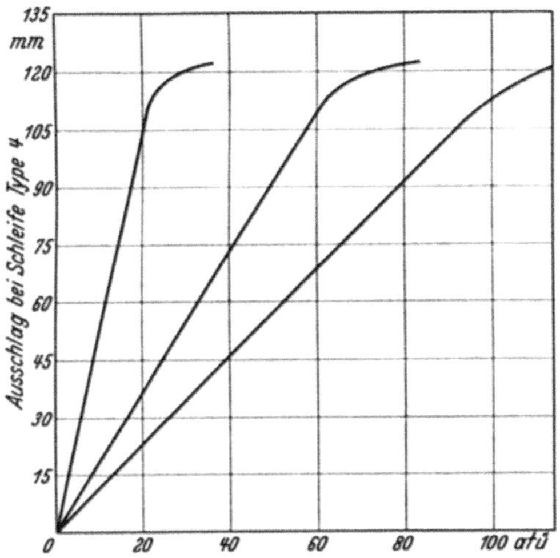


Abb. 145. Eichkurven bei verschiedener Stellung des Drehkondensators.

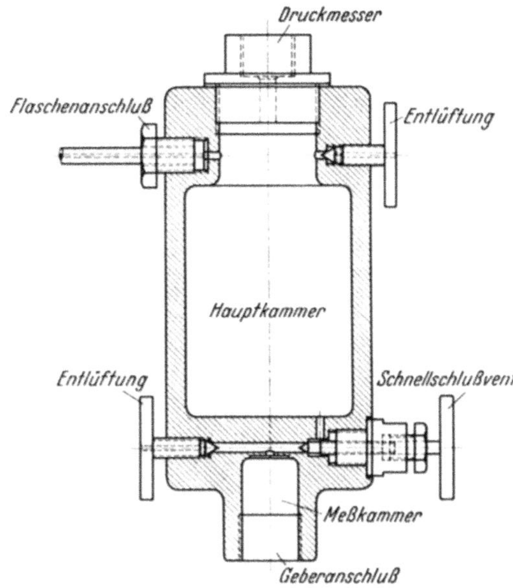


Abb. 146. Eichvorrichtung zum Geber (FKFS).

Statt die Eichkurve punktweise aufzunehmen, kann man auch mit stetig wachsendem, bekanntem Druck und gleichzeitiger Aufnahme des Schleifenausschlages arbeiten, wenn nur der Eichvorgang sich in hinreichend kurzer Zeit abspielt.

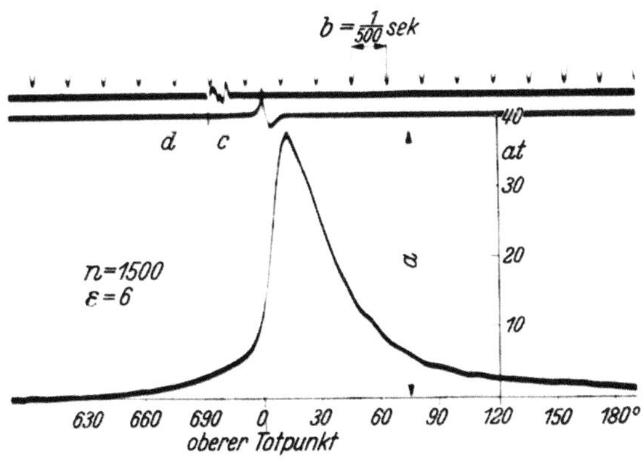


Abb. 147. Druckzeitschaubild eines Quarzindikators (FKFS).
a Druckverlauf; b Zeitangabe; c Totpunktangabe; d Zündzeitpunkt.

Eine solche Eichvorrichtung wurde im Nägelschen Maschinenlaboratorium der Dresdener Technischen Hochschule entwickelt. Sie besteht im wesentlichen aus einer elektromagnetisch betätigten Druckpresse, die in Abb. 149 im Schnitt und in Abb. 150 in der Ansicht gezeigt ist. Der auf den Quarzgeber über Magnetkern, Messingstift, Dichtungsnadel und Öl wirkende Druck ist von der Größe des Magnetisierungsstromes abhängig.

Das Ölvolumen muß gering, aber stets gleich groß gehalten werden, damit der Magnetkern stets die gleiche Stelle im Magnet behält, sein Weg klein bleibt und die Kompressibilität des Öles keine Rolle spielt. Leckölverluste werden durch Nachschieben des links eingezeichneten Kolbens ausgeglichen.

Um induktive Einflüsse während der Eichung auszuschließen und die Magnetwicklung auf annähernde Betriebstemperatur zu bringen, wird vor der Eichung ein Ruhestrom eingeschaltet,

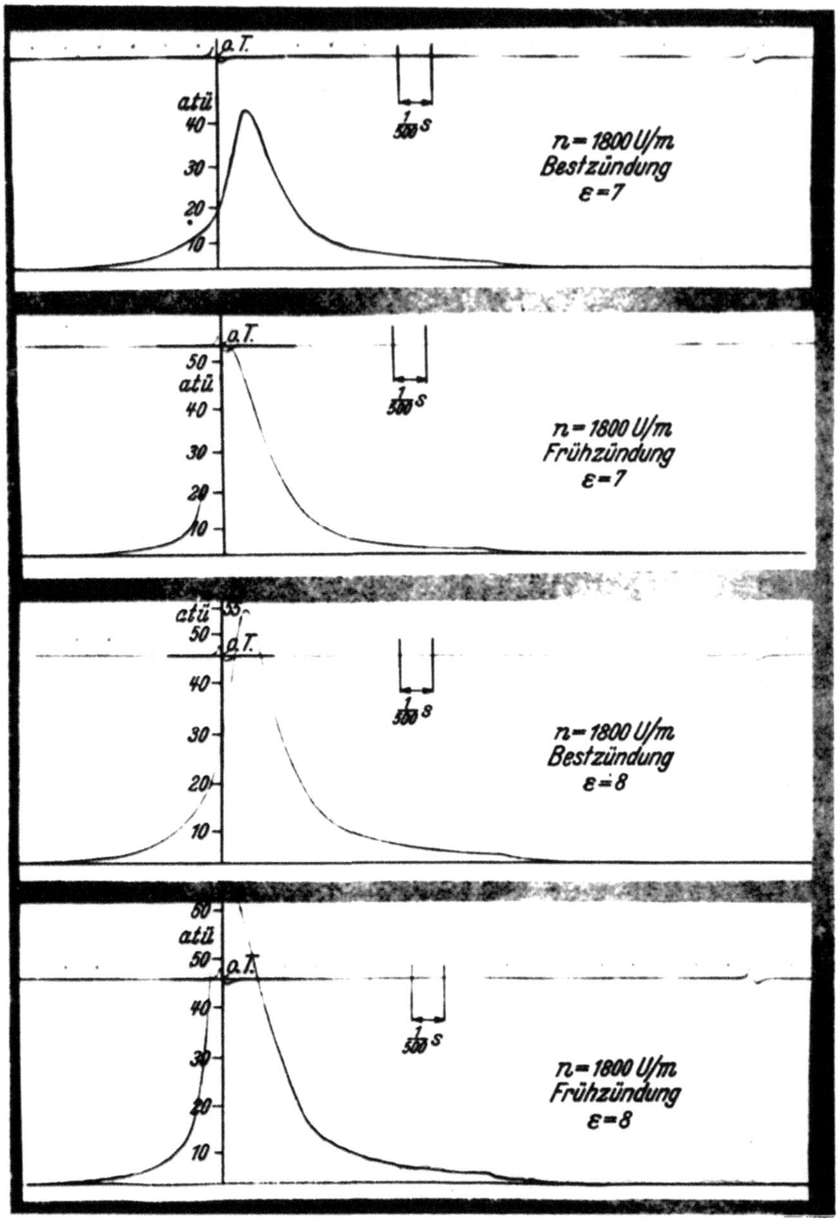


Abb. 148. Druckaufnahmen mittels Quarzindikators.

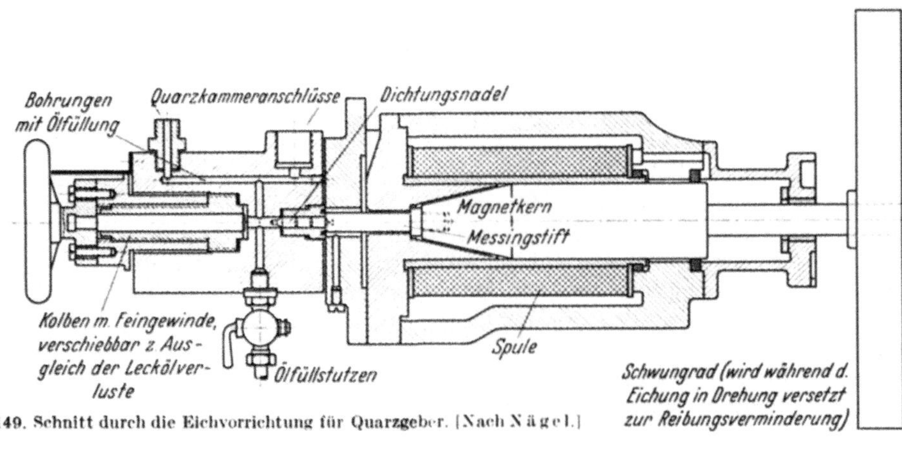


Abb. 149. Schnitt durch die Eichvorrichtung für Quarzgeber. [Nach Nägel.]

der auf die Quarzkammer einen Druck von 7,5 atü ausübt. Die Eichdruckdifferenz ist also von diesem Anfangsdruck zu rechnen, die Reibung der Düsennadel wird durch Ingangsetzen

Abb. 150. Ansicht der Eichvorrichtung für Quarzgeber. [Nach Nägel.]
Links: Elektromagnetische Druckpresse. Mitte: Schiebewiderstand. Rechts: Röhrenvoltmeter.

des Schwungrades vor der Eichung herabgesetzt. Die Beziehung zwischen Magnetstrom und Druck muß einmal durch eine Messung ermittelt werden (Abb. 151).

Beim Eichvorgang wird die Quarzkammer aufgesetzt, der Magnetstrom von einem durch ein Fallgewicht betätigten Schiebewiderstand (Abb. 150) gesteuert und dieser Strom gleichzeitig mit dem Strom des Quarzverstärkers im Oszillographen aufgezeichnet, wie Abb. 152 zeigt. Auf diese Weise hat man einen Zusammenhang zwischen Druckänderung $\Delta P$ und Schleifenausschlag $a$ erhalten, und kann die Eichkurve ermitteln.

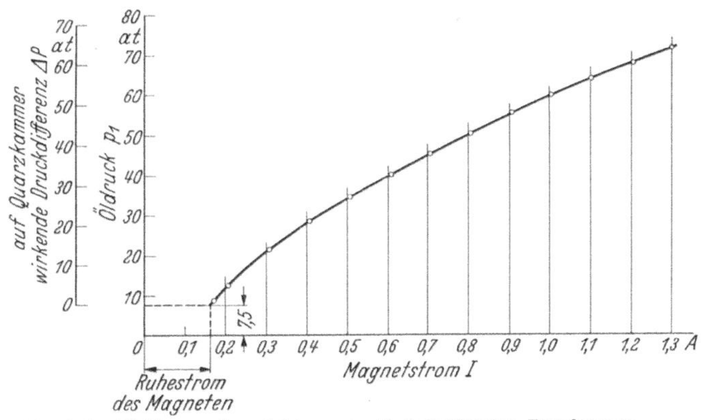


Abb. 151. Eichkurve der elektromagnetisch betätigten Druckpresse.

Außerdem kann man auch durch getrennte Eichung der einzelnen Glieder, also Messen der Empfindlichkeit von Quarzdruckkammer und Schleife und Aufnahme der Kennlinie des Verstärkers, zum Ziele kommen.

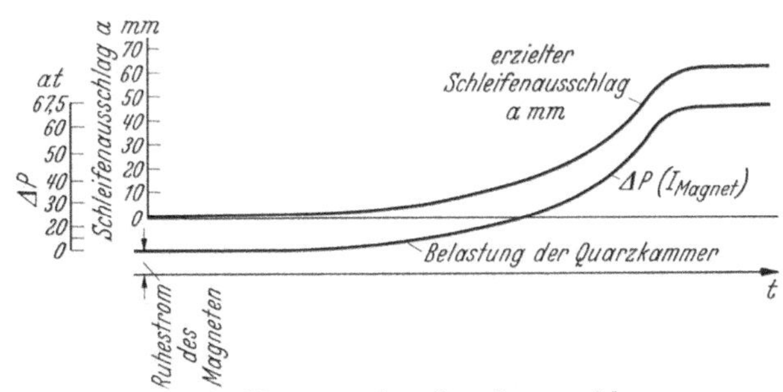


Abb. 152. Oszillogramm einer Quarzkammereichung.

Das Röhrenvoltmeter neigt am häufigsten zu Schwankungen. Kann man annehmen, daß die Empfindlichkeit von Quarzdruckkammer und Schleife längere Zeit konstant bleibt, so genügt es, die Kennlinie des Verstärkers von Zeit zu Zeit aufzunehmen. Dies geschieht durch Anlegen verschiedener Spannungen am Eingang des Röhrenvoltmeters, die in der Größenordnung denen der vom Quarzgeber gelieferten entsprechen.

Der Zeiß-Ikon-Motorindikator (Abb. 153 u. 154) arbeitet nach den gleichen Grundsätzen. Der Verstärker (Abb. 155) ist nach der von Kluge und Linkh angegebenen Anordnung aufgebaut. Zur Aufnahme wird ein Kathodenstrahloszillograph (Braunsche Röhre) nach Abb. 156

Abb. 153. Zeiß-Ikon-Quarzindikator am FKFS-Einzylindermotor aufgebaut.

verwandt. Durch Aufsetzen einer Bildkammer an dem Leuchtschirm kann der beobachtete Druckverlauf aufgezeichnet werden. Abb. 157 zeigt das Zeiß-Ikon-Druckelement in seinen Einzelteilen und zusammengebaut.

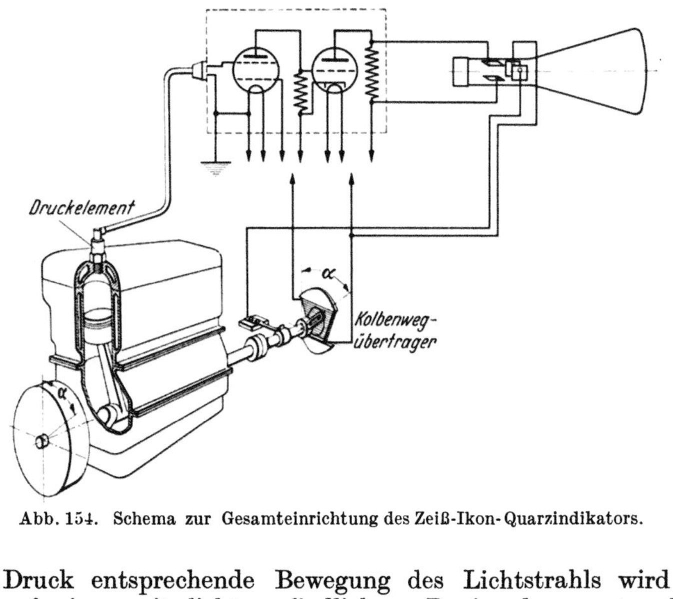


Abb. 154. Schema zur Gesamteinrichtung des Zeiß-Ikon-Quarzindikators.

Zur Erzielung von Weg-Druckaufzeichnungen auf dem Leuchtschirm der Braunschen Röhre wird deren zweites Plattenpaar an einen Kolbenwegübertrager (Abb. 158) angeschlossen, der aus einem Schleifwiderstand besteht, welcher über ein Umlaufgetriebe, ähnlich dem in Abb. 118 gezeigten, angetrieben wird. Eine Vorrichtung ist eingebaut, die das Kurbelverhältnis $r/l$ des untersuchten Motors einzustellen gestattet. Durch Verstellen des Zwischenräderträgers kann das Gerät den verschiedenen Kurbelstellungen der einzelnen Zylinder eines Motors angepaßt werden.

Für Zeit-Druckaufnahmen dient der sog. Tremograph nach Abb. 159. Dieser enthält eine in Sonderbauart angefertigte Braunsche Röhre. Die dem Druck entsprechende Bewegung des Lichtstrahls wird durch eine lichtstarke Sonderoptik auf einer mit lichtempfindlichem Papier bespannten Trommel aufgezeichnet. Durch Einstellen der Drehzahl des Antriebmotors und durch Einstellen einer geeigneten Öffnungszeit des Verschlusses können ein oder mehrere Druckzeitschriebe übereinander gelagert aufgenommen werden.

An Stelle des Tremographen kann für die Druckzeitaufnahme eine Kippschwingungsschaltung verwendet werden, bei der das zweite Plattenpaar der Braunschen Röhre zur Zeitablenkung des Elektronenstrahls benützt wird. Damit erscheint auf dem Leuchtschirm das Druckzeitbild.

Der **Halbleiterindikator** nach W. Glamann und H. Triebnigg (*176*) besteht aus einer Säule von ebenen Plättchen eines Halbleiters, z. B. Kohle, die bei Druckbelastung in Richtung der Achse ihren Widerstand ändert.

Abb. 155. Verstärkereinrichtung (Zeiß-Ikon).

Die Änderung des Gesamtwiderstandes zwischen den beiden Endplättchen wird durch eine Wheatstonesche Brücke bestimmt, in die an Stelle des Milliamperemeters eine Oszillographenschleife eingelegt werden kann. Durch die Anwendungsmöglichkeit der Meßbrücke, die mit 4 V Spannung genügende Empfindlichkeit erreicht, fällt die für den Kondensator- und den Piezoindikator notwendige Verstärkungseinrichtung und die damit verbundene Empfindlichkeit in der Bedienung weg.

Abb. 156. In Blechgehäuse eingebaute Braunsche Röhre mit aufgeklapptem Kameraansatz (Zeiß-Ikon).

Die Schwierigkeiten der Messung liegen in der zeitabhängigen kriechenden Nachwirkung und der zeitunabhängigen Hysterese mit gleichzeitiger Nullpunktsänderung, ferner in der Temperaturempfindlichkeit. Die zeitabhängige kriechende Nachwirkung, die sich als unabhängig von der Hysterese gezeigt hat, äußert sich derart, daß nach jeder Einstellung des Meßpunktes dieser während der ersten Minuten schnell und dann immer langsamer weiterkriecht. Die Hysteresisschleife, die die Eichkurve zeigt, hat die Form einer spitzen Ellipse, deren Breite bis zu 20 vH der Länge betragen kann. Der Nullpunkt schwankt bei der Eichmessung in einem bestimmten Bereich. Dem Fehler ist durch sorgfältige Auswahl der Werkstoffe und durch genaue Herstellung des Gebers begegnet worden.

Abb. 157a.

Abb. 157 b.

Abb. 157 a und b. Zeiß-Ikon-Druckelement.

Abb. 160 zeigt den Aufbau eines Motorindikators, mit dem befriedigende Ergebnisse erzielt worden sind. In einem kräftig gehaltenen Grundkörper ist die Kohlensäule untergebracht.

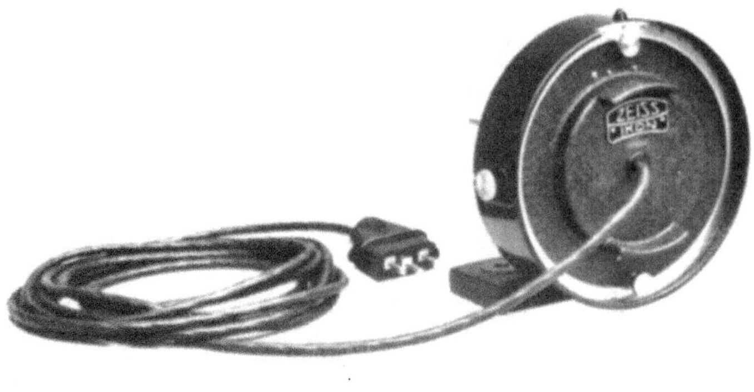

Abb. 158. Kolbenwegübertrager (Zeiß-Ikon).

Abb. 159. Zeitübertragereinrichtung mit eingebauter Braunscher Röhre (Zeiß-Ikon).

Mit Rücksicht auf die geringe mechanische Festigkeit der Kohle- bzw. Graphitplättchen muß eine Membranfeder vorgeschaltet werden, die die Kraft aufzunehmen hat. Die Säule *a*, die im wesentlichen bewegungsaufnehmend ist, besteht aus 3 Plättchen. Die beiden äußeren sind aus Kohle, sie sind elektrisch sehr gut leitend und an den äußeren Flächen zur Vermeidung der Kriechfehler verkupfert. Das mittlere Plättchen ist aus Graphit und wirkt als Halbleiter mit einem Widerstand von rd. 20 Ω. Die Säule ist zwischen zwei Membranen $b_1$ und $b_2$ gelegt, die in der Mitte verstärkt sind. Dadurch konnte die zur Vermeidung von Hysteresis notwendige Schliffgenauigkeit in der Auflagefläche der Kohleplättchen erreicht werden. Zum mechanischen und elektrischen Schutz der Säule ist der Zwischenring *c* und ein Glimmerring *d* eingesetzt. Die Dicke dieser beiden Zwischenringe ist so gehalten, daß die Graphitsäule beim Einspannen die gewünschte Vorspannung erhält, diese kann mittels der Druckschraube *e* noch eingestellt werden. Das Abdichten gegen Eindringen von Gas besorgt die Hilfsmembran *f*. Bei einem 100 at-Indikator beträgt die Höchstlast der Membran ~ 50 kg. Dabei biegt sie sich um 2 μ durch. Bei dieser Durchbiegung ergibt sich für die Speisung der Oszillographenschleife ein Strom von ~ 30 mA. Für Niederdruckdiagramme müssen schwächere Membranen eingesetzt werden.

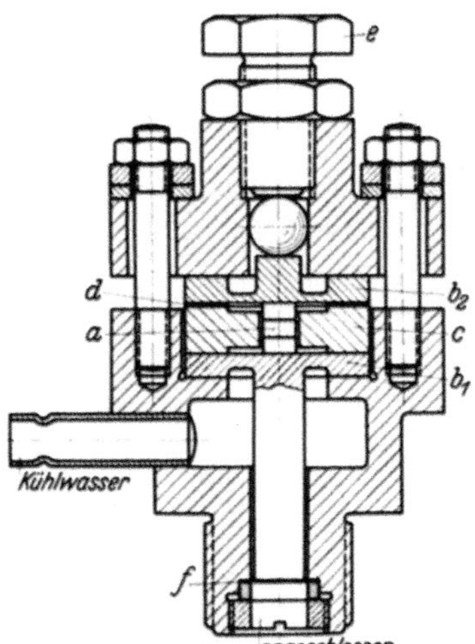


Abb. 160. Kohlensäulewiderstandsgeber. *a* Säule aus 3 Plättchen bestehend; $b_1$, $b_2$ Membranen; *c* Zwischenring; *d* Glimmerring; *e* Druckschraube; *f* Hilfsmembran.

**Beim magnetischen Indikator** von Kobayasi und Sakuma (*283*), der eine eingebaute Zündkerze *E* enthält (Abb. 161), besteht der Geber aus einem eingeschliffenen Kolben (Abb. 162), der mit dem gegabelten oberen Ende über einen Hebelarm *C* einen ferromagnetischen Stab *A* verdreht. Der Stab ist an einem Ende drehbar gelagert und am anderen Ende fest eingespannt. Der Stab wird mittels der Spule *F* mit Wechselstrom magnetisiert und ändert die Stromaufnahme, wenn er auf Verdrehung beansprucht wird. Diese Änderung der Stromaufnahme wird zur Steuerung einer Oszillographenschleife benutzt.

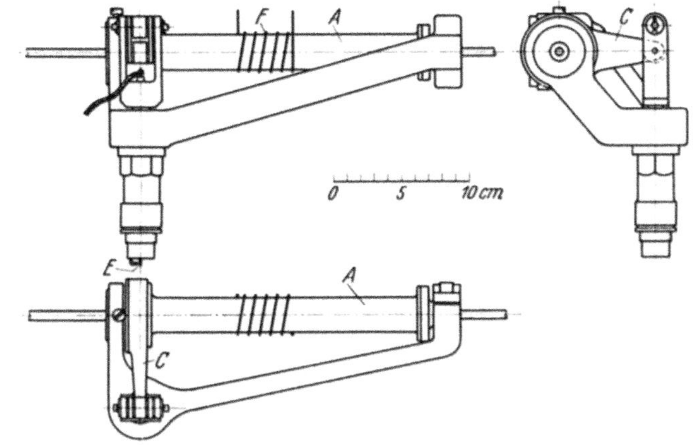


Abb. 161. Magnetischer Indikator von Kobayasi und Sakuma (382). *A* Ferromagnetischer Stab; *C* Hebelarm; *E* Zündkerze; *F* Spule.

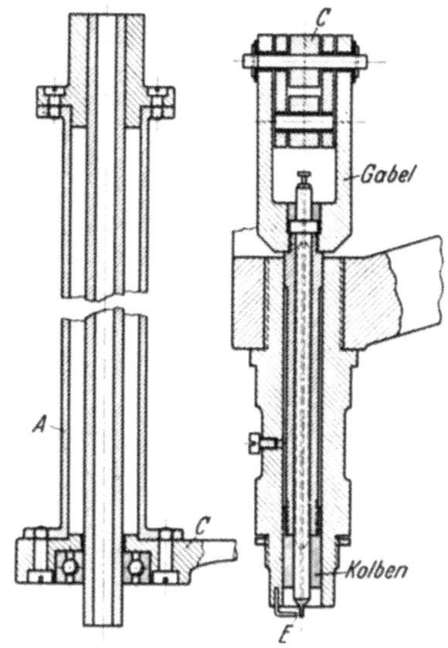


Abb. 162. Magnetischer Indikator von Kobayasi und Sakuma (382). *A* Ferromagnetischer Stab; *C* Hebelarm; *E* Zündkerze.

## B. Geräte zur Ermittlung der Verbrennungsgeschwindigkeit und Sichtbarmachung der Flammenausbreitung.

Diese Geräte dienen der Untersuchung der Klopfvorgänge, des Zündverzuges und des Verbrennungsvorganges, insbesondere in der Dieselmaschine.

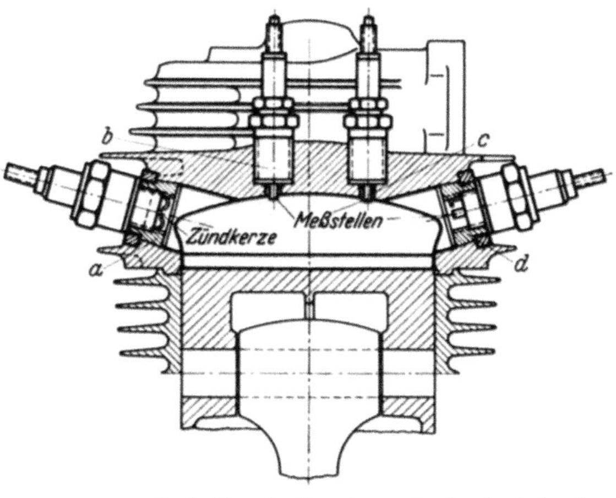


Abb. 163. Ionisationsstrecken *b*, *c*, *d*, eingebaut in den Verbrennungsraum eines Zylinders. [Nach Schnauffer.]

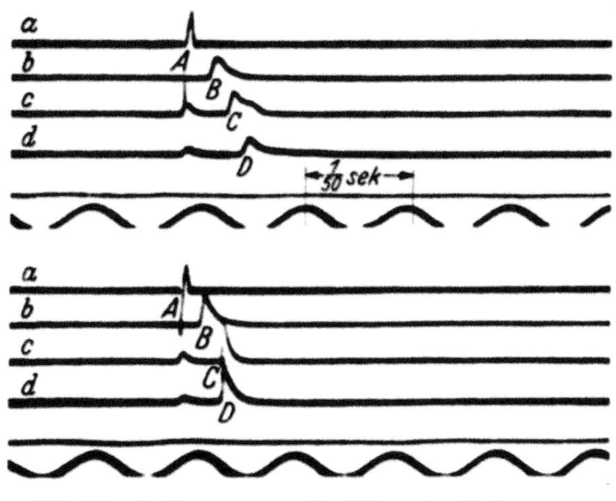


Abb. 164. Oszillogramm zur Ermittlung der Verbrennungsgeschwindigkeit nach Abb. 163. [Nach Schnauffer.] Oben ohne, unten mit Klopfen.

Das **Schnauffersche Ionisationsverfahren** (362) beruht darauf, daß heiße Gase, wie Henkel 1859 festgestellt hat, die Eigenschaft besitzen, den elektrischen Strom zu leiten. In der Verbrennungskammer werden mehrere Ionisationsstrecken, welche durch eine isolierte Elektrode und Masse gegeben sind, eingebaut. Sobald die von der Zündstelle ausgehende Flamme eine Ionisationsstrecke erreicht hat, tritt in dieser Stromleitung ein, die zur Steuerung einer Oszillographenschleife benützt wird. Durch gleichzeitige Aufnahme mit mehreren Schleifen kann man den Fortschritt der Flamme und die Fortpflanzungsgeschwindigkeit berechnen. Mit den

Untersuchungen von Henkel ist, nach neueren Erkenntnissen, noch nicht erwiesen, inwieweit die Leitfähigkeit der Gase durch Druck und Temperatur beeinflußt wird.

Abb. 163 zeigt den Schnitt eines luftgekühlten Zylinders mit den Meßstellen *b*, *c* und *d*, die quer über den Verbrennungsraum verteilt sind. Die an der Zündkerze bei *a* entstehende

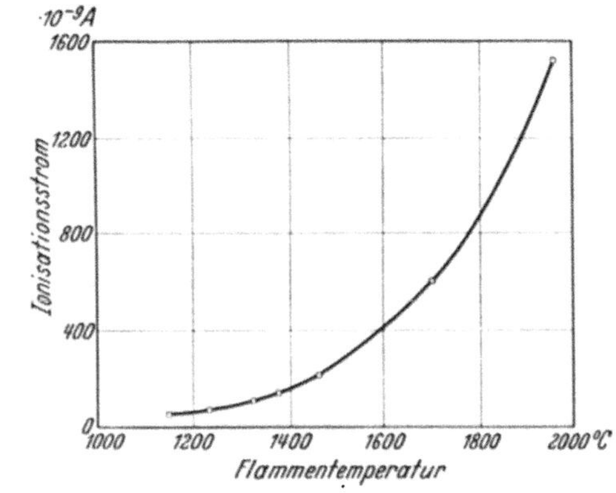


Abb. 165. Abhängigkeit des Ionisationsstromes von der Flammentemperatur (*155*).

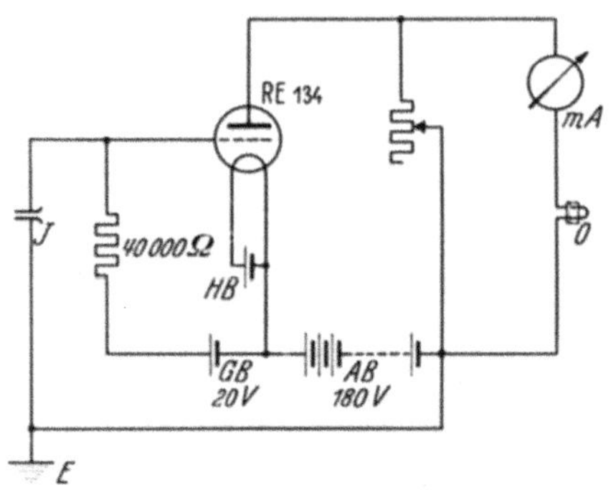


Abb. 166. Schaltung für Gleichstrom (*155*).
*I* Ionisationsstrecke; *O* Oszillographenschleife; *E* Erde; *HB* Heizbatterie; *AB* Anodenbatterie; *GB* Gitterbatterie.

Zündflamme gelangt entsprechend ihrer Ausbreitgeschwindigkeit nacheinander an die Meßstellen *b*, *c* und *d* und erzeugt bei Ankunft an der jeweiligen Meßstelle einen Ionisationsstrom. Das Meßbild Abb. 164 zeigt die Zeitpunkte der Flammenankunft an den Meßstellen. Aus der Entfernung zwischen den einzelnen Meßstellen im Zylinder und aus der den Meßlinien entnehmbaren Zeit für die Ankunft der Zündflamme, die durch die Punkte *B*, *C*, *D* gekennzeichnet ist, kann die Flammengeschwindigkeit errechnet werden. Abb. 164 oben zeigt die Flammenausbreitung bei nichtklopfendem Betrieb. Die Flammenankunftspunkte liegen zeitlich beinahe gleichmäßig hintereinander. Abb. 165 unten ergibt die Flammenausbreitung bei klopfendem Betrieb. Die Flammengeschwindigkeit von *A* nach *B* ist nahezu gleich wie oben, der folgende Detonationsstoß ist bei *C* und *D* durch die gleichzeitige

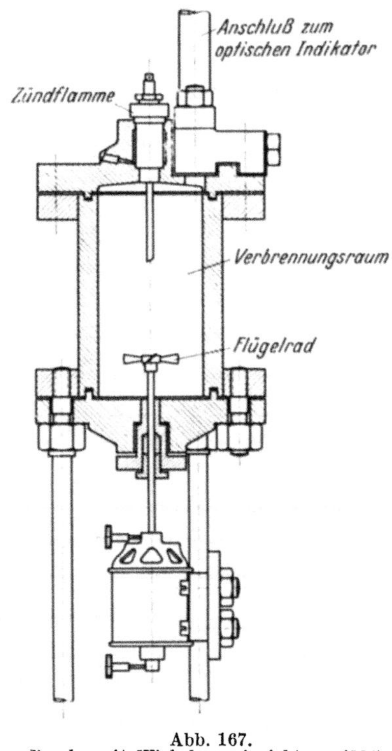


Abb. 167.
Bombe mit Wirbelungseinrichtung (*282*).

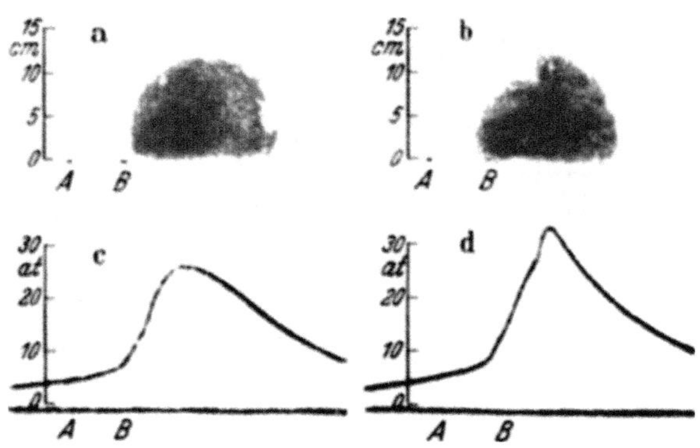


Abb. 168. Flammenaufnahmen durch Quarzfenster [Withrow und Boyd (*409*)].
*A* bei normalem; *B* bei Klopfbetrieb.

Flammenankunft zu erkennen. Abb. 165 zeigt eine von Lusby (*304*) aufgenommene Kurve, die den Ionisationsstrom in seiner Abhängigkeit von der Flammentemperatur kennzeichnet. Der Ionisationsstrom ist aber nicht nur temperatur-, sondern auch druckabhängig. Der Zusammenhang zwischen diesen verschiedenen Größen wird durch die Sahasche Formel gegeben.

Abb. 166 zeigt das Schaltschema der Schnaufferschen Meßanordnung. Die Aufzeichnung der Leitwertänderungen der Glimmstrecke, welche am Gitter einer Verstärkerröhre liegt, erfolgt durch eine Oszillographenschleife.

Um die Verbrennungsfortpflanzung über den ganzen Brennraum beobachten zu können, kann man nach Schnauffer den Zylinderkopf mit weiteren Ionisationssonden spicken und ein vergrößertes Modell des Zylinderkopfes anfertigen, indem an Stelle der Ionisationssonden jeweils Glimmlampen eingesetzt sind. Bei Ankunft der Zündflamme an den im Arbeitszylinder eingebauten Ionisationssonden leuchten die zugehörigen Glimmlampen auf. Der Vorgang kann mittels Hochfrequenzlaufbildgerätes aufgenommen und damit die Brenngeschwindigkeit ermittelt werden.

**Bombenversuche.** Für die Erkenntnisse über den Verbrennungsvorgang werden häufig auch Versuche in Bomben durchgeführt. Die dabei zunächst erhaltenen Verbrennungsgeschwindigkeiten liegen bei 2 m/s, gegenüber 15—25 m/s in den Verbrennungsräumen von Motorenzylindern. Der Grund der Abweichung liegt im Einfluß der Gemischwirbelung im Zylinder auf die Fortpflanzung der Flamme.

Um die Wirbelung in den Bomben zu steigern, haben Clerk (*129*) und Hopkinson (*217*) in der Bombe eine Wirbelschraube eingebaut, wodurch die Zeit vom Augenblick der Zündung bis zur Erreichung des Höchstdruckes auf den 4. bis 6. Teil verringert werden konnte (Abb. 167). Die aufgenommenen Indikatorbilder und die Gasproben, die während der Verbrennung dem Zylinder entnommen wurden, zeigen jedoch, daß die so erhaltenen Bombenversuche nicht die in einem Motorzylinder auftretenden Verbrennungsgeschwindigkeiten liefern. Für grundsätzliche Untersuchungen über den Ablauf der Verbrennung sind dennoch Bombenversuche wertvoll.

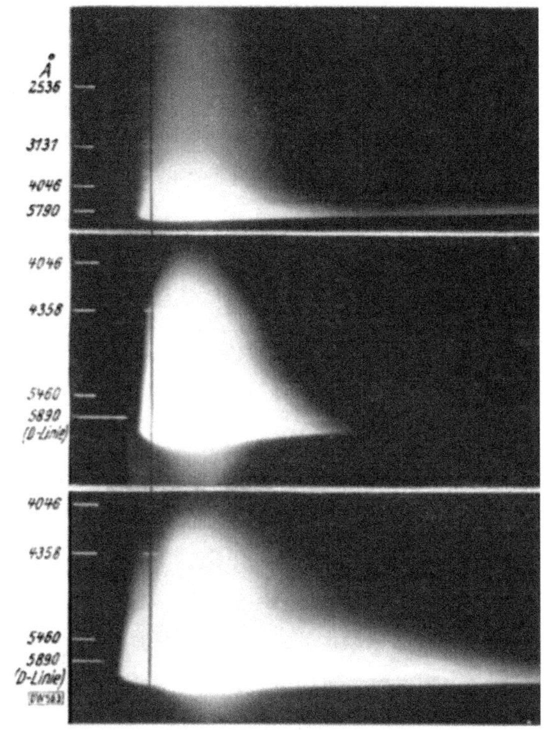


Abb. 169. Beispiele von Spektralaufnahmen (*385*). Ordinatenrichtung: Spektralverteilung; Abszissenrichtung: Kurbelwinkel.

**Unmittelbare Sichtbarmachung der Flammenausbreitung.** An geeigneter Stelle wird nach dem Verfahren von Withrow und Boyd (*403*) der Zylinderkopf aufgefräst und unter Vermeidung zusätzlichen toten Raumes ein Quarzfenster über eine möglichst große Länge des Brennraumes hin angebracht. Die stroboskopische Aufnahme der Flamme gestattet, auf

Abb. 170. Empfindlichkeitsbereich der Photozelle mit vorgeschaltetem Filter.

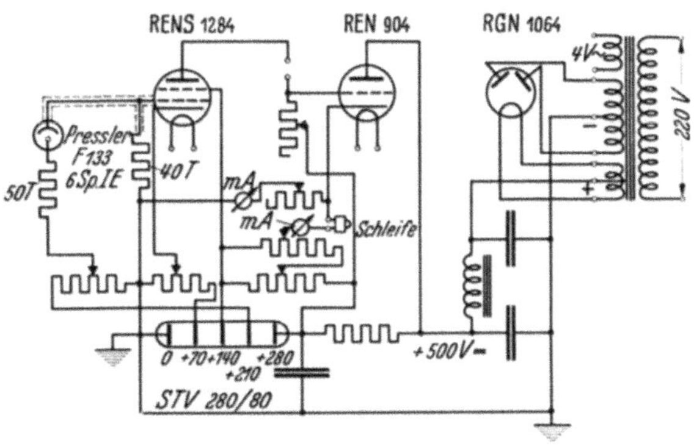


Abb. 171. Schaltbild des Gleichstromverstärkers.

die Verbrennungsgeschwindigkeit Schlüsse zu ziehen. Abb. 168 zeigt eine derartige Aufnahme durch ein 13 cm langes, 1 cm breites Quarzfenster, das auf einem umlaufenden Film abgebildet wurde. Die Abszisse bedeutet den Kurbelwinkel, die Ordinate den Flammenweg. Man erkennt hier die beim Klopfbetrieb auftretende schlagartige Steigerung der Verbrennungsgeschwindigkeit.

**Spektralanalytische Untersuchung des Verbrennungsvorganges.** Eingehende spektralanalytische Untersuchungen der Verbrennung wurden von G. Beck (*102*), Ch. Erichsen (*153*) und K. Karde (*272*) durchgeführt. Man läßt hierbei die Strahlung des Zylinderinhaltes durch ein

Quarzfenster austreten und zerlegt sie durch einen Quarzspektrographen. Das Spektrum wird auf einer mit Film belegten Trommel aufgenommen, die von der Nockenwelle angetrieben wird. Man erhält dann Aufnahmen, bei denen in der Ordinatenrichtung die Spektralverteilung, in der Abszissenrichtung die Kurbelwinkel aufgetragen sind. Abb. 169 zeigt solche Spektralaufnahmen. Die beiden oberen Aufnahmen sind durch ein in der Nähe der Düse befindliches Fenster, die unteren durch ein in der Mitte des Verbrennungsraumes gelegenes Quarzfenster gewonnen worden. Neben diesen Emissionsspektren kann man auch die Absorptionsspektren aufnehmen, wenn man an zwei gegenüberliegenden Stellen des Verbrennungszylinders Quarzfenster anbringt, und das Licht eines Unterwasserfunkens, der zwischen Wolframelektroden überspringt, durch den Verbrennungsraum sendet und anschließend durch den Quarzspektrographen zerlegt.

Abb. 172. Lichtsirenenanordnung (FKFS).
*a* Photozelle, *b* Sirenenscheibe, *c* Elektromotor, *d* Drehzähler.

**Untersuchung des Verbrennungsvorganges mit der ultrarotempfindlichen Photozelle.** Folgendes Verfahren (*118*) gestattet die aus dem Verbrennungsraum schnellaufender Diesel- und Ottomotoren durch ein Quarzfenster austretende Strahlung trägheitslos aufzuzeichnen.

Es verwendet eine Photozelle, welche etwa bei der Wellenlänge 1,0 μ des Spektralbereiches durch Vorschalten eines Filters ihre größte Empfindlichkeit besitzt und deren Empfindlichkeitsbereich eng um diese Wellenlänge herum gelegen ist, so daß sie praktisch monochromatisch ist (Abb. 170).

Die Verstärkung der Impulse erfolgt durch einen Gleichstromverstärker (Abb. 171), die Aufzeichnung der Vorgänge mit einem Schleifenoszillographen. Für Sonderzwecke wird eine Braunsche Röhre verwendet. Die Frequenzunabhängigkeit der Anordnung Photozelle, Verstärker und Schleife in weiten Grenzen ist von außerordentlicher Wichtigkeit und muß mit Hilfe einer Lichtsirenenanordnung geprüft werden (Abb. 172).

Abb. 173 zeigt den Anbau der Strahlungsmeßeinrichtung, des Quarzdruckgebers und der Zündkerze an einem Motor.

In Abb. 174 sind zwei Aufnahmen mit dem Verfahren am Diesel- bzw. Otto-Motor wiedergegeben.

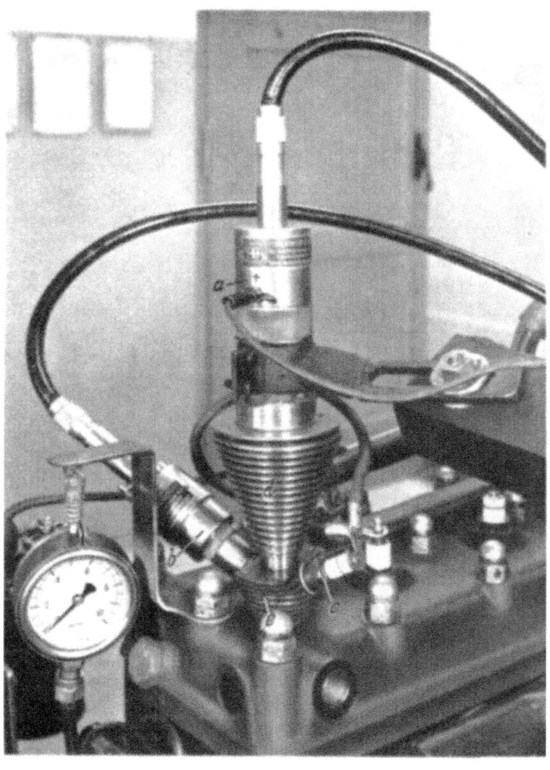


Abb. 173. Anbau der Strahlungsmeßeinrichtung des Quarzgebers und der Zündkerze an einem Motor (FKFS).
*a* Photozelle, *b* Quarzgeber, *c* Zündkerze, *d* Quarzfenster, *e* Verteilerstück.

**Photographische Aufnahme der Flammenausbreitung bei der Verbrennung.** Zur Untersuchung der Flammenausbreitung in einem Motor wurde von Lloyd Withrow (*403*) und G. M. Raßweiler ein Verfahren entwickelt, das gestattet, den Verbrennungsvorgang in Einzelbilder aufgelöst im Lichtbild festzuhalten.

Dem Aufnahmegerät waren folgende Bedingungen zugrunde gelegt:

Die Zahl der in der Sekunde aufgenommenen Bilder muß äußerst groß sein, damit für eine Verbrennung so viel Bilder vorhanden sind, daß ein sorgfältiges Studium des Flammenfortschreitens möglich ist. Aus diesem Grunde kommen gewöhnliche Aufnahmegeräte mit Bildunterbrechung nicht in Frage.

Das sämtliche zur Aufnahme benötigte Licht rührt von der Flamme selbst her. Daher muß das optische System sehr hochwertig sein und die Belichtungszeit für die Bilder muß dem Zeitraum zwischen den einzelnen Bildern vergleichbar sein.

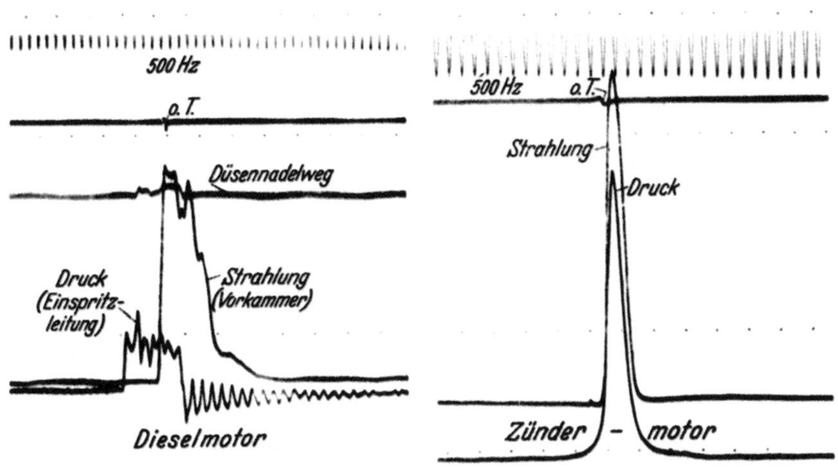


Abb. 174. An einem Diesel- und Ottomotor aufgenommene Diagramme (FKFS).

Die Bilder dürfen nicht so klein sein, daß Einzelheiten im Flammenaufbau verloren gehen.

Die Winkelstellung der Kurbelwelle muß für jedes einzelne Bild genau anzugeben sein.

Die Versuchsanordnung besteht aus einem Versuchszylinder, in dessen wassergekühltem Kopf eine große Quarzplatte in einer Fassung aus Invarstahl, der etwa dieselbe Ausdehnungszahl wie Quarz besitzt, eingelassen ist. Das aus der Maschine durch die Quarzplatte austretende Licht fällt über einen Spiegel auf eine feste Linse, tritt weiter durch bewegliche Linsen und gelangt schließlich auf einen Film, welcher in dem überstehenden Rand einer Scheibe geführt wird. Die Scheibe dreht sich mit Maschinendrehzahl. Da jede der kleinen beweglichen Linsen an der festen Linse vorbeistreicht, erhält man Einzelbilder der Flamme.

Durch diese Anordnung bewegt sich das auf dem Film durch die Linsen erzeugte Bild mit jenem während der Aufnahme mit. Ein Verschluß ist vorgesehen, welcher nur für eine einzige Verbrennung öffnet. Ein zweiter Verschluß bestimmt die Belichtungszeit jedes einzelnen Bildes.

Aufnahmen des Verbrennungsvorganges, die durch Quarzfenster gemacht wurden, zeigen die Abb. 175 und Abb. 176, und zwar Abb. 175 bei nichtklopfendem und Abb. 176 bei klopfendem Betrieb. Die beigefügten Zahlen zeigen die Kurbelstellung; die Zündung erfolgt in beiden Fällen bei Teilbild 3. Man sieht in Abb. 175, besonders in den Teilbildern 9—18, wie der Verbrennungsvorgang von der links sitzenden Zündkerze ausgehend sich gleichmäßig durch den Verbrennungsraum fortpflanzt. In Abb. 176, bei klopfendem Betrieb, sieht man in den entsprechenden Teilbildern, wie sich zunächst die Flammenfront auf dieselbe Art ausbreitet, daß jedoch in Teilbild 14 der von der Flamme noch nicht erfaßte Teil des Verbrennungsraumes durch Druckzündung augenblicklich zur Entflammung kommt.

Abb. 177 zeigt Teilausschnitte aus 6 weiteren Aufnahmen A—F, und zwar jeweils die Teilbilder 12—17. Die schlagartige Verbrennung durch Druckzündung beginnt in bestimmten sog. Klopfzentren (s. Teilbild C 13) und pflanzt sich dann außerordentlich rasch durch den restlichen

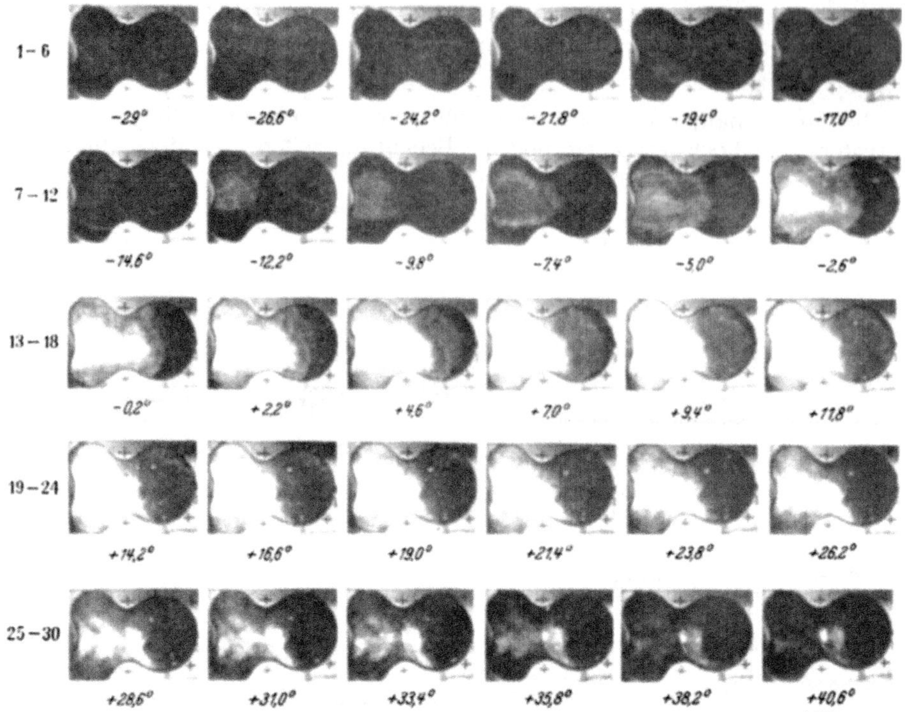


Abb. 175. Aufnahme des Verbrennungsvorganges durch das Quarzfenster bei nichtklopfendem Betrieb (*351*).

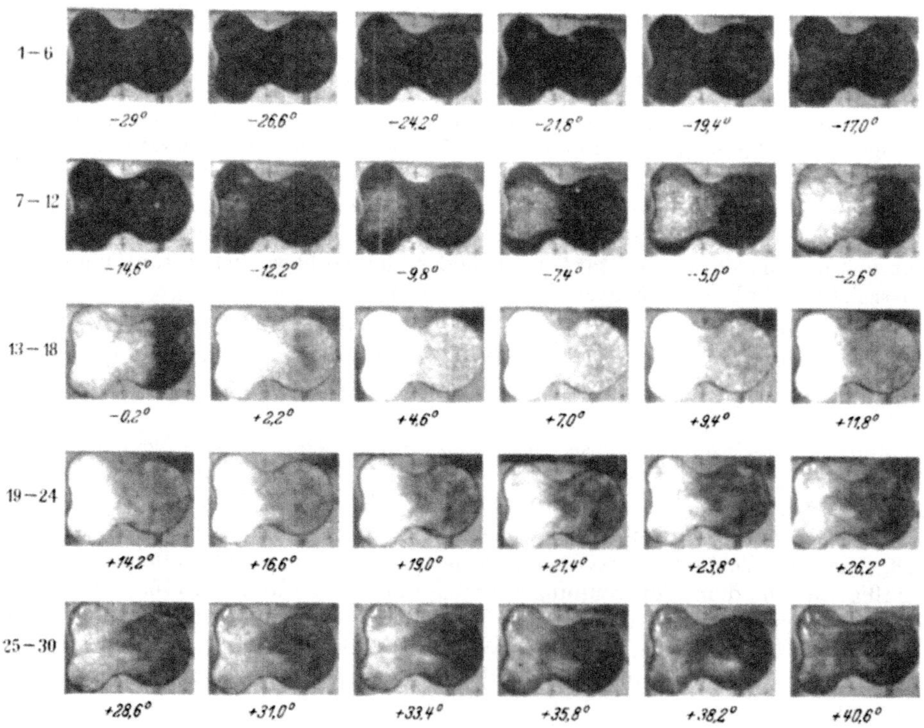


Abb. 176. Aufnahme des Verbrennungsvorganges bei klopfendem Betrieb (*351*).

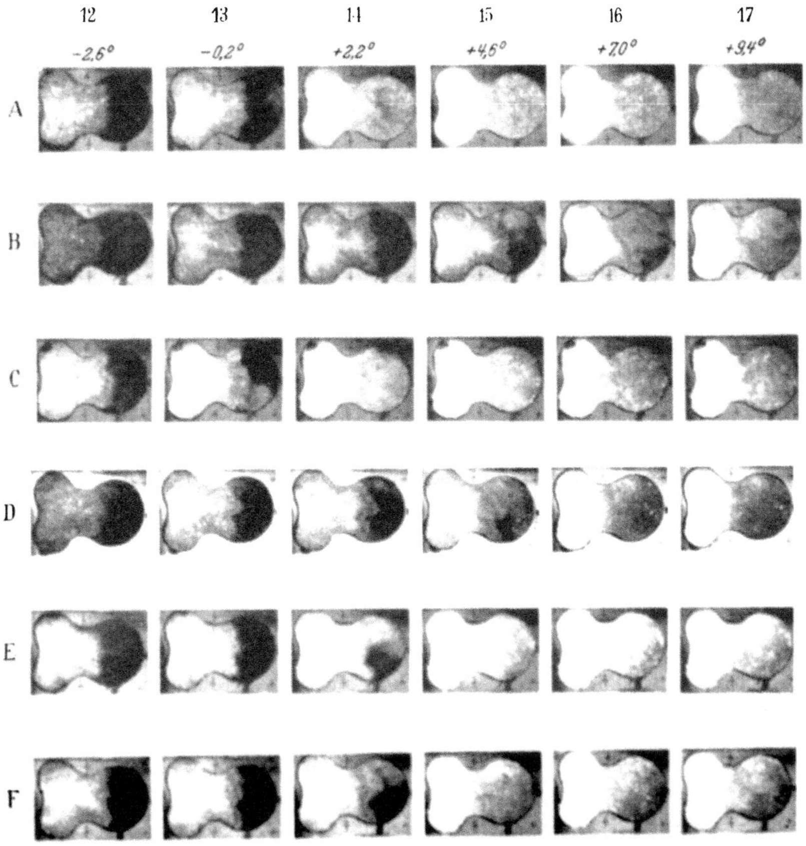


Abb. 177. Teilausschnitte von verschiedenen Aufnahmen des Verbrennungsvorganges (*352*).

Verbrennungsraum fort. Die räumliche Lage des Ortes, an dem diese Selbstentzündung beginnt, ist von Zufälligkeiten abhängig, wie z. B. Teilbild E 14 zeigt.

## C. Aufnahme des Brennstoffeinspritzvorganges bei Dieselmaschinen.

Für die Einleitung der Verbrennung im Dieselmotor und für die Klopfvorgänge, die hier im wesentlichen auf Zündverzögerung des eingespritzten Kraftstoffes zurückzuführen sind, ist neben anderen Einflüssen die Ausbreitung des Brennstoffstrahls im Zylinder wichtig. Deshalb wurden frühzeitig starke Anstrengungen zur Erfassung des Einspritzvorganges gemacht. Die Aufnahme des Brennstoffstrahls während der Einspritzung wurde in England von Miller und Beardsley (*101, 348*), etwa zur gleichen Zeit in Deutschland von Saß (*356*) in einer Bombe (Spritzkammern von 15 bzw. 40 cm Länge) durchgeführt. Deren Größe, die in der Bombe künstlich hergestellten Einspritzgegendrücke und ihr Verlauf waren den Verhältnissen der Großdieselmaschinen angepaßt.

Abb. 178. Spritzkammer, Scheinwerferspiegel und Filmvorrichtung zur Aufnahme von Brennstoffstrahlen (*357*).
*a* Spritzkammer, *b* Brennstoffventil, *c* Sicherheitsventil, *d* Funkenstrecke, *e* Parabelspiegel, *f* Filmkamera, *g* Elektromotor.

Die von den genannten Forschern benützten Versuchseinrichtungen sind im wesentlichen gleichartig. Als Spritzkammer dient ein als Zylinderkopf ausgebildetes Gehäuse *a* (Abb. 178), das an seinen beiden Längsseiten mit je zwei etwa 16 mm starken Platten aus optischem Glas abgeschlossen ist. Das Licht des zwischen den Elektroden *d* überspringenden Funkens wird durch einen Hohlspiegel *e* durch die Glaswände der Spritzkammer und den aufzunehmenden Brennstoffstrahl in die Öffnung der Lichtbildkammer *f* geworfen, deren Trommel von einem Elektromotor angetrieben ist. Spritzkammer, Spiegel und Filmtrommel sind in einer Dunkelkammer untergebracht.

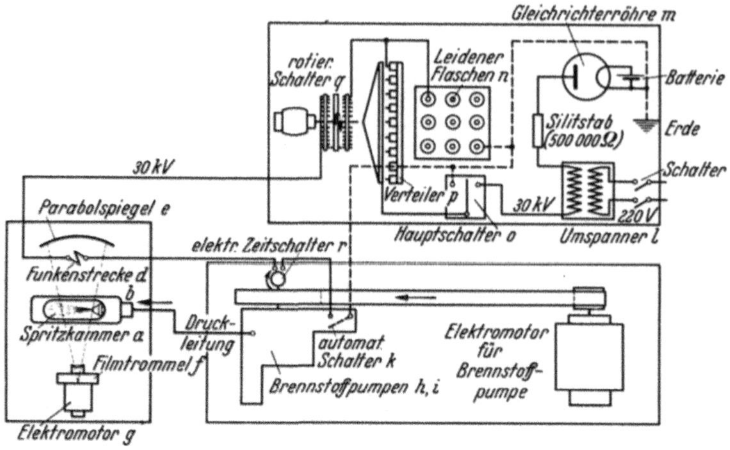


Abb. 179. Schaltbild der Hochspannungsanlage zur Filmaufnahme von Brennstoffstrahlen (*358*).

Für die Erzeugung des Funkens wird (Abb. 179) der Netzstrom in einem Umspanner *l* auf 30000 V gespannt und der erzeugte Wechselstrom durch eine Röhre *m* gleichgerichtet. Mit dieser Spannung werden Leydener Flaschen (Kondensatoren) geladen. Das Entladen der Flaschen erfolgt über einen umlaufenden Schalter *q*, der von einem Elektromotor bis zu einer Drehzahl von 10000 U/min angetrieben werden kann. Die Hochspannungsleitung führt von dort über einen Zeitschalter *r*. Der Zeitschalter ist mit der Nockenwelle der Brennstoffpumpe verstellbar so verbunden, daß die elektrischen Entladungen nach Belieben auf den Anfang, die Mitte oder das Ende der Einspritzzeit eingestellt oder die Aufnahme über die ganze Strahldauer verteilt werden kann. Der zeitliche Abstand der Aufnahmen wird durch den umlaufenden Schalter *q* bestimmt. Die Drehzahl der Filmtrommel beeinflußt nur den Bildabstand auf dem Film. Die Filmtrommel braucht bei dieser Anordnung keinen Zeitverschluß, da die Belichtung und die sekundliche Zahl der Lichtblitze durch die Funkeneinrichtung bestimmt ist. Der Film wird bei offenem Verschluß durch den Antriebsmotor gleichmäßig am einfallenden Lichtstrahl vorbeibewegt und nimmt so den Einspritzstrahl auf. Abb. 180 zeigt den Ausschnitt aus einer Filmaufnahme von Beardsley.

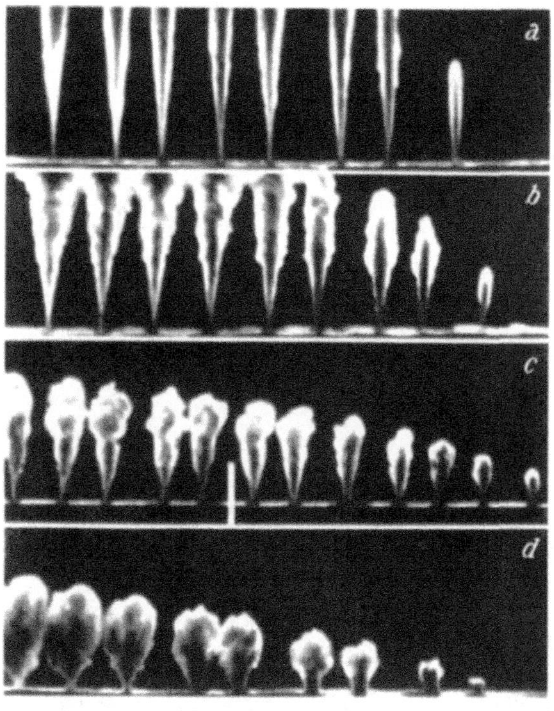


Abb. 180. Strahlaufnahmen von E. G. Beardsley. Einspritzdruck 560 kg/cm² (*356*).

Reihe *a* Gegendruck 1 at, kein Drall in der Düse; Reihe *b* Gegendruck 14 kg/cm², kein Drall; Reihe *c* Gegendruck 14 kg/cm², mäßiger Drall; Reihe *d* Gegendruck 14 kg/cm², starker Drall.

Der Einfluß des Verdichtungsdruckes, der Verdichtungstemperatur und der Luftwirbelung kommt in Bomben-Versuchen nicht in gleicher Weise zur Geltung wie im Brennraum einer Kolbenmaschine.

Eine von Nägel und Holfelder (*216*) geschaffene Einrichtung (Abb. 181) kommt diesen Forderungen näher. Die Kolbenmaschine wird elektrisch angetrieben. Die Verbrennungsbombe ist über dem Zylinder angeordnet und mit diesem in Verbindung. Damit die Betriebstemperatur rasch erreicht wird, wird die verdichtete Luft im Kreislauf zurückgeführt. Nach

Erreichen der Betriebsverhältnisse wird der Brennstoff in die Brennkammer eingespritzt. Die Aufnahmeeinrichtung weicht von der von Miller und Beardsley und der von Saß ab. Die Lichtquelle brennt dauernd, die Hochfrequenzaufnahmeeinrichtung besteht aus einem als

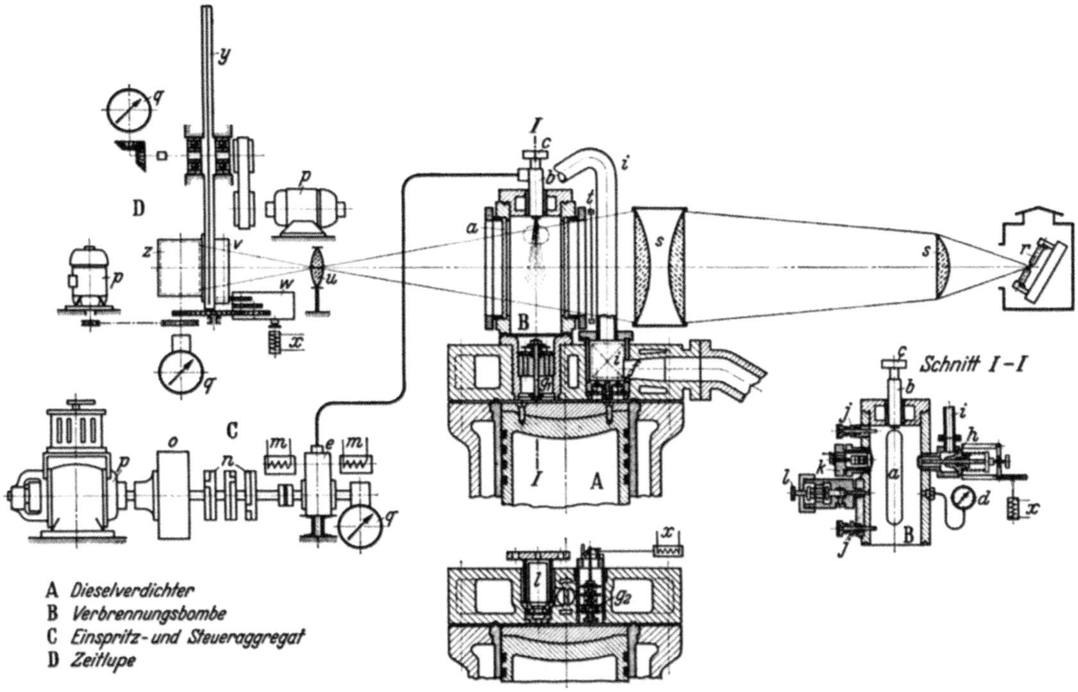


Abb. 181. Anordnung zur Aufnahme des Einspritzstrahles (Nägel-Holfelder).
*a* Beobachtungsfenster; *b* Einspritzventil; *c* Düsennadel-Hubmeßvorrichtung; *d* Druckmanometer; *e* Brennstoffpumpe; *f* Saugventil; im Verdichter; $g_1$ Druckventil im Verdichter; $g_2$ Belüftungsventil; *h* Überströmventil im Verdichter; *i* Überströmleitung mit Heizung; *j* Thermoelemente; *k* Quarzindikatior; *l* Sicherheitsventile; *m* Steuermagnete für Brennstoffpumpe; *n* Hauptschaltwalzen; *o* Schwungrad; *p* Antriebsmotoren; *q* Tachometer, *r* Bogenlampe; *s* Kondensatoren; *t* Grünfilterscheibe; *u* Objektiv; *v* Drehblende, *w* Momentverschluß, *x* Auslösemagnete; *y* Stroboskopscheibe; *z* Filmtrommelkasette.

Drehblende ausgebildeten Zeitverschluß, einer Filmtrommel und einer Stroboskopschlitzscheibe. Die Drehblende wird so betätigt, daß sie nur während einer Filmtrommelumdrehung eine Belichtung zuläßt. Die Bildzahl der Einrichtung ist 500 je Sekunde.

## 5. Geräte zur Aufzeichnung schnell veränderlicher Vorgänge.

Aus den vorhergehenden Ausführungen, insbesondere über die Hochfrequenzindikatoren, ergibt sich, daß eine Fahrzeugmotoren-Versuchsanstalt mit Geräten ausgerüstet sein muß, die die Aufzeichnung schnell verlaufender Vorgänge in möglichst umfassender Weise gestatten.

Die elektrische Meßtechnik stellt die Mittel zur Verfügung, alle derartigen Vorgänge unter Anwendung einfacher Gebergeräte, die von Fall zu Fall rasch entwickelt werden können, in handelsüblichen Aufnahmeeinrichtungen meßtechnisch zu erfassen.

Die Einrichtungen sind insbesondere die Oszillographen, die die Vorgänge mit Hilfe von Lichtzeigern zu beobachten oder aufzuzeichnen gestatten.

### I. Oszillographen.

Es gibt trägheitsbehaftete und trägheitsfreie Oszillographen. Die ersteren sind die sog. Schleifenoszillographen, deren mit Spiegel versehene Meßschleifen, die den Lichtstrahl steuern, eine, wenn auch kleine, Massenträgheit besitzen, wodurch sich bestimmte Eigenfrequenzen der Schleifen ergeben. Die Schleifen besitzen außerdem eine gewisse Dämpfung.

Die trägheitslosen Oszillographen arbeiten mit elektrisch gesteuerten Strahlen fliegender Elektronen. An der Aufzeichnung von Vorgängen mit den trägheitslosen Oszillographen sind keinerlei mechanisch bewegte Massen beteiligt. Man unterscheidet im wesentlichen den Kathodenstrahloszillographen (Braunsche Röhre), den Glimmlichtoszillographen und den Klydonographen (5).

Für Untersuchungen an Fahrzeugmotoren haben bisher der Schleifenoszillograph und der Kathodenstrahloszillograph Bedeutung erlangt.

**Der Schleifenoszillograph** verwendet die vom Meßstrom durchflossene Meßschleife (Abb. 182), die aus einem Metallbändchen besteht, das hin- und zurückgehend zwischen den beiden Polen eines Dauermagneten ausgelegt und durch eine Feder gespannt ist. Der Meßstrom verdreht die im Magnetfeld liegende Schleife derart, daß ein Bandteil vor- und der zweite zurücktritt. Damit erfährt der auf der Schleife aufgekittete Spiegel eine Drehung. Läßt man auf den Spiegel einen Lichtstrahl fallen, so wird dieser durch die Spiegelbewegung abgelenkt. Die Lichtablenkung wird auf einer Mattscheibe beobachtet oder auf lichtempfindlichem Papier aufgezeichnet. Zur gleichzeitigen Aufnahme mehrerer Vorgänge auf der Meßtrommel sind im allgemeinen mehrere Schleifen mit Zubehör in einem Gehäuse nebeneinander aufgebaut.

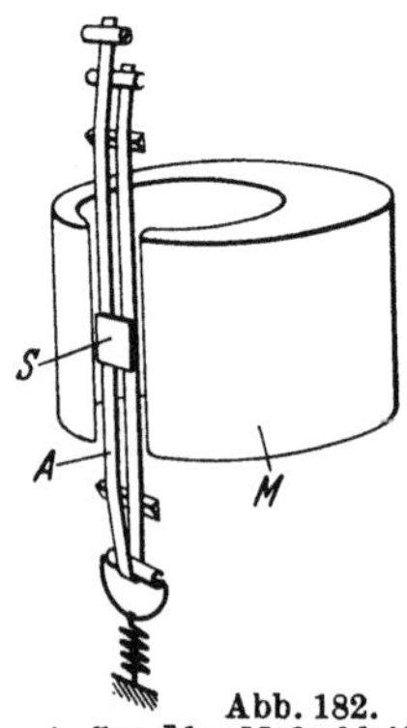


Abb. 182. Aufbau der Meßschleife (S & H). *A* Metallbändchen, *M* Dauermagnet; *S* Spiegel.

Abb. 183 zeigt die Anordnung eines 6-Schleifen-Oszillographen. Die Lichtquelle, eine Glühlampe von 3000 HK/cm² Leuchtdichte oder eine noch wirksamere Kohlenbogenlampe mit 18000 HK/cm² wirft das Licht durch einen Sammler, der einen möglichst großen Teil des Lichtstrahls auf die Meßspiegel vereinigt. Da jede Schleife ihren besonderen Lichtstrahl erhalten muß, besteht der Sammler aus einzelnen Linsenmittelstücken mit vorgesetzten Spaltblenden. Die so erzeugten Strahlenbündel werden von den voll zurückwerfenden Prismen auf die Spiegel der einzelnen Meßschleifen geworfen. In etwa 1 m Entfernung von den Schleifen ist eine durch Elektromotor angetriebene Trommel mit aufgelegtem lichtempfindlichem Papier eingebaut. Zur Erzielung scharfer Abbildungen auf der Trommel ist eine Zylinderlinse vorgesetzt, die den von den Schleifenspiegeln ausgehenden Lichtstrahlen in Richtung der Zylinderachse Bewegungsfreiheit läßt, sie senkrecht zur Achse aber so zusammenzieht, daß sich die Lichtstrahlgrenzen im Auftreffpunkt auf dem lichtempfindlichen Papier schneiden.

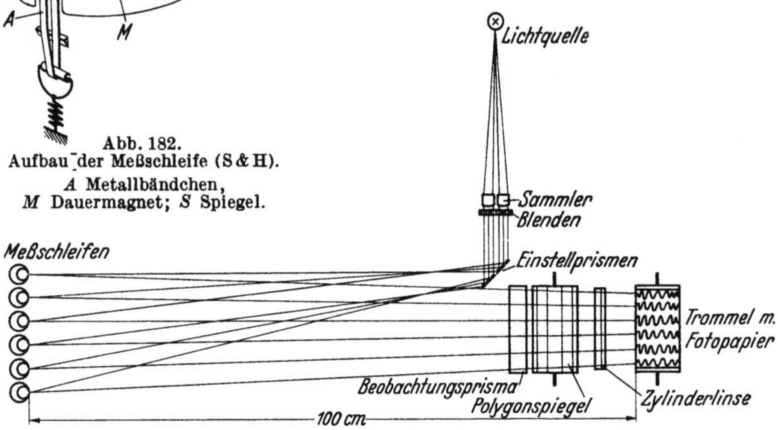


Abb. 183. Grundriß der Oszillographenoptik für 6 Meßschleifen mit eingezeichnetem Verlauf der mittleren Lichtstrahlen (S & H).

Zur Beobachtung des Lichtstrahls vor oder während der Aufnahme ist ein Vieleckspiegel und eine Mattscheibe eingebaut. Ein Teil des auf die Meßtrommel gerichteten Lichtbündels wird mittels des Beobachtungsprismas abgespalten und auf den Vieleckspiegel gerichtet, der den veränderlichen Vorgang ununterbrochen auf der Mattscheibe aufzeichnet (Abb. 184a u. b). Dabei ist es möglich, auch während der Lichtbildaufnahme die Messung zu beobachten und günstige Bilder auszuwählen. Die Eigenfrequenz der Schleifen kann von 1200—10000 Hz ausgewählt werden und genügt für die meisten Vorgänge.

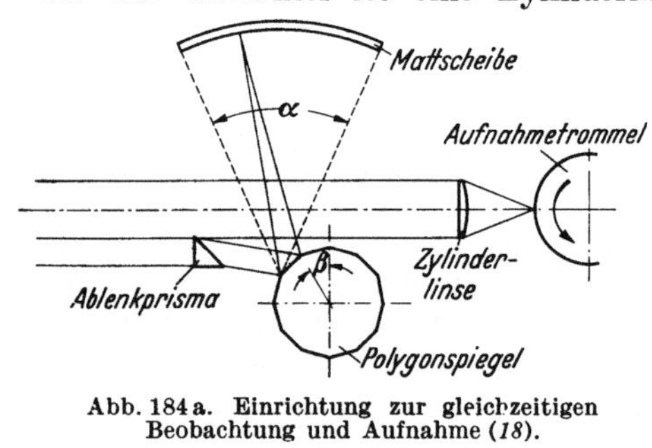


Abb. 184a. Einrichtung zur gleichzeitigen Beobachtung und Aufnahme (*18*).

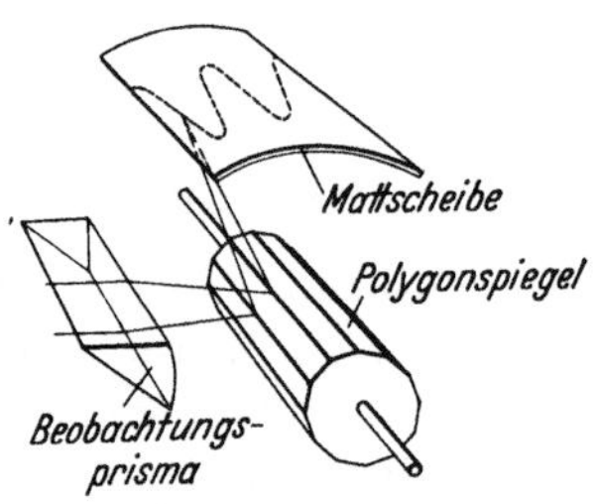


Abb. 184b. Beobachtungseinrichtung mit Polygonspiegel (*17*).

Die Abb. 185 u. 186 zeigen den Meßschleifensatz und den ganzen 6-Schleifen-Oszillographen von Siemens & Halske, bei dem die Lichtstrahlen freiliegen. Abb. 187 zeigt den Westinghouse-Oszillographen, der vollkommen geschlossen gebaut ist.

Abb. 188 zeigt den Siemens & Halske-Kleinoszillograph mit 3 Meßschleifen, der für kleinere Laboratorien und für Lehrzwecke gebaut ist. Der Vieleckspiegel wird durch einen Elektromotor angetrieben, die Aufnahmekassette mittels Gewichtsantrieb und Federbremse gleichmäßig vorwärtsbewegt.

Für Aufnahmen in fahrenden Fahrzeugen wird von Siemens & Halske ein tragbarer Oszillograph mit 3 Schleifen gebaut, der in Abb. 189 dargestellt ist.

Der **piezoelektrische Oszillograph** beruht auf der Umkehrung des piezoelektrischen Vorganges (s. S. 62). Wirkt ein elektrostatisches Feld in der elektrischen Achse eines Quarzes, so erfolgt in deren Richtung eine Längenänderung als Längseffekt und in der neutralen

Abb. 185. Satz für 6 Meßschleifen, an der ersten Meßschleife Nullpunktsspiegel (S & H) (*20*).

Abb. 186. Gesamtansicht des Siemens-Universal-Oszillographen (S&H) (*20*)

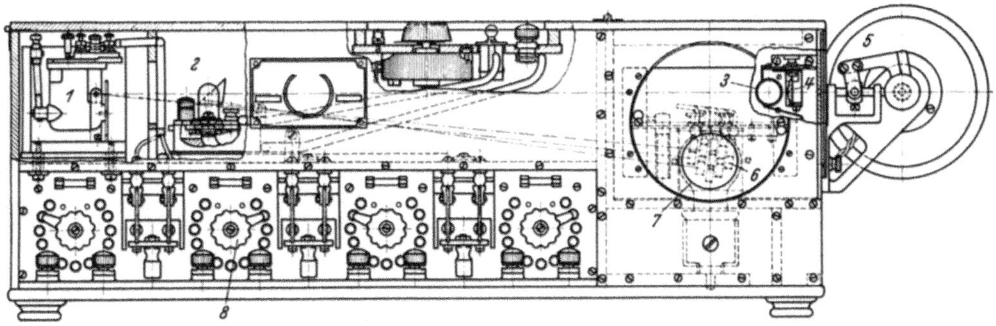

Abb. 187. Oszillograph mit 9 Meßorganen in geschlossener Bauart nach Westinghouse (*19*). *1* sechs stehende Meßschleifen; *2* drei liegende Meßschleifen; *3* Momentverschluß; *4* Zylinderlinse; *5* Trommelkasette; *6* Prismensatz; *7* Glühlampe; *8* Vor- und Nebenwiderstände.

Achse der sog. Quereffekt. Staubel und Curie (*22*, *329*, *377*) haben das Gesetz der Längenänderung untersucht und wie folgt angegeben:

$$\Delta L = \lambda \cdot \frac{d}{L} \cdot V .$$

Hierbei ist

$\lambda$ = piezoelektrischer Modul,
$L$ = Länge der Platte senkrecht zur elektrischen Achse,
$d$ = Dicke in Richtung der elektrischen Achse,
$V$ = angelegte Spannung.

Abb. 188. Kleinoszillograph mit 3 Meßschleifen (*21*).

Für den Längseffekt wurde der piezoelektrische Modul zu $\lambda = 0{,}34 \cdot 10^{-9}$ mm/V gefunden. Für den Quereffekt ergab sich $\lambda = 2{,}15 \cdot 10^{-9}$ mm/V. Deshalb wird für die Messungen der Quereffekt verwendet.

Die Sichtbarmachung der Längenänderung geschieht nach Abb. 190 wie folgt. Auf zwei keilartig gegeneinander gelehnte Kristalle *1* und *2*, deren Enden schneidenförmig angeschliffen sind, ist ein Spiegel *7* aufgelegt, der mittels Feder *5* angepreßt ist. Die beiden Kristalle werden in Gegenphase erregt, so daß der Spiegel gedreht und dementsprechend der auftreffende Lichtstrahl abgelenkt wird. Die Ablenkung kann wie beim Schleifenoszillographen mittels Mattscheibe beobachtet oder auf lichtempfindliches Papier aufgenommen werden. Abb. 191 zeigt einen Schnitt durch die Anordnung.

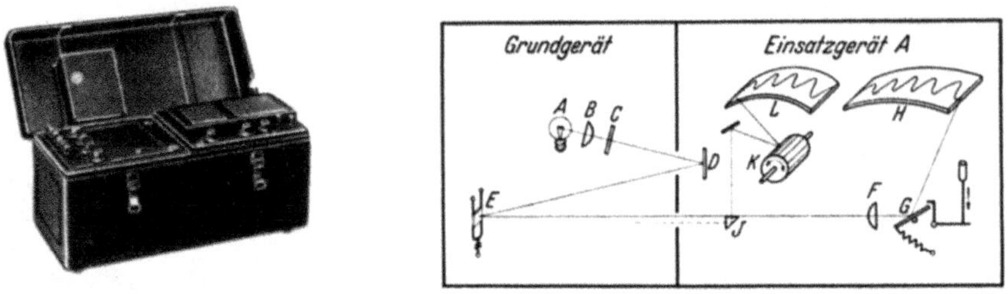


Abb. 189. Ansicht und Strahlengang des tragbaren Oszillographen mit Einsatzgerät *A* für Kurzaufnahme und Dauerbeobachtung (*24*). *A* Lampe; B Kondensorlinse; *C* Spaltblenden; *D* Umkehrspiegel; *E* Spiegel; *F* Zylinderlinse; *G* Drehspiegel; *H* Mattscheibe; *J* Prisma; *K* Polygonspiegel; *L* Mattscheibe.

**Der Kathodenstrahloszillograph** (Braunsche Röhre) ist der Hauptvertreter der trägheitsfreien Oszillographen. Die Arbeitsweise ist folgende:

Die im Entladungsraum (Abb. 192) zwischen der Kathode *K* und der Anode *A* erzeugten Elektronen werden durch genügende Spannung beschleunigt. Aus dem Elektronenschwarm, der dem elekrostatischen Feld folgend auf die Anode zueilt, schießt ein Teil als schmales Strahlbündel durch die Anodenblende hindurch in den Steuerraum. Die hier den Strahl ablenkenden und steuernden Felder werden von den Meßströmen erzeugt, entweder

als magnetisches Feld einer vom Meßstrom durchflossenen Spule nach Abb. 192 oder

als elektrostatisches Feld zwischen zwei auf die Meßspannung aufgeladenen Ablenkplatten nach Abb. 193.

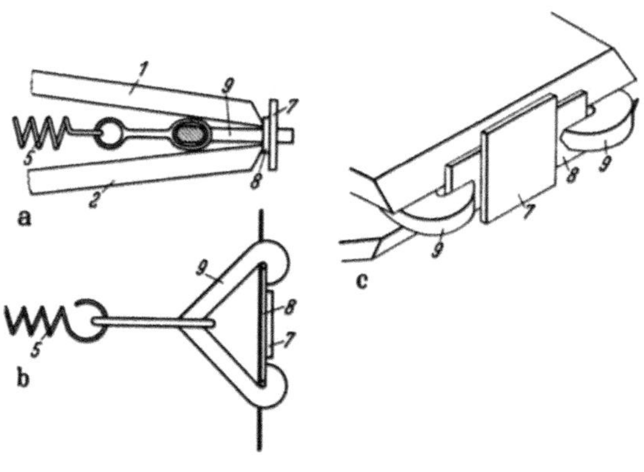


Abb. 190 a—c. Spiegelanordnung beim piezoelektrischen Oszillograph (*23*). a Seitenansicht, b Draufsicht, c Schrägansicht. *1, 2* Kristalle, *5* Spannfeder; *7* Spiegel; *8, 9* Spiegelhalter.

Auf die Elektronenbündel wirken beim Durchschreiten der elektrischen Felder elektrodynamische Kräfte senkrecht zu ihrer Flugrichtung, die die Ablenkung bewirken. Bei Änderung der Felder verschiebt sich der auf den Leuchtschirm als Auftreffstelle entstehende Leuchtpunkt, womit sich ein zusammenhängender Kurvenzug ergibt, der im Lichtbild festgehalten werden kann.

Bei Indikatoraufnahmen wird beispielsweise das erste elektrische Feld durch die aus dem Druckverlauf im Zylinder sich ergebenden Stromänderungen gesteuert und das zweite Feld

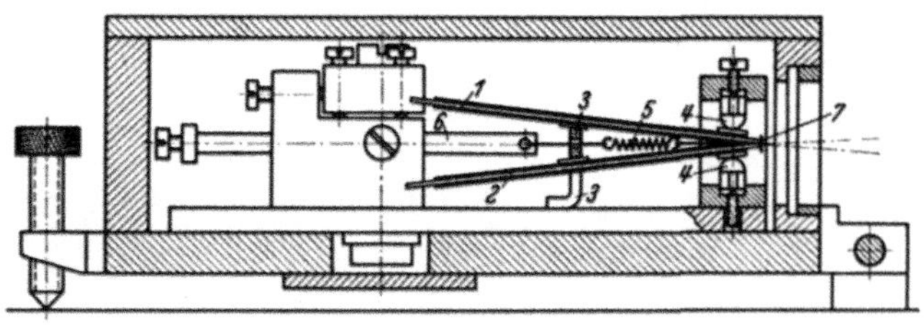

Abb. 191.
Schnitt durch die Spiegelanordnung beim piezoelektrischen Oszillograph (*22*). *1, 2* Kristalle; *3, 4* Stützen; *5, 6* Spiegelhalter mit Spannvorrichtung; *7* Spiegel.

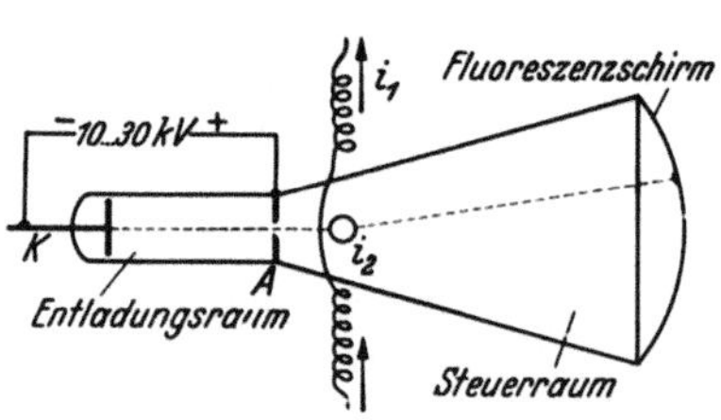


Abb. 192. Schema zur Braunschen Röhre (magnetische Strahlablenkung) (*48*).
*K* Kathode; *A* Anode, $i_1$ und $i_2$ Ströme der Ablenkspulen.

durch Stromänderungen, die dem Kolbenhin- und -hergang entsprechen ($p$—$v$-Diagramm), oder durch das früher beschriebene Kippschwingungsgerät, das dann den von der Zeit abhängigen Druckverlauf liefert ($p$—$t$-Diagramm).

Für die Aufnahme einzelner Vorgänge eignet sich die Braunsche Röhre besonders gut. Sollen mehrere Vorgänge gleichzeitig aufgenommen werden, z. B. Drücke im Hauptbrennraum und in der Vorkammer, Leitfähigkeitsänderungen einer Glimmstrecke, Strahlungswirkungen, Einspritzvorgänge, so bringt die Verwendung des Mehrschleifenoszillographen Vorteile, da sämtliche Vorgänge gleichzeitig beobachtet und aufgenommen werden können.

## II. Zeitdehngeräte.

Die oszillographische Aufnahme rasch veränderlicher Vorgänge ist dann möglich, wenn diese auf einen elektrischen Geber übertragen werden können, der die entsprechenden Stromimpulse an den Empfänger (Oszillograph) weiterleitet. Die Ausbildung elektrischer Geber ist aber nicht immer möglich oder zweckmäßig. Häufig ist es notwendig oder ausreichend, rasch verlaufende mechanische Vorgänge, denen das menschliche Auge nicht mehr zu folgen vermag, durch Anwendung geeigneter Geräte dem Auge faßbar zu machen. Diese Zeitdehngeräte lesen aus den periodischen Bewegungsvorgängen die jeweils aufeinanderfolgenden Stellungen durch stroboskopische Wirkung in solchen Zeitabständen heraus, daß die Bewegungen für das Auge verfolgbar langsam erscheinen, oder sie verfolgen den gesamten Vorgang in einer sehr großen Zahl von Aufnahmen, die zur Betrachtung langsam wiedergegeben werden.

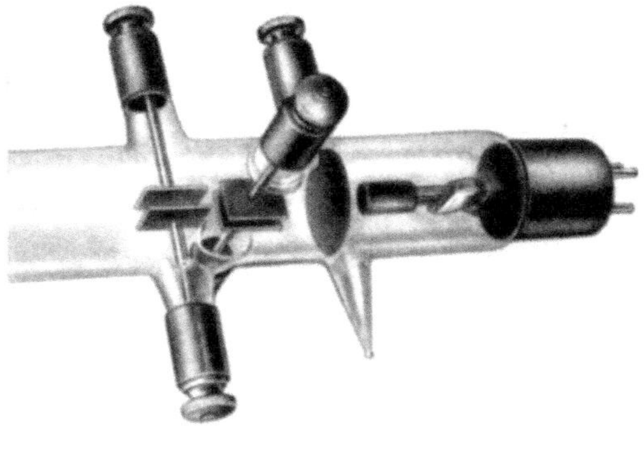

Abb. 193. Ansicht der Ablenkplatten der Braunschen Röhre bei elektrostatischer Strahlablenkung.

Bei letzterem Verfahren wird der Vorgang mittels Hochfrequenzlichtbildgerät aufgenommen. Die üblichen Laufbildaufnahmegeräte gestatten eine sekundliche Folge von etwa 16 oder 24 Bildern.

Abb. 194. Askania Hochfrequenzaufnahmegerät (Objektivseite) (Askniaa-Werke).

Abb. 195. Askania Hochfrequenzaufnahmegerät (Antriebseite) (Askania-Werke).

Für schnelle Bewegungen werden Geräte mit Aufnahmegeschwindigkeiten von 60 Bildern je Sekunde verwendet. Die bei Fahrzeugmotoren und Fahrzeugen vorkommenden Bewegungsvorgänge erfordern jedoch weit höhere Bildzahlen.

Die Hochfrequenzkammer von Askania (Abb. 194) die den Film noch ruckweise bewegt, reicht für viele Bewegungsvorgänge, besonders an Fahrzeugen, aus. Sie gestattet eine Aufnahmegeschwindigkeit von 120 Bildern in der Sekunde. Hierfür wird an Stelle des üblichen Handantriebs ein Handübersetzungsgetriebe mit biegsamer Welle oder ein Elektromotor (Abb. 195) verwendet.

Damit bei Hochfrequenzaufnahmen der Bewegungsverlauf zeitlich erfaßt werden kann, wird eine Stoppuhr ins Zielfeld gelegt und mit aufgenommen (Abb. 196). Um angängige Größenverhältnisse zwischen Blickfeld und Stoppuhr zu erhalten, ist zwischen Aufnahmegerät und Stoppuhr ein Vorsatzfernobjektiv eingelegt.

Für höhere Geschwindigkeiten, z. B. Aufnahmen des Einspritzstrahls bei Dieselmaschinen, sind Aufnahmegeräte notwendig, bei denen die Bewegung des Films ohne Unterbrechung gleichmäßig erfolgt. Die Aufnahme geschieht dabei entweder mit Hochfrequenzbeleuchtung durch eine Funkenstrecke oder mit periodischer Abdeckung der Lichtquelle durch einen besonders ausgebildeten Verschluß. Eine Einrichtung der ersten Art ist schon auf S. 80 beschrieben. Die erzielte Bildfolge je Sekunde wird durch die Drehzahl des umlaufenden Schalters und durch die Anzahl der verwendeten Kondensatoren, also die Anzahl der Entladungen je Umdrehung, bestimmt.

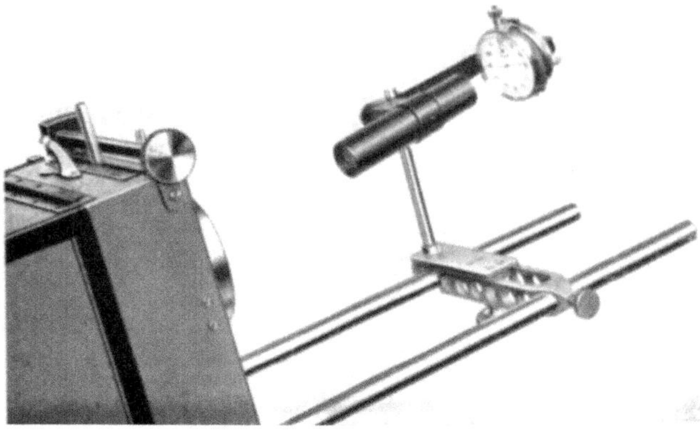

Abb. 196. Zeitliche Erfassung des Bewegungsverlaufs. (Askania-Werke).

Bei der in Abb. 179 dargestellten Anordnung sind insgesamt 25 Kondensatoren eingebaut, von denen 4 gleichzeitig zur Entladung kommen. Die Anzahl der Entladungen je Umdrehung des Schalters beträgt 7. Bei einer Höchstdrehzahl von 10000 U/min, also 166,6 U/s des Schalters erfolgen annähernd 1160 Entladungen in der Sekunde.

Derartige Versuchseinrichtungen erfordern großen Aufwand und hohen Filmverbrauch. Letzterer Nachteil wird mit gleichmäßig umlaufenden Filmtrommeln vermieden, weil hier die An- und Auslaufzeit in Wegfall kommt, also der Film voll ausgenutzt werden kann.

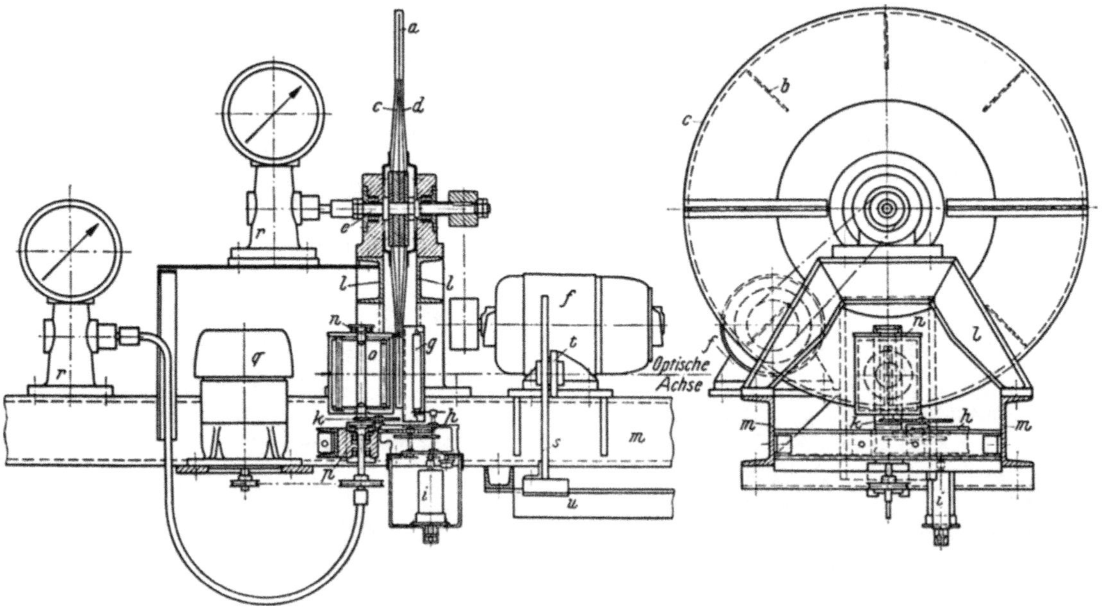


Abb. 197. Nägel-Holfeldersche Zeitlupe (*386*).
*a* Stroboskopschlitzscheibe (Novotext 0,8 mm); *b* 8 Schlitze in der Scheibe; *c* Gehäuse der Schlitzscheibe; *d* Formbleche als Scheibenmitnehmer; *e* Welle und Lagerung; *f* Antriebmotor der Schlitzscheibe; *g* Drehblende; *h* Momentverschluß; *i* Auslösemagnet für Momentverschluß; *k* Antriebzahnrad für Momentverschluß; *l* Trägerblöcke für Schlitzscheibe; *m* Hauptträger für Zeitlupe; *n* Kasette; *o* Filmtrommel; *p* Lagerung und Antrieb der Kasette; *q* Antriebmotor der Filmtrommel; *r* Tachometer; *s* Objektivträger; *t* Objektiv; *u* optische Bank.

**Die Nägel-Holfeldersche Zeitlupe** (s. a. S. 80). Für diese Zeitlupe (*216*) mit umlaufender Trommel und endlosem Filmband gelten folgende Bedingungen: Bildfolge etwa 500 in der Sekunde, Bildzahl je Vorgang etwa 25—30, Bildverkleinerung auf etwa $^1/_4$ der natürlichen Größe, größte Bildschärfe bis zu Bewegungsgeschwindigkeiten von 10 m/s, Punktbelichtungszeit etwa $1 \cdot 10^{-5}$ s, Begrenzung der Belichtung auf eine Trommelumdrehung des Films, Belichtungsauslösung an jedem beliebigen Punkte des Trommelumfanges.

Die Zeitlupe Abb. 197 besteht im wesentlichen aus einer umlaufenden Schlitzscheibe *a* (bis zu 4800 U/min), welche aus Novotext hergestellt wird, einer Filmtrommel *o*, dem Momentverschluß $h$ mit einer Drehblende $g$ und aus der Optik. Die Drehzahlen von Schlitzscheibe und Filmtrommel müssen derart abgeglichen werden, daß sich die Bilder nicht überdecken, andererseits aber auch die Abstände nicht zu groß werden. Die Drehblende $g$ begrenzt die Belichtung auf eine Umdrehung der Filmtrommel.

## III. Stroboskope.

Für die Beobachtung einfacher periodisch auftretender Bewegungsvorgänge, z. B. an den Ventilfedern, Kipphebeln, kann das beim Juhasz- und Farnboro-Indikator angewandte Verfahren (S. 54 u. 55) der stroboskopischen Auslese einzelner Stellungen aus den rasch vor sich gehenden Bewegungen benützt werden. Dazu wird entweder der Lichtstrahl zwischen Auge und beobachtetem Gegenstand durch eine periodisch wirkende Blende verdeckt, oder es blitzt eine

Abb. 198. Zeiß-Ikon-Stroboskop.

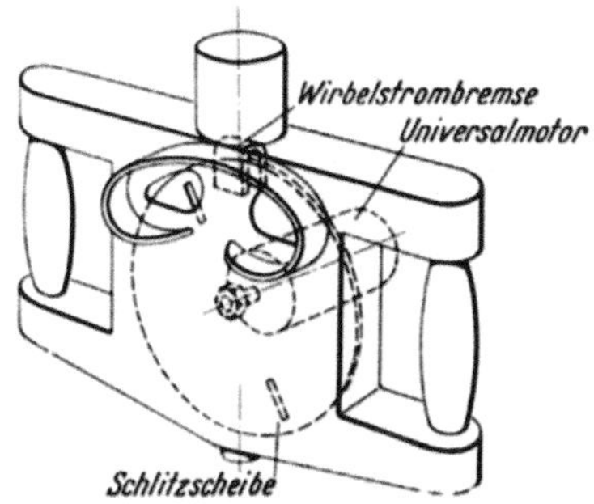


Abb. 199. Schematische Darstellung des Stroboskopes (Zeiß-Ikon).

Lichtquelle in gleichen Zeitabständen auf und beleuchtet den beobachteten Gegenstand hinreichend stark. Erfolgt die Blendenöffnung oder das Aufblitzen des Lichtstrahls im Gleichlauf mit der jeweiligen Bewegungsperiode des zu untersuchenden Maschinenteils, so erscheint dieser für das Auge stillstehend und ist genau zu beobachten. Wird der Gleichlauf zwischen Maschine und Stroboskop so geändert, daß die Stroboskopgeschwindigkeit um weniges größer oder kleiner ist als die der Maschine, so kann der Bewegungsvorgang des Maschinenteils in langsamer punktweiser Folge, die sich dem Auge als langsam fortlaufende Abbildung der wirklichen schnellen Bewegung darstellt, beobachtet werden.

Abb. 200. Zeiß-Ikon-Stroboskop.

**Blendscheibenstroboskope.** Das Zeiß-Ikon-Stroboskop (Abb. 198, 199 u. 200) besitzt eine auswechselbare Scheibe, in die ein oder mehrere Schlitze eingefräst sind. Die Scheibe wird mittels regelbaren Elektromotors angetrieben. Bei der Beobachtung wird das Blickfeld durch die Schlitze entsprechend ihrer Anzahl und der Scheibendrehzahl freigegeben. Der Feinregler des Antriebsmotors gestattet eine langsame Veränderung der Blendscheibendrehzahl. Der eingebaute Wechsel- oder Gleichstrommotor hat eine Höchstdrehzahl von 2500 U/min. Bei Blendscheiben mit einem Schlitz entspricht das ungefähr 40 Bildern in der Sekunde. Die Drehzahl kann auf 600 U/min, also 10 Bilder in der Sekunde, erniedrigt werden. Durch Auswechseln der Blendenscheiben gegen solche mit mehreren Schlitzen (bis zu 24) kann eine Bildfolge von 1000 in der Sekunde erreicht werden.

Abb. 201 zeigt das englische Whidbourne-Stroboskop (*227*). In einem Hohlzylinder läuft eine Trommel, die mit einer Anzahl von Sehschlitzen versehen ist (Abb. 202a) und mit einer kleinen Windturbine, deren Luftbedarf aus einem Gummibalg gedeckt wird, angetrieben wird. Die Anordnung der Schlitze ist derart, daß bei üblicher Geschwindigkeit bei jeder Umdrehung ein Sehschlitz der Umlauftrommel sich mit den Schlitzen im Hohlzylinder deckt und dadurch die Sehlinie $BB_1$ zwischen Auge und Gegenstand frei wird. Die erreichten Drehzahlen sind bei einer Ausführung 5000 U/min, bei einer zweiten bis 8000 U/min, was 5000 bzw. 8000 Bilder in der Minute ergibt. Für weitere Erhöhung der Bildzahl sind 10 weitere Schlitze in die Umlauftrommel eingebracht. Nach Abb. 202b wird der Spiegel $C$ hochgeklappt. Der Sehstrahl geht dann bei Übereinstimmung der Schlitze der Trommel und des Hohlzylinders den Weg vom beobachteten Gegenstand über $A_1$, $A$, $D$, $C$ zum Auge. Bei dieser Anordnung wird der Lichtstrahlweg je Umdrehung 10mal freigegeben, so daß eine höchste Bildfolge von 80000 in der Minute bzw. annähernd 1300 in der Sekunde erreicht wird. Die an sich einfachen Blendenstroboskope besitzen den Nachteil geringer Lichtstärke für die Beobachtung.

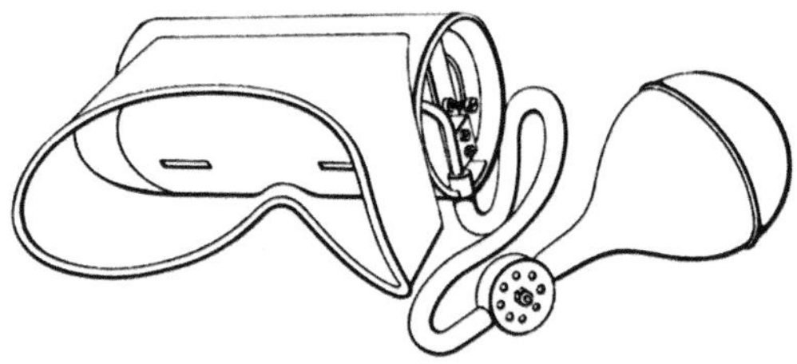

Abb. 201. Whidbourne-Stroboskop (*262*).

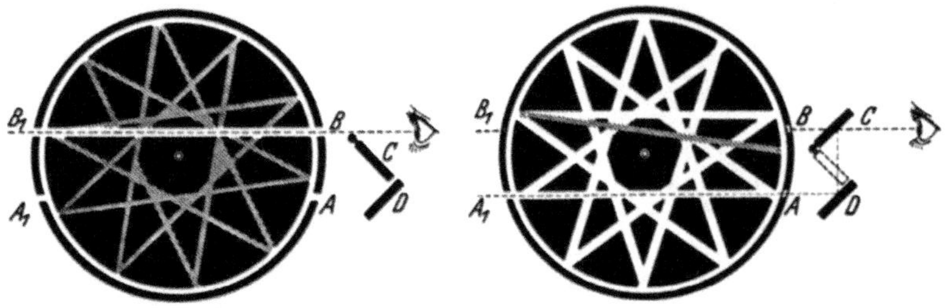


Abb. 202a. Direkter Lichtweg beim Whidbourne-Stroboskop (*263*). Abb. 202b. Indirekter Lichtweg beim Whidbourne-Stroboskop (*264*). $A-A_1$, $B-B_1$ Sehlinie; $C$ Spiegel; $D$ Spiegel.

*Das Blinklichtstroboskop* in der Form des Elverson-Oszilloskops (Abb. 203) wird mit der zu untersuchenden Maschine festgekuppelt oder von einem regelbaren Elektromotor angetrieben. Es enthält einen Drehschalter, der das Aufleuchten einer Glimmlampe steuert. Der Strom für die Glimmlampe wird aus einem Sammler entnommen und durch einen Induktor auf die erforderliche Spannung gebracht. Bei einfacher Einstellung blitzt die Glimmlampe nach jeder Umdrehung des sie steuernden Getriebes einmal auf. Durch Einstellung des Schalters kann erreicht werden, daß die Lampe schon nach jeder halben oder viertel Umdrehung einmal leuchtet.

Abb. 203. Elverson-Oszilloskop.

*Das AEG-Lichtblitzstroboskop* (Abb. 204). Die Verfahren, welche nicht mit einer Stroboskopscheibe arbeiten, bei denen vielmehr der zu beobachtende Gegenstand von einer in rascher Folge kurzzeitig aufleuchtenden Lichtquelle beleuchtet wird, litten bisher daran, daß die verwendeten Lichtquellen entweder nur Lichtblitze von verhältnismäßig großer Zeitdauer zu liefern vermochten, wodurch die sich rasch bewegenden Maschinenteile verschwommen erschienen, oder daß die Lichtblitze bei an sich genügend kurzzeitigem Verlauf derart lichtschwach waren, daß die Beobachtung eine Verdunklung des Raumes erforderte. Auch dann ließen sich wegen der geringen Helligkeit keine Einzelheiten erkennen.

Eine geeignete Lichtquelle für das Verfahren stellt die im AEG-Stroboskop verwendete Hochdruckquecksilberdampflampe dar. Sie besitzt große Lichtstärke in Verbindung mit kurzer Entionisierungszeit, welche das erforderliche rasche Erlöschen bewirkt.

Im AEG-Stroboskop wird eine derartige Hochdruckquecksilberdampflampe durch die Kondensatorentladung in einer gesteuerten elektrischen Kippschaltung zum Aufleuchten gebracht. Die Leuchtdauer der einzelnen Blitze beträgt nur $^1/_{100000}$ s und die Lichtstärke ist so groß, daß auch Maschinenteile, welche sich in schnellster Bewegung befinden, selbst bei mittlerer Raumhelligkeit deutlich und scharf erkennbar sind.

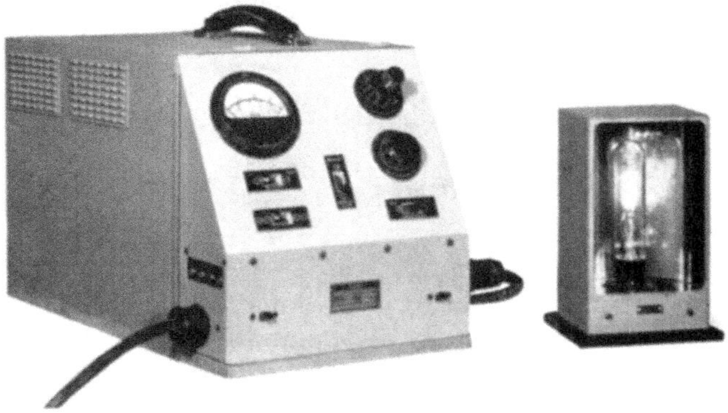

Abb. 204. AEG-Lichtblitzstroboskop mit Hochdruckquecksilberdampflampe.

Die wesentlichen Bestandteile dieses Gerätes sind:

das Netzanschlußgerät zur Lieferung der erforderlichen Heizleistung und der Gleichspannung für die Kippkreisröhren,

die Hochdruck - Quecksilberdampflampe in einem scheinwerferartigen Gehäuse,

der Hauptkippkreis zur Speisung der Lampe,

der Steuerkippkreis, der entweder in Selbsterregung oder fremdgesteuert schwingt,

der Meßkreis für die Schwingzahl, das Zubehör für die Fremdsteuerung, wobei die Schwingzahl entweder durch eine elektrisch angeregte Stimmgabel gleichgehalten, oder aber mittels eines mechanischen oder magnetischen Impulsgebers der Drehzahl der zu untersuchenden Maschine angepaßt wird.

Abb. 205. Angesetztes Einerganggetriebe mit Magnettrieb, der vom Zeitraffergerät in bestimmten Zeitabständen die Einbildaufnahmen schaltet (Askania-Werke).

Bei einem Einstellbereich von 12,5 bis 200 Lichtblitzen je Sekunde (für besondere Anforderungen läßt sich dieser Bereich bis zu 1500 Lichtblitzen erweitern) kann ein Gleichlauf mit Maschinen von 750 bis 12000 U/min erreicht werden.

Bei Verwendung dieses Gerätes lassen sich auch Lichtbildaufnahmen herstellen, da das Licht der Quecksilberlampe von guter Wirkung ist.

## IV. Zeitraffergeräte.

Abb. 206. Kontaktuhr und Relaiseinrichtung zum Askania-Zeitraffer (Askania-Werke).

Das Zeitraffergerät entspricht dem Bedürfnis, langsame Bewegungsvorgänge in aneinandergereihten Einzelbildern im üblichen Zeitmaß der Laufbildgeräte vorzuführen und damit Zusammenhänge, die man mit dem bloßen Auge oder in üblichen Reihenaufnahmen nicht erkennen kann, festzuhalten.

Die Zeitabschnitte, nach denen jeweils eine Aufnahme gemacht wird, werden durch eine an der Kammer angebrachte Schalteinrichtung gesteuert, die die Beleuchtungsvorrichtung vor jeder Einzelaufnahme ein- oder nach der Aufnahme ausschaltet.

Der Askania-Zeitraffer (Abb. 205) ist in 15 verschiedenen Zeitstufen, z. B. 20, 30, 40 s. 1, 2, 5, 10, 20, 40 min oder 1, 2, 5, 10 h einstellbar. Die für eine Filmkammer notwendigen Zusatzeinrichtungen bestehen aus dem Magnetantrieb des Verschlusses, sowie der Kontaktuhr und dem Relaiskasten (Abb. 206). Als Stromquelle ist ein 12-V-Sammler zu verwenden. Eine zweite Einrichtung dient für Aufnahmen in kleinen Zeitabständen, z. B. $^1/_{16}$, $^1/_7$, $^1/_3$, 1, 2, 5, 12 und 28 s.

# 6. Feststellung der Motorleistung.

Die Leistungsmessung an Motoren nimmt im Versuchsbetrieb einen breiten Raum ein.

## A. Leistungsbegriffe.

Die indizierte Leistung wird aus Indikatoraufnahmen aus der Arbeitsfläche des Druckkolbenwegschaubildes (s. S. 55) bestimmt. Mit Annäherung kann sie bei Vielzylindermaschinen auch aus dem Abfall der Wellenleistung bei abwechslungsweisem Außer-Tätigkeit-Setzen der einzelnen Zylinder, z. B. durch Kurzschließen der Zündkerzen, ermittelt werden.

Die abgegebene Wellenleistung (effektive oder nutzbare Leistung) wird durch Abbremsen des Motors ermittelt, sie wird aus dem an der Kupplung an das Bremsmittel abgegebenen Drehmoment und der Drehzahl bestimmt. Es ist

$$N = \frac{M \cdot \omega}{75} = \frac{P \cdot r \cdot \pi \cdot n}{75 \cdot 30}\ \text{PS}.$$

Hierbei ist

$N$ = Motorleistung, PS,
$M$ = Drehmoment, mkg,
$\omega$ = Winkelgeschwindigkeit, je Sekunde,
$P$ = Gewicht am Gewichtshebelarm der Bremse, kg,
$r$ = Länge des Hebelarmes, m,
$n$ = Drehzahl, U/min.

Bei einer Länge des Gewichtshebelarmes von $r = 0{,}7162$ m ist

$$N = \frac{P \cdot 0{,}7162 \cdot n}{716{,}2} = \frac{P \cdot n}{1000}.$$

Die auf den Normalluftdruck $B_0$ und die Normaltemperatur $t_0$ bezogene Leistung ergibt sich zu

$$N_{\text{red}} = N\,\frac{B_0\,(273 + t)}{B\,(273 + t_0)}.$$

$B$ = gemessener Barometerstand, mm Hg,
$t$ = gemessene Temperatur, °C.

Die Leistung ist bestimmt durch das Verhältnis der Drücke und das umgekehrte Verhältnis der absoluten Temperaturen. Bei größeren Temperaturunterschieden zeigt sich aber infolge des Einflusses der Temperatur auf die Verdampfung des Brennstoffes und das Freiwerden der Verdampfungswärme vor dem Eintritt des Gemisches in den Zylinder, daß diese Abhängigkeit vom umgekehrten Temperaturverhältnis nur für Dieselmotoren gilt. Für Vergasermotoren gilt mit guter Näherung die Quadratwurzel aus dem umgekehrten Temperaturverhältnis.

Wenn die Leistung der Motoren für Bergfahrt in der Höhe $Z$ berechnet werden soll, wendet man deshalb für Dieselmotoren die Formel

$$\frac{N_Z}{N_0} = \frac{p_z}{p_0} \cdot \frac{T_0}{T_z}$$

und für Vergasermotoren die Gleichung

$$\frac{N_Z}{N_0} = \frac{p_z}{p_0} \sqrt{\frac{T_0}{T_z}}$$

an, worin $p$ der Luftdruck, kg/m² oder mm Wassersäule und $T$ die absolute Temperatur, °K ist.

Nach der international vereinbarten Normal-Atmosphäre (INA) ist in der Höhe Null

die Luftwichte . . . . . . . $\gamma_0 = 1{,}225$ kg/m³,
die Temperatur . . . . . . $T_0 = 288°$ K,
und der Luftdruck . . . . . $p_0 = 760$ mm QS.

Der wesentlich geringere Einfluß der Luftfeuchtigkeit kann ebenfalls berücksichtigt werden.

Nach der Zustandsgleichung für Gase ist

$$p \cdot V = G \cdot R \cdot T$$

Setzt man für $p$ den Barometerstand $B$ nach $B = 0{,}07355\,p$ in mm QS ein, so ist, zunächst für Luft in trockenem Zustand:

$$\frac{B}{0{,}07355} \cdot V = G \cdot 29{,}27 \cdot T$$

und

$$B \cdot V = 2{,}153 \cdot G \cdot T.$$

Für feuchte Luft gilt dann

$$(B - B_W) \cdot V = (B - \varphi \cdot B_{WS}) \cdot V = 2{,}153 \cdot G \cdot T.$$

Darin ist

$B =$ Gesamtdruck der feuchten Luft mm QS,
$B_W =$ Teildruck des Wasserdampfes, mm QS,
$B_{WS} =$ Sättigungsdruck des Wasserdampfes mm QS,
$\varphi =$ relative Feuchtigkeit $= \frac{B_W}{B_{WS}}$.

Dann gilt

$$\frac{N_F}{N_T} = \frac{(B - \varphi\, B_{WS}) \cdot V}{B \cdot V} \quad (F = \text{Feuchte Luft},\ T = \text{trockene Luft}).$$

Zusammenfassend kann also für die Leistungsbestimmung bei Berücksichtigung des Luftdruckes (also der Höhe), der Temperatur und des Feuchtigkeitsgehaltes die Gleichung

$$N_{0\,T} = f \cdot f' \cdot N_{zF}$$

benutzt werden, worin

$$f = \frac{p_0}{p_z} \cdot \frac{T_z}{T_0} \quad \text{für den Dieselmotor}$$

bzw.

$$\frac{p_0}{p_z} \cdot \sqrt{\frac{T_z}{T_0}} \quad \text{für den Vergasermotor ist}$$

und

$$f' = \frac{B}{B - \varphi \cdot B_{WS}}.$$

Der wirksame (effektive) Mitteldruck ergibt sich aus der Leistungsformel

$$N_e = \frac{\pi \cdot d^2 \cdot s \cdot i \cdot n \cdot p_m}{4 \cdot 75 \cdot 2 \cdot 60} = \frac{d^2 \cdot s \cdot i \cdot n \cdot p_m}{11\,458}$$

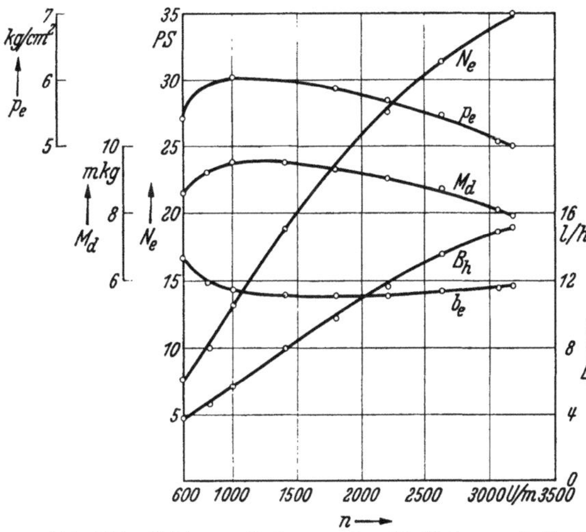


Abb. 207. Leistung, Drehmoment, stündlicher, auf die Leistung bezogener stündlicher Kraftstoffverbrauch und mittlerer Arbeitsdruck, über der Drehzahl aufgetragen.

Für 4-Takt-Motoren zu

$$p_m = \frac{N_e \cdot 11\,458}{d^2 \cdot s \cdot i \cdot n} \approx \frac{N_e \cdot 11\,500}{d^2 \cdot s \cdot i \cdot n}\ \text{kg/cm}^2 = \frac{N_e \cdot 900}{V \cdot n}$$

und für 2-Takt-Maschinen zu

$$p_m = \frac{N_e \cdot 5729}{d^2 \cdot s \cdot i \cdot n} \approx \frac{N_e \cdot 5750}{d^2 \cdot s \cdot i \cdot n}\ \text{kg/cm}^2 = \frac{Ne \cdot 450}{V \cdot n}$$

Hierbei ist

| | |
|---|---|
| $N_e =$ Wellenleistung, PS, | $n =$ Drehzahl, U/min, |
| $d =$ Zylinderdurchmesser, cm, | $i =$ Anzahl der Zylinder, |
| $s =$ Hub, m, | $V =$ Gesamter Hubraum des Motors. |

Zur bildlichen Darstellung werden die aufgenommenen Drehmoments- ($M_d$) und Leistungswerte ($N_e$) und die errechneten Mitteldruckwerte ($p_m$) zusammen mit dem stündlichen Brennstoffverbrauch ($B_h$) und dem auf die Leistungseinheit bezogenen stündlichen Brennstoffverbrauch ($b_e$) über der Drehzahl als Abszisse aufgetragen (s. Abb. 207), da die Drehzahl das Hauptmerkmal des Betriebszustandes darstellt.

Bei der Aufnahme der Voll- oder Teillastschaulinien wird die Drosselklappenstellung des Vergasers oder die Regelstellung der Einspritzpumpe für eine Meßreihe *fest* eingestellt. Die Einstellung der Drehzahl erfolgt durch Änderung des Bremsmomentes am Bremsmittel. Das erzielte Drehmoment ist also das bei fester Drosselklappen- oder Pumpenstellung bei einer bestimmten Drehzahl vom Motor erreichte Höchstdrehmoment. Dementsprechend stellen die ermittelten Leistungen die zur Meßdrehzahl und Regelstellung gehörigen Höchstleistungen des Motors dar (Abb. 208). Die aufgezeichneten Schaulinien sind Leistungslinien bei Vollgas (Volleistungslinie), Halbgas, Viertelgas usw. (Teillastschaulinien), wobei im allgemeinen die $^1/_1$-, $^1/_2$-, $^1/_4$-Drehung der Drosselklappe oder -verschiebung des Regelgestänges der Pumpe für diese Bezeichnung maßgebend ist. Die Stellung der Zündung ist im Falle der Handverstellung jeweils so vorzunehmen, daß beste Leistung erzielt wird.

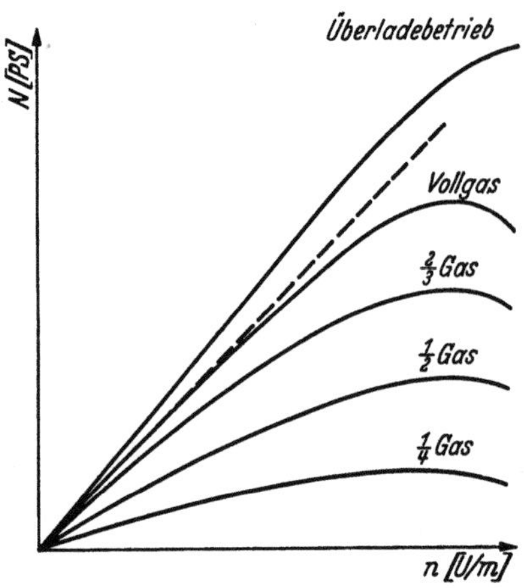

Abb. 208. Teillastschaulinien.

Bei der Aufnahme der Drosselleistungsschaulinien bleibt die Einstellung des Bremsmittels jeweils unverändert. Die Drehzahländerung erfolgt durch Ändern der Drosselklappen- oder Pumpenregelstellung. Die Drehzahl des Motors stellt sich damit auf das Gleichgewicht des Motordrehmomentes mit dem des Bremsmittels ein. Die sich ergebende Schaulinie stellt die Leistungsaufnahme des Bremsmittels bei seiner jeweiligen Einstellung in ihrer Abhängigkeit von der Drehzahl dar. (Charakteristik des Bremsmittels.)

## B. Wiegetechnische Grundlagen.

Die an der Kupplung abgegebene Leistung wird vom Bremsmittel aufgenommen und in Form von Wärme, Wirbelenergie oder elektrischer Energie nach außen abgeführt. Das mit der Drehzahl die Leistung bestimmende Drehmoment kann bei pendelnder Lagerung des Prüfmotors oder des Bremsmittels an einem Hebelarm als Kraft aufgenommen und gemessen werden. Motordrehmoment und Meßmoment müssen sich dabei das Gleichgewicht halten, d. h. ihre entgegengerichtete Wirkung muß sich unter den Bedingungen einer Waage ausgleichen. Demnach ist es notwendig, daß das mit dem Bremsmittel hervorgerufene Moment gleichmäßig und stetig wirkt und daß die Aufhängung der Wiegeanordnung stabil ist, so daß sie sich bei dem Momentenausgleich auf Null einspielt.

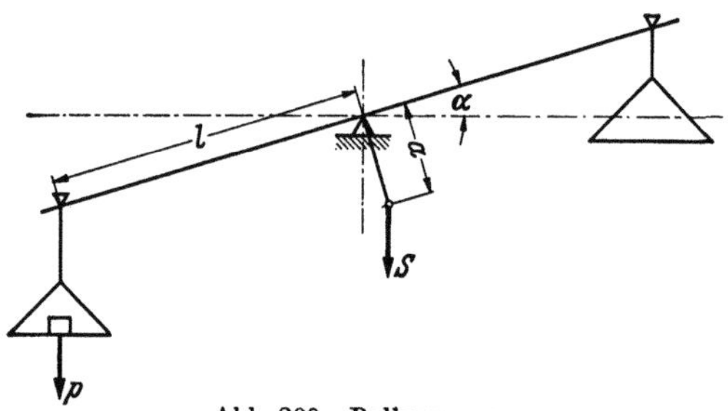

Abb. 209. Balkenwaage.
*a* Schwerpunktsabstand vom Drehpunkt; *l* Abstand der Waagschalenschneiden vom Drehpunkt; *p* an der linken Waagschale angreifendes Übergewicht; *S* Waagengewicht im Schwerpunkt des Waagbalkens.

Denkt man sich die Pendelaufhängung des Bremsmittels oder des Prüfmotors als eine einfache Balkenwaage nach Abb. 209, so müssen folgende Bedingungen erfüllt sein:

1. Die 3 Schneiden der Balkenwaage müssen in einer Ebene liegen.
2. Es gilt:

$$p \cdot l \cdot \cos\alpha = S \cdot a \cdot \sin\alpha,$$

für kleine Winkel ist $\cos\alpha = 1$

und $\sin\alpha = \alpha$,

damit gilt

$$p \cdot l = S \cdot a \cdot \alpha.$$

Die Empfindlichkeit einer Waage ist durch das Verhältnis $\frac{\alpha}{p}$ gekennzeichnet, d. h. durch die Größe des Ausschlages, der sich bei Auflegen eines Gewichtes, z. B. $p = 1$, ergibt. Für $p = 1$ ist

$$\alpha = \frac{l}{S \cdot a}.$$

Solange bei der Drehmomentwaage für die Wägung Waagschalen mit Gewichten verwendet werden, ist die Empfindlichkeit nur abhängig von der Wirkung des Drehmomentes aus dem Schwerpunkt und von der Reibung in den Pendellagern oder in sonstigen Verbindungsteilen zwischen feststehenden und pendelnden Teilen der Drehmomentmeßeinrichtung. Damit die Waage auf jeden Fall einspielt, ist das Schwerpunktmoment etwas größer zu machen als das bei laufender Maschine noch vorhandene Pendellagerreibungsmoment.

Bei zusammengesetzten Waagen vergrößern sich die Empfindlichkeitswiderstände. Bei pendelnd aufgehängten Bremsmitteln mit angebauter Laufgewichts- oder Neigungswaage z. B. zählen sich die Widerstände beider zusammen. Da hierbei der Waagenteil, der den größeren Ausschlag macht, überwiegt, gestaltet man die Empfindlichkeit des pendelnden Teils des Bremsmittels nach obigen Richtlinien so, daß das Schwerpunktmoment eben noch die Lagerreibung überwindet und legt die Stabilisierung der Gesamtwiegeeinrichtung in den Laufgewichtshebel oder in das Pendel der etwa verwendeten Neigungswaage.

Am günstigsten wäre es bei dieser Anwendung, wenn die Empfindlichkeit des Bremsmittels unendlich hoch wäre, der Schwerpunkt also in die Drehachse fallen würde (indifferentes Gleichgewicht). Wenn aber die Schneiden zwischen dem Pendelgehäuse und der Waage nur einseitig in Eingriff kommen, so wird in diesem Fall die Stabilisierung nur in einer Drehrichtung zur Auswirkung kommen können. In Fällen, in denen die Möglichkeit gegeben ist, in beiden Richtungen wirkende Drehmomente aufzunehmen, z. B. durch Vorbelasten, wobei dauernder Eingriff einseitiger Kopplungsschneiden gewahrt ist, oder durch Anordnung einer praktisch spielfreien Doppelschneide, kann ein indifferent aufgehängtes Pendelgehäuse des Bremsmittels auch bei Vorhandensein von Reibung in den Pendellagern benützt werden. Die Justierung der Gesamteinrichtung beschränkt sich dann auf die des Meßkopfes der Laufgewichts- oder Neigungswaage.

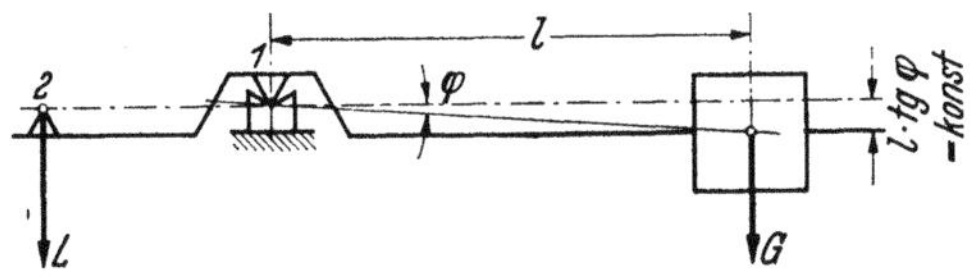


Abb. 210. Laufgewichtswaage.
*1, 2* Schneiden; *G* Laufgewicht; *l* Abstand des Laufgewichtes; *φ* Abweichwinkel.

Zur Erzielung von Stabilität bei Laufgewichtswaagen (Abb. 210) genügt es, ohne Anbringung eines besonderen Schwerpunkthebels den Schwerpunkt des Laufgewichtes unterhalb der durch die Schneiden *1* und *2* angegebenen Verbindungslinie zu legen. Die durch den Abstand des Waagenschwerpunktes von der Schneide bedingte Empfindlichkeit der Waage bleibt dabei unveränderlich, da das Produkt aus dem Abstand des Laufgewichtsschwerpunktes von der Drehschneide und dem tg des in Abb. 210 eingezeichneten Abweichwinkels $\varphi$ bei verschiedenen Stellungen des Gewichtes, also verschiedenen Größen des Abweichwinkels gleich bleibt, also $l \cdot \operatorname{tg}\varphi = \text{const}$ ist.

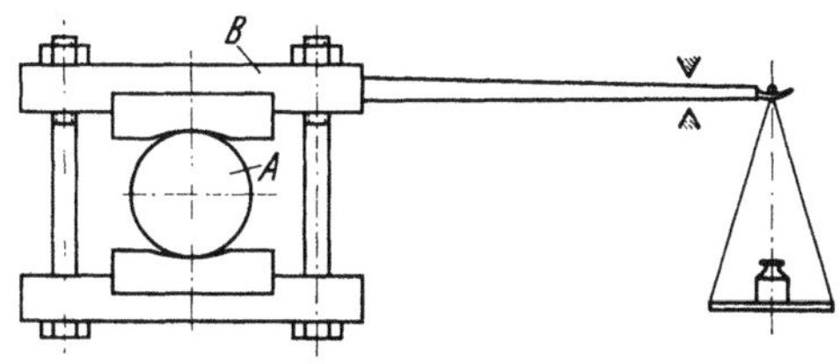


Abb. 211. Pronyscher Zaum.
*A* Schwungrad; *B* Bremsblock.

Bei Verwendung von Neigungswaagen ergibt sich durch den den Gegenzug erzeugenden Pendelausschlag von selbst die stabile Einstellung der Waage.

Diese allgemeinen Gesichtspunkte für Waagen dürfen bei der Zusammenstellung von Bremsmitteln, bei denen Bremse und Waage zusammen eine Gesamtwiegeeinrichtung darstellen, nicht außer acht gelassen werden.

## C. Bremsmittel.

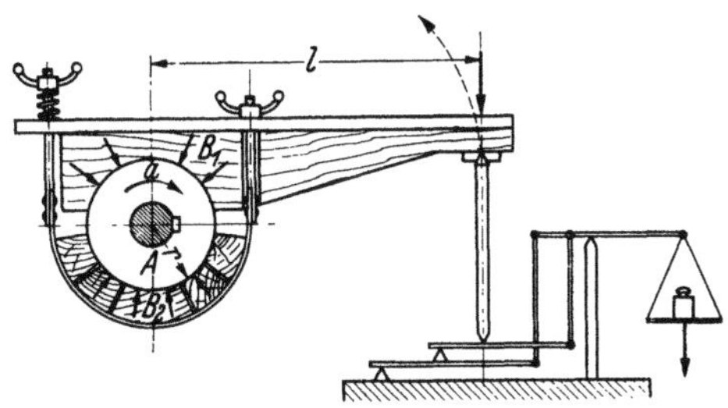


Abb. 212.
Pronyscher Zaum mit Brückenwaage (*267*).
*A* Schwungrad; *B* Bremsblock; *l* Abstand des Hebelarmes von dem Bremsblock; *r* Schwungradhalbmesser.

Nach der Art der Energieabführung unterscheidet man als gebräuchlichste Bremsmittel: den Pronyschen Zaum oder die Reibungsbremse, die Luftwirbelbremse, die Wasserwirbelbremse und die elektrische Bremse.

Zum Zweck der Messung des an der Kupplung zwischen Prüfling und Bremsmittel abgegebenen Drehmomentes muß eines der beiden, entweder der Prüfling oder das Bremsmittel, pendelnd aufgehängt sein, wobei die Pendelachse mit der Treibwellenachse zusammenfallen muß, damit die Messung nicht durch zusätzliche Momente gefälscht wird. Im allgemeinen wird, soweit es die Eigenart des Bremsmittels zuläßt, dieses pendelnd gelagert, weil sich damit genauere Messungen erzielen lassen.

### I. Der Pronysche Zaum.

Der Pronysche Zaum arbeitet als mechanische Reibungsbremse. Auf dem Schwungrad *A* (Abb. 211) oder einer Riemenscheibe wird ein Bremsblock *B* aufgelegt, dessen Bremsflächen als Band oder als Backen durch Spannschrauben gegen die Schwungradoberfläche gepreßt werden, wodurch die notwendige Bremsreibung erzeugt und der Prüfmotor belastet wird, sofern der Zaum mittels seines Hebelarmes und eines Anschlages am Mitdrehen verhindert wird. Die am Anschlag auftretende Kraft kann mit Gewichten (Abb. 211) oder durch eine Brückenwaage nach Abb. 212 gemessen werden. Die Änderung des Bremsmomentes erfolgt durch verschieden starkes Anziehen der Spannschrauben.

Zur Vermeidung ruckartigen Arbeitens beim Anpressen der Bremsbacken ist Abfederung der Spannschrauben zweckmäßig. Die erzeugte Reibungswärme wird nach Abb. 213 in Kühlwasser abgeführt.

Notwendig ist, daß bei Anordnung des Hebelarmes über oder unter der Drehachse dieser in einen „stabilen Quadranten" zu liegen kommt. Bei Drehrichtung der Bremstrommel im Uhrzeigersinn und Lage der Hebelarme in Feld I oder III (s. Abb. 214) vergrößert sich durch Mitnahme des Hebels in Drehrichtung der wirksame Hebelarm. Geht er entgegen der Drehrichtung zurück, so verkleinert sich

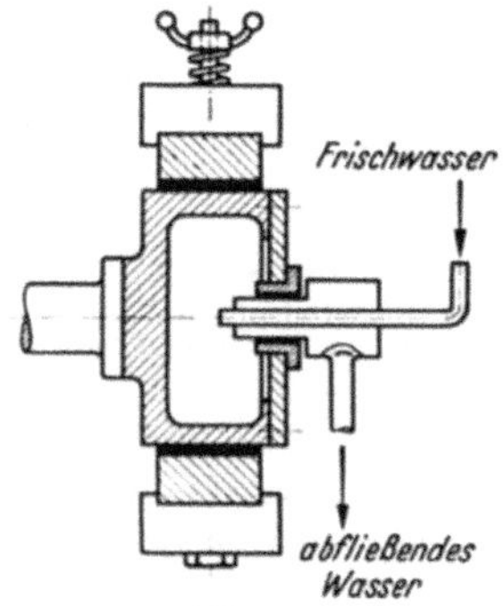


Abb. 213.
Kühlung des Pronyschen Zaums.

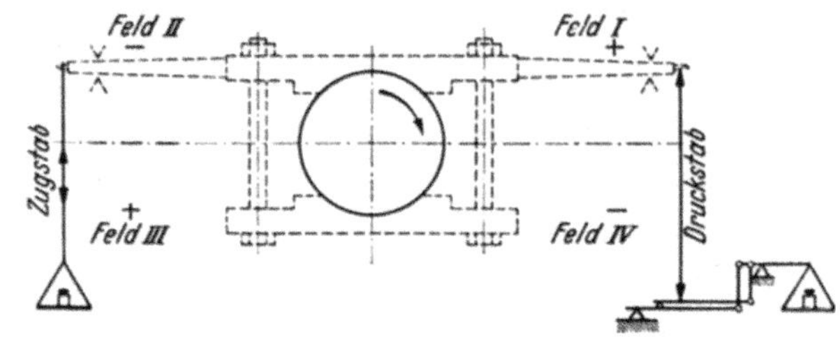


Abb. 214.
Wirksamer Hebelarm bei Anordnung des Hebels über der Drehachse.

die wirksame Länge. Beides wirkt im Sinne der Stabilität. Für Lage des Hebelarmes in einem der Felder II oder IV oder für entgegengesetzte Drehrichtung kehrt sich die Wirkung um.

Zu beachten ist aber, daß die beim Schwenken eintretende Änderung der wirksamen Hebelarmlänge bei Anordnung des Hebels über oder unter der Drehachse zu Meßfehlern führen kann, sobald die Waage nicht genau auf Null einspielt, da ein kleiner Winkelausschlag des Hebels eine

Abb. 215. Bewegliche Olsen-Bremse mit Wasserkühlung (*230*).

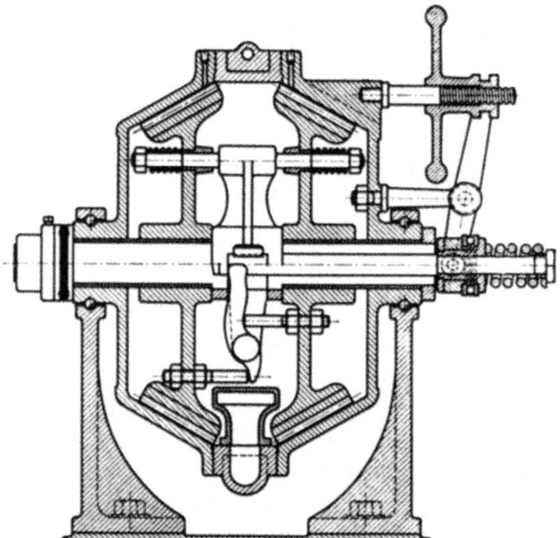

Abb. 216. Griffin-Dynamometer im Schnitt (*231*).

verhältnismäßig große Veränderung der wirksamen Hebellänge zur Folge hat. Aus diesem Grund ist tunlichst dafür zu sorgen, daß der Hebelarm nahe an der Drehachse vorbeigeht und bei waagerechter Lage auf Null einspielt. In diesem Fall ist jedoch zwecks Erreichung genügender Stabilität unter Umständen ein Nullagependel anzubauen.

Abb. 215 zeigt die Ausführung einer ortsbeweglichen Reibungsbremse mit angebauter einfacher Schiebegewichtswaage und Handverstellung des Bremsmomentes. Beim Griffin-Dynamometer (s. Abb. 216) werden zwei Scheiben, deren Kränze kegelig ausgebildet sind, gegen das kegelige, pendelnd gelagerte Gehäuse gedrückt. Die Betätigung erfolgt über eine Schubstange und Hebel durch die hohl gebohrte Welle der Bremse. Das Kühlwasser fließt am unteren Teil des Gehäuses zu und ab. Zur Vermeidung von rauhem Lauf bei Rostbildung wird bei Inbetriebnahme durch Bohrungen am oberen Gehäuseteil Öl zugeführt.

Im Fall der Anordnung nach Abb. 211 u. 212 ist die Bremse auch bei Stillstand nicht im statischen Gleichgewicht. Die Unstabilität wird jedoch durch Anschläge (Abb. 211) unschädlich gemacht oder (Abb. 212) durch die Brückenwaage, die selbst im allgemeinen große Stabilität aufweist, ausgeglichen. Wichtig ist, daß der Bremsarm im Verhältnis zur Größe der Brückenwaage nicht zu schwer ist, da diese sonst die Unstabilität nicht mehr auszugleichen vermag. Das Maß der Stabilität der Gesamtwiegeeinrichtung (Bremsklötze einschließlich Wiegeeinrichtung) wird ermittelt, indem an der Stelle $a$ (Abb. 212) bei losem Bremsband eine Dreikantschneide eingelegt wird, so daß die Bremseinrichtung um diesen Punkt pendeln kann. Auf die gleiche Weise kann auch das durch den Hebelarm erzeugte Drehmoment auf der Waage durch Taragewichte ausgeglichen werden, falls das Hebelarmmoment nicht durch ein unmittelbar angreifendes Gegenmoment ausgeglichen wurde.

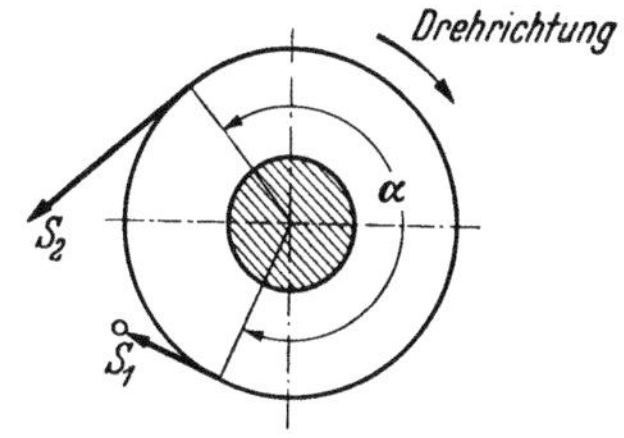


Abb. 217. Pronyscher Zaum mit Band als Bremsgerät.

Es ist $S_2 = S_1 \cdot e^{\mu\alpha}$. Die durch Reibung übertragbare Umfangskraft $P$ ist: $P = S_2 - S_1$

$P = S_1 (e^{\mu\alpha} - 1)$,

Damit ist $S_2 = \dfrac{P \cdot e^{\mu\alpha}}{(e^{\mu\alpha} - 1)}$.

Der Pronysche Zaum kann auch durch ein Band oder Seil als Bremsgerät gebildet werden (*219*) (s. Abb. 217). Ist $\alpha$ der Umschlingungswinkel, $P$ der Umfangswiderstand, $\mu$ die Reibungszahl, dann besteht zwischen dem Bandzug $S_2$ und der Umfangskraft $P$ die Beziehung

$$S_2 = \frac{P\, e^{\mu\alpha}}{(e^{\mu\alpha} - 1)} \quad \text{oder} \quad P = \frac{S_2\,(e^{\mu\alpha} - 1)}{e^{\mu\alpha}}. \qquad (1)$$

$P$ ist aber auch, was die Messung des Winkels $\alpha$ und die Bestimmung von $\mu$ erübrigt, der Unterschied zwischen $S_2$ und $S_1$ also $P = S_2 - S_1$. Das Drehmoment ergibt sich aus der Umfangskraft $P$ und dem Trommelhalbmesser. Die Kräfte $S_1$ und $S_2$ können nach Umlenkung über Seilrollen mit Gewichten bestimmt werden.

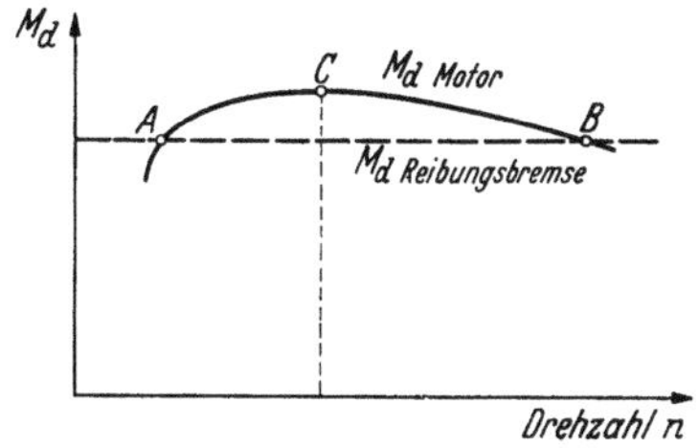


Abb. 218. Verlauf der Drehmomente des Motors und der Reibungsbremse.

Bei der Bremsung von Fahrzeugmotoren äußert sich der Nachteil der Reibungsbremsen, wie Abb. 218 zeigt, darin, daß die Drehmomente des Motors und der Bremse nahezu gleich verlaufen, was zu Erschwerung der Drehzahleinstellung führt. Das Ausbiegen der Drehmomentlinie des Motors über der Bremse hat zur Folge, daß beim Einstellen auf Punkt $A$ und beim Auftreten kleiner Drehzahlschwankungen nach oben infolge des Überwiegens des Motordrehmomentes die Drehzahl weiter zunimmt, der Motor also, wenn nicht die Bremswirkung dauernd geregelt wird, vom Punkt $A$ aus entweder durchgeht oder abgewürgt wird.

Demnach kann die Drehzahl von Reibungsbremsen nur in dem Bereich $C$—$B$ gleichgehalten werden. Zur Behebung dieses Nachteils werden Bremsen mit selbsttätiger Regelung des Reibungsmomentes gebaut. Bei der Reibungswaage von Schenck (Abb. 219) wird das Drehmoment der Bremse dadurch geregelt, daß die Zunge des Laufgewichtsbalkens nach Einstellung des Schiebegewichtes auf ein bestimmtes Drehmoment beim Spielen einen elektrischen Doppelkontakt betätigt, der über einen Elektromotor die Bremsbandspannung entsprechend dem an der Waage eingestellten Moment steuert.

Steigt aus irgendeinem Grunde das Moment an der Bremse an, so wird der Waagbalken nach oben gezogen, der obere Kontakt schließt, wodurch das Bremsband etwas entspannt wird. In entsprechender Weise wird das Bremsband angezogen, wenn die Waagenzunge den unteren Kontakt berührt. Bei dieser Steuerungsart wird es notwendig, eine Dämpfung am Waagbalken so wirksam einzustellen, daß Pendelschwingungen vermieden werden.

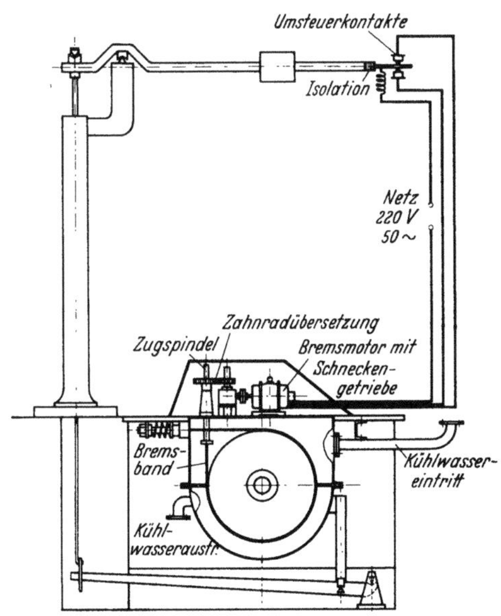


Abb. 219. Schenck-Bandbremse mit selbsttätiger Regelung.

## II. Die Luftwirbelbremse.

Bei den Luftwirbelbremsen wird die vom Motor abgegebene Leistung von einer festen oder verstellbaren Luftschraube oder Klatsche aufgenommen, wobei die Leistungsaufnahme mit der dritten Potenz der Drehzahl und das Drehmoment mit dem Quadrat der Drehzahl ansteigt. Abb. 220 zeigt den Verlauf der Momentenlinien eines Prüflings und einer

Luftwirbelbremse. Da die Momentenlinien der Luftbremse sich mit der des Prüflings in steilem Winkel schneiden, ist gute Stabilität der eingestellten Drehzahl und Wägung gewährleistet.

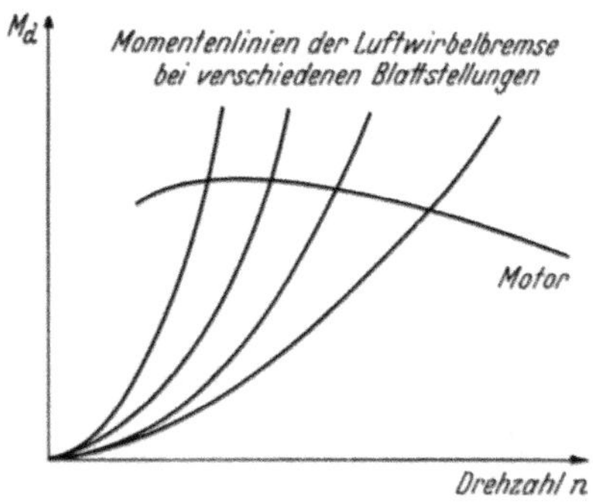

Abb. 220. Motormoment und Luftwirbelbremsenmomentenlinien bei verschiedenen Blattstellungen.

Bei Verwendung von offenen Bremsklatschen nach Abb. 221 oder von Luftschrauben kann das Rückdrehmoment an der Bremse selbst nicht unmittelbar gemessen werden. Bremsklatschen oder Bremsschrauben werden deshalb mittels pendelgelagerter Elektromotoren (s. S. 105) oder mit Hilfe eines Einschaltdynamometers (s. S. 110f.) geeicht. Dabei ist jedoch die Bremskraft von der Dichte der Luft, also vom Barometerstand und der Temperatur abhängig, was bei der Durchführung von Messungen durch Umrechnung berücksichtigt werden muß. Falls die Luftbremse nicht geeicht ist, kann zur Messung des Momentes der Prüfling in einem Pendelrahmen (s. Abb. 225) aufgehängt werden. Eine derartige Einrichtung ist auf S. 97 beschrieben.

Bei diesen festen Luftbremsen ist eine Änderung des Bremsmomentes während des Betriebes nicht möglich. Die Drehzahl kann nur dadurch geändert werden, daß die Regelstellung am Prüfling geändert wird. Bei Aufnahme der Leistungslinie in ihrem Verlauf in Abhängigkeit von der Drehzahl ergibt sich dann, wie weiter unten näher ausgeführt, die dem Bremsflügel eigene, parabolische Drossel-Leistungslinie nach Abb. 222. Bei voller Regelöffnung stellt sich die Drehzahl ein, die dem Schnittpunkt der Bremsmittelkennlinie mit der Motorvolleistungskennlinie entspricht.

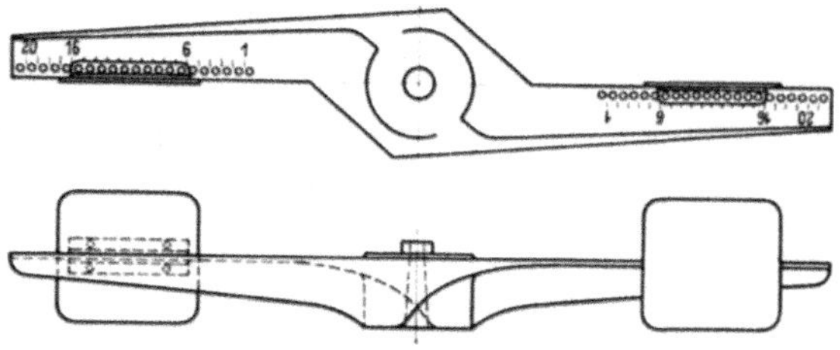
Abb. 221. Seppeler-Bremsflügel (*125*).

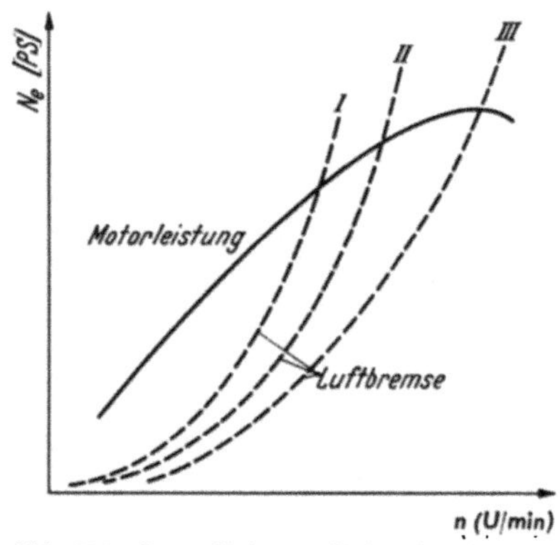

Abb. 222. Drosselleistungslinien der festen Luftbremse in Abhängigkeit von der Drehzahl.

Die festen Luftbremsen werden häufig auf Reihenprüfständen, insbesondere für Kraftradmotoren zum Einlaufen, das bei gleichbleibender Drehzahl und Belastung über längere Zeit durchgeführt wird, verwendet. Das Bremsmittel liefert dann, wenn es als Schrauben- oder Schleuderlüfter ausgebildet ist, auch die Kühlluft für den Motor.

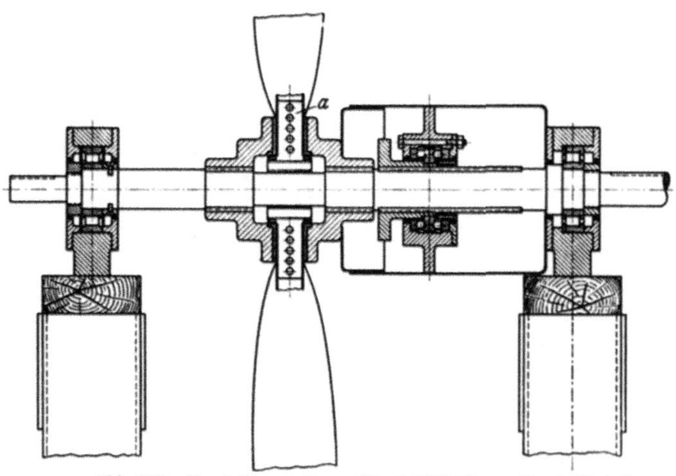

Abb. 223. Verstellbarer Bremsflügel (FKFS). *a* Verstellhebel.

Eine Einstellung des Bremsmittels für die Linien *I*, *II*, *III* (Abb. 222) erfolgt bei Stillstand nach Eichunterlagen mit Hilfe von angebrachten Teilmarken (Abb. 221).

Abb. 223 und 224 zeigen einen im Betrieb verstellbaren Bremsflügel mit drehbaren Blättern. Der Fuß *a* der Flügelblätter trägt innerhalb der Nabe einen Hebel *b*, an dem eine Schubstange *c* angreift. Die Betätigung der umlaufenden Schubstange erfolgt über ein Doppeldrucklagergehäuse *d*, dessen stillstehender Außenteil *e* mit Gewindespindeln *f* axial verschoben werden kann. Die Gewindespindeln werden über Kettenräder *g* und eine Zahnkette mit einem Handrad gedreht. Die Verstellung der Bremsblätter während des Betriebes gestattet eine Änderung des Bremsmomentes, also eine Messung der Motorleistung in verschiedenen Drehzahlen bei feststehender Drosselklappe.

Um die mit der Wirbelung der Luft entstehende Rückwirkung auf den pendelnd aufgehängten Prüfling auszuschalten und das Rückdruckmoment am Bremsmittel unmittelbar messen zu können, hat Seppeler (Abb. 225) um den einstellbaren Flügel *a* ein Gehäuse *b* angeordnet, dessen Innenwände mit Querrippen *c* zur Übertragung der Luftkräfte auf das Gehäuse versehen sind. Das Gehäuse sitzt auf einer Rohrwelle *d*, die durch die Lager *e* pendelnd abgestützt ist. Das Gehäuse ist durch ein Pendelgewicht *f* stabil gemacht. Beim Betrieb stellt damit der Ausschlag des Pendelgehäuses ein Maß für das aufgenommene Drehmoment dar. Die Bewegung des Pendelgehäuses wird über das Zahnsegment *g* auf die mit Ritzel versehene Zeigerwelle *h* übertragen. Die Reibungskraft der Bremswellenlager *i* wirkt sich in Richtung des Bremsmomentes auf das Pendelgehäuse aus, sie ist also im angezeigten Meßwert mitenthalten. Die Verstellung des Bremsflügels erfolgt mit einem Hebel *n*, der auf einen axialen Druckstab *m* wirkt und durch die hohle Flügelwelle die Verstellung der Flügelblätter ähnlich, wie oben beschrieben, besorgt. Die Zuführung der frischen Luft erfolgt über das mittig einlaufende Rohr *k*, das bis an die Flügelwurzeln herangeführt ist. Die Warmluft wird mittels Sammelringes nach außen abgeführt.

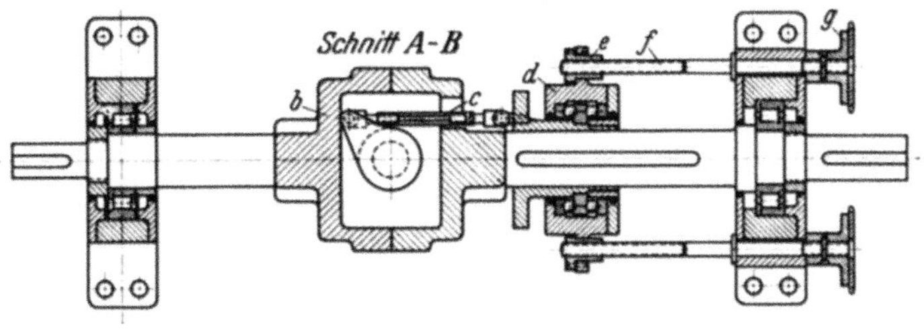


Abb. 224. Querschnitt durch den verstellbaren Bremsflügel (FKFS).
*b* Hebel; *c* Schubstange; *d* Doppeldrucklagergehäuse; *e* stillstehender Außenteil; *f* Gewindespindeln, *g* Kettenräder.

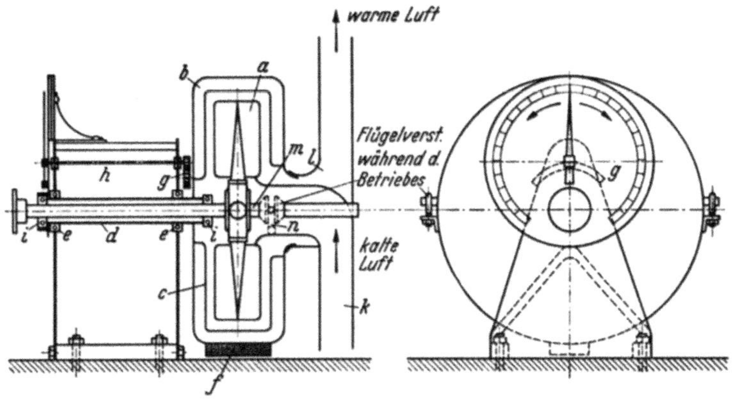


Abb. 225. Seppeler-Luftwirbelbremse (*125, 370*).
*a* Einstellbarer Flügel; *b* Gehäuse; *c* Querrippen; *d* Rohrwelle; *e* Lager; *f* Pendelgewicht; *g* Zahnsegment; *h* Zeigerwelle; *i* Bremswellenlager; *k* Luftzuleitung; *l* Luftableitung; *m* Druckstab; *n* Hebel.

Voraussetzung für die Richtigkeit der Messung ist, daß durch die Drehung des Bremsflügels auf das Pendelgehäuse keine anderen als drehende Kräfte und auf die Luftleitungen *k* und *l* keine drehenden Kräfte übertragen werden.

Auch bei ganz quer gestellten Flügeln wird das Drehmoment nicht voll auf das Gehäuse abgegeben. Das für die Strömung der Luft erforderliche Druckgefälle zwischen Ein- und Austritt erzeugt auf das Gehäuse keinen Rückdruck in Form eines Momentes; die der ausströmenden Luft innewohnende Bewegungsenergie geht aber an die Außenluft, ohne am Pendelgehäuse gemessen zu werden.

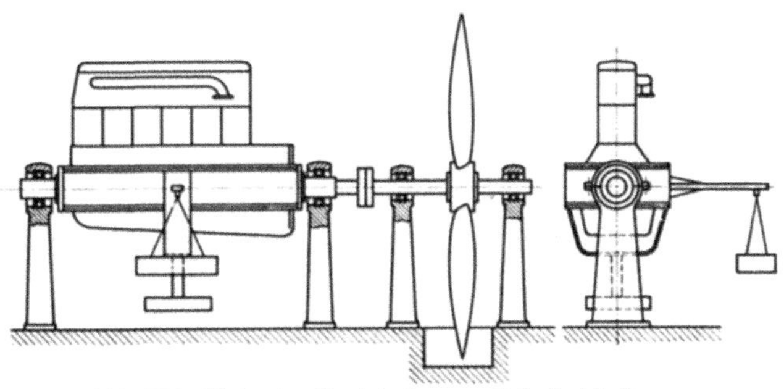

Abb. 226. Motor im Pendelrahmen mit Luftwirbelbremse.

Die Messung des Drehmomentes wird bei Luftwirbelbremsung einfacher durch Feststellung des Rückdrehmomentes am Prüfling selbst erreicht, der dazu auf einen pendelnden Rahmen aufgebaut wird (Abb. 226). Damit der Schwerpunkt der Einrichtung unterhalb der Drehachse liegt, befindet sich am Pendelrahmen ein Gegengewicht, das zur Einstellung der Empfindlichkeit auf einer Gewindespindel verschiebbar ist.

Der von der Bremsschraube erzeugte Drall des Luftstromes kann einen wesentlichen Einfluß auf die pendelnd gelagerten Teile haben. Es ist deshalb zweckmäßig, das Bremsmittel als Druckschraube arbeiten zu lassen, die die Luft von der Motorseite her ansaugt. Oft wird auch zwischen

Prüfling und Bremsmittel eine Abschirmwand angeordnet. Auf den den Motor kühlenden Luftstrom muß dann verzicht t werden.

Für die Zuführung des Kühlwassers, den Anschluß der Brennstoff- und Auspuffleitung an den Prüfling sind besonders weichelastische Schläuche zu verwenden, die möglichst in der Nähe

Abb. 227. Aufbau eines Motors im Pendelrahmen mit einem verstellbaren Bremsflügel (FKFS).

der Pendelachse auf den Prüfling überführt werden. Abb. 227 zeigt den Aufbau eines Motors im Pendelrahmen mit einem verstellbaren Bremsflügel nach Abb. 224.

## III. Die Wasserwirbelbremse.

Bei den Wasserwirbelbremsen wird durch ein Laufrad, das sich in einem Gehäuse dreht, das eingefüllte Wasser in Umdrehung versetzt und gegen die Wandungen geschleudert. Es

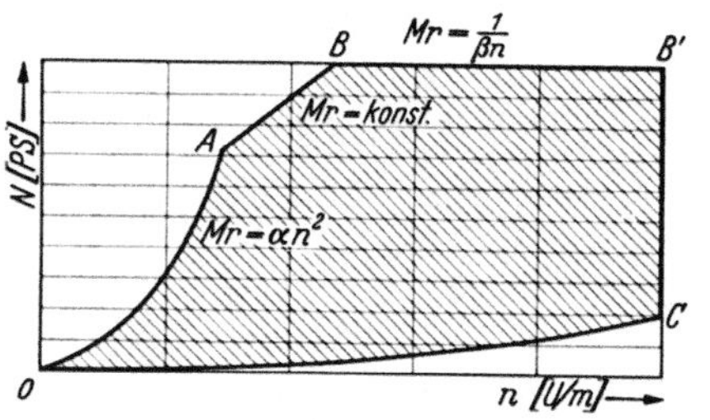


Abb. 228. Leistungsbereich einer Krupp-Froude-Wasserbremse.

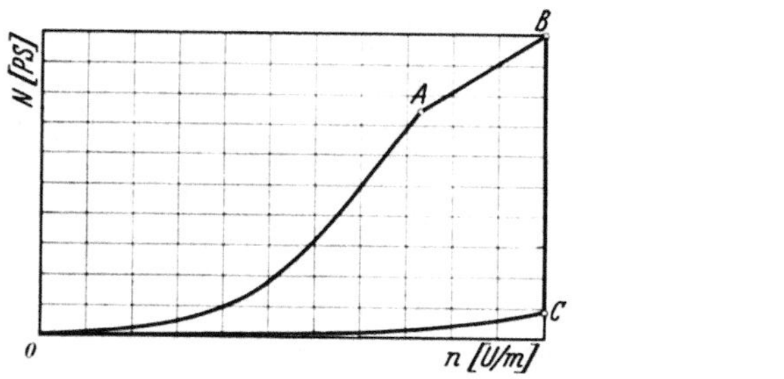


Abb. 229. Leistungsbereich einer Junkers-Wasserbremse (267).

sucht das Bremsgehäuse in der Drehrichtung mit der Stärke des Bremsmomentes mitzunehmen. Wenn das Wasserbremsgehäuse pendelnd gelagert ist, kann das Moment gemessen werden. Der Zu- und Abfluß des Wassers muß ohne Rückwirkung auf die Drehung des Gehäuses erfolgen.

Die Vernichtung der vom Prüfling abgegebenen Energie auf hydraulischem Weg hat gegenüber der Leistungsaufnahme durch Reibung den Vorteil, daß die Abnützung des Bremsmittels geringfügig ist. Die entwickelte Leistung wird restlos in dem vollständig nach außen abgeschlossenen abgewogenen Gehäuse in Wärme umgesetzt, so daß Einflüsse, die eine falsche Wägung ergeben können, nicht vorhanden sind. Die Reibung in den Lagern und Stopfbüchsen wird bei der Wägung mitgemessen.

Die den Wasserbremsen eigenen Leistungskennlinien sind in Abb. 228 und 229 dargestellt. Zunächst steigt die Leistungsaufnahme mit der 3. Potenz und die Momentaufnahme mit dem

Quadrat der Drehzahl. Nach Erreichen des durch die Werkstoffestigkeit bestimmten höchsten Drehmomentes bei der Leistung $A$ verläuft diese bei gleichbleibendem Drehmoment in gerade ansteigender Linie weiter bis $B$. Bei der Junkers-Bremse wird die Leistungssteigerung bis zur höchstmöglichen Drehzahl fortgesetzt. Bei der Krupp-Bremse, die schon bei niederer Drehzahl ein verhältnismäßig großes Moment aufnimmt, muß von einer bestimmten Drehzahl ab das Drehmoment abnehmen, derart, daß die aufgenommene Leistung nach dem Verlauf $B—B'$ in Abb. 228 bis zur Höchstdrehzahl gleich bleibt. Der untere Bremsbereich der Wasserbremsen ist durch die Linie $O—C$ abgegrenzt, die die Antriebsleistungen bei Betrieb ohne Wasser ergibt und demnach den Einfluß der immer vorhandenen Lagerreibung und der Lüfterreibung zwischen Läufer und Pendelgehäuse darstellt.

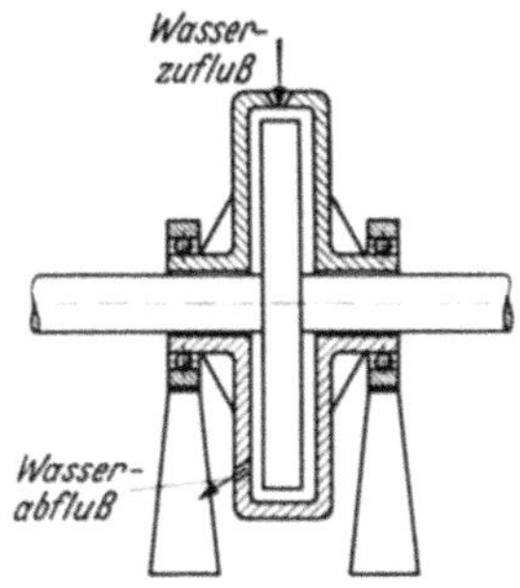

Abb. 230. Einscheiben-Wasserbremse.

Der Wasserbedarf der Bremse beträgt je nach der Temperatur des eintretenden Kühlwassers 10—15 l für die PS-Stunde. Eine Austrittstemperatur von ungefähr 50—60° C ist einzuhalten, damit stärkere Kalkabscheidungen in dem Gehäuse vermieden werden.

Für den Bremsbereich ist die Lage des Punktes $A$ der Leistungskennlinie wesentlich. Für die Aufnahme hoher Drehmomente auch bei niederer Drehzahl soll $A$ bei möglichst hoher Leistung nnd möglichst niederer Drehzahl liegen.

Die hauptsächlich angewandten Bremsbauarten sind die Scheibenwasserbremse, die Liebel-Bremse, die Junkers-Wasser- und die Krupp-Froude-Bremse.

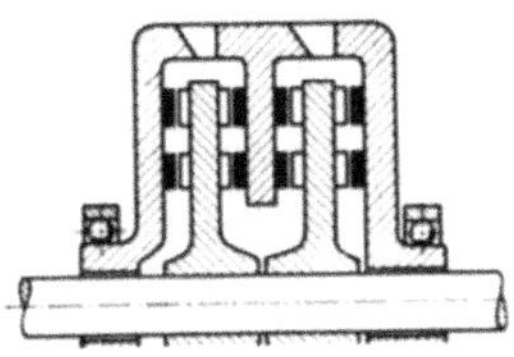
Abb. 231 Liebel-Bremse.

Bei der einfacheren Scheibenwasserbremse (Abb. 230) drehen sich eine oder mehrere auf einer Welle festgekeilte glatte Scheiben in einem teilweise mit Wasser gefüllten Gehäuse. Das Wasser läuft dem Gehäuse durch trichterförmige Öffnungen zu. Der Wasserablauf wird durch Drehhahnen geregelt, wodurch es möglich ist, den Wasserstand im Gehäuse auf einer bestimmten Höhe zu halten und das Bremsmoment einzustellen. Der Wasserzu- und -abfluß muß mit gleichbleibender Menge erfolgen, damit das Bremsmoment sich nicht selbst ändert. Die erforderliche Gleichmäßigkeit der Wasserzufuhr wird durch Zwischenschalten eines durch Schwimmerventil geregelten Hochgefäßes erreicht.

Die Liebel-Bremse (Abb. 231) trägt zur Erhöhung der Drehmoment-

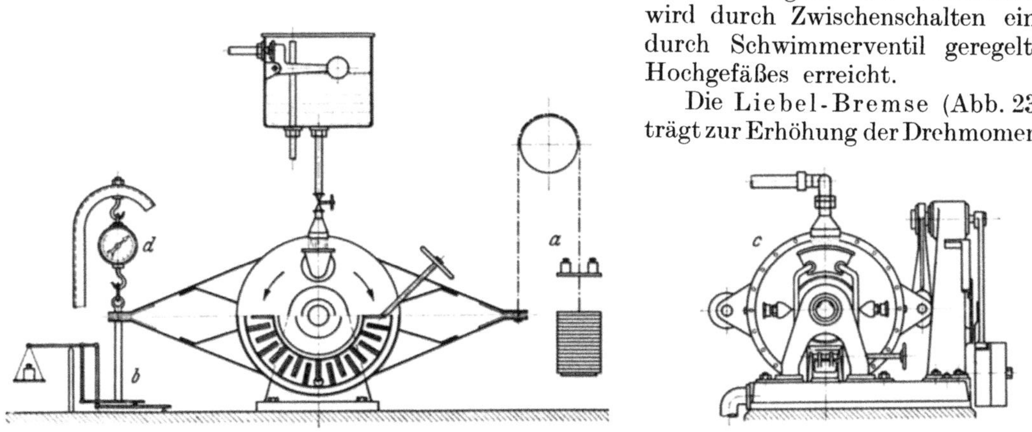

Abb. 232. Grundsätzliche Anordnung der Junkers-Wasserbremse (267).
Messung des Drehmoments.
$a$ über eine Umlenkrolle mit Gewichten; $b$ mittels Brückenwaage; $c$ mit Pendelwaage; $d$ mittels Federzugwaage.

aufnahme an den Laufscheiben seitliche Ausbauten, denen am Pendelgehäuse befestigte Ausbauten gegenüberstehen. Die Drehmomentregelung erfolgt in gleicher Weise wie bei der Scheibenwasserbremse.

Bei der Junkers-Wasserwirbelbremse (Abb. 232) sind der Läufer und das Gehäuse mit radialen Stiften besetzt. Der sich bildende Wasserwirbelring, dessen Dicke durch Einstellung des Wasserein- und -auslasses geregelt wird, sucht das pendelnd gelagerte Gehäuse in Drehrichtung mitzunehmen. Das übertragbare Drehmoment ist durch die zusätzliche Wirbelwirkung der Stifte vergrößert.

Damit die Einströmungsgeschwindigkeit in den Auffangtrichter gleichbleibend ist, wird auch hier das Wasser einem mit Schwimmerventil geregelten Hochbehälter mit gleicher

Druckhöhe (Abb. 232) entnommen. Die Abbildung zeigt vier verschiedene Möglichkeiten der Drehmomentmessung. Bei *a* erfolgt sie über eine Umlenkrolle mit Gewichten, bei *b* mittels Brückenwaage, bei *c* mit Pendelwaage und bei *d* mittels Federzugwaage.

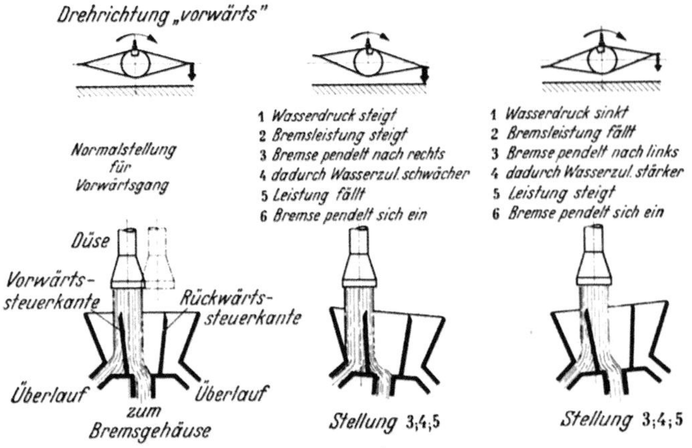


Abb. 233. Selbsttätige Regelung des einlaufenden Wassers [Junkers (267)].

Der Einlauf des Wassers vom Trichter in das Gehäuse wird nach Abb. 233 durch die Pendelbewegung des Gehäuses gesteuert. Durch je eine für den Vorwärts- und Rückwärtsgang im Einlauftrichter angebrachte Scheidewand wird ein Teil des zulaufenden Bremswassers abgeleitet, so daß es am Bremsvorgang nicht teilnimmt. Dementsprechend hat der Einlauftrichter 3 Kammern, von denen die mittlere mit dem Innenraum der Bremse in Verbindung steht, die bei den seitlichen das Wasser abführen.

Bei Störungen des Beharrungszustandes neigt sich das Bremsgehäuse nach der einen oder anderen Drehrichtung. In dem Fall, in dem die Bremswirkung steigt, teilt die Schneide etwas mehr Wasser nach dem Überlauf hin, in die Bremse tritt weniger Wasser, die Bremsleistung sinkt und der Beharrungszustand wird wieder hergestellt. Im Fall nachlassender Bremswirkung ist der Vorgang umgekehrt.

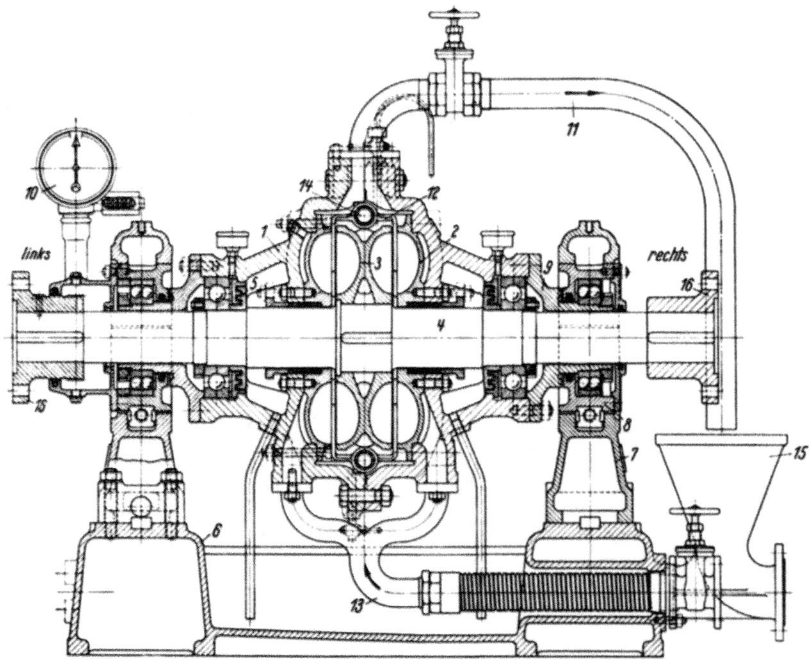


Abb. 234. Schnitt durch eine Krupp-Froude-Wasserbremse.

*1* Gehäuse; *2* Gehäuseeinsatz; *3* Laufrad; *4* Welle; *5* Dichtungsringe; *6* Grundplatte; *7* Lagerbock; *8* Lagerkopf; *9* Gehäusehals; *10* Tachometer; *11* Wasserablaufleitung; *12* Regulierschieberhälften; *13* Wasserzulaufleitung; *14* Regulierschieberspindel; *15* Wasserablauftrichter; *16* Kupplungen.

Diese Regelungsart bewährt sich, wenn etwa durch Verwendung von Neigungswaagen für die Drehmomentmessung der Drehwinkel des Gehäuses beschränkt ist. Wenn ein großer Ausschlag des Pendelgehäuses zugelassen wird, besteht die Gefahr von Schwingungserscheinungen.

Bei der Krupp-Froude-Wasserbremse (Abb. 234) sind das Laufrad und das Pendelgehäuse mit schaufelartigen Taschen versehen, die einander zugekehrt sind. Das Kühlwasser wird mit einem biegsamen Schlauch dem Pendelgehäuse zugeführt und gelangt über Ringkammern und Bohrungen zu den Taschen. Bei Drehung des Laufrades wird das in den Laufradtaschen befindliche Wasser nach außen geschleudert, tritt in die Taschen des Gehäuses über, wird dort umgelenkt und fließt mit verminderter Geschwindigkeit wieder in das Laufrad zurück.

Hierdurch entsteht eine Wirbelbewegung, bei der ein Wasserring in jedem einzelnen Taschenraum kreist, solange die Taschen im Laufrad und Gehäuse fluchten. Bei der Drehung werden aber die Wasserringe durch die Schaufeln des Laufrades durchschnitten, wodurch ein zusätzlicher hydraulischer Widerstand erzeugt und die den Wasserringen erteilte Energie vernichtet und in Wärme umgesetzt wird.

Die durch die Drehung des Laufrades hervorgerufene Bewegung des Wassers sucht das pendelnd gelagerte Gehäuse in der Drehrichtung mitzunehmen, was durch die angebaute Wiegeeinrichtung verhindert wird. Das Gehäuse ist stets ganz mit Wasser gefüllt. Die Regelung des Bremsmomentes erfolgt durch zwei in Abb. 234 sichtbare verschiebbare Scheiben, die zwischen Laufrad und Gehäuse liegen und je nach ihrer Stellung mehr oder weniger die Taschen gegenseitig abdecken. Ihre Verstellung erfolgt mittels eines Handrades über eine Gewindespindel und Kettenräder.

Die Wasserzufuhr zu der Bremse kann ohne Zuhilfenahme eines Ausgleichfallbehälters, lediglich durch Zwischenschalten eines Wasserdruckminderventiles erfolgen. Je nach der Drehzahl beträgt der erforderliche Wasserdruck 1—3 kg/cm$^2$.

Da die Form der Taschen der Drehrichtung angepaßt ist, ist die Bremse nicht umsteuerbar. Damit trotzdem links und rechts laufende Maschinen abgebremst werden können, sind beide Wellenstümpfe mit Kupplungsscheiben versehen. Eine Möglichkeit der Umsteuerung ist dann gegeben, wenn 2 Laufräder in 2 Gehäusen verwendet werden.

Abb. 235. Krupp-Wasserbremse (Ansicht).

Bei der in Abb. 235 dargestellten Krupp-Bremse erfolgt die Verstellung der Schieber, also des Drehmomentes, außer mit dem Handrad mit kleinen Elektromotoren. Zur Drehmomentaufnahme dient hier eine Schenck-sche Leuchtbildwaage, deren Wirkungsweise auf S. 109 beschrieben ist.

Die Regelbarkeit der neueren Wasserbremsen ist bei großer Einfachheit des Betriebes so vorzüglich, daß sie den elektrischen Bremsen nicht nachstehen, wenn von deren Vorteilen der höheren Ansprechgenauigkeit, der Rückgewinnung der Leistung, der Frostunempfindlichkeit und der Möglichkeit des unmittelbaren Anlassens abgesehen wird.

## IV. Die elektrischen Bremsen.

Die einfachste unter den elektrischen Bremsen ist die Wirbelstrombremse, bei der sich nach Abb. 236 eine Kupferscheibe zwischen Elektromagneten dreht. In der Scheibe entstehen Wirbelströme, die der Bewegung der Scheibe entgegenwirken, also einen Leistungsaufwand erforderlich machen. Bei pendelnder Aufhängung des die Elektromagnete tragenden Gestelles, oder bei Aufhängung des Prüflings an einem Pendelrahmen, ist das Drehmoment bestimmbar.

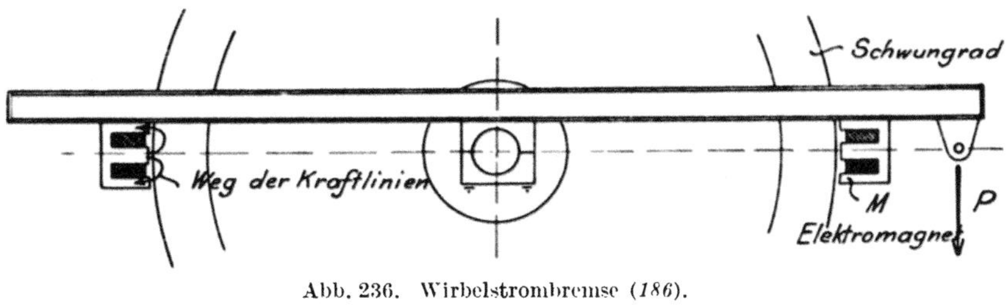


Abb. 236. Wirbelstrombremse (*186*).

Die Änderung der Belastung erfolgt durch Ändern des Stromes in den Magnetspulen oder durch Ändern des Luftspaltes zwischen Magneten und Kupferscheibe. Die in der Scheibe entstehende Wärme muß bei längerer Betriebsdauer mittels Luft- oder Wasserkühlung abgeführt werden.

Bei der Prüfung kann auch auf die Kupferscheibe verzichtet und der „elektromagnetische Zaum" über die gußeiserne oder stählerne Schwungscheibe des Prüflings gelegt werden. Die die Elektromagnete tragenden Verbindungsträger müssen dann die Anpassung der Magnete an verschiedene Schwungraddurchmesser gestatten. Bei längerem Betrieb tritt eine Magnetisierung des Schwungrades ein, was nach Gramberg (*178*) zu meßtechnischen Nachteilen führen kann.

Das allgemein übliche elektrische Bremsmittel ist die Dynamobremse (Abb. 237), die einen am Gehäuse pendelnd gelagerten Stromerzeuger darstellt, auf dessen Welle der Prüfling arbeitet. Der Strom wird in einem Belastungswiderstand vernichtet. In selteneren Fällen, etwa bei Reiheneinlaufständen, arbeiten die Generatoren auf ein Netz, so daß die erzeugte Energie zurückgewonnen wird. Hierbei ist die Abhängigkeit von der Netzspannung nachteilig, die die Regelmöglichkeiten beeinträchtigt.

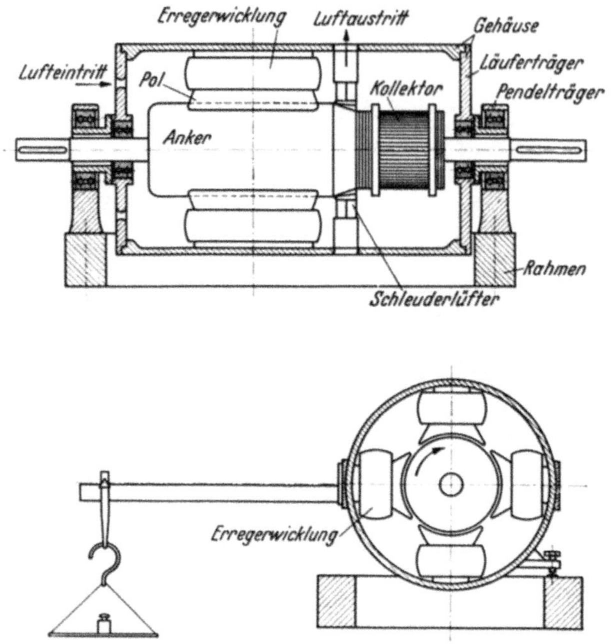

Abb. 237. Pendeldynamobremse.

Bei Gleichstrommaschinen werden am zweckmäßigsten Metallbelastungswiderstände, die durch Luft gekühlt sind, als Energievernichter verwendet. Bei Wechselstrom- oder Drehstrommaschinen sind Wasserwiderstände von Vorteil, da hier die Bildung von Wasserstoffgas nicht zu befürchten ist. Im allgemeinen werden jedoch für beide Stromarten auch beide Arten der Belastungswiderstände, wie sie auf S. 104 u. 105 behandelt werden, benützt.

Die Leistungsaufnahme der Maschine ist im wesentlichen von Stärke und Spannung des erzeugten Stromes abhängig. Die Stromstärke ist bedingt durch die Größe des Belastungswiderstandes und die Spannung an den Klemmen. Die Spannung ändert sich mit der Drehzahl und mit dem elektromagnetischen Fluß in der Maschine, also mit dem Erregerstrom. Der Erregerstrom seinerseits ist wiederum abhängig von der Erregerspannung.

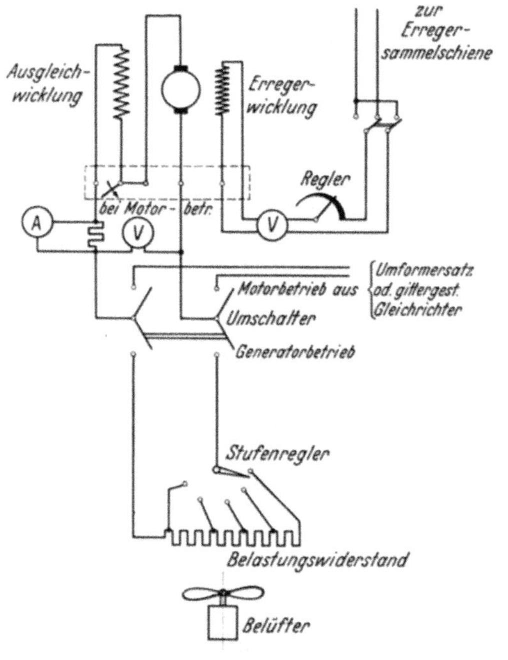

Abb. 238. Schaltbild einer elektrischen Bremse (Gleichstrom).

Dementsprechend kann die Belastungsaufnahme des Stromerzeugers eingestellt werden durch Änderung des Belastungswiderstandes oder durch Änderung der Erregerspannung. Die erstere Art wird im allgemeinen zur Grobregelung der Belastung oder der Drehzahl und die zweite vornehmlich zur Feinregelung benützt, wobei der Regelbereich der Erregerspannung mindestens eine Stufe des Belastungswiderstandes mit genügender Überdeckung ausfüllen muß. Im allgemeinen besitzen die Belastungswiderstände 55—60, die Regler des Erregerstromes 92 bis 100 Regelstufen. Für gute Regelung ist es zweckmäßig, den Erregerstrom aus einem Gleichstromnetz von möglichst gleichbleibender Spannung zu entnehmen, was durch Einbau eines Schnellreglers in den Erregerstromkreis der das Gleichstromnetz speisenden Maschine möglich ist.

Steigt die Drehzahl des Prüflings und damit die des bremsenden Stromerzeugers, so erhöht sich verhältig mit der Drehzahl die Klemmenspannung und damit der Strom, d. h. die Leistungsaufnahme steigt durch den doppelten Einfluß von Spannungs- und Stromzuwachs. Damit steigt das Drehmoment verhältnisgleich der Drehzahl. Die Maschine ist also, da das Drehmoment des Prüflings sich mit der Drehzahl nicht ändert, im ganzen Drehzahlbereich bei jedem Drehmoment stabil, womit gute Leistungsmessung gewährleistet ist.

Bei der Schaltung sind Sicherheitseinrichtungen vorzusehen, die ein Durchgehen der Maschine bei Ausfall der Erregung oder des Belastungswiderstandes vermeiden.

Für das Anwerfen des Prüfmotors und die Durchführung von Leerlaufmessungen, bei denen auf Gleichhalten der Drehzahl beim Belasten Wert gelegt werden muß, soll der Stromerzeuger auch als Elektromotor betrieben werden können. Zur Erzielung des für solche Messungen notwendigen gleichmäßigen Laufes wird eine Zusatz-(Compound-) Wicklung eingebaut. Damit vereinigt die Maschine im Betrieb als Elektromotor den Vorteil des kräftigen Anzugsmomentes der

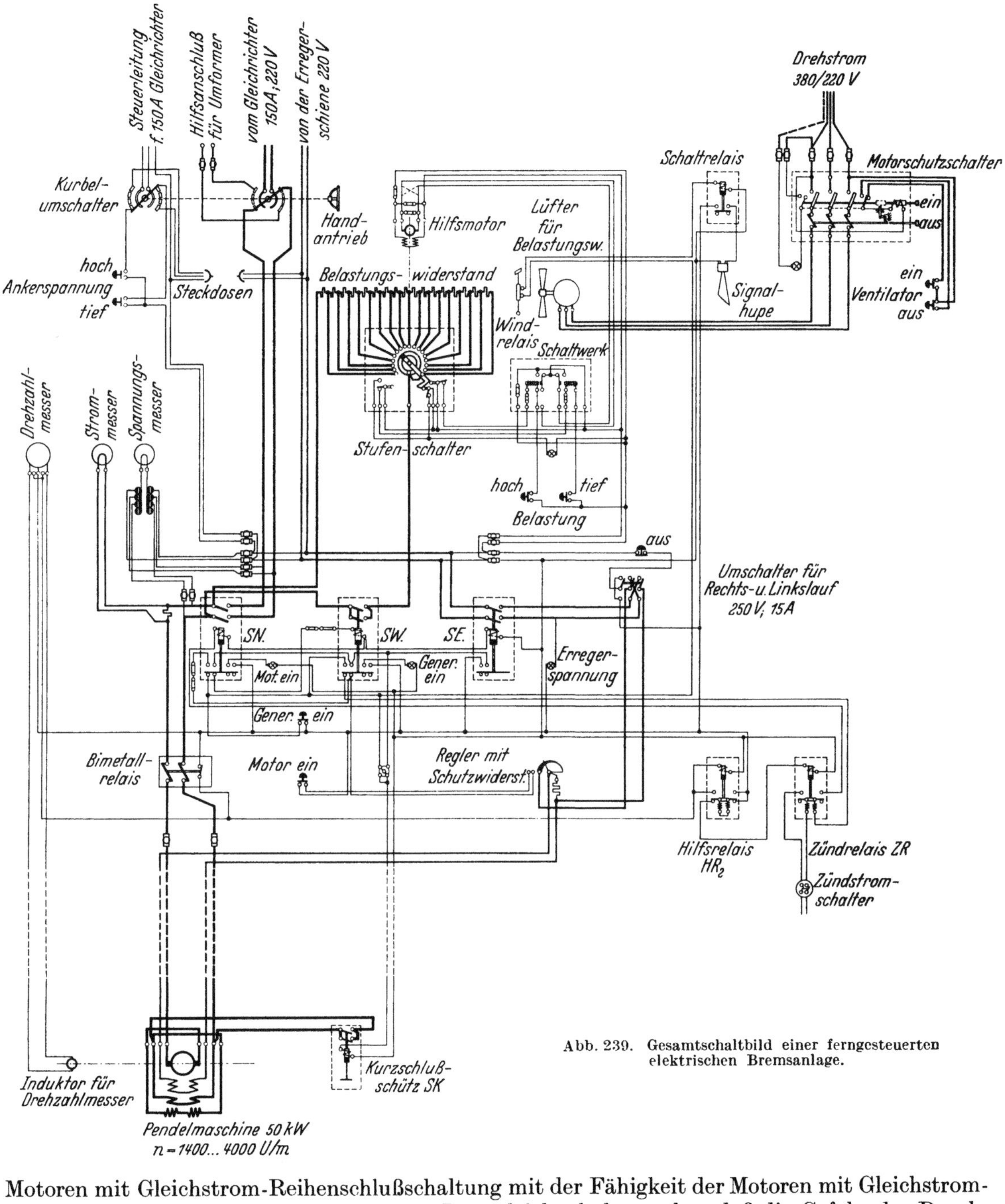


Abb. 239. Gesamtschaltbild einer ferngesteuerten elektrischen Bremsanlage.

Motoren mit Gleichstrom-Reihenschlußschaltung mit der Fähigkeit der Motoren mit Gleichstromnebenschluß, die Drehzahl bei steigender Last gleichzuhalten, ohne daß die Gefahr des Durchgehens des reinen Reihenschlußmotors bei völliger Entlastung in Kauf genommen werden muß.

Da die Zusatzfeldwicklung ihrer Eigenart nach jedoch nur nach einer Drehrichtung zu wirken vermag, ist, um ein Durchgehen der Maschine bei Motorbetrieb zu vermeiden, bei Inbetriebnahme die Drehrichtung zu wählen, zu welcher die wirksame Zusatzfeldrichtung gehört, d. h. es muß der der Drehrichtung entsprechende Wellenstumpf zum Antrieb benützt werden.

Abb. 238 zeigt das Schaltbild einer elektrischen Bremse. Die Maschine arbeitet bei Generatorbetrieb im Gleichstromnebenschluß, jedoch mit Fremderregung. Die Zusatzwicklung ist hierbei kurzgeschlossen. Der erzeugte Strom gelangt über den Umschalter zum gebläsegekühlten Belastungswiderstand. Zur Änderung der Belastung dient der im Erregerkreis liegende Handregler und der am Belastungswiderstand liegende Stufenregler.

Bei Betrieb der Maschine als Elektromotor erfolgt nach Umlegen des Umschalters das Anlassen und der Betrieb aus einem Drehstrom-Gleichstromumformersatz oder einem gittergesteuerten Gleichrichter, ähnlich wie beim Leonardbetrieb.

Wenn für das Anlassen der Maschine ein Gleichstromnetz mit gleichbleibender Spannung zur Verfügung steht, kann der Belastungswiderstand mit dem Stufenschalter als Anlaßvorrichtung benützt werden.

Abb. 239 zeigt das Gesamtschaltbild einer elektrischen Bremseinrichtung, bei der alle betrieblichen Einstellmaßnahmen unter Zwischenschaltung von Relais mittels Druckknopfsteuerung vom Schaltpult aus vorgenommen werden.

Abb. 240. Eisenbelastungswiderstand mit Stufenschalter und Belüftungsgebläse.

Die Hauptstromklemmen der Pendelmaschine können durch Betätigung der Schütze *SN* und *SW* wechselseitig an den Belastungswiderstand ober bei Elektromotorbetrieb an den Verteilerschalter eines gittergesteuerten Gleichrichters angelegt werden. Der Erregerstrom und der für die Schütze erforderliche Strom wird aus einem auf gleicher Spannung gehaltenen Netz entnommen. Hilfsmotoren und andere Zusatzeinrichtungen werden aus einem Drehstromnetz gespeist. Die zur Bedienung und Beobachtung der Anlage erforderlichen Meßgeräte und Schalter sind auf einem in der Nähe des Pendelgenerators aufgestellten ortsbeweglichen Schaltpult untergebracht. Besondere Verriegelungseinrichtungen machen Fehlschaltungen unmöglich.

Beim Motorbetrieb muß der Regler vollständig ausgeschaltet sein, d. h. die Maschine muß erregtes Feld besitzen, wenn durch Betätigen des Druckknopfes „Motor Ein" das Erregerschütz *SE* sowie das Netzschütz *SN* eingelegt werden. Das Schütz *SK* ist dabei ausgeschaltet und somit die Hilfsreihenschlußwicklung der Maschine eingeschaltet, was einer Vergrößerung des Anlaufdrehmomentes gleichkommt. Beginnt der Prüfling regelmäßig zu zünden, womit die Maschine als Motor entlastet wird, so werden die Schütze *SN* und *SE* wieder ausgeschaltet.

Für Generatorbetrieb müssen die Regler voll eingeschaltet werden, so daß nur geringe Spannung auf die Feldwicklung der Pendelmaschine kommt. Beim Betätigen des Druckknopfes „Generator Ein" wird das Erregerschütz *SE* und das Widerstandsschütz *SW* eingeschaltet, womit der Generator auf den Widerstand arbeitet. Die Hilfsreihenschlußwicklung wird kurzgeschlossen, womit beim Generatorbetrieb eine günstigere Regelmöglichkeit geschaffen wird.

Das Belasten des Generators und damit des Prüflings kann, wie oben erwähnt, sowohl durch Änderung des Feldes als auch durch Ändern des Belastungswiderstandes erfolgen. Der Belastungswiderstand wird mit Hilfsmotor verstellt und durch ein Axialgebläse gekühlt, ein besonderes Windklappenrelais überwacht den Luftstrom. Bei dessen Fernbleiben, also bei Ausfall der Kühlung für den Belastungswiderstand, wird eine Warnhupe in Tätigkeit gesetzt.

Eine Schutzeinrichtung für den Prüfling liegt darin, daß bei Wegbleiben der Erregerspannung und damit verbundener Drehzahlerhöhung durch die beiden Relais $HR_2$ und *ZR* die Zündung ausgeschaltet bzw. der Schieber der Brennstoffeinspritzpumpe geschlossen wird.

Zum Schutz gegen unzulässige Drehzahlüberschreitung ist ein elektrisches Drehzahlmeßgerät Tachometer) mit einstellbaren Endkontakten vorgesehen. Beim Über- oder Unterschreiten des eingestellten Drehzahlbereiches wird das Zündrelais *ZR* abgeschaltet und damit der Prüfling stillgelegt. Werden die Drehzahlgrenzen bei Motorbetrieb überschritten, so wird das im Hauptstrom liegende Schütz *SN* abgeschaltet.

Abb. 240 zeigt den Stufenschalter mit Elektromotorhilfsantrieb für den Belastungswiderstand. Die Eisenwiderstände sind im Blechkasten untergebracht und werden durch den sichtbaren

Betz-Schraubenlüfter gekühlt. Die erwärmte Kühlluft geht während der warmen Jahreszeit ins Freie, bei Kälte dient sie zur Heizung des Versuchsraumes.

Aus Abb. 241 ist der Aufbau eines Wasserbelastungswiderstandes (in diesem Fall für Gleichstromvernichtung) zu sehen. Die mit den Klemmschienen verbundenen Metallplatten hängen in einem mit Wasser gefüllten Trog. Der zwischen den Platten fließende Strom ist von der Klemmenspannung, von der im Wasser liegenden Metallplattenfläche und von der Wassertemperatur abhängig. Durch Heben und Senken des Wasserspiegels kann der Übergangswiderstand und damit die Maschinenbelastung geändert werden. Im vorliegenden Fall dient das links im Bilde sichtbare Überlaufrohr, das schwenkbar angeordnet ist, zur Einstellung der Wasserstandshöhe. Die Bedienung des Schwenkrohres erfolgt mittels einer Gewindespindel, die von Hand oder mit einem Elektromotor gedreht wird. Die zu- bzw. abfließende Wassermenge muß so groß bemessen werden, daß eine wesentliche Temperaturerhöhung vermieden wird.

Abb. 241. Wasserbelastungswiderstand, Widerstandsänderung mittels schwenkbaren Überlaufrohres.

**Der Aufbau der elektrischen Pendelmaschine.** Die pendelnde Aufhängung der Maschine erfolgt in Kugellagern, wobei die Abstützung entweder über die Welle des Läufers nach Abb. 242 erfolgt oder nach Abb. 237 unmittelbar am Ständer mittig zu der Maschinenachse. Die letztere Art, bei der die Reibungsleistung mitgemessen wird, ist allgemein gebräuchlich geworden. Das an der Kupplung in die Maschine geleitete Drehmoment $M_{dK}$ teilt sich auf in

das elektrische Moment der abgeführten elektrischen Energie und der elektrischen Verluste (Kupferverluste) . . . . $M_{el}$
das mechanische Reibungsmoment an den Lagern und Bürsten $M_r$
das Lüftermoment des Läufers, der Kupplung und der Welle, sowie des Kühlgebläses . . . . . . . . . . . . . . . $M_l$

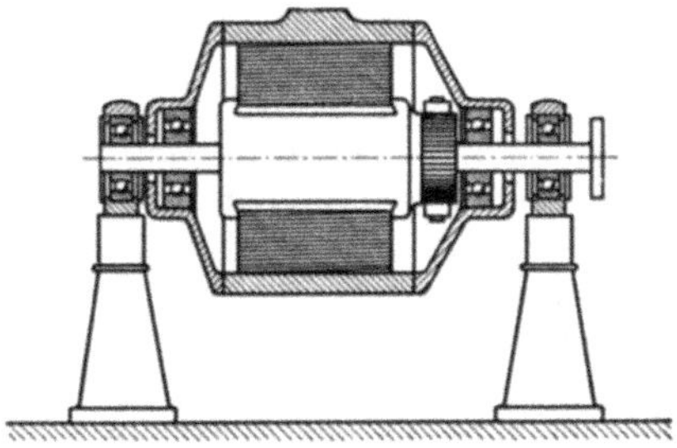

Abb. 242. Pendelnde Aufhängung der elektrischen Pendelmaschine.

An der Drehmomentwaage werden alle auf das Gehäuse wirkenden Kräfte gemessen. Treten Kräfte auf, die sich auf das Gehäuse nicht auswirken können, so muß eine entsprechende Berichtigung durchgeführt werden. Wieweit dieses erforderlich ist, ergibt sich aus folgendem, wobei zwischen Generatorbetrieb und Motorbetrieb zu unterscheiden ist.

Bei Generatorbetrieb, bei dem der Läufer vom Prüfling angetrieben wird, suchen das elektromagnetische Moment $M_{el}$, das Lager- und Bürstenreibungsmoment $M_r$, sowie der Teil der Lüfterwirkung $M_{l1}$, der auf das pendelnde Gehäuse auftrifft, das Gehäuse in Drehrichtung mitzunehmen. Dementsprechend muß durch Auflegen von Gewichten auf der Waagschale ein Gegenmoment $M_{\text{Waage}}$ erzeugt werden von der Größe

$$M_{\text{Waage}} = M_{el} + M_r + M_{l1}.$$

Der Anteil $M_{l2}$ der Lüfterwirkung, der auf das Gehäuse kein Moment auszuüben vermag, wird bei dieser Wägung nicht erfaßt. Dieser Teil der Lüfterleistung ist nachträglich zu bestimmen (s. S. 106) und zur festgestellten Bremsleistung hinzuzunehmen. Das Moment an der Maschinenkupplung ist damit

$$M_{dK} = M_{\text{Waage}} + M_{l2}.$$

Bei Motorbetrieb sei die Drehrichtung des Läufers gleich wie bei Generatorbetrieb. Die Richtung des elektrischen Drehmomentes $M_{el}$ am Gehäuse ist jedoch entgegen dem Drehsinn gerichtet. Dagegen versucht der sich drehende Läufer mit dem Lager- und Bürstenreibungsmoment $M_r$ und dem Lüftermoment $M_{l1}$, das Pendelgehäuse in Drehrichtung mitzunehmen.

Vernachlässigt man zunächst das Lüftermoment $M_{l2}$, so halten sich im Leerlauf, also bei unbelasteter Maschine, bei allen Drehzahlen $M_{el}$ und $M_r + M_{l1}$ das Gleichgewicht, da die Stromaufnahme der Maschine ihrer mechanischen Belastung entspricht. Es ist also unter dieser Bedingung nicht nötig, an der Waagschale ein Gewicht aufzulegen. Denkt man sich die Vernachlässigung des Lüftermomentanteils $M_{l2}$, der einen Rückdruck auf das Gehäuse nicht ausüben kann, aufgehoben, den Anker also auch noch mit $M_{l2}$ belastet, so nimmt der Motor einen entsprechend höheren Strom auf, das elektrische Moment $M_{el}$ wird größer als bisher, das Gleichgewicht wird gestört, das Pendelgehäuse versucht entgegen der Drehrichtung auszuweichen. Um dies zu verhüten, muß an der Waagschale ein Gewicht $g$ aufgelegt werden, dessen Moment dem Lüftermoment $M_{l2}$ das Gleichgewicht hält.

Wird der Elektromotor durch eine Arbeitsmaschine mit dem Moment $M_{dK}$ an der Kupplung belastet, so nimmt das elektrische Moment $M_{el}$ dementsprechend gegenüber Leerlaufbetrieb zu. Dieses Moment wird durch weiteres Auflegen von Gewichten $g$ auf die Waagschale bestimmt. Das gesamte Waagschalengewicht $G + g$ enthält also das Lüftermoment $M_{l2}$ und das an die Arbeitsmaschine abgegebene Moment $M_{dK}$. Es gilt dann

$$M_{\text{Waage}} = M_{dK} + M_{l2}.$$

Das Moment für den Antrieb der Arbeitsmaschine ist demnach

$$M_{dK} = M_{\text{Waage}} - M_{l2}.$$

Es ergibt sich, daß bei Generatorbetrieb der Lüftermomentanteil $M_{l2}$ bzw. die zugehörige Leistung zu dem an der Waage gemessenen Moment zuzuzählen und bei Motorbetrieb dieser Leistungsanteil vom Wiegeergebnis abzuziehen ist, damit sich die Kupplungsleistung an der Maschine ergibt.

Abb. 243. Drehzahlmeßgerät mit am Pendelgehäuse angebrachtem Antriebsvorgelege.

Die Bestimmung des Lüftermomentteils $M_{l2}$ erfolgt, wie sich aus obigem ergibt, durch Betrieb der Maschine als Elektromotor im Leerlauf. Das aufzulegende Gewicht ergibt das Moment $M_{l2}$.

Bei Verwendung von Pendelmaschinen, bei denen die pendelnde Lagerung über die Welle des Läufers (Abb. 242) erfolgt, wird das in dem Pendellager auftretende Lagerreibungsmoment zusammen mit dem Lüftermoment $M_{l2}$ bestimmt, bei Generatorbetrieb zu dem an der Waage gemessenen Drehmoment zugeschlagen, bei Motorbetrieb in gleicher Weise abgezogen. Das Lüftermoment $M_{l2}$ muß bei jeder Versuchsreihe aufgenommen werden, da der Einfluß der Luftdichte je nach Druck und Temperatur der Luft bis zu 10 vH ergeben kann. Der Einfluß der Luftfeuchtigkeit beträgt weniger als $^1/_2$ vH und wird im allgemeinen vernachlässigt.

**Die Ansprechgenauigkeit und Empfindlichkeit von Pendelgeneratoren.** Die Empfindlichkeit eines Pendelgenerators ist bedingt durch die Reibung in den Pendellagern und in den den Strom zuführenden Teilen. Das Moment, das zur Überwindung der Reibungskräfte notwendig ist, wird mit „Ansprechungenauigkeit" bezeichnet, wobei das am Hebelarm 716,2 mm wirkende Anhänggewicht als Maßzahl benützt wird.

Zur Kleinhaltung der Reibung in den ruhenden Pendellagern ist folgendes zu berücksichtigen: Verspannungen zwischen Innen- und Außenring des Lagers durch die Kugeln oder Rollen müssen vermieden werden; bei längerer Betriebsdauer drücken sich die Kugeln in dem Laufring ein, deshalb sollen alle 3—4 Monate die Führungsringe verdreht werden, bei starker Inanspruchnahme sollen nach 2—3 Jahren neue Lager eingesetzt werden; die Pendellager sind nur leicht mit Öl, nicht mit Fett zu schmieren.

Die Reibung in den den Strom zuführenden Teilen läßt sich durch Verwendung von Kupferbronzebändern an Stelle von Kupferlitzendrähten mit Gummiisolierung oder von Bronzefederbänderpaketen vermindern. Für hohe Ansprüche können Quecksilbertauchkontakte verwendet werden.

Die Luftführung wird möglichst so gestaltet, daß die Kühlluft axial oder genau radial in das Gehäuse eintritt, also $M_{l2} \cong 0$ ist, wodurch die Leerlaufleistung klein und damit der untere Bremsbereich erweitert wird.

Da die Drehzahlmeßgeräte (Tachometer und Stichzähler) meistens über ein Vorgelege von der Pendelmaschinenwelle aus angetrieben werden, wird das für ihren Betrieb erforderliche Drehmoment nicht mitgemessen. Man hat deshalb neuerdings bei Pendelgeneratoren die Drehzahlmeßgeräte und deren Antriebsvorgelege auf dem Pendelgehäuse aufgesetzt (Abb. 243). Das entstehende zusätzliche Rückdrehmoment wird so an der Waage mit erfaßt.

Als Ansprechungenauigkeit sind bei einer Maschine mit einer Bremsleistung von 70 kW (bei einer Drehzahl von 1500—4000 U/min) die niedrigsten Beträge von 20—30 g am Hebelarm 716,2 mm und bei einer Maschine von 500 kW (1500—3000 U/min) 100—150 g am Hebelarm 716,2 mm erreicht worden, das ist etwa 0,06‰ des größten Drehmomentes. Zu beachten ist, daß keine zusätzlichen durch die Maschinenpole erzeugten magnetischen Momente bei stillstehender Maschine auftreten.

## D. Messung des Drehmomentes.

### I. Drehmomentwaagen.

Das Auflegen von Gewichten auf die Waagschalen erfordert großen Zeitaufwand für die Messung. Genaue Überwachung des Betriebszustandes des Motors ist dabei nicht möglich, weil

Abb. 244. Schenck-Laufgewichtswaage mit Handverstellung an der Krupp-Wasserbremse (Schenck, Darmstadt).

selbst bei dauernder Änderung der Gewichte zum Zweck des Einspielens der Waage durch eine Versuchsperson dem den Motor Bedienenden der Überblick über die Schwankungen des Drehmomentes verlorengeht. Aus diesem Grund werden halb- und vollselbsttätige Meßeinrichtungen zur Feststellung des Drehmomentes am Pendelgehäuse verwendet, die eine sehr genaue Überwachung des Drehmomentes gestatten.

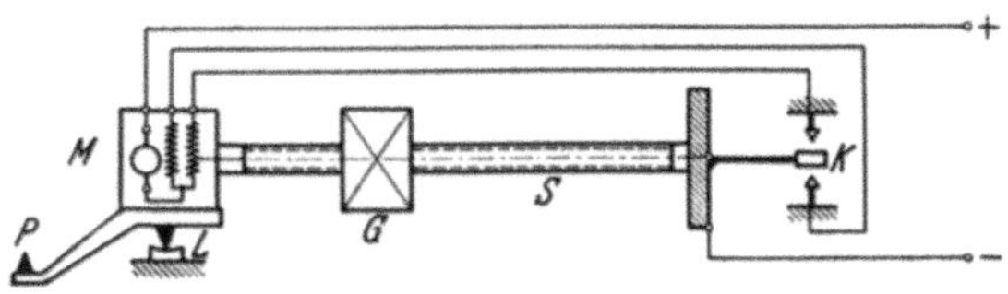


Abb. 245. Steuerungsschema für Laufgewichtswaage mit selbsttätiger Einstellung (*410*).
*G* Laufgewicht; *K* Kontaktzunge; *L* Lagerung des Waagebalkens; *M* Motor; *P* Lastangriffspunkt; *S* Gewindespindel.

Üblich sind Laufgewichtswaagen mit Handverstellung, Laufgewichtswaagen mit elektrischer Einstellung des Laufgewichtes und Neigungswaagen.

Bei der an Krupp-Wasserbremsen angebauten Schenck-Laufgewichtswaage mit Handverstellung (Abb. 244) trägt das Hauptschiebegewicht zur Feineinstellung einen Schiebestab mit Feinteilung.

Für das Fernhalten des Einflusses von kurzen Drehmomentstößen ist eine einstellbare Öldämpfung angebaut.

Bei Laufgewichtswaagen mit selbsttätiger Einstellung wird das Spiel der Waagenzunge unter Verwendung von elektrischen Kontakten dazu benützt, um entweder (wie auf S. 95 behandelt) bei eingestelltem Schiebegewicht, also vorgewähltem Drehmoment, das Moment der Bremse mittels eines elektrischen Antriebsmotors so einzustellen, daß das Moment erreicht und eingehalten wird, oder die Stellung des Laufgewichtes durch die Kontakte an der Waagenzunge so zu steuern, daß sie dem Drehmoment der Bremse bei jeder Belastung entspricht, womit das Drehmoment selbsttätig angezeigt wird (*287*) (Abb. 245). Hierzu wird das Schiebegewicht auf dem Waagebalken durch eine Gewindespindel hin- und herbewegt. Die Spindel wird durch einen Gleichstromelektromotor angetrieben, dessen Drehrichtung durch die Kontakte an der Zunge des Waagebalkens gesteuert wird. Zur Vermeidung der Übersteuerung wird die Waage stark ölgedämpft oder die Spindel selbst mit einer Wirbelstrombremse versehen.

Der Weg des Laufgewichtes ist der Anzahl der Spindelumdrehungen verhältig. Ein an die Spindel angeschlossenes Umdrehungszählwerk kann also bei entsprechender Eichung das vom Bremsmittel aufgenommene Drehmoment oder das auf einen bestimmten Hebelarm bezogene Gewicht unmittelbar angeben.

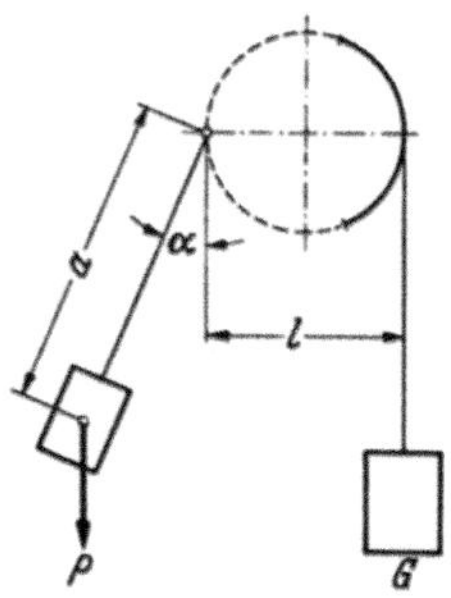


Abb. 246. Kräftespiel zwischen Pendel- und Lastmoment bei Gleichgewicht an der Neigungswaage. *G* Angreifende Last; *P* Pendelgewicht; *a* Länge des Gewichtspendels; *l* Hebelarm der angreifenden Last; α Ausschlagwinkel des Pendels.

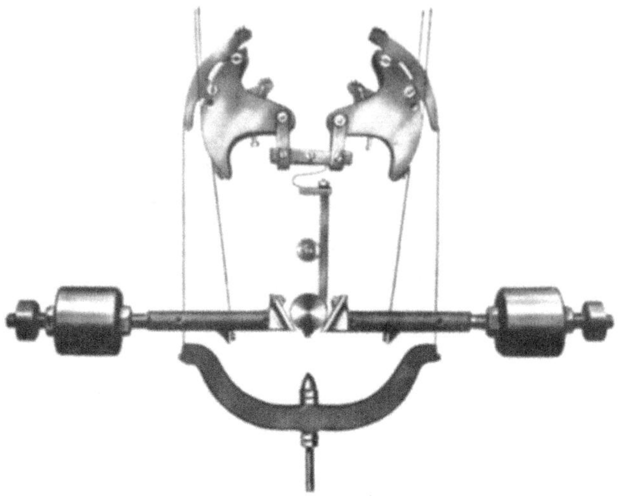

Abb. 247. Aufhängung der Pendel bei Neigungswaagen an Stahlbändern, die sich an Segmentbögen abwälzen (Tacho-Werke Duisburg).

Während die Balkenwaagen so arbeiten, daß die wirkenden Kräfte am Lastarm und am Gewichtsarm im Gleichgewicht sind, wenn die Zunge auf Null steht, arbeiten die Neigungswaagen mit veränderlicher Gleichgewichtslage. Durch Verwendung eines Neigungsgewichtes,

Abb. 248. Einpendel-Neigungswaage, angebaut an Junkers-Wasserbremse mit Drehmoment-Schreibeinrichtung (Junkers-Werke).

Abb. 249. Einpendel-Drehmomentwaage mit angebautem Zeigerwerk (Junkers-Werke).

dessen pendelnder Ausschlag der am Lastarm aufgelegten Kraft folgt, ist es möglich, den Ausschlagswinkel des Pendels als Maß für die Last zu benützen. Da der Gesamtausschlag des Pendels bis zu 50° beträgt, würde der wirksame Lastarm, der denselben Drehwinkel beschreiben muß, nach dem Cosinus des Neigungswinkels verkürzt werden. Deshalb wird der Lastarm mit einem Kreisbogen versehen, der die Last an einem Stahlband trägt, welches sich auf dem Bogen abwälzt.

Zwischen Pendel- und Lastmoment besteht dann folgendes Gleichgewicht (Abb. 246)

$$G \cdot 1 = P \cdot a \sin \alpha,$$

$$G = \frac{P \cdot a}{1} \cdot \sin \alpha$$

$$= \text{const} \cdot \sin \alpha,$$

das angehängte Gewicht $G$ ist verhältig dem Sinus des Pendelausschlages.

Um eine gleichmäßig eingeteilte Zahlenscheibe zu erhalten, wandelt man die Bewegung durch besonders gebaute Abwälzbögen am Lastarm in eine gleichmäßige um, was mit Annäherung dadurch erreicht wird, daß der Kreisbogen am Lastarm dessen Länge zum Durchmesser hat (Abb. 246). Zur Lagerung der Pendelarmachse werden Schneiden oder an einfachen Waagen auch Wälzlager verwendet, vielfach sind die Wälzlager durch Bandaufhängung mit Abwälzbögen ersetzt (Abb. 247). An den Abwälzbögen, die zur Erreichung der geforderten gleichmäßigen Zifferblatteilung ihren Halbmesser etwas ändern, erfahren die Abwälzbänder seitliche Verschiebungen. Die damit verbundenen Nachteile werden vermieden und gleichzeitig Unabhängigkeit von der genau waagerechten Aufstellung des Meßkopfes erreicht, wenn ein Doppelpendel in spiegelbildlicher Anordnung verwendet wird (Abb. 247). Ein Ausgleich der Anzeige bei Schrägstellung des Meßkopfes bis zu 5° ist dann noch möglich. Dieser Ausgleich ist für die an ortsbeweglichen Maschinen angebauten Meßköpfe besonders vorteilhaft.

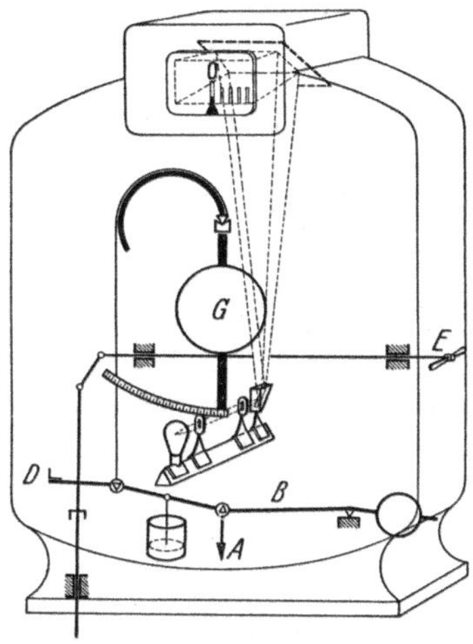


Abb. 250. Leuchtbildwaage (Schenck). $A$, $B$, $D$ Wiegegestänge mit Dämpfung; $E$ Arretiervorrichtung; $G$ Gewicht mit Schwenkskala.

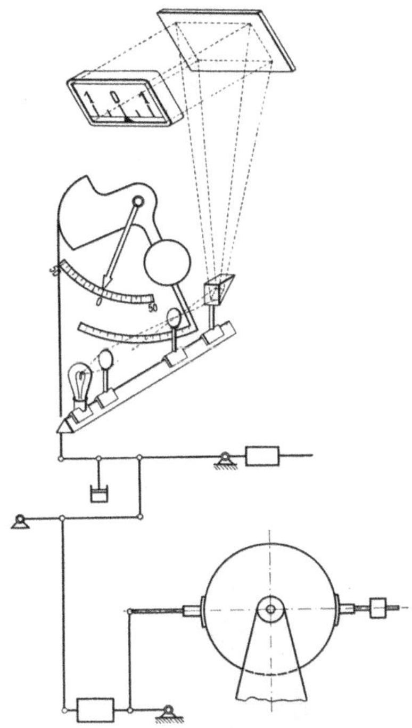

Abb. 251. Schencksche Leuchtbildwaage an einer Leistungsbremse.

Bei Zeigerwaagen wird, wie aus Abb. 247 ersichtlich, die Bewegung der Pendel über die Abwälzbögen mittels Zahnstange auf das auf der Zeigerwelle sitzende Ritzel übertragen. Der am Zeiger zurückgelegte Winkel ist der am Lastarm wirkenden Kraft verhältig, die Blatteilung gleichmäßig.

Die Abb. 248 und 249 zeigen einfachere Einpendelwaagen für größere Anzeigewerte. Die Pendelbewegung des Bremsengehäuses wirkt unter Zwischenschaltung eines Wälzzapfens und einer Schrägfläche auf einen Hebelarm, der gemeinsam mit dem Neigungsgewichtshebel auf einer Achse sitzt, so daß der Ausschlag des Gewichtshebels das entstandene Drehmoment anzeigt. Mit der Einrichtung ist entweder (Abb. 248) eine Schreibvorrichtung verbunden, deren über Zahnbögen bewegter Schreibstift auf einen uhrwerkgetriebenen Papierstreifen zeichnet, oder (Abb. 249) eine Übertragung der Bewegung des Pendels auf einen Zeiger, der sich vor einer Zahlenscheibe bewegt.

Die Schencksche Leuchtbildneigungswaage (Abb. 250, 251) arbeitet ähnlich wie eine Briefwaage mit schwingender Zahlenleiter und stillstehendem Zeiger. Die Stellung der Leiter und damit des Neigungsgewichtes wird optisch angezeigt. Eine Glühbirne wirft durch Sammellinsen Lichtstrahlen durch die durchsichtige Zahlenleiter über Prismenspiegel auf eine

Mattscheibe, auf der die im Lichtstrahl befindlichen Maßzahlen etwa 40fach vergrößert erscheinen. Eine Vergrößerung des Pendelausschlages auf mechanischem Weg erübrigt sich dadurch, was wesentliche Vorteile in der Reibung und Massenwirkung bietet.

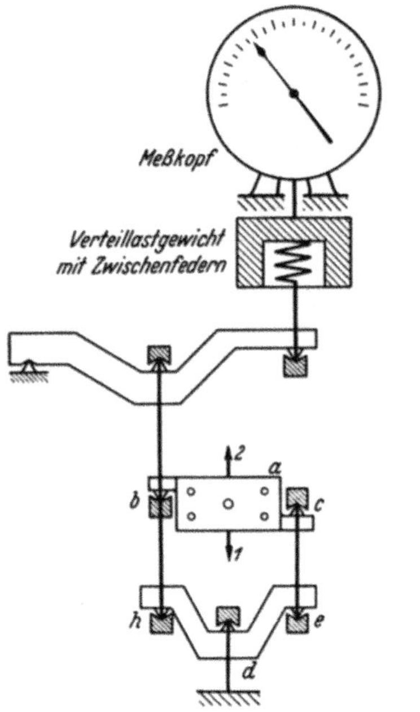

Abb. 252. Drehmoments-Umkehrgehänge. *a* fest mit dem Pendelrahmen verbunden; *b*, *c*, *e*, *h* Schneide; *d* Hebel; bei *1* Eingriff der Schneide bei *b*; bei *2* Schneide *b* außer Eingriff, Eingriff bei *c*.

Beim Prüfen von Motoren, die raschere Drehmomentschwankungen oder Erschütterungen aufweisen, ist auf sorgfältige Aufstellung der Waage besonders zu achten, da sonst die Zahlenleiter nicht zur Ruhe kommt, wodurch das Zahlenbild auf der Mattscheibe verschwommen erscheint, was das Ablesen erschwert.

Bei den Zeigerwaagen mit stillstehender Zahlenscheibe äußert sich diese Erscheinung nicht wesentlich, weil auch bei hin- und herschwankendem Zeiger die Ausschläge festgestellt und die zugehörigen Mittelwerte angegeben werden können.

Zur Vermeidung auch dieser Erscheinung und Ausnutzung der erreichbaren Anzeigegenauigkeit im Versuchsbetrieb ist (Abb. 252) mit Erfolg dem Meßkopf eine Vorbelastung gegeben und zwischen Vorbelastung und Lasthebel eine dämpfungsfreie Schraubenfeder eingeschaltet worden.

Als Wesensunterschied zwischen den Leuchtbildwaagen und den Zeigerpendelwaagen bleibt die Art der Ablesung bestehen, die bei beweglicher Zahlenteilung genauere Beobachtung zum Ablesen der Zahlen erfordert als bei fester Zahlenscheibe und beweglichem Zeiger. Im letzteren Fall ist schon auf größere Entfernung eine Abschätzung der Werte möglich und damit die Überwachung des Versuchsmotors erleichtert. Aus diesem Grund wird bei der Leuchtbild waage (Abb. 251) für Grobablesung ein beweglicher, aus dem Gehäuse herausgeführter Zeiger unmittelbar mit dem Pendel verbunden.

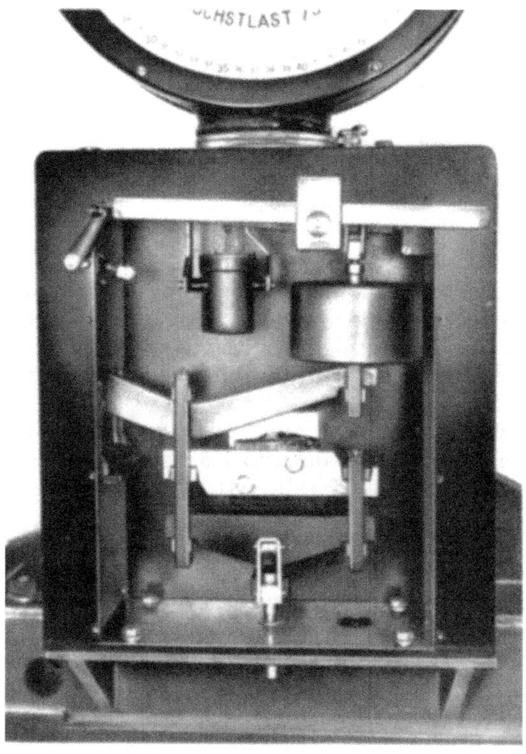
Abb. 253. Drehmoment-Umkehrgehänge der Tachowaage.

Der Unterbau der Meßköpfe enthält neben den erforderlichen Hebelübersetzungen eine Drehmomentumlenkung (Abb. 252 und 253), mit der in beiden Drehrichtungen wirkende Bremsmomente in einer Richtung aufgenommen werden können. Teil *a* ist fest mit dem Pendelmaschinengehäuse verbunden und kann in Richtung *1* oder *2* ausschlagen. Bei Richtung *1* kommt die Schneide bei *b* in Eingriff und wirkt unmittelbar an der zum Meßkopf führenden Zugstange. Bei Richtung *2* gelangt die Schneide *b* außer Eingriff und bei *c* erfolgt der Eingriff in die Schneide des rechten Zugstabes. Dieser zieht über die Schneide *e* am gleicharmigen Hebel *d*. Damit überträgt die Schneide *h* den Zug auf die Zugstange zum Meßkopf.

## II. Einschaltdrehmomentmesser.

Zur Messung des durch einen Wellenstrang geleiteten Motordrehmomentes können auch Einschaltdrehmomentmesser verwendet werden, die die Leistung nicht vernichten. Dabei muß entweder die Wellenleitung beim Einsetzen des Gerätes unterbrochen werden, wie z. B. beim Einfügen eines Rädergetriebes oder einer Meßfederverdrehkupplung oder die Meßeinrichtung wird über die Welle geschoben und die elastische Verdrehung der treibenden Welle selbst als Maßstab für das durchgeleitete Drehmoment benützt.

Bei Drehmomentmessung mittels Umlaufgetriebe (Abb. 254) wird die zu messende Leistung dem ersten Rad *a* eines Getriebes zugeleitet und gelangt über die Zwischenräder *b*, *b* zum getriebenen Rad *c*. Unter den entstehenden Lagerdrücken der Zwischenräder *b*, *b* suchen die Lager *d*, *d* der Zwischenräder der eingezeichneten Drehrichtung des Rades *a* zu folgen. Das Gehäuse *e*, das die Lager *d*, *d* trägt, ist pendelnd aufgehängt, die erforderliche Rückdrehkraft wird durch Auflegen von Gewichten *G* am Wiegehebel hergestellt. An den Rädern *b* greifen je die Zahndrücke $P/2$ der Räder *a* und *c* an, die beide der Drehrichtung des antreibenden Rades entsprechen, insgesamt wirkt also an jeder Lagerstelle *d* die Kraft *P* und an beiden Lagern zusammen die Gesamtkraft $2\,P$. Das dieser Kraft entsprechende Moment kann an der Waagschale gemessen werden. Die getriebene Welle des Rades *c* hat entgegengesetzten Drehsinn gegenüber der treibenden.

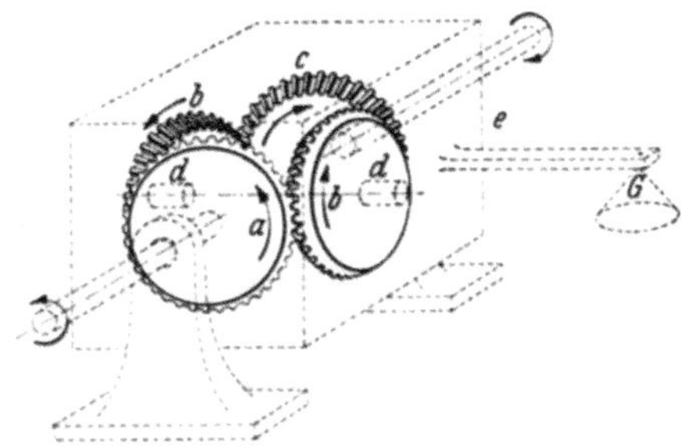

Abb. 254. Drehmomentenmessung mittels Umlaufgetriebe. *a* Rad; *b* Zwischenräder; *c* getriebenes Rad; *d* Lagerstelle; *e* Gehäuse; *G* Gewichte.

Die Zwischenschaltung eines pendelnd gelagerten Vorgelegegetriebes zwischen Motor und Bremse (Abb. 255) wird in den Fällen angewandt, bei denen die Leistungsaufnahmefähigkeit der Bremse bei niederen Drehzahlen nicht mehr ausreicht. Das Getriebe zwischen Prüfling und Bremse wird dann ins Schnelle übersetzt. Die an der Kupplung des Prüflings abgegebene Leistung und der Getriebewirkungsgrad werden nach folgendem Rechnungsgang bestimmt. Mit den Bezeichnungen

$M_G$ = Drehmoment am Getriebe,
$M_{Br}$ = Drehmoment an der Bremse,
$M_M$ = Drehmoment des Motors,
$n_{Br}$ = Drehzahl der Bremse,
$n_m$ = Drehzahl des Motors,

$$i = \frac{n_{Br}}{n_m} = \text{Übersetzung im Getriebe},$$

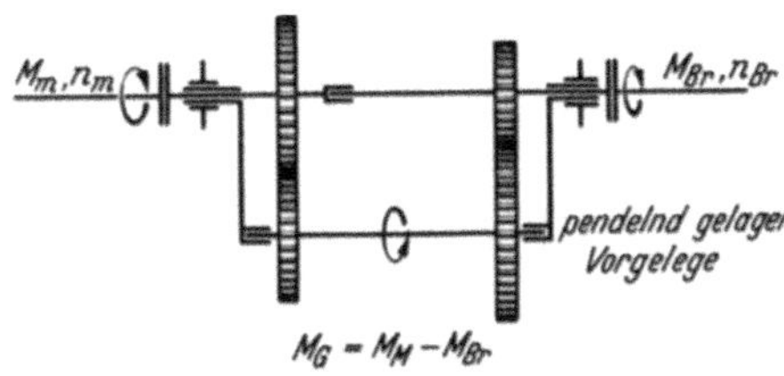


Abb. 255. Zwischen Motor und Bremse pendelnd gelagertes Vorgelege.

ist die Motorleistung

$$N_M = M_M \cdot n_m .$$

Das Motordrehmoment ist $M_M = M_G + M_{Br}$,

also ist $\quad N_M = (M_G + M_{Br}) \cdot n_m$.

Die Motorleistung ergibt sich also aus der Summe der Drehmomente am Getriebe und an der Bremse und aus der Drehzahl des Motors. Der Leistungsverlust im Getriebe ergibt sich zu

$$\begin{aligned} N_G &= N_M - N_{Br} = M_M \cdot n_m - M_{Br} \cdot n_{Br} \\ &= (M_G + M_{Br}) \cdot n_m - M_{Br} \cdot n_{Br} \\ &= M_G \cdot n_m + M_{Br}\ (n_m - n_{Br}) \end{aligned}$$

und in Anteilen der Motorleistung

$$N_G' = \frac{M_G \cdot n_m + M_{Br}\ (n_m - n_{Br})}{(M_G + M_{Br})\ n_m}$$

wenn $i = \dfrac{n_{Br}}{n_m}$ = Übersetzung im Getriebe,

dann ist

$$N_G' = \frac{1 + \dfrac{M_{Br}}{M_G}(1 - i)}{1 + \dfrac{M_{Br}}{M_G}} .$$

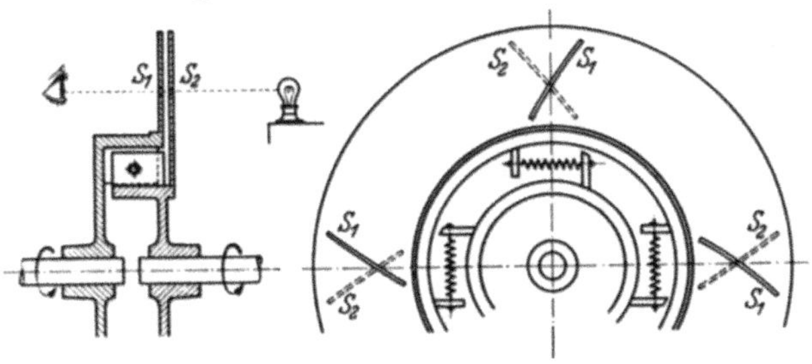

Abb. 256. Federeinschaltdynamometer (*187*). $S_1$ und $S_2$ Sehschlitze.

Bei Federdrehmomentmessern (Abb. 256) tragen die einander zugekehrten Wellenenden Nabenscheiben, die durch Federn miteinander verbunden sind. Die Zusammendrückung der Federn und die damit erfolgende gegenseitige Verdrehung der Scheiben ist ein Maß für die Größe des übertragenen Drehmomentes. Die Beobachtung der Verdrehung erfolgt durch Schlitze $S_1$ und $S_2$, deren Schnittpunkt durch eine hinter den Scheiben angeordnete Lichtquelle kenntlich gemacht wird. Der Lichtpunkt zeichnet bei der Drehung der Wellen einen Kreis, dessen Durchmesser sich mit dem Drehmoment ändert. Die Einrichtung kann bei Stillstand durch Erzeugung bekannter Drehmomente geeicht werden.

Beim Bamag-Drehmomentmesser, dessen Wirkungsweise aus Abb. 257 hervorgeht, tritt an Stelle der am Umfang der Scheiben angeordneten Federn eine mittig angeordnete Stabfeder Meßstab), die durch Anschlag gegen Überdrehen geschützt ist. Der Verdrehwinkel der Scheiben ist klein und demnach die Wanderung des Lichtstrahls auf einen schmalen Streifen des außerhalb angeordneten Beobachtungsgerätes beschränkt.

Bei Drehmomentmessern, die die Verdrehung der Treibwelle selbst zur Messung benützen, wird über die Welle eine Hohlwelle, das Meßrohr geschoben. Auf einer Seite ist diese mit der Treibwelle fest verspannt, am anderen Ende des Meßrohrs liegen die Schreibvorrichtungen. Da das Meßrohr selbst kein Drehmoment zu übertragen hat, zeichnet die Schreibvorrichtung die auf der Meßlänge eintretende Verdrehung der Treibwelle auf.

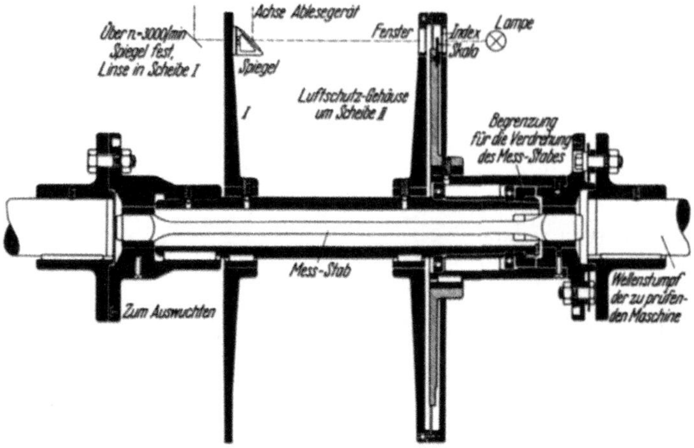


Abb. 257. Torsionsdynamometer mit Luftschutz (*188*).

Beim Föttinger Verdrehschreiber (*167*) (Abb. 258) wird auf diese Weise die Verdrehung der beiden Scheiben $A_1$ und $A_2$, die an den beiden Meßquerschnitten $B_1$ und $B_2$ mit der Welle verspannt sind, über ein Hebelwerk auf die im Raum feststehende, ebenfalls über die Welle geschobene Schreibtrommel *Tr* übertragen. Letztere wird beim Meßvorgang unter den Schreibhebel geschoben. Die Einstellung auf die Nullmarke des Schreibpapiers erfolgt an der Stellschraube *S*.

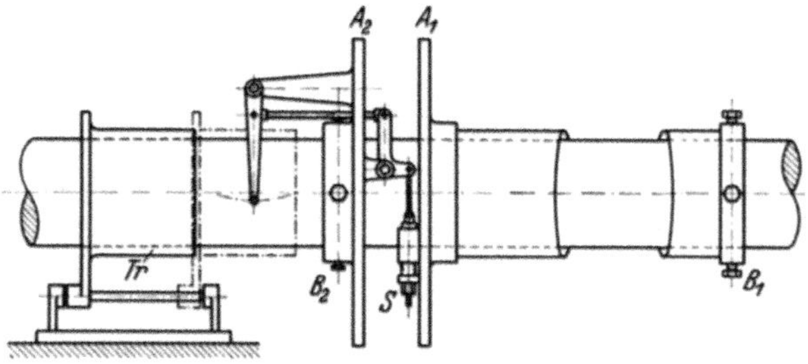


Abb. 258. Föttinger-Dynamometer (*189*).
$A_1$ Antriebscheibe; $A_2$ Mitnehmerscheibe; $B_1$, $B_2$ Meßquerschnitte; *Tr* Schreibtrommel; *S* Stellschraube.

Zum Aufschieben dieser Einrichtung muß der Wellenstrang unterbrochen werden.

Der DVL-Verdrehschreiber (*303*) (Abbildung 259) verwendet deshalb ein zweiteiliges Meßrohr (Brückenrohr) mit Trennfuge in Richtung der Längsachse.

Das Meßrohr ist im Meßquerschnitt *I* eingespannt und trägt an diesem Ende die Schleifringe für die elektrisch betätigten Zeit- und Umdrehungsmarkengeber, am gegenüberliegenden Ende ist der Schreibstift *7* angebracht.

Das Aufnahmegerät ist auf einem Gegenstück im Meßquerschnitt *II* auf der Treibwelle aufgespannt und trägt das Schreibband und dessen Antriebsvorrichtung.

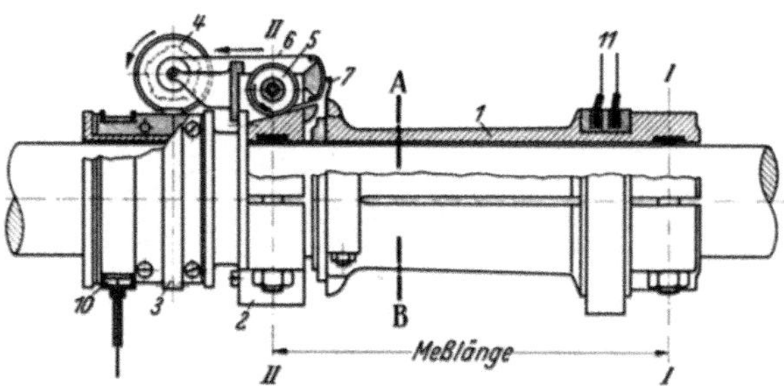


Abb. 259. DVL-Verdrehschreiber [Schnittzeichnung (*155*)].
*1* Brückenrohr, eingespannt im Meßquerschnitt *I—I*; *2* Gegenstück, eingespannt im Meßquerschnitt *II—II*; *3* Schnecke zum Antrieb des Filmbandes; *4* Schneckenrad; *5* Filmtrommel; *6* Filmband; *7* Schreibspitze; *10* Bandbremse mit Bowden-Zug zum Festbremsen der Schnecke *3*; *11* Stromzuführung zu den Zeit- und Umdrehungsmarkengebern.

Die Bewegung wird in ihrer wirklichen Größe, also in kleinem Maßstab, von der Diamantspitze *7* in das Filmband *6* eingeritzt. Die Vergrößerung der Aufschriebe wird bei der Auswertung auf optischem Wege vorgenommen. Zum Antrieb des Filmbandes dient ein Schneckengetriebe, das an der umlaufenden Welle selbst angetrieben wird. Hierzu wird die auf dem Gegenstück drehbar gelagerte Schnecke mittels Bandbremse angehalten, so daß sich das Schneckenrad auf ihr abwälzt.

Die Einrichtung gestattet neben der Ermittlung des mittleren Drehmomentes (z. B. in Gelenkwellen von Kraftfahrzeugen), die Aufnahme von Verdrehschwingungen wie mit den auf S. 152 behandelten Torsiographen.

## E. Drehzahlmeßeinrichtungen.

Die einfachste Überwachungsmöglichkeit des Fahrzeugmotors ist mit der Drehzahl**beobachtung** gegeben. Die Drehzahl**messung** ist aber notwendig zur Leistungsbestimmung.

Die mit „Tachometer" bezeichneten Geräte dienen der Drehzahlbeobachtung, durch Verfeinerungen sind sie zum Teil auch auf die für die Messung im allgemeinen notwendige Genauigkeit gebracht worden. Sie zeigen die Augenblickswerte der Drehgeschwindigkeiten an. Durch Eichung des Zifferblattes in Werten, die dem Anwendungsgebiet der einzelnen Geräte angepaßt sind, z. B. U/min, km/h, werden Umrechnungen überflüssig.

Die Fliehkraft- oder mechanischen Tachometer (Abb. 260) arbeiten nach dem Drehpendelgrundsatz, wie er bei Reglern von Kraftmaschinen angewandt wird. Der von den Schwungmassen entwickelten Fliehkraft wirken Federn entgegen, die solche Kräfte auslösen müssen, daß sie in jeder Lage der durch das Fliehkraftpendel erzeugten Kraft stabil das Gleichgewicht halten. Dazu muß beim Ausschlag die Kraftzunahme der Feder größer sein als die des Pendels.

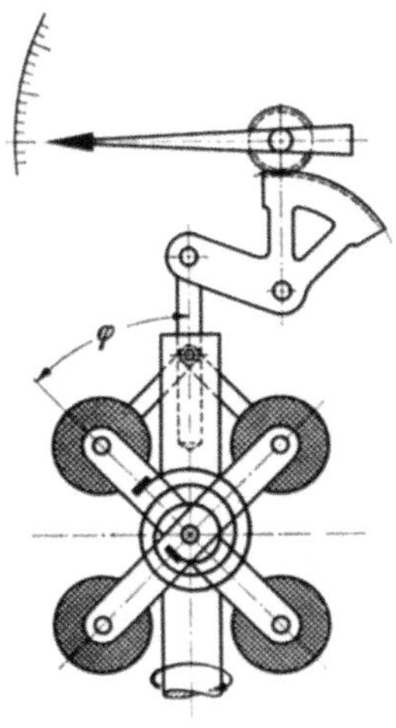

Abb. 260. Kreuzpendeltachometer. $\varphi$ Ausschlagwinkel.

Der Ausschlag der Schwungmassen, der im festen Verhältnis zur Drehzahl steht, wird durch ein leicht spielendes Zeigerwerk meßbar gemacht, das mit Dämpfung versehen ist, die durch den Antrieb entstehenden Schwankungen und Stöße aufnimmt und schwingungsfreies Einspielen des Zeigers ermöglicht.

Die Tachometer arbeiten unabhängig von der Drehrichtung. Der Antrieb erfolgt mittels Kette, Gurt, Mitnehmerscheibe, Federkupplung oder biegsamer Welle. Der Meßbereich ist wegen der großen Schwächung der Fliehkraftwirkung bei kleinen Drehzahlen beschränkt. Für niedrige Drehzahlen werden bisweilen Übersetzungsgetriebe eingebaut, die aber Leistungsverluste und Geräusche verursachen.

Mechanisch sehr einfach wirken die Schwingungstachometer (Erschütterungsdrehzahlmesser), bei denen eine Folge von schwingfähigen Stahlzungen (Abb. 261) mit gleichen Abständen auf bestimmte Schwingungszahlen abgeglichen ist. Bringt man den gemeinsamen Träger dieser Zungen in mechanische Verbindung mit einem Bauteil der Maschine, deren Drehzahl zu messen ist, so gerät infolge der mit der Drehung eines Maschinenteils stets auftretenden und der Drehzahl verhältigen leichten Erregungen diejenige aus der Folge der Zungen in Schwingungen, deren Eigenschwingungszahl mit der Drehzahl übereinstimmt. Die Meßgenauigkeit hängt im wesentlichen von den Fehlergrenzen bei der Abstimmung der Zungen, die auf $\pm$ 0,2% beschränkt werden können, und von der Anzahl der Zungen ab. Im allgemeinen werden bis zu 40 Zungen verwendet und der Meßbereich auf die Hälfte des Höchstwertes begrenzt. Bei 4000 U/min Höchstdrehzahl z. B. verteilen sich die 40 Zungen auf 2000 U/min. Demnach ist die Spanne von Zunge zu Zunge 50 U/min. Die Ablesemöglichkeit beträgt also 25 U/min, das sind 1,25%.

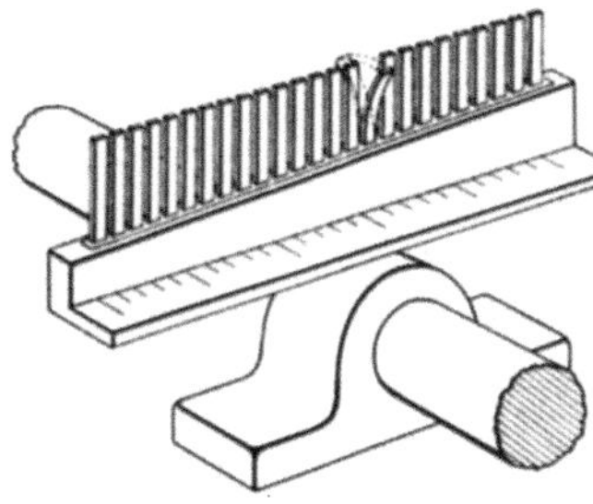
Abb. 261. Vibrationstachometer (43).

Weitgehende Anwendung, auch in Fahrzeugen, finden die Wirbelstromtachometer (Abb. 262), die meistens mittels biegsamer Wellen angetrieben werden. Ein oder mehrere Hufeisen- oder Glockenmagnete drehen sich mit der Welle, deren Drehzahl gemessen werden soll, um eine in Spitzen oder Zapfen gelagerte Trommel oder Scheibe aus Leichtmetall, mit der der Zeiger verbunden ist. Im Innern der Trommel befindet sich ein mitumlaufender Körper aus weichem Eisen, durch den die Kraftlinien der Magnete bis auf den zur Bewegung der Anzeigetrommel nötigen Luftspalt im Eisen geschlossen werden. Bei Drehung des Magnetfeldes werden in der Trommel Wirbelströme erzeugt, so daß sie das Bestreben hat, sich im Gleichlauf mit den Magneten zu drehen. Durch Spiralfedern wird aber die Trommel am Mitdrehen verhindert, wobei das Federmoment stets dem Mitnehmermoment entgegengesetzt gleich ist.

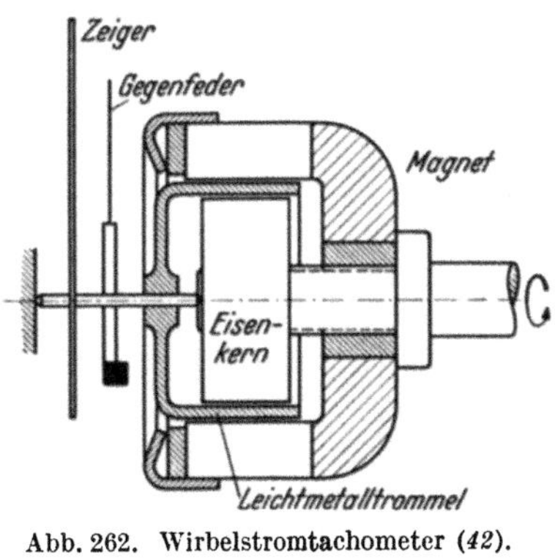

Abb. 262. Wirbelstromtachometer (42).

Elektrische Tachometergeräte werden angewandt, wenn Drehzahlen, unter Umständen auch die Drehrichtung, einer Welle an einem von der Abnahmestelle an der Welle beliebig entfernten Ort durch ein oder mehrere Zeigerinstrumente dauernd angezeigt oder aufgeschrieben werden sollen, also insbesondere bei größeren Prüfstandsanlagen.

Die Wirkungsweise eines derartigen aus einem Gleich- oder Wechselstromgeber mit Eigenerregung und einem oder mehreren Empfängern bestehenden Gerät beruht auf der Spannungsmessung.

Beim Gleichstromgerät ist der Geber eine kleine Stromerzeugungsmaschine, deren Erregung durch einen Dauermagnet erfolgt. Der Ankerstrom wird von einem Kollektor abgenommen. Der Geber wird mit der Welle, deren Drehzahl gemessen werden soll, zwangläufig gekuppelt. Die erzeugte Spannung steigt und fällt verhältig der Drehzahl der antreibenden Welle. Aus dem Zeigerausschlag des Empfängers, der ein Spannungsmeßgerät ist, ergibt sich die Drehzahl der Welle, bei Vorwärts- oder Rückwärtsbewegung auch die Drehrichtung. Zur Vermeidung wesentlicher Spannungsverluste am Kollektor müssen dessen Oberfläche und die Kohlen gut instand gehalten werden.

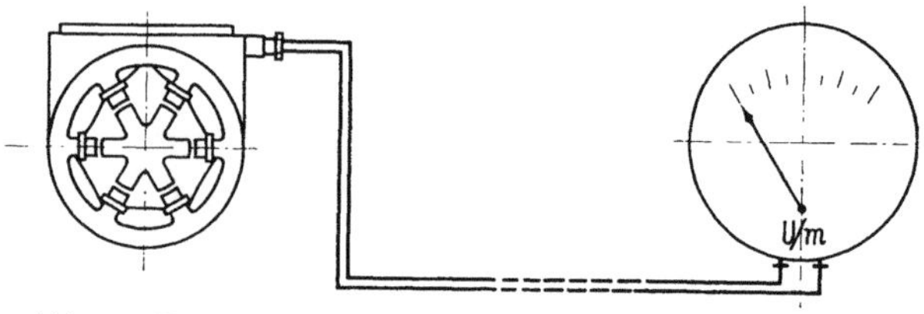

Abb. 263. Wechselstrom-Drehzahlmeßgerät für Fernübertragung (*44*).

Die Leistung des Gebers ist so bemessen, daß im allgemeinen gleichzeitig bis zu 3 Empfänger in Nebenschaltung betrieben werden können. Bei Ausfall eines Anzeigegerätes ist, damit das Auftreten von Ungenauigkeiten an den übrigen Geräten vermieden wird, ein Widerstand, der dem des abgeschalteten Gerätes entspricht, einzuschalten.

Der Empfänger für den Gleichstromgeber kann nach Bedarf ein Drehspulspannungsmesser oder ein Spannungsschreiber sein. Das gleichmäßig geteilte Zifferblatt kann für einseitigen oder doppelseitigen Zeigerausschlag zur Messung der Drehzahl oder auch der Drehrichtung ausgeführt werden. Die Anzeigegenauigkeit beträgt im allgemeinen $\pm$ 1 vH des größten Meßbereiches.

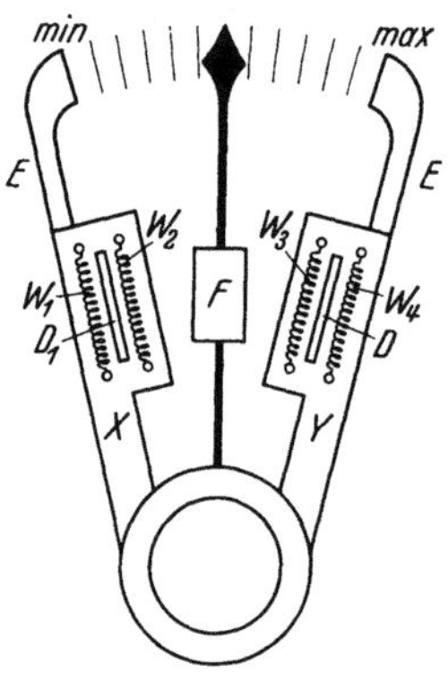

Abb. 264. Bolometer-Kontaktgerät (S & H). $D_1$, $D$ Düsen für den Kühlluftstrom; $F$ Abdeckfahne; $W_1$, $W_2$, $W_3$, $W_4$ erhitzte Brückenwiderstände; $x$, $y$ einstellbare Träger für die Begrenzungsanzeiger $E$.

Die einfacheren Wechselstromgeräte (Abb. 263) genügen in allen Fällen, in denen die Drehzahl ohne Drehrichtungsangabe angezeigt werden soll, das Zifferblatt nicht gleichmäßig geteilt zu sein braucht und eine Aufschreibung nicht nötig ist.

Der Geber ist auch hier eine kleine Stromerzeugungsmaschine, die in Abhängigkeit von der Drehzahl der Welle, an die sie gekuppelt ist, Wechselstrom von verschiedener Spannung erzeugt und den als Spannungsmesser ausgebildeten Empfänger beeinflußt. Das Gehäuse enthält einen feststehenden Polring aus Weicheisen mit zwei oder sechs nach innen gerichteten, mit je einer Wicklung versehenen Polen. Innerhalb des Ringes läuft ein Dauermagnet um, dessen zwei oder sechs Pole sich dicht an den Polschuhen vorbeibewegen. Bei Drehung wird in den feststehenden Spulen ein Wechselstrom erzeugt, dessen Spannung von der Drehzahl abhängig ist. Eine laufende Überwachung ist, da Kollektor und Bürsten hier nicht vorhanden sind, nicht nötig.

Als Empfänger für den Wechselstromgeber finden bei einfacher Ausführung Spannungsmesser mit einem Sonderdreheisenmeßwerk Verwendung. Der Zeigerausschlag erfolgt stets nach einer Seite. Die einwandfreie Ablesung beginnt etwa beim ersten Fünftel der Zahlenteilung.

Neuere Empfänger haben einen in dem Gehäuse eingebauten Trockengleichrichter. Das Anzeigegerät ist dann ein Gleichstromspannungsmesser mit gleichmäßiger Zahlenteilung.

Wenn die Anzeige auch bei niederer Drehzahl gleichmäßig sein soll, wird der Geber sechspolig ausgeführt.

Drehzähler mit Drehzahlbegrenzer werden angewandt, um ein Durchgehen der Bremseinrichtung zu verhindern. In die Drehzahlmeßeinrichtung werden Grenzkontakte eingebaut, die bei Über- und Unterschreiten der eingestellten Drehzahl ansprechen und bei Generatorbetrieb der Bremse die Zündung oder den Einspritzschieber des Prüfmotors abstellen, bei Elektromotorbetrieb den Hauptstrom abschalten (z. B. bei Wegfall der Erregung). Die Grenzkontakte können mechanischer Art und mit dem Gerätezeiger verbunden sein. Die Zuverlässigkeit des Ansprechens ist nicht immer hinreichend, da der den Zeiger bewegende Richtstrom oder die Richtfedern nicht in jedem Fall den für guten Stromübergang erforderlichen Anpreßdruck an den Kontaktstellen abzugeben vermögen.

Aus diesem Grund wird häufig die Bolometeranordnung (*3*) (Abb. 264) verwendet, bei der auf den einstellbaren Begrenzungszeigern $E$ Widerstände $W$ aufgebaut sind, die in einer Brückenschaltung liegen. Im Betrieb werden die durch die Brückenschaltung beheizten Widerstände durch einen leichten Luftstrom gekühlt. Beim Über- oder Unterschreiten der Drehzahl deckt eine am Gerätezeiger angebrachte Fahne $F$ den Kühlluftstrom ab und bringt die Brückenschaltung aus dem Gleichgewicht. Dies bewirkt die Auslösung eines Relais, das die Regelmaßnahmen ausübt.

**Stichdrehzähler.** Neben den Tachometern sind im Motorenprüfbetrieb Drehzahlmeßgeräte notwendig geworden, die als Stichprober die in einer gewissen Zeit von der zu messenden Welle gemachten Umdrehungen zwangläufig erfassen.

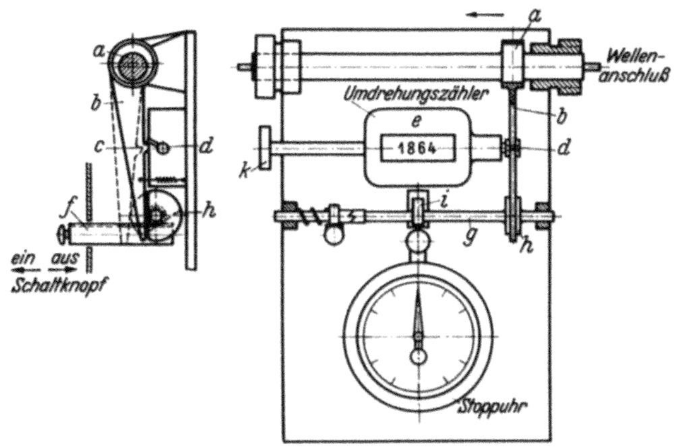

Abb. 265. DVL-Stichdrehzähler mit mechanischem Antrieb. *a* Nocken; *b* Exzenterstange; *c* Nase; *d* Welle; *e* Hubzähler; *f* Schaltknopf; *g* Schaltwelle; *h* Nocken; *i* dreieckförmiger Nocken; *k* Drehknopf.

Sie sind die einzigen Drehzahlmeßgeräte, deren Angabe genauen Leistungsmessungen zugrunde gelegt werden können.

Da die Drehzahl bei der Aufnahme von Meßwerten an Motorprüfständen ohnehin mindestens 3 bis 5 min lang gleich gehalten werden muß, kann die Grundzeit der Messung in weiten Grenzen gewählt werden. Man ermittelt im allgemeinen die durchschnittliche Drehzahl über 60 s.

*Der DVL-Stichdrehzähler* (*276*). Das Gerät nach Abb. 265 besteht aus einem Umdrehungs-(Hub)zähler und einer Stoppuhr, die mit einer Schalteinrichtung so zusammengebaut sind, daß ihre Ein- und Ausschaltung gleichzeitig erfolgt. Die durch eine biegsame Welle angetriebene Hauptwelle trägt einen Nocken *a*, der die Exzenterstange *b* antreibt. In Meßstellung betätigt die Exzenterstange über die Nase *c* die Welle *d* des Hubzählers *e*. Durch Drücken des Knopfes *f*, der eine Zahnstange trägt, wird die Schaltwelle *g* um jeweils 120° gedreht. Der erste Druck schaltet das Gerät ein, der Nocken *h* bringt die Exzenterstange mit dem Hubzähler in Eingriff, die Stoppuhr wird über den dreieckförmigen Nocken *i* in Gang gesetzt. Der zweite Druck schaltet den Hubzähler und gleichzeitig die Stoppuhr aus.

Abb. 266. Ansicht des DVL-Stichdrehzählers mit mechanischem Antrieb (*156*, *276*).

Der dritte Druck bringt die Stoppuhr wieder in Ausgangsstellung. Der Hubzähler kann durch den Drehknopf *k* besonders zurückgestellt werden. Die Drehzahl wird aus der Hubzahl und der Stoppzeit berechnet. Abb. 266 zeigt die Ansicht des Gerätes.

Beim elektrischen DVL-Stichdrehzähler (Abb. 267) sind die Hauptbauteile des Gerätes ebenfalls Stoppuhr und Hubzähler. Auf der Antriebswelle des Hubzählers ist ein schwingender Anker *a* befestigt, der im Kraftfeld eines Elektromagneten *b* liegt. An der zu messenden Maschinenwelle ist eine Kontaktscheibe als Gebergerät angebaut. Bei jeder Umdrehung erhält der Elektromagnet durch die Kontaktscheibe einen Stromstoß und zieht den Schwinganker an. Dabei wird eine Feder *C* gespannt, die nach der Unterbrechung des Stromkreises den Hubzähler betätigt. Die Schalteinrichtung ist der des mechanischen Stichdrehzählers ähnlich. Durch Drücken des Knopfes *d*, der eine Zahnstange trägt, wird die Schaltwelle *e* gedreht. Die Stoppuhr wird durch den Dreiecknocken *f* betätigt, der Hubzähler wird durch Schließen bzw. Unterbrechendes Stromkreises mittels der Schaltwalze *g* ein- und ausgeschaltet. Abb. 268 zeigt die Außenansicht des Gerätes.

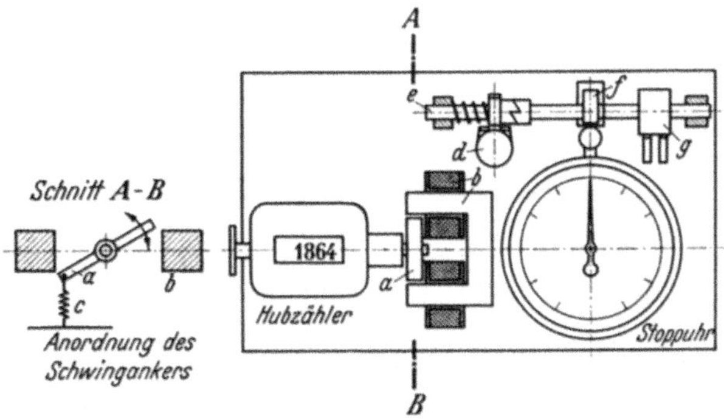

Abb. 267. DVL-Drehzahlmesser mit elektromagnetischem Antrieb (*157*). *a* schwingender Anker; *b* Elektromagneten; *c* Feder; *d* Schaltknopf; *e* Schaltwelle; *f* Dreiecknocken; *g* Schaltwalze.

*Der FKFS-Stichdrehzähler* dient dazu, die minutliche Drehzahl des Prüfmotors unmittelbar selbsttätig zu erfassen. Von einem durch Feder oder elektrisch angetriebenen Uhrwerk wird das Zählwerk eingeschaltet und nach der Meßzeit von 1 min selbsttätig wieder ausgeschaltet. Das mit der Maschine, etwa über eine biegsame Welle, verbundene Zählwerk ist zunächst durch eine Kupplung $K$ abgeschaltet (Abb. 269), die durch Druck auf den Kontaktknopf $D$ eingerückt wird und nach Ablauf einer Minute selbsttätig ausgeschaltet wird. Die am Zählwerk, das vor der Messung auf Null zurückgestellt worden ist, ablesbare Zahl stellt die minutliche Drehzahl der Maschine dar.

Abb. 268. Ansicht des DVL-Stichdrehzählers mit elektromagnetischem Antrieb.

Die Abb. 269, 270, 271 stellen zwei verschiedene Ausführungen der Meßeinrichtung dar. Bei der ersten wird für die Zeitmessung ein Uhrwerk und bei der zweiten ein elektrischer Synchronmotor, der an das Wechselstromnetz anzuschließen ist, verwendet. Bei dem Drehzähler mit Uhrwerk (Abb. 269 und 270) befindet sich im Unterteil $U$ des Gerätes ein Uhrwerk $W$, an welchem eine elektrische Kontaktvorrichtung $V$ angebaut ist, die regelmäßig einen Stromkreis schließt. Durch das Schließen des Stromkreises wird ein Magnet $M$ angezogen. Dieser schaltet das Schaltrad $S$ jeweils um einen Zahn weiter. Mit einer an das Schaltrad $S$ seitlich angebauten Kurvenscheibe $T$ ist die Kupplung $K$ über den Hebel $H$ verbunden. Die Kurvenscheibe $T$ besitzt einen erhöhten und einen vertieften Teil mit 2 stufenartigen Übergängen. Beim Drücken auf den Druckknopf $D$ kommt die Scheibe $S$ und die

a

b

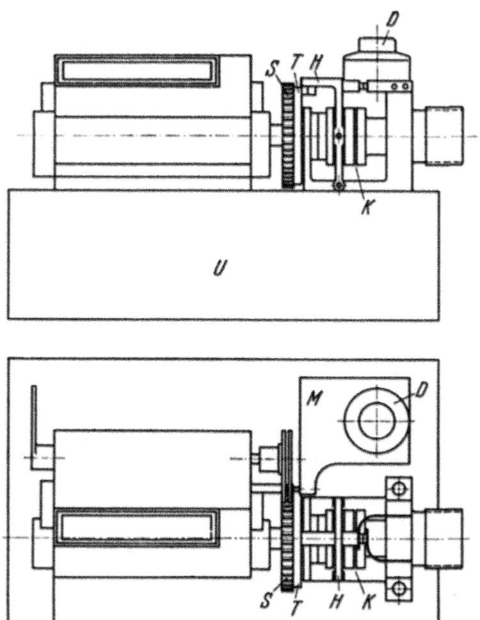


Abb. 269. FKFS-Stichdrehzähler mit Uhrwerk zur Zeitmessung. $D$ Druckknopf; $H$ Hebel; $K$ Kupplung; $M$ Magnet; $S$ Schaltrad; $T$ Kurvenscheibe; $U$ Unterteil.

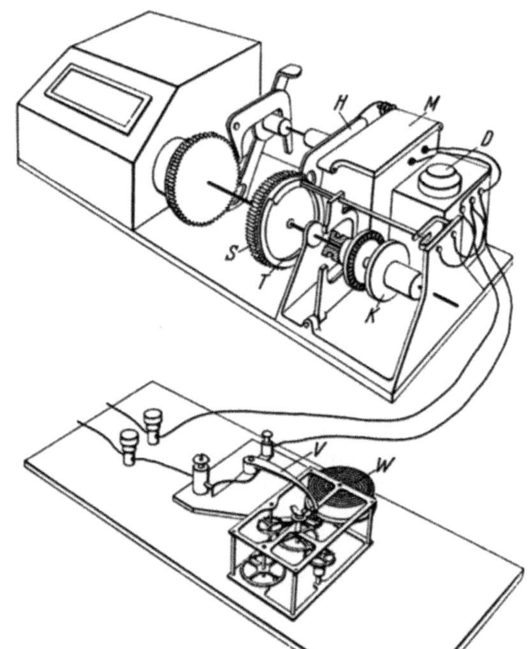


Abb. 270. FKFS-Stichdrehzähler mit Uhrwerk zur Zeitmessung. $D$ Druckknopf; $H$ Hebel; $K$ Kupplung; $M$ Magnet; $S$ Schaltrad; $T$ Kurvenscheibe; $V$ Kontaktvorrichtung; $W$ Uhrwerk.

Scheibe $T$ in Gang, die erste Stufe der Scheibe $T$ läßt die Kupplung $K$ einschnappen und nach dem Verlauf einer Anzahl von Schaltungen des Magneten $M$, d. h. nach einer bestimmten Zeit, öffnet die zweite Stufe der Scheibe $T$ die Kupplung wieder und unterbricht den elektrischen Strom. Das Zählwerk bleibt dann stehen. Durch einen Hebeldruck kann das Zählwerk auf Null zurückgestellt werden. Dieses Löschen kann auch während des Meßvorganges erfolgen, womit das Gerät sofort wieder meßbereit ist. Zu diesem Zweck ist mit dem Löschhebel eine Ausrückung der Kupplung und Ausschaltung des Stromkreises verbunden.

Bei dem *Drehzähler mit Synchronmotor* (Abb. 271) tritt an Stelle des Uhrwerks ein kleiner Synchronmotor $M$, wie er für elektrische Synchronuhren Verwendung findet. Von diesem Synchronmotor wird das Schaltrad $S$ über ein Rädervorgelege $V$ angetrieben. Das Schaltrad $S$ besitzt eine Einfräsung $F$, in die der Hebel $H$, der mit der Kupplung in Verbindung steht, eingreift.

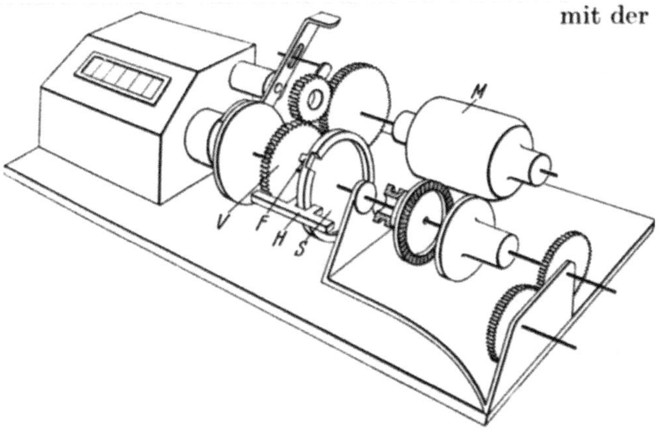


Abb. 271. FKFS-Stichdrehzähler mit Synchronmotor. $F$ Einfräsung am Schaltrad; $H$ Hebel; $M$ Synchronmotor; $S$ Schaltrad; $V$ Rädervorgelege.

Abb. 272. Ansicht des FKFS-Stichdrehzählers.

Nach Ingangsetzen des Motors springt der Hebel aus der Einfräsung aus und damit die Kupplung ein und das Zählwerk beginnt mitzulaufen. Nach einmaligem Umlauf des Schaltrades $S$ springt der Hebel $H$ in die Einfräsung des Schaltrades zurück und schaltet die Kupplung aus. Der einmalige Umlauf des Schaltrades $S$ entspricht der Meßzeit.

Abb. 273. FKFS-Drehzahlstichprober mit elektrischer Fernübertragung durch Gleichlaufeinrichtung.

Gleichzeitig mit dem Ausrücken der Kupplung wird der elektrische Synchronmotor vom Netz abgeschaltet. Das Zählwerk kann auch hier durch einen besonderen Hebel auf Null zurückgestellt werden. Eine angefangene Messung kann unterbrochen und erneut begonnen werden.

Abb. 272 zeigt den Stichdrehzähler in seiner Außenform.

An Stelle des mechanischen Antriebs durch biegsame Welle kann auch ein elektrischer Gleichlaufmaschinensatz verwendet werden, wodurch die Möglichkeit der Fernübertragung gegeben ist (Abb. 273).

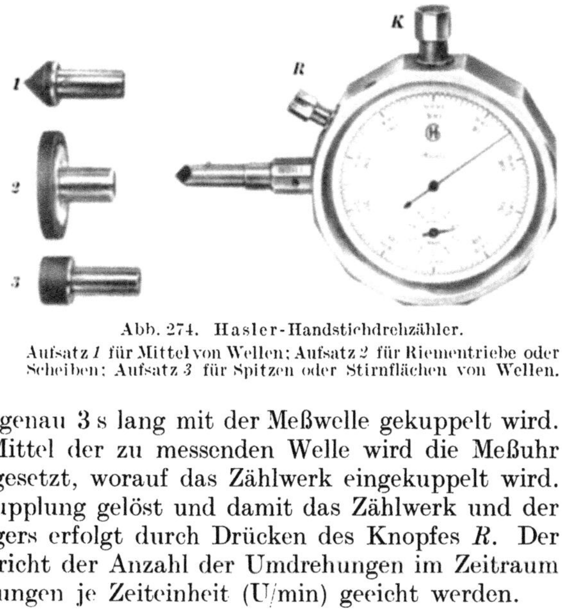


Abb. 274. Hasler-Handstichdrehzähler. Aufsatz *1* für Mittel von Wellen; Aufsatz *2* für Riementriebe oder Scheiben; Aufsatz *3* für Spitzen oder Stirnflächen von Wellen.

In Fällen, bei denen das Anbringen einer biegsamen Welle oder die elektrische Übertragung Schwierigkeiten bereitet, werden auch H a n d s t i c h d r e h z ä h l e r benützt. Beim „Hasler"-Umlaufzähler (Abb. 274) besteht das Getriebe aus zwei Teilen, dem Uhrwerk, das die Laufzeit auf 5 s einstellt, und aus dem Zählwerk, das von dem Uhrwerk genau 3 s lang mit der Meßwelle gekuppelt wird.

Nach Andrücken der Meßspindel an das Mittel der zu messenden Welle wird die Meßuhr durch Drücken des Knopfes $K$ in Bewegung gesetzt, worauf das Zählwerk eingekuppelt wird. Nach Verlauf von 3 Meßsekunden wird die Kupplung gelöst und damit das Zählwerk und der Zeiger still gesetzt. Die Rückstellung des Zeigers erfolgt durch Drücken des Knopfes $R$. Der vom Zeiger zurückgelegte Gesamtwinkel entspricht der Anzahl der Umdrehungen im Zeitraum von 3 s, das Zifferblatt kann also in Umdrehungen je Zeiteinheit (U/min) geeicht werden.

Das Gerät gestattet Drehzahlaufnahmen bis zu 10000 U/min, kann jedoch zu genauen Leistungsermittlungen nicht benutzt werden, weil die Meßzeit mit 3 s kurz ist und die Zwangläufigkeit in der Verbindung mit der zu messenden Welle fehlt.

## F. Zeitmesser.

Fast allen Meßvorgängen bei der Prüfung und bei Versuchen an Kraftfahrzeugen und ihren Motoren liegen Zeitmessungen zugrunde. Die Zeitmessung nimmt deshalb eine überragende Stellung ein. Sie erfolgt mit Stoppuhren, Zeitgebern und Zeitschreibgeräten.

Die **Stoppuhren** sind Zeitmesser, meistens in Taschenuhrgröße, für mittlere Genauigkeit (0,1—0,2 s) und kurze Meßzeiten. Sie finden bei der Drehzahlmessung weitgehende Anwendung.

Die gewöhnliche Stoppuhr besteht aus einem guten Taschenuhrwerk mit Ankergang und einem besonderen Meßzeitanzeigewerk, das durch Druck auf den Knopf mit dem Uhrwerk mittels der in Abb. 275 dargestellten Schaltvorrichtung gekoppelt werden kann.

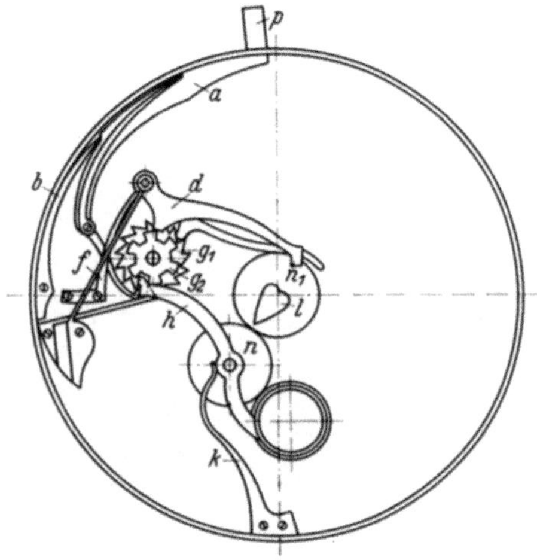


Abb. 275. Mechanismus einer Stoppuhr (*38*).

*a* Schalthebel; *b* Schalthebelfeder; *d* Minutenhebel; *f* Schaltrad- und Herzhebelspannfeder; $g_1$ Schaltrad; $g_2$ Stern; *h* Stellhebel; *k* Stellhebelspannfeder; *l* Sekundenherz; $n_1$ Rückstellnase; *p* Druckstift.

Einfachere Stoppuhren besitzen kein dauernd laufendes Uhrwerk. Bei Beginn der Zeitmessung wird das Gehwerk zum Anlaufen gebracht und bei Beendigung angehalten. Die Genauigkeit dieses Verfahrens genügt in den meisten Fällen. Die gesamte Zeitmessung erfordert 3 Stufen: Das Auslösen der Unruhe, ihr Anhalten und das Zurückführen der Zeiger in die Nullstellung. Die übliche Ablesemöglichkeit beträgt $^1/_5$ oder $^1/_{10}$ s, je nach der Schwingungsdauer der Unruhe. Durch geeignete Räderübersetzungen lassen sich Stoppuhren auch für kleinere Zeitstufen als $^1/_{10}$ s, z. B. für $^1/_{20}$, $^1/_{50}$ und $^1/_{100}$ s einrichten.

Abb. 276. Handstoppuhr in einem Magnetgehäuse mit elektromagnetisch betätigter Druckstiftauslösung (Favag Neuchatel).

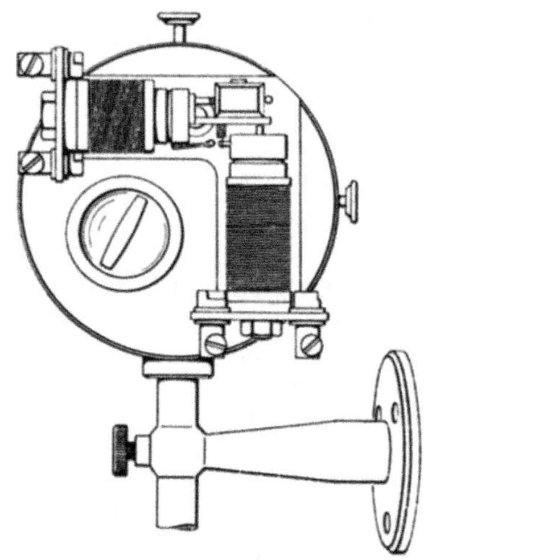

Abb. 277. Anordnung der Magnete bei der elektrischen Stoppuhr von James-Jaquet, Lörrach.

Die Genauigkeit der Uhren mit solcher Anzeige wird aber dadurch beeinträchtigt, daß die Zeitmessung nicht unmittelbar von der schwingenden Unruhe abgeleitet ist.

Für übliche Fälle ist es auch zwecklos, die Ablesemöglichkeit auf $^1/_{100}$ s zu steigern, da die bei der Handhabung möglichen persönlichen Stoppfehler oft bis 0,3 s betragen. Weitere Fehler können an der Uhr selbst liegen, z. B. Eingriffsfehler, schlechte Regelung, kurze periodische Schwankungen, Gangänderungen infolge der Abhängigkeit von der Lage, Antriebsfehler, Fehler infolge Einwirkung magnetischer Felder, Fehler in der Anzeige (Nullpunktsfehler, ungenaue Mittelstellung der Zeiger zur Zifferblatteilung, Teilungsfehler), Fehler der Stoppeinrichtung im Anlauf und in der Stoppverzögerung.

Zur Ausschaltung der bei der Handmessung entstehenden Fehler und zur Erfassung der Vorgänge mittels elektrischer Übertragung werden elektrisch betätigte Stoppuhren verwendet.

Abb. 276 zeigt eine an einem Magnetgehäuse angesetzte übliche Handstoppuhr, die von einem elektromagnetisch betätigten Druckstift ausgelöst wird.

In Abb. 277 sind die Auslösemagnete an dem Uhrengehäuse selbst angebaut. Die Auslösung erfolgt nicht über den üblichen Handdruckknopf, sondern unmittelbar am Schalthebel innerhalb der Uhr.

Abb. 278 a, b, c, zeigt eine Präzisionsstoppuhr für mechanische und elektrische Zeigerauslösung. Für die Zeigerauslösung von Hand dient der oben aus dem Gehäuse herausragende Knopf. Schaltrad *1* bildet das eigentliche Steuerorgan der Uhr, das durch Drücken auf den Schaltknopf um eine Teilung weiterdreht bzw. bei elektrischer Betätigung mit Hilfe eines Magneten *2* bedient wird (s. Abb. 278b und c). Die beiden Herzhebel *3* und *4* sind drehbar angeordnet und greifen mit ihren Nasen in das Schaltrad *1* ein. Damit wird eine sichere Nullpunktrückführung des Minuten- und Sekundenrades erreicht. Der Sekundenzeiger *5* besitzt eine lederbelegte Kupplung, die ein Versetzen des rasch sich bewegenden Zeigers verhindert. Das Ingangsetzen oder Anhalten

a

b c

Abb. 278a–c. H & B-Großstoppuhren (*39*). a Stoppuhr im Standgehäuse, b Stoppuhr ohne Gehäuse, Rückseite. c Stoppuhr ohne Gehäuse, Vorderseite.
*1* Schaltrad; *2* Magnet; *3* und *4* Herzhebel; *5* Sekundenanzeiger; *6* Hebel; *7* Zackenrad.

der Uhr erfolgt über den Hebel *6*, der vom Schaltrad *1* gesteuert, ein Zackenrad *7* an einem seiner Zacken freigibt oder festhält.

Für Messungen von schnell sich abspielenden Vorgängen, z. B. Zielmessungen bei Fahrzeugrennen, genügt die Genauigkeit der Stoppuhren in Taschenuhrausführung nicht.

Die hierbei verwendeten Chronoskope dienen zur Messung über Zeitspannen von 0,1 s bis 60 min bei Meßgenauigkeiten bis zu 0,001 s. Dafür sind die Unruhen mit etwa $^1/_5$ s Schwingzeit nicht geeignet. Als Schwingkörper mit einer kürzeren Eigenschwingungszahl wird zur Steuerung der Uhr eine schwingende Zunge verwendet in Verbindung mit der sog. Hippschen Hemmung und mit elektrischer Fernauslösung und Fernhemmung.

Der Antrieb dieser Uhren erfolgt, soweit es sich um ortsbewegliche Einrichtungen handelt, mittels besonders starker Federn. Die Hemmung besteht aus einer an einem Ende fest eingeklemmten Zunge Abb. (279) und einem Hemmrad mit dreieckiger Verzahnung. Die Zunge wird durch die aufeinanderfolgenden Stöße der Zähne des Hemmungsrades ins Schwingen versetzt. Ist die Gleichgangdrehzahl erreicht, so läßt die Zunge bei jeder Schwingung das Hemmungsrad um einen Zahn weiter.

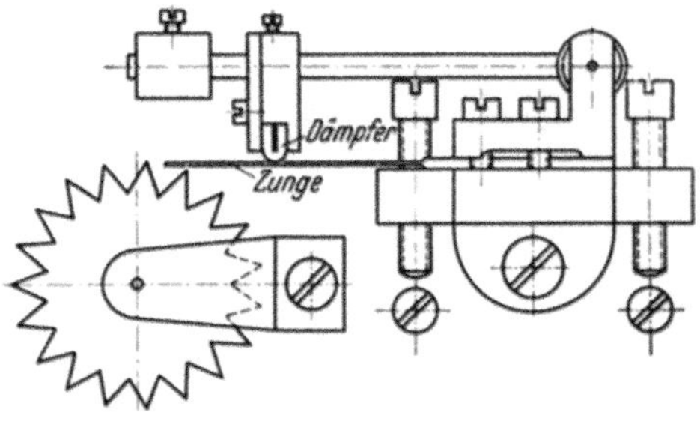


Abb. 279.
Hemmung nach Hipp mit schwingender Zunge (40).

Abb. 280. Kurzzeitmesser für $^1/_{100}$ s (Favag).

Da die Eigenschwingungszahl der Zunge einen festen Wert hat, ist die Drehgeschwindigkeit des Hemmrades genau gleichbleibend. Die Erfahrung hat gezeigt, daß sich zwischen der Zunge

Abb. 281. Löbner-Uhr.

Abb. 282. 4facher Kurzzeitmesser für je $^1/_{1000}$ s (Favag).

und den Hemmradzähnen bei der hohen Frequenz ein Luftkissen bildet, durch das die metallische Berührung gedämpft ist und dementsprechend nur unbedeutende mechanische Abnützungen auftreten.

Abb. 283. Akustische Signaluhr (James-Jaquet).

Abb. 280 zeigt einen derartigen Kurzzeitmesser für $^1/_{100}$ s. Auf den 3 Zifferblättern können die Minuten, Sekunden und $^1/_{100}$ s abgelesen werden. Das Gerät wird mit Gangzeiten von 1 h häufig für Rennen verwendet. Ein ähnliches Gerät ist in Abb. 281 gezeigt. Bei ihm wird die schwingende Zunge durch einen Elektromagneten erregt, so daß sich ein Federtriebwerk erübrigt.

Für Fälle, in denen gleichzeitig mehrere Vorgänge gemessen werden sollen, wird der aus Abb. 282 ersichtliche Kurzzeitmesser verwendet. Das Gerät besteht aus einem Federgehäuse für den gemeinsamen Antrieb von 4 Anzeigeeinrichtungen. Die Zeiger der Zifferblätter können unabhängig voneinander in Bewegung gesetzt werden, was mittels vier getrennter elektromagnetischer Kupplungen möglich ist. Die oberen Zeiger machen je Sekunde 10 Umdrehungen, so daß auf der Zifferblatteilung $^1/_{1000}$ s abgelesen werden können. Die unteren Zifferblätter zählen die Sekunden bis 10. Die vier Doppelsteckbüchsen dienen zum Anschluß der Fernleitung für den Kontaktgeber, die Steckbüchsen in der rechten Ecke zum Anschluß an die Batterie.

Abb. 284. Zeitschreiber mit Fernübertragung (Wetzer, Pfronten).

Abb. 285. Blick in das Innere des Zeitfernübertragers (Wetzer).

**Zeitgeber.** Bei Aufnahme von Versuchswerten besteht häufig die Notwendigkeit, in bestimmten Abständen Zeitzeichen zu geben. Die Zeichengebung kann optischer oder akustischer Art sein oder zur Betätigung von elektromagnetischen Schreibern elektrisch vor sich gehen.

Abb. 283 zeigt eine einfache akustische Zeichengeberuhr. Auf dem Gehäuserücken befindet sich eine Glocke *E*. Das Uhrwerk ist mit einem Hebelwerk derart verbunden, daß jedesmal nach Ablauf eines bestimmten Zeitabschnittes ein Glockenzeichen ertönt. Der Zeitabschnitt kann in Grenzen von 1 min bis 1 h eingestellt werden.

Für die Fernübertragung bestimmter Zeitabstände, z. B. auf die Meßstreifen von Schwingungsmeßgeräten, dient das Gerät nach Abb. 284. Ein kräftiges Uhrwerk, das mit Hippscher Hemmung und schwingender Zunge gesteuert wird, treibt eine Welle an, auf der verschiedene Nocken mit scharfen Abrißkanten sitzen. Die Nocken betätigen elektrische Federkontakte und haben je nach Anzahl der sekundlichen Kontaktgeber eine oder mehrere Abrißstellen. Die Federkontakte müssen für einwandfreies Arbeiten so ausgebildet sein, daß ihre Eigenschwingungszeit höher liegt, als die Anzahl der je Sekunde zu gebenden Kontakte. Das abgebildete Gerät liefert nach Wahl alle 0,1, 0,25, 0,5 und 1 s

Abb. 286. Zeitschreiber mit Federaufzug und 2 Schreibstiften (Favag).

einen Kontakt. Die Stromstöße werden unmittelbar zur Betätigung von Magnetschreibern, Ritzschreibern, Schwingungsmeßgeräten und zum zeitlichen Steuern von Oszillographenschleifen benützt. Abb. 285 zeigt einen Blick in das Federwerk mit den drei Kontaktnocken.

**Zeitschreiber.** Durch Verwendung von Zeitschreibern ist es möglich, die Aufmerksamkeit des Beobachters ganz dem zu überwachenden Vorgang zuzuwenden. Bei rascher Folge der Einzelbeobachtungen kann mit dem Zeitschreiber ein zweifelsfreier Beleg, der zu beliebiger Zeit auswertbar ist, geschaffen werden.

Der Aufbau einfacher Zeitschreiber (Abb. 286) ähnelt dem eines Morseaufnahmegerätes. Das Papierband wird durch Federantrieb zeitlich gleichmäßig unter zwei Schreibstiften vorwärtsbewegt. Die Messung der zwischen 2 Schreibmarken verflossenen Zeit erfolgt durch Bestimmung des Abstandes der Marken.

Damit Unregelmäßigkeiten des Ablaufes, wie sie durch mechanische Behinderung des Streifens eintreten können, kenntlich werden und höchste Genauigkeit der Zeitmessung erreicht wird, ist es zweckmäßig, wenn einer der Schreibstiftmagnete von einem der oben beschriebenen elektrischen Zeitgeber gesteuert wird.

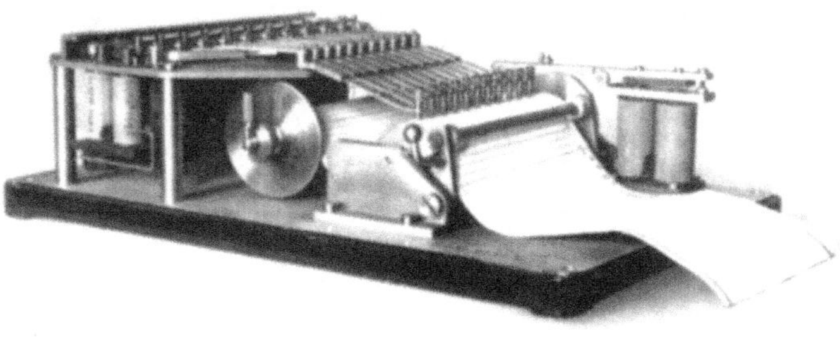

Abb. 287. Favag-Vielfachschreiber (*41*).

Das Schreiben der Marken selbst erfolgt dadurch, daß der Anker des Elektromagneten eine Spitze trägt, die ein Loch in den Streifen schlägt, was bei Zeitmessungen bis zu 0,2 s herab möglich ist.

Bei einer weiteren Art der Aufzeichnung wird mittels eines Silberstiftes auf besonderes Papier (Bary) ein ununterbrochener Linienzug geschrieben, der bei Betätigung der Elektromagnete in scharfe Zacken auslenkt.

In besonderen Fällen, z. B. beim DVL-Torsiograph, S. 153 wird auch für die Zeitangabe das Ritzverfahren angewendet, bei dem ein Filmbandstreifen mit einer scharfen Diamantspitze geritzt wird.

Bei Aufnahmen auf berußten Streifen wird zwischen Schreibstift und Vorratsrolle eine stark rußende Terpentinölflamme gesetzt, die den Papierstreifen schwärzt. Eine am Magnetanker befestigte Nadelspitze ritzt sich im Ruß ein.

Die für die Vorwärtsbewegung des Papiers notwendigen Walzen drücken beim Durchgang die Rußschicht fest an das Papier an. Diese Art der Aufzeichnung kann bei Messung von Zeiten bis zu 0,01 s verwendet werden, wobei auf die Schnelligkeit des Papiervorschubes keine Rücksicht genommen werden muß.

Sind gleichzeitig mehrere Vorgänge zu überwachen, so können mit einem breiten Papierstreifen eine Anzahl Schreibstifte zur Aufzeichnung verwendet werden. Der Antrieb des Papierstreifens kann mit Uhrwerk oder durch mechanische Kupplung mit einer Antriebswelle erfolgen. Abb. 287 zeigt einen Favag-Vielfachschreiber mit 11 Meßstiften. Der Papiervorschub beträgt bis zu 150 mm in der Sekunde.

# 7. Die Kühlmittelmessung.

## I. Anordnung der Kühlanlage am Prüfstand.

Für gute Nachbildung der wirklichen Betriebsverhältnisse auf dem Prüfstand ist es zweckmäßig, einen geschlossenen Kühlmittelkreislauf, etwa nach Abb. 288 anzuwenden. Zur Belüftung des Kühlers kann eine Gebläse nach Abb. 288 oder nach Abb. 289 ein mit Wasser rückgekühlter Sonderkühler verwendet werden. Für dessen Größenausmaße ist zu beachten, daß sich hier die Wärmeübergangszahlen gegenüber der Kühlung mit Luft etwa verzehnfachen. Die Herstellung erfolgt dadurch, daß an einem normalen Wagenkühler vorne und hinten je eine Wasserkammer angebracht wird. Damit das Rückkühlwasser richtig ausgenützt wird, sind Trennwände eingebaut, die das Kühlmittel mehrfach durch den Kühler (s. Abb. 289) führen. Mit Rücksicht auf die Kalkausscheidung des Wassers soll eine Ausflußtemperatur von mehr als 60° C vermieden werden. Als Kühlmittel wird bei Fahrzeugmotoren fast ausschließlich Wasser verwendet. Für Motoren schneller Fahrzeuge werden wie für Flugmotoren hochsiedende Kühlflüssigkeiten, wie Äthylenglykol, in Betracht gezogen werden.

Beim Aufbau der Kühleinrichtungen und Rohrleitungen ist darauf zu achten, daß der Leitungszweig, der vom Motor kommt, bis zur Entlüftungsstelle stetig ansteigt, damit Dampfblasenbildung, die die Strömung stören kann, vermieden wird.

In Fällne, in denen der geschlossene Kühlkreislauf nicht angewendet werden kann, erfolgt die Rückkühlung des Kühlwassers durch Zusatz von Frischwasser (starke Kesselsteinbildung!). Die überschüssige Wassermenge wird dann durch Überlauf abgeführt.

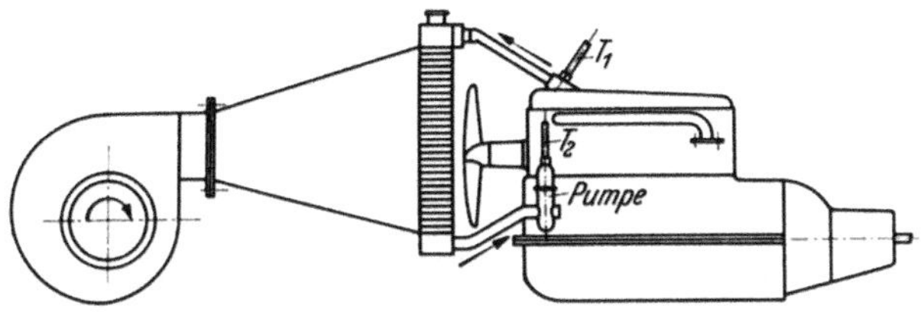

Abb. 288. Geschlossener Kühlmittelkreislauf.

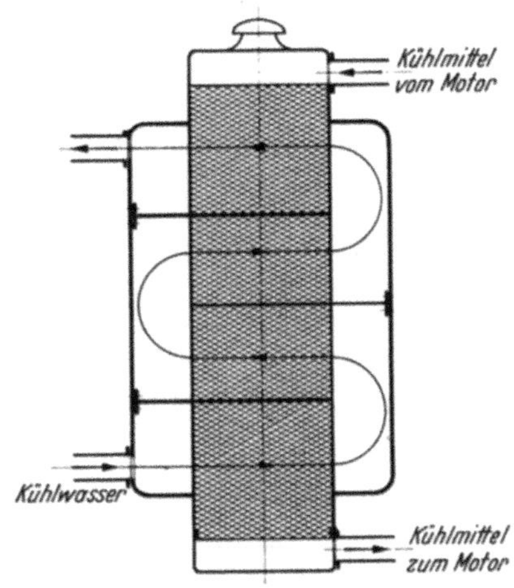

Abb. 289. Mit Wasser rückgekühlter Sonderkühler.

## II. Die Wärmemenge.

Die durch das Kühlmittel abgeführte stündliche Wärmemenge $Q$ beträgt:

$$Q = \alpha_t \cdot G (t_1 - t_2) .$$

Dabei ist

$Q$ = Wärmemenge, kcal/h,
$G$ = Gewicht des Kühlmittels, kg/h,
$t_1 - t_2$ = Temperaturgefälle zwischen Ein- und Austritt am Motor, °C,
$\alpha_t$ = spezifische Wärme bei der Temperatur $t_1$,
für Wasser $\simeq$ 1000 kcal/kg 1° C,
für Glykol $\sim$ 627 kcal/kg.

Für den Fall, daß die Flüssigkeitsmenge volumetrisch bestimmt werden muß, wird das Gewicht des Kühlmittels $G$ kg/h $= \gamma \cdot V$ m³/h, wobei $\gamma$ das verhältige Gewicht in kg/m³ und $V$ die Flüssigkeitsmenge in m³/h ist.

Da $\gamma$ von der Temperatur abhängig ist, so ergibt sich mit der räumlichen Wärmeausdehnungszahl $\beta$ die Änderung des Volumens zu

$$V_1 = V_0 (1 + \beta t) ,$$

wobei

$$V_0 = \text{Anfangsvolumen} = 1 \text{ Gefäßeinheit.}$$

Wird als Kühlmittel Wasser benützt, so wächst das Volumen der Flüssigkeit nach der in Abb. 290 gezeigten Schaulinie; für eine Kühltemperatur von 80° C ergibt sich z. B. das 1,02887fache Volumen gegenüber 0° C, also eine Erhöhung um 2,887 vH.

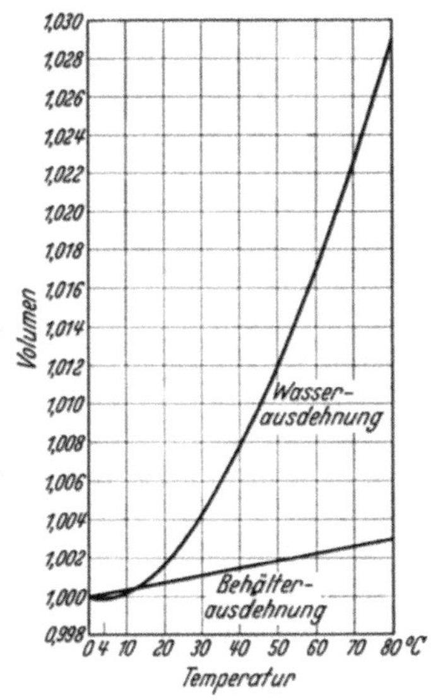

Abb. 290. Ausdehnung des Kühlmittels und des Behälters bei ansteigender Temperatur.

Das meistens aus Blech gefertigte Gefäß kann durch seine Wärmeausdehnung Fehler verursachen. Mit $\beta$ als räumlicher Ausdehnungszahl ist die Vergrößerung des Einheitsvolumens bei Erwärmung um 1°:

$$\beta = \frac{1}{V} \cdot \frac{dV}{dt^\circ} \left( \frac{1}{{}^\circ C} \right) .$$

Bei gleichmäßigen Körpern ist

$$\beta = 3 \alpha ,$$

wenn $\alpha$ die Längenausdehnungszahl ist.

Für Schmiedeeisen und Stahl ist $\alpha = 0{,}000012$ also $\beta = 0{,}000036$.

Das Volumen bei der Temperatur $t$ ist

$$Vt = V_0 (1 + \beta \cdot t) ,$$

worin $V_0$ = Anfangsvolumen = 1 gesetzt werden kann. Unter Annahme einer durchschnittlichen Gefäßtemperatur von 80° C ergibt sich die räumliche Vergrößerung des Gefäßes zu

$$V_t = 1\,(1 + 0{,}000036 \cdot 80)$$
$$= 1{,}00288 \text{ der Gefäßeinheit.}$$

Die Volumenvergrößerung des Behälters ist dann

$$\Delta V = 0{,}00288 \text{ Gefäßeinheiten,}$$

d. h. etwa 0,3%.

Der Verlauf der Behälterausdehnung ist in Abb. 290 ebenfalls eingezeichnet. Aus dieser Abbildung ist zu entnehmen, daß die praktisch zunehmende Volumenvergrößerung des Kühlmittels bei 80° C 1,02887—0,00288 = 1,026, also 2,6% beträgt. Das zugehörige, auf die ursprüngliche Behältergröße bezogene, verhältige Gewicht errechnet sich damit zu $\gamma = \frac{1}{1{,}026} = 0{,}975$. Nach dem Rechenbeispiel kann also bei volumetrischer Messung des Kühlmittels, dessen Temperatur etwa 80° beträgt, ein spezifisches Gewicht von 0,975 eingesetzt werden. Nachstehende Zahlentafel 7 zeigt das verhältige Gewicht von Wasser und Glykol bei verschiedenen Temperaturen, wobei die Dehnung des Meßgefäßes nicht berücksichtigt ist.

Zahlentafel 7.

| | $t = 0$ | 10 | 20 | 30 | 50 | 70° C | $t = 80$ | 100 | 150°C |
|---|---|---|---|---|---|---|---|---|---|
| Wasser . . . | $\gamma = 0{,}9999$ | 0,9997 | 0,9982 | 0,9957 | 0,988 | 0,975 | $\gamma = 0{,}972$ | 0,958 | 0,917 |
| Glykol . . . | $\gamma = 1{,}127$ | 1,1201 | 1,1132 | 1,1061 | 1,0914 | 1,0758 | $\gamma = 1{,}0689$ | 1,05223 | 1,01273 |

Zur Vereinfachung der Auswertung ist es zweckmäßig, die Kühlmittelmenge gewichtsmäßig zu bestimmen.

## III. Gewichtsmäßige und volumetrische Meßeinrichtungen.

Die durch den Motor in der Zeiteinheit fließende Kühlmittelmenge kann mit Durchflußmessern oder durch stichprobenartige Messung ermittelt werden. Die Stichprober liefern die

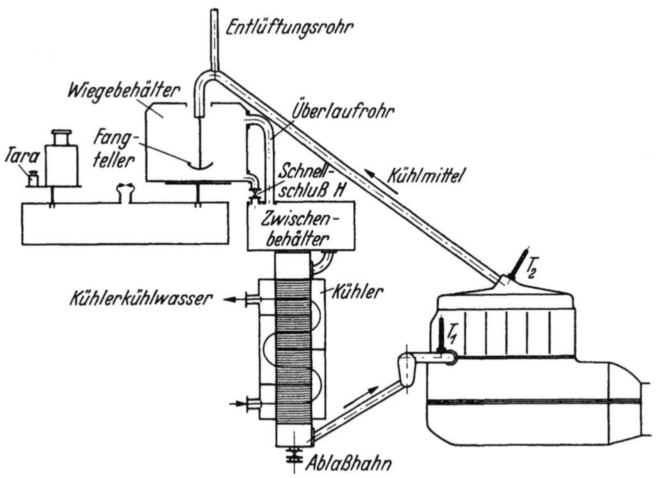


Abb. 291. Gewichtsmäßige Bestimmung der Kühlmittelmenge.

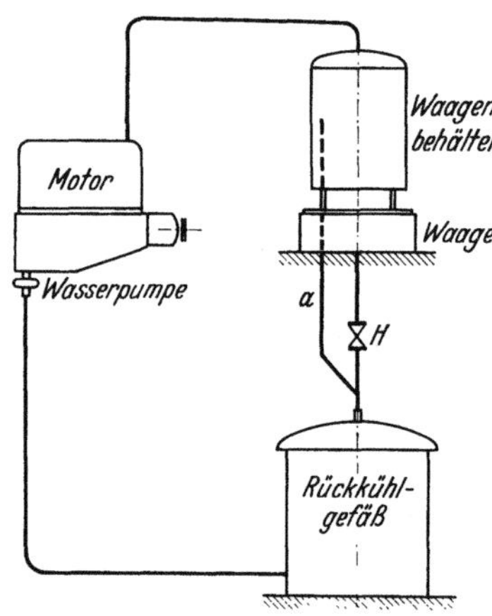


Abb. 292. Kühlwassermessung. *H* Rohrschalter; *a* Leitung.

genaueren Ergebnisse, die Durchflußmesser dienen zunächst zur Betriebsüberwachung, ihre Anzeige kann jedoch bei gut gehenden Geräten zur Aufnahme in die Prüfergebnisse verwendet werden.

### a) Gewichtsmäßige Kühlmittelmessung.

Das Kühlmittel füllt nach Schließen des Schnellschlußhahns ein auf einer Tafelwaage stehendes Gefäß (Abb. 291), dessen Gewicht etwas überausgeglichen ist. Beim Durchgehen der Waage durch die Nullage wird die Stoppuhr in Gang gesetzt. Dann wird das Zusatzgewicht (z. B. 10 kg) aufgelegt und beim zweiten Durchgang der Waage durch die Gleichgewichtslage die Stoppuhr stillgesetzt. Die in der Zeiteinheit durchgeflossene Kühlmittelmenge kann aus dem Auflagegewicht und der ermittelten Zeit errechnet werden. Nach Beendigung der Messung wird der

Inhalt des Wiegegefäßes in den darunterstehenden Zwischenbehälter, der als Ausgleichbehälter dient, abgelassen.

Diese etwas umständliche, aber genaue Messung kann durch die in Abb. 292 dargestellte Einrichtung, die selbsttätig arbeitet, vervollkommnet werden, bei der die Waage beim Durchgehen durch die beiden Meßpunkte die Stoppuhr elektrisch steuert.

Das Kühlmittel fließt vom Motor über den Wiegebehälter unmittelbar zum Rückkühlgefäß, wenn der Rohrschalter *H* offen ist. Zum Zweck der Messung wird dieser geschlossen. Das Wasser füllt nun den Wiegebehälter. Nach einer Anlaufzeit von ~ 10 s folgt die Meßzeit mit einer der Fördermenge entsprechenden Dauer von 1 bis 15 min und die Nachlaufzeit mit 10 s, nach der der Rohrschalter *H* wieder geöffnet wird.

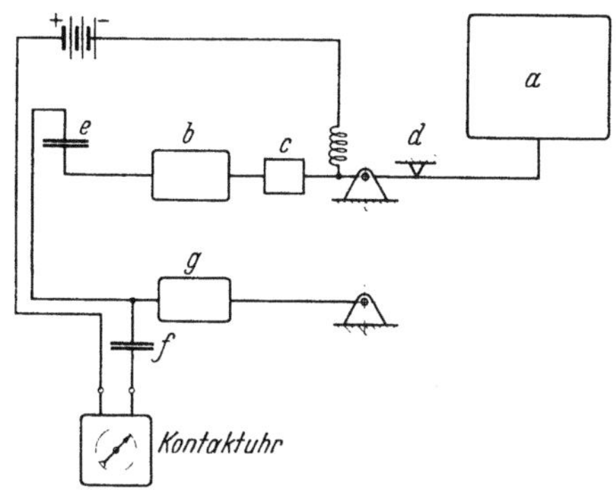


Abb. 293. Schaltbild zur Zeitmessung der umlaufenden Kühlmittelmenge durch die Waage.
*a* Waagenbehälter; *b* Gewicht; *c* Gewicht; *d* Stütze, *e* Kontakt; *f* Kontakt; *g* Gewicht.

Die Dauer der Meßzeit wird mit der elektrischen Uhr aufgenommen. Das Ein- und Ausschalten der Uhr geschieht durch die Waage wie Abb. 293 zeigt. Das Gewicht *b* hält dem Waagenbehälter *a* das Gleichgewicht. Das Gewicht *c* dient zur Begrenzung der Anlaufzeit, es wird so eingestellt, daß es von einer Kühlmittelmenge, die in etwa 10 s Anlaufzeit einläuft, gehoben wird. Solange der Waagenbehälter leer ist, liegt der Waagebalken an der Stütze *d* an. Wenn die Anlaufmenge in den Waagenbehälter geflossen ist, hebt sich der linke Waagearm und schließt den Kontakt *e*. Dadurch wird ein Stromkreis, der über eine Batterie und die Stoppuhr führt, geschlossen. Ist so viel Wasser in den Behälter geflossen, daß über das Gestänge, das auch den Kontakt *e* bildet, das Gewicht *g* auf dem unteren Waagearm angehoben wird, so wird die Kontaktstelle *f* geöffnet und die Stoppuhr stillgesetzt. Das Gewicht *g* entspricht dem Gewicht der in der Meßzeit zugeflossenen Kühlmittelmenge. Es kann laufgewichtsartig verstellt und damit an die Kühlmittelmenge der Motoren angepaßt werden.

### b) Volumetrische Kühlmittelmessung.

Die Anordnung des Kühlers, der Zwischengefäße und Leitungen ist etwa die gleiche wie bei der Gewichtsmessung. An die Stelle des auf der Waage stehenden Wiegegefäßes tritt ein nach Inhalt geeichter Meßbehälter nach Abb. 294. Die Beobachtung des Wasserspiegels erfolgt in einem Schauglas, an dem die Eichmarken angebracht sind. Nach Betätigung des Hahns *H* wird der Durchgang durch die Meßmarken (z. B. 0 und 10 l) gestoppt.

Die bei der volumetrischen Messung nötigen Berichtigungsmaßnahmen sind auf S. 34 angeführt.

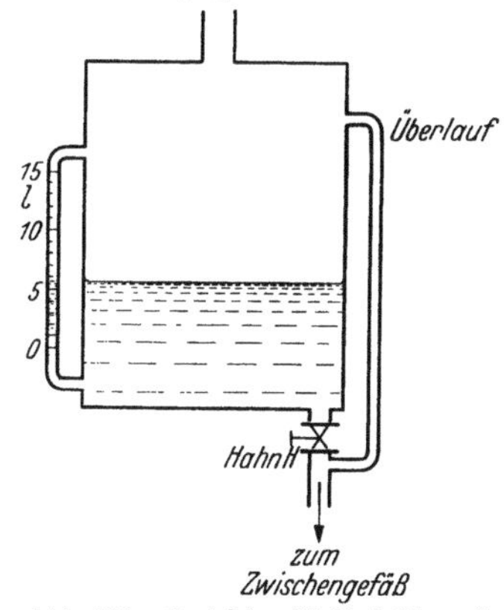


Abb. 294. Geeichter Meßbehälter als Kühler.

### c) Durchflußmengenmessung des Kühlmittels.

Die zur Überwachung von Betrieben angewandten Durchflußmesser, wie Druckunterschiedmeßgeräte, Schwimmermesser, Voltmannzähler, Trommelmesser, Kolbenmesser, Kapselmesser und Scheibenzähler, sind für die Feststellung der Kühlmittelumlaufmenge an Motorenprüfständen im allgemeinen nicht hinreichend genau.

Die Abweichungen betragen bei den Geräten mit weniger hoher Meßgenauigkeit $\pm 1{,}5$ bis 2% des Sollwertes. Das ist nur zulässig, wenn es sich um die Überwachung des Dauerbetriebes von Motoren handelt.

Lediglich die Scheibenmesser und die Trommelzähler erreichen Genauigkeitswerte, die innerhalb 1% des Sollwertes liegen und können deshalb für technische Messungen benützt werden.

Die **Scheibenmesser** (Abb. 295) werden für Flüssigkeitsmengen bis 85 $m^3/h$ und für Temperaturen bis 150° C gebaut.

Die Taumelscheibe *a* ist in einer Kugel *b* gelagert. Der Führungsstift *c* wälzt sich am Kegelmantel *d* ab. Die Meßkammer *e* hat zwei nebeneinander liegende, schlitzartige Öffnungen für den Ein- und Austritt der Flüssigkeit. Die erste Öffnung, die dem Zufluß dient, ist im unteren Teil der Meßkammer und die zweite für den Abfluß im oberen Teil angebracht. Zwischen den Öffnungen befindet sich eine radiale Trennwand *f*, die in den in der Meßscheibe angebrachten

Schlitz eingreift und die Meßscheibe so führt, daß sie sich nicht um ihre Achse drehen kann, sondern sich unter dem Einströmdruck der Flüssigkeit auf der Meßkammerwandung abwälzt. Der Schlitz in der Taumelscheibe ist so gestaltet, daß die Taumelbewegung um $d$ nicht gehindert ist. Die Meßscheibe steuert die Öffnungen der Meßkammern derart, daß fortlaufend eine bestimmte Flüssigkeitsmenge in die Kammer hineingelassen, gegen den Flüssigkeitsstrom abgeschlossen, im Kreise um den Mittelpunkt der Meßkammer herumgeführt und zur Austrittsöffnung geleitet wird. Wenn zwischen Scheibe und Kammerwandungen innen dichter Abschluß besteht,

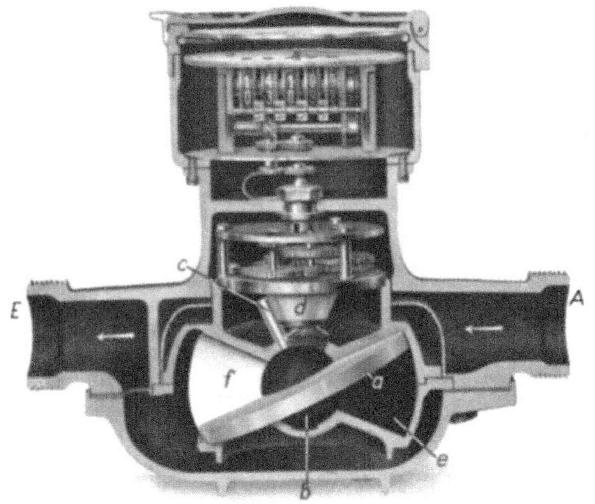


Abb. 295. Siemens-Scheibenzähler (Schnitt) (*29*).
*a* Taumelscheibe; *b* Kugel; *c* Führungsstift; *d* Kegelmantel; *e* Meßkammer; *f* Trennwand.

Abb. 296. Siemens-Scheibenzähler mit rückstellbarem Zeigerwerk (*30*).

kann keine Flüssigkeit die Meßkammer ungemessen durchfließen. Eine einmalige Abwälzung der Scheibe (Abwälzwinkel 360°) entspricht dem Nutzinhalt der Meßkammer. Bei jeder Umdrehung der Taumelscheibe wird über Mitnehmerstifte am Kegel $d$ das Räderwerk in Bewegung gesetzt. Letzteres treibt einen Zähler und ein Zeigerwerk, das auf Liter oder Kubikmeter geeicht ist.

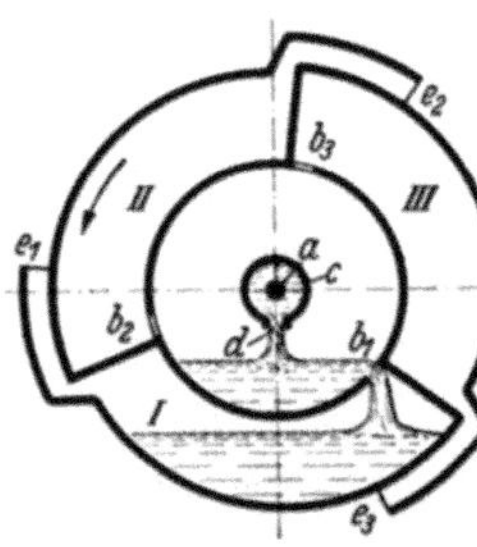


Abb. 297.
Siemens-Trommelzähler (*31*).
*a* Achse; $b_1$, $b_2$, $b_3$ Verbindungsöffnung mit den Trommelkammern *I, II, III*; *c* Zuleitungsrohr; *d* Abflußöffnung; $e_1$, $e_2$, $e_3$ Spaltöffnung zwischen dem Trommelzähler und dem Auffanggerät.

Abb. 296 zeigt die Außenansicht eines Scheibenmessers. Die am Meßkopf sichtbare Randelschraube dient zur Rückstellung des Zeigerwerkes nach Beendigung der Messung.

Die **Trommelzähler** bestehen aus einer um die Achse $a$ (Abb. 297) drehbaren Meßtrommel mit einem Innenzylinder. Der Innenzylinder ist durch die Öffnungen $b_1$, $b_2$, $b_3$ mit den Trommelkammern *I, II, III* räumlich verbunden. Um die Achse $a$ ist das feststehende Zuleitungsrohr mit der ständig nach unten gerichteten Abflußöffnung $d$ gelegt. Durch die Spalten $e_1$, $e_2$, $e_3$ stehen die Trommelkammern *I, II, III* mit dem Auffanggefäß und der freien Luft in Verbindung.

In der gezeichneten Lage tritt die zu messende Flüssigkeit aus der Abflußöffnung $d$ in den Innenzylinder ein und gelangt durch die Öffnung $b_1$ in die Kammer *I* der Trommel, die sich mit Flüssigkeit füllt. Die Trommel dreht sich zunächst nicht, da die Kammer *I* sich senkrecht unter der Achsmitte befindet. Ist sie vollständig gefüllt, so tritt die Flüssigkeit durch die Öffnung $b_2$ in die Kammer *II* und füllt auch diese allmählich. Dadurch verlagert sich der Schwerpunkt nach links, die Trommel beginnt sich in der Pfeilrichtung zu drehen. Hierbei wird die Trommelkammer *I* durch den Ausfluß $e_1$ entleert. An die Stelle der Kammer *I* ist jetzt die Kammer *II* getreten und der Vorgang wiederholt sich. Jede Umdrehung entspricht also dem Meßinhalt von 3 Kammern.

Die Bewegung der Trommel wird auf ein Zählwerk übertragen, an dem die durch das Gerät gegangene Flüssigkeitsmenge abgelesen werden kann. Eine elektrische Einrichtung gestattet die Fernübertragung des Standes des Zählwerkes.

Der untere Teil des Meßtrommelgehäuses (Trog) (s. auch Abb. 298), enthält die Ein- und Auslaufstutze, mit Flanschen zum Anschluß der Rohrleitung versehen sind. An der

Außenseite befindet sich das Zählwerk. Der Gehäuseoberteil (Haube) dient zum Abschluß des Meßgerätes gegen äußere Einwirkungen und zum Schutze gegen Verdunstungsverluste.

Der Einbau des Trommelzählers in die Kühlmittelringleitung muß an einer Stelle erfolgen, an der die Flüssigkeit ohne Gegendruck ausfließen kann.

Die Meßgenauigkeit der Trommelzähler beträgt bei Berücksichtigung des jeweiligen verhältigen Gewichtes $\pm 0{,}2$ bis $\pm 1$ vH, ist also innerhalb der Grenzen, die auch bei gewichtsmäßiger Mengenmessung durch Stichprobe eingehalten werden können. Die Leistung geht bis 12 $m^3/h$, genügt also für größere Fahrzeugmotoren.

Abb. 298. Siemens-Trommelzähler.

## IV. Frischwasserzusatzkühlung.

In Fällen, in denen ein Kühlgebläse oder ein besonderer Kühler nicht vorhanden ist, wird von der Möglichkeit der Rückkühlung des Kühlwassers durch Zusatz von Frischwasser Gebrauch gemacht.

In den meisten Fällen, insbesondere beim Prüfen von Fahrzeugen auf dem Rollfeld, genügt das Einführen von Frischwasser durch die Kühlerverschraubung (Abb. 299). Das überschüssige Wasser läuft durch das am Kühler vorhandene Überlaufrohr ab. Das das Frischwasser zuführende

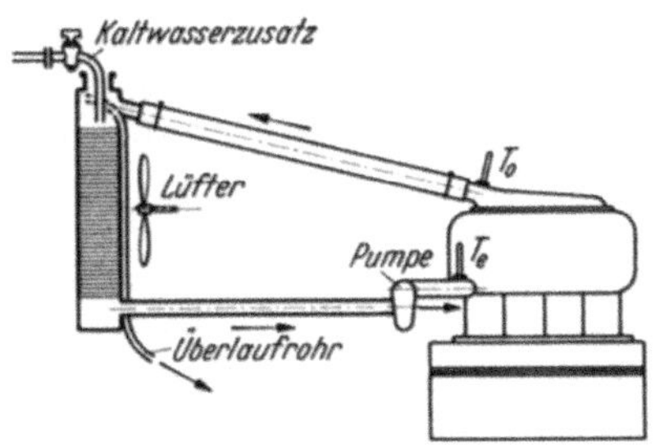


Abb. 299. Wärmeumlaufwasserkühlung ohne Wasserpumpe mit Frischwasserzusatz.

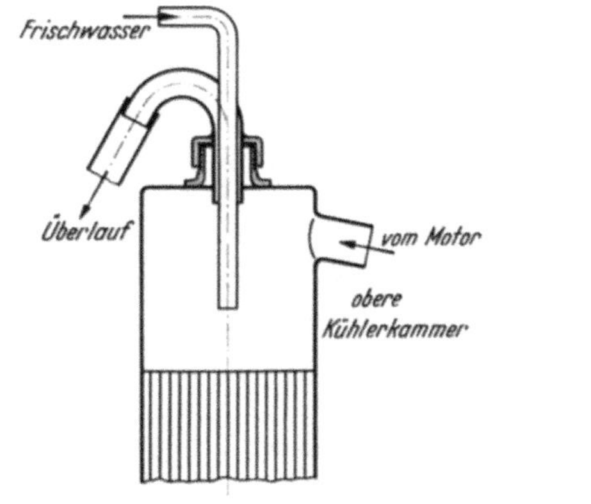


Abb. 300. Führungsstück für Kühlwasserzu- und -ablauf.

Rohr muß möglichst weit in den oberen Teil des Kühlers eingeführt sein, damit nicht ein wesentlicher Teil des Frischwassers durch das Überlaufrohr unmittelbar abfließt.

Für Fälle, in denen das Überlaufrohr nicht ausreicht, das überschüssige Wasser abzuführen, bedient man sich eines Sonderzuführungsstückes für das Kühlwasser nach Abb. 300. Zweckmäßig ist es, die Rohre in die Kühlwasserverschraubung einzulöten.

Eine an Motorenprüfständen häufig angewandte Vorrichtung für Frischwasserkühlung zeigt Abb. 301. Das vom Motor mit der Temperatur $T_2$ ankommende Kühlwasser wird im Mischbehälter $A$ durch das Frischwasser, das die Temperatur $T_3$ besitzt, rückgekühlt und fließt mit der Temperatur $T_1$ dem Motor wieder zu. Bei $u$ befindet sich ein Überlaufbehälter, durch den das überschüssige Wasser abgeführt wird. In dem Mischbehälter $A$ ist eine Zunge $Z$ eingebaut, die verhindert, daß das Frischwasser ohne hinreichende Vermischung mit dem Motorwasser überläuft, was zu ungleichmäßigen Temperaturen und damit zu schlechten Meßergebnissen führen könnte. Unter dem Überlaufbehälter ist ein Meßbehälter $B$ angebaut, dessen Inhalt geeicht ist. Die Eichmarken

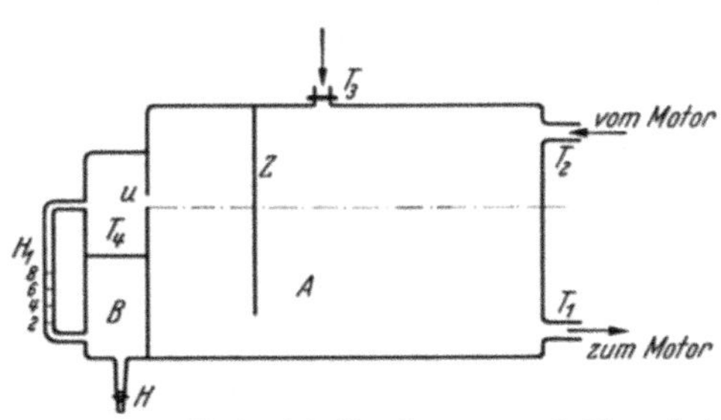


Abb. 301. Mischgefäß für Zusatzwasserkühlung mit angebauter Mengenmeßvorrichtung.
$A$ Mischbehälter; $B$ Meßbehälter; $H$ Absperrhahn; $T_1$, $T_2$, $T_3$, $T_4$ Temperaturen; $u$ Überlaufbehälter; $Z$ Zunge.

sind an einem Schaurohr angebracht und gestatten bei Schließen des Absperrhahns $H$ die volumetrische Feststellung der zeitlichen Überlaufmenge unter Zuhilfenahme einer Stoppuhr. Auch eine gewichtsmäßige Ermittlung der Überlaufmenge kann mit dieser Einrichtung in der auf S. 32 u. 33 beschriebenen Weise unter Zuhilfenahme einer Tafelwaage erfolgen (Abb. 302).

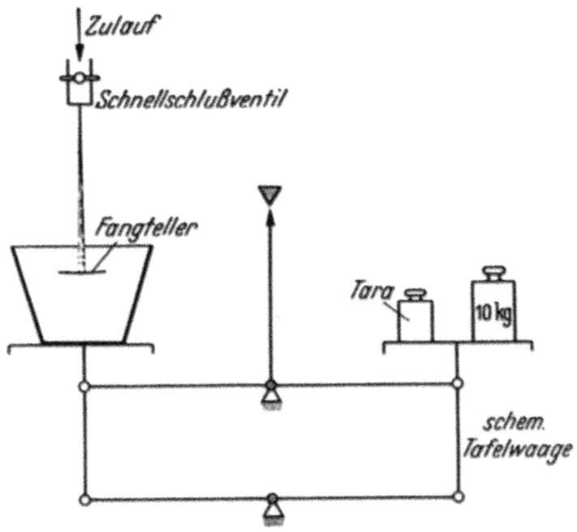


Abb. 302. Gewichtsmäßige Bestimmung der Kühlwassermenge mittels einfacher Tafelwaage.

Die durch das Kühlwasser vom Motor abgeführte Wärmemenge ist, wenn die Oberflächenkühlung des Mischbehälters vernachlässigt wird, gleich der Überlaufwärmemenge. Diese bestimmt man aus der Überlaufmenge nach Gewicht und dem Temperaturgefälle zwischen Überlauf und Frischwasser.

## V. Einfluß des Temperaturgefälles des Kühlmittels auf die Wärmemengenbestimmung.

Das Temperaturgefälle des Kühlmittels zwischen Ein- und Austritt am Motor soll zur Vermeidung von Wärmespannungen im Motorblock möglichst niedrig sein. Im allgemeinen wird mit einem Temperaturgefälle von 4—10° C gerechnet, womit sich bei festliegender abzuführender Wärmemenge der in der Zeiteinheit notwendige Kühlwasserdurchfluß ergibt.

Bei einem Motor von 50 PS Leistung beträgt z. B. die Umlaufmenge rund 5000 l/h, was bei einem Temperaturgefälle von 6° C $5000 \cdot 6 = 30000$ cal/h ergibt.

Abb. 303. Meßtafel für Temperaturdifferenzen, Absoluttemperaturen und Kühlmittelmengen (S & H).

Bei seiner kleinen Größe ist die genaue Feststellung des Temperaturgefälles von starkem Einfluß auf das Meßergebnis. Bei Verwendung von einfachen Quecksilberthermometern am Ein- und Austrittsstutzen des Motors, bei der jede Temperatur für sich abgelesen und der Unterschied aus den beiden Ablesungen gebildet wird, können die Ablesfehler bedeutend werden. Der Fehlerbereich $\pm {}^1/_2$° C liefert im obigen Beispiel eine Meßabweichung von $\pm 2500$ cal/h, das sind $\pm 8{,}5$%. Durch Verwendung hochwertiger Thermometer, die eine Ablesemöglichkeit von ${}^1/_{10}$° C aufweisen, könnten diese Fehler zwar vermieden werden, doch bringt die Verwendung von Quecksilberthermometern, die mit Rücksicht auf mechanische Beanspruchung in Metallhülsen gebettet werden müssen, Anzeigefehler durch örtliche Wärmeableitung und Strahlung, insbesondere unter dem Einfluß des Kühlergebläsewindes. Die Thermometerhülsen und Verschraubungen sind daher gegen Wärmeaustausch möglichst zu schützen.

Gute Meßergebnisse werden mit elektrischen Temperaturmeßgeräten erzielt, da hier der Temperaturunterschied unmittelbar erfaßt werden kann.

Abb. 303 zeigt eine Schalttafel mit Temperaturanzeigegerät, das mit Kippschalter wahlweise auf das Temperaturgefälle 0—20° C für Wasserkühlung oder 20—60° C für Ölkühlung und auf die Ablesung der Kühlmittelaustrittstemperatur 0—150° C geschaltet wird; beim Meßbereich für Temperaturunterschiede bis 20° C ist Ablesung auf ${}^1/_{10}$° C Unterschied möglich. Das eingebaute Kühlmittelmengenmeßwerk wird vom Zählwerk eines Trommelzählers (s. S. 126) gesteuert.

# 8. Temperaturmessungen.

Bei Messungen der Temperatur im Fahrzeug- und Motorenversuchsbetrieb werden Flüssigkeitsthermometer, elektrische Widerstandsthermometer und Thermoelemente benützt. Für Sonderzwecke gelangen zur Zeit besondere Meßeinrichtungen zur Anwendung. Für Temperaturen zwischen $-40°$ C und $+200°$ C dienen die Flüssigkeits- oder elektrischen Widerstandsthermometer, bei Temperaturen zwischen 100° C und 2000° C werden Thermoelemente oder Sondereinrichtungen verwendet.

## I. Flüssigkeitsthermometer.

Die Flüssigkeitsthermometer sind Ausdehnungsthermometer, die man je nach Anwendungsgebiet und Temperaturgrenzen mit

| | | | |
|---|---|---|---|
| Quecksilber für . . . | $-39°$ bis | $+500°$ C, | |
| mit Alkohol für . . | $-40°$ bis | $+50°$ C, | |
| mit Toluol für . . . | $-70°$ bis | $+110°$ C | und |
| mit Pentan für . . | $-120°$ bis | $+20°$ C | |

füllen kann.

Der Aufbau des Ausdehnungsthermometers in Kugel und Faden mit Zahlenleiter ist im wesentlichen für alle Flüssigkeitsthermometer gleich. Die Thermometer bestehen im allgemeinen aus dem am eingeschmolzenen roten Streifen kenntlichen Jenaer Glas 16 III, das sich durch kleine thermische Nachwirkungen auszeichnet.

Die Angabe der Ausdehnungsthermometer ist von ihrer Eintauchtiefe, d. h. von der Abweichung der Temperatur des Quecksilberfadens von der der Kugel abhängig. Die Eichung erfolgt im allgemeinen bei voll eingetauchtem Thermometer, weshalb die Thermometer auch voll eingetaucht angewendet werden sollten. Da dies meistens nicht möglich ist, muß der Einbau zweckdienlich, z. B. in Rohrleitungen an Kniestücken, die weites Eintauchen ermöglichen, vorgenommen werden. Für den herausragenden Faden muß man bei genauen Messungen nach der Ablesung neben der Eichkorrektion des Gerätes noch die **Fadenkorrektion** anbringen.

Ist $\alpha$ die Ausdehnungszahl des Quecksilbers, so dehnt sich der Faden von 1 cm Länge um die Länge $\alpha \cdot t°$. Dabei muß man, weil die Gradleiter selbst sich ausdehnt, mit $\alpha$ die scheinbare Ausdehnungszahl des Quecksilbers in Glas einführen. Für Jenaer Glas 16 III und Quecksilber ist $\alpha = 1/6300$.

Ist $t_0$ der Ablesewert am Thermometer, während der um $n$ cm, bzw. $n$ Grad, wenn $1° = 1$ cm ist, herausragende Faden die Temperatur $t_f$ hat, so ist die wahre Temperatur der Thermometerkugel

$$t = t_0 + \frac{n\,(t - t_f)}{6300},$$

oder auch weil $t$ von $t_0$ nicht viel verschieden ist, $t$ aber erst gesucht wird:

$$t = t_0 + \Delta t \approx t_0 + \frac{n\,(t_0 - t_f)}{6300}$$

$\Delta t$ ist die Fadenkorrektion.

Für Toluol und Pentan ist die Fadenkorrektion 8mal größer als für Quecksilber, also

$$\Delta t = \frac{n\,(t_0 - t_f)}{800}\ °\mathrm{C}.$$

Die Fadentemperatur $t_f$ mißt man durch ein Hilfsthermometer, dessen Kugel in halber Höhe des Fadens hängt.

Bei Benützung von Quecksilberthermometern zur Feststellung der Kühlmittel-, Ein- und Austrittstemperatur am Motor entsteht durch Nichtbeobachten der Fadentemperatur, infolge des an beiden Thermometern allerdings gleichsinnig gerichteten Fehlers etwa folgender Gesamtfehler.

Die Eintrittstemperatur des Wassers kann z. B. mit 80° C und die Austrittstemperatur mit 86° C genau abgelesen werden. Im Raum herrscht die Temperatur 20° C. Das sei auch die Temperatur der Fäden, die von $+40°$ C an herausragen. Die Fadenberichtigung ergibt sich damit beim Einlauf zu

$$t_e = 80 + \frac{(40) \cdot (80 - 20)}{6300} = 80{,}38°$$

und beim Auslauf zu

$$t_a = 86 + \frac{46 \cdot (86 - 20)}{6300} = 86{,}48°.$$

Der Temperaturunterschied der Thermometerkugeln ergibt sich damit zu

$$86{,}48 - 80{,}38 = 6{,}1°.$$

Bei einer stündlichen Wasserumlaufmenge von 5000 l/h ist die in dieser Zeit abgeführte Wärmemenge ohne Berichtigung

$$Q = 5000 \cdot 6 = 30\,000 \text{ cal/h}$$

und mit der Berichtigung

$$Q = 5000 \cdot 6{,}1 = 30\,500 \text{ cal/h}.$$

Die Abweichung beträgt somit 1,6%.

*Fernthermometer* werden hauptsächlich zur Anzeige von Kühlwasser- und Öltemperaturen verwendet (Abb. 304). Ein Rohr (Wärmefühler), das in den Kühler, den Kühlwasserschlauch oder das Kurbelgehäuse eingesetzt werden kann, ist mittels einer druckfesten, biegsamen Leitung mit einem Manometer verbunden. Das Rohr samt Leitung ist mit einer Flüssigkeit gefüllt, die sich mit der Temperatur sehr stark ausdehnt und das Manometer zur Anzeige bringt.

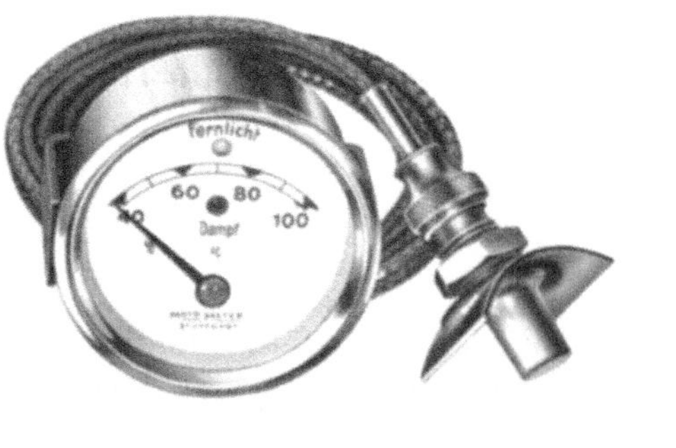


Abb. 304. Fernthermometer (Motometer-G. m. b. H., Stuttgart).

## II. Elektrische Thermometer.

### a) Die Widerstandsthermometer

benützen zur Temperaturmessung die Erscheinung, daß der elektrische Widerstand der meisten Metalle mit der Temperatur zunimmt. Das Thermometer enthält einen Widerstandsdraht (z. B. Platin), der mit Rücksicht auf mechanische Beanspruchungen in eine geeignete Hülle gekleidet ist. Abb. 305 zeigt 2 verschieden große Ausführungen eines Widerstandsthermometers. Die größere besitzt das übliche Zündkerzengewinde und

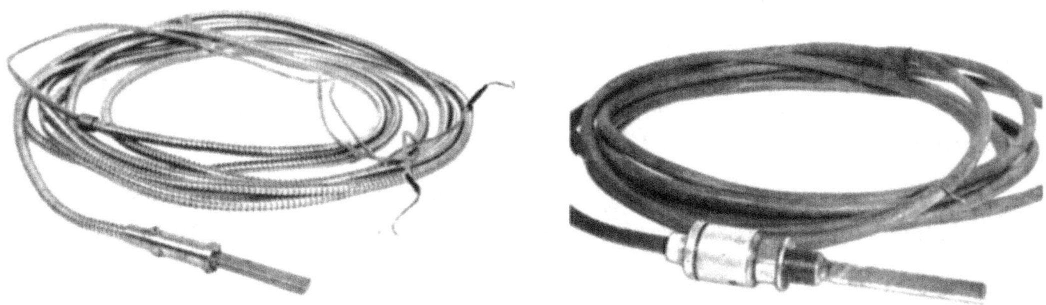

a b

Abb. 305 a und b. Platin-Widerstandsthermometer mit eingelöteter, in ihrem Widerstand geeichter Zuleitung.

wird an leicht zugänglichen Stellen verwandt. Die kleinere dient zum Messen in engen Rohrleitungen. In beiden Fällen sind mit Rücksicht auf den Einfluß der Übergangs- und der Zuleitungswiderstände die Längen der Anschlußleitungen genau festgelegt.

Die Temperatur, also die Änderung des Widerstandes beim Erwärmen, wird in Verbindung

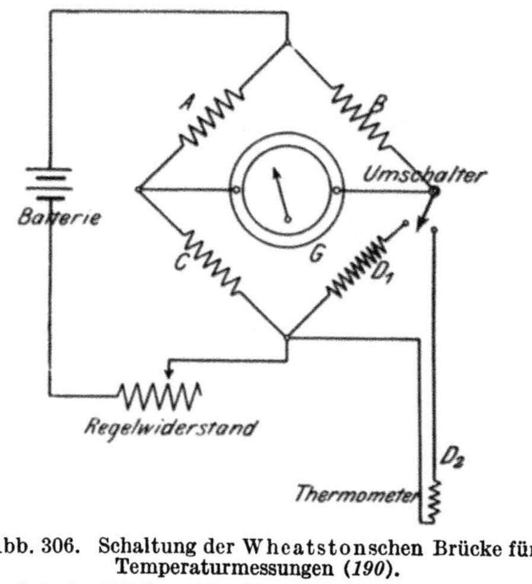


Abb. 306. Schaltung der Wheatstonschen Brücke für Temperaturmessungen (*190*).

*A*, *B*, *C* feste Brückenwiderstände; $D_1$ Hilfswiderstand zum Abgleich; $D_2$ Thermometer.

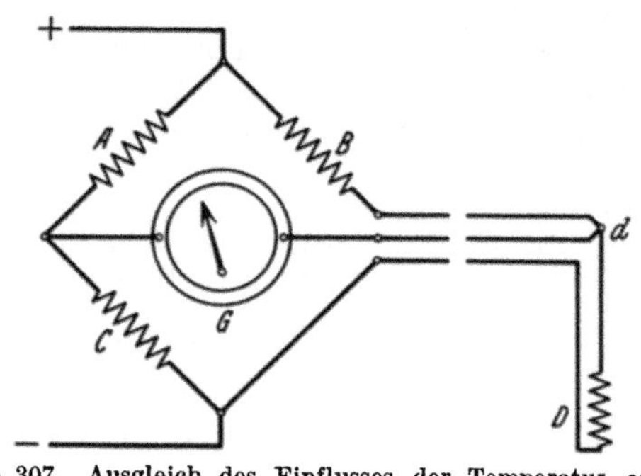


Abb. 307. Ausgleich des Einflusses der Temperatur auf die Zuleitungen zum Thermometer *D* durch Verlegen des Brückeneckpunktes (*190*).

*A*, *B*, *C* Brückenwiderstände; *D* Thermometer; *d* nach der Meßstelle verlegter Brückeneckpunkt; *G* Galvanometer.

mit einer Wheatstonschen Brücke gemessen (Abb. 306), die aus 4 Widerständen *A*, *B*, *C*, *D* besteht. Die Brücke ist abgeglichen, also das Galvanometer stromlos, wenn

$$\frac{A}{B} = \frac{C}{D}$$

ist.

Läßt man die Widerstände $A$, $B$, $C$ unverändert, so kann aus dem Ausschlag des Galvanometers auf den Widerstand $D_2$ und damit auf die Temperatur bei $D_2$ geschlossen werden, wenn vor der Temperaturerhöhung die Brücke stromlos abgeglichen war.

Um die Brücke entsprechend der angelegten Spannung jeweils vor Benützung abgleichen zu können, schaltet man durch den Umschalter den Hilfswiderstand $D_1$ in den 4. Zweig der Brückenanordnung. Der Regelwiderstand wird dann so lange verdreht, bis das Galvanometer auf die Normalmarke zeigt. Dann wird mittels des Umschalters das Thermometer $D_2$ an Stelle von $D_1$ eingeschaltet.

Ist das Thermometer weit ab vom Brückenviereck, so ändern die Fernleitungen mit wechselnder Temperatur ihren Widerstand, während in den anderen 3 Zweigen dieser Einfluß fehlt. Durch Schaltung nach Abb. 307 kann der Temperatureinfluß auf die Zuleitungen vermieden werden.

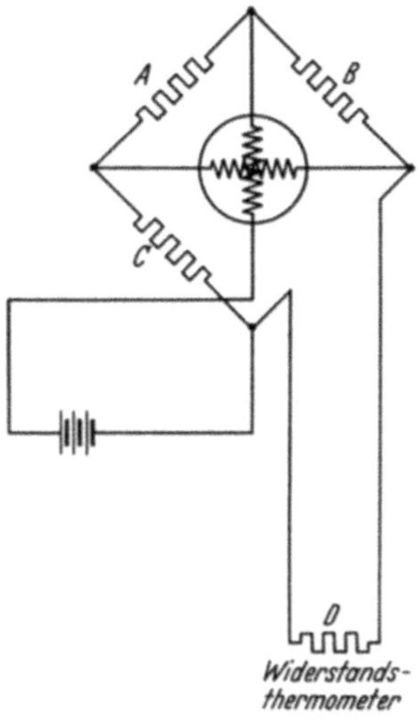


Abb. 308. Spannungsunabhängige Temperaturmessung mit Brückenkreuzspulinstrument (S & H). $A$, $B$, $C$ Brückenwiderstände; $D$ Widerstandsthermometer.

Um von der Batteriespannung unabhängig zu sein, verwendet man Brückenkreuzspulmeßwerke. Durch eine besondere Richtspule (Abb. 308) wird eine elektrische Richtkraft erzeugt, die zur Hauptspule in einem bestimmten Winkel angeordnet ist. Die Richtspule liegt in Reihe mit der Batterie, die Hauptspule im Diagonalzweig der Brücke, die von dem veränderlichen Widerstand und von temperaturunabhängigen Widerständen gebildet wird. Der Zeigerausschlag ist also abhängig vom Verhältnis der Spulenströme und damit unabhängig von der Spannung der Stromquelle. Abb. 309 zeigt die Schnittansicht eines Brückenkreuzspulmeßwerkes mit Haupt- und Richtspule.

Die Aufgabe, den Temperaturunterschied unabhängig (*71*) von der Lage der Durchschnittstemperatur zu messen, erfordert bei Widerstandsthermometern besondere Vorkehrungen, insbesondere Schaltungen, die von der Temperaturlage unabhängig machen.

Zu diesem Zweck werden neben den beiden normalen Widerständen $r_1$ und $r_2$ (Abb. 310) noch 2 weitere, den Temperaturen $t_1$ und $t_2$ ebenfalls ausgesetzte Thermometerwiderstände $w_1$ und $w_2$ (Korrektionsthermometer) vorgesehen und parallel zu den beiden Meßspulen geschaltet.

Steigt nun die Temperaturlage, so steigt auch die Größe des parallel zu den

Abb. 309. Brückenkreuzspulmeßwerk mit Haupt- und Richtspule (S & H).

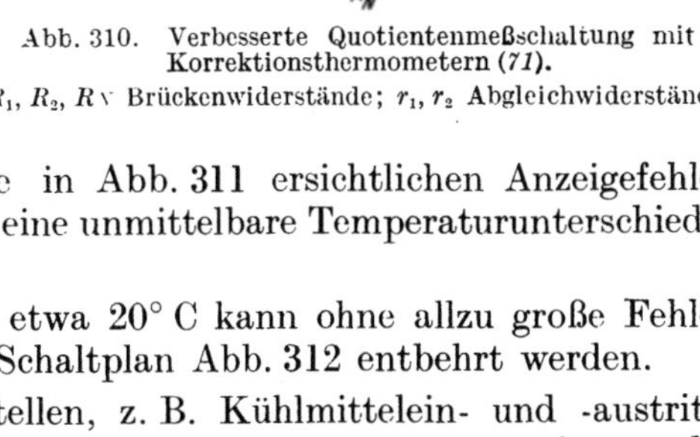


Abb. 310. Verbesserte Quotientenmeßschaltung mit Korrektionsthermometern (*71*). $R_1$, $R_2$, $R_N$ Brückenwiderstände; $r_1$, $r_2$ Abgleichwiderstände.

Meßspulen geschalteten Widerstandes, wodurch die in Abb. 311 ersichtlichen Anzeigefehler ausgeglichen werden. Mit dieser Anordnung ist dann eine unmittelbare Temperaturunterschiedsmessung möglich.

Bei Messung kleiner Temperaturunterschiede bis etwa 20° C kann ohne allzu große Fehler eines der beiden Berichtigungsthermometer gemäß Schaltplan Abb. 312 entbehrt werden.

Sind im Prüfbetrieb mehrere gleichartige Meßstellen, z. B. Kühlmittelein- und -austritt, Kühlertemperatur, Ölein- und -austrittstemperatur zu überwachen, so genügt es meistens, die Messungen mit einer Einrichtung, wie sie in Abb. 313 dargestellt ist, nacheinander abzulesen.

Das Gerät enthält Brückenschaltung, Stromquelle und Meßstellenumschalter sowie einen Kippschalter zur Umstellung zwischen zwei Meßbereichen (0—120 und 120—240°). Die Einstellung der Brücke, die nach Abb. 306 geschaltet ist, erfolgt vor der Messung durch Drehen des Regelwiderstandes und Einstellen des Zeigers auf eine auf dem Zifferblatt angebrachte Eichmarke.

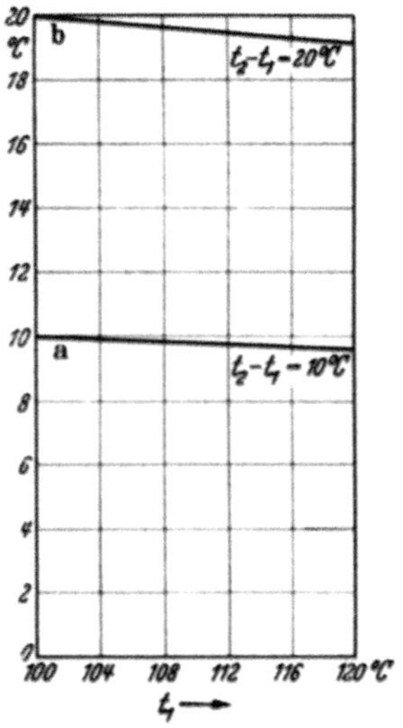


Abb. 311. Angezeigte Temperaturdifferenz $t_2-t_1$ in Abhängigkeit von der Temperaturlage bei einer Brückenanordnung mit günstig gewählten Widerstandsverhältnissen (Temperaturmeßbereich 0—20° C) (*71*).

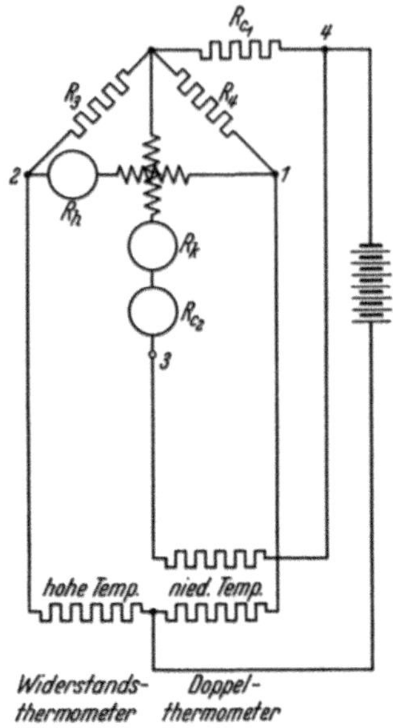


Abb. 312. Temperatur-Differenzmessung mit einem Korrektionsthermometer (S & H). $R_{c_1}$, $R_{c_2}$, $R_h$, $R_k$ Abgleichwiderstände; $R_3$, $R_4$ Brückenwiderstände.

## b) Thermoelemente.

Erhitzt man die Verbindungsstelle zweier miteinander verschweißter oder verlöteter Drähte aus verschiedenen Metallen oder Metallegierungen, so kann man an den kalten freien Enden eine elektromotorische Kraft in der Größenordnung von einigen Millivolt feststellen. Die Größe dieser Thermospannung ist abhängig von dem Temperaturunterschied zwischen der erhitzten Verbindungsstelle beider Drähte und deren kalten Enden sowie vom Werkstoff der Drähte.

Schließt man an ein solches Thermoelement ein Millivoltmeter unmittelbar oder über Kupferzuleitungen an (Abb. 314), so entstehen im allgemeinen drei Lötstellen, die warme Lötstelle $A$, die zur Messung der Temperatur $t_w$ benützt wird, und die kalten Lötstellen $B$ und $C$ an den Übergängen vom Thermoelement zu den Zuleitungsdrähten bzw. zu den Klemmen des Instrumentes, die die Temperatur $t_k$ besitzen mögen. Die im ganzen Thermoelement herrschende EMK ist dann abhängig von der Temperaturdifferenz $t_w - t_k = \Delta t$ und kann aus Eichkurven entnommen werden.

Abb. 313. Elektrisches Temperaturmeßgerät für Widerstandsthermometer mit eingebauter Meßbrücke, Stromquelle und Meßstellenumschalter (S & H).

Bei den Messungen ist zu berücksichtigen, daß infolge des Widerstandes $R_{\mathrm{Th}}$ des Thermoelementes samt Zuleitungen ein Spannungsabfall entsteht und am Meßinstrument statt der EMK $E$ nur die Klemmenspannung

$$U_{\mathrm{abl}} = E - E \cdot \frac{R_{\mathrm{Th}}}{R_{\mathrm{Th}} + R_{\mathrm{Instr}}} = E \frac{R_{\mathrm{Instr}}}{R_{\mathrm{Th}} + R_{\mathrm{Instr}}}$$

abgelesen wird, wobei $R_{\mathrm{Instr}}$ den Widerstand des Meßinstrumentes bezeichnet.

Bei einer genauen Temperaturmessung ist also zu beachten, daß die elektromotorische Kraft

$$E = U_{\mathrm{abl}} \cdot \frac{R_{\mathrm{Th}} + R_{\mathrm{Instr}}}{R_{\mathrm{Instr}}} \text{ (mV)} \quad \text{ist.}$$

Aus der Eichkurve für das betreffende Thermoelement wird dann $\Delta t$ erhalten; die wahre Temperatur der warmen Lötstelle ist

$$t_w = t_k + \Delta t\,.$$

Als Anzeigeinstrumente werden meistens hochohmige Sonderausführungen verwendet ($R_{\mathrm{Instr}} = 200$—$600\ \Omega$); deshalb kann der Widerstand $R_{\mathrm{Th}}$ des Thermoelementes meist vernachlässigt werden. Hält man die Temperatur der kalten Lötstellen gleichbleibend auf 0° oder +20° C, so kann man das Gerät unmittelbar in Temperaturgrade ($t_{\mathrm{abl}}$) eichen, wobei der Nullpunkt des Gerätes ($t_0$) die Bezeichnung 0° bzw. 20° erhält. Abweichungen von diesen Annahmen können berücksichtigt werden nach der Formel

$$t_w = (t_{\mathrm{abl}} - t_0)\,\frac{R_{\mathrm{Th}} + R_{\mathrm{Instr}}}{R_{\mathrm{Instr}}} + t_k\,.$$

Für manche Fälle des Motorenversuchsbetriebes ist es zweckmäßig, die kalten Lötstellen $C$ und $B$ nach den Orten $B'$ und $C'$ bei gleicher Temperatur $t_k$ zu verlegen (Abb. 315). Die Verbindungsleitungen (Kompensationsleitungen) müssen aus gleichem Werkstoff wie das Thermoelement sein oder wenigstens gleiche thermoelektrische Eigenschaften besitzen. Damit ist die kalte Lötstelle $B$, $C$ in ihrer Wirkung nach $B'$ $C'$ verlegt. Für einwandfreie Messung muß nun $B'$ $C'$ auf gleichmäßiger Temperatur gehalten werden.

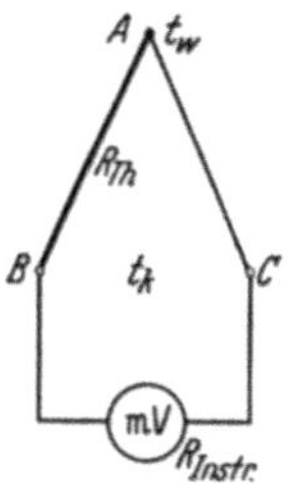


Abb. 314.
Temperaturmessung mit Thermoelement.
$A$ Lötstellen; $B$, $C$ Enden des Thermoelementes; $R_{Th}$ Widerstand des Thermoelementes; $t_w$ Temperatur an der Lötstelle; $t_k$ Temperatur an den Enden des Thermoelementes; mV Millivoltmeter; $R_{Instr}$ Instrumentenwiderstände.

Zur Messung der Thermospannungen dienen Drehspulmeßwerke. Zur Vermeidung von Reibung ist bei einer Ausführung (Abb. 316) die Meßspule zwischen Spanndrähten aufgehängt. Diese bilden zugleich die mechanische Richtkraft, die in stromlosem Zustand die Nullage bestimmt. Eine zweite Ausführung (Abb. 317) hat Spitzenlagerung, wobei das eine Lager durch eine Schraubenfeder leicht gegen die Spitze gedrückt wird.

Soll mit vielen Thermoelementen rasch nacheinander gemessen werden, so wird zweckmäßig ein Meßstellenumschalter oder eine Reihe Kipphebelumschalter benützt. Stehen die warmen Lötstellen mit dem Prüfkörper in metallischer Berührung, so muß der Meßstellenumschalter unbedingt zweipolig ausgeführt sein, denn wenn bei einpoligem Umschalter die einen Enden aller Thermoelemente miteinander verbunden und gemeinsam dem Instrument zugeführt werden, so werden durch Thermoelementdraht und Prüfkörper kurzgeschlossene Thermoelemente gebildet und die Messung mit den eigentlichen Thermoelementen wird durch die entstehenden Ausgleichströme empfindlich gestört.

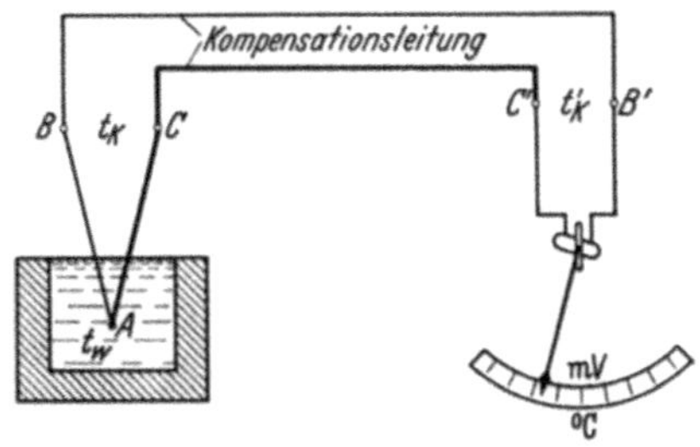


Abb. 315. Temperaturmessung mit Thermoelement (*49*).
$A$ Lötstelle; $B$, $C$ Enden des Thermoelementes; $B'$, $C'$ Klemmen an den Instrumenten; $t_k$ Temperatur an den Lötstellen; $t_w$ Temperatur an den Enden des Thermoelementes; $t_k'$ Temperatur an den Klemmen des Instrumentes; mV Millivoltmeter.

**Werkstoffe für Thermoelemente.** Aus der Zahl der möglichen Werkstoffzusammenstellungen für die thermoelektrische Spannungsreihe haben folgende Gruppen technische Bedeutung für das Motoren- und Fahrzeugversuchswesen:

| | | | |
|---|---|---|---|
| Kupferkonstantan | verwendbar bis etwa 800° C | Nickel-Nickelchrom bis etwa | 1200° C |
| Eisenkonstantan | | Platin-Platinrhodium bis etwa | 1600° C |
| Silberkonstantan | | Iridiumrhodium-Iridiumthorium bis etwa | 2000° C |
| Manganinkonstantan | | Nickel-Kohle bis etwa | 1400° C |
| Konstantan-Nickelchrom | bis etwa 1000° C | Kohle-Wolfram bis etwa | 2400° C |

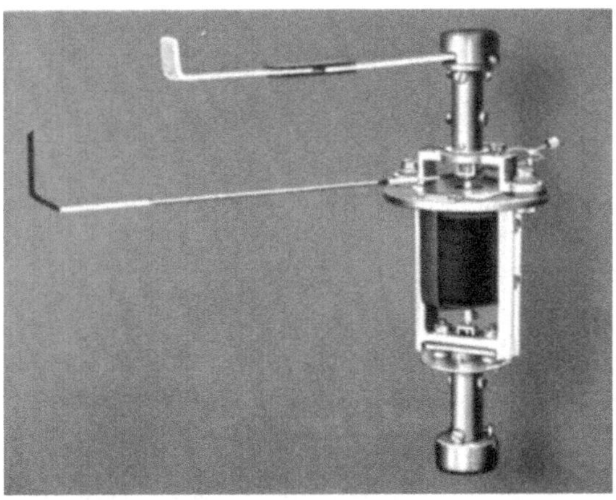

Abb. 316.
Drehspulmeßwerk mit Spanndrahtaufhängung (S & H) (*13*).

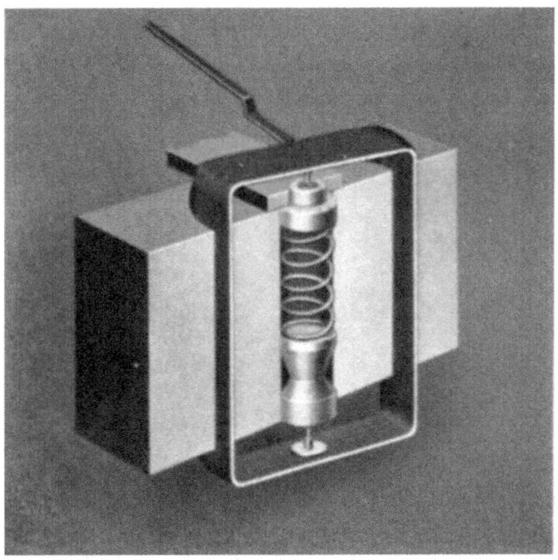

Abb. 317. Schnitt durch das Drehspulmeßwerk mit Innenspitzenlagerung (S & H).

Der Verlauf der Thermokräfte ist aus Abb. 318 zu entnehmen. Zu beachten ist, daß die Thermokräfte auch von dem Reinheitsgrad und dem Gefügezustand der Metalle abhängig sind; starke Zugkräfte in den Elementdrähten können auf das Gefüge einwirken und daher die Thermokräfte ändern, doch ist auf diese Erscheinung nur bei sehr feinen Messungen zu achten.

Thermoelemente aus Kupferkonstantan werden hauptsächlich zur Feststellung der Zylindertemperaturen und Kerzensitztemperaturen verwandt. Für Temperaturmessungen der Auspuffgase werden Nickel-Nickelchromelemente und zur Feststellung der Temperaturen im Verbrennungsraum Platin-Platinrhodiumelemente verwendet. Bei kleinen Drahtstärken eignen sich letztere in gewissen Grenzen auch zur Aufnahme des Temperaturverlaufes während der Verbrennung, doch ist ihr Abbrand nicht zu verhüten.

Niedrigere Temperaturen als 250—300° C werden mit Widerstandsthermometern erfaßt, weil die Thermokraft zu gering ist. Die **Eichung der Thermoelemente** erfolgt in elektrisch beheizten Öfen, etwa

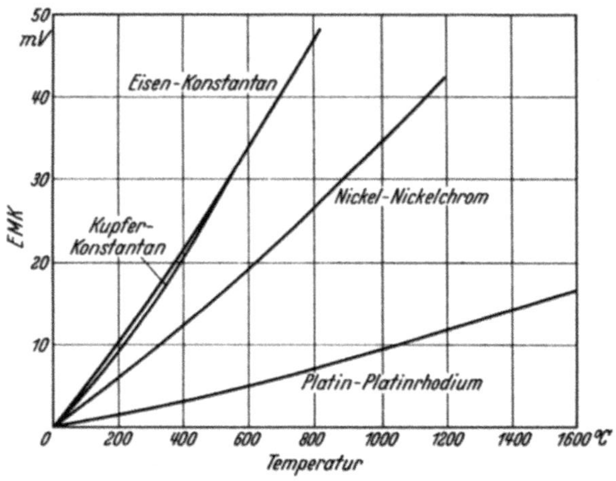


Abb. 318. Normaleichreihen für verschiedene Thermoelemente.
Die obenstehenden Kurven haben Gültigkeit bei einer Temperatur der kalten Enden von 0° C. Bei einer Temperatur der kalten Enden von + 20° C liegen die Werte bei Eisen-Konstantan um — 1,05 mV niedriger; Kupfer-Konstantan um — 0,80 mV niedriger; Nickel-Nickelchrom um — 0,60 mV niedriger; Platin-Platinrhodium um 0,11 mV niedriger.

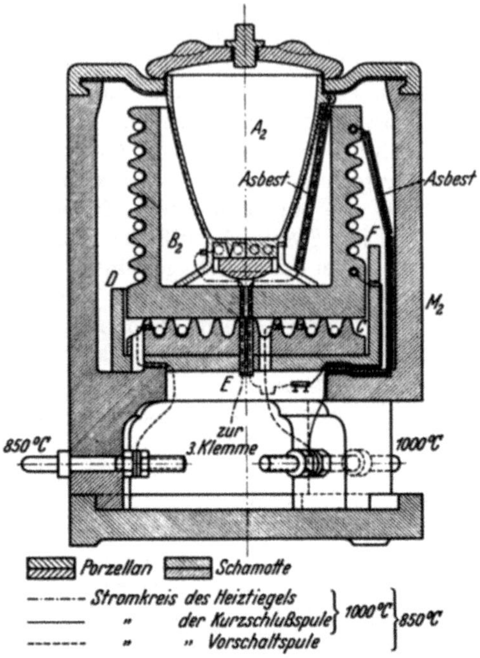


Abb. 319. Elektrisch beheizter Ofen zum Eichen von Thermoelementen. (Staatliche Porzellanmanufaktur, Berlin).
$M_2$ Mantel; $A_2$ Tiegel; $E$ Einführung; $B_2$ Heizraum; $D, F$ Porzellantiegel.

nach Abb. 319 oder 320 bzw. 321, die sich leicht regeln lassen. Ein geeichtes Platin-Platinrhodium-Normalelement wird neben das zu eichende Thermoelement gesteckt. Bei Eichung auf 0° C werden die kalten Lötstellen voneinander isoliert in schmelzendes Eis gelegt. Bei Eichung auf 20° Temperatur der kalten Lötstellen ist ein besonderer Temperaturregelkasten notwendig.

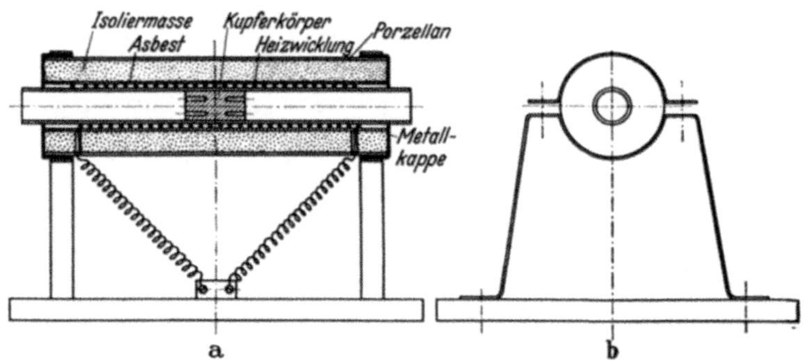


Abb. 320. Rohrofen zur Eichung von Thermoelementen (FKFS).

Bei Eichung bis zu 200° C dient Öl zur Übertragung der Wärme auf die Elemente, bei Temperaturen bis 1500°C wird Sand benützt.

Zur Nacheichung von Thermoelementen während des Betriebes wird, wenn die Betriebsmessung nicht beeinflußt werden soll, vorteilhaft ein Kompensationsgerät (Abb. 322) mit der Schaltung nach Abb. 323 verwendet. Der zu messenden EMK des Thermoelementes wird eine Hilfsspannung entgegengeschaltet, die so lange verändert wird, bis sie der Thermospannung gleich ist. Diese Gegenspannung wird an einem Spannungsteiler, in dem ein Hilfsstrom von gleichbleibender Stärke fließt, abgegriffen und so lange verändert, bis das in Reihe liegende Galvanometer auf Null steht. Dann fließt im Thermoelement kein Strom. Die zu messende Spannung ergibt sich aus dem Verhältnis des Gesamtwiderstandes zum Teilwiderstand am Spannungsteiler, d. h. aus der Stellung des Abgreifkontaktes.

**Herstellung der Thermoelemente.** Nur Drähte von hoher Gleichmäßigkeit der Legierung sind für Thermoelemente brauchbar.

Das Schweißen der Drahtenden erfolgt zur Vermeidung von Verbrennen oder Oxydation unter Wasserstoff, etwa in einer Vorrichtung nach Abb. 324.

Die Feststellung der Temperatur bewegter Maschinenteile, z. B. der Kolben, stößt auf besondere Schwierigkeiten, da die Überleitung der Thermoströme von hin- und hergehenden oder sich drehenden Bauteilen auf feststehende Teile mit Schleifkontakt oder Quecksilberlaufrinne Änderungen im Übergangswiderstand oder zusätzliche Thermospannungen mit sich bringt. Von hin- und hergehenden Teilen kann man zwar mit Leitungsdrähten nach außen gehen, doch erfordert dies umständliche Aufbauten zur Führung der bewegten Drähte gegen Brechen.

Abb. 321. Rohrofen für Thermoelementeichung (FKFS).

Abb. 322. Technischer Kompensator mit Zusatzgerät, geöffnet (S & H).

## III. Einbau der Thermoelemente.

Die abgelesenen Temperaturen sind zunächst die Temperaturen des Gebers, also der Quecksilberkugel, des Widerstandsdrahtes oder der Lötstelle der Thermoelemente und nicht die eigentlich zu messenden Temperaturen. Durch zweckmäßigen Einbau muß dafür gesorgt werden, daß die Gebertemperatur der zu messenden möglichst gleich ist. Dazu muß die Wärmezu- oder -abfuhr durch das Gerät und dessen Einbauflanschen klein gehalten und der Wärmeaustausch zwischen dem Geber und dem zu messenden Stoff möglichst innig gemacht werden.

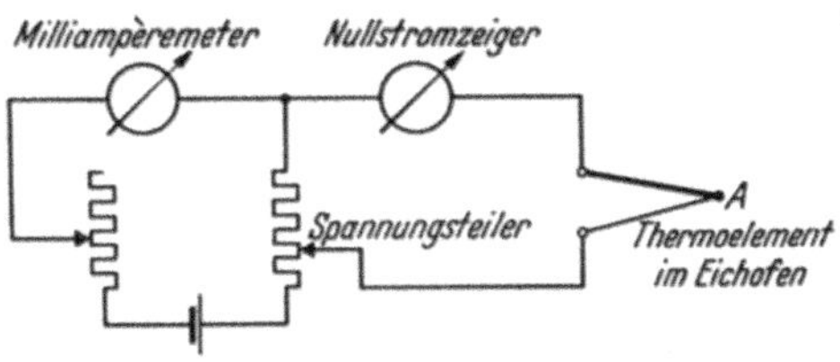


Abb. 323. Schaltung des Kompensationsgerätes zur Nacheichung von Thermoelementen (S & H).

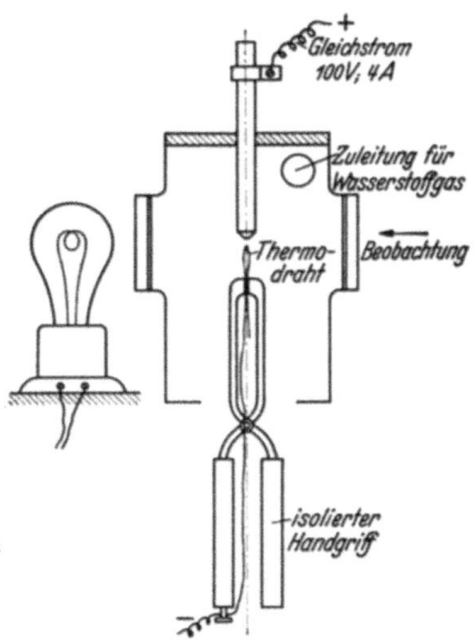


Abb. 324. Vorrichtung zum Schweißen von Thermoelementen im Wasserstoffstrom (DVL).

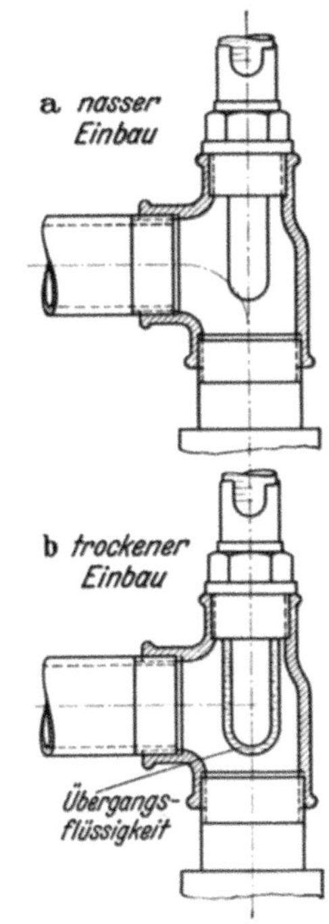


Abb. 325a und b. Einbaubeispiel für Flüssigkeitsthermometer.

*Einbaubeispiele für Flüssigkeits- und Widerstandsthermometer* (Abb. 325 und 326). Geringe Wärmeableitung und Strahlung wird erreicht durch geringe Oberflächenvergrößerung an der Meßstelle und Isolierung der Rohrleitung (bei Messung der Temperatur von Flüssigkeiten), damit der Temperaturabfall zwischen Flüssigkeitskern und Rohrleitung klein bleibt. Ferner sind kleine Wärmeleitquerschnitte und Wärmeleitzahlen der Thermometerschutzhülse erforderlich. Ein guter Wärmeaustausch zwischen dem zu messenden Körper und dem Thermometer wird erreicht durch große Berührungsflächen und große Eintauchtiefe der Thermometer.

*Einbaubeispiele für Thermoelemente.* Für Elemente, die in Rohrhülsen eingebaut sind, z. B. für Auspufftemperaturmessung, sind die gleichen Maßnahmen zu beachten.

Bei Oberflächentemperaturmessungen, z. B. an luftgekühlten verrippten Zylindern, muß dafür gesorgt werden, daß der Wärmeübergang auf die Lötstelle gut und die Wärmeableitung vom Meßpunkt und damit die Temperaturerniedrigung durch das Element selbst gleich Null ist. Das Element wird meistens in eine kleine Anbohrung gestemmt (Abb. 327), die Drähte werden einige Zentimeter am Zylindermantel entlang geführt und dann

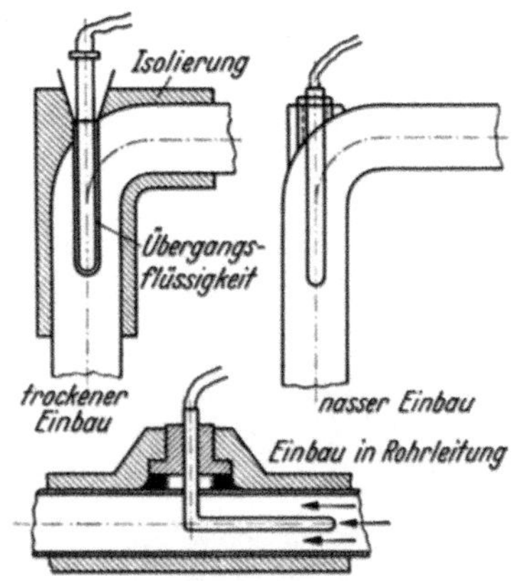


Abb. 326. Einbaubeispiele für Widerstandsthermometer und thermoelektrische Pyrometer.

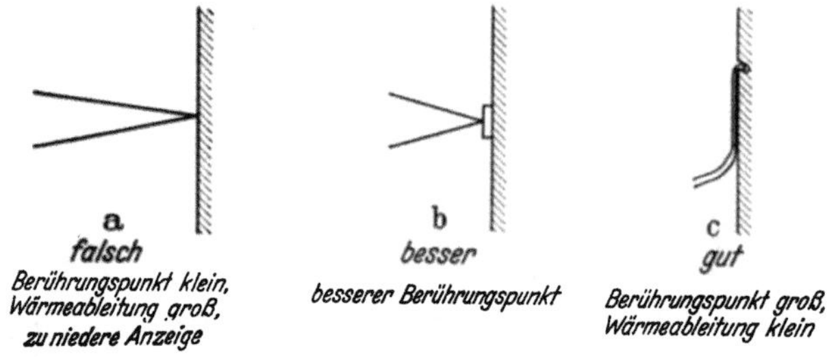


Abb. 327 a—c. Einbaubeispiele von Thermoelementen an Rohrwandungen oder Zylindern.

erst nach außen geleitet. Für weniger hohe Ansprüche bei Schnellmessungen genügen Abtastelemente nach Abb. 328. Abb. 329 zeigt ein aus Zündkerzenteilen zusammengebautes Nickel-Nickelchromeinschraubelement.

Zur roh angenäherten Messung des Temperaturverlaufes im Verbrennungsraum des Motorenzylinders werden bisweilen Platin-Platinrhodiumelemente mit sehr kleiner Schweißperle verwandt, die trägheitsarm anzeigen. Das Element wird mit einer

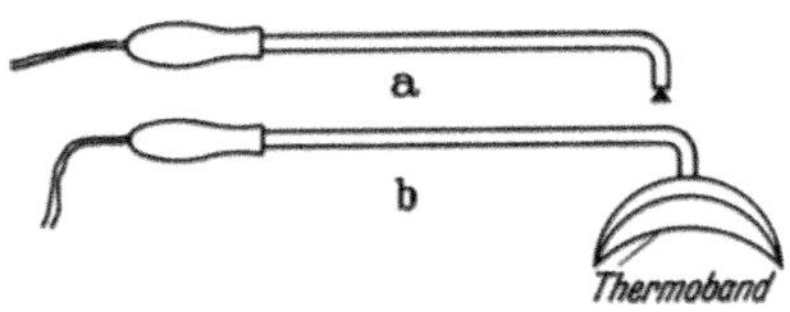


Abb. 328 a und b. Beispiele für Abtastpyrometer.

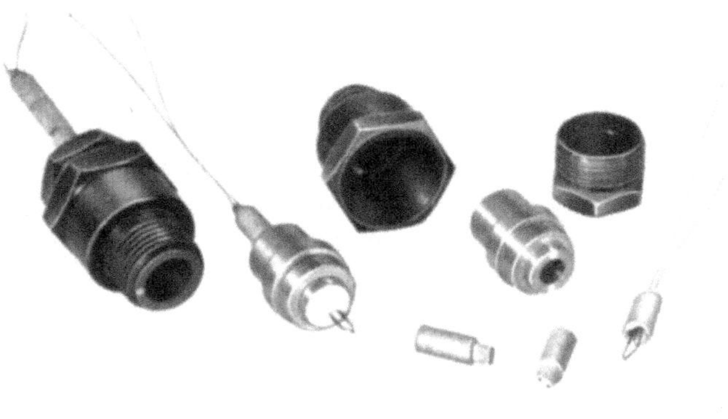

Abb. 329. Einschraubthermoelement zur Messung der mittleren Temperatur im Verbrennungsraum.

Oszillographenschleife verbunden, die die Temperaturänderungen aufzeichnet. Abb. 330 zeigt eine Zündkerze, deren Mittelstift in einer Längsbohrung das Nickel-Nickelchromelement enthält, das die Temperatur des Zündkerzenmittelstiftes zu messen gestattet. Um Beschädigungen des Meßgerätes durch Überschlag von

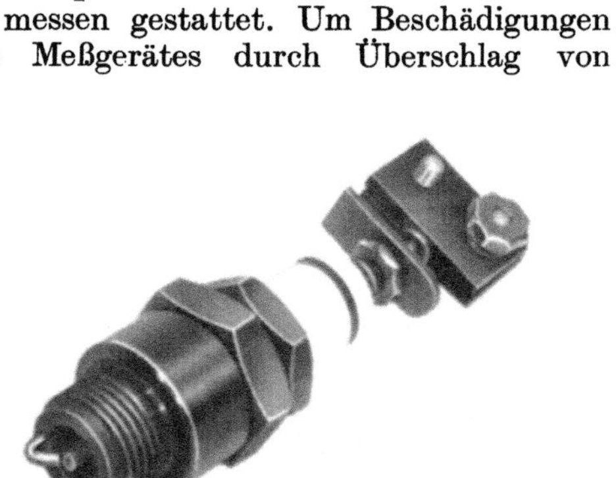

Abb. 330. Zündkerzen-Thermoelement, Mittelstift ist durchbohrt und mit Nickel-Nickelchromelement, versehen.

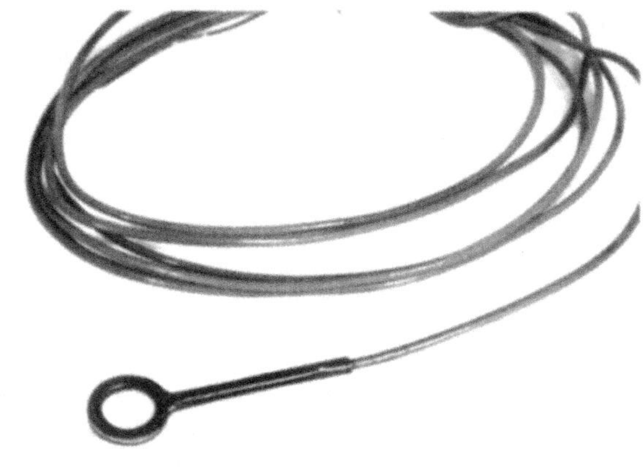

Abb. 331. Kupferkonstantan-Thermoelement, eingebaut in Kerzensitzring.

Zündfunken zu vermeiden, setzt man es zweckmäßig in ein oben zum Teil offenes Blechgehäuse, das isoliert von der den Zündstrom rückleitenden Masse aufgestellt und mit dem Zündkerzenstift leitend verbunden wird.

Zur Messung der Kerzensitztemperatur werden Kupferringe mit eingesetzten Thermoelementen nach Abb. 331 verwendet. Ein Beispiel für den Einbau eines Nickelchromthermoelementes in

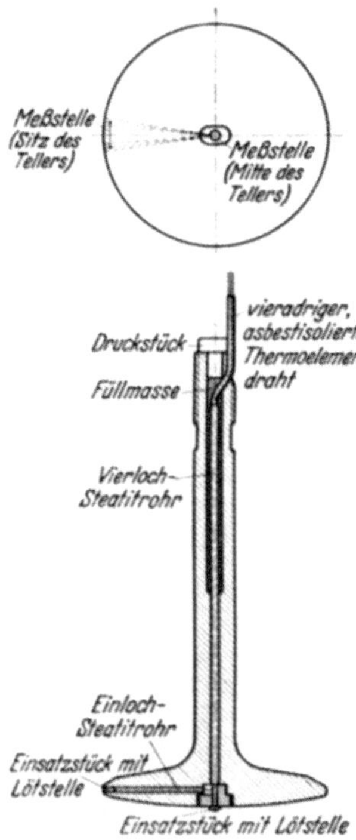


Abb. 332. Auslaßventil mit eingebautem Thermoelement für 2 Meßstellen.

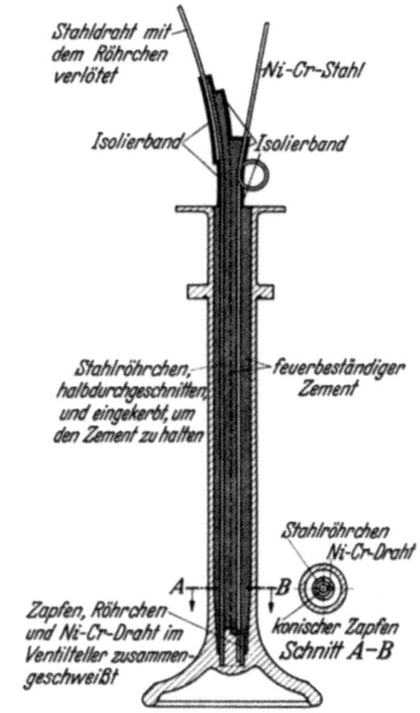


Abb. 333. Thermoelement im Ventilteller (248).

ein normales und in ein salzgekühltes, also hohl gebohrtes Auslaßventil zeigt Abb. 332 und 333. Der Einbau, insbesondere nach Abb. 333, bleibt allerdings nicht ohne Einfluß auf die Ventiltemperaturen, da er den Wärmefluß verändert.

Abb. 334 zeigt ein Abgaspyrometer mit eingebautem Nickel-Nickelchromelement und Einschraubgewinde.

Abb. 335 zeigt die Temperaturmeßergebnisse an einem luftgekühlten Zylinder.

## IV. Schmelzkegelmessung.

Für viele Fälle verwendet man bisher mit Erfolg das einfache Metallschmelzkegelverfahren mit Abstufung der Schmelztemperaturen etwa von 20 zu 20°.

Abb. 336 zeigt einen Kolben mit Anbohrungen für die Schmelzkegel. Bei Einpfropfen der Kegel wird die zugehörige Schmelztemperatur in die Kolbenoberfläche eingeschlagen oder in einer Zeichnung des Kolbens an der entsprechenden Stelle eingetragen. Nach dem Versuche liefern die geschmolzenen Kegel ein in den

Abb. 334. Abgaspyrometer, Nickel-Nickelchromelement eingebaut, in Schutzrohr mit Zündkerzengewinde.

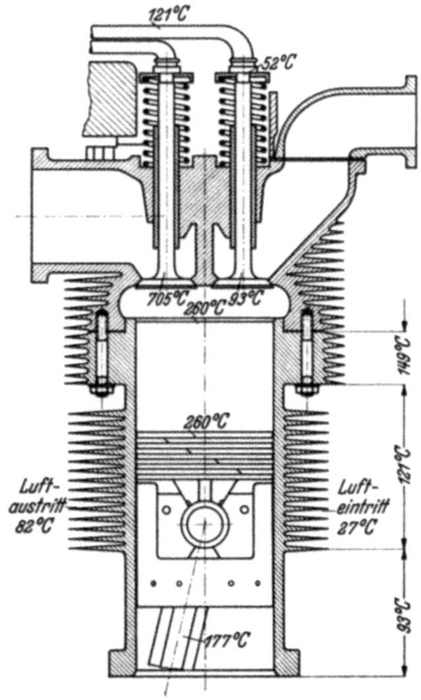


Abb. 335. Temperaturen an einem luftgekühlten Zylinder (97).

meisten Fällen ausreichendes Bild über den Temperaturverlauf von Mitte Kolben über den Ringteil nach dem Kolbenschaft. Abb. 337 zeigt das Ergebnis einer solchen Messung.

## V. Strahlungspyrometer.

Eine andere Art der Messung des Temperaturverlaufes im Verbrennungsraum benützt die von den heißen Gasen ausgehende Strahlung.

Die Temperatur eines glühenden Körpers kann dadurch erfaßt werden, daß man die von ihm ausgehende sichtbare oder unsichtbare Strahlung mißt. Hierzu dienen die sog. Gesamtstrahlungs- und Teilstrahlungspyrometer. Im Gesamtstrahlungspyrometer wird die gesamte Strahlungsenergie

Abb. 336. Motorenkolben mit Anbohrungen zum Einpfropfen von Schmelzkegeln.

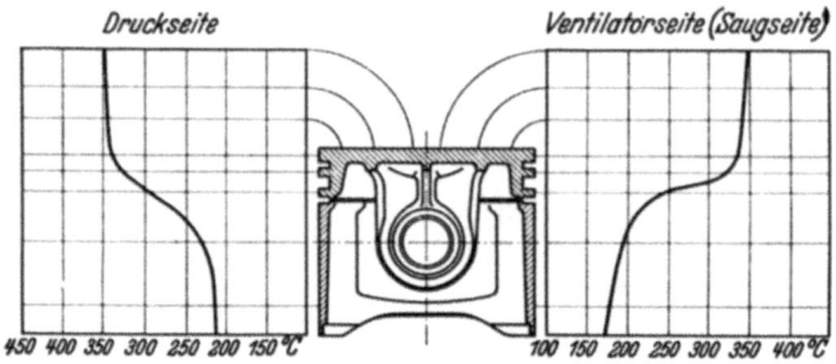


Abb. 337. Temperaturmessung mittels Schmelzkegel an einem Kolben.

auf einen Indikator gelenkt und gemessen. Als Indikatoren dienen hauptsächlich Thermoelemente, teilweise auch Bolometer in Brückenschaltung. Abb. 338 zeigt eine grundsätzliche Anordnung. Die auf der Linse *a* auftreffende Strahlungsenergie wird unter Verwendung der Blende *b* auf das Thermoelement *c* gelenkt, das als Indikator dient. Zum Zwecke der Abschirmung von unerwünschten Strahlungen ist dieses Element in einem besonderen Glaskörper untergebracht. Die im Thermoelement entstehende elektromotorische Kraft ist ein Maß für die auftretende Gesamtstrahlung. Die Strahlung läßt sich außerdem über das Okular *e* mit dem Auge beobachten. Da bei „grauen" Körpern die Farbtemperatur der wahren Temperatur entspricht, ist vor dem Okular *e* ein Grauglas *d* vorgesehen, wodurch die Helligkeit im Okular als Maß für die Temperatur benützt werden kann. Das Gesamtstrahlungspyrometer hat den Vorteil der einfachen Handhabung. Auch erlaubt es eine unmittelbare Anzeige und Aufzeichnung der mittleren Temperatur.

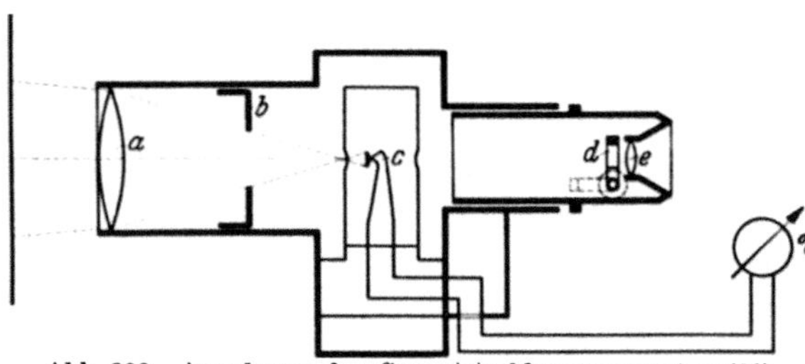


Abb. 338. Anordnung des Gesamtstrahlungspyrometers (*50*). *a* Linse, *b* Blende, *c* Thermoelement, *d* Grauglas, *e* Okular.

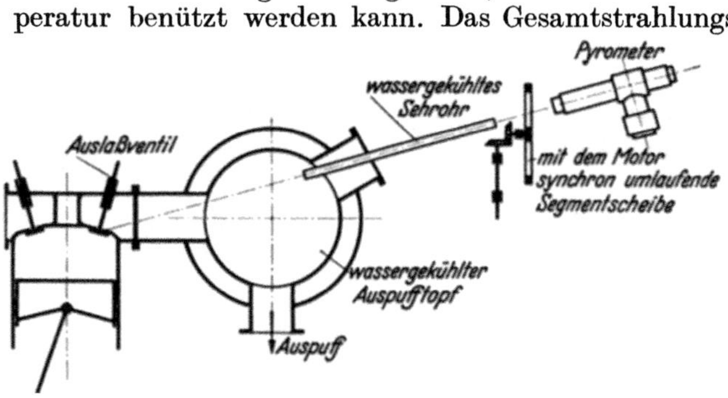


Abb. 339. Ventiltemperatur-Meßeinrichtung nach Schif (DVL) (*413*).

Solange nahezu „schwarze Körper" beobachtet werden, und man sich mit Vergleichswerten begnügen kann, sind die Gesamtstrahlungspyrometer in ihrer Genauigkeit ausreichend. Für die Messung eines bestimmten Wellenbereiches bzw. Temperaturbereiches wurden Teilstrahlungspyrometer entwickelt, wodurch die Meßgenauigkeit nach Maßgabe der Bereichsbreite erhöht wird. Statt die gesamte Strahlung zu messen, wird durch ein Farbfilter ein enger Wellenlängenbereich herausgegriffen. Die Helligkeit der Strahlung wird dann mit einer bekannten, eichbaren Strahlungsquelle, z. B. mit einem elektrisch geheizten Glühfaden oder einer sonstigen Lampe, verglichen. In Abb. 339 ist eine derartige Einrichtung dargestellt. In den Auspufftopf eines Zylinders ist ein wassergekühltes Sehrohr eingeschoben, durch welches das Auslaßventil über eine Stroboskopscheibe beobachtet werden kann. In diesem Fall ist ein Teilstrahlungspyrometer verwandt, das durch ein monochromatisches Rotfilter die einer bestimmten Wellenlänge entsprechende Strahlung des zu messenden Körpers durchläßt und sie mit einem Normalstrahler, der aus einem elektrisch geheizten und regelbaren Wolframfaden besteht, vergleicht. Dann ist die Stromaufnahme des Wolframfadens ein Maß für die Temperatur. Da durch die Auspuffflamme die tatsächliche Helligkeit des glühenden Auspuffventiles verfälscht würde, ist zwischen Sehrohr und Pyrometer die erwähnte Segmentscheibe geschaltet, die vom Motor im Gleichlauf angetrieben wird. Durch diese Anordnung wird das Blickfeld auf das Ventil nur bei geschlossenem Zustand des Ventiles freigegeben.

## 9. Untersuchung der Abgase.

Der Zweck der Untersuchung der Abgase ist die Feststellung, ob bei einem Verbrennungsvorgang infolge schlechter Verbrennung oder durch schlechte Mischung von Luft und Brennstoff vermeidbare Verluste mit zu großer Wärmemengenabgabe, die sich aus Abgasmenge und Temperatur ergibt, entstehen.

Zu bestimmen sind alle Wärmemengen und die Zusammensetzung der Abgase.

### A. Wärmemengenbestimmung.

Die mit den Auspuffgasen abgehende Energie setzt sich zusammen aus der Wärmemenge, die sich durch Messung von Abgasmenge und -temperatur unter Berücksichtigung der spezifischen Wärme ergibt (thermischer Wärmeinhalt), und der in den unverbrannten Bestandteilen der Abgase enthaltenen chemischen Energie. Sie muß bei der Errechnung der Leistung des „vollkommenen“ Motors berücksichtigt werden.

Die Bestimmung der chemisch gebundenen Wärmemengen kann durch Einleitung der Abgase zu restloser Verbrennung in katalytische Öfen unter Zuführung von Luft und Messung der bei der Nachverbrennung entstandenen Wärmemengen durch Abführen mit Wasser als Wärmeträger erfolgen. Eine andere Meßmöglichkeit besteht darin, die verhältnismäßige Abgaszusammensetzung nach unverbrannten Bestandteilen, insbesondere CO und $H_2$, festzustellen (s. auch S. 143) und mit dem bekannten Wärmewert dieser Anteile die chemisch gebundene Wärme zu errechnen.

Diese Verfahren sind etwas umständlich und auch die Bestimmung der thermischen Abgasverluste infolge Kühlung und Strahlung ist schwierig.

Deshalb wird bei der Ermittlung der Energieverteilung aus der zugeführten Brennstoffmenge im allgemeinen das vereinfachte Verfahren angewandt, bei dem die einzelnen leichter feststellbaren Meßgrößen, also indizierte Leistung, Reibungs- und Saugleistung, Kupplungsleistung, Kühlmittelwärme, bestimmt und vom zugeführten Wärmeinhalt abgezogen werden. Der Rest stellt dann die durch die Abgase und durch die Strahlung der Motoroberfläche und Rohrleistungen abgeführte Wärmemenge dar.

Für eingehendere Messungen werden aber auch die Möglichkeiten der Wärmebestimmung der Auspuffgase angewandt. Bei Messung der tatsächlich angesaugten Luftmenge in $m^3$/h und deren Umrechnung in kg/h kann unter Berücksichtigung der Temperatur und der verhältigen Gewichte der Abgase die Abgasmenge in $m^3$/h oder kg/h errechnet werden. Aus der mittleren Gastemperatur nach der Dehnung und der spezifischen Wärme ist damit die Abgaswärmemenge berechenbar.

Die unmittelbare meßtechnische Erfassung der Auspußgasmengen stößt wegen der stoßhaften Strömung auf Schwierigkeiten. Während die Bestimmung gleichförmig strömender Luftmengen mit einer Genauigkeit von $\pm 2$ vH erfolgt, kann hier mit einer Genauigkeit von höchstens $\pm 8$ vH gerechnet werden.

Die Anwendung eines Ausgleichsbehälters nach Abb. 340, die eine Meßgenauigkeit von $\pm 2$—3 vH ermöglicht, erfordert umfangreiche Meßanlagen, und ist trotz der Abkühlung der Gase im Abhitzkessel von 600—800° C bis auf etwa 100° C wegen der Möglichkeit der Ansammlung von Brennstoff- oder Öldämpfen im Behälter gefährlich. Zur Verkleinerung des Umfanges der Meßeinrichtung kann die Meßanordnung nach Abb. 341 verwendet werden.

Die Auspuffgase strömen durch ein Venturirohr, an das kurz vor dem Einlauf und an der engsten Stelle je eine Nebenleitung angeschlossen ist. In der ersten Nebenleitung liegt eine Teilstromblende, deren Widerstand (freie Fläche mal Durchflußzahl) gegenüber dem des Venturirohres so bemessen ist, daß nur ein kleiner Teil der gesamten Auspuffgase, z. B. $^1/_{1000}$ hindurchströmt. Dieser Teilstrom geht gekühlt durch einen Ausgleichbehälter und durch einen nassen Mengenzähler (s. S. 35), so daß die Bestimmung seiner Mengen volumetrisch erfolgt. Für die

Abhängigkeit des Anteiles der durch die Meßuhr fließenden Gasmenge von der Größe der Gesamtanlage durch den Einfluß des gleichbleibenden Widerstandes des Teilstromzählers ist eine Berichtigung erforderlich, die versuchsmäßig festgelegt werden muß.

Ein mittelbares Verfahren der Bestimmung der thermischen Energie der Abgase besteht, wie oben kurz erwähnt, darin, die Wärme durch ein Kühlmittel (Wasser) abzuführen und dessen Wärmeaufnahme zu messen. Eine Schwierigkeit liegt dabei darin, daß die Temperaturerniedrigung der Auspuffgase nicht bis auf 0° C erfolgen kann. Bei Rückkühlung der Auspuffgase auf Ansauglufttemperatur würde der Einfluß der Ansauglufttemperatur auf den Energieinhalt der Abgase, soweit ein solcher vorliegt, ausgeschaltet werden. Doch auch in diesem Falle ergeben sich in den baulichen Ausmaßen der Kühleinrichtung und im Wasserverbrauch Nachteile, so daß eine Wärmeinhaltsbestimmung auf diese Weise selten vorgenommen wird.

Durch Anwendung von Abhitzekesseln und Verwendung der Verdampfungswärme des Wassers läßt sich

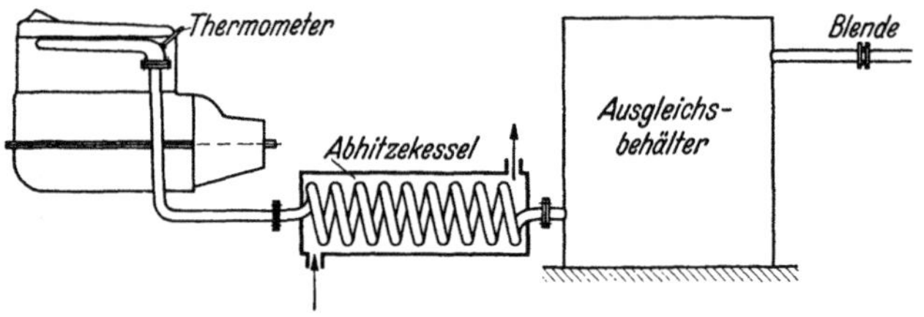


Abb. 340.
Wärmebestimmung der Abgase durch Temperatur- und Mengenmessung.

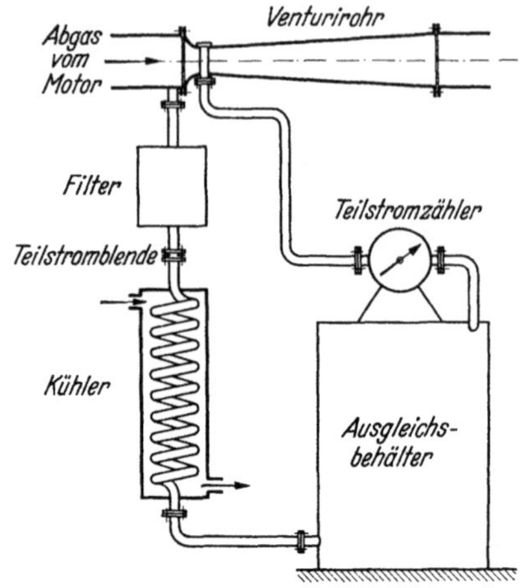


Abb. 341. Messung der Auspuffgase im Teilstromverfahren.

der Meßkühlwasserverbrauch zwar erheblich verringern. Hierbei können aber die Abgase bestenfalls auf 100° C abgekühlt und nur die der Temperaturerniedrigung von 800° C auf 100° C entsprechende Wärmemenge gemessen werden. Die restliche Wärme muß auf Grund der Teilwärmebestimmung rechnerisch weiter ermittelt werden.

## B. Abgaszusammensetzung.

Die Messung der Zusammensetzung der Abgase erfolgt durch chemische oder durch elektrische Verfahren. Die chemischen Meßverfahren sind genau und dienen gleichzeitig zur Eichung der elektrischen Geräte. Die letzteren bieten den Vorteil der elektrischen Fernübertragungsmöglichkeit der Ergebnisse und rascher Anzeige. Bei der Verwertung der elektrischen Meßverfahren sind jedoch betriebliche Fehlerquellen zu beachten. Deshalb muß auf die Verbrennung und die Messung der Zusammensetzung verbrannter Gase besonders eingegangen werden.

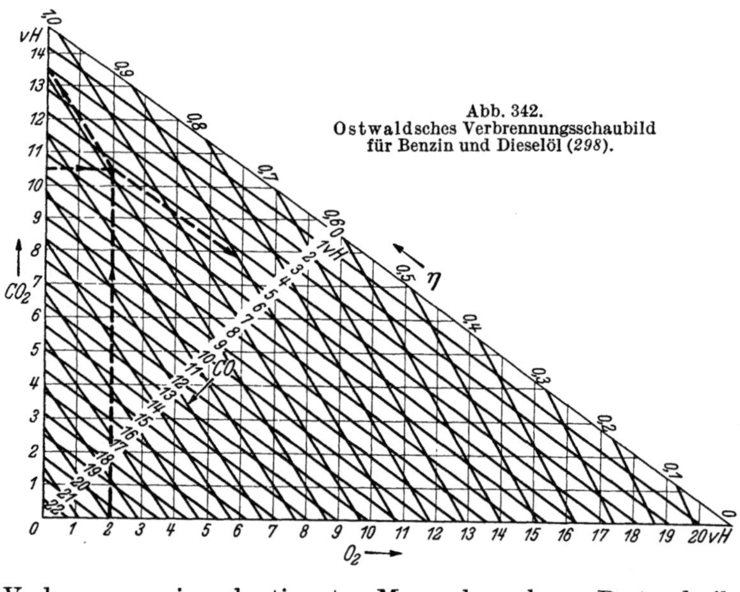


Abb. 342.
Ostwaldsches Verbrennungsschaubild für Benzin und Dieselöl (298).

Bei vollkommener Verbrennung verbinden sich die Brennstoffe Kohlenstoff, Wasserstoff und deren Verbindungen mit dem Sauerstoff der Luft zu Kohlendioxyd ($CO_2$) und Wasser ($H_2O$). Für die Verbrennung einer bestimmten Menge brennbarer Bestandteile ist eine bestimmte Sauerstoffmenge und damit eine bestimmte Luftmenge erforderlich. Die theoretisch benötigte Luftmenge ergibt sich durch angenäherte Berechnung aus den chemischen Reaktionsgleichungen für die brennbaren Bestandteile wie folgt:

a) $C + O_2 = CO_2$

mit den Atomgewichten $C = 12$ und $O = 16$.
12 kg C benötigen theoretisch $2 \cdot 16 = 32$ kg $O_2$,
$x$ kg C benötigen theoretisch $\frac{32}{12} \cdot x = 2{,}67 \cdot x$ kg $O_2$.

b) $2\,H_2 + O_2 = 2\,H_2O$

mit den Atomgewichten $H = 1{,}008$ und $O = 16$.
4,032 kg H benötigen theoretisch $2 \cdot 16 = 32$ kg $O_2$,
$y$ kg H benötigen $\frac{32}{4{,}032} \cdot y = 7{,}93$ kg $O_2$.

c) Der Schwefelgehalt kann als unerheblich vernachlässigt werden.

d) Der im Brennstoff selbst enthaltene Sauerstoff mit $z$ kg muß abgezogen werden. Demnach beträgt das theoretische Sauerstoffgewicht für 1 kg Brennstoff:

$$O = (2{,}67\,x + 7{,}93\,y - z)\ \text{kg}.$$

Da in 1 kg Luft 0,21 kg $O_2$ vorhanden sind, ist die theoretische Luftmenge für 1 kg Brennstoff:

$$L = \frac{2{,}67\,x + 7{,}93\,y - z}{0{,}21}\ \text{kg}.$$

Tatsächlich ist es unmöglich, mit dieser theoretischen Luftmenge auszukommen, da stets ein Teil der zugeführten Luft unausgenützt durch das Auspuffrohr abzieht. Deshalb muß, wenn vollständige Verbrennung erzielt werden soll, immer Luft im Überschuß zugeführt werden; die wirkliche Luftmenge für 1 kg Brennstoff ist:

$$n \cdot L = n\,\frac{2{,}67\,x + 7{,}93\,y - z}{0{,}21}\ \text{kg},$$

worin $n$ die Luftüberschußzahl bedeutet.

Die Luftüberschußzahl ist demnach:

$$n = \frac{\text{wirkliche Luftmenge}}{\text{theoretische Luftmenge}}.$$

Bei Berechnung des theoretischen Volumens der Abgase bei vollständiger Verbrennung muß die trockene Abgasmenge und die gebildete Wasserdampfmenge jeweils für sich bestimmt werden.

a) Kohlendioxydbildung $C + O_2 = CO_2$,
12 kg C bilden $12 + 2 \cdot 16 = 44$ kg $CO_2$,
$x$ vH C bilden $44/12 \cdot x/100 = 3{,}667\,x/100$ kg $CO_2$.
Wenn $x$ vH C 1 kg Brennstoff entsprechen, dann ist das $CO_2$-Volumen:

$$\frac{3{,}667}{\left(\frac{44}{22{,}4}\right)} \cdot \frac{x}{100} = \frac{1}{0{,}536} \cdot \frac{x}{100}\ \text{m}^3.$$

b) Wasserdampfbildung $2\,H_2 + O_2 = 2\,H_2O$,
4,032 kg $H_2$ bilden $2\,(2{,}016 + 16) = 36{,}032$ kg $H_2O$,
$y$ vH $H_2$ bilden $\frac{36{,}032 \cdot y}{4{,}032 \cdot 100} = 8{,}9\,y/100$ kg $H_2O$.

Eine genaue Berechnung der zur vollständigen Verbrennung benötigten Luftmenge erhält man mit Hilfe von Ostwaldschen Abgasschaubildern (Abb. 342). Wenn von den vier für die Abgasanalyse in Betracht kommenden Größen:

1. Kohlendioxdgehalt ($CO_2$),
2. Sauerstoffgehalt ($O_2$),
3. Kohlenoxydgehalt (CO),
4. Luftzahl $\eta$ = Verhältnis der theoretischen Luftmenge zur wirklichen Luftmenge, nur

zwei, z. B. $CO_2$ und $O_2$, bestimmt sind und die chemische Zusammensetzung des Brennstoffes bekannt ist, dann sind die beiden anderen Größen eindeutig bestimmt. Somit kann das Luft-Kraftstoffverhältnis eines Motors ohne Luft- und Kraftstoffmengenmessung aus der Abgasanalyse bestimmt werden.

Weitere Versuche ergaben, daß die Beziehungen zwischen Abgaszusammensetzung und Luft-Kraftstoffverhältnis von den Motoren unabhängig sind, d. h. die Abgaszusammensetzung ist nur vom Luft-Kraftstoffverhältnis abhängig und nicht vom Motor, der Belastung oder der Drehzahl. Abb. 343 zeigt die Übereinstimmung mit den theoretischen Werten. Die Fehlergrenze ist etwa 3 vH, die Fehler entstehen durch unvollkommene Kraftstoffverteilung oder bei reichem Gemisch durch die Bildung von Ruß. Die Abweichung muß durch Korrektur berücksichtigt werden. Abb. 343 gestattet die im praktischen Betrieb erforderliche rasche Bestimmung des Luft-Kraftstoffverhältnisses.

Zur Berechnung der theoretischen Werte wurde die Wassergasreaktion:

$$CO_2 + H_2 \qquad CO + H_2O$$

und ihre Gleichgewichtskonstante:

$$K = \frac{CO + H_2O}{CO_2 + H_2}$$

angenommen.

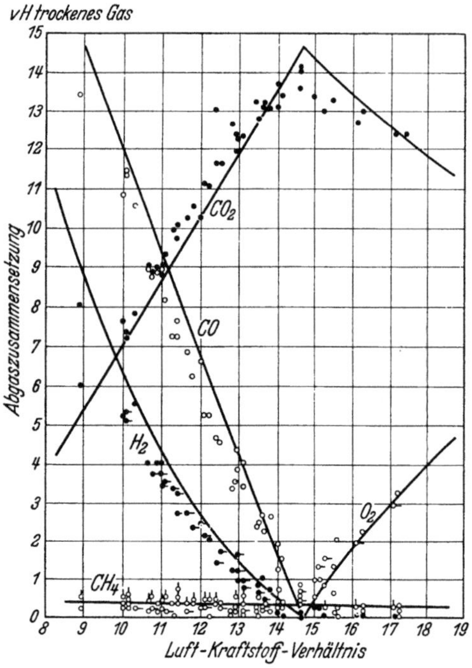


Abb. 343. Gemessene und errechnete Abgaszusammensetzung und Luft-Kraftstoffverhältnis (*298*).

Die Bestandteile $CO_2$, CO und $H_2$ können also aus den Analysen, $H_2O$ durch Berechnung ermittelt werden. Für die Gleichgewichtskonstante wird ein Wert $K = 3{,}8$ zugrunde gelegt. Kleine Mengen von $H_2$ können dabei zu erheblichen Meßfehlern führen. Schwierig ist die Bestimmung von geringen Mengen $CH_4$, da durch diese auch unverbrannter Kohlenstoff vorgetäuscht werden kann. In der Nähe des richtigen Luft-Kraftstoffverhältnisses ist der $CO_2$-Gehalt niedrig, im reichen Gebiet ist stets $CO + H_2$ vorhanden.

Die vollständige Verbrennung erfordert theoretisch bei 15° C und 735,5 mm Hg Luftdruck folgende Luftmengen für:

| | | | |
|---|---|---|---|
| 1 l Benzin . . . | 9,3 m³ | 1 l Petroleum . . . | 10,2 m³ |
| 1 l rein Benzol . | 9,7 m³ | 1 l Gasöl . . . . . | 10,5 m³ |
| 1 l Motorenbenzol | 9,8 m³ | 1 l Steinkohlenteeröl | 11,2 m³ |
| 1 l Alkohol . . . | 5,8 m³ | 1 m³ Normgas . . . | 3,81 m³ |

Durch die Unvollkommenheit der Verbrennung im Motor ist — wie erwähnt — der wirkliche Luftbedarf größer als der theoretische. Vergasermotoren erreichen bei 0—10 vH Luftüberschuß die größte Leistung, bei etwa 20 vH Luftüberschuß würde der höchste thermische Wirkungsgrad liegen. Bei diesem Luftüberschuß ist jedoch unter den stark schwankenden Wärmebedingungen im Motor im Fahrzeug und den Übergangs- und Beschleunigungsschwierigkeiten, wie sie durch den Vergaser gegeben sind, ein befriedigender Betrieb nicht möglich. Diese Eigenarten des Fahrzeugmotors und zum Teil auch die Notwendigkeit innerer Nachkühlung durch den Brennstoff bedingen derzeit großen Brennstoffüberschuß.

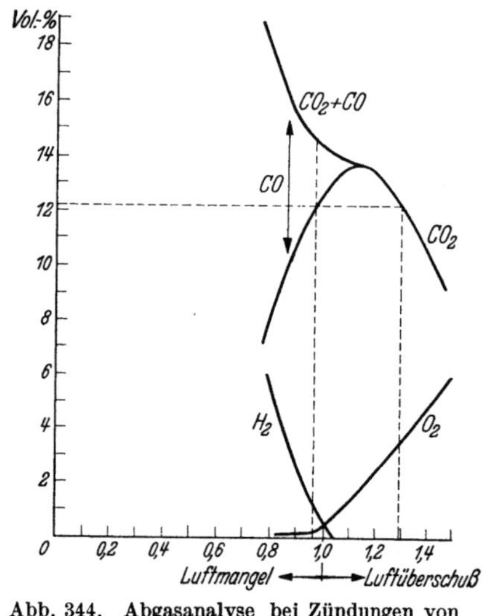


Abb. 344. Abgasanalyse bei Zündungen von Hexan-Luftgemischen abhängig vom Luftverhältnis (*54*).

Die immer auftretende unvollständige Verbrennung führt mit dazu, daß wohl der Wasserstoff vollkommen verbrennt, aber ein Teil des Kohlenstoffes statt zu Kohlendioxyd zum giftigen, geruch- und farblosen Kohlenoxyd verbrennt nach

$$2\,C + O = 2\,CO.$$

Da bei festen Brennstoffen der Gehalt an Kohlenstoff neben dem an Wasserstoff stark überwiegt, bildet der Kohlendioxydgehalt der Abgase, wenn das Verhältnis C:H im Brennstoff bekannt ist, ein genügendes Maß für den Luftüberschuß. Bei flüssigen Kohlenwasserstoffen ist jedoch der H-Gehalt zu groß, als daß man aus dem Verhältnis C:H auf den Luftüberschuß schließen könnte. Der höchste $CO_2$-Gehalt der Abgase ist hier viel kleiner als bei Steinkohlenverbrennungen, da der größte Teil der Luftmenge zur Verbrennung des Wasserstoffes zu Wasserdampf verbraucht wird. Da sich bei Teillastbetrieb und bei dem im Fahrzeug meistens angewandten hohen Brennstoffüberschuß das Vorhandensein von Wasserstoff störend bemerkbar macht, wenn die Messung des $CO_2$-Gehaltes auf elektrischem Wege unter Benützung der Wärmeleitfähigkeit von $CO_2$ erfolgt, ist neben der Bestimmung des $CO_2$-Gehaltes die Ermittlung der unverbrannten Anteile selbst, d. h. des $(CO + H_2)$-Gehaltes notwendig.

Neuere Verfahren haben ergeben, daß als gute Annäherung für die Ermittlung des Luftüberschusses die Feststellung des Sauerstoffgehaltes der Auspuffgase der Untersuchung auf $CO_2$-Gehalt vorzuziehen ist. Solange aber die Abgase einen gleichbleibenden und bekannten

Wert an $CO_2$ liefern, sind die Untersuchungen auf $CO_2$ und $O_2$ als gleichwertig zu betrachten. In beiden Fällen ist es aber notwendig, die unverbrannten Bestandteile CO und $H_2$ zu bestimmen. Dies ergibt sich daraus, daß in der Nähe des Luftüberschusses Null die $CO_2$-Angaben doppeldeutig sind. Der in Abb. 344 angezeigte Wert 12,2 vH $CO_2$ entspricht sowohl dem Luftüberschuß $n = 1{,}28$, als auch dem Luftmangel $n = 0{,}96$.

Bei Luftüberschuß $n = 1{,}28$ ist jedoch, wie die Schaulinien zeigen, der Anteil an Unverbranntem (CO und $H_2$) Null, während beim Luftmangel $n = 0{,}96$ etwa 1,1 vH $H_2$ und 2,3 vH CO vorhanden sind. Andererseits zeigt die Schaulinie für $O_2$, daß der noch ermittlungsfähige Anteil $O_2$ im Gebiete des theoretischen Luftmangels $n < 1$ einen annähernd gleichbleibenden Wert hat, so daß innerhalb dieses Bereiches dem Wert für $O_2$ kein bestimmter Wert von CO oder $H_2$ zugeordnet werden kann.

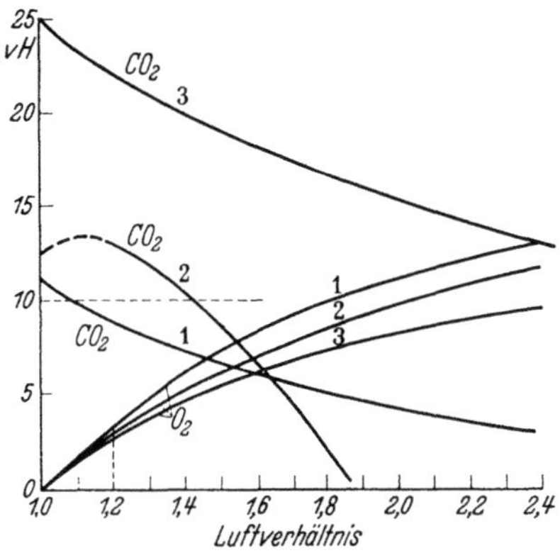


Abb. 345.
Abgaszusammensetzung verschiedener Kraftgase bei steigendem Luftüberschuß (59).
1 Koksofengas; 2 Hexan-Luft; 3 Gichtgas.

Ein Vorteil der $O_2$-Messung gegenüber der $CO_2$-Messung liegt darin, daß bei Flaschengasen und Generatorgas die eingangs erwähnte Bedingung eines gleichbleibenden Höchstgehaltes an Kohlendioxyd nicht zutrifft. In Abb. 345 sind der $CO_2$- und $O_2$-Gehalt von Koksofengas, Hexan und Gichtgas bei verschiedenen Luftüberschußzahlen unter der Annahme, daß der CO-Gehalt Null ist, aufgezeichnet. Daraus ergibt sich, wenigstens für das Gebiet des Luftüberschusses, soweit es für den Motorenbetrieb in Frage kommt, daß wohl der $O_2$-Gehalt annähernd gleich bleibt, daß aber der $CO_2$-Gehalt stark schwankt.

## C. Geräte zur Bestimmung der Abgaszusammensetzung.

Die Verfahren zur Bestimmung der Abgaszusammensetzung unterteilen sich in genaueste und annähernd genaue, zweckmäßige Analysen. Die genau arbeitenden Geräte beruhen auf chemischem Verfahren. Da aber die chemische Analyse viel Zeit in Anspruch nimmt, sind elektrische Geräte geschaffen worden, die die Veränderlichkeit des Wärmeleitvermögens der Abgase anzeigen und dadurch Schlüsse auf die Abgaszusammensetzung ermöglichen.

### I. Chemische Abgasmeßgeräte.

**Orsat-Gerät.** Das (Absorptions-)Verfahren mit Hilfe des Orsat-Gerätes ist eine Volumendifferenzmessung. Eine bestimmte Gasmenge wird gemessen, durch ein Absorptionsmittel gedrückt und dann wieder gemessen. Der Unterschied der Messungen gibt das Volumen der absorbierten Gasbestandteile an. Die Berechnung und Bezeichnung erfolgt im allgemeinen in Hundertteilen der Vergleichsmenge.

Man verwendet folgende Absorptionsmittel:

| | | |
|---|---|---|
| für Kohlendioxyd | ($CO_2$) | Kalilauge (KOH) |
| für Sauerstoff | ($O_2$) | Pyrogallol ($C_6H_3(OH)_3$) |
| für Kohlenoxyd | (CO) | Ammoniakalische Kupferchlorürlösung, |

die unverbrannten Bestandteile Wasserstoff ($H_2$) und Methan ($CH_4$) werden in einer Zusatzheizung mit Luft verbrannt, dabei dient ein Platindraht als Katalysator.

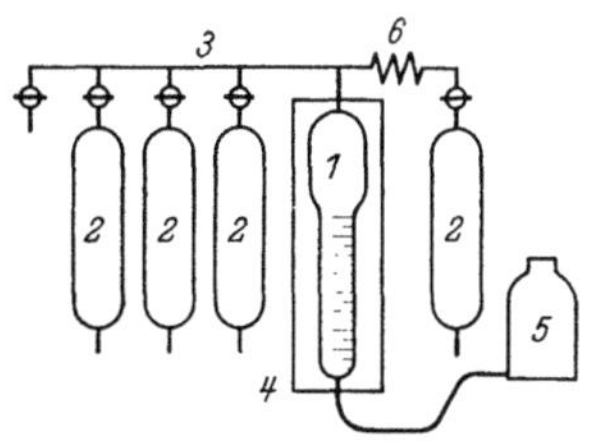


Abb. 346.
Aufbau eines Orsat-Gerätes (55).
*1* Meßglas; *2* Absorptionsgläser; *3* Verteilerrohr; *4* Glaszylinder; *5* Hebergefäß; *6* Verbrennungsvorrichtung.

Die 3 Hauptbestandteile des Gerätes (Abb. 346), das Meßglas *1*, die Absorptionsgläser *2* und das Verteilungsrohr *3* müssen unter Einhaltung kleinster schädlicher Räume baulich übersichtlich angeordnet sein. Zur Ausschaltung von Temperatureinflüssen ist das Meßglas von einem mit Wasser gefüllten Glaszylinder *4* umgeben. Das Meßglas ist am unteren Ende durch einen Schlauch mit dem Hebergefäß *5* verbunden.

Als Sperrflüssigkeit wird eine durch Zusatz einiger Tropfen Salzsäure sauer reagierende Kochsalzlösung verwendet, weil diese nach Quecksilber die geringste Absorptionsfähigkeit besitzt. Zur Erhöhung der Ablesgenauigkeit kann das Meßglas an der Stelle der üblichen Ablesungen eine Verengung erhalten (Abb. 347).

Im allgemeinen hat man 3 Absorptionsgläser, je eines für $CO_2$, $O_2$ und CO. CO kann aber auch durch Verbrennung bestimmt werden. Die Verbrennungsvorrichtung des Gerätes ist mit Platinspiralen, Palladiumrohr oder Kupferoxydrohr ausgerüstet, damit durch katalytische Wirkung der Verbrennungsvorgang schon bei niederen Temperaturen eingeleitet wird.

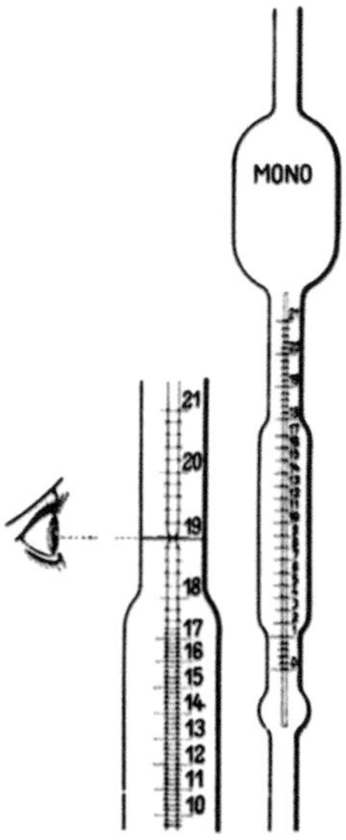


Abb. 347. Erhöhung der Meßgenauigkeit durch Verengung des Meßglases (Mono-G. m. b. H., Hamburg).

Zur Entnahme von Abgasproben ist am Auspuffrohr des Prüfmotors ein besonderer Anschluß vorzusehen (Abb. 348), der zugleich als Temperaturmeßstelle dienen kann.

Mit Hilfe des Gebergefäßes wird eine bestimmte Menge Gas in das Meßglas gesaugt. Der Anteil des $CO_2$-Gehaltes des im Meßglas enthaltenen Gases wird bestimmt, indem der Inhalt mit Hilfe des Hebergefäßes in das Absorptionsglas mit Kalilauge gedrückt wird, die die Kohlensäure absorbiert. Damit alle Gasteile mit dem Absorptionsmittel in Berührung kommen, wird das Gas durch Bewegen des Hebers einige Male hin- und hergespült. Zum Schluß wird das restliche Gas wieder in das Meßglas zurückgeleitet. Der absorbierte Anteil fehlt gegenüber der ursprünglichen Gasmenge. Er kann am Meßglas in Hundertteilen abgelesen werden. In gleicher Weise werden die anderen Gasbestandteile durch Bespülen der weiteren Absorptionsgläser bestimmt.

**Mono-Duplex „K".** Das Arbeitsverfahren mit dem Hand-Orsat-Gerät ist zeitraubend und umständlich. Deshalb sind selbsttätige Verfahren entwickelt worden, z. B. das Mono-Duplex-„K"-Abgasmeßgerät und der verbesserte Mono-Duplex-Gasprüfer.

Das Gas wird von einer Wasserstrahlpumpe aus dem Auspuffrohr entnommen. Das Ein- und Aussaugen des Gases im Gerät in ununterbrochenem Strom wird durch hydraulisch bewegte Quecksilberpendel bewerkstelligt, die das Gas hin- und hertreiben.

Eine bestimmte Gasmenge (100 $cm^3$) bewegt sich zwischen einem Volumenmeßgerät, einem Absorptionsgefäß und einem katalytischen Ofen, so daß in dem Meßgerät das Volumen nach der ersten Absorption und nach katalytischer Verbrennung der brennbaren Bestandteile und erneuter Absorption gemessen wird.

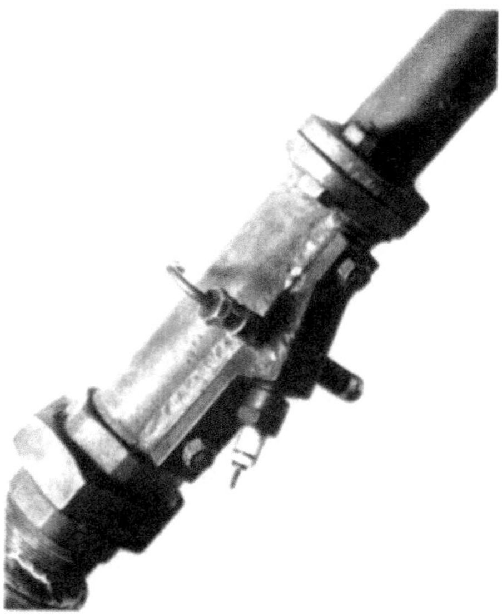

Abb. 348. Temperaturmeßstelle durch Zündkerzenkörper blind verschlossen.

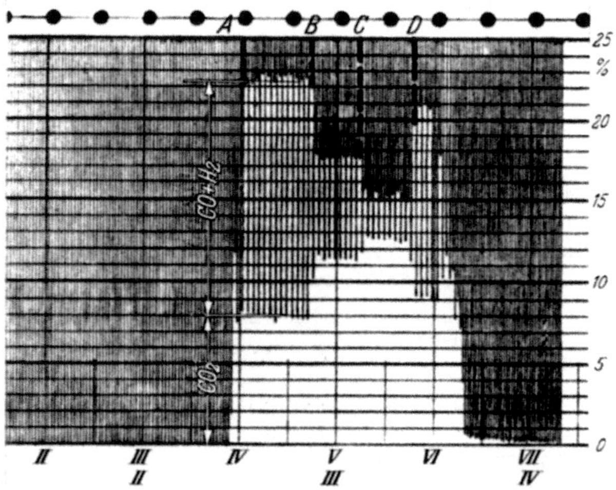


Abb. 349.
Schaubild des Mono-Duplex-Gasprüfers (Mono-G. m. b. H., Hamburg).
*A, B, C, D* Gutpunkte der Messung.

Das Gas wird also abwechselnd auf $CO_2$ und $CO_2 + CO + H_2$ untersucht, wobei aus je zwei aufeinanderfolgenden Anzeigen der Teil an den unverbrannten Bestandteilen $CO + H_2$ ersichtlich wird (Abb. 349).

Die letzteren ergeben sich nach Übertreten über erhitztes Kupferoxyd, wobei $CO_2$ und $H_2O$ entstehen. Die Kalilauge absorbiert im Absorptionsgefäß neben dem ursprünglichen auch das aus dem Kohlenstoff neugebildete Kohlendioxyd. Für die Richtigkeit der Anzeige ist dabei erforderlich, daß im Prüfgas neben Kohlensäure und unverbrannten Bestandteilen immer auch noch Sauerstoff vorhanden ist, so daß z. B. die Verbrennung von CO im elektrischen Ofen nach der Gleichung $CO + {}^1/_2 O_2 = CO_2$ erfolgt, wobei das Kupferoxyd nur als Katalysator (Sauerstoffüberträger) wirkt, ohne selbst zu Kupfer reduziert zu werden. Im Mono-Duplex „K" wird zwischen jeder Analyse ein Luftstrom über das Kupferoxyd geleitet, damit bei der vorhergehenden Analyse etwa gebildetes Kupfer vor Beginn der nächsten Analyse sofort wieder in Kupferoxyd verwandelt wird.

Abb. 349 zeigt den Verlauf einer Messung. Kurz vor 4 Uhr erfolgte die Inbetriebnahme des mit einer Bremse gekuppelten Benzinmotors. Die Vergaserklappe wurde ganz geöffnet. Der über dem Vergaser befindliche Schieber zur Regelung der Zusatzluft war ganz geschlossen. Bei dieser Einstellung machte der Motor 1340 U/min, wobei sich das Schaubild von *A* bis *B* ergab. Es ist erkennbar, daß etwa 8 vH Kohlensäure ($CO_2$) vorhanden waren und etwa 14,5 vH unverbrannte Bestandteile ($CO + H_2$). Die Verbrennung ist schlecht. Die Bremsleistung des Motors betrug etwa 860 W.

Gegen $4^{40}$ Uhr wurde der Schieber für die Zusatzluft geöffnet (Abschnitt *B*—*C*). Der Kohlensäuregehalt stieg auf 11,3 vH und ließ erkennen, daß der Motor vorher mit Luftmangel gearbeitet hatte. Die Summe der unverbrannten Gasbestandteile sank auf etwa 6 vH. Die Ausnützung des Brennstoffes ist besser geworden, die Leistung des Motors stieg auf etwa 920 W bei 1475 U/min.

Um zu versuchen, welche höchste Ausnützung des Brennstoffes sich erreichen ließ, wurde nun bei voll geöffnetem Zusatzschieber die Benzinzufuhr durch Schließen der Drosselklappe etwa um $^1/_4$ weiter verringert (Abschnitt *C*—*D*). Die Zusammensetzung der Abgase wurde noch günstiger. Der Kohlensäuregehalt stieg auf 12,5 vH, die unverbrannten Bestandteile gingen auf etwa 2,5—2,7 vH zurück. Die Leistung des Motors ging bei 1450 U/min auf etwa 870 W zurück, doch wurde durch die günstige Abgaszusammensetzung ein sehr niedriger Brennstoffverbrauch erzielt.

Gegen $5^{40}$ Uhr wurde der Zusatzluftschieber wieder geschlossen, während die Drosselklappe in ihrer Stellung blieb. Wie zu erwarten, wurde die Verbrennung wieder schlechter und näherte sich dem Zustand *AB*. Der Kohlensäuregehalt betrug 9 vH, die Summe der unverbrannten Bestandteile 12 vH. Die Leistung des Motors ging auf 700 W zurück, die Umdrehungszahl auf 1300.

Nach demselben Verfahren des Mono-Duplex „K" arbeitet auch der wesentlich verbesserte Mono-Duplex-Gasprüfer, der an Stelle der Wasserstrahlpumpe eine elektrisch angetriebene Quecksilberluftpumpe besitzt.

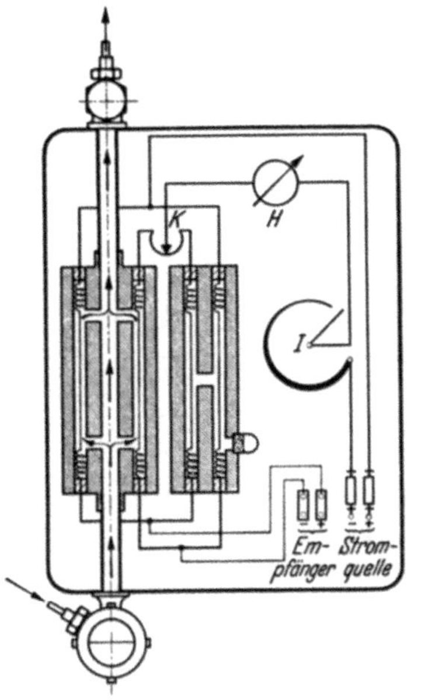


Abb. 350. Schnitt durch den $CO_2$-Geber mit den Meßgeräten der Brückenschaltung (*56*). *H* Strommesser; *I* Regelwiderstand: *K* Nullpunktregulierung.

## II. Elektrische Abgasmeßgeräte.

### a) Elektrische Geräte zur Bestimmung des $CO_2$- und $CO + H_2$-Gehaltes.

**$CO_2$-Geber.** (Prüfung auf $CO_2$-Gehalt.) Die Wärmeleitfähigkeit der Abgase ändert sich mit dem $CO_2$-Gehalt. Darauf beruht die Ermittlung des $CO_2$-Gehaltes auf elektrischem Wege.

Ein in einer Wheatstoneschen Brücke liegender, auf etwa 100° C erhitzter Platindraht (Abb. 350) ist in der Bohrung eines Metallklotzes längs ausgespannt. Das Gas wird durch die Bohrung hindurchgeführt und ändert je nach dem $CO_2$-Gehalt den Wärmefluß zwischen Platindraht und Metallklotz. Damit wird die Temperatur des Platindrahtes und dessen Widerstand in der Meßbrücke beeinflußt. Die Widerstandsänderung wird an der Brücke gemessen.

Um die Empfindlichkeit der Einrichtung zu steigern, führt man zwei gegenüberliegende Zweige einer Meßbrücke durch 2 Bohrungen des Metallklotzes. Da die Strömungsgeschwindigkeit des Gases in den Bohrungen den Wärmeübergang beeinflussen würde, ist für gleichmäßige Strömungsgeschwindigkeit dadurch gesorgt, daß das Gas den Metallklotz in einer Hauptleitung durchfließt und die beiden Meßbohrungen im Nebenschluß zu dieser Hauptleitung, mit ihr durch 2 enge Querkanäle verbunden, liegen. Alle Querschnitte sind so gewählt, daß die Strömungsgeschwindigkeit des Gases in der Hauptleitung in weiten Grenzen schwanken kann, ohne daß sich die Schwankung den Nebenschlußkanälen mitteilt.

Damit die Messung unabhängig von der Temperatur des Auspuffgases ist, muß dieses in einer Kühlschlange mit Wasser auf Raumtemperatur abgekühlt werden, wobei der im Gas enthaltene Wasserdampf kondensiert und ausgeschieden wird.

Damit die Messung von der Temperatur des Raumes unabhängig ist, sind die beiden anderen Zweige der Meßbrücke ebenfalls als Platinträger in einem zweiten Metallklotz, der eine abgeschlossene Luftfüllung besitzt, angeordnet und ebenfalls auf 100° C erhitzt. Da die Temperatur des Gases nicht immer mit der Temperatur der Luft übereinstimmt, bzw. der Unterschied zwischen beiden sich ändern kann, ist der $CO_2$-Geber mit einem Widerstand *K* versehen, mit dem die Nulllage der Brücke eingestellt oder nachgestellt werden kann. Zur Einstellung eines gleichbleibenden Brückenstromes oder der Temperatur der Platinspirale dient ein weiterer Widerstand *I*, der mit dem Strommesser *H* in Reihe liegt.

**$(CO + H_2)$-Geber.** Das Prüfverfahren besteht darin, die unverbrannten Bestandteile $CO + H_2$ unter Beimengung von Frischluft zu verbrennen und die Temperatursteigerung bei der Verbrennung als Maßstab für den Anteil an Unverbranntem zu benützen. Zu diesem Zweck wird das Gasluftgemisch an einem Platindraht vorbeigeleitet (Abb. 351), der in einem Wheatstoneschen Brückenzweig *A* liegt. Die brennbaren Bestandteile des Gases verbrennen infolge katalytischer Wirkung des Platindrahtes bei 400—500° C, d. h. unterhalb der eigentlichen Verbrennungstemperatur der Gase. Die bei der Verbrennung eintretende Temperatursteigerung erhöht die Temperatur des Platindrahtes und kann über die Wheatstonesche Brücke gemessen werden. Der Zweig *B* dient dazu, die Temperaturschwankung der Luft auszugleichen, die beiden Zweige *C* und *D* bestehen aus temperaturunabhängigen Widerständen und sind außerhalb der Meßkammern angebracht. Der Drehwiderstand *H* dient zum Abgleichen der Brücke. Eine Düse am Eintritt dient zur Regelung der Gasmenge.

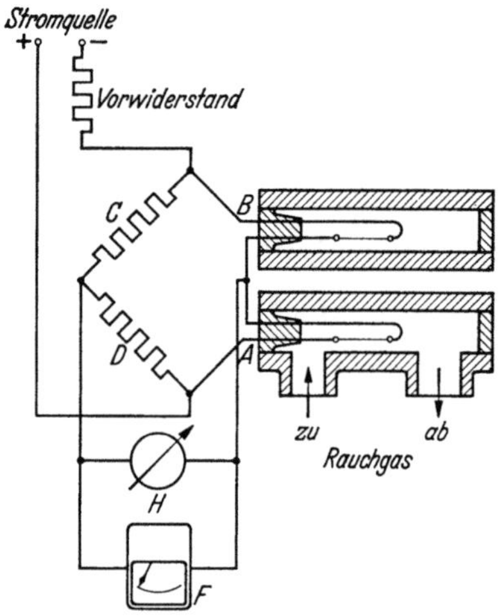


Abb. 351. Meßanordnung des elektrischen $(CO- + H_2)$-Messers (*57*).
*A* Brückenzweig zur Messung des Gasluftgemisches; *B* Brückenzweig zum Temperaturausgleich; *C*, *D* feste Brückenwiderstände; *F* Anzeigegerät; *H* Abgleichwiderstand.

**Gesamtanordnung des Abgasmessers mit $CO_2$- und $(CO + H_2)$-Geber.** Die zusammengebaute Anlage ist in Abb. 352 gezeigt. Die Wasserstrahlpumpe *h* saugt das Prüfgas über den $CO_2$- und den $(CO + H_2)$-Geber, die in *e* und *g* hintereinander liegen, aus der Abgasleitung des Prüflings durch ein keramisches Filter *a* ab, das etwaige Rußflocken fernhalten soll. Der Kühler *c* kühlt das Gas auf Lufttemperatur, wobei das sich niederschlagende Wasser in den Auffangbehälter *b* tropft. Über ein Wattefilter *d* gelangt das Gas in den $CO_2$-Geber *e* und daran anschließend in den $(CO + H_2)$-Geber *g*. *f* ist eine Drosselstelle, mit der die Strömungsgeschwindigkeit des Gases auf

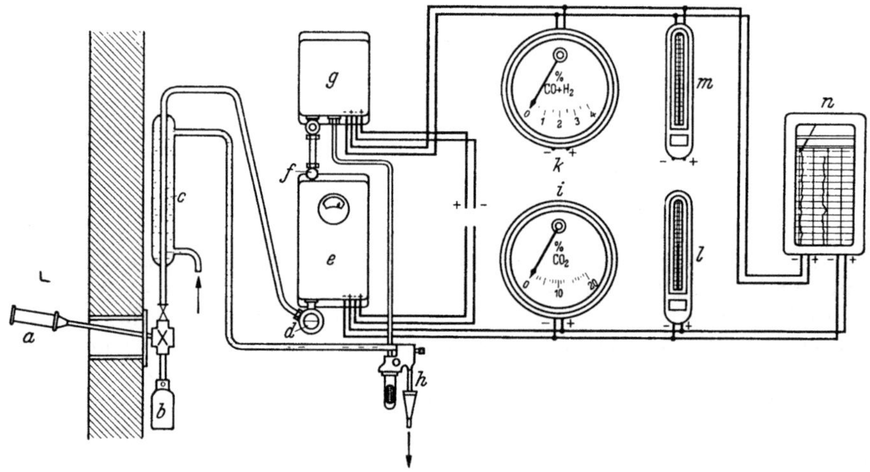


Abb. 352. Gesamtanordnung einer Rauchgasprüfanlage (*58*).
*a* keramisches Filter; *b* Kondenswassertopf; *c* Kühler; *d* Wattefilter; *e* $CO_2$-Geber; *f* Drosselstrecke; *g* $(CO + H_2)$-Geber; *h* Ansaugegerät mit Strömungsmanometer; *i* $CO_2$-Messer; *k* $(CO + H_2)$-Messer; *l* $CO_2$-Zähler; *m* CO + $H_2$-Zähler; *n* Fallbügelschreiber.

den günstigsten Wert eingestellt werden kann. Die Wasserstrahlpumpe wird auf einen Gasdurchsatz von 0,3 l/min eingestellt. Das Einhalten des für diese Gasgeschwindigkeit notwendigen Unterdruckes wird an einem bei *h* angebrachten Manometer überwacht.

Die Anzeigegenauigkeit, verglichen mit der Orsat-Messung als Sollwert, kann für den $CO_2$-Geber ±0,5 vH und für den $(CO + H_2)$-Geber bis zu ±10 vH, je nach dem Anteil von $CO + H_2$ betragen. Die starke Abweichung des $(CO + H_2)$-Gebers vom Sollwert rührt hauptsächlich von dem in Abb. 353 dargestellten Einfluß wechselnder Zusammensetzung von CO und $H_2$ auf die Anzeige her.

### b) Cambridge-Abgasprüfer.

Dieser besteht aus einem Geber, einem Anzeigegerät und den erforderlichen Rohrleitungen und Kabeln (Abb. 354).

Der Geber enthält in einem Metallblock in 4 Kammern feine Platinspiralen, die auf 127° C erhitzt werden. In 2 von diesen 4 Kammern befindet sich mit $H_2O$ gesättigte Luft.

Das zu untersuchende Abgas strömt durch die beiden anderen Kammern, die Strömungsgeschwindigkeit ist durch geeignete Öffnungen begrenzt. Die Abgasentnahme muß in der Nähe des Auslaßventils erfolgen, damit keine Luft beigemischt ist. Die Rohrleitungen werden aus nichtrostendem Stahl hergestellt und in das Auspuffrohr so eingebaut, daß der Druck der Austrittsgase zur Erzeugung der Gasströmung durch den Geber benützt werden kann.

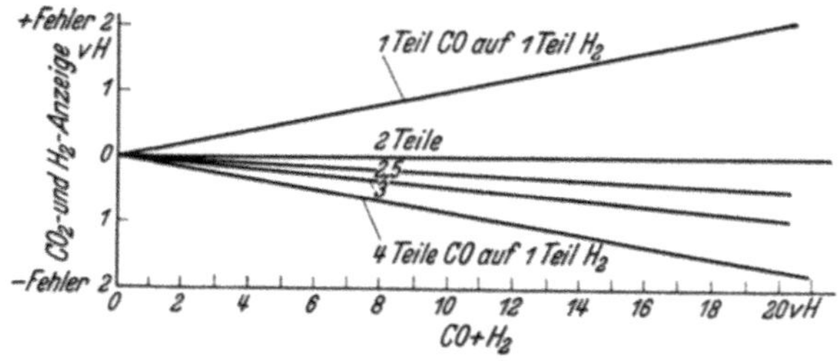


Abb. 353. Einfluß wechselnder $CO/H_2$-Zusammensetzung auf die Anzeige.

Das Anzeigegerät (Abb. 355) besitzt für jeden zu überwachenden Motor ein Millivoltmeter, für einzelne Zylinder nach Bedarf entsprechende Umschalter. Die Skala ist auf das Kraftstoff-Luftverhältnis geeicht. Die Farben rot, grün und orange kennzeichnen die Gemische „arm“, „normal“ und „reich“.

Eine Veränderung des normalen Verhältnisses mittels Korrektur bewirkt eine entsprechende Veränderung der Wärmeleitfähigkeit der Abgase. Die Wärmeleitfähigkeit von CO, $O_2$ und $N_2$ ist nahezu gleich derjenigen von Luft, deshalb reagiert das Gerät nur auf $CO_2$ und $H_2$. Die Leitfähigkeit von $CO_2$ ist halb so groß wie diejenige von Luft. Die Anzeige des Gerätes wird also wenig durch $CO_2$ und sehr stark durch $H_2$ beeinflußt. Bei dem Cambridge-Abgasmesser ist vor dem Gebrauch vor allem auf die Nullstellung der Zeiger zu achten.

Während des Betriebes kann das Gemisch nach der Anzeige des Gerätes so geregelt werden, daß das für jeden Betriebszustand erforderliche Kraftstoff-Luftgemisch eingehalten wird.

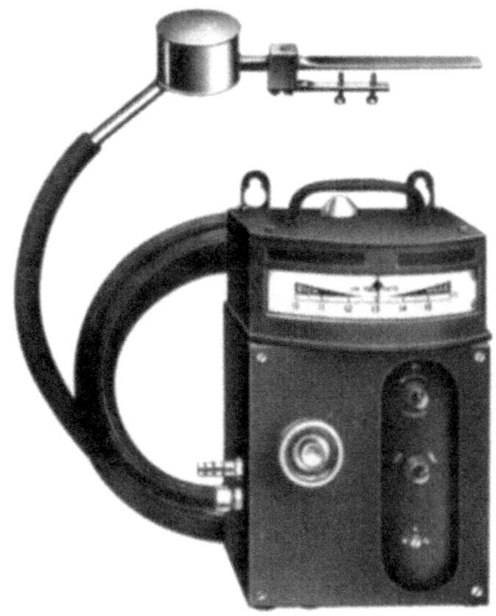

Abb. 354. Cambridge-Abgasanalyseanlage (Cambridge-Instrument Co. Ltd.).

### c) Abgasprüfung auf Sauerstoff (Siemens).

Das im Siemens-Gerät nach Abb. 356 und 357 angewandte Meßverfahren beruht auf Vorschlägen von Palmer (*325*). Zur Ermittlung des Sauerstoffanteiles eines Rauchgases wird diesem eine genügende Menge Wasserstoff ($H_2$) zugesetzt und die Mischung in einem katalytischen Ofen nach $2\ H_2 + O_2 = 2\ H_2O$ verbrannt. Der Anteil an $H_2$ vor und nach der Verbrennung ist ein Maß für die vor der Verbrennung noch vorhanden gewesene Sauerstoffmenge.

Die Feststellung des Gehaltes an $H_2$ ist durch die auch bei der $CO_2$-Messung angewandte Ermittlung der Wärmeleitfähigkeit an und hinter dem Verbrennungsofen möglich. Die Empfindlichkeit des Verfahrens ist hoch, da die Wärmeleitfähigkeit des Wasserstoffes 700 beträgt im Vergleich zu der der übrigen Gasbestandteile mit 59—101. Auch ist die Anzeige unabhängig von allen anderen Gasbestandteilen und deren Anteil am Gasgemisch, weil diese bei der Unterschiedsmessung auf $H_2$-Gehalt ohne Einfluß auf den Unterschied sind.

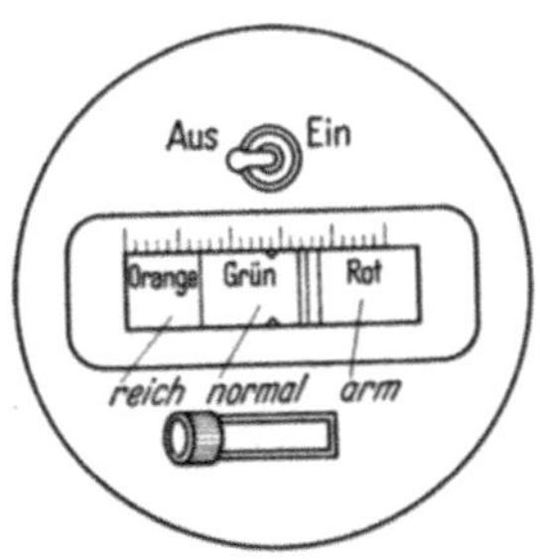


Abb. 355. Anzeigegerät der Cambridge-Abgas-Analyseanlage (*299*).

Das für die Verbrennung notwendige Wasserstoffgas wird durch Elektrolyse im Gebergerät bei *12* (Abb. 356 rechts) gewonnen. Der dazu erforderliche Strom wird einer Batterie entnommen.

Das Ansaugegerät *4* (Abb. 356 links) dient dazu, das Gas aus der Abgasleitung des Verbrennungsmotors anzusaugen, zu kühlen und den Druck vor und hinter dem Gebergerät gleich zu halten. Wenn noch ein $(CO + H_2)$-Messer angebaut ist, fördert es gleichzeitig die für die Verbrennung in diesem Gerät erforderliche gleichmäßige Luftmenge.

Das Wasser tritt in das als Kühlmantel dienende Gefäß des Ansaugegerätes unten ein und füllt dieses bis in Höhe der Mündung des Überlaufrohres *2*. Ein Teil des Wassers gelangt

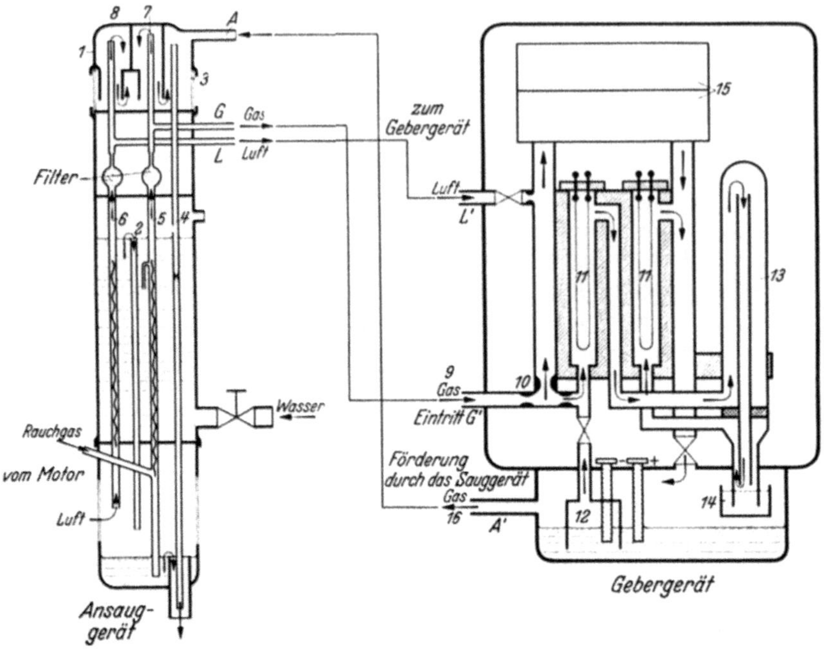


Abb. 356. Elektrischer Sauerstoffmesser *(60)*.
*1* Druckregelflasche; *2* Überlaufrohr; *3* Kammer mit Schauglas; *4* Pumpenrohr; *5* Kühlrohr; *6* Steigrohr; *7* Kammer für Gas; *8* Kammer für Luft; *9* Gaseintritt; *10* Düsen; *11* Meßkammern; *12* Wasserstoffentwickler; *13* Verbrennungsofen; *14* Kondensgefäß; *15* $(CO_2 + H_2)$-Meßkammern; *16* Gasaustritt.

durch kleine Bohrungen in das Pumpenrohr *4*. Die Wirkung dieser „Tropfenzunge" beruht darauf, daß die durch die Bohrungen eintretenden Wassertropfen den ganzen Rohrquerschnitt abschließen, beim Auslaufen nach unten kolbenartig wirken und dadurch das Gas aus der Kammer *3* der Druckregelflasche *1* absaugen. Die Kammer *3* ist durch *A—A'* mit dem Absaugestutzen des $O_2$-Gebers verbunden.

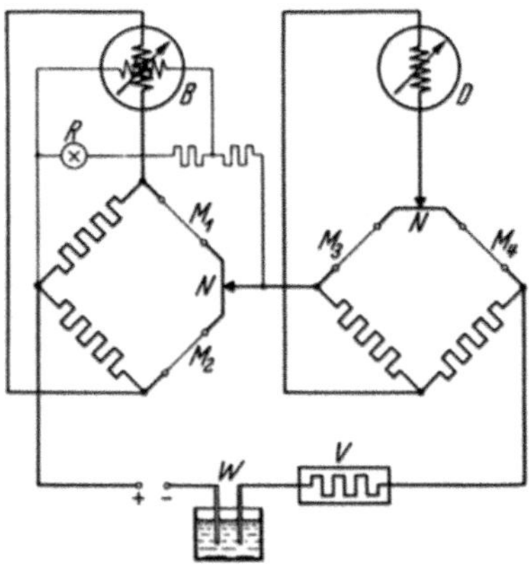


Abb. 357. Schaltung des $O_2$- und des $CO + H_2$-Messers *(61)*.
*B* Brücken-Kreuzspulmeßwerk; *D* Drehspulmeßwerk für $(CO + H_2)$-Messung; $M_1, M_2$ $O_2$-Meßdrähte; $M_3, M_4$ $(CO + H_2)$-Meßdrähte; *N* Nullpunkt, Widerstand; *R* Regellampe; *V* Verbrennungsofen; *W* Wasserstoffentwickler.

Das Rauchgas, das nach Entnahme aus der Abgasleitung zur Reinigung durch ein keramisches Filter gelangt, strömt durch das Kühlrohr *5*, durchläuft ein Wattefilter, gelangt durch *G—G'* in den Geber und von da durch *A'—A* wieder in die Unterdruckkammer *3*. Das Kühlrohr *5* ist mit Bohrungen versehen, durch die Wasser eindringen kann, das über ein schraubenförmig gewundenes Bleiband im Gegenstrom zum Rauchgas abfließt und hierbei etwa vorhandene schweflige Säure $(SO_2)$ auswäscht. Das Auswaschen von $SO_2$ ist deshalb nötig, weil es im Verbrennungsofen des Gebers zu $SO_3$ weiterverbrennen könnte und als solches Anfressungen im Geber hervorrufen würde.

Im Steigrohr *6* wird Luft über die Unterdruckkammer *3*, die Leitung *L—L'*, den $O_2$- und den $(CO + H_2)$-Geber angesaugt. Sie dient als Zusatzluft zur Verbrennung im $(CO + H_2)$-Geber. Die Druckregelflasche *1* ist mit Paraffinöl gefüllt. In die beiden Kammern *7* und *8* münden Zweigleitungen für Gas und Luft, die zu den Geberleitungen gleichgeschaltet liegen. Infolge des Unterdruckes in Kammer *3* perlt, unabhängig vom Druckzustand im Abgasrohr des Prüflings, dauernd Rauchgas von Kammer *7* nach *3* und Luft von Kammer *8* nach *3*. Damit entsteht ein gleichbleibender Druckunterschied zwischen Ein- und Austritt an den Gebern, sowohl für Abgas als auch für Luft. Der Druckunterschied entspricht der Höhe der Flüssigkeitssäule in der Druckregelflasche, er soll 20 mm betragen. Der mittels Düsen hergestellte Strömungswiderstand im Geber hält die benötigte Durchflußmenge von 0,35 l/min gleichmäßig aufrecht.

Das durchgesaugte Gas tritt bei *G'* in den Geber ein. Die Düsen sorgen für eine richtige Teilung des Gasstromes zur Speisung der $O_2$-Meßkammern *11* und des angebauten ($CO + H_2$)-Gebers. Vor Eintritt in die 1. Meßkammer *11* vereinigt sich das Gas mit dem aus dem Wasserstoffentwickler *12* kommenden $H_2$. In der Meßkammer *11* ist ein von einer Brücke auf 80° C beheizter Platindraht ausgespannt. Je nach dem $H_2$-Gehalt des Gases wird die Wärme vom Draht auf die Kammerwand überführt, dementsprechend ändert sich die Temperatur des Drahtes. Aus der 1. Meßkammer fließt das Gas in den Verbrennungsofen *13* und wird dort katalytisch über einem mit Platin-Ruthenium überzogenen Kontaktkörper bei 300—400° C verbrannt. Der gebildete Wasserdampf kondensiert und wird im Gefäß *14* aufgefangen. Da jedoch nicht aller Wasserdampf sich niederschlägt, sondern dem Gas eine bestimmte relative Feuchtigkeit erhält, wird, damit der verbleibende Wasserdampfrest die Messung nicht beeinflußt, die Wärme des Verbrennungsofens dazu benützt, die Meßkammer gegenüber den übrigen Teilen anzuheizen, so daß das Gas in die zweite Meßkammer (*11*) verhältnismäßig trocken ($\approx$ 60 vH relative Feuchtigkeit) eintritt und Wasser sich in ihr nicht niederschlagen kann. In der 2. Meßkammer wird die Wärmeleitfähigkeit ein zweites Mal bestimmt. Die in der 1. und 2. Meßkammer sich ergebenden Widerstandsänderungen werden in Form des Widerstandsunterschiedes in Brückenschaltung nach Abb. 357 gemessen. Das Ergebnis ist ein Maß für den anteiligen $O_2$-Gehalt des Gases. Dementsprechend ist das Anzeigegerät auf Hundertteile Sauerstoff geeicht.

## D. Bestimmung der Abgastrübung im Dieselmotor.

Beim Dieselmotor ist neben der Bestimmung der Güte der Verbrennung durch Analysierung der Auspuffgase im Orsat-Apparat oder im selbsttätig arbeitenden Mono-Gasprüfer die Feststellung der Abgastrübung durch den Rußgehalt wichtig.

Nach Riekert und Ernst (*344*) wird ein gleichgerichtetes Lichtstrahlenbündel durch die Auspuffgase auf eine Selen-Sperrschichtzelle gerichtet, wodurch Strom entsteht. Dieser ist der Stärke der einfallenden Lichtstrahlen verhältnisgleich, wenn der Widerstand im Photostromkreis gering ist. Weiter kann angenommen werden, daß mit zunehmendem Gehalt an unverbranntem Kohlenstoff bzw. stärkerer Abgastrübung die Lichtmenge gleichmäßig abnimmt. Die Photostromstärke ist damit umgekehrt verhältig der Abgastrübung. Die Stromstärke, welche von den Lichtstrahlen beim Durchgang durch reine Luft im Photostromkreis erzeugt wird, bezeichnet den Nullpunkt.

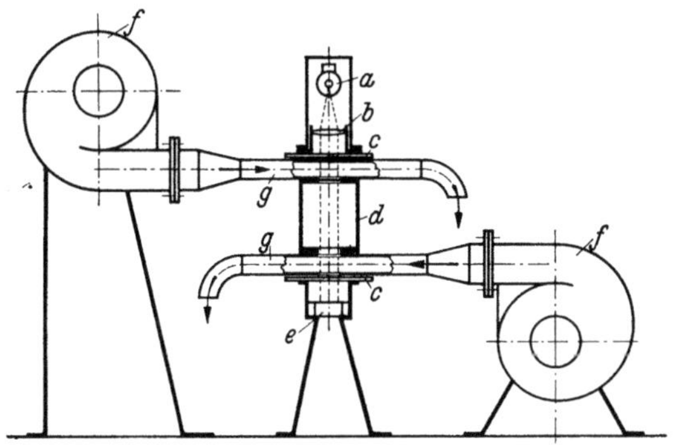


Abb. 358. FKFS-Abgastrübungsmeßgerät (*284*).
*a* Lichtquelle; *b* Linse; *c* Glasscheibe; *d* Abgasleitung; *e* Selen-Sperrschichtzelle; *f* Gebläse; *g* Luftkanal.

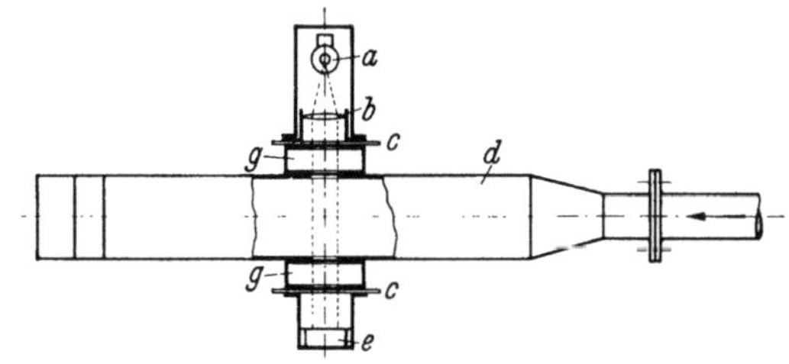


Abb. 359. FKFS-Abgastrübungsmeßgerät (*284*).
*a* Lichtquelle; *b* Linse; *c* Glasscheibe; *d* Abgasleitung; *e* Selen-Sperrschichtzelle; *g* Luftkanal.

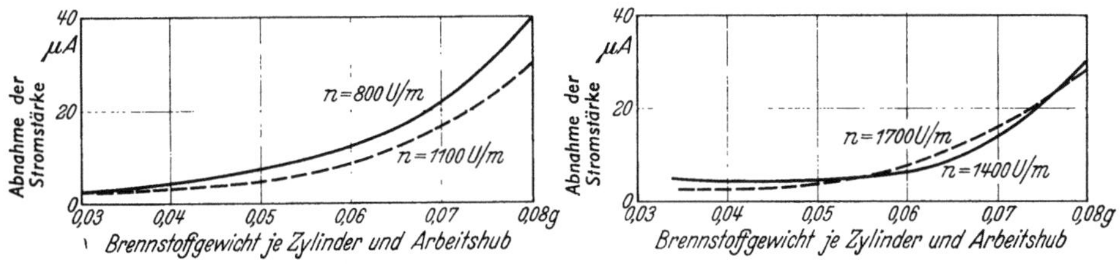


Abb. 360. Abnahme der Lichtdurchlässigkeit des Abgases in Abhängigkeit von der Belastung bei verschiedener Drehzahl (*285*). Motor: Viertakt-Vierzylinder-Diesel mit Wirbelkammer; Kraftstoff: Gasöl.

Die Geschwindigkeit des Abgasstromes ist ohne Bedeutung. Der Querschnitt der Abgasleitung *d* (Abb. 358 und 359) kann deshalb beliebig ausgebildet werden. Die Höhe des rechteckigen Querschnittes der Leitung *d* muß so gewählt werden, daß für die Abgastrübungen die Zelle noch genügend empfindlich ist.

Die Lichtquelle *a* und die Linse *b* sowie die Selenzelle *e* sind vom Abgasstrom durch einen Luftstrom und eine verschiebbare Glasscheibe *c* getrennt, der Luftstrom verhütet eine Trübung der Glasfenster. Das Eindringen von Licht durch die Abgas- und Luftleitung muß verhindert werden.

Zur Wahrung gleichmäßiger Lichtstärke wird die Lichtquelle *a* elastisch, also erschütterungsunempfindlich, im Gehäuse befestigt. Die Lage der Lichtquelle muß unverändert bleiben, damit sich der Nullpunkt nicht verschiebt.

Abb. 360 zeigt die Lichtdurchlässigkeit der Abgase in Abhängigkeit von der Belastung des Motors bei verschiedenen Drehzahlen.

# 10. Drehschwingungsmeßgeräte.

## I. Allgemeines über Drehschwingungen.

Zur Prüfung einer ausgeführten Maschine auf die Richtigkeit der Vorberechnung der Schwingungsverhältnisse ihres Triebwerkes und zur Schaffung weiterer Unterlagen für die Schwingungsberechnung neuer Entwürfe ist die laufende Vornahme von Drehschwingungsmessungen nötig.

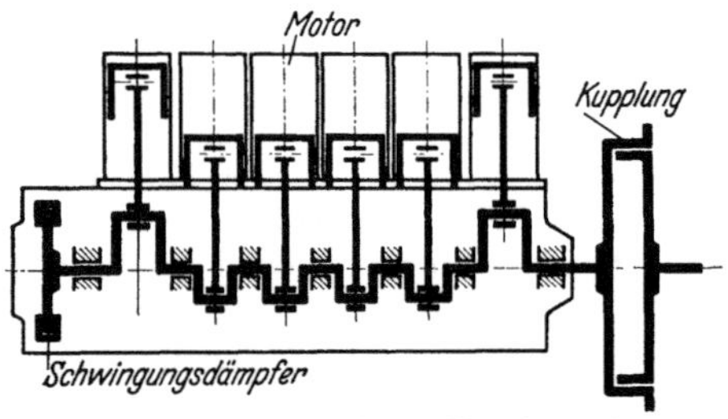


Abb. 361. Kurbelwelle mit Kupplung als schwingungsfähiges Gebilde (*143*).

Eine Kurbelwelle mit den an ihr befestigten Massen (Abb. 361) führt, wenn keine äußeren Kräfte auf sie einwirken, wie jedes schwingungsfähige Gebilde bei Erregung Eigenschwingungen von bestimmter Frequenz und bestimmter Form als Grundschwingungen und Oberschwingungen aus. Bei diesen Eigenschwingungen halten sich die Trägheitskräfte der schwingenden Massen und die aus der Federung des Werkstoffes herrührenden Rückstellkräfte das Gleichgewicht im D'Alembertschen Sinne. Die Schwingungsform ist das Bild der gleichzeitigen Schwingungsausschläge der ganzen Welle im Augenblick der größten Auslenkung.

Wirken auf die Kurbelwelle zeitlich veränderliche Kräfte, insbesondere die Drehkräfte des Motors, so verformt sich die Welle zunächst periodisch entsprechend den wirkenden Kräften, sie führt, an ihren freien Enden gemessen, eine erzwungene Schwingung mit derselben Schwingungszahl wie die erregenden Kräfte aus.

Wirkt aber bei einer bestimmten Drehzahl irgendein harmonischer Anteil der periodisch verlaufenden Drehkraft mit der der Eigenfrequenz der Welle entsprechenden Erregerfrequenz an der Welle, so tritt Resonanz zwischen Erregung und Eigenschwingung auf, die Welle befindet sich dann in einer kritischen Drehzahl.

In den Resonanzen würden, wenn keine Dämpfung vorläge, die Ausschläge und damit die Beanspruchungen der Welle unendlich groß werden. Die stets vorhandene natürliche Dämpfung verkleinert die Ausschläge, zum Teil müssen sie durch zusätzliche künstliche Dämpfung auf das erträgliche Maß zurückgeführt werden. Bei gleichbleibenden Schwingungsausschlägen ist die durch die Erregung zugeführte Arbeit gleich der durch die Dämpfung abgeführten. Auf die Schwingungsform in Resonanz üben die Erregungen und Dämpfungen keinen merklichen Einfluß aus, da sie gegenüber den Massenkräften zurücktreten, so daß die Resonanzschwingungen in Form und Frequenz mit nur geringer Vernachlässigung der Eigenschwingung gleich gesetzt werden können. Mit großer Annäherung gilt, daß jede Beanspruchung, die zu den äußeren Belastungen zusätzlich auftritt, durch eine der Eigenschwingungen, also im wesentlichen durch die Trägheitskräfte dieser Schwingung, erzeugt wird, die in Frequenz und Form bekannt ist. Durch diese Tatsache wird die rechnerische und insbesondere die mechanische und meßtechnische Untersuchung sehr erleichtert.

Abb. 362 zeigt die errechenbare Schwingungsform eines Sechszylindermotors mit Schwungrad. Kennt man den Schwingungsausschlag $\varphi_0$ am freien Wellenende, der durch Messung mit Hilfe eines Torsiographen bestimmt werden kann, so kennt man auch mit Hilfe der berechneten Schwingungsform die Verdrehungen und Beanspruchungen an jeder anderen Stelle der Welle.

Die größte zusätzliche Drehbeanspruchung ist dort, wo die Schwingungsform die größte Neigung besitzt, d. h. in der Regel im Schwingungsknoten, d. h. in dem Punkt, an dem die Schwingungsform die Nullinie schneidet, wenn zunächst vorausgesetzt wird, daß die Welle überall dasselbe polare Trägheitsmoment $J_p$ besitze. Das größte Schwingungsmoment ist sodann

$$M_{\max} = G \cdot J_p \cdot \frac{\Delta \varphi}{e},$$

wo

$G$ der Schubmodul,
$J_p$ das polare Trägheitsmoment des Wellenquerschnitts,
$\frac{\Delta \varphi}{e}$ die größte Neigung der Schwingungsform

ist.

Die durch die Schwingungen verursachte zusätzliche Schubbeanspruchung ist

$$\tau_{\max} = \frac{M_{\max}}{W_d} = G \cdot \frac{d}{2} \cdot \frac{\Delta \varphi}{e},$$

wo $W_d$ das Widerstandsmoment und $d$ den Wellendurchmesser an der betrachteten Stelle bedeuten. Besitzt die Welle stark wechselnde Trägheitsmomente, so braucht die Stelle größter Beanspruchung mit der Stelle des größten Schwingungsmomentes, d. h. größter Neigung der Schwingungsform nicht zusammenzufallen.

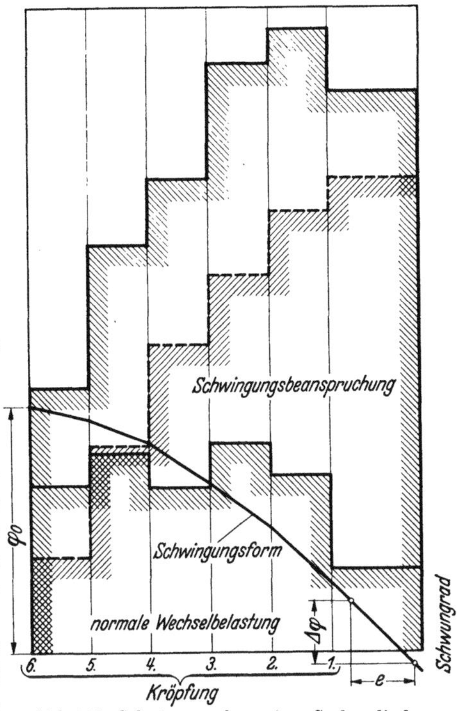


Abb. 362. Schwingungsform einer Sechszylinder-Kurbelwelle, Beanspruchung der Welle durch Momente der Resonanzschwingung, der Wechselbelastung bzw. der sich daraus ergebenden Resultierenden (*144*).
$\varphi_0$ = Schwingungsausschlag am freien Wellenende;
$\frac{\Delta \varphi}{e}$ = Größte Neigung der Schwingungsform.
Gesamtbeanspruchung = normale Wechselbelastung + Schwingungsbeanspruchung.

Als Grundlage für die Schwingungsrechnung ist die Kenntnis der Drehsteifigkeit der Welle nötig. Abb. 363 zeigt den Aufbau einer Verdrehungsmessung. Die Kurbelwelle ist in ihren Hauptzapfen auf Wälz- oder Gleitlagern gelagert. An den Flanschen der Wellenzapfen greifen die beiden Hebelarme zur Erzeugung des gewünschten Drehmomentes in gegenläufigem Sinn an. (Bei Verwendung je zweier Hebelarme wird ein reines Drehmoment, also ohne zusätzliche Biegemomente, erreicht.)

Zur Ermittlung der verhältnismäßigen Verdrehung, z. B. der 4 Kröpfungen insgesamt, dienen die Spiegel $S_1$ und $S_2$, die ihre Lichtzeiger auf Maßstäbe werfen. Die Werte an den Maßstäben werden über ein Fernrohr abgelesen. Bei bekanntem Abstand $s$ zwischen Spiegel und Maßstab läßt sich nach Ablesen der Ausschläge $a_1$ und $a_2$ der Verdrehungswinkel und damit die „elastische Länge" der Kröpfung ermitteln.

Ist

$M_d$ = Drehmoment,
$G$ = Schubmodul,
$J_{\text{pol}}$ = Bezugsträgheitsmoment,
$l_{\text{red}}$ = reduzierte Länge,
$\Delta a = a_1 - a_2$ = Unterschied der gemessenen Ausschläge,
$s$ = Entfernung Spiegel — Maßstab,

dann ist

$$l_{\text{red}} = \frac{G \cdot J_{\text{pol}} \cdot \Delta a}{M_d \cdot 2\, s}.$$

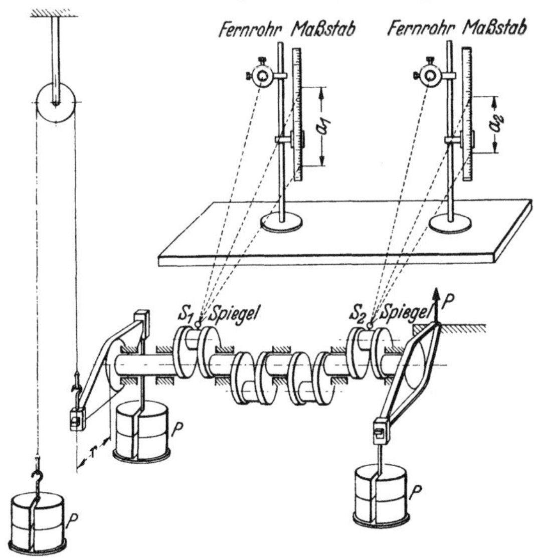


Abb. 363. Bestimmung der elastischen Länge einer Kurbelwelle durch Versuch.
$l_{\text{red}} = \frac{G \cdot J_{\text{pol}} \cdot \Delta a}{M_d \cdot 2 \cdot s}$; $\Delta a = a_2 - a_1$; $M_d = P \cdot 2\, r$:
$s$ = Abstand Spiegel — Maßstab.

Bei Vorausberechnung eines entworfenen Motors auf zu erwartende kritische Drehzahlen genügt die Herstellung einer einzelnen Kröpfung aus billigem Werkstoff, weil die Schubzahl für alle Stahlsorten annähernd gleich ist. Aus der elastischen Länge einer Kröpfung kann die elastische Länge der ganzen Welle ermittelt und, etwa unter Benützung des Gümbelschen Verfahrens, die Schwingungsform aufgezeichnet werden.

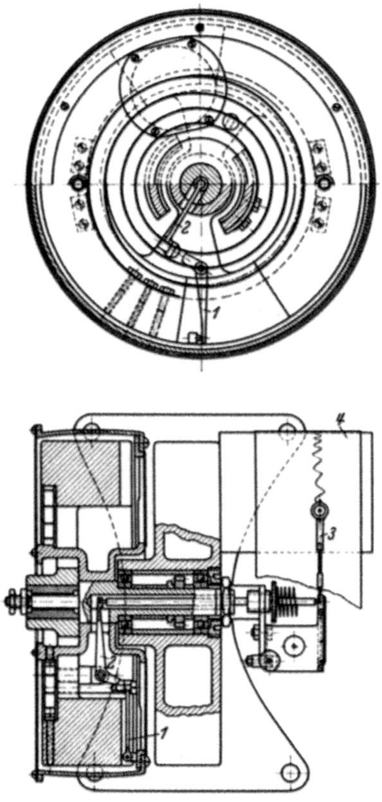

Nach neueren Erkenntnissen ist die Steifigkeit einer Kröpfung wesentlich mitbestimmt durch den ganzen Wellenverband und durch die Art der Lagerung im Motorgehäuse. Für genauere Messungen darf man daher nicht ohne weiteres eine einzige Kröpfung herauslösen, sondern muß die Verdrehungsmessung an der gesamten Kurbelwelle unter Anbringen der verdrehenden Kräfte an den einzelnen Hubzapfen vornehmen (*194*).

In Abb. 362 ist für ein Beispiel (unter Berücksichtigung der Widerstandsmomente der einzelnen Wellenabschnitte) die Verteilung der Gesamtbeanspruchung dargestellt. Die Schwingungsbeanspruchung allein ist im Wellenzapfen zwischen dem Schwungrad und den Zylindern an der Stelle des Schwingungsknotens am größten. Es ist jedoch für die Gesamtbeanspruchung der Kurbelwelle noch das Arbeitsdrehmoment des Motors zu beachten. Dabei ist in erster Linie die Schwankung des

**Abb. 364. Torsiograph nach Geiger.**
*1, 2* Winkelhebel; *3* Schreibhebel; *4* Papierband.

**Abb. 365.**
**Antrieb des Torsiographen von Geiger mittels DVL-Kupplung (*145*).**

Arbeitsdrehmomentes um seinen Mittelwert in den verschiedenen Wellenabschnitten zu berücksichtigen, da für die Dauerfestigkeit einer Welle in erster Linie diese Drehmomentsschwankung maßgebend ist (in Abb. 362 als „normale Wechselbelastung" bezeichnet). In vielen Fällen ergibt sich der so ermittelte Verlauf der Gesamtbeanspruchung derart, daß deren Größtwert nicht zwischen Schwungrad und erster Kröpfung, sondern zwischen erster und dritter Kröpfung, also im zweiten Hauptlager auftritt.

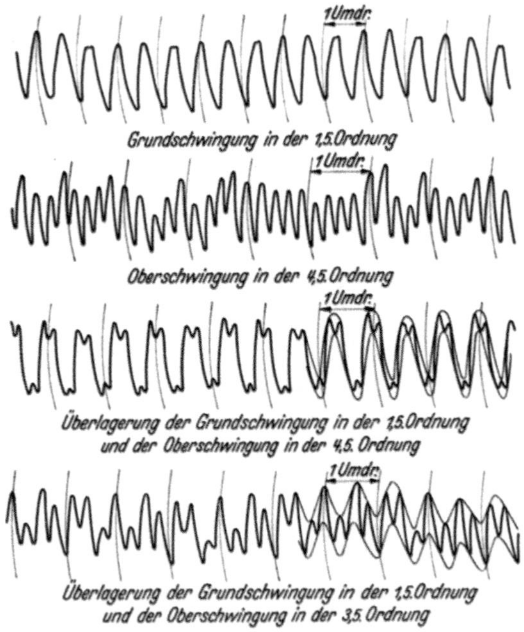


**Abb. 366.** Mit Geiger-Torsiograph aufgenommene Schriebe (*146*).

Festzustellen ist, bei welchen Drehzahlen eine solche Resonanzschwingung auftritt, und wie stark sie ausgeprägt ist.

Resonanz mit den Drehkräften eines Zylinders ist immer dann vorhanden, wenn die Grundperiode dieser Kräfte — das sind bei Viertakt 2 Umdrehungen, bei Zweitakt 1 Umdrehung, — in einem ganzzahligen Verhältnis zur Eigenschwingungszahl der Welle steht, also bei den Drehzahlen

$$\frac{n_e}{n/2} \text{ bei Viertakt und } \frac{n_e}{n} \text{ bei Zweitakt.}$$

Die Resonanzdrehzahlen können aber nicht alle als kritische Drehzahlen bezeichnet werden, da die meisten von ihnen gefahrlose Resonanzen ohne bedeutende Schwingungsausschläge darstellen.

## II. Die Drehschwingungsmeßgeräte.

Zur Messung des für die Ermittlung der Verdrehungen und Beanspruchungen der Welle festzustellenden Ausschlages sind Meßgeräte entwickelt worden, welche die der Drehbewegung der Welle überlagerten Drehschwingungen aufzeichnen.

Ein mit der Kurbelwelle fest verbundener Bauteil des Meßgerätes schleppt über Federn eine Schwungscheibe mit. Der mit der Kurbelwelle fest verbundene Teil macht alle Verdrehungsschwingungen des freien Wellenendes mit, während die Schwungscheibe infolge ihrer Massenträgheit gleichmäßig umläuft, ohne den Schwingungen der Welle zu folgen. Die verhältnismäßigen Verdrehungen zwischen Kurbelwellenende und Schwungscheibe werden beobachtet oder selbsttätig aufgezeichnet.

Bedingung für unbeeinflußte Meßergebnisse ist, daß die Masse des Torsiographen so klein ist, daß durch sie eine wesentliche Verlagerung der Eigenschwingungszahl der Kurbelwelle nicht eintritt.

**Der Geigersche Torsiograph** (*169*). Die absoluten Drehschwankungen werden durch zwei Winkelhebel *1* und *2* (Abb. 364) in axiale Bewegungen verwandelt, durch die hohle Achse des Gerätes aus dem umlaufenden in den ruhenden Raum übergeleitet und mittels eines Schreibhebels *3* auf ein fortlaufendes Papierband *4* übertragen. Zur Anpassung an verschiedene Schwingungsverhältnisse und Ausschläge gestattet der Schreibhebel die Einstellung verschieden großer Hebelübersetzungen. Zur gleichzeitigen Aufnahme von Umdrehungszahl und Zeit sind zwei elektromagnetisch betätigte Schreibstifte eingebaut.

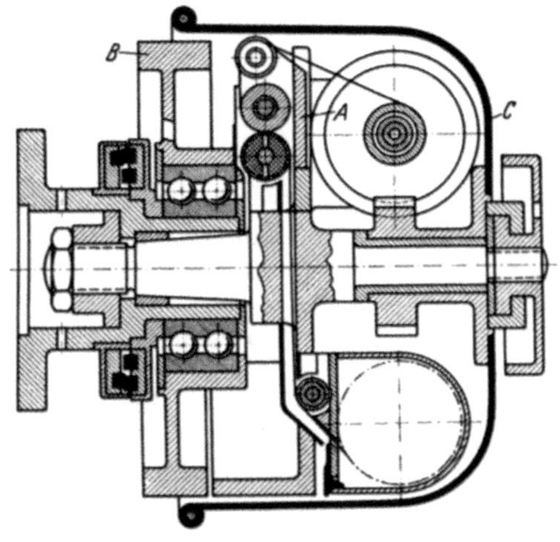


Abb. 367.
Schnitt durch den DVL-Ritztorsiographen Muster 2 (*154*).
Trommel 120 mm Durchmesser; *A* Querträger; *B* Schwungscheibe; *C* Trommel.

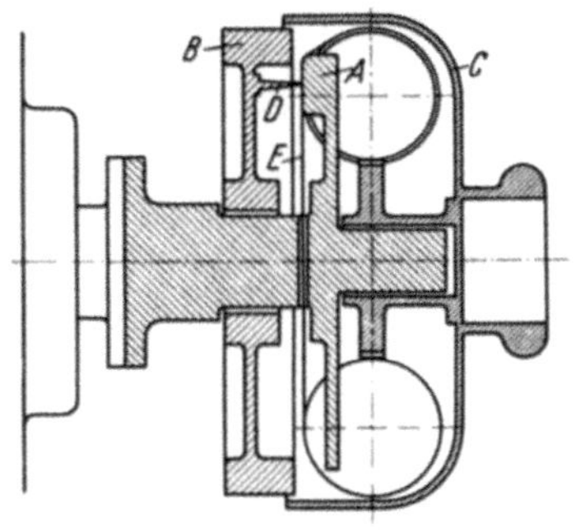


Abb. 368.
Wirkungsweise des DVL-Ritztorsiographen, Muster 2 (*151*).
*A* Querträger; *B* Schwungscheibe; *C* Trommel; *D* Schreibstift; *E* Film.

Der üblicherweise mit Bandantrieb arbeitende Geiger-Torsiograph gestattet die Aufnahme der bei raschlaufenden Motoren auftretenden hochzahligen Schwingungen nicht. Die DVL hat eine drehstarre Kupplung (Abb. 365) entwickelt, die eine gewisse Biegeweichheit besitzt, um die immer vorhandenen Erschütterungen des Motors vom Gerät freizuhalten und dadurch eine ungestörte Messung zu ermöglichen.

Abb. 369. Torsiograph an einem Motor angeschlossen.

Abb. 366 zeigt einige mit dem Geiger-Torsiographen aufgenommene Schriebe (*271*). Bei Überlagerung zweier Schwingungen werden, wie in den Torsiogrammen angedeutet, durch Einzeichnen entsprechender Umhüllungslinien die Anteile der beiden Schwingungen voneinander abgesondert, wobei die Bandbreite die Doppelamplitude der Oberschwingung unmittelbar ergibt.

Bei den dargestellten Messungen treten zwei ausgeprägte Schwingungen auf: Die Grundschwingung und die erste Oberschwingung. Die Grundschwingung besitzt einen Knoten in unmittelbarer Nähe des Schwungrades, die Oberschwingung neben einem solchen noch einen zweiten Knoten innerhalb der Kurbelwelle des Motors.

**Der DVL-Ritz-Torsiograph** (Abb. 367 bis 370). Der DVL-Torsiograph wird in zwei Größen hergestellt, das große Baumuster ist aber im Hinblick auf die Beeinflussung der Kurbelwellenmasse selten in Verwendung. Die Schwingung wird in natürlicher Größe am Halbmesser $r \sim 45$ mm beim kleinen, bzw. $r \sim 50$ mm beim großen Baumuster auf ein laufendes Filmband geritzt, das unter dem Mikroskop ausgewertet wird.

Das Gerät besteht aus dem durch einen Flansch mit der Welle starr verbundenen Träger $A$ (Abb. 368), der die gesamte Schreib- und Antriebsvorrichtung sowie 2 Magnete für die Zeit- und Umdrehungszeichnung trägt, aus der auf Kugeln gelagerten, als Masse dienenden Schwungscheibe $B$, die durch zwei Schraubenfedern mit dem Querträger verbunden ist, durch 2 Anschläge in ihrer Bewegungsfreiheit begrenzt wird und den Schreibstift trägt, der drehbar gelagerten Trommel $C$, welche die Schnecke für den Antrieb der Filmrolle trägt und zugleich als Schutzhaube dient.

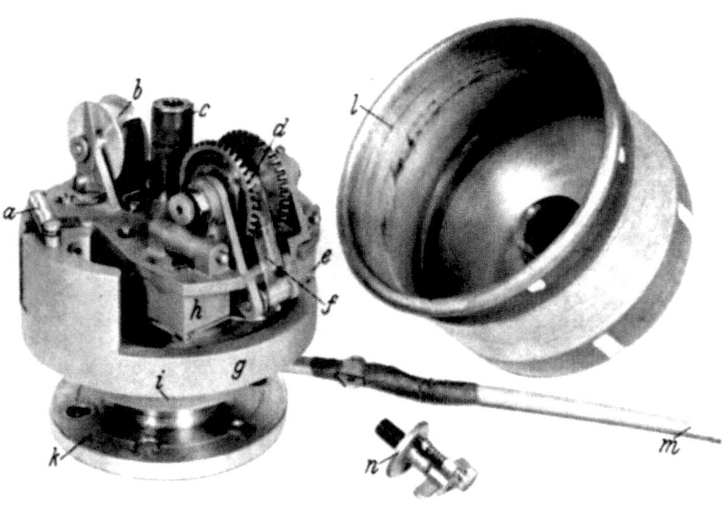


Abb. 370. DVL-Torsiograph (*152*).

*a* Schraubenfeder, *b* Filmspule, *c* Achse für Förderschnecke, *d* Aufspultrommel, *e* Umdrehungsmagnet, *f* Filmband, *g* Schwungmasse mit Schreibstift, *h* Zeitmagnet, *i* Kontaktscheibe, *k* Befestigungsflansch, *l* Schutzhaube, *m* Stromzuführung, *n* Verschlußschraube mit Sicherungsstift.

Alle drei Teile laufen, solange nicht gemessen wird, mit der Welle um. Durch Anhalten der Trommel $C$ setzt sich der Schneckentrieb durch Abwälzen in Bewegung. Damit wird der Film vorwärtsbewegt und die Messung eingeschaltet.

Die Arbeitsweise des Gerätes erfordert eine Schreibvorrichtung, bei der sich feine Linien ergeben, die man genügend genau auswerten kann. Im vorliegenden Fall sind die Ausschläge auf einen Halbmesser von 50 mm bezogen, sind also in der Größenordnung von Millimetern. Deshalb ist das Aufzeichnen auf Zelluloidband durch eine Diamantspitze noch angängig. Als Schreibband dient ein 16 mm-Schmalfilm (beim kleinen Muster 11 mm) ohne Lochung, der an der Stelle der Aufzeichnung zwischen zwei Leisten genau geführt ist. Abb. 371 zeigt einige Torsiogrammausschnitte.

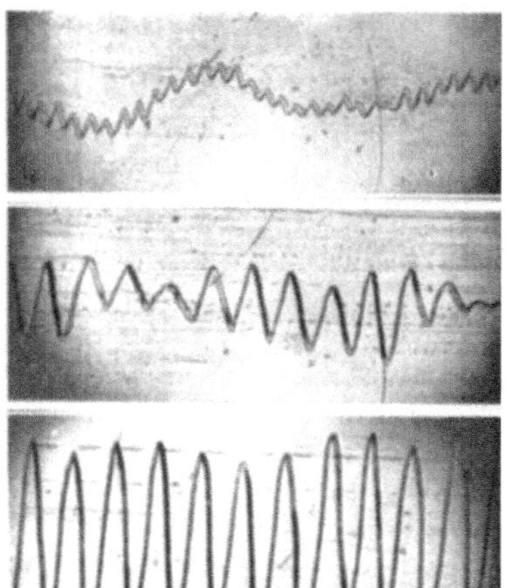

Abb. 371. Einige Torsiogramme aufgenommen mit dem DVL-Torsiographen (*158*).

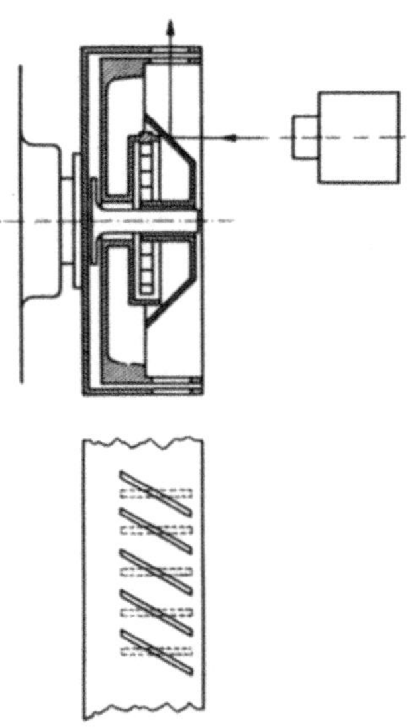

Abb. 372. Anordnung des optischen Schwingungsmessers (*147*).

Das Anhalten der Trommel kann von Hand oder durch eine mittels Bowdenzug betätigte Bremse geschehen. Letzteres ist bei Messungen in Fahrzeugen während der Fahrt, wo das Gerät für die Bedienung schwer zugänglich ist, wertvoll.

**Der optische Schwingungsmesser** nach Kutzbach (*376*) (Abb. 372) ist nach dem Grundsatz des Torsionsindikators von Föttinger gebaut. Die Schwingung wird durch zwei mit schrägen Lichtschlitzen versehene, gegeneinander schwingende Trommeln sichtbar gemacht. Bei einer Schwingung verbreitert sich der Lichtzeiger zu einem Lichtband, dessen Breite je nach dem Neigungswinkel der Schlitze die Größe des Schwingungsausschlages kennzeichnet. Das Gerät bewährte sich zur schnellen Auffindung der kritischen Drehzahlen und der größten Ausschläge.

**Der elektrische Schwingungsmesser.** Das Gerät von H. Thoma (*380, 381*) arbeitet elektrisch-kapazitiv nach dem Verfahren der halben Resonanzkurve (s. S. 62).

Die Versuchseinrichtung ist in Abb. 373 gezeigt. An beiden Enden der Kurbelwelle sind zwei Aluminiumscheiben aufgesetzt, die gegenüber feststehenden Metallkreisringscheiben umlaufen. Die Kreisringscheiben sind isoliert aufgebaut und liegen als Kondensatoren im Gitterkreis einer Hochfrequenzschaltung. Der Kranz der Aluminiumscheiben und die Ringscheiben tragen rechteckige Zahnungen. Die Teilungen sind so gewählt, daß die Zahnlücken in den Umlaufscheiben sich mit den Zähnen der Kreisringscheiben decken. Der Zahnwinkel der beiden Umlaufscheiben ist um $^1/_4$ Zahnteilung versetzt. Damit ergeben sich beim Betrieb Schwankungen der Gesamtkapazität in gleichmäßiger Folge. Treten Verdrehschwingungen auf, so werden die Kapazitätsänderungen größer oder kleiner, je nachdem die Schwingung gerade mit oder gegen den Drehsinn erfolgt. Wird diese Kapazitätsänderung im Oszillographen aufgenommen, so ergibt sich entsprechend der Zahnfrequenz ein fortlaufendes Band, dessen Breite als Verdrillungsmaß dient.

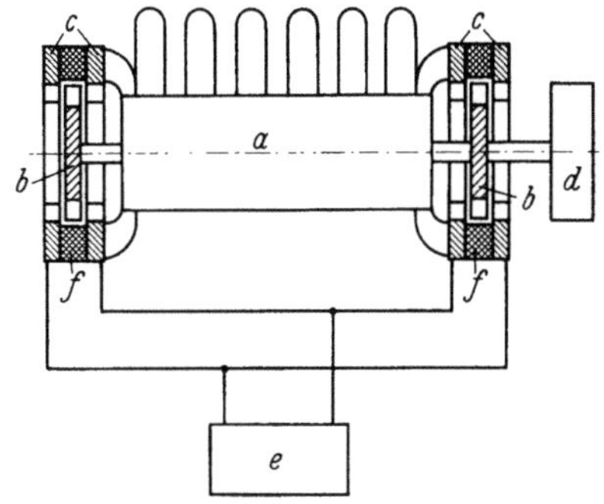


Abb. 373. Elektrischer Verdrillungsmesser für die Kurbelwelle (*406*).
*a* Motor; *b* Zahnscheibe (auf beiden Seiten der Kurbelwelle); *c* Zahnkränze (feststehend); *d* Schwungrad; *e* Hochfrequenzsender; *f* Isolierung.

**Drehschwingungsuntersuchungen mittels Schwingungserreger.** Zur Klärung grundsätzlicher Fragen, aber auch zur Feststellung der Eigenschwingungszahl einer neu entwickelten Kurbelwelle, die in einen noch nicht gebauten Motor eingebaut werden soll, werden oftmals auch Schwingungsuntersuchungen an der nichtumlaufenden Kurbelwelle durchgeführt. Die Schwingungen werden dabei durch Schwingungserreger erzeugt, die im allgemeinen zwecks Erzielung einer rein sinusförmigen Erregung als mechanische Erreger unter Zuhilfenahme von Unwuchten ausgebildet werden.

Die Kurbelwellen werden bei diesen Untersuchungen meistens auf der einen Seite eingespannt oder mit einem schweren Schwungrad versehen, während auf der entgegengesetzten Seite die Erregung in Form einer reinen Drehmomentenerregung eingeleitet wird. (Torsion 1. Art, s. auch Abb. 363.) Zu diesem Zweck sind die beiden durch eine biegsame Welle angetriebenen Unwuchten, wie Abb. 374 zeigt, auf einer quer zur Kurbelwellenachse stehenden Welle um 180° gegeneinander versetzt und je in bestimmtem Abstand von der Kurbelwellenachse angeordnet.

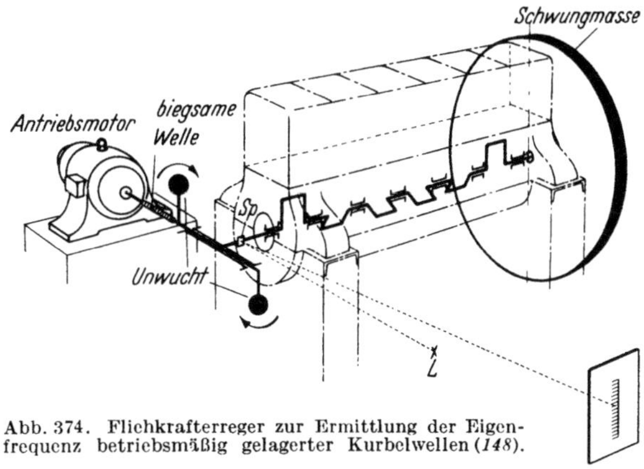


Abb. 374. Flichkrafterreger zur Ermittlung der Eigenfrequenz betriebsmäßig gelagerter Kurbelwellen (*148*).

Die infolge der Erregung auftretenden Schwingungsausschläge werden auf optischem, mechanischem oder elektrischem Wege gemessen.

Um die (niederste) Eigenschwingungszahl der Kurbelwelle zu bestimmen, wird die Drehzahl der Unwuchten stetig verändert und die Schwingungsausschläge über der Erregerdrehzahl als Veränderlicher aufgetragen. Die Resonanzstelle ergibt die Eigenschwingungszahl der Welle.

Da bei der in Abb. 374 dargestellten Anordnung auch Biegebeanspruchungen an der Erregerstelle auf die Kurbelwelle übertragen werden, werden zum Teil auch Doppelerreger mit 2 Unwuchtwellen, bei denen kein Biegemoment auftritt, ausgeführt.

Auf dieselbe Weise werden vielfach auch Sonderuntersuchungen, z. B. Schwingungsdämpferuntersuchungen, durchgeführt (*376a*).

## 11. Schreibgeräte für allgemeine Meßzwecke.

Bei Versuchen an Fahrzeugen und Motoren wird stets angestrebt, die beim Beobachten von Meß- und Prüfwerten auftretenden persönlichen Fehler durch weitgehende Anwendung von Schreibeinrichtungen, soweit deren Genauigkeit die der Zeigerinstrumente annähernd erreicht, auszuschalten und zugleich die Meß- und Versuchswerte urkundlich festzulegen.

Grundsätzlich besteht die Möglichkeit, alle Zeigerinstrumente, ob sie mechanisch oder elektrisch sind, als schreibende Geräte umzugestalten. Meßgenauigkeit und Anschaffungskosten ziehen jedoch die Grenzen für die Anwendung des Schreibverfahrens.

Auf die mechanischen Schreibgeräte wurde, soweit sie handelsüblich sind, bei der Behandlung der Zeigergeräte jeweils hingewiesen.

Die elektrischen Zeigergeräte für Temperatur, Druck, Abgaszusammensetzung können im allgemeinen durch Schreibgeräte ersetzt oder zu ihnen parallel geschaltet werden.

Durch Anwendung sog. Ringrohrferngeber können die Zeigerbewegungen der mechanischen Geräte zur Steuerung elektrischer Zeiger oder Schreibgeräte verwendet werden. Mit den Schreibeinrichtungen sind zum Teil Regeleinrichtungen, z. B. für Druck, Temperatur, verbunden.

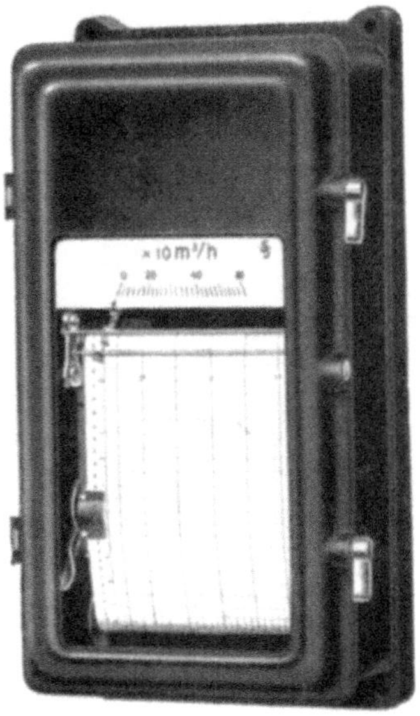

Abb. 375. Linienschreiber mit eingebautem Brückenkreuzspulinstrument (S & H) (*8*).

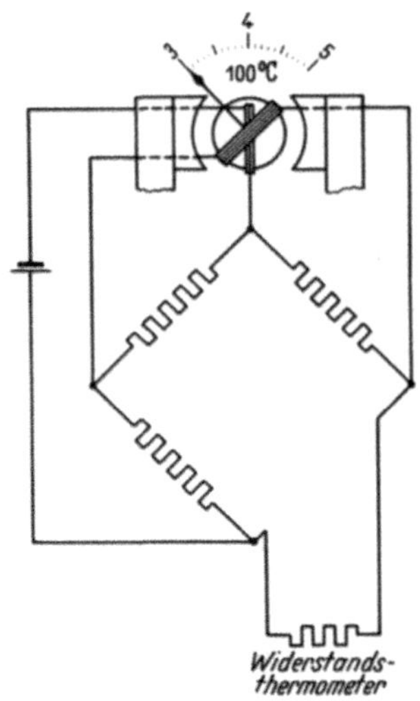


Abb. 376. Brückenkreuzspul-Meßwerk (S & H) (*47*).

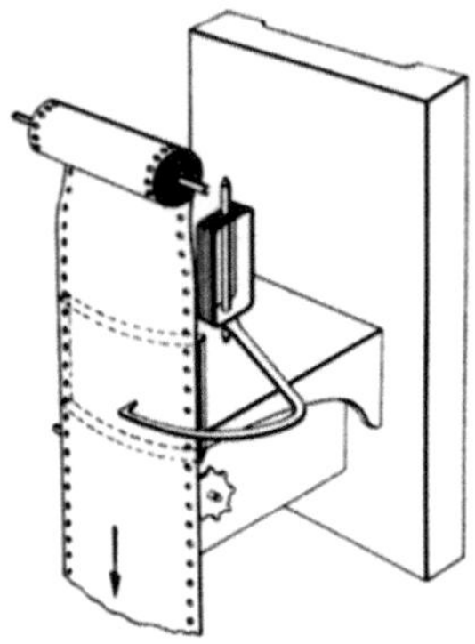

Abb. 377. Aufbau eines Linienschreibers mit gekrümmtem, ablaufendem Streifen und Hakenzeiger (S & H) (*11*).

**Linienschreiber.** Die einfachste Ausführung eines Linienschreibers besteht darin, daß der Zeiger des Meßwerkes am Ende eine Schreibvorrichtung trägt (Bleistift oder Tintenfeder) und die angezeigten Werte auf einem ablaufenden Papierstreifen, möglichst in einem geradlinigen Koordinatennetz, aufschreibt. Die Vorwärtsbewegung des Papiers erfolgt mittels Uhrwerk, Synchronmotor oder elektromagnetisch derart, daß im allgemeinen je Stunde etwa 20 mm Papiervorschub erfolgen. Bei Sondermeßgeräten kann der Papiervorschub auf 36 mm je Stunde gesteigert werden.

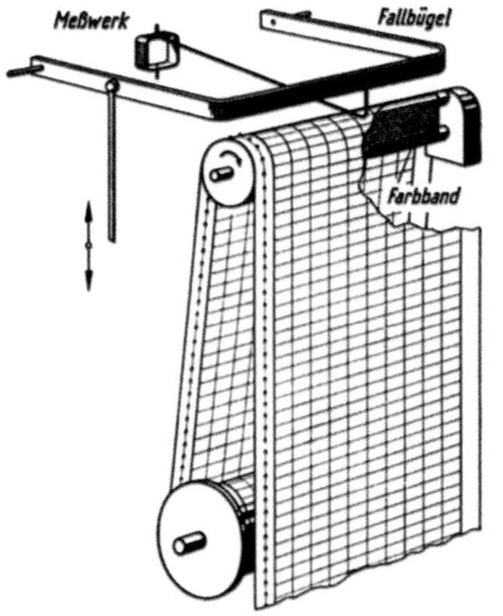


Abb. 378. Schematische Darstellung des Einkurvenschreibers (S & H) (*12*).

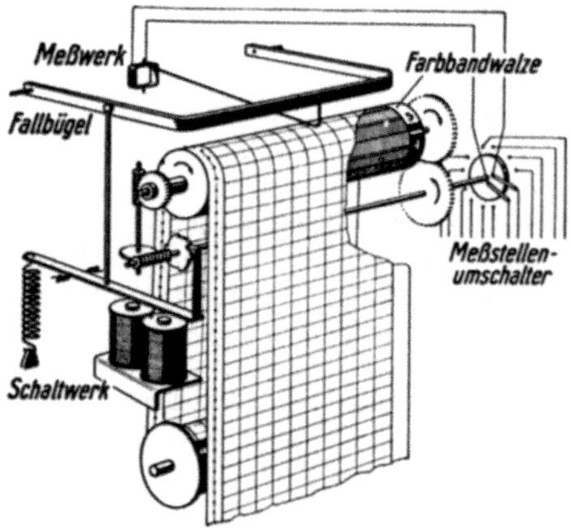


Abb. 379. Schematische Darstellung des Sechsfarbenschreibers (S & H) (*7*).

Die Geräte schreiben einen fortlaufenden Linienzug auf. Dazu muß der Schreibstift selbst immer in Ordnung sein. Bei längerer Schreibdauer erfüllt ein Bleistift diese Forderungen nicht mehr. Dann wird die Tintenfeder angewandt, bei der das Vorratsgefäß für Tinte mit der Schreibfeder zusammen meistens eine Einheit bildet. Die Federn sind so ausgebildet, daß die Tinte durch Kapillarwirkung vom Vorratsgefäß zur Feder gesaugt wird.

Von wesentlichem Einfluß auf die Genauigkeit beim Schreibvorgang ist das Verhältnis der Reibkraft zwischen Schreibstift und Papier zu der im Meßwerk verfügbaren Richtkraft.

Abb. 380. Meßstellenumschalter des Sechsfarbenschreibers, geöffnet (*10*).

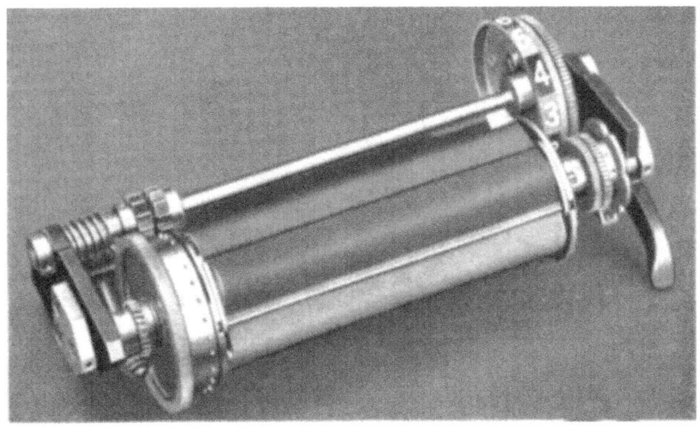

Abb. 381. Farbbandwalze des Sechsfarbenschreibers (*9*).

Das Meßwerk vermag infolge seiner Trägheit und der Reibdämpfung der Schreibfeder r a s c h e n Schwankungen der Richtkraft nicht zu folgen. Für solche Fälle werden als Aufzeichnungsmittel Lichtzeigergeräte, Ritzschreiber oder andere verwandt. Die erwünschte geradlienig Aufzeichnung auf dem Papier wird durch Anwendung von Geradführungen erreicht.

Je nach Verwendungszweck ist eines der bekannten Meßwerke, wie Drehspul-, Kreuzspul-, Brückenkreuzspul- oder ein elektrodynamisches Meßwerk in dem Linienschreiber (Abb. 375) eingebaut.

Für Messungen bei der Motorenprüfung wird mit Erfolg ein Brückenkreuzspulmeßwerk (Abb. 376) verwendet, da dieses sehr hohe elektrische Empfindlichkeit, große Richtkraft sowie Unabhängigkeit von Temperatur- und Spannungsschwankungen besitzt. Das Gerät kann bei Messung von Temperatur, Menge, Zug oder Druck verwendet werden. Abb. 377 zeigt die Innenansicht eines Schreibers.

**Fallbügelpunktschreiber.** In Fällen, bei denen das für den fortlaufenden Schreibvorgang notwendige, vom Meßwerk aufzubringende Zeigerdrehmoment nicht ausreicht, läßt man den Schreibvorgang selbst durch einen Fallbügel vornehmen. Zur Aufzeichnung wird dann der Meßwerkzeiger in seinem jeweiligen Ausschlag durch den periodisch angetriebenen Fallbügel gegen das Schreibpapier gedrückt (Abb. 378). Der Fallbügel wird durch eine äußere Kraft, also durch einen Synchronmotor, ein Uhrwerk oder einen Elektromagneten ausgelöst. Auf oder unter dem Schreibpapier liegt ein Farbband, das an der gedrückten Stelle das Papier färbt. Die in dichter Folge aufgezeichneten Punkte reihen sich zu einem Linienzug aneinander, der den Verlauf der Meßgrößen erkennen läßt. Bedingung dabei ist, daß der aufzuzeichnende Vorgang sich nur langsam ändert.

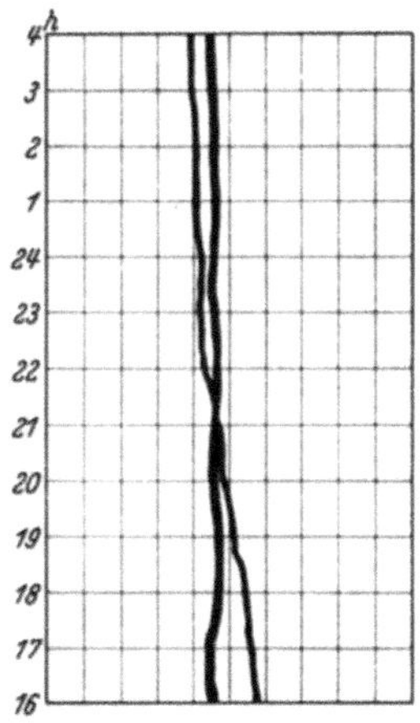


Abb. 382. Diagrammausschnitt eines Zweifarben-Fallbügelschreibers zur Aufzeichnung von Temperatur und relativer Feuchtigkeit eines Raumes.

Ein wesentlicher Vorteil des Fallbügelpunktschreibers liegt darin, daß mehrere Meßgrößen auf ein und denselben Streifen gleichzeitig aufgeschrieben werden können. Nach Verlauf einer Bügelbewegungsperiode, die etwa 20 s beträgt, kann durch geeignete Vorrichtungen das Meßwerk auf eine andere Meßstelle umgeschaltet werden, (Abb. 379, 380, 381), zugleich wird die Farbwalze, auf der verschiedenartige Farbbänder aufgespannt sind, vor jeder Aufzeichnung gedreht. Auch in den Fallbügelschreibern können je nach dem Verwendungszweck verschiedene Meßwerke eingesetzt werden.

Abb. 382 zeigt einen Streifenabschnitt eines Zweifarbenschreibers zur Aufzeichnung von Temperatur und Feuchtigkeit in einem Raum.

Die Angaben eines Punktschreibers können nicht ohne weiteres für die stichprobenartig ermittelten Versuchswerte verwendet werden. Dagegen sind sie bei der Durchführung von Dauerversuchen von Vorteil, z. B. für die Überwachung des Prüfverlaufes und die Zusammenhänge zwischen Lufttemperatur, Feuchtigkeit, Motorleistung, Brennstoffverbrauch, Abgaszusammensetzung.

# 12. Regeleinrichtungen.

Selbsttätige Regeleinrichtungen werden dort verwendet, wo der Prüfbetrieb die Gleichhaltung irgendeiner Größe erfordert, z. B. der Temperatur des Kühlmittels, der Öltemperatur, der Blasgeschwindigkeit der Kühlluft. Im folgenden sind einige gebräuchliche Geräte genannt.

## I. Selbsttätiger Ausgleichschreiber *(Kompensograph)*.

Die Arbeitsweise dieses Gerätes ist ähnlich wie die des beschriebenen Handausgleichgerätes. Der zu messenden Spannung wird eine Ausgleichspannung entgegengesetzt. Das Meßwerk dient lediglich als Nullgalvanometer in einer Brückenschaltung. In abgeglichenem Zustand der Brücke ist diese stromlos. Sobald irgendeine Ungleichheit der Spannungen eintritt, wird entsprechend dem Ausschlag des Meßwerkzeigers die Ausgleichspannung nachgeregelt. Dazu wird der Zeiger des Meßwerkes periodisch alle 3 Sekunden, durch einen Fallbügel, der mittels Synchronmotor angetrieben ist, niedergedrückt und bei Abweichung aus der Nullage gegen einen der beiden Bremshebelarme (Abb. 383) gepreßt. Dadurch werden die unter Federspannung stehenden Laufwerke freigegeben, so daß der im Ringrohr eingebaute Ausgleichwiderstand über die Planetengetriebe gedreht wird. Da das Druckblech am Fallbügel schräg gestellt ist, werden die Laufwerke je nach dem Zeigerausschlag mehr oder weniger lange freigegeben, so daß dadurch die jedesmalige Verstellung des Ringrohres dem Zeigerausschlag entspricht. Das Ringrohr wird so oft weitergedreht, bis die zu messende Spannung und die Ausgleichspannung einander gleich sind, die Brücke also wieder stromlos ist.

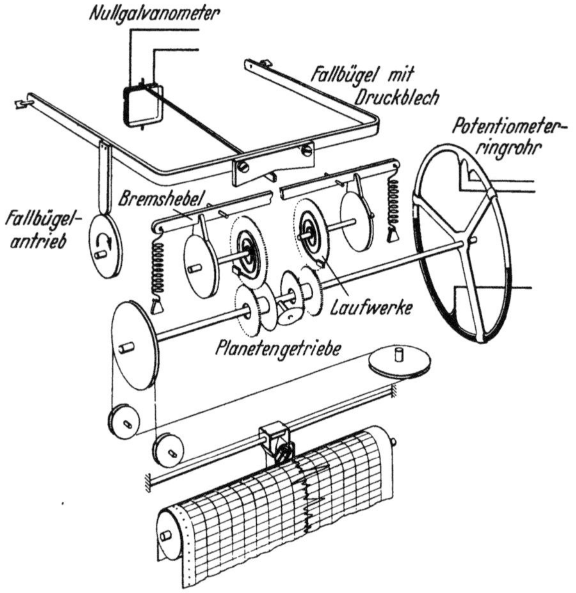

Abb. 383. Anordnung der mechanischen Ausgleichung des Kompensographen von Simens & Halske (*14*).

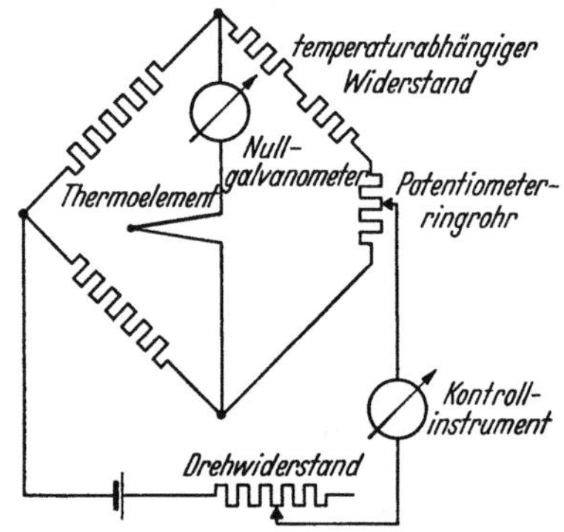

Abb. 384. Anschluß des Kompensographen an ein Thermoelement (S & H) (*15*).

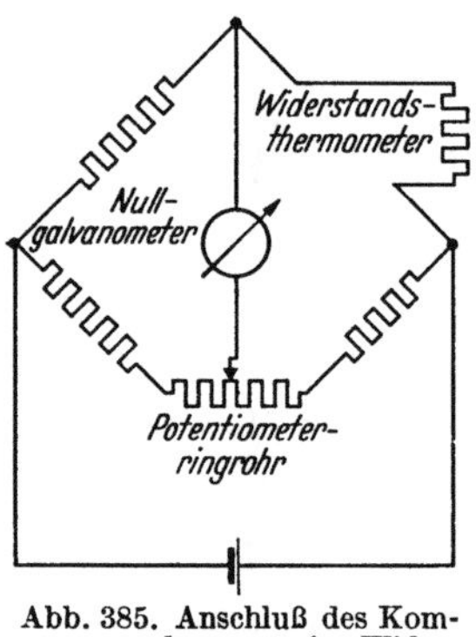

Abb. 385. Anschluß des Kompensographen an ein Widerstandsthermometer (S&H) (*16*).

Ähnlich wie beim Handkompensographen ist die Stellung des als Spannungsteiler geschalteten Ringrohrwiderstandes also ein Maß für die Meßgröße. Deshalb kann die Bewegung des Ringrohres auf die Schreibvorrichtung und den Zeiger des Meßgerätes übertragen werden. Die Aufzeichnungen des Kompensographen sind in Form einer ununterbrochenen Linie sehr genau. Falls die Einrichtung gleichzeitig zur Regelung verwendet werden soll, können verstellbare Grenzkontakte in Form von Quecksilberkippschaltern eingebaut werden.

Bei Anschluß an Thermoelemente nach Abb. 384 dient auch ein eingebauter temperaturabhängiger Widerstand zur selbsttätigen Kompensation des Einflusses der kalten Lötstellen; dazu muß die Kompensationsleitung an den Kompensographen herangeführt werden. Für die Steuerung ist eine gleichbleibende Hilfsspannung erforderlich, die am Drehwiderstand eingestellt werden kann. Bei Anschluß von Widerstandsthermometern nach Abb. 385 ist ein Gleichhalten der Spannung nicht erforderlich, da die Messung spannungsunabhängig ist.

## II. Fallbügelregler.

Der Aufbau und das Schaltwerk dieses Gerätes ähnelt Fallbügelschreibern. Die zu regelnde Meßgröße wird auf das Meßwerk übertragen. Der gewünschte Regelwert kann durch eine oder mehrere Hilfszeiger (Grenzwerte) eingestellt werden. Sobald die Meßgröße vom eingestellten Wert abweicht, soll ein Schaltwerk in Tätigkeit treten, das Schlitze, elektrisch angetriebene Ventile, Drosselklappen usw. steuert. Hierzu wird durch eine umlaufende Kurvenscheibe ein Fallbügel und der Meßzeiger periodisch angehoben (Abb. 386). Er drückt (wenn er gerade unter einem der eingestellten Grenzwerte liegt) die Kontaktwippe in Schräglage, so daß in der Quecksilberschaltröhre ein Kontakt geöffnet oder geschlossen und dadurch der entsprechende Regelvorgang eingeleitet wird. Sobald die Kurvenscheibe sich weiter gedreht hat, senkt sich der Fallbügel wieder und gibt den Meßzeiger zur neuen Einstellung frei, wobei das Schaltrohr wieder in Anfangsstellung zurückgeht.

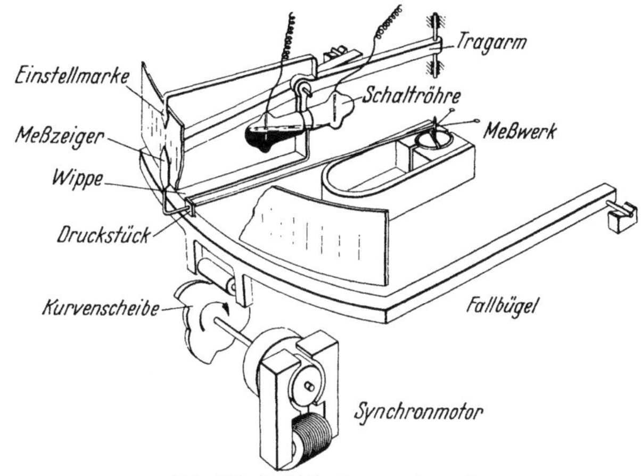


Abb. 386. Fallbügeltemperaturregler.

Für die Einhaltung eines bestimmten Bereiches verwendet man meistens zwei Einstellzeiger als Grenzkontakte. Für besondere Fälle können weitere eingebaut werden, so daß z.B. Grob- und Feinregelung möglich ist. Damit der Regelvorgang den Betriebsverhältnissen angepaßt werden kann, müssen die Kontaktpausen und die Kontaktdauer richtig bemessen sein. Dies geschieht beim H & B-Gerät durch Auswechseln der Kurvenscheiben, bei S & H-Gerät durch besonderes Einregeln des den Fallbügelmagneten steuernden Zeitgebers.

Durch die beiden Kontakte des Reglers wird nun beispielsweise ein in den Kühlmittelkreislauf des Versuchsmotors eingeschaltetes Regelventil geöffnet oder geschlossen. Weicht der Zeiger des Reglers vom Sollwert ab, so wird einer der Steuerkontakte betätigt und das Ventil verstellt. Die Verstellung hat nach einer bestimmten Verzögerungszeit ein Zurückgehen des Zeigers auf den Sollwert zur Folge. In dieser Zwischenzeit werden aber noch weitere Impulse gegeben, da der Regler zunächst die Verzögerung der Regelauswirkung nicht berücksichtigt.

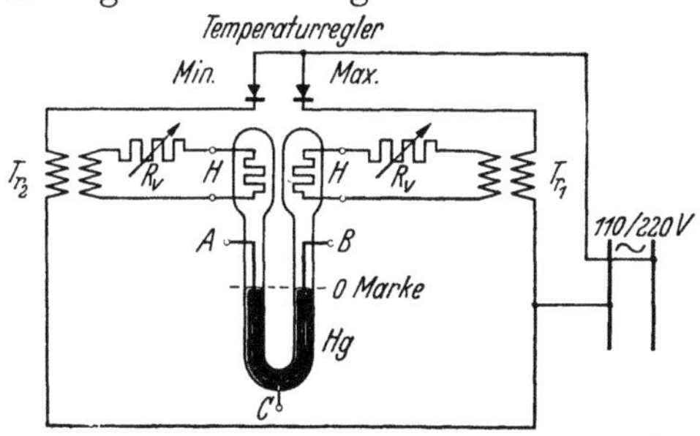


Abb. 387. Thermische Quecksilberrückführung für elektrische Regler (25).
*Min.* unterer Grenzkontakt; *Max.* oberer Grenzkontakt; $R_v$ Vorwiderstand für Heizwicklung; *H* Heizwicklung; $T_{r_1}$ und $T_{r_2}$ Transformatoren; *A*, *B*, *C* Anschlüsse für die Brückenschaltung des Kreuzspulinstrumentes.

Zunächst ist Anlaß für ein Überregeln gegeben, und zwar derart, daß der eingestellte Sollwert unter Umständen nie erreicht wird und der Vorgang pendelt. Um dies zu vermeiden, kann die regelmäßige Impulsfolge in bestimmtem Takt unterbrochen oder durch Beeinflussung der Zeigerstellung verzögert werden, je nachdem es die Trägheit der zu regelnden Anlage verlangt.

Die Zusatzeinrichtungen, die möglichst eine aperiodische Regelung herbeiführen sollen, sind in der Regeltechnik als Rückführungen bekannt.

## III. Thermische Rückführung.

Die sog. „thermische Rückführung" nach S & H dient dazu, die überflüssigen Steuerimpulse zu unterbinden und nur eine Ventilsteuerung zuzulassen, die der einmal stattgefundenen Abweichung vom Sollwert entspricht. Dies geschieht dadurch, daß gleichzeitig mit der Einschaltung des Ventilverstellmotors eine Heizspirale erwärmt wird, die eine Widerstandsänderung hervorruft, welche zur Verstellung des Zeigernullpunktes verwendet wird. Die Widerstandsänderung wird durch Verschieben eines Quecksilberfadens hervorgerufen (Abb. 387), in den ein Widerstandsdraht taucht. Die Heizspirale erwärmt das eingeschlossene Füllgas, dessen Ausdehnung den Druck auf das Quecksilber verändert. Wie aus Abb. 387 ersichtlich, liegen die beiden Heizspiralen an dem oberen und unteren Grenzkontakt des Temperaturreglers. Die Spiralen werden über 2 Transformatoren und einstellbare Vorwiderstände $R_v$ geheizt. Je nach der verlangten Rückführempfindlichkeit kann der Rückführwiderstand als Potentiometer oder Vorwiderstand geschaltet werden. Die Einstellung der Rückführung erfolgt mittels der beiden Vorwiderstände $R_v$. Hierdurch wird die in der Zeiteinheit sich ergebende Volumenvergrößerung und damit die zeitliche Einstellung des Rückführwiderstandes maßgebend. Bei großen Verzögerungen (5—6 min) des Regelvorganges kann der Regelwiderstand $R_v$ klein gewählt werden, wodurch sich die Füllgasausdehnung infolge stärkerer Heizung der Heizspirale beschleunigt. Bei kurzen Verzögerungen (1—2 min) wird dagegen ein großer Widerstand $R_v$ einzustellen sein.

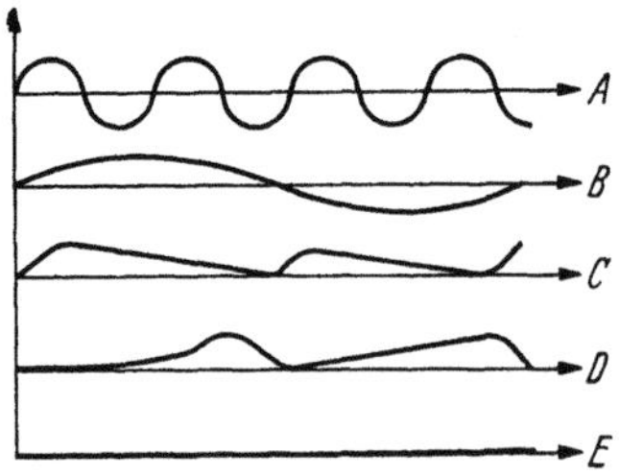


Abb. 388. Regelkurven eines Temperaturreglers (S & H). *A* zu schwach eingestellte Rückführung; *B* zu stark eingestellte Rückführung; *C* Minimalseite, zu geringe Rückführung; *D* Minimalseite, zu starke Rückführung; *E* richtiger Verlauf der Regelung, d. h. aperiodischer Verlauf.

Abb. 388 zeigt einige kennzeichnende Aufschriebe, wie sie bei verschiedener Einstellung der Rückführung erhalten werden.

Schaulinie *A* ergibt sich bei schwach eingestellter Rückführung, periodisches Pendeln ist noch vorhanden. Durch Verringerung des Widerstandes $R_v$ wird die Rückführung verstärkt, es ergibt sich Linie *B*, die zeigt, daß in der Nachstellung der Rückführung schon zu weit gegangen worden ist. Die richtige Einstellung liegt also zwischen den beiden Fällen *A* und *B*, auch kann die Spanne zwischen den Grenzkontakten verkleinert werden, so daß die gewollte Linie erreicht wird.

Schaulinie *C* zeigt, daß die Seite der unteren Grenzwerte eine zu geringe Rückführung hat, da die Temperatur schneller ansteigt als abfällt, bei Schaulinie *D* ist das Gegenteil der Fall. Linie *E* zeigt den richtigen aperiodischen Verlauf der Regelung. Gelegentliche kleine Regelspitzen treten durch gleichzeitige Änderung des Sollwertes auf.

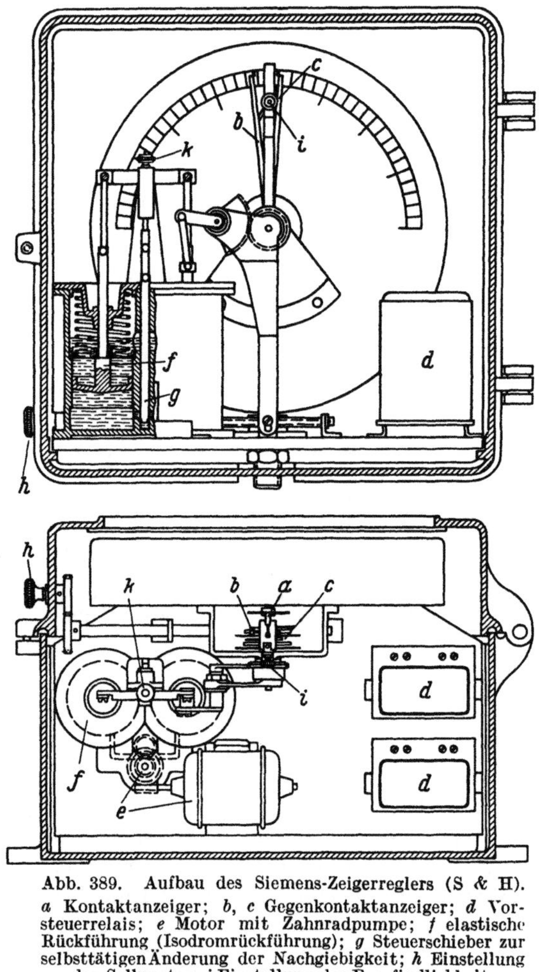


Abb. 389. Aufbau des Siemens-Zeigerreglers (S & H). *a* Kontaktanzeiger; *b*, *c* Gegenkontaktanzeiger; *d* Vorsteuerrelais; *e* Motor mit Zahnradpumpe; *f* elastische Rückführung (Isodromrückführung); *g* Steuerschieber zur selbsttätigen Änderung der Nachgiebigkeit; *h* Einstellung des Sollwertes; *i* Einstellung der Empfindlichkeit; *k* Einstellung der Regelgeschwindigkeit.

Eine ähnliche, jedoch mechanisch arbeitende Einrichtung ist der Siemens-Zeigerregler für Druck und Temperatur mit elastischer Rückführung. Meßvorrichtung und Rückführung sind dabei in einem Gehäuse vereinigt. Bei Druckregelung besteht das Meßwerk aus einem Federmanometer (für Drücke über 0,05 atü). Für Temperatur enthält der Regler ein Kompensationsquecksilber-Fernthermometer.

Wie beim Fallbügelregler können die Grenzkontakte (Abb. 389) eingestellt werden. Hierzu dient eine Randelmutter *h*. Der Zeiger des Meßwerkes gibt beim Verlassen des Sollwertes bei *b* oder *c* Kontakt, so daß über diesen der die Regelvorrichtung antreibende Elektromotor gesteuert wird. Pendelungen werden dadurch unterbunden, daß die Zeigerkontaktgabe rechtzeitig unterbrochen und erst wieder freigegeben wird, wenn eine weitere Verstellung der Steuereinrichtung notwendig ist.

Bei dieser Rückführung wird durch die Kontakte *b* und *c* gleichzeitig mit dem Kontaktgeber zur Steuerung des Regelmotors eine kleine Zahnradpumpe *e* mittels Elektromotors in Betrieb gesetzt. Diese pumpt Glyzerin aus einem Zylinder in einen anderen. Dadurch senkt sich der Kolben des einen Zylinders, und der andere hebt sich um den gleichen Betrag, da die Kolben über einen gleicharmigen Hebel miteinander verbunden sind. An der Kolbenstange des einen Zylinders ist ein Gestänge angelenkt, das den Halter mit den beiden Grenzkontakten *b* und *c* verstellt, so daß der Kontakt unterbrochen wird. Mit dem Kolbengestänge steht ein Schieber *g* in Verbindung, der jedesmal angehoben wird, wenn die Kolben aus der Mittellage gebracht werden. Dieser gibt dann eine Öffnung zwischen den beiden Zylindern mehr oder weniger frei. Die Feder des gehobenen Kolbens drückt durch die Öffnung die Sperrflüssigkeit wieder in den anderen Zylinder zurück bis zur Nullage der Kolben, wobei der Kontaktgeber wieder in die ursprüngliche Stellung geschoben wird. Hat die Kontaktgabe genügt, um den Sollwert einzuregeln, so ist der Regelvorgang beendet, andernfalls wird erneut Kontakt gegeben, und der Vorgang wiederholt sich. Durch besondere Ausbildung des Schiebers *g* wird erreicht, daß die Regelgeschwindigkeit verhältnisgleich der Abweichung der zu regelnden Betriebsgröße vom Sollwert ist.

In Fällen, in denen eine einseitige Regelung ausreicht, z. B. wenn eine bestimmte Temperaturhöhe nicht über- oder unterschritten werden darf, genügt die Verwendung eines sog. Ausdehnungsreglers unter Anwendung von Werkstoffen, die verschiedene Ausdehnungsbeiwerte besitzen. Bei Erwärmung ergibt sich damit eine Längenänderung, die zur Betätigung eines Schalters benützt wird. Um die kleinen Längenänderungen der Metallstäbe (Abb. 390 und 391) ohne besondere Hebelübersetzung verwenden zu können, ist ein Vakuumschalter eingebaut. In einem luftleer gepumpten Glasrohr sind die beiden Kontakte *A* und *B* untergebracht, wodurch Funkenbildung beim Öffnen oder Schließen vermieden wird. Die Betätigung der Kontakte erfolgt über einen Druckstab, der mittels eines elastischen Wellrohres die nötige seitliche Bewegungsfreiheit erhält. Infolge der Vermeidung der Funkenbildung ist die Schaltleistung besonders hoch (1500 W).

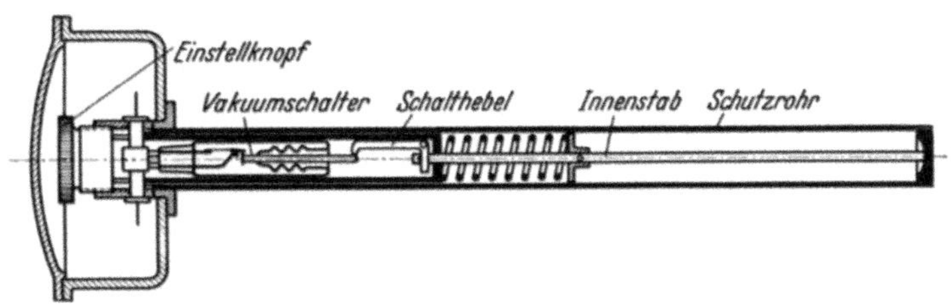


Abb. 390. Schematische Darstellung des Stabreglers (S & H) (*28*).

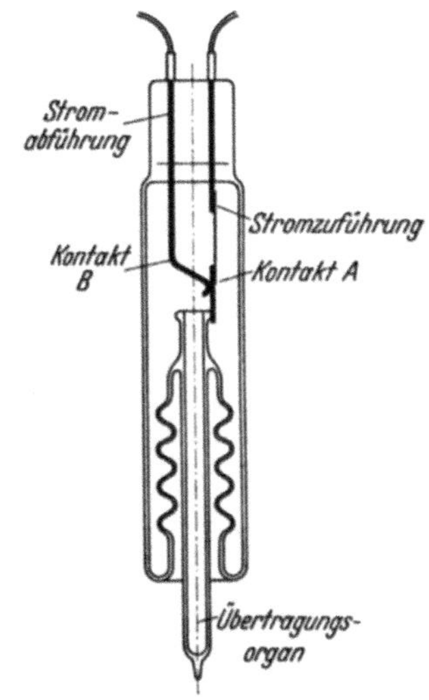


Abb. 391. Schnitt durch den Vakuumschalter (S & H) (*27*).

Der gewünschte Regelwert kann am Zeiger durch die Federvorbelastung des Ausdehnungsstabes eingestellt werden (Abb. 392). Die von dem Regler gegebenen Impulse wirken mittelbar oder unmittelbar auf die Steuereinrichtungen. Bei Steuerung von elektrischen Strömen oder Spannungen werden Schützeinrichtungen, bei Steuerung von Wasser, Luft, Öl, Regelventile, Drosselklappen oder elektromagnetische Hubventile verwendet. Abb. 393a, b, c zeigt derartige Einrichtungen.

Als Beispiel für die Anwendung dient die in Abb. 394 dargestellte Anlage eines Gegenstromkühlers für Fahrzeugmotoren mit selbsttätiger Temperaturregelung.

Abb. 392. Stabregler, Deckel des Anschlußkopfes abgenommen (S & H) (*26*).

Das vom Motor kommende Kühlmittel wird in einem Lamellenkühler durch Kühlwasser, das außen die Lamellen umströmt, rückgekühlt. Für gleichbleibende Wärmeverhältnisse am Motor ist die Kühlmitteltemperatur auf einen bestimmten Wert einzuregeln, für guten Ausgleich zwischen der dem Kühler zugeführten und abgeführten Wärmemenge wird auch die Außenkühlwassermenge geregelt. Darüber hinaus hat die Regelung der Kühlwassertemperatur den Zweck, das Überschreiten der Temperaturen, bei denen das Ablagern von Kalk im Kühler beginnt, zu vermeiden.

Um die Wirkungsweise der Regeleinrichtung feinfühliger zu gestalten, wird vom Hauptstrom jeweils ein kleinerer Parallelstrom abgezweigt und dieser Nebenstrom geregelt.

Im Kühlmittelkreislauf wird durch diese Nebenleitung der Kühler selbst umgangen, wodurch die Regelwirkung stark und rasch wird. Zur Grobeinstellung des Kühlmitteldurchganges dienen von Hand betätigte Ventile, die je nach Motorgröße und Regelwirkung den Durchgang freigeben. Das eigentliche Regelventil, das über den Temperaturregler mit thermischer Rückführung gesteuert wird, sitzt in der Umgehungsleitung.

Auf der Kühlerkühlwasserseite dient die parallel zum Hauptstrom gelegte Regelleitung zur Regelung der Gesamtdurchflußmenge des Kühlwassers. Hierbei ist besonderer Wert darauf gelegt, daß das Kühlwasser beim Verlassen des Kühlers mit Rücksicht auf Abscheiden von Kalk eine Temperatur von z. B. 60° C nicht überschreitet. Der im Kühlwasserablauf eingebaute Stabregler gibt Kontakt, sobald 60° C überschritten werden, und öffnet das elektromagnetische Hubventil, so daß die gesamte durchlaufende Wassermenge größer wird, wodurch die Temperatur absinkt. Die Handventile dienen zur Grundeinstellung des Gesamtdurchflußquerschnittes und zur Einstellung des Querschnittverhältnisses zwischen Haupt- und Nebenleitung.

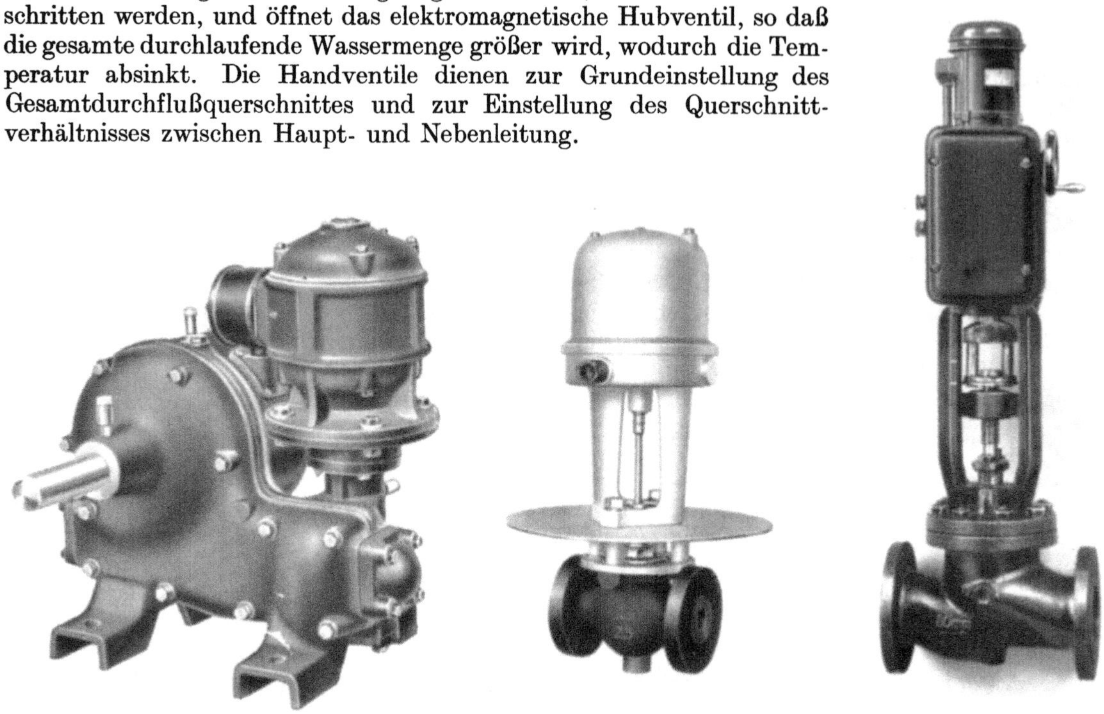

a b c

Abb. 393 a—c. Beispiele angebauter Regeleinrichtungen (S & H).
a Elektrischer Ventilantrieb. b Elektromagnetisches Hubventil. c Regelventil mit Motorantrieb.

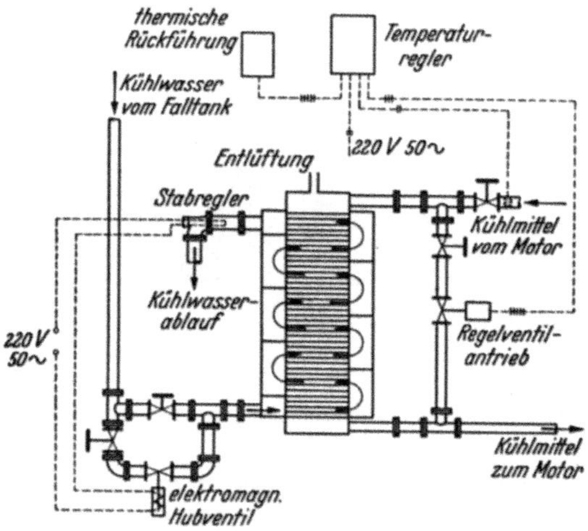


Abb. 394. Schaltbild für einen Gegenstromkühler mit selbsttätiger Temperaturregelung.

## 13. Einzylinderprüfmotoren.

Die an vollständigen Motoren durchgeführten Untersuchungen über Kraftstoffklopfen, Kraftstoffverbrauch, indizierte und effektive Leistung, Verbrennungsverlauf, Gaswechsel, über mechanische und Wärme-Beanspruchung der einzelnen Bauteile, erfordern unter Umständen großen Zeitaufwand und beträchtliche Mittel; störende Einflüsse der Mehrzylinderanordnung machen sich geltend. Bei der Entwicklung wesentlich neuer Motorenmuster und für die wissenschaftlichen Versuchsarbeiten ist die einzylindrige Versuchsausführung unentbehrlich geworden. Besondere Versuchs-Einzylindermotoren sind dafür entwickelt worden.

Da bei fast allen der genannten Vorgänge das Verdichtungsverhältnis eine wesentliche Rolle spielt, ist für dessen Veränderungsmöglichkeit während des Betriebes bei den meisten Ausführungen Sorge getragen. Der Arbeitszylinder kann gegen die Kurbelwelle gehoben oder gesenkt werden, oder es besteht die Möglichkeit, den Zylinderkopf kolbenartig in dem verlängerten Zylinderschaft zu bewegen und dadurch den zwischen Kolbenboden und Zylinderkopf liegenden Verdichtungsraum zu verändern. Von der Möglichkeit des Unterlegens von Platten unter den Zylinderflansch wird nur bei einzelnen Versuchsausführungen Gebrauch gemacht, denn hierfür muß der Betrieb unterbrochen werden.

# I. Prüfmotoren.

**Ricardo-Einzylindermotor** (*339*). Im Grundgestell und Kurbelgehäuse (Abb. 395) ist die Antriebsvorrichtung für die Verstellung des Zylinders untergebracht. Eine Gewinderingmutter ist im Grundgestell axial geführt. Sie trägt auf der unteren Stirnseite einen Zahnkranz, in den ein Ritzel eingreift. Dieses wird mittels eines Handrades in Bewegung gesetzt. Der Zylinder selbst einschließlich des Kühlmantels ist durch den mit dem Maschinenunterteil verschraubten Führungshals längs geführt und gleichzeitig gegen Drehen um die Zylinderachse gesichert. Der Zylinder trägt am unteren Teil ein Gewinde, in das die Gewinderingmutter eingreift. Beim Drehen der Ringmutter wird der Zylinder auf- und abbewegt und auf diese Weise die Höhe des Verdichtungsraumes geändert.

Damit das Gewinde bei harten Zündschlägen und bei Dauerbetrieb entlastet ist, ist der Führungshals längs geschlitzt und kann durch Spannschrauben den Zylinder einklemmen, womit die Verbrennungsdrücke durch Reibungsschluß auf das Untergestell übertragen werden.

Die Nockenwelle liegt quer über den Ventilen und betätigt diese über ein en Zwischenhebel. Der Antrieb der Nokkenwelle erfolgt über Kegelräder durch die senkrecht stehende Königswelle von der Kurbelwelle aus. Damit die Wirkung und Einstellung der Steuerung beim Verstellen des Zylinders nicht beeinflußt wird, trägt das untere Ende der Königswelle eine Nutung, die in der Gegennutung des aufgeschobenen Kegelrades axiale Bewegungsmöglichkeit findet.

Die Form des Verbrennungsraumes ist bei ebenem Zylinderkopf und nur wenig überhöhtem Kolben annähernd zylindrisch. Zur Anzeige des Verdichtungsverhältnisses dient, ebenso wie beim nachstehend beschriebenen CFR-Motor, eine Mikrometerschraube, deren Anordnung aus Abb. 396 ersichtlich ist.

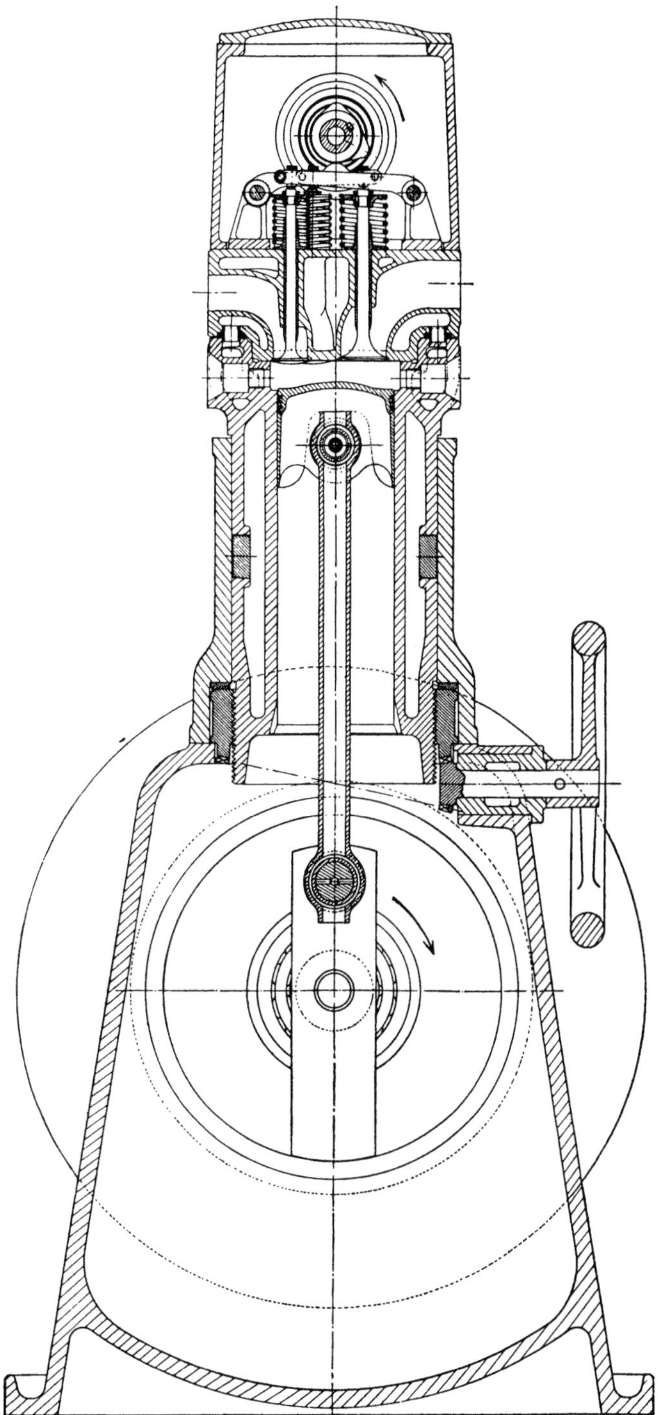

Abb. 395. Ricardo-Einzylindermotor mit veränderlicher Verdichtung (*340*).

**CFR-Motor** (vgl. CFR-Prüfmotor S. 15) (*128*, *172*, *326*, *327*). Abb. 22 zeigt einen Längs- und Querschnitt durch die Maschine, wie sie für das CFR-Research- und Motor-Brennstoff-Untersuchungsverfahren verwendet wird. Die Verstellung des Zylinders erfolgt in ähnlicher Weise wie beim Ricardo-Motor. An Stelle des Zahnkranzes und Ritzels dient eine Schnecke mit Schneckenrad zur Betätigung der Gewinderingmutter. Der Zylinder ist, wie beim Ricardo-Motor, durch einen längs geschlitzten Führungshals gehalten. Nach Einstellung der Zylinderhöhe werden die Spannschrauben am Führungshals angezogen und damit das Gewinde entlastet. Damit das Gewinde während des

Verstellvorganges nicht wechselseitig durch den Verbrennungsdruck beansprucht wird, sind am oberen Ende des Führungshalses Schraubenfedern angeordnet, die den Zylinder nach oben drücken, so daß das Gewinde nur einseitig anliegt und deshalb weniger ausgeschlagen wird.

Abweichend von der Anordnung beim Ricardo-Motor werden die hängenden Ventile über Stoßstangen betätigt. Die beim Verstellen der Zylinderhöhe erforderliche Längenänderung der Stoßstangen wird durch einen Zwischenhebel (Abb. 397) bewerkstelligt. Die Achse des Kipphebels ist auf einem Schwenkhebel gelagert. Ein Hebel dreht sich um die Achse, die durch einen Tragarm mit dem am Maschinengehäuse verschraubten Führungshals fest verbunden ist. Das andere Ende des Hebels

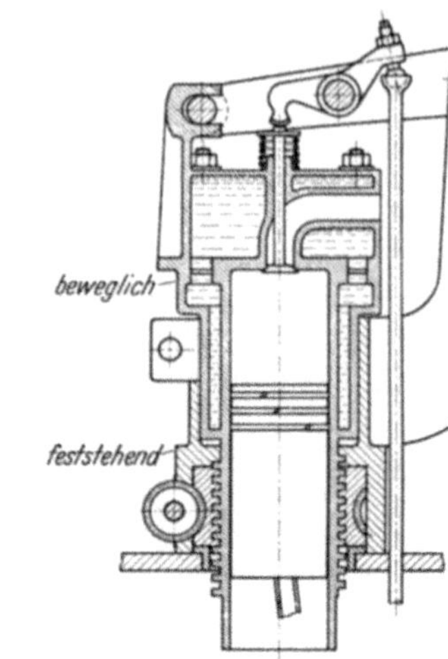


Abb. 397. Ausgleichshebel für das Ventilspiel beim CFR-Motor (*126*).

Abb. 396. Ansicht des Mikrometers zum Anzeigen des Verdichtungsverhältnisses (in der Mitte) (*341*).

Abb. 398. CFR-Motor.

ist in einem Gleitstück geführt, das zusammen mit dem Zylinder auf- und abbewegt wird. Beim Hochgehen des Zylinders wird der Kipphebel durch das Ventil hochgedrückt, bei Nichtvorhandensein der Ausgleichvorrichtung müßte dann die Stoßstange gekürzt werden. Durch den Ausgleichshebel wird aber der Drehpunkt des Kipphebels so viel nach oben bewegt, als es zum Ausgleich der Länge der Stoßstange nötig ist. In Abb. 398 ist diese Einrichtung erkennbar.

Für die Feststellung der Klopfwerte nach dem CFR-Motorverfahren mußte zur Erhöhung und Regelung der Gemischtemperatur zwischen Saugrohr und Einlaßventil eine elektrische Gemischheizvorrichtung (Abb. 23) eingebaut werden. Die Kugel des für die Messung der Gemischtemperatur benützten Flüssigkeitsthermometers liegt in der Mitte des Ansaugrohres. Das Einlaßventil hat eine Form, die das Durchwirbeln des Gemisches begünstigt. Zum Zweck der Gemischregelung und Einstellung der zur Erreichung des stärksten Klopfens notwendigen Zusatzluft wird an die Luftklappe eine Mikrometerschraube mit Feststellvorrichtung angebaut. An Stelle der beim Researchverfahren verwendeten Kühlwasserumwälzpumpe wird beim Motorverfahren Verdampfungskühlung unter Verwendung eines Kondensators für das Heißkühlmittel mit 150° C Siedetemperatur angewendet.

Damit die für das Motorverfahren verlangte Einstellung der Zündung entsprechend der Änderung der Verdichtung erreicht wird, ist eine Kupplung vorgesehen, die bei Verändern der Verdichtung selbsttätig die Zündung nach der folgenden Einstellung ändert.

| Verdichtung $\varepsilon = 1$: | Vorzündung vor oberem Totpunkt °KW | Verdichtung $\varepsilon = 1$: | Vorzündung vor oberem Totpunkt °KW |
|---|---|---|---|
| 4,75 | 28,2 | 5,28 | 24,2 |
| 4,95 | 26,5 | 5,50 | 23,0 |
| 5,18 | 25,5 | 5,74 | 22,0 |

**Armstrong-Motor** (vgl. S. 16) (*296, 162*). Beim Armstrong-Motor (Abb. 399), dessen Ventile stehend angeordnet sind, erfolgt die Änderung der Verdichtung dadurch, daß ein Kolben mittels Spindel *a* und Handrad *b* nach oben oder unten bewegt wird und dadurch ein zusätzlicher regelbarer Raum *c* über dem eigentlichen Verbrennungsraum geschaffen wird.

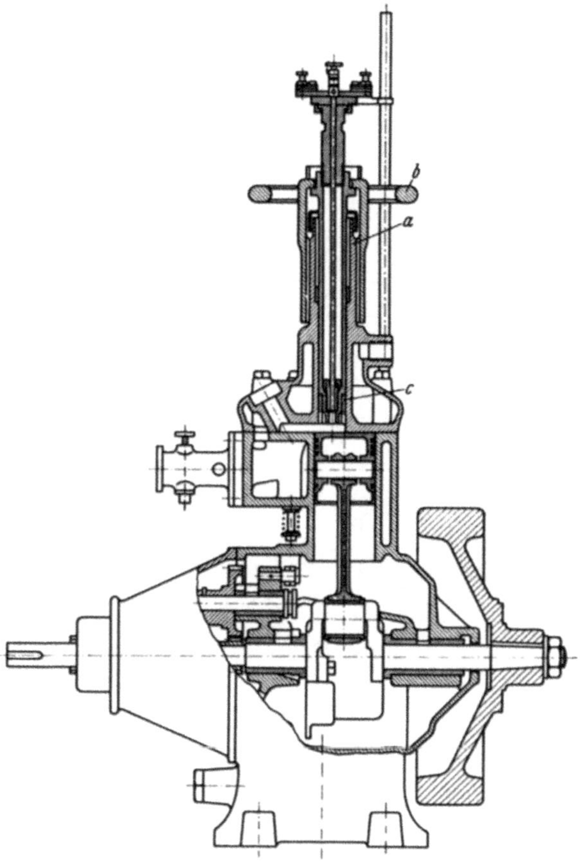

Abb. 399. Armstrong-Motor (*76*). *a* Spindel, *b* Handrad, *c* regelbarer Raum.

**DVL-Einzylindermotor.** Der von der DVL entwickelte Einzylinderprüfmotor, der hauptsächlich für die Untersuchung größerer Zylinder geeignet ist, gestattet ein Auswechseln der einzelnen Zylinder und der unmittelbar dazugehörigen Triebwerksteile. Er dient vornehmlich zur Ermittlung der am Zylinder auftretenden mechanischen und wärmetechnischen Beanspruchungen unter verschiedenen Betriebsbedingungen, zu Untersuchungen über den Verbrennungsvorgang und für die Ermittlung günstigster Abmessungen beim Neuentwurf von Zylindern. Die kräftig gehaltene Bauart (Abb. 400) gestattet das Aufsetzen von Arbeitszylindern bis zu 240 mm Bohrung.

Der den Versuchszylinder tragende Tisch ist mit staffelförmig angeordneten Eindrehungen versehen. In eine der Staffeln ist eine kreisringförmige Platte eingelegt, auf der der Zylinder aufgebaut wird. Die staffelförmige Anordnung dient dazu, Kreisringplatten in verschiedener Höhe mit dem Tisch zu verschrauben, so daß den verschiedenen Pleuelstangenlängen der einzelnen Zylinder Rechnung getragen werden kann. Durch geeignete Wahl der Plattenstärke oder durch Verwendung von erhabenen bzw. versenkten Platten kann eine weitgehende Anpassung an das einzuhaltende Maß zwischen Unterkante-Zylinderflansch und Kurbelwellenmitte erreicht werden.

Die Kurbelkröpfung trägt an ihren beiden Flanken je eine Hirth-Stirnverzahnung, so daß die Kröpfung selbst der aufzubauenden Zylindergröße angepaßt werden kann, ohne daß der übrige Teil der Kurbelwelle ausgewechselt werden muß.

Für die Veränderung des Verdichtungsverhältnisses während des Betriebes dient wiederum ein Innengewindering (Abb. 401), der außen eine Schneckenradverzahnung trägt. Der Zylinderträger hat ein entsprechendes Gegengewinde und wird in seiner Höhe bei Betätigung des Gewinderinges durch eine Schnecke, deren Welle ein Handrad trägt, verstellt. Der zur Verfügung stehende senkrechte Weg des Zylinders mit 60 mm reicht zur Änderung des Verdichtungsverhältnisses in genügend weiten Grenzen aus, z. B. von 1:3,1 bis 1:7 oder von 1:3,3 bis 1:9,2 oder von 1:3,5 bis 1:12,5 oder von 1:3,6 bis 1:15,5, je nach der beim Zylinderaufbau gewählten Entfernung zwischen Zylinder und Kurbelwelle.

Abb. 400. DVL-Einzylindermotor mit aufgebautem BMW-VI-Zylinder.

Als Maß für die Änderung der Verdichtung dient die Stellung der Handradwelle, mit der ein Zählwerk gekuppelt ist.

Damit das Gewinde nach der Verstellung von den Verbrennungsdrücken entlastet wird, kann der den Zylinder tragende Tisch in jeder Höhenlage mit Hilfe von 4 Schrauben festgezogen werden.

Der Magnet, die Ölpumpe, die Kühlmittelpumpe und andere Hilfsgeräte werden über Winkeltriebe angetrieben.

Der Antrieb der Nockenwelle erfolgt über Kegelräder und eine senkrecht stehende Königswelle. In ähnlicher Weise wie beim Ricardo-Motor kann durch Anwendung von ineinandergreifenden Längsnutungen der Oberteil des Steuerungsantriebes der Bewegung des Tisches folgen, so daß die Einstellung der Steuerung durch die Tischverstellung nicht berührt wird.

Bei den Prüfungen werden im allgemeinen oben liegende Nockenwellen verwendet. Für den Fall, daß der Antrieb einer Stoßstangensteuerung vom Zylinderfuß aus nötig ist, ist eine waagerecht liegende Welle vorgesehen, die je nach Bedarf als Nockenwelle ausgebildet werden kann.

Bei manchen Versuchen ist eine Verstellung der Steuerzeiten während des Betriebes erwünscht. Hierzu dient die DVL-Nockensteuerungseinrichtung (Abb. 402), die für Einlaß- und Auslaßventile sämtliche Steuerzeiten unabhängig voneinander während des Betriebes einzustellen und an Zählwerken abzulesen gestattet.

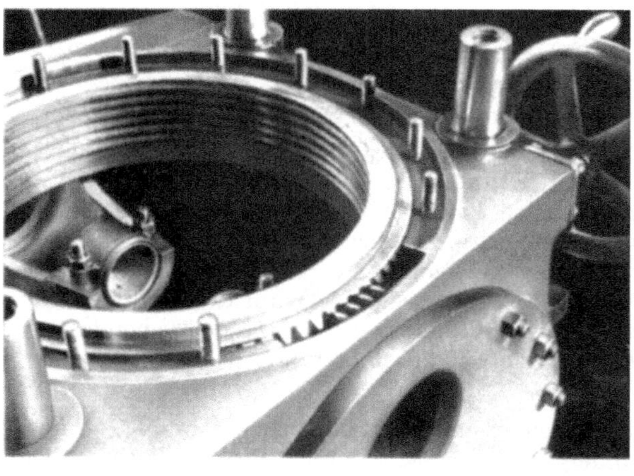

Abb. 401. Innengewindering zur Veränderung des Verdichtungsverhältnisses (DVL).

Die Öffnungsdauer der Ventile wird durch Längsverschieben von zwei schräg gegeneinander abgeschnittenen Nockenhälften geändert. Die erreichbare Ventilöffnungsdauer liegt zwischen 246 und 306° Kurbelwinkel. Durch Längsbewegung des auf gewundener Nutenbahn verschiebbaren Stirnrades kann der gesamte Nocken vor- und rückwärts verdreht und dadurch die gesamte Öffnungszeit verlegt werden.

Der Ventilhub kann durch Verschieben von Brücken, in denen die Schwinghebel gelagert sind, mittels Spindel zwischen den Grenzen 7 und 17 mm verändert werden. Durch einen Exzenter wird dabei der Drehpunkt des Schwinghebels so verstellt, daß das Ventilspiel beim Verändern des Hubes gleich bleibt. An allen Verstellspindeln der Steuerung sind kleine Zählwerke angebracht, deren Zahlenangaben ein Maß für die Einstellung darstellen.

Abb. 402. Verstellbare Steuerung für 4 Ventile (DVL).
*a* Brücke zur Schwinghebellagerung, *b* Antriebsräder, *c* Antriebsgehäuse, *d* Spindel mit Zähler zur Verstellung des Öffnungs- und Schließzeitpunktes, *e* Spindel mit Zähler zur Hubverstellung, *f* verstellbarer Nocken, *g* Spindel mit Zähler zur Verstellung der Öffnungsdauer.

**FKFS-Einzylindermotor** (*297*). Dieser Prüfmotor (Abb. 403 und 404) trägt den Forderungen beim Prüfen kleinerer Zylindereinheiten bis zu 130 mm Bohrung Rechnung. Der grundsätzliche Aufbau entspricht dem der bereits beschriebenen Einzylindermotoren. Mit Rücksicht auf die Reibungsverluste sind sämtliche Lagerstellen, vor allem die der Kurbelwelle, als Wälzlager ausgebildet. Bei der Herstellung der Kurbelkröpfung wurde der Forderung leichter Auswechselbarkeit und der Einbaumöglichkeit auch von Kröpfungen mit nur 40—50 mm Hub Rechnung getragen. Damit die Öltemperaturen denen des Motors im Fahrbetrieb entsprechen, kann die Schmierung unter Verwendung eines regelbaren Bosch-Verteilers den jeweiligen baulichen Verhältnissen des Zylinders angepaßt werden. Das groß und stark gebaute Maschinengehäuse strahlt eine erheblich größere Wärmemenge an die Umgebungsluft ab, als ein übliches Motorgehäuse. Damit dennoch beim Einzylinderbetrieb dieselbe Öltemperatur eingehalten wird, wie im Fahrzeug, ist in das Untergehäuse der Maschine eine Ölheizschlange eingebaut, die das Öl elektrisch auf die übliche Betriebstemperatur zusätzlich aufheizt.

Die Ausbildung des Zylindertragtisches und des Steuerungsantriebes ist derart, daß beim Aufsetzen luftgekühlter Zylinder Anblasen durch den Kühlwind aus jeder Richtung möglich ist und Luftführungsbleche beliebig angeordnet werden können.

Zur Betätigung des Ventilantriebes, z. B. für hängende Ventile mit obenliegender Steuerwelle, für Stösselsteuerung, oder für stehende Ventile mit im Gehäuse liegender Steuerwelle, sind Vorkehrungen getroffen, die das Anpassen an die vorliegende Zylinderbauart gestatten.

Die Schwungscheibe läßt, mit Rücksicht auf die Verwendung auch kleiner Zylinder, Drehzahlen bis etwa 4500 U/min zu.

Abb. 403. FKFS-Einzylindermotor.

Für die beliebige Prüfung von Zylindern in stehender, liegender oder auch hängender Anordnung dient der FKFS-Sonderprüfstand, der in Abb. 405 mit einem hängend verwendeten Zylinder dargestellt ist. Durch quaderförmige Ausbildung des Mittelstückes kann dieses zusammen mit dem Zylinder, der Steuerung und den Zusatzantrieben um 90° oder 180° geschwenkt werden, ohne daß die Achsenmitte ihre Lage verändert.

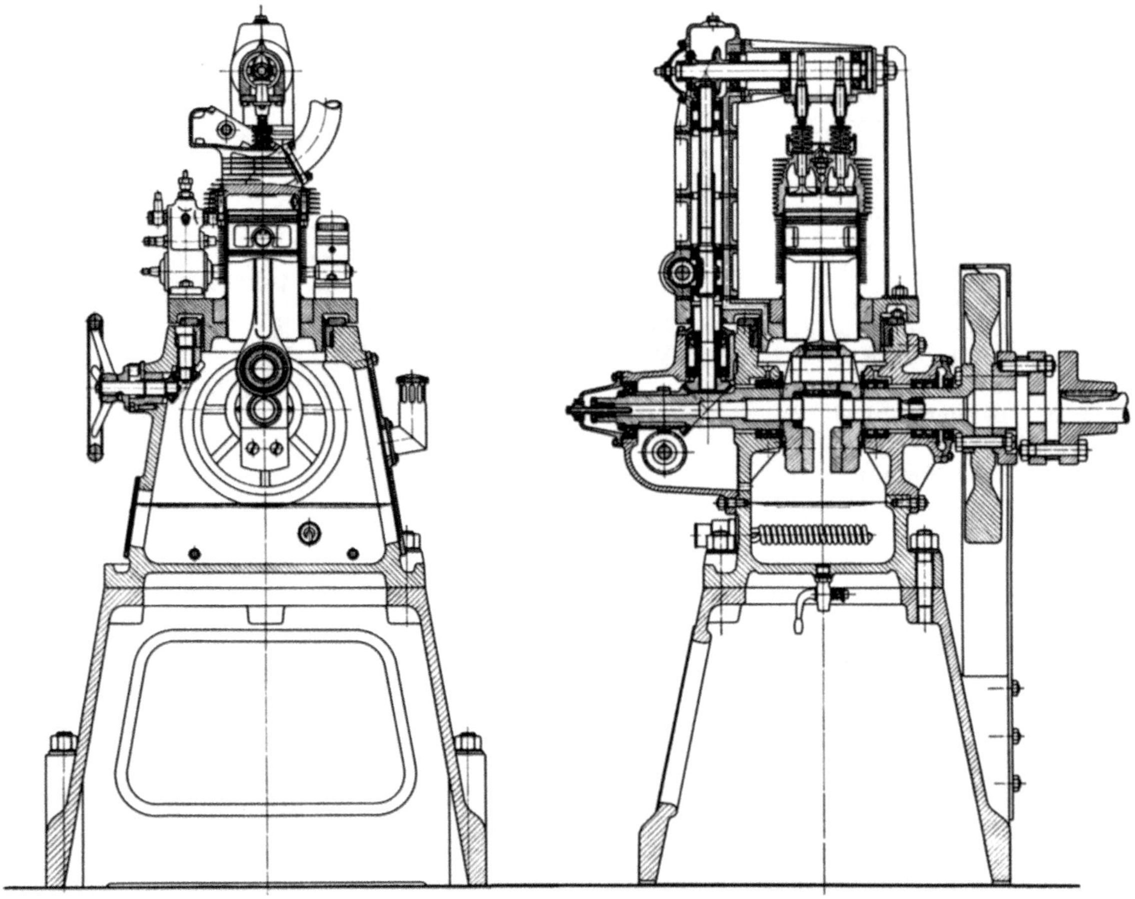

Abb. 404. FKFS-Einzylindermotor (Schnitte) (*301*).

Abb. 405. FKFS-Einzylindermotor (hängende Anordnung (*300*).

Abb. 406. Gesamtansicht des FKFS-Dieselprüfgerätes.

## II. Prüfgerät für Dieselmotoren.

Eine Neuentwicklung auf dem Gebiet der Einzylinderprüfanlagen stellt das FKFS-Dieselprüfgerät dar (Abb. 406).

Der Prüfmotor ist auf Grund seines besonderen Aufbaues geeignet, grundsätzliche Untersuchungen über die Wechselbeziehungen zwischen Kraftstoff und Verbrennungsmaschine anzustellen, damit Kraftstoffe einem bestimmten Motorverfahren oder Motoren einem bestimmten Kraftstoff angepaßt werden können. Darüber hinaus können mit dem Gerät die Vorbedingungen geklärt und festgelegt werden, die zur Ermittlung eines einheitlichen Prüfverfahrens zur Bestimmung der Zündwilligkeit dieser Kraftstoffe notwendig sind.

Das Prüfgerät umfaßt den Einzylinder-Dieselmotor, die elektrische Bremsanlage und das Meßgerät zur Bestimmung des Zündverzuges. Einzylindermotor und Bremsanlage sind auf gemeinsamem Sockel befestigt, der als Kühlwasserbehälter ausgebildet ist.

Abb. 407. Einspritzseite des Diesel-Brennstoffprüfgerätes.

Der Einzylindermotor hat eine Zylinderbohrung von 100 mm, einen Hub von 130 mm und damit einen Hubraum von rund 1 l. Er liegt größenmäßig mitten im Gebiet der heutigen Fahrzeug-Dieselmotoren. Die Höchstdrehzahl beträgt 2500 U je min. Der Zylinderkopf ist so ausgebildet, daß der Motor wahlweise mit direkter Einspritzung, mit dem Vorkammerverfahren und mit 2 Luftspeicherverfahren betrieben werden kann (Abb. 407 und 408). Die Bosch-Einspritzpumpe ist über der obenliegenden Nockenwelle angeordnet und wird von der Königswelle aus betätigt; der Einspritzzeit punkt ist während des Betriebes stufenlos verstellbar.

Die obenliegende Nockenwelle, die mit einem Drehzählerantrieb versehen ist, gewährleistet genaue Steuerung; sie ist so ausgestaltet, daß für besondere Versuche die beiden Nocken gegenüber der Kurbelwelle von 4 zu 4° verstellt werden können (Abb. 409, 410).

Vermittels eines Schnecken- und Schraubentriebes wird der Zylinder gegenüber dem Triebwerk gehoben oder gesenkt, so daß sich Verdichtungsverhältnisse zwischen 5:1 und 25:1 ermöglichen lassen. Die Steuerung der Ventile bleibt dabei unbeeinflußt. Ein Klemmring mit einfachem Knebelgriff gestattet, ähnlich wie beim Ricardo-Motor, eine kraftschlüssige Verbindung zwischen Kurbel-

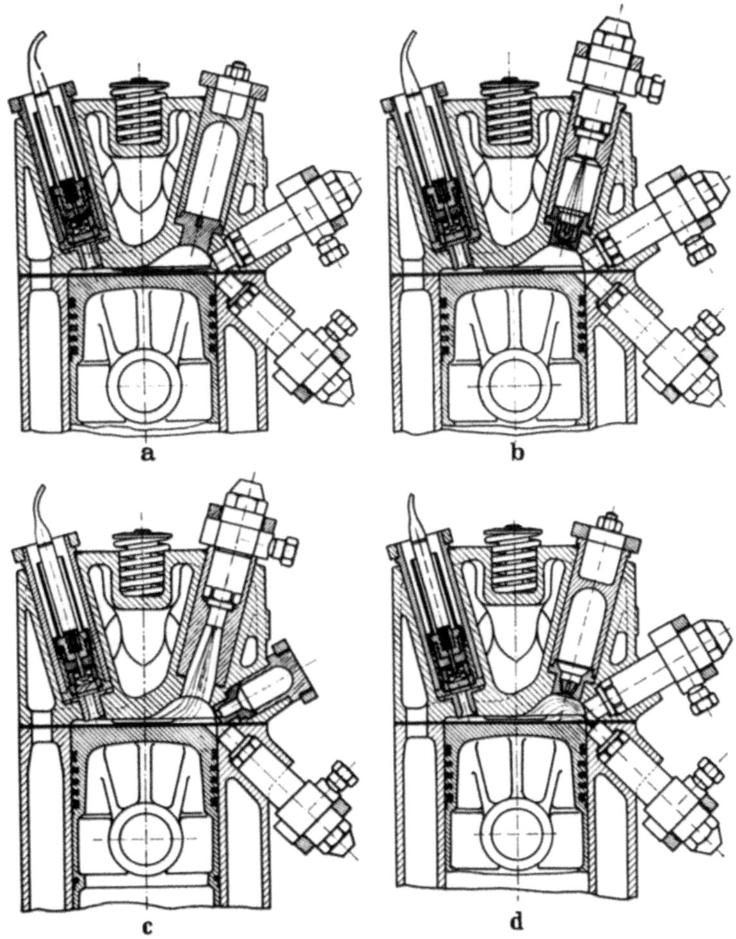


Abb. 408a—d. Einige der möglichen Arbeisverfahren beim FKFS-Prüfgerät für Dieselkraftstoffe. a Direkte Einspritzung, b Vorkammerverfahren, c Luftspeicherverfahren, d Luftspeicherverfahren.

gehäuse und Zylinder herzustellen, so daß im Dauerbetrieb die Gewindegänge des Schraubentriebes keiner Wechsellast unterliegen und geschont bleiben.

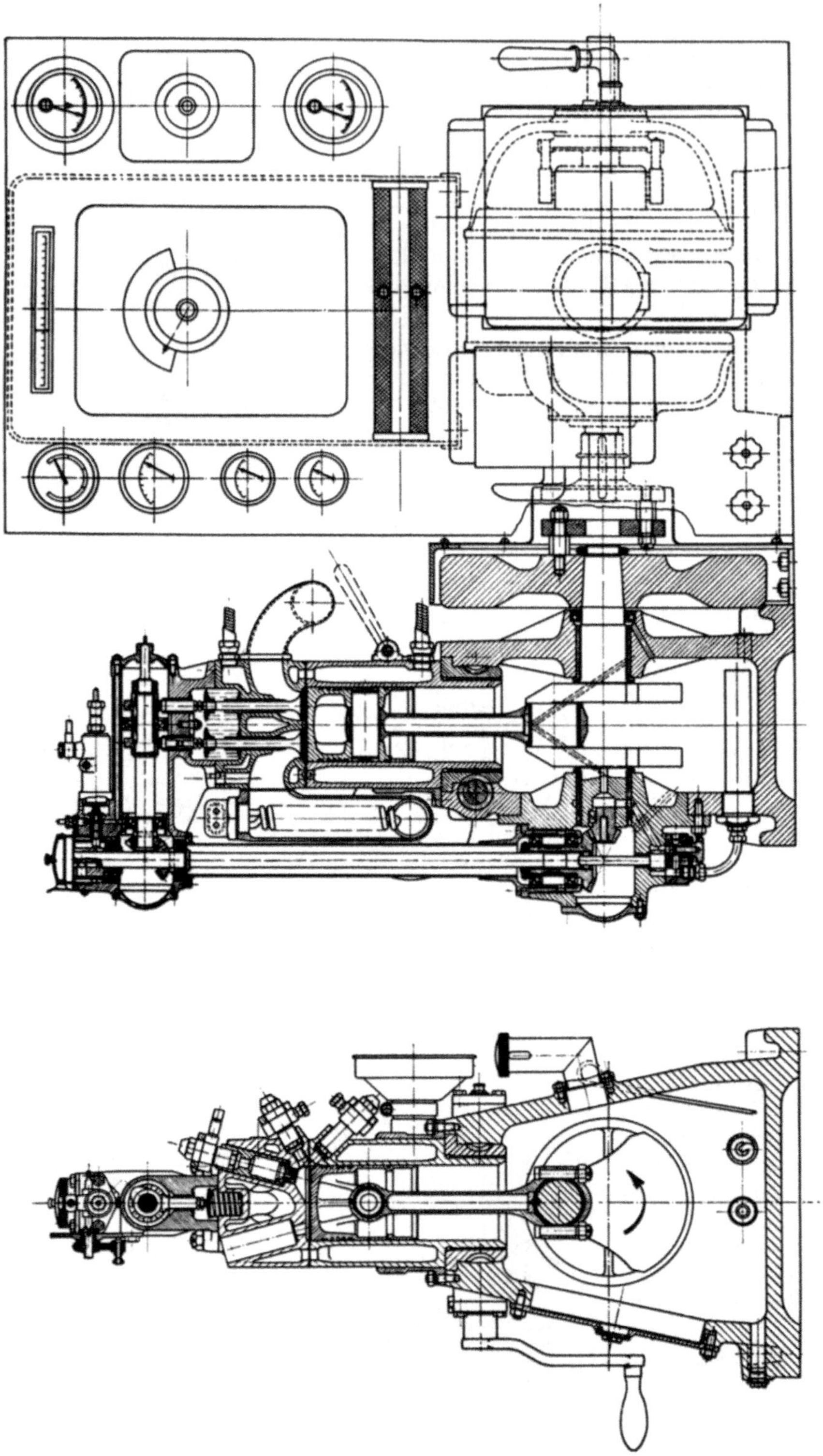

Abb. 409. Schnitt durch das FKFS-Dieselgerät.

Die Temperatur der Verbrennungsluft, des Schmieröles und des Motorkühlwassers sind durch Heiz- bzw. Kühlschlangen beeinflußbar und können durch Anzeigegeräte überwacht werden. Ein Drehzähler und ein Öldruckmesser vervollständigen die Überwachungseinrichtungen.

Der Einzylindermotor ist über eine elastische Kupplung mit einer Gleich- oder Drehstrommaschine gekuppelt, die zum Anwerfen und zum Belasten der Verbrennungsmaschine dient. Der Motor entwickelt an der Schwungscheibe eine Leistung von 8—10 PS, die in einem Belastungswiderstand vernichtet wird, der auch zum Anlassen dient.

Die Meßeinrichtung für die Bestimmung des Zündverzuges besteht aus 2 Quarzgebern, einem Verstärker und einem Anzeigegerät (Abb. 411). Ein beim Einspritzbeginn durch die Düsennadel betätigter Quarzgeber liefert seine Spannung über eine Verstärkerröhre auf ein sogenanntes Stromtor, das als trägheitsloser elektrischer Schalter wirkt und schließt ohne zeitliche Verzögerung einen Stromkreis. Im Augenblick des Druckanstieges beim Einsetzen der Verbrennung wird in einem zweiten Quarzgeber ein Spannungsstoß erzeugt, der verstärkt einem zweiten Stromtor zugeführt wird und über eine weitere Röhre eine Unterbrechung des Stromkreises bewirkt. Die Dauer der Einschaltung entspricht dem Zündverzug und wird durch ein Galvanometer angezeigt.

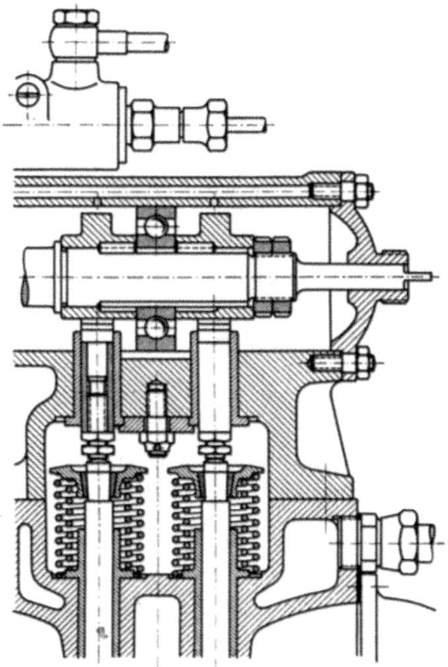

Abb. 410. Obenliegende Nockenwelle des FKFS-Dieselprüfgerätes mit Verstellungsmöglichkeit der beiden Nocken gegenüber der Kurbelwelle.

Abb. 411. Zündverzugmeßgerät (FKFS).

Dieses Zeigergerät kann durch eine auf dem Schwungrad umlaufende Glimmlampe ersetzt werden, die ein stehendes Lichtband erzeugt, dessen Länge dem Zündverzugwinkel gleich ist. Diese Anzeigeart ist anschaulich und ermöglicht angenäherte Messungen bis zu einer Genauigkeit des Zündverzugwinkels von $1/4°$.

Der Motor ist für die Brennstoff-Vergleichmeßverfahren eingerichtet und gestattet daher auch die Bestimmung der Ceten- und Cetanzahlen der Dieselkraftstoffe als Maß ihrer Zündwilligkeit (s. S. 22).

## 14. Gesamtanordnung von Prüfständen.

Abb. 412 zeigt den Aufbau einiger wesentlicher Prüfstandseinrichtungen mit Meßgeräten. Das elektrische Bremsmittel ist hier mit einer Leuchtbildwaage ausgestattet. Die Drehzahlmessung erfolgt mit einem Stichdrehzähler über eine biegsame Welle, die Bestimmung der durch das Kühlmittel abgeführten Wärme mit einem Siemens-Trommelzähler und elektrischer Temperaturunterschiedsmeßanlage, die Regelung der Austrittstemperatur mit einem selbsttätig ferngesteuerten Rohrschalter; der Brennstoffverbrauch wird mit Meßgläsern aufgenommen.

Abb. 413 zeigt eine Bremseinrichtung für kleinere Personenwagen- und Kraftradmotoren. Als Drehmomentswaage dient hier ein Sautter-Meßkopf, dessen Zeiger zur Erhöhung der Ablesegenauigkeit im ganzen Meßbereich 5 Umgänge macht. Das für wechselnde Richtung des Drehmomentes erforderliche Umkehrgehänge ist im Wagenuntersatz sichtbar. An der Wand sind eine elektrische Feuchtigkeitsmeßeinrichtung und ein Temperaturmeßumschalter angebracht.

Abb. 414 zeigt eine zum Bremsen von schnellaufenden Maschinen geeignete Anlage mit Krupp-Wasserbremse. Die Drehmomentmessung erfolgt hier mit einer handbetätigten Laufgewichtswaage.

Abb. 412. Motorenprüfstand zum Abbremsen von Motoren bis zu 115 PS Leistung bei 3500 U/min (*85*).
*1* Elektrische Pendeldynamo mit 115 PS Leistungsaufnahme bei $n$ = 3500 U/min, *2* Leistungswaage, Ablesegenauigkeit: 0,050 kg, *3* DVL-Stichdrehzähler für genaue Drehzahlmessungen, *4* Siemens-Temperaturmeßgerät zur Bestimmung der Kühlwasserrücklauf temperatur und Temperaturdifferenz, Ablesegenauigkeit: 0,5° C, *5* Trommelzähler zur Bestimmung der umlaufenden Kühlwassermenge, *6* Meßgläser für Brennstoffmengenmessung, eingeteilt nach 100, 150, 250, 400, 500 cm³.

Abb. 413. Motorenprüfstand zum Abbremsen von kleinen Personenwagen- und Kraftradmotoren (*86*).
*1* Elektrische Pendeldynamo mit 50 PS-Leistung, bei $n$ = 4200 U/min; *2* Leistungswaage, Ablesegenauigkeit 0,010 kg; *3* Feuchtigkeit- und Temperaturmeßgerät zur Ermittlung von Temperaturen an 20 verschiedenen Meßstellen am Motor.

Abb. 415 zeigt einen neuzeitlichen Einzylinder Prüfstand. Zur Aufnahme der Leistung dient ein Pendelgenerator, der zum Anwerfen, zum Einlaufen und zur Messung der Leerlaufleistung des Prüflings als Motor geschaltet werden kann. Als Wiegeeinrichtung ist eine Tacho-Drehmomentwaage

Abb. 414. Motorenprüfstand zum Bremsen von mittelstarken und kleinen Motoren hoher Drehzahl (87). *a* Krupp-Wasserbremse mit 60 PS Leistungsaufnahme bei einem Drehzahlbereich von 4000—9000 U/min, *b* Laufgewichtswaage Ablesegenauigkeit: 0,010 kg, *c* Meßgläser für Brennstoffverbrauchsmessung.

Abb. 415. FKFS-Einzylinder-Versuchsanlage mit SSW-Pendelgenerator und Neigungswaage.

vorgesehen. Auf dem Schaltpult sind sämtliche Überwachungsgeräte für die elektrische Anlage, die Regeleinrichtung für die Vergaserdrossel, sowie Öldruck- und Öltemperaturmeßgeräte untergebracht. Zur Bestimmung der Drehzahl ist neben dem Tachometer ein FKFS-Stichdrehzähler vorgesehen. Im vorliegenden Fall ist die gesamte Bremsanlage auf einem gefederten Fundament aufgespannt. Die Abgase werden durch ein besonderes Gebläse abgesaugt.

# Messung der Fahrleistungen und Fahreigenschaften von Kraftfahrzeugen.

Fahrleistungen sind die Leistungen des Fahrzeugs im mechanischen Sinne, also Höchstgeschwindigkeit, Beschleunigungs- und Bergsteigfähigkeit. Sie sind im wesentlichen von den am Motorschwungrad bzw. an den Treibrädern „verfügbaren Motorleistungen" und deren Verhältnis zu den zur Überwindung der „Fahrwiderstände" notwendigen Fahrwiderstandsleistungen abhängig.

Fahreigenschaften sind die das Verhalten des Fahrzeugs auf der Straße bedingenden Größen wie: Richtungsstetigkeit, Straßenlage, Federung, Lenkung, Bremsung.

Die Ermittlung der Fahrleistungen und Fahreigenschaften kann im Fahrbetrieb, auf dem die Straße ersetzenden Rollfeld und im Modellverfahren erfolgen. Die Aufnahme zahlenmäßiger Werte erfordert besondere Sorgfalt. Von den zum Teil sich ergänzenden Prüfmöglichkeiten ist je nach dem besonderen Zweck die eine oder andere bevorzugt anzuwenden.

## 1. Fahrleistungen.

*Verfügbare Leistung und Fahrwiderstandsleistung.* Für erreichbare Fahrwiderstandsleistungen sind bestimmend: Der Verlauf der Motorleistungskennlinie (Schwungradleistung) mit der Drehzahl und der aus ihm unter Berücksichtigung der inneren Triebwerksverluste ermittelte Verlauf der an den Naben der Treibräder wirksamen Leistung (Nabenleistung) in seiner Abhängigkeit von der Fahrgeschwindigkeit in den einzelnen Gängen, sowie der Verlauf der Fahrwiderstandsleistungen, wie sie bedingt sind durch den Roll- und Walkwiderstand, die Schlupfverluste und Lüfterverluste der Räder, den Luftwiderstand des Wagenkörpers, den Widerstand aus der Steigung der Fahrbahn und den Beschleunigungswiderstand.

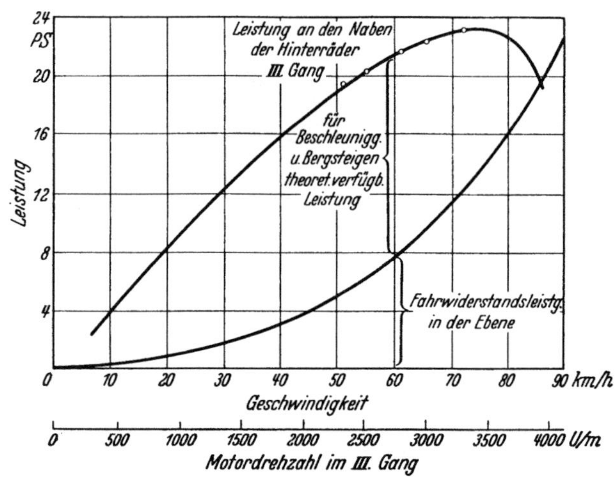


Abb. 416. Fahrleistungsschaubild (*407*).

Die Linien der Fahrwiderstandsleistung und der Nabenleistung in Abb. 416 kennzeichnen mit ihrem Schnitt die theoretisch erreichbare Höchstgeschwindigkeit und grenzen den Bereich der geringeren Geschwindigkeit ein, in denen eine Beschleunigung und Bergsteigefähigkeit vorhanden ist. Der Unterschied zwischen der am Treibrad verfügbaren Leistung und der Fahrwiderstandsleistung bei einer bestimmten Geschwindigkeit in der Ebene bei Windstille stellt den für Beschleunigung in der Ebene oder für Steigerungen verfügbaren Leistungsüberschuß dar.

Bei den Geschwindigkeiten, bei denen der Leistungsüberschuß Null wird, ist auch die Beschleunigungsfähigkeit Null; der Schnittpunkt der beiden Schaulinien in Abb. 416 kennzeichnet daher die mit dem augenblicklich eingeschalteten Gang erreichbare Höchstgeschwindigkeit.

Die verfügbaren Leistungen können für die verschiedenen Geschwindigkeiten je nach der Bauart der Prüfstände an verschiedenen Stellen des Triebwerkstranges ermittelt werden. Die für Überwindung der Fahrwiderstände notwendige Leistung läßt sich auf dem Prüfstand und im Windkanal unter Hinzuziehung von Fahrversuchen feststellen. Damit kann die Fahrleistung im ganzen Geschwindigkeitsbereich rechnerisch ermittelt werden (*270*).

Diese teils versuchsmäßig, teils rechnerisch vorausbestimmten Fahrleistungen werden nach Ausführung des geplanten Fahrzeuges zweckmäßigerweise durch Fahrversuche auf der Landstraße unter Benützung von Fahrtenmeßgeräten weiter untersucht, womit sich neben einer Nachprüfung der Meßverfahren sichere Erfahrungsgrundlagen für die Vorausbestimmung der Leistungen ergeben.

Die am Motorschwungrad abgegebene Leistung gelangt über die Kupplung, das Schaltgetriebe, die Gelenkwelle, das Ausgleichgetriebe über die Treibräder unter bestimmten Verlusten an die

Fahrbahn. Zur bildlichen Darstellung des Leistungsverbrauches von der Motorkupplung bis zur Fahrbahnoberfläche dient die in Abb. 417 gezeigte Übersicht. Die angegebenen Zahlenwerte stellen ungefähre Anteile der am Schwungrad gemessenen Leistung dar für einen heute üblichen Wagen und eine Höchstgeschwindigkeit von etwa 110 km/h. Die eingeklammerten Werte sind Hundertteile der mit dem Brennstoff zugeführten Energie. Sie können als Ergänzung der in Abb. 1 angegebenen Werte betrachtet werden.

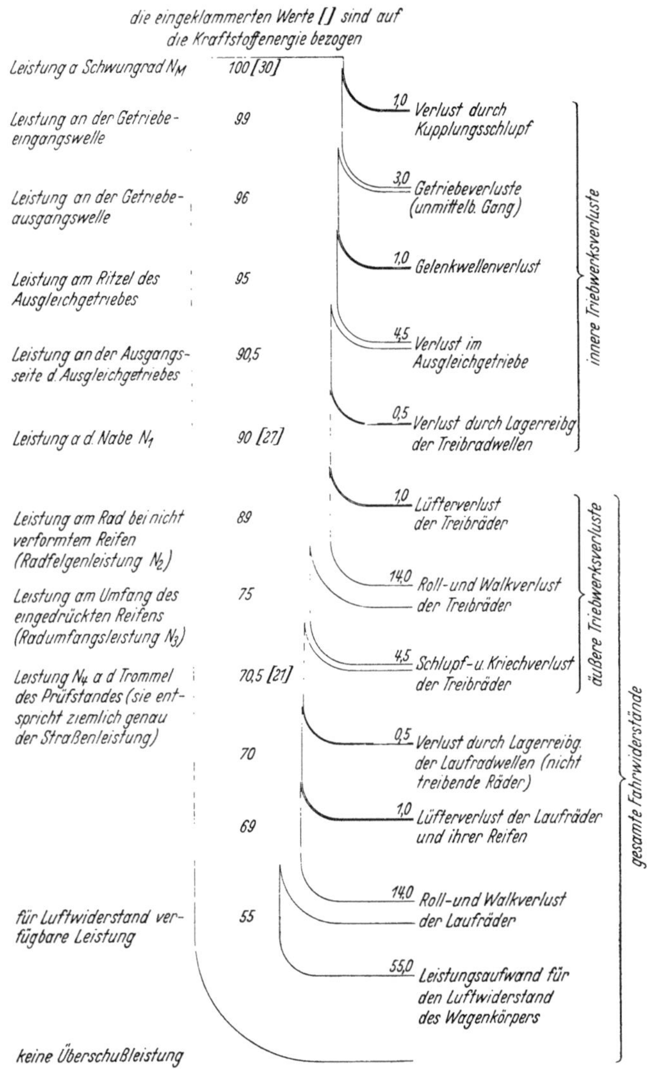

Abb. 417. Aufteilung der Leistung in einem Kraftwagen bei einer Höchstgeschwindigkeit von 110 km/h.

# A. Verfügbare Leistungen.

## a) Ermittlung der inneren Triebwerksverluste.

Die Ermittlung der Einzelverluste zwischen dem Motorschwungrad und den Treibrädern erfordert eine Reihe von Untersuchungen, bei denen die Wirkungsgrade der Triebwerksteile des Fahrzeuges einzeln bestimmt werden.

Die Verluste sind zu unterscheiden nach Drehmoment- und Schlupfverlusten. Die ersteren entstehen in Lagern, Zahnrädern und Gelenken, sowie durch Lüftung, die letzteren in Reibkupplungen.

Da die Übertragung der Leistung von der Kupplung zu den Treibrädern im allgemeinen durch Zahnräder oder Treibwellen erfolgt, sind nur die auftretenden Drehmomentverluste zu erfassen. Die für kraftschlüssige Triebwerke bekannten Meßverfahren sind das Energiedurchgangsverfahren und das Energiekreislaufverfahren (*289*). An Stellen, bei denen Gleitkupplungen eingebaut sind, oder in Fällen, in denen Reibradgetriebe zur Anwendung gelangen, sind die durch Schlupf bedingten Verluste nur unter Anwendung des Energiedurchgangsverfahrens erfaßbar.

### 1. Energiedurchgangsverfahren.

Die Prüfanordnung beim Energiedurchgangsverfahren ist meistens derart, daß ein Elektromotor den zu untersuchenden Triebwerksteil antreibt. Auf der Gegenseite ist als Bremse ein Stromerzeuger angeschlossen, mit Hilfe dessen der Triebwerksteil belastet wird. Die Verluste, die zwischen den Eingangs- und Ausgangsklemmen der elektrischen Maschinen liegen, sind in der Abb. 418 für den Antriebsmotor $E$, den Triebwerksteil $U_{1,2}$ und den Bremsgenerator $S$ ($B$) besonders gekennzeichnet. Im Energiestrang sind durch Einzeichnung der Maßpfeile für die verschiedenen Momente $M$ die möglichen Meßstellen angegeben. Die Drehmomente $M_{1E}$ und $M_{2E}$ werden aus den elektrischen Aufnahme- bzw. Abgabeleistungen erfaßt, die Momente $M_{1P}$ und $M_{2P}$ dadurch, daß Elektromotor und Stromerzeuger in Pendelrahmen aufgehängt sind, die Drehmomente $M_{1D}$ und $M_{2D}$ an der Antriebs- und Abtriebswelle des Triebwerkteiles mittels Einschaltdynamometern (s. S. 110).

Die Leistungen und Leistungsverluste ergeben sich aus den Momenten $M_1$ und $M_2$ und den zugehörigen Drehzahlen. Die an den Klemmen des Stromerzeugers verfügbare Leistung aus dem Moment $M_{2E}$ kann an das Netz abgegeben werden bzw. dem Elektromotor $E$ wieder zugeführt werden, wobei der auftretende Gesamtverlust laufend zu ergänzen ist.

Das Verfahren hat den Nachteil, daß der Verlust als Unterschied $M_1$—$M_2$ zwischen zwei verhältnismäßig großen Beträgen ermittelt wird. Ist beispielsweise in einem Zahntrieb mit der Übersetzung 1:1 der Leistungsverlust 2%, so wird damit $M_1 - M_2 = 100 - 98 = 2$. Nimmt man den bei der Drehmomentmessung entstehenden Fehler zu $\pm 0{,}5\%$ an, so wird damit $M_1 - M_2 = (100 \pm 0{,}5) - (98 \pm 0{,}5) = 2 \pm 1 = 3$ bzw. 1. Die Abweichung beträgt demgemäß 50% des Sollwertes. Die Anordnung hat den weiteren Nachteil, daß in der Messung der Verluste in dem zu prüfenden Triebwerksteil auch die vorher und nachher auftretenden Verluste durch Luft- und Lagerreibung in den elektrischen Maschinen und unter Umständen auch die elektrischen Verluste selbst eingeschlossen sind, je nach der Stelle, an welcher das Drehmoment erfaßt wird. Diese Verluste müssen dann einzeln bestimmt und zum gemessenen Moment zugezählt oder von ihm abgezogen werden.

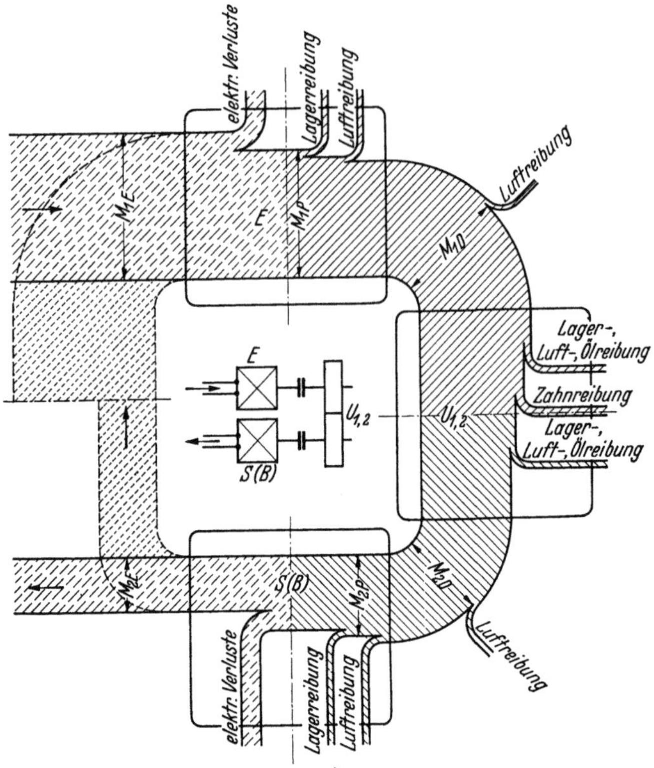


**Abb. 418. Messen der Verluste in einem Zahnradpaar beim Energiedurchgangsverfahren (404).**
*E* Elektromotor, *U* Zahnradumformer, *B* Bremse, *S* Stromerzeuger.

Abb. 419 zeigt diesen Prüfstandsaufbau.

Die Ermittlung von Verlusten in Gelenkwellen oder Gummischeibenkupplungen erfordert einen Versuchsaufbau, bei dem die Achsen der Antriebs- und Belastungsmaschinen zueinander versetzt sind (Abb. 420).

Eine Prüfung des Achs- und Ausgleichgetriebes (Abb. 421) erfordert auf der Antriebsseite einen pendelnd gelagerten Elektromotor. Auf der Belastungsseite ist an jedem der beiden Radwellenenden ein Pendelgenerator angebaut. Bei Prüfung des Wirkungsgrades, wie er bei Fahrt geradeaus zu erwarten ist, müssen die beiden mit den Radwellen gekuppelten Pendelgeneratoren mit gleicher Drehzahl und gleicher Last gebremst werden. In Fällen, in denen der Wirkungsgrad bei Kurvenfahrt ermittelt werden soll, muß unter Wahrung gleichen Bremsmomentes der Drehzahlunterschied des kurveninneren und kurvenäußeren Antriebsrades nach dem zu fahrenden Kurvenhalbmesser durch Änderung der Klemmenspannung bei gleichbleibender Stromstärke eingestellt werden.

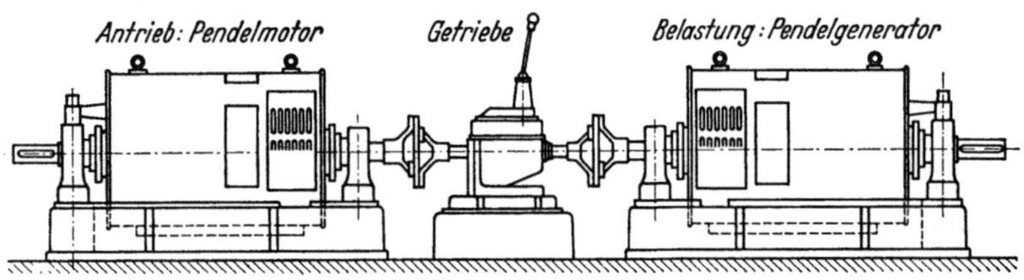


**Abb. 419. Prüfstandsaufbau zur Messung der inneren Triebwerksverluste nach dem Energiedurchgangsverfahren.**

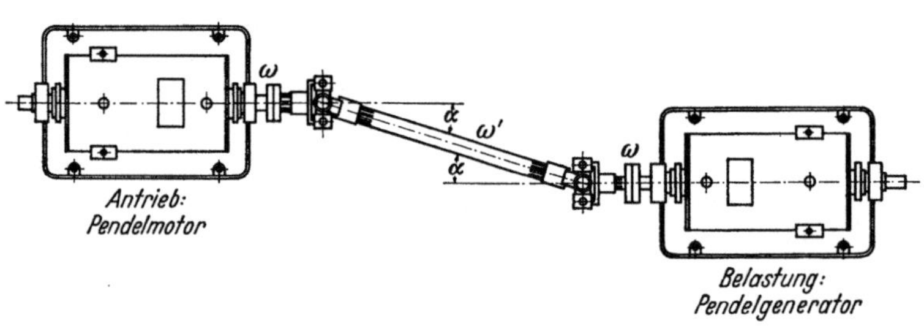


**Abb. 420. Versuchsaufbau zur Ermittlung von Verlusten in Gelenkwellen und Gummischeibenkupplungen.**

Die Abb. 422 und 423 zeigen Einrichtungen für Reihenprüfung von Getrieben und Hinterachsen in der Herstellung. Elektromotor und Generator sitzen auf einem mit Führungsbett versehenen Untersatzrahmen. Mit Hilfe der Handräder können die Maschinen rasch auseinander gerückt werden, womit leichter Ein- und Ausbau des zu prüfenden Triebwerksteiles möglich ist. Die Leistungsmessung erfolgt in diesem

Fall durch elektrische Wattmeter, die in Pferdestärken geeicht sind. Für besondere Fälle kann ein Doppelwattmeter benützt werden, dessen Zeiger den auftretenden Verlust unmittelbar angibt.

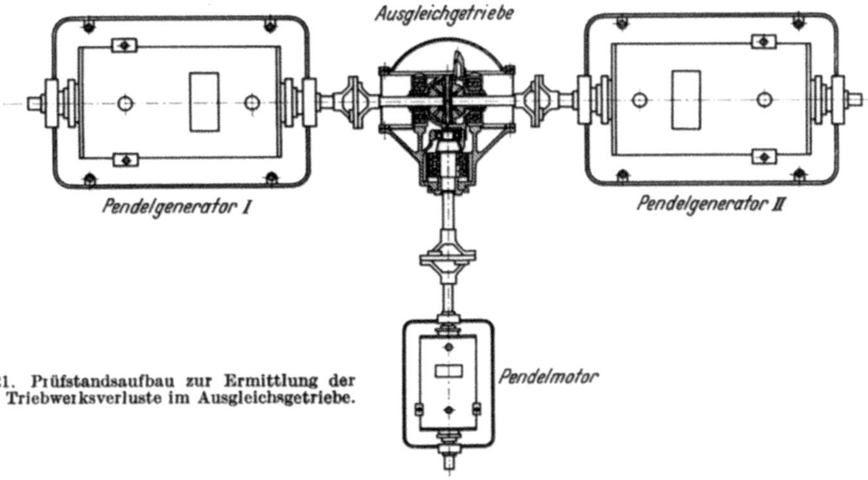


Abb. 421. Prüfstandsaufbau zur Ermittlung der inneren Triebwerksverluste im Ausgleichsgetriebe.

In Fällen, in denen zwecks Nachahmung der praktischen Verhältnisse als Antriebsmaschine ein Fahrzeugmotor verwendet werden soll, und deshalb das Eintrittsdrehmoment nur durch besondere Hilfsmittel erfaßbar ist, kann nach Kluge (*278*) wie folgt vorgegangen werden.

Abb. 422. Die Highfield-Getriebeprüfmaschine (*260*).

Ist $N_1$ die vom Getriebe aufgenommene Leistung, $N_2$ die vom Getriebe abgegebene Leistung und $N_V$ die Verlustleistung, die in Wärme umgesetzt wird, dann ist der Wirkungsgrad eines Getriebes

$$\eta = \frac{N_2}{N_1} = \frac{N_2}{N_2 + N_V}\,.$$

Die Messung der Antriebsleistung $N_1$ ist wegen des ungleichförmigen Drehmomentenverlaufes des Verbrennungsmotors schwierig. Dagegen läßt sich die Abtriebsleistung $N_2$ mit einer guten Leistungsbremse hinreichend genau messen. Die Feststellung der Verlustleistung $N_V$ aber ist bei derartigen Getrieben, die nicht mit durchströmendem, also die Wärme nach außen abführendem Öl geschmiert werden, sehr schwierig, da der Einfluß der Außentemperatur, die Wärmeleitfähigkeit des Gehäuses und des Öles, sowie der Einfluß der Strahlung nicht einfach erfaßbar sind.

Abb. 423. Die Highfield-Hinterachsprüfmaschine (*261*).

Man denkt sich nun nach Abbildung 424 am Getriebe wirkend das Eingangsdrehmoment $M_1$, das Ausgangsdrehmoment $M_2$, das am Getriebegehäuse anzubringende Drehmoment $M_V$, das dem Eingangsdrehmoment $M_1$ entgegenwirken muß, und ein am Getriebegehäuse anzubringendes Drehmoment $M_ü$, welches das Differenzmoment aus Antriebs- und Abtriebsleistung abstützt.

Bei diesen Getrieben kommt fast nur eine Übersetzung ins Langsame in Frage, $M_2$ ist also meistens größer als $M_1$, und deshalb muß $M_ü$ im gleichen Drehsinn wie $M_1$, also rechtsdrehend, wirken. Nach dem Gleichgewichtsgesetz der Mechanik ist

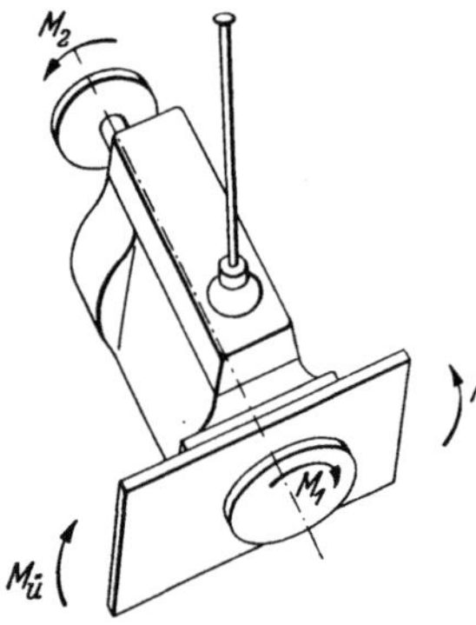

Abb. 424. Am Getriebe angreifende äußere Drehmomente (84). $M_1$ Eingangsdrehmoment; $M_2$ Ausgangsdrehmoment; $M_v$ Verlustmoment; $M_ü$ Differenzmoment zwischen An- und Abtrieb.

$$\sum M = 0, \text{ d. h. } M_1 + M_ü - M_2 - M_V = 0$$

$$M_1 = M_2 + M_V - M_ü,$$

dann wird

$$\eta = \frac{N_2}{N_1} = \frac{M_2 \cdot \omega_2}{M_1 \cdot \omega_1} = \frac{M_2 \cdot \omega_2}{(M_2 + M_V - M_ü) \cdot \omega_1}.$$

Nun ist $\frac{\omega_1}{\omega_2} = i$ das Untersetzungsverhältnis, damit wird

$$\eta = \frac{M_2}{i \cdot (M_2 + M_V - M_ü)}$$

$$\eta = \frac{M_2}{i \cdot [M_2 - (M_ü - M_V)]}.$$

Nach dieser Art der Bestimmung des Wirkungsgrades ist somit die Kenntnis des Eingangsdrehmomentes $M_1$ nicht erforderlich. Andererseits benötigt man auch nicht die in Wärme umgesetzte Verlustleistung $N_V$, deren Bestimmung mindestens sehr zeitraubend ist. Es ist also nur das Ausgangsdrehmoment $M_2$ und die Differenz der Stützmomente $(M_ü - M_V)$ mit Hilfe eines am pendelnden Getriebegehäuse angebrachten Hebelarmes auf einer Waage zu bestimmen.

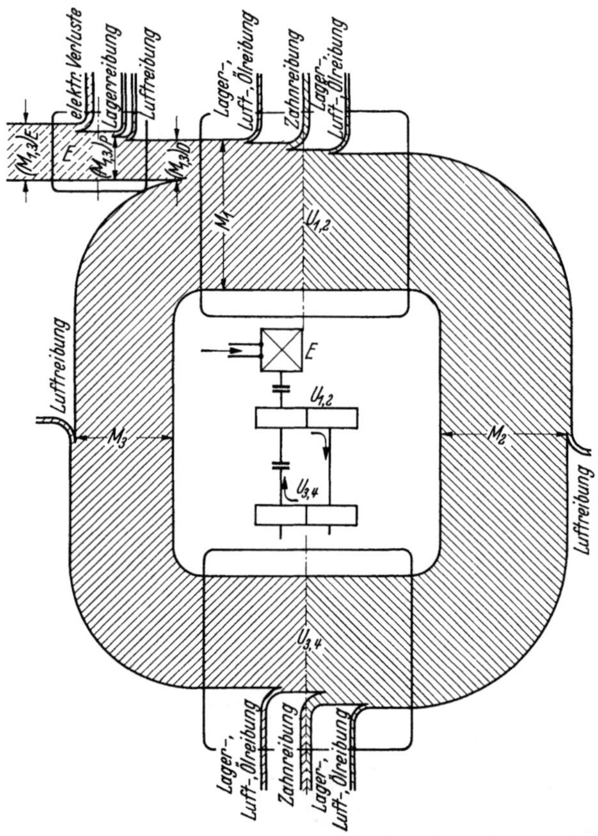


Abb. 425. Messung der Verluste beim Energiekreislaufverfahren (405). E Elektromotor; U Zahnradumformer.

## II. Energiekreislaufverfahren.

Beim Energiekreislaufverfahren (289) (Abb. 425) wird der gesamte Verlust $M_{1,3} = (M_1 - M_2) + (M_2 - M_3)$ unmittelbar gemessen, wodurch die Bestimmung aus dem Unterschied zweier Meßwerte wegfällt. Kennzeichnend für das Verfahren ist, daß zwei gleiche Triebwerksteile $U_{1,2}$ und $U_{3,4}$ im Stillstand durch federnde Zwischenglieder mit einem Drehmoment $M_3$ gegeneinander verspannt werden, wodurch das im Betrieb gewünschte Moment künstlich erzeugt und aufrecht erhalten wird, falls die Verluste von außen her gedeckt werden. Die Leistung des geschlossenen Energiekreislaufes hängt dann von der gewählten Vorspannung und der Drehzahl ab. Ein kleiner Elektromotor kann den kleinen Verlust $M_{1,3}$ ersetzen, wobei das Drehmoment entweder am Pendelgehäuse des Motors mit $M_{1,3}$ (P) oder mit Dynamometer mit $M_{1,3}$ (D) gemessen wird. Ein Fehler in der Momentenmessung von $\pm 0{,}5\%$ ist gleich dem Meßfehler im Verlust selbst.

Da das Verfahren besondere Vorbereitung des Versuchsaufbaues erfordert, wird es nur in Fällen, in denen hohe Meßgenauigkeit verlangt wird, angewandt.

## III. Wirkungsgrad des inneren Triebwerkes des Fahrzeuges.

Sind die Wirkungsgrade

| | | | |
|---|---|---|---|
| der Kupplung | $\eta_{Ku} = 0{,}990$, | des Achs- und Ausgleichgetriebes | $\eta_{Ausgl} = 0{,}955$, |
| des Schaltgetriebes | $\eta_{Getr} = 0{,}970$, | der Lagerreibung der Treibradwelle | $\eta_{La} = 0{,}995$, |
| des Gelenkes | $\eta_{Gel} = 0{,}990$, | | |

so ergibt sich der Gesamtwirkungsgrad des inneren Triebwerkes zwischen dem Schwungrad und den treibenden Radwellen zu:

$$\eta_{tri} = \eta_{Ku} \cdot \eta_{Getr} \cdot \eta_{Gel} \cdot \eta_{Ausgl} \cdot \eta_{La} = 0{,}990 \cdot 0{,}970 \cdot 0{,}990 \cdot 0{,}955 \cdot 0{,}995 = 0{,}905.$$

Aus der Schwungradleistung des Motors und dem Wirkungsgrad des inneren Triebwerkes ergibt sich die an den beiden Treibradwellen zur Verfügung stehende Leistung, die in Abb. 417 mit Nabenleistung bezeichnet ist.

## b) Ermittlung der äußeren Triebwerksverluste.

Im nachstehenden Abschnitt sind die an den treibenden Radpaaren auftretenden Verluste als äußere Triebwerksverluste gekennzeichnet. Sie setzen sich aus mehreren Teilverlusten zusammen. Die geschilderten Eigenarten dieser Teilverluste können sinngemäß auf die Laufräder übertragen werden. Auf die Zuteilung derjenigen Verluste, die aus dem Antrieb der Laufräder entstehen, ist in Abb. 417 Bezug genommen. Entsprechend der Abb. 417 stellen die äußeren Triebwerksverluste einen Teil der gesamten Fahrwiderstände dar; die Fahrwiderstände sind durch die an den Naben der treibenden Rädern verfügbare Leistung zu überwinden.

Abb. 426. Einbau eines Rades mit Antriebsmotor im Windkanal.

### I. Lüfterverluste der Räder.

Das sich drehende Rad gibt an die umgebende Luft Leistung ab, die je nach Art des Rades (Drahtspeichen-, Holzspeichen-, Scheibenrad), nach Art der Abdeckung des Rades durch den Kotflügel und nach Fahrtwind sich verschieden einstellt. Sie wird mit Ventilations- oder Lüfterleistung des Rades bezeichnet.

Bei den üblichen Untersuchungen auf Lauftrommeln (s. S. 180) über den Roll- und Walkwiderstand wird der Lüfterwiderstand der Räder mitgemessen, wobei aber das Anblasen entsprechend der Wirkung des Fahrtwindes unterbleibt. Genauere Messungen müssen in einem genügend großen Windkanal durchgeführt werden. Die Ausbildung der Radabdeckung spielt eine wesentliche Rolle. Abb. 426 zeigt den Einbau eines Rades mit Antriebsmotor im FKFS-Windkanal. Versuchsergebnisse sind in Abb. 427 dargestellt.

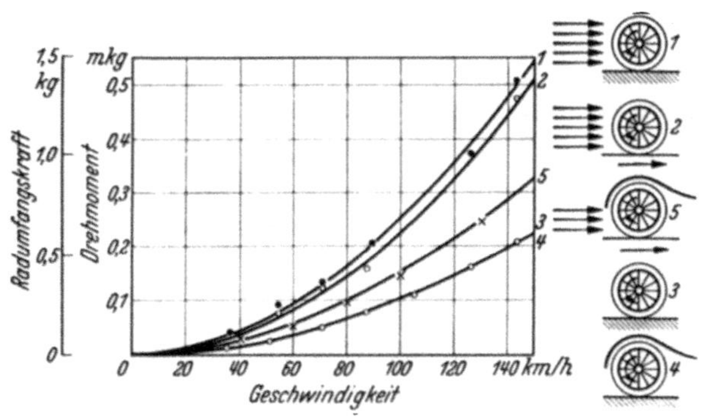


Abb. 427. Lüftermoment eines Drahtspeichenrades (92).

Der Lüfterwiderstand ist von der Geschwindigkeit abhängig nach der Beziehung

$$W_v = \alpha \cdot v^2.$$

Der Beiwert $\alpha$ ist, wie Abb. 427 zeigt, von den Versuchsbedingungen abhängig. Raddurchmesser, Rauhigkeit des Radkörpers und des Reifenprofils spielen aber auch eine Rolle. Der Verlauf der Lüfterwiderstandsschaulinien in der Abbildung läßt erkennen, daß das angeblasene Rad größeren Luftwiderstand hat als das Rad in ruhender Luft und daß die Abdeckung durch den

Kotflügel den Widerstand vermindert. Die Leistung zur Überwindung des Lüfterwiderstandes der Räder mit dem Beiwert $\alpha$ ist bei der Fahrgeschwindigkeit $V$ (km/h):

$$N_V = \frac{W_V \cdot V}{75 \cdot 3{,}6} = \frac{\alpha \cdot V^3}{75 \cdot 3{,}6^3} \quad \text{PS}.$$

## II. Roll- und Walkverluste.

Eine genaue Betrachtung der Verhältnisse beim Abrollen eines Reifens (ohne äußerliches Gleiten) zeigt, daß die Reibungskräfte sich unterteilen in:

1. Rollreibung nach Maßgabe des sich bei Verformung des Reifens und der Fahrbahn einstellenden Rollwiderstandshebelarmes ($e$).

2. Walkreibung infolge Formänderung des Reifeninnenaufbaues. Wieweit die Kräfte 1. und 2. in sich zusammenhängen, bedarf noch der Klärung.

3. Saugreibung infolge Festsaugens und Wiederablösens des mit Gleitschutzformen ausgeführten Gummis am Boden, ein Vorgang, welcher sich auf glatter Fahrbahn durch ein Sauggeräusch äußert.

4. Gleiten in den Berührflächen des Reifens durch das Anplatten an die Fahrbahn. Auch dieser Vorgang ist mit Geräuschbildung verbunden, die mehr pfeifender Art ist.

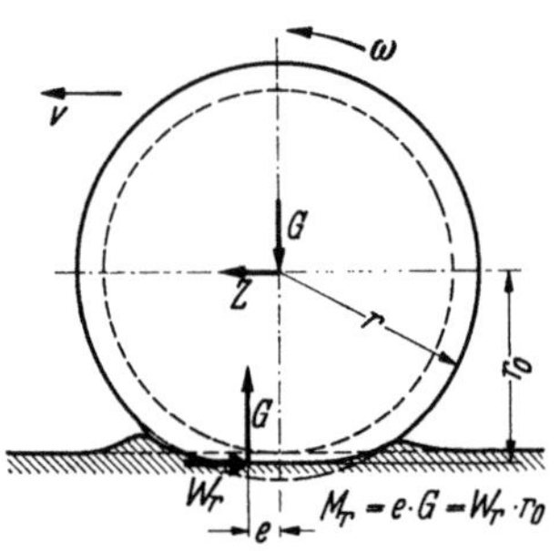


Abb. 428. Elastisches Rad auf elastischer Fahrbahn.
$\omega$ Winkelgeschwindigkeit des Rades; $v$ Fahrgeschwindigkeit; $r$ Reifenhalbmesser; $r_0$ Rechnungshalbmesser; $e$ Hebelarm der Rollreibung; $G$ Radlast; $Z$ Zugkraft; $W_r$ Rollwiderstand; $M_r$ Rollreibungsmoment.

Die Verlustarbeit aus diesen Reibungsvorgängen wird zusammengefaßt und im folgenden als „Roll- und Walkarbeit" bezeichnet.

In Anlehnung an die Reibungsgesetze stellt man den Roll- und Walkwiderstand meistens in der Form

$$W_r = f \cdot G$$

dar, wo $G$ der wirksame Raddruck, $f$ der Rollwiderstandsbeiwert ist.

Zur Kennzeichnung des Rollwiderstandsbeiwertes wurde zum Teil der Begriff „Hebelarm der Rollreibung" verwendet. Das Rollreibungsmoment ergibt sich dabei in der Form

$$M_r = e \cdot G,$$

wo $G$ der wirksame Raddruck und $e$ der Abstand des Angriffspunktes der Gegenkraft $G$ von der Senkrechten durch den Radmittelpunkt ist (Abb. 428). Der Hebelarm $e$ kann nicht als gleichwertig mit dem Beiwert $f$ angesehen werden.

Für das Rollreibungsmoment gilt

$$M_r = W_r \cdot r_0 = e \cdot G,$$

wobei $r_0$ der Rechnungshalbmesser ist. (Die Bedeutung der Begriffe „Rechnungshalbmesser" und „wirksamer Halbmesser" ist auf S. 182 beschrieben.)

Es wird nun

$$W_r = \frac{e}{r_0} \cdot G.$$

Nach üblicher Auffassung gilt

$$W_r = f \cdot G,$$

also ist

$$f = \frac{e}{r_0} \text{ (dimensionslos).}$$

Der Beiwert $f$ ist demnach abhängig vom Hebelarm $e$ und vom Halbmesser $r_0$ des Rades (s. Abb. 428). Wie im nachstehenden Abschnitt angeführt, ist er, insbesondere bei Niederdruckreifen, von der Fahrgeschwindigkeit abhängig.

Die in den Radwellenlagern auftretende Reibung beeinflußt die Rollreibung eines Rades in dem Sinne, daß der Hebelarm der Rollreibung vergrößert wird. Bei dem Versuchsvorgehen zur Feststellung der Rollreibung wird die bei Belastung auftretende Lagerreibung mit erfaßt. Sie stellt deshalb im praktischen Betrieb einen Anteil der Rollreibung dar und erscheint deshalb nicht, wie es dem Sinne entsprechen würde, in der inneren Triebwerksreibung.

**Meßtechnische Erfassung des Roll- und Walkwiderstandes.** Für niedere Geschwindigkeiten liegen viele Messungen über Rollwiderstandsbeiwerte auf verschiedenen Fahrbahnen vor. In diesen Werten ist der Anteil des Luftwiderstandes eines Meßschleppwagens und der Lüfterwiderstand der Räder enthalten. Die damit gegebenen Fehler sind jedoch bei kleinen Fahrgeschwindigkeiten gering.

Die Ermittlung der Roll- und Walkreibwerte bei hohen Geschwindigkeiten, etwa über 50 km/h, stößt bei Straßenversuchen auf Schwierigkeiten. Man ist vorläufig noch gezwungen, die bei hohen Geschwindigkeiten auftretenden Beiwerte auf Lauftrommeln oder auf dem Rollfeld zu bestimmen und sie unter Zuhilfenahme von bei niederen Geschwindigkeiten aufgenommenen Straßenversuchsergebnissen verhältnisgleich auf die Straße zu übertragen.

Abb. 429 zeigt den Versuchsaufbau zur Ermittlung des Roll- und Walkwiderstandes an einem einzelnen Rad. Das Rad wird durch einen elektrischen Pendelmotor angetrieben, die Belastung erfolgt durch einen Hebel, in dem das Rad geführt ist. Wird der Versuch auf dem Kraftwagenprüffeld vorgenommen, so erfolgt der Antrieb durch den mit der Trommel gekuppelten Pendelmotor. Nach vorliegenden Erfahrungen ist es für die Ergebnisse gleichgültig, von welcher Seite her der Antrieb erfolgt.

Abb. 429. Versuchsaufbau zur Ermittlung des Roll- und Walkwiderstandes an einem einzelnen Rad.

In jedem Fall ergibt sich der Roll-, Walk- und Lagerwiderstand (einschließlich Lüfterwiderstand) aus der Leistung, die den Unterschied bildet zwischen der aufzubringenden Gesamtleistung und der Eigenleistung des Prüfstandes. Falls notwendig, ist die Lüfterleistung besonders zu bestimmen und vom Roll- und Walkwiderstand abzuziehen.

Bei den Messungen auf Lauftrommeln können in den Versuchsbedingungen zwei Grenzfälle eingehalten werden. Der erste ist dadurch gekennzeichnet, daß der Reifen in seiner Temperatur und damit dem sich einstellenden Reifendruck sich selbst überlassen wird, im zweiten Fall wird durch besondere Vorrichtungen der Druck im Reifen gleichgehalten. Im ersten Fall wird bei steigender Temperatur und steigendem Druck die Änderung des Widerstandes mit der Fahrgeschwindigkeit nicht in gleichem Maße erfolgen wie im zweiten, da die Temperatur und damit der Reifendruck außer von den Kühlverhältnissen von der Versuchsdauer abhängig ist. Da sich bei den auf diese Weise durchgeführten Versuchen die Versuchsbedingungen ändern, ist ein Vergleich der Ergebnisse nur in beschränktem Maße möglich. Es empfiehlt sich, den Reifendruck vor Beginn und bei Beendigung des Versuches aufzunehmen.

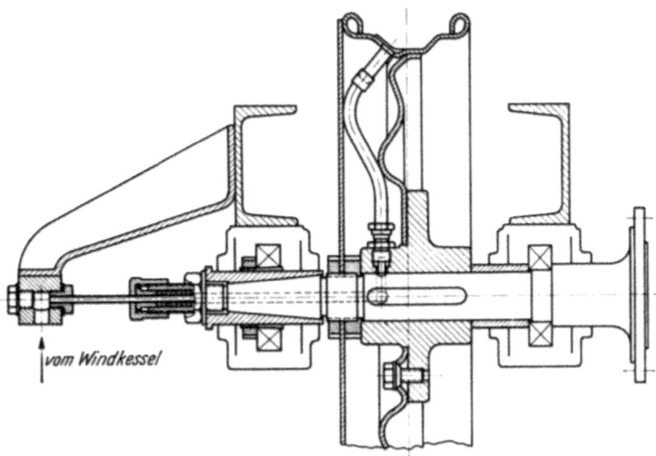


Abb. 430. Regelung des Reifendruckes bei genauen Messungen.

Für die Erreichung einwandfreier Vergleichsergebnisse ist es zweckmäßig, den Reifendruck während der Durchführung der Versuche auf gleicher Höhe zu halten. Dies kann für einfachere Versuche derart erfolgen, daß der Reifendruck während der Versuchsdurchführung häufig gemessen und ausgeglichen wird. Bei genaueren Messungen wird der Reifendruck nach der in Abb. 430 gezeigten Weise gleichgehalten. Vom Reifen führt eine Verbindungsleitung zur Achsmitte und ist dort über eine Stopfbüchse mit einem Luftkessel verbunden. Der Rauminhalt dieses Kessels ist so groß bemessen, daß auch bei Ausdehnung der im Reifen befindlichen Luft infolge Temperaturerhöhung praktisch eine Drucksteigerung nicht stattfindet.

Die Prüfstandsergebnisse können zunächst nur als Vergleich benützt werden. Bei Fahrt auf der Straße ist die Temperatur des Reifens und die Druckänderung abhängig von der

Außenlufttemperatur, der Feuchtigkeit, d. h. der Reifenkühlung, der Fahrgeschwindigkeit und der Belastung des Reifens.

Bei Fahrt in wechselndem Gelände kann der Reifendruck und damit der Rollwiderstand in gewissen Grenzen verschieden sein. Auf der Autobahn dagegen stellt sich nach einiger Zeit (1 h) die Betriebstemperatur und damit der Betriebsdruck des Reifens fest ein, er ändert sich bei der vorliegenden gleichmäßigen Beanspruchung nicht wesentlich.

Sollen demnach bei Reifenuntersuchungen auf dem Rollfeld Dauerbeanspruchungen beobachtet werden, so ist es notwendig, den Reifendruck nach dem beschriebenen Verfahren während des Versuches im betrachteten Betriebsbereich auf gleicher Höhe zu halten.

Die neuerdings gewonnenen Ergebnisse zeigen, daß der Roll- und Walkwiderstand von einem Grundwert aus, in dem auch die durch die Belastung entstehende Lagerreibung eingeschlossen ist, mit der Geschwindigkeit zunimmt. Er folgt dem Gesetz

$$W_r = f(G) = (f_0 + c \cdot v^n) \cdot G.$$

Die Werte $f_0$ und $n$ hängen bei ein und demselben Reifenmuster auf gleicher Fahrbahn im wesentlichen vom Reifendruck und der Rauhigkeit der Fahrbahnoberfläche ab. Abb. 431 und 432 zeigen die Ergebnisse von Rollwiderstandsmessungen bei verschiedenem Reifendruck.

Die Leistung zur Überwindung des Roll- und Walkwiderstandes eines Fahrzeugs vom

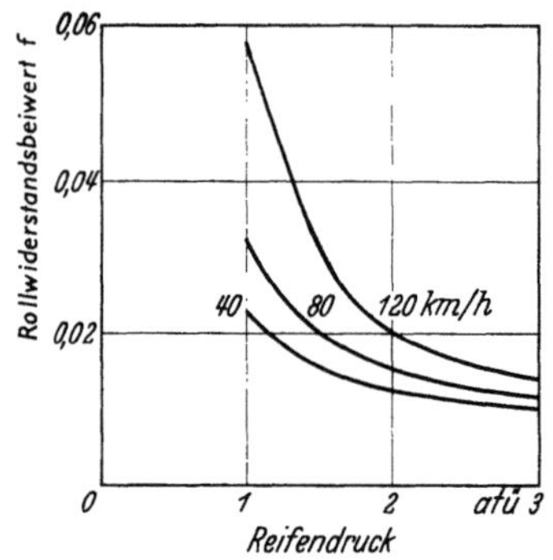


Abb. 431. Reiner Roll- und Walkwiderstand eines neuen Reifens in Abhängigkeit vom Reifenluftdruck (*91*).

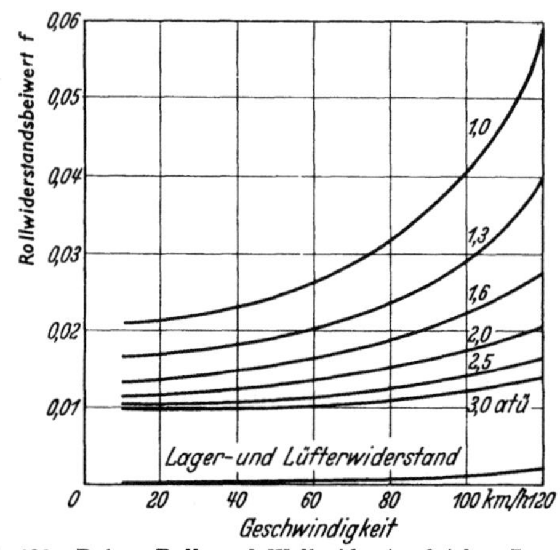


Abb. 432. Reiner Roll- und Walkwiderstand (ohne Lager- und Lüfterwiderstand) eines neuen Reifens bei verschiedenen Fahrgeschwindigkeiten (*90*).

Gewicht $G$ (kg) mit dem Rollwiderstandsbeiwert $f$ ist bei der Fahrgeschwindigkeit $V$ (km/h):

$$N = \frac{W_R \cdot V}{3{,}6 \cdot 75} \text{ PS}.$$

Für eine genaue Vorberechnung muß die Abhängigkeit des Rollwiderstandsbeiwertes $f$ von der Fahrgeschwindigkeit $V$ für ein und denselben Reifen berücksichtigt werden.

## III. Schlupf-, Gleitungs- und Kriechverluste.

Der Fall des reinen Abrollens tritt im allgemeinen nicht ein. Beim Übertragen von Umfangskräften zwischen Rad und starrer Fahrbahn im Bereich der möglichen Haftkraft dreht sich das Rad infolge Verformung der Reifenstollen und des Reifens selbst mit einer etwas anderen Winkelgeschwindigkeit ($\omega'$) als es der tatsächlichen Fahrgeschwindigkeit und dem „Rechnungshalbmesser" $r_0$ (Abb. 433) entsprechen würde ($\omega$). Beim Einlaufen in die Druckfläche („Druckellipse") schrumpft die Laufdecke, beim Auslaufen dehnt sie sich wieder aus (Abb. 433). Das gezogene bzw. gebremste Rad eilt dabei der Fahrgeschwindigkeit nach, das treibende voraus.

Man nennt den Vorgang „Kriechen" und die damit verbundenen Verluste „Kriechverluste", oder auch „Dehnungsschlupf". Werden höhere Umfangskräfte übertragen, die die Haftreibungsgrenze zwischen Reifen- und Fahrbahnoberfläche überschreiten, so beginnt das vor- und nacheilende Rad zusätzlich zu „gleiten" bzw. zu „schlüpfen", wobei sich die Gleitbewegung und Kriechbewegung im gleichen Sinne überlagern. Man nennt den Gesamtvorgang Vor- bzw. Nacheilen, beim gezogenen Rad „Nacheilen", beim treibenden Rad „Voreilen".

Mit

$r_0$ = Rechnungshalbmesser,
$\omega$ = Winkelgeschwindigkeit des Rades,
$v$ = tatsächliche Fahrgeschwindigkeit

ist bei gezogenem Rad $v > \omega \cdot r_0$, bei treibendem Rad $v < \omega \cdot r_0$.

Das Maß des Vor- bzw. Nacheilens ist gekennzeichnet durch den Geschwindigkeitsunterschied zwischen tatsächlicher Fahrgeschwindigkeit $v$ und der aus $r_0$ und $\omega$ errechneten Umfangsgeschwindigkeit, es ist ausdrückbar in Hundertteilen der Fahr- oder Umfangsgeschwindigkeit.

Man setzt für das Nacheilen

$$\lambda_n = \frac{v - r_0 \cdot \omega}{v} \cdot 100 \text{ vH}$$

und für das Voreilen

$$\lambda_v = \frac{r_0 \cdot \omega - v}{r_0 \cdot \omega} \cdot 100 \text{ vH}$$

Man bezieht also, um an der auch physikalisch anschaulichen Darstellung in Hundertteilen festhalten zu können, das Nacheilen auf die Fahrgeschwindigkeit, das Voreilen jedoch auf die Umfangsgeschwindigkeit des Rades am Rechnungshalbmesser, also jeweils auf die eingeleitete Geschwindigkeit.

Wird z. B. die Umfangsgeschwindigkeit $r_0 \cdot \omega = 0$, so ist $\lambda_n = 100\%$, d. h. das Rad „blockiert". Wird die Fahrgeschwindigkeit $v = 0$, so wird $\lambda_v = 100\%$, d. h. das Rad „dreht durch" (unrichtigerweise auch „Schleudern" genannt). Der erstgenannte Fall kann beim Bremsen des Fahrzeuges auf der Straße auftreten, der letztere beim Antrieb auf sehr schlüpfriger Straße, insbesondere auf starken Steigungen oder in weichem Boden.

Weitere Einzelheiten hierüber sowie das Meßverfahren zur Bestimmung des Schlupfes oder Gleitens (Vor- oder Nacheilen) sind im späteren Abschnitt 2, A. III aufgeführt. Das Meßverfahren zur Aufnahme des durch den Schlupf bedingten Leistungsverlustes ist auf S. 194 beschrieben.

Bei den üblichen Versuchen wird als **Rechnungshalbmesser** der Abstand des Radmittelpunktes von der Fahrbahn bei stillstehendem Rad benützt. Es hat sich ergeben, daß der Rechnungshalbmesser mit steigender Fahrgeschwindigkeit infolge der Fliehkräfte anwächst. (An einem Reifen 5,0×18 bei 120 km/h um 7—10 mm). Für genaue Versuche ist es also notwendig, den zur jeweiligen Fahrgeschwindigkeit gehörenden Rechnungshalbmesser $r_0$ besonders zu bestimmen.

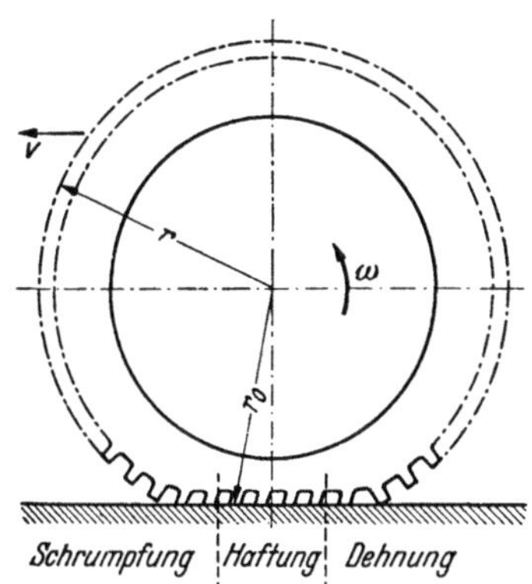


Abb. 433. Kriechvorgang infolge Verformung der Reifenstollen.

Der „wirksame Rollhalbmesser" ermittelt sich aus der tatsächlichen Fahrgeschwindigkeit und der Winkelgeschwindigkeit des Rades zu

$$r = \frac{v}{\omega}.$$

## IV. Verluste durch Stoß.

Beim Befahren von Straßen, insbesondere solcher, die Schlaglöcher aufweisen, vollführen die Fahrzeugräder mit ihren Achsen senkrechte Federschwingungen, die sich dem Wagenaufbau mitteilen. Sie haben, da sie mit Dämpfung verbunden sind, auf alle Fälle einen Leistungsverlust und damit eine Erhöhung des Fahrwiderstandes zur Folge, die sich als Arbeitswärme in den Achsführungen, in den Federn und in den Stoßdämpfern äußert.

Die Erfassung der Leistungsverluste durch Stoß war schon Gegenstand von Erörterungen (*389*). Die meßtechnische Erfassung der Kräfte kann durch die Ermittlung der Beschleunigungen der abgefederten und unabgefederten Massen erfolgen. Rohe Näherungswerte für die Leistung können dadurch festgestellt werden, daß man die Antriebsleistung der Lauftrommeln eines Kraftwagenprüfstandes bei aufgesetztem Fahrzeug zuerst für glatte Trommeln und dann für aufgesetzte Nocken bestimmt. Der Unterschied der beiden Antriebsleistungen ergibt den ungefähren Leistungsverlust durch Stoßwirkung.

## V. Zusätzlicher Widerstand bei Kurvenfahrt.

Bei Fahrt in der Kurve oder auch bei Seitenwind nehmen die Reifen einen zusätzlichen Anteil an Walkarbeit auf, der recht erheblich werden kann. Auch veränderte Reibungskräfte in den Lagern und zusätzlicher Luftwiderstand können sich, wenn auch mit geringer Wirkung, bei diesem Fahrzustand äußern.

Untersuchungen hierüber sind, solange keine vollkomene Klarheit über die Verluste bei Geradeausfahrt vorliegt, schwierig und zunächst nicht dringlich.

### VI. Wirkungsgrad des äußeren Triebwerkes.

Sind die einzelnen Wirkungsgrade bei 110 km/h Fahrgeschwindigkeit für die Treibräder:

$\eta_v = 0{,}990$ = Lüftungsverlust,
$\eta_r = 0{,}860$ = Roll- und Walkreibungsverlust,
$\eta_s = 0{,}955$ = Schlupf, Voreilen,

dann ist der Wirkungsgrad der treibenden Räder

$$\eta_{tr,a} = \eta_v \cdot \eta_r \cdot \eta_s = 0{,}990 \cdot 0{,}860 \cdot 0{,}955 = 0{,}815\,.$$

Damit wird der Gesamtwirkungsgrad des inneren und äußeren Triebwerkes

$$\eta_{\text{ges}} = \eta_{tr,i} \cdot \eta_{tr,a} = 0{,}905 \cdot 0{,}815 = 0{,}738\,.$$

Die verbleibende Restleistung dient zur Fortbewegung des Fahrzeuges längs der Fahrbahn und wird, als auf der Prüfstandstrommel meßbar, Trommelleistung genannt (Abb. 417). Wenn gleiche Leistungs- und Übertragungsverhältnisse zwischen Rad und Prüfstandslauftrommel und zwischen Rad und ebener Fahrbahn vorausgesetzt werden, ist die Trommelleistung gleich der an die Straßenoberfläche abgegebenen Leistung, d. h. gleich der Straßenleistung.

## c) Meß- und Versuchseinrichtungen zur Aufnahme der verfügbaren Leistungen.

Zur Leistungsaufnahme dienen zwei Prüfstandsarten. Bei der ersten wird die am Umfang der Treibräder verfügbare Leistung an Lauftrommeln abgegeben (Kraftwagenrollfeld), bei der zweiten Art werden die Bremsmittel an den Radnaben oder an den Treibrädern axial angekuppelt (Kraftwagenbremsstand).

### I. Kraftwagenrollfeld.

Das Kraftwagenrollfeld hat den Zweck, die Fahrt auf der Landstraße nachzuahmen, damit am Fahrzeug Messungen vorgenommen werden können, die während der Fahrt nicht durchführbar sind. Dabei handelt es sich im wesentlichen um Leistungsmessungen.

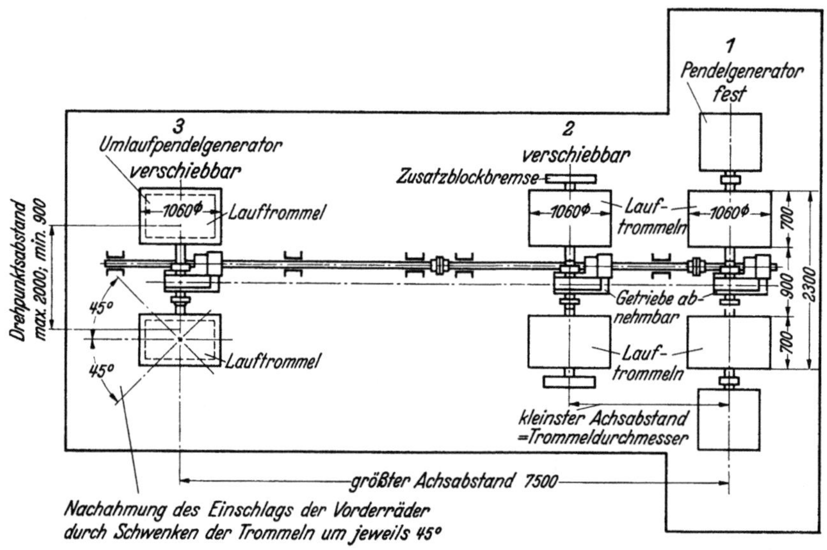


Abb. 434. Kraftwagenprüfstand des FKFS.

Häufig aber dient der Prüfstand als Hilfsmittel bei der Ermittlung von Fahreigenschaften und insbesondere zur meßtechnischen Nachprüfung der bei Fahrt auf der Straße gemachten besonderen Beobachtungen. Er bietet auch die Möglichkeit zur Entwicklung der Geräte, die für Messungen während der Fahrt verwendet werden sollen.

Es ist nicht möglich, durch Versuche auf dem Rollprüfstand die Fahrversuche auf der Landstraße ganz zu ersetzen. Beide Prüfarten müssen einander ergänzen, damit einwandfreie Ergebnisse für die Beurteilung der Fahrzeuge und der oft sehr undurchsichtigen Fahrvorgänge erzielt werden.

Der Aufbau der Prüfstände ist im wesentlichen folgender: Die Treibräder des Fahrzeuges geben ihre Leistung an Lauftrommeln, in Einzelfällen auch an Laufbänder ab. Die Lauftrommeln sind mit Bremsmitteln verbunden, an denen die Leistungen gemessen werden können. Damit das Fahrzeug nicht wegrollt, muß es durch Spannseile oder gleichwertige Vorrichtungen gehalten werden.

Auf dem FKFS-Kraftwagenprüfstand (Abb. 434) können zwei- und dreiachsige Fahrzeuge jeder Größe betrieben werden. Die drei Trommelpaare sind je unmittelbar mit ihren Bremsmitteln verbunden.

Damit für besondere Messungen der Unterschied der an die einzelnen Bremssätze abgegebenen Leistungen ausgeglichen und deren Drehzahlen gleichgehalten werden können, also auch die nicht treibenden Räder eines Fahrzeuges wie auf der Straße voll im Betrieb gehalten werden können, sind die Lauftrommeln mittels wahlweise einschaltbarer Winkelgetriebe an eine längsliegende Sammelwelle anschließbar.

Zur Anpassung der Abstände zwischen den einzelnen Trommelachsen an den Radstand des Fahrzeuges können die Trommelsätze *2* und *3* gegen den feststehend aufgebauten Satz *1* verschoben werden. Die Breite der Trommeln ist so bemessen, daß ein seitliches Verschieben zur Anpassung an die Spurweiten bei den üblichen Fahrzeuggrößen sich erübrigt. Die Trommelleistung wird bei zwei Trommelpaaren (*1*) und (*3*) von Pendelgeneratoren aufgenommen. Das dritte Trommelpaar *2* ist mit zwei wassergekühlten Reibungsblockbremsen versehen.

Die vier Pendelstromerzeuger sind elektrisch gleich bemessen, so daß ein wahlweises Zusammenschalten der Maschinen bei Generator- und Motorbetrieb möglich ist. Bei einer Fahrgeschwindigkeit von 20 km/h kann von den elektrischen Maschinen noch das volle Drehmoment aufgenommen werden, das einer Gesamtbremsleistung von 120 PS entspricht. Für den Fall, daß Fahrzeuge mit besonders hoher Leistung bei niederer Fahrgeschwindigkeit (Geländefahrzeuge, Schlepper) gebremst werden sollen, können die beiden Reibungsblockbremsen des Lauftrommelpaares *2* mit verwendet werden.

Bei Steigerung der Fahrgeschwindigkeit steigt die Aufnahmeleistung der elektrischen Maschinen zunächst verhältnisgleich der Drehzahl. Da die Trommelpaare *1* und *3* auch getrennt benützt werden können, ist bei einem von ihnen die Drehzahlgrenze besonders hoch gerückt. Sie liegt beim Trommelpaar *1* bei 600 U/min oder 120 km/h Fahrgeschwindigkeit, bei Paar *3* bei 1000 U/min oder 200 km/h Fahrgeschwindigkeit. Die Bremsleistung ist im Drehzahlbereich von 500—1000 U/min gleichbleibend 160 PS je Maschine. Diese Leistungsaufnahmefähigkeit ergibt sich aus den für niedere Fahrgeschwindigkeiten erforderlichen Bremsleistungen, sie wird bei hoher Fahrgeschwindigkeit im allgemeinen nicht benützt.

Beim ersten Trommelpaar sind die Pendelgeneratoren seitlich mit den Lauftrommeln gekuppelt, beim dritten sind zum Zweck der Leistungsübertragung bei eingeschlagenen Lenkrädern eines Wagens mit Vorderradantrieb und für den Fremdantrieb eingeschlagener Lenkräder die Pendelmaschinen in die um eine lotrechte Achse schwenkbaren Lauftrommeln eingebaut.

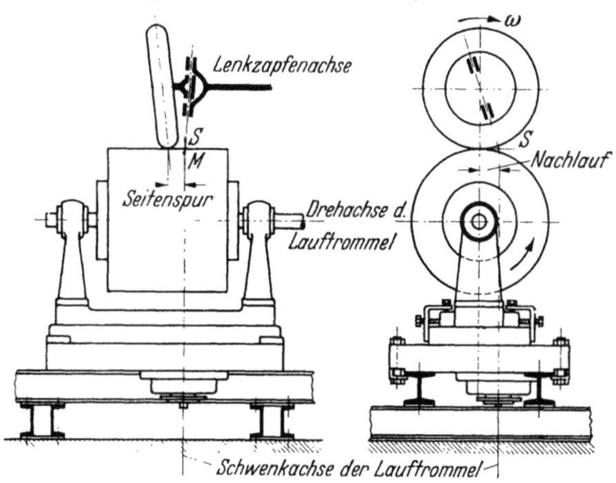


Abb. 435. Aufbau eines Lenkrades auf schwenkbarer Lauftrommel.

Die Schwenkung der Lauftrommeln nach dem Einschlag der Lenkräder erfolgt durch Öldruck mit Kapselpumpen, die im Maschinenuntersatzrahmen eingebaut sind. Die Drehachsen der beiden Kapselpumpen sind durch ein Steuertrapezgestänge verbunden, das nach dem Lenkungstrapez des untersuchten Wagens eingestellt werden kann. Führungen im Drehuntersatz gestatten die Anpassung an Radsturz, Lenkzapfenneigung, Vor- oder Nachlauf des Lenkrades.

Beim Aufstellen der Lenkräder auf die schwenkbaren Lauftrommeln ist darauf zu achten, daß deren beide Schwenkachsen richtig miteinander fluchten. Beim Einschlagen beschreibt der Lenkradaufsitzpunkt einen Kreisbogen um die Lenkzapfenachse. Damit der Berührungspunkt der Trommeloberfläche die gleiche Bewegung ausführt, wäre es notwendig, die Schwenkachse der Trommel gegenüber der Trommel selbst so einzustellen, daß sie sich mit der verlängert gedachten Lenkzapfenachse im Punkt $M$ schneidet, der Mittelpunkt der Kreislinie ist (s. Abb. 435).

Da die Feststellung dieses Punktes schwierig ist und da beim Einschlagen des Rades die Wagenachse sich entsprechend dem räumlichen Verlauf der Kreislinie auf- und abbewegt, wird die Schwenkachse der Lauftrommel auch auf den Durchstoßpunkt $S$ der Lenkzapfenachse auf der ebenen Fahrbahn eingestellt. Die Entfernung der beiden Schwenkachsen der Lauftrommeln ist dann gleich dem Abstand der beiden Durchstoßpunkte am Boden.

Bei Fahrzeugen, deren Lenkräder Vor- oder Nachlauf haben, bei denen also der Reifenauflagepunkt am Boden vor oder hinter dem Lenkzapfendurchstoßpunkt liegt, muß die Lauftrommelachse um dieses Maß vor oder hinter die Trommelschwenkachse gelegt werden (s. Abb. 435), was mittels der Tischführung möglich ist.

Für Messungen zur Erfassung der zwischen Reifen und Fahrbahn wirkenden waagerechten Kräfte sind 3 Zugwaagen vorgesehen, die nach Vorbelastung die am Fahrzeug auftretenden

Kräfte in Fahrtrichtung und quer zur Fahrtrichtung in Höhe der Radachsen zu ermitteln gestatten. Durch Einschlagen der Lenkräder und durch verschieden starkes Belasten der einzelnen Bremsen bei Ersatz der Fliehkräfte durch Seilkräfte können einige für das Verhalten des Fahrzeuges in der Kurve, beim Schleudern oder bei Seitenwind maßgebende Kräfte der Messung zugänglich gemacht werden.

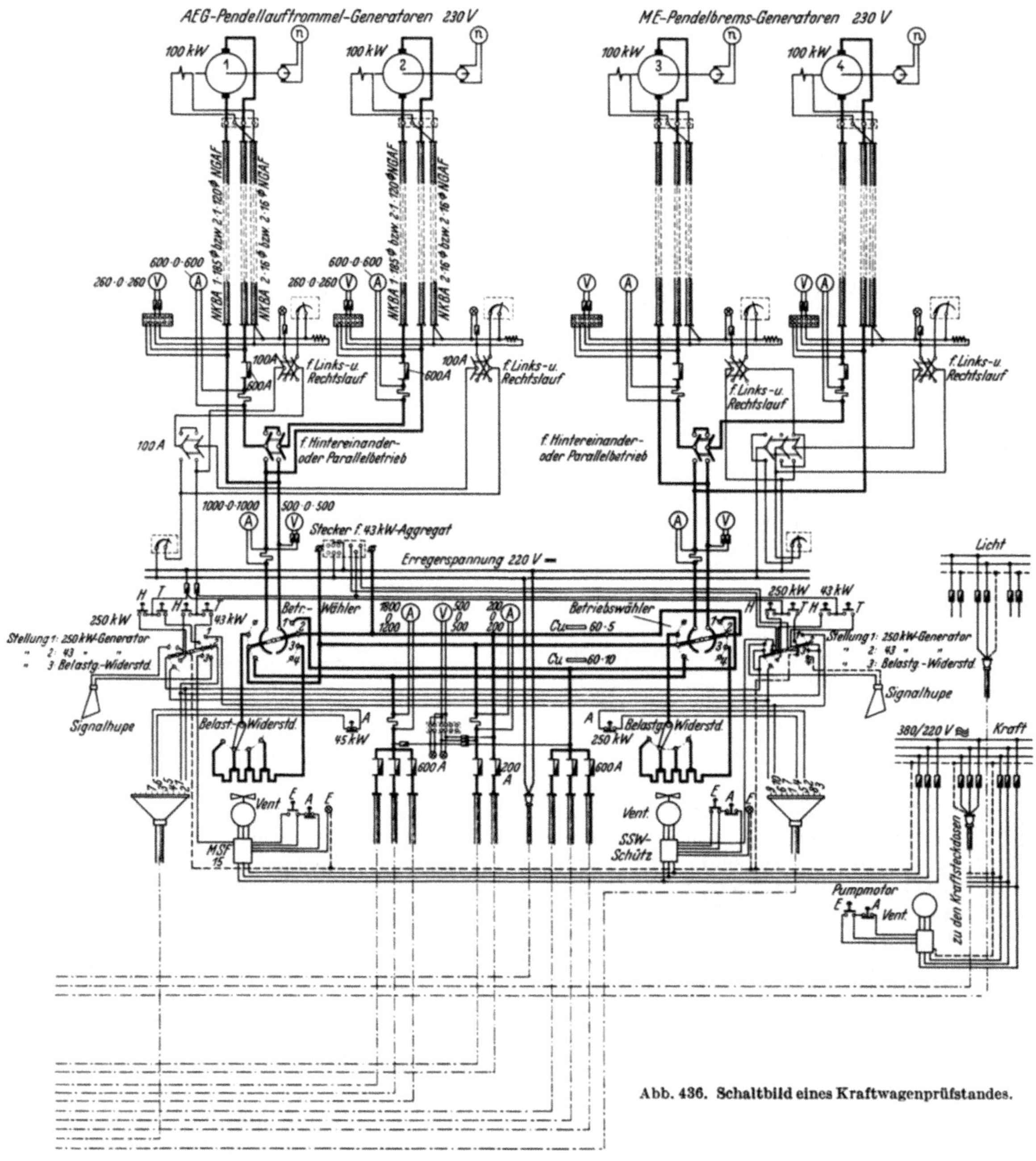


Abb. 436. Schaltbild eines Kraftwagenprüfstandes.

Die elektrische Schaltanlage des Prüfstandes ist aus Abb. 436 ersichtlich. Die 4 Maschinen sind als Nebenschlußmaschinen mit Fremderregung gebaut. Bei Stromerzeugungsbetrieb arbeiten je zwei zusammengehörige Maschinen gemeinsam auf einen luftgekühlten Eisenbelastungswiderstand.

Zur feinstufigen Anpassung der Belastungsregelung an die Einstellung bestimmter Fahrzustände können die zusammengehörigen Maschinen im Hauptstrom- und im Erregerstromkreis unabhängig voneinander gleich- oder hintereinandergeschaltet werden.

Liegen z. B. die Hauptstromkreise hintereinander und die Erregerkreise nebeneinander, so kann durch entsprechende Einstellung der beiden Feldregler die Belastung der Treibräder so gewählt werden, wie es der Kurvenfahrt entspricht, d. h. die Maschinen laufen bei gleicher Drehmomentsaufnahme mit verschiedener Drehzahl, wobei die mechanische Kupplung zwischen den beiden Maschinen gelöst ist.

Als Elektromotoren betrieben können die Maschinen mit dem Betriebswähler auf die Spannschienen eines 50 kW- oder 250 kW-Umformersatzes gelegt werden, wobei der Betrieb in Leonard - Schaltung erfolgt. Gleichzeitig mit der Umschaltung des Hauptstromes wird die Leonard-Fernsteuerungsleitung auf den einen oder anderen Umformer umgelegt.

Abb. 437. Kraftwagenprüfstand.
*1* Lauftrommelpaar, *2* Hilfslauftrommeln, *3* Lauftrommelgeneratoren.

Die Änderung des Drehsinnes bei Motorbetrieb erfolgt durch Umschaltung der Erregerstromrichtung.

Abb. 437 zeigt die Ansicht des Prüfstandes. Im Vordergrund liegen die beiden Lauftrommelgeneratoren *3* mit angebauten Drehmomentmeßköpfen, in der Mitte die Hilfslauftrommeln *2* für 6-Rad-Fahrzeuge sowie ein Teil der Längsverbindungswelle. In den Bodenausschnitten im Hintergrund ist das Lauftrommelpaar *1* zu sehen. Entsprechend der Lage der seitlich angekuppelten Pendelmaschinen sind deren Drehmomentmeßköpfe links und rechts außen über Flur angeordnet. Im Hintergrund steht die Waage zur Feststellung des in Fahrtrichtung wirkenden Zuges. Links befindet sich die Schaltanlage mit einem Stromverteilungsfeld für Elektromotorbetrieb, den Schaltfeldern für die einzelnen Maschinen und für deren gemeinsamen Betrieb sowie den Belastungswiderständen.

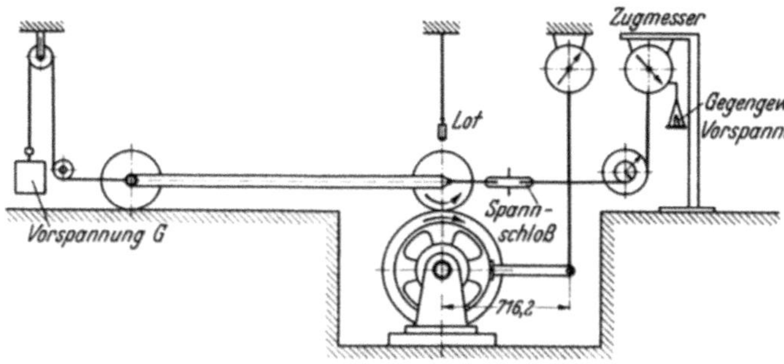


Abb. 438. Anordnung für die Aufstellung eines Fahrzeuges auf den Lauftrommeln und Anordnung der Zugwaage.

Zur Feststellung der Treibradleistungen von Personenfahrzeugen üblicher Baugröße genügt die Inbetriebnahme eines der beiden elektrischen Trommelsätze.

Das Grundsätzliche der Aufstellung des Fahrzeuges ist in Abb. 438 dargestellt. Der Zug des Wagens wird nach Umlenkung über eine Rolle unter Verwendung eines Stahlbandes durch eine Neigungswaage aufgenommen.

Das Vorspannungsgewicht *G* ist so zu bemessen, daß seine Zugkraft die ruhende Reibung der Fahrzeugräder wesentlich übersteigt, es ist durch Taragewichte an der Neigungswaage auszugleichen. Bei Durchführung von Messungen, die hohe Genauigkeit erfordern, ist es zweckmäßig, den Reifendruck der Vorderräder stark zu erhöhen, damit Roll- und Walkreibung dort möglichst ausgeschaltet sind. Infolge der Eigenart der Neigungswaage ist damit das Fahrzeug in waagerechter Richtung pendelnd im Waagensystem eingehängt.

Damit das auf die Treibradachse entfallende Fahrzeuggewicht keinen unmittelbaren Einfluß auf die Zugkraftanzeige der Waage auszuüben vermag, muß dafür gesorgt werden, daß die Achse der Treibräder bei jeder Zugkraft senkrecht über der Achse der Lauftrommel steht. Diese Einstellung erfolgt zweckmäßig mittels eines Spannschlosses und eines Hilfslotes. Das Hilfslot selbst ist senkrecht über der Lauftrommelachse aufgehängt. Damit der Lüftungswind der Treibräder das Lot nicht beeinflußt, ist dessen Länge so einzustellen, daß es nicht im störenden Windstrom hängt. Dazu wird an einer Stelle des Wagenaufbaues eine Marke angebracht, die bei Berücksichtigung des Zuladegewichtes senkrecht über der Treibachse sitzt.

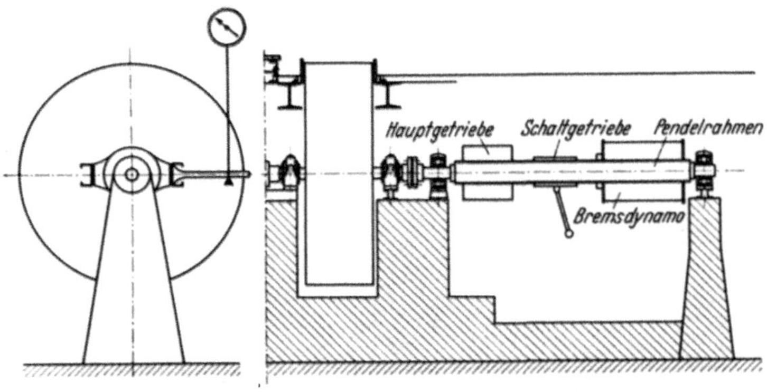


Abb. 439. Laufrollenprüfstand mit Bremsdynamo und Übersetzungsgetriebe in gemeinsamem Pendelrahmen gelagert (Siemens-Werke).

Das Vorlaufen des Fahrzeuges mit größer werdender Zugkraft kann mit Hilfe des Spannschlosses ausgeglichen werden. Das Maß des Vorlaufens ist jedoch klein. Bei einer Zugkraft von 100 kg, entsprechend einem Zug an der im Verhältnis 1:2 übersetzten Waage von 50 kg bewegt sich der Waagenhaken z. B. um 5 mm. Unter Berücksichtigung der Übersetzung läuft also das Fahrzeug bei 100 kg Zugkraft nur um 2,5 mm vor.

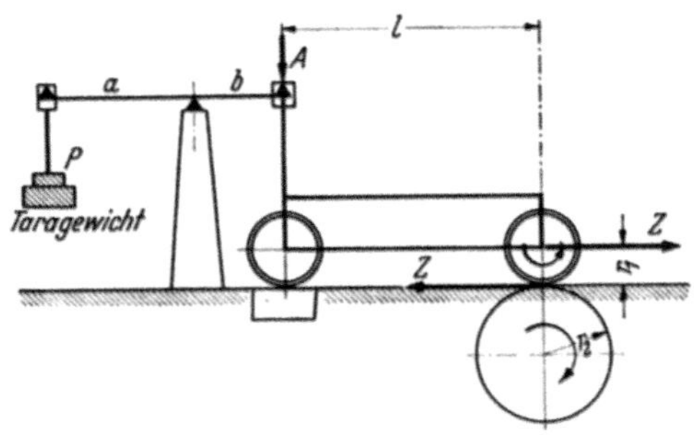


Abb. 440. Messung des Wagendrehmomentes. [Nach Riedler (*343*).]

*a*/*b* Hebelübersetzungsverhältnis der Waage; *l* Radstand; $r_1$ Rollhalbmesser; *A* die durch das Wagenmoment auf die Vorderachse wirksame Kraft; *P* das auf die Waagschale gelegte Gewicht; *Z* Treibradumfangskraft.

Beim Austarieren der Vorspannung *G* ist es zweckmäßig, nach genauer Aufstellung des Fahrzeuges senkrecht über der Trommelachse den Motor in Gang zu setzen, damit die Reifenreibung im Stand durch die Erschütterungen des Motors herabgesetzt wird.

Bei der Zugmessung ist weiter dafür zu sorgen, daß die Rückkühlung des Kühlmittels durch Frischwasserzuführung erfolgt und nicht durch Anblasen des Kühlers mit Gebläse. Im letzten Fall würde der auf die Kühlerstirnfläche wirkende Blasdruck die Messung an der Zugwaage beeinflussen. Das Kühlergebläse kann in Betrieb bleiben, da seine, allerdings vernachlässigbar kleine, den Zug unterstützende Wirkung auch bei Fahrt auf der Straße vorhanden ist.

Zur Anpassung der Kühlmitteltemperatur an rasche und langsame Fahrt unter verschieden starker Belastung des Motors ist es notwendig, die zufließende Kühlwassermenge so zu regeln, daß die im Prüfbetrieb erreichte Temperatur der des praktischen Fahrbetriebes entspricht.

Abb. 441. Aufstellung eines Fahrzeuges auf dem Prüfstand. [Nach Riedler (*343*).]

**Siemens-Potthof-Prüfstand.** Im Hinblick darauf, daß die Bremsmittel von Kraftwagenprüfständen bei sehr niederer Fahrgeschwindigkeit mit hoher Drehmomentaufnahme und bei hohen Fahrgeschwindigkeiten mit kleinen Drehmomenten betrieben werden müssen, wodurch bei Anwendung von elektrischen Maschinen sehr große Einheiten als Bremsmittel benötigt werden, haben die Siemens-Schuckert-Werke einen Prüfstand gebaut, bei dem ein Übersetzungsgetriebe als Drehmoment- und Drehzahlumformer zwischen Lauftrommel und Bremsmittel gelegt ist. Damit kann das Bremsmittel wesentlich kleinere Abmessungen besitzen und in entsprechenden Schaltstufen der Lauftrommeldrehzahl angepaßt werden.

Zur Erfassung der in dem Getriebe auftretenden Verluste ist dieses zusammen mit dem Bremsgenerator in einem pendelnd gelagerten Rahmen nach Abb. 439 aufgehängt.

**Riedler-Prüfstand.** Zur Verminderung der mit der Abweichung von der senkrechten Aufstellung der Treibradachse über der Prüfstandsachse und der Verformung der Reifen auf den Trommeln zusammenhängenden Meßfehler bei der Messung der Zugkraft und der Auswertung der Radumfangsleistung hat Riedler (*342*), insbesondere bei Messungen an Lastwagen, bei denen die Ventilation der Räder vernachlässigt werden kann, ein zusätzliches Meßverfahren vorgeschlagen, das auf der Messung des Wagentriebwerkmomentes um die Treibachse beruht (rechnerische Auswertung s. S. 191).

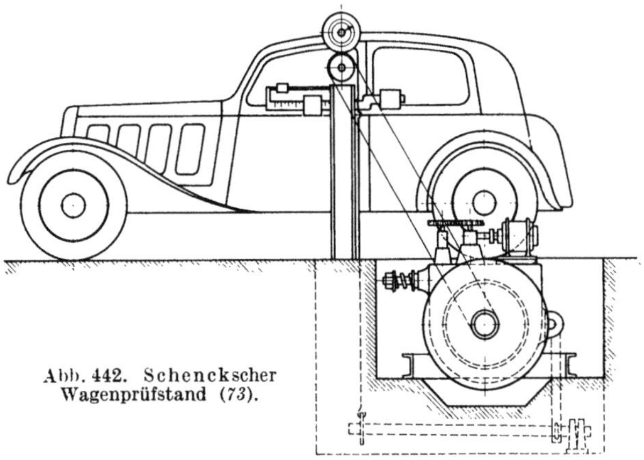

Abb. 442. Schenckscher Wagenprüfstand (*73*).

Aus Abb. 440 und 441 ist die Aufstellung des Fahrzeuges auf dem Prüfstand ersichtlich. Am Kopf des Wagens ist die Einrichtung zur Messung des Wagenmomentes ersichtlich. Gegen seitliches Ausweichen dienen 2 durch Gewichte belastete Zugseile.

Für die Durchführung von Versuchen an Fahrzeugen bei der Reihenherstellung und im Kundendienst von Brennstofflieferern werden einfachere Prüfstände verwendet, bei denen das Bremsmittel im allgemeinen aus einer Wasserbremse oder einer Bandbremse besteht.

**Schenck - Wagenprüfstand.** Die von Schenck nach Kluge gebauten Wagenprüfstände bestehen bei der einfachen Bauart aus einem Lauftrommelpaar (Abb. 442), das mit einer elektrisch gesteuerten Reibungsbandbremse gekuppelt ist. Die Wirkungsweise einer derartigen Bremse ist auf S. 95 behandelt.

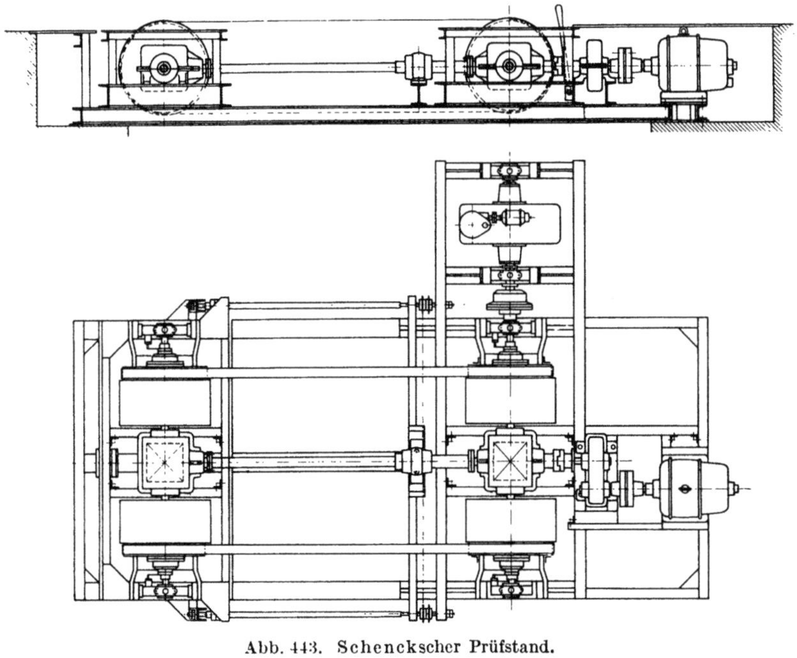

Abb. 443. Schenckscher Prüfstand.

Für besondere Fälle ist der Prüfstand mit 4 Lauftrommeln ausgerüstet (Abb. 443). Das eine der beiden Trommelpaare kann durch Längsverschieben dem Radstand des zu prüfenden Fahrzeuges angepaßt werden. Eine Längswelle mit Winkeltrieben sorgt für Gleichlauf der Lauftrommeln bei aufgesetzten Vorder- und Hinterrädern. Die Breite der Trommeln ist so ausgeführt, daß ein seitliches Verschieben zur Anpassung an die Spurweiten bei den üblichen Fahrzeuggrößen sich erübrigt.

Das Festhalten des Wagens erfolgt an der Vorderachse durch ein gabelförmiges Haltestück, wobei das Durchfedern der Achse nicht behindert wird.

Zur Nachahmung von Straßenunebenheiten können auf der einen Seite der Lauftrommeln austauschbare Nockenstücke angebracht werden. Zu diesem Zweck wird das Fahrzeug mit einer Hilfseinrichtung seitlich verschoben. Die Verschiebung kann auch während des Betriebes erfolgen.

Die vom Prüfstand beanspruchte Lagerreibungs- und Lüfterleistung wird im Herstellerwerk wie bei allen mechanisch gebremsten Lauftrommeln durch Eichen bestimmt. Bei der späteren

Benützung der Eichkurve ist nach der Temperatur und dem Barometerstand der Luft eine Korrektur durchzuführen. Bei gut ausgerüsteten Prüfständen dient ein Elektromotor zum Antreiben der Lauftrommeln. Die Ein- und Auskupplung erfolgt während des Betriebes auf

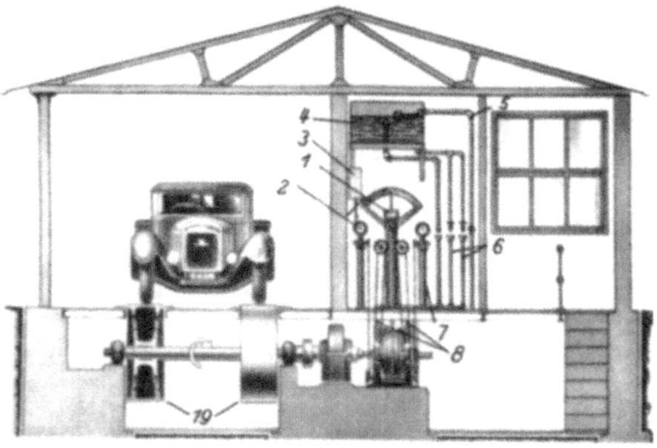


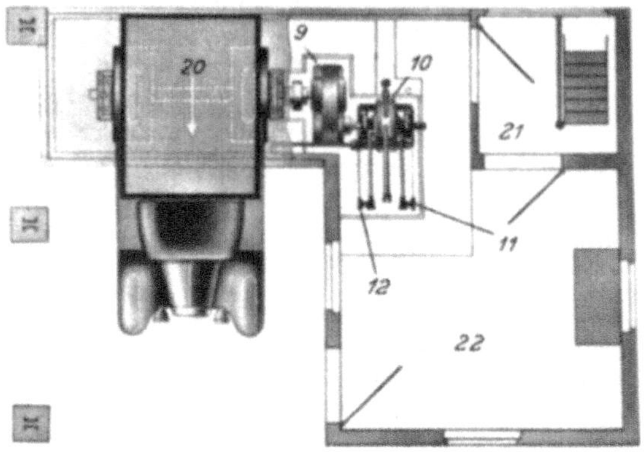


Abb. 444. Abb. 445.

Abb. 444. Rollenprüfstand mit Junkers-Wasserwirbelbremse (Junkers-Werke, Dessau).
*1* Meßgerät für die Bremskraft; *2* Geschwindigkeitsmesser km/h; *3* Brennstoffbehälter; *4* Wasserbehälter; *5* Hauptzuflußleitung; *6* Zuflußleitung zur Bremse; *7* Drehzahlmesser U/min; *8* selbsttätige Regelung; *19* Lauftrommeln.

Abb. 445. Rollenprüfstand mit Junkers-Wasserwirbelbremse (Junkers).
*9* Übersetzungsgetriebe; *10* Wasserwirbelbremse; *11* Antrieb des Drehzahlmessers; *12* Antrieb des Geschwindigkeitsmessers; *20* Fahrtrichtung; *21* Vorraum; *22* Versuchsraum.

elektromagnetischem Wege, wodurch die Möglichkeit der Vornahme von Auslaufversuchen zur Bestimmung der Lager- und Luftreibungskräfte des Prüfstandes gegeben ist. Weiterhin dient der Elektromotor zum Antrieb der Lauftrommeln für Fälle, in denen der Wagenmotor nicht in Betrieb genommen werden kann.

Abb. 446. Fahrbarer Wagenprüfstand im Betrieb (Benzol-Verband).

**Junkers - Wasserbremsenprüfstand.** Die Abb. 444 und 445 zeigen einen Prüfstand, bei dem die an die Lauftrommel abgegebene Leistung von einer Junkers-Wasserwirbelbremse aufgenommen wird. Der Prüfstand wird in dieser Bauart häufig von Brennstofflieferern beim Kundendienst verwendet. Da die Drehmomentaufnahmefähigkeit der Wasserbremse bei den üblichen Trommeldrehzahlen noch zu gering ist und eine Vergrößerung der Bremsen eine beträchtliche Verteuerung mit sich bringen würde, ist zwischen Lauftrommel und Wasserbremse ein Übersetzungsgetriebe eingeschaltet.

Auch in diesem Fall ist es notwendig, die Lagerreibung und Lüfterleistung der Lauftrommeln und besonders des Getriebes unter Verwendung einer vom Herstellerwerk aufgenommenen Eichkurve zu berücksichtigen. Bei der Prüfung von Fahrzeugen ist besonders darauf zu achten, daß die bewegten Teile sich vor Durchführung der Messung genügend warm gelaufen haben.

In Erweiterung des Kundendienstes hat der Benzolverband diese Prüfanlage fahrbar gestaltet. Abb. 446 zeigt die betriebsfertige Anlage. Die Lauftrommeln liegen zwischen den beiden Rahmenträgern des Prüfstandwagens. Der zu untersuchende Wagen fährt über Schrägrampen mit den Treibrädern auf die Lauftrommeln. Die Wasserbremse mit den Meßeinrichtungen (Drehmoment- und Drehzahlmesser, Brennstoffverbrauchsmesser) sind in einem geschlossenen Beobachtungsstand (Abb. 447) untergebracht.

## II. Kraftwagenbremsstand.

Diese Art von Prüfeinrichtung ist dann vorteilhaft, wenn am Fahrzeugtriebwerk Belastungsmessungen vorgenommen werden sollen, ohne daß der bei längeren Prüfungen auf Lauftrommeln ins Gewicht fallende Reifenverbrauch in Kauf genommen werden muß.

**Froude-Wasserbremsenprüfstand.** Der bei der englischen Daimler-Gesellschaft und ähnlich in anderen Werken eingerichtete Wagenprüfstand besitzt keine Lauftrommeln. Die beiden Treibräder sind abgenommen, das Fahrzeug selbst an der Treibachse aufgebockt. Die Treibachsen sind mit zwei Froude-Wasserbremsen unmittelbar gekuppelt (Abb. 448). Die Größe der Wasserbremsen ist so bemessen, daß sie auch bei verhältnismäßig niedrigen Drehzahlen schon volles Drehmoment aufnehmen. Die an den Bremsen ermittelte Leistung stellt die Nabenleistung des Fahrzeuges dar (Abb. 417).

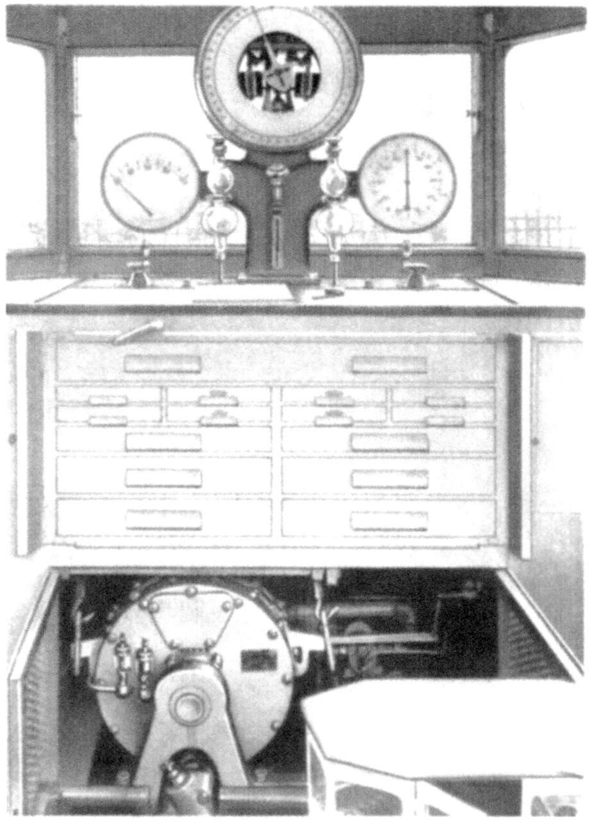

Abb. 447. Wasserwirbelbremse (Bauart Junkers) im fahrbaren Kraftwagenprüfstand eingebaut.

**Prüfstand von Technorat.** Eine Einrichtung, bei der die Leistung in ähnlicher Weise an den Treibrädern aufgenommen wird, zeigt Abb. 449. Das Fahrzeug wird hochgebockt, über die Reifen der sich frei drehenden Treibräder werden greifzangenartige Kupplungen gelegt, die zwei Stromerzeuger antreiben. Die Leistungsmessung erfolgt auf elektrischem Wege mit Spannungs- und Strommessern unter Berücksichtigung der elektrischen Verluste und der Reibungs- und Lüfterverluste der Bremseinrichtung.

Abb. 448. Daimler-Versuchsstand für Fahrgestelle (257).

## d) Rechnungsverfahren zur Ermittlung der verfügbaren Leistung.

Je nach der Bauart des Prüfstandes und seiner Meßeinrichtungen sind verschiedene Rechnungsverfahren anzuwenden.

**Nabenleistung $N_1$.** Bei Prüfständen nach Art des Daimlerbremsstandes, bei denen die Bremsmittel unmittelbar mit den beiden Radwellen gekuppelt sind (Abb. 448), ergibt sich die Leistung an den Naben der Treibräder zu

$$N_1 = \frac{M \cdot \omega}{75} \text{ PS.}$$

Hierbei ist $M$ das am Bremsmittel aufgenommene Drehmoment (mkg), $\omega$ die Winkelgeschwindigkeit (1/s).

Bei der Bestimmung der Nabenleistung $N_1$ nach Abb. 440, bei der die Vorderachse an einer Waage aufgehängt ist, ergibt sich folgende Gleichgewichtsbedingung:

$$M = A \cdot l$$

Hierbei ist

$A \cdot l =$ das Wagenmoment um die Treibachse [mkg],
$A =$ die durch das Wagenmoment auf die Vorderachse wirksame Kraft [kg],
$l =$ der Radstand [m].

Setzt man für

$$A = P \cdot a/b \quad \text{(Abb. 440)},$$

wobei

$a/b$ das Hebelübersetzungsverhältnis der Waage,
$P$ das von der Waagschale abzunehmende Gewicht ist,

außerdem für

$$\omega = \frac{2 \cdot \pi \cdot n_1}{60},$$

wo $n_1$ die Drehzahl der Treibräder ist, so ergibt sich die Nabenleistung $N_1$:

$$N_1 = \frac{M \cdot \omega}{75} = P \cdot \frac{a}{b} \cdot l \cdot \frac{2 \cdot \pi\, n_1}{60 \cdot 75}\ \text{PS},$$

$$= P \cdot \frac{a}{b} \cdot l \cdot \frac{n_1}{716{,}2}\ \text{PS}.$$

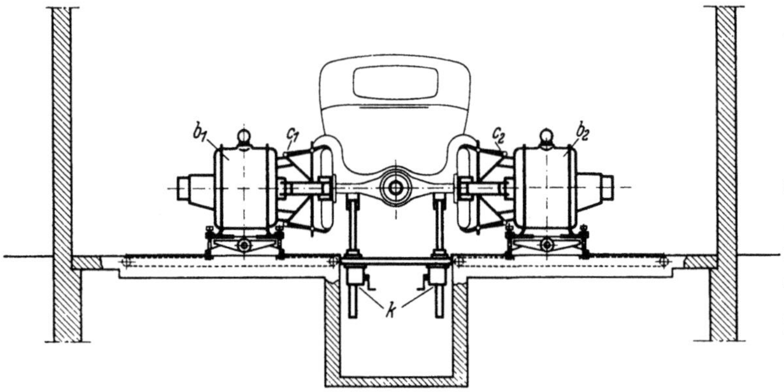

Abb. 449. Prüfstand von Technorat.
$b, b_2$ Pendelmotoren; $c_1\, c_2$ Greifzangen; $k$ Einstellstützen.

**Radfelgenleistung $N_2$.** Die Technorat-Bremseinrichtung gestattet die Ermittlung der Radfelgenleistung. Werden an Stelle der feststehenden Stromerzeuger solche pendelnder Aufhängung benützt, so ergibt sich die Leistung in üblicher Weise zu

$$N_2 = \frac{M \cdot \omega}{75}\ \text{PS}$$

aus dem gemessenen Pendelmoment $M$ und der Winkelgeschwindigkeit $\omega$. Der Lüftereinfluß der um die Treibräder gelegten Zangen wird zusammen mit der Feststellung der Leerlaufleistungsaufnahme der Bremse ermittelt.

**Lauftrommelleistung $N_4$.** Die in den Umfang der Lauftrommel eines Kraftwagenrollfeldes gelangende Leistung $N_4$ (Trommelleistung) setzt sich zusammen aus der Leistung, die errechnet ist aus der Angabe der Drehmomentwaage und der Trommeldrehzahl, und aus der Leistung, die in Ventilations- und Lagerreibung im Pendelgenerator und in den Lauftrommeln übergeht.

Beim Fahren auf den Lauftrommeln ergibt sich an den Drehmomentwaagen des Bremsmittels zunächst nur der erstere Teil der Leistung.

Für die nachträgliche Ermittlung des zweiten Leistungsteiles wird das Fahrzeug mit einem Wagenheber angehoben oder vom Prüfstand genommen. Dann treibt im Falle der Verwendung eines Pendelgenerators dieser als Elektromotor die Lauftrommel an, wobei die Antriebsleistung aus Drehmoment und Drehzahl ermittelt wird.

Die Reibung in den Lauftrommellagern nimmt beim Prüfbetrieb einen dem aufgesetzten Fahrzeuggewicht entsprechenden Wert an. Demgemäß ist in der nach Abheben des Fahrzeuges ermittelten Leistung der Einfluß der Vergrößerung der Lagerreibung durch das Fahrzeugachsgewicht nicht enthalten. Eine meßtechnische Feststellung dieses Anteiles ist besonders schwierig. Sie läßt sich umgehen bei Anwendung z. B. von in die Trommeln eingebauten Pendelgeneratoren (S. 185), bei denen die Trommellager pendelnd abgestützt sind, oder bei Anwendung der von den Wälzlagerherstellerwerken angegebenen Reibungsbeiwerten und unter Benützung der im Betrieb festgestellten entsprechenden Werten. Hierzu ist notwendig, daß die Lager der Lauftrommel vor Beginn der Messungen genügend lange laufen, damit die Lagertemperatur genügend stetig ist.

Bei Prüfständen mit mechanischen Bremsmitteln wird die Eigenreibung und die ihr entsprechende Leistung durch Auslaufversuche ermittelt.

Bei einem Teil der Rollprüfstände laufen die Treibräder zwischen zwei Lauftrommeln nach Abb. 450. Die hintere der beiden Trommeln ist mit einer Reibungsbremse verbunden, die vordere Trommel, die als reine Führungstrommel leer mitläuft, trägt den Anschluß des Drehzählers. Die beiden Trommeln sind mechanisch nicht miteinander gekuppelt.

Bei stillstehenden Rädern verteilt sich die Treibachsbelastung $G_0$ nach dem Kräfteparallelogramm zu $G_1$ und $G_2$ als den Normalen auf die beiden Trommeln.

Wird aber am Treibradumfang eine Leistung abgegeben, so verändern sich die beiden Normalkomponenten in ihrer Größe gegenüber den Werten bei Stillstand. Die auf seiten der Bremstrommel am Radumfang vorhandene Umfangskraft $K$ erzeugt eine Zugkomponente $K'$ an der Treibachse des Wagens. Die an die Leertrommel abgegebene Umfangskraft $U$ erzeugt entsprechend der Leerlaufleistung dieser Trommel eine Zugkomponente $U'$ an der Treibachse des Fahrzeuges. Beide zusammen ergeben die resultierende Zugkraft $Z$ an der Treibachse. Die Komponenten der Zugkraft $Z$ und des Gewichtes $G_0$ ergeben eine Resultierende $G_0'$. Verteilt man diese Resultierende $G_0'$ auf die Lauftrommeln, so ergeben sich die Normaldrücke zu $G_1'$ an der Bremstrommel, $G_2'$ an der Leertrommel.

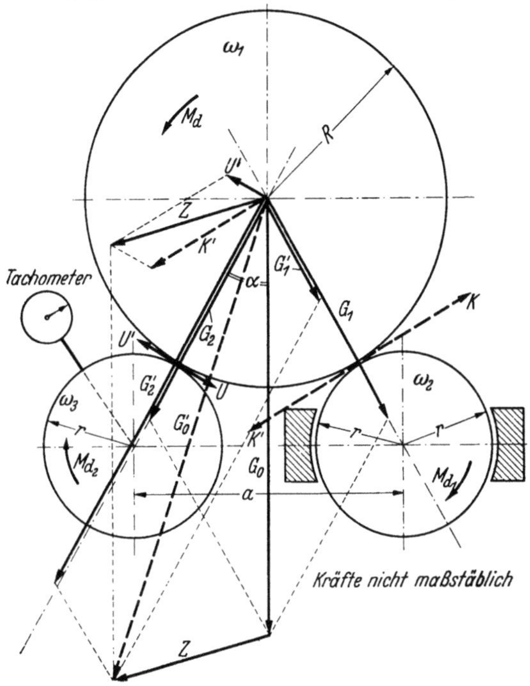


Abb. 450. Graphische Bestimmung des Normaldruckes bei Kraftwagenprüfständen mit Doppeltrommeln.

$a$ Trommelabstand; $f_1$ Rollreibungszahl an der Bremstrommel; $f_2$ Rollreibungszahl an der Leertrommel; $r$ Trommelhalbmesser; $G_0$ Treibachs-Achsbelastung; $G_1$, $G_2$ Belastung der Trommeln in ruhendem Zustand; $G_0'$ Resultante aus $G_0$ und $Z$; $G_1'$ tatsächliche Belastung der Bremstrommel; $G_2'$ tatsächliche Belastung der Leertrommel (Tachometertrommel); $K = -K' =$ Treibradumfangskraft an der Bremstrommel; $M_d = (k + U) \cdot R + f_1 \cdot G_1 \cdot R + f_2 \cdot G_2 \cdot R =$ Drehmoment am Treibradumfang; $M_{d1} = K \cdot r + G_1' \cdot f_1 \cdot r =$ Drehmoment an der Bremstrommel; $M_{d2} = U \cdot r + G_2' \cdot f_2 \cdot r =$ Drehmoment an der Leertrommel; $R$ Treibradhalbmesser; $U = -U' =$ Treibradumfangskraft an der Leertrommel.

Damit wird an der Leertrommel bei zunehmender Zugkraft die Normalkraft größer als im Ruhezustand, wodurch sich der Reifen stärker eindrückt. Dies hat zur Folge, daß das an die Leertrommeln angeschlossene Tachometergerät fehlerhafte Werte anzeigt. Auf seiten der Bremstrommeln wird die Normalkraft bei zunehmendem Drehmoment kleiner. Dadurch wird die für die Kraftübertragung notwendige Anpressung des Reifens kleiner, wodurch sich eine Erhöhung des Schlupfverlustes ergibt.

Für die Feststellung der Prüfstandstrommelleistung enthält die vorliegende Art der Leistungsmessung daher eine grundsätzliche Unrichtigkeit, da die Leistung aus einem Drehmoment und einer Drehzahl gerechnet wird, die beide an zwei zum Teil unabhängig voneinander sich drehenden Wellen abgenommen werden. Auch wird der von der Leertrommel und deren Lagerung bei verschiedenem Motordrehmoment aufgenommene unterschiedliche Leistungsanteil bei der Messung nicht berücksichtigt. Die Berücksichtigung einer im Herstellerwerk aufgenommenen Eichkurve vermag diese Meßfehler nicht vollkommen auszugleichen.

**Zugleistung.** Die bei der Messung des Zuges $Z$ zu beachtenden Prüfbedingungen sind auf S. 187/188 behandelt. Unter Berücksichtigung dieser Verhältnisse ergibt sich die Zugleistung zu

$$N = \frac{Z \cdot v}{75} \quad \text{PS},$$

wobei $Z$ die Zugkraft (kg) und $v$ die Umfangsgeschwindigkeit der Lauftrommel (m/s) ist.

Da die Umfangskräfte am Rad und an der Lauftrommel einander (entgegengesetzt) gleich sind, ist die Zugleistung gleich der Trommelleistung.

Hinsichtlich der Zugmessung selbst kann eingewandt werden (*277*) (Abb. 451), daß sich infolge der Verformung des Reifens beim Antreiben und der damit verbundenen Verlagerung des Umfangskraft-Angriffspunktes nach $A$ fehlerhafte Messungen ergeben, da ja das Zugseil parallel der Richtung der Tangente $a$—$a$ an die Lauftrommel im Schwerpunkt der Angriffsfläche $A$ zu legen wäre und dann der in dieser Richtung sich ergebende Zug für die Messung maßgebend ist. Der mit diesem Einwand erwähnte Vorgang wirkt sich nur zum Teil aus, da mit der Verlagerung der Tangente auch gleichzeitig der senkrechte Abstand $b$ der Zugkraft vom Triebradmittelpunkt sich ändert. Damit wird das Drehmoment aus Zugkraft und Abstand von der Triebachse bei der veränderten Lage des Angriffspunktes etwas ausgeglichen. Eine Reihe von durchgeführten

Vergleichsmessungen, bei denen die störenden Einflüsse wie Schrägstellung des Wagens, Dehnung des Zugseiles, Hub der Zugwaage, Luftdruck in den Reifen, beachtet oder ausgeschaltet wurden, haben gezeigt, daß die größten Unterschiede zwischen der an der Trommel gemessenen Leistung und der mittels Zug festgestellten Leistung etwa 2 vH betragen.

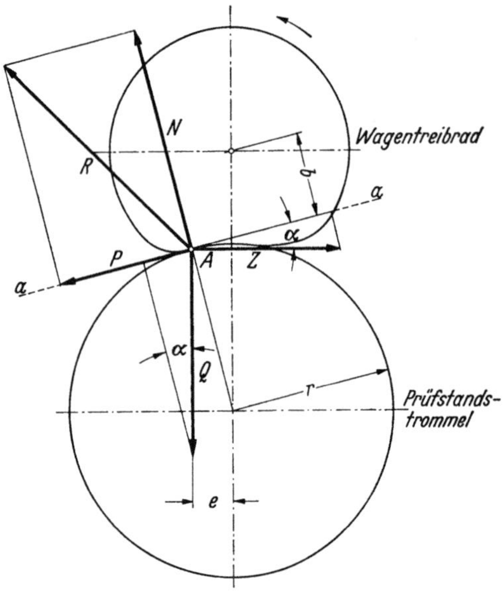


Abb. 451. Verlagerung des Umfangskraftangriffspunktes durch Verformung des Reifens (72). *A* Angriffspunkt der Zugkraft; *N* Normalkraft der Radlast; *P* Umfangskraft; *R* Resultierende Kraft; *Q* Radlast; *Z* Zugkraft; *a—a* Richtung der Umfangskraft; *b* senkrechter Abstand der Umfangskraft; *e* waagerechte Verschiebung des Angriffspunktes; *r* Trommelhalbmesser; α Winkel zwischen Zug- und Umfangskraft.

Dies liegt nahe der Grenze der zulässigen Meßfehler. Die Leistungsmessung unter Anwendung einer Zugwaage kann aber nur als Annäherung an die tatsächlichen Werte gelten. Mit der Leistungsmessung an der Trommel wird sie zweckmäßig ergänzt und geprüft.

**Radumfangsleistung $N_3$.** Wird bei Errechnung der Leistung an Stelle der Trommelumfangsgeschwindigkeit (Fahrgeschwindigkeit) die Radumfangsgeschwindigkeit benützt, die sich aus Winkelgeschwindigkeit und Treibradhalbmesser (Rechnungshalbmesser) ergibt, so stellt das Ergebnis die Radumfangsleistung bezogen auf den Rechnungshalbmesser ($r_0$) dar.

*Der Leistungsverlust durch Schlupf.* Trägt man die Radumfangsleistung zusammen mit der Zugleistung über der Trommelumfangsgeschwindigkeit (Fahrgeschwindigkeit) auf, so stellt der unterschiedliche Betrag den bei bestimmten Fahrgeschwindigkeiten vorliegenden Leistungsverlust durch Schlupf (Gleitung) und Kriechen dar (Abb. 452).

**Zusammenfassung.** Die auf Grund der vorbeschriebenen Meßmöglichkeiten ermittelten Leistungsschaulinien sind aus Abb. 453 zu entnehmen. Wie auch schon in Abb. 417 gezeigt, sind die inneren Triebwerksverluste als Summe der Kupplungs-, Stufengetriebe-, Gelenkwellen-, Ausgleichsgetriebe- und Radlagerverluste aufzufassen. Als äußere Triebwerksverluste sind die Verluste in den Treibrädern, d. h. Ventilations-, Roll- und Walkarbeit und Schlupfverluste gekennzeichnet.

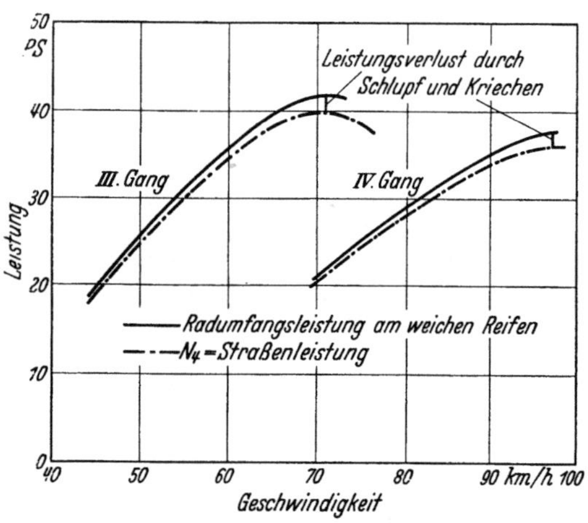


Abb. 452. Leistungsverlust durch Schlupf und Kriechen.

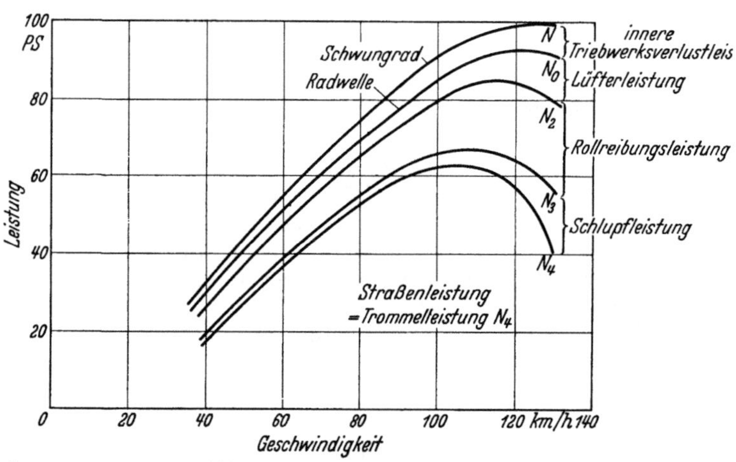


Abb. 453. Leistungsschaulinien.

Je nach der Stelle, an der die Prüfeinrichtung das Drehmoment und die Drehzahl abzunehmen gestattet, kann die Nabenleistung ($N_1$), die Radfelgenleistung bei nicht verformten Reifen ($N_2$), die Radumfangsleistung bezogen auf den Rechnungshalbmesser ($N_3$) und die Trommelleistung des Prüfstandes ($N_4$) ermittelt werden. Die Zugkraft des Wagens, die zur Überwindung des Roll-, Walk-, Lüfter- und Lagerwiderstandes an den Vorderrädern, des Luftwiderstandes, sowie einer etwa vorhandenen Steigung, zum Schleppen eines Anhängers oder zur Beschleunigung zur Verfügung steht, kann aus der Trommelleistung des Prüfstandes errechnet werden.

Die meßtechnische Erfassung der Zugkraft durch Einschalten eines Dynamometers in das Festhalteseil ist im Hinblick auf die durch das Abrollen der Reifen auf den Lauftrommeln bedingte Meßungenauigkeit nicht in jedem Fall empfehlenswert. Die Messung ist jedoch nützlich zur Überprüfung der an der Lauftrommel ermittelten Ergebnisse. Für Fahrt auf einer guten Beton- oder Asphaltstraße kann die Trommelleistung praktisch gleich der an die Straßenoberfläche gelangenden Leistung (Straßenleistung) gesetzt werden.

Bei Meßergebnissen aus den im allgemeinen üblichen Prüfständen mit einem Lauftrommelpaar steht der Trommel- bzw. Straßenleistung der Leistungsbedarf gegenüber zur Überwindung der durch die Laufräder bedingten Reibung, des Luftwiderstandes des Wagenkörpers und zum Beschleunigen oder Bergsteigen. Der zum Beschleunigen oder Bergsteigen verfügbare Anteil wird häufig mit Schubleistung bezeichnet. In Fällen, in denen die Leistung an anderer Stelle des inneren oder äußeren Triebwerkes abgenommen wurde, gesellen sich die entfallenden Leistungsverluste zu den Fahrwiderständen.

Bei Vorausberechnung der mit einem entworfenen Fahrzeug erreichbaren Höchstgeschwindigkeiten, sowie seines Steig- und Beschleunigungsvermögens wird im allgemeinen die Nabenleistung ($N_1$) als Ausgangswert benützt, wobei die von der Motorkupplung bis zur Nabe zu erwartenden Leistungsverluste auf Grund von Erfahrungswerten angenommen werden. Bei der Prüfung fahrfertiger Fahrzeuge wird im allgemeinen die Trommel- oder Straßenleistung ($N_4$) aufgenommen und die dieser Leistung entgegenstehenden Fahrwiderstände (Luftwiderstand und Widerstand der Laufräder) auf Grund von Erfahrungsunterlagen errechnet. Da die im Schrifttum angegebenen Erfahrungszahlen für die heutigen Fahrzeuge nicht stimmen und da die Werte für verschiedene Fahrzeuge verschieden liegen, besteht die Notwendigkeit, sie durch besondere Versuche im einzelnen oder gemeinsam zu erfassen.

## B. Die Fahrwiderstandsleistung.

Die zur Überwindung der einzelnen Fahrwiderstände $W$ erforderliche Leistung ergibt sich aus:

$$N = \frac{W \cdot V}{75 \cdot 3{,}6} \quad \text{PS}.$$

Hierbei ist $W$ der betreffende Widerstandsanteil, $V$ die Fahrgeschwindigkeit in km/h.

### I. Widerstand im Fahrwerk.

Der Fahrwiderstand eines auf der Straße sich bewegenden Fahrzeuges setzt sich, wenn von der an den Naben der Treibräder verfügbaren Leistung ausgegangen wird, zusammen aus den am Fahrzeugkörper wirkenden Luftwiderstandskräften und den Widerstandskräften im Fahrwerk (Abb. 417). Letztere bestehen aus dem Roll- und Walkwiderstand, dem Kriech- und Schlupfverlust, sowie dem Lüfterverlust der treibenden Räder (äußere Triebwerksverluste), und aus den Verlusten der Laufräder aus Roll- und Walkarbeit, Lüfterwirkung, Lagerreibung. Die Fahrwiderstände, die durch senkrechten Stoß, also die mit der Federung verbundene Dämpfung sich zusätzlich einstellen, sowie die durch Kräfte quer zur Fahrtrichtung (Fliehkraft und Seitenwind) hervorgerufenen weiteren zusätzlichen Widerstände werden im allgemeinen bei der Errechnung der Fahrwiderstandsleistungen nicht berücksichtigt.

Über das Wesen der Verluste im Fahrwerk wurde auf S. 179—184 berichtet. Das Wesen des Luftwiderstandes und seine Erfassung ist im folgenden behandelt.

### II. Der Luftwiderstand und seine Ermittlung am Fahrzeug und am Modell.

#### Allgemeines.

Bei der Feststellung der Fahrwiderstände ist zunächst die in Fahrtrichtung hemmend wirkende Luftkraft wichtig. Daneben sind jedoch die durch Seitenwind entstehenden Kräfte und Momente zu beachten, deren meßtechnische Erfassung auf den S. 204ff. behandelt ist.

Die entgegengesetzt der Fahrtrichtung auf das Fahrzeug wirkende Luftströmung setzt sich aus der Gegenströmung, wie sie sich aus der Fahrgeschwindigkeit ergibt, und aus der in der Fahrtrichtung liegenden Komponente des herrschenden Windes zusammen.

Diese Gesamtströmung in der Längsrichtung des Fahrzeuges ruft eine Luftkraft hervor, die sich aus dem Widerstand der äußeren Form und der Oberfläche des Körpers (äußerer Widerstand) und dem Widerstand zusammensetzt, der beim Durchströmen innerer Bauteile, insbesondere zum Zwecke der Kühlung, entsteht (innerer Widerstand).

Die Gesamtkraft des äußeren Widerstandes ergibt sich aus den senkrecht zur Körperoberfläche gerichteten Drücken (Druckwiderstand) und den tangential zur Körperoberfläche gerichteten

Spannungen (Reibungswiderstand). Die ersteren sind von der Form, die letzteren von der Oberflächenbeschaffenheit des Körpers abhängig. Man spricht deshalb im allgemeinen von Formwiderstand und Oberflächenwiderstand.

Der innere Widerstand ergibt sich bei üblichen Fahrzeugen aus den Luftreibungskräften (Form- und Oberflächenwiderstand) und den bei Druck-Geschwindigkeitsumsetzung entstehenden Verlusten, die beim Durchströmen der Luft durch den Kühler, den Motorraum und sonstige Räume des Wagens entstehen, sowie aus der allenfallsigen schädlichen Beeinflussung des äußeren Widerstandes durch die besonderen Strömungsvorgänge an den Luftein- und -austrittsstellen.

Die Kraft zur Überwindung des inneren Widerstandes, der im wesentlichen von der Kühlluftmenge und -geschwindigkeit abhängig ist, wird bei Fahrzeugen ohne besonderes Kühlgebläse aus dem Staudruck des Fahrtwindes aufgebracht. Ist ein üblicher Kühlerbläser vorhanden, der im allgemeinen nur bei den niedrigen Fahrgeschwindigkeiten wirksam wird, so trägt dieser zusammen mit dem Fahrtwind den erforderlichen Leistungsaufwand. Bei Maschinenanlagen, die im Heck des Fahrzeuges untergebracht sind, fällt zum Teil heute schon die Überwindung des inneren Widerstandes allein dem Gebläse zu, so daß die auf das Fahrzeug wirkende Luftkraft nur durch den äußeren Luftwiderstand bedingt ist. Darüber hinaus können die Einlaßöffnungen für die Frischluft zum Gebläse am Wagenkörper so angelegt sein, daß diese Ansaugströmung die zum Abreißen neigende Grenzschicht an diesen Stellen zum Anliegen bringt, wodurch bei günstiger Wahl der Saugstellen der Formwiderstand und damit der äußere Widerstand erniedrigt werden kann.

Dimensionsbehaftete Größen, die für den Luftwiderstand maßgebend sind, sind die Dichte $\varrho$, die Zähigkeit $\mu$ und in deren Zusammenwirken die kinematische Zähigkeit $\nu = \frac{\mu}{\varrho}$ der Luft, ferner die Luftgeschwindigkeit $w$ und eine Längenabmessung $a$ des Körpers. Die Verdichtbarkeit der Luft spielt bei den bei Straßenfahrzeugen erreichten Geschwindigkeiten, die weit von der Schallgeschwindigkeit entfernt sind, keine Rolle. Ebenso ist die Schwerebeschleunigung bei allseits mit Luft umspülten Körpern ohne Belang.

Um den Einfluß dieser Größen auf die Berechnung und Messung des Widerstandes auszuschalten, bedient man sich des Begriffes der Reynoldsschen Zahl

$$R = w \cdot \frac{a}{\nu},$$

wobei

$w$ = Luftgeschwindigkeit (m/s),
$a$ = eine charakteristische Körperabmessung (m),
$\nu = \frac{\mu}{\varrho}$ = kinematische Zähigkeit ($m^2 s^{-1}$),
$\mu$ = Zähigkeit ($kg\,m^{-2} s$),
$\varrho$ = Dichte ($kg\,m^{-4} s^2$)

bedeutet.

Als Länge $a$ wird bei Kraftfahrzeugen zweckmäßig der Radstand gewählt. Strömungstechnisch wäre es richtiger, eine den Verlauf der Strömung wesentlich beeinflussende Größe, also z. B. den Halbmesser der kleinsten Krümmung der Körperoberfläche an einer für den Verlauf der Strömung wesentlichen Stelle zu wählen, doch würde das keinen brauchbaren Vergleich der Fahrzeuge zulassen.

Die Reynoldssche Zahl kennzeichnet das Verhältnis der Trägheits- zu den Zähigkeitskräften und stellt bei Unveränderlichkeit der kinematischen Zähigkeit einen durch das Produkt aus Strömungsgeschwindigkeit und Körpergröße gegebenen Versuchsmaßstab dar. Wird sie bei Anblasversuchen oder sonstigen Messungen in ihrer Größe in einem bestimmten Bereich gehalten, so bedeutet das, daß verschieden große, aber geometrisch ähnliche Körper den gleichen dimensionslosen Widerstandskennwert aufweisen. Der bei unveränderter Zähigkeit und Dichte der Luft noch durch das Produkt aus Geschwindigkeit und einer Länge des Körpers bedingte Größenbereich der Reynoldsschen Zahl, innerhalb dessen ein Einfluß auf den Widerstandskennwert unterbleibt, wird durch besondere Messungen laufend nachgeprüft und ist bei den üblichen Vergleichsmessungen leicht einzuhalten, z. B. wenn bei Modellen im Maßstab 1:5 bis 1:10 im Windkanal die üblichen Blasgeschwindigkeiten von 40 bis 50 m/s angewandt werden.

Ist $\frac{\varrho}{2} \cdot w^2$ der Staudruck, also die Drucksteigerung, die beim verlustlosen Aufstauen der Strömung auf die Geschwindigkeit Null sich einstellt, $F$ eine dem Körper eigene Bezugsfläche, so ist unter der erwähnten Voraussetzung der Unabhängigkeit von der Reynoldsschen Zahl

$$W_L = \frac{\varrho}{2} \cdot w^2 \cdot F \cdot c_w .$$

Hierin ist $c_w$ der dimensionslose Widerstandsbeiwert, der die „Abrundung" der Körperquerschnittsfläche $F$ ($m^2$) durch den Einfluß der Körperform auf den Strömungsverlauf und die Oberflächenreibung kennzeichnet.

Die Leistung zur Überwindung des Luftwiderstandes ist bei der Fahrgeschwindigkeit $V$ (km/h):

$$N_L = \frac{W_L \cdot V}{75 \cdot 3{,}6} \text{ PS}$$

$$= \frac{\varrho \cdot V^3 \cdot F \cdot c_w}{2 \cdot 3{,}6^3 \cdot 75}$$

und bei normaler Luftdichte

$$= 0{,}0637 \cdot V^3 \cdot F \cdot c_w\,,$$

die Luftdichte $\varrho$ ist abhängig vom Barometerstand und der Temperatur nach der Näherungsformel:

$$\varrho \simeq 0{,}00473\; B_0/T_0\,,$$

$B_0$ = Barometerstand in mm QS,
$T_0 = 273 + t_0$ °C (vgl. Abb. 479) = absolute Temperatur.

Bei Nichtbeachtung dieser Gesetzmäßigkeit kann sich zwischen Sommer und Winter ein um 10—15 vH unterschiedlicher Betrag für die Luftwiderstandsleistung ergeben.

Als Querschnittsfläche und damit Bezugsfläche $F$ wurde bisher bei Kraftfahrzeugen unterschiedlich der wirkliche größte Querschnitt oder etwa die Fläche aus Breite mal Höhe oder die 0,9—1,0fache Fläche aus Spurweite mal Höhe benützt.

Zum Teil werden die Meßergebnisse auch durch Angabe der „Widerstandsfläche" dargestellt, die sich daraus ergibt, daß die gemessene Widerstandskraft (kg) durch den Staudruck (kg/m²) geteilt wird. Der verbleibende Wert, der die Dimension einer Fläche (m²) besitzt, enthält den Einfluß der Wagenquerschnittsfläche $F$ und den Widerstandsbeiwert $c_w$ gemeinsam (s. u.).

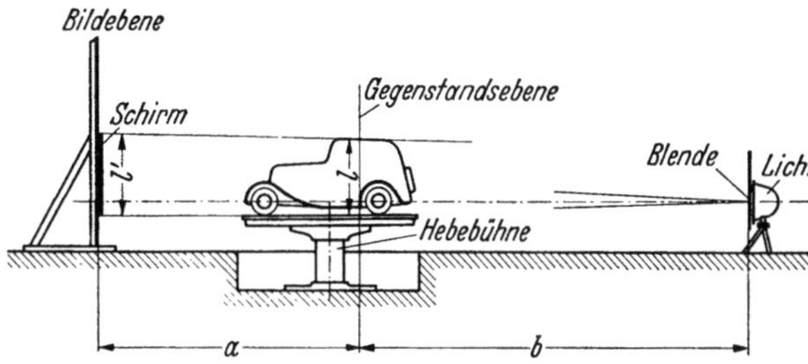

Abb. 454. Bestimmung der Projektionsfläche mittels Scheinwerfers (93). Nach dem Verhältnissatz: $l = l'\,\frac{b}{a+b}$ und $F = F'\left(\frac{b}{a+b}\right)^2$.

Zum Vergleich der Wagen*formen* ist es jedoch nötig, auch die Bezugsfläche auszuschalten. Als leicht bestimmbare, gleichwertige Bezugsfläche ist, sofern es sich um genauere Untersuchungen handelt, die bei Ansicht in Fahrtrichtung sich ergebende Projektionsfläche des Fahrzeuges anzusehen.

Abb. 454 zeigt die Meßanordnung zur Ermittlung dieser Projektionsfläche. Das im Kegel eines Scheinwerfers befindliche Fahrzeug wirft seinen Schatten auf einen Schirm. Die Schirmfläche ist in Dezimeterquadrate unterteilt. Nach Nachzeichnen der Umrißlinien des Schattens kann auf ihr die abgebildete Fläche leicht ausgewertet werden. Zwei in der Symmetrieebene des Wagens angebrachte Richtstäbe ermöglichen, das Fahrzeug mit der Längsachse in die Richtung der Lichtquelle so zu drehen, daß die Schatten der beiden Stäbe sich decken. Beim Aufbau werden die Radachsen zweckmäßig in Höhe der Lichtquelle gebracht, was auf einem Wagenheber leicht geschehen kann.

Durch Abmessen der Projektion einer bekannten Länge kann die Umrechnungszahl für die Berechnung der wirklichen Umrißfläche aus der gemessenen Schattenfläche einfach bestimmt werden.

Sind $l$ die Länge des Vergleichsmaßstabes, $l'$ die Länge seiner Projektion, $a$ und $b$ die Abstände zwischen Vergleichsmaßstab (Gegenstandsebene) und Bildebene bzw. zwischen Vergleichsmaßstab und Lichtquelle so ist $l = l' \cdot \frac{b}{a+b}$, und das Flächenverhältnis $F = F' \cdot \left(\frac{b}{a+b}\right)^2$. Der Abstand zwischen Lichtquelle und Fahrzeug wird zweckmäßig mit etwa 60—100 m gewählt. Es empfiehlt sich, auf den üblichen Scheinwerfer mit etwa 250 mm Durchmesser eine Blende von 40—50 mm Durchmesser aufzusetzen.

Die Feststellung der Anblasgeschwindigkeit $w$ erfordert, insbesondere bei Windkanalversuchen, besondere Sorgfalt. Hierauf wird auf S. 214 eingegangen.

Bei Durchführung der in nachstehendem Abschnitt geschilderten Meßverfahren wird der Luftwiderstand als Kraft festgestellt.

Um das Meßergebnis von der Anblasgeschwindigkeit bzw. dem Staudruck unabhängig zu machen, kann man zunächst, wie oben erwähnt, den Zahlenwert durch den Staudruck ($q = \varrho/2\, w^2$) dividieren. Das Ergebnis hat dann entsprechend

$$\frac{W}{q} = F \cdot c_w$$

die Dimension einer Fläche und stellt ein von der Anblasgeschwindigkeit unabhängiges Maß für den Widerstand des Körpers dar. Diese Widerstandsfläche ist gewissermaßen die Ersatzfläche $F_E$ gleichen Widerstandes mit dem Widerstandsbeiwert $c_w = 1$. Um aus dieser Ersatzfläche den Widerstand des Körpers bei irgendeiner Geschwindigkeit zu bestimmen, hat man sie mit dem Staudruck zu multiplizieren. Soll man ferner vom Modellkörper auf den naturgroßen Wagen schließen, so muß außerdem mit dem Quadrat des Modellmaßstabes multipliziert werden.

Geht man in der Unabhängigmachung des Versuchsergebnisses noch einen Schritt weiter und dividiert den gemessenen Widerstand außer durch den Staudruck noch mit der Fläche, dann ergibt sich der dimensionslose Wert $c_w$.

Im Eisenbahnwesen und zum Teil auch bei Omnibussen wird neben diesen Kennwerten die Ladefläche, der Laderaum oder auch die auf den Sitzplatz fallende Widerstandskraft als Vergleich herangezogen.

Für die Beurteilung eines Wagenkörpers ist also nicht nur dessen Luftwiderstandsbeiwert $c_w$, sondern auch die Ersatzfläche $F_E$ bzw. die gesamte Luftwiderstandskraft und der nutzbare innere Raum maßgebend.

## Meßverfahren.

### Messungen am natürlichen Fahrzeug.

Luftkraftmessungen im Windkanal am Fahrzeug selbst erfordern Windkanäle, die das Einhängen und Abwiegen ganzer Fahrzeuge unter Einhaltung der bei Fahrt auf der Straße vorliegenden Versuchsbedingungen, insbesonders auch für den inneren Luftwiderstand, gestatten. Solche Anlagen sind zur Zeit noch nicht verfügbar. Man ist deshalb zur Ermittlung des Luftwiderstandes am naturgroßen Fahrzeug neben angenähertem, auf dem äußeren Widerstand sich beschränkenden Windkanalmessungen zunächst auf den Auslaufversuch auf ebener Straße angewiesen, der gute Annäherung an die tatsächlichen Widerstandswerte liefert, wenn folgendes Verfahren eingehalten wird (*364*).

Unter Anwendung der Kräftegleichung Widerstand = Masse × Verzögerung kann der gesamte Fahrwiderstand durch Messung der Verzögerung der bekannten Fahrzeugmasse im Auslauf bestimmt werden. Der Fahrwiderstand beim Auslauf enthält aber, außer dem Luftwiderstand die Widerstände aus der Roll- und Walkarbeit, der Triebwerksreibung und der Lüfterwirkung der Räder. Der Luftwiderstand ergibt sich demnach als Unterschied zwischen dem Gesamtwiderstand und diesen Teilwiderständen. Diese werden nach den auf S. 175 bis 184 behandelten Verfahren einzeln bestimmt. Bei praktischen Versuchen genügt es, die Teilwiderstände gemeinsam durch Fremdantrieb der Räder und des Triebwerkes auf den Lauftrommeln eines Kraftwagenprüfstandes aufzunehmen. Dabei ist darauf zu achten, daß der Reifenluftdruck und die Öltemperatur im Triebwerk gleich ist wie beim Auslaufversuch auf der Straße.

**Massenbestimmung.** Bei Ermittlung der beim Auslauf wirksamen Gesamtmasse sind die Anteile der umlaufenden Triebwerksmassen mit zu berücksichtigen. Die wirksame Gesamtmasse ist (*2*)

$$\frac{G}{g} + \frac{1}{r^2} \sum J \lambda^2$$

und die Verzögerungskraft

$$K = \frac{dv}{dt}\left(\frac{G}{g} + \frac{1}{r^2} \sum J \lambda^2\right).$$

Hierbei ist

$\frac{dv}{dt}$ = die gemessene Verzögerung (m/s²),
$G$ = das Wagengewicht (kg),
$g$ = die Erdschwere (m/s²),
$r$ = der wirksame Radhalbmesser (m),
$J$ = die Trägheitsmomente der einzelnen umlaufenden Massen (cm kg s²),
$\lambda$ = das Übersetzungsverhältnis zwischen den einzelnen Massen und der Hinterachse,
$\sum J \cdot \lambda^2$ = die Summe der für die einzelnen Massen geltenden Produkte $J\lambda^2$, d. h. der auf die Hinterachse bezogenen Einzelträgheitsmomente (cm kg s²).

Setzt man für $\frac{G}{g} = m$, für die auf den Radumfang bezogene Triebwerksmasse

$$\frac{1}{r^2} \cdot \sum J \lambda^2 = m_{red},$$

so ergibt sich

$$K = \frac{dv}{dt}(m + m_{red}) = b \cdot M,$$

wobei

$M$ die gesamte in Rechnung zu stellende Masse,
$b$ die bei verschiedenen Geschwindigkeiten sich einstellende Verzögerung

ist.

Die für die Ermittlung von $m_{red}$ benötigten, unter $\sum J \cdot \lambda^2$ zusammengefaßten Trägheitsmomente $J_1$, $J_2$, ... der beim Auslauf beteiligten Triebwerksteile bestehen in den Trägheitsmomenten der Räder, des Ausgleichgetriebes, der Gelenkwelle, der Teile des Schaltgetriebes und der Kupplung. Durch Auspendeln dieser Teile mittels bifilarer Aufhängung können die Trägheitsmomente einzeln bestimmt werden. Für laufende Untersuchungen von Fahrzeugen ist das Verfahren umständlich, weil die Triebwerke auseinandergenommen werden oder entsprechende Ersatzteile zur Verfügung stehen müssen.

Zahlentafel 8 zeigt die Trägheitsmomente der umlaufenden Teile einiger leichter, mittlerer und schwerer Personen- und Lastkraftwagen, die durch Auspendeln aufgenommen wurden. Für einen mittleren Wagen ergeben sich

$$\begin{array}{lll} J_1 \cdot \lambda^2 = 0{,}05 \cdot 5{,}7^2 & = 1{,}62 & \text{für Getriebe + Gelenkwelle} \\ J_2 \cdot \lambda^2 = 0{,}6 \cdot 1 & = 0{,}6 & \text{für das Ausgleichgetriebe} \\ J_3 \cdot \lambda^2 = 52{,}0 \cdot 1 & = 52{,}0 & \text{für 4 Räder} \\ \hline \sum J \cdot \lambda^2 & = 54{,}22 & \text{cmkgs}^2. \end{array}$$

Die 4 Räder stellen den Hauptanteil der gesamten umlaufenden Massen dar, die übrigen Triebwerksteile können mit etwa 4% des Betrags der Räder in Rechnung gesetzt werden. Deshalb reicht es bei praktischer Versuchsdurchführung aus, das Trägheitsmoment der Wagenräder durch Pendelung zu ermitteln und die Trägheitsmomente der inneren Triebwerksteile auf Grund der an verschiedenen Fahrzeuggrößen einmal gemessenen Werte jeweils abzuschätzen und zu denen der Räder hinzuzufügen.

Aus Zahlentafel 8 ergibt sich weiter, daß die gesamten umlaufenden Massen etwa 4 vH der Fahrzeugmasse betragen. Deshalb ist der infolge Nichtbeachtung der am Auslauf beteiligten inneren Triebwerksnabe noch auftretende Fehler mit $\sim 1{,}6\,^0/_{00}$ vernachlässigbar klein.

Zahlentafel 8. Trägheitsmomente (cmkgs²) der Triebwerksteile und Räder einiger Fahrzeuge.

| Fahrzeugmuster | Kennwerte | | | | Trägheitsmomente (cm kg s²) | | | | | |
|---|---|---|---|---|---|---|---|---|---|---|
| | Gewicht in kg | Hubraum in l | Wirksamer Raddurchmesser in m | Treibachsuntersetzung | Motortrieb | Schwungrad | Kupplung | Getriebe und Kardan-Welle | Ausgleichgetriebe | 4 Räder |
| DKW . . . . | 520 | 0,584 | 0,630 | 1 : 6,1 | 0,500 | 1,00 | 0,520 | — | 0,56 | 32,4 |
| BMW . . . . | 550 | 0,743 | 0,656 | 1 : 5 35 | 0,100 | 0,52 | 0,435 | 0,026 | 0,10 | 19,6 |
| Hanomag . . | 740 | 1,100 | 0,656 | 1 : 5,9 | 0,400 | 7,50 | 0,430 | 0,040 | 0,60 | 26,0 |
| Wanderer . . | 1300 | 1,560 | 0,680 | 1 : 5,7 | 0,447 | 3,04 | 0,090 | 0,050 | 0,60 | 52,0 |
| Adler . . . . | 1300 | 1,930 | 0,684 | 1 : 5,7 | 0,818 | 4,48 | 1,390 | 0,050 | 0,70 | 66,8 |
| Büssing NAG . | (Fahrgestell) 4800 | 9,350 | 1,0528 | 1 : 7,43 | 5,000 | 28,50 | 12,70 | 0,080 | 0,90 | 571,4 |

Bei Auspendelung mit Zweifadenaufhängung ergibt sich für 1 Wagenrad das polare Trägheitsmoment

$$J = \frac{a^2}{l} \cdot \frac{G}{\omega^2}.$$

Hierbei ist

$2a$ = Abstand der Aufhängefäden (m),
$l$ = ihre Länge (m),
$G$ = das Gewicht des Rades (kg),
$\omega$ = die Kreisfrequenz der Pendelung $= \frac{2\pi}{T}$ ($s^{-1}$),
$T$ = Dauer einer Schwingung (s).

In einem Beispiel ergab sich das Trägheitsmoment eines Rades zu 13,0 cmkgs², für 4 Räder also zu 52,0 cmkgs². Unter Berücksichtigung des Anteiles der inneren Triebwerksteile mit 4 vH der Räder ergibt sich $\Sigma J \cdot \lambda^2 = 54{,}08$ cmkgs². Bei einem wirksamen Rollhalbmesser von 31,3 cm ist dann die auf das Treibrad bezogene Masse der beim Auslauf beteiligten Triebwerksteile

$$m_{red} = 0{,}0552 \text{ kgs}^2\text{cm}^{-1}.$$

**Auslaufverzögerung.** Die Verzögerung wird mit Zeitwegschreibgeräten nach graphischen oder rechnerischen Verfahren, wie sie im späteren Abschnitt 1, D, IV „Messeinrichtungen" behandelt sind. Insbesonders ist das dort aufgeführte Bewikra-Prüfgerät und der Tel-Geschwindigkeitsmesser hierzu sehr geeignet.

**Widerstands- und Beiwertsermittlung.** Die im Auslaufversuch gemessenen Widerstände werden nach Abb. 455 über der Fahrgeschwindigkeit aufgetragen. Aus dem Schnittpunkt der Gesamtwiderstandslinie mit der Ordinatenachse kann der von der Geschwindigkeit unabhängige Widerstandsanteil bestimmt werden.

Dieser Betrag ist unmittelbar gültig, wenn der Auslaufversuch auf ebener Strecke durchgeführt worden ist. Wird der Versuch auf Steigung oder Gefälle gemacht, so verschiebt sich der Nullpunkt des Ordinatenmaßstabes nach unten oder oben.

Der Abstand dieses jeweiligen „Ausgangspunktes" vom Nullpunkt für ebene Fahrt ist als Steigungswiderstand ein Maß für die Größe der Steigung oder des Gefälles. Über der Fahrgeschwindigkeit werden die auf dem Rollfeld gemeinsam festgestellten Widerstände aus der Roll- und Walkarbeit, aus der Lüfterwirkung der Räder und die beim Auslaufversuch auftretenden inneren Triebwerkswiderstände aufgetragen. Die Beträge zwischen der Linie für den Gesamtwiderstand und der Linie für diese Teilwiderstände stellen die bei den verschiedenen Fahrgeschwindigkeiten auftretenden Luftwiderstände $W_L$ dar. Der Widerstandsbeiwert ist dann

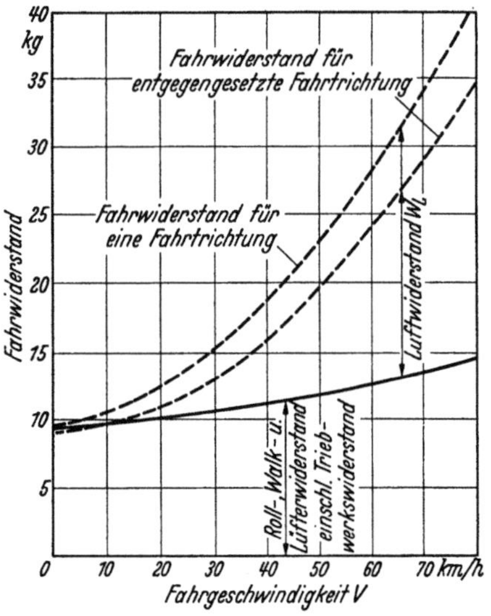

Abb. 455. Fahrwiderstände beim Auslauf über der Fahrgeschwindigkeit aufgetragen.

$$c_w = \frac{W_L}{\varrho/2 \cdot v^2 \cdot F}.$$

Bei der Bestimmung von $c_w$ werden die $W_L$-Werte aus dem ganzen gefahrenen Geschwindigkeitsbereich dem Schaubild entnommen, damit auch der Verlauf des Beiwertes über der Fahrgeschwindigkeit überprüft werden kann. Der Versuch selbst und seine Auswertung ist für beide Fahrtrichtungen durchzuführen. Die errechneten Widerstandsbeiwerte weichen bei Rücken- und Gegenwind vom tatsächlichen Wert ab. Bei Gegenwind ist der errechnete Wert höher, bei Rückenwind niedriger als der tatsächliche Wert.

Abb. 456 zeigt für ein Beispiel die Abweichungen. Sie werden mit kleiner werdender Geschwindigkeit größer, was auf das beim Auslauf sich ändernde Verhältnis zwischen Zusatzwind und Fahrgeschwindigkeit zurückzuführen ist.

Aus dem Bild ist weiterhin zu entnehmen, daß die Abweichungen vom Sollwert für Rücken- bzw. Gegenwind nicht symmetrisch liegen. Dies erklärt sich daraus, daß die resultierende Windgeschwindigkeit sich als Summe bzw. Unterschied zwischen Fahrgeschwindigkeit und Zusatzwind ergibt. Die Anströmgeschwindigkeit geht mit dem Quadrat in den Luftwiderstand ein und damit weichen die Werte vom Ausgangswert ungleich ab.

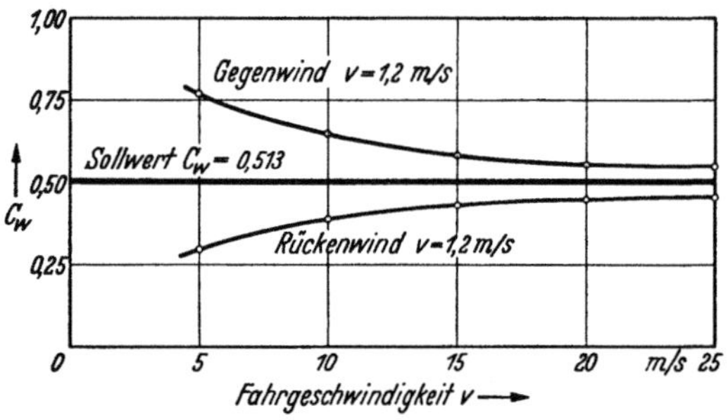

Abb. 456. Abhängigkeit des aus Auslaufversuchen ermittelten $C_w$-Wertes von der Fahrgeschwindigkeit (94).

Der tatsächliche Beiwert liegt also nicht in der Mitte der für dieselbe Fahrgeschwindigkeit, aber für Hin- und Rückfahrt geltenden Werte. Er könnte auf rechnerischem Wege bestimmt werden, bei hoher Fahrgeschwindigkeit wird jedoch die Unsymmetrie so klein, daß geometrische Mittelwertsbildung ohne merkliche Fehler möglich ist.

## Modellversuche in Windkanälen.

Für die Vorausbestimmung des Luftwiderstandes bei Wagenentwürfen und für die Klärung der Wirkung grundsätzlicher Änderungsmaßnahmen ist der Windkanalmodellversuch unentbehrlich.

Die Einrichtungen für Modellversuche sind auf zwei verschiedenen Grundlagen aufgebaut. Entweder wird das Modell bewegt und die Luft als das umgebende Mittel steht still oder das Modell wird festgehalten und die Luft bewegt sich. Die letztere Prüfart wird bei Windkanälen und Wasserströmkanälen angewandt, die erste bei Schleppkanälen.

Für die Bestimmung der Luftkräfte an Fahrzeugmodellen werden ausschließlich Windkanäle benützt, Wasserström- und Schleppkanäle dienen nur zur anschaulichen und bildlichen Darstellung der Körperumströmung.

**Windkanäle.** Im Windkanal wird der Luftstrom durch ein Axial- oder Schleudergebläse erzeugt und gelangt im allgemeinen durch eine Düse zur Meßstrecke. An deren Ende ist ein Auffangtrichter mit anschließender erweiterter Luftführung angeordnet. Je nach der Bauart des Kanales liegt die Meßstrecke in einem geschlossenen Tunnel oder offen im Freistrahl.

Man kennt drei Hauptarten von Windkanälen, die Göttinger Bauart, die Englische Bauart und die Eiffelsche Bauart.

*1. Göttinger Bauart* (Abb. 457). Die Versuchsstrecke besteht aus einem Freistrahl mit geschlossener Rückführung der Luft. Der aus der Düse austretende Luftstrahl wird in einiger Entfernung von der Düsenmündung (etwa 1,3—1,6 Düsendurchmesser) von einem Auffangtrichter aufgefangen. Beim Durchströmen der den Freistrahl umgebenden Luft reißt der Strahl im Berührungsgebiet einen Teil der stillstehenden Luft mit. Dadurch erfährt er eine kegelförmige Erweiterung (ungefähr 14—16° Kegelwinkel) nach außen. Um einen Teil der Energie der Freistrahlluftmenge, die sich im Bereich der kegeligen Erweiterung befindet, zurückzugewinnen, ist der Durchmesser des Auffangtrichters etwas größer gehalten als der Düsenquerschnitt ($D_{\text{Auffangtrichter}} = 1{,}1—1{,}6\ D_{\text{Düse}}$).

Es wird vielfach erwartet, daß entsprechend der Querschnittsänderung von der Düse zum Auffangtrichter die Geschwindigkeit des Freistrahls von der Düsenmündung aus absinkt, und daß deshalb längs der Freistrahlachse eine merkliche Änderung des statischen Druckes zu erwarten ist.

In Wirklichkeit hat sich gezeigt, daß der Freistrahlkern infolge der Massenwirkung der bewegten Luft seine volle Geschwindigkeit, die kurz nach Verlassen der Düsenmündung erreicht wird, über der Strahlachse im wesentlichen beibehält. Erst kurz vor dem Auffangtrichter zeigt sich ein leichtes Absinken des Geschwindigkeitsdruckes und ein entsprechendes Ansteigen des statischen Druckes.

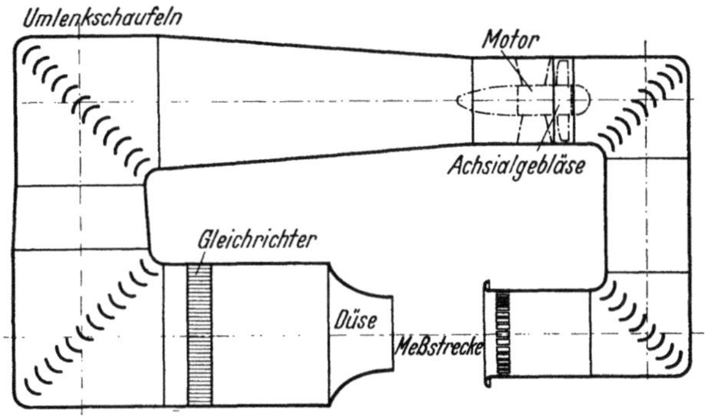

Abb. 457. Windkanal Göttinger Bauart (*400*).

Mit der Strahlerweiterung wird, ausgehend von der Düsenmündung, der Kern des Freistrahls gegen den Auffangtrichter zu mehr und mehr an der Wirbelung in der Grenzzone beteiligt, derart, daß der Querschnitt gleicher Strömungsgeschwindigkeit kegelförmig mit ungefähr 12° Kegelwinkel nach innen abnimmt.

Infolge der sich so ergebenden Mischung wird ein wesentlicher Teil der Umgebungsluft vom Freistrahl mitgerissen, so daß eine größere Luftmenge in den Auffangtrichter eingesaugt wird, als aus der Düsenmündung austritt. Beim Eintritt in den Auffangtrichter ist, entsprechend seinem größeren Durchmesser, aus Kontinuitätsgründen eine verminderte Geschwindigkeit des Luftstromes zu erwarten. Dadurch stellt sich, da der Gesamtdruck eine gleichbleibende Größe ist, kurz vor und im Auffangtrichter ein gegenüber dem Freistrahl erhöhter statischer Druck ein. Die Bewegungsenergie des Kernstrahles reicht aus, gegen diesen Druckanstieg anzuströmen und ihn zu überwinden. Die Bewegungsenergie der langsamer strömenden Mischzone genügt in den meisten Fällen dafür jedoch nicht. Die Mischzone kommt deshalb zum Stillstand und wird infolge des zwischen Auffangrohr und Freistrahlraum vorliegenden statischen Druckunterschiedes zur Umkehr gezwungen, was einem „Überlaufen" des Auffangtrichters gleichkommt. Die Rückströmung erfolgt zum Teil entlang dem Freistrahl und zum Teil in dem den Freistrahl umgebenden Raum. Durch die Rückströmung kann die Aufhängevorrichtung der Modelle getroffen und damit das Meßergebnis beeinflußt werden.

Im Zusammenhang mit periodischem Überlaufen des Auffangtrichters können auch Luftschwingungen in Achsrichtung des Auffangrohres entstehen, die sich über die ganze Luftführung hinweg auch auf den Freistrahl ausdehnen (*365*).

Um unzulässigen Druckanstieg in Richtung der Strahlachse zu vermeiden und um entstehende Schwingungen zu dämpfen, versieht man die Wandung des Auffangtrichters mit Durchbrüchen, durch die zum Rückströmen gezwungene Luft radial entweichen kann, womit der Auffangtrichter „entlüftet" wird. Die Stärke der notwendig werdenden Entlüftung läßt sich beim Bau eines Windkanales nicht vorausbestimmen. Das richtige Maß der Entlüftungsöffnungen wird bei Eichung des Kanales besonders festgestellt.

Zur Rückgewinnung der Bewegungsenergie der Luft wird der Luftstrom unter Verwendung von Umlenkschaufeln und Luftführungsrohren vom Auffangtrichter zur Düse zurückgeführt. Das den Leistungsfaktor $\eta$ des Windkanales kennzeichnende Verhältnis zwischen Gebläsemotor-Antriebsleistung $N_{\text{Mot}}$ und Düsenleistung $N_{\text{Dü}}$ liegt in den Grenzen zwischen 0,5 und 0,7. Dabei wird die Düsenleistung gerechnet aus:

$$N_{\text{Dü}} = F \sqrt{\frac{q^3}{\varrho/2}} = F \cdot \sqrt{16} \cdot \sqrt{q^3} = 4\,F\,\sqrt{q^3}\,.$$

Hierbei ist

$$N_{Dü} = \text{Düsenleistung (mkg/s)},$$
$$F = \text{Düsenquerschnitt } (m^2),$$
$$\varrho \simeq \frac{1}{8} \text{ Dichte der Luft } (kg s^2 m^{-4}),$$
$$q = \text{Staudruck } (kg/m^2)$$

oder, wenn die mittlere Strahlgeschwindigkeit $w$ über den Düsenquerschnitt bekannt ist,

$$N_{Dü} = F \cdot \frac{\varrho}{2} \cdot w^3 = \frac{1}{16} \cdot F \cdot w^3 \text{ mkg/s},$$
$$\simeq \frac{1}{1200} \cdot F \cdot w^3 \text{ PS}.$$

Mit einer Querschnittsänderung in der Luftrückleitung vom Auffangtrichter bis zum Düseneintritt von $F_1 : F_2 = 1:2$ bis $1:5$ ist die Luftführung als Diffusor auszubilden, dessen Erweiterungswinkel so gewählt sein muß, daß die dynamische Energie den der Querschnittserweiterung entsprechenden statischen Druckanstieg überwindet und ein Ablösen des Luftstromes an den Wandungen nicht eintritt. Er ist im allgemeinen kleiner als 4° Erzeugungswinkel bzw. 8° Kegelwinkel.

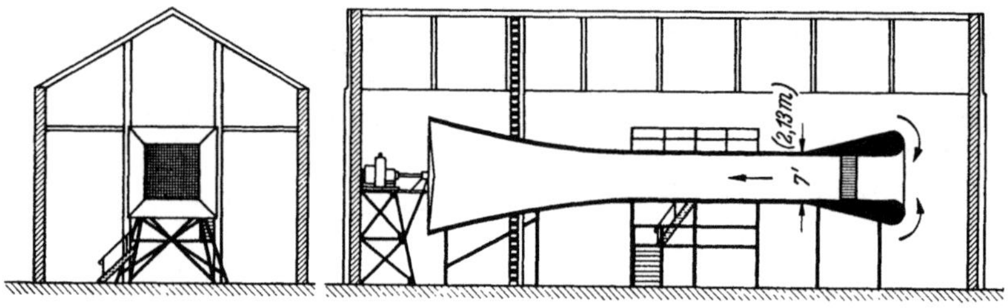

Abb. 458. Windkanal, englischer Bauart (*399*).

Die Düse besitzt ein Querschnittsverhältnis (Verhältnis zwischen Querschnitt im Düsenvorraum und in der Düsenmündung) von 1:3 bis 1:6. Die mit der Düsenverengung erzielte Umsetzung von statischem Druck in Geschwindigkeitsdruck liefert eine gleichmäßige Geschwindigkeitsverteilung im Freistrahl.

Zum Zweck des Ausrichtens der Freistrahlachse ist die Düse in vielen Fällen schwenkbar gelagert. Um möglichst gleichmäßiges Anströmen zu erreichen, baut man im allgemeinen kurz vor der Düse in $^1/_3$—1,0fachem Düsendurchmesser als Abstand in die Luftführung wabenartige Gleichrichter ein.

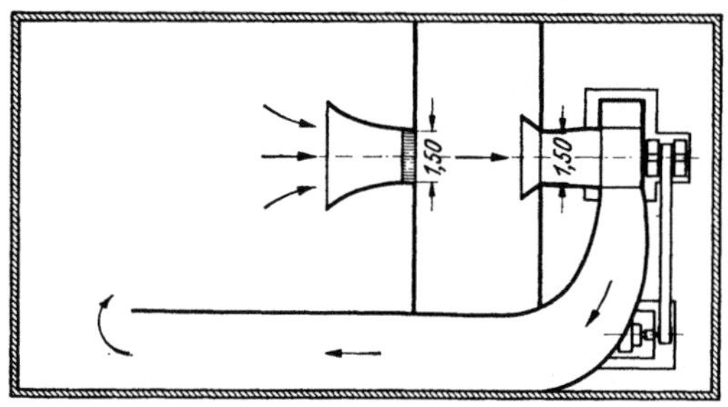

Abb. 459. Windkanal, Eiffelsche Bauart (*398*).

Das Gebläse wird zwischen Auffangtrichter und erster Umlenkung oder im Luftrückführkanal angeordnet. Im letzteren Fall besteht die Möglichkeit, den antreibenden Elektromotor selbst in den Luftkanal einzusetzen und das Gebläse auf der Motorenwelle zu befestigen. Als Nachteil muß dann erschwerte Überwachung und Zugänglichkeit hingenommen werden.

Windkanäle mit geschlossener Rückführung und Freistrahl gestatten ohne besondere Vorkehrungen ein Betreten des Freistrahlraumes während des Betriebes, also die Zugänglichkeit zu den Meßeinrichtungen und den Modellen. Die Freistrahlwirkung ist im allgemeinen eine gute Annäherung an die Wirklichkeit. Für besondere Meßfälle ist eine Korrektur (*4*, *5*) des endlichen Freistrahlquerschnittes erforderlich, wofür Richtlinien aus S. 215 zu entnehmen sind.

2. *Englische Bauart* (Abb. 458). Die Anlage besteht im wesentlichen aus einem Rohrtunnel. An einem Ende ist die Einströmdüse mit anschließendem Gleichrichter angebaut. Am anderen Ende liegt an einer diffusorartigen Erweiterung ein Axialgebläse. Die Rückführung der Luft ist offen, d. h. sie wird an den umgebenden Raum abgegeben und diesem wieder entnommen.

Die mit derartigen Windkanälen erreichten Leistungszahlen $\eta = \frac{N_{Mot}}{N_{Dü}}$ liegen zum Teil sehr günstig.

Die Versuchsstrecke ist im Rohrtunnel eingeschlossen. Bei eingehängtem Modell hat die Luft keine Möglichkeit, seitlich auszuweichen, wie dies im freien Luftstrom der Fall ist. Deshalb liegen die gemessenen Luftwiderstandswerte höher als in Wirklichkeit und sind im allgemeinen nur vergleichsweise zu gebrauchen. Ein Nachteil liegt auch darin, daß der Modellkörper während der Messung schwer zugänglich ist.

3. *Eiffelsche Bauart* (Abb. 459). Die Versuchsstrecke ist als Freistrahl ausgebildet und besitzt dessen Vorzüge. Die Luft wird über eine Düse mit eingebautem Gleichrichter der Meß-

strecke zugeführt und über einen Auffangtrichter mit Axial- oder Schleudergebläse gefördert. Da die Rückführung, wie bei den Kanälen englischer Bauart, offen ist, steht die Versuchsstrecke unter Unterdruck, ist also nur durch besondere Maßnahmen, z. B. durch Schleusen, während des Versuches zugänglich. Die Leistungszahl erreicht die gleiche Größenordnung wie bei den Kanälen englischer Bauart mit

$$\eta = \frac{N_{\text{Mot}}}{N_{\text{Dü}}} = 0{,}6 .$$

**Messung der Luftkräfte.** Die am Körper angreifenden Luftkräfte und Momente werden durch Waagen bestimmt. Die in der Strömungstechnik außerdem angewandte Bestimmung der Kräfte und Momente durch Druckmessungen an der Körperoberfläche kann bei Fahrzeugmodellen nicht benützt werden, da deren äußere Form einem geometrisch einfachen Körper nicht hinreichend gleichkommt.

Beim Versuch wird der Modellwiderstand einschließlich des Widerstandes seiner Verspannung mit der Waage bei verschiedenen Anblasgeschwindigkeiten (20—50 m/s) gemessen, die aufgenommenen Widerstandskräfte werden zweckmäßig über dem zugehörigen Staudruck aufgetragen. Durch nachträgliches Feststellen des Widerstandes der Verspannung kann der des Modells ermittelt werden. Die im Modell enthaltenen Teile der Verspannung sind bei der Messung der Verspannung allein gegen die Strömung u. U. durch Hilfsstücke abzudecken.

Abb. 460. Vorrichtung zum Abschirmen des vom Modell verdeckten Teiles des Tragrahmens zur Ermittlung des Luftwiderstandes der Modellaufhängung und Verspannung.

Abb. 460 zeigt eine derartige Abschirmvorrichtung; die teleskopartige Verbindung der beiden Rohr-T-Stücke gestattet die Anpassung an verschieden große Verspannungen.

Die Modelle werden in einem Rahmen nach Abb. 461 gehalten, an dessen 4 Ecken die Spanndrähte angreifen. Bei Herstellung der Rahmen ist darauf zu achten, daß eine Beeinflussung der Umströmung des Fahrzeugkörpers durch den Hilfsrahmen nicht eintritt. Bei größeren Modellen sind profilierte Stäbe anzuwenden.

Abb. 461. Modell mit Hilfsrahmen.

Für die Feststellung der Luftwiderstandskräfte bei Wind von vorn wird eine Einkomponentenwaage (Abb. 462) benützt. Das Gewicht des Modelles wird von den 5 Spanndrähten $a, b, c, d, e$ getragen. Die von vorn kommende Luftkraft wird durch einen waagerecht liegenden Spanndraht mit der Kraft $W$ aufgenommen. In genügendem Abstand vom Modell wird diese Zugkraft in 2 Komponenten zerlegt, die erste geht schräg nach unten zu einem Festpunkt, die zweite senkrecht nach oben zur Widerstandswaage.

Zur Erzielung genügender Vorspannung dient ein nach rückwärts gehender Spanndraht, der über eine Rolle senkrecht nach unten gelenkt und mit einem Gewicht belastet ist. Das Maß der Vorspannung wird durch ein Taragewicht an der Widerstandswaage ausgeglichen.

Liegt der Zugdraht nach vorne genau waagerecht und bildet die schräg nach unten laufende Komponente mit der Waagerechten einen Winkel von 45°, so ist die auf die Zugwaage gelangende Kraft gleich der Kraft $W$, da $\operatorname{tg} 45° = 1$ ist. Notwendig ist jedoch, daß die 5 Tragdrähte $a, b, c, d, e$ immer senkrecht zur Strömungsrichtung stehen und so Kräfte in der Windrichtung nicht aufnehmen können. Es ist üblich, bei jeder Aufhängung die Widerstandswaage durch Anhängen von Gewichten am hinteren Zugdraht zu eichen.

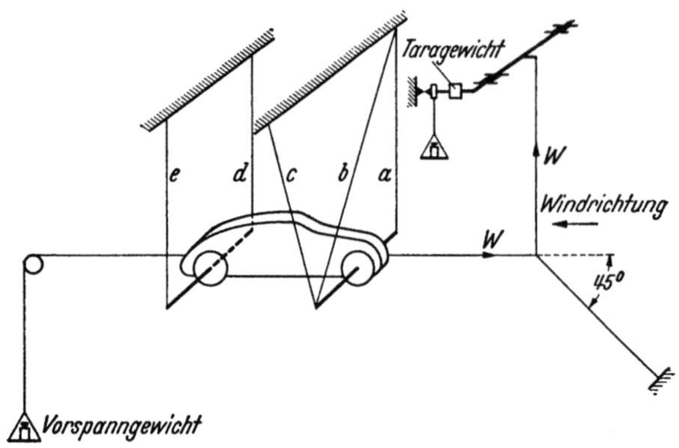


Abb. 462. Einkomponentenwaage zur Messung der Luftwiderstandskraft. $a, b, c, d, e$ Spanndrähte; $W$ Stirnwiderstand.

Bei dieser Aufhängung muß die Widerstandswaage eine Nullpunktswaage sein (s. S. 92), deren Kräfte dann ausgeglichen sind, wenn die Waagenzunge eingespielt hat.

Daß die Spanndrähte bei wachsender Windkraft keine wesentliche Formänderung aufweisen, wird durch genügend große Vorspannung erreicht. Diese muß sich auf die 5 Aufhängedrähte $a, b, c, d, e$ erstrecken. Zu diesem Zweck werden in die Fahrzeugmodelle zusätzliche Gewichte eingesetzt, oder die Modelle so schwer ausgeführt, daß ihr Eigengewicht ausreicht.

Nach der Aufhängung der Modelle muß deren Längsachse mit der Luftachse des Freistrahles gleichgerichtet sein.

Die Festlegung der Längsachse der Modelle ist auf S. 208 behandelt. Die Freistrahlluftachse wird im Rahmen der Eichmessung eines Kanals ermittelt und ihre Richtung so lange verbessert, bis sie mit der geometrischen Achse des Freistrahls zusammenfällt (*199*).

**Der Beiwert.** Wie oben ausgeführt, ist der Luftwiderstand

$$W_L = c_w \cdot \frac{\varrho}{2} \cdot w^2 \cdot F \quad \text{kg},$$

die Widerstandskraftfläche

$$F_W = \frac{W_L}{q} \ \text{m}^2$$

und der Luftwiderstandsbeiwert

$$c_w = \frac{W_L}{\frac{\varrho}{2} \cdot w^2 \cdot F} = \frac{W_L}{q \cdot F},$$

worin

$W_L$ der Stirnwiderstand (kg), $q$ der Staudruck (kg/m²)

und

$F$ die Bezugsfläche (m²)

ist.

Die für die Ermittlung des Bezugsstaudruckes $q$ zu beachtenden Verhältnisse sind auf S. 214 und 215 erörtert.

**Luftkräfte und Kurshaltung.** Neben der Kenntnis des Luftwiderstandes ist die des Einflusses der Luftkräfte auf die Richtungshaltung des Fahrzeuges von Wichtigkeit. Diese Erscheinung ist im Zusammenhang mit den Untersuchungen über Fahreigenschaften zu werten (vgl. den späteren Abschnitt 2, F).

*Seitenwind und resultierender Anblaswind.* Bei freigelegener Straße ist meistens mit Seitenwind aus irgendeiner Richtung zu rechnen. Ist $\varphi$ der Einfallwinkel des Seitenwindes mit der Geschwindigkeit $w'$, so ergibt sich bei Fahrgeschwindigkeit $v$ die resultierende Anblasgeschwindigkeit zu

$$w = \sqrt{v^2 + w'^2 + 2\, v \cdot w' \cdot \cos\varphi}.$$

Diese resultierende Geschwindigkeit entspricht der im Windkanal vorliegenden Anblasgeschwindigkeit.

Der resultierende Anblaswinkel ergibt sich zu

$$\alpha = \arcsin \frac{w' \cdot \sin\varphi}{w}.$$

Aus den beiden Beziehungen für $w$ und $\alpha$ ist ersichtlich, daß die resultierende Anblasgeschwindigkeit durch eine Reihe von Kombinationen der Einzelgrößen dargestellt werden kann.

Für eine Fahrgeschwindigkeit von z. B. 100 km/h entsprechend 27,8 m/s ergeben sich für Seitenwinde mit $\varphi = 45°$ von vorne, 90° von der Seite und 45° von hinten folgende Werte für $w'$, $\alpha$ und $w$:

Zahlentafel 8a.

| Seitenwind $w'$ m/s | $\varphi$ ° | Resultierender Anblaswinkel $\alpha$ ° | Resultierender Anblaswind $w$ m/s | Seitenwind $w'$ m/s | $\varphi$ ° | Resultierender Anblaswinkel $\alpha$ ° | Resultierender Anblaswind $w$ m/s |
|---|---|---|---|---|---|---|---|
| 0 | 0 | 0 | 27,8 | 6 | 45° von vorne | 7° 31,6′ | 32,4 |
| 4 | 45° von vorne | 5° 15,4′ | 30,8 | | 90° v. d. Seite | 12° 24,6′ | 28,4 |
| | 90° v. d. Seite | 8° 13,3′ | 28,0 | | 45° von hinten | 10° 15,2′ | 23,9 |
| | 45° von hinten | 6° 29,3′ | 25,0 | 8 | 45° von vorne | 9° 36,8′ | 33,9 |
| | | | | | 90° v. d. Seite | 16° 4,9′ | 28,9 |
| | | | | | 45° von hinten | 14° 21,6′ | 22,8 |

Für andere Fahrgeschwindigkeiten ergeben sich bei gleichen Windgeschwindigkeiten andere Werte für $\alpha$ und $w$.

*Allgemeines zur Richtungshaltung.* An Körpern, die frei in der Luft fahren, z. B. Ballonkörpern, treten, sobald deren Achse einen Winkel mit der Luftströmung bildet, Drehmomente auf, die den Körper quer zur Windrichtung zu stellen suchen. Hat sich dabei der Körper gegenüber seiner Nullage um etwa 90° gedreht, so ist das Moment zu Null geworden. Bei der Drehung kann angenommen werden, daß das höchste Moment im allgemeinen bei etwa 45° erreicht wird. Durch Anbringung von Leitflächen am hinteren Ende des Körpers werden im Gegensinn drehende Momente hervorgerufen, die bei entsprechender Ausbildung dieser Leiteinrichtung die ersteren Momente aufheben und überwiegen können, so daß sie den Körper stets mit seiner Längsachse in die Windrichtung zurückführen.

Bei erdgebundenen Fahrzeugkörpern werden die durch Fahrwiderstandskräfte (Rollreibungs-, Luftkräfte) auftretenden Momente in erster Linie durch die zwischen Rad und Fahrbahn vorhandenen Seitenführungskräfte aufgenommen. Wie im Abschnitt 2, F, I „Radumfangs- und Seitenführungskräfte" geschildert, kann das luftbereifte und damit seitenweiche Rad wesentliche Seitenkräfte erst bei genügender Schrägstellung des Rades gegen die Fahrbahnrichtung übertragen. Innerhalb des Bereiches der notwendigen Schrägstellung „schwimmt" das Fahrzeug, der zugehörige Schrägstellungswinkel des Rades wird „Schwimmwinkel" genannt. Hat das Rad eine Umfangskraft zu übertragen, so nimmt nach der bekannten Art die Seitenführungskraft $S$ (Abb. 620), die von der Antriebskraft $A$ abhängig ist, entsprechend dem aus $A$ und $S$ sich ergebenden Kräfteparallelogramm ab.

Der fahrende Wagen ist auch auf gerader Fahrbahn stets Seitenkräften ausgesetzt, die durch Ungleichmäßigkeiten im Antrieb, in den Fahrwiderständen, durch die bei der fortwährenden Lenkbetätigung auftretenden Fliehkräfte oder durch Luftkräfte bedingt sind.

Ohne Lenkeingriff würde bei gerade eingestellter Fahrtrichtung das Fahrzeug aus der Fahrbahn getragen werden. Die allgemein angewandte Vorspur der Vorderräder bedeutet bis zu einem gewissen Grade ein selbsttätiges Mittel der Gegenwirkung. Die gerade geführten Hinterräder können Seitenkräfte nur dadurch aufnehmen, daß sie und damit das ganze Fahrzeug einen der augenblicklichen Seitenkraft entsprechenden Winkel zur Fahrtrichtung einnehmen.

Um seitliches Abtreiben des Fahrzeuges von der Fahrbahn zu verhindern, ist daher der Fahrer gezwungen, den auftretenden Kräften entgegenzusteuern.

Da bei hohen Geschwindigkeiten die Luftkräfte gegenüber den übrigen Fahrwiderständen ein wesentliches Maß annehmen, erhebt sich die Frage, inwieweit es zweckmäßig ist, die durch diese Kräfte erschwerte Fahrbahnhaltung durch Leitflächen zu erleichtern, oder ob es möglich erscheint, den Wagenkörper so zu gestalten, daß die an ihm durch Seitenwind auftretenden Kräfte bzw. deren Momente möglichst klein bleiben.

Bei Durchführung von Versuchen im Windkanal erhält man die am Modellkörper wirkenden Momente der Luftkräfte unmittelbar durch Vergleich der in den Aufhängedrähten des Modelles auftretenden Kräfte und bekommt, je nach Wahl der Momentenbezugsachse, verschiedene Werte.

Unter Annahme, daß bei Kurvenfahrt das Fahrzeug geometrisch richtig am Boden abrollt, dreht sich dieses um einen Punkt, der auf der Verlängerung der Hinterachse liegt. Damit vollführt das Fahrzeug eine Eigendrehung um eine senkrechte Achse.

Bei gleichmäßigem Seitenwind muß entsprechend den obigen Angaben zur Aufhebung der Luftkräfte der Fahrer dauernd etwas gegen den Wind ansteuern, um auf diese Weise die Fahrbahn einhalten zu können.

Bei ungleichmäßigem Seitenwind, wie er z. B. durch Waldeinschnitte bedingt ist, vollführt das Fahrzeug entsprechend der zeitlichen Folge von Windkraft und Lenkbetätigung eine Art Schleuderbewegung, wobei die feste Achse der Eigendrehung irgendeine in der Längshauptebene des Fahrzeuges liegende senkrechte Achse sein wird. Unter der Annahme, daß der Fahrzeugschwerpunkt in der Mitte zwischen den Achsen liegt und daß die zwischen Reifen und Fahrbahn übertragbare Seitenführungskraft sowie die seitliche Luftkraft an den Vorder- und Hinterachsen

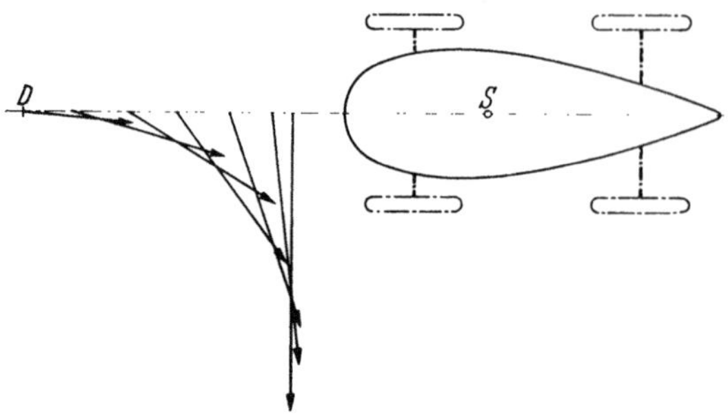


Abb. 463. Druckpunktwanderung eines strömungsgünstigen Körpers bei verschiedenen Anströmwinkeln. $D$ Druckmittelpunkt; $S$ Drehachse.

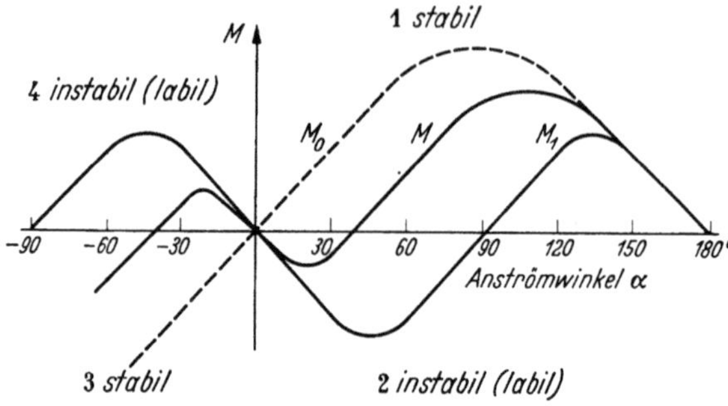


Abb. 464. Verlauf der Momentenlinie eines strömungsgünstigen Körpers bei verschiedenen Anströmwinkeln.

gleich ist, erfolgt die Eigendrehung um die durch den Schwerpunkt gehende Hochachse. Werden am Umfang der Wagenräder Brems- oder Antriebskräfte übertragen, so erniedrigen sich die Seitenführungskräfte, wodurch sich die Drehachse mehr nach hinten oder nach vorne von der durch den Schwerpunkt gehenden Hochachse entfernt, wenn die Seitenführungskräfte an einem Radpaar durch die Windkräfte zuerst überschritten werden. Da die Verlagerung der Drehachse für jeden Fall eine andere ist, scheint es zweckmäßig, als Bezugsachse im allgemeinen die durch den Körperschwerpunkt gehende senkrechte Achse zu wählen. Nur in besonderen Fällen ist es notwendig, eine andere, jeweils neu festzulegende Achse einzuführen.

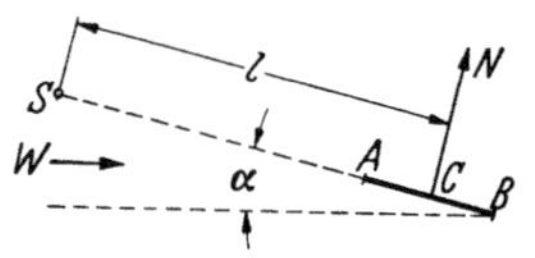


Abb. 465. Kräfteanordnung bei dem Anstellwinkel.
$A$—$B$ Stabilisierungsflosse; $C$ Plattenmitte; $l$ Abstand der Kraft $N$ vom Drehpunkt $S$; $N$ Luftkraft; $S$ Drehpunkt; $W$ Stirnwiderstand; α Anstellwinkel zum Windstrom.

Zeichnet man die Lage der den verschiedenen Anstellwinkeln entsprechenden Luftkraftresultierenden relativ zum Fahrzeug auf, so erhält man das aus Abb. 463 ersichtliche Bild für den bei verschieden stark geneigten Resultierenden wandernden Druckmittelpunkt $D$. Da dieser immer vor der Drehachse $S$ liegt, sind die durch die Luftkraft hervorgerufenen Momente destabilisierend (labil). In Abb. 464 ist der entsprechende Verlauf der am Körper wirkenden Momente $M_1$ bei verschiedenen Anströmwinkeln eingezeichnet. Die beiden Quadranten, in denen diese Kurve bis zum Anströmwinkel $\pm 90°$ verläuft, werden als „labile Quadranten" bezeichnet. Wird die Lage der Drehachse $S$ im oder vor dem Punkt $D$ gewählt, so ergibt sich im allgemeinen eine Linie ($M_0$), die den Nullpunkt derart durchsetzt, daß sie in ihrem ganzen Verlauf in die Nullage drehende, also stabile Momente darstellt. Die beiden Quadranten, in denen diese Kurve verläuft, werden als „stabile Quadranten" bezeichnet. Je mehr die beiden Punkte $S$ und $D$ einander näherrücken, verbessert sich die Stabilität (s. Linie $M$, Abb. 464).

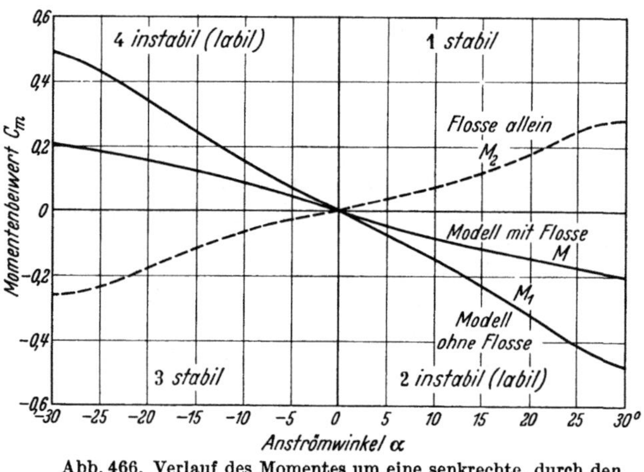


Abb. 466. Verlauf des Momentes um eine senkrechte, durch den Schwerpunkt des Wagenkörpers gelegte Hochachse.

In Abb. 465 sei $S$ der Drehpunkt einer Stabilisierungsflosse $AB$ mit dem Anstellwinkel α zum Windstrom, $N$ sei die Luftkraft, die mit Annäherung senkrecht auf der Fläche steht. $l$ sei der Abstand der Kraft $N$ vom Drehpunkt $S$. Das stabilisierende Moment ergibt sich damit, wenn man vom Wandern des Angriffspunktes der Kraft $N$ zwischen der Flossenvorderkante $A$ und der Mitte $C$ absieht, zu

$$N \cdot l = M_2.$$

Das Moment $M_2$ wirkt im positiven Sinne, also stabilisierend; bringt man die gemeinsame Wirkung $M_1$ und $M_2$ durch Kurvenaddition zum Ausdruck, so ergibt sich die endgültige Momentenkurve $M$, die den Messungen am Modell entspricht.

Für ein Modell ohne Flosse und für dasselbe Modell, jedoch mit Flosse, wurden die Momentenbeiwerte versuchsmäßig ermittelt und über dem Anstellwinkel aufgetragen (Abb. 466). Das Modell ohne Flosse verhält sich, wie Linie $M_1$ zeigt, stark instabil, während das mit einer Flosse versehene Modell weniger stark instabil ist, entsprechend Linie $M$. Die Wirkung der Flosse allein zeigt Linie $M_2$. Sie wird durch Kurvenaddition erhalten entsprechend dem Zusammenhang $M = M_1 + M_2$.

Bei der Beurteilung der Stabilität eines Fahrzeuges sind neben dem Verlauf der Momentenlinie über dem Anströmwinkel auch die an den Vorder- und Hinterachsen senkrecht zur Fahrtrichtung wirkenden Seitenkräfte zu beachten. Bei geschickter Wahl der Stabilisierungsflosse kann beispielsweise das Moment innerhalb eines bestimmten Anströmbereiches annähernd auf Null gehalten werden. Hierbei sind jedoch die auf die Hinterachse entfallenden Seitenkräfte besonders groß und dürfen auf keinen Fall vernachlässigt werden.

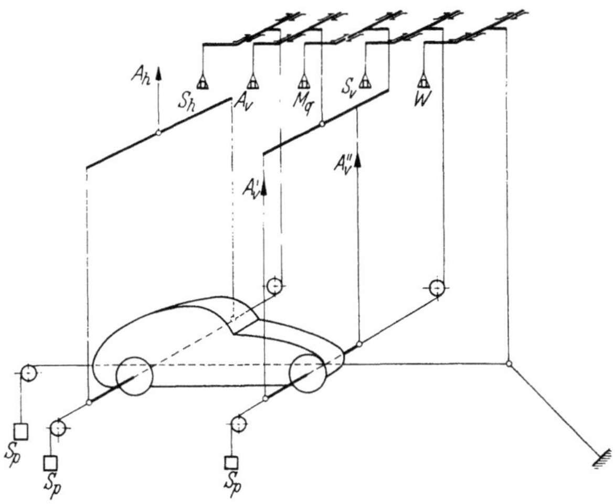


Abb. 467. Sechskomponentenwaage.
$A_h$ Auftrieb hinten; $A_v = A_v' + A_v''$ Auftrieb vorn; $M_q$ Quermoment; $S_h$ Seitenkraft hinten; $S_v$ Seitenkraft vorn; $W$ Widerstand; $S_p$ Vorspanngewichte.

Zur Erfassung der hier in Frage kommenden Kräfte und Momente wird das Modell in einer Mehrkomponentenwaage aufgehängt. Abb. 467 zeigt die Anordnung einer Sechskomponentenwaage. Die einzelnen Waagen sind einschließlich des Festpunktes auf einem Drehgerüst aufgebaut, so daß die Luftkräfte nach Drehung des ganzen Aufbaues auch bei Seitenwind ermittelt werden können.

Folgende Kräfte und Momente werden gemessen (Abb. 468):

1. Widerstand $W$ in Richtung des Luftstroms von der Geschwindigkeit $V$.
2. Seitenkraft $S_v$ an der Vorderachse senkrecht zur Fahrtrichtung.
3. Seitenkraft $S_h$ an der Hinterachse senkrecht zur Fahrtrichtung.
4. Seitenmoment $M_s$ als Moment um die Hoch-($Z$-)achse.
5. Auftrieb an der Vorderachse $A_v$.
6. Auftrieb an der Hinterachse $A_h$.
7. Quermoment (Kippmoment) $M_q$ um die $X$-Achse (Längsachse) des Fahrzeuges.

1. Widerstand $c_w = \frac{W}{q \cdot F}$.

2. Auftrieb $c_a = \frac{A_v + A_h}{q \cdot F}$.

3. Seitenkraft $c_s = \frac{S_v + S_h}{q \cdot F}$.

4. Seitenmoment $c_{ms} = \frac{S \cdot e}{q \cdot F \cdot a}$,

$$S\left(\frac{a}{2} - e\right) = - S_h \cdot a,$$

$$S \cdot e = S \cdot \frac{a}{2} + S_h \cdot a,$$

$$e = \frac{a}{2} + \frac{S_h}{S} \cdot a,$$

$$= a\left(\frac{1}{2} + \frac{S_h}{S}\right),$$

$$c_{ms} = \frac{S \cdot \frac{a}{2} + S_h \cdot a}{q \cdot F \cdot a}.$$

5. Quermoment $c_{mq} = \frac{(A_v' - A_v'') \cdot \frac{b}{2}}{q \cdot F \cdot a}$.

6. Abstand des Druckmittelpunktes vom Drehpunkt $e = \frac{c_{ms}}{c_s} \cdot a$.

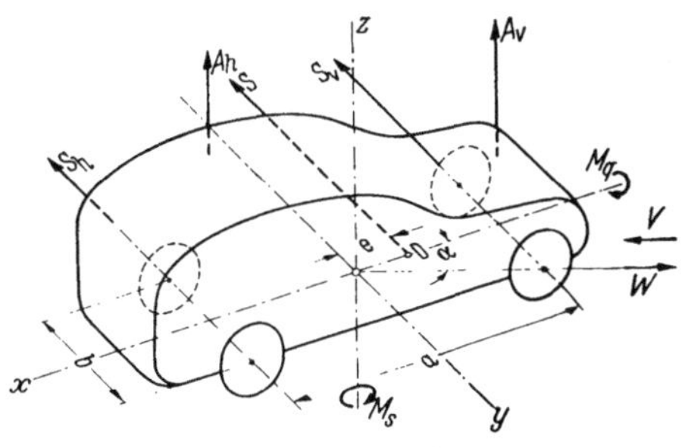


Abb. 468. Bezugsachsen, auftretende Kräfte und Momente.

Die Widerstandskraft $W$ ist für die Errechnung des Fahrwiderstandes notwendig, die Seitenkräfte $S_v$ und $S_h$ für die Beurteilung des Einflusses des Seitenwindes auf die Fahrtrichtungshaltung. Aus den Seitenkräften $S_v$ $S_h$ kann das auf die Hochachse ($Z$-Achse) bezogene Seitenmoment gerechnet werden. Der an der Vorder- und der Hinterachse wirksame Auf- oder Abtrieb ist wichtig für den bei hoher Geschwindigkeit erreichbaren Kraftschluß zwischen Reifen und Fahrbahn und für die Sicherheit der Lenkung. Das Quermoment kann bei Seitenwind das Kippmoment der Fliehkraft bei Fahrt in der Kurve und beim Schleudern beeinflussen, eine besondere Bedeutung kommt ihm jedoch nicht zu.

**Die Bezugsachsen für die am Fahrzeugkörper auftretenden Momente.** Für die Fahreigenschaften eines Fahrzeuges ist von wesentlichem Einfluß die Lage seines Massenschwerpunktes, also dessen Höhe über der Fahrbahn und sein Abstand von der Vorder- und Hinterachse.

Deshalb wäre es für die zusammenfassende Beurteilung der Wirkung von Luftkräften und Massenkräften zweckmäßig, den Massenschwerpunkt als Koordinatennullpunkt zu wählen und durch ihn 3 senkrecht zueinander stehende Achsen (Längsachse, Querachse, Hochachse) zu legen, die als Bezugsachsen gelten.

Die Lage des Schwerpunktes eines fahrfertigen Fahrzeuges kann nach der im Abschnitt 2, F, V „Schwerpunktsbestimmung" beschriebenen Weise bestimmt werden. Die Lage des Massenschwerpunktes eines Modellkörpers stimmt mit der Schwerpunktslage des wirklichen Fahrzeuges nicht überein. Wenn das dem Modellkörper entsprechende wirkliche Fahrzeug bereits vorhanden ist, kann die Schwerpunktslage bestimmt und unter Berücksichtigung des Modellmaßstabes auf das Modell übertragen werden. Ist jedoch das Modell eine Vorstudie, nach der die Wagenform eines geplanten Fahrzeuges gestaltet werden soll, so ist das Festlegen der zu erwartenden Schwerpunktslage nicht möglich.

Deshalb ist es bei der Aufhängung der Modelle im Windkanal notwendig, die Bezugsachse durch geometrisch einwandfrei erfaßbare Punkte des Modellkörpers festzulegen und die sich ergebenden Momente nach Bedarf auf die durch den Schwerpunkt des fahrfertigen Fahrzeuges gehenden Bezugsachsen umzurechnen.

Die Befestigungspunkte der Spanndrähte werden zweckmäßig in die gewählten Bezugsachsen gelegt. Soweit dies nicht möglich ist, müssen die sich ergebenden Kräfte auf die nachstehend festgelegten Achsen umgerechnet werden. Folgende Festlegung der Bezugsachsen ist zweckmäßig.

*Längsachse* (*X-Achse*). Die Achse in Längsrichtung eines Fahrzeuges ist schwer eindeutig festzulegen, da infolge der Nachgiebigkeit von Reifen und Federn wirkliche Festpunkte nicht vorliegen.

Unter der Annahme, daß der Reifennenndurchmesser und die Eindrückung der Reifen bei verschiedenen Belastungen vorn und hinten gleich sei, daß also die beiden Radachsen bei der Belastung sich um gleiches Maß senken, so daß der wirksame Rollhalbmesser hinten und vorne gleich ist, verläuft die in der Hauptlängsschnittebene liegende Fahrzeuglängsachse in Höhe des bei Stillstand des Wagens meßbaren Rollhalbmessers über der Fahrbahn.

Die zu dieser Achse gehörende Stellung des Aufbaues bei Nennbelastung, d. h. das Maß der Durchfederung an Vorder- und Hinterachse ist am wirklichen Fahrzeug festzustellen oder für dieses vorzuberechnen und auf das Modell zu übertragen.

*Querachse* (*Y-Achse*). Sie ist die Achse quer zur Längsrichtung in Höhe der $X$-Achse und liegt in der Mitte zwischen den Radachsen.

*Hochachse* (*Z-Achse*). Sie steht senkrecht zur $X$- und $Y$-Achse und geht durch deren Schnittpunkt, der als Koordinatennullpunkt gilt. In Fällen, bei denen auf Zusammenwirken der durch Seitenwind bedingten Momente, des Trägheitsmomentes des Fahrzeuges und der zwischen Rad und Fahrbahn wirkenden Kräfte eingegangen werden muß, wird, wie oben begründet, als Bezugsachse im allgemeinen die durch den Schwerpunkt gehende Hochachse gewählt.

Für die genannten Kräfte und Momente können mit den Bezeichnungen der Abb. 468 folgende Beiwerte bestimmt werden:

1. für Widerstand $c_w = \frac{W}{q \cdot F}$,
2. für Auftrieb $c_a = \frac{A_v + A_h}{q \cdot F}$,
3. für Seitenkräfte $c_s = \frac{S_v + S_h}{q \cdot F}$,
4. für Seitenmoment $c_{m\,s} = \frac{S \cdot e}{q \cdot F \cdot a}$,
5. für Quermoment $c_{m\,q} = \frac{(A'_v - A''_v) \cdot \frac{b}{2}}{q \cdot F \cdot a}$.

Der Druckmittelpunkt bei Seitenwind ist festgelegt durch seinen Abstand $e$ von der Hochachse. Es ist

$$e = \frac{c_{m\,s}}{c_s} \cdot a\,.$$

Bei Messung der Waagenkräfte, z. B. $A_v$ und $A_h$, muß beim Auflegen von Gewichten eine gegenseitige Abgleichung vorgenommen werden, damit beide Waagen gleichzeitig auf den Nullpunkt einspielen, da sich der Schwerpunkt beim Auswiegen der Kräfte $A_v$ und $A_h$ verlagert. Ist z. B. $A_v$ auf die Nullmarke ausgewogen und legt man auf die Waage bei $A_h$ Gewichte auf, bis auch dort der Nullpunkt erreicht ist, so verlagert sich dabei der Schwerpunkt $S$ nach rechts oder links, so daß $A_v$ nicht mehr ausgeglichen sein kann und korrigiert werden muß (*396*).

Waagen, bei denen dieses umständliche Ausgleichen vermieden ist, wurden von Prandtl (*396*), Wieselsberger (*273*, *275*) und der DVL (*288*) gebaut.

Bei kleinen Windkanälen wird zweckmäßig die Madelungsche Schwimmerwaage angewandt (Abb. 469). Das Modell ist in einem sechseckigen Rohrrahmen mit Stahldrähten und Spannschlössern verspannt. Damit werden alle auf das Modell wirkenden Kräfte auf den Rahmen übertragen. Dieser ist zum Schutz gegen Luftkräfte von einem feststehenden Blechmantel umgeben.

Die obere Ecke des Rahmens endet in ein Verbindungsstück, das mit einem Tragkreuz verflanscht ist. An den vier Enden des Kreuzes sind Stützpunkte angebracht, die auf Wasserschwimmern ruhen (s. Abb. 470).

Damit können die am Modell wirkenden Kräfte durch am Rohrkreuz angreifende Wiegeeinrichtungen gemessen werden.

Die Anordnung hat den Vorteil, daß die Modelle rasch gewechselt werden können, und daß Fehler, wie sie etwa bei schlechtem Ausrichten der Auftriebs- und Seitenkraftspanndrähte auftreten, in Wegfall kommen.

Abb. 469. Modellaufhängung bei Schwimmerwaage.

**Einfluß der Reynoldsschen Zahl.** Wie schon oben ausgeführt, ist es bei heutigen Fahrzeugformen ohne Schwierigkeit möglich, für Fahrzeugmodelle den Bereich der Reynoldsschen Zahl einzuhalten, in dem eine Beeinflussung der Luftkraftbeiwerte nicht vorhanden ist.

Das Ähnlichkeitsgesetz besagt an sich, daß die Widerstandsbeiwerte bei Reynoldsschen Zahlen aufgenommen werden sollten, die bei Bewegung der Versuchskörper von natürlicher Größe mit den Betriebsgeschwindigkeiten vorliegen, so daß bei Anströmen von geometrisch ähnlichen Modellen entsprechend höhere Geschwindigkeiten angewandt werden müßten.

Abb. 470. Schwimmerwaage.

Ein Fahrzeug, dessen Höchstgeschwindigkeit 150 km/h (41,5 m/s) beträgt, würde demnach zur Erzielung gleicher Reynoldsscher Zahl als Modell 1:10 im Freistrahl des Kanals eine Luftgeschwindigkeit von 415 m/s erfordern, damit das Produkt aus Geschwindigkeit und Fahrzeugmaßstab unverändert bleibt. Dies ist technisch nur schwer möglich. Außerdem müßte dadurch das Gebiet der Überschallgeschwindigkeit betreten werden, in dem die vorliegenden Ähnlichkeitsgesetze keine Geltung mehr haben. Die Verwendung von Überdruckkanälen zur Erhöhung der Reynoldsschen Zahl ist aus wirtschaftlichen Gründen nur schwer möglich.

Flachsbart (*166*) stellte fest, daß der Luftwiderstand einer Kugel von 150 mm Durchmesser bei der Luftdichte $\varrho = 1/8$ nach Erreichen einer Reynoldsschen Zahl von $3{,}5 \times 10^5$, was etwa 35 m/s Luftgeschwindigkeit entspricht, nur mehr wenig von der durch die Widerstandszahl $c_w = 0{,}1$ gekennzeichneten Widerstandsparabel abweicht. Demnach genügt es, Versuche mit Modellen im überkritischen Gebiet der Reynoldsschen Zahlen durchzuführen.

Für freistehende Teile des Fahrzeugaufbaues, z. B. Kotflügel, Scheinwerfer, die für sich wieder einen besonderen Körper darstellen und damit eine besondere Reynoldssche Zahl beanspruchen, besteht die Möglichkeit, daß sie in das unterkritische Gebiet fallen, auch wenn der Fahrzeugmodellkörper selbst im überkritischen Gebiet liegt. Deshalb könnte erwartet werden, daß bei vollkommen geometrisch ähnlichen Modellkörpern der ermittelte Widerstandsbeiwert höher liegt als der des entsprechenden Fahrzeuges.

Andererseits ist aber bei den vielfach üblichen Modellen der Grad der geometrischen Ähnlichkeit im allgemeinen nicht so vollkommen, daß Körperform und Oberfläche alle Einzelheiten der Wirklichkeit, wie z. B. an der Wagenunterseite oder in den Beschlägen, aufweisen. Diese Einflüsse, die den Luftwiderstand gegenüber der Wirklichkeit verkleinern, gleichen den Einfluß der unterkritischen Lage einzelner Bauteile, wie Versuche gezeigt haben, ungefähr aus.

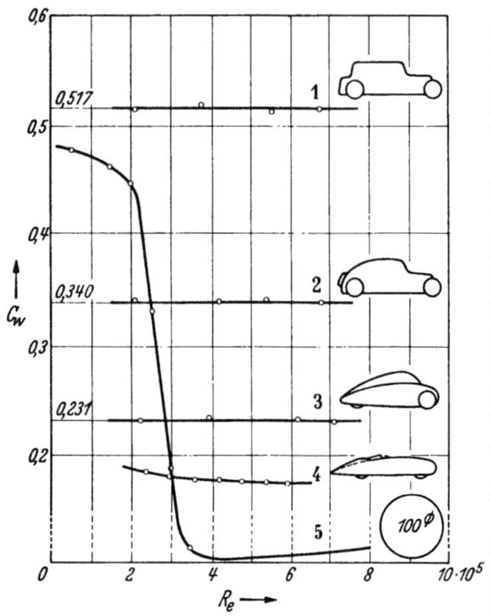


Abb. 471. Widerstandsbeiwerte in Abhängigkeit von der Reynoldsschen Zahl. 1, 2, 3, 4 verschiedene Wagen; 5 Kugel.

Abb. 471 zeigt den Verlauf des Widerstandsbeiwertes dreier Fahrzeugmodelle (1, 2, 3, 4) und einer Kugel (5) über den Reynoldsschen Zahlen. Die Körper waren frei im Luftstrom aufgehängt. Modell 1 ist ein Fahrzeug bisher üblicher Kastenbauart, die Modelle 2 und 3 stellen neuere Formen, das Modell 4 einen Rennwagen dar. Die Schaulinien zeigen, daß eine Abhängigkeit von der Reynoldsschen Zahl über $R_e = 2 \cdot 10^5$ außer bei der Kugel bei üblichen Fahrzeugen nicht eintritt. Mit Vervollkommnung der Formen ist jedoch, wie neuere Versuche und Fall 4 zeigen, auf dem Kennzahleinfluß in jedem Fall zu achten.

Trägt man die den Widerstandsbeiwerten zugeordneten Widerstandskräfte über der Anblasgeschwindigkeit bzw. dem Staudruck auf, so erhält man bei Unabhängigkeit von der Reynoldsschen Zahl für Fahrzeugmodelle eine Parabel bzw. eine gerade Linie.

**Einfluß der Kanalturbulenz.** Bei Messung der an den Modellen wirkenden Luftkräfte kann die Turbulenz des Freistrahls auf die Ergebnisse von Einfluß sein. Deshalb sollte der Freistrahl dasselbe Maß von Turbulenz haben, wie es bei Fahrt in freier Luft zu erwarten ist. Untersuchungen hierüber haben ergeben, daß im Bereich üblicher Reynoldsscher Zahlen bei Fahrzeugmodellkörpern ein meßbarer Einfluß sich nicht zeigt.

**Einfluß des Grades der Modellähnlichkeit auf den Luftwiderstand.** Die üblichen Modelle entsprechen nicht vollkommen der Forderung der geometrischen Ähnlichkeit mit der wirklichen Ausführung. Schon die geometrisch ähnliche Übertragung der Hauptmasse auf das Modell erfordert viel Sorgfalt. Darüber hinaus ist bei kleineren Modellen, etwa im Maßstab 1:10, die Einhaltung der geometrischen Ähnlichkeit bis ins kleinste sehr schwer und teuer im Aufwand. Die üblichen Modelle weisen Ähnlichkeit nur in großen Zügen auf. Eine Nachahmung des Luftdurchlasses durch den Kühler, durch die seitlichen Kiemen an der Motorhaube, eine genaue Darstellung der Bauchseite des Fahrzeuges, ausreichend genaue Nachbildung der Kotflügel und der Fensternischen, das Anbringen von Tür- und Haubenbeschlägen wird im allgemeinen unterlassen.

Modelle dieser einfachen Ausführung ergeben gegenüber der Großausführung zu kleine Widerstandswerte. Es ist unerläßlich, daß ausreichende Übereinstimmung bei der Herstellung eines Modells beachtet wird.

Zur Klärung der Frage, ob die Räder des Modells sich entsprechend der Windgeschwindigkeit drehen müssen, sind Versuche (*365*) angestellt worden, die ergaben, daß bei Abdeckung der Räder mit üblichen Kotflügeln ein meßbarer Unterschied zwischen laufenden Rädern und stillstehenden Rädern, sofern gleichzeitig ein laufendes Band zur Nachahmung der Fahrbahn angewandt wird, nicht auftritt.

Weitere Versuche haben gezeigt, daß der Einfluß des Durchströmens der Kühlluft beim Modell nur schwer nachgeahmt werden kann. Bei vergleichenden Versuchen mit geschlossenem und offenem Kühler ergab sich der Widerstandsunterschied am Modell mit etwa 3%, während bei der

Abb. 472. Modell frei im Luftstrom hängend.

Abb. 473. Modell mit fester Untersatzplatte.

Großausführung Unterschiede von 10—15% festgestellt wurden. Aus diesem Grund empfiehlt es sich, den Luftdurchlaß durch den Kühler bei Modellen im allgemeinen nicht nachzuahmen und bei entsprechenden Vergleichen mit der Großausführung dort den bei abgedecktem Kühler sich ergebenden Wert zum Vergleich heranzuziehen.

Abb. 474. Modell über Platte mit Grenzschichtabsaugung nach Lay.

**Arten der Fahrbahndarstellung.** Außer der geometrischen Ähnlichkeit der Modelle gegenüber der Wirklichkeit und der Anwendung genügend hoher Reynoldsscher Zahlen ist auch die Ähnlichkeit des Fahrbahneinflusses beim Versuch im Windkanal zu berücksichtigen. Bei Fahrt auf der Straße ist die das Fahrzeug umgebende Luft gegenüber der Fahrbahn im wesentlichen in Ruhe, das Fahrzeug bewegt sich gegenüber der Fahrbahn und gegenüber der Luft mit derselben Geschwindigkeit. Bei Messungen am Modell im Windkanal sind Straße und Fahrzeug in Ruhe und die Luft strömt mit der Fahrgeschwindigkeit gegen den Körper.

Sollen im Windkanalbetrieb dieselben Verhältnisse vorliegen wie in Wirklichkeit, so muß unter den sich drehenden Rädern ein Abbild der Fahrbahn mit der Geschwindigkeit des Luftstromes fortbewegt werden. Zur Berücksichtigung dieser Forderung sind folgende verschiedene Meßverfahren angewandt worden, die nur zum Teil der Wirklichkeit ausreichend entsprechen.

Abb. 475. Spiegelmodellaufhängung.

Abb. 476. Modellaufhängung über bewegter Fahrbahn.

1. Freie Aufhängung des Modells im Windkanalstrom.

2. Anordnung einer festen Platte unter dem Modell als Ersatz der Fahrbahn
a) ohne Grenzschichtabsaugung,
b) mit Grenzschichtabsaugung.

3. Freie Aufhängung eines spiegelbildlichen Doppelmodells im Kanal
a) ohne Zwischenplatte.
b) mit Zwischenplatte.

4. Verwendung eines die Straße darstellenden, unter dem Modell mit Luftgeschwindigkeit sich bewegenden Laufbandes.

Der erste Fall der einfachen Aufhängung der Modelle im Freistrahl (Abbildung 472), wie es bei Luftfahrzeuguntersuchungen üblich ist, liefert für Straßenfahrzeuge kein genügend genaues Ergebnis. Die Luft kann um den Körper nach allen Seiten freier ausweichen als in Fahrbahnnähe, weshalb die gemessenen Luftkräfte gegenüber der Wirklichkeit zu niedrig sind.

Im zweiten Fall wird das Modell so nahe über einer festen Platte aufgehängt (Abb. 473), daß noch ein einwandfreies Waagenspiel möglich ist. Der Versuchsaufbau ist einfach. Die an der festen Platte entstehenden Grenzschichtwirbel und der enge Durchflußraum unter dem Wagenkörper beeinflussen aber, je nach der Beschaffenheit der Oberfläche und der baulichen Gestaltung dieser festen Fahrbahn, den gemessenen Widerstand des Modells (Werte liegen im allgemeinen zu hoch).

Bei Verwendung einer festen Platte kann der Luftstrom nicht mehr als freier Strahl betrachtet werden, vielmehr ist er einseitig begrenzt, wodurch die Richtung des Gesamtstrahles beeinflußt werden kann.

Bei Versuchen von Lay (*291*) konnte durch 2000 in der Platte befindliche Löcher ungefähr ein Drittel der Grenzschicht abgesaugt werden (Abb. 474). Ob bei vollständiger Absaugung der Grenzschicht Werte erreicht werden, die die Verhältnisse bei Fahrt auf der Straße treffen, ist noch nicht geklärt.

Die Herstellung eines spiegelbildlichen Doppelmodells nach Verfahren 3a erfordert besondere Sorgfalt, dennoch wird diese Meßart bis heute vielfach angewandt (Abb. 475). Die

Spiegelebene des Modells ist aber nicht mit Sicherheit auch eine Symmetrieebene der Strömung, so daß auch hier die Zuverlässigkeit der Meßergebnisse in Frage gestellt ist.

Bei Anwendung einer zwischen die Modelle eingefügten Platte nach Verfahren 3b bleibt die Symmetrieebene der Strömung gewahrt, dafür stellen sich die Nachteile der Anwendung 2 ein.

Abb. 477. Aufbau der bewegten Fahrbahn.

Das vierte Verfahren der Anwendung eines die Straße darstellenden, mit Windgeschwindigkeit laufenden Bandes kommt den tatsächlichen Verhältnissen am nächsten. Es wurde deshalb nicht allgemein angewandt, weil es nicht leicht ist, das Laufband bei Geschwindigkeiten von 30—60 m/s vollkommen flatterfrei in Betrieb zu halten.

Das FKFS hat eine derartige Einrichtung geschaffen, die betriebssicher arbeitet. Ihr grundsätzlicher Aufbau ist in Abb. 476 und 477 dargestellt. Die Fahrbahn wird durch ein endlos gewebtes Baumwollband dargestellt, das über 2 zylindrische, kugelgelagerte Walzen läuft, von denen die eine zur Erreichung der nötigen Bandgeschwindigkeit mit hoher Drehzahl angetrieben wird (30—60 m/s). Zur Verhinderung des Flatterns des Bandes ist auf der Unterseite eine Führungsplatte eingebaut. Zur einwandfreien Ermittlung der Windgeschwindigkeit dient das in Abb. 478 eingezeichnete Stroboskop, das ein auf dem Band angebrachtes Erkennungszeichen zu beobachten gestattet.

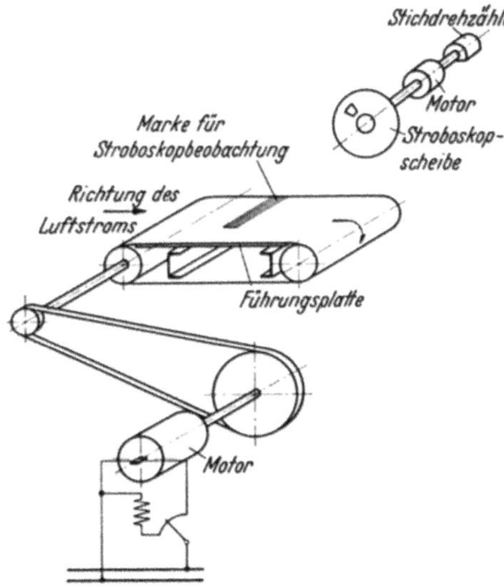


Abb. 478. Aufbau der bewegten Fahrbahn mit Stroboskopanordnung.

Die Drehzahl des Antriebmotors für die Scheibe wird dabei so geregelt, daß sie mit der Umlaufzahl des Bandes übereinstimmt. Aus der Drehzahl der Scheibe und der Länge des Laufbandes läßt sich dann dessen Geschwindigkeit bestimmen.

Auf die richtige Ausbildung der Verkleidung, insbesondere auf der Stirnseite der Laufbandeinrichtung, ist besonderer Wert zu legen.

In Zahlentafel 9 sind die bei gleichen Reynoldsschen Zahlen bei verschiedener Darstellungsweise der Fahrbahn erreichten Widerstandsbeiwerte einiger Modelle zusammengestellt. Die Werte für frei im Luftstrom aufgehängte Modelle sind erwartungsgemäß die niedrigsten. Die Werte mit fester Platte die höchsten, die mit laufender Straße erzielten liegen dazwischen. Die bei einem Modell angewandte Spiegelbildaufhängung lieferte einen Wert, der etwas über der bei Anordnung über laufendem Band liegt.

Zahlentafel 9.
Einfluß der Fahrbahndarstellung auf die Widerstandsbeiwerte verschiedener Modelle.

| Versuchs- | | | | Versuchsanordnung | | | | | | | |
|---|---|---|---|---|---|---|---|---|---|---|---|
| | Modelle | Nr. | Maßstab | frei i. Luftstr. | | feste Platte | | Spiegelbild | | lfd. Fahrbahn | |
| | | | | $c_w$ | vergl. Zahl | $c_w$ | vergl. Zahl | $c_w$ | vergl. Zahl | $c_w$ | vergl. Zahl |
| Strömungsgünstige Modelle | Jaray (FKFS) . . . . | 1 | 1 : 10 | 0,242 | 0,903 | — | — | — | | 0,268 | 1,0 |
| | Everling mit verkürzter Motorhaube . . . . . | 40 | 1 : 7,5 | 0,128 | 0,853 | 0,168 | 1,120 | — | | 0,150 | 1,0 |
| | FKFS (Stromlinie) . . . | 41 | 1 : 10 | 0,194 | 0,936 | 0,217 | 1,048 | — | | 0,207 | 1,0 |
| | Jaray (Ambibudd) . . . | 15 | 1 : 5 | 0,190 | 0,888 | 0,228 | 1,065 | — | | 0,214 | 1,0 |
| | Jaray (DKW) . . . . . | 30 | 1 : 5 | 0,230 | 0,970 | 0,256 | 1,080 | — | | 0,237 | 1,0 |
| Übliche Wagenformen | Hanomag . . . . . . . | 39 | 1 : 5 | 0,339 | 0,969 | 0,365 | 1,043 | — | | 0,350 | 1,0 |
| | DKW (Reichsklasse) . . | 27 | 1 : 5 | 0,516 | 0,906 | 0,574 | 1,008 | — | | 0,570 | 1,0 |
| | DKW (Reichsklasse) . . | 31 | 1 : 10 | 0,504 | 0,911 | 0,561 | 1,013 | — | | 0,553 | 1,0 |
| | DKW (Meisterklasse) . . | 28 | 1 : 5 | 0,508 | 0,926 | 0,565 | 1,030 | — | | 0,548 | 1,0 |
| | DKW (Schwebeklasse) . | 29 | 1 : 5 | 0,471 | 0,962 | 0,510 | 1,042 | — | | 0,489 | 1,0 |
| | BMW (kleine Limusine) . | 3 | 1 : 10 | 0,510 | 0,952 | — | — | — | | 0,535 | 1,0 |
| | BMW (mittlere Limusine) | 5 | 1 : 10 | 0,381 | 0,910 | — | — | — | | 0,418 | 1,0 |
| | Hansa-Lloyd . . . . . | 20/3 | 1 : 10 | 0,500 | 0,971 | 0,530 | 1,030 | 0,534 | 1,037 | 1,515 | 1,0 |
| | Hansa-Lloyd . . . . . | 19/3 | 1 : 5 | 0,490 | 0,961 | 0,523 | 1,026 | — | | 0,510 | 1,0 |
| | Lay . . . . . . . . . | — | — | 0,293 | 1,110 | — | — | 0,310 | 1,280 | 0,264[1] | 1,0[1] |

**Erfassung der Bezugsgeschwindigkeit bzw. des Bezugsstaudruckes.** Eine Reihe von im FKFS durchgeführten Messungen (*365*) ergab, daß bei Ermittlung der Bezugsgeschwindigkeit oder des Staudruckes bei eingebauten festen Platten oder Laufbandeinrichtungen im Unterschied zu bekannten Meßverfahren die im nachstehenden aufgeführten Bedingungen zu beachten sind.

1. Die Feststellung der Luftgeschwindigkeit erfolgt häufig mit dem Prandtlschen Staurohr, dessen Aufbau und Wirkungsweise auf S. 38 beschrieben ist.

Mit Rücksicht auf die Auswirkung des endlichen Freistrahls wird das Meßrohr schräg oben hinter dem Modellkörper angebracht.

Der am Mikromanometer abgelesene Staudruck ist

$$q = \frac{\varrho}{2} \cdot v^2$$

und die Geschwindigkeit

$$v = \sqrt{\frac{2 \cdot q}{\varrho}},$$

dabei ist wiederum

$v$ = Luftgeschwindigkeit (m/s),
$q$ = Staudruck (kg/m²),
$\varrho = \frac{\gamma}{g}$ = Dichte der Luft (kg s² m⁻⁴).

Die Ermittlung der Bezugsgeschwindigkeit aus den Angaben von Staurohren ist jedoch von der gegenseitigen Lage von Staurohr und Widerstandskörper abhängig. Bei Wahl der Modellgröße für einen bestimmten Kanalquerschnitt empfiehlt es sich, das von Wieselsberger angegebene Querschnittsverhältnis zwischen Körperquerschnitt und Strahlquerschnitt mit 0,02 nicht zu überschreiten.

2. Bei Aufhängen eines Modells im freien Strahl kann bei Benützung des Druckunterschiedes zwischen Düsenvorraum und Düsenmündung ($q_{\text{Dü}}$) und durch Einfügen der durch Abtasten des ungestörten Luftstromes festgestellten Ausflußziffer $\alpha$ der Widerstandsbeiwert bis zu einem Querschnittsverhältnis von 0,058 nach der Beziehung

$$c_w = \frac{W}{\alpha \cdot q_{\text{Dü}} \cdot F}$$

ermittelt werden, wobei $\alpha$ das Verhältnis zwischen dem mittleren Druck im Freistrahl und dem Druck an der Düsenmündung ist.

3. Bei Benützung des Druckabfalles $q_i$ zwischen Düsenvorraum und Freistrahl bzw. Freistrahlraum als Wirkdruck gilt die von Prandtl angegebene Meßart, bei der der Bezugsstaudruck

[1] $^1/_3$ Absaugung der Grenzschicht.

aus der Bernoullischen Gleichung unter Benützung des Kontinuitätsgesetzes ermittelt wird, wobei vorausgesetzt wird, daß der Druck im Freistrahl der gleiche ist wie der Druck in der daneben befindlichen Luft.

Der Widerstandsbeiwert errechnet sich nach

$$c_w = \frac{W}{\alpha_p \cdot q_i \cdot F},$$

wobei

$$\alpha_p = \frac{1}{1 - \left(\frac{F_v}{F_d}\right)^2}$$

ist.

$F_v$ ist dabei der Querschnitt des Düsenvorraumes,
$F_d$ der Querschnitt der Düsenmündung.

Auch hier bleiben die Widerstandsbeiwerte bis zum Querschnittsverhältnis 0,058 praktisch gleich.

Sind zur Geschwindigkeitsregelung des Freistrahls Schlitze im Düsenvorraum vorgesehen, so ist nach Seewald der in diesem Raum gemessene Druck (s. a. unter 2, 3 und 5) kein zuverlässiges Maß mehr für die im Freistrahl herrschende Geschwindigkeit. In solchen Fällen wird deshalb der unterschiedliche Betrag aus dem mittels Staurohr in der Drüsenvorkammer aufgenommenen Gesamtdruck und dem statischen Druck im Freistrahl bzw. Freistrahlraum als Wirkdruck gewählt, da der Gesamtdruck zeitlich und örtlich nur unwesentliche Schwankungen aufweist. Die Ausflußziffer $\alpha$ wird durch Abtasten des ungestörten Luftstroms festgestellt. Sind $p_v$ und $q_v$ der statische bzw. Geschwindigkeitsdruck in der Düsenvorkammer, $p_{str}$ und $q_{str}$ die entsprechenden Werte im Freistrahl, dann gilt gemäß der Bernoullischen Gleichung

$$p_v + q_v = p_{str} + q_{str}\,.$$

Wird $p_v + q_v = p_{ges}$ als Gesamtdruck in der Düsenvorkammer gesetzt, so ergibt sich für den Geschwindigkeitsdruck des Strahls

$$q_{str} = p_{ges} - p_{str}\,.$$

Damit errechnet sich der Widerstandsbeiwert zu:

$$c_w = \frac{W}{\alpha \cdot q_{str} \cdot F}\,.$$

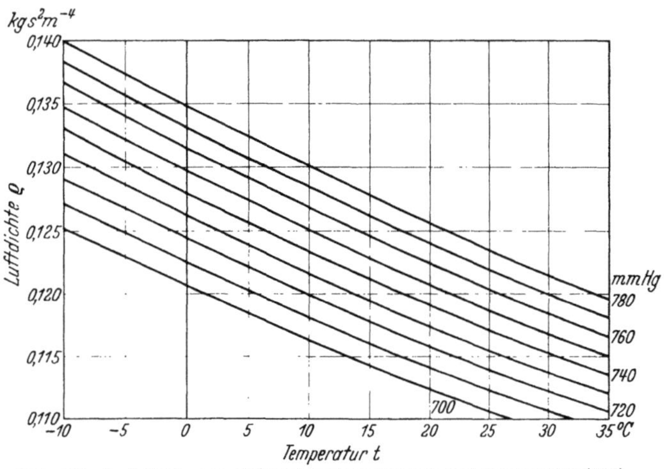


Abb. 479. Luftdichte $\varrho$ in Abhängigkeit von Druck und Temperatur (*401*).

4. Wird der Strahl bei rundem Querschnitt durch eine ebene Fläche oder eine Laufbandeinrichtung in zwei Teile geteilt, so ist der Wirkdruck als Unterschied zwischen dem Druck im Düsenvorraum und in der Düsenmündung ($q_{Dü_0}$) an der oberen Hälfte der Düse zu entnehmen. Die zugehörige Ausflußziffer $\alpha'$ wird wiederum durch Abtasten des wirksamen Strahlquerschnittes in dessen oberer Hälfte ermittelt. Demnach ergibt sich der Widerstandsbeiwert aus

$$c_w = \frac{W}{\alpha' \cdot q_{Dü_0} \cdot F}\,.$$

Auch hier liegt die Grenze für das zulässige Querschnittsverhältnis bei 0,058.

5. Die Messung des Bezugsstaudruckes kann bei eingesetzter Platte oder Laufbandeinrichtung nach dem von Prandtl für den freien Strahl angegebenen Verfahren nicht erfolgen, da hier die Voraussetzung, daß der Druck im Luftstrahl der gleiche ist wie der Druck in der daneben befindlichen ruhenden Luft, nicht mehr zutrifft, was teilweise auf die einseitige Begrenzung des Strahles und teilweise auf die störende Wirkung der die Straße nachahmenden Einrichtung zurückzuführen ist. Soll der Druckabfall $q_i$ bezw. $q_{str}$ dennoch als Wirkdruck benützt werden, so ist die zugehörige Ausflußzahl $\alpha$ durch Abtasten des wirksamen Strahlquerschnittes in dessen oberer Hälfte festzustellen.

**Berücksichtigung des Luftzustandes.** Bei der Auswertung der Messungen ist die Abhängigkeit der Luftdichte und kinematischen Zähigkeit von Luftdruck und -temperatur zu beachten.

Die Dichte $\varrho$ ist nach der Näherungsgleichung $\varrho \simeq 0{,}00473\; B/T$ für den Barometerstand $B$ mm QS und die Lufttemperatur $T = 273 + t^0C$ ermittelbar.

Abb. 479 zeigt die Dichte $\varrho$ für mittelfeuchte Luft abhängig von Druck und Temperatur.

Entsprechend den zwischen Winter und Sommer liegenden Druck- und Temperaturunterschieden können sich $\varrho$ und damit die Luftwiderstandswerte um 10—20 vH ändern. Die Berücksichtigung der Luftdichte ist demnach notwendig.

Der Einfluß der Luftfeuchtigkeit ist im allgemeinen vernachlässigbar.

## III. Sichtbarmachung der Strömung.

Einen wesentlichen Beitrag zur Erforschung von Luftwiderstandsursachen liefert die Sichtbarmachung der Umströmung der Modellkörper im Windkanal oder auf der Straße.

Abb. 480. Strömungsuntersuchung mittels aufgeklebter Wollfäden.

**Abtasten mittels Fäden.** Das einfachste Mittel zur Sichtbarmachung der Strömung und zur Feststellung der Abreißstellen besteht im Absuchen mittels Seiden- oder Wollfäden. Hierbei wird für den ersten Überblick das Modell mittels einer Bandsonde, an der der Faden befestigt ist, abgetastet. An besonders aufschlußreichen Stellen werden dann auf die Körperoberfläche Fäden geklebt, die sich nach der Strömungsrichtung einstellen. Es empfiehlt sich, die Fadenlänge nicht über 2—3 cm zu steigern. Abb. 480 zeigt ein Modell mit aufgeklebten Wollfäden, die die Richtung der Strömung durch Einstellung und die Abreißstellen am Modellkörper durch Flattern erkennen lassen.

**Rauchgasbildung.** Eine weitere Möglichkeit der Sichtbarmachung besteht in der Einführung von Rauch in den Luftstrom mit Spalt- oder Rechendüsen unter Verwendung eines Rauchgasentwicklers, in dem eine Mischung von Zinkstaub, Kieselgur und Tetrachlorkohlenstoff verbrannt wird. Abb. 481 zeigt das Anströmen eines Modelles bei Verwendung von Rauchfahnen. Für besondere Messungen wurde durch eine Reihe von Forschern (*160, 161*) versucht, die Strömung sichtbar zu machen, wobei allerdings auf die Sichtbarmachung von räumlicher Strömung verzichtet wurde.

Abb. 481. Anströmen eines Modells mittels Rauchfahnen.

**Wasserströmkanal.** Eine einfache Art der Sichtbarmachung der Strömung ist die unter Verwendung des Wasserströmkanals. Hierbei gibt es zwei Möglichkeiten. Bei der ersten wird das Modell durch ein offenes Gerinne geschleppt, in dem das Wasser stillsteht. Über dem Gerinne ist ein Schleppwagen in Gleisen fahrbar angeordnet, der das Modell trägt und von dem aus die Beobachtung erfolgt. Der Aufbau benötigt wegen der notwendigen Länge der Schlepprinne umfangreiche Anlagen und ist nicht für alle Untersuchungsstellen erschwinglich.

Die zweite, einfachere Möglichkeit besteht darin, das Modell und den Beobachter nicht zu bewegen und das Wasser gegen das Modell anströmen zu lassen. Die Geschwindigkeit ist auf 23—24 cm/s begrenzt, da beim Überschreiten dieser Grenze Wellenbildung eintritt, die die Strömung stört. Die erreichbaren Reynoldsschen Zahlen liegen niedrig.

Abb. 482 zeigt einen solchen Wasserströmkanal. Die Strömung wird durch zwei Wasserschrauben erzeugt. Das Wasser wird durch die Meßstrecke geführt, nach links und rechts

Abb. 482. Wasserströmkanal, Erregung der Strömung durch zwei Wasserschrauben. An der oberen Kanalwand Fahrbahnnachahmung.

Abb. 483. Wasserströmkanal, Aufbau der Versuchseinrichtung.

Abb. 484. Modell über bewegter Fahrbahn im Wasserströmkanal.

umgelenkt, von den Schrauben in Bewegungsrichtung beschleunigt und dann weiter in die Rückführungskanäle umgelenkt.

Aus Abb. 483 ist der betriebsfertige Aufbau der Einrichtung zu ersehen. Das Modell ist in diesem Falle in der Mitte der Meßstrecke bis in Höhe seiner Längsmittelebene in das Wasser eingetaucht.

Abb. 485. Modell mit Druckmeßstellen in der Meridianebene.

Zur Nachahmung der Strömungsverhältnisse an der Wagenunterseite ist an einer Seitenwand des Kanals ein laufendes Band eingebaut (s. Abb. 482 und 483), das über ein Vorgelege durch einen Elektromotor angetrieben wird.

**Die zweidimensionale Strömung.** Zur Sichtbarmachung der ebenen Strömung dient meistens auf das Wasser aufgestreutes Aluminiumpulver. Seltener wird eine wässerige Lösung von Eisenglimmer verwendet.

Die Strömung um einen Modellkörper ist aus Abb. 484 ersichtlich. Als Vergleichsmaß für die Strömungsgeschwindigkeit kann die Länge der einzelnen sichtbaren Stromfäden genommen werden. Innerhalb der Belichtungszeit legen die Aluminiumteilchen je nach Geschwindigkeit eine bestimmte Wegstrecke zurück, die sich durch die Strichlänge kennzeichnet. An Stellen mit langen Strichen ist die Geschwindigkeit hoch, an Stellen kurzer Striche ist sie niedrig.

Ähnlich wie es sich bei der Oberflächendruckmessung ergibt, staut sich die Strömung am nichtdurchlässigen Kühler auf, um mit erhöhter Geschwindigkeit die obere und untere Kante des Kühlers zu umströmen. Auf der Motorhaube reißt die Strömung infolge Umkehrens der Grenzschicht ab und bildet bis zur Windschutzscheibe ein Aufstau- und Wirbelgebiet. An der oberen Kante der Windschutzscheibe, beim Übergang zum Wagendach liegt erhöhte Geschwindigkeit vor.

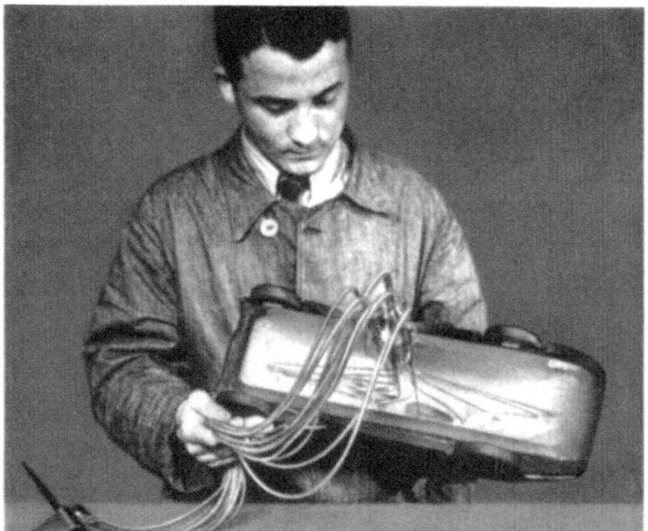

Abb. 486. Modell mit Druckmeßstellen, Ansicht von unten.

An der Rückwand des Körpers reißt die Strömung oben und unten ab und führt zur Bildung der Wirbelschleppe, bei der die an der oberen und unteren Abreißkante gebildeten Wirbel sich wechselseitig ablösen.

Die sichtbar gemachte ebene Strömung kann jedoch im wesentlichen nur für die Beobachtung in der Mittelebene des Modellkörpers benützt werden, doch läßt sich die Strömung recht gut veranschaulichen.

**Dreidimensionale Strömung.** Die Sichtbarmachung der räumlichen Strömung geschieht im Windkanal meistens unter Verwendung von Spalt- oder Rechendüsen. Hierbei ist erforderlich, daß die Austrittsgeschwindigkeit aus der Düse gleich der Strömungsgeschwindigkeit ist.

Im Wasserkanal werden Farbstoffe gewählt, die annähernd gleiches spezifisches Gewicht haben wie das Wasser. Gut bewährt hat sich Anilinfarbe, Dunkelkammerfilterrot, Magermilch. Auch liefert das Anstreichen des Modelles mit kondensierter Milch gute Sichtbarkeit der räumlichen Strömung. Die lichtbildmäßige Aufnahme einer solchen Strömung ist aber schwierig. Sie erfordert besondere Sorgfalt und gut eingearbeitete Kräfte.

**Druckmessungen an der Oberfläche der Modelle.** Einen weiteren Einblick in die Strömungsverhältnisse ergeben Druckmessungen an der Modelloberfläche. Dazu wird die Oberfläche mit Anbohrungen versehen, die über dünne Kupferrohrleitungen einen Anschluß nach außen ermöglichen. Abbildung 485 zeigt ein Modell mit Druckmeßstellen in der Hauptlängsebene, wobei die Röhrchen nach oben abgeführt sind. Zur Vermeidung von Störungen des Luftstromes ist eine Verkleidung der Rohre vorgesehen. In Abb. 486 ist das Modell mit geöffnetem Boden gezeigt. Für Messungen an der Unterseite des Modells werden die Meßröhrchen, wie in Abb. 485, nach oben abgeführt, für Messungen an der Oberseite dagegen nach unten. Bei den beiden Meßreihen müssen sich die Meßpunkte vorn und hinten überschneiden, die Meßergebnisse an diesen Stellen müssen sich decken. Abb. 487 zeigt die Aufhängung eines Modells für Druckmessungen im Windkanal mit fester Platte als Fahrbahn.

Abb. 487. Druckmessung an einem Modell im Windkanal über fester Platte.

In Abb. 488 ist das Druckanzeigebrett dargestellt. In den einzelnen U-Röhren wirkt am linken Schenkel der Druck an der Meßstelle des Modells, im rechten Schenkel der statische Druck der ungestörten Strömung.

In Abb. 489 ist das Ergebnis einer Druckverteilungsmessung in der Hauptlängsebene des Modells dargestellt. Die Fahrbahn war in diesem Fall durch eine feste Platte gebildet. Die Windgeschwindigkeit betrug 50 m/s. Der gegenüber dem Druck im Freistrahlraum sich ergebende Über- oder Unterdruck wurde in Richtung der Normalen zur Modelloberfläche aufgetragen, und zwar Überdruck nach innen, Unterdruck nach außen. Entsprechend der Druckumsetzung herrscht an Stellen mit Überdruck niedrige Geschwindigkeit, zum Teil bis zur Geschwindigkeit Null. An Stellen mit Unterdruck ist höhere Geschwindigkeit gegenüber der mittleren Blasgeschwindigkeit zu erwarten. An Stellen, an denen die Drucklinie die Oberfläche schneidet, ist die Strömungsgeschwindigkeit etwa gleich der mittleren Blasgeschwindigkeit.

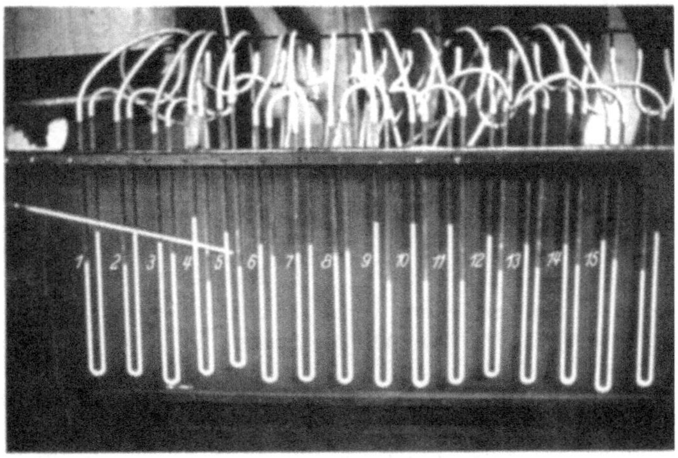

Abb. 488. Druckanzeigebrett.

Bei Meßpunkt *2* z. B. ist die Geschwindigkeit annähernd Null, zwischen *4* und *5* hat sie die Blasgeschwindigkeit erreicht, bei der Umströmung der Kühlerkante *5*—*6* herrscht eine starke Erhöhung der Geschwindigkeit bei *7* wird wieder Blasgeschwindigkeit erreicht, anschließend folgt durch die Wirkung der Windschutzscheibe bei *8*, *9*, *10* ein Aufstau und damit eine Geschwindigkeitserniedrigung. Entsprechend der

Druckverteilung wird die Strömung über die Motorhaube *9*, *8*, *7* nach vorne wandern und bei *7* zum Abreißen neigen. Zwischen *10*, *11* und *12* zeigt sich wieder Geschwindigkeitszunahme mit Wiederanliegen der Strömung.

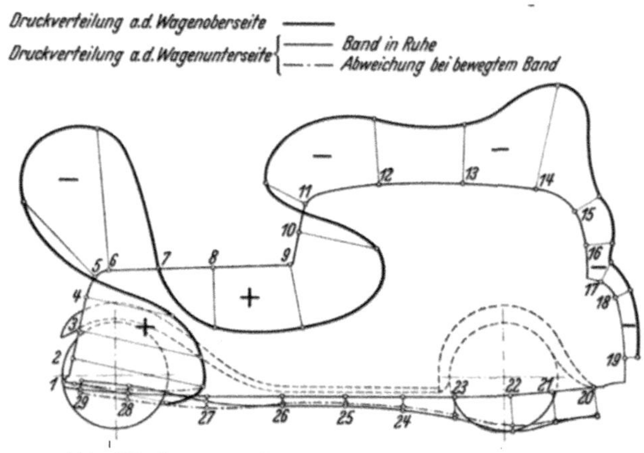


Abb. 489. Druckverteilungsmessungen BMW. Kleine Limusine, Fahrbahn durch laufendes Band dargestellt.

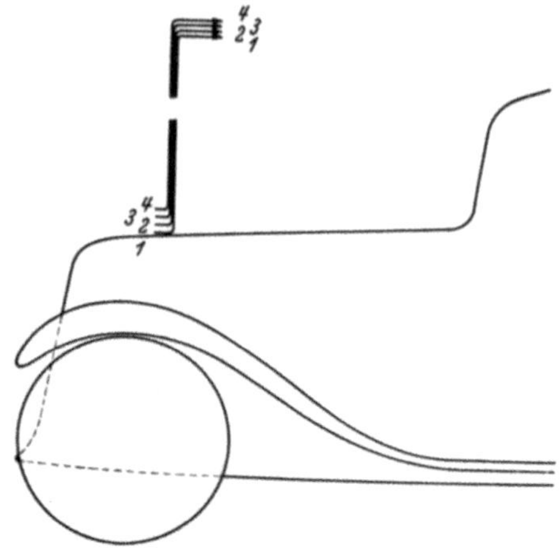

Abb. 490. Messung des Druckes in der Grenzschicht mittels Pitotrohrrechen.

**Aufnahme der Grenzschicht.** Zur Ermittlung der Geschwindigkeitsverteilung in der Nähe der Körperoberfläche dienen im allgemeinen Staurohre mit besonders kleinem Durchmesser, etwa 0,5 mm Außendurchmesser und 0,3 mm Innendurchmesser. Durch rechenartige Anordnung mehrerer solcher Staurohre kann die Grenzschichtgeschwindigkeit an einzelnen, besonders wichtigen Punkten aufgenommen werden (Abb. 490). An Stelle der Staurohre werden häufig auch Hitzdrahtsonden verwendet. Die Sonde wird mit ihren Anschlußklemmen an den Zweig einer Wheatstoneschen Brücke gelegt. Durch den im Brückenzweig fließenden Strom wird der Hitzdraht erwärmt und beim Anblasen durch den Luftstrom abgekühlt. Die Abkühlung bringt eine Änderung des Ohmschen Widerstandes im Brückenzweig und kann mit dem Galvanometer gemessen werden. Sie ist ein Maß für die Luftgeschwindigkeit. Abb. 491 zeigt ene an einem Strömungskörper angebrachte Hitzdrahtsonde.

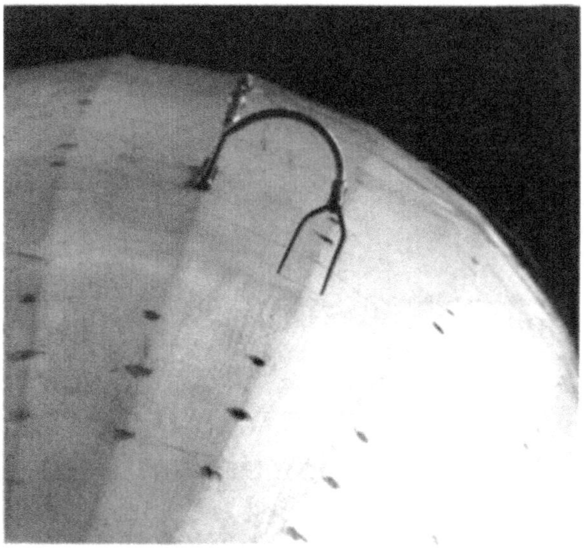

Abb. 491. Hitzdrahtsonde (*1*).

## C. Ermittlung des Steigungs- und Beschleunigungsvermögens aus der verfügbaren Leistung und der Fahrwiderstandsleistung (*274*).

### I. Rechnungsverfahren.

Bei Gegenüberstellung von Fahrwiderstandsleistung und verfügbarer Leistung ist es, wie auf S. 174 u. 191 erwähnt, notwendig, den Meßmöglichkeiten des verwendeten Prüfstandes Rechnung zu tragen.

a) Treibachsbremsstand. Bei Prüfständen, die eine Ermittlung der Nabenleistung ($N_1$) ermöglichen, setzt sich der dieser Leistung entgegenstehende Leistungsbedarf aus der Summe der äußeren Triebwerksverluste und der bei unbeschleunigter Fahrt in der Ebene erforderlichen Schubleistung zusammen (s. auch Sankey-Schaubild, Abb. 417). Die sich als unterschiedlicher Betrag ergebende Leistung steht zur Beschleunigung oder zum Bergsteigen zur Verfügung.

Der Leistungsbedarf $N_1$ ist die Summe von $N_v$, $N_r$, $N_{Schl}$, $N_L$, $N_{St}$, $N_b$. Dabei ist $N_v$ die Lüfterwiderstandsleistung der Räder, $N_r$ deren Roll- und Walkreibleistung, $N_{Schl}$ die Schlupfverlustleistung der Treibräder, $N_L$ die Luftwiderstandsleistung, $N_{St}$ die Steigungsleistung und $N_b$ die des Trägheitswiderstandes. Dieser Leistungsbedarf ist von der Nabenleistung $N_1$ aufzubringen.

Für genaue Feststellung dieses Leistungsbedarfs ist die Durchführung von Auslaufversuchen nach S. 198 zusammen mit Fahrversuchen zur Bestimmung des Schlupfverlustes am zweckmäßigsten.

Setzt man für $N_v + N_r + N_{Schl} + N_L = N_Z$ = Zugleistung oder Schleppleistung, so ergibt sich $N_1 = N_Z + N_{St} + N_b$. Die Einzelwerte von $N_Z$ sind nach den früher beschriebenen Verfahren ermittelbar. Der zur Überwindung einer Steigung notwendige Leistungsbedarf ergibt sich aus

$$N_{St} = G \cdot \sin\alpha \frac{V}{3{,}6} \cdot \frac{1}{75} \text{ PS}.$$

Dabei ist

$G$ = das Gewicht des fahrfertigen Wagens, kg,
$\alpha$ = der Neigungswinkel der Fahrbahn,
$V$ = die Fahrgeschwindigkeit, km/h.

Die zum Beschleunigen notwendige Leistung $N_b$ setzt sich aus der Leistung zum Beschleunigen des Fahrzeugs längs der Fahrbahn mit der Beschleunigung $b = \frac{dv}{dt}$ (m/s²) und der Leistung zum Beschleunigen der Drehbewegung der umlaufenden Teile des Fahrzeugs zusammen.

Die Beschleunigung längs der Fahrbahn ist:

$$N_{b1} = \frac{G}{g} \cdot \frac{dv}{dt} \cdot \frac{V}{3{,}6} \cdot \frac{1}{75} \text{ PS}.$$

Die Leistung zum Beschleunigen der umlaufenden Massen ergibt sich aus

$$N_{b2} = \frac{1}{75}\left(J_1 \frac{d\omega_1}{dt} \cdot \omega_1 + J_2 \frac{d\omega_2}{dt} \cdot \omega_2 + \cdots\right) \text{ PS},$$

hierin sind

$J_1, J_2$ Trägheitsmomente der umlaufenden Massen (kgm s²),
$\omega_1, \omega_2$ ihre Winkelgeschwindigkeiten;

mit

$$\omega_1 = \omega \cdot \lambda_1, \quad \omega_2 = \omega \cdot \lambda_2$$

($\lambda_1, \lambda_2$ sind die Übersetzungsverhältnisse zwischen den einzelnen Massen und dem Treibrad, $\omega$ die Winkelgeschwindigkeit des Treibrades) wird

$$N_{b2} = \frac{d\omega}{dt} \cdot \frac{\omega}{75} (J_1 \cdot \lambda_1^2 + J_2 \cdot \lambda_2^2 + J_3 \cdot \lambda_3^2 + \cdots) \text{ PS}.$$

Setzt man

$$\omega = \frac{v}{r},$$

wo $r$ der wirksame Radhalbmesser ($m$) ist, so wird

$$N_{b2} = \frac{dv}{dt} \cdot \frac{1}{r^2} \cdot \frac{V}{3{,}6} \cdot \frac{1}{75} \sum J \lambda^2 \text{ PS}.$$

Damit wird die zum Beschleunigen insgesamt notwendige Leistung

$$N_b = \frac{dv}{dt} \cdot \frac{V}{3{,}6} \cdot \frac{1}{75} \cdot \left(\frac{G}{g} + \frac{1}{r^2} \sum J \lambda^2\right) \text{ PS}.$$

Setzt man für $\frac{G}{g} = m$, für $\frac{1}{r^2} \sum J \lambda^2 = m_{red}$ und für

$m + m_{red} = M$ als Gesamtmasse,

so ergibt sich

$$N_b = \frac{dv}{dt} \cdot \frac{V}{3{,}6} \cdot \frac{1}{75} \cdot M.$$

Damit ist die Nabenleistung

$$N_1 = N_Z + N_{St} + \frac{dv}{dt} \cdot \frac{V}{3{,}6} \cdot \frac{1}{75} \cdot M.$$

Aus dieser Gleichung folgt die Beschleunigung in Abhängigkeit von der Geschwindigkeit

$$\frac{dv}{dt} = \frac{3{,}6 \cdot 75}{M \cdot V} \cdot (N_1 - N_Z - N_{St}),$$

$$\frac{dv}{dt} = \frac{3{,}6 \cdot 75}{M \cdot V} \cdot \left(N_1 - N_Z - \frac{G \cdot \sin\alpha \cdot V}{3{,}6 \cdot 75}\right),$$

$$\frac{dv}{dt} = \frac{3{,}6 \cdot 75}{M \cdot V} (N_1 - N_Z) - \frac{G \cdot \sin\alpha}{M} \quad \text{m/s}^2.$$

Zahlen-

| | | | Fahrzeuggewichte $G$ und wirksame Gesamtmassen $M = G/g + 1/r^2 \Sigma J \lambda^2$ | | | | | | | |
|---|---|---|---|---|---|---|---|---|---|---|
| Fahrzeug | | | DKW | BMW | Brenn. | Opel | Stoewer | Hansa | Wanderer | Opel |
| Hubraum-Liter | | | 0,58 | 0,74 | 1,0 | 1,18 | 1,09 | 1,10 | 1,56 | 1,78 |
| Belastung leer | Gewicht kg . . . . . | | 570 | 560 | 750 | 790 | 810 | 850 | 1260 | 940 |
| | reduzierte Massen kg $s^2$ $m^{-1}$ | Gg. I | 135,6 | 89,3 | 161,0 | 190,9 | 306,4 | 505,1 | 254,9 | 218,8 |
| | | Gg. II | 80,27 | 68,99 | 101,2 | 114,1 | 135,6 | 178,8 | 167,5 | 133,4 |
| | | Gg. III | 68,50 | 62,09 | 85,65 | 95,04 | 100,9 | 116,6 | 143,3 | 112,2 |
| | | Gg. IV | | | | | | | | |
| Halblast | Gewicht kg . . . . . | | 630 | 620 | 870 | 910 | 930 | 970 | 1380 | 1060 |
| | reduzierte Massen kg $s^2$ $m^{-1}$ | Gg. I . | 141,7 | 95,43 | 173,3 | 203,1 | 318,6 | 517,3 | 267,1 | 231,0 |
| | | Gg. II | 86,39 | 75,11 | 113,4 | 126,3 | 147,8 | 191,1 | 179,7 | 145,6 |
| | | Gg. III | 74,62 | 68,21 | 97,88 | 107,3 | 113,1 | 128,8 | 155,5 | 124,4 |
| | | Gg. IV | | | | | | | | |
| Vollast | Gewicht kg . . . . . | | 690 | 680 | 990 | 1030 | 1050 | 1090 | 1500 | 1180 |
| | reduzierte Massen kg $s^2$ $m^{-1}$ | Gg. I | 147,9 | 101,5 | 185,5 | 215,4 | 330,8 | 529,6 | 279,4 | 243,3 |
| | | Gg. II | 92,51 | 81,23 | 125,7 | 138,6 | 160,1 | 203,3 | 191,9 | 157,9 |
| | | Gg. III | 80,74 | 74,33 | 110,1 | 119,5 | 125,4 | 141,1 | 167,7 | 136,6 |
| | | Gg. IV | | | | | | | | |
| | | | PKW | | | | | | | |

Bei Fahrt in der Ebene hat das letzte Glied den Betrag Null. Beim Befahren von Steigungen stellt es einen von der Geschwindigkeit unabhängigen Abzug von der zur Verfügung stehenden Beschleunigung dar.

Dabei ist zu beachten, daß die Gesamtmasse

$$\left(M = \frac{G}{g} + \frac{1}{r^2} \sum J \lambda^2\right)$$

mit der Benützung verschiedener Gänge sich entsprechend dem Übersetzungsverhältnis ändert. Der Gesamtbetrag aus Beschleunigungs- und Steigfähigkeit

$$\frac{\mathrm{d}v}{\mathrm{d}t} + \frac{G \cdot \sin \alpha}{M} = \frac{3{,}6 \cdot 75}{M \cdot V} \cdot (N_1 - N_Z)$$

wird also z. B. bei größer werdendem Steigungswinkel $\alpha$ entsprechend dem Anwachsen von $M$ kleiner.

In der Zahlentafel 10 sind die Fahrgewichte einiger Wagen bei verschiedenen Belastungen und die reduzierten Massen für die verschiedenen Getriebegänge zusammengestellt. Die Werte sind Durchschnittszahlen aus der Auswertung der Standard-30-Tagefahrt 1931 und können auf ähnliche Fahrzeugmuster übertragen werden.

Für besondere Fälle ist es zweckmäßig, Verhältniszahlen $\varphi$ zwischen den reduzierten Massen und den Wagenmassen, wie sie in Zahlentafel 11 für einige Beispiele zusammengestellt sind, zu benützen. Der Mittelwert $\varphi = M/m$ für Personenwagen bei Belastung mit 2—4 Personen beträgt 1,15, für Lastkraftwagen 1,18.

b) Lauftrommel-Prüfstand. Die meisten Kraftwagenprüfstände besitzen ein Lauftrommelpaar mit angekuppelten Bremsen zur Bestimmung der Trommelleistung $N_4$ bei aufgestelltem Fahrzeug. Dieser Trommelleistung steht die Schubleistung $N_{Sch}$ (Abb. 417) als Summe der Leistungen aus Roll-, Walk- und Lüfterwiderstand $N_r$ der nicht treibenden Laufräder und die tafel 10.

beim Beschleunigen der Fahrzeuge (kg s² m⁻¹).

| Adler | Mercedes | Ford | Mercedes | Adler | Ford | Opel | Mercedes | Hansa | Büssing | MAN | Büssing |
|---|---|---|---|---|---|---|---|---|---|---|---|
| 1,93 | 1,97 | 2,03 | 1,69 | — | 3,26 | 3,42 | 4,16 | 4,88 | 3,98 | 7,42 | 9,35 |
| 1340 | 1349 | 1130 | 1080 | 1340 | 1900 | 1940 | 4010 | 2440 | 2890 | 7100 | 5840 |
| 438,8 | 409,1 | 234,5 | 318,9<br>301,1 | 438,8 | 734,2 | 762,6 | 957,6 | 550,4 | 101,5 | 394,3 | 326,0 |
| 263,1 | 203,0 | 159,8 | 169,2<br>164,2 | 263,2 | 318,5 | 382,6 | 610,0 | 379,3 | 596,9 | 1575 | 1214 |
| 180,6 | 161,8 | 132,1 | 133,8<br>131,0 | 180,6 | 246,6 | 272,7 | 479,7 | 315,7 | 428,8 | 1100 | 887,1 |
| 159,8 | 152,7 | | 124,2<br>123,0 | 159,8 | 222,4 | 232,8 | 449,1 | 285,4 | 358,0 | 871,7 | 708,1 |
| 1460 | 1469 | 1250 | 1200 | 1460 | 2650 | 2940 | 5000 | 3850 | 4400 | 9220 | 8500 |
| 451,1 | 421,3 | 246,8 | 331,1<br>313,3 | 451,1 | 810,6 | 864,5 | 1058 | 694,2 | 1169 | 415,9 | 353,1 |
| 275,4 | 215,2 | 172,1 | 181,4<br>176,4 | 275,4 | 394,9 | 484,5 | 710,9 | 523,0 | 750,8 | 179,1 | 148,5 |
| 192,8 | 174,0 | 144,3 | 145,2<br>143,3 | 192,8 | 323,0 | 374,6 | 580,5 | 459,4 | 582,7 | 131,6 | 115,8 |
| 172,0 | 164,9 | | 136,4<br>135,2 | 172,0 | 298,8 | 334,7 | 550,0 | 429,2 | 511,9 | 108,7 | 979,3 |
| 1580 | 1589 | 1370 | 1320 | 1580 | 3400 | 3940 | 5700 | 5100 | 5700 | 11120 | 11000 |
| 463,3 | 433,5 | 259,0 | 343,3<br>325,6 | 463,3 | 887,1 | 946,4 | 112,9 | 821,6 | 130,2 | 4353 | 3786 |
| 287,7 | 227,5 | 184,3 | 193,7<br>188,6 | 287,7 | 471,4 | 586,5 | 782,3 | 650,4 | 883,4 | 1985 | 1740 |
| 205,1 | 186,3 | 156,6 | 157,5<br>155,8 | 205,1 | 399,5 | 476,5 | 651,9 | 586,8 | 715,2 | 1510 | 1413 |
| 184,3 | 177,2 | | 148,7<br>147,5 | 184,3 | 375,3 | 436,7 | 621,8 | 556,6 | 644,5 | 1281 | 1234 |

LKW

Zahlentafel 11.

$$\varphi = \frac{M}{m} = \frac{\text{Gesamtmasse}}{\text{Wagenmasse}}$$

$M$ = Gesamtmasse = $m + m_{\text{red}}$ (kg s² m⁻¹) $m$ = Wagenmasse = $G/g$ (kg s² m⁻¹) $m_{\text{red}}$ = red. umlaufende Massen (Räder und Triebwerksteile) = $1/r^2 \cdot \Sigma J \cdot \lambda^2$ (kg s² m⁻¹) im unmittelbaren Gang

| Herstellerwerk | Hubraum<br>Liter | Wagen-gewicht<br>kg | Wagenmasse $m = G/g$<br>kg s² m⁻¹ | red. uml. Massen $m_{\text{red}} = 1/r^2 \cdot \Sigma J \cdot \lambda^2$<br>kg s² m⁻¹ | Gesamtmasse<br>$M = m + m_{\text{red}}$ | Verhältniszahl<br>$\varphi$ |
|---|---|---|---|---|---|---|
| DKW . . . . . . . | 0,584 | 570 | 58,10 | 10,50 | 68,60 | 1,180 |
| BMW . . . . . . . | 0,743 | 560 | 57,08 | 4,73 | 61,81 | 1,083 |
| Brennabor . . . . . | 1,00 | 750 | 76,45 | 8,69 | 85,14 | 1,113 |
| Hanomag . . . . . | 1,10 | 850 | 86,65 | 28,14 | 114,8 | 1,325 |
| Wanderer . . . . . | 1,56 | 1260 | 128,44 | 16,13 | 144,57 | 1,126 |
| Adler . . . . . . . | — | 1340 | 136,6 | 24,49 | 161,09 | 1,179 |
| Büssing (LKW) . . | 9,35 | 5840 | 595,31 | 112,85 | 708,16 | 1,189 |

Leistung aus dem Luftwiderstand gegenüber (Abb. 417). Hinzukommt die Leistung zur Überwindung der Beschleunigung und Steigung. Damit wird die Trommelleistung

$$N_4 = N_{Sch} + N_{St} + \frac{dv}{dt} \cdot \frac{V}{3{,}6} \cdot \frac{1}{75} \cdot M \text{ PS},$$

die Beschleunigung

$$\frac{dv}{dt} = \frac{3{,}6 \cdot 75}{M \cdot V} \cdot (N_4 - N_{Sch}) - \frac{G \cdot \sin\alpha}{M} \quad \text{m/s}^2.$$

Wie früher ausgeführt ist, kann angenommen werden, daß der Leistungsaufwand für Roll- und Walkarbeit auf den Lauftrommeln praktisch gleich dem auf der Straße (Betonbelag) ist.

Die aus dem Überschuß zwischen verfügbarer Leistung und Leistungsbedarf nach vorstehendem Verfahren errechenbare „theoretische Beschleunigungsfähigkeit“ kann mit den auf der Landstraße praktisch erreichten Beschleunigungswerten verglichen werden. Letztere werden mit Fahrtenmeßgeräten aufgenommen, deren Arbeitsweise in Abschnitt 1, D, IV beschrieben ist.

## II. Ergebnisse von Fahrleistungsversuchen.

Die aus Prüfstandsmessungen und Straßenfahrversuchen ermittelten theoretischen und praktischen Beschleunigungen werden über den Fahrgeschwindigkeiten aufgetragen. Der Verlauf dieser Schaulinien liefert einen Einblick in die vom Fahrzeug zu erwartenden Fahrleistungen und seine Geschwindigkeitsverhältnisse.

Abb. 492 zeigt mit der ausgezogenen Linie den Verlauf der aufgenommenen Beschleunigungsfähigkeit eines mittleren Wagens im unmittelbaren Gang auf ebener Fahrbahn. Die

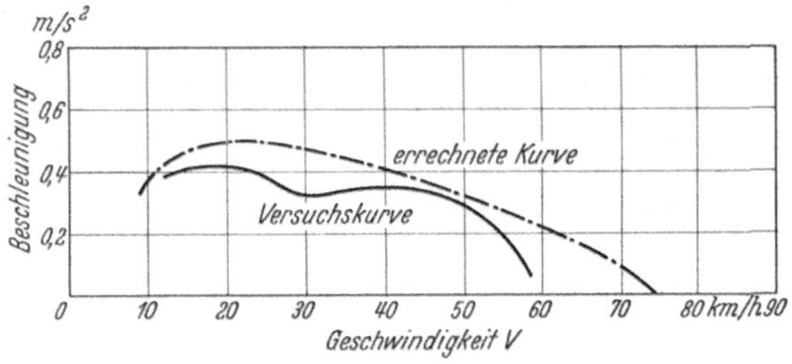


Abb. 492. Gemessene und errechnete Beschleunigungsfähigkeit eines Fahrzeuges.

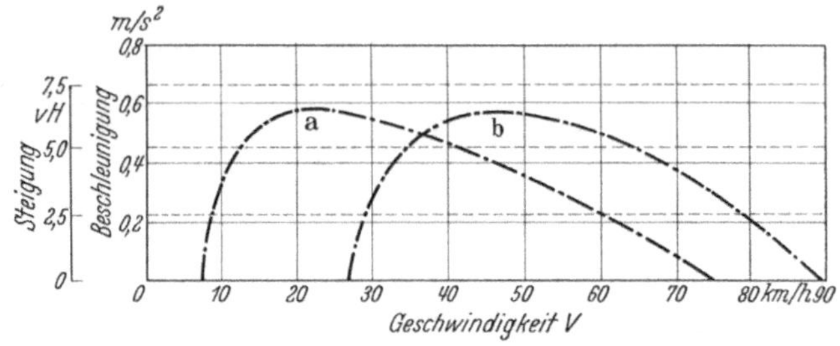


Abb. 493. Schaulinien der Beschleunigungsfähigkeit zweier verschiedener Fahrzeuge.

strichpunktierte Linie gibt den Verlauf der Beschleunigungsfähigkeit an, der sich aus der auf dem Rollprüffeld aufgenommenen Trommelleistung nach dem aus S. 223 aufgeführten Rechnungsgang feststellen läßt. Der Vergleich zeigt, daß die tatsächlich erreichte Beschleunigung unter der theoretischen Beschleunigung liegt. Dies ist auf das „Nachhinken“ der Leistung des Motors im Beschleunigungszustand gegenüber dem in der Drehzahl gleichbleibenden Zustand bei Prüfstandsbetrieb zurückzuführen.

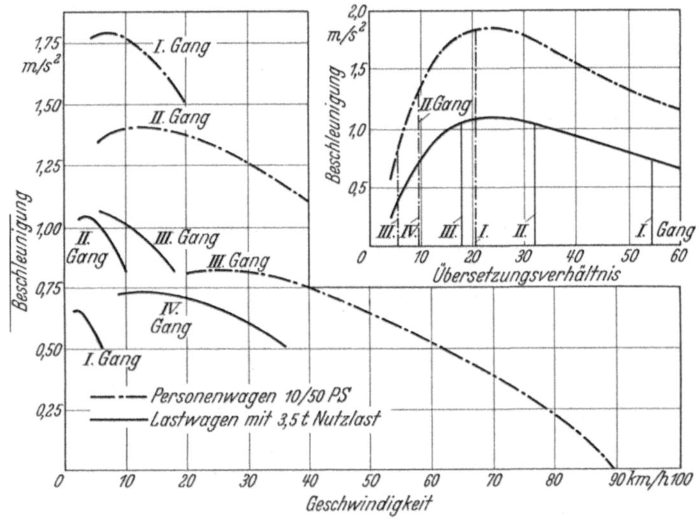


Abb. 494. Abhängigkeit der Beschleunigung vom jeweiligen Übersetzungsverhältnis (*408*).

Zwischen 25 und 40 km/h hat die ausgezogene Linie eine sattelartige Einbuchtung. Daraus ist zu schließen, daß die Vergaseranlage mangelhaft arbeitete (Vergaserloch). Letzteres tritt häufig dann auf, wenn der Brennstoff in der Beschleunigerpumpe verbraucht ist und die Hauptdüse die Brennstoffversorgung wieder allein übernimmt. Bei höherer Fahrgeschwindigkeit tritt durch die höhere Sauggeschwindigkeit und die damit vergrößerte Brennstoffentnahme aus der Düse ein Ausgleich ein.

Der Vergleich der Beschleunigungsfähigkeiten zweier verschiedener Fahrzeuge nach den aus Abb. 493 ersichtlichen Beschleunigungslinien a und b vermittelt einen Einblick in die erzielbaren mittleren Reisegeschwindigkeiten der Wagen. Der Wagen *A* hat seine höchste Beschleunigung bei einer Fahrgeschwindigkeit von etwa 20 km/h, *B* dagegen bei 45 km/h, d. h. *A* ist dem Wagen *B* im Stadtverkehr überlegen. Für die beim Reisen am meisten benutzten Geschwindigkeiten ist *B* überlegen. Die für eine Musterstrecke errechneten Reisedurchschnittsgeschwindigkeiten der beiden Fahrzeuge betragen 55 km/h für *A* und 65 km/h für *B* (*270*).

Aus dem in der Abbildung eingetragenen Steigungsmaßstab ist die bei bestimmten Steigungen noch verfügbare Beschleunigungsfähigkeit ersichtlich, sowie die oberen und unteren

Geschwindigkeitsgrenzen, die mit dem Wagen bei eingeschaltetem unmittelbarem Gang befahren werden können. Wird die obere Geschwindigkeitsgrenze durch irgendeinen Umstand überschritten, so fällt die Geschwindigkeit des Fahrzeugs bis zum oberen Schnittpunkt der Steigungslinie mit der Beschleunigungslinie zurück.

Wird die untere Geschwindigkeitsgrenze überschritten, so kann sich der Motor nicht mehr erholen und wird abgewürgt, wenn nicht vorher in einen der nächst niederen Gänge umgeschaltet wird.

Wie schon erwähnt, ändert sich der Maßstab der Steigungslinien mit dem jeweils benützten Übersetzungsverhältnis, auch ist die in einem bestimmten Gang erreichte Beschleunigungsfähigkeit vom Anteil der Beschleunigungsleistung abhängig, die die umlaufenden Massen des Fahrzeuges erfordern. Deshalb wachsen, z. B. bei Personenwagen, die erreichbaren Höchstbeschleunigungen mit Verwendung kleinerer Gänge stärker als bei Lastwagen, deren Getriebeübersetzungen in den unteren Gängen höher sind. Stets ist ein Größtwert der Beschleunigungsfähigkeit vorhanden, der nicht in jedem Fall im kleinsten Gang liegt (Abb. 494).

## III. Beschleunigungsprüfstand.

Aus dem Vergleich der „theoretischen" und „praktischen" Beschleunigungsfähigkeit hat sich ergeben (Abb. 492), daß die Leistung des Motors im beschleunigten Zustand gegenüber der unter üblichen Prüfbedingungen bei gleichbleibender Drehzahl aufgenommenen Leistung nachhinkt.

Zur Erfassung der Ursachen des Nachhinkens der Motorleistung ist eine ortsfeste Versuchseinrichtung als Beschleunigungsprüfstand notwendig, auf den die Versuchsbedingungen der Fahrstraße übertragen werden.

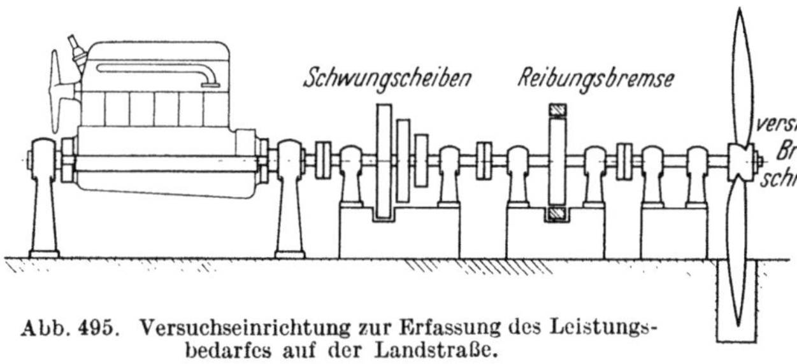

Abb. 495. Versuchseinrichtung zur Erfassung des Leistungsbedarfes auf der Landstraße.

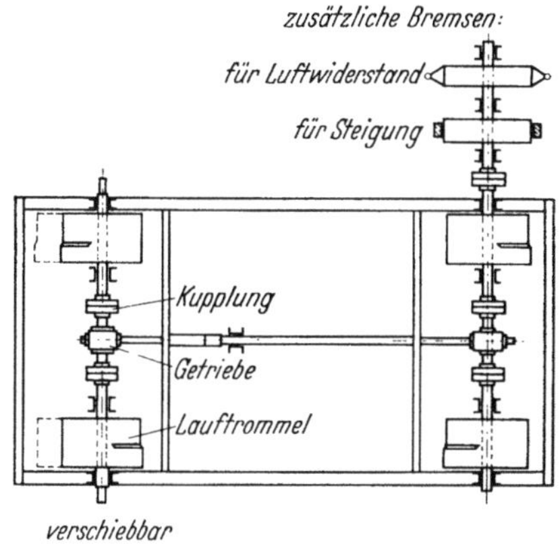

Abb. 496. Beschleunigungskraftwagenprüfstand nach Kluge.

Dazu muß der Leistungsbedarf bei Fahrt auf der Landstraße, der sich aus Reibungsleistung, Luftwiderstandsleistung und Beschleunigungsleistung zusammensetzt, mit den Bremsmitteln nach Abb. 495 nachgebildet werden.

Der rechts angeordnete Windflügel ist verstellbar und kann, da seine Leistungsaufnahme mit der 3. Potenz der Drehzahl steigt, durch Eichen auf den Luftwiderstand eines bestimmten Fahrzeugs eingestellt werden. Die Reibungsbremse dient zur Darstellung der Reibungsleistungen, die Schwungscheiben stellen die längs- und die umlaufbeschleunigten Massen des Fahrzeugs dar. Da die Schwungmassen und die Reibungsbremse auch Lüfterleistung aufnehmen, muß dieser durch Eichung festzustellende Leistungsanteil bei der Einstellung des Windflügels berücksichtigt werden. Ebenso verhält es sich mit der Reibung in den Lagerungen, die bei der Einstellung des Drehmomentes an der Blockbremse zu berücksichtigen ist.

Der Prüfling ist in einem Pendelrahmen gelagert, so daß das beim Beschleunigen auftretende Gegenmoment gemessen wird. Damit der Einfluß des Trägheitsmomentes des Prüflings um die Pendelachse gering bleibt, muß der Drehausschlag klein sein. Deshalb ist es zweckmäßig, das Drehmoment etwa durch eine Kapazitätsmeßdose (s. S. 61) aufzunehmen, da diese bei wachsender Kraft einen nur sehr kleinen Weg hat. Der Verlauf des Drehmomentes und der Drehzahl über der Zeit kann im Schleifenoszillographen (s. S. 82) aufgenommen werden.

Der von Kluge gebaute Beschleunigungskraftwagenprüfstand ist in Abb. 496 gezeigt.

Wesentliche Vorteile des Beschleunigungsprüfstandes liegen in der Möglichkeit einer von den unübersichtlichen Straßen- und Wettereinflüssen freien Untersuchung der Übergangsverhältnisse an Vergaser- und Einspritzanlagen zur Erzielung niederen Brennstoffverbrauches bei ausreichenden Übergangsleistungen.

# D. Fahrleistungsversuche auf der Fahrbahn.

Für die vollständige Beurteilung der Fahrleistungen eines Fahrzeugs sind außer den am Wagen- oder Motorenprüfstand durchgeführten Versuchen Messungen bei Fahrt auf der Straße notwendig. Bei Probefahrten auf Fahrmeßstrecken müssen die im praktischen Fahrbetrieb vorliegenden Bedingungen ausreichend berücksichtigt werden.

Die Meßstrecke soll so ausgesucht werden, daß Zufälligkeiten, die beim Fahren auf der Landstraße auftreten können, möglichst ausgeschaltet bleiben. Sie hat folgende Forderungen zu erfüllen:

Die Fahrstrecke muß eine einwandfreie, gleichmäßige Oberfläche aufweisen.

Die Steigung soll möglichst unter 0,05% bleiben.

Die Länge der Meßstrecke soll nicht kürzer als 1,6 km (1 engl. Meile) sein.

Die Meßstrecke soll gerade und voll übersehbar sein.

Sie soll möglichst windgeschützt liegen.

Die An- und Auslaufstrecke sollte 2 km lang sein.

Fahrbahnen, die diese Bedingungen weitgehend erfüllen, sind als Abschnitte der Reichsautobahnen zu finden, z. B. auf der Strekke Frankfurt—Darmstadt (Abb. 497).

Abb. 497. Reichsautobahn-Versuchsstrecke.

## I. Art der vorzunehmenden Fahrversuche.

Für die Beurteilung der Fahrleistungen sind folgende Versuchsreihen geeignet:

1. Beschleunigung des Fahrzeugs bei eingeschaltetem unmittelbarem Gang von 10 km/h bis zur Höchstgeschwindigkeit bei voll durchgetretenem Gashebel.
2. Beschleunigungsfähigkeit beim Gebrauch der Getriebezwischenstufen bis zu den der zulässigen Motorhöchstdrehzahl entsprechenden Geschwindigkeiten.
3. Beschleunigung aus dem Stillstand beim Durchschalten der Gänge.
4. Feststellung der bei Benutzung des unmittelbaren Gangs ohne Berühren des Kupplungsfußhebels eben noch möglichen Kleinstgeschwindigkeiten.
5. Feststellung der Höchstgeschwindigkeit.
6. Auslaufversuche aus der Höchstgeschwindigkeit bei ausgeschaltetem Getriebe (s. S. 198ff.).
7. Bremsversuche, die zur Feststellung der Fahreigenschaften gehören, werden, da die Geräte für die Aufnahme der Beschleunigung und Verzögerung die gleichen sind, an dieser Stelle aufgeführt. Der Zusammenhang der Bremseigenschaften mit den Reisegeschwindigkeiten rechtfertigt ebenfalls die Behandlung an dieser Stelle. Der Bremsvorgang als solcher ist im späteren Abschnitt 2, A „Bremsung“ behandelt.

## II. Versuchsbedingungen.

Auch bei Straßenversuchen ist die Tagestemperatur, der Luftdruck und die Feuchtigkeit der Luft aufzunehmen, außerdem die Windgeschwindigkeit und -richtung.

Die Fahrstrecke ist in beiden Richtungen unter sonst gleichen Bedingungen zu durchfahren, aus den beiden Messungen sind die Mittelwerte zu bilden.

Die bei den Versuchen gewählte Ausgangsgeschwindigkeit ist über eine Mindeststrecke von 50 m gleichzuhalten.

Bei der Durchführung von Beschleunigungsversuchen muß der Fahrer auf den Befehl „los“ den Gasfußhebel ganz durchtreten. Das gefühlsmäßige langsame Niederdrücken des Gashebels würde eine zu starke Beeinflussung der Beschleunigungsergebnisse durch den Fahrer verursachen. Die Kupplung darf nicht benützt werden. Bei Durchschaltbeschleunigungsversuchen kann, sofern nicht auf Grund des vorher für die einzelnen Gänge aufgenommenen Beschleunigungsverlaufes geschaltet wird, der Zeitpunkt des Umschaltens dem Gefühl des Fahrers überlassen werden.

Bei Feststellung der Kleinstgeschwindigkeit darf die Kupplung nicht benützt werden. Die Stellung der Drosselklappe ist dem Fahrer überlassen.

Bei Durchführung von Bremsversuchen hat der Fahrer danach zu trachten, einen möglichst kurzen Bremsweg zu erzielen, ohne die Sicherheit des Fahrzeuges zu gefährden.

## III. Gesichtspunkte, die bei der Feststellung der mittleren Geschwindigkeitsänderung zu beachten sind.

Bei Beschleunigungs- oder Bremsversuchen wird bis heute im allgemeinen nur die Geschwindigkeit $v_0$ bei Beginn des Versuches sowie der zugehörige Weg $s_0$ gemessen. Bei den

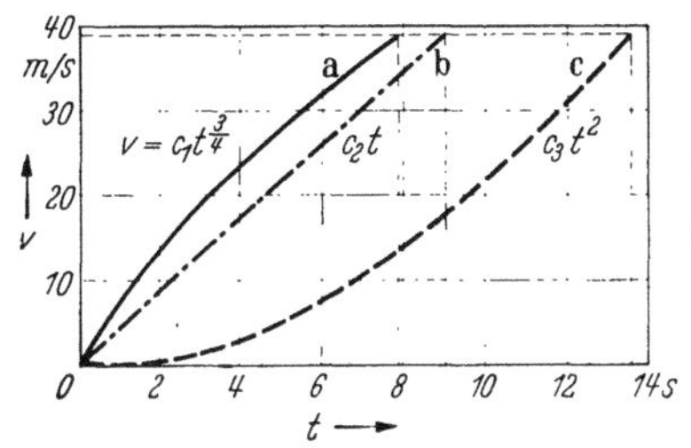


Abb. 498. ($vt$)-Schaulinien.

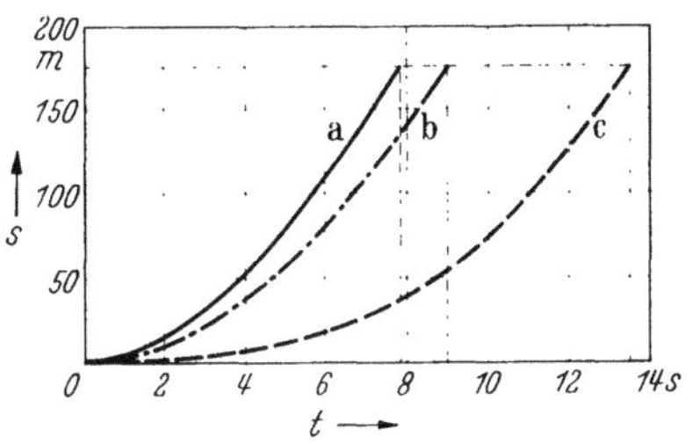


Abb. 499. ($st$)-Schaulinien.

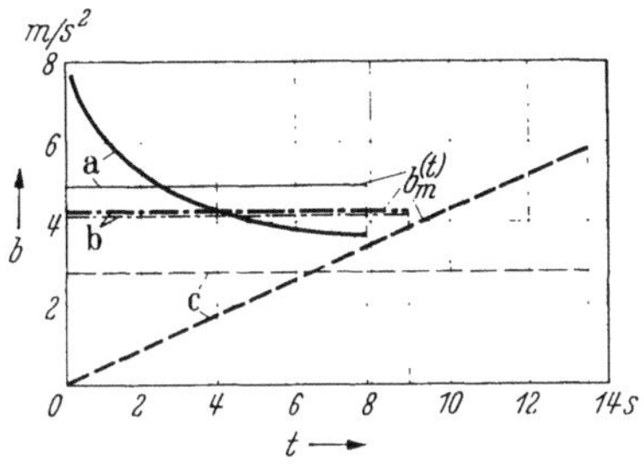


Abb. 500. ($bt$)-Schaulinien mit Mittelwerten $b_m^{(t)}$.

vom FKFS durchgeführten Bremsversuchen aus hohen Geschwindigkeiten ist nun die Frage aufgetaucht, ob die daraus nach der Formel $v_0^2/2\,s_0$ errechnete mittlere Bremsverzögerung den richtigen Wert liefert, und ob es überhaupt möglich ist, die mittlere Verzögerung lediglich

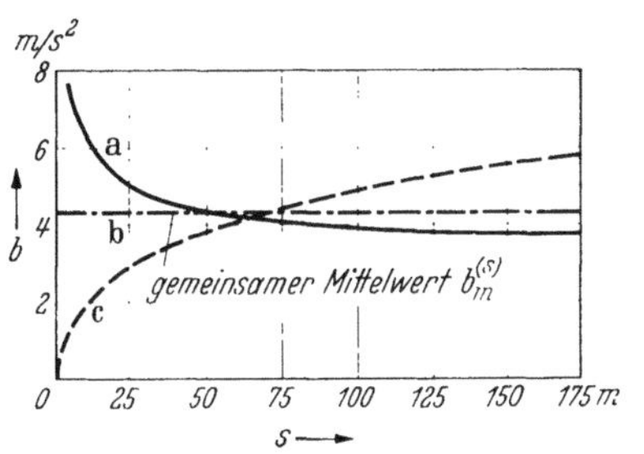


Abb. 501. ($bs$)-Schaulinien mit Mittelwerten $b_m^{(s)}$.

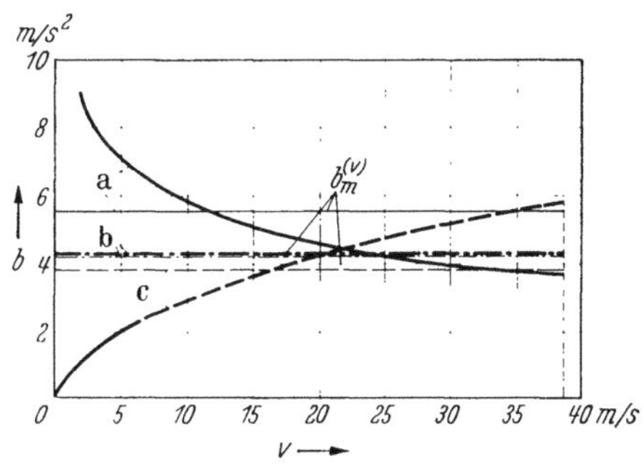


Abb. 502. ($bv$)-Schaulinien mit Mittelwerten $b_m^{(v)}$.

aus diesen beiden gemessenen Werten $v_0$ und $s_0$ zu bestimmen. Der Gang sowie das Ergebnis von Untersuchungen zur Klärung dieser Frage sei im folgenden mitgeteilt.

Je nach der Weiterverarbeitung der Versuchsergebnisse sind verschiedene Mittelwerte für die Bremsverzögerung zu bilden:

1. der Mittelwert über den Weg: $$b_m^{(s)} = \frac{1}{s_0} \int\limits_0^{s_0} b(s)\,\mathrm{d}s\,,$$

2. der Mittelwert über die Zeit: $$b_m^{(t)} = \frac{1}{t_0} \int\limits_0^{t_0} b(t)\,\mathrm{d}t\,,$$

3. der Mittelwert über die Geschwindigkeit: $$b_m^{(v)} = \frac{1}{v_0} \int\limits_0^{v_0} b(v)\,\mathrm{d}v\,.$$

Da der wirkliche Verlauf der Bremsverzögerung unbekannt ist, wurden für die Untersuchung folgende 3 Bewegungsgesetze, die alle bei derselben Anfangsgeschwindigkeit $v_0$ auf denselben Bremsweg $s_0$ führen sollen, angenommen (Abb. 498):

$$\text{a)}\ v = c_1\,t^{3/4}, \qquad \text{b)}\ v = c_2\,t, \qquad \text{c)}\ v = c_3\,t^2.$$

Die entsprechenden Weg-, Zeit- bzw. Beschleunigungszeitgesetze (Abb. 499 und 500) ergeben sich durch Integration bzw. Differentiation. Die Bewegungsgesetze (sowie die Abbildungen) wurden der einfacheren mathematischen Rechnungen wegen so angeschrieben, als ob der Wagen von einer Geschwindigkeit $v = 0$ zur Zeit $t = 0$ nach einem zurückgelegten Weg $s_0$ auf eine Endgeschwindigkeit $v_0$ beschleunigt würde; dies ändert jedoch an den Ergebnissen nichts.

Für die 3 Bewegungsgesetze a), b) und c) wurden sodann die Mittelwerte $b_m^{(s)}$, $b_m^{(t)}$ und $b_m^{(v)}$ nach den Gleichungen 1—3 berechnet und in Abb. 500 bis 502 sowie in Zahlentafel 12 dargestellt, wobei als Zahlenbeispiel eine Anfangsgeschwindigkeit $v_0 = 140$ km/h und ein Bremsweg $s_0 = 175$ m gewählt wurde.

Aus den Abbildungen sowie der Zahlentafel ist als wichtigstes Ergebnis zu entnehmen, daß, wie zu erwarten war, die 3 Mittelwerte $b_m^{(s)}$, $b_m^{(t)}$ und $b_m^{(v)}$ für dasselbe Bewegungsgesetz (also für ein und denselben Bremsversuch) sich auch zahlenmäßig durchaus voneinander unterscheiden; eine Tatsache, der bei der Weiterverarbeitung der Ergebnisse von Bremsversuchen größte Beachtung zu schenken ist, insbesondere, wenn außer dem Weg bzw. der Geschwindigkeit noch eine andere Größe, etwa die Zeit, in die Überlegungen hereinspielt (z. B. die Reaktionszeit beim Bremsen usw.). Für die gleichförmig beschleunigte Bewegung b) ist die Beschleunigung natürlich genau konstant, so daß hier die Mittelwerte ausnahmsweise zusammenfallen.

Aber auch die gleiche Mittelwertsbildung ergibt bei verschiedenen Bewegungsgesetzen durchaus verschiedene Zahlenwerte. (Daß sich für den Mittelwert der Beschleunigung über den Weg für alle 3 Bewegungsgesetze dieselben Werte ergeben, hängt lediglich damit zusammen, daß für das Zahlenbeispiel jeweils derselbe Bremsweg angenommen wurde.)

Die Untersuchungen zeigen demnach, daß eine genaue Auswertung von Bremsversuchen aus der gemessenen Anfangsgeschwindigkeit $v_0$ und dem gesamten Bremsweg $s_0$ allein nicht möglich ist. Es muß vielmehr strenggenommen der ganze Weg-Zeitverlauf versuchsmäßig ermittelt werden.

Glücklicherweise sind jedoch die Unterschiede etwas kleiner als in Zahlentafel 12 angegeben, da die Verzögerung bei Bremsvorgängen nicht so stark veränderlich ist, wie in diesen Bewegungsgesetzen angenommen wurde. Bei Anfahrvorgängen jedoch, für welche diese Untersuchungen ebenfalls gelten, kann die Beschleunigung zwischen weiteren Grenzen schwanken.

Zahlentafel 12.

Mittlere Bremsverzögerungen für $v_0 = 140$ km/h und $s_0 = 175$ m bei verschiedenen Bewegungsgesetzen.

| Bewegungsgesetz | a) $v = c_1 t^{3/4}$ | b) $v = c_2 t$ | c) $v = c_2 t^2$ |
|---|---|---|---|
| 1. Mittelwert über den Weg $b_m^{(s)}$ . . . . . . . . | 4,33 | 4,33 | 4,33 |
| 2. Mittelwert über die Zeit $b_m^{(t)}$ . . . . . . . . . | 4,95 | 4,33 | 2,89 |
| 3. Mittelwert über die Geschwindigkeit $b_m^{(v)}$ . . . | 5,56 | 4,33 | 3,85 |

## IV. Meßeinrichtungen.

Die in Kraftfahrzeugen eingebauten Geschwindigkeits- und Wegmesser genügen als Meßgeräte zur genauen Feststellung der Geschwindigkeit und besonders zur Erfassung der Geschwindigkeitsänderungen nicht.

Auch stellt sich bei diesen Geräten ein Unterschied zwischen tatsächlicher und gemessener Geschwindigkeit ein, weil sie von der Getriebewelle aus, deren Drehzahl der Drehzahl der Antriebs- bzw. Bremsräder verhältig ist, angetrieben werden. Beim Beschleunigen und noch mehr beim Verzögern liegen aber wesentliche Gleitverluste vor, die zu einem Voreilen bzw. Nacheilen der Radumfangsgeschwindigkeit gegenüber der Fahrgeschwindigkeit führen.

Die gebräuchlichste Meßart zur Erfassung der Fahrgeschwindigkeit oder ihrer Änderung besteht in der Feststellung der für bestimmte Fahrstrecken benötigten Zeiten mittels Stoppuhr. Für betriebliche Messungen genügt es, die Fahrstrecke in gleiche Längen zu teilen und an den Meßpunkten durch je einen Beobachter mit Stoppuhr den zeitlichen Durchgang des Fahrzeugs aufnehmen zu lassen.

Zur Vermeidung der bei dieser Meßart sich einstellenden Fehler der Zeitnehmer werden, insbesondere bei Rennen und Rekordfahrten, an den Meßpunkten elektrische Kontakte, flüssigkeitgefüllte Schlauchleitungen oder Selenzellen angeordnet, mittels deren das Fahrzeug bei der Durchfahrt elektrisch auslösende Stoppuhren oder Zeitschreiber, wie sie auf S. 120ff. beschrieben sind, betätigt.

Bei der Durchführung von Beschleunigungs- oder Bremsversuchen müssen zur Ermittlung des Verlaufes der Geschwindigkeitsänderung über dem Fahrweg oder der Zeit mehrere Meßstellen vorgesehen werden. Deshalb ist diese Art der Messung mit umständlichen Vorbereitungen der Fahrstrecke verbunden.

Zur Vereinfachung des Verfahrens und der Vorbereitungen werden „Fahrtenmeßgeräte“ verwendet. Sie dienen zur Erfassung der Beschleunigungen und Bremsverzögerungen, der Geschwindigkeiten, der Fahrstrecke und der Fahrzeit. Sie können in folgende Gruppen eingeteilt werden:

a) Geräte, die nach dem Schießverfahren arbeiten.

b) Geräte, die auf der Auswirkung der Trägheit einer pendelnd gelagerten Masse beruhen.

c) Geräte, die mittels Schlepprad angetrieben werden (5. Rad).

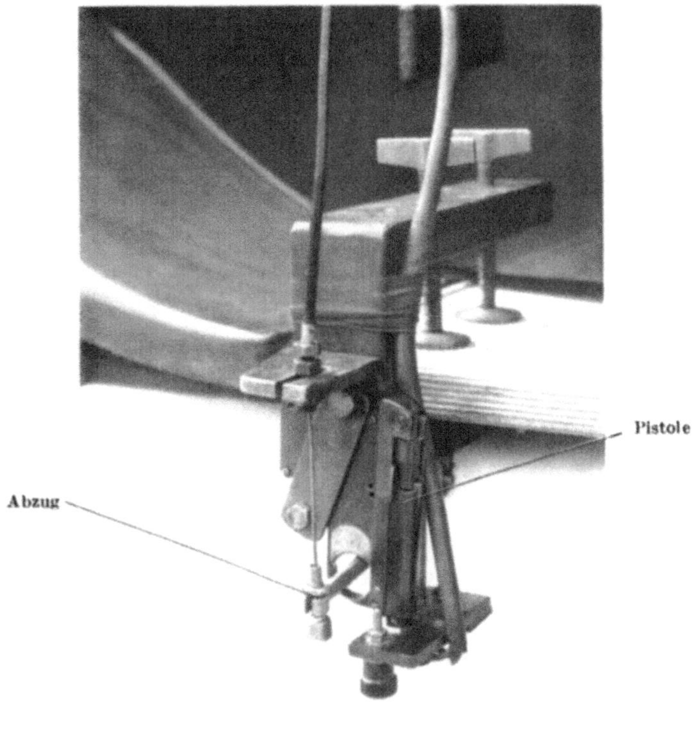


Abb. 503. Pistole zur Feststellung der Beschleunigungs- oder Bremswege.

### a) Schießverfahren.

**Allgemeines.** Zur Feststellung der Beschleunigungs- oder Bremswege dient eine Pistole, durch die Farbpatronen gegen die Fahrbahn abgeschossen werden. Die Pistole wird am Trittbrett des Fahrzeuges mit Schraubzwinge befestigt. Der Schuß zeichnet bei Auslösung der Pistole einen Farbfleck auf die Fahrbahn. Bei Durchführung von Bremsversuchen wird der Bremsweg mit Bandmaß gemessen als die Strecke zwischen dem Farbfleck und der Stelle, an der sich die Abschußvorrichtung an dem zum Stillstand gebrachten Fahrzeug befindet.

Die Zündung der Patronen erfolgt auf mechanischem Weg durch Abziehen des Hahnes der Pistole mit Bowdenzug (Abb. 503) oder elektrisch durch einen Kontaktschalter.

Wird das Ende des Bowdenzuges oder der Kontaktschalter, etwa bei Durchführung von Bremsversuchen, mit dem Fußbremshebel verbunden, so erfolgt das Abschießen der Farbpatrone im Augenblick der Bremsbetätigung. Es ist zweckmäßig, die Auslösung dabei so einzustellen, daß sie mit dem Augenblick des Anliegens der Backen an den Bremstrommeln zusammenfällt.

Von der Zündung der Patrone bis zum Auftreffen des Schusses auf dem Bodem verstreicht die „Verzugszeit“, der ein bestimmter Verzugsweg entspricht. Dieser läßt sich durch Abschießen der Patrone über der Trommel eines Kraftwagenprüfstandes unter Verwendung eines durch die Lauftrommel betätigten Hilfskontaktes leicht

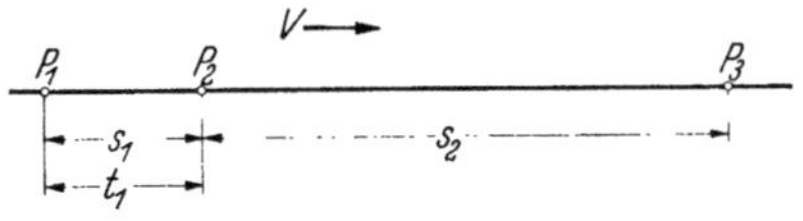


Abb. 504. Straße mit Meßpunkten.

$P_1$ Wegmarkierung, die den Beginn des Bremsbefehls kennzeichnet; $P_2$ Beginn der eigentlichen Bremsung; $P_3$ Ende der Bremsung; $s_1$ Reaktionsweg; $s_2$ Bremsweg; $t_1$ Reaktionszeit; $V$ Geschwindigkeit des Fahrzeugs.

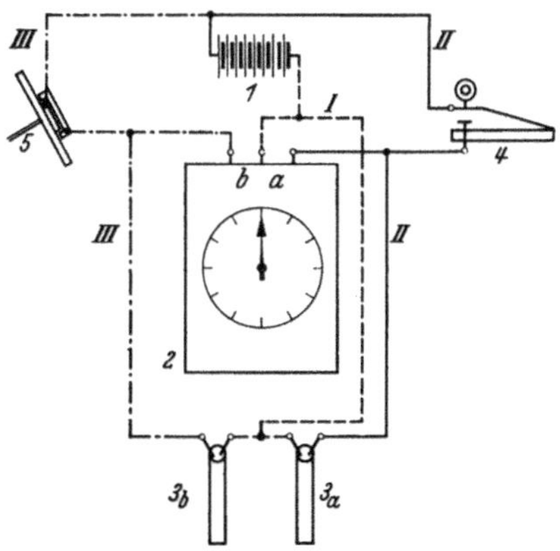


Abb. 505. Schaltplan der Schußeinrichtung mit Löbner-Uhr.

*1* Batterie; *2* Löbner-Uhr; *3* Patronen; *4* Taste; *5* Bremshebel; *a* Auslösung; *b* Arretierung.

ermitteln. Versuche mit elektrisch entzündeten Patronen ergaben bei 60 km/h Fahrgeschwindigkeit einen mittleren Verzugsweg von 7,5 cm, was einer Verzugszeit von 0,0046 s bei einer Streuung der Werte um 0,6 Millisekunden entspricht. Die Mündung der Schießvorrichtung war dabei 20 cm von der Fahrbahn entfernt. Die Meßgenauigkeit mit solchen Geräten ist demnach sehr hoch.

**Schumannsches Schießverfahren zur Bestimmung der Bremsverzögerung.** Das Schumannsche Gerät stellt eine Vervollkommnung des elektrischen Schießverfahrens dar. Es wird vornehmlich für die Ermittlung des Bremsweges benützt.

Abb. 504 zeigt den Weg mit den Meßpunkten. Das Fahrzeug wird auf gleichbleibende Geschwindigkeit gebracht. Darauf gibt der Beobachter mit einem elektrisch ausgelösten Schuß aus einer gegen die Fahrbahn gerichteten Pistole den Bremsbefehl, wobei Punkt $P_1$ durch einen Farbfleck auf der Straße gekennzeichnet wird. Der Fahrer tritt den Fußbremshebel durch und kuppelt gleichzeitig aus. Hierbei wird durch eine auf dem Fußbremshebel angebrachte Kontaktscheibe der zweite Schuß auf die Bahn abgegeben, der den Punkt $P_2$ kennzeichnet. Der Punkt $P_3$ liegt dort, wo sich die Pistolenmündung nach Beendigung des Bremsvorganges befindet.

Die Zeit $t_1$ zwischen dem ersten und zweiten Schuß wird mit elektrisch betätigter Feinstoppuhr gemessen und liefert mit dem durch Bandmaß festgestellten Weg $s_1 = P_1\,P_2$ die Ausgangsgeschwindigkeit. Die Zeit $t_1$ entspricht auch der Reaktionszeit des Wagenführers. Die so mit 0,3—0,6 s festgestellten Reaktionszeiten sind jedoch niedriger als die zu etwa 1 s ermittelte sog. Schreckzeit, da der Fahrer auf den Bremsbefehl vorbereitet ist.

Der Bremsweg wird durch Abmessen der Strecke $s_2 = P_2\,P_3$ festgestellt.

Der Schaltplan der Versuchsanordnung ist in Abb. 505 wieder gegeben. Wird der Kontakt *4* geschlossen, so fließt von der Batterie *1* der Strom über die Leitung *II*, löst die erste Patrone *3a* aus und schaltet gleichzeitig die Uhr mit $^1/_{100}$ s Genauigkeit am Kontakt *a* ein. Beim Durchtreten der auf dem Fußbremshebel angebrachten Kontaktscheibe *5* geht der Strom über die Leitung *III* zur zweiten Patrone *3b* und schaltet durch den Kontakt *b* die Uhr wieder aus.

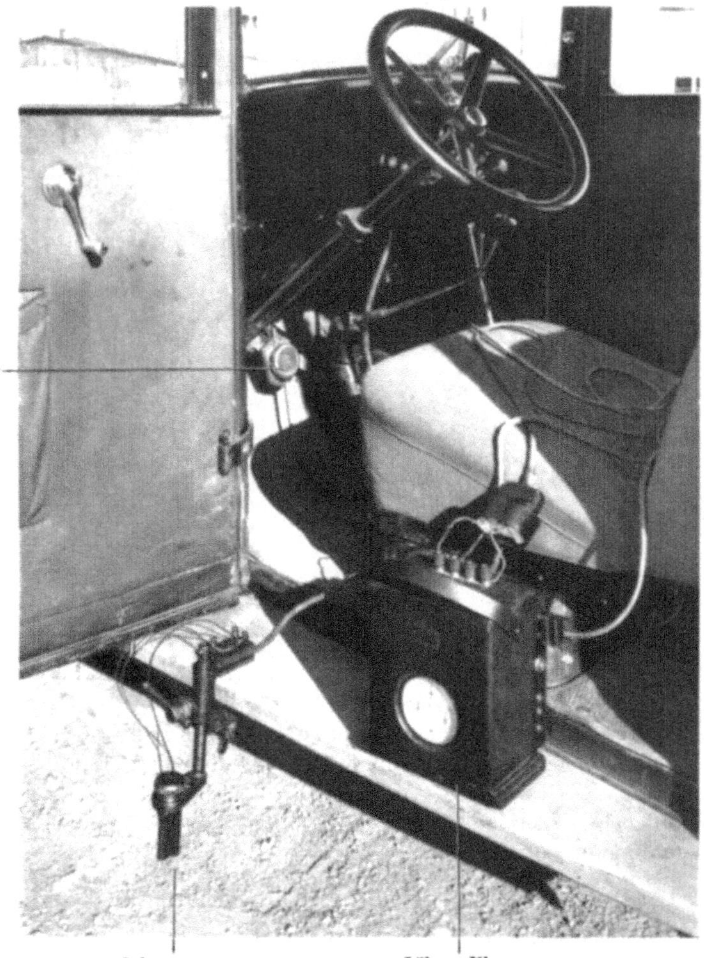


Abb. 506. Anordnung der Pistole am Wagen.

Die Pistole (Abb. 506) ist am Wagen mit nach der Straße gerichteter Mündung möglichst nahe der Straße befestigt. Die Patronen sind Sonderbrückenzünder, die mit Schwarzpulver und Bleimennige gefüllt sind.

Die mittlere Verzögerung $b_m$ ergibt sich aus

$$b_m = \frac{v^2}{2\,s_2}$$

worin

$v$ = die Ausgangsgeschwindigkeit (m/s),
$s_2$ = der Bremsweg (m)

ist.

Neben dem Laboratoriumsgerät nach Abb. 507 wurde vom Polizeiinstitut für Technik und Verkehr Berlin ein zweites Gerät nach Abb. 508 entwickelt, das als Meßgerät besonders handlich ausgebildet ist. Beide Geräte eignen sich besonders für Bremswegversuche bei hohen Ausgangsgeschwindigkeiten (80—160 km/h).

### b) Die Massenträgheitsbeschleunigungsmesser.

Den Grundsatz, auf dem diese Meßgeräte beruhen, zeigt Abb. 509. Eine Masse $m$ wird federnd so am Wagen befestigt, daß sie in Fahrtrichtung schwingen kann. Die Beschleunigung wird auf die Masse durch Federkräfte übertragen, die nur auftreten, wenn die Feder sich dehnt oder zusammengedrückt wird. Über den Zusammenhang zwischen dieser Dehnung, d. h. dem Ausschlag des Meßgerätes und der Beschleunigung gelten die Ausführungen auf S. 264. Der Verlauf der Beschleunigung oder die Verzögerung beim Bremsen (Abb. 510) wird im allgemeinen durch eine Überlagerung von Sinusschwingungen dargestellt werden können, so daß zur unmittelbaren Messung der Beschleunigung bzw. Verzögerung Geräte mit hoher Eigenschwingungszahl verwendet werden müssen (*171*).

Meistens wird es nicht möglich sein, den ganzen Ausschlagsverlauf festzuhalten und daraus den Mittelwert, der für die Bremsung

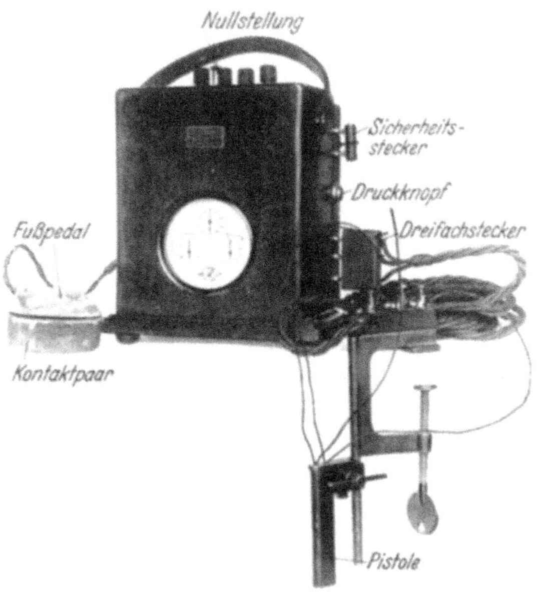


Abb. 507. Schießeinrichtung (Löbner-Uhr mit Schumann-Pistole der Firma Löbner Berlin).

Abb. 508. Schußeinrichtung des Polizeiinstitutes für Technik und Verkehr Berlin.

von Bedeutung ist, zu bestimmen, sondern man wird nur den größten Ausschlag ablesen können, von dem man ohne Kenntnis des Gesamtverlaufes nicht auf den Mittelwert schließen kann.

Als Nachteil ist auch die Lageempfindlichkeit dieser Geräte aufzufassen. Beim Beschleunigen und noch mehr beim Verzögern werden die Hinter- und Vorderräder des Fahrzeuges durch die

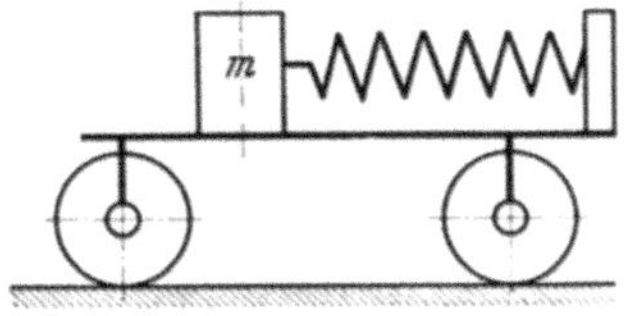


Abb. 509. Massenträgheits-Beschleunigungsmeßgerät.

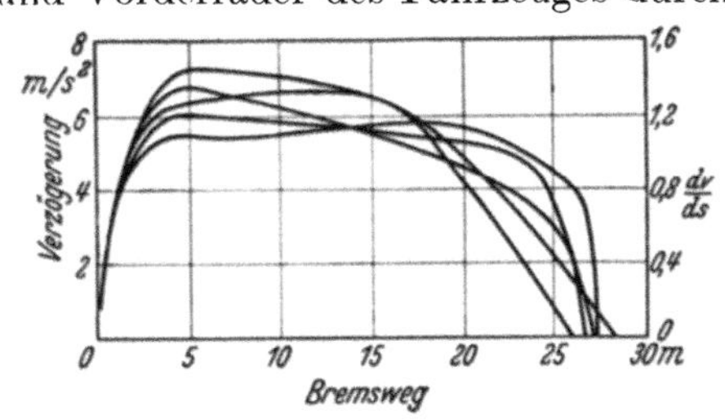


Abb. 510. Verlauf der Geschwindigkeitsänderung beim Bremsen.

Massenwirkung, die sich im Wagenschwerpunkt äußert, zusätzlich be- und entlastet, so daß sich die ursprüngliche Lage der Geräte während des Meßvorganges ändert und damit ihre Anzeige beeinflußt wird.

Legt man der Wertigkeit der Bremsanlage an Stelle der mittleren Verzögerung die erreichte Höchstverzögerung zugrunde, so sind die Ergebnisse praktisch nicht brauchbar, da damit der übrige Verlauf der Verzögerung, der den Bremsweg mit bestimmt, nicht erfaßt wird.

Die Beurteilung der Güte einer Bremsanlage kann nur nach den Forderungen der Verkehrssicherheit erfolgen, dementsprechend ist der Bremsweg oder die mittlere Verzögerung während des Bremsweges für die Stärke der Bremsung maßgebend.

**Grundsätzlicher Aufbau der Meßgeräte.** Den einfachsten Aufbau zeigen die Beschleunigungsmesser, bei denen eine Flüssigkeit (Quecksilber) die schwingende Masse selbst darstellt

(Abb. 511). Das Quecksilber ist in einer U-Röhre, deren Enden Erweiterungen besitzen, eingefüllt, die in Bewegungsrichtung des Fahrzeugs aufgestellt wird.

Über dem Quecksilber im Behälter rechts ist eine Verlängerung angesetzt, die mit dünnflüssigem Öl gefüllt ist. Beim Ausschlag wirkt das Öl auf ein Aneroidbarometer, das schreibend oder nur anzeigend ausgebildet sein kann.

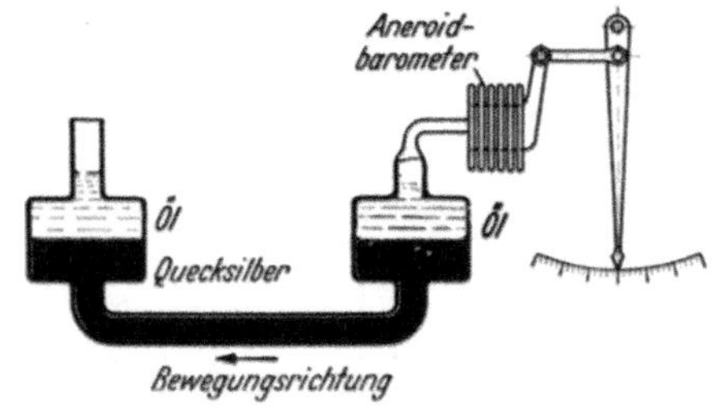


Abb. 511. Flüssigkeits-Beschleunigungsmesser (*249*).

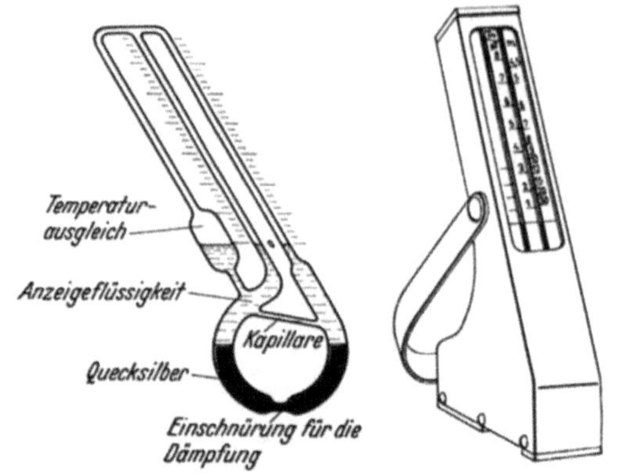


Abb. 512. Siemens-Beschleunigungs- und Verzögerungsmesser (*45*).

Beim Beschleunigen oder Verzögern äußert die Massenwirkung des Quecksilbers über das Öl auf das Barometer einen hydrostatischen Druck, der den Zeiger des Gerätes steuert. Der linke Behälter ist über dem Quecksilbers ebenfalls mit Öl gefüllt, womit die Dämpferwirkung unterstützt wird. Zur Ausschaltung des Temperatureinflusses bei der Anzeige kann der Zeiger vor Beginn der Messungen auf Null eingestellt werden.

Abb. 513. Bremskraftbegrenzer (*88*).

**Verzögerungsmesser von Siemens** (Abb. 512). Eine U-Röhre ist zum Teil mit Quecksilber, zum Teil mit einer Anzeigeflüssigkeit gefüllt. Zur Vergrößerung der von der Quecksilbermasse auf die Anzeigeflüssigkeit übertragenen Bewegung sind die beiden Schenkel in ihren Querschnitten verengt. Die Teilung an den Steigrohren erfolgt in m/s$^2$.

Nach den beim Bremsen zu erwartenden Verzögerungswerten ist das erste Steigrohr in Bremsverzögerungswerte bis zu 8 m/s$^2$ eingeteilt. Der auf eine bestimmte Ausgangsgeschwindigkeit (etwa 30 km/h) bezogene Bremsweg, wie er der angezeigten Verzögerung entsprechen würde, kann in einer zusätzlichen Zahlenleiter angegeben werden.

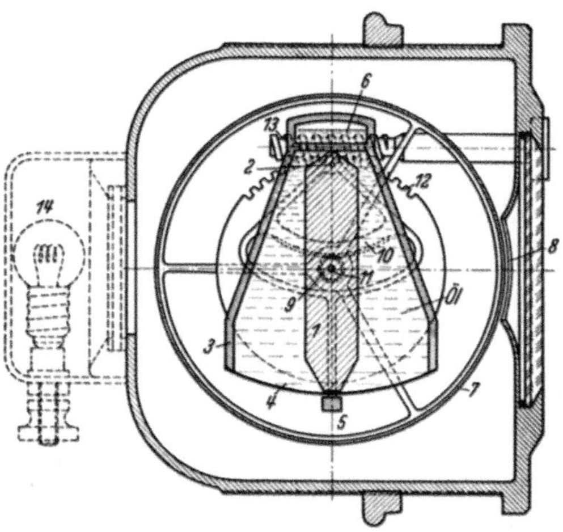


Abb. 514. Schnitt durch den Tapley-Beschleunigungs- und Bremsprüfer (*255*).
*1* Pendelmasse; *2* Drehachse; *3* Gehäuseglocke; *4* Dämpfungsflüssigkeit; *5* Schwenkbügel; *6* Schnecke; *7* Trommel; *8* Fenster; *9* Ritzel; *10* Zahnsegment; *11* Achse; *12* Schneckenrad; *13* Schnecke; *14* Lampe.

Das zweite Steigrohr gibt die Beschleunigung des Fahrzeugs, ebenfalls in m/s$^2$, an. Da die Beschleunigung eine etwa 10mal kleinere Größenordnung als die Verzögerung besitzt, ist der Querschnitt dieser Röhre enger gehalten.

Zur Dämpfung der Quecksilbermasse dient die Einschnürung an der Glasröhre, die als Drosselstelle wirkt. Gleichgeschaltet zu den beiden Steigrohren liegt ein drittes, dessen erweiterter Querschnittsteil den Einfluß der Temperaturschwankungen auf ein zulässiges Maß vermindert.

Die beiden U-Rohrschenkel sind durch eine Kapillare verbunden. Steht das Fahrzeug auf einer nicht genau waagerechten Straße, so kann sich der Anzeigeflüssigkeitsspiegel nach einiger Zeit über die Querverbindung ausgleichen, so daß auf beiden Seiten „Null" angezeigt wird. Der Querschnitt der Kapillare ist aber so bemessen, daß innerhalb der Bremszeit der Ausgleich nicht zur Wirkung kommt.

Da das Gerät bei ungleichmäßigen Geschwindigkeitsänderungen genaue Werte nicht anzeigen kann, soll durch Benützung eines Bremskraftbegrenzers, der auf den Fußbremshebel aufgesetzt wird (Abb. 513), ein gleichmäßiges Bremsmoment an den Bremstrommeln und damit gleichmäßige Verzögerung erreicht werden. Hierdurch wird jedoch der grundsätzliche Nachteil, den alle auf der Massenträgheit beruhenden Verzögerungsmesser besitzen, nicht beseitigt.

**Der Tapley-Leistungs- und Bremsprüfer.** Das Gerät (Abb. 514) wird in zwei Ausführungen hergestellt. Die erste dient besonders der Feststellung der Beschleunigung beim Anfahren, die

Abb. 515. Tapley-Beschleunigungsprüfer für Kraftfahrzeuge (*256*).

Abb. 516. Stopmeter (*79*).

zweite der Ermittlung der beim Bremsen erreichten Verzögerungswerte. Der innere Aufbau ist bei beiden Geräten grundsätzlich gleich.

Die Pendelmasse *1* ist am oberen Ende um die Achse *2* drehbar gelagert, so daß das Pendel im Ruhezustand senkrecht nach unten hängt. Es ist in einem mit Dämpfungsflüssigkeit gefüllten Gefäß eingeschlossen. Die erreichte starke Dämpfung dient dazu, die von der Fahrbahn und dem Motor kommenden Erschütterungen auszugleichen. Die aus Kupfer bestehende Deckplatte *4* schließt das Gefäß unten und seitlich ab. Die Seitendeckel tragen zentrisch zur Pendelachse nach außenstehende Zapfen, auf denen der Schwenkbügel *5* liegt. Die Pendelmasse ist

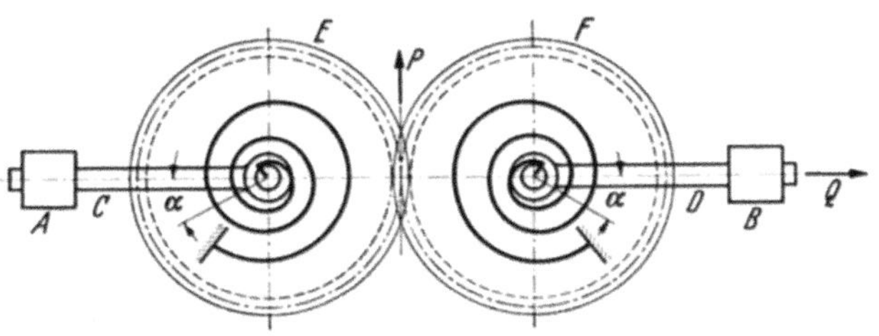


Abb. 517. Anordnung des Wimperis-Beschleunigungsmessers (*252*). *A*, *B* Pendelmassen; *C*, *D* Achsen; *E*, *F* Zahnräder.

Abb. 518. Wimperis-Beschleunigungsmesser (*253*).

magnetisiert, so daß deren untere Polseite den Schwenkbügel *5* mitnimmt. Damit entspricht die Stellung des Bügels der des Pendels.

Die Bewegung des Bügels wird über das Zahnsegment *10* und das Ritzel *9* auf die Achse *11* der Trommel *7* übertragen. Die Stelluug der Zahlenscheibe dieser Trommel kann durch das Fenster *8* beobachtet werden (Abb. 515). Die linke Zahlenleiter zeigt die Beschleunigungs- oder Verzögerungskraft in ihrem Verhältnis zur Einheit des Wagengewichtes, die rechte gibt die Neigung des Fahrzeuges gegenüber der Waagerechten an. Befindet sich das Fahrzeug in Schräglage, so kann die Zahlenscheibe mit Hilfe der Schnecke *13* und des Schneckenrades *12* in Nullstellung gebracht werden.

**Stopmeter.** Ein ebenfalls auf dem Pendelgrundsatz beruhender Verzögerungsmesser ist das amerikanische Stopmeter (Abb. 516). Das Pendel ist nach der Anordnung der Abb. 509 waagerecht schwingend. Die Ausgangsgeschwindigkeit für das Gerät ist 32 km/h.

**Wimperis-Beschleunigungsmesser.** Das Gerät (Abb. 517) besitzt ein Doppelpendel, das in waagerechter Lage schwingt. Die beiden Pendelmassen *A* und *B* sind in senkrecht stehenden Achsen gelagert, mit Spiralfedern in der Nullage gehalten und über die Zahnräder *E* und *F* miteinander gekoppelt.

Wird das Gerät in Richtung $P$ beschleunigt, so bleiben die beiden Pendel gegenüber der Ausgangslage um einen Winkel $\alpha$ zurück. Der auf der Achse von $C$ oder $D$ sitzende Zeiger bringt den Ausschlag und damit die Verzögerung in m/s² zur Anzeige.

Die Dämpfung besteht aus einer Wirbelstrombremse. Auf die beiden Pendelachsen sind Aluminiumscheiben gesetzt, die zwischen den Polen eines Dauermagneten liegen. Abb. 518 zeigt die Ansicht des Gerätes.

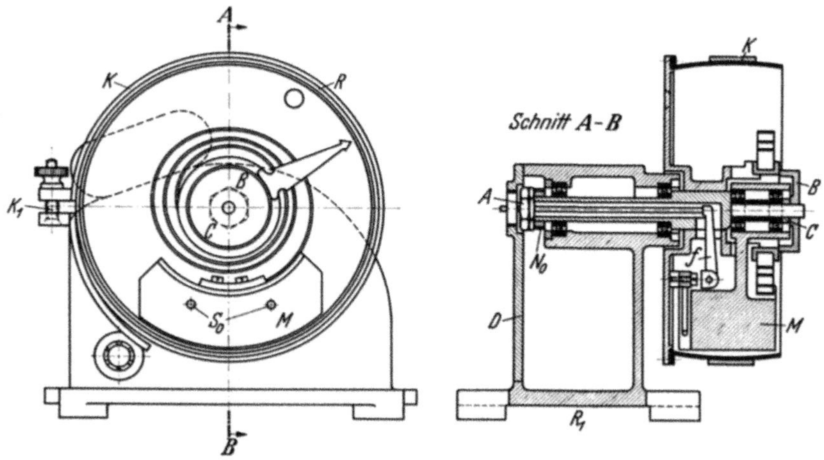


Abb. 519. Geigersches Gerät mit Pendel zur Aufnahme der Anfahr- und Bremsbeschleunigung (Lehmann & Michels).

$A$, $B$, $C$ Muttern; $D$ Deckel; $K$ Klemmband; $K_1$ Klemmschraube; $M$ segmentförmige Schwungmasse; $N_0$ Triebrad; $R$ Riemenscheibennabe; $R_1$ Gehäuse; $S_0$ Schraubenlöcher für Zusatzmassen; $f$ Winkelhebel.

**Schreibende Beschleunigungsmesser.** *Geiger-Beschleunigungsmesser.* Der auf S. 152 beschriebene Geigersche Torsiograph kann durch Einsetzen eines Massependels in einen Beschleunigungs- und Verzögerungsmesser umgebaut werden. Dazu wird eine der Pendelmasse entsprechende Feder und eine Dämpfung eingesetzt. Abb. 519 zeigt diese Anordnung des Pendels. Abb. 520 zeigt die Beschleunigungen eines Fahrzeuges beim Durchschalten der Gänge und die Verzögerung während des Bremsvorganges. Die Zeitmarken sind durch die untere Linie dargestellt.

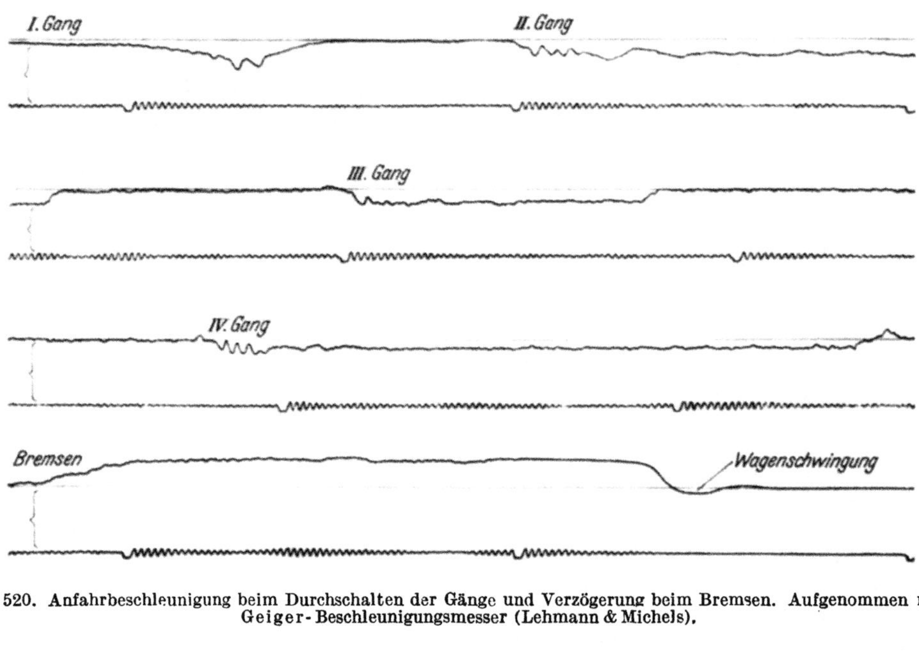


Abb. 520. Anfahrbeschleunigung beim Durchschalten der Gänge und Verzögerung beim Bremsen. Aufgenommen mit dem Geiger-Beschleunigungsmesser (Lehmann & Michels).

Im Linienverlauf sind unregelmäßige Oberschwingungen zu erkennen, die im wesentlichen von der Fahrbahn herrühren. Die gröberen Ausschläge beim Schalten der Gänge rühren vom harten Kuppeln und den damit verbundenen Schwingungen des Wagens her.

*Wimperis-Beschleunigungsschreiber.* Neben dem oben beschriebenen Zeigerbeschleunigungsmesser wird ein schreibendes Gerät mit gleichem innerem Aufbau hergestellt.

Der Zeiger trägt am Ende eine Schreibfeder (Abb. 521), die auf einem mit Uhrwerk vorwärtsbewegten Papierstreifen aufliegt. Eine zweite Schreibfeder, die über einen Auslösdraht von Hand betätigt werden kann, gestattet die Kennzeichnung beliebiger Vorgänge.

**Kontaktbeschleunigungsmesser.** *Grunbachsches Pendel.* Die Geräte arbeiten nach dem Grundsatz des Grunbachschen Pendels (*192, 193*) (Abb. 522). Das Pendel *M* wird durch eine Feder *N* an einen Kontakt *K* gezogen. Bei Überschreitung einer bestimmten Beschleunigung oder Verzögerung überwiegt die Massenkraft des Pendels gegenüber der Feder, so daß der Kontakt gelöst wird. Damit wird der Stromkreis unterbrochen, was im Anzeigegerät *A* aufgenommen wird. Der Meßweg des Pendels ist durch das Maß der für die Stromunterbrechung erforderlichen Kontaktanlüftung bestimmt. Er ist so klein, daß dynamische Nebenwirkungen ohne Einfluß bleiben und man praktisch von einem statischen Beschleunigungsmesser sprechen kann.

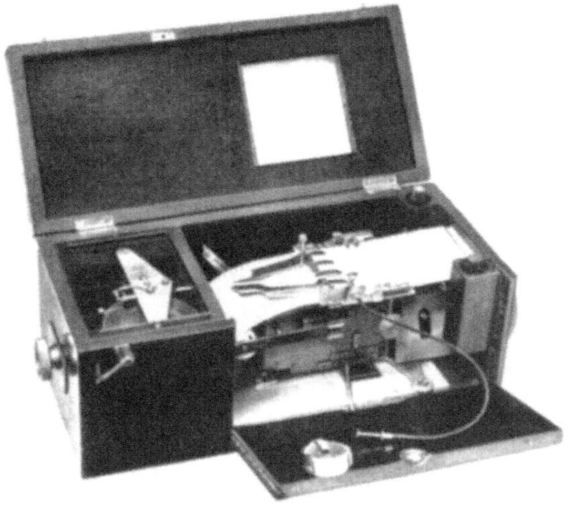

Abb. 521. Wimperis-Beschleunigungsschreiber (*254*).

Die Spannung der Feder und damit die Einstellung der zugehörigen Höchstbeschleunigung erfolgt mittels Stellschraube *S*. Da die Kraftmeßteile durch Federn gebildet sind, müssen diese geeicht sein. Besitzt die Feder eine gerade Kennlinie, so kann die Stellschraube als Mikrometer und ihre Teilung unmittelbar nach m/s² (Beschleunigung oder Verzögerung) ausgebildet werden.

*Langer-Thoméscher Bremsverzögerungsmesser.* Die Einrichtung besteht aus einem Massependel, dessen Meßbereich für Verzögerungsmessungen an Kraftfahrzeugen zweckmäßig zwischen 1,5 und 10 m/s² liegt. Sie gestattet bei einer stufenweisen Einstellung der Feder von z. B. 0,5 zu 0,5 m/s² ein genügend genaues Abtasten des Meßbereiches.

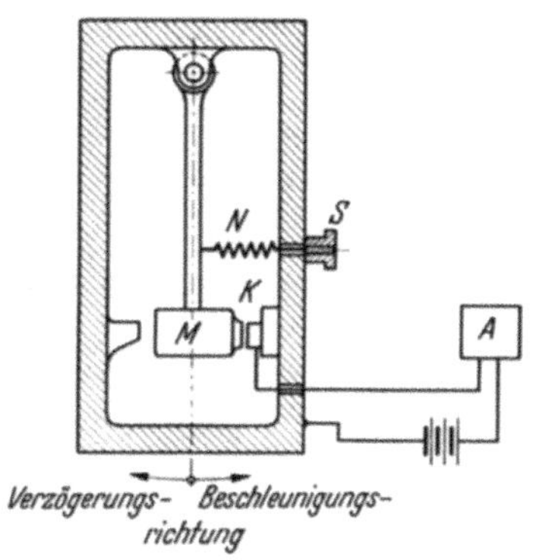


Abb. 522. Kontaktbeschleunigungsmesser mit Grunbachschem Pendel.
*A* Anzeigegerät; *K* Kontakt; *N* Feder; *M* Pendel; *S* Stellschraube.

Bei Durchführung von Bremsprüfungen genügt es in vielen Fällen festzustellen, ob eine bestimmte Verzögerung erreicht wurde oder nicht. Dementsprechend wird die Schraube so eingestellt, daß eine im Stromkreis liegende Lampe gerade noch zum Erlöschen kommt.

Damit die Stromunterbrechungen an den Kontakten der Massependel deutlich zum Ausdruck kommen, wurde eine besondere Schaltung entwickelt (Abb. 523).

Im Hauptstromkreis (*1*) liegt das Massependel *P*, der Hauptmagnet *HM* und die Relaiszunge *RZ*. Wird durch das Anlüften des Pendels *P* der Hauptstrom am Pendelkontakt *PK* unterbrochen, so wird der Hauptmagnet *HM* ebenfalls stromlos, so daß die Relaiszunge vom Gegenmagnet *GM*, der dauernd unter Strom steht, jedoch etwas schwächer ist als der Hauptmagnet, angezogen wird. Damit wird der Stromkreis (*1*) dauernd unterbrochen, und die Lampe *L* erlischt. Dieses dauernde Unterbrechen des Hauptstromkreises ist zweckmäßig, weil eine kurze Stromunterbrechung nicht wahrnehmbar wird oder höchstens ein Flackern der Lampe zur Folge hat.

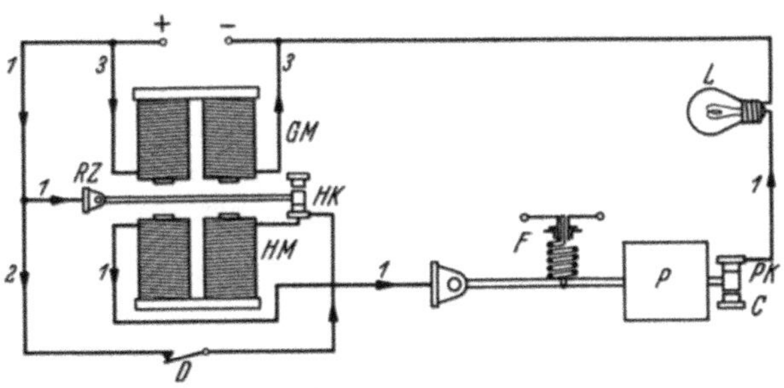


Abb. 523. Relaisschaltung nach Langer (*290*).
*P* Massependel; *F* Feder; *PK* Pendelkontakt; *C* Gegenkontakt; *L* Lampe; *HM* Hauptmagnet; *GM* Gegenmagnet; *RZ* Relaiszunge; *HK* Hilfskontakt; *D* Taster; *1* Hauptstromkreis; *2* Tastleitung zum Einschalten des Hauptmagneten; *3* Stromkreis des Gegenmagneten.

Der Taster *D*, der parallel zur Relaiszunge im Stromkreise (*1*) liegt, dient dazu, den Hauptmagnet wieder unter Strom zu setzen, so daß der Anfangszustand erreicht wird.

## c) Geräte mit Schleppradantrieb.

Durch den Gebrauch eines an den Fahrzeugen leicht anbringbaren Schlepprades (Abb. 524), des sog. „fünften Rades", als Antrieb für Geschwindigkeits- und Wegmesser erübrigen sich, wie oben erwähnt, besondere Vorbereitungen an der Straße.

Zum Teil werden die Umdrehungen des Schlepprades unmittelbar an der Nabe durch elektrische Kontakte aufgenommen.

Das Erfassen der zurückgelegten Strecke erfolgt um so genauer, je vollkommener der Reifen am Boden abrollt. Der Durchmesser des Rades soll wegen der Fehler, die beim Abrollen über große Bodenunebenheiten entstehen, nicht zu klein gewählt werden. Andererseits soll das Trägheitsmoment des Rades in bezug auf seine Drehachse mit Rücksicht auf die beim Bremsen vorkommenden raschen Geschwindigkeitsänderungen, denen das Rad beim Abrollen am Boden folgen soll, möglichst klein sein. Bei Beachtung dieser Gesichtspunkte im Rahmen der üblichen Ausführungen kann der Fehler der Wegmessung auf weniger als 1 vH beschränkt werden. Bei einem Teil der Schleppräder beträgt der Wegfehler weniger als $^1/_2$ vH. Die Abweichungen liegen also im Rahmen der bei technischen Messungen möglichen Meßgenauigkeit.

Abb. 524. Anordnung des Schlepprades am Fahrzeug.

Da der Abrollumfang vom Reifenluftdruck und vom Reifenabnützungsgrad abhängig ist, ist es zweckmäßig, vor Beginn einer Versuchsreihe durch eine Eichung einen Korrekturfaktor zu bestimmen.

Bei Geschwindigkeiten über 80—90 km/h genügen die Schleppräder der heutigen Bauweise den Anforderungen nicht mehr. Da in die Schwenkarme keine Dämpfung eingebaut ist, beginnen die Räder stark zu springen, so daß das richtige Abrollen am Boden nicht mehr gewährleistet ist.

### 1. *Peiseler-Prüfrad.*

Das Gerät (Abb. 525) besteht aus dem auf der Fahrbahn laufenden Meßrad, sowie dem Meßkopf mit je einem Geschwindigkeits- und Wegmesser. Ein Holzkasten enthält die Zubehörteile. Meßrad und Meßkopf sind mit einem Rohrgestänge verbunden. Der Antrieb des Meßkopfes erfolgt über Winkeltriebe und eine Längswelle durch das Meßrad. Am Meßkopf ist ein Handgriff und eine Hilfsstütze vorgesehen. Damit kann das Gerät nach der in der Abbildung gezeigten Weise von Hand festgehalten werden.

Abb. 526 zeigt den Meßkopf. Der Geschwindigkeitsmesser ist in km/h geeicht. Der Wegmesser wird im allgemeinen als Bremswegmesser benützt. Er hat drei Zahlenkreise. Auf dem äußeren wird der Bremsweg in m angegeben. Der mittlere Zahlenkreis gibt unter Zugrundelegung von 2,5 m/s$^2$ mittlerer Verzögerung, wie sie von der Straßenverkehrsordnung als Mindestmaß für die Hauptbremsung vorgeschrieben ist, zu jedem angezeigten Bremsweg die zulässige Ausgangsgeschwindigkeit an. Erreicht also der Zeiger auf dem mittleren mit 2,5 bezeichneten Zahlenkreis die gleiche Zahl, die vom Geschwindigkeitsmesser als Ausgangsgeschwindigkeit festgehalten wird, so war die Bremsung ausreichend, bleibt der Zeiger bei einer kleineren Zahl stehen, so war die Bremsung gut, läuft er darüber hinaus, so war die Bremsung ungenügend.

Der innere, mit 1,5 gekennzeichnete Zahlenkreis gilt entsprechend für die Prüfung der Nebenbremse (Handbremse).

Durch Drücken des Knopfes zwischen den beiden Anzeigegeräten (Abb. 526) wird das Schaltwerk im Meßgehäuse gespannt.

Durch Stromschluß über die aus der Abbildung zwischen den Zahlenscheiben ersichtlichen Stecklöcher wird im Meßkopf eine Klinke ausgelöst, worauf der Geschwindigkeitszeiger in seiner jeweiligen Stellung durch den über ihm liegenden Ring, der sich auf ihn legt, festgehalten und der Wegzeiger mit dem Laufwerk gekuppelt wird, so daß er sich verhältig dem zurückgelegten Weg vorwärtsbewegt.

Als Stromquelle dient eine Batterie. Ein auf dem Fuß- oder Handbremshebel anbringbarer Kontaktschalter schließt den zur Auslösung der Klinke notwendigen Stromstoß. Als Bremsweg wird deshalb der Weg angezeigt, der vom Beginn der Betätigung des Bremshebels bis zum Stillstand des Fahrzeuges noch zurückgelegt wird.

Die Handhabung des Gerätes ist sehr einfach, seine Arbeitsweise zuverlässig. Bei Geschwindigkeiten über 60 km/h wird jedoch das Halten der Meßeinrichtung von Hand schwierig.

Die sonst benützten Schleppräder besitzen im wesentlichen die Anordnung nach Abb. 524. Ein Lagerbock, an welchem durch ein Rahmengestänge ein Laufrad in einer senkrechten Ebene schwenkbar angeordnet ist, wird am Trittbrett des Fahrzeuges befestigt. Die Radumdrehungen werden durch eine Kette oder biegsame Welle auf die Schwenkachse im Lagerbock übertragen, von wo die Verbindung zum Meß- und Schreibgerät mit biegsamer Welle erfolgt.

Abb. 525. Peiseler-Prüfrad. (Nach Peiseler.)

*2. Bewikra-Kraftwagenprüfgerät (198).*

Das von den Berliner Physikalischen Werkstätten gebaute Gerät besteht aus dem Meßrad dem Schreibgerät und einigen Kontaktschaltern (Abb. 527, 528). Das Meßrad gibt je Umdrehung 2 Kontaktschlüsse, die im Schreibgerät mittels eines Magneten auf einem Papierstreifen gekennzeichnet werden. Weitere in das Schreibgerät eingebaute Magnete gestatten, neben einer Zeitmarkierung, die durch eine Kontaktuhr gesteuert wird, die Aufzeichnung irgendwelcher anderer Ereignisse, z. B. der Betätigung der Bremse und des Gashebels.

Das Meßrad wird durch 2 Federpaare (*1*) und (*2*) (Abb. 529) an die Fahrbahn gedrückt, die verschieden lang und verschieden gespannt sind, so daß bei Erreichen einer der Eigenschwingungszahl des ersten Federpaares entsprechenden Fahrbahnerregung das zweite Federpaar auf den Schwingungsvorgang dämpfend einwirkt.

Abb. 526. Meßkopf des Peiseler-Prüfrades.

Die Stromzu- und -abführung erfolgt über Schleifringe. Bei 80 km/h Fahrgeschwindigkeit beträgt die Ansprechzahl des Wegkontaktes 32 in der Sekunde, wobei das Rad je Umdrehung 2 Kontaktschlüsse abgibt und dabei 1,4 m Weg zurücklegt. Wird die Fahrgeschwindigkeit von 80 km/h überschritten, so besteht Gefahr, daß der Wegkontakt infolge Massenwirkung der sekundlichen Stromstoßzahl nicht mehr nachkommt. Um dies zu vermeiden, ist in das Schlepprad ein Fliehkraftschalter eingebaut, der bei Überschreiten dieser Geschwindigkeit einen der beiden Schleifkontakte ausschaltet, so daß je Radumdrehung nur noch 1 Stromstoß gegeben wird.

Das Schreibgerät (Abb. 530) besitzt 7 Schreibmagnete (*10*), so daß neben der Weg- und Zeitkennzeichnung 5 weitere Vorgänge festgehalten werden können. Die Schreibstifte *8* werden über einen Kniehebel und eine Verbindungsstange durch den Magnetanker betätigt. Die Speisung der Magnete erfolgt durch die eingebauten Taschenlampenbatterien *11*. Die Uhr *14* ist als Kontaktuhr ausgebildet und betätigt den Zeitmagneten im Abstand von jeweils 0,25 s. Diese Zeit ist so gewählt, damit die Geschwindigkeit durch Auszählen der zwischen zwei Zeitmarken anfallenden Wegmarken sich nach Multiplikation mit 10 in km/h ergibt.

Das Schreibpapier läuft von der Vorratstrommel *2* über die Schreibwalze *4* auf die Kassettentrommel *3*. Die Schreibwalze trägt seitlich Führungsstifte, die in die Lochung des Papierstreifens eingreifen und dem Papier beim Vorschub eine Führung geben. Der Antrieb des Papiervorschubes erfolgt an der Achse der Schreibwalze durch ein Zahnrad. Kassettentrommel und Schreibwalze sind über einen Federtrieb miteinander verbunden, der bei zunehmendem Durchmesser des aufgewickelten Papiers den notwendigen Schlupf zuläßt.

Abb. 527. Anordnung des Bewikra-Kraftwagenprüfgerätes (*412*).

Abb. 528. Einzelteile des Bewikra-Kraftwagenprüfgerätes (*412*).
*a* Umdrehungsgeber; *1* Schreibgerät; *2* Meßrad; *3* Zugschalter; *4* Luftpumpe mit Manometer.

Der Vorschub des Schreibpapiers erfolgt durch ein Doppelfederwerk, das mittels Klinke auch während des Betriebes aufgezogen werden kann.

Die Auswertung des Aufschriebes erfordert einen größeren Zeitaufwand. Doch ist das Gerät wegen seiner allseitigen Verwendungsmöglichkeit (z. B. auch für Erfassung der Reaktionszeiten) sehr zweckmäßig. Die aus Zeit und Weg ermittelbare Geschwindigkeit kann über dem Fahrweg oder der Zeit aufgetragen werden. Der Verlauf der Beschleunigung über dem Fahrweg oder der Zeit ergibt sich durch Differenzieren der Geschwindigkeitszeitlinie.

### 3. *Grundzeitregistriergeräte.*

Der Nachteil großer Auswertarbeit wird durch die auf dem Grundsatz der Wegzeitmessung (Grundzeitmessung) aufgebauten Geräte vermindert.

Die Einrichtung eines solchen Gerätes besteht aus zwei Teilen, dem der Wegmessung und dem der Zeitmessung dienenden. Die Wegmessung erfolgt durch feste Zahneingriffe von der Antriebsachse aus. Zur Zeitmessung dient ein Uhrwerk, das während der Fahrt von der Antriebsachse aus aufgezogen wird.

Da die Arbeitsweise und der innere Aufbau der beiden Geräte von Hasler und Bruhn hinsichtlich der Meßperioden verschieden ist, und da deshalb jedes der Geräte eine eigene Auswertweise bedingt, die im Schrifttum (*100, 159*) und in der Praxis bisher häufig falsch angegeben wurde, werden beide Geräte und ihre Auswertart eingehend besprochen.

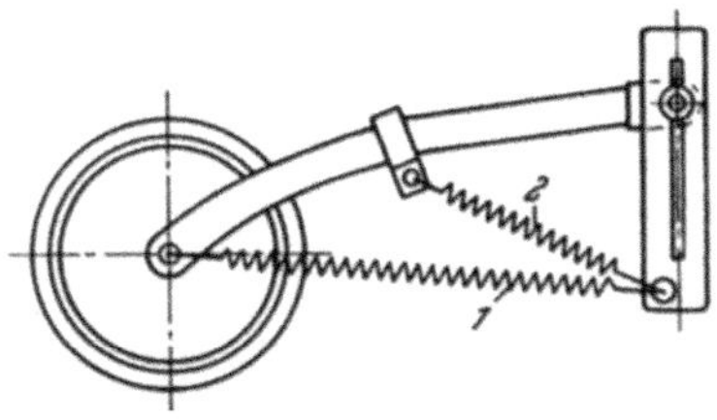


Abb. 529. Meßrad zum Bewikra-Kraftwagenprüfgerät (*412*).

**„Tel" Anfahr- und Bremsgeschwindigkeitsmesser (Hasler).** Das Gerät ist in Abb. 531 und 532 dargestellt. Der obere Teil enthält die Schreibeinrichtung, der untere das Meßwerk mit einem Geschwindigkeitsanzeiger. Die den Schreibstreifen tragende Walze wird verhältig dem zurückgelegten Weg angetrieben, wobei (bei einem Teil der Geräte) 20 m Registrierstreifen für 20 km Fahrweg ausreichen. Durch Zähne in der Vorschubwalze werden im Papierstreifen entsprechende Wegstrecken bezeichnet, was das Auswerten erleichtert. Der Schreibstift für die Geschwindigkeit bewegt sich in einer senkrechten Führung auf und ab und ritzt seine Stellung in das durchsichtige Papier leicht ein. Das Gerät kann mit einem oder mehreren elektrischen Schreibmagneten versehen werden, wodurch es möglich ist, den Zeitpunkt irgendwelcher Vorgänge, z. B. des Schaltens, Gasgebens, Bremsens, festzuhalten.

Abb. 533 stellt den Verlauf der Aufzeichnungen des Gerätes dar, wie er sich bei praktischen Fahrversuchen ergibt. Die Arbeitsweise des Meßwerkes und die Auswirkung auf den Zeigerstand bzw. den Schreibstift ist folgende:

1. Mit Beginn der Fahrt erfolgt die Wegmessung (Punkt $A$). Nach Einschalten der Kupplungsmuffe (*4*) (Abb. 534) in das Zahnrad (*2*) durch die von einem Uhrwerk angetriebenen Steuernocken (*6*) über die Kipphebel (*5*) wird das Vorschubelement (*3*) mit dem Einstellbügel (*7*) und damit der Zeiger (*9*) und Schreibstift (*11*) verhältig dem zurückgelegten Weg vorgeschoben (1. Meßperiode).

2. Nach einer bestimmten Zeit, z. B. nach 1 s, wird das erste Vorschubelement ausgekuppelt und fällt in seine Ausgangslage zurück, während das Rückstellen des Bügels mit Zeiger durch Sperrung für 1 s verhindert wird.

3. Gleichzeitig mit dem Auskuppeln des ersten Vorschubelementes wird das zweite über den Nocken eingekuppelt und dem zurückgelegten Weg verhältig vorgeschoben (2. Meßperiode). Dieser Vorgang wiederholt sich von Sekunde zu Sekunde, wobei sich die Kupplungsmuffen und damit die Vorschubelemente in ihrer Arbeit gegenseitig ablösen.

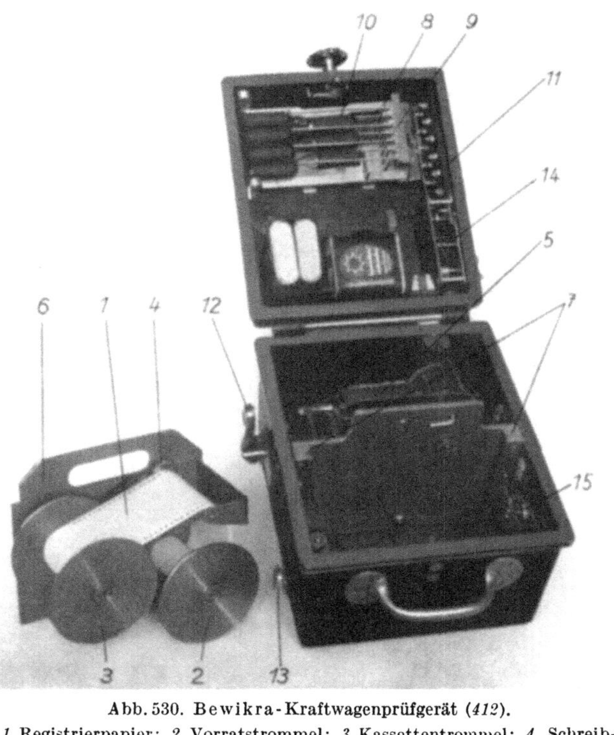


Abb. 530. Bewikra-Kraftwagenprüfgerät (*412*).
*1* Registrierpapier; *2* Vorratstrommel; *3* Kassettentrommel; *4* Schreibtrommelwalze; *5* Grammophonuhrwerk; *6* Papierhalter und Abrollvorrichtung; *7* Nutenschienen; *8* Schreibstifte; *9* Schreibstiftrahmen; *10* Magnete; *11* Taschenlampenbatterien; *12* Klinke; *13* Klinkenschalter; *14* Kontaktuhr; *15* Druckknopf für Beleuchtung.

α) Beschleunigen. Ist die Fahrgeschwindigkeit in der nächsten Zeiteinheit größer geworden, so erreicht das gerade eingeschaltete Vorschubelement schon vor Ablauf der zweiten Meßperiode den Bügel und nimmt diesen, da die Bügelsperre nur nach unten wirkt, entsprechend der bis zum Ende der zweiten Meßperiode noch zur Verfügung stehenden Zeit bis $D$ mit.

Die Vorgänge wiederholen sich, bis das Fahrzeug seine Höchstgeschwindigkeit erreicht hat (s. 11. Meßperiode).

β) Bremsen. Bei abnehmender Geschwindigkeit (12. Meßperiode) erreicht das Vorschubelement während der Kuppelzeit von 1 s nicht mehr die alte Höhe. Die Zeigersperre wird ausgelöst. Damit fällt der Zeiger bis zum Anschlag in die der geringeren Geschwindigkeit entsprechende Stellung (*I*) (Abb. 533) des Vorschubelementes zurück.

Der Übergang von einer Geschwindigkeitsstufe auf die andere zeichnet sich nicht ganz senkrecht auf, da während der Fallzeit der Papiervorschub

Abb. 531. „Tel"-Anfahr- und Bremsgeschwindigkeitsmesser (Hasler A.G., Bern).

Abb. 532. „Tel"-Anfahr- und Bremsgeschwindigkeitsmesser. *1* Schreibwerk, *2* Zahnstange mit Schreibstift; *3* Steuernocken; *4* Kipphebel; *5* Zeigerwelle; *6* Kupplungsmuffen; *7* Vorschubelement; *8* Einstellbügel; *9* Uhrwerk; *10* Antrieb.

andauert. Aus diesem Grund zieht man z. B. durch *H* die Lotrechte, um den Endpunkt *I* der 12. oder den Anfangspunkt *K* der 13. Meßperiode zu erhalten.

Da die Bewegung des Fahrzeuges infolge der Bremsung nun eine verzögerte ist, so erreicht das Vorschubelement in der 13. Meßperiode eine geringere Höhe als in der 12. und gelangt bis

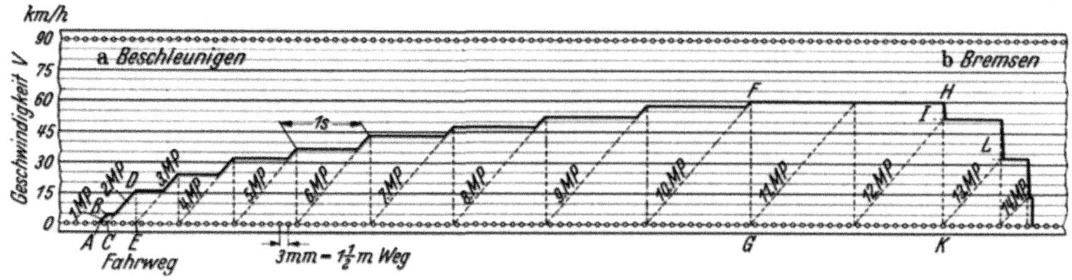


Abb. 533. Geschwindigkeitswegaufzeichnung eines „Tel"-Schreibers (Hasler A.G., Bern).

zum Punkt *L*. Die Geschwindigkeitsanzeige bleibt nun ihrerseits wieder für die Dauer der 14. Meßperiode verblockt. Diese Vorgänge wiederholen sich bis zum Stillstand des Fahrzeuges.

Zeiger und Schreibstift werden verhältig der zurückgelegten Wegstrecke vorwärtsbewegt und die Bewegung nach jeweils 1 s unterbrochen. Damit ist die am Ende der Sekunde erreichte Schreibstiftstellung ein Maß für die während dieser Sekunde erreichte mittlere Geschwindigkeit. Bei einer beschleunigten Bewegung z. B. wird also die wirkliche Geschwindigkeit zu Beginn der Meßperiode kleiner, am Ende derselben größer sein, als die vom Zeiger am Ende der Meßperiode angegebene.

*Auswertung der Geschwindigkeit.* Der durch den Schreibstift aufgezeichnete staffelförmige Linienzug (s. Abb. 533) entspricht nach obigem nicht dem tatsächlichen Verlauf der Geschwindigkeit über dem Weg. Die am Ende jeder Meßperiode angezeigte Geschwindigkeitshöhe entspricht, da der Zeiger verhältig dem zurückgelegten Weg vorgeschoben wird, und da dieser Vorschub jeweils nach 1 s unterbrochen wird, dem Weg in der Zeiteinheit. Die Aufzeichnung ergibt demnach lediglich die zeitlichen Geschwindigkeitsmittelwerte innerhalb der einzelnen Meßperioden. Aufgabe ist nun, aus diesen Mittelwerten den wirklichen Verlauf der Geschwindigkeit zu bestimmen. Hierbei können je nach dem Grad der verlangten Genauigkeit verschiedene Auswertverfahren benutzt werden.

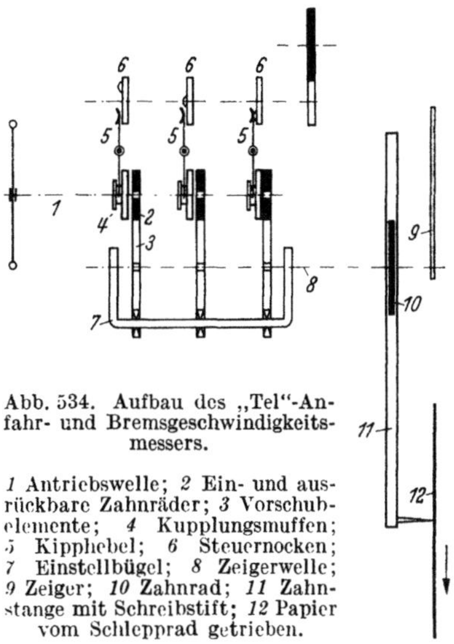


Abb. 534. Aufbau des „Tel"-Anfahr- und Bremsgeschwindigkeitsmessers.

*1* Antriebswelle; *2* Ein- und ausrückbare Zahnräder; *3* Vorschubelemente; *4* Kupplungsmuffen; *5* Kipphebel; *6* Steuernocken; *7* Einstellbügel; *8* Zeigerwelle; *9* Zeiger; *10* Zahnrad; *11* Zahnstange mit Schreibstift; *12* Papier vom Schlepprad getrieben.

Der genaue Weg zur Lösung der Aufgabe ist, die Geschwindigkeitsmittelwerte $v_{m1}, v_{m2}, v_{m3} \ldots$ zunächst über einer (entzerrten) Zeitachse (Geschwindigkeits-Zeitverlauf) aufzutragen. Man erhält so aus der Schreibstiftaufzeichnung (Abb. 533) die in Abb. 535 strichpunktiert eingetragene Treppenlinie für die 1., 2., 3. ... Meßperiode. Diese Treppenlinie ist nun durch Probieren durch die tatsächliche Geschwindigkeitszeitlinie so zu ersetzen, daß jeweils die beiden schraffierten Flächenabschnitte einer Meßperiode gleich groß werden. Die zu den Zeiten $t_1, t_2, t_3 \ldots$ gehörenden Geschwindigkeiten $v_1, v_2, v_3 \ldots$ können dann aus dem Schaubild entnommen werden.

Will man den Geschwindigkeits-Wegverlauf, so entnimmt man die zu den Zeiten $t_1, t_2, t_3 \ldots$ gehörenden Wege $s_1, s_2, s_3 \ldots$ aus der Schreibstiftaufzeichnung (s. Abb. 533) und trägt über diesen die zugehörigen Geschwindigkeiten $v_1, v_2, v_3 \ldots$ auf. Aus Abb. 535 ersieht man:

1. Diejenigen Punkte der Geschwindigkeitszeitlinie, an denen die wirkliche Geschwindigkeit denselben Wert besitzt wie die Mittelwerte $v_{m1}, v_{m2}, v_{m3} \ldots$, liegen in der Regel nicht in der Zeitmitte der einzelnen Meßperioden.

2. Dasselbe gilt für die Geschwindigkeitsweglinie.

3. Ebenso liegt der wirkliche Wert der Geschwindigkeit $v_1, v_2, v_3 \ldots$ in der Regel nicht in der Mitte zwischen den Geschwindigkeitswerten $v_{m1}$ und $v_{m2}$ bzw. $v_{m2}$ und $v_{m3}$ bzw. $v_{m3}$ und $v_{m4} \ldots$

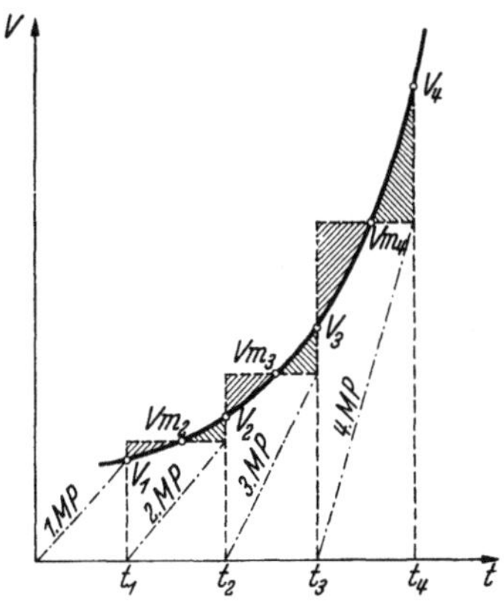


Abb. 535. Geschwindigkeitsteilverlauf.

Bei der üblichen Auswertung der Schreibstiftaufzeichnung, bei der im allgemeinen der zur Erreichung einer bestimmten Geschwindigkeitshöhe notwendige gesamte Beschleunigungsweg, die Nachbeschleunigungszeit oder auch der Bremsweg zu ermitteln ist, genügt die wahlweise Anwendung nachstehend genannter Auswertmöglichkeiten.

1. Man betrachtet die Werte $v_m$ als die in der Wegmitte oder Zeitmitte der einzelnen Meßperioden herrschenden wirklichen Geschwindigkeitswerte. Dies ist insbesondere dann berechtigt, wenn die Geschwindigkeitsänderung während einer Meßperiode als gleichbleibend angesehen werden kann. Dementsprechend errichtet man auf den zu den einzelnen Meßperioden gehörenden Wegstrecken (Abb. 533) die Mittellote und trägt auf diesen die am Ende der Meßperiode angezeigten Geschwindigkeitshöhen ab. Die Verbindung der so erhaltenen Punktreihe stellt in erster Annäherung den Geschwindigkeitsverlauf über dem Weg dar (Auswertverfahren gemäß Angabe des Lieferwerkes).

2. Unter der Annahme, daß die Geschwindigkeitsänderung während einer Meßperiode gleichbleibend ist, herrscht am Ende der $n$-ten bzw. Anfang der $(n+1)$-ten Meßperiode eine Geschwindigkeitshöhe, die zwischen den aufgezeichneten Geschwindigkeitshöhen der $n$-ten und $(n+1)$-ten Meßperiode liegt, also erhalten wird aus der halben Summe der zur $n$-ten und $(n+1)$-ten Meßperiode gehörenden aufgezeichneten Geschwindigkeit, also

$$v = \frac{v_n + v_{(n+1)}}{2}.$$

Oder: Der Geschwindigkeitsverlauf wird dadurch erhalten, daß man zu der am Ende einer Meßperiode aufgezeichneten Geschwindigkeit die halbe Geschwindigkeitsänderung der nächstfolgenden Meßperiode zuzählt oder abzieht, je nachdem ein beschleunigter oder verzögerter Fahrzustand vorliegt.

Bei den beiden letztgenannten Auswertarten ist noch folgendes zu beachten:

Die 1. Meßperiode liegt innerhalb der 0. bis 1. s. Der Meßpunkt $A$ ist also nicht genau festgelegt, da er von der zufälligen Stellung des Meßwerkes abhängt. Dagegen ist der Schreibbeginn durch das Einritzen eindeutig gegeben und damit auch der Beginn der wahren Geschwindigkeitskurve. Ähnliche Verhältnisse liegen beim Bremsen kurz vor dem Stillstand des Fahrzeuges vor. Beträgt z. B. die mittlere Geschwindigkeit der letzten Meßperiode vor dem Stillstand des Fahrzeugs 5 km/h, so ist die Endgeschwindigkeit der gleichen Meßperiode Null. Der Schreibstift fällt auf die Höhe 5 km/h zurück. Nun findet aber, weil schon Stillstand herrscht, kein Ansteigen des Zahnsegmentes und kein Vorschub des Papieres mehr statt, so daß der Schreibstift auf 0 zurückfällt; deshalb werden diese 5 km/h nicht durch eine waagerechte Linie, sondern lediglich durch einen Punkt dargestellt, der in der fallenden Linie liegt und deshalb nur schwer erkennbar ist.

Abb. 536. Bruhnscher Geschwindigkeitswegschreiber (Taxameter- und Kontrollapparate-G. m. b. H., Berlin).

Wichtig ist, daß der Beginn irgendeiner Geschwindigkeitsänderung, z. B. der Beginn der Bremswirkung, eindeutig aufgezeichnet wird, damit der zugehörige Weg möglichst genau abgelesen werden kann. Beim Hasler-Gerät üblicher Ausführung wird der wahre Verzögerungsverlauf bei Auswertung rückwärts extrapoliert bis zum Schnitt mit der vom Gerät eingeritzten Linie.

Der Schnittpunkt ergibt den Ausgangspunkt der Geschwindigkeitsänderung. Das Verfahren ist nur annähernd richtig und mit Vorsicht anzuwenden.

Abb. 537. Bruhnsches Schreibgerät.

Zweckmäßiger ist es, in das Gerät einen Magnetschreiber einzubauen, der von Schaltkontakten, die z. B. auf dem Fußbremshebel angebracht sind, betätigt wird, wodurch der Beginn der Bremsung einwandfrei aufgezeichnet wird.

*Auswertung der Beschleunigung.* Den Beschleunigungsverlauf erhält man aus der Geschwindigkeitszeitlinie (Abb. 535) auf einfache Weise, etwa durch graphische Differentiation nach der Zeit $t$.

Hat man nur die Geschwindigkeitsweglinie aufgezeichnet, so erhält man die Beschleunigung nach der Beziehung

$$b = \frac{dv}{dt} = \frac{dv}{ds} \cdot \frac{ds}{dt} = \frac{dv}{ds} \cdot v,$$

wo $s$ = Weg (m), $t$ = Zeit (s), $\frac{ds}{dt} = v$ = Geschwindigkeit (m/s), $\frac{dv}{dt} = b$ = Beschleunigung (m/s²) ist.

Die ($v\,s$)-Linie ist also nach dem Weg, etwa graphisch, zu differenzieren und der erhaltene Wert an jeder Stelle mit $v = \frac{ds}{dt}$, d. h. mit der jeweiligen Geschwindigkeit, zu multiplizieren.

Zur Beurteilung der Fahrleistungen wird der Beschleunigungsverlauf, wie auf S. 224 erläutert, über der Fahrgeschwindigkeit aufgetragen und ergibt die in Abb. 493 und 494 gezeigten Schaulinien.

**Bruhnscher Geschwindigkeitswegschreiber.** Das Meßgerät wird über eine biegsame Welle nach Abb. 536 vom Schlepprad aus angetrieben. Der Schreiber (Abb. 537) zeichnet die Geschwindigkeit auf ein kreisrundes Blatt auf, das verhältig dem zurückgelegten Weg gedreht wird.

Der Schreibstift hat eine Stahlspitze, die den Geschwindigkeitsverlauf in die auf dem Schreibblatt aufgebrachte Wachsschicht einritzt.

Die größte meßbare Geschwindigkeit ist 100 km/h, eine Umdrehung des Kreisblattes entspricht 1000 m Fahrweg. Einen Ausschnitt aus dem Meßblatt zeigt Abb. 538.

Der Meßvorgang vollzieht sich wie folgt (Abb. 539). Das Meßrad (*2*) wird $^1/_3$ s lang mittels des von einem Nocken gesteuerten Hebels (*3*) mit der Antriebswelle (*1*) gekuppelt und dreht sich dabei entgegen einer Federkraft. Der Nocken ist von einem Uhrwerk angetrieben. Durch die

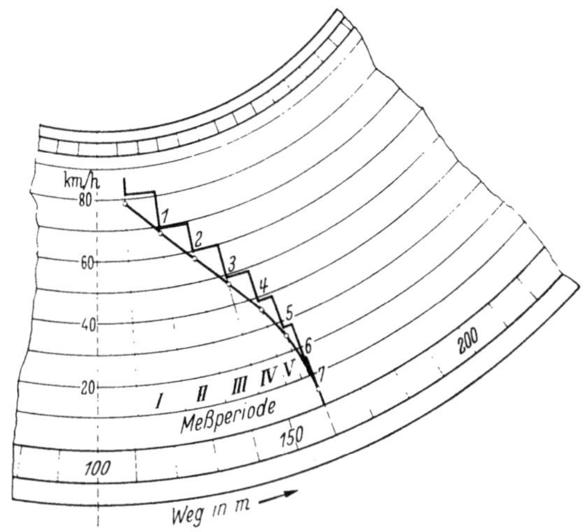


Abb. 538.
Ausschnitt aus dem Bruhnschen Schreibblatt (75).

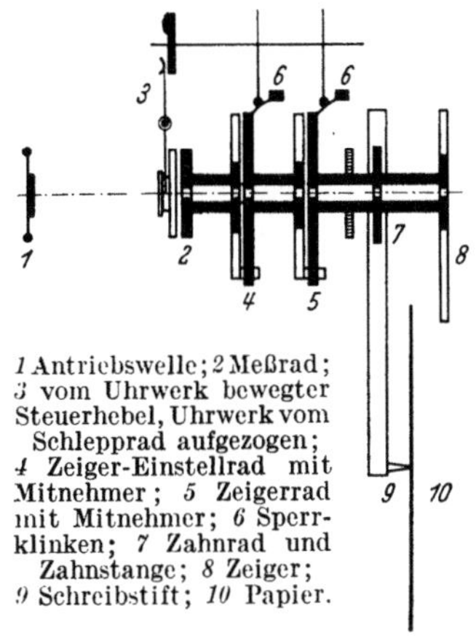


*1* Antriebswelle; *2* Meßrad; *3* vom Uhrwerk bewegter Steuerhebel, Uhrwerk vom Schlepprad aufgezogen; *4* Zeiger-Einstellrad mit Mitnehmer; *5* Zeigerrad mit Mitnehmer; *6* Sperrklinken; *7* Zahnrad und Zahnstange; *8* Zeiger; *9* Schreibstift; *10* Papier.

Abb. 539.
Aufbau des Bruhnschen Geschwindigkeitswegschreibers.

am Zeigereinstellrad (*4*) angebrachte Mitnehmernase wird dieses durch das Meßrad vorwärtsbewegt. In gleicher Weise wird das Zeigerrad (*5*) mitgedreht. Nach $^1/_3$ s wird das Meßrad (*2*) ausgekuppelt und fällt in seine Anfangslage zurück. Dagegen werden die Zeigereinstellräder (*4*) und (*5*) in diesem Augenblick durch Sperrklinken (*6*) gegen Rückdrehen gesichert. Nach weiteren $^1/_3$ s wird die Sperrklinke des Zeigereinstellrades (*4*) durch das Uhrwerk ausgelöst, so daß dieses Zeigereinstellrad in seine Ausgangslage zurückfällt.

Die Sperrklinke des Zeigerrades (*5*) hält dieses während der ganzen Meßperiode ($^2/_3$ s) fest. In der Zwischenzeit wird das Meßrad (*2*) nach Verlauf von $^1/_3$ s aufs neue mit der Antriebswelle für die Dauer von $^1/_3$ s gekuppelt und dreht sich zusammen mit dem Zeigereinstellrad (*4*), wenn z. B. die Geschwindigkeit geringer geworden ist, um einen kleineren Winkel als in der vorhergehenden Meßperiode. Gleichzeitig wird das Zeigerrad *5* freigeklinkt und fällt zurück bis zum Anschlag an der Nase des Zeigereinstellrades (*4*).

Die sich auf diese Weise, z. B. beim Bremsen des Fahrzeuges, ergebende Geschwindigkeitsstaffel ist in Abb. 540 auf rechtwinklige Koordinaten umgezeichnet wiedergegeben.

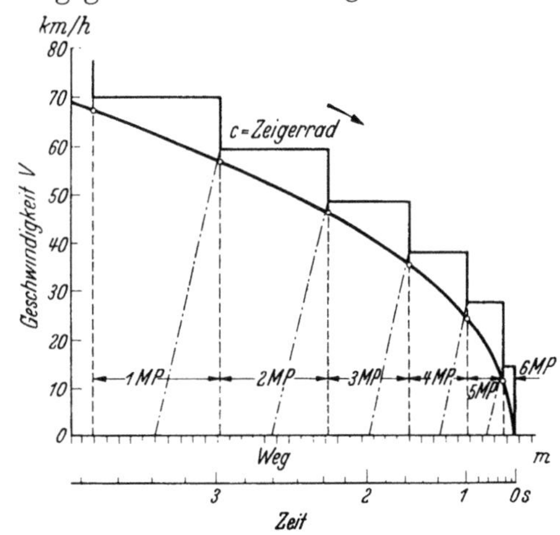


Abb. 540. Auswertung des Bruhnschen Bremswegdiagrammes (78).

*Auswertung der Geschwindigkeit.* Der Verlauf der Fahrgeschwindigkeit läßt sich wie folgt ermitteln:

Ähnlich wie das Vorschubelement des Hasler-Gerätes bewegt sich hier das Zeigereinstellrad verhältig dem zurückgelegten Weg in der zweiten Hälfte der Meßperiode während der Kupplungszeit von $^1/_3$ s vorwärts. Der zurückgelegte Weg ist ein Maß für die innerhalb der Kupplungszeit gefahrene mittlere Geschwindigkeit. Beim Bremsen etwa ist die wirkliche Fahrgeschwindigkeit zu Beginn der Kupplungsperiode größer, am Ende derselben kleiner als die am Schluß der Kupplungsperiode vom Gerät aufgezeichnete Geschwindigkeitshöhe. Der Verlauf der wirklichen Fahrgeschwindigkeit kann entsprechend den auf S. 227 angegebenen Richtlinien durch Aufzeichnen der Geschwindigkeitsmittelwerte über einer Zeitachse gefunden werden. Für übliche Messungen genügt eine Auswertung nach der auf S. 241 unter 2. angegebenen Weise.

In Anbetracht dessen, daß die Kupplungszeit die Hälfte der Meßperiode in Anspruch nimmt, erfolgt jedoch hier die Ermittlung der Geschwindigkeit am Ende einer Meßperiode dadurch, daß vom Eckpunkt der 4. Teil der Geschwindigkeitsstufe der nächstfolgenden Meßperiode, und zwar bei Verzögerungen nach unten und bei Beschleunigung nach oben abgetragen wird (Abb. 538 und 540).

*Auswertung der Beschleunigung.* Nach dem Umzeichnen des Diagrammblattes auf rechtwinklige Koordinaten erfolgt die Ermittlung der Beschleunigung über der Fahrgeschwindigkeit in der auf S. 242 beschriebenen Weise.

Auch die auf dem Grundsatz der Grundzeitmessung arbeitenden Geräte erfordern noch weitgehende Auswertarbeiten. Dabei sind, besonders beim Erfassen der Bremsgeschwindigkeiten, die bis heute üblichen Meßperioden mit $^1/_3$ bzw. $^2/_3$ s noch zu groß. Es ist zu erstreben, für derartige Einrichtungen die Meßperiode auf $^1/_{10}$ s zu verkleinern, womit dann auch eine weitgehende Annäherung der aufgezeichneten Staffelkurve an die wahre Geschwindigkeitslinie erreicht wird. Da sich bei Erniedrigung der Meßperiode auf $^1/_{10}$ s die Massenkräfte nicht mehr ohne weiteres bewältigen lassen, wird es notwendig sein, die Vorschubelementenzahl zu erhöhen und elektrisch gesteuerte Vorrichtungen zu verwenden.

**Elektrischer Beschleunigungsmesser.** a) Zur Abkürzung der Auswertarbeiten sollten Geräte verwendet werden, die die Beschleunigung über dem Fahrweg oder der Geschwindigkeit selbsttätig angeben. Dies kann auf mechanischem Weg durch zweimaliges Differenzieren nach dem Grundzeitverfahren erfolgen. Derartige Geräte sind im Handel jedoch noch nicht erhältlich, sie befinden sich in der Entwicklung.

b) Eine zweite Möglichkeit ist die der elektrischen Lösung. Ein Gleichstromerzeuger ist mit der Schleppradantriebswelle drehstarr gekuppelt und über einen Kondensator an ein Anzeigegerät oder einen Linienschreiber angeschlossen. Bei gleichbleibender Drehzahl fließt kein Strom. Jeder Drehzahländerung entspricht eine Spannungsänderung, die einen Stromstoß durch den Kondensator zur Folge hat, der das Meßgerät zum Ausschlag bringt. Die Größe des Stromes ist gegeben durch

$$i = C \frac{\mathrm{d}E}{\mathrm{d}t} = C \cdot k \cdot \frac{\mathrm{d}\omega}{\mathrm{d}t}. \tag{1}$$

Hierbei ist

$i$ = Stromstärke (A),
$C$ = Kapazität des Kondensators (F),
$E$ = Spannung des Gleichstromerzeugers (V),
$t$ = Zeit (s),
$\omega$ = Winkelgeschwindigkeit (1/s),
$k$ = eine Konstante, die sich aus den Maschinenverhältnissen wie folgt errechnet:

$$E = k \cdot \omega \quad \text{oder} \quad k = \frac{E \cdot 30}{\pi \cdot n}.$$

Aus (1) ergibt sich, daß der Strom im Kondensatorkreis verhältig der Winkelbeschleunigung $\frac{\mathrm{d}\omega}{\mathrm{d}t}$ ist. Bei der Siemensschen Anlage liefert der Gleichstromerzeuger die Spannung $E = 800$ V bei $n = 200$ U/min, so daß sich hieraus $k = 3{,}81$ V/s ergibt. Der Kondensator besitzt die Größe $C = 40\,\mu$F.

# 2. Fahreigenschaften.

Während, wie oben erwähnt, der Begriff der „Fahrleistungen" sich auf die erreichbaren Geschwindigkeiten, Steig- und Beschleunigungsfähigkeiten erstreckt, sind unter „Fahreigenschaften" das Verhalten des Fahrzeuges auf der Fahrbahn in Federung, Lenkung, Bremsung, Richtungshaltung, Antrieb, Fahrsicherheit und Fahrannehmlichkeit zu verstehen.

## A. Bremsung.

### I. Allgemeines.

Die Geräte zur Feststellung der Bremsverzögerung und des Bremsweges sind im Zusammenhang mit den Fahrtenmeßgeräten auf S. 228 ff. behandelt.

Hier soll über den Bremsvorgang, seine zeitliche Einteilung, die Verteilung der Bremsenergie und über die meßtechnische Ermittlung der Verzögerungszahlen beim Bremsen berichtet werden.

Die Verzögerungskräfte beim Bremsen eines Fahrzeuges auf freier, ebener Fahrbahn setzen sich zusammen aus:

1. der Bremswirkung durch die Bremsen selbst und durch die Reibung zwischen Reifen und Fahrbahn;

2. der Bremswirkung durch den Luftwiderstand des Wagenkörpers und den Lüfterwiderstand der Räder;

3. der Bremswirkung der inneren Triebswerksteile und des Motors beim Schließen der Drosselklappe oder Umlegen der Steuerung auf Kompressorbetrieb (Motorbremse), falls mit Beginn des Bremsvorganges nicht gleichzeitig die Kupplung gelüftet wird oder ein eingebauter Freilauf zur Wirkung kommen kann.

Die Wirkungen 2 und 3 sind zusätzlich. Nur die Wirkung 1 kann die bei Gefahr erforderliche starke Bremsung herbeiführen.

Beim Entwurf einer Bremsanlage und bei genauen meßtechnischen Untersuchungen über die Wärmebeanspruchungen ist die Verteilung der sich in Wärme umsetzenden Bewegungsenergie von besonderer Wichtigkeit. Bei der Beurteilung der Bremsfähigkeit genügt es im allgemeinen, den Bremsweg oder die erreichte mittlere Verzögerung meßtechnisch einwandfrei zu erfassen und zum Fahrgewicht in einfache Beziehung zu bringen. Die Wärmeverteilung und die Ermittlung des Bremsweges bzw. der mittleren Verzögerung sind in den nachstehenden beiden Abschnitten getrennt behandelt.

### a) Der Wärmeumsatz.

Beim Umsatz der abzubremsenden Bewegungsenergie in Reibungswärme sind die vorgenannten Teilwirkungen 1., 2. und 3. je nach den vorliegenden Verhältnissen in verschieden starkem Maße beteiligt.

Zur Darstellung dieser Energie- bzw. Wärmeverteilung bei Allradbremsung ist die Aufstellung der Arbeitsgleichungen, wie auch von Langer vorgeschlagen, für 3 Fälle notwendig:

a) reines Gleiten der Reifen,

b) reines Rollen der Reifen,

c) teilweises Gleiten und Rollen der Reifen.

Hierbei wird angenommen, daß die Bremswirkung an sämtlichen Rädern gleich ist.

Für den Fall a), also bei reinem Gleiten der Reifen (Räder blockiert), verteilt sich die Bewegungsenergie, da in den Bremstrommeln und im Triebwerk keine Reibungsarbeit umgesetzt wird und der Rollwiderstand außerdem Null wird, wie folgt:

$$\frac{m\,v_0^2}{2} = \frac{G}{g} \cdot b \cdot s = G \cdot \mu_{gm} \cdot s + W_{Lm} \cdot s, \tag{1}$$

dabei bedeuten:

$m = \frac{G}{g}$ = längs der Fahrbahn bewegte Massen (kg s² m⁻¹),
$G$ = Gewicht des Fahrzeuges (kg),
$g$ = Erdbeschleunigung (m/s²),
$v_0$ = Ausgangsgeschwindigkeit (m/s),
$b$ = mittlere Bremsverzögerung (m/s²),
$s$ = Bremsweg (m),
$\mu_{gm}$ = mittlerer Gleitbeiwert Rad/Fahrbahn,
$W_{Lm}$ = mittlerer Luftwiderstand (kg).

Dem ersten Summand der Gl. (1) entspricht die auf dem Bremsweg $s$ zwischen Reifen und Fahrbahn entstehende Wärme, dem zweiten Summand der durch Luftreibung abgeführte Energieanteil.

Für den Fall b), also für reines Rollen der Reifen, tritt kein Gleiten zwischen Reifen und Fahrbahn auf, das Moment in den Bremstrommeln ist also gleich oder kleiner als das durch den Reibungsschluß am Boden erzielbare Moment am Umfang der Räder. Dann ist

$$\frac{M \cdot v_0^2}{2} = G \cdot f_m \cdot s + G \cdot \varphi \cdot \mu_{Bm} \cdot s + W_{Lm} \cdot s + W_{Trm} \cdot s + W_{vm} \cdot s, \tag{2}$$

dabei ist

$M = m + m_{\text{red}}$ = Gesamtmasse des Fahrzeugs (kg s² m⁻¹) (s. a. S. 221),
$m_{\text{red}} = \frac{1}{r^2} \cdot \sum J \cdot \lambda_{ü}^2$ = auf dem Radumfang reduzierte umlaufende Massen der Räder und Triebwerksteile (kg s² m⁻¹),
$r$ = Rollhalbmesser (m),
$J$ = Trägheitsmomente der einzelnen umlaufenden Massen (kg m s²),
$\lambda_{ü}$ = Untersetzungsverhältnis zwischen Rad und umlaufendem Triebwerksteil,
$f_m$ = mittlerer Rollwiderstandsbeiwert,
$\varphi = \frac{B \cdot r_B}{G \cdot r}$ = Zahl, die das Verhältnis der Bremsbackenanpreßkraft $B$ zur Radlast $G$ und des Bremstrommelhalbmessers $r_B$ zum Rollhalbmesser $r$ angibt,
$\mu_{Bm}$ = mittlerer Gleitbeiwert für den Bremsbelag auf den Bremstrommeln,
$W_{Trm}$ = mittlerer Widerstand der inneren Triebwerksteile und des Motors, auf den Radumfang bezogen (kg),
$W_{vm}$ = mittlerer Lüfterwiderstand der Räder, auf den Radumfang bezogen (kg).

In der Gl. (2) stellt der erste Summand die Rollwiderstandsarbeit auf dem Bremsweg $s$, der zweite die von den Bremstrommeln aufgenommene Energie, der dritte die durch Luftreibung abgeführte Energie, der vierte die beim Bremsen im leerlaufenden Motor und Triebwerk umgesetzte Energie und der fünfte die durch Lüfterreibung der Räder abgegebene Energie dar.

Für den Fall c), also für teilweises Gleiten und Rollen der Reifen, wie es praktisch immer vorliegt, wird die Arbeitsgleichung

$$\left.\begin{aligned} \frac{M \cdot v_0^2}{2} = G \cdot \mu_{Gm} \cdot \frac{\lambda_n}{100} \cdot s + G \cdot f_m \cdot \left(1 - \frac{\lambda_n}{100}\right) \cdot s + G\,\varphi \cdot \mu_{Bm} \times \\ \times \left(1 - \frac{\lambda_n}{100}\right) \cdot s + W_{Lm} \cdot s + W_{Trm}\left(1 - \frac{\lambda_n}{100}\right) \cdot s + W_{vm}\left(1 - \frac{\lambda_n}{100}\right) \cdot s, \end{aligned}\right\} \tag{3}$$

dabei ist

$\lambda_n$ das Gleiten der Reifen in Hundertteilen (s. a. S. 182).

Der erste Summand der Gl. (3) entspricht der Gleitarbeit der Räder bei dem Schlupf $\lambda_n$, der zweite der Rollwiderstandsarbeit, der dritte der in den Bremstrommeln in Wärme umgesetzten Energie, der vierte der Luftwiderstandsarbeit, der fünfte der vom Motor und Triebwerk aufgenommenen Energie und der sechste der Lüfterarbeit der Räder.

## b) Der Bremsweg und die mittlere Verzögerung.

Zur Feststellung der erreichten mittleren Verzögerungen bei üblicher Bremsung ist es nicht erforderlich, die in den Energiegleichungen erfaßten Energie- und Wärmeanteile einzeln zu bestimmen.

Man wählt hierzu eine einfachere Darstellungsart. Von den oben angeführten, an der Energieaufnahme beteiligten Einzelkräften stützen sich der Luftwiderstand des Wagenkörpers, der Lüfterwiderstand der Räder und die Reibungskraft zwischen Reifen und Fahrbahn, welche letztere man mit $R$ bezeichnet, gegen die Umgebung ab. Die Reibungskraft $R$ ist gleich dem Reibungswiderstand in den Bremstrommeln einschließlich des inneren Triebwerkswiderstands. Ob der Wärmeumsatz, außer dem durch Luftreibung bedingten, am Umfang der Reifen oder in den Bremsen bzw. im Triebwerk allein oder in diesen zusammen erfolgt, hängt von den unter a), b), c) auf S. 245 genannten Grundbedingungen ab.

Es gilt dann:

$$\frac{m \cdot v^2}{2} = \frac{G}{g} \cdot b_1 \cdot s + W_{L\,\mathrm{ges}} \cdot s, \tag{1}$$

$b_1$ ist dabei der der Sammelkraft $R$ entsprechende Verzögerungsanteil. Die Größe $\frac{1}{g} \cdot b_1$ sei im folgenden kurz mit $\varkappa'$ bezeichnet. Setzt man also für

$$\frac{1}{g}\, b_1 \cdot G = \varkappa' G = R$$

und, entsprechend der Abhängigkeit des Luftwiderstandes vom Quadrat der Geschwindigkeit für $W_{L\,\mathrm{ges}} = C \cdot v^2$ und schreibt für Gl. (1)

$$m \cdot v \cdot \mathrm{d}v = (R + C\,v^2) \cdot \mathrm{d}s,$$

so ist

$$\frac{m \cdot v \cdot \mathrm{d}v}{C \cdot v^2 + R} = \mathrm{d}s,$$

$$m \int_v^{v_0} \frac{v \cdot \mathrm{d}v}{C \cdot v^2 + R} = \int_s^{s_0} \mathrm{d}s,$$

$$s = \frac{m}{2\,C}\,(\ln C \cdot v^2 + R)_v^{v_0},$$

$$s = \frac{m}{2\,C} \cdot \ln \frac{C \cdot v_0^2 + R}{C \cdot v^2 + R}.$$

Damit ergibt sich der Bremsweg $s$ bis zum Stillstand des Fahrzeuges für $v = 0$ und $s = 0$ zu:

$$s = \frac{m}{2 \cdot C} \cdot \ln\left(\frac{C\,v_0^2}{R} + 1\right).$$

Aus Gl. (1) ergibt sich außerdem, daß das Wagengewicht auf die Größe des Bremsweges theoretisch keinen Einfluß hat, sofern der Luftwiderstand und die Wirkung der umlaufenden Massen außer acht gelassen wird. Die Luftbremskraft aber ist, wie aus Gl. (1) ebenfalls zu entnehmen, unabhängig vom Wagengewicht. Die Gewichtserleichterung der Fahrzeuge ist für Schnellbetrieb mit aus diesem Grund anzustreben.

Die Gesamtmasse des Fahrzeuges setzt sich, wie auf S. 221 und 245 näher behandelt ist, aus

$$M = m + m_{\text{red}} = \frac{G}{g} + \frac{1}{r^2} \cdot \sum J \lambda_{ü}^2$$

zusammen.

Für genaue Rechnung ist deshalb an Stelle der Masse $m$ die Masse $M = m + m_{\text{red}}$ zu setzen. Der Bremsweg ergibt sich dann aus der Beziehung

$$s = \frac{1}{2\,C}\left(\frac{G}{g} + \frac{1}{r^2}\sum J \lambda_{ü}^2\right) \cdot \ln\left(\frac{C\,v_0^2}{R} + 1\right).$$

Da oft die auf den Radumfang reduzierten umlaufenden Massen $m_{\text{red}}$ nicht gesondert bestimmt werden, werden sie vielfach als Zuschlag zur Wagenmasse mit etwa 10—15 vH bei Benutzung des unmittelbaren Ganges in Rechnung gesetzt, so daß für die Gesamtmasse $M$ die Größe $m \cdot (1 + 0{,}10)$ gesetzt wird.

**Ermittlung der Verzögerungszahl.** Ist $G$ das in Rechnung zu stellende Fahrzeuggewicht, $v_0$ die Ausgangsgeschwindigkeit, $s$ der Bremsweg, so ergibt sich bei Vernachlässigung der umlaufenden Massen

$$\frac{G}{2\,g} \cdot v_0^2 = \frac{G}{g} \cdot b \cdot s,$$

wobei $b$ ein Maß für sämtliche an der Bremsung beteiligten Einzelwiderstände darstellt. Man setzt nun für $\frac{1}{g} \cdot b$ die Verzögerungszahl $\varkappa$, die das Verhältnis der beim Bremsversuch ermittelten Bremsbeschleunigung zur Erdbeschleunigung darstellt. Werden die umlaufenden Massen berücksichtigt, so heben sich diese in ähnlicher Weise wie das Fahrgewicht in obiger Gleichung auf. Die Verzögerungszahl ergibt sich in jedem Falle aus dem durch Versuch ermittelten Bremsweg $s$ und der Ausgangsgeschwindigkeit $v_0$ zu

$$\varkappa = \frac{v_0^2}{2\,g\,s} \quad \text{und der Bremsweg zu} \quad s = \frac{v_0^2}{2\,g\,\varkappa}.$$

Auf einen Haftreibungs- oder Kraftschlußbeiwert darf, wie auf S. 249—252 gezeigt, nicht geschlossen werden.

## II. Die Einteilung des Bremsweges.

Bei der Durchführung von Bremsversuchen ist es notwendig, die Gesamtzeit vom Augenblick des Haltebefehls oder der Wahrnehmung eines Hindernisses bis zum Stillstand des Fahrzeugs zur Ermittlung der reinen Bremszeit und des zugehörigen Wegs zu unterteilen. Dabei ergibt sich neben der Bremszeit die für die Verkehrssicherheit häufig entscheidende Reaktionszeit.

Unter Reaktionszeit versteht die Psychotechnik die Zeit vom Augenblick der für den Fahrer mehr oder weniger überraschend auftretenden äußeren Erscheinung bis zum Eintreten der Wirkung der Handlung, die auf Grund der wahrgenommenen Erscheinung vom Fahrer vorgenommen werden muß.

Dementsprechend schließt die Reaktionszeit eines Fahrers erst dann, wenn die Handlung so weit fortgeschritten ist, daß die für Herbeiführung einer Wirkung notwendige Betätigung mechanischer Teile vollständig bewerkstelligt ist. Da damit die Reaktionszeit erst dann abschließt, wenn der Fußbremshebel (die Handbremse sei unberücksichtigt) vollständig durchgetreten ist, die Wirkung der Bremsanlage also bereits eingesetzt hat, ist die Länge der Reaktionszeit beeinflußt durch körperliche Kräfteäußerung der Prüfperson (Fußkraft) und durch die in der Bauart der Bremsanlage begründete Ansprechzeit. Demnach werden körperlich schwache Fahrer, z. B. Frauen, unter Umständen längere Reaktionszeiten aufweisen.

Je nach Gestaltung, Anordnung und Anzahl der Bedienungshebel, die für die Einleitung eines mechanischen Vorgangs betätigt werden müssen, kann die Reaktionszeit weiterhin lang oder kurz sein. Daraus erklären sich zum Teil die Unterschiede der zwischen 0,1 und 2,0 s liegenden Reaktionszeiten aus den bis jetzt an einzelnen Stellen vorgenommenen Reaktionsprüfungen.

Der zeitliche Ablauf bei der Bremsung ist folgender (Abb. 541):

1. Die Reaktionszeit ergibt sich aus folgenden Teilzeiten:

a) Die Schreckzeit ist die Zeit vom Augenblick des Befehls „Halt“ oder von der Wahrnehmung des Hindernisses in der Fahrbahn bis zur bewußt vorliegenden Sinneswahrnehmung des Fahrers. Je nach den vorliegenden Verhältnissen kann die Schreckzeit länger (bis über 1 s) oder kürzer, oder unter Umständen praktisch Null sein.

b) Die Latenzzeit ist die Zeit vom Augenblick der bewußt vorliegenden Sinneswahrnehmung bis zum Beginn der Handlung bei bewußten Reaktionen. Bei unbewußten Reaktionen erfolgt die Einleitung der Handlung reflektorisch. Auch die rein reflektorisch eingeleitete Handlung benötigt eine bestimmte Latenzzeit. Diese ist bedingt durch die Dauer der entsprechenden Gehirn- oder Nervenfunktionen.

c) Die Handlungszeit ist die Zeit, die benötigt wird, den Fuß vom Gashebel wegzunehmen, ihn auf den Bremshebel überzusetzen und diesen vollständig durchzutreten.

2. Die Bremszeit ist die Zeit vom Beginn der Bremswirkung, also dem Anliegen der Bremsbacken, bis zum Stillstand des Fahrzeugs.

Die Betätigung der Bremsen erfolgt durch Fußdruck oder Handzug über Seile, Gestänge oder Ölleitungen, durch Reibungshilfswirkung, durch Saug- oder Druckluft oder auch durch Elektromagnete.

Je nach der Bauart wird eine verschieden große Zeit für das Ansprechen der Bremsen benötigt werden. Die Ansprechzeit ist dabei z. B. die Zeit vom Beginn der Bewegung des Bremshebels bis zum Beginn der Bremswirkung bzw. bis zum Anliegen der Bremsbacken an den Bremstrommeln.

Beim weiteren Durchtreten des Bedienungshebels steigt der Anpressungsdruck der Bremsbacken bis zum vollen Spreizen der Backen. Bei einem Teil der Bremsanlagen kann dabei die Schlüsselstellung gegenüber der Fußhebelstellung um eine gewisse Zeit nachhinken.

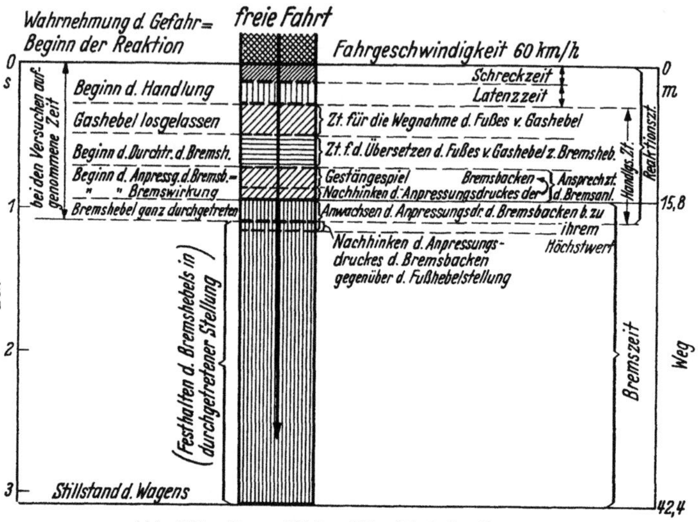


Abb. 541. Der zeitliche Ablauf bei der Bremsung.

Deshalb ist für eingehende Prüfungen neben der reinen Bremszeit für die Beurteilung einer Bremsanlage deren „Ansprech- und Nachhinkzeit" zu werten. Darüber hinaus ist die Gestaltung und Anordnung der Bedienungshebel für die Wertung von Einfluß.

Bei genauer Untersuchung einer Bremsanlage ist es notwendig, den aus Abb. 541 ersichtlichen Einzelvorgängen entsprechende Kontakte vorzusehen, die das Loslassen des Gashebels, das Niederdrücken der Fußbremse, den Beginn und das volle Öffnen des Bremsschlüssels an der Bremstrommel aufzuzeichnen gestatten.

Zur Ermittlung der Reaktionszeit des Fahrers ist für die Erteilung des „Halt"-Befehles ein akustisches und ein optisches Signal anzubauen, die für den Fahrer unvorhergesehen wahlweise verwendet werden können.

Die auf den S. 239 und 240 beschriebenen Schreibgeräte werden bei derartigen Messungen vorteilhaft verwendet, ebenso die auf S. 237 erwähnten Fußkontakte und Bremsschlüsselkontakte, die derart eingestellt werden können, daß sie bei jeder beliebigen Stellung des Bremsschlüssels ansprechen.

Bei der raschen Durchführung üblicher Bremsversuche ist es nicht möglich, an den Bremsschlüsseln der Räder Kontaktgeber anzubauen. Man begnügt sich hier damit, auf den Fuß- oder Handbremshebel einen Kontaktgeber zu setzen, wie beispielsweise beim Schumannschen Bremswegmesser (S. 229 und 230). Dann wird als Reaktionszeit die Zeit zwischen dem ersten Schuß und dem Beginn des Durchtretens am Bremshebel gewählt. Damit wird bei diesem Gerät die Reaktionszeit um die für das restliche Durchtreten des Fußbremshebels benötigte Zeit zu kurz aufgenommen. Dieser Zeitanteil beträgt durchschnittlich 0,02 s, ist also im allgemeinen vernachlässigbar.

Versuche über die Gesamtzeitaufteilung von Bremsvorgängen haben ergeben, daß unter Ausschaltung etwaiger Schreckzeiten sich für einen Personenkraftwagen mit Öldruckbremsen folgende Teilzeiten ergeben:

0,2 s vom Beginn der Reaktion bis zum Loslassen des Gashebels.

0,2 s für das Übersetzen des Fußes vom Gashebel zum Bremshebel.

0,05 s Ansprechzeit der Bremsanlage. Zusammen ergeben sich für die sog. vorbereitete Reaktionszeit durchschnittlich 0,45 s.

Erfolgt jedoch der Befehl zum Bremsen plötzlich, so kann die dadurch bedingte Schreckzeit beträchtlich höhere Werte annehmen, womit sich die gesamte Reaktionszeit unter Umständen verlängert (durchschnittlich 0,9 s).

Bei Lastfahrzeugen mit Druckluftbremse oder Druckluft-Öldruckverbundbremse wurden Ansprechzeiten von 0,1—0,4 s aufgenommen. Bei Anhängern ergaben sich je nach Länge und Strömungswiderstand von Leitung und Bremsventilen oft bis mehrere Sekunden, wenn nicht besondere Hilfsmittel, wie z. B. Schnellbremsventile, verwendet waren.

## III. Meßtechnische Erfassung der Reibungsbeiwerte und Bremsbeiwerte für Reifen und Fahrbahn.

Die Aufnahme von Reibungskräften beim Antreiben oder Bremsen eines Rades erfordert besondere Sorgfalt. Dabei muß das am Rad wirksame Antriebs- oder Bremsmoment so eingestellt sein, daß das Rad nicht durchdreht oder blockiert, d. h. daß der Wert $\lambda_v$ oder $\lambda_n$ $< 100$ vH ist (s. S. 183). Weil (*391*) und Knipping haben die Verhältnisse beim Bremsen an einer besonders hierfür gefertigten Einrichtung (Abb. 542 und 543) aufgenommen.

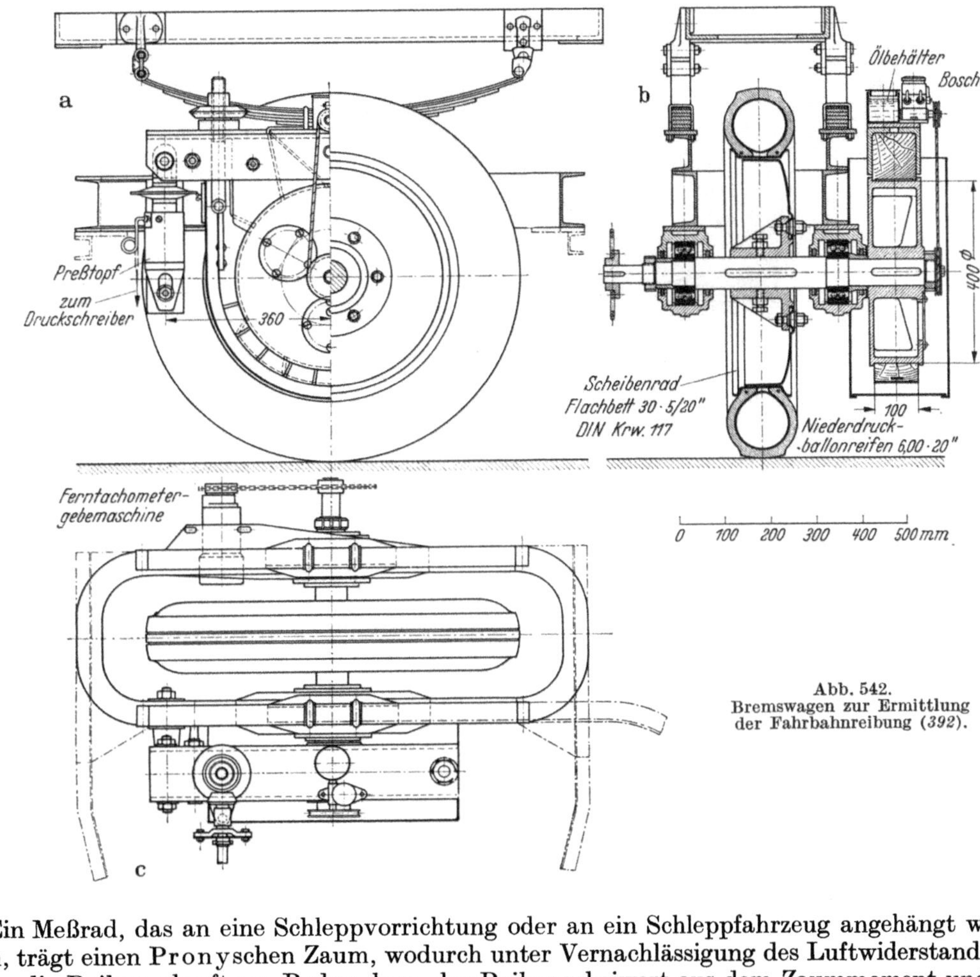


Abb. 542.
Bremswagen zur Ermittlung der Fahrbahnreibung (*392*).

Ein Meßrad, das an eine Schleppvorrichtung oder an ein Schleppfahrzeug angehängt werden kann, trägt einen Pronyschen Zaum, wodurch unter Vernachlässigung des Luftwiderstandes des Rades die Reibungskraft am Boden bzw. der Reibungsbeiwert aus dem Zaummoment und dem für die Überwindung der Lagerreibung erforderlichen Drehmoment ermittelt werden kann. Letzteres kann bei entsprechender Lagerausbildung vernachlässigt werden.

Die Größe der Reibungskräfte am Boden und die Umlaufzahl des Bremsrades wird durch besondere Schreibeinrichtungen aufgenommen, die tatsächliche Fahrgeschwindigkeit durch ein besonderes Meßrad ermittelt. Die Bremsbacken werden bei gleichbleibender Fahrgeschwindigkeit langsam und gleichmäßig angezogen.

Abb. 544 zeigt Meßergebnisse für eine trockene Straßendecke (Teermakadam). Die obere Linie gibt den Verlauf der Reibungskraft am Boden, die untere die Umdrehungszahl des Bremsrades wieder. Mit gleichmäßig zunehmendem Zaummoment nimmt die Drehzahl des Bremsrades langsam ab bis zum Stillstand bzw. Blockieren. Die Reibungskraft (obere Linie) steigt zunächst an, bei einer Gleitung von etwa 50 vH (halbe Umdrehungszahl des Meßrades) erreicht sie den Höchstwert und fällt dann leicht ab.

Nach dem Blockieren des Rades wurden diese Versuche mit Rücksicht auf den Reifenverschleiß unterbrochen, so daß Werte über die Reibungskraft beim Gleiten hier nicht vorliegen. Erfahrungsgemäß nimmt bei gleitendem Rad die Reibungskraft um etwa 10 vH ab. Wesentlich ist dabei die Belastung des Rades. Bei annähernd unbelastetem Rad wird die Reibungskraft beim Gleiten sehr gering, da das Rad rupft und dadurch der Kraftschluß zwischen Reifen und Fahrbahn schlecht wird.

Abb. 543. Bremswagen zur Ermittlung der Fahrbahnreibung (*393*).

Abb. 545 zeigt die Abhängigkeit des Reibungsbeiwertes vom Gleiten des Rades, das den Kriechverlust (S. 182) mitenthält. Der Verlauf der Schaulinien läßt erkennen, daß erst bei etwa 15 vH Nacheilen große Reibungskräfte erzielt werden. Unterhalb etwa 20 vH Nacheilen liegt der Haftbereich, die kraftschlüssige Verbindung wird hier innerhalb der Grenzen des Haftvermögens beansprucht. Der Abschnitt ist also durch annähernd reines Kriechen gekennzeichnet. Zwischen 20 und 80 vH sind die Reibungskräfte nahezu unverändert groß, mit nur wenig Ausprägung liegen bei 30—50 vH die Höchstwerte. In nur wenigen Fällen konnte das Gleiten des Rades bis etwa 90 vH gesteigert werden, da es bei Erreichen der höchsten Reibungskraft im allgemeinen plötzlich blockiert wird. Bei 15 vH Nacheilen hat der Kriechvorgang

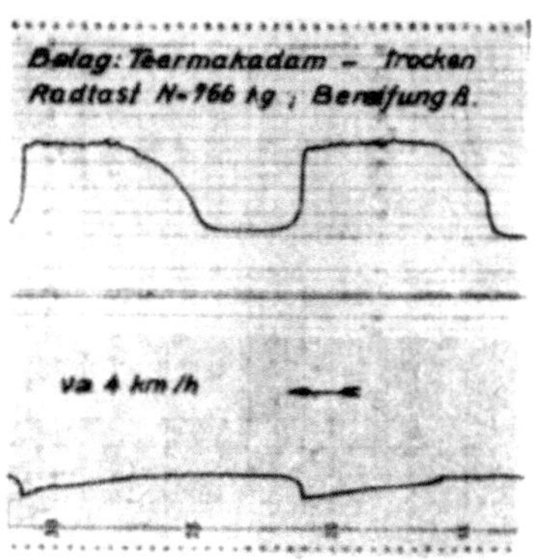

Abb. 544. Reibungskraft beim Bremsen und Umdrehungszahl des Bremsrades (*394*).

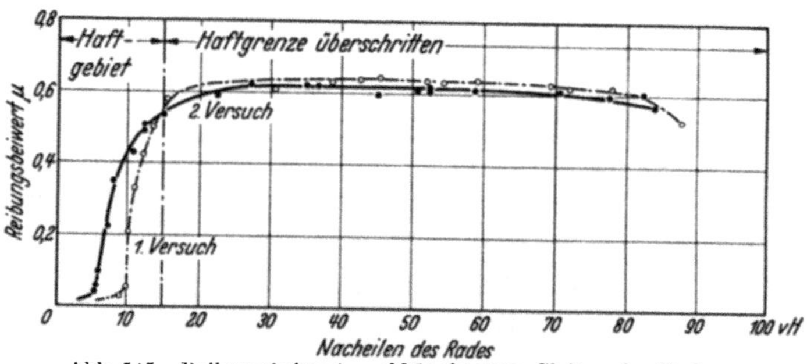


Abb. 545. Reibungsbeiwert $\mu$ abhängig vom Gleiten des Rades.

etwa seinen Höchstwert erreicht, von hier ab wird er zugunsten des reinen Gleitens schwächer, bei 100 vH verschwindet er, d. h. bei blockiertem Rad tritt reines Gleiten ohne Kriechen ein.

## IV. Bremsversuche mit Fahrzeugen.

Allgemein ist es üblich, aus den mit Fahrzeugen erreichten Bremswegen und den zugehörigen Ausgangsgeschwindigkeiten die mittlere Verzögerung zu bestimmen. Deren Größe wurde bisher als Maß für den Reibungsbeiwert zwischen Reifen und Fahrbahn unmittelbar verwendet, was unrichtig ist.

Sieht man von der Wirkung der Luftwiderstandskraft und der umlaufenden Triebwerksteile auf die am Fahrzeug wirkende Gesamtbremskraft ab, so kann der Bremswert entweder ein Maß für das erreichte Moment in den Bremstrommeln oder ein Maß für das Moment der Reifenreibung darstellen, je nachdem das in den Bremstrommeln erzeugbare Moment kleiner oder gleich ist wie das höchst mögliche Reifenreibmoment.

Sind Bremstrommelmoment und Reifenreibmoment einander gleich und ist die Bremstrommel gleichmäßig geschmiert und die Bremse genügend groß bemessen und sorgfältig eingestellt, so wird bei der Messung das höchste Reifenreibmoment erzielt, wenn das Rad gerade noch nicht blockiert. Ist das Bremstrommelmoment merkbar kleiner als das größtmögliche Reifen-

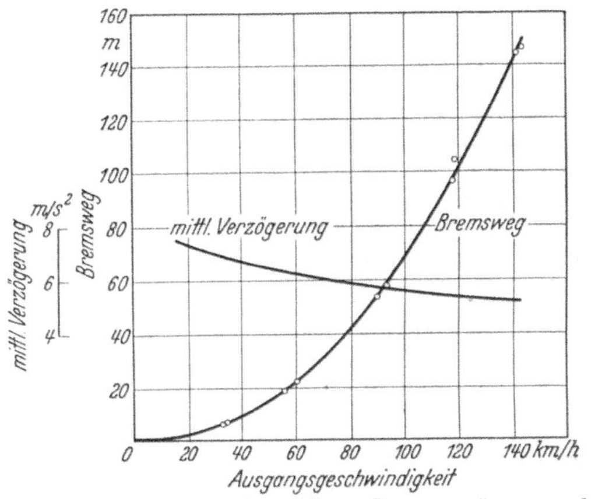


Abb. 546. Bremsweg und mittlere Bremsverzögerung ohne Reaktionszeit des Fahrers (Fahrzeug mit mechanischen Bremsen).

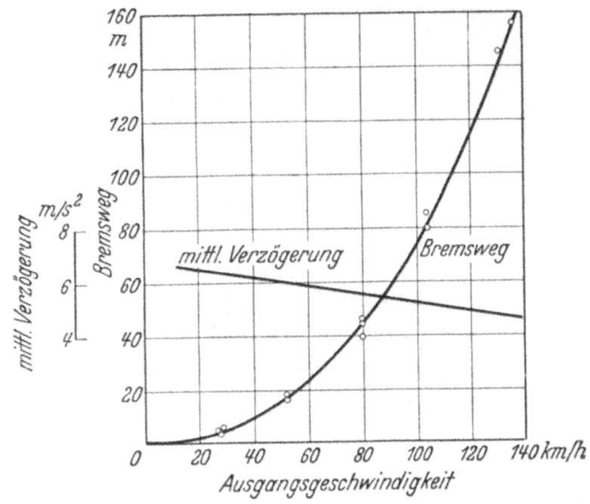


Abb. 547. Bremsweg und mittlere Bremsverzögerung ohne Reaktionszeit des Fahrers (Fahrzeug mit Öldruckbremsen).

reibmoment, so entspricht der errechenbare Reibungsbeiwert dem Bremstrommelmoment und stellt nicht den höchstmöglichen Beiwert für die Reibung zwischen Reifen und Fahrbahn dar.

Bei praktischen Versuchen läßt sich die Gleichheit zwischen Bremstrommelmoment und Reifenmoment nur in seltenen Fällen erreichen. Beim Bremsen aus niederen Fahrgeschwindigkeiten wird deshalb das Bremsmoment, falls überhaupt möglich, so weit gesteigert, daß die Räder blockieren und damit „gleiten". Bei trockener Fahrbahn und normal belastetem Fahrzeug werden dabei Reibungsbeiwerte erzielt, die dem wirklichen Wert auf etwa 5 vH nahekommen. Bei kleinen Geschwindigkeiten ist der Luftwiderstand als Anteil an der Bremskraft vernachlässigbar klein gegenüber der Reibungskraft der Reifen am Boden.

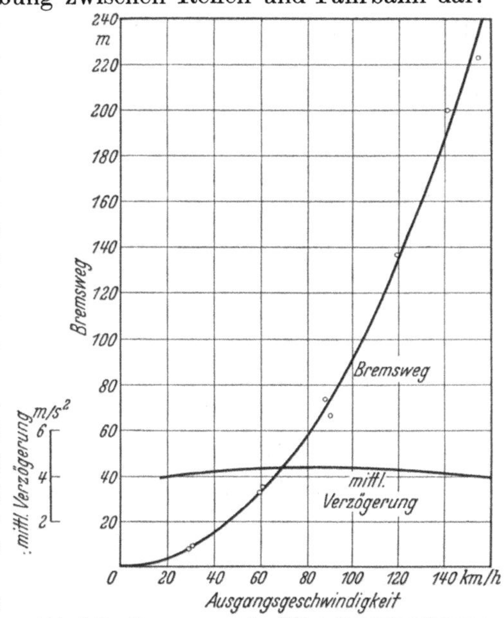


Abb. 548. Bremsweg und mittlere Bremsverzögerung ohne Reaktionszeit des Fahrers (Fahrzeug mit Servo-Unterdruckbremse).

Da bei blockierten Rädern die Seitenführungskraft sehr klein wird, neigt das Fahrzeug schon bei kleinen Unstimmigkeiten in der Bremseinstellung oder der Straßeneinwirkung zur Schleuderdrehung um eine senkrechte Achse. Bei kleinen Ausgangsgeschwindigkeiten (30 km/h) kann jedoch diese Schleudergefahr beherrscht werden.

Beim Bremsen aus hoher Fahrgeschwindigkeit (80 km/h und darüber) kann wegen der Schleudergefahr die Bremsanlage nicht bis zum Blockieren ausgenützt werden. Erst im Verlauf des Bremsvorganges tritt die volle Auswirkung der Bremsanlage bis in die Nähe der Blockiergrenze ein, die Bremsstärke muß dabei dem Gefühl des Fahrers überlassen werden.

Deshalb nimmt die während des Bremsvorgangs erzielbare mittlere Bremsverzögerung mit größer werdender Ausgangsgeschwindigkeit ab.

Abb. 546 zeigt die bei verschiedenen Ausgangsgeschwindigkeiten mit einer mechanischen Bremsanlage erzielten Bremswege. Der Verlauf der erreichten mittleren Verzögerungen, denen die Gesamtbremskräfte entsprechen, zeigt, daß die Werte mit höher werdender Ausgangsgeschwindigkeit abnehmen. Dies hat sich beim Bremsen einer Reihe von Fahrzeugen bestätigt. Die gleichen Ergebnisse zeigen auch Messungen mit einer Öldruckanlage (Abb. 547). Bei einem Fahrzeug mit Servo-Unterdruckbremse jedoch wurde, allerdings bei niedrigeren Gesamtwerten, der in Abb. 548 gezeigte Verlauf der mittleren Verzögerung erreicht, die hier von der Ausgangsgeschwindigkeit nahezu unabhängig ist. Es muß daraus geschlossen werden, daß die Art der Bremsanlage den Bremsvorgang verschieden beeinflussen kann.

Das starke Abfallen der mittleren Bremskraft nach Abb. 546 und 547 bei hohen Ausgangsgeschwindigkeiten ist außer auf den Einfluß der Bremsbedienung auch darauf zurückzuführen, daß die gebremsten Räder bei hoher Geschwindigkeit springen, wodurch der Kraftschluß zwischen Reifen und Fahrbahn beeinträchtigt wird.

Folgerungen. Nach den Erkenntnissen aus der meßtechnischen Erfassung der Reibungsbeiwerte beim Antreiben oder Bremsen zeigt sich, daß die mit dem gebremsten Meßrad aufgenommenen Werte als Kennziffern für die erreichte Reibung zwischen Reifen und Fahrbahn unter der Bezeichnung „Reibungsbeiwert bzw. Kraftschlußbeiwert" dann benützt werden können, wenn der mit dem Meßrad verbundene Pronysche Zaum eine genügend feinstufige Bremskrafteinstellung gestattet und wenn, was insbesondere für die hohen Fahrgeschwindigkeiten zu beachten ist, die wirksamen Luftkräfte berücksichtigt werden. Diese Reibungsbeiwerte gelten dann sowohl für das Antreiben wie für das Bremsen, sofern der Kraftschluß zwischen Reifen und Fahrbahn nicht etwa durch Springen des Rades unterbrochen wird.

Die aus Bremsversuchen mit Fahrzeugen errechneten Beiwerte stellen Kennwerte für die äußerst mögliche Griffigkeit zwischen Reifen und Fahrbahn, also Haftreibungsbeiwerte, nicht dar und werden deshalb als solche nicht bezeichnet. Es ist zweckmäßig, in diesen Fällen des Bremsens von Fahrzeugen von mittlerer Bremsverzögerung bzw. „Verzögerungszahl" zu sprechen (s. S. 247).

## V. Prüfung des in der Bremstrommel erzeugten Bremsmomentes.

Die Geräte dienen im wesentlichen dazu, Unzulänglichkeiten der Bremseinstellung und Ausgleichvorrichtung festzustellen und Abnützungs- und Verölungserscheinungen der Bremsbeläge zu ermitteln. Sie gelten mehr als Überwachungseinrichtung, weniger als Laboratoriumsgerät.

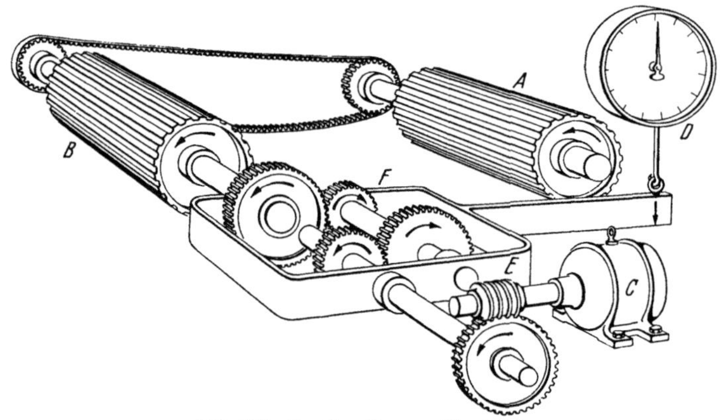

Abb. 549. Bendix-Bremsprüfer (*258*).
*A*, *B* Lauftrommeln; *C* Elektromotor; *D* Meßkopf; *E* Schneckenantrieb; *F* Ausgleichgetriebe.

Bei dem auf S. 189 beschriebenen Schenck-Prüfstand werden die 4 Lauftrommeln, auf denen das Fahrzeug steht, zusammen mit den Wagenrädern durch den eingebauten Elektromotor auf eine bestimmte Drehzahl gebracht. Die elektromagnetischen Kupplungen der Antriebswellen werden gelöst und die Bremsanlage des Fahrzeugs betätigt, wodurch die unter sich ausgeglichenen Lauftrommeln abgebremst werden. Bei ungleichmäßigem Auslauf der Trommeln wird das Bremsgestänge des geprüften Fahrzeuges nachgestellt. Durch Aufsetzen zusätzlicher Schwungmassen auf die Achsen der Lauftrommeln kann die Massenträgkeit des Fahrzeuges nachgeahmt werden, womit einfache Bremsversuche auf der Fahrstrecke ersetzt werden können.

**Der Bendix-Bremsprüfer.** Die Räder des zu prüfenden Fahrzeuges sitzen zwischen je 2 Lauftrommeln in ähnlicher Weise, wie bei dem auf S. 193 beschriebenen Doppeltrommelprüfstand. Zur Erzielung schlupfloser Übertragung der Umfangskräfte sind die Oberflächen der Trommeln *A* und *B* geriffelt (Abb. 549 und 550). Die beiden durch eine Zahnkette miteinander verbundenen Trommeln werden durch den Elektromotor *C* und den Schneckentrieb *E* angetrieben. Nach Einschalten des Elektromotors wird der Bremsbedienungshebel auf eine bestimmte Stellung eingestellt oder voll durchgetreten.

Die dadurch an den Lauftrommeln *A* und *B* entstehende Vergrößerung der Drehmomentsrückwirkung wird über das pendelnd gelagerte Ausgleichgetriebe *F* mit Hilfe des Meßkopfes *D* festgestellt.

Unter der Voraussetzung, daß Schlupf zwischen den treibenden Trommeln und dem gebremsten Wagenrad nicht vorliegt, ist die angezeigte Kraft ein Maß für das Bremstrommelmoment.

Bei der Durchführung der Messungen ist es zweckmäßig, einen gleichbleibenden Normaldruck auf den Fußbremshebel (25 kg) einzustellen.

**Fußkraftmesser.** Abb. 513 zeigt einen Bremskraftbegrenzer, der durch Klemmfedern auf den Fußbremshebel aufgesetzt werden kann. Mit Hilfe des im Kern sichtbaren Schraubengewindes wird die Feder auf eine bestimmte Vorspannung eingestellt. Bei Erreichen einer bestimmten Federkraft ertönt durch das Schließen eines Kontaktes im Anzeigegerät (Abb. 551) ein Summer

Abb. 550. Bendix-Bremsprüfer (259).

Abb. 551. Bremskraftbegrenzer im Betrieb (89).

oder es leuchtet eine Glühlampe auf. Bei Überschreiten der Kraft erlischt das elektrisch gegebene Signal. Mit diesen Hilfsmitteln kann die gewünschte Fußkraft eingehalten werden.

Eine zweite Ausführungsart, die sich einer Öldruckmeßdose bedient, ist in Abb. 552 dargestellt. Die Fußplatte drückt auf die Meßdosenmembran. Der Flüssigkeitsdruck wird mit Federmanometer gemessen.

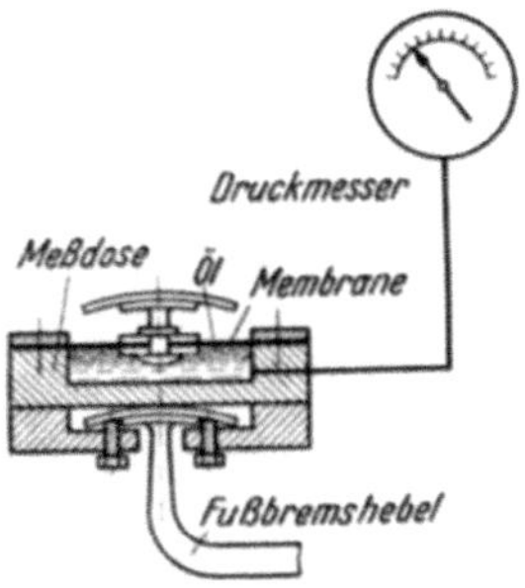


Abb. 552. Bremskraftmesser.

Abb. 553. Bild der Meßmethode des Kupplungspedaldruckes (250).

Ein drittes Gerät zeigt Abb. 553. Es besteht aus einem Rohrrahmen, dessen Unterteil auf der Fußplatte des Bremshebels aufgesetzt ist. Im Rahmen ist eine Zugfeder, an deren unterem Ende ein steigbügelartig ausgebildetes Gleitstück sitzt. Das die Zugfeder umgebende Rohr besitzt einen Längsschlitz, in dem ein Zeiger läuft und die ausgeübte Zugkraft an einer Zahlenleiter zur Anzeige bringt. Dieses Gerät verändert durch seine Gestaltung die für den Bedienungsfuß bei normaler Fahrt vorliegenden Raumverhältnisse stark. Seine Bedienung nimmt die Aufmerksamkeit des Fahrers erheblich in Anspruch.

# B. Die Federung.

## I. Allgemeines.

Zur versuchsmäßigen Ermittlung der Federungsgüte eines Fahrzeugs werden die im nachstehenden beschriebenen Meßeinrichtungen und Sondergeräte benützt. Hierbei sind zu unterscheiden Geräte, die zur Erfassung der Hindernisfederung dienen, und solche, die zur Feststellung der Seitensteifigkeit der Federung des Wagens benützt werden. Für die ersteren Zwecke werden Beschleunigungsmesser und Schwingungsschreiber benötigt.

Die Schwingungsschreiber zeigen bei Fahrt auf der Bahn im allgemeinen die verhältnismäßigen Bewegungen zwischen Achse und Rahmen, die Beschleunigungsmesser die auf den Rahmen gelangenden, in senkrechter Richtung wirkenden Stöße an.

Beider Aufgabe besteht darin, die gefühlsmäßige Einschätzung der Federung durch eine meßtechnische zu ersetzen. Hierbei ist neben der Kenntnis der Meßeinrichtungen und Meßverfahren die der schwingungstechnischen Grundlagen notwendig. Für die letzteren muß hier auf das einschlägige Schrifttum verwiesen werden. Eine Zusammenfassung aus diesem und die eingehende Berechnung sind in W. Kamm „Das Kraftfahrzeug" S. 128 ff. aufgeführt.

Die aus Messungen ermittelten Beschleunigungen liefern ein Maß für die Fahrbequemlichkeit, die Schwingungsausschläge der ungefederten Massen (Räder) gegenüber der Fahrbahn ein Maß für die sichere Übertragung der Radumfangs- und Seitenführungskräfte und damit ein Maß für die Fahrsicherheit. Fahrbequemlichkeit und Fahrsicherheit zusammen bestimmen die Federungsgüte eines Wagens.

Zur Ermittlung der Federungsgüte sind folgende Einzeluntersuchungen notwendig:

## II. Einzeluntersuchungen.

Bestimmung der Schwingungszahlen des Wagenaufbaues und des Einflusses der Federdämpfung.

Ermittlung der Beschleunigungen und Schwingungsausschläge des Wagenaufbaues.

Aufnahme der Schwingungsausschläge zwischen Achsen und Fahrbahn (Springen der Räder).

Feststellung der Kurvensteifigkeit.

### a) Bestimmung der Schwingungszahlen des Wagenaufbaues.

**Bestimmung durch Versuch.** Der Wagenkörper wird in der Nähe der Vorder- bzw. der Hinterachse von Hand durch senkrechte Kräfte zum Schwingen gebracht. Erfolgt die Erregung im Gleichtakt mit der Eigenschwingung, so ist diese mit geringem Kraftaufwand aufrecht erhaltbar. Unter Zuhilfenahme einer Stoppuhr wird die auf 1 min entfallende Anzahl von Vollschwingungen gezählt.

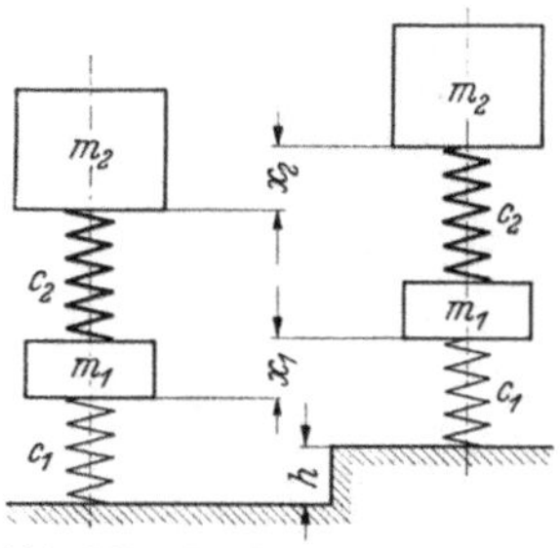


Abb. 554. Rechnerische Bestimmung der Schwingungszahlen des Wagenkörpers (*74*).

$m_1$ Achsmasse; $m_2$ Wagenmasse; $x_1$ Ausschlag der Achsmasse; $x_2$ Ausschlag der Wagenmasse; $c_1$ Federkonstante der Reifenfederung; $c_2$ Federkonstante der Wagenfederung; $h$ Höhe des Hindernisses.

Beim Einsetzen der ermittelten minutlichen Schwingungszahlen in Schwingungsgleichungen müssen diese im allgemeinen in Schwingungen je $2\pi$ Sekunden umgerechnet werden.

Praktische Versuche haben ergeben, daß die Schwingungszahlen bei Fahrt zum Teil niedriger sind als bei Stillstand des Fahrzeugs. Dies rührt daher, daß bei Fahrzeugen, bei denen die Durchfederung eine Verlegung des Radauflagepunktes zur Folge hat, z. B. bei spurverändernder Aufhängung — die der Federdurchbiegung entgegenwirkenden elastischen seitlichen Reifenkräfte beim abrollenden Rad mit wachsender Fahrgeschwindigkeit kleiner werden. Zur Ermittlung der Schwingungszahlen bei Fahrt kann das Fahrzeug auf die Trommeln eines Kraftwagenprüfstandes gesetzt werden und die Anfachung in der oben beschriebenen Weise erfolgen.

**Rechnerische Bestimmung der Schwingungszahlen des Wagenkörpers.** Wird das Hindernis $h$ überfahren (Abb. 554), so erhält man, wenn $m_2$ die Aufbaumasse, $m_1$ die Achsmasse, $x_2$ und $x_1$ die zugehörigen Ausschläge, $c_2$ und $c_1$ die Federkonstanten bedeuten, die Bewegungsgleichungen für die Aufbaumasse:

$$m_2 \frac{d^2 x_2}{dt^2} + c_2 (x_2 - x_1) = 0$$

und für die Achsmasse:

$$m_1 \frac{d^2 x_1}{dt^2} - c_2 (x_2 - x_1) + c_1 (x_1 - h) = 0$$

aus denen man (*371*) die Eigenschwingungszahlen $\gamma_1$ und $\gamma_2$ bestimmen kann zu

$$\gamma_{1,2}^2 = \frac{\frac{c_1 + c_2}{m_1} + \frac{c_2}{m_2}}{2} \pm \sqrt{\left(\frac{\frac{c_1 + c_2}{m_1} + \frac{c_2}{m_2}}{2}\right)^2 - \frac{c_1 c_2}{m_1 m_2}}\,.$$

Für die größere Schwingungszahl $\gamma_1$ gilt das Pluszeichen, für die kleinere $\gamma_2$ das Minuszeichen. Hielte man die Masse $m_1$ fest, so würde der Aufbau $m_2$ mit der „natürlichen“ Schwingungszahl

$$\gamma_2'^2 = \frac{c_2}{m_2}$$

schwingen. Hielte man umgekehrt $m_2$ fest, dann schwänge die Achsmasse $m_1$ mit der natürlichen Schwingungszahl

$$\gamma_1'^2 = \frac{c_1 + c_2}{m_1}.$$

Mit Hilfe dieser leicht zu berechnenden „natürlichen“ Schwingungszahlen kann man die wirklichen anders schreiben:

$$\gamma_{1,2}^2 = \frac{\gamma_2'^2 + \gamma_1'^2}{2} \pm \sqrt{\left(\frac{\gamma_2'^2 - \gamma_1'^2}{2}\right)^2 + \gamma_1'^2 \gamma_2'^2 \frac{c_2}{c_1 + c_2}}.$$

So erkennt man — man braucht nur das 2. Glied unter der Wurzel zunächst wegzudenken —, daß die kleinere natürliche Schwingungszahl $\gamma_2'$ durch die Kopplung herabgedrückt, die größere $\gamma_1'$ hinaufgedrückt wird.

Die Bewegung des Wagenaufbaues selbst ergibt sich als Überlagerung von Schwingungen mit diesen beiden Frequenzen $\gamma_1$ und $\gamma_2$ um die neue Ruhelage $x_2 = h$ zu

$$x_2 = h\left\{1 - \frac{\gamma_2^2}{\gamma_2^2 - \gamma_1^2} \cos \gamma_1 t + \frac{\gamma_1^2}{\gamma_2^2 - \gamma_1^2} \cos \gamma_2 t\right\}$$

und die Beschleunigung hieraus zu

$$\frac{d^2 x_2}{d t^2} = \frac{h \cdot \gamma_1^2 \gamma_2^2}{\gamma_2^2 - \gamma_1^2} (\cos \gamma_1 t - \cos \gamma_2 t).$$

Im Nachstehenden sei ein Beispiel für den Rechnungsgang aufgeführt (Hinterachsfederung Mercedes-Benz 1,7 l).

Abgefedertes Gewicht je Rad (hinten)

$$G_2 = 265 \text{ kg}, \quad m_2 = 27 \text{ kg/ms}^{-2},$$

unabgefedertes Gewicht je Rad (hinten)

$$G_1 = 45 \text{ kg}, \quad m_1 = 4{,}59 \text{ kg/ms}^{-2},$$

Federkonstante der Wagenfeder

$$c_2 = 2 \text{ kg/mm} = 2000 \text{ kg/m},$$

Federkonstante des Reifens

$$c_1 = 17 \text{ kg/mm} = 17000 \text{ kg/m}.$$

Damit ergeben sich die natürlichen Schwingungszahlen je $2\pi$ Sekunden zu

$$\gamma_2'^2 = \frac{c_2}{m_2} = \frac{2000}{27} = 74{,}1 \frac{1}{(2\pi s)^2} \quad \text{für den Wagenaufbau,}$$

$$\gamma_1'^2 = \frac{c_1 + c_2}{m_1} = \frac{19000}{4{,}59} = 4139 \frac{1}{(2\pi s)^2} \quad \text{für die Achsmasse.}$$

Damit wird

$$\gamma_1^2 = \frac{74{,}1 + 4139}{2} \pm \sqrt{\left(\frac{74{,}1 - 4139}{2}\right)^2 + 74{,}1 \cdot 4139 \cdot \frac{2000}{19000}}$$

$$= 2106{,}5 \pm \sqrt{4131056 + 3{,}23}$$

$$\gamma_1^2 = 2106{,}5 + 2032{,}5 = 4139 \frac{1}{(2\pi s)^2}$$

$$\gamma_2^2 = 2106{,}5 - 2032{,}5 = 74 \frac{1}{(2\pi s)^2}.$$

Die größere Schwingungszahl ist also

$$\gamma_1 = \sqrt{4139} = 64{,}3 \frac{1}{2\pi s}$$

und die Schwingungszeit

$$T_1 = \frac{2\pi}{\gamma_1} = 0{,}0976 \text{ s}$$

oder die Schwingungsanzahl je min

$$n_1 = \frac{30}{\pi} \gamma_1 = 614 \frac{1}{\text{min}}.$$

Die kleinere Schwingungszahl ist

$$\gamma_2 = \sqrt{74} = 8{,}6 \frac{1}{2\pi s}$$

und die Schwingungszeit

$$T_2 = \frac{2\pi}{\gamma_2} = 0{,}731 \text{ s}$$

oder die Schwingungsanzahl je min

$$n_2 = \frac{30}{\pi} \gamma_2 = 82{,}2 \frac{1}{\text{min}}.$$

Zahlentafel 13. Schwingungszahlen von verschiedenen

| | Wagentype | Rad-stand mm | Spurweite mm | Gesamt-gewicht leer kg | Schwerpunktlage: Abstand von der Vorder-achse mm | Schwerpunktlage: Abstand von der Fahrbahn mm | Gewichtsverteilung | abgefed. Gewicht kg | unabgefed. Gewicht kg | Achs-druck kg |
|---|---|---|---|---|---|---|---|---|---|---|
| 1 | Porsche 2,0 l | 2700 | 1365 | 1162 | 1530 | 769 | vorn | etwa 430 | etwa 70 | 500 |
| | | | | | | | hinten | etwa 570 | etwa 90 | 660 |
| 2 | Mercedes 1,7 l | 2600 | 1350 | 1135 | 1420 | 720 | vorn | etwa 435 | etwa 80 | 515 |
| | | | | | | | hinten | etwa 530 | etwa 90 | 620 |
| 3 | Mercedes 2,6 l | 2810 | 1420 | 1430 | 1550 | 990 | vorn | 460 | 180 | 640 |
| | | | | | | | hinten | 640 | 150 | 790 |
| 4 | Röhr 9/50 PS | 3050 | 1350 | 1325 | 1530 | 504 | vorn | 590 | 70 | 660 |
| | | | | | | | hinten | 585 | 80 | 665 |
| 5 | Porsche P VII | 2750 | 1350 | 1130 | 1225 | 740 | vorn | 360 | 125 | 485 |
| | | | | | | | hinten | 570 | 75 | 645 |
| 6 | Opel 1,2 l | 2286 | 1100 | 815 | 1180 | 626 | vorn | etwa 320 | etwa 75 | 395 |
| | | | | | | | hinten | 300 | 120 | 420 |
| 7 | Opel 1,8 l | 2540 | 1220 | 1035 | 1340 | 650 | vorn | etwa 320 | etwa 75 | 395 |
| | | | | | | | hinten | 300 | 120 | 420 |

Wagenaufbauten bei Stillstand und Fahrt (*131*).

| Feder-anordnung | Federkonstante $C$ Versuch I (kg/mm) | Federkonstante $C$ Versuch II (kg/mm) | Schwingungszahl pro Minute der abgefd. Massen | Versuch I | Versuch II | Reifendruck Versuch I (atü) | Reifendruck Versuch II (atü) | Reifentype Versuch I | Reifentype Versuch II |
|---|---|---|---|---|---|---|---|---|---|
|  | 3,45 | 3,45 | in Ruhe<br>bei Fahrt | 115<br>115 | 115<br>115 | 1,75 | 0,8 | 5×18<br>Ballon | 6,5×16<br>Aero |
| 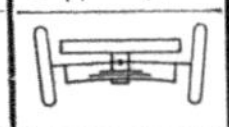 | 1,92 | 1,92 | in Ruhe<br>bei Fahrt | 110<br>95 | 110<br>95 | 2,0 | 1,0 | 5×18<br>Ballon | 6,5×16<br>Aero |
| 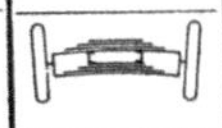 | 4,17 | 4,17 | in Ruhe<br>bei Fahrt | 148<br>126 | 148<br>126 | 1,9 | 1,9 | 5,25×17<br>Ballon | 5,25×17<br>Ballon |
| 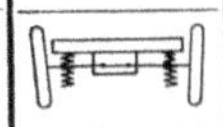 | 2,00 | 2,00 | in Ruhe<br>bei Fahrt | 118<br>88 | 118<br>88 | 1,9 | 1,9 | 5,25×17<br>Ballon | 5,25×17<br>Ballon |
| 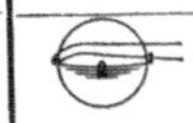 | 4,76 | 4,76 | in Ruhe<br>bei Fahrt | 150<br>150 | 150<br>150 | 2,25 | 2,25 | 5,25×20<br>Ballon | 5,25×20<br>Ballon |
| 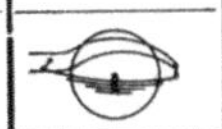 | 2,00 | 2,00 | in Ruhe<br>bei Fahrt | 102<br>102 | 102<br>102 | 2,25 | 2,25 | 5,25×20<br>Ballon | 5,25×20<br>Ballon |
| 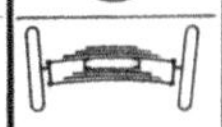 | 5,88 | 5,88 | in Ruhe<br>bei Fahrt | 135<br>124 | 135<br>124 | 2,25 | 2,25 | 14×4,5<br>Ballon | 14×4,5<br>Ballon |
| 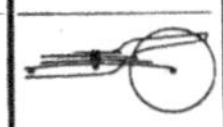 | 3,57 | 3,57 | in Ruhe<br>bei Fahrt | 150<br>106 | 150<br>106 | 2,25 | 2,25 | 14×4,5<br>Ballon | 14×4,5<br>Ballon |
| 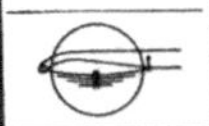 | 4,00 | 2,56 | in Ruhe<br>bei Fahrt | 140<br>140 | 128<br>128 | 2,0 | 2,0 | 5×18<br>Ballon | 5×18<br>Ballon |
| 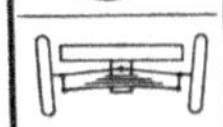 | 1,92 | 1,92 | in Ruhe<br>bei Fahrt | 112<br>95 | 112<br>95 | 2,5 | 2,5 | 5×18<br>Ballon | 5×18<br>Ballon |
| 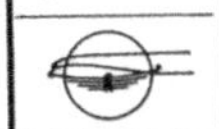 | 5,26 | 5,26 | in Ruhe<br>bei Fahrt | 162<br>162 | 162<br>162 | 1,75 | 1,75 | 4×18<br>Ballon | 4×18<br>Ballon |
| 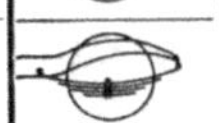 | 2,63 | 2,63 | in Ruhe<br>bei Fahrt | 112<br>112 | 112<br>112 | 2,0 | 2,0 | 4×18<br>Ballon | 4×18<br>Ballon |
| 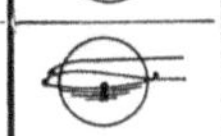 | 5,41 | 5,41 | in Ruhe<br>bei Fahrt | 160<br>160 | 160<br>160 | 2,25 | 2,25 | 4,4×26<br>Ballon | 4,4×26<br>Ballon |
| 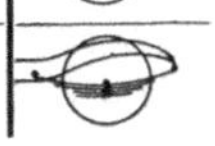 | 2,00 | 2,00 | in Ruhe<br>bei Fahrt | 110<br>110 | 110<br>110 | 2,25 | 2,25 | 4,4×26<br>Ballon | 4,4×26<br>Ballon |

ein Fernrohr abgelesen. Dabei ist die Durchbiegung der Achse abzuziehen. Abb. 555 zeigt den Einfluß des Reifenluftdruckes auf die Kennlinie, die bei mittleren Belastungen nahezu geradlinig verläuft. Bei der Durchführung derartiger Versuche sind die auf S. 180ff. behandelten Versuchsbedingungen für die Reifenerwärmung und die damit zusammenhängenden Reifendruckänderungen zu beachten.

**Steifigkeit der Feder.** *Federschwingungsmaschine.* Die Feder wird mit dem von ihr aufzunehmenden ruhenden Gewicht vorbelastet. Die Durchbiegung wird mit einem im Hub verstellbaren Kurbeltrieb erzeugt. Die Drehzahl und der Kurbelhalbmesser sind der Schwingungszahl und dem Schwingungsausschlag des jeweiligen Fahrzeugs etwa anzupassen. Der Verlauf der Kräfte wird auf das über eine Schreibtrommel gelegte Papier aufgezeichnet. Mit Hilfe eines Gleitstückes wird die Federdurchbiegung auf die Drehung der Schreibtrommel übertragen. Auf diese Weise erhält man das während der Schwingung entstehende Kraft-Wegschaubild der Feder. Dieses ist eine geschlossene ellipsenartig verlaufende Linie (Abb. 556), deren Inhalt gleich der in Wärme umgesetzten Dämpfungsarbeit der Federung ist.

Der ellipsenartige Verlauf ergibt sich daraus, daß der Reibungsdämpfung, die in der Blattfeder selbst steckt, ein geschwindigkeitsverhältiger Dämpfer parallel geschaltet ist.

Das aufgenommene Gesamtarbeitsdiagramm kann in eine Dämpfungsellipse und in das Reibungsparallelogramm zerlegt werden. Den Anteil der Reibungsdämpfung, d. h. die Höhe des Parallelogrammes erhält man durch langsames Durchdrehen der Kurbel bis zu dem Punkt, wo die Feder beginnt sich zu verformen. Damit kann das Diagramm gezeichnet werden. Der Rest zwischen Gesamtinhalt und Reibungsparallelogramm ist der Arbeitsanteil der Geschwindigkeitsdämpfung.

Die Arbeit $A_d$ bei Geschwindigkeitsdämpfung während einer vollen Schwingung vom Ausschlag $a$ und der Winkelgeschwindigkeit $\omega$ des antreibenden Kurbeltriebes berechnet sich nach Lehr (*292*) zu

$$A_d = \int k\,v\,\mathrm{d}s = \int\limits_{\omega t=0}^{\omega t=2\pi} k\,a^2\,\omega^2\sin^2(\omega t)\,\mathrm{d}t = \pi\,k\,a^2\,\omega .$$

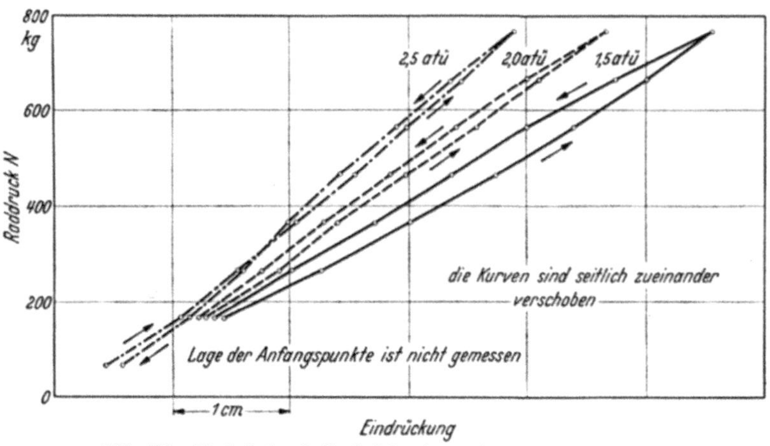


Abb. 555. Einfluß des Reifenluftdruckes auf die Kennlinie (*107*).

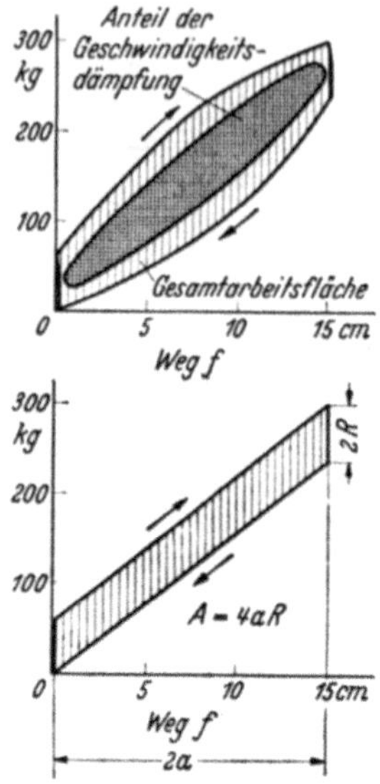


Abb. 556. Geschwindigkeits- und Reibungsdämpfung.

Will man in erster Annäherung die gesamte Dämpfung als Geschwindigkeitsdämpfung betrachten, so kann man damit aus der Gesamtarbeitsfläche das scheinbare $k_i$ berechnen nach der Formel

$$k_i = \frac{A_d}{\pi\,a^2\,\omega} .$$

Die Arbeit der Reibungsdämpfung ist

$$A_r = 2\,R\cdot 2\,a = 4\,R\,a,$$

wenn die konstante Reibungskraft $R$ ist.

Durch planmäßiges Probieren kann man die aufgenommene Arbeitsfläche in das Parallelogramm der Reibungsarbeit und die Ellipse der Geschwindigkeitsdämpfung zerlegen und so die Kennzahlen $k$ und $R$ ermitteln.

Abb. 557 stellt eine Prüfmaschine des Losenhausen-Werkes dar. Der obere Teil besteht aus einem Exzentertrieb mit Kreuzkopfführung für die Durchführung der Wechsellastversuche. Das Querjoch, auf welches die Federenden über Gleitschuhe sich abstützen, sitzt auf einem Öldruckzylinder zur statischen Prüfung der Feder. Die geäußerte Federkraft wird mit Öldruckmanometern gemessen, die Durchbiegung ist an einem Maßstab ablesbar. Eine Schreibvorrichtung dient zur Aufzeichnung von Weg und Kraft.

Abb. 557. Federprüfmaschine des Losenhausen-Werkes zur statischen und dynamischen Belastung der Feder (Losenhausen-Werk Düsseldorf).

Bei derartigen Einrichtungen muß die Reibung des Öldruckkolbens sehr gering sein, da sonst der Öldruckmesser falsche Werte angibt.

*Ausschwingversuche.* Soll die Steifigkeit der Federung und die Dämpferarbeit am Fahrzeug selbst festgestellt werden, ist es zweckmäßig, Ausschwingversuche an Vorder- und Hinterachse getrennt vorzunehmen (vgl. S. 254).

Der Fahrzeugkörper wird mit bestimmtem Ausschlag durch ein mit Sperrklinke versehenes Zugseil gegen den Boden gepreßt. Die Spannung kann plötzlich ausgeklinkt werden, so daß der Wagenkörper ausschwingt. Zur Übertragung der Ausschwingbewegung auf ein nach der Zeit vorwärts bewegtes Schreibpapier wird ein über Umlenkrollen laufender Spanndraht an geeigneter Stelle des Wagenkörpers angebracht. Nach Möglichkeit soll hierbei ein Punkt senkrecht über der Achsmitte gewählt werden. In allen anderen Fällen sind die Ergebnisse entsprechend umzurechnen.

Hat die Federung nur Reibungsdämpfung, so hat man für jede Halbperiode der Schwingung ein anderes Kräftespiel, je nachdem die Geschwindigkeit nach der einen oder anderen Seite gerichtet ist, nämlich

$$m\frac{d^2x}{dt^2} + c\,x = \pm R$$

($R$ = konstante Reibungskraft).

Die Massenkraft links bildet sich aber nur aus, wenn der Ausschlag im Umkehrpunkt jeweils so groß ist, daß die Reibung nicht allein die Federkraft aufheben kann; sobald der Anfangsausschlag einer Periode kleiner als $\frac{R}{c}$ wird, hört folglich die Schwingung dort plötzlich auf. Dementsprechend ist beim Versuch die Anpressung an den Boden groß genug zu wählen.

Es zeigt sich, daß der Schwingungsausschlag geradlinig abnimmt, und zwar um $2\frac{R}{c}$ in jeder Halbperiode.

Bei Federn mit großer Reibungsdämpfung, z. B. stark verrosteten Blattfedern, ergibt sich häufig, daß bei Schwingungen kleiner Amplitude und bei beliebiger Frequenz die Kraftübertragung wesentlich durch Reibung erfolgt. Aus diesem Grunde wirken beim Überfahren von Dehnungsfugen auf Betonstraßen sonst gute Federn unter Umständen als „hart".

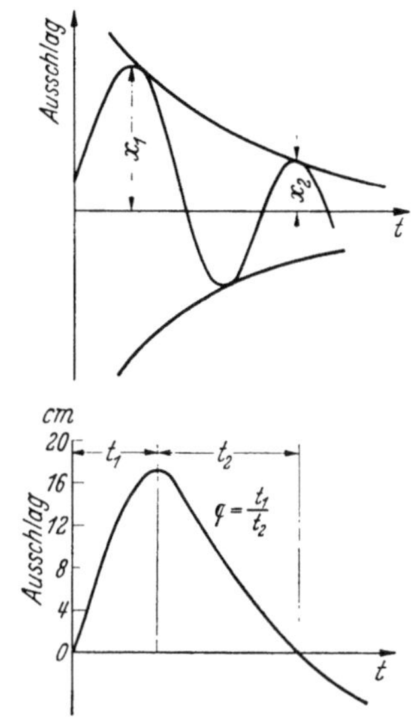


Abb. 558. Geschwindigkeitsgedämpfte Schwingung (oben: schwache Dämpfung; unten: starke Dämpfung).

Besteht die Wagenfeder aus einer Schraubenfeder und einem Flüssigkeitsdämpfer, so ist die Dämpfung im wesentlichen verhältig der Schwingungsgeschwindigkeit. Die Schwingungsausschläge, die bei Reibungsdämpfung verhältig der Zeit abnehmen, folgen bei Geschwindigkeitsdämpfung einer geometrischen Reihe. Denn sucht man aus der Gleichung der freien Schwingung

$$x = A \cdot e^{-\beta t} \sin(\omega_d t + \varphi)$$

irgend zwei aufeinanderfolgende Größtausschläge $x_n$ und $x_{n+1}$ und vergleicht sie, so ergibt sich

$$\frac{x_n}{x_{n+1}} = \frac{x_1}{x_2} = \cdots e^{\beta\frac{T}{2}} = \text{konstant},$$

$\left(\text{wo } T = \frac{2\pi}{\omega_d} = \text{Schwingungsdauer}\right)$, d. h. der Quotient zweier aufeinanderfolgender Ausschläge ist konstant (Abb. 558). Dementsprechend ist

$$\vartheta = \beta\frac{T}{2}$$

ein Maß für die Dämpfung: „Das logarithmische Dämpfungsmaß." Es ist mit der geschwindigkeitsverhältigen Dämpfung $\beta$ in der Beziehung:

$$\beta = \frac{\vartheta\,\omega_0}{\sqrt{\pi^2 + \vartheta^2}}$$

($\omega_0$ = ungedämpfte Eigenfrequenz). Auf diese Weise läßt sich die Dämpfung $\beta$ aus 2 aufeinanderfolgenden Schwingungsausschlägen rechnerisch bestimmen.

Wenn bei großer Geschwindigkeitsdämpfung nur eine Halbperiode gut ausgebildet und der Höchstausschlag einseitig verschoben ist, ergibt sich die Dämpfung $\beta$ auch aus dem Verhältnis $\varphi = \frac{t_1}{t_2}$ der Teilstrecken $t_1$ und $t_2$ (s. Abb. 558) zu

$$\frac{\beta}{\omega_0} = \cos\left(\frac{\varphi}{1+\varphi}\cdot\pi\right).$$

Um auch beim Ausschwingversuch, ähnlich wie bei der Federprüfmaschine, den Anteil der Reibungsdämpfung ermitteln zu können, geht man den von Lehr angegebenen Weg:

Mit Hilfe der aus der Scheitelverschiebung errechneten Dämpfung $\beta$ zeichnet man die zugehörige rein geschwindigkeitsgedämpfte Schwingungskurve gemäß nachstehender Beziehung auf:

$$x = a \cdot e^{-\beta t}\left(\cos \omega_d t - \frac{\beta}{\omega_d} \sin \omega_d t\right),$$

wenn $a$ = der Anfangsausschlag ist, und sonst die Bezeichnungen von früher gelten.

Die zwischen dieser Kurve und der aufgenommenen Schwingungskurve sich ergebende Fläche ist ein Maß für den Anteil der Reibungsdämpfung.

*Prüfstand für Schwingungsdämpfer.* In Fällen, in denen die Wirkung eines Dämpfers allein geprüft werden soll, genügt ein Prüfaufbau nach Abb. 559. Auf einer Planscheibe $A$ ist ein Kurbelzapfen aufgesetzt, der über die Schubstange $B$ den sonst mit der Radachse verbundenen

Abb. 559. Stoßdämpferprüfstand (*135*).
*A* Planscheibe; *B* Schubstange; *C* Planscheibe; *D* Welle; *E* Hebel; *F* geeichtes Federpaar; *G* Winkelhebel; *H* Schreibtrommel.

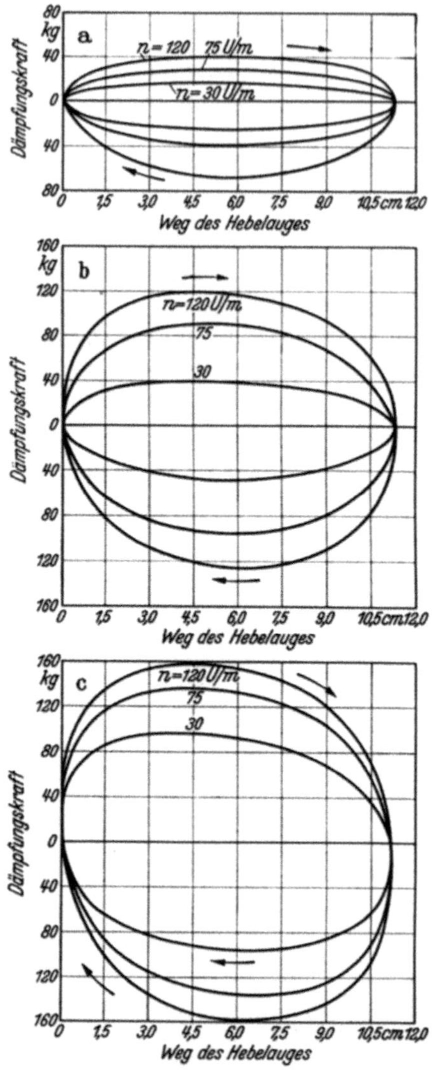


Abb. 560. Dämpfungskurven eines doppelseitig wirkenden hydraulischen Stoßdämpfers (Komet) (*136*). Dämpfungskraft in Abhängigkeit von verschiedenen Stoßfrequenzen.
a schwache, b mittlere, c starke Einstellung des Stoßdämpfers.

Hebel des Schwingungsdämpfers erregt. Der Dämpfer sitzt auf der Planscheibe $C$, die auf der Welle $D$ in Wälzlagern gelagert ist. Das auf die Scheibe $C$ übertragene Drehmoment, das um so größer ist, je stärker der Stoßdämpfer wirkt, wird am Ende des Hebels $E$ mit Hilfe des geeichten Federpaares $F$ gemessen. Die Formänderung dieser Federn, die ein Maß für die geäußerte Dämpfungskraft ist, wird über den Winkelhebel $G$ auf der Schreibtrommel $H$ aufgezeichnet. Der Weg des Stoßdämpferhebels bewirkt über einen Spanndraht eine Drehung der Trommel. Dementsprechend liefert die Aufzeichnung den Verlauf der Dämpfungskraft des Stoßdämpfers über dem Ausschlag, also Kraft-Wegdiagramme.

Da die Drehzahl des den Kurbeltrieb treibenden Elektromotores geregelt werden kann, und da der Hub veränderlich ist, können alle im Fahrbetrieb vorkommenden Einzelheiten bei verschiedener Dämpfereinstellung und Temperatur nachgeahmt werden. Abb. 560 zeigt Dämpfungskurven eines doppelt wirkenden, hydraulischen Komet-Stoßdämpfers bei verschieden starker Einstellung (*131*).

### c) Beschleunigungen und Schwingungsausschläge am Wagenkörper.

Messungen hierüber werden auf der Fahrbahn und auf Lauftrommeln von Prüfständen bei verschiedenen Fahrgeschwindigkeiten durchgeführt.

Bei Fahrbahnversuchen ist eine Strecke auszusuchen, bei der zunächst das allgemeine Verhalten des Fahrzeuges festgestellt werden kann. Sie soll keine besonders hergerichteten Hindernisse aufweisen.

Für die Prüfung des Einflusses besonderer Vorbedingungen, z. B. bei Bahnübergängen oder auf welligen Straßen, wo die Wellen in gleichmäßigen Abständen vorliegen, müssen besonders hergerichtete Straßen befahren werden.

Die General-Motors-Gesellschaft besitzt eine besonders angelegte Fahrbahn, die 2—3 m lange Wellen von etwa 15 cm Höhe enthält.

Abb. 561. Geigersches Gerät mit angebautem Kniehebel zur Aufnahme der Federdurchbiegungen (Lehmann & Michels, Hamburg).

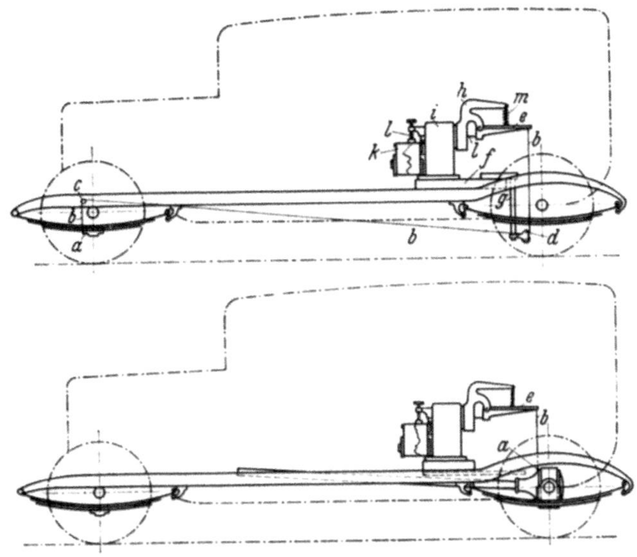


Abb. 562. Anordnung zur Messung der Durchbiegungen an Vorder- und Hinterrädern (*316*).
*a* Aufnahmepunkt; *b* Spanndraht; *c* Umlenkrolle; *d* Haltebügel; *e* Spannhebel; *f* Grundplatte; *g* Spannbügel; *h* Kniehebel; *i* Schwingungsmesser; *k* Schreibtrommel; *l* Schreibstift.

Zum Vergleich der Versuchsergebnisse von derartigen Straßen mit denen einer „Ideal"-fahrbahn ist eine Beton- oder Asphaltstraße mit vollständig gleichmäßiger Oberfläche erforderlich. Bei Betonstraßen ist darauf zu achten, daß die beim Bau nicht vermeidbaren Fugen mit Asphalt so ausgegossen und überglättet sind, daß sie keinen merklichen Stoß auslösen. (Die durch Betonstoßfugen erzeugten Stoßkräfte liegen, wie oben erwähnt, häufig innerhalb der Reibungsdämpfungskräfte von Blattfedern, so daß der Wagenaufbau die Stöße unvermindert aufnehmen muß.)

Zur Messung der an den abgefederten und unabgefederten Massen auftretenden Schwingungsausschläge und Beschleunigungen dienen Schwingungsschreiber und Massenpendel-Beschleunigungsmesser mit mechanischer, optischer oder elektrischer Vergrößerung.

Abb. 563. Schwingungsschreiber nach Dobberack (*138*).

#### 1. *Schwingungsschreiber zur Aufnahme der Ausschläge.*

Durch Einbau eines Kniehebels in das Geigersche Gerät können die Ausschläge der Massen mit Hilfe der normalen Schreibeinrichtung aufgenommen werden (s. Abb. 561). Den Aufbau des Gerätes im Fahrzeug zeigt Abb. 562. Es wird hier nicht als Schwinger, sondern nur als Schreibgerät benützt.

Abb. 563 zeigt den von Dobberack (*132*) benützten Schwingungsschreiber. Die beiden Schreibstifte sind durch Spanndrähte mit der Vorder- und Hinterachse über Leitrollen verbunden. Rückholfedern sorgen dafür, daß die Drähte stets straff gespannt sind und den Bewegungen der Achsen stetig folgen. Die verhältnismäßigen Bewegungen von Vorder- und Hinterachse gegenüber dem Rahmen werden im Maßstab 1:1 auf dem Papierband aufgezeichnet.

Der Papiervorschub erfolgt mit Elektromotor. Ist dessen Lauf gleichmäßig, so werden die Bewegungen der Räder gegenüber dem Rahmen in Form von Weg-Zeitschaubildern aufgenommen. Zur Vervollständigung des Gerätes wäre der Einbau eines Zeitschreibers zweckdienlich.

Abb. 564 zeigt die mit der Einrichtung aufgenommenen, verhältnismäßigen Schwingungen zwischen Achse und Aufbau auf 2 verschiedenen Versuchsstrecken (Schlaglöcher und gute Teermakadamstraße) mit und ohne Stoßdämpfer bei verschiedenen Fahrgeschwindigkeiten für einen 1,7 l-Wagen.

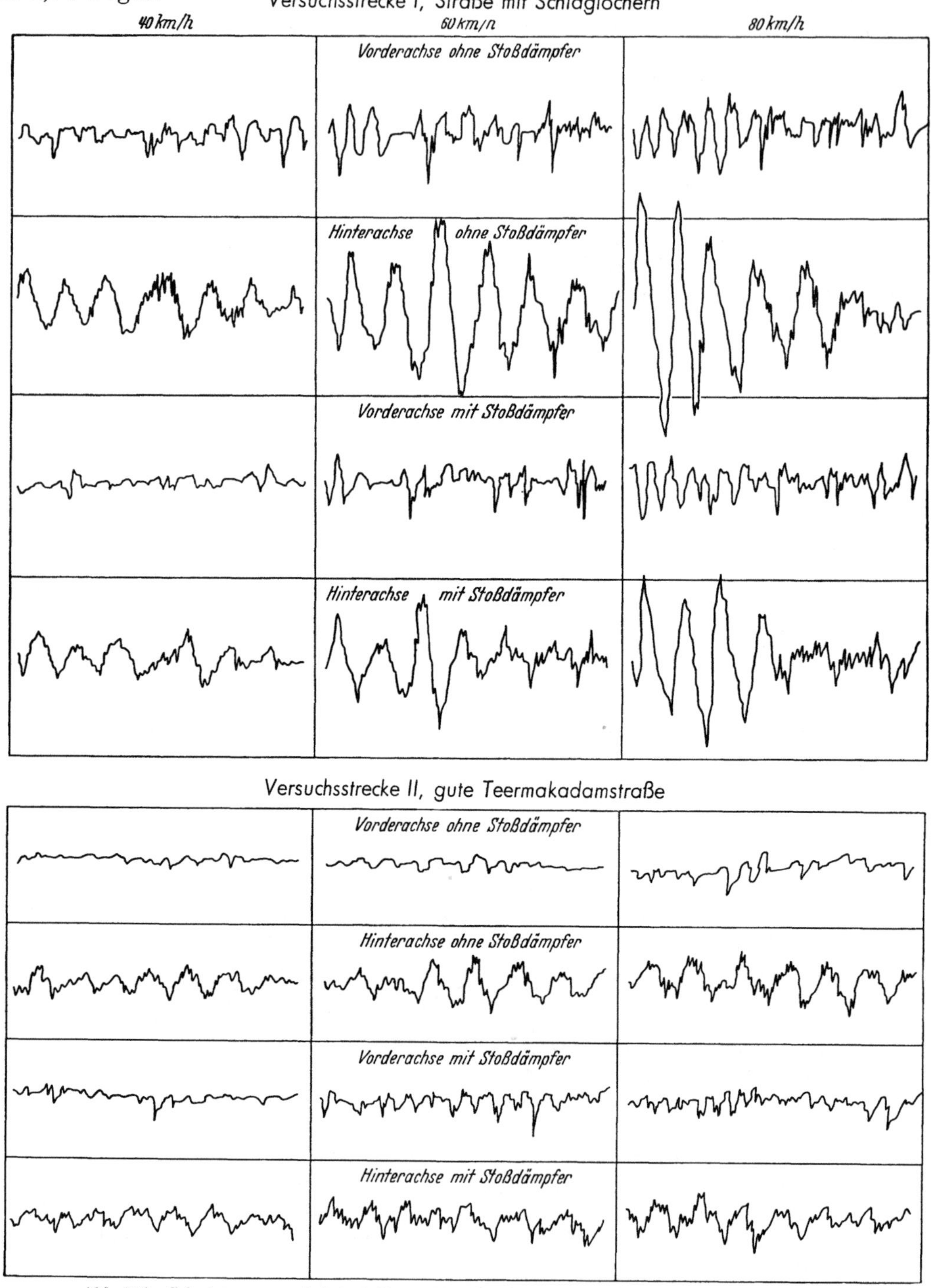


**Abb. 564.** Schwingungen zwischen Achse und Aufbau auf zwei verschiedenen Versuchsstrecken. [Nach Dobberack (*139*).]

Das Auswerten der Schwingungslinien ist im allgemeinen umständlich und langwierig. In Ermangelung einer Zähleinrichtung, die Anzahl und Größe der Schwingungsausschläge angäbe, wird nach Dobberack (*132*) zweckmäßig für jeweils eine Fahrgeschwindigkeit zur Wertung das arithmetische Mittel nach der Formel gebildet:

$$a_m = \frac{n_1 \cdot a_1 + n_2 \cdot a_2 + \cdots + n_n \cdot a_n}{n_1 + n_2 + \cdots + n_n};$$

hierbei bedeuten $n_1$, $n_2$ usw. je die Anzahl der Schwingungsausschläge von der Größe $a_1$, $a_2$ usw., wobei für $a_1$, $a_2$ usw. etwa 5, 10, 15 usw. mm gewählt werden.

In besonderen Fällen ist es vorteilhaft, für die 4 Fahrzeugräder einzelne Schreibvorrichtungen in unmittelbarer Nähe der Räder zu verwenden. Der Antrieb des Papiervorschubes muß dann durch Gleichlaufmotoren erfolgen, die frequenzgleich durch einen Drehstromgenerator betrieben werden. Damit können die Ergebnisse der 4 Meßstellen unmittelbar miteinander verglichen werden.

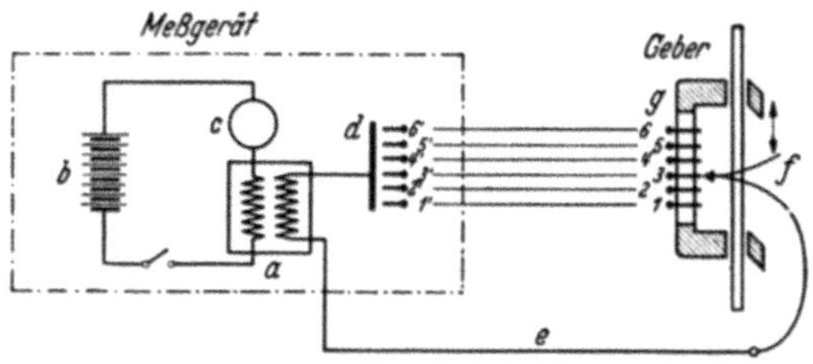


Abb. 565. Elektrischer Schwingungsschreiber nach Wichtendahl.
*a* Zündspule; *b* Batterie; *c* Doppelunterbrecher; *d* Gleitbügel; *e* Leitung an die Meßstelle; *f* Zeiger; *g* Isolierkörper.

**Elektrische Schreibeinrichtung.** Bei dem Gerät nach Wichtendahl (*395*) (Abb. 565) werden die Schwingungsausschläge mehrerer Meßstellen, z. B. der Wagenräder, gemeinsam auf einen Papierstreifen aufgezeichnet.

Die Niederspannungsseite der Zündspule *a* erhält aus der Batterie *b* über den Doppelunterbrecher *c* Stromstöße mit einer Folge von beispielsweise 100/s. Damit wird in der Hochspannungsspule die entsprechende Anzahl von Stromstößen erzeugt. Das eine Ende der Hochspannungswicklung liegt am Gleitbügel *d*. Das andere Ende ist über die Leitung *e* an die Meßstelle geführt. Diese ist ähnlich wie ein Verteiler aufgebaut, an Stelle der Drehbewegung vollführt der Zeiger *f* eine hin- und hergehende, geradlinige Bewegung, z. B. entsprechend der Auf- und Abbewegung der Achse. Dem Zeiger stehen die in einem Isolierkörper *g* untergebrachten Verteilerstellen (*1*—*6*) gegenüber.

Abb. 566. Elektrischer Schwingungsschreiber nach Wichtendahl (*82*).

Die Meßstellen *1*—*6* sind mit den geometrisch ähnlich angeordneten Funkenstrecken *1'*—*6'* durch einzelne Kabel verbunden. Die Funkenstellen *1'*—*6'* stehen dem Gleitbügel *d* gegenüber.

Der in den Zeiger *f* eingeleitete hochgespannte Strom springt in der gezeichneten Stellung auf die Verteilerstelle *3* über, gelangt zur Funkenstelle *3'* und schließt dort über den Gleitbügel *d* den Hochspannungsstromkreis. Bei Hin- und Herbewegung des Zeigers springt also jeweils an der zugeordneten Stelle ein Funke über. Zwischen Gleitbügel und Funkenstrecken *1'*—*6'* läuft ein Papierstreifen gleichmäßig durch; bei Überspringen der Funken wird dieser gelocht. Damit wird die Bewegung des Zeigers auf den Papierstreifen naturgetreu übertragen. Wichtig ist, daß das Papier gleichmäßig gefasert ist, damit der Funken auf der Papieroberfläche nicht kriecht. Durch Nachziehen der Lochkurve mit dem Bleistift wird der Schwingungsverlauf deutlich gemacht.

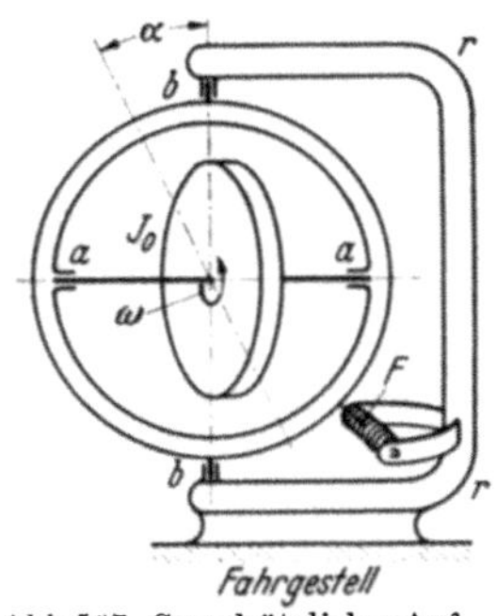


Abb. 567. Grundsätzlicher Aufbau des Gyro-Schwingungsschreibers (*354*).
*a*—*a* im Kreisring gelagerte Kreiselachse; *b*—*b* Achse; *r*—*r* fester Rahmen; *F* Doppelfeder, $\omega$ Drehschnelle; $J_0$ Trägheitsmoment des Kreisels.

Abb. 566 zeigt ein Gerät für 4 Meßstellen in aufgeklapptem Zustand. Im unteren Teil sind die Zündspulen mit den Steckbüchsen für die jeweilige Leitung *e*. Im oberen Teil sind die Papiervorratsrolle, der Gleitbügel und die Funkenstrecken mit ihren Anschluß-Steckbuchsen untergebracht. Links ist der Unterbrecher mit elektrischem Antriebsmotor eingebaut.

Für die Vervollkommnung der Einrichtung ist der Einbau einer Zeitbezeichnung zweckdienlich.

Das Gerät eignet sich auch besonders für die Aufnahme der Flatterschwingungen von Lenkrädern und der Trampelerscheinungen von Vorderachsen.

Neben der Ermittlung der verhältnismäßigen Bewegung zwischen Wagenkörper und Achsen bei Fahrt auf der Straße können mit Hilfe der schreibenden Einrichtungen beim Fahren auf Lauftrommeln von Wagenprüfständen auch die absoluten Wege der Radachsen und des Wagenaufbaues und damit die absoluten Beschleunigungen ermittelt werden.

**Kreiselschwingungsschreiber.** Der in Amerika häufig verwendete „Gyro"-Schwingungsschreiber beruht auf der Kreiselwirkung (*168*). Wie aus Abb. 567 ersichtlich, ist seine Achse *a—a* in einem Kreisring gelagert, der seinerseits wieder in der Achse *b—b* im festen Rahmen *r—r* sich drehen kann.

Wird der Kreisel durch ein äußeres Moment aus seiner Drehebene herausgeschwenkt, so sucht er senkrecht zu dieser Schwenkbewegung auszuweichen. Bei einer erzwungenen Winkeländerung $\alpha$ der Achse *b—b* in der Zeichenebene mit der Winkelgeschwindigkeit $\frac{\mathrm{d}\alpha}{\mathrm{d}t}$ übt der Kreisel mit dem polaren Trägheitsmoment $J_0$ und einer Drehschnelle $\omega$ eine Reaktion vom Betrage $J_0\,\omega\,\frac{\mathrm{d}\alpha}{\mathrm{d}t}$ aus, die gleich dem Kreiselmoment ist, mit dem er senkrecht zur erzwungenen Bewegung ausweicht. Da $J_0\,\omega$ bei festem $\omega$ immer gleich bleibt, ist das Kreiselmoment verhältnisgleich der Geschwindigkeit der Winkeländerung $\frac{\mathrm{d}\alpha}{\mathrm{d}t}$. Dem Kreiselmoment steht das Rückstellmoment der Doppelfeder $F$ mit der Federkennziffer $c$ entgegen.

Abb. 568. Kreiselschwingungsschreiber (*354*).

Ist $\varphi$ der Ausweichwinkel des Kreisels, so ist das Federmoment $M_F = c\cdot\varphi$. Damit besteht folgende Gleichgewichtsbedingung:

$$J_0\cdot\omega\cdot\frac{\mathrm{d}\alpha}{\mathrm{d}t} = c\cdot\varphi$$

oder

$$\frac{\mathrm{d}\alpha}{\mathrm{d}t} = \frac{c}{J_0\cdot\omega}\,\varphi$$

und

$$\frac{\mathrm{d}\alpha}{\mathrm{d}t} = K\cdot\varphi\,,$$

d. h. der Ausweichwinkel $\varphi$ des Kreiselrahmens ist verhältnisgleich der erzwungenen Winkelgeschwindigkeit $\frac{\mathrm{d}\alpha}{\mathrm{d}t}$.

Je nach der Art der Aufstellung längs oder quer zur Fahrtrichtung zeichnet der Kreisel das „Nicken" des Fahrzeugkörpers um eine waagerechte Querachse oder das „Schlingern" um die Längsachse auf. Reine Parallelschwingungen vermag das Gerät nicht zu erfassen. Werden 2 Gyrogeräte rechtwinkelig zueinander aufgestellt, so werden beide Bewegungen gleichzeitig aufgezeichnet.

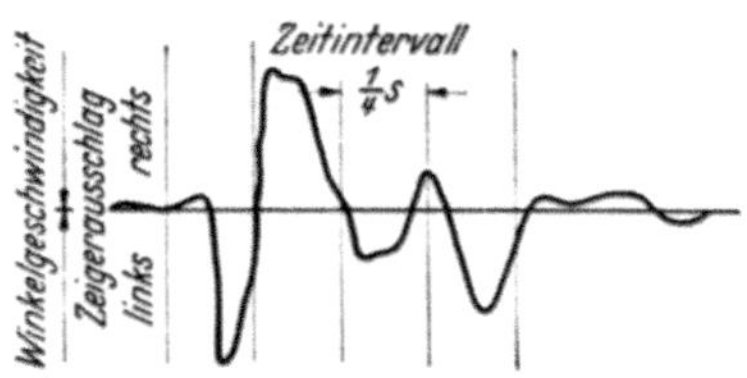


Abb. 569. Ausschnitt einer mit dem Kreiselschwingungsschreiber aufgezeichneten Meßkurve, aufgenommen bei 40 km/h (*124*).

Abb. 568 zeigt ein Gerät, bei dem der Kreisel als Umlaufelektromotor gebaut ist, der gleichbleibendes $\omega$ und deshalb volle Verhältnisgleichheit der Ausschläge liefert.

Der Ausweichwinkel des Kreiselrahmens wird auf einen Papierstreifen übertragen, der durch Elektromotor zeitverhältig vorwärtsbewegt wird.

Abb. 569 zeigt einen Ausschnitt aus den Aufzeichnungen bei Nickschwingungen, aufgenommen bei einer Fahrgeschwindigkeit von 40 km/h. Der Ausschlag ist ein Maß für die Nick-Winkelgeschwindigkeit. Zur Ermittlung der Winkelbeschleunigungen ist graphisches Differenzieren des Linienzuges erforderlich. Die Auswertung bedarf deshalb besonderer Sorgfalt.

### 2. *Die mechanisch wirkenden Massenträgheits-Beschleunigungsmesser.*

Für die Aufnahme der Schwingungen des Wagenaufbaues in der Federung oder ähnlicher Bewegungen (Anfahr- und Bremsbeschleunigung) am Fahrzeug werden häufig sog. „Vibrographen" benützt. Ihre Arbeitsweise ergibt sich aus dem Zusammenwirken eines Massependels mit einer Feder und einer Dämpfung (vgl. S. 231 ff.).

Mit guter Annäherung kann die Bewegung des Pendels im Meßgerät als die eines einfachen Schwingers mit geschwindigkeitsverhältiger Dämpfung aufgefaßt werden.

Mit den Bezeichnungen

$m$ = Masse des Pendels ($\mathrm{kg\,m^{-1}s^2}$),
$k$ = Dämpfungszahl ($\mathrm{kg\,m^{-1}s}$),
$c$ = Rückholkraft bei der Einheit des Ausschlages aus der Ausgangslage des Pendels ($\mathrm{kg\,m^{-1}}$),
$x$ = Ausschlag aus der Ausgangslage (m),
$b$ = Beschleunigung bzw. Verzögerung des Wagens ($\mathrm{m\,s^{-2}}$),

ist die Bewegungsgleichung des Schwerpunktes der Pendelmasse

$$m\,\frac{\mathrm{d}^2x}{\mathrm{d}t^2} + k\,\frac{\mathrm{d}x}{\mathrm{d}t} + c\,x = -\,b\,m \tag{1}$$

oder mit

$$\beta = \frac{k}{2m} \text{ als Dämpfungsmaß}$$

und

$$\omega_0 = \sqrt{\frac{c}{m}} \text{ als Eigenfrequenz des ungedämpften Systems}$$

$$\frac{d^2 x}{d t^2} + 2\beta \frac{d x}{d t} + \omega_0^2 x = -b\,. \tag{2}$$

Die Lösung dieser Differentialgleichung hängt in erster Linie von dem Verlauf der Beschleunigung $b$ ab.

Abb. 510 sowie auch 564 zeigen, daß die auftretenden Beschleunigungen einen konstanten Verlauf mit der Zeit nicht aufweisen.

Im Idealfall, in dem $b$ gleichbleibend zu $b_0$ angenommen wird, heißt die Lösung:

$$x = b_0 \left[ \frac{1}{\omega_0^2} - e^{-\beta t} \frac{\omega_0}{\omega_d} \sin(\omega_d t + \varphi) \right].$$

Bevor das Pendel bei $x = a$ nach der Gleichgewichtsbedingung $ac = m b_0$ zur Ruhe kommt, macht es um diese Lage abklingende Schwingungen mit der Eigenfrequenz des gedämpften Systems:

$$\omega_d = \sqrt{\omega_0^2 - \beta^2}\,,$$

wenn $\beta < \omega_0$ ist. Sonst nähert es sich ohne Schwingungen allmählich der Ruhelage (aperiodische Bewegung). Wäre die Beschleunigung tatsächlich konstant, so ließe sich $\beta$ und $\omega_0$ leicht so bestimmen, daß die Schwingungsausschläge in gewünschten Grenzen bleiben und rasch der Endwert des Ausschlages angezeigt wird.

Die folgende Zahlentafel gibt für einige in Frage kommenden Werte von $\beta t$ die Abweichung in Hundertteilen des Endwertes:

| | | | | | | | |
|---|---|---|---|---|---|---|---|
| $\beta t =$ | 3,90 | 4,20 | 4,60 | 5,10 | 5,50 | 6,20 | 6,90 |
| Abweichung vH | 2,0 | 1,5 | 1,0 | 0,6 | 0,4 | 0,2 | 0,1 |

Der Zusammenhang des Endausschlages $a$ mit der Beschleunigung ist also:

$$b = \frac{c}{m} a = \omega_0^2 a\,.$$

Folgt aber die Beschleunigung etwa einem Sinusgesetz

$$b = b_0 \sin \Omega t,$$

dann erhält man auch für den Ausschlag ein Sinusgesetz

$$x = \frac{-b_0}{\omega_0^2} \frac{1}{\sqrt{\left(1 - \frac{\Omega^2}{\omega_0^2}\right)^2 + 4\beta^2 \Omega^2/\omega_0^4}} \sin(\Omega t - \varphi)\,.$$

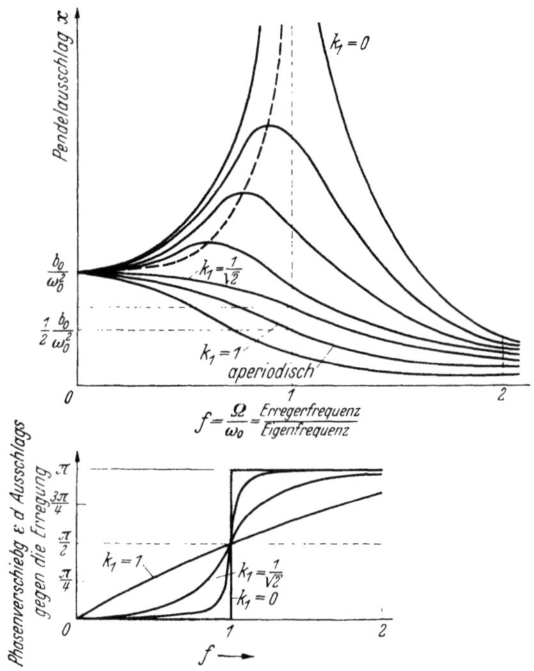


Abb. 570. Oben: Ausschlagverzerrungen von erzwungenen Schwingungen für verschiedene Dämpfungen $\beta/\omega_0 = k_1$. beim Erregerausschlag $b_0/\omega_0^2$. Unten: Phasenverschiebungskurven (*375*).

Dem überlagert sich wieder eine abklingende Schwingung, für die im wesentlichen dasselbe wie oben gilt.

Der Größtausschlag der Hauptschwingung selbst hängt ab von dem Verhältnis der Erregerfrequenz zur Eigenfrequenz des Pendels und der Dämpfung. Er ist also — damit man die Beschleunigung $b_0$ bekommt — mit einem frequenzabhängigen Faktor zu vervielfachen. Außerdem hinkt der Ausschlag hinter der Beschleunigung um den Winkel $\varepsilon$ nach, der sich berechnet aus

$$\operatorname{tg} \varepsilon = \frac{\frac{2\beta\Omega}{\omega_0^2}}{1 - \frac{\Omega^2}{\omega_0^2}} = \frac{2 k_1 f}{1 - f^2}\,.$$

Er ist auch abhängig von den beiden Verhältnissen $\frac{\Omega}{\omega_0} = f$ und $\frac{\beta}{\omega_0} = k_1$. Abb. 570 veranschaulicht diese Abhängigkeiten.

Man erkennt, daß für kleine Dämpfungen $k_1$ von etwa $\beta < \omega_0$ und Erregerfrequenzen bis etwa $\Omega = \frac{\omega_0}{4}$ der Größtausschlag weitgehend unabhängig von beiden ungefähr bei

$$a = \frac{b_0}{\omega_0^2}$$

bleibt. Verschiedene Phasenverschiebung läßt sich allerdings nicht ganz vermeiden.

Abb. 571. Geiger-Vibrograph mit Vertikalpendel (Lehmann & Michels).

Auf möglichste Unabhängigkeit wird deshalb Wert gelegt, weil der wirkliche Beschleunigungsverlauf durch eine Sinusschwingung im allgemeinen nicht, sondern vielmehr durch Überlagerung mehrerer Sinusschwingungen mit verschiedenen Frequenzen dargestellt werden muß. Die Ausschläge überlagern sich dann ebenfalls, aber jeder mit anderem Winkel gegen seine Erregung verschoben, und jeder geht durch Vervielfachen mit einem anderen Faktor aus seiner Beschleunigung hervor. In dem angegebenen Gebiet ist wenigstens dieser Faktor annähernd konstant, während im Resonanzgebiet um $\Omega = \omega_0$ die größten Unterschiede auftreten.

Am günstigsten erscheint die Dämpfung, bei der $\beta = \frac{\omega_0}{\sqrt{2}}$ oder wenig größer oder kleiner wird, denn die zugehörige Kurve beginnt bei $\Omega = 0$ mit waagerechter Tangente (s. Abb. 570) und verläuft verhältnismäßig lang annähernd waagerecht. Trotzdem spiegelt der Verlauf des Ausschlages den Verlauf der

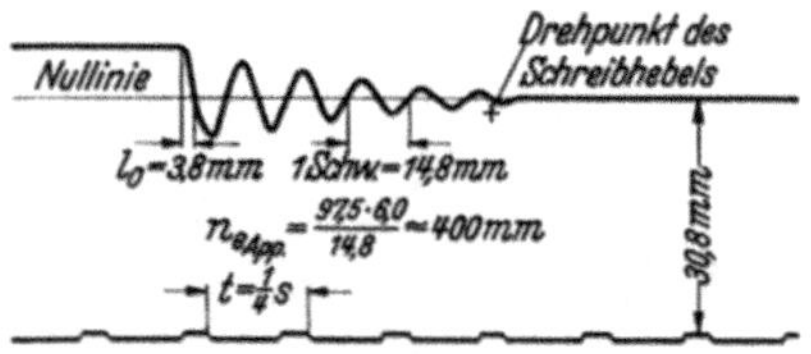


Abb. 572. Ausschwingvorgang beim Geiger-Vibrograph ohne Dämpfung (Lehmann & Michels).

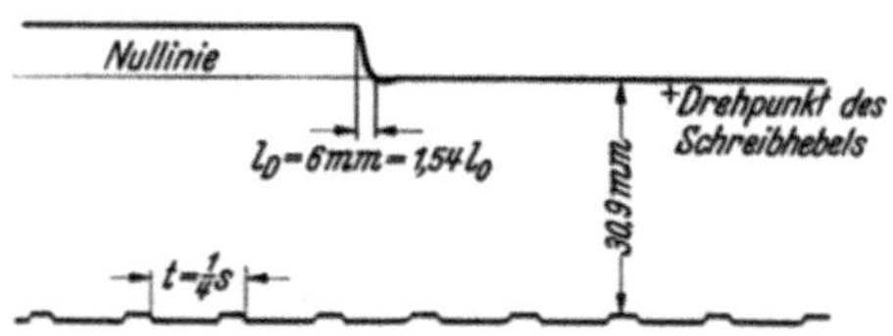


Abb. 573. Ausschwingvorgang beim Geiger-Vibrograph mit Dämpfung (Lehmann & Michels).

Beschleunigung nicht ganz unverzerrt wieder wegen der verschiedenen Phasenverschiebung der einzelnen Sinusanteile. Bei genügend hoher Eigenschwingzahl (etwa $f = 1/16$) lassen sich jedoch auch diese Fehler in erträglichen Grenzen halten. Dann braucht man auch zur Umrechnung nicht die Zwangsschwingzahlen zu kennen, sondern nur die Eigenschwingzahl, weil hinreichend genau gilt

$$b = -\omega_0^2 x.$$

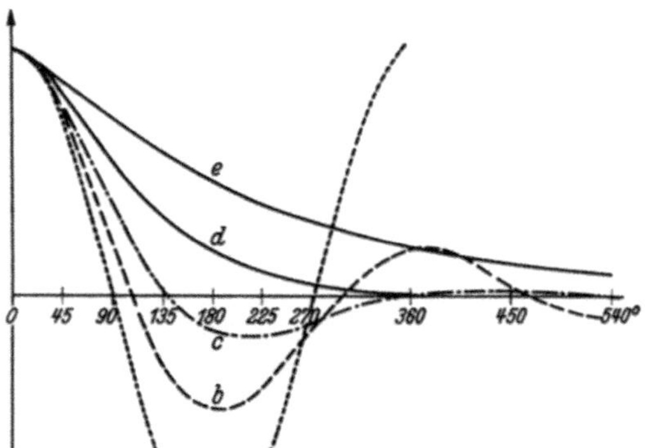


Abb. 574. Ausschwingvorgang für verschieden starke Dämpfungen (Lehmann & Michels).

*a* ohne Dämpfung; *b* mit Dämpfung = 1/4 des Grenzwertes für aperiodische Dämpfung; *c* mit halbaperiodischer Dämpfung; *d* mit aperiodischer Dämpfung; *e* mit doppelaperiodischer Dämpfung.

Gerade dieser Vorteil fällt in dem anderen Bereich, wo Ausschlag und Phasenverschiebung auch unabhängig von der Frequenz sind, weg, nämlich im Bereich kleiner Eigenfrequenzen, von etwa $f > 2$ an. Dort hätte man mit derselben Annäherung

$$b = \Omega^2 x.$$

Hat man eine wohlbestimmte Zwangsfrequenz, so kann man auch in diesem Gebiet arbeiten; sobald sich aber mehrere überlagern, geht das nicht mehr unmittelbar, wenn man nicht das erhaltene Ausschlagsbild in die einzelnen Sinusschwingungen zerlegen will und diese getrennt behandelt. Die Ausschläge geben in diesem Falle vielmehr unmittelbar die Bewegungen des Erregers. Denn einerseits berechnen diese sich aus der Zwangsbeschleunigung zu

$$s = \int b \, \mathrm{d}t = -\frac{1}{\Omega^2} \sin \Omega t = -\frac{1}{\Omega^2} b.$$

Andererseits ist der Ausschlag des Schwingers, wie eben festgestellt wurde,

$$x = \frac{1}{\Omega^2} b .$$

Also ist

$$x = -s.$$

Anschaulich dargestellt verhält es sich so, daß durch die weiche Feder hindurch die Bewegung des Aufhängepunktes nicht auf die Meßpendelmasse übertragen wird, daß diese somit in Ruhe bleibt und nur im Verhältnis zum Aufhängungspunkt entgegengesetzt schwingt.

Aus diesen Ausschlagsaufzeichnungen müßte man den Beschleunigungsverlauf erst durch zweimalige zeichnerische Differentiation ermitteln.

Für genügend getreue Wiedergabe des Schwingungsvorganges ist es demnach notwendig, die Eigenschwingzahl und die Dämpfung des Gerätes dem jeweilig zu messenden Vorgang anzupassen. Sie kann meistens durch Auswechseln von Masse und Feder in genügend weiten Grenzen verstellt werden.

Abb. 575. Maihak-Schwingungsmesser (Maihak) (*374*).

Ein Beschleunigungsmesser dieser Art ist der **Vibrograph nach Geiger.** Der Aufbau des Gerätes entspricht dem des Torsiographen (s. auch S. 153). An Stelle des Schwungringes beim Torsiographen ist eine segmentförmige Masse (Pendel) eingesetzt. Die Riemenscheibe ist am Gehäuse festgestellt. Da die senkrechten Stöße gemessen werden, ist das Pendel waagerecht liegend (Abb. 571) eingebaut.

Die Aufzeichnung erfolgt in bekannter Weise über Winkelhebel, die im Innern der Riemenscheiben liegen und die Drehbewegung in eine geradlinige umwandeln.

Abb. 576. Scheubelscher Beschleunigungsschreiber.

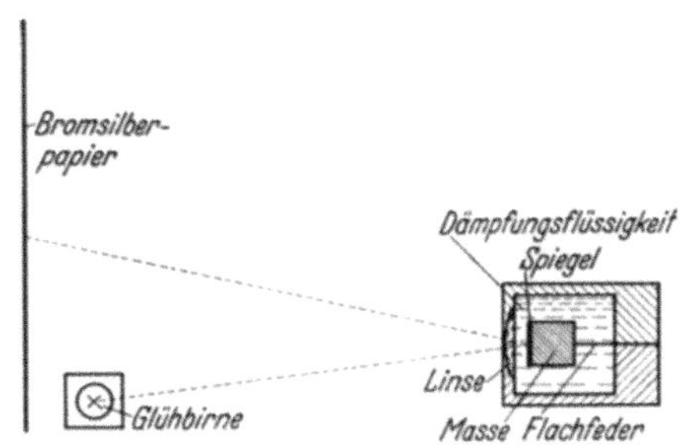


Abb. 577. Wirkungsweise des Scheubelschen Beschleunigungsschreibers.

Sollen nur Höchstwerte der Beschleunigung aufgezeichnet werden, so genügt es nach Geiger (*170*) bei halbaperiodischer Dämpfung die Eigenschwingzahl des Gerätes schon von der 4fachen Erregerfrequenz an zu wählen.

Es ist zweckmäßig, vor und nach jeder Messung einen Ausschwingversuch aufzunehmen, wodurch eine Prüfung der Eigenschwingzahlen und der Dämpfung möglich ist. Abb. 572 zeigt die Schwingung ohne Dämpfung, Abb. 573 die gleiche mit Dämpfung.

Die Einstellung der Dämpfung erfordert besondere Sorgfalt. Es ist kaum möglich, sie auf einen ganz bestimmten Wert abzustimmen. Aus diesem Grunde muß man sich begnügen, sie zwischen die zwei bekannten Grenzdämpfungen, die halbaperiodische und die vollaperiodische, in die

Gegend der günstigen Dämpfung $\beta = \frac{\omega_0}{\sqrt{2}}$ zu legen. Ein Vergleich mit theoretisch ermittelten Ausschwinglinien nach Abb. 574 zeigt, daß die Schwingung nach Abb. 573 dieser Forderung Genüge leistet.

**Erschütterungsschreiber von Maihak.** Bei diesem (Abb. 575) wird, damit die Schwingung in einer beliebigen Richtung aufgenommen werden kann, die Bewegung der Pendelachse mittels besonderer Führungen auf den Schreibhebel übertragen, wobei das ganze Gerät um eine senkrechte Achse gegenüber dem Grundflansch gedreht werden kann. Außerdem ist die Schreibvorrichtung um eine waagerecht liegende Achse schwenkbar. Die Eigenfrequenz ist zwischen 15 und 65 1/min einstellbar. Die mögliche Ausschlagsvergrößerung liegt zwischen 5:1 und 30:1. Der innere Aufbau ist ähnlich wie beim später beschriebenen Schenck-Beschleunigungsmesser.

Abb. 578. Beschleunigungsmesser von Schenck.
*1* Massenpendel; *2* Kreuzfedergelenk; *3* einstellbare Feder; *4* Spiegel; *5* Übersetzungshebel; *6* Flüssigkeitsdämpfer; *7* Lichtquelle; *8* Zahlenschild.

**Scheubelscher Beschleunigungsschreiber.** Beim Scheubelschen Beschleunigungsmesser (Abb. 576 und 577), der die Aufnahme höherer Frequenzen (20 Hz) gestattet, trägt das Massependel einen Spiegel, der von einer Glühbirne einen Lichtstrahl erhält. Beim Auftreten von Beschleunigungen wird der Lichtzeiger durch den Spiegel abgelenkt und verzeichnet den Beschleunigungsverlauf auf ein durch ein Uhrwerk fortbewegtes lichtempfindliches Papier.

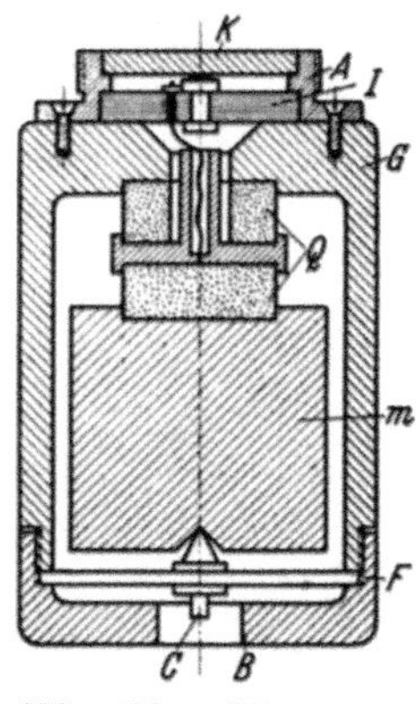


Abb. 579. Piezoquarzbeschleunigungsmesser (Bauart FKFS).
*A* Anschlußgewinde für Kabel; *B* Gewinde zur Befestigung des Beschleunigungsmessers; *C* Druckstift mit Gewinde; *F* Membranfeder; *G* Gehäuse; *I* Isolierplatte; *K* Kontakt; *Q* Piezoelektrische Platten; *m* träge Masse.

Ein ähnlich wirkendes Gerät ist von Norton (*321*) gebaut worden. Beide Geräte sind ölgedämpft und haben eine Eigenschwingungszahl von 4800/min.

**Beschleunigungsmesser von Askania.** Das Gerät kann für die Aufnahme sehr langsamer Beschleunigungsvorgänge verwendet werden. Bei einer Eigenfrequenz von 360 1/min werden im wesentlichen nur niedere Frequenzen aufgezeichnet. Die Massen sind, ähnlich wie in Abb. 578 nach der Doppelpendelanordnung aufgehängt, so daß nur die Schwingungen der eingestellten Richtung zur Anzeige kommen.

**Vibrometer von Schenck.** Der von Schenck gebaute Beschleunigungsmesser (Abb. 578) besitzt 2 Massensysteme für Vibrationen mit einer Stoßfolge von 200—5000/min, im ersten Fall mit kleiner Amplitude, im zweiten Fall mit 6fach vergrößerter Amplitude. Das Massenpendel *1* ist bei *2* in einem Kreuzfedergelenk reibungsfrei gelagert. Die Abfederung des Pendels erfolgt durch die in der Spannung einstellbare Feder *3*. Die Übertragung der Bewegung des Pendels erfolgt auf den Spiegel *4* durch den Übersetzungshebel *5*. Der Flüssigkeitsdämpfer *6* sorgt für genügende, annähernd aperiodische Dämpfung.

Die Vergrößerung der Anzeige (70- bzw. 400fach) erfolgt auf optischem Wege, wobei die Lichtquelle *7* den Strahl auf den in Spitzen gelagerten Spiegel *4* wirft. Dieser überträgt die verhältnismäßigen Ausschläge zwischen Massenpendel und Gehäuse auf das mattscheibenartige Zahlenbild *8*.

Die Eigenschwingungszahl des Gerätes beträgt 40/min. Bei einer zu messenden Stoßfolge — an der unteren Grenze — von 200/min ergibt sich das Frequenzverhältnis $f$ zu $\frac{200}{40} = 5$. Das Gerät arbeitet also im Bereich rechts der Resonanzlage von Schaubild Abb. 570 als Ausschlagsmesser.

Entsprechend der Wirkung des Lichtzeigers erscheint der Ausschlag rechts und links der Nulllage als Lichtband. Der Verlauf über der Zeit kann nicht aufgenommen werden.

### *3. Die elektrisch wirkenden Massenbeschleunigungsmesser.*

Durch Anwendung von Verstärkereinrichtungen, die auf den Oszillographen oder eine Braunsche Röhre arbeiten, können die Ausschläge der Massependel, ähnlich wie bei den elektrisch arbeitenden Indiziergebergeräten, sehr klein gehalten werden, so daß die Eigenschwingzahl des Gebers so hoch liegt, daß auch höchste Erregerfrequenzen verzerrungsfrei aufgenommen werden können. Der Einbau einer besonderen Dämpfung erübrigt sich. Derartige Geräte können im allgemeinen nur bei Prüfstandsversuchen verwendet werden, da die erforderlichen Hilfseinrichtungen (Oszillograph, Verstärker) bei Fahrt auf der Straße nur schwer benützt werden können.

Der **Piezoquarz-Beschleunigungsmesser** arbeitet nach dem gleichen Grundsatz wie der auf S. 62ff. beschriebene Quarzindikator. Die in Richtung der elektrischen Achse des Quarzes wirkende Massenkraft erzeugt elektrische Ladungen, die z. B. über den auf S. 66 beschriebenen Doppelröhrenverstärker an die Oszillographenschleife oder an eine Braunsche Röhre abgegeben werden. Die elektrische Ladung ist verhältnisgleich dem Druck, also der Beschleunigungskraft und damit, bei gleichbleibender Pendelmasse, verhältig der Beschleunigung.

Unter der Annahme, daß der Quarzkristall vollständig starr sei, ergibt sich eine Eigenfrequenz von $\omega_0 = \infty$, d. h. er kommt dem idealen (statischen) Beschleunigungsmesser sehr nahe (*2, 281*). Eine Grenze für die Aufnahme auch höchster Frequenzen, z. B. Maschinenoberschwingungen, liegt an sich also nicht vor. Bei Verwendung einer Oszillographenschleife zur Aufzeichnung des Vorganges ist der verzerrungsfreien Aufnahme der Erregerfrequenz durch die Eigenfrequenz der Schleife, die bei 10000 Hz liegt, eine Grenze mit etwa 5000 Hz gesetzt. Dies sind aber 300000 Schw/min, was auch noch weitgehenden Forderungen genügt. Sollen für bestimmte Fälle noch höhere Erregerfrequenzen aufgenommen werden, so müssen diese durch die Braunsche Röhre gemessen werden.

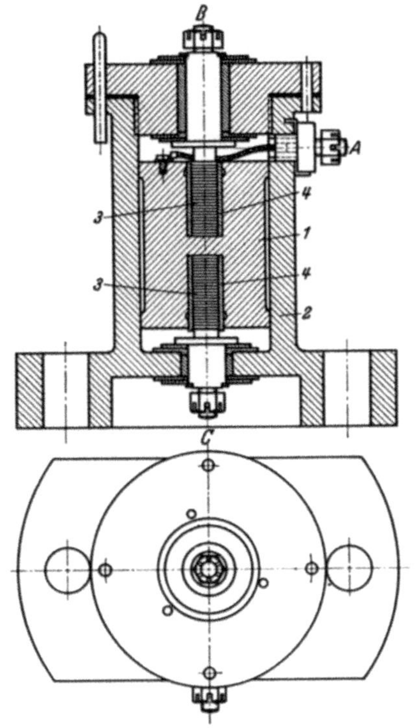


Abb. 580. Siemens-Kohledruckbeschleunigungsmesser (S & H).
*1* Masse; *2* Gehäuse; *3* zwei Kohlesäulen; *4* Isolierbüchsen; *A* Stromzuführung; *B*, *C* Stromabführung.

Abb. 579 zeigt einen Schnitt durch einen Quarzbeschleunigungsmesser Bauart FKFS. In einem Gehäuse *G*, das die zu messende Beschleunigung mitmacht, ist unter Zwischenlage der piezoelektrischen Platten *Q* die träge Masse *m* (100 g) angebracht. Durch die Membranfeder *F* wird den Quarzen eine kräftige Vorspannung erteilt. Mittels des Gewindes *A* wird ein Kabel angeschlossen, das die an den Quarzen entstandenen Ladungen vom Kontakt *K* abnimmt und dem Röhrenvoltmeter zuführt. Das Gewinde *B* dient zur Befestigung des Beschleunigungsmessers. Bei Ermangelung eines Schütteltisches können zu Eichzwecken mittels des Gewindes *C* Zug- und Druckkräfte auf den inneren Teil ausgeübt werden.

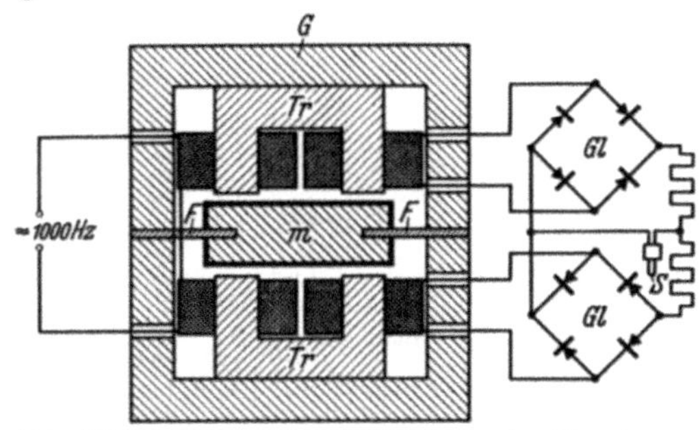


Abb. 581. Anordnung des Trägerfrequenzbeschleunigungsmessers von Aughtie (*46*).
*F* Ringfeder; *G* Gehäuse; *m* träge Masse; *Tr* Transformatoren; *Gl* Trockengleichrichter; *S* Oszillographenschleife.

**Kohledruckbeschleunigungsmesser.** Die Arbeitsweise ist die gleiche, wie die der früher beschriebenen Kohledruckindiziereinrichtung. Die Masse *1* (Abb. 580) sitzt zwischen 2 Kohlesäulen *3*, die vom Gehäuse *2* durch die Büchsen *4* elektrisch isoliert sind. Beim Auftreten von Beschleunigungskräften durch die Masse *1* ändert sich der Übergangswiderstand in den Kohlesäulen, der mit einer Wheatstoneschen Brücke gemessen werden kann.

Unter dem Einfluß der Trägheitskräfte wird die eine Säule zusammengedrückt, wenn die andere entlastet wird. Die Stromzuführung erfolgt bei *A*, die Stromabführung bei *B* und *C*.

Dieses Gerät ist mit den schon angegebenen Nachteilen (Nullpunktsverlegung u. a.) behaftet, so daß mit einer Genauigkeit von höchstens 5—10 vH gerechnet werden kann.

**Induktionsbeschleunigungsmesser.** Nach Abb. 581 ist hier die Masse *m* durch die Ringfeder *F* im Gehäuse *G* gehalten; auf beiden Seiten der Masse sitzt je ein Umspanner *Tr*. Entsprechend dem sich ergebenden Luftspalt beeinflußt die Masse den magnetischen Fluß im

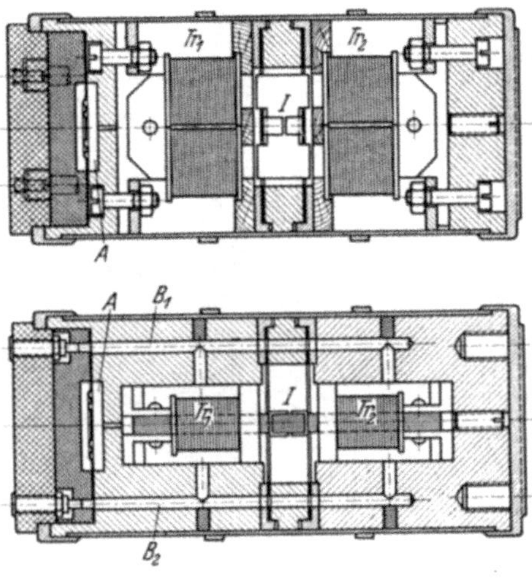


Abb. 582. Schnitt durch den elektrischen Beschleunigungsmesser nach Reutlinger-Heymann. $Tr_1$, $Tr_2$ Spannungsspulen; *A* Ausgleichkammer; $B_1$, $B_2$ Einfüll- und Entlüftungsbohrungen.

Abb. 583. Ansicht des Reutlinger-Heymannschen Beschleunigungsmessers (Dr. Heymann, Darmstadt).

Umspanner verhältig der aufgezwungenen Beschleunigung. Die Erstkreisspulen des Umspanners werden durch einen Röhrengenerator gespeist. Die Zweitkreisspulen arbeiten auf die Oszillographenschleife. Da im Umspanner Wechselstrom erzeugt wird, muß dieser im Trockengleichrichter gerichtet werden.

Ein derartiges Gerät mit dämpfender Ölfüllung wurde von Aughtie (*99*) zur Aufnahme der Beschleunigung der Wagenachsen benützt. Er hat damit eine Eigenfrequenz von 300 Hz erreicht.

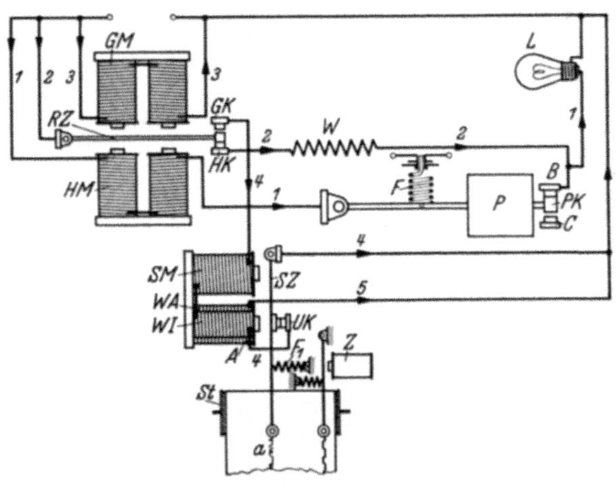


Abb. 584. Relaisschaltung des Langer-Thoméschen Gerätes. [Nach Langer (*290*).]

*1* Hauptstromkreis mit Hauptmagnet *HM*; Beschleunigungsmeßpendel *P*; Vorspannfeder *F*; Pendelkontakt *PK*; Gegenanschlag *C* und Lampe *L*. *2* Nebenstromkreis, parallel zum Hauptstromkreis *1* mit Relaiszunge *RZ*; Haltekontakt *HK* und Widerstand *W*. *3* Gegenstromkreis mit Gegenmagnet *GM*. *4* Schreiberstromkreis mit Gegenkontakt *GK*; Schreibmagnet *SM* (innere Wicklung *Wi*), Unterbrecherkontakt *UK* und Schreibhebel *SZ*. *5* Sparstromkreis, bei *A* vom Stromkreis *4* abgezweigt; äußere Wicklung *WA* des Schreibmagneten *SM*; *SZ* Schreibhebel mit Feder $F_1$; *ST* Schreibtrommel; *Z* Zeitschreiber.

Abb. 582 und 583 zeigen ein weiteres derartiges Gerät nach Reutlinger und Heymann (*218, 293, 338*). Es ist etwas handlicher gestaltet, so daß es leichter aufzubauen ist. Das zwischen den beiden Spannungsspulen $Tr_1$ und $Tr_2$ sitzende Joch *J* ist durch 2 Membranen gehalten, es bildet die Masse und ist eindeutig gerade geführt, was für die Messung von Vorteil ist. Die Schaltung ist grundsätzlich dieselbe wie die nach Abb. 581. Als Dämpfung dient Öl- oder Luftfüllung. Mit Rücksicht auf die bei Erwärmung etwa auftretende Drucksteigerung ist eine Ausgleichkammer *A* vorgesehen, die auf der einen Seite über eine Bohrung mit dem Hauptraum in Verbindung steht, auf der anderen Seite mittels gewellter Membran abgeschlossen ist. Die Bohrung ist so bemessen, daß Koppelschwingungen zwischen den beiden Meßmembranen und der Ausgleichmembran aperiodisch abgedämpft werden. Das Einfüllen des Dämpfermittels, sowie die Entlüftung beim Einfüllen erfolgt durch die beiden Bohrungen $B_1$ und $B_2$.

Zur Erregung der Spulen dient je nach verlangter Genauigkeit ein Röhrengenerator oder ein Schwingungsfrequenzgenerator mit mechanischem Steuerkreis. Beide Generatoren sind in

Röhrenschaltung aufgebaut. Zur Verbindung des Gebergerätes mit dem Anzeigegerät müssen mit Rücksicht auf den Einfluß äußerer Felder abgeschirmte Verbindungskabel verwendet werden.

**Höchstbeschleunigungsmesser.** Der Höchstbeschleunigungsmesser ist im Gegensatz zu den schreibenden mechanischen oder elektrischen Beschleunigungsmessern für allgemeine Anwendung geeignet. Er kommt außer für die Aufnahme der Beschleunigungen der Wagenkörper für die Ermittlung der an Radachsen auftretenden Stöße und Beschleunigungen in Betracht. Daneben ist er für die Aufnahme weiterer anderer Bewegungsvorgänge zweckdienlich. Er arbeitet nach Art des Grunbachschen Pendels (s. S. 235).

Abb. 585. Beschleunigungsmeßeinrichtung Bauart Langer-Thomé. [Nach Langer (*290*).]

Der Meßweg ist durch das Maß der für die Stromunterbrechung erforderlichen Kontaktleistung bestimmt. Er kann durch besondere Ausbildung der elektrischen Schaltung so klein gehalten werden ($^1/_{100}$ mm), daß dynamische Nebenwirkungen ohne Einfluß bleiben und man praktisch von einem statischen Beschleunigungsmesser sprechen kann. Die Spannung der Feder, und damit die zugehörige Höchstbeschleunigung, kann mittels Stellschraube geändert werden. Die Stellung ist ein Maß für die jeweils erreichte Höchstbeschleunigung.

Die von Langer-Thomé entwickelte Einrichtung besteht aus einer Vielheit von Beschleunigungsmessern (4 Pendel) nach der auf S. 235 beschriebenen Art, die ein genügend feinstufiges Abtasten des Meßbereiches gestatten. Die Stufen zwischen den einzelnen Pendeln entsprechen im allgemeinen 0,5 m/s², sie lassen sich für besondere Fälle auf 0,25 m/s² verkleinern.

Abb. 586. Ansicht des Langer-Thoméschen Gerätes. [Nach Langer.]

Abb. 584 zeigt den Schaltplan eines einzelnen Pendels. Die Relaiszunge *RZ* neigt bei irgendwelchen Stößen und Erschütterungen leicht zum Abheben und dadurch zur Unterbrechung des Stromkreises (*1*). Aus diesem Grund ist gemäß der Abbildung parallel zum Kreis (*1*) ein Kreis (*2*) gelegt, damit im Kreis (*1*) nur noch das Pendel *P* und der Hauptmagnet zusammen mit der Lampe *L* liegt. Die Relaiszunge liegt zusammen mit dem Widerstand *W* im Kreis (*2*), der bei *B* in Kreis (*1*) einmündet. Hat die Relaiszunge infolge von Erschütterungen die Neigung, sich vom Kontakt *HK* zu lösen, so erhöht sich der Übergangswiderstand in *HK* und damit der Widerstand des Zweiges (*2*). Da die Lampe *L* einen bestimmten Strombedarf hat, muß Kreis (*1*) einen höheren Strom liefern, der den Hauptmagneten verstärkt und dadurch die Zunge *RZ* wieder zum festen Anliegen bringt.

Abb. 587. Siemens-Halske-Beschleunigungszählgerät (S & H).

Wird nun die an der Feder *F* eingestellte Beschleunigung überschritten, so öffnet der Kontakt *PK*, *HM* wird stromlos. Der im Stromkreis (*3*) liegende Gegenmagnet zieht die Relaiszunge an und schließt dabei den Stromkreis (*4*) des Schreibmagneten. Dieser zieht die Schreibfeder *S* an, was auf dem über der Schreibtrommel *ST* laufenden Papierstreifen gekennzeichnet wird. Eine zweite Schreibfeder wird vom Zeitmagneten *Z* gesteuert. Durch Verstellen des Kontaktes *GK* kann ein bestimmter „Zeitverzug" eingestellt werden, so daß der Schreibstift eine wählbare Zeit nach dem Abheben des Pendels anspricht. Damit können sich die Störungserschütterungen des Wagens nicht auf das Gerät auswirken und nur länger andauernde Verzögerungen kommen, um den Zeitverzug nachhinkend, zur Anzeige. Abb. 585 zeigt die Beschleunigungsmeßeinrichtung und Abb. 586 die Ansicht des Gerätes.

Ein auf ähnlicher Grundlage arbeitendes Gerät wird von Siemens & Halske gebaut. An Stelle der Schreibeinrichtung ist eine Vorrichtung eingebaut, die bei Überschreiten der eingestellten Höchstbeschleunigung ein Zählwerk betätigt. Der als Schrittschaltwerk ausgebildete Zähler ermöglicht bei einer Ansprechzeit von $^4/_{1000}$ s bis zu etwa 70 Schaltschritte je s und das Zählwerk summiert die Stöße bis zu einer Million. Abb. 587 zeigt das Gebergerät mit dem Zählwerk.

Abb. 588. 6facher Beschleunigungszähler nach Dobberack (*137*).

Für Fahrversuche hat Dobberack ein auf gleicher Grundlage arbeitendes Gerät mit 6 Einzelelementen entwickelt (Abb. 588). Dies hat, wie der Langer-Thomésche Beschleunigungsmesser, den Vorteil, daß man die Versuchsstrecke nicht mehrmals durchfahren muß, um die bei den einzelnen Beschleunigungen auftretenden Stoßzahlen festzustellen. Zu jedem Meßelement gehört ein Zählwerk. Auf diese Weise ist es leicht, am Ende jeder Versuchsfahrt Zahl und Größe der aufgetretenen Beschleunigungen (z. B. 2,5—3—3,5—4—4,5 und 5 m/s²) abzulesen. Da die für niedrige Werte eingestellten Elemente auch bei Auftreten höherer Beschleunigungen zählen, müssen zur Bestimmung der tatsächlichen Anzahl der aufgetretenen Höchstbeschleunigungen die Zahlen der höheren Beschleunigungen jeweils von denen der zunächst niedrigeren abgezogen werden. Das auf 5 m/s² eingestellte Element zählt also alle Beschleunigungen von 5 m/s² und darüber. Abb. 589 zeigt ein auf gleicher Grundlage arbeitendes amerikanisches Höchstbeschleunigungszählgerät mit ebenfalls 6 Einzelelementen (*122*).

Abb. 589. 6facher Beschleunigungszähler amerikanischer Bauart.

## d) Kurvensteifigkeit des Fahrzeugs.

Die Seitensteifigkeit eines Fahrzeugs bei Fahrt in der Kurve ist bedingt durch die Schwerpunktshöhe und Spurweite und durch die Achsbauart und Federanordnung.

Zur Ermittlung der aus der Fliehkraft sich ergebenden Momente, die den abgefederten Fahrzeugkörper zusätzlich in Kurvenaußenneigung zu drehen versuchen, ist die Kenntnis der Lage des Momentenzentrums erforderlich. Als solches wird der Punkt verstanden, der bei der seitlichen Verdrehung des Wagenkörpers in dem zu betrachtenden Augenblick in Ruhe bleibt.

Maruhn (*310*) hat auf Grund kinematischer Beziehungen gezeigt, in welcher Weise die Lage des Momentenzentrums und damit die Länge des wirksamen Fliehkrafthebelarmes auf zeichnerischem Wege ermittelt werden kann. Abb. 590 zeigt die Ergebnisse für die wesentlichsten Achsbauarten. Schwerpunktshöhe und Spurweite sind in allen Fällen gleich angenommen. $M_1$ ist das Momentenzentrum des linken Rades, $M_2$ ist das des rechten Rades. $M$ ist das Momentenzentrum des Wagenkörpers, $h$ ist der wirksame Hebelarm der Fliehkraft $F$.

Bei den Bauarten *I* und *Ia* mit starrer Achse reicht der wirksame Hebelarm $h$ vom Schwerpunkt des Fahrzeugs bis etwa zur Höhe der Angriffspunkte der Federn. Die Momentenzentren $M_1$ und $M_2$ fallen bei der starren Achse bei entgegengesetzten Hubbewegungen zusammen. Das Fliehkraftmoment ist zwar klein, jedoch ist eine ungünstige Führung der Wagenräder bei entgegengesetzt gerichteten Hubbewegungen vorhanden, und die mit den Rädern schwingende Masse ist groß.

Die Bauarten *II* und *IIa* zeigen Pendelachsen, *II* mit getrennter und *IIa* mit gemeinsamer Achse für die beiden Pendelarme. Durch Auseinanderlegen der Pendelarme wird der wirksame Hebelarm der Fliehkraft verkürzt. Damit wirkt die Federung in der Neigung härter.

Die Bauarten *III*, *VI*, *VIa* und *VIb* zeigen Schwingachsen verschiedener Federanordnung. Bei *III* sind beide Querfedern in der Mittelebene des Fahrzeuges fest eingespannt. Bei *VI* ist die obere Querfeder gelenkig in Höhe der beiden äußeren Federangriffspunkte gelagert, während die untere Querfeder fest eingespannt ist; bei den ähnlichen Bauarten *VIa* und *VIb* liegt der Drehpunkt der oberen Querfeder im Fall *VIa* unterhalb der Federblätter und im Fall *VIb* oberhalb der Federblätter. *VIa* ist kurvensteifer als *III* oder *IV*, dagegen ist *VIb* weniger steif als *III* oder *VI*.

Die Bauarten *IX* und *IXa* gelten für Federungen mit Hülsenführung. Bei *IX* erfolgt die Führung der beiden Räder senkrecht zur Fahrbahn, bei *IXa* unter einem gewissen Winkel. *IXa* ist weniger kurvensteif als *IX*.

Die meßtechnische Ermittlung der dem Fliehkraftmoment entsprechenden Neigung des Wagenkörpers in der Kurve erfolgt dadurch, daß nach Ermittlung der Schwerpunktslage im Schwerpunkt die Fliehkraft, z. B. als Seilzug, angesetzt und die sich ergebende Winkelneigung des Fahrzeuges vorn und hinten gemessen wird.

In Fällen, in denen der Fliehkraftzug aus baulichen Gründen nicht am Schwerpunkt angesetzt werden kann, müssen Umrechnungen vorgenommen werden.

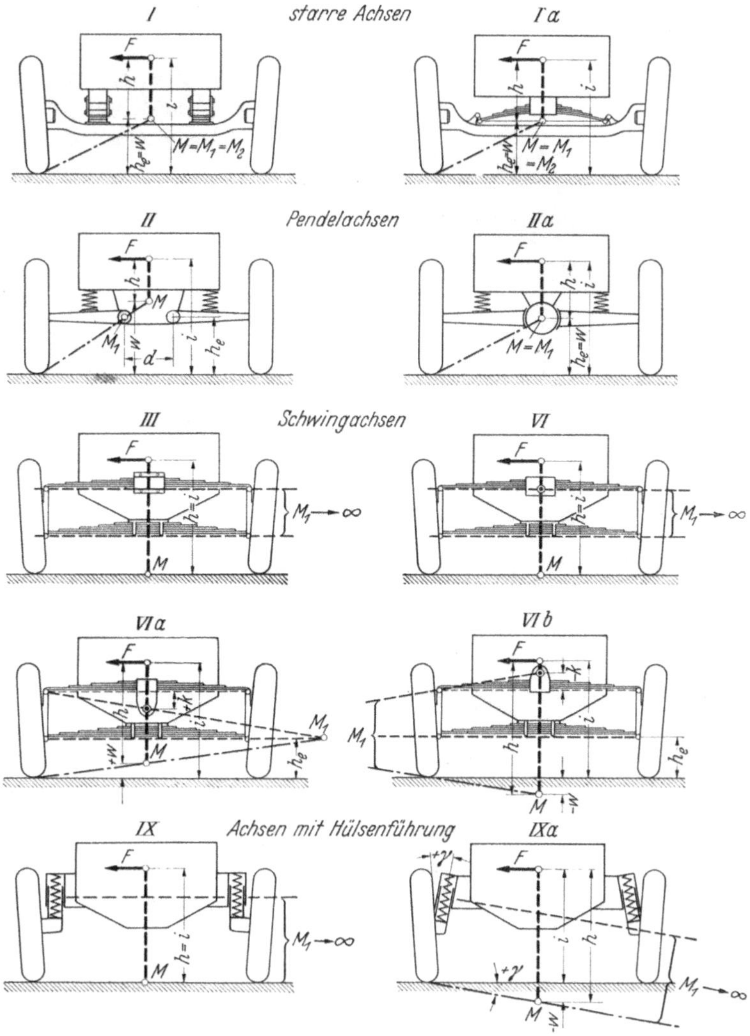


Abb. 590. Wirksamer Hebelarm der Fliehkraft bei verschiedenen Achsbauarten. [Nach Maruhn (*311*).]
*M* Momentenzentrum des Wagenkörpers; $M_1$ Momentenzentrum des linken Rades; $M_2$ Momentenzentrum des rechten Rades; *h* wirksamer Hebelarm der Fliehkraft; *F* Fliehkraft; $h_e$ Abstand des Momentenzentrums $M_1$ von der Fahrbahn; *i* Abstand des Schwerpunktes von der Fahrbahn.

Das Verfahren ist oft umständlich und bedarf besonderer Aufbauten am Wagenkörper. Auch hier hilft die Modellmessung unter Verwendung einfachster Mittel. Gegenüber der zeichnerischen Ermittlung der Momenteneinwirkung, bei der jeweils nur die Normalanordnung von Wagenkörper, Achsen und Federung betrachtet wird, werden bei der meßtechnischen Untersuchung der Einfluß der Kinematik der Hebel, die Federkonstante sowie die Angriffspunkte der Federn berücksichtigt.

Abb. 591 zeigt, wie durch einfache Darstellung des Wagenkörpers, der Federn, Hebel und Radauflagen das Modell in einer Ebene liegend ausgeführt werden kann. Die wesentlichen Kräfte, das Achsgewicht *G* und die Fliehkraft *F*, wirken mit Schnurzügen und Umlenkrollen am Fahrzeugkörper des Modelles. Beim Ansetzen der Kräfte ist das Modellgesetz (*305*) zu beachten. Sind die Hauptabmessungen (Spurweite, Raddurchmesser, Schwerpunktshöhe) geometrisch ähnlich im linearen Maßstab *m* ausgeführt, so sind die Gewichte und die Massenkräfte verhältig $m^3$, die Federkräfte verhältig m². Damit kann die der Fliehkraft entsprechende Neigung des Wagenkörpers bei verschiedenen Schwerpunktshöhen bestimmt und der Raddruck gewogen werden.

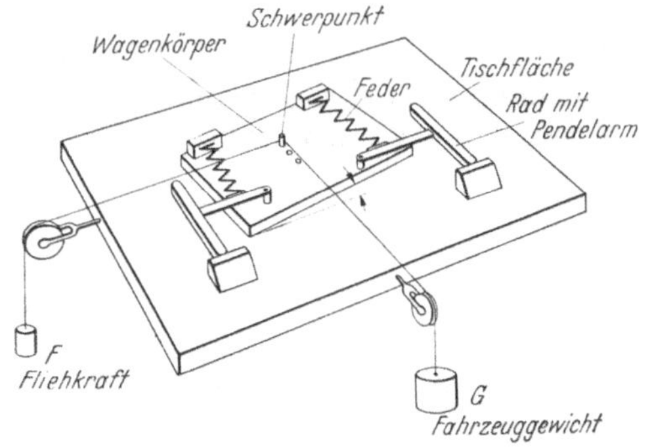

Abb. 591. Ermittlung der Seitensteifigkeit durch Modellversuch (FKFS).

Huber (*220*) hat unter Benützung eines Modelles 1:10 mit einer Spurweite von 140 mm und einer Achshöhe von 36 mm derartige Messungen durchgeführt.

Bei sonst gleichen Verhältnissen sind für Gewicht und Fliehkraft eingesetzt:

Wagengewicht $G = 1000\,\text{g} \times \text{m}^3 = 1000\,\text{kg}$
Fliehkraft $F = 500\,\text{g} \times \text{m}^3 = 500\,\text{kg}.$

Das gewählte Verhältnis 2:1 zwischen Gewicht und Fliehkraft entspricht scharfer Kurvenfahrt, z. B. mit

56 km/h Geschwindigkeit bei dem Kurvenhalbmesser 50 m
80 km/h „ „ „ „ 100 m
112 km/h „ „ „ „ 200 m.

Abb. 592 zeigt die Ergebnisse für verschiedene Achsbauarten und Federanordnungen. Die Neigung

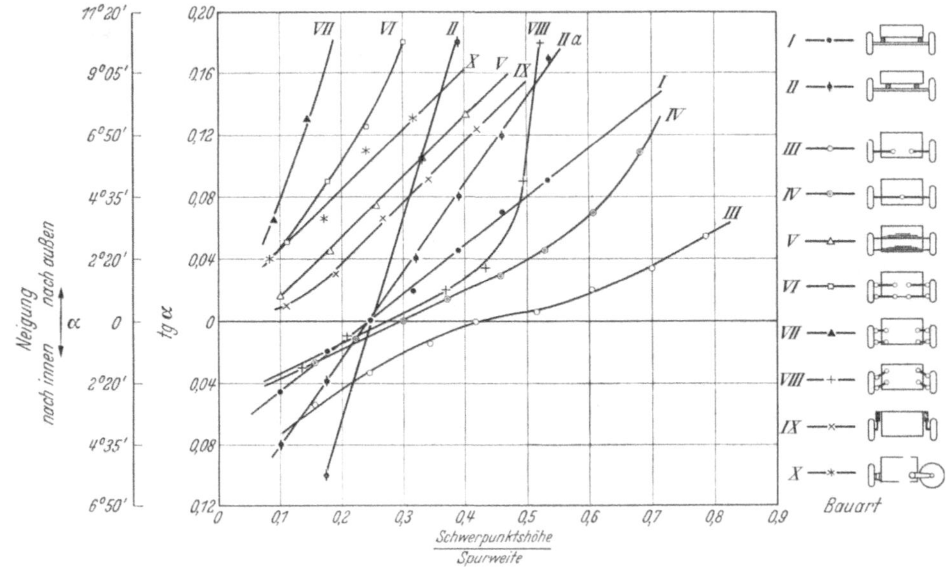

Abb. 592. Neigung des Wagenkörpers in der Kurve. (Nach Huber.) Fliehkraft = ½ Wagengewicht. *II* weiche Feder, *IIa* harte Feder.

des Wagenkörpers ist in Abhängigkeit von der Schwerpunktshöhe eingezeichnet, wobei mit Rücksicht auf den Einfluß kleiner Schwankungen in der Spurweite als Abszisse das Verhältnis zwischen Schwerpunktshöhe und Spurweite gewählt ist.

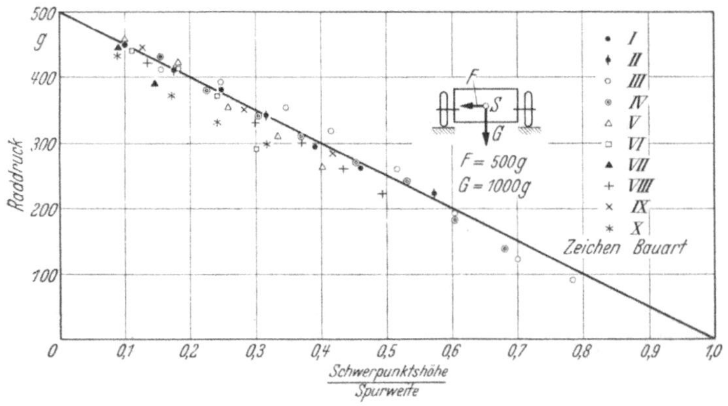

Abb. 593. Raddruck des Innenrades in der Kurve (FKFS) (*320*).

Für die Beurteilung ist noch die Verteilung der Kräfte auf die kurveninneren und -äußeren Räder wichtig.

Abb. 593 zeigt für verschiedene Schwerpunktslagen der untersuchten Bauarten die Raddrücke des Innenrades für das Verhältnis zwischen Wagengewicht und Fliehkraft von 2:1. Die Ergänzung zu 1000 g liefert den Raddruck des Außenrades.

Die Ergebnisse bestätigen zahlenmäßig, daß härtere Federung steifere Kurvenlage zur Folge hat. Mit Rücksicht auf gute Hindernisaufnahme sollte jedoch weiche Federung verwendet werden. Zur Erreichung einer möglichst günstigen Gesamtfederung muß also beim Entwurf neben tiefliegendem Schwerpunkt eine günstige Radführung entsprechend den Ergebnissen nach Abb. 592 gewählt werden.

## C. Lenkungsuntersuchungen.

Die Güte einer Lenkung ist in hohem Maße beeinflußt von der Lage der am Fahrzeug wirkenden Kräfte (Antriebs- und Widerstandskräfte). Diese sind mitbestimmend für die Beanspruchung des Fahrers bei Dauerfahrten. Daneben treten jedoch Schwingungserscheinungen der Lenkvorrichtung auf, wobei die Rückwirkungen zwischen Flattern und Trampeln durch Kopplung besonders unangenehm in Erscheinung treten.

### I. Geräte zur Messung der Lenkkräfte.

Abb. 594 zeigt ein Gerät zur Aufnahme der am Lenkrad wirkenden Momente. Es besteht im wesentlichen aus einem Zusatzlenker, der auf das übliche Lenkrad zentrisch aufgesetzt wird. Zwischen die beiden Lenkräder ist eine in Zylinderführungen liegende, doppeltwirkende Feder in einem bestimmten Abstand vom Drehpunkt eingesetzt. Die Formänderung der Feder ist ein Maß für die am Hilfsrad geäußerte Lenkkraft. Sie kann angezeigt oder aufgezeichnet werden.

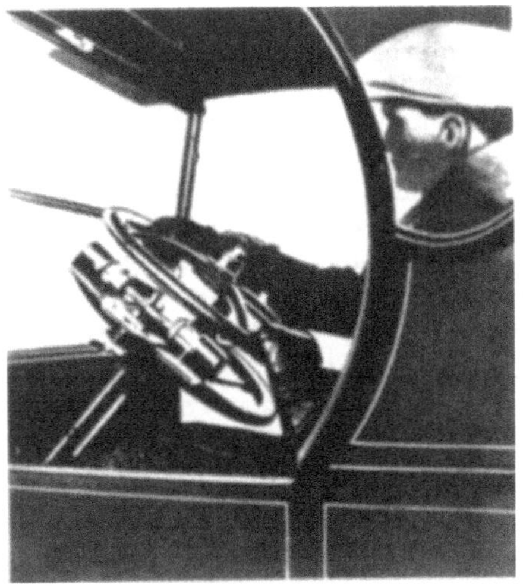

Abb. 594. Gerät zur Aufnahme der am Lenkrad wirkenden Momente (*251*).

### II. Lenkungsschwingungen.

Die starre Vorderachse eines Fahrzeuges hat insgesamt 6 Freiheitsgrade (*103*). Sie kann sich nach 3 Richtungen geradlinig verschieben, wobei sie parallel zu sich selbst bleibt, und kann 3 Drehbewegungen um die Achsen der geradlinigen Bewegungsrichtungen ausführen (s. Abb. 595, 596 u. 597).

Die 3 geradlinigen Bewegungsmöglichkeiten sind das „Heben", wobei die ganze Achse parallel zu sich in senkrechter Richtung bewegt wird, das „Schieben", bei dem die Achse nach links oder rechts quer zur Fahrtrichtung schwingt, und das „Zucken", bei dem die Achse in Fahrtrichtung parallel zu sich selbst hin- und herschwingt.

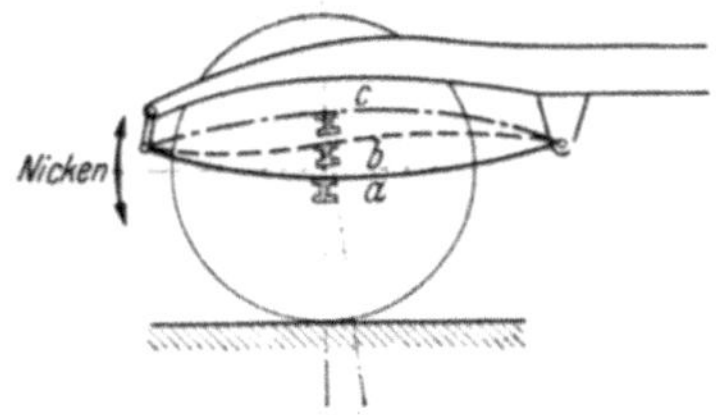


Abb. 595. Kopplung der Nickschwingung an eine Hubschwingung der Achse (*106*). *a* und *c* Stellung der Feder bei reiner Hubschwingung; *b* Stellung der Feder bei Nickschwingung gekoppelt mit Hubschwingung.

Die 3 Drehbewegungsmöglichkeiten sind das „Trampeln", bei dem die Achse in einer Ebene senkrecht zur Fahrtrichtung schwingt, das „Gieren", bei dem die Achse um eine durch ihren Schwerpunkt gehende Hochachse schwingt, und das „Nicken", bei dem die Wagenfedern eine Drehbewegung der Achse um eine quer zur Fahrtrichtung liegende Horizontalachse gestatten. Das Nicken stellt sich besonders beim Bremsen oder Beschleunigen des Fahrzeugs ein und hat eine Änderung des Vor- oder Nachlaufes zur Folge.

Die Bewegung des Rades ist zunächst mit der der Achse zwangsläufig verkettet. Darüber hinaus hat das Lenkrad die Möglichkeit, innerhalb des Spieles und der Federweichheit des Lenkgestänges um den Lenkzapfen zu schwingen, was mit „Flattern" bezeichnet wird.

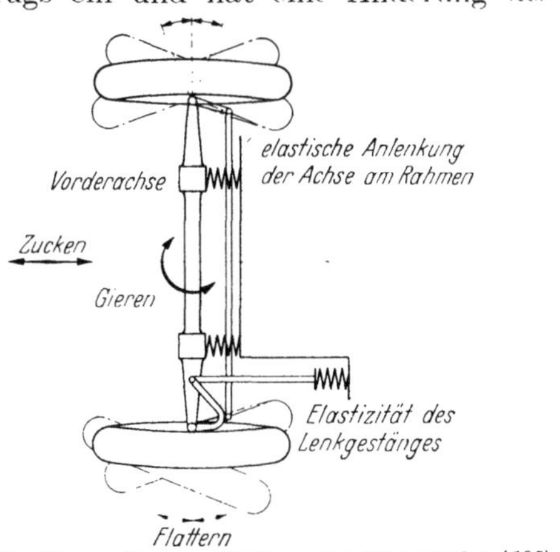


Abb. 596. Gieren, Zucken, Flattern der Wagenräder (*105*).

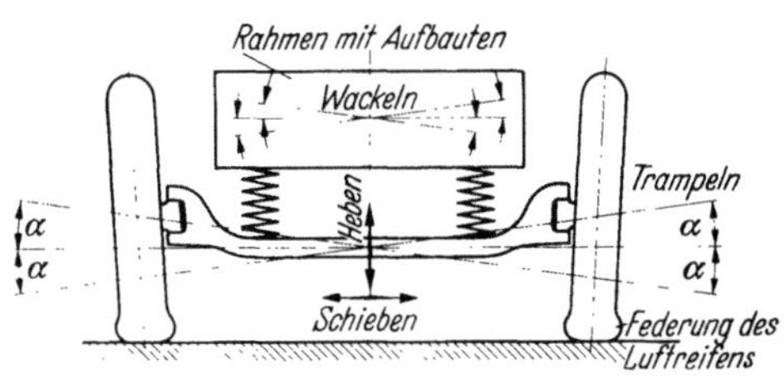


Abb. 597. Trampeln der Achse und Wackeln des Rahmens mit Aufbauten (*104*).

Die Vorderachse, die den Aufbau tragenden Federn und das die Räder führende Lenkgestänge stellen also ein schwingungsfähiges Gebilde dar. Die Bewegungsmöglichkeiten der Einzelmassen mit den zugehörigen Federn sind meistens nicht unabhängig voneinander, sondern gegenseitig verkoppelt.

Tritt z. B. durch irgendeine Ursache Flattern der Lenkräder ein, so wird dadurch die in diesem Fall als starr gedachte Achse quer zur Fahrtrichtung hin- und hergeschoben. Dies bedingt ein Vorhandensein von seitlichen Schiebekräften zwischen Reifen und Fahrbahn. Die Kräfte üben damit ein Moment auf den Schwerpunkt der Radachse aus, derart, daß diese in Trampelbewegungen gerät, die die Räder mitmachen müssen. Die sich drehenden Wagenräder wirken in mechanischem Sinne als Kreisel und haben infolge der Trampelbewegung das Bestreben, einen Flatterausschlag auszuführen. Der Kopplungskreislauf, der, ausgehend von einer Flatterschwingung, wieder zu einer Flatterschwingung führt, ist damit geschlossen.

In ähnlicher Weise treten weitere Kopplungsschwingungen und Reibungsschwingungen auf, die an anderer Stelle behandelt sind (vgl. W. Kamm: Das Kraftfahrzeug).

Das Eintreten von Lenkungsschwingungen kann eingeleitet werden durch mangelnden Massenausgleich der Lenkräder, wobei die Phasenstellung zwischen linkem und rechtem Rad die Achsbewegung derart beeinflussen kann, daß parallele Hubschwingungen oder Trampelbewegungen auftreten. Bei einer Winkeländerung der Achslage um $\frac{d\alpha}{dt}$ übt das Rad (s. Abb. 597) mit dem polaren Trägheitsmoment $J_0$ eine Reaktion vom Betrage $J_0 \cdot \omega \frac{d\alpha}{dt}$ aus, wobei $\omega$ die Winkelgeschwindigkeit des Rades ist.

Das Kreiselmoment $K_1$ wirkt in gleicher Größe in der zur Schwingung senkrechten Ebene und versucht die Räder einzuschlagen.

Bei einem Verdrehungswinkel der Achse von z. B. $\alpha = 5°$ und einer Schwingzeit von $t = \frac{1}{20}$ s, wird $\frac{d\alpha}{dt} = \frac{5}{1/20} \cdot \frac{1}{57{,}3} = 1{,}75\ \text{s}^{-1}$, ($\frac{1}{57{,}3}$ deshalb, weil $\alpha$ nicht im Winkelmaß, sondern im Bogenmaß einzusetzen ist). Beträgt das Trägheitsmoment des Rades $J_0 = 0{,}065$ mkgs² und seine Winkelgeschwindigkeit $\omega = 41\ \text{s}^{-1}$, so ergibt sich das auf die Leistung sich auswirkende Kreiselmoment z. B. zu

$$K_1 = J_0\,\omega\,\frac{d\alpha}{dt} = 0{,}065 \cdot 41 \cdot 1{,}75 = 4{,}6\ \text{mkg}.$$

Bei einer Schwenkung des Rades um den Lenkzapfen mit der Geschwindigkeit $\frac{d\beta}{dt}$ ergibt sich ein auf die Achsbewegung sich auswirkendes Kreiselmoment von

$$K_2 = J_0\,\omega\,\frac{d\beta}{dt}.$$

Dem Massenträgheitsmoment $J_1$ der Achse um ihren Schwerpunkt und den Kreiselmomenten der beiden Räder steht das Rückstellmoment $M\alpha$ der Federung entgegen. Damit gilt für die Achsschwingung

$$J_1 \frac{d^2\alpha}{dt^2} + 2\,J_0\,\omega\,\frac{d\beta}{dt} + M\alpha = 0$$

und für die Lenkungsschwingung

$$J_2 \frac{d^2\beta}{dt^2} - 2\,J_0\,\omega\,\frac{d\alpha}{dt} + H\beta = 0.$$

Da die Ausschläge $\alpha$ und $\beta$ wegen der Kreiselwirkung um 90° versetzt sind ($\alpha$ macht eine Sinus-, $\beta$ eine Kosinus-Schwingung), so ist die Achsfrequenz

$$\gamma_1^2 = n_1^2 + \frac{4\,J_0^2}{J_1\,J_2}\,\omega^2\,\frac{n_1^2}{n_1^2 - n_2^2}$$

und die Lenkungsfrequenz

$$\gamma_2^2 = n_2^2 - \frac{4\,J_0^2}{J_1\,J_2}\,\omega^2\,\frac{n_2^2}{n_1^2 - n_2^2};$$

hierbei sind

$n_1 = \sqrt{\frac{M}{J_1}}$ die Eigenschwingungszahl der Achse um ihren Schwerpunkt in $2\pi$ Sekunden,

$n_2 = \sqrt{\frac{H}{J_2}}$ die Eigenschwingungszahl der Räder um die Lenkzapfen in $2\pi$ Sekunden,

und

$M = M_r + M_f$ das Rückstellmoment der Achse,

$M_r = c_r \cdot \frac{s^2}{2} \cdot \alpha$ das Rückstellmoment der Räder,

$c_r$ = der Reifenfederungsbeiwert,

$s$ = die Spurweite,

$\alpha$ = der Verdrehungswinkel der Achse.

$M_f = c_f \cdot \frac{a^4}{2} \cdot \alpha$ das Rückstellmoment der Feder,

$c_f$ = der Federkennwert,

$a$ = der Abstand der Feder,

$H = H_1 + H_2$ ist das Rückstellmoment des Rades,

$H_1$ = das Rückstellmoment im Lenkgestänge, das versuchsmäßig zu ermitteln ist,

$H_2 = f \cdot d \cdot G_1$ das Rückstellmoment, das von der Fahrbahn herrührt,

$G_1$ = die Vorderachsbelastung,

$f$ = der Rollreibbeiwert,

$d$ = die Seitenspur.

Die Rückstellmomente am Reifen, an den Wagenfedern und das Fahrbahnrückstellmoment können in einfacher Weise erfaßt werden. Die Aufnahme der Federweichheit im Lenkgestänge zwischen den Rädern und dem Entlastungspunkt ist weniger einfach. Bei voller Selbsthemmung in der Lenkung liegt der Entlastungspunkt in der Lenkschnecke. Bei nicht selbsthemmender Lenkung oder nach Überschreiten der Reibungskräfte ist die Lage des Entlastungspunktes jedoch unbestimmt. Der Wagenführer nimmt die durch die Lenksäule noch hindurchgehenden Schwingungen mit den Armen auf. Unter Umständen werden sie über das Sitzpolster und die Rückenlehne noch vom Wagenkörper aufgenommen.

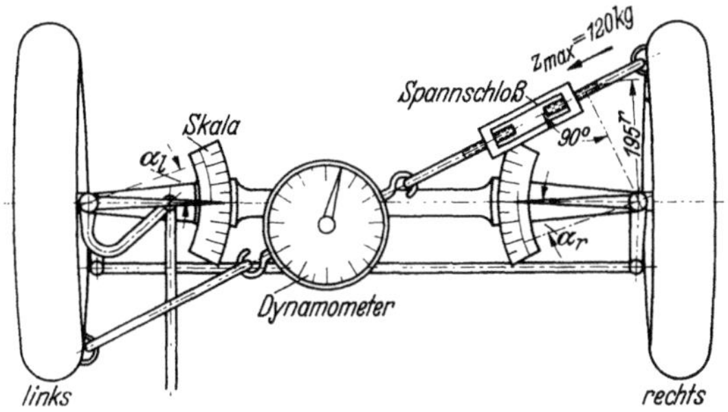


Abb. 598. Anordnung der Versuchseinrichtung zur Messung der Elastizität der Lenkanlage (*110*).

Bei Feststellung der Federweichheit der Lenkgestänge und des Rückstellmomentes wäre es demnach naheliegend, den Entlastungspunkt durch den Fahrer zu bilden. Damit jedoch die Ergebnisse von den Eigenschaften des Fahrers unabhängig sind, ist es zweckmäßiger, das Lenkrad starr einzuspannen. Die Erzeugung des Momentes erfolgt in der in Abbildung 598 gezeigten, von Maruhn (*103*) benützten Art.

Die Felgen der beiden Räder werden durch ein Spannschloß, an das ein Zugmesser angeschaltet ist, wechselseitig zusammengezogen. Der Zug bewirkt an beiden Rädern je ein in gleichem Sinne gerichtetes Drehmoment. Die Drehmomente werden über die Lenkschubstange auf das Lenkgetriebe geleitet.

Der Federwinkel der Räder wird durch einen auf den Lenkzapfenbolzen aufgesetzten Zeiger, der über eine Zahlenteilung streicht, angezeigt.

Zur Feststellung der Federweichheit bei beiden Richtungen des Lenkeinschlages wird die Kreuzverspannung gewechselt. Beim Ablesen der Werte ist auf das Gestängespiel zu achten. Für die Auswertung wird der mittlere Winkelausschlag aus beiden Schwenkrichtungen benützt.

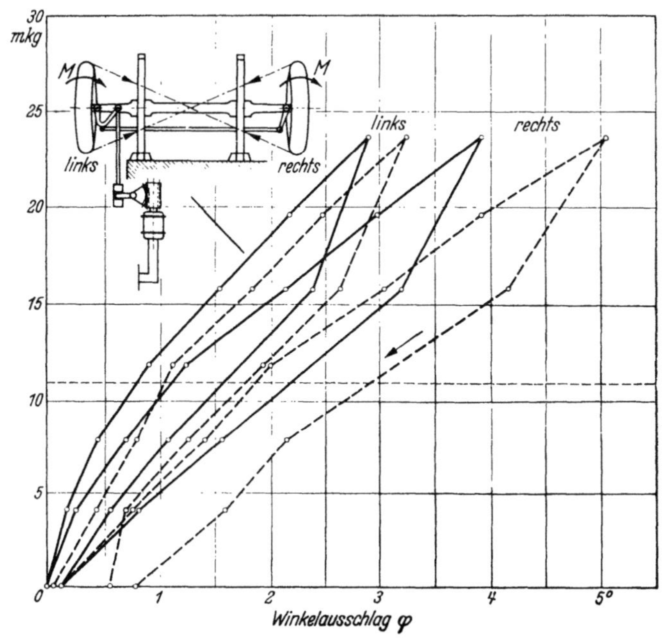


Abb. 599. Elastizität eines Lenksystems üblicher Bauart (*111*).

Abb. 599 zeigt ein mit dieser Einrichtung aufgenommenes Meßbild. Das höchste Verspanndrehmoment betrug 24,4 mkg. Das Lenkrad war mit der Lenksäule fest verklemmt. Bei wechselndem Lenkeinschlag verlagert sich die Federkennlinie jedes Rades um einen bestimmten Betrag. Auffällig ist der Unterschied der Federweichheit zwischen linkem und rechtem Rad. Er erklärt sich daraus, daß das linke Rad unmittelbar vom Lenkhebel und der Schubstange abgestützt ist, während das rechte Rad über das Lenktrapez gehalten wird.

Der mittlere Federwinkel $\varphi_m$ ergibt sich z. B. für das linke Rad zu $\varphi_m = 3{,}07°$ bei $M_d = 23{,}4$ mkg. Damit ergibt sich für dieses Rad ein Einschlagfederkennwert

$$c = \frac{M_d}{\varphi_m} = \frac{23{,}4}{3{,}07} = 7{,}6 \text{ mkg/°}.$$

Hat man die Flatterausschläge dieses Rades bei der Fahrt auf der Landstraße oder dem Prüfstand nach dem auf S. 279 und 280 beschriebenen Verfahren, z. B. mit $\varphi_{\max} = 3{,}22°$ aufgenommen, so ergibt sich das zugehörige Flattermoment zu $M_{Fl} = c \cdot \varphi_{\max} = 7{,}6 \cdot 3{,}22 = 24{,}5$ mkg. Dieses wird zu einem Teil dazu verwendet, das rechte Rad zum Flattern anzuregen, zum weitaus größten Teil wird es jedoch über die Lenkschubstange in das Lenkgetriebe geleitet. Nachdem das Lenkgetriebe einen Teil verschluckt hat, gelangt der Rest in den Entlastungspunkt, der in diesem Fall an der Einspannstelle des Lenkrades liegt.

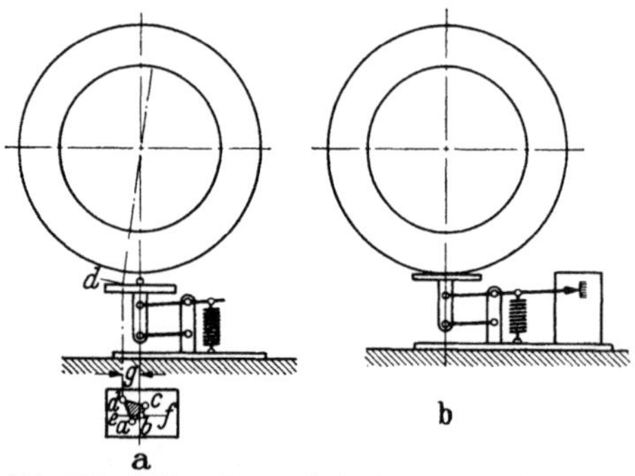


Abb. 600. Hilfsgerät zur Aufnahme der Achs- und Radstellungen, der Vor- und Nachlaufstellung des Rades und des Hebens und Senkens der Achse beim Radausschlag. [Nach Wichtendahl (*80*).]
*d* Schnittpunkt der Faustachse mit der Fahrbahn; *a*—*b*—*c* Kreisbogen des Berührungspunktes Reifen — Fahrbahn um *d* beim Radeinschlag; *e*—*f* Richtung der Vorspur; *g* Abstand der auf die Fahrbahn projizierten Vorderachse von *d*.

## Die meßtechnische Erfassung der Flatter- und Trampelbewegungen.

Um einen möglichst weitgehenden Einblick in etwa auftretende Lenkschwingungserscheinungen zu erhalten, muß man sowohl Straßen- als auch Prüfstandsversuche vornehmen.

**Gerät zur Aufnahme der Achs- und Radstellung.** Bei seinen Untersuchungen über das Flattern und Trampeln benützte Wichtendahl (*395*) zur Aufnahme der Achs- und Radstellung das in Abb. 600 gezeigte Hilfsgerät. Der zu untersuchende Wagen wurde auf einer Richtplatte vorne und hinten so hochgebockt, daß der Wagen wieder waagerecht stand, und unter die Vorderräder, wie Abb. 600 zeigt, das nach Art der Briefwaage gebaute Hilfsgerät

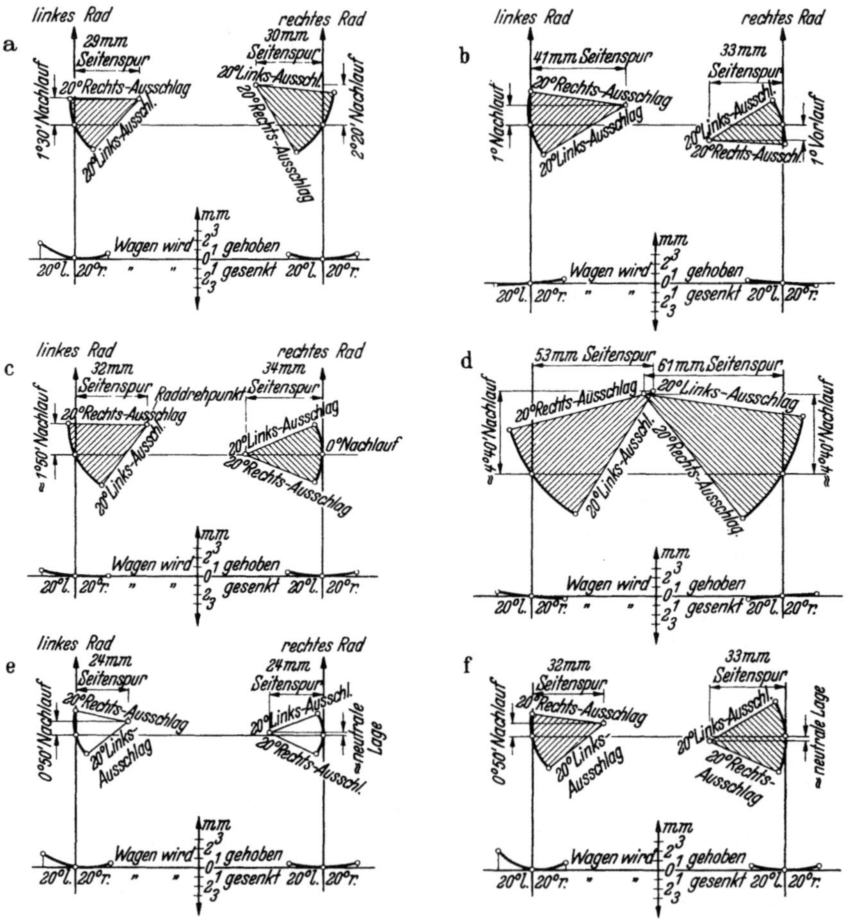


Abb. 601. Ergebnisse von Messungen an verschiedenen Fahrzeugen mit dem Wichtendahlschen Gerät (*81*).

gestellt. In den Reifen war eine Stecknadel hineingedrückt. Das schwach gebremste Rad wurde so gedreht, daß der Stecknadelkopf den untersten Punkt des Rades, d. h. den theoretischen Berührungspunkt zwischen Rad und Fahrbahn (Bodenpunkt) darstellte. Dieser Bodenpunkt berührte die Platte des Geräts und der Stecknadelkopf zeichnete beim Ausschlagen der Räder durch Drehen des Lenkrades auf der Platte eine Kurve (Abb. 600, *a*–*b*–*c*). Diese Kurve kann mit einfachen Mitteln leicht sichtbar gemacht werden. Durch Probieren ist dann ziemlich genau der Drehpunkt *d* zu ermitteln, wobei *d* den Schnittpunkt der Faustachse mit der Fahrbahn

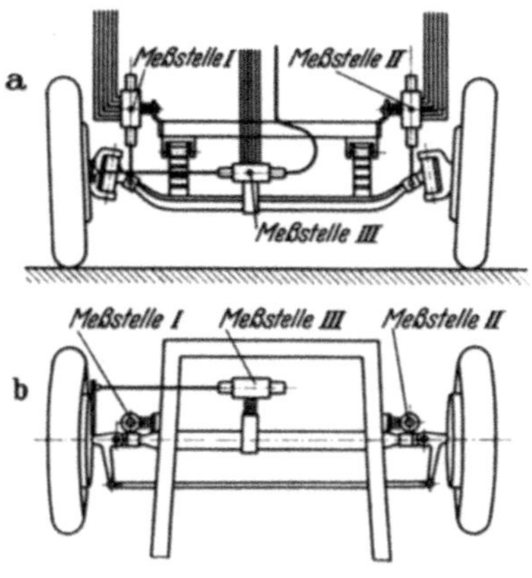


Abb. 602.
Elektrische Einrichtung zur Aufnahme von Flatter-, Trampel- und Hubschwingungen (83).

Abb. 603.
Gesamtanordnung des Frommschen Schwingungszerlegers. (112).
*c* Mittelstück zur Übertragung der Trampel-, Hebe- und Schiebebewegung.

darstellt. Stellt man das Vorderrad in die Geradeausfahrtstellung (Punkt *b* der Kurve *a*—*b*—*c*) und dreht das Rad um seine Laufachse, so ergibt sich auf der Platte die Gerade *e*—*b*—*f*, die, abgesehen von einer etwaigen Vorspureinstellung die Fahrtrichtung kennzeichnet. Aus dem Abstand *g* und dem Radhalbmesser kann auf Grund einfacher Beziehungen die Vorlauf- bzw. Nachlaufstellung des Rades bestimmt werden.

Ferner wurde mit dem Gerät das Heben und Senken der Achse beim Radausschlag gemessen, wie aus Abb. 600 hervorgeht. Da bei der Messung die Vorderachse hochgebockt war und damit feststand, hat das Gerät die jeweilige Entfernung zwischen Bodenpunkt und Richtplatte gemessen, woraus sich das Heben und Senken der Achse ergibt.

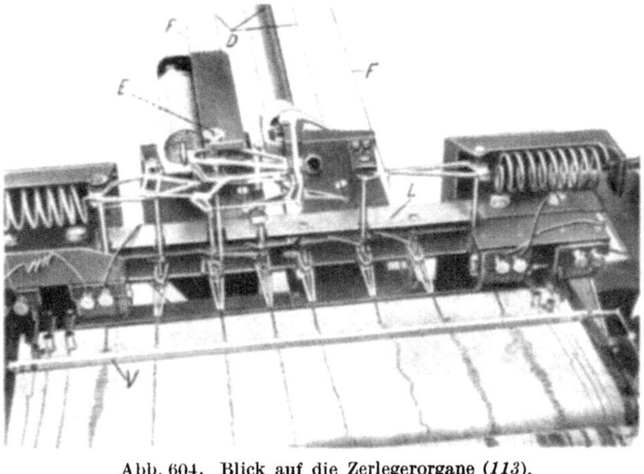


Abb. 604. Blick auf die Zerlegerorgane (113).
*D* Spanndrähte zur Übertragung der Bewegung des Achsmittelstückes (Zucken, Gieren, Nicken); *E* Drehachse für den Hebel, an dessen Enden die Spanndrähte *D* angreifen; *F* Spanndrähte zur Übertragung der Flatterbewegungen der Räder; *V* Verbindungsstangen zur Zeitkennzeichnung; *L* Lagerkörper für die Schreibhebel.

Die Ergebnisse von Messungen an verschiedenen Wagen sind in Abb. 601 wiedergegeben. Bei allen Messungen wurde das rechte Rad 20° nach rechts und links eingeschlagen. Bei Abb. 601a nimmt die Achse bei der Geradeausfahrt die tiefste Stellung ein und wird gehoben, wenn das Rad nach rechts oder links ausgeschlagen wird. Dies liefert die für die Fahrt angenehme Eigenschaft der Steuerung, ständig das Bestreben der Geradeausstellung der Räder zu besitzen.

Die Ausschläge des Flatterns und Trampelns können durch die auf S. 261 beschriebenen Schwingungsschreiber oder auf mechanischem oder elektrischem Wege aufgenommen werden.

Die Benützung von Spanndrähten mit Umlenkrollen (mechanische Schreibeinrichtung) bringt bei Messungen während der Fahrt Schwierigkeiten. Für Straßenversuche ist es deshalb zweckmäßig, elektrische Übertragung der Schwingbewegungen zu wählen. Die mechanischen Einrichtungen können im Prüfstandbetrieb benützt werden.

**Elektrische Schreibgeräte.** Die grundsätzliche Arbeitsweise eines derartigen Gerätes ist auf S. 263 beschrieben. Für die Aufnahme von Flatterschwingungen der Lenkräder und etwaiger Trampel- bzw. Hubschwingungen der Vorderachse müssen die Meßstellen des Gerätes nach der in Abb. 602 gezeigten Anordnung aufgebaut werden.

**Der Frommsche Schwingungszerleger.** Mit dem von Fromm (*103*) gebauten Gerät können sämtliche 6 Bewegungsmöglichkeiten der Achse, das Heben, Schieben, Zucken, das Trampeln, Gieren und Nicken aufgenommen werden, ferner das Flattern, die Drehzahl und die Fahrgeschwindigkeit der beiden Lenkräder (s. Abb. 603, 604 und 605).

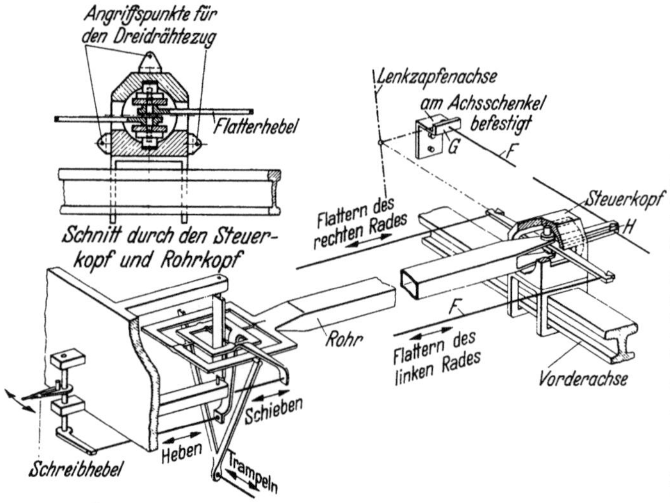


Abb. 605. Übertragung und Zerlegung von Bewegungen durch „Rohr" und „Flatterzüge" (*114*).

Die Übertragung der Bewegungen auf die Schreibeinrichtung erfolgt zwangsläufig auf mechanischem Wege. Die Umlenkhebel und Federzüge sind so ausgebildet, daß ihre Eigenschwingungszahlen weit über den Frequenzen der aufzunehmenden Schwingungen liegen, somit Resonanzerscheinungen vermieden werden. Das Gerät gestattet die Aufnahme des Schwingungsverlaufes nach Ausschlägen und Frequenzen, ferner der Phasenverschiebung zwischen den einzelnen Schwingungen. Die Einrichtung kann auch für die Aufnahme anderer Schwingungsvorgänge benützt werden.

Abb. 603 zeigt den Gesamtaufbau. Das Schreibgerät ist vor dem Fahrzeug aufgestellt. Zwischen Vorderachse und Schreibgerät besteht eine starre Rohrverbindung. Das Rohr ist auf der Schreibseite kardanisch gelagert und auf der Achsseite mittels zweier Zapfen in Längsnuten gehalten. Entsprechend den gegebenen Bewegungsfreiheiten überträgt das Rohr das Heben, Schieben und Trampeln der Vorderachse. Die übrigen 3 Bewegungen, das Gieren, Nicken und Zucken, ferner die Flatterbewegung werden durch die Zugdrähte auf die Schreibeinrichtung übertragen.

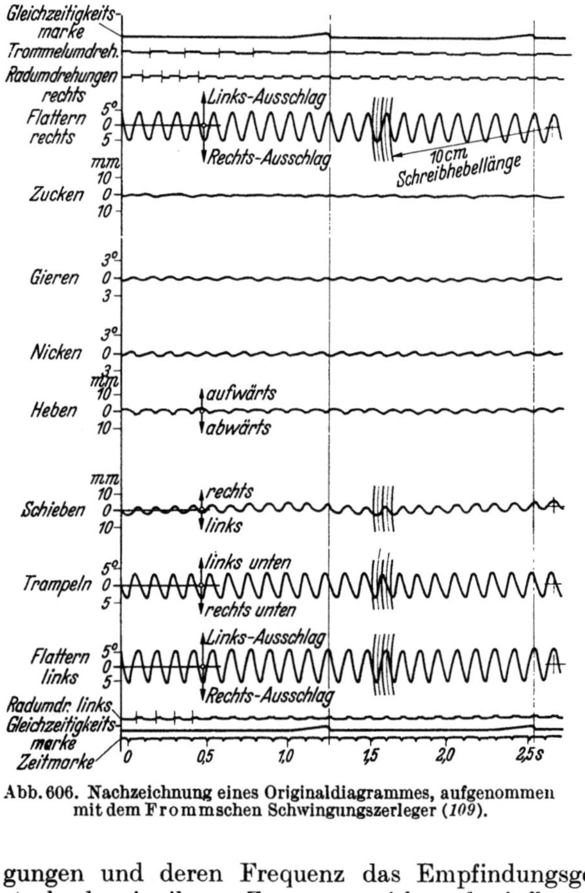


Abb. 606. Nachzeichnung eines Originaldiagrammes, aufgenommen mit dem Frommschen Schwingungszerleger (*109*).

Wie Abb. 604 zeigt, werden die 6 Bewegungsmöglichkeiten des Achsträgers und die beiden Flatterausschläge durch die aus Abb. 605 ersichtlichen Zerlegungsorgane auf 8 Schreibhebel übertragen. Daneben sind 4 Elektromagnete mit Schreibspitzen angeordnet. Sie dienen zur Aufzeichnung der Radumdrehungen, der Fahrgeschwindigkeit und der Zeitmarken ($^1/_{10}$ s). Abb. 605 zeigt die Art der Zerlegung sämtlicher Bewegungen, Abb. 606 einen Ausschnitt aus einem Schreibstreifen mit sämtlichen Bewegungen der Achse und Lenkräder.

## D. Beurteilung der Fahrbequemlichkeit und Fahrannehmlichkeit.

**Federungseinfluß.** Aus den Untersuchungen über die Federungsverhältnisse ergibt sich, daß die Größe der auftretenden Beschleunigungen und deren Frequenz das Empfindungsgefühl der Insassen je für sich, besonders stark aber in ihrem Zusammenwirken, beeinflussen, derart, daß bei hohen Frequenzen schon kleinere Beschleunigungen unerträglich werden.

Für die Feststellung der Auswirkung der Federbewegungen auf Personen und die meßtechnische Erfassung dieser Vorgänge wird das Fahrzeug am zweckmäßigsten auf einen Lauftrommel-prüfstand gestellt, bei dem durch Nockenauflage auf die Trommeln die Veränderlichen so zu wählen sind, wie sie im Fahrbetrieb vorliegen. Dazu sind die senkrechten Beschleunigungen in Grenzen von 1—7 m/s², die Stoßfrequenzen von 25—250 je min und die Schwingungsausschläge von 5—40 mm einzurichten.

Durch Änderung des abgefederten Gewichtes, des Reifendruckes, der Hindernishöhe und der Fahrgeschwindigkeit können diese Werte erreicht werden.

Die für die Messungen erforderlichen Schwingungsmeßgeräte sind auf S. 261 beschrieben.

Steht ein Kraftwagenprüfstand nicht zur Verfügung, so kann ein Versuchsaufbau nach Abbildung 607 und 608 benützt werden (*134*). An dem Sitz für die Versuchsperson ist ein Höchstbeschleunigungsmesser (s. S. 271), sowie eine den Ausschlag aufzeichnende Schreibeinrichtung angebracht.

Abb. 607. Einfache Lauftrommelvorrichtung zur Aufnahme von Schwingungsausschlägen und Beschleunigungen der Radachse. [Nach Dobberack (*140*).]

Abb. 609 zeigt einen für den gleichen Zweck dienenden Schütteltisch, wie er von General-Motors (*322*) benützt wird. Der Tisch, auf den verschiedene Sitzpolster aufgelegt werden können, ist in einer Kreuzkopfführung gehalten und wird durch einen im Hub verstellbaren Kurbeltrieb in senkrecht schwingende Bewegung versetzt. Die erwünschte Schwingungszahl kann durch Ändern der Drehzahl des antreibenden Elektromotors eingestellt werden.

Eine objektive Messung der Empfindungsstärke ist nicht möglich. Es muß daher der Beurteilung der einzelnen Personen überlassen werden, in welchem Maße sich eine Schwingung auf die Empfindung auswirkt. Die Urteilsfähigkeit hängt jedoch von der allgemeinen und augenblicklichen körperlichen und seelischen Verfassung, sowie von den Ansprüchen der Prüfperson ab.

Dobberack (*133*) hat einige erste Ansätze aufgestellt, die als vorläufige Grundlage benützt werden können. Es bleibt späteren Untersuchungen vorbehalten, diese zu vervollständigen.

Zur Kennzeichnung der Empfindungsstärke dient etwa folgender Maßstab:

Empfindungsstärke
1 = kaum spürbar, auch auf längere Dauer nicht lästig,
1,5 = spürbar, auf längere Dauer lästig,
2,0 = gut spürbar, nach $^1/_2$ h lästig,
2,5 = stärker spürbar, nach wenigen Minuten lästig,
3,0 = stark spürbar, sofort lästig,
3,5 = stark spürbar, nach 1 h unter Umständen schädlich,
4,0 = stark spürbar, nach $^1/_4$ h unter Umständen schädlich,
4,5 = nach 1 h unbedingt schädlich,
5,0 = nach $^1/_4$ h unbedingt schädlich,
5,5 = fast unerträglich, 6,0 = sofort unerträglich.

Abb. 608. Prüftisch zur Feststellung der Empfindlichkeit des Menschen gegen die Federbewegungen. [Nach Dobberack (*141*).]

Die geraden Linien in Abb. 610 geben die Grenzen der Empfindlichkeitsbereiche nach Versuchen an 10 Personen an. Die Linien zeigen, daß bei gleicher Beschleunigung die Empfindungsstärke

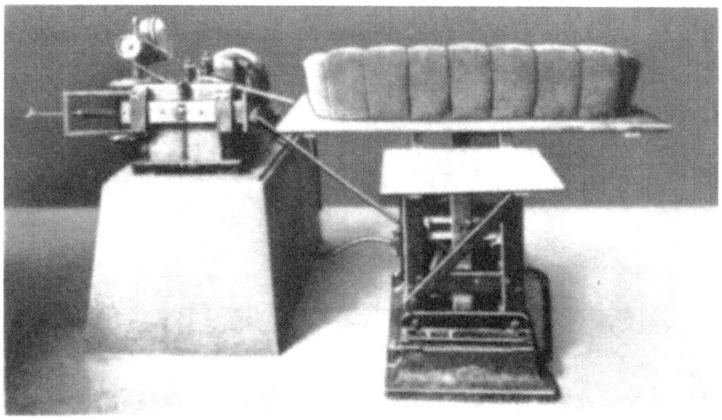

Abb. 609. Schütteltisch der General-Motors (*355*).

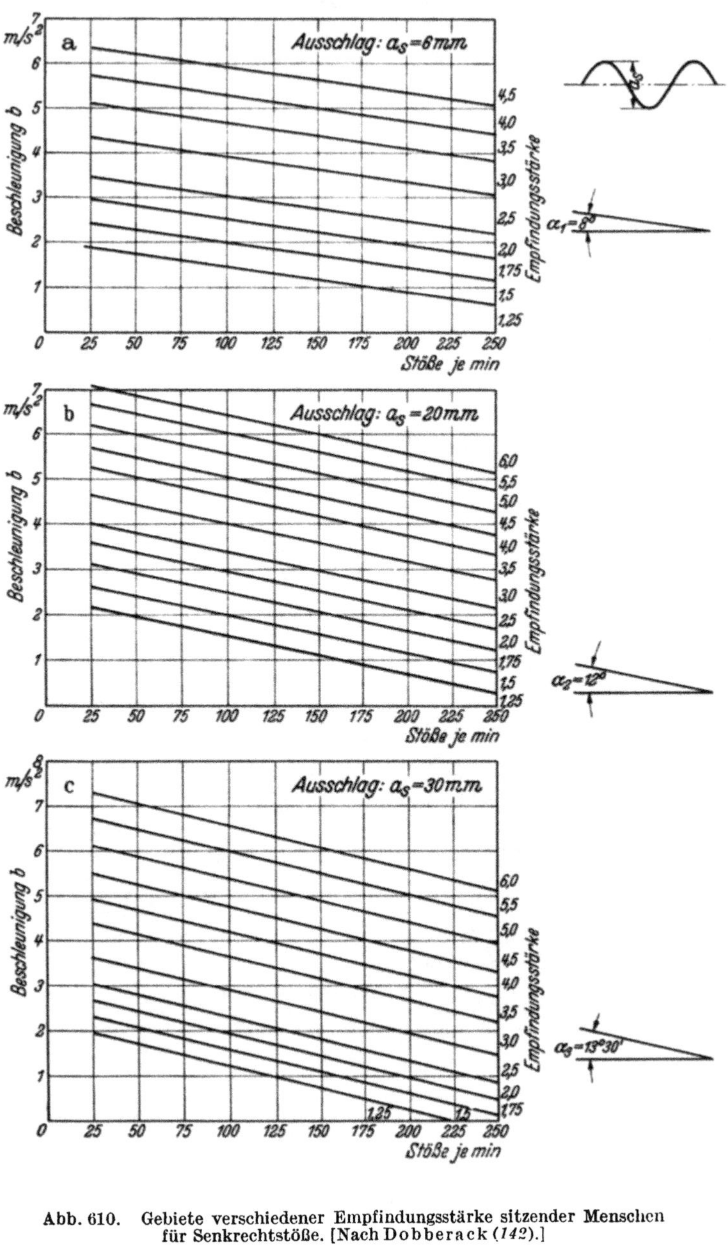


Abb. 610. Gebiete verschiedener Empfindungsstärke sitzender Menschen für Senkrechtstöße. [Nach Dobberack (*142*).]

mit wachsender Stoßzahl (Frequenz) zunimmt. Auch wächst diese Zunahme der Empfindungsstärke mit wachsendem Ausschlag, was sich in verschiedenen Neigungswinkeln der Empfindungsgrenzlinien äußert.

Auf Grund dieser Messungen hat Dobberack versucht, eine Wertungszahl $F_B$ der Fahrbequemlichkeit und ihre Abhängigkeit von den Federungsbedingungen anzugeben. Sie lautet:

$$F_B = 0{,}01\,(Z_1 \cdot b_1^{0{,}2 \cdot \varphi_1} + Z_2 \cdot b_2^{0{,}2 \cdot \varphi_2} + \ldots$$

$$F_B = 0{,}01\,\Sigma\,(Z \cdot b^{0{,}2\,\varphi}).$$

Darin bedeuten:

$Z_{1,2}$ ... die Anzahl der auftretenden Beschleunigungsstöße/min,

$b_{1,2}$ ... die gemessenen Beschleunigungen (m/s²),

$\varphi_{1,2}$ ... das zu jeder Beschleunigung und minutlichen Stoßzahl gehörende Empfindungsgebiet.

**Räumliche Abmessungen des Wageninnern.** Neben der Federungsgüte sind die Formgebung der Sitze und die Raumabmessungen von Einfluß auf die Fahrbequemlichkeit, sowie in störendem Sinne die vielfach zu Dröhnerscheinungen führenden Schwingungen, die auf Grund von Schwingungs- und Geräuschmessungen bekämpft werden müssen.

## E. Schall- und Geräuschmessungen.

Die Geräusche im Innern eines Fahrzeuges haben ihre Ursache im wesentlichen in den Auspuff- und Ansauggeräuschen des Motors, in den Schwingungen der Kurbelwelle, in allzu großem Ventilspiel und in Klopferscheinungen. Außerdem können mechanische Schwingungen des Motors, die durch Massenkräfte verursacht sind, über die Motoraufhängung in den Fahrzeugrahmen und den Wagenaufbau gelangen. Da der Fahrzeugrahmen und die einzelnen Bleche schwingfähige Gebilde darstellen, geraten sie in besonders starke Schwingungen, wenn sie gerade mit ihrer Eigenfrequenz angeregt werden. Beim Durchfahren der Motordrehzahl oder des Fahrgeschwindigkeitsbereiches können dementsprechend diese Einzelbauteile nacheinander in Resonanzschwingungen geraten, wobei sich durch die Schallabstrahlung der Wagenwände im Innern starke und lästige Dröhngeräusche bemerkbar machen. Eine ähnliche Erscheinung ist das Reifendröhnen, das bei der Fahrt über gepflasterte Straße entstehen kann. Hier wird der Fahrzeugrahmen durch die Schwingungen des Reifens und des Rades angeregt.

Zur Abwehr dieser Erscheinungen muß versucht werden, die Schwingungsübertragung auf dem Wege vom Entstehungsort (Motor oder Laufrad) zum Abstrahlungsort (Wagenaufbau) durch Isoliermaßnahmen, wie den Einbau von genügend weichen Gummiaufhängungen, zu unterbinden, oder den Rahmen bzw. den Wagenkörper so weit zu versteifen, daß er keine so niedrigen Eigenschwingungszahlen mehr besitzt, wie sie durch die Motor- und Fahrbahnerregungen in Resonanz erregt werden können. Bei der Formgebung des Aufbaues muß darauf geachtet werden, daß nicht durch Mulden wellmembranartig federnde Wandteile entstehen, die besonders stark zum Dröhnen Anlaß geben. Schalenförmige, gleichmäßig nach außen gewölbte Bleche neigen nicht zu Dröhnschwingungen.

Als Schall kann man jede mechanische Schwingung eines Stoffes bezeichnen; je nach Art des Stoffes unterscheidet man Luftschall, Körperschall und Wasserschall.

Körperschall ist gleichbedeutend mit mechanischer Schwingung eines festen Körpers; die Schwingung kann sich von ihrem Entstehungsort aus nach allen Richtungen ausbreiten, und zwar in Form von Verdichtungswellen (longitudinal) oder Schubwellen (transversal) oder in Form von Biegungs- und Verdrehungswellen.

Die Schwingungen des Luftschalles und Wasserschalles können nur in Form von Verdichtungswellen bestehen. Luftschall mit den Frequenzen zwischen 20 und 18000 Hz kann als Hörschall mit dem Ohr wahrgenommen werden. Störender Schall ist Lärm.

Eine sinusförmige Schallschwingung ist ein Ton. Ein Ton mit harmonischen Oberschwingungen ist ein Klang. Ein Schall mit vielen nicht harmonischen Teiltönen oder mit unregelmäßiger Schwingungsform ist ein Geräusch.

Ähnlich wie in der Optik kann man auch hier die Frequenzverteilung in einem Schallspektrum darstellen, wobei die Klänge Linienspektren und die echten Geräusche kontinuierliche Spektren ergeben.

**Die Entstehung von Schall.** Beim Körperschall können die mechanischen Schwingungen des Körpers angeregt sein durch die Einwirkung von Wechselkräften (Massenkräfte, schwankendes Drehmoment), durch Reibungskräfte (Zahnradgeräusche), durch Stoßerregung (lockere oder schwingende Teile), durch magnetische Kräfte und Luftschall. Wegen der guten Leitfähigkeit der festen Körper für Schall kann sich dieser auf große Entfernungen fortpflanzen und dann an die Luft abstrahlen.

Luftschall wird abgestrahlt durch die Oberflächen schwingender Körper (Membranen, Wände) oder durch Gassäulen (Pfeifen, Auspuffrohre, bei denen die Fläche des Rohrendes als schwingende Membran anzusehen ist).

Die Luftteilchen in der Nähe der Membran werden dabei in Schwingung versetzt und stoßen die entfernteren Teilchen an, so daß sich der Schwingungsvorgang mit der Schallgeschwindigkeit $c$ $\left[\frac{\mathrm{cm}}{\mathrm{s}}\right]$ in Form von Verdichtungswellen ausbreitet, d. h. es schwingen die Luftteilchen in Richtung der Schallausbreitung hin und her. Ihre Schwingungsweite nennt man Schallausschlag $a$ [cm], ihre Schwingungsgeschwindigkeit heißt Schallschnelle $u = a \cdot \omega \left[\frac{\mathrm{cm}}{\mathrm{s}}\right]$. Jedes Luftteilchen muß bei der Weitergabe der Schwingungsbewegung an das nächste Teilchen auf dieses einen Druck ausüben, d. h. mit der Bewegungswelle ist eine Druckwelle verknüpft. Die dabei dem Luftdruck überlagerte periodische Druckschwankung nennt man Schalldruck $p$, er wird gemessen in

$$\left[\frac{\mathrm{dyn}}{\mathrm{cm}^2}\right] = [\mu\mathrm{Bar}]\,,$$

wobei $10^6\,\mu\mathrm{Bar} = 0{,}981$ at ist. $p$ und $u$ hängen zusammen durch die Beziehungen $\frac{p}{u} = \varrho\, c$. Der Wert $\varrho\, c$ beträgt für Luft im Normalzustand $41{,}5 \left[\frac{\mathrm{g}}{\mathrm{s\,cm}^2}\right]$. Die Energie, die durch die Fläche 1 cm² strömt, ist die Schallintensität

$$J = \frac{p_{\mathrm{eff}}^2}{\varrho \cdot c} \left[\frac{\mathrm{erg}}{\mathrm{cm}^2\mathrm{s}}\right].$$

Die gesamte abgestrahlte Schalleitung ergibt sich durch Summierung der Intensitäten über eine die Schallquelle einhüllende Oberfläche zu

$$N = \int J \cdot \mathrm{d}f \left[\frac{\mathrm{erg}}{\mathrm{s}}\right].$$

Zur wirkungsvollen Abstrahlung von Schall müssen die Abmessungen der schwingenden Flächen in der Größenordnung der Wellenlänge des abgestrahlten Schalles liegen. Trifft eine Schallwelle auf eine Wand, so wird ein Teil der Schallenergie an der Oberfläche zurückgeworfen, ein weiterer Teil dringt durch die Poren der Wand hindurch, wobei ein gewisser Teil durch Reibung an den Poren in Wärme verwandelt wird und daher verlorengeht. Ein anderer Teil der Schallenergie versetzt die Wand in Schwingung, wobei von den beiderseitigen Oberflächen wieder Schall abgestrahlt wird und der Rest durch die innere Reibung der Wand verlorengeht. Wie sich die gesamte auftreffende Energie aufteilt, hängt von der Beschaffenheit der Wand ab, poröse Wände lassen viel Schall ein- und durchdringen, bei Blechwänden überwiegt die Reflexion und die Erregung zu mechanischen Schwingungen.

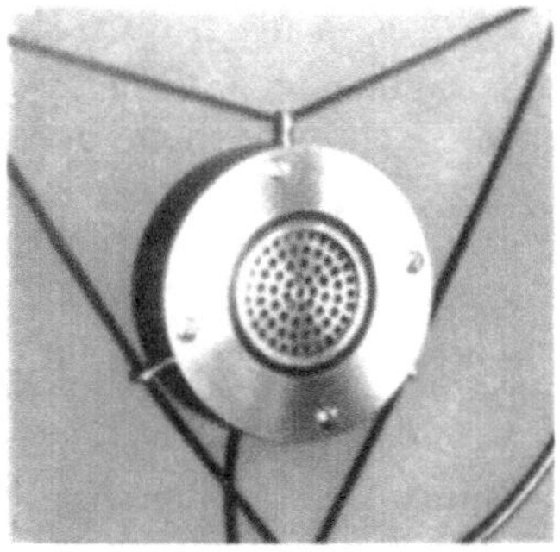

Abb. 611. Kondensatormikrophon (Leybold & Ardenne, Berlin).

Der reflektierte Schall bildet mit dem einfallenden Schall stehende Wellen, wobei sich im Raum Schwingungsbäuche und -knoten ausbilden. Die Anzeige eines Mikrophons ist dann vom Ort der Aufstellung abhängig.

Zur Festlegung der Stärke eines Schalles in einem Punkt benützt man die Messung einer der obigen Größen (Schallausschlag, Schallschnelle oder Schalldruck) mittels eines geeigneten Mikrophons. Auf eine gespannte, halbseitig gekapselte Membran wirkt der Schalldruck (Druckempfänger), während ein sehr leichtes, freihängendes Bändchen die Bewegung der Luftteilchen mitmacht (Bewegungsempfänger, Sonderausführung des Bändchenmikrophons von Ohlsen).

Am gebräuchlichsten ist die Messung mit Druckempfängern. Die Kohlemikrophone des Fernsprechbetriebes sind für Meßzwecke ungeeignet, weil sie außerordentlich frequenzabhängig sind, bei großen Lautstärken Verzerrungen zeigen und ihre Empfindlichkeit starken Schwankungen unterworfen ist. Hochwertige Sonderkohlemikrophone sind in dieser Hinsicht besser. Der Hauptvorteil des Kohlemikrophons besteht darin, daß es starke Ströme abgibt und daher wenig Verstärkung benötigt.

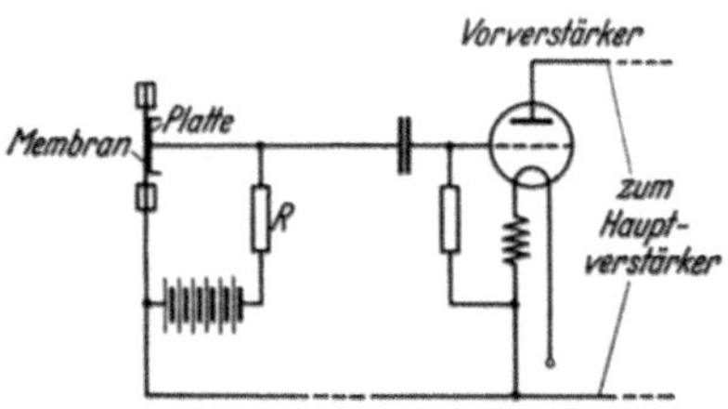


Abb. 612. Schaltung des Kondensatormikrophons.

Am genauesten wird die Messung bei Verwendung eines Kondensatormikrophons (Abb. 611). In einem Gehäuse ist eine dünne, leichte Membran stark gespannt, so daß ihre Eigenfrequenz über dem Bereich der zu messenden Frequenzen (30—10000 Hz) liegt. Die Durchbiegung der Membran ist dann nur abhängig vom Augenblickswert des Schalldruckes und unabhängig von der Frequenz. Hinter der Membran ist eine isolierte Platte angebracht, die mit der Membran einen Kondensator bildet, der über einen Ladewiderstand aufgeladen wird (Abb. 612). Schwingt die Membran, so ändert sich die Kapazität und damit auch die Spannung an der Kondensatorplatte. Führt man die Spannungsschwankungen einem vielstufigen Verstärker zu, so kann man an einem angeschlossenen Anzeigegerät die Größe des Schalldruckes ablesen oder in einem Oszillographen seinen zeitlichen Verlauf aufzeichnen. Das Kondensatormikrophon ist weitgehend frequenzunabhängig und verzerrungsfrei und in der Eichung über lange Zeiträume konstant. Wegen seiner geringen Empfindlichkeit benötigt es aber eine hohe Verstärkung; auch kann die Anzeige durch Fremdfelder, z. B. Zündfunken von Vergasermotoren, leicht gestört werden.

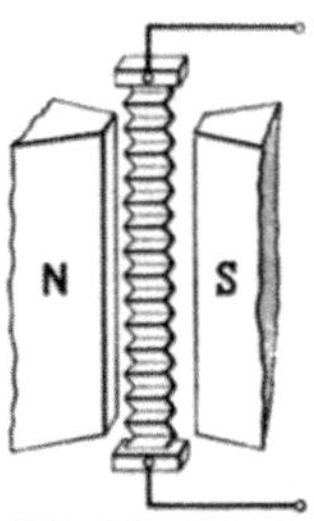


Abb. 613. Prinzip des Bändchenmikrophons (*51*).

Die Bewegungen, die die Membran auch bei mittleren Lautstärken ausführt, sind sehr klein. Bei der Frequenz 1000 Hz und dem Schalldruck $1\,\mu$ Bar, wie er bei üblicher Unterhaltungssprache auftritt, beträgt die Amplitude der Luftteilchen

$$a = \frac{u}{\omega} = \frac{p}{\varrho\, c\, \omega} = 4 \cdot 10^{-6}\ \text{cm}$$

und die Membran vollführt dabei Amplituden von der Größenordnung $10^{-8}$ cm. Dabei kann das Mikrophon aber noch 1000mal kleinere Schalldrücke wiedergeben.

Verwendet man statt der kreisförmigen Membran ein dünnes, lockeres Aluminiumbändchen, das sich zwischen den Polen eines Magneten befindet, so werden bei Schwingungen des Bändchens in dem Magneten elektrische Spannungen induziert (Bändchenmikrophon, Abb. 613). Über einen Transformator wird hier wiederum der Verstärker angeschlossen. Die Frequenzabhängigkeit des Bändchenmikrophons ist groß und von seiner Gestaltung abhängig, dagegen ist es gegen elektrische Störungen wenig empfindlich.

**Schallanalyse.** Die Feststellung von Frequenz und Amplitude eines Schalles ist aus der aufgenommenen Schallkurve leicht möglich, wenn der Schall nur ein oder zwei sinusreine Töne enthält.

Bei einem Ton mit vielen Oberschwingungen (Klang) oder einem beliebigen Gemisch von Tönen ist die Auswertung des Oszillogrammes schwierig. Auch die rechnerische Bestimmung der Teilfrequenzen durch harmonische Analyse des Kurvenzuges ist dann kaum durchführbar. Man unterwirft daher schon bei der Aufnahme den Schall der Analyse.

Dabei genügt häufig eine Übersicht über die Verteilung der Frequenzen. Zu diesem Zweck schaltet man vor oder hinter den Verstärker ein umschaltbares Bandfilter, dessen Bandbreite zweckmäßig etwa eine Oktave beträgt (Oktavsieb) und das in 8 Stufen den ganzen Hörbereich umfaßt. Der Schalldruckmesser zeigt dann nur den Anteil der eingestellten Oktave an.

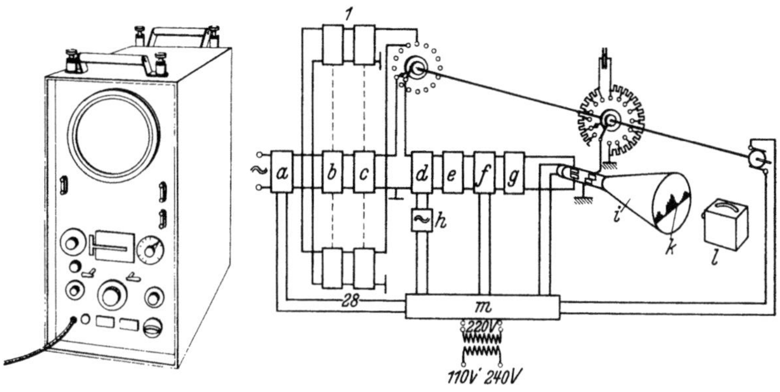


Abb. 614. Aufbau und Schaltung des Tonfrequenzspektrometers (S & H).

*a* Eingangsverstärker; *b* Filter; *c* Gleichrichter und Speicherkondensator; *d* Modulator; *e* Bandpaß; *f* Verstärker; *g* Gleichrichter; *h* Trägerfrequenzerreger; *i* Braunsche Röhre; *k* Frequenzspektrum; *l* Schmalfilmkamera; *m* Netzanschlußteil.

Beim Tonfrequenzspektrometer von Siemens & Halske (Abb. 614) werden an den Verstärker *a* gleichzeitig 27 Filter *b* angeschlossen, die zusammen den Frequenzbereich zwischen 36 und 18000 Hz ergeben, von denen jedes einzelne aber nur auf ein Frequenzband von $^1/_3$ Oktavbreite anspricht. Am Ausgangsgleichrichter *c* der Filter erscheint dann eine Spannung, deren Höhe abhängig ist von der Stärke des von diesem Filter erfaßten Teiles des Schallspektrums; diese Spannungen werden durch einen umlaufenden Schalter nacheinander abgetastet und steuern über die Hilfsgeräte *d*—*g* den Elektronenstrahl einer Braunschen Röhre in senkrechter Richtung. Ein zweiter Schalter läuft synchron mit dem ersten und rückt den Elektronenstrahl jeweils um ein kleines waagerechtes Stück nach rechts, so daß die Ausschläge der einzelnen Filter als nebeneinanderliegende senkrechte Linien auf dem Leuchtschirm erscheinen. Da der Schalter die Filter 20mal in der Sekunde abtastet, entsteht für das Auge der Eindruck eines ständig sichtbaren Spektrums, an dem alle Veränderungen in der Zusammensetzung des Schalles sofort beobachtet werden können. Bei rasch veränderlichen Vorgängen kann das Spektrum zur späteren Auswertung mit einem Schmalfilmgerät aufgenommen werden.

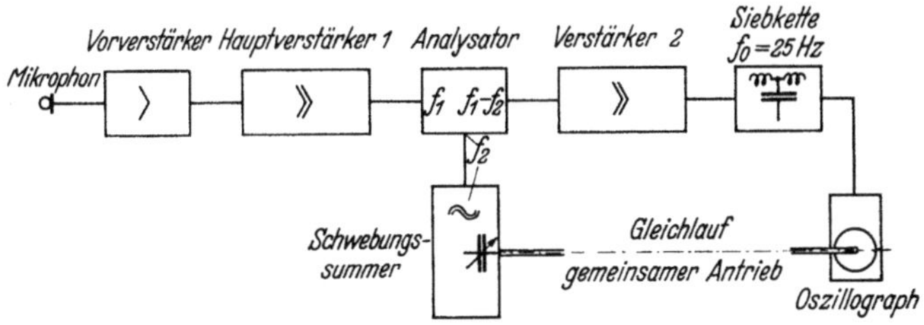


Abb. 615. Anordnung für Geräuschanalyse nach dem Suchtonverfahren.

Zu einer noch weitergehenden Auflösung des Schalles und seiner Teiltöne führt das Suchtonverfahren. Das Frequenzgemisch wird hinter dem Verstärker abgenommen und ihm im Analysator ein sinusreiner Suchton überlagert, dessen Frequenz langsam von 0—10000 Hz geändert wird. Jedesmal, wenn der Suchton fast mit einem Teilton des Frequenzgemisches zusammenfällt, wird der entstehende Differenzton sehr tief und kann dann durch das Filter in die Registriervorrichtung gelangen (Abb. 615). Letztere wird gleichlaufend mit dem Suchtonerzeuger angetrieben. (Das Verfahren ähnelt dem Vorgang, daß ein Rundfunkhörer mit schwingendem Rückkopplungsempfänger das Rundfunkwellenband nach vorhandenen Sendern absucht. Das Vorhandensein einer Welle wird durch das Auftreten der Schwebungen festgestellt.)

Mit den angegebenen Verfahren der Aufnahme der Schallkurve und -analyse kann man genügend genauen Einblick in die physikalischen Verhältnisse des Schalles erhalten und besonders aus den Teilfrequenzen auf die Herkunft des Schalles schließen. Doch lassen sich nicht ohne weiteres Schlüsse über die vom Ohr empfundene Lautstärke anstellen.

**Lautstärke von Einzeltönen.** Das Ohr spricht auf verschiedene Frequenzen und Schalldrücke sehr unterschiedlich an. Untersucht man den Höreindruck für die Frequenz 1000 Hz, so findet man, daß das Ohr eine Hörschwelle besitzt, d. h. daß schon ein bestimmter Schalldruck $p_0$

nötig ist, um überhaupt eine Schallempfindung hervorzurufen. Von hier aus kann man den Schalldruck um 6,5 Zehnerpotenzen steigern, ehe die Schallstärke unerträglich wird (Schmerzgrenze). Das Ohr umfaßt also einen ungeheuren Bereich. Dabei empfindet es eine Steigerung des Schalldruckes nicht nach seiner arithmetischen Zunahme, sondern etwa nach dem Logarithmus seines Anstieges. Unter Berücksichtigung dieser Erscheinung, die allen Sinnesorganen gemeinsam ist, wurde der Begriff Lautstärke festgelegt mit der Maßeinheit Phon.

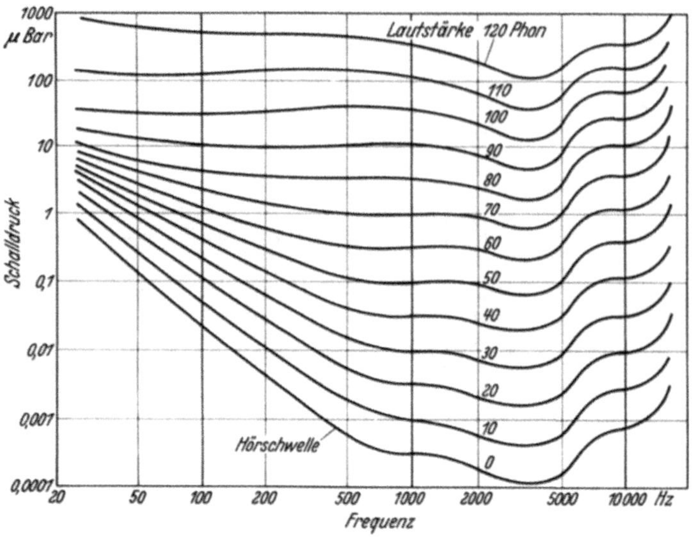


Abb. 616. Zusammenhang zwischen Schalldruck und Lautstärke nach den Messungen von Fletcher und Munson.

Es ist:

$$\text{Lautstärke } L_{(\text{Phon})} = 20 \log \frac{p}{p_0} = 10 \log \frac{J}{J_0}.$$

Die Höhe des Schwellwertes $p_0$ bzw. der Schwellintensität $J_0$ ist bei den einzelnen Personen sehr verschieden; als Mittelwert hat der AEF den Wert $p_0 = \sqrt{10} \cdot 10^{-4}$ µBar angenommen, so daß 1 µBar 70 Phon entspricht. (In Amerika hat man als Schwellwert die Intensität $J_0 = 10^{-16} \frac{\text{Watt}}{\text{cm}^2}$ entsprechend dem Schalldruck $p_0 = 2{,}07 \cdot 10^{-4}$ µBar angenommen, so daß diese Lautstärkeangaben um 3,8 Phon höher sind. Statt Phon ist dort die Bezeichnung Dezibel [db] üblich.) Nach der obigen Kennzeichnung entspricht einer Schalldruckzunahme auf das Doppelte eine Steigerung der Lautstärke um 6 Phon. (Keine Verdoppelung der Phonzahl.)

Zur Veranschaulichung der Phonzahlen dient folgende Tafel von Geräuschquellen:

| | |
|---|---|
| 120 Phon: | Flugmotor in 5 m Entfernung, |
| 110 Phon: | Kesselschmiede, Motorrad ohne Dämpfer, |
| 90—100 Phon: | Autohupen, |
| 80 Phon: | starker Straßenverkehr, |
| 60—70 Phon: | Unterhaltungssprache, |
| 50 Phon: | Restaurant, |
| 30 Phon: | ruhige Vorortstraße. |

Die Einführung einer neuen Lautstärkeskala wird zur Zeit erwogen, bei der die Empfindung einer verdoppelten Lautstärke (die aus der Phonskala

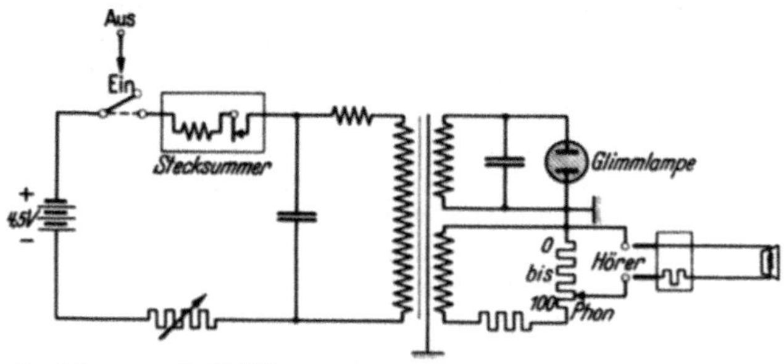


Abb. 617. Barkhausen-Gerät (53).

nicht hervorgeht), durch die Verdoppelung der Maßzahl ausgedrückt wird. Doch ist die allgemeine Einführung dieser Einheit (Lautheit) noch verfrüht.

Die Lautstärke von Einzeltönen anderer Frequenz als 1000 Hz wird durch Lautstärkevergleich mit dem 1000 Hz-Ton untersucht und in Hörkurven niedergelegt. (Kurven von Kingsbury und von Fletcher und Munson, Abb. 616). Je nach Einfallsrichtung des Schalles auf das Ohr und durch den Einfluß von Schallbrechung am Kopf des Beobachters ergeben sich Unterschiede in den ermittelten Kurven.

Aus den Schaulinien ist zu ersehen, daß das Ohr zwischen 1000 und 4000 Hz seine größte Empfindlichkeit besitzt und außerhalb dieses Bereiches sehr frequenzabhängig ist, und zwar besonders stark bei geringen Lautstärken.

Zur Messung der Lautstärke beliebiger Schalle kann man den Hörvergleich anwenden (Verfahren von Barkhausen, Abb. 617). Man führt dem einen Ohr durch einen Kopfhörer einen Normalton zu, dessen Lautstärke geregelt und an einer Skala abgelesen werden kann. Man macht dann diesen Ton ebenso laut wie den zu messenden Schall und kennt damit auch dessen Lautstärke. Bei dieser Messung werden alle Eigenarten des Ohres berücksichtigt. Die Einstellung auf gleiche Lautstärke ist aber besonders bei großen Unterschieden der Tonhöhe der beiden Schalle ungenau, die Ergebnisse verschiedener Beobachter können sehr stark streuen und nur durch Mittelwertbildung einer großen Anzahl von Messungen kann die Lautstärke genau bestimmt werden.

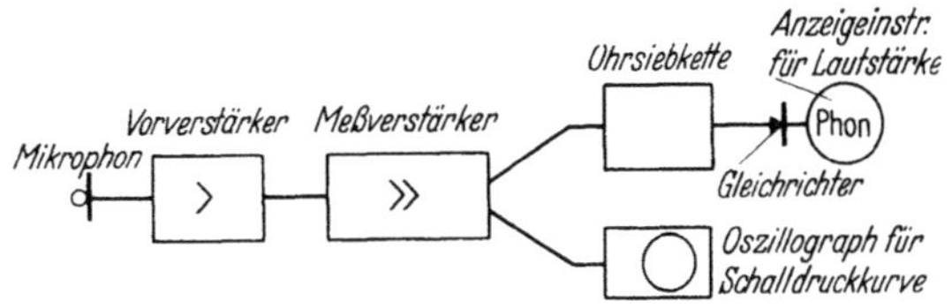

Abb. 618. Anordnung für Geräuschmessung.

Aus diesen Gründen ist der Barkhausen-Messer bei Betriebsmessungen außer Gebrauch gekommen, besonders da es jetzt hinreichend genau anzeigende Geräuschmesser gibt.

Der Bau eines solchen Lautstärkemessers läßt sich für Dauertöne leicht durchführen. Es ist nur nötig, durch Einschalten von Siebketten stets die Frequenzabhängigkeit herzustellen, die der herrschenden Lautstärke entspricht (Abb. 618).

Bei kurz dauerndem Schall erfaßt das Ohr erst nach einer Schalldauer von 0,2 s die volle Lautstärke. Durch Wahl einer Einschwingzeit von 0,2 s des Anzeigeinstrumentes kann auch diese Eigenart erfaßt werden. Nach diesen Richtlinien arbeitet der Universalgeräuschmesser von Siemens & Halske (Abb. 619). Er besteht in seiner neuesten Ausführung aus einem Kondensatormikrophon mit vierstufigem Verstärker, umschaltbarem Frequenzgang und Anzeigegerät mit 0,2 s Einschwingzeit. Gleichzeitig mit dem Meßbereich wird auch die Ohrsiebkette umgeschaltet. Der Meßbereich umfaßt 35—130 Phon.

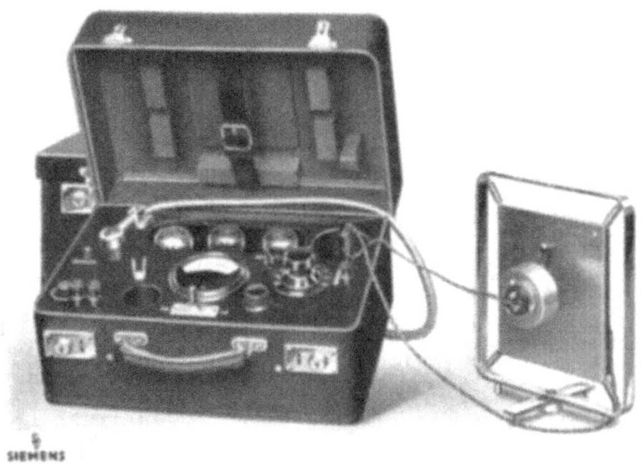
Abb. 619. Universalgeräuschmesser mit Kohlemikrophon. Normaltonquelle am Mikrophon für Eichzwecke (S & H).

Nach den Vorschriften der Reichsstraßenverkehrsordnung darf das Fahrgeräusch von Kraftfahrzeugen bei der Fahrgeschwindigkeit von 40 km/h und Höchstbelastung bei Messung in 7 m Abstand von der Spurmitte 85 Phon nicht übersteigen. Ist eine Richtwirkung der Schallabstrahlung vorhanden, so darf bei stehendem Fahrzeug und kurzzeitiger Öffnung der Drosselklappe die Lautstärke in Richtung des Auspuffrohres und 20 m Abstand 85 Phon nicht überschreiten.

Das Ohr besitzt aber noch mehr Eigenschaften, die in anzeigenden Meßgeräten sehr schwer nachzubilden sind. Erklingen mehrere Töne gleichzeitig, so beeinflussen sich die Lautstärkeempfindungen gegenseitig durch die sog. Verdeckungserscheinungen (Untersuchungen von Békésy). Fletcher und Munson haben einen Weg gewiesen, aus einer Geräuschanalyse die Lautstärke des Gesamtgeräusches zu berechnen (378).

Bei großen Lautstärken arbeiten die Übertragungsorgane im Ohr nicht mehr linear, es tritt starke Obertonbildung auf. Bedenkt man noch, daß verschiedene Versuchspersonen die Lautstärke verschieden beurteilen und daß der Begriff der Lästigkeit hinzukommt, so ist einzusehen, daß der Bau eines objektiven Geräuschmessers, der wirklich genau anzeigt, d. h. alle Ohreigenschaften nachahmt, auf große Schwierigkeiten stößt.

Immerhin werden die wichtigsten Eigenschaften von den beschriebenen Geräten erfaßt. Im übrigen ist eine Normung der Geräuschmesser anzustreben, gegebenenfalls unter Verzicht auf die Nachahmung aller Ohreigenschaften, damit wenigstens die Meßergebnisse eindeutig werden.

Hier ist noch zu bemerken, daß das Ohr sich an gleichmäßige Geräusche gewöhnt. Ein gleichmäßiger Lärm von 75 Phon, wie er im Eisenbahnwagen vorkommt, wird nicht als störend empfunden. Wird dagegen eine Lautstärke von 30 Phon durch kurzdauernde Geräusche von 70 Phon unterbrochen, so wirkt dies sehr störend (Störung der Nachtruhe durch Straßenverkehr).

Bestehen mehrere Geräuschquellen nebeneinander, so ist zu berücksichtigen, daß stets das lauteste Einzelgeräusch die Höhe der Lautstärke bestimmt. Weitere Geräusche können nur dann die Gesamtlautstärke erhöhen, wenn sie annähernd die gleiche Lautstärke wie das Spitzengeräusch besitzen. Treten sehr viele, gleich laute Geräuschquellen auf, so steigt das Gesamtgeräusch nur langsam an. Maßnahmen zur Geräuschbekämpfung müssen sich also stets gegen die lauteste Störquelle oder bei gleichlauten Störquellen gegen alle gleichzeitig richten, wenn eine spürbare Besserung erzielt werden soll.

## F. Erfassung des Einflusses der am Fahrzeug wirkenden Kräfte auf die Fahrbahnhaltung.

Die auf das Fahrzeug als einen in einer waagerechten Ebene freibeweglichen Körper einwirkenden, für die Fahrbahnhaltung wesentlichen Kräfte sind:

die Massenkräfte, die im Schwerpunkt angreifend geradlinig in der augenblicklichen Bewegungsrichtung wirken;

die Fliehkräfte, die im Schwerpunkt angreifend in Richtung des Augenblickskrümmungshalbmessers der gefahrenen Bahn wirken;

Drehmomente, die bei Eigendrehung des Fahrzeuges, beispielsweise um seine durch den Schwerpunkt gehende Hochachse, wirken und von dem auf diese Achse bezogenen Trägheitsmoment des Wagens aufgenommen oder von ihm bestimmt werden;

Luftkräfte, die bei hohen Geschwindigkeiten nach Größe, Richtung und Momentenwirkung bedeutend werden (sie sind nach den auf S. 204 u. 205 beschriebenen Versuchsverfahren zu ermitteln);

Antriebs- oder Bremskräfte, die am Umfang der Räder in Richtung der Radebene zur Auswirkung kommen;

seitliche Führungskräfte zwischen Reifen und Fahrbahn, die senkrecht zu den Umfangskräften stehen und von diesen abhängig sind.

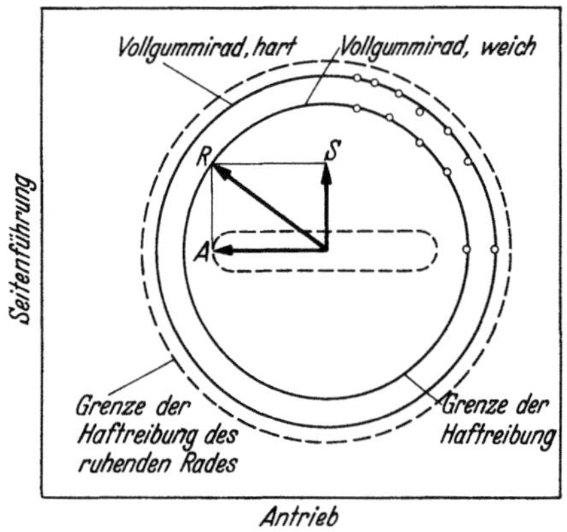


Abb. 620. Verhalten von Antrieb $A$ und Seitenführung $S$ bei ruhenden Rädern (starr und federnd). $S$ Seitenführungskraft; $A$ als Antrieb in Fahrtrichtung wirkende Kraft; $R$ Gesamtkraft.

### I. Radumfangs- und Seitenführungskräfte.

Bei ruhendem, belastetem Rad ist die Kraft $R$ des Reibungsschlusses nach allen Seiten gleich groß (Abb. 620). Versuche des FKFS (*269*) bestätigen die schon mehrfach ausgesprochene Tatsache, daß bei starren und federnden Modellreifen die Seitenführungskraft $S$ des stillstehenden Rades mit der als Antrieb in Fahrtrichtung wirkenden Kraft $A$ die Gesamtkraft $R$ ergibt (Abb. 620).

Der natürliche Luftreifen des Fahrzeuges ist jedoch gegenüber Seitenkräften federnd nachgiebig. Modellversuche an einem Gummirad ergaben, daß das auf der Bahn gerade geführte Rad schon bei kleiner Seitenkraft seitlich ausweicht. Abb. 621 zeigt die Zunahme der sekundlichen Seitenabweichung des mit gleichbleibender Geschwindigkeit und Antriebskraft laufenden Modellrades mit Anwachsen der Seitenzugkraft. Die Geschwindigkeit des seitlichen Abgleitens vergrößert sich bei höheren Seitenzugkräften mit zunehmendem seitlichem Verschiebeweg. Unter kleinen Seitenzugkräften weicht das Rad mit gleichbleibender Geschwindigkeit seitlich aus, ohne daß die Gleitgrenze erreicht wird. Erst nach Überwinden der Haftreibung der Seitenführung tritt zusätzliches Gleiten und dadurch die Beschleunigung der Seitenbewegung auf. Der federnde Fahrzeugreifen hat somit beim Abrollen längs der Fahrbahn keine feste Seitenführung und weicht mit zunehmendem Seitendruck abhängig von diesem zunächst mit gleichförmiger Geschwindigkeit aus.

Bei Schrägstellung des Rades zur Fahrbahnrichtung verschwindet der Einfluß der federnden Seitenverformung. Versuche mit dem gleichen Modellrad bei gleicher Belastung, gleichen Antriebsverhältnissen und Reibungsgrößen ergaben die in Abb. 622 gezeichnete Zunahme der Seitenkraft mit der Steigerung des Einschlagwinkels $\alpha$ des Rades zur Fahrbahnrichtung. Schon bei geringer Schrägstellung des Rades steigt die Seitenführungskraft, um sich dann bei weiterem Drehen der Haftreibungskraft anzunähern. Mit Steigerung der Vortriebskraft $A$ in Radrichtung nimmt dann die Seitenführungskraft ab (vgl. Abb. 622 und 620).

Das rollende Fahrzeug ist auch auf gerader Fahrbahn stets Seitenkräften ausgesetzt, die durch Ungleichmäßigkeiten im Antrieb, in den Widerständen, durch Luftkräfte oder durch die bei der fortwährenden Lenkbetätigung auftretenden Fliehkräfte entstehen. Ohne Lenkeingriffe würde bei gerade angesetzter Fahrtrichtung das Fahrzeug aus der Fahrbahn getragen werden. Die allgemein angewandte Vorspur der Vorderräder bedeutet bis zu einem gewissen Grad ein selbsttätiges Mittel der Gegenwirkung, die gerade geführten Hinterräder können Seitenkräfte nur dadurch aufnehmen, daß sie, und damit das ganze Fahrzeug, einen der augenblicklichen Seitenkraft entsprechenden Winkel zur Fahrtrichtung einnehmen. Beim Durchgang durch die Nullage aber schwimmt das Fahrzeug. Die erhöhte Fahrunsicherheit bei seitenweichen Reifen und auftretenden Seitenkräften (z. B. Seitenwind) ist darauf zurückzuführen.

Gemäß Abb. 627 kann man einen bestimmten Seitenwinkel $\alpha$, der „Schwimmwinkel" genannt wird, erkennen, bei dessen Überschreitung die Seitenführung des Rades erst fest wird. Er liegt im allgemeinen zwischen 2° und 4° und ist in seiner Größe insbesondere von der Seitenweichheit des Reifens abhängig.

Außerhalb des Schwimmbereiches gelten dann die Zusammenhänge zwischen der Antriebskraft $A$ und der Seitenführungskraft $S$ gemäß Abb. 620, d. h. mit erhöhter Antriebskraft wird die Seitenführungskraft kleiner bis zum Betrag Null bei voller Inanspruchnahme des Reibungsschlusses durch Antriebs- oder Bremskraft.

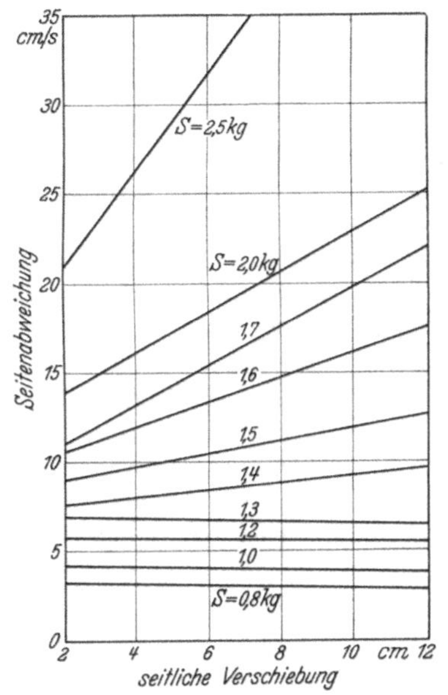


Abb. 621. Seitliches Ausweichen eines parallel zur Fahrbahn eingestellten rollenden Modellrades bei gleicher Drehgeschwindigkeit und Antriebskraft unter verschiedenen Seitenkräften. Mit zunehmender Seitenkraft $S$ zuerst gleichförmiges Ausweichen durch elastische Verformung und nach Überwindung der Reibung zunehmende Ausweichgeschwindigkeit.

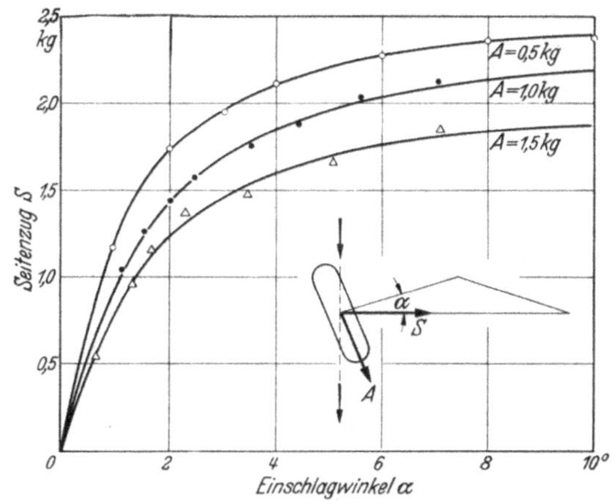


Abb. 622. Seitenkräfte des Modellrades bei schräg zur Fahrtrichtung rollendem Rad in Abhängigkeit vom Einschlagwinkel für drei verschiedene Vortriebskräfte. Radlast 9,6 kg. Reibungsziffer 0,2. $S$ Seitenzug; $A$ Vortriebskraft in Radrichtung, $\alpha$ Einschlagwinkel zur Fahrtrichtung.

Es ergibt sich, daß die Seitensteifigkeit der Reifen maßgeblich die seitliche Führungskraft und damit die Fahrbahnhaltung beeinflußt. Demgegenüber steht jedoch die Forderung, daß der Reifen hohe Federweichheit in senkrechter Richtung, also genügend gute Hindernisfederungseigenschaften haben soll.

Bei Beurteilung eines Reifens sind demnach beide Forderungen zu berücksichtigen, wobei das Verhältnis von Federweichheit zu Seitensteifigkeit unter anderem ein Maß für die Güte des Reifens ist.

## II. Massendrehmoment bei Eigendrehung des Fahrzeugs und Bodenreibmoment im Zusammenhang mit Flieh- und Luftkräften.

Tritt beim Schleudern oder Kurvenfahren eines Fahrzeugs die Winkelbeschleunigung $\frac{d\omega}{dt}$ um seine Hochachse auf, so ergibt sich daraus das Drehbeschleunigungsmoment zu

$$M_0 = J_0 \frac{d\omega}{dt},$$

wobei $J_0$ das auf die senkrechte, durch den Schwerpunkt gehende Achse bezogene Trägheitsmoment des Fahrzeuges und $\omega$ die Winkelgeschwindigkeit ist. Das Moment wirkt bei Winkelbeschleunigung entgegen der Drehrichtung und bei Winkelverzögerung im Sinne der Drehrichtung.

Beim Beginn einer Dreh- oder Schleuderbewegung ist neben dem Trägheitsmoment das durch den Radstand beeinflußte Bodenhaftmoment der Räder für den Widerstand des Fahrzeuges gegenüber der Eigendrehung ausschlaggebend.

Das zwischen Reifen und Fahrbahn aufbringbare Bodenreibungsmoment $M_r$ ergibt sich für eine bestimmte Reibungsziffer $\mu$, für die Achsbelastung $G$ und die Achsabstände $l$ bis zur Hochachse zu

$$M_r = \mu \cdot \Sigma\, G \cdot l.$$

Sind die beiden Momente im Grenzzustand einer eingeleiteten Drehbewegung, die durch das Reibungsmoment zum Verschwinden gebracht werden soll, einander gleich, so ist

$$M_r = M_0 = J_0 \frac{d\omega}{dt}$$

oder

$$\frac{d\omega}{dt} = \frac{M_r}{J_0}$$

als die durch $M_r$ hervorgerufene Winkelverzögerung.

Deshalb ist das Verhältnis zwischen Reibungsmoment und Trägheitsmoment, das die Wirkung einer Winkelbeschleunigung hat, auch ein Maß für die größtmögliche Drehbeschleunigung, die man etwa beim Fahren durch eine Bahnkrümmung durch die Wirkung des Bodenreibungsmomentes entgegen der Wirkung des Trägheitsmomentes dem Fahrzeug ohne Überschreitung der Reibungsgrenze noch geben kann.

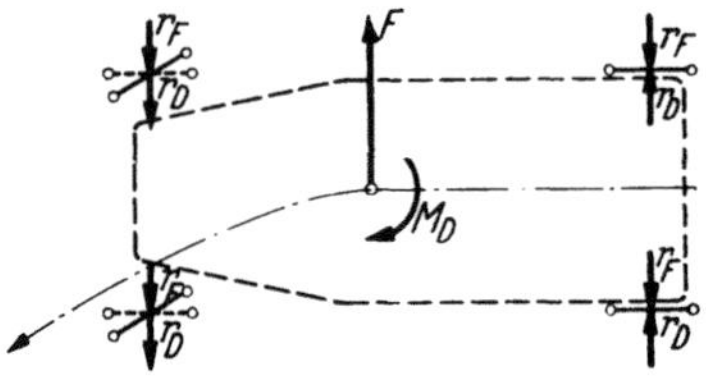

Abb. 623. Der Fliehkraft $F$ und dem Drehbeschleunigungsmoment $M_D$ stehen die zugehörigen seitlichen Bodenreibungskräfte $r_D$ und $r_F$ gegenüber.

Wie aus Abb. 623 ersichtlich, wirkt im Augenblick des Einfahrens in die Kurve, wenn vorläufig von der Antriebskraft abgesehen wird, am Fahrzeug das der Drehbeschleunigung sich entgegensetzende Moment $M_D$ und die Fliehkraft $F$. Dem ersteren stehen an den 4 Rädern die 4 Bodenreibungskräfte $r_D$ gegenüber. Der Fliehkraft $F$ wirken an den 4 Rädern die Bodenreibungskräfte $r_F$ entgegen. An den Vorderrädern addieren sich die Reibungskräfte $r_D$ und $r_F$, an den Hinterrädern subtrahieren sich $r_D$ und $r_F$. Dementsprechend wird an der Vorderachse schon eher die durch Achsgewicht und Reibziffer mögliche höchste Bodenreibkraft erreicht bzw. überschritten. An der Hinterachse dagegen kann sie noch voll verfügbar sein.

Im Falle treibender Hinterachse ist jedoch die Bodenreibkraft zum Teil von der treibenden Radumfangskraft in Anspruch genommen, so daß auch hier die für seitliche Führung verfügbare Kraft überschritten werden kann. In diesem Zustand wird das Fahrzeug nach außen abgetrieben, was unter Umständen durch übermäßig starken Einschlag der Lenkräder vermieden werden kann. Bei Vorderradantrieb kann diese Wirkung der Lenkräder durch den in Richtung des Lenkeinschlages auch bei gleitenden Rädern noch als Reibungskraft wirkenden Antrieb unterstützt werden.

Gegenüber den Schleudereinflüssen, die auf gerader Bahn auftreten, wirken die Reibungs- und Trägheitsmomente im gleichen Sinne hindernd. Fahrzeuge mit großem Radstand weisen im allgemeinen geringere Folgsamkeit gegenüber rascheren Lenkbewegungen und größere Widerstandsfähigkeit gegen Schleudereinflüsse in gerader Bahn auf. Sie besitzen also stärkere Richtungshaltung bei Geradeausfahrt. Der Kraftaufwand für die gewollte oder ungewollte Einleitung einer Drehung, der auch vom Fahrer empfunden wird, wächst aber mit dem Radstand und insbesondere mit der Größe des Trägheitsmomentes. Die Bewegungsenergie ist demgemäß, wenn die Drehung zustande gekommen ist, dann auch größer, und es ist zu erwarten, daß beim Ausklingen der Schleuderbewegung solche Fahrzeuge infolge des stärkeren Einflusses des Radstandes auf das Trägheitsmoment als auf das Bodenreibungsmoment weniger leicht und schnell wieder zur Ruhe kommen. Demgegenüber ist zu beachten, daß Fahrzeuge mit kleinem Trägheitsmoment zu rascheren Nickschwingungen neigen als Fahrzeuge mit größerem Trägheitsmoment.

In allen Fällen ist jedoch der Einfluß der Trägheitsmomente der Fahrzeuge auf die Fahrbahnhaltung kleiner als der der Schwerpunktslage.

## III. Einfluß der Schwerpunktslage und der Antriebsart auf die Fahrbahnhaltung.

Die Schwerpunktshöhe ist möglichst niedrig zu wählen, damit die Kippsicherheit groß ist. Die Wirkung der Lage des Schwerpunktes in der Längsrichtung ist weniger leicht zu übersehen. Bei den heutigen Fahrzeugen kommen Achsdruckverteilungen mit bis zu 70 vH der Belastung auf den Hinterrädern und mit bis zu 60 vH auf den Vorderrädern vor. Versuche des FKFS haben ergeben, daß die beste Fahrbahnhaltung beim Bremsen mit Vierradbremse dann vorhanden ist, wenn ungefähr 60 vH des Achsdruckes auf der Vorderachse sind, doch liegt in weiten Grenzen von 60 vH Vorderachsbelastung bis 60 vH Hinterachsbelastung, wie aus Abb. 640 ersichtlich, ein günstiger Bereich. Wenn diese Grenzen überschritten werden, tritt eine Verschlechterung in der Schleuderneigung ein. Bei Hinterradantrieb ergibt eine zu hohe Hinterachsbelastung kleine Führungskräfte der Vorderräder und daher schlechte Kurvenfolgsamkeit. Die Vorverlegung des Schwerpunktes wird durch die an den Hinterrädern zu übertragenden Antriebskräfte begrenzt.

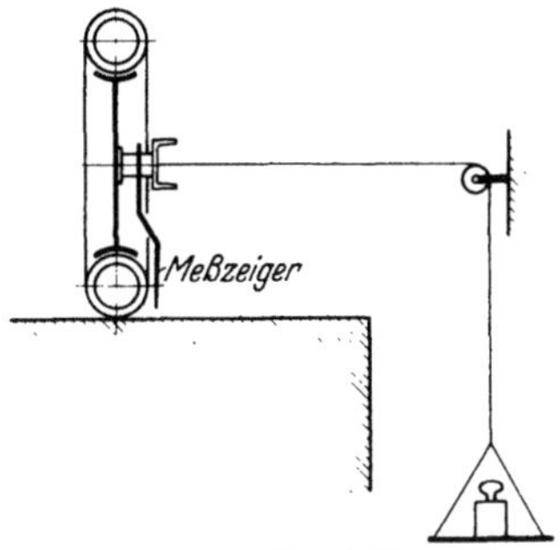


Abb. 624. Messung der Seitenverformung eines Reifens.

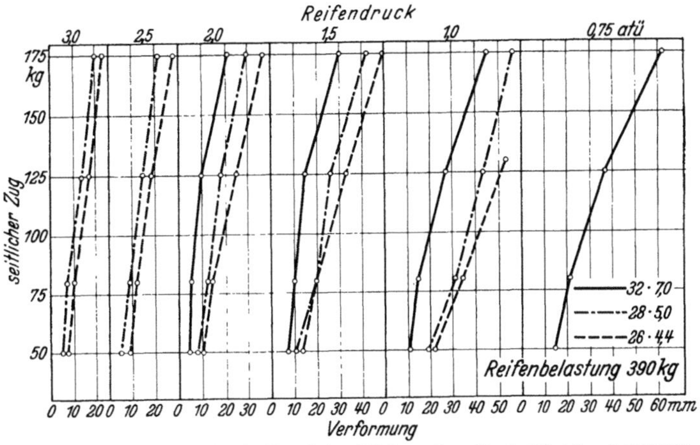


Abb. 625. Verformung der Reifen bei seitlichem Zug, Rad stillstehend (FKFS).

Vorderradantrieb verlangt zur ausreichenden Sicherung der Vortriebskräfte, insbesondere in Steigungen, Vorverlegung des Schwerpunktes; eine Vorverlegung über 60 vH Vorderachsdruck hinaus ergibt aber zu starke Entlastung der Hinterachse, so daß das Fahrzeug in der Kurve mit der Hinterachse nach außen auszuweichen versucht. Auch bei Vorderradantrieb ist also eine Erhöhung des Vorderachsdruckes über 60 vH hinaus unzweckmäßig.

Für den Einblick in diese Verhältnisse sind Versuche über den Zusammenhang zwischen Radumfangs- und Seitenführungskräften der Reifen, über das Trägheitsmoment von Wagenkörpern und über die Fahrbahnhaltung von Modellfahrzeugen oder Fahrzeugen wirklicher Größe zweckmäßig.

## IV. Bestimmung der Seitensteifigkeit und Seitenführungskraft von Reifen.

Bei Bestimmung der seitlichen Federweichheit wird das Rad zunächst stillstehend an der Achse gefaßt und mittels Seilzug und Gewichten seitlich beansprucht (Abb. 624). Die Haftreibungsgrenze ist dann erreicht, wenn das Rad seitlich wegzugleiten beginnt.

Abb. 625 zeigt die Ergebnisse von verschiedenen Reifen bei verschiedenen Luftdrücken und gleichbleibender Belastung. Bei großem Luftdruck sind die Reifen sehr seitensteif, ihre Kennzahl für seitliche Federung ist annähernd gleichbleibend. Je niederer der Reifendruck ist, desto rascher nimmt die seitliche Verformung mit wachsendem Seilzug zu, die Kennziffer ändert sich hierbei.

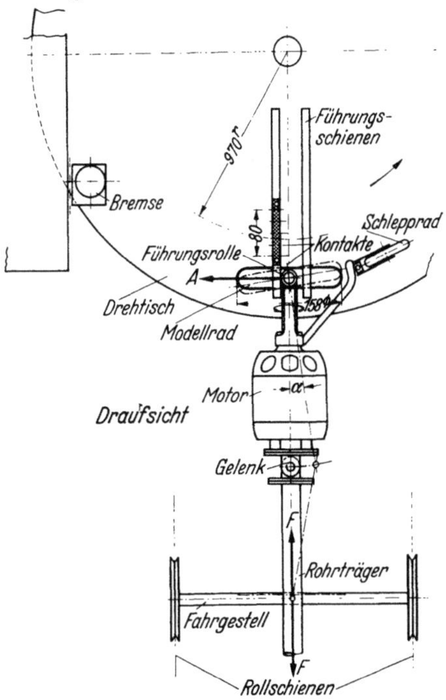


Abb. 626. Versuchseinrichtung mit Modellrad über den Zusammenhang zwischen Radumfangskraft und Seitenkraft beim rollenden Rad (FKFS).

### 1. Modellversuche.

Für die Durchführung grundsätzlicher Versuche (*269*) über den Zusammenhang zwischen Radumfangskraft und Seitenkraft beim rollenden Rad wurde eine Versuchseinrichtung mit Modellrad benutzt (Abb. 626). Das Modellrad rollt auf einer beweglichen Fahrbahn, die als Drehtisch ausgebildet ist, ab. Für Versuche mit treibender Umfangskraft am Modellrad wird dieses durch einen regelbaren Gleichstromelektromotor angetrieben. Der Fahrwiderstand wird durch Eigenwiderstände des Drehtisches und durch eine zusätzliche Reibungsbremse gebildet. **Für**

Versuche mit bremsender Umfangskraft wird der Drehtisch über ein Schneckenradvorgelege durch einen Elektromotor angetrieben. Die Bremskraft am Modellradumfang wird durch Belasten des als Generator arbeitenden Gleichstrommotors gebildet.

Der Elektromotor ruht auf einem Fahrgestell, dessen Rollschienen radial zum Drehtisch angeordnet sind. Auf diese Weise kann das Modellrad einschließlich Motor seitlich verschoben werden. Die zum Verschieben erforderliche Kraft wird durch Seilzug und Auflegen von Gewichten aufgenommen.

Für die Feststellung des seitlichen Verschiebens bzw. der nach Überschreiten der Seitenweichheit des Reifens auftretenden seitlichen Beschleunigung dient die auf den Führungsschienen angeordnete Kontaktreihe.

Zur Schrägstellung des Rades ist im Rohrträger ein Gelenk eingesetzt, das eine entsprechende Abknickung zuläßt. Zur Feststellung der Fahrgeschwindigkeit dient ein Schlepprad, mit Hilfe dessen gleichzeitig der Schlupf des Modellrades ermittelt werden kann.

Der Drehtisch ist mit Linoleum belegt. Zur Erzielung gleichmäßiger Reibungsbeiwerte ist die Oberfläche mit Talkum behandelt (Reibungsziffer 0,20).

Die Versuchsergebnisse mit Modellrädern sind, auch unter Anwendung der Modellgesetze (*305*) (s. S. 297), nicht ohne weiteres auf die Wirklichkeit übertragbar. Sie lassen jedoch einen gegenseitigen Vergleich zu und bilden eine Grundlage für die Erkennung grundsätzlicher Vorgänge (vgl. S. 288 und 289).

## 2. Versuche im Kraftwagenrollfeld.

Wie aus Abb. 627 hervorgeht, erleidet das schräg zur Fahrbahn gerichtete Rad einen Seitenschub. Die Größe des Seitenschubes ist gleichzeitig ein Maß für die verfügbare Seitenkraft.

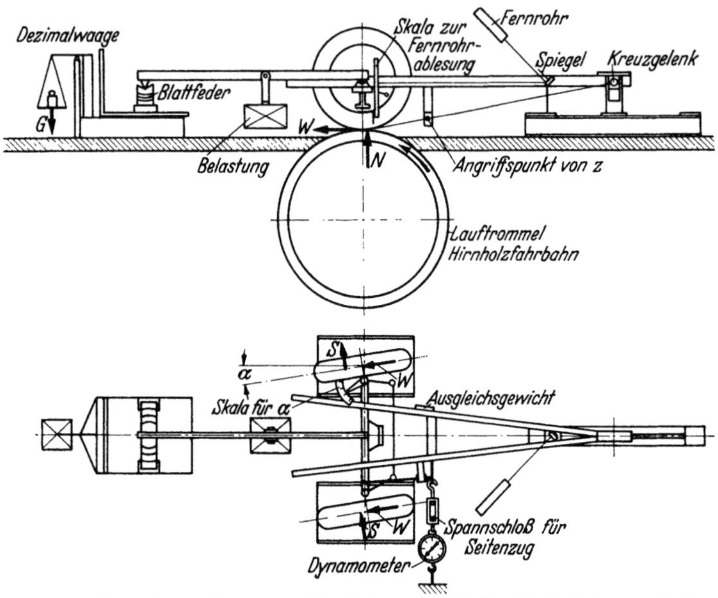


Abb. 627. Versuchsanordnung zur Ermittlung der Senkrechtelastizität und des Schwimmwinkels. [Fromm (*108*).]
$W$ Radumfangskraft; $S$ Radseitenführungskraft; $N$ Radbelastung; $G$ Gewicht; $\alpha$ Radeinschlag; $z$ Seitenzug.

Gegenüber der Anordnung bei geradeaus gestelltem Rad besteht die Möglichkeit, die bei schräg gestelltem Rad entstehende Seitenkraft zu messen, ohne daß das Rad seitlich wegläuft.

Abb. 627 zeigt den von Fromm (*103*) benutzten Versuchsaufbau. Die beiden Lenkräder sind mit der Lenkachse an einen Hilfsrahmen angebaut. Dieser ist in einem Kreuzgelenk beweglich festgehalten.

Die senkrechte Belastung der Räder erfolgt durch Gewichte, die an einem in Spitzen gelagerten Balken angreifen. Die Größe der Belastung wird mit einer Dezimalwaage festgestellt.

Das Maß der senkrechten Formänderung des Reifens wird mit Fernrohr und Spiegel an dem an der Achse angebrachten Maßstab abgelesen (s. S. 256ff.).

Beim Einstellen des Lenkeinschlages während des Betriebes weichen die Räder unter der Schraubwirkung zunächst seitlich aus. Mit Hilfe des Seitenspannschlosses wird nun der Rahmen so weit zurückgezogen, bis die ursprüngliche Stellung wieder erreicht ist, was mit Hilfe eines Fadenkreuzes im Fernrohr festgestellt werden kann. Die Größe des seitlichen Zuges $Z$ kann an einem Dynamometer abgelesen werden. Die Lauftrommelumfangskraft kann aus dem an den Pendelgeneratoren ermittelten Drehmoment festgestellt werden. Unter Berücksichtigung der sich einstellenden geometrischen Verhältnisse kann die Seitenkraft $S$ und die Radumfangskraft $A$ bzw. im vorliegenden Fall der Rollwiderstand $W$ errechnet werden. Durch Betätigung der an den Rädern sitzenden Bremsen kann die Radumfangskraft für gebremsten Zustand in entsprechender Höhe eingestellt und die zugehörige Seitenkraft aufgenommen werden.

Sollen die Verhältnisse für treibende Räder ermittelt werden, so wird zweckmäßig ein vorderradangetriebenes Fahrzeug verwendet, das an der Hinterachse aufgebockt und in einem Kreuzgelenk gehalten wird.

## V. Schwerpunktsbestimmung.

Die in der augenblicklichen Bewegungsrichtung wirkenden Massenkräfte greifen im Schwerpunkt des Fahrzeugs an.

Die Bestimmung der Schwerpunktslage erfolgt in bekannter Weise auf Grund folgender geometrischer Beziehung:

a) Lage der quer zur Fahrtrichtung liegenden Schwerpunktsebene.

Aus Abb. 628 ergibt sich der Abstand $a$ der Schwerpunktsebene von der Hinterachse zu

$$a = \frac{G_2 \cdot l}{G};$$

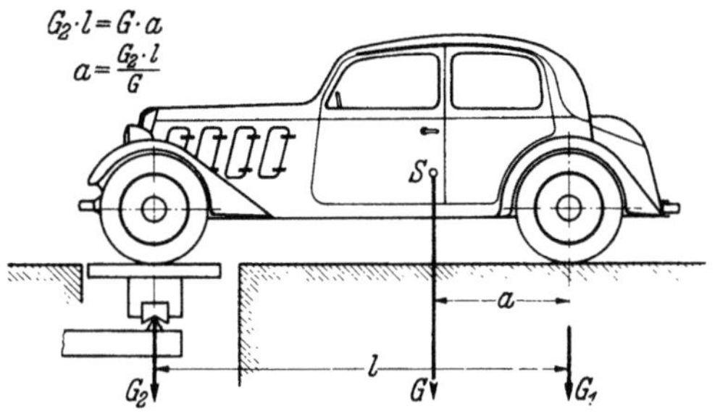


Abb. 628. Schwerpunktsbestimmung. $a$ Abstand der Hinterachse vom Schwerpunkt $S$; $G$ Gesamtgewicht des Fahrzeugs; $G_1$ Hinterachsgewicht; $G_2$ Vorderachsgewicht; $l$ Radstand; $S$ Schwerpunkt.

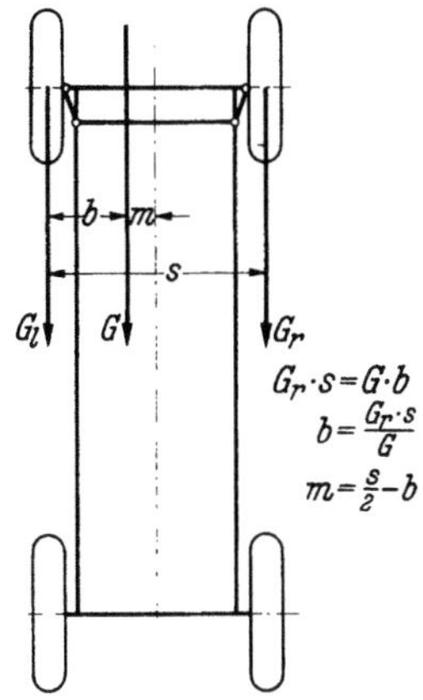


Abb. 629. Bestimmung der Schwerpunktsebene in der Fahrtrichtung. $m$ Abstand der Schwerpunktslängsachse von der Fahrzeuglängsachse; $b$ Abstand der Schwerpunktslängsebene von der linken Radebene; $G_r$ Fahrzeuggewicht rechts; $G_l$ Fahrzeuggewicht links; $G$ gesamtes Fahrzeuggewicht; $s$ mittlere Spurweite (FKFS).

hierbei ist

$a$ der Abstand der Hinterachse vom Schwerpunkt,
$G$ das Gesamtgewicht des Fahrzeuges,
$G_2$ das Vorderachsgewicht,
$l$ der Radstand.

Zur Prüfung kann dieselbe Messung in bezug auf die Vorderachse durchgeführt werden.

$G$, $G_1$ und $G_2$ werden auf einer Brückenwaage festgestellt. Dabei muß das Fahrzeug waagerecht stehen und die Bremsen sämtlicher Räder frei sein, damit sich der Wagenkörper einspielen kann.

b) Lage der in Fahrtrichtung liegenden Schwerpunktsebene.

Bei üblichen Fahrzeugen darf angenommen werden, daß diese mit der Hauptlängsebene zusammenfällt. Bei Sonderfahrzeugen, bei denen dies oft nicht mehr zutrifft, etwa bei seitlicher Unterbringung des Motors, wird das Fahrzeug etwa mit den beiden rechten Rädern auf eine Brückenwaage gestellt, wobei nach Abb. 629 folgende Beziehung gilt:

$$b = \frac{G_r \cdot s}{G},$$

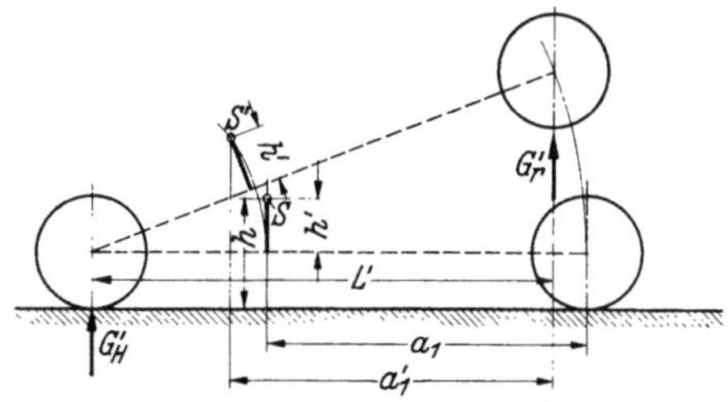


Abb. 630. Bestimmung der Schwerpunktshöhe eines Fahrzeugs.
$S$ Schwerpunkt; $h$ Schwerpunktshöhe über Boden; $h'$ Schwerpunktshöhe über Radmitte; $G'_h$ Hinterachsgewicht bei aufgebocktem Fahrzeug; $G'_v$ Vorderachsgewicht bei aufgebocktem Fahrzeug; $L'$ waagerechter Abstand bei aufgebocktem Fahrzeug; $S'$ Schwerpunktslage bei aufgebocktem Fahrzeug; $a_1$ Schwerpunktsabstand von Vorderachse; $a_1'$ waagerechter Schwerpunktsabstand von Vorderachse bei aufgebocktem Fahrzeug.

dabei ist

$b$ der Abstand der Schwerpunktslängsebene von der linken Radebene,
$G_r$ das Fahrzeuggewicht rechts,
$G$ das gesamte Fahrzeuggewicht
$s$ die mittlere Spurweite.

Der Abstand der Schwerpunktslängsebene von der Hauptmittelebene ergibt sich dann zu

$$m = \frac{s}{2} - b.$$

c) Feststellung der Schwerpunktshöhe über der Fahrbahn.

Der Abstand der Senkrechten durch den Schwerpunkt von der Vorder- und Hinterachse ergibt sich, wie ausgeführt, aus der Achsdruckverteilung. Für die Bestimmung der Schwerpunktshöhe über dem Erdboden wird das Fahrzeug an einer Achse, um den Winkel $\alpha$ angehoben (Abb. 630).

Damit ergibt sich für die Höhe des Schwerpunkts:

$$h' = \operatorname{cotg}\alpha \left[\frac{G_h'}{G}\, l - \frac{G_2}{G}\, l\right] = \operatorname{cotg}\alpha \frac{l}{G}\,[G_H' - G_2] \quad \text{und} \quad h = h' + r \quad (r = \text{Reifenhalbmesser}).$$

Bei der zeichnerischen Bestimmung der Schwerpunktshöhe erhält man im Schnitt der neuen Schwerpunktssenkrechten mit der vorher bestimmten und ihrer Lage im Fahrzeug festgelegten den Schwerpunkt des angehobenen Fahrzeugs.

Zweckmäßig und zur Erreichung größerer Genauigkeit nimmt man die Messungen für verschiedene Wagenstellungen vor und bestimmt daraus den Mittelwert für die Schwerpunktshöhe des Fahrzeugs.

## VI. Aufnahme des Trägheitsmoments.

Die Bestimmung des Trägheitsmomentes um die senkrechte Schwerpunktsachse (Hochachse) erfolgt durch Zweifadenaufhängung und Auspendeln.

Für das polare Trägheitsmoment um die Schwerpunktsachse gilt

$$J_0 = \frac{a^2}{l} \cdot \frac{G}{\omega_e^2} \text{ m kg s}^2;$$

hierbei ist

$a$ der halbe Abstand der Aufhängefedern (m),
$l$ die Fadenlänge (m),
$G$ das Körpergewicht (kg),
$\omega_e$ die Kreisfrequenz $\frac{2\pi}{T}$,
$T$ die gemessene Dauer einer Schwingung.

Abb. 631. Doppelfadenaufhängung von Fahrzeugen mit Trage zur Bestimmung des Trägheitsmomentes um die senkrechte Schwerpunktsachse (FKFS).

Da die Aufhängung der Fahrzeuge selbst Schwierigkeiten mit sich bringt, ist es zweckmäßig, eine besondere Trage, etwa nach Abb. 631 zu verwenden, auf die Wagen üblicher Abmessungen aufgefahren werden können.

Für die Durchführung derartiger Messungen sind folgende Punkte zu beachten: Die oberen Befestigungspunkte der beiden Drähte müssen vollkommen fest liegen. Die beiden unteren Befestigungspunkte müssen mit der Trage starr verbunden sein. Dazu ist die Trage selbst möglichst starr auszubilden, insbesondere die nach den Drahtaufhängungen gehende Verstrebung. Die Lagerung der Drahtenden muß zur Vermeidung von Reibung in Schneiden erfolgen. Das Trägheitsmoment der Trage selbst soll möglichst klein sein.

Zahlentafel 14.

| Wagen | Antrieb | Wagengewicht unbesetzt | Radstand | Achsbelastung | | | | | | Tatsächliches Trägheitsmoment | | $\alpha = \frac{l}{l'}$ | $J_M = \frac{\alpha^2 \cdot J_w}{10 \cdot G_w}$ auf Modell 1 : 10 umgerechnet für 4 Pers. |
|---|---|---|---|---|---|---|---|---|---|---|---|---|---|
| | | | | 1 Person | | | 4 Personen | | | 1 Person | 4 Personen | | |
| | | kg | mm | vorn kg | hinten kg | vH hinten | vorn kg | hinten kg | vH hinten | $\Theta$ cm kg s² | | | cm kg s² |
| BMW 0,8 . | *H* | 691 | 2150 | 353 | 403 | 53,3 | 378 | 573 | 60,0 | 6750 | 8010 | 1,35 | 1,535 |
| BMW 0,9 . | *H* | 790 | 2400 | 363 | 492 | 57,5 | 390 | 659 | 62,8 | 10240 | 11420 | 1,21 | 1,595 |
| BMW 1,5 . | *H* | 848 | 2400 | 401 | 512 | 56,1 | 423 | 686 | 61,9 | 11250 | 12920 | 1,21 | 1,71 |
| Opel 1,3 . . | *H* | 979 | 2465 | 519 | 525 | 50,3 | 572 | 669 | 54,0 | 14410 | 15730 | 1,175 | 1,75 |
| Mercedes 1,3 | *H* | 1018 | 2500 | 363 | 720 | 66,4 | 443 | 846 | 65,5 | 16730 | 17180 | 1,16 | 1,79 |
| DKW 0,7 . . | *V* | 787 | 2610 | 457 | 395 | 53,7 | 508 | 539 | 51,5 | 10830 | 14880 | 1,11 | 1,76 |
| Opel 2,0 . . | *H* | 1053 | 2645 | 555 | 563 | 50,4 | 605 | 713 | 54,2 | 16830 | 18430 | 1,095 | 1,68 |
| Adler 1,5 . | *H* | 1028 | 2710 | 546 | 547 | 50 | 596 | 690 | 53,6 | 14180 | 15680 | 1,075 | 1,405 |
| Stoewer 1,5 | *V* | 1125 | 2735 | 637 | 553 | 53,6 | 680 | 705 | 50,9 | 15580 | 17480 | 1,06 | 1,42 |
| Adler 1,7 . | *V* | 1006 | 2825 | 554 | 517 | 51,7 | 597 | 670 | 52,9 | 14840 | 17280 | 1,025 | 1,435 |
| DKW 1,0 . . | *H* | 1041 | 2850 | 546 | 560 | 50,6 | 592 | 709 | 54,5 | 15050 | 16980 | 1,015 | 1,34 |
| Stoewer 2,5 | *V* | 1375 | 2980 | 574 | 687 | 52,25 | 799 | 839 | 51,2 | 23480 | 26480 | 0,972 | 1,525 |
| Wanderer 2,0 | *H* | 1282 | 3000 | 615 | 732 | 54,3 | 665 | 875 | 56,8 | 23360 | 24450 | 0,966 | 1,475 |
| Audi 2,0 . | *V* | 1408 | 3045 | 788 | 685 | 53,5 | 833 | 837 | 50,1 | 23830 | 26180 | 0,951 | 1,42 |

$l$ ist der tatsächliche Radstand des Modells, $l'$ ist ein nicht verwirklichter Radstand des Modells, der dem Radstand der Großausführung des Fahrzeugs entsprechen würde (vgl. S. 297), $J_w$ Trägheitsmoment des Naturfahrzeugs, $G_w$ Gewicht des Naturfahrzeugs.

Beim Aufstellen des Fahrzeuges muß die Schwerpunktslängsebene des Wagens mit der Längsachse der Trage zusammenfallen. Sodann wird das Fahrzeug so lange verfahren, bis die Trage genau waagerecht liegt. In dieser Stellung fällt die durch den Schwerpunkt gehende Querebene des Fahrzeugs mit der durch die beiden Aufhängefäden gebildeten Ebene zusammen.

Das Trägheitsmoment des Fahrzeugs ergibt sich aus dem Unterschied der Trägheitsmomente von Trage und Fahrzeug $J_1$ und dem Trägheitsmoment $J_2$ der Trage allein, also

$$J_0 = J_1 - J_2.$$

Für 4—5sitzige Personenwagen liegen die festgestellten Werte zwischen 7000 und 26000 cm kg s². Die große Spanne läßt auf eine weitgehende Verschiedenheit der Massenaufteilung und Gewichte der Fahrzeuge und auf Unterschiede in den Auffassungen über die Bedeutung der Trägheitsmomente schließen.

Die Zahlentafel 14 ist eine Zusammenstellung von gemessenen Trägheitsmomenten für Personenwagen mit 1 und 4 Personen Belastung.

## G. Modellfahrversuche.

Ein Hilfsmittel, die Wirkung verschiedener Achsbelastung und Trägheitsmomente, Antriebs-, Brems- und Lenkarten zu untersuchen, ist mit dem von Kamm erstmals angewandten Fahrmodell (*268* und *269*) gegeben. Das selbstfahrende Wagenmodell wird auf fester Bahn verwendet, wobei es sich um die Untersuchung kurz verlaufender Vorgänge handelt (Bremsverzögerung, Schleudervorgang), oder auf einer abrollenden Bahn, wo langsam sich entwickelnde Vorgänge zu beobachten sind, z. B. Schwingungserscheinungen am Lastzug, die sich bei gerader Fahrt im Verlauf längerer Zeit langsam aufschaukeln.

Abb. 632. Elektrisch angetriebenes und bremsbares Modellfahrzeug mit verschiebbaren Gewichten (FKFS).

Ein besonderer Vorteil des Modellversuches liegt darin, daß der zeitliche Verlauf des Lenkeinschlages mit Kurvenscheiben gesteuert wird und so voll zur Auswirkung kommt, ohne daß die steuernde Hand des Wagenführers eingreift. Auch kann unter gleichbleibenden oder nach Wunsch geänderten Versuchsbedingungen ein entsprechender Versuch beliebig oft wiederholt und damit das Meßergebnis geprüft werden.

Die Ergebnisse solcher Modellversuche sind unter sich vergleichbar, bilden also zuverlässige Unterlagen für die Beurteilung der Wirkung verschieden gewählter Betriebsbedingungen. Unter der Voraussetzung, daß die Reibungsvorgänge zwischen Rad und Fahrbahn am Modell und in der Wirklichkeit ähnlich sind, sind die Ergebnisse in ihren wesentlichen Punkten auch auf die Wirklichkeit übertragbar, wenn die nach dem Newtonschen Ähnlichkeitsgesetz aufgestellten, unten aufgeführten Modellregeln beachtet werden. Versuche auf Eisflächen am wirklichen Fahrzeug und mit Lastzügen auf der Straße haben ausreichende Übereinstimmung ergeben.

### 1. Das Modellfahrzeug.

Ein schnellaufender Elektromotor treibt über wahlweise einschaltbare Kupplungen je ein der Wirklichkeit nachgebildetes Ausgleichgetriebe und damit Vorder- und Hinterachse des Modelles an. Die 4 Räder sind an Auslegerschwingarmen gelagert und können in Geradeausfahrt oder mit Lenkeinschlag gefahren werden (s. Abb. 632 u 633). Dementsprechend sind die Treibwellen an ihren Enden gelenkig gekuppelt.

Das Modell kann wahlweise mit Vorder-, Hinter- oder Vierradantrieb gefahren werden. Ebenso kann die Lenkung als Vorderrad-, Hinterrad- oder Allradlenkung benutzt werden, wobei die Steuerung des Lenkeinschlages durch einen Lenknocken erfolgt. Letzterer wird über ein Vorgelege angetrieben. Durch entsprechendes Einstellen der Lenkkurve kann Fahrt geradeaus, Kreisfahrt, Fahrt in Kurven mit allen möglichen Kurvenwinkeln nachgeahmt werden.

Die in den Rädern eingebauten Bremsen werden elektromagnetisch betätigt und gestatten die wahlweise Anwendung von Hinterrad-, Vorderrad-, Vierrad- und Diagonalbremsung.

Zum Zweck der Einstellungsmöglichkeit verschiedener Achsbelastung und Verteilung der Massen, d. h. Trägheitsmomente in bezug auf die senkrechte Schwerpunktsachse, können die aus Abb. 632 ersichtlichen Gewichte in Richtung der Fahrzeuglängsachse beliebig verteilt werden.

Das Modell wird von einem Schaltstand aus gesteuert. Die Verbindung zwischen Schalttafel und Modell wird durch ein vieladriges, leichtes und schmiegsames Kabel hergestellt, das während der Fahrt von oben zugeführt und von Hand nachgeleitet wird, wodurch Einflüsse auf das Modell ferngehalten bleiben.

Die Modellfahrbahn besteht aus einer geschliffenen Betonplatte, die durch Behandeln mit Talkum eine gleichmäßige Haftreibungsziffer (0,25) erhält.

Damit besteht die Möglichkeit, alle wesentlichen Fahrbedingungen eines Fahrzeuges nachzubilden, ihre Größe zahlenmäßig festzuhalten und den Einfluß dieser Fahrbedingungen oder von Abweichungen davon auf den Fahrweg zu erfassen.

Abb. 633. Unterseite des Fahrmodells. In der Mitte der Antriebsmotor. Vorne und hinten das Ausgleichsgetriebe. Aufhängung der Räder an Auslegerschwingarmen. Steuerung der Lenkung mittels verstellbarer Kurvenscheibe (FKFS).

Für Messungen auf Steigungen und in Gefällen wird eine Sonderfahrstrecke, deren Neigung einstellbar ist, verwendet.

Sollen hohe Versuchsgeschwindigkeiten erzeugt werden, so erfolgt die hierzu erforderliche Beschleunigung des Modells auf einer rauhen Anfahrbahn, die ein Durchdrehen der Antriebsräder und ein Ausbrechen des Fahrzeuges verhindert.

Die Aufzeichnung der gefahrenen Bahn erfolgt durch ein über der Fahrbahn aufgebautes Lichtbildgerät. Am Fahrmodell sind, wie aus Abb. 632 zu ersehen ist, 4 Glühbirnen angebracht. Zwei davon sitzen über der Mittelachse des Modells und zwei sind seitlich angebracht. Die beiden ersteren geben die von Vorder- und

Abb. 634. Fahrmodell mit Anhängerwagen (FKFS).

Hinterachsmitte des Modells gefahrene Bahn an. Die hintere Lampe blinkt zur Unterscheidung mit $^1/_{10}$ s Unterbrechung auf. Aus den innerhalb der Aufblinkzeiten gefahrenen Wegstrecken läßt sich die Fahrgeschwindigkeit errechnen.

Die Dauer des Lenkeinschlages der Vorderräder wird durch Aufleuchten der vorderen, die Dauer der Bremsung durch Aufleuchten der hinteren Seitenlampen gekennzeichnet.

Nach Abdunkeln des Prüfraumes zeichnen die aufleuchtenden Lampen bei geöffnetem Verschluß des Lichtbildgerätes ihre Spuren auf lichtempfindlichem Papier ab.

Für die Durchführung von Versuchen mit Anhängerfahrzeugen, z. B. zum Aufnehmen von Schleudererscheinungen, oder der Wirkung verschiedener Bremsanordnungen, dient der in Abb. 634 gezeigte Modellastzug.

Die Einstellung der Gewichtsverteilung und die Bedienung der Bremsen erfolgt in gleicher Weise wie beim Zugwagen. Das Modell gestattet wahlweisen Einbau von verschiedenen Radaufhängungen und -federungen, ferner Änderungen des Radstandes und wahlweise Anwendung von Drehschemel- oder Achsschenkellenkung.

### 2. Der Modellmaßstab.

Das Fahrmodell (Abb. 632) ist im Maßstab $\lambda = 1:10$ mit einem Radstand von 29 cm und einer Spurweite von 15 cm gebaut. Im Vergleich zu einem 1000 kg schweren natürlichen Fahrzeug dürfte also das Modell nur 1 kg wiegen, da das Gewicht $\lambda^3$-mal, also 1000mal, kleiner sein müßte als das des wirklichen Fahrzeugs. Trotz weitgehender Anwendung von Leichtmetall wiegt es einschließlich der zur Einstellung verschiedener Trägheitsmomente und Achsbelastungen erforderlichen Verschiebegewichte 10 kg, d. h. das Modellgewicht ist mit der Zahl $a = 10$ vervielfacht.

Nach den von Lutz (*305*) auf Grund des Newtonschen Ähnlichkeitsgesetzes behandelten Modellregeln sind bei Berücksichtigung dieser Änderungsziffer $a = 10$ für den Maßstab des Modellgewichtes zur Übertragung auf Fahrzeuge natürlicher Größe die Modellwerte mit folgenden Zahlen zu vervielfachen:

| | |
|---|---|
| Zeiten (s) . . . . . . . . . . . . . . . . . . . . . . . . . | $\sqrt{\lambda} = 3{,}164$ |
| Geschwindigkeit (m/s) . . . . . . . . . . . . . . . . . . . . | $\sqrt{\lambda} = 3{,}164$ |
| Drehzahlen und Winkelgeschwindigkeiten (U/min; s$^{-1}$) . . . . . | $\frac{1}{\sqrt{\lambda}} = 0{,}3164$ |
| Kräfte (kg) . . . . . . . . . . . . . . . . . . . . . . . . . | $\frac{\lambda^3}{a} = 100$ |
| Drücke und Pressungen (kg/m$^2$) . . . . . . . . . . . . . . | $\frac{\lambda}{a} = 1$ |
| Trägheitsmomente (mkgs$^2$) . . . . . . . . . . . . . . . . . | $\frac{\lambda^5}{a} = 10000$ |

Für den vorliegenden Fall entsprechen also den angewandten

| | | | |
|---|---|---|---|
| Modellgeschwindigkeiten | 2,45 | 3,8 | 7,9 m/s |
| die wirklichen Wagengeschwindigkeiten . | 7,75 | 12,0 | 25,0 m/s |
| bzw. . . . . . . . . . | 27,9 | 43,3 | 90,0 km/h. |

Das Trägheitsmoment ist das $10^4$fache des Modellwertes, während die Einstellungen der Schwerpunktslage, also auch das Achsbelastungsverhältnis, von der Modellgröße unberührt bleiben.

Will man also für das Modell ähnliche Vorbedingungen schaffen, wie sie bei einem Fahrzeug wirklicher Größe durch dessen Radstand ($l_w$), Spurweite ($s_w$), Gewicht ($G_w$) und Trägheitsmoment ($J_w$) gegeben sind, so geschieht die Verkleinerung des natürlichen Fahrzeugs zum Modell nach folgenden Beziehungen:

Trägheitsmoment $J_{M'} = \frac{J_w}{10^4}$

Modellgewicht $G_{M'} = \frac{G_w}{100}$.

Abb. 635. Zweifadenaufhängung des Modells zur Ermittlung des Modellträgheitsmomentes.

Diese Angaben beziehen sich auf ein Modell, dessen Radstand und Spurweite unter Berücksichtigung des Modellmaßstabes an die Verhältnisse des natürlichen Wagens angepaßt sind.

Da beim beschriebenen Modell aus Gründen der Einfachheit der Radstand fest und nicht nach der Wirklichkeit einstellbar ist, muß die nicht verwirklichte Modellgröße (mit dem Zeichen ′ bezeichnet) mit den Größen des beschriebenen Modells in Übereinstimmung gebracht werden (vgl. Zahlentafel 14).

Ist $l_w$ der Radstand des wirklichen Fahrzeuges und $l$ der Radstand des vorhandenen Modells, so ergibt sich durch Einführen des Faktors

$$\varkappa = \frac{l}{l'} = 10 \cdot \frac{l}{l_w}$$

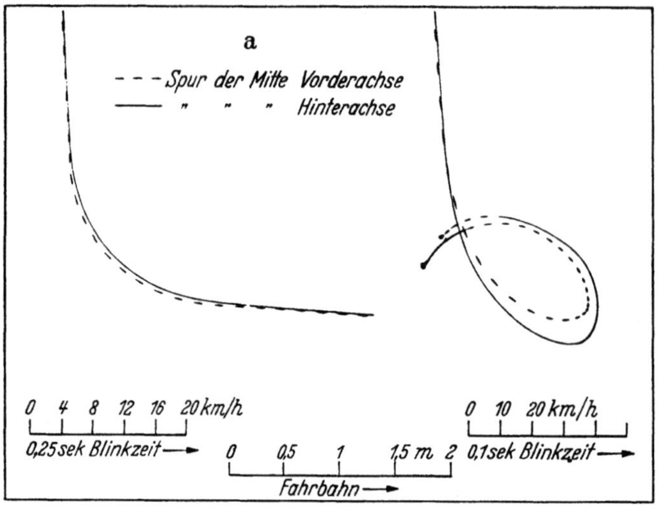


Abb. 636. Kurvenfahrt bei Hinterradantrieb, links langsame, rechts rasche Fahrt. Bei rascher Fahrt Schleudern der treibenden Hinterräder, starkes Nachschleudern (Kamm).

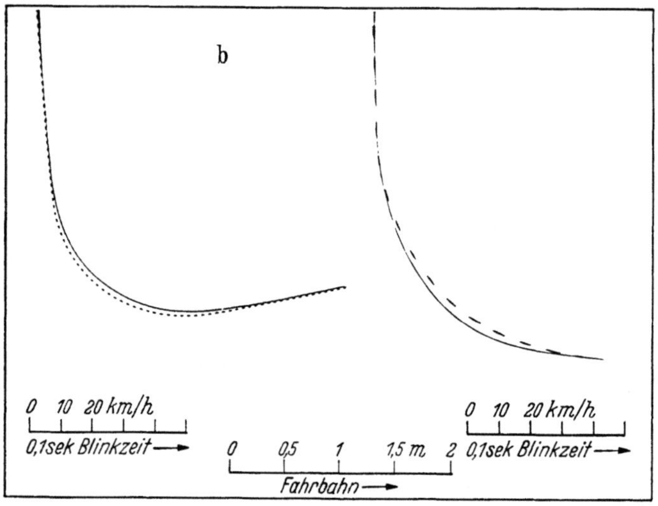


Abb. 637. Kurvenfahrt bei Vorderradantrieb. Links langsame Fahrt, rechts rasche Fahrt. Schleudern der Hinterräder bei rascher Fahrt, kein Nachschleudern (Kamm).

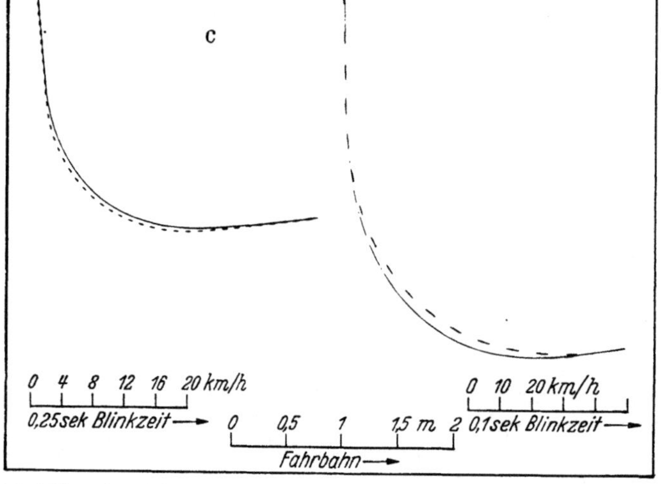


Abb. 638. Kurvenfahrt bei Vierradantrieb. Links langsame, rechts rasche Fahrt. Schleudern der Hinterräder bei rascher Fahrt, geringes Nachschleudern (Kamm).

bei Anwendung des Ähnlichkeitsgesetzes und unter der Annahme, daß das verwirklichte Modellgewicht $G_M = 10$ kg beträgt, das Trägheitsmoment des Modells zu

$$J_M = \frac{\alpha^2 \cdot J_w}{10 \cdot G_w}.$$

Da das Achsbelastungsverhältnis und damit die Lage des Schwerpunktes bei Modell und Wirklichkeit gleich ist, kann die Achsdruckverteilung im gleichen Verhältnis wie beim wirklichen Fahrzeug eingestellt werden.

Die Ermittlung des Modellträgheitsmomentes um die senkrechte Schwerpunktsachse erfolgt in gleicher Weise, wie beim wirklichen Fahrzeug durch Zweifadenaufhängung (s. Abb. 635) und Auspendeln unter Benutzung des auf S. 294 angegebenen Rechnungsganges.

### 3. Versuchsergebnisse.

Bei der Durchführung von grundsätzlichen Untersuchungen mit einem derartigen Modell (*269* u. *220a*) wurden Achsdruckverteilungen mit einer Hinterachsbelastung von 70, 60, 50, 40 und 30 vH des Gesamtgewichtes eingestellt. Entsprechend den bei natürlichen Fahrzeugen ermittelten Trägheitsmomenten wurden unabhängig von den Achsbelastungen folgende Modellträgheitsmomentwerte eingestellt: 0,751, 1,007, 1,415, 1,732, 2,197 cmkgs².

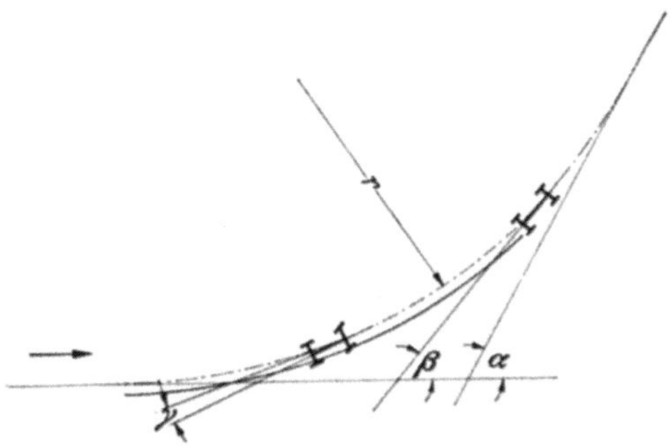


Abb. 639. In eine Fahrkurve eingetragene Bezeichnungen für die Auswertung: *r* der gefahrene Kurvenhalbmesser; α der gefahrene Kurvenwinkel; β der während des Lenkeinschlages gefahrene Kurvenwinkel; γ die größte Schleuderstellung des Fahrzeuges in der Kurve (Schleuderwinkel).

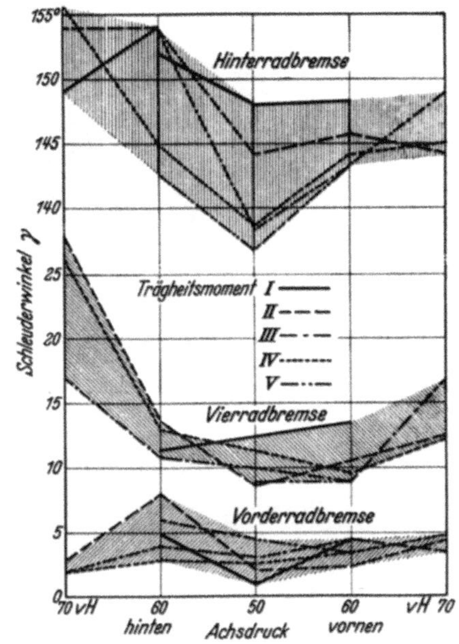


Abb. 640. Einfluß der Achsdruckverteilung und des Trägheitsmomentes auf den Schleuderwinkel beim Bremsen (Kamm-Huber).

Die Abb. 636, 637 und 638 zeigen Fahrwege, die bei verschieden gewählten Antriebsarten aufgenommen sind. Als Maß für die Güte der Massenverteilung und der Antriebsart wird die Fahrbahnhaltung des Fahrzeuges bestimmt. Gewertet wird aus dem mit gleichbleibender Antriebskraft und gleicher Lenkeinstellung gefahrenen Modellweg.

Abb. 639 zeigt in einer Fahrkurve eingetragen die Bezeichnungen für die Auswertung. Es bedeuten:

*r* der gefahrene Kurvenhalbmesser,
α der gefahrene Kurvenwinkel,
β der während des Lenkeinschlages gefahrene Kurvenwinkel,
γ die größte Schleuderstellung des Fahrzeugs in der Kurve (Schleuderwinkel).

Abb. 640 zeigt den Einfluß der Achsdruckverteilung und des Trägheitsmomentes auf den Schleuderwinkel beim verschiedenartigen Bremsen.

Für Untersuchung und Messung der Schleudervorgänge der Anhänger dient die in Abb. 641 gezeigte Anordnung einer laufenden Straße für 1 und 2 Anhänger und den in Abb. 634 gezeigten Modellastzug (*220b*).

### 4. Vergleich der Ergebnisse aus Modellversuchen mit denen der Wirklichkeit.

Wie eingangs erwähnt, können die Modellergebnisse unter sonst gleichen Verhältnissen auf das wirkliche Fahrzeug übertragen werden, wenn gleiche Reibungsverhältnisse zwischen Rad und Fahrbahn bestehen. Der auf der vorbereiteten Fahrbahn vorliegende Reibungsbeiwert von $\mu = 0{,}25$ wurde gewählt, um kritische Fahrzustände zu schaffen, wie sie etwa bei schmierigen oder vereisten Straßen vorliegen.

Sollen die Modellergebnisse mit denen der Wirklichkeit verglichen werden, so müssen die entsprechenden Fahrversuche auf einer Eisfläche, deren Reibungsziffer ebenfalls etwa 0,25 beträgt, durchgeführt werden.

Um hierbei den Einfluß des Wagenführers während der Versuche auszuschließen, hat man (*165*) eine Lenkvorrichtung gebaut, die für einen einstellbaren Kurvenhalbmesser die Räder einlenkt und nach beliebiger Kurvenlänge wieder zur Geradeausfahrt auslenkt. Die Vorrichtung

Abb. 641. Laufende Fahrbahn mit Modellfahrzeug (FKFS).

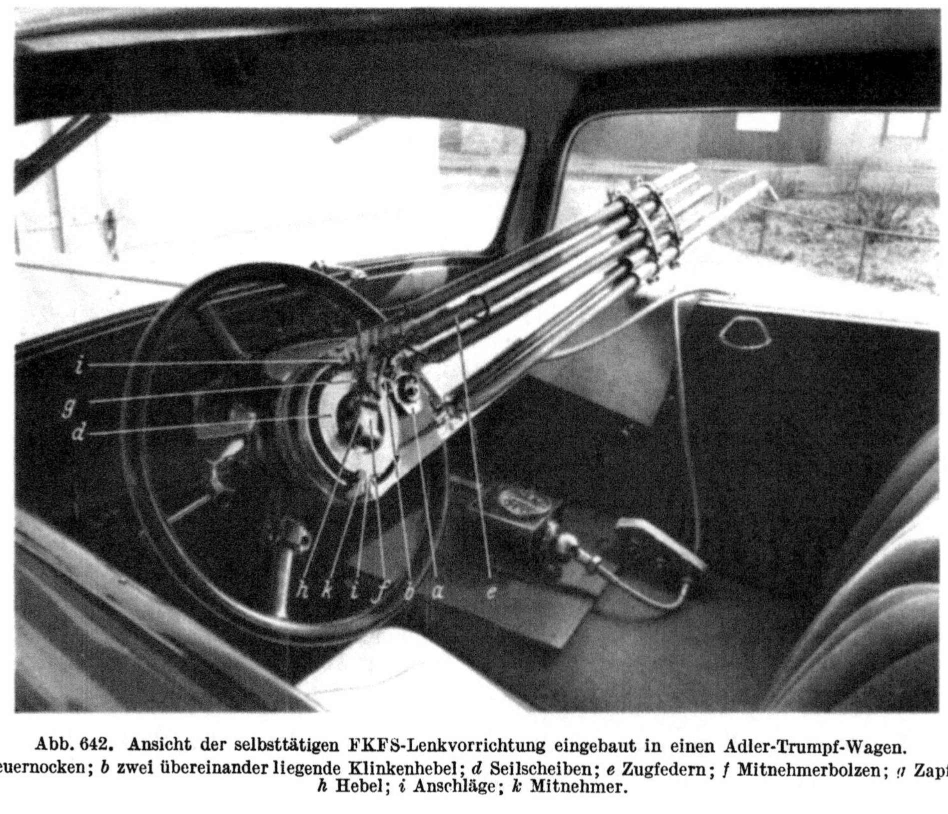


Abb. 642. Ansicht der selbsttätigen FKFS-Lenkvorrichtung eingebaut in einen Adler-Trumpf-Wagen.
*a* Steuernocken; *b* zwei übereinander liegende Klinkenhebel; *d* Seilscheiben; *e* Zugfedern; *f* Mitnehmerbolzen; *g* Zapfen; *h* Hebel; *i* Anschläge; *k* Mitnehmer.

(Abb. 642) kann auf jedes Lenkrad aufgesetzt werden. Bei Gefahr kann der Fahrer jederzeit in den Lenkvorgang eingreifen.

Die Vorrichtung arbeitet folgendermaßen:

Der Steuernocken *a* wird über eine biegsame Welle vom Wagengetriebe oder besser von einem kleinen, regelbaren Elektromotor angetrieben. Die Nocken steuern 2 übereinanderliegende Klinkenhebel *b*, die in die Nuten der beiden übereinanderliegenden Seilscheiben *d* eingreifen. Die

Seilscheiben stehen mittels der Zugfedern *e* unter Vorspannung, die obere im Uhrzeigersinn entsprechend einem Rechtseinschlag der Lenkräder und die untere im Gegensinn. Sobald der obere Klinkenhebel *b* die zugehörige Seilscheibe freigibt, kann die Federvorspannung zur Auslösung kommen. Die Seilscheibe dreht sich und der Mitnehmerbolzen *f* nimmt den mit der Steuersäule über den Zapfen *g* fest verkuppelten Hebel *h* mit, wodurch die Räder einen Lenkeinschlag erhalten. Dieser ist durch die Anschläge *i* eingegrenzt. Den Lenkeinschlag übernimmt der an der unteren Seilscheibe sitzende Mitnehmer *k*, wobei die zugehörige Zugfeder die erforderliche Lenkkraft aufbringen muß. Der Mitnehmerzapfen *g* versenkt sich dabei in die Seilscheibe, um dem Hebel *h* den Rückweg freizugeben.

Die mit dieser Einrichtung durchgeführten Versuche ergaben, wie erwähnt, grundsätzliche Übereinstimmung mit den Modelluntersuchungen.

## 3. Beanspruchungen im Fahrzeugaufbau und in sonstigen Bauteilen.

**Messungen am Fahrzeug.** Für die Feststellung der Beanspruchungen von Bauteilen des Wagenaufbaues durch wechselnde Belastung werden im allgemeinen Formänderungsschreiber verwendet. Insbesondere sind hierzu Anordnungen zweckdienlich, bei denen an verschiedenen Meßstellen Schreibgeräte sitzen, die mit Gleichlaufmotoren angetrieben werden.

Für besondere Messungen dienen die Ritzschreibgeräte (s. auch S. 58), bei denen die Formänderung (Längenänderung) ohne besondere Hebelübersetzung durch eine Diamantspitze in ein

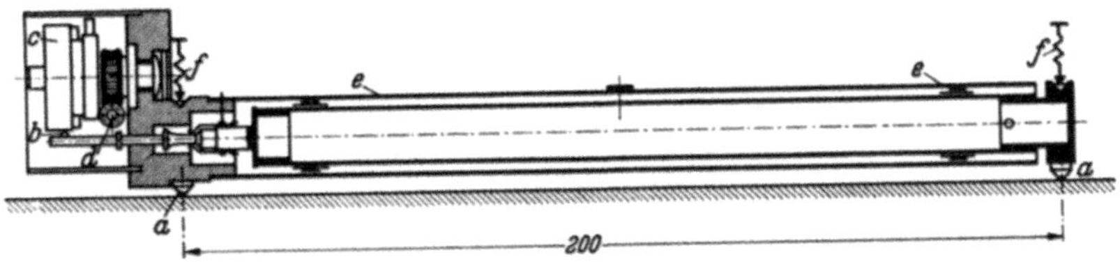


Abb. 643. Anordnung des Dehnungsmessers der DVL mit Glasritzschreibgerät (*295*).

*a* Meßspitzen; *b* Schreibdiamant; *c* Glasrohrabschnitt (Registriertrommel); *d* Schneckengetriebe zum Antrieb der Registriertrommel (betätigt von kleinem Elektromotor über eine biegsame Welle); *e* Gummiführungen; *f* federnde Schraubzwingen zum Festspannen des Gerätes.

Glasplättchen eingeritzt und die Ergebnisse unter dem Mikroskop ausgewertet werden. Bei den sehr kleinen Längenänderungen arbeitet der Diamant mit nur etwa 0,002 mm Weg. Das Glasplättchen wird mit einem Triebwerk der Zeit verhältig vorwärts bewegt. Abb. 643 zeigt die Ansicht des Ritzschreibers der DVL (*294*, *324*, *368*), eines zur Durchführung von statischen Dehnungsmessungen geeigneten Gerätes. Bei Durchführung von besonderen Messungen über Beanspruchung durch Schwingungen, die z. B. vom Motor herrühren, werden mit Erfolg Geräte, wie sie im Abschnitt „Geräuschmessungen“ auf S. 282 beschrieben sind, zur Aufnahme der Schwingungsausschläge verwendet.

Die Messungen an Fahrzeugen werden bei Fahrt auf der Straße oder auf dem Trommelprüfstand durchgeführt.

**Modellmessungen.** Vor Neuausführung eines Fahrzeugrahmens oder eines Wagenkörpers ist seine Herstellung im Modell und die Messung der von den einzelnen Bauteilen aufgenommenen Kräfte zweckmäßig.

Zunächst genügt es, unter äußeren Kräften und Momenten die Formänderungen festzustellen.

Abb. 644 zeigt einen derartigen Versuchsaufbau. Das zu prüfende Modell ist im vorliegenden Fall mit einer Grundplatte an seinem hinteren Ende verspannt. Der Körper wird durch ein um die Längsachse wirkendes, an einem Ende angreifendes Drehmoment beansprucht (z. B. zur Nachahmung der beim Trampeln der Vorderräder auftretenden Verformungen). Die Formänderungen des Körpers werden, wie die Abb. 644 zeigt, mit Meßuhren festgestellt.

Neben der Ermittlung der Formänderungen am Körper können die in wichtigen Bauteilen auftretenden Kräfte bestimmt werden.

Hierzu werden wiederum Dehnungsmeßgeräte verwendet. Bei Modellversuchen ergeben sich oft Schwierigkeiten dadurch, daß die auftretende Dehnung bei üblicher Belastung sehr klein ist, bei hoher Belastung aber unerwünschte bleibende Formänderungen auftreten.

In solchen Fällen ist es zweckmäßig, die Stabkräfte unmittelbar dadurch zu bestimmen, daß die innere Stabkraft durch eine äußere, meßbare Kraft ersetzt wird. Zu diesem Zweck wird der betreffende Stab aufgeschnitten.

Abb. 644. Versuchsaufbau zur Feststellung der Formänderungen von Fahrzeugaufbauten bei verschiedenen Beanspruchungen (FKFS).

Abb. 645 zeigt den grundsätzlichen Aufbau eines derartigen Zug-Druckmessers nach FKFS. Dieser wird mit den Klemmbacken *1* am unbelasteten durchschnittenen Modellstab befestigt und die verschiebbare Marke *2* auf den Rückstellzeiger *3* eingestellt. Wird der Stab belastet, so bewegen sich die Stabhälften gegenseitig, da die Schenkel *4* durch die auf Zug und Druck gleich wirkende Biegefeder *6* elastisch miteinander verbunden sind. Diese Bewegung wird durch die beiden Federblättchen *7* auf die Schneide *8* und den Zeiger *3* übertragen. Aus der Richtung des Ausschlages

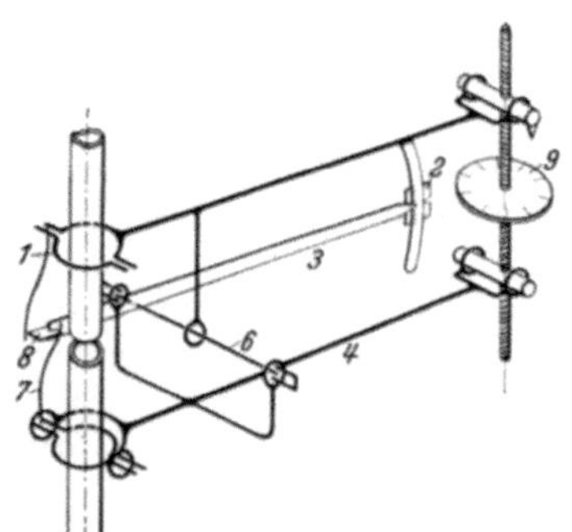


Abb. 645. Aufbau des Stabkraftmessers (FKFS).
*1* Klemmbacken; *2* verschiebbare Marke; *3* Rückstellzeiger; *4* Schenkel; *6* Biegefeder; *7* Federplättchen; *8* Schneide; *9* Verstellspindel.

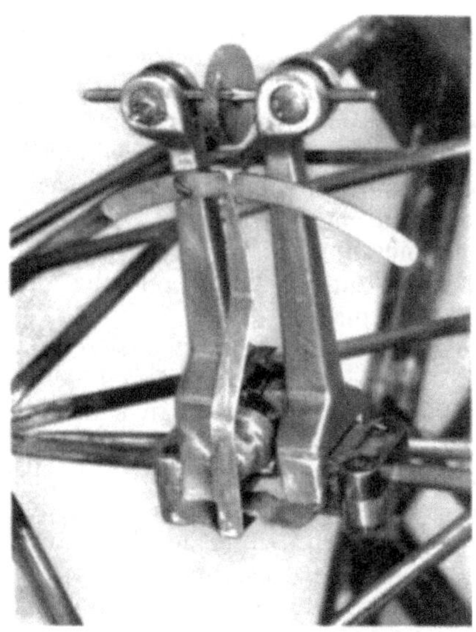

Abb. 646. Meßgerät an einem Rohrstab (FKFS).

ergibt sich, ob Zug- oder Druckkräfte übertragen werden. Durch Drehen der mit 10er-Teilung und Rechts- und Linksgewinde versehenen Verstellspindel *9* wird der Zeiger *3* wiederum auf die

Marke *2* eingestellt. Dann unterliegt der Stab denselben Bedingungen, wie wenn er nicht durchgeschnitten wäre. Die Kräfte sind meßbar an der Einstellung der Verstellspindel (*271a*).

Das Eichen des Gerätes erfolgt durch Anhängen von Gewichten an den unteren Stabteil und durch Bestimmung der dann nötigen Umdrehungen der Spindel *9* bis zur Deckung des Zeigers *3* mit der Marke *2*, d. h. aus der Anzahl der Umdrehungen läßt sich für eine bestimmte Bieg f. der die Stabkraft in Kilogramm angeben. Abb. 646 zeigt das Meßgerät an einem Rohrstab eines Modellkörpers angebaut.

# Schlußbemerkung — Ausblick.

Die Entwicklung der Kraftfahrzeuge und ihrer Motoren befindet sich in raschem Fortschreiten. In noch schnellerer Entfaltung steht das Meß- und Versuchswesen auf diesem Gebiet. Es hat sich erst in jüngster Zeit von den einfachen Verfahren der Prüfung neugeschaffener Motoren auf dem Prüfbock und der Fahrzeuge auf der Straße zu der weit verzweigten Kunst entwickelt, die sich in Analyse und Synthese und in strenger Systematik mit allen Einzelfragen mechanischer, thermodynamischer und aerodynamischer Art befaßt. Es bildet das Bindeglied zwischen der schnell schaffenden praktischen Arbeit und der tiefschürfenden Wissenschaft. Heute ist diese Kraftfahrforschung, deren Bedeutung vom Staat und von der Industrie anerkannt wird, im Begriff, die Wegebereiterin der gestaltenden Arbeit zu werden, indem sie dieser durch Klärung schwieriger Fragen und durch vorausschauende Behandlung der für die Anwendung erfolgversprechenden, aber noch nicht reifen Möglichkeiten Hindernisse aus dem Weg räumt, an denen die harte Verantwortlichkeit des Alltags Halt zu machen zwingen würde. Sie erweitert damit die Grenzen der Bewegungsfreiheit der konstruktiven Planung. Einige Gebiete des Prüf- und Meßwesens lassen sich in diesem Sinn als besonders wichtig und der besonderen Pflege würdig erkennen.

Auf dem Gebiet der Kraftstoffe und Schmiermittel sollten die in den letzten Jahren erzielten bedeutenden Fortschritte in der Anpassung an die motorisch bedingten Anforderungen und an die für die Gewinnung und Herstellung vorliegenden Notwendigkeiten eine Fortsetzung finden, die sich auf die Klärung der durch die Mischungen und die besonderen Zusätze der Brennstoffe bedingten Vorgänge im Arbeitszylinder zu erstrecken haben wird. Dazu müssen die physikalisch-chemischen Methoden in enger Verbindung mit der motorischen Prüfung bleiben und durch Weiterentwicklung der Meßverfahren vervollkommnet werden. Besondere Bedeutung dürfte den Anstrengungen zur Verbesserung der Verkokungserscheinungen im Schmiermittel zukommen, weil eine größere Freiheit in der Festsetzung der zulässigen Zylindertemperaturen einen Fortschritt in der Betriebssicherheit und Leistungssteigerung bedingen würde.

Die Entwicklung des schnellaufenden Verbrennungsmotors bewegt sich in der Richtung einer bedeutenden Erhöhung der Drehzahlen bei Verkleinerung des Arbeitsraumes. Deshalb müssen die zur Leistungsaufnahme notwendigen Geräte in den Drehzahlen weitergebracht werden. Die Vervollkommnung und Neuschaffung von masselosen Meßeinrichtungen zur Beobachtung des Verbrennungsverlaufs muß mit erhöhten Anstrengungen betrieben werden. Die Klärung der Wärmebeanspruchung und des Wärmedurchgangs mit Hilfe von Thermoelementen bedarf der Schaffung einfacher und daher für längere Betriebszeit anwendbarer Mittel, mit denen auch die bewegten Teile, insbesondere die Kolben, untersucht werden können.

Auf dem Gebiet der mechanischen Schwingungen, besonders der Verdreh- und Biegeschwingungen, wird das Maß der Anwendung elektrischer Verfahren noch verstärkt werden. Diese besitzen den Vorteil außerordentlich weiter Frequenzbereiche und der Trennung in Gebergeräte und Schwingungsaufnahme- und Schreibgeräte. Die Schwingungen können mit diesen Aufnahmegeräten während des Laufes des Prüfmotors beobachtet und gleichzeitig mit anderen Vorgängen aufgezeichnet werden. Die elektrischen Verfahren bieten die noch nicht erschöpfte Möglichkeit, zwischen Geber und Schreibgerät beliebige Verstärkungen einzuschalten und die übertragenen Schwingungen zu differenzieren, in ihre Frequenzbereich aufzuteilen oder mit heute noch unbekannten Verfahren weiter zu behandeln.

Das Einzelzylinderversuchsverfahren, das dem jeweiligen Stand des Motorenbaues angepaßt sein und auch der Entwicklung vorauseilen muß, wird auf absehbare Zeit für die Motorengestaltung von außerordentlichem Wert sein und unter Umständen an Bedeutung noch gewinnen.

Bei der Untersuchung der Kraftfahrzeuge wird das Ziel noch vollkommener erreicht werden müssen, zuverlässig unter den gleichen Bedingungen messen zu können, die bei der Fahrt in Wirklichkeit vorliegen. Für die Erfassung der Einzelvorgänge sind dazu weitere Geräte zu schaffen, insbesondere solche zur Messung des Roll- und Walkwiderstandes während der Fahrt bei großer Geschwindigkeit und solche zur Aufnahme des Kraftflusses zwischen Reifen und Fahrbahn. Die Verfeinerung und weitere Ausnützung des Modellverfahrens bedingt eine weitergehende Anwendung der selbstfahrenden Modelle auf festen und laufenden Fahrbahnen und die Gestaltung von Windkanälen, die dem Kraftfahrzeug als bodennahem Verkehrsmittel in der Form und Ausgestaltung des Strahls und der Strahlbegrenzung, in der Ausnützung des Strahlquerschnittes und in der Anwendung besonders zweckmäßiger Geschwindigkeitsmessung angepaßt sind. Die Gesetze über den Einfluß der Endlichkeit des Strahls bedürfen dabei weiterer Behandlung. Die notwendige Vervollkommnung in der Darstellung der gleichzeitigen Wirkung aller Betriebsbedingungen und das Bedürfnis nach Erfassung aller Vorgänge durch gleichzeitige Messungen, insbesondere auch nach Untersuchung der Kühlungsvorgänge am Triebwerk und an den Reifen und schließlich die bei den zunehmenden Geschwindigkeiten wichtig werdende richtige Abstimmung der im Betrieb des Fahrzeugs aufzuwendenden Leistungsanteile verlangen die Schaffung eines Kraftwagenvollprüffeldes, auf dem das Fahrzeug wie auf der Straße seine volle Leistung an die Fahrbahn abgeben kann und dabei insbesondere hinsichtlich der Kühlung auch unter den natürlichen äußeren Einwirkungen steht.

Der Bestand an Meßgeräten zur Aufnahme von Bremsverzögerungen und Antriebsbeschleunigungen und zur Erfassung der Federschwingungen verlangt eine gewisse Vereinfachung und nach Möglichkeit eine Anpassung an das Modellversuchsverfahren, damit allgemein gültige Gesetzmäßigkeiten im Sinne der Mechanik festgestellt werden können.

Neben den aufgeführten Beispielen wird sich in der Anwendung der Versuchsverfahren und nach den im Verlauf der Entwicklung immer aufs neue freiwerdenden Ausblicken eine Großzahl von Einzelaufgaben für das noch junge Arbeitsgebiet ergeben. Seine Ziele werden aber stets in der Vervollkommnung der Betriebssicherheit, der Erhöhung der Leistungen und der Verbesserung der Fahreigenschaften und Fahrsicherheit der Fahrzeuge liegen.

# Schrifttum.

## Quellennachweis für Text und Abbildungen.

### Abkürzungen.

AVAG Aerodynamische Versuchsanstalt zu Göttingen.
CFR Corperative Fuel Research Committee.
DVL Deutsche Versuchsanstalt für Luftfahrt.
DVM Deutscher Verband für die Materialprüfung in der Technik.
FKFS Forschungsinstitut für Kraftfahrwesen und Fahrzeugmotoren an der T. H. Stuttgart.
H & B Hartmann & Braun.
HUC highest useful compression ratio.
NACA National Advisory Committee for Aeronautics.
NKZ Neue Kraftfahrer-Zeitung.
S & H Siemens & Halske.


(*1*) Aerodynamische Versuchsanstalt Aachen: Abhandlungen aus dem Institut, Heft 12 S. 10 Abb. 17.

(*2*) Ambronn, R.: Feinmechanik und Präzision, Bd. 39 (1931) S. 199, Z. VDI Bd. 75 (1931) S. 1517.

(*3*) bis (*71*) Arch. techn. Messen:

(*3*) J 23—1; (*4*) J 137—3; (*5*) J 835—1; (*6*) V 1241—1; (*7*) J 031—1 Abb.10; (*8*) J 031—3 Abb. 4; (*9*) J 031—7 Abb. 4; (*10*) J 031—7 Abb. 5; (*11*) J 033—1 Abb. 1; (*12*) J 033—1 Abb. 3; (*13*) J 034—1 Abb. 2; (*14*) J 034—1 Abb. 5; (*15*) J 034—2 Abb. 4; (*16*) J 034—2 Abb. 5; (*17*) J 035—1 Abb. 8; (*18*) J 035—1 Abb. 9; (*19*) J 035—2 Abb. 2; (*20*) J 035—3 Abb. 1 u. 2; (*21*) J 035—3 Abb. 5; (*22*) J 035—4 Abb. 1; (*23*) J 035—4 Abb. 2; (*24*) J 035—5 Abb. 1 u. 2; (*25*) J 060—2 Abb. 6; (*26*) J 063—2 Abb. 1; (*27*) J 063—2 Abb. 2; (*28*) J 063—2 Abb. 3; (*29*) J 122—2 Abb. 1; (*30*) J 122—2 Abb. 2; (*31*) J 122—3 Abb. 2; (*32*) J 137—2 Abb. 1; (*33*) J 137—2 Abb. 3; (*34*) J 137—2 Abb. 6; (*35*) J 137—2 Abb. 8; (*36*) J 137—3 Abb. 2; (*37*) J 137—3 Abb. 3; (*38*) J 154—1 Abb. 1; (*39*) J 154—2 Abb. 1 u. 2; (*40*) J 154—3 Abb. 4; (*41*) J 154—4 Abb. 6; (*42*) J 162—1 Abb. 12; (*43*) J 162—2 Abb. 1; (*44*) J 162—2 Abb. 2; (*45*) J 163—1 Abb. 3; (*46*) J 163—1 Abb. 7; (*47*) J 726—2; (*48*) J 834—21 Abb. 2; (*49*) J 2401—1 Abb. 1; (*50*) V 214—1 Abb. 5; (*51*) V 53—2 Abb. 5; (*52*) V 534—2 Abb. 1; (*53*) V 534—2 Abb. 2; (*54*) V 723; (*55*) V 723—4 Abb. 1; (*56*) V 723—6 Abb. 4; (*57*) V 723—6 Abb. 5; (*58*) V 723—6 Abb. 6; (*59*) V 723—8 Abb. 2; (*60*) V 723—10 Abb. 2 u. 5; (*61*) V 723—10 Abb. 6; (*62*) V 1241—2 Abb. 1; (*63*) V 1241—2 Abb. 2; (*64*) V 1241—2 Abb. 3 u. 4; (*65*) V 1244—1 Abb. 1; (*66*) V 1283—1 Abb. 2 u. 3; (*67*) V 1283—2 Abb. 1; (*68*) V 1283—2 Abb. 4; (*69*) V 1283—2 Abb. 7; (*70*) V 1283—3 Abb. 2; (*71*) V 2166—2 Abb. 5 u. 8.

(*72*) bis (*95*) Autom.-techn. Z.:

(*72*) 1931 S. 687 Abb. 8; (*73*) 1931 S. 737 Abb. 12; (*74*) 1931 S. 778 Abb. 9; (*75*) 1932 S. 116 Abb. 18; (*76*) 1932 S. 205 Abb. 3; (*77*) 1932 S. 207 Abb. 9; (*78*) 1932 S. 328 Abb. 1 u. 2; (*79*) 1932 S. 387 Abb. 9; (*80*) 1932 S. 409 Abb. 2 u. 3; (*81*) 1932 S. 410 Abb. 8 u. 9; (*82*) 1932 S. 412 Abb. 16; (*83*) 1932 S. 414 Abb. 18; (*84*) 1934 S. 4 Abb. 5; (*85*) 1934 S. 214 Abb. 2; (*86*) 1934 S. 242 Abb. 3; (*87*) 1934 S. 242 Abb. 5; (*88*) 1934 S. 520 Abb. 1; (*89*) 1934 S. 520 Abb. 2; (*90*) 1936 S. 427 Abb. 4; (*91*) 1936 S. 427 Abb. 5; (*92*) 1936 S. 429 Abb. 8; (*93*) 1936 S. 426 Abb. 2; (*94*) 1936 S. 430 Abb. 10; (*95*) 1936 S. 431 Abb. 12.

(*96*) Automobil-Industrie Bd. 68 (1933) S. 37.

(*97*) u. (*98*) Automotive Industries: (*97*) 1931 S. 162; (*98*) 1936 S. 422.

(*99*) Aughtie, F.: A remote electrically-recording accelero-meter with part reference to wheel-impact measurements. Proc. phys. Soc., Lond. Bd. 44 (1932) S. 31—44.

(*100*) **Barth**, F. u. K. **Pohle**: Arbeitsweise des Bruhnschen Bremswegschreibers und richtige Auswertung der Diagramme. Autom.-techn. Z. Bd. 35 (1932) S. 328ff.

(*101*) Beardsley, E. G.: The study of oil sprays for fuel-injection engine by means of high-speed motion pictures. Vortrag gehalten vor der American Society of Mechanical Engineers, 1927.

(*102*) Beck, G.: Spektraluntersuchung des Verbrennungsvorganges. VDI-Forsch.-Heft 1936 Nr. 377.

(*103*) Becker, Fromm, Maruhn: Schwingungen in Automobillenkungen (Shimmy). Berlin: M. Krayn 1931.

(*104*) bis (*114*): Becker, Fromm, Maruhn: Schwingungen in Automobillenkungen (Shimmy). Berlin: M. Krayn 1931.

(*104*) S. 8 Abb. 2; (*105*) S. 9 Abb. 3; (*106*) S. 11 Abb. 4a; (*107*) S. 39 Abb. 33; (*108*) S. 38 Abb. 32; (*109*) S. 63 Abb. 55; (*110*) S. 92 Abb. 85; (*111*) S. 93 Abb. 86; (*112*) S. 146 Abb. 116; (*113*) S. 147 Abb. 117; (*114*) S. 148 Abb. 118.

(*115*) Beckmann: Z. phys. Chem. Bd. 51 (1905) S. 329.

(*116*) Betz: Druckschrift der Aerodynamischen Versuchsanstalt Göttingen.

(*117*) Bird u. Bauer: Automot. Ind. Bd. 75 (1936) S. 422.

(*118*) Bisang, L.: Untersuchung der Ausstrahlung des Verbrennungsraumes schnellaufender Zünder- und Dieselmotoren mit der ultraroten Photozelle. Diss. T. H. Stuttgart 1937.

(*119*) Boerlage, G. D. u. J. J. Broeze: Zündung und Verbrennung im Dieselmotor. VDI-Forsch.-Heft 1934 Nr. 366.

(*120*) Bongards, H.: Feuchtigkeitsmessung, S. 230 Abb. 103. München: 1926.

(*121*) Brandt, Richard u. H. Viehmann: Der DVL-Glimmlampen-Indikator für schnellaufende Motoren. Jb. dtsch. Versuchsanst. Luftf. Bd. 5 (1933) 58—60; Autom.-techn. Z. Bd. 36 (1933) Nr. 12 S. 309—311.

(*122*) Brown: Measurement of Riding Qualities. S.A.E. J. Bd. 22 (1928) S. 626.

(*123*) Burstall, F. W.: A new form of optical indicator. Engineering Bd. 115 (1923) S. 121ff.

(*124*) bis (*126*) Bussien, R.: Automobiltechnisches Handbuch, Berlin 1931:
(*124*) S. 90 Abb. 47; (*125*) S. 105 u. 106 Abb. 58/59; (*126*) S. 181 Abb. 18.

(*127*) Cassel, H.: Chemiker-Ztg Bd. 53 (1929) S. 479.

(*128*) CFR-Motor, Druckschriften der Waukesha Motor Company, Waukesha-Wisconsin.

(*129*) Clerk, D.: The working fluid of internal combustions engines. Engineering Bd. 96 (1913) S. 28ff.

(*130*) Collins, G.: Micro-Indicator for high-speed engines. Engineering Bd. 113 (1922) S. 716; Bd. 115 (1923) S. 123ff.

(*131*) bis (*142*) Dobberack, A.: Verfahren zur meßtechnischen Bestimmung der Federungseigenschaften von Kraftfahrzeugen. Diss. T. H. Stuttgart 1933:

| | | | |
|---|---|---|---|
| (*131*) S. 9; | (*134*) S. 85; | (*137*) S. 20 Abb. 29; | (*140*) S. 85 Abb. 127; |
| (*132*) S. 20; | (*135*) S. 8 Abb. 4; | (*138*) S. 20 Abb. 30; | (*141*) S. 85 Abb. 128; |
| (*133*) S. 84; | (*136*) S. 9 Abb. 5—7; | (*139*) S. 38 Abb. 55; | (*142*) S. 88 Abb. 129—131. |

(*143*) bis (*158*) Jb. dtsch. Versuchsanst. Luftf.:

| | | |
|---|---|---|
| (*143*) 1930 S. 255 Abb. 1; | (*149*) 1930 S. 305 Abb. 4; | (*155*) 1932 IV. S. 16 Abb. 9; |
| (*144*) 1930 S. 281—282 Abb. 1 u. 2; | (*150*) 1930 S. 305 Abb. 2; | (*156*) 1932 IV. S. 43 Abb. 4; |
| (*145*) 1930 S. 286 Abb. 16; | (*151*) 1931 S. 358 Abb. 1; | (*157*) 1932 IV. S. 44 Abb. 5; |
| (*146*) 1930 S. 257 Abb. 4—8; | (*152*) 1931 S. 309 Abb. 4; | (*158*) 1932 IV. S. 45 Abb. 3. |
| (*147*) 1930 S. 286 Abb. 18; | (*153*) 1931 S. 360 Abb. 7; | |
| (*148*) 1930 S. 278 Abb. 5; | (*154*) 1931 S. 360 Abb. 8; | |

(*159*) Eberau, v. Eberhorst: Kurzzeitforschung beim Kraftfahrzeugbetrieb.

(*160*) Eck, B.: Einführung in die technische Strömungslehre Bd. 2 S. 29—31. Berlin: Julius Springer 1935.

(*161*) Eicke, S. u. R. Wille: Sichtbarmachung von Strömungen in der Luft. Forsch. Ing.-Wes. Bd. 8 (1937) Heft 1 S. 10.

(*162*) Enoch, O.: Prüfung der Klopffestigkeit. Autom.-techn. Z. 1932 S. 205.

(*163*) Erichsen, Chr.: Verbrennung im Dieselmotor. VDI-Forsch.-Heft Nr. 377 1936.

(*164*) Fischer, H. G. M. u. A. E. Becker: A Suggested Index of Diesel Fuel Performance. S.A.E. J. Bd. 35 (Okt. 1934) S. 376—384.

(*165*) FKFS-Bericht über Eislaufversuche (Huber-Dietz).

(*166*) Flachsbart: Untersuchungen über den Luftwiderstand von Kugeln. Phys. Z. Bd. 28 (1927) S. 461.

(*167*) Föttinger, H.: Effektive Maschinenleistungen und effektives Drehmoment und deren experimentelle Bestimmung. Mitt. Forsch.-Arb. Berlin, Heft 25, 1905. — Die neueste Fortbildung des Torsions-Indikators. Werft Reed. Hafen, 1929 S. 200.

(*168*) Fox, L. u. Th. Carmichael: Untersuchungen mit einem Gyro-Beschleunigungsmesser auf Fahreigenschaften. S.A.E. J. Bd. 24 (1929) Heft 6 S. 626ff.

(*169*) Geiger, J.: Der Torsiograph, ein neues Instrument zur Untersuchung von Wellen. Z. VDI Bd. 60 (1916) S. 811ff. u. 861ff.

(*170*) Geiger, J.: Mechanische Schwingungen. Berlin: Julius Springer 1927.

(*171*) Geiger, J.: Über Beschleunigungsmessung. Mitt. Forsch.-Anst. Gutehoffn., Nürnberg Bd. 1 (1931) Heft 7.

(*172*) bis (*175*) Gießmann, W.: Beiträge zur motorischen Kraftstoffprüfung. Diss. T. H. Breslau 1935:

| | | |
|---|---|---|
| (*173*) S. 8 Abb. 2; | (*174*) S. 11 u. 12 Abb. 3 u. 4; | (*175*) S. 38 Abb. 17. |

(*176*) Glamann, W. u. H. Triebnigg: Der trägheitslose elektrische Halbleiterindikator für Druckmessungen. Forsch. Ing.-Wes. Bd. 4 (1933) S. 137—146.

(*177*) bis (*191*) Gramberg: Technische Messungen. Berlin: Julius Springer 1933:

| | | | |
|---|---|---|---|
| (*177*) S. 89; | (*181*) S. 84 Abb. 78a; | (*185*) S. 230 Abb. 201; | (*189*) S. 278 Abb. 257; |
| (*178*) Abschnitt VIII; | (*182*) S. 86 Abb. 80 u. 81; | (*186*) S. 271 Abb. 247; | (*190*) S. 353 Abb. 332 u. 333; |
| (*179*) S. 397; | (*183*) S. 203 Abb. 186; | (*187*) S. 276 Abb. 252 u. 253; | (*191*) S. 426 Abb. 367. |
| (*180*) S. 396; | (*184*) S. 204 Abb. 188a; | (*188*) S. 276 Abb. 254; | |

(*192*) Grunbach, L.: Über neue Methoden und Apparate zur Messung von Erderschütterungen kleinster Perioden. Ann. Phys., Lpzg. Bd. 30 (1909) S. 951ff.; Phys. Z. Bd. 10 (1909) S. 853ff.

(*193*) Grunbach, L.: Experimentaluntersuchung zur Messung von Erderschütterungen. Berlin: Leonhardt, Simion Nf. 1913.

(*194*) Gümbel: Verdrehschwingungen eines Stabes mit fester Drehachse und beliebiger zur Drehachse symmetrischer Massenverteilung unter dem Einfluß beliebiger harmonischer Kräfte. Z. VDI Bd. 56 (1912) S. 1025—1031 u. 1085—1089.

(*195*) Hanley and Paul: Correlation of Laboratory Knock Test Results with Actual Road Knock. Nat. Petroleum News Bd. 35 (1933).

(*196*) Heinze u. Marder: Angew. Chem. Bd. 48 (1935) S. 335 u. 776.

(*197*) Heinze u. Marder: Eine 4. Laboratoriumsmethode zur Bestimmung der Motoreignung leichter Kraftstoffe. Angew. Chem. Bd. 48 (1935).

(*198*) Höffer: Registrierendes Kraftwagen-Prüfgerät. Z. Instrumentenkde. 5 (1931) S. 318—324.

(*199*) Hoerner, S.: Untersuchungen am Windkanal der T. H. Braunschweig, Abschnitt C. Diss. Braunschweig 1933.

(200) bis (215) Holde: Kohlenwasserstofföle und Fette:

| | | | |
|---|---|---|---|
| (200) S. 49; | (204) S. 51 Abb. 34; | (208) S. 61 Abb. 43; | (212) S. 117 Abb. 72; |
| (201) S. 19 Abb. 12; | (205) S. 51 Abb. 35; | (209) S. 66 Abb. 45; | (213) S. 160 Abb. 93a; |
| (202) S. 21 Abb. 13; | (206) S. 51 Abb. 36; | (210) S. 70 Abb. 50; | (214) S. 257 Abb. 128; |
| (203) S. 41 Abb. 27; | (207) S. 49 Abb. 31; | (211) S. 88 Abb. 57; | (215) S. 375 Abb. 155. |

(216) Holfelder, O.: Zündung und Flammenbildung bei der Dieselbrennstoffeinspritzung. VDI-Forsch.-Heft Nr. 374 1935.

(217) Hopkinson, B.: A new method of cooling gas-engines. Engineering 96 (1913) S. 152ff.

(218) Horb, W. u. F. Hülsenkamp: Untersuchung von Spannungs- und Schwingungsmessern für Brücken. Bericht über die Ergebnisse des Wettbewerbs der Deutschen Reichsbahn-Gesellschaft zur Erlangung eines Spannungs- und Schwingungsmessers für die Bestimmung der dynamischen Beanspruchungen eiserner Brücken. Herausgeg. von der Hauptverwaltung der Deutschen Reichsbahn-Gesellschaft, Berlin 1928.

(219) Hütte: Bd. 1, S. 307, 26. Aufl.

(220) Huber, L.: Modelluntersuchungen über die Wirkung der Fliehkraft beim Kurvenfahren. NKZ Nr. 37 (1933) S. 446.

(220a) Huber, L.: Z. VDI Bd. 80 (1936) Heft 19.

(220b) Huber, L. u. O. Dietz: Z. VDI Bd. 81 (1937) Nr. 16.

(221) Ingen.-Arch. Bd. 3 (1932) S. 432, Tafel.

(222) Jakob, M. u. Fr. Kretzschmer: Die Durchflußzahlen von Normaldüsen und Normalstaurändern für Rohrdurchmesser von 100—1000 mm. VDI-Forsch.-Heft Nr. 311 1929.

(223) Janeway, R. N.: Combustion Control by Cylinder-Head Design S.A.E. J. S. 504, (1929); Automot. Ind. Bd. 59 (1928) S. 623.

(224) bis (225) Jentzsch: Flüssige Brennstoffe, VDI-Verlag 1926: (224) S. 27; (225) S. 90 Abb. 21.

(226) bis (264) Judge, A. W.: The testing of high speed internal combustion engines. London: Chapmann & Hall Ltd. 1932:

| | | | |
|---|---|---|---|
| (226) S. 220ff.; | (236) S. 240 Abb. 161; | (246) S. 267 Abb. 198; | (256) S. 360 Abb. 274; |
| (227) S. 406; | (237) S. 241 Abb. 163; | (247) S. 269 Abb. 200; | (257) S. 364 Abb. 276; |
| (228) S. 82 Abb. 29; | (238) S. 247 Abb. 175; | (248) S. 321 Abb. 246; | (258) S. 377 Abb. 290; |
| (229) S. 83 Abb. 30; | (239) S. 256 Abb. 187; | (249) S. 344 Abb. 259; | (259) S. 377 Abb. 291; |
| (230) S. 154 Abb. 90; | (240) S. 257 Abb. 188; | (250) S. 348 Abb. 263; | (260) S. 380 Abb. 293; |
| (231) S. 158 Abb. 93; | (241) S. 258 Abb. 189; | (251) S. 349 Abb. 264; | (261) S. 380 Abb. 294; |
| (232) S. 221 Abb. 145; | (242) S. 258 Abb. 190; | (252) S. 355 Abb. 270; | (262) S. 405 Abb. 312; |
| (233) S. 222 Abb. 148; | (243) S. 264 Abb. 194; | (253) S. 356 Abb. 271; | (263) S. 407 Abb. 314; |
| (234) S. 225 Abb. 150; | (244) S. 265 Abb. 195; | (254) S. 356 Abb. 272; | (264) S. 408 Abb. 315; |
| (235) S. 228 Abb. 154; | (245) S. 265 Abb. 196; | (255) S. 358 Abb. 273; | |

(265) Juhasz, De. K. J.: Methods Proposed for Determing the Instant of Ignition. S.A.E. J. Bd. 38 (1936) S. 232 u. 233.

(266) Juhasz, De. K. J.: Versuche an einem Automobilmotor mit einem neuen Verfahren für die Untersuchung von schnellwechselnden, periodisch wiederkehrenden Druckvorgängen. Diss. T. H. Budapest. Forsch.-Hefte Autotechn. 1925, Heft 2.

(267) Junkers: Druckschriften der Junkers-Werke, Dessau.

(268) Kamm: Antrieb und Federung bei neuzeitlichen Kraftwagen. Autom.-techn. Z. Bd. 36 (1933) S. 110 ff.

(269) Kamm: Kraftwagen und Straße in ihrer Wechselwirkung. Kraftfahrtechn. Tagg 1934, VDI-Verlag.

(270) Kamm, W., W. Seyerle u. H. G. Snay: Maßnahmen zur Steigerung der Reisegeschwindigkeit von Kraftfahrzeugen. Z. VDI Bd. 75 (1931) S. 1503.

(271) Kamm, W. u. A. Stieglitz: Schwingungsuntersuchungen an der Maschinenanlage des Luftschiffes „Graf Zeppelin". Jb. dtsch. Versuchsanst. Luftf. 1930 S. 255—264.

(271a) Kamm, W., L. Huber u. W. Krautter: Untersuchungen über die Formsteifigkeit eines selbsttragenden Wagenkörpers und eines Fahrzeugrahmens. Kraftfahrtechn. Forschungsarb.

(272) Karde, K.: Beitrag zum Verbrennungsvorgang in der Dieselmaschine. Autom.-techn. Z. 39 (1936) S. 501—515.

(273) Klemperer: Abhandlungen aus dem aerodynamischen Institut an der T. H. Aachen Heft 12.

(274) Klemperer, W.: Luftwiderstandsuntersuchungen an Automobilmodellen. Z. Flugtechn. Bd. 13 (1922) S. 201ff.

(275) Klemperer, W.: Windkanalversuche an einem Zeppelin-Luftschiff-Modell. Berlin: Julius Springer 1932.

(276) Kloß, Ernst: Neue DVL-Geräte für Drehzahlmessung. Jb. dtsch. Versuchsanst. Luftf. 1932, IV, S. 43—44.

(277) Kluge, H.: Einiges über Konstruktion und Gebrauch von Kraftwagenprüfständen. Autom.-techn. Z. 34 (1931) S. 655—657, 685—687, 735—738.

(278) Kluge, H. u. B. H. Böllinger: Wirkungsgradmessungen an Zahnradwechselgetrieben. Autom.-techn. Z. Bd. 37 (1934) S. 3—8.

(279) Kluge, J. u. H. E. Linckh: Piezoelektrische Druckmessungen mit der Braunschen Röhre. Forsch. Ing.-Wes. Bd. 4 (1933) S. 177—181.

(280) Kluge, J. u. H. E. Linckh: Piezoelektrischer Indikator für schnellaufende Verbrennungsmotoren. Z. VDI Bd. 74 (1930) S. 887—889.

(281) Kluge, J. u. H. E. Linckh: Piezoelektrische Messungen von Druck- und Beschleunigungskräften. Z. VDI Bd. 73 (1929) S. 1311—1314.

(282) Klüsener, O.: Untersuchungen zur Dynamik des Zündvorganges. VDI-Forsch.-Heft Nr. 309 S. 19, Abb. 4.

(283) Kobayasi u. Sakuma: Tokio Imperial University: Rep. aeron. Res. Inst. No 109, 1934.

(284) bis (286) Kraftfahrtechn. Forscharb.:

(284) Heft 3 S. 25 Abb. 1 u. 2; (285) Heft 3 S. 26 Abb. 3; (286) Heft 1 S. 13 Abb. 2.

(*287*) Kramer, M.: Elektrisch gesteuerte Laufgewichtswaage für hohe Meßgenauigkeit und Fernaufzeichnung der Meßwerte. Z. VDI Bd. 80 (1936) S. 141—145.
(*288*) Kramer, M.: Der 5×7 m Windkanal der DVL. Luft.-Forschg. Bd. 12, Heft 6.
(*289*) Kutzbach, K.: Reibung und Abnützung von Zahnrädern. Z. VDI Bd. 70 (1926) S. 999ff.
(*290*) Langer, P.: Stoßmessungen. Verhandlungen des 3. Internationalen Kongresses für Techn. Mechanik. Stockholm 24. bis 25. Aug. Bd. 3, S. 311, Abb. 1 u. 3.
(*291*) Lay, W. E.: Is 50 Miles Per Gallon Possible with Correct Streamlining? S.A.E. J. Bd. 32/33 (1933) S. 144.
(*292*) Lehr, E.: Schwingungsfragen der Fahrzeugfederung. Z. VDI Bd. 74 (1930) S. 1117.
(*293*) Lehr, E.: Meßgeräte für Dehnungsmessungen. Masch.-Bau-Betrieb Bd. 10 (1931) S. 711—725.
(*294*) Lehr, E.: Spannungsverteilung in Konstruktionselementen. S. 12 u. 13. Berlin: VDI-Verlag 1934.
(*295*) Lehr, E.: Spannungsverteilung in Konstruktionselementen, S. 13, Abb. 27. Berlin: VDI-Verlag 1934.
(*296*) Löhner, K. u. Th. Helmbold: Kraftstoffverbrauch und Wärmebelastung des Zünderflugmotors. Luftf.-Forschg. Bd. 13 (1936) S. 19 u. 20ff.
(*297*) bis (*301*) Luftwissen:
(*297*) Bd. 3 1936 S. 196ff.; (*298*) Bd. 3 S. 256 u. 257 Abb. 1 u. 2; (*299*) Bd. 3 S. 258 Abb. 4; (*300*) Bd. 3 S. 196 Abb. 2; (*301*) Bd. 3 S. 197 Abb. 3;
(*302*) Luftf.-Forschg. Bd. 13, Nr. 10, S. 357 Abb. 1.
(*303*) Lürenbaum, K.: Praktische Drehschwingungs-Untersuchung von Luftfahrzeug-Triebwerken. Jb. dtsch. Versuchsanst. Luftf. 1932, IV. S. 13—21.
(*304*) Lusby, S. G.: The Mobility of the positive ion in Flames. Phil. Mag. Bd. 22 (1911) S. 775.
(*305*) Lutz, O.: Grundlagen für Modellversuche an Fahrzeugen. Autom.-techn. Z. 37 (1934) S. 211/212.
(*306*) und (*307*) Lutz, O. u. Benz: Über Gasmengenmessung bei Kolbenmaschinen mittels Düsen und Blenden. Ing.-Arch. Bd. 3 (1932): (*306*) S. 138 u. 432ff.; (*307*) S. 147, Abb. 7.
(*308*) Mader: Dinglers polytechnisches Journal Nr. 327 (1912) S. 420ff.
(*309*) Marcusson: Mitt. dtsch. Mat.-Prüf.-Anst. Bd. 22 (1904) S. 48; Bd. 23 (1905) S. 58.
(*310*) u. (*311*) Maruhn: Grundlagen der Federung von Automobilen. Berlin: M. Krayn 1932: (*310*) S. 55ff.; (*311*) S. 43 Abb. 19.
(*312*) Mattar: Über das Verhalten von Dampfmessern bei Kolbenmaschinen. Wärme Bd. 55 (1932) S. 518.
(*313*) Midgeley, Th. Jr.: High-speed-indicators. S.A.E. J. Bd. 6 (1920) S. 254.
(*314*) Mollier, R.: Das $i$—$x$-Diagramm für Dampf-Luftgemische. Z. VDI Bd. 73 (1929) S. 1009—1013.
(*315*) Moore u. Keye: The Oil and Gas-Journal, November 1934 S. 108—111.
(*316*) Motorwagen Bd. 32 (1929) S. 379 Abb. 5.
(*317*) Mücklich u. Conrad: Eine neue Methode der Kraftstoffbeurteilung. Z. angew. Chem. 1930, S. 488.
(*318*) Müller: Messung von Gasmengen mit der Drosselscheibe. VDI-Forschungsarb. 49, Berlin; Z. VDI Bd. 52 (1908) S. 285.
(*319*) New Sampling Indicator Duplicates Closely Cards of high Speed Types. Automot. Ind. Bd. 68 (1933) S. 371; S.A.E. J. Bd. 31 (1933) S. 361ff.
(*320*) NKZ 1933 Nr. 37, S. 446, Abb. 2.
(*321*) Norton, F. H. J.: Franklin Inst. Bd. 198 II (1924) S. 231.
(*322*) Olley Maurice: Independent Wheel Suspension. Its Whys and Wherefores. S.A.E. J. Bd. 34/35 (1934) S. 73ff.
(*323*) Ostwald, W. u. R. Luther: Hand- und Hilfsbuch zur Ausführung physikochemischer Messungen. Leipzig: Akademische Verlagsgesellschaft 1931.
(*324*) Pabst, W.: Aufzeichnen schneller Schwingungen nach dem Ritzverfahren. Z. VDI Bd. 73 (1929) S. 1629ff.
(*325*) Palmer, P. E. u. E. R. Weaver: Techn. Pap. Bur. Min., Wash. No 249 (1924).
(*326*) Philippovich, A.: Der Verbrennungsvorgang im Explosionsmotor, Luftf.-Forschg. Bd. 13 (1936) S. 206ff.
(*327*) u. (*328*) Philippovich u. F. Seeber: Vergleichsversuche mit verschiedenen CFR-Motoren. Luftf.-Forschg.:
(*327*) Bd. 12 (1935) S. 161ff.; (*328*) S. 163 Abb. 2.
(*329*) Philipoff, W. v.: Der piezoelektrische Oszillograph. ETZ Bd. 53 (1932) S. 405—408.
(*330*) u. (*331*) Prandtl: Ergebnisse der Aerodynamischen Versuchsanstalt Göttingen, Lieferung I. Berlin u. München: Oldenbourg 1935:
(*330*) S. 45; (*331*) S. 44 Abb. 29.
(*332*) Redwood: I. P. T. Standards-Methods, 2. Aufl. S. 58. London 1929.
(*333*) u. (*334*) Rendel, T. B.: S.A.E. J.:
(*333*) Bd. 36 (1935) Nr. 6 S. 225—231; (*334*) Bd. 38 (1936) S. 229 Tafel 5.
(*335*) u. (*336*) Report of the Volunteer Group for Compression Ignition Fuel Research. S.A.E. J. 1936: (*335*) S. 227 Abb. 1; (*336*) S. 228 Abb. 2.
(*337*) Reinsch u. Schmidt: Entwicklung eines vollselbständigen Brennstoffmessers. Kraftfahrtechn. Forsch.-Arb. Heft 4 S. 11 Abb. 1.
(*338*) Reutlinger, G.: Dynamische Untersuchungen von Brücken und Hochbauten. Kongr. intern. Vereinigung. Brückenbau u. Hochbau. Zürich 1932.
(*339*) Ricardo Harry: Schnellaufende Verbrennungsmotoren. Berlin: Julius Springer 1932.
(*340*) u. (*341*) Ricardo Harry: Schnellaufende Verbrennungsmotoren. Berlin: Julius Springer 1932: (*340*) S. 36 Abb. 3; (*341*) S. 39 Abb. 6.
(*342*) Riedler, A.: Wissenschaftliche Automobilwertung 1912. Ber. Labor. Kraftfahrzeuge T. H. Berlin, Nr. I—X.
(*343*) Riedler, A.: Ber. Labor. Kraftfahrzeuge T. H. Berlin, Nr. VII.
(*344*) Riekert, P. u. H. Ernst: Versuche zur Bestimmung der Abgastrübung. Kraftfahrtechn. Forsch.-Arb. H. 3.
(*345*) u. (*346*) Rose, R. A.: S.A.E. J. Bd. 39 (1936): (*345*) S. 459—468; (*346*) Abb. 2 u. 4.
(*347*) Rothrock, A. M.: The NACA apparatur for studying the formation and combustion of fuel sprays. NACA Report No 429 1932 u. No 401 1931; ASE-Trans. V 29 1934 S. 203.

(*348*) bis (*355*) S.A.E. J.:
(*348*) Bd. 36 S. 209 Abb. 3; (*349*) Bd. 39 S. 298 Abb. 1; (*350*) Bd. 39 S. 298 Abb. 2; (*351*) Bd. 39 S. 301/2 Abb. 5; (*352*) Bd. 39 S. 303 Abb. 6; (*353*) Bd. 31 Jg. 1933; (*354*) Bd. 24 S. 627 Abb. 1; (*355*) Bd. 1934/35 S. 74 Abb. 1.

(*356*) bis (*358*) Saß, F.: Kompressorlose Dieselmaschinen. Berlin 1929:
(*356*) S. 61 Abb. 54; (*357*) S. 65 Abb. 60; (*358*) S. 66 Abb. 62.

(*359*) Sayboldt: Umrechnungstabellen für Furol und Universal-sec s. Petroleum Vademecum, 1932, Teil I S. 84.

(*360*) Scheel, K.: Petroleum, Berl. Bd. 12 (1927) S. 873.

(*361*) Schnauffer, K.: Aufzeichnung rasch verlaufender Druckvorgänge mittels des Verfahrens der halben Resonanzkurve. Jb. dtsch. Versuchsanst. Luftf. 1930 S. 304 bis 314 (Luftf.-Forschg. Bd. 6 Heft 4 S. 126).

(*362*) Schnauffer, K.: Das Klopfen von Zündermotoren. Z. VDI Bd. 75 (1931) S. 455ff.; Jb. dtsch. Versuchsanst. Luftf. 1931 S. 375ff.

(*363*) Schnauffer, K.: Verbrennungsgeschwindigkeiten von Benzin-Benzol-Luftgemischen in raschlaufenden Zündermotoren. Jb. dtsch. Versuchsanst. Luftf. 1932 IV S. 5—12.

(*364*) Schmid, Chr.: Luftwiderstand von Kraftfahrzeugen-Modellversuche und Wirklichkeit. Autom.-techn. Z. Bd. 39 (1936) S. 425—435.

(*365*) Schrenk, O.: Lärmerscheinungen in Freistrahlwindkanälen. Z. VDI Bd. 74 (1930) S. 948.

(*366*) Schweitzer, P. H.: Die Prüfung von Brennstoffen für Dieselmotoren. Autom.-techn. Z. 39 (1936) S. 29 u. 30.

(*367*) Schweitzer, H. u. T. B. Hetzel: Cetane Rating of Diesel Fuels S.A.E. J. 1936 Abb. 1 S. 207.

(*368*) Seewald, F.: Messungen mit dem Glasritz-Dehnungsschreiber der Deutschen Versuchsanstalt für Luftfahrt. Masch.-Bau Betrieb Bd. 10 (1931) S. 725ff.

(*369*) u. (*370*) Seppeler: Bussien, Automobiltechnisches Handbuch. Stuttgart: 1933:
(*369*) S. 109—110; (*370*) S. 106 Abb. 59.

(*371*) Slaby, R.: Ausgleichvorgänge bei Automobilfedern. Autom.-techn. Z. Bd. 34 (1931) S. 775ff.

(*372*) Springstab: High speed indicators, S.A.E. J. April and May 1920; Methods of Messuring Determination in Engines. S.A.E. J. Jan. 1922 S. 7—11.

(*373*) Steudel, U.: Hochfrequenztechn. Bd. 41 (1933) S. 15.

(*374*) u. (*375*) Steuding, H.: Messung mechanischer Schwingungen. Berlin: 1928:
(*374*) S. 71 Abb. 75 u. 76; (*374*) S. 48 Abb. 48b.

(*376*) Stieglitz, A.: Neuere Ergebnisse auf dem Gebiet der Kurbelwellenschwingungen. Jb. dtsch. Versuchsanst. Luftf. 1930 S. 286.

(*376a*) Stieglitz u. E. Gilbert: Die DVL-Drehschwingungsanlage ZFM 24. Jg. (1933) S. 253.

(*377*) Straubel, H.: Hochfrequenztechn. Bd. 38 (1931) S. 14.

(*378*) The Journal of the acustical Society of America. Band V, Oktober 1933, S. 82.

(*379*) The Volunteer Group for Compression Ignition Fuel Research.

(*380*) Thoma, H.: Aufzeichnung schneller Schwingungen. Z. VDI Bd. 73 (1929) S. 639.

(*381*) Thoma, H.: Untersuchung an der Maschinenanlage des Luftschiffes „Graf Zeppelin“. Z. VDI Bd. 73 (1929) S. 1383.

(*382*) Tokio Imperial University, Reports of the Aeronautical Research Institute, Nr. 109/1934.

(*383*) Ubbelohde, Holde: Kohlenwasserstofföle und Fette, 6. Aufl. S. 16, Berlin 1918.

(*384*) Urbach, E.: Höchstdruckmesser für schnellaufende Verbrennungsmotoren. Jb. dtsch. Versuchsanst. Luftf. 1932, IV S. 45—46.

(*385*) VDI-Forsch.-Heft 377 S. 28 Abb. 16—18.

(*386*) VDI-Forsch.-Heft 374 S. 6 Abb. 8 u. 9.

(*387*) VDI-Durchflußmeßregeln DIN 1952, III. Aufl. 1935, Arb. Bl. 1.

(*388*) Vogel, H.: DVM-Druckschrift 1930, Nr. 80 S. 7.

(*389*) Vogelpohl, G.: Die phys. Natur der Bewegungswiderstände von Eisenbahnfahrzeugen. Z. VDI Bd. 79 (1935) S. 851ff.

(*390*) Watson: The dalby Watson-Indicator for high speed petrol engines. Engineering 119 (1925) S. 257ff.

(*391*) bis (*394*) Weil, G.: Über die Reibungswerte zwischen Rad und Fahrbahn. Diss. T. H. Stuttgart 1934:
(*392*) S. 38 Abb. 13—15; (*393*) S. 39 Abb. 16; (*394*) S. 51 Abb. 20.

(*395*) Wichtendahl, R.: Das Flattern der Vorderräder bei Automobilen. Autom.-techn. Z. Bd. 35 (1932) S. 409—416.

(*396*) bis (*401*) Wien u. Harms: Handbuch der Experimentalphysik Bd. 4 Teil 2:
(*396*) S. 112ff.; (*397*) S. 162ff.; (*398*) S. 91 Abb. 16; (*399*) S. 95 Abb. 20; (*400*) S. 98 Abb. 23; (*401*) S. 113 Abb. 1.

(*402*) Withrow, Lloyd and Gerald M. Rasweiler: Slow Motion Shows Knocking and Non-Knocking Explosions. S.A.E. J. Bd. 39 (1936) S. 297ff.

(*403*) Wood and Smith: R. A. C. electrical indicator. Engineering 115 (1923) S. 125, Technical notes, NACA. Nr. 348.

(*404*) bis (*411*) Z. VDI:
(*404*) 1926 S. 999 Abb. 1; (*405*) 1926 S. 999 Abb. 2; (*406*) 1929 S. 1385 Abb. 5; (*407*) 1931 Bd. 75 S. 1503 Abb. 1; (*408*) 1931 Bd. 75 S. 1504 Abb. 3 u. 4; (*409*) 1934 Bd. 78 S. 853 Abb. 16 u. 17. (*410*) 1936 S. 142 Abb. 7; (*411*) 1936 S. 1452 Abb. 17;

(*412*) Zeitschrift für Instrumentenkde. 1931 Nr. 198 S. 318—324.

(*413*) ZWB. Ste. 128.

# Sachverzeichnis.

Druck der Universitätsdruckerei H. Stürtz A.G., Würzburg.

GPSR Compliance

*The European Union's (EU) General Product Safety Regulation (GPSR) is a set of rules that requires consumer products to be safe and our obligations to ensure this.*

*If you have any concerns about our products, you can contact us on ProductSafety@springernature.com*

In case Publisher is established outside the EU, the EU authorized representative is:

Springer Nature Customer Service Center GmbH
Europaplatz 3
69115 Heidelberg, Germany

**Batch number: 10684220**

Printed by Printforce, the Netherlands